Fundamental Electrical & Electronic Engineering

공학도를 위한

전기전자공학개론

정동호 지음

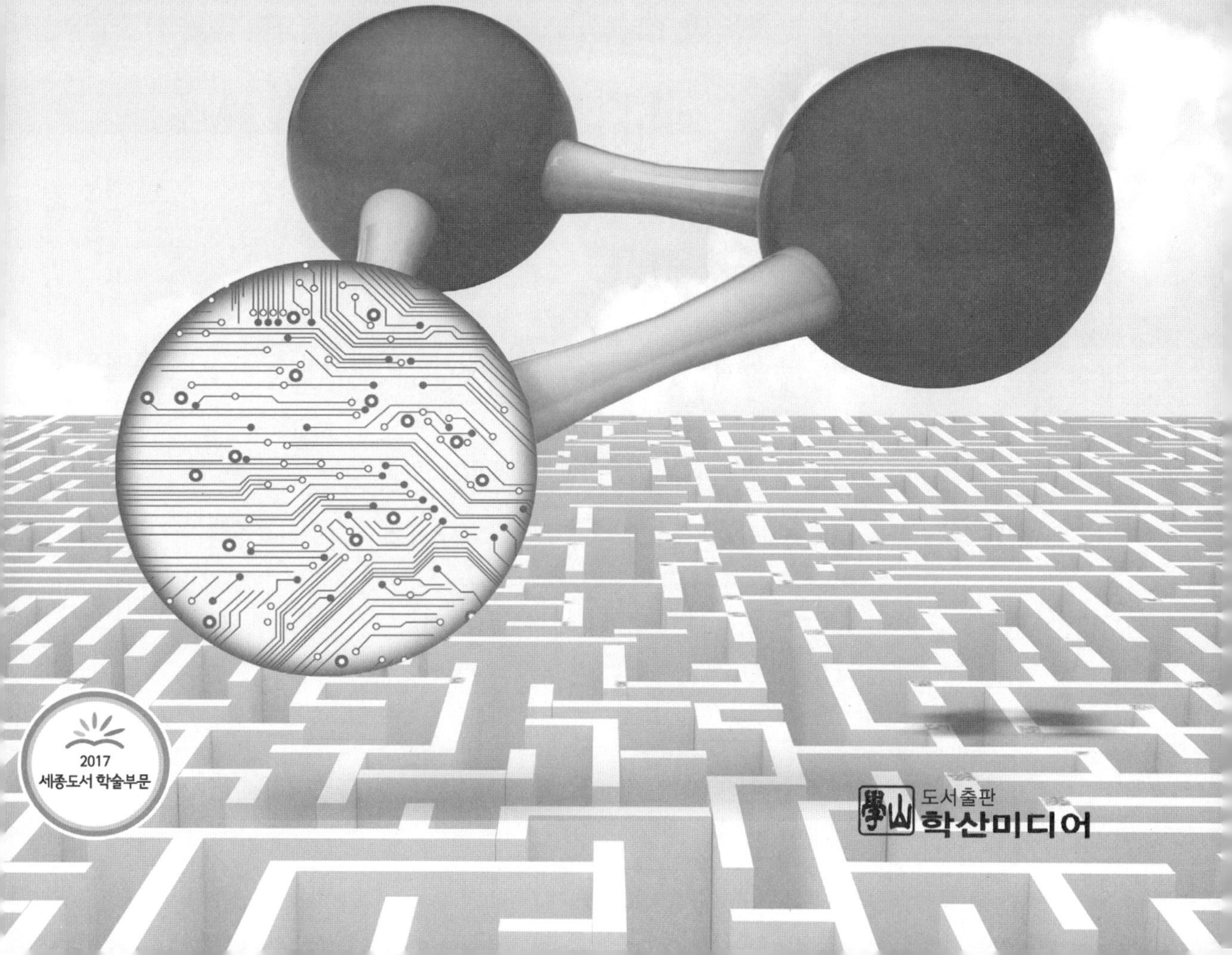

2017
세종도서 학술부문

學山 도서출판
학산미디어

■ 전기전자공학기술의 체계도

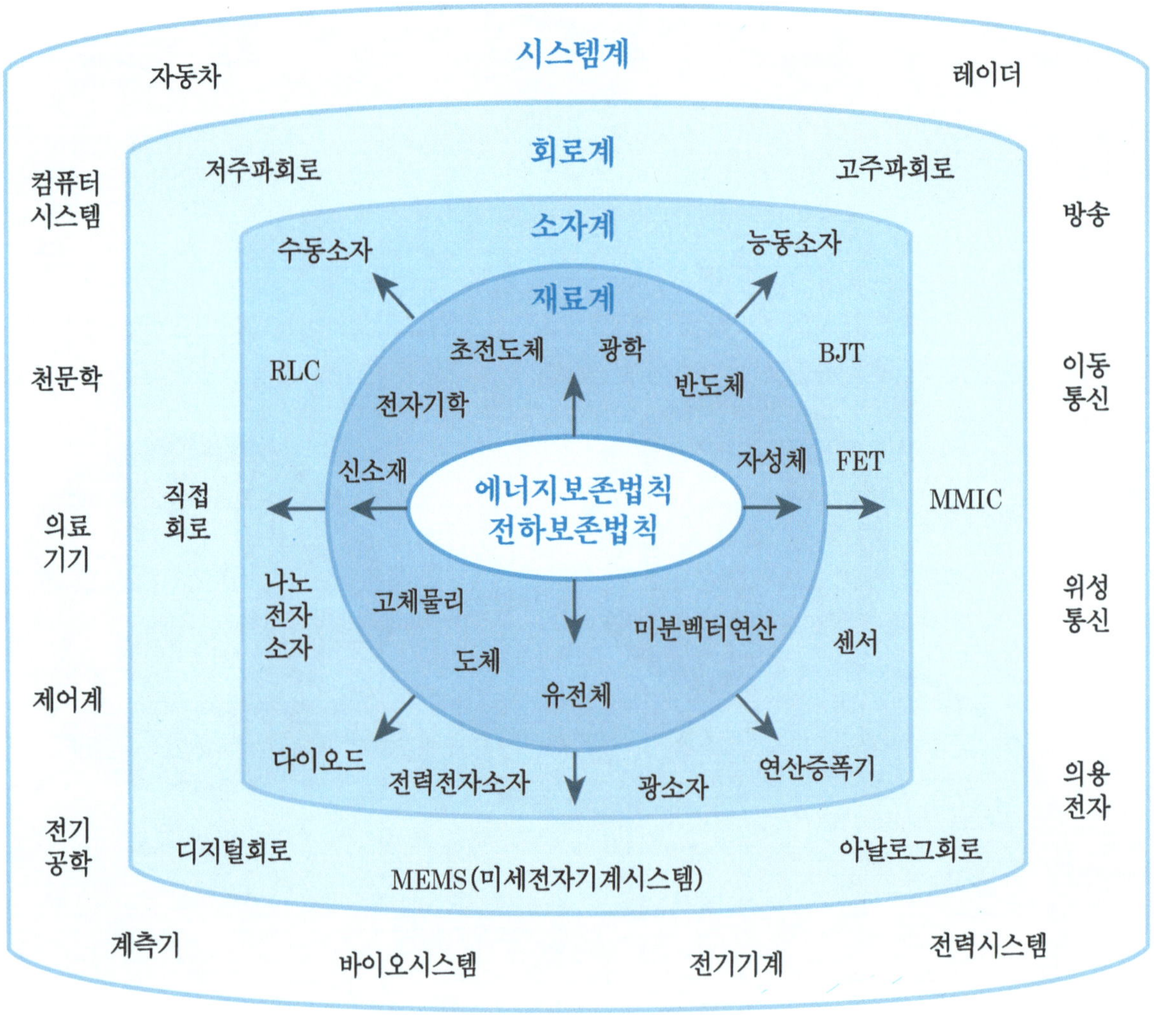

전기·전자량의 변수 심벌, 이름 및 단위

심벌	이름	영문 이름	단위
q	전자 전하(량)	electronic charge	coulomb(C)
Q	전하(량)	charge	coulomb(C)
V, v	전압	voltage	volt(V)
I, i	전류	current	ampere(A)
J	전류밀도	current density	ampere/meter^2(A/m^2)
P	전력	power	watt(W)
T	주기	period	second(s)
τ	시상수, 시정수	time constant	second(s)
f	주파수	frequency	Hertz(Hz)
BW	대역폭	bandwidth	Hertz(Hz)
w	각주파수	angular frequency	radian/second(rad/s)
θ, ϕ	위상	phase	radian(rad), degree(°)
D	전속밀도	electric flux density	coulomb/meter^2(C/m^2)
Ψ	전속	electric flux	coulomb(C)
ϵ_0, ϵ	유전율	permittivity	farad/meter(F/m)
W	일	work	joule(J)
$\mathcal{E}$	에너지	energy	joule(J)
Q	열량	quantity of heat	joule(J), calorie(cal)
F	힘	force	newton(N)
T	토크, 회전력	torque	newton-meter(N·m)
$\sigma = 1/\rho$	전도도	conductivity	siemens/meter(S/m)
R, r	전기저항	resistance	ohm(Ω)
G	컨덕턴스	conductance	siemen(S)
C	정전용량	capacitance	farad(F)
L	유도용량	inductance	henry(H)
Z	임피던스	impedance	ohm(Ω)
X	리액턴스	reactance	ohm(Ω)
Y	어드미턴스	admittance	siemen(S)
B	서셉턴스	susceptance	siemen(S)
Q	양호도	quality factor	
$\boldsymbol{B}$	자속밀도	magnetic flux density	tesla(T) 혹은 weber/meter^2(Wb/m^2)
Φ	자속	magnetic flux	weber(Wb)
μ_0, μ	투자율	permeability	henry/meter(H/m)

전기·전자 부품 기호

이름	심벌	이름	심벌	이름	심벌
저항기	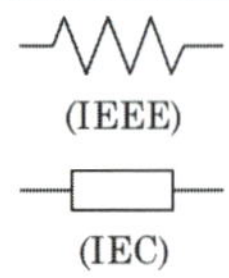	가변저항 (rheostat)	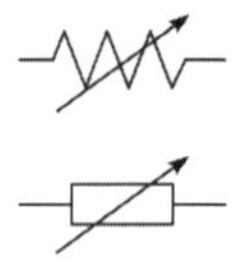	가변저항 (potentiometer)	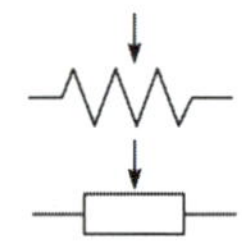
공기 인덕터		코어 인덕터	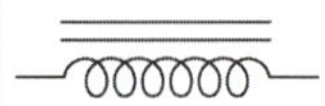	가변 인덕터	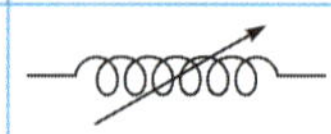
커패시터	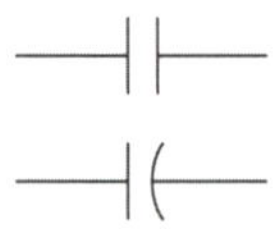	가변 커패시터	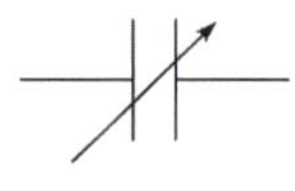	배렉터	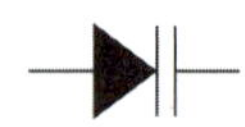
다이오드	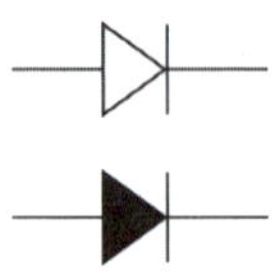	제너 다이오드	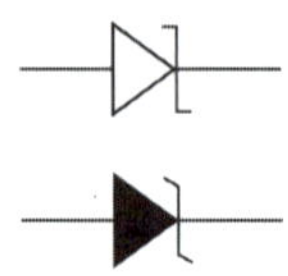	LED	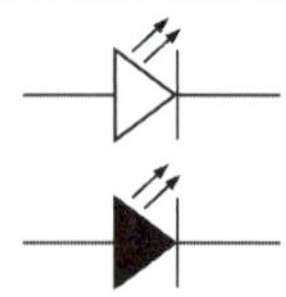
광다이오드	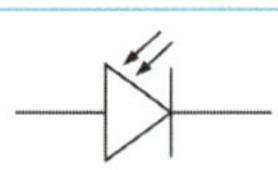	쇼트키 다이오드	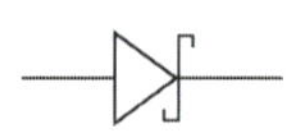	터널 다이오드	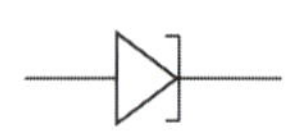
NPN BJT		PNP BJT	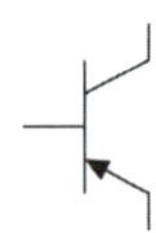	연산증폭기	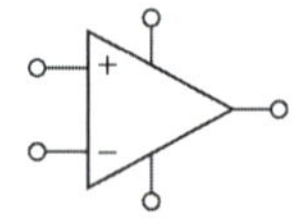
N-채널 증가형 MOSFET	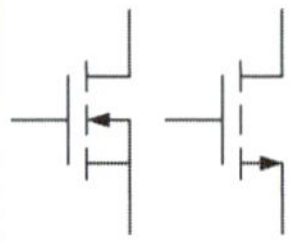	P-채널 증가형 MOSFET	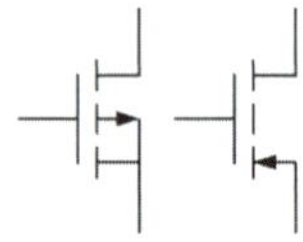	N-채널 공핍형 MOSFET	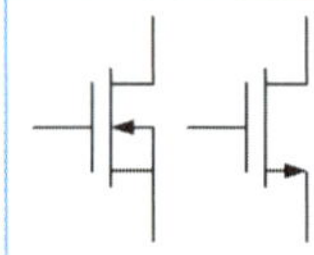
P-채널 공핍형 MOSFET	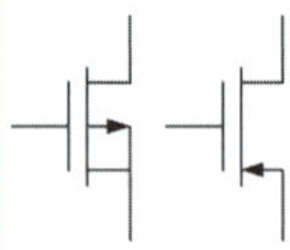	N-JFET	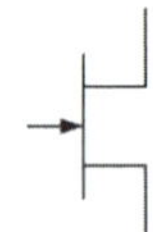	P-JFET	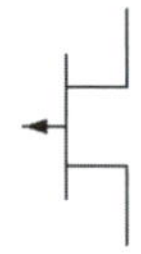
광결합기	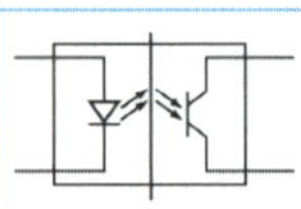	접지		전지	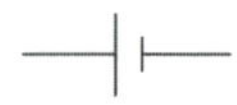
교류 전압원		직류 전압원		전류원	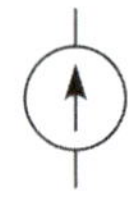

머리말

Fundamental Electrical and Electronic Engineering

전기 · 전자 · 통신공학 전반에 걸쳐 각종 전기전자공학의 응용이 날로 늘어나고 있으므로, 일반 공학자 및 예비 공학자들은 기본적인 학문을 배경으로 전기전자공학 기술이해가 요구된다.

맥클루언(Herbert Marshall McLuhan, 1911~1980, 캐나다)은 19세기 말 혹은 20세기에 이르는 전기 발명을 기준으로 전기이전 시대와 전기이후 시대로 인간사회의 역사를 구분했다. 19세기 말에 전기를 전자와 결합하여 전자의 움직임을 통해서 전파를 만들고, 전파를 통해 신호를 전달하는 방식을 발명하였다. 이를 통해 전기가 단지 에너지뿐만이 아니라 신호가 될 수 있었다. 전기가 갖는 두 가지 특성인 에너지와 신호가 처음에는 에너지혁명으로, 그 다음에는 신호혁명으로 이어지면서 전기혁명은 인류 역사발전에 혁명적인 영향을 미치기 시작했다.

1948년은 정보통신기술(ICT) 역사에서 주목할 만한 해였다. 이 해에 AT&T의 벨연구소가 발표한 트랜지스터는 각종 전자기기 소형화와 혁신을 촉진하는 기틀을 제공했다. 또 그해 섀넌(Claude Shannon 1916~2001)은 '정보이론(A Mathematical Theory of Communication)'이 발표하여 출간되었다.

앞으로 컴퓨터·제어·자동화의 3차 산업혁명을 기반으로 디지털·바이오산업·물리학 등의 경계를 융합하는 기술혁명인 '제4차 산업혁명'이 전개된다. 1차 산업혁명이 기계화 과정에서 물과 증기의 힘을 사용했다면, 2차 산업혁명은 전기 에너지를 이용해 대량생산 체제를 만들어 냈다. 뒤이은 3차 산업혁명에선 전기기술과 정보기술을 이용해 자동화된 생산체계를 만들어냈다.

전기자동차는 에너지와 정보, 자동차를 결합한 우리 시대 최고의 혁신물로 부각되고 있다. 전자산업의 발달에 힘입어 거의 모든 종류의 자동차들이 빠른 속도로 전자화되고 있고, 이제는 전기/전자에 관한 기초 지식이 없이는 안락성, 경제성(저연비), 안전성, 고출력, 그리고 내구성 등을 갖춘 자동차를 이해할 수 없는 시대가 되었다.

처음 통신은 유선으로 시작되어 전기통신이라 했고 트랜지스터인 반도체 전자부품과 무선통신과의 결합으로 전자통신의 시대가 도래 했고 점차 통신의 영역이 각종 단말기와 각종 정보서비스가 요구되는 정보통신시대를 거치게 되었다.

따라서 본 교재는 전기전자공학을 처음 접하는 사람에게 필요한 용어를 설명하고 재료, 소자, 회로, 그리고 시스템을 전반적으로 설명하였다. 전자전기 원리 및 응용 기술을 설명하기 위해 소자는 수동소자(저항, 커패시터, 인덕터, 그리고 변압기 등)와 능동소자(BJT, FET, 그리고 연산증폭기 등)로 구성되었다.

〈전기전자공학 요소기술〉

전기전자재료 기술

도전재료, 저항재료, 반도체재료, 절연재료, 자기재료, 초전도재료
반도체(Si, GaAs, InP, InGaAs, SiGe, GaN, GaN on SiC, GaN on Si, GaN on Si 등)
기술: 성장, 특성분석(SIMS, XPS, AES, TEM, SEM, C-V plot, Hall, PL), 구조연구 등

↓

전기전자소자 기술

전자발견(1897, J. J. Thomson)
저항기, 인덕터, 커패시터, 베터리, 발전기, 다이오드, 트랜지스터, 전송선로, 도파관, 커넥터, 핀헤더 등
Vacuum tube(1904; Fleming)
Bipolar(1947, Bell연구소; Brattain, Bardeen, Shockley)
→ 1956 Nobel 물리학상 공동수상, 존 바딘은 1972 초전도성이론, 2번 수상
FET(1951, Shockley)
HEMT, HBT, HFET, delta-doped FET, I/I FET, MESFET, MEMS, NEMS
MOS(n-, p-, C-, BiC-, etc);(1960, Kahng(강대원)&Atalla, Bell Lab)
Optical device (laser, LED, detector, switch, fiber 등)
기술: 소자설계, 공정, 제작, 실장, 검사
MEMS(Micro-Electro-Mechanical Systems : 나노기술을 이용 제작된 작은 기계)
센서, 듀플렉서, 결합기/분배기, 아이솔레이터, 안테나

↓

전기전자회로 기술

전자회로, 전기회로, 논리회로, 아날로그회로, 전원회로 등
VLSI(Very Large Scale Integration), ULSI(Ultra Large Scale Integration)
WSI(Wafer Scale Integration), SoC(System On a Chip, 3D-IC(3-Dimensional IC)
MMIC(Monolithic Microwave Integrated Circuit)
RFIC(Radio Frequency Integrated Circuit)
MMMIC(Monolithic Millimeter-wave Integrated Circuit)
MIMIC(Microwave and Millimeter-wave Monolithic Integrated Circuits)
증폭기, 발진기, PLL, 혼합기, 체배기, 여파기, 복조기, 변조기 등

↓

전기전자시스템 기술

컴퓨터시스템, 통신시스템, 방송시스템, 레이더시스템, 자동차시스템, 바이오시스템 등

전기전자공학에 관심은 있는 공학도들을 위해 책을 만들겠다고 결심을 한 후 지난 여러 해 동안 현장에서 경험한 지식과 대학에서 강의해 온 강의노트를 토대로 이 책을 집필하게 되었다. 전기전자 분야에 관심 있는 모든 사람들이 이 분야에 조금 더 가까워질 수 있도록 쉽고 설명하고자 노력했지만 부족한 부분이 많을 것이다. 이 책을 읽은 독자들이 책의 오류를 넓은 아량으로 이해해 주시고, dhjdhj11@gmail.com으로 조언해 주시길 기대한다. 앞으로도 계속 수정 보완하는 데 최선의 노력을 기울일 것이다.

끝으로 이 책을 출판해 주신 학산미디어 사장님께 감사드리며, 편집에 수고해 주신 여러분께 감사드린다.

2017년 2월
소백산 아래 연구실에서 저자

차 례

Fundamental
Electrical and Electronic
Engineering

제1부 전기와 전자 용어

제01장 공학기초 용어

제02장 재료, 소자, 회로 및 시스템 용어

제5부 아날로그 및 디지털회로

제17장 BJT 증폭기와 FET 증폭기

제18장 연산증폭기

제19장 연산증폭기 응용

제20장 논리 회로

제 1 부

전기와 전자 용어

Chapter 01

공학기초 용어

1.1 전자는 전자혁명을 만들었다.
1.2 캐리어는 나르개
1.3 자유전자는 구속이 없다.
1.4 세상은 쿼크와 전자로 구성
1.5 정전기는 원자를 떠난 전자
1.6 코끼리를 미분하여 냉장고에 넣고 냉장고 속에서 적분_해석학 수학자
1.7 벡터는 다차원 공간을 나타내는 스칼라의 조합
1.8 내적은 나와 같은 성분, 외적은 나와 다른 성분
1.9 기울기는 직선적인 변화
1.10 발산은 방출 혹은 흡입
1.11 회전은 빙글빙글 도는 회오리
1.12 직류는 정적인 스칼라고 교류는 동적인 벡터이다.
1.13 직류는 평균값이고 교류는 순시값
1.14 등가는 등치(等值)
1.15 이득(증폭율)과 감쇠
1.16 공통은 공유
1.17 전류는 전자의 인생살이
1.18 전류밀도와 인구밀도
1.19 아날로그 주기신호의 사인파
1.20 육십분법과 호도법
1.21 주파수는 1초 동안 진동횟수
1.22 회절은 에돌이
1.23 사람과 마당 대 전자와 전기마당
1.24 전장은 전하의 유혹장
1.25 번개와 천둥은 결혼의 축포와 환호
1.26 옴의 법칙과 유혹
1.27 결합과 커플
1.28 정합과 결혼
1.29 공진과 정합

1.1 전자는 전자혁명을 만들었다.

1897년 영국 케임브리지대학 물리학 교수인 톰슨(J. J. Thomson, 1856~1940)은 진공방전관을 실험하다가 낮은 기압의 진공방전에서 엷은 연두색의 형광빛이 생기는 것을 보았고 그 빛은 음극에서 나와 양극으로 흘러갔다. 그는 이를 미립자(corpuscle)이라고 명명했다. 톰슨은 전하 대 질량(e/m)을 계산한 실험을 통해 전자의 존재를 입증하여 1906년 노벨 물리학상을 수상했다.

〈톰슨〉

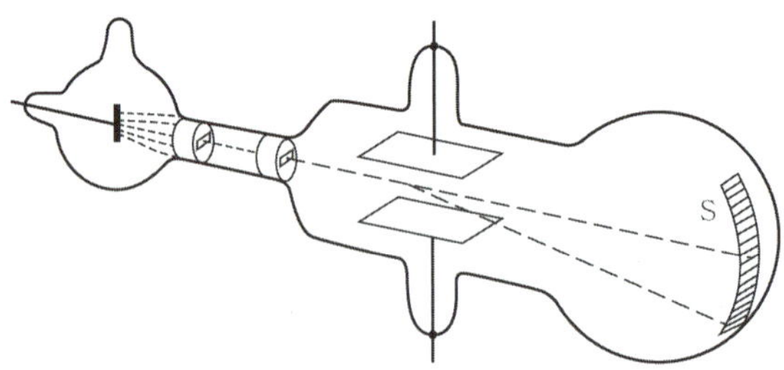

그림 1.1 진공 방전관

그러나 후세의 과학자들은 이 입자를 톰슨이 미립자를 발견하기 이전 1891년에 영국의 물리학자 스토니(G. J. Stoney, 1826~1911)가 전기의 기본단위를 나타내기 위해 사용했던 전자(electron)라는 이름으로 부르게 되었다. 스토니는 전기는 무한히 나눌 수 있는 것이 아니라, 그 이상 나눌 수 없는 가장 작은 입자가 있고 이들이 모여서 전기가 되는 것이라고 주장했으며 그 단위입자를 전자라고 불렀다. 즉 물질에서 최소단위를 원자라고 말하는 것처럼, 전기에서의 최소단위가 전자라고 발표했다.

〈스토니〉

> 모든 물질은 분자 또는 원자의 결합으로 되어 있고 이들 원자는 전자와 원자핵으로 구성되어 있다. 전자의 질량은 9.1×10^{-31}[㎏], 전자의 전하량은 $-e=-1.6\times10^{-19}$[C], 전자의 스핀은 1/2이다.

지금까지 전자보다 더 가벼운 무게를 가지거나 더 작은 크기의 전하를 소유하는 입자가 알려지지 않으며, 음극선 실험에서 전자는 어떤 시료에서도 얻을 수 있는 공통된 입자이므로 전자는 원자를 구성하는 기본입자이다. 전자는 수소원자보다 질량이 1840배 만큼 가볍고 음전하를 가지는 입자를 발견한 것이다.

슈뢰딩거(Erwin Schrödinger, 1887~1961)는 고전역학의 토대 위에 드브로이(de Broglie, 1892~1987)의 물질파 개념을 도입해 원자핵을 도는 전자들의 움직임을 연구하여 파동이론, 즉 전자가 원자의 핵 둘레에 산재한 입자가 아니라 파동 형태로 존재한다는 파동방정식을 만들었다. 슈뢰딩거 방정식은 미세한 입자의 운동을 지배하는 확률파동, 즉 이 파동이 외부의 영향에 의해 어떻게 변하는가를 파동함수의 형태로 기술한다. 그래서 전자는 입자와 파동의 이중성을 갖는다는 것이 밝혀졌고, 하이젠베르크의 불확정성원리에 의하면 전자의 위치나 운동량에 대해서 확률만 알 수 있을 뿐, 정확한 값은 결코 구할 수 없다고 했다.

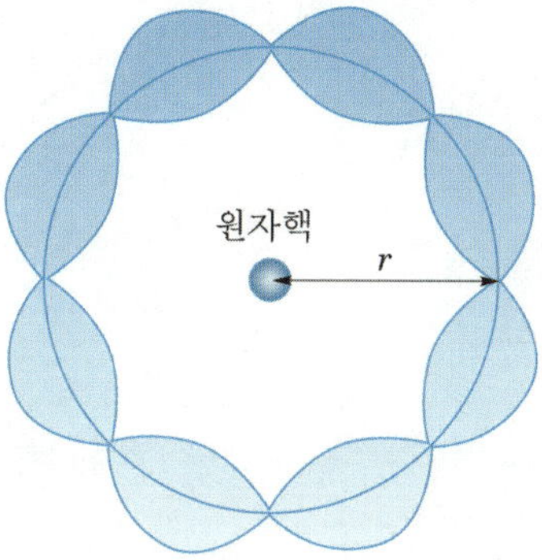

그림 1.2 원자핵 주위를 파동 치는 전자

전자의 크기는 약 10^{-18}[m], 원자핵의 크기는 10^{-15}[m], 원자의 크기는 10^{-10}[m] = 1 Å 이다. 세계 제일 좋은 현미경으로도 단일 원자를 볼 수 없고 원자 집단의 이미지와 그들이 떠나는 자취인 전자운(electron cloud)을 볼 수 있다.

경이로운 전자공학 발전은 정보혁명을 일으키며 좀 더 지능적이고, 빠르고, 작은 IT기기를 인류에게 선사하고 있다. 지금까지 전자기술은 한마디로 전자가 전하를 가지고 있는 전기적 특성을 활용한 기술이다.

1.2 캐리어는 나르개

캐리어(carrier)는 물질 속에서 전류를 운반하는 작용을 하는 하전입자 또는 준입자로서 특히 반도체에서 전자 혹은 정공을 말한다. 북한말로 나르개라 하며, 전류를 형성하는 미립자(전하반송자, 전하운반체)이다.

캐리어파는 음성, 이미지, 음악과 같은 신호 등을 전달하기 위해 주파수, 진폭, 위상을 변조할 수 있는 전자파이다.

> 덧셈 결과로써 덧셈이 행해진 자리만으로 처리할 수 없게 되어 상위 자리로 수를 보내는 것을 carry(올림)이라 한다.

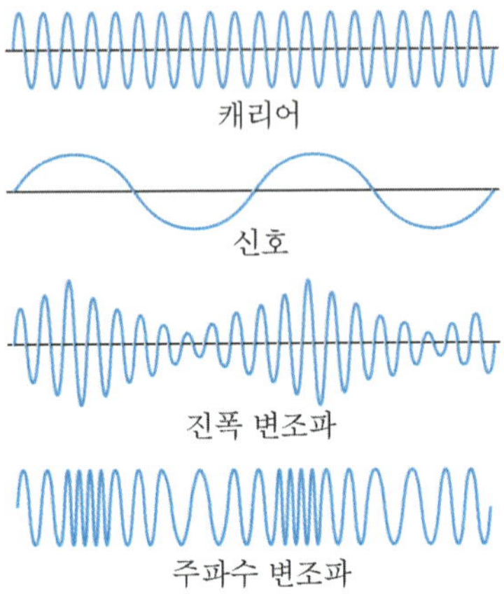

그림 1.3 캐리어를 가지는 신호

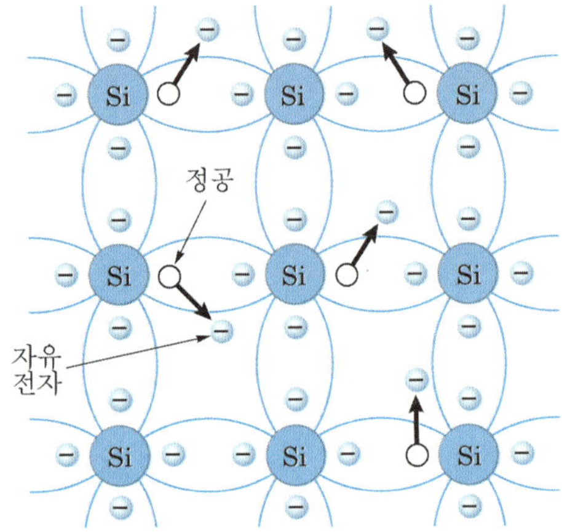

그림 1.4 실리콘 반도체에서 자유전자와 정공

1.3 자유전자는 구속이 없다.

물질을 잘게 나누면 분자, 원자는 그림 1.5와 같이 전자(electron)와 원자핵(양성자, 중성자)이 되고, 양성자(proton)와 중성자(neutron)는 쿼크(quark)로 이루어져 있다. 그래서 물질의 최소 단위인 소립자에는 전자와 쿼크가 있다.

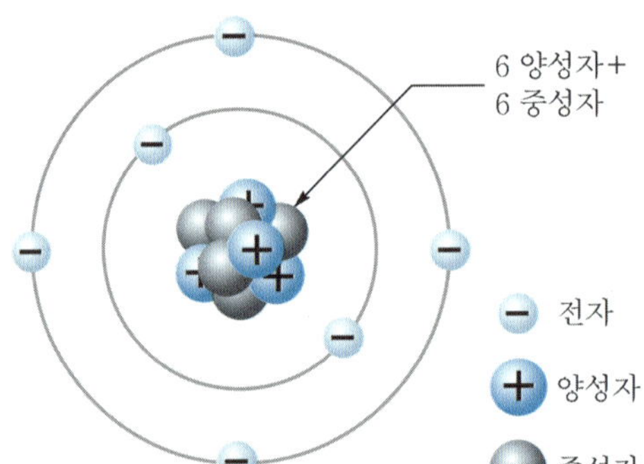

그림 1.5 보어모델에 의한 탄소 원자

자유전자(free electron)는 전자 중에서 원자핵의 인력에 의한 구속을 떠나 자유롭게 이동할 수 있는 것이다. 정비석 소설 『자유부인』은 1956년 같은 제목으로 영화화되었다. 이 영화는 해방 후 멜로 드라마로서는 최초로 큰 선풍을 일으킨 작품이었다.

금속은 원자 가전자의 수가 작아 양이온이 되기 쉽고 금속 원자에서 빠져 나온 전자는 금속 안에서 자유롭게 존재하는 자유전자가 된다. 그래서 금속들이 결합하면 자유전자들이 원자로부터 분리되어 전자바다(electron sea)를 만들게 되며, 이때 형성된 전자바다는 음전하를 띠게 되고 금속은 전자를 잃어 양이온이 된다. 금속 표면의 자유전자가 가시광선의 모든 빛을 반사하기 때문에 금속은 대부분 은백색의 광택을 갖는다.

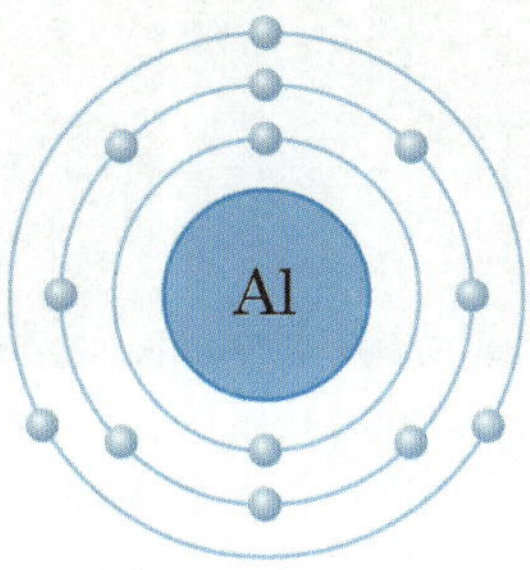

그림 1.6 원자번호 13번 알루미늄 원자

그림 1.7 금속의 광택

학술적으로 자유전자는 위치(potential) 에너지가 전혀 없는 전자 혹은 위치에너지가 존재하지만 운동에너지가 위치에너지보다 커서 전체 에너지가 '0' 이상 되는 전자 혹은 에너지 밴드 모델에서 전도대에 존재하면서 전류의 흐름에 기여할 수 있는 전자 혹은 금속결합 모델에서 말하는 전자바다에 존재하는 전자이다.

1.4 세상은 쿼크와 전자로 구성

(1) 그리스 철학의 아버지 탈레스(Thales, BC 624~546경)는 만물의 근원을 물이라고 했다.

(2) 엠페도클레스(Empedokles, BC 490~430)는 모든 물질이 물, 불, 공기, 흙이라는 4가지 본질적 원소들의 합성물이라고 했다.

(3) 데모크리토스(Democritus, BC 460~370)는 만물의 근원은 눈에 보이지 않는 '분할(tom) 불가능한(a-) 입자'(atom)라고 하였다.

(4) 돌턴(John Dalton, 1766~1844)은 1803년 원자설을 발표하였다. 원자를 더 이상 쪼개질 수 없는 것이라고 여겼고, 원자의 상대적 중량이 원소들의 특징을 결정한다고 하였다.

(5) 톰슨(Joseph John Thomson, 1856~1940)은 음극선이 전장과 자장에 의해 휘어지는 방향을 조사한 결과를 토대로 음극선이 음의 전하를 띤 입자들의 흐름일 것이라고 가정한 후, 전하를 띤 입자와 전장 사이에 작용하는 힘을 이용하여 음극선의 정체, 전자의 존재를 밝혀냈다.

(6) 러더퍼드(Ernest Rutherford, 1871~1937) 알파선 산란실험을 통해 금속의 얇은 막에 알파입자를 때려줌으로써 양성자로 구성된 원자핵이 중심에 집중되어있다는 원자의 내부 구조를 밝히는 결정적 단서를 얻었다.

(7) 채드윅(James Chadwick, 1891~1974년)은 1932년 하전을 가지지 않은 중성자를 발견하였다.

〈돌턴〉

〈톰슨〉

〈러더퍼드〉

〈채드윅〉

(8) 1964년 겔만(Murray Gell-Mann, 1929~)과 츠바이히(George Zweig, 1939~)는 기존에 더 이상 쪼개질 수 없다고 생각되어 왔던 전자의 하전량을 쪼갤 수 있다고 가정하고, 분수하전량 1/3, 2/3를 가지는 기본 소재를 쿼크(quark)라고 명명했다.

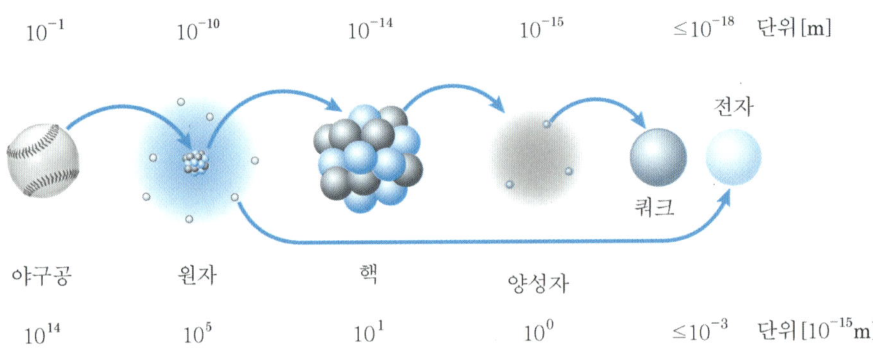

그림 1.8 입자의 크기 비교

입자는 약 140 억년 전 빅뱅으로 생긴 우주의 모든 물질이 기본입자 12개와 힘 매개입자 6개로 구성된다고 믿는다.

지금까지 발견된 쿼크는 모두 6개(up, down, charm, strange, top, bottom)이다. 전자는 물리적 성질이 비슷한 뮤온(muon), 타우온(tauon)이 있다. 그리고 전자, 뮤온, 타우온은 중성미자인 경입자가 있다.

자연에는 힘을 매개하는 광자(전자기력), 양성자와 중성자를 함께 묶어 원자핵을 만드는 글루온(강력), W입자, Z입자(약력), 중력자(중력)가 있다.

전자는 입자지만 확률파동이다. 원자핵과 전자는 반대의 전하를 띄기 때문에 전기적으로 인력이 작용하여 들어붙어야 한다. 그러나 전자는 파동성으로 궤도 위에 입자가 갇혀 있고 특별한 파장을 가진 정상파로 운동하고 가장 작은 파장보다 작은 크기로 줄어드는 것이 불가능하다는 것이다. 그래서 전자와 원자핵은 들어붙지 않고 전자가 정상파를 이룬다고 드브로이는 알아냈고 이 공로로 노벨상을 받았다. 원자에서 전자의 파동은 정상파를 허용하는 특정파장을 가지는 양자화 되어 있다.

1.5 정전기는 원자를 떠난 전자

원자로 구성된 모든 물질은 원자의 중심에는 양전기를 띠는 원자핵이 있고, 원자핵 주위에는 음전기를 띠는 전자가 돌고 있다. 보통의 물질은 양전하 양과 음전하 양이 같아서 전기적으로 중성이다.

두 물질을 마찰하면 두 물질 사이에 전자의 이동이 일어나 한 물질은 전자를 잃어 양전하 양이 많아지고, 다른 물질은 전자를 얻어서 음전하 양이 많아지게 된다. 이 때문에 두 물질은 각각 양전기와 음전기를 띠게 되고, 이들의 작용으로 마찰전기(정전기)를 일으키게 된다.

대전열

(+) 털가죽–상아–유리–머리카락–나일론–모–실크–면–아세테이트–폴리에스테르–아크릴–폴리염화비닐 (–)

전하의 분포가 시간적으로 변화하지 않을 때의 전기현상. 마찰에 의한 대전현상, 직류전압이 걸린 도체에서 생기는 전장, 정지된 전하에서 생기는 전장 등은 모두 정전기와 관련이 있다.

정전기(靜電氣)는 '정지된, 또는 움직이지 못하는' 전기이다. 정전기 현상에 대한 가장 오래 된 기록은 고대 그리스의 철학자 탈레스가 양의 가죽으로 호박(송진이 굳어서 된 보석)을 닦을 때 생긴 현상을 적어 놓은 것이다. 이 때문에 '전기'를 뜻하는 말은 그리스어로 '호박(electron)'에서 유래한 것이다.

습도가 높으면 수증기를 통해 전자들이 잘 이동하므로 마찰전기의 성질이 더 빨리 없어진다. 정전기 방지를 위해 가습기, 수족관, 섬유 유연제나 정전기 방지처리가 된 섬유 등을 사용하면 효과적이다.

정전기 응용분야는 복사기, 잉크젯프린트, 정전기 도장, 연기 속의 그을음을 제거하는 장치로서 전기집진기, 랩(식품 포장용 폴리에틸렌 막은 꽉 잡아당길 때 랩이 감겨 있던 부분과 떨어지면서 정전기를 띰) 등이고 번개도 정전기이다.

정전기 피해를 줄이기 위한 대책으로 접지, 온도와 습도의 관리, 대전방지제의 사용, 대전방지 용품의 사용 등이 있다.

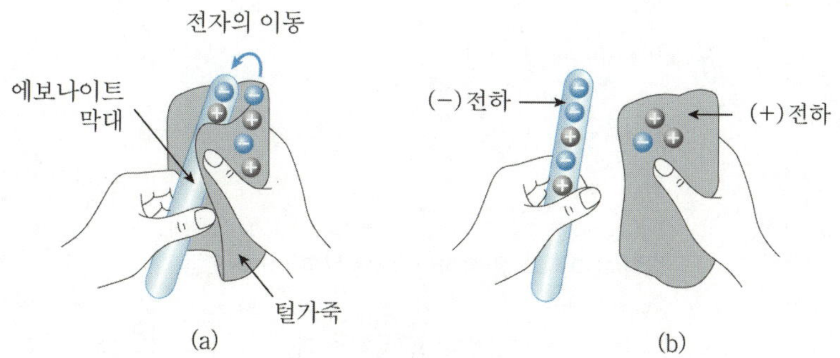

그림 1.9 털가죽과 에버나이트 막대의 마찰전기 (a) 마찰 중 (b) 마찰 후

1.6 코끼리를 미분하여 냉장고에 넣고 냉장고 속에서 적분_해석학 수학자

적분법은 아르키메데스(Archimedes, BC 287?~BC 212, 그리스)가 정96각형의 둘레의 길이를 구해서 원주율을 구한 것이 시초이다. 그래서 적분은 2000년도 더 된 학문이지만 미분은 역사가 짧다. 미분적분학(calculus)의 체계는 17세기에 영국의 뉴턴(Isaac Newton, 1642~1727)과 독일의 수학자 라이프니츠(Gottfried Wilhelm Leibniz, 1646~1716)에 의하여 거의 같은 시대에 독립적으로 세워졌다. 그 후 많은 수학자들에 의하여 연구와 발전이 진행되었으며, 코시(A. L. Cauchy, 1789~1857)를 거쳐서 현재와 같은 미분적분학의 형태가 갖추어졌다.

〈아르키메데스〉 〈뉴턴〉 〈라이프니츠〉

미적분학은 자연과학과 공학에서 매우 중요한 학문이며, 고전역학을 탄생시킨 뉴턴의 운동법칙, 전자기학의 기본 식인 맥스웰 방정식(Maxwell's equations), 양자역학과 GPS 위성을 사용하는데 필요한 상대성이론을 설명할 수 있게 되었다. 그래서 미적분학이 없었다면, 현재 문명의 이기인 컴퓨터도, 핸드폰도, 인공위성도 그리고 핵폭탄 등도 없었을 것이다.

$$\oint_c \boldsymbol{E} \cdot d\ell = -\int_s \frac{\partial \boldsymbol{B}}{\partial t} \cdot \boldsymbol{ds} \qquad \nabla \times \boldsymbol{E} = -\frac{\partial \boldsymbol{B}}{\partial t}$$

$$\oint_c \boldsymbol{H} \cdot d\ell = \int_s \left(\boldsymbol{J} + \frac{\partial \boldsymbol{D}}{\partial t}\right) \cdot \boldsymbol{ds} \qquad \nabla \times \boldsymbol{H} = \boldsymbol{J} + \frac{\partial \boldsymbol{D}}{\partial t}$$

$$\oint_s \boldsymbol{D} \cdot \boldsymbol{ds} = \int_v \rho_v dv \qquad \nabla \cdot \boldsymbol{D} = \rho_v$$

$$\oint_s \boldsymbol{B} \cdot \boldsymbol{ds} = 0 \qquad \nabla \cdot \boldsymbol{B} = 0$$

(a) (b)

그림 1.10 맥스웰 방정식 (a) 적분형 (b) 미분형

함수의 미분(derivative)은 기하학적으로 수학적인 함수의 기울기로 설명할 수 있다. 속도, 가속도, 힘 등의 물리량에 사용하는 순간변화율로 정의된다. 미분은 연속적으로 증가 혹은 감소하는 물리량을 변수의 변화를 무한대로 작은 조각으로 나누어 관찰하는 것이다.

어떤 함수의 적분(integral)은 기하학적으로 함수의 밑넓이로 설명할 수 있다. 적분은 연속적으

로 증가 혹은 감소하는 물리량을 변수의 변화를 무한대로 작은 조각으로 나눈 것을 모아 관찰하는 것이다.

발전기는 코일 속에 자속을 변화시켜서 기전력을 발생하고 자속과 기전력은 미분관계가 있으므로 발전기는 미분기계이다.

$$\frac{d}{dx}\int_a^x f(t)dt = f(t),\quad \int_a^b f'(t)dt = f(a) - f(b)$$

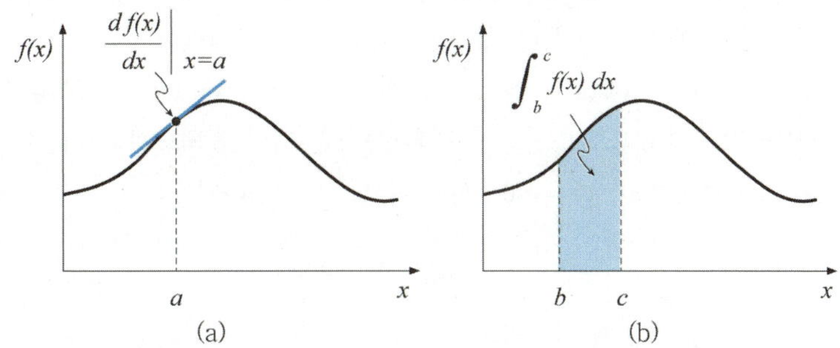

그림 1.11 미적분학 (a) 미분 (b) 적분

1.7 벡터는 다차원 공간을 나타내는 스칼라의 조합

스칼라(scalar)는 실수 하나로 표시할 수 있거나 또는 크기만을 표현할 수 있는 물리량이며 시간, 질량, 밀도, 압력, 체적, 엔트로피, 전압, 전류, 그리고 에너지 등이 있다.

벡터(vector)는 다수의 실수로 표시할 수 있거나 크기와 방향을 갖는 물리량이며 변위, 힘, 가속도, 전장, 자장, 그리고 전류밀도 등이 있다.

영문자로 벡터를 표시할 때 $\boldsymbol{A}$로 표시하며, 두 벡터의 방향과 크기가 같으면 동일한 벡터라고 한다. 그림으로 벡터를 나타낼 때는 화살표 끝을 가진 선분으로 표현하고, 선분길이는 벡터의 크기를 나타내고, 화살방향은 벡터의 방향을 나타낸다. 3차원 벡터 $\boldsymbol{A} = (A_x, A_y, A_z)$이고, n-차원 벡터는 다음과 같다.

$$\boldsymbol{A} = (A_1, A_2, A_3, \cdots, A_n) \tag{1-1}$$

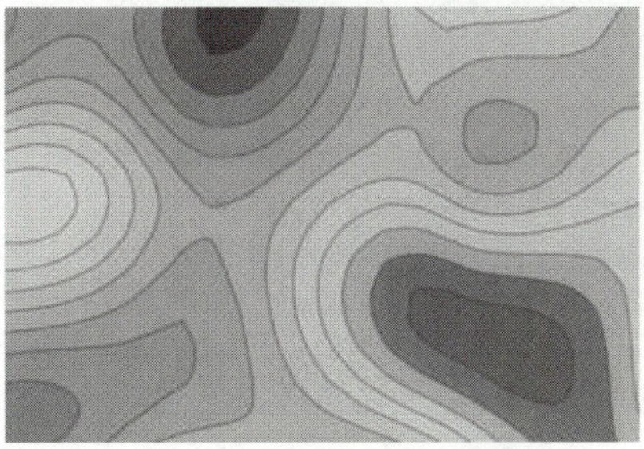

그림 1.12 스칼라인 등고선

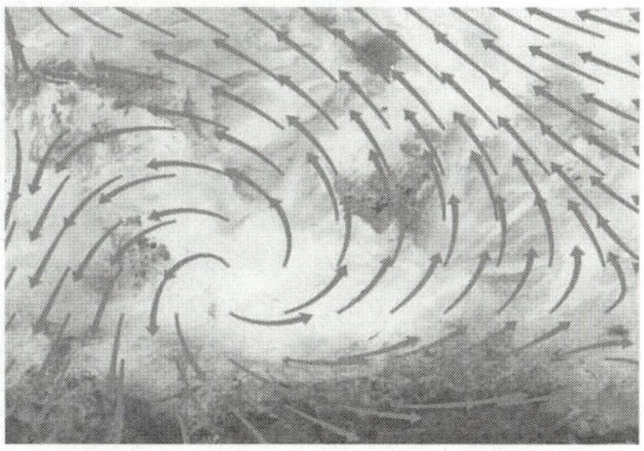

그림 1.13 벡터인 유선(stream line)

1.8 내적은 나와 같은 성분, 외적은 나와 다른 성분

우리는 세상의 모든 것을 끊임없이 내집단과 외집단으로 나누고 내집단은 '동일시'하고 외집단은 '다르다'고 생각한다. 외집단에 속한 사람들을 존중하지도 가치있다고 생각하지 않으며 그들과 공감하지 않는다. 질투, 의심, 분노의 기분을 빨리 느끼는 외집단을 줄이고 내집단을 넓히기 위해 '우리 모두 호모 사피엔스다'는 인식이 필요하다.

내적(內積)은 dot product, inner product, 그리고 scalar product 등으로 불리며, 두 벡터에 대한 곱이 스칼라가 되므로 스칼라곱이라 한다. 두 벡터의 유사성, 즉 수학에서 방향이 같은 0° 성분 간의 곱으로 나타낸다. 같은 기저벡터 내적은 1이고 다른 기저벡터 내적은 '0'이다.

외적(外積)은 cross product, outer product, 그리고 vector product 등으로 불리고, 크기는 두 벡터가 만든 평행사변형의 넓이이고 방향은 이것의 수직인 벡터가 되므로 벡터곱이라 한다. 두 벡터의 이질성, 즉 수학에서 방향이 다른 90° 성분 간의 곱으로 나타낸다.

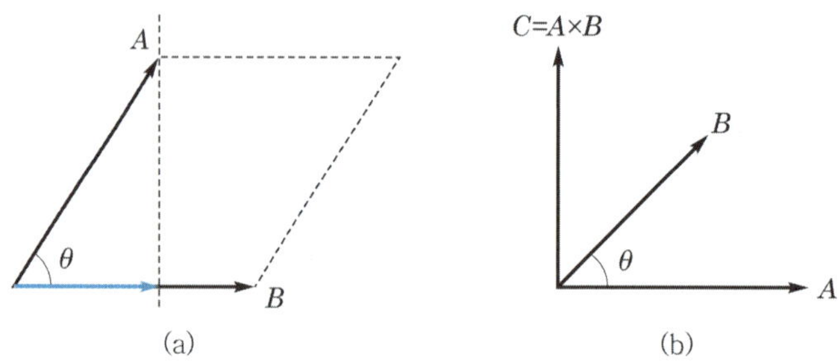

그림 1.14 두 벡터 곱 (a) 내적 (b) 외적

1.9 기울기는 직선적인 변화

기울기(gradient)의 사전적인 의미는 '수평선 또는 수평면에 대한 기울어짐의 정도'를 나타내는 값으로 공학에서는 구배(勾配)라고도 한다. 삼각형의 빗변이 갖는 기울기는 높이와 밑변의 비의 값이다.

영어 gradient를 grade(등급), gradation(단계적 변화)와 의미를 비교해 보자.

그림 1.15 경사진 도로

전자기학에서 기울기는 스칼라 함수의 기울기를 얻기 위한 연산자이다. 기울기를 3차원에서 수학적으로 정의하면 다음과 같다.

$$\nabla f = \frac{\partial f}{\partial x}\hat{a_x} + \frac{\partial f}{\partial y}\hat{a_y} + \frac{\partial f}{\partial z}\hat{a_z} \tag{1-2}$$

여기서 ∇는 델(del), 그래드(grad), 나블라(nabla)라고 읽는다. 3차원에서 정의된 스칼라 함수(입력이 3차원의 점이고 출력이 스칼라인 함수)를 x, y, z에 대해 편미분하고 이 값을 벡터로 만든 것이 기울기 연산자이다.

1.10 발산은 방출 혹은 흡입

발산(divergence)의 사전적인 의미는 '냄새, 빛, 열 따위가 사방으로 퍼져 나감'이므로 폭탄이 터지거나 샘물이 솟거나 하수구에 물이 빠지는 현상 등이다.

영어 divergence를 dive(다이빙하다), divide(나누다), divulge(누설하다), diverge(갈라지다)와 의미를 비교해 보자.

그림 1.16 화산 폭발

전자기학 발산 연산자는 $\nabla \cdot$ 혹은 div는 발산 현상을 정량적으로 표현하기 위해 벡터 $\boldsymbol{A} = (A_x, A_y, A_z)$의 발산은 다음과 같다.

$$\nabla \cdot \boldsymbol{A} = \frac{\partial A_x}{\partial x} + \frac{\partial A_y}{\partial y} + \frac{\partial A_z}{\partial z} \tag{1-3}$$

1.11 회전은 빙글빙글 도는 회오리

회전(curl)의 사전적인 의미는 '한 점이나 축 또는 어떤 물체를 중심으로 하여 그 둘레를 빙빙 돎'이다. 회전체(바람개비, 풍차, 물레방아)가 돌아가는 원리는 바로 회전체의 양끝에 동일한 힘이 가해지지 않고 서로 다른 힘이 가해지기 때문에 회전체가 회전할 수 있다.

지구를 포함한 우주에서 회전 현상은 토네이도, 허리케인, 태풍, 우리은하 등이 있다. 이런 현상의 공통점은 에너지를 많이 가진다는 것이다.

영어 curl를 curve(곡선), curtain(커튼), current(전류), curse(욕), currency(통화)와 의미를 비교해 보자.

그림 1.17 2005년 발생한 허리케인, Rita

전자기학에서 회전연산자는 ▽ ×이고 이를 수학적으로 벡터 $\boldsymbol{A}=(A_x, A_y, A_z)$의 회전 연산자는

$$\nabla\times\boldsymbol{A}=\begin{vmatrix} \hat{a}_x & \hat{a}_y & \hat{a}_z \\ \frac{\partial}{\partial x} & \frac{\partial}{\partial y} & \frac{\partial}{\partial z} \\ A_x & A_y & A_z \end{vmatrix} \tag{1-4}$$

$$\nabla\times\boldsymbol{A}=\hat{a}_x\left[\frac{\partial A_z}{\partial y}-\frac{\partial A_y}{\partial z}\right]+\hat{a}_y\left[\frac{\partial A_x}{\partial z}-\frac{\partial A_z}{\partial x}\right]+\hat{a}_z\left[\frac{\partial A_y}{\partial x}-\frac{\partial A_x}{\partial y}\right] \tag{1-5}$$

이고, 여기서 ▽ ×는 rot, curl이라고 읽는다.

1.12 직류는 정적인 스칼라고 교류는 동적인 벡터이다.

직류(DC : direct current)는 항상 같은 방향으로 흐르는 전류이다. 건전지와 같은 1차 전지, 니카드(Ni-Cd) 전지 및 리튬이온전지, 카 배터리의 연축전지 등 충전이 가능한 2차 전지 외 태양전지 및 연료전지에 의한 발전도 직류이다. 건전지의 단자는 항상 같은 극을 유지하기 때문에 전기회로에서는 한쪽 방향으로만 전류가 흐른다. 건전지의 음극에서 떠밀려난 전자는 양극으로 이끌려 가면서 한쪽으로만 흐른다.

그림 1.18 직류인 건전지

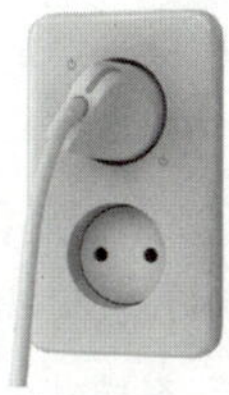

그림 1.19 교류전원 콘센트

교류(AC : alternating current)는 일정시간마다 교대로 방향과 크기가 변화는 전류이다. 교류는 전압이 교대로 변화하는 속도를 주파수라 한다. 가정 콘센트에 공급되는 것은 일본의 경우는 100V의 교류이고(북미는 120V, 세계적으로 200~240V가 일반적), 주파수는 50Hz 혹은 60Hz이다. 60Hz인 경우 1초에 60번 방향이 바뀐다. 그러나 현실적으로 완전한 직류, 완전한 교류는 없다. 220V 교류 전원 콘센트 플러그를 꽂는 자리에는 극성표시가 없다.

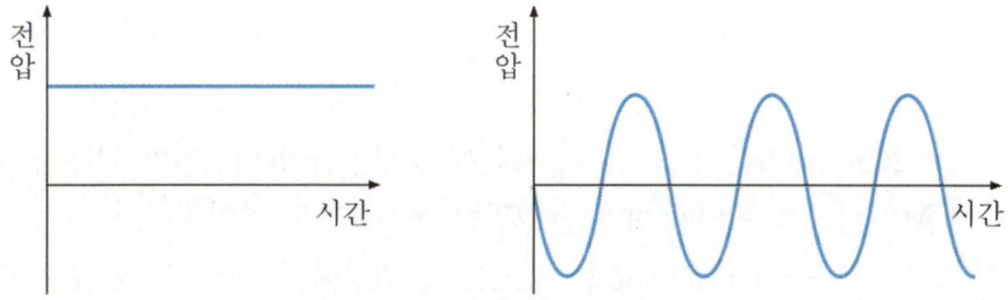

그림 1.20 전원파형 (a) 직류 (b) 교류

1880년대 미국 뉴욕에서 직류와 교류 중 어떤 것을 전기 시스템의 표준으로 삼느냐를 위해 에디슨과 테슬라의 전류전쟁이 일어났다. 에디슨은 직류를, 테슬라는 교류를 써야 한다고 주장했다. 결국 테슬라의 승리로 끝났다.

전기 발생법은 화학작용(밧데리 등), 마찰(정전기 등), 열전효과(제벡효과), 압전효과(크리스탈, 로셀염 등), 광전효과(태양광 발전), 그리고 자기작용(자석 모터) 등이다.

그림 1.21 태양광 발전

우리나라는 종종 블랙아웃(blackout) 사태가 일어날 것이라는 우려 속에 우리나라 산업의 원동력은 전기에너지에 크게 의존하는 것이 분명하다. 현 시대에는 직류전기보다 교류전기가 중요하고 그 쓰임새가 다양하다. 교류방식의 장점은 다음과 같다.

① 교류는 변압기로 전압의 승압과 강압을 용이하게 또한 효율적으로 수행할 수 있다.

② 아크방전이 일어나지 않는다. 전원이 인가된 상태에서 끊을 때 부하가 유도성인 경우(모터 등) 아크방전이 발생한다.

③ 교류발전기는 직류발전기보다 구조가 간단하고 효율도 좋으므로 대부분 교류에서 교류 발전기를 사용한다. 또한, 3상 교류방식에서 회전자계를 쉽게 얻을 수 있다.

④ 현재 부하의 대부분은 교류방식으로 되어 있기 때문에 발전에서 배전까지 전 과정을 교류방식으로 통일하면 보다 합리적이고 경제적으로 운용할 수 있다.

21세기가 들어서면서 디지털기기의 대중화와 신재생에너지의 필요성, 그리고 스마트그리드 등에 대한 지속적인 관심의 증대로 인해 직류가 다시 주목을 받고 있다. 직류방식의 장점은 다음과 같다.

① 가전제품들의 직류 사용으로 교류-직류변환기가 필요 없어져 부피와 무게를 줄일 수 있고, 생산 원가도 현저히 줄여들어 에너지 절감 효과를 기대된다.

② 직류는 선로전압이 같은 실효값의 교류전압 최고값의 $1/\sqrt{2}$ 이므로 선로의 절연이 그만큼 쉽다. 따라서 가공선 경우에 선로의 설치비가 저렴하고 철탑 등도 소형화할 수 있다.

③ 교류에서는 무효전력이라든지 표피효과 때문에 송전손실이 커지지만 직류에서는 이런 것이 없고, 또 역률이 항상 1로 되기 때문에 그만큼 송전효율도 좋아진다.

④ 직류는 서지, 노이즈 등의 외란이 없고, 리액턴스, 위상각에 대한 고려할 필요가 없기 때문에 교류에서 고려되어야 할 안정도상의 문제는 없다.
미국전기연구원(EPRI)에 따르면 2020년 디지털 부하가 50%를 넘게 될 것이라고 예측함에 따라 직류배전의 기대와 효과는 점점 더 높아질 것으로 기대된다.

1.13 직류는 평균값이고 교류는 순시값

시간 $0\sim t$에서 평균속도=(거리의 변화량)/(시간의 변화량)=기울기, 순간속도는 접선의 기울기이다. 그림 1.22에서 $a=0$일 때 (a,b)에서 기울기가 평균값이고, $b\rightarrow a$가 될 때 $x=a$에서 접선이 기울기가 $x=a$에서 순시값이 된다.

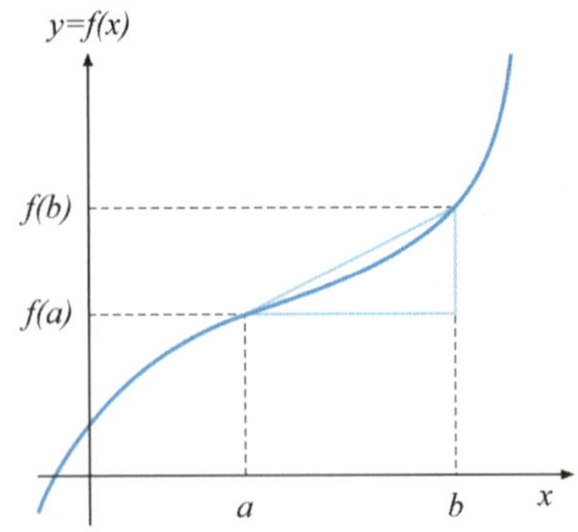

그림 1.22 순시값과 평균값

직류저항=직류전류를 직류전압으로 나눈 값이고, 직류 베타전류이득=직류 컬렉터전류를 직류 베이스전류로 나눈 값이며, 직류 알파전류이득=직류 컬렉터전류를 직류 이미터전류로 나눈 값이다.

교류저항, 교류 베타 전류이득, 교류 알파 전류이득은 동작점(Q-점)에서 접선의 기울기(순간 변화율=미분계수=변화율)이다. 순간변화율은 특정한 점에서의 접선의 기울기이며, 도함수는 임의의 점에서의 접선의 기울기이다. 순간변화율이 수열의 특정 항이라면 도함수는 수열의 일반항 개념이다.

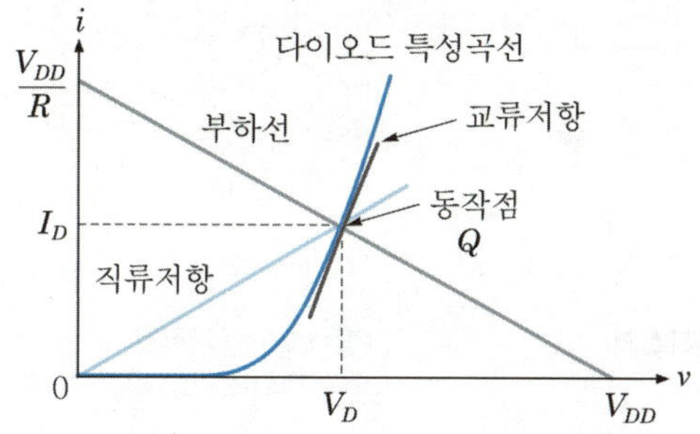

그림 1.23 다이오드 특성곡선의 동작점에서 직류저항과 교류저항

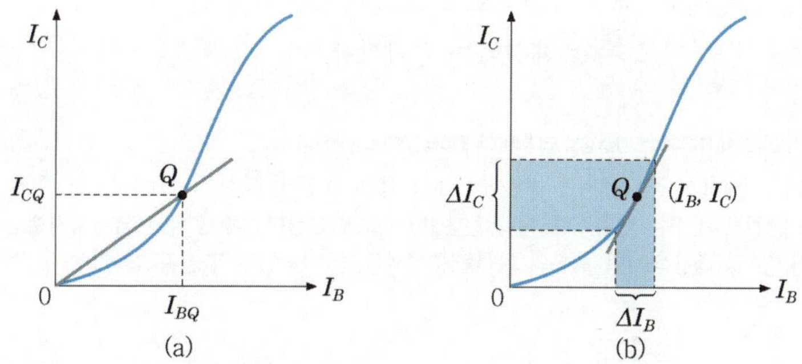

그림 1.24 베타이득 (a) 직류 베타 (b) 교류 베타

1.14 등가는 등치(等值)

등가(equivalent)는 等量(양), 等值(값), 等積(면적, 부피)의 의미를 가진다. equal은 수치적인 等價이고, equation은 등식이며, equator는 적도이다.

등가회로(equivalent circuit)는 같은 물리적인 양(전류, 전압, 이득 등)을 가지는 회로이다. 반도체 소자를 회로 모델링을 통해 등가회로로 바꾸어 전기적 특성을 구할 수 있다. 이 모델링된 회로와 수동소자 회로가 결합된 최종회로를 대상으로 회로를 분석한다.

비선형 능동소자인 트랜지스터가 특정 동작영역에서 실제 단자특성을 가장 잘 나타내도록, 전압원, 전류원, 선형 수동소자(R, L, C) 만으로 등가 표현하여, 전통적인 회로 해석 방법을 쉽게 적용하게 한다.

복잡한 회로 구성을 매우 간단한 등가회로로 대치하는 방법에는 테브난의 등가회로와 노턴 등가회로가 있다. 테브난의 등가회로는 두 단자를 가진 임의의 회로망을 단지 '하나의 독립 전압원과 하나의 등가저항이 직렬 연결된' 등가회로로 바꾸어 놓을 수 있다. 주로 전원저항 R_s가 작을 때 편리하다.

노턴의 등가회로는 두 단자를 가진 임의의 회로망을 단지 '하나의 독립 전류원과 하나의 등가저항이 병렬 접속된' 등가회로로 바꾸어 놓는다. 주로 R_s이 클 때 편리하다.

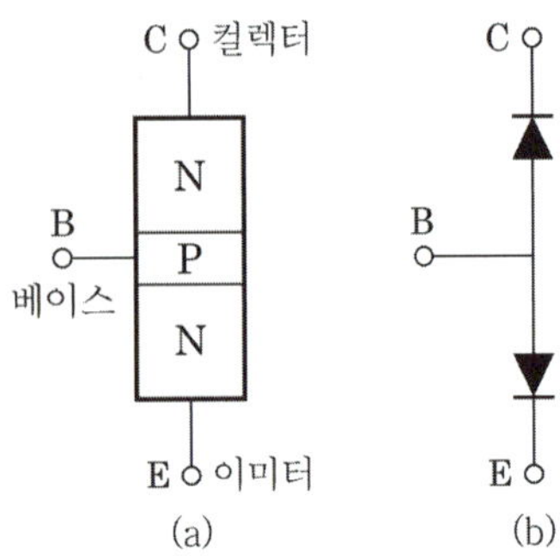

그림 1.25 NPN 트랜지스터
(a) 구조 (b) 등가회로

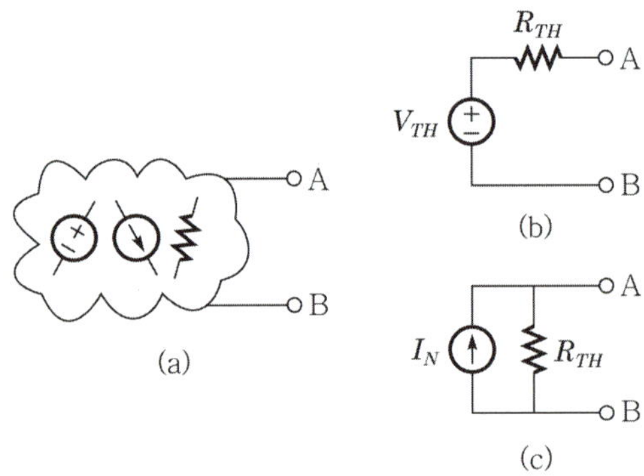

그림 1.26 등가회로
(a) 실제회로 (b) 테브난 등가회로 (c) 노턴 등가회로

직류 등가회로(직류 정상상태 가정)는 회로 내 모든 커패시터는 개방하고 교류 전압원은 단락하며, 교류 전류원은 개방한다. 교류 등가회로(교류 정상상태 가정)는 직류 전압원은 단락하고, 직류 전류원은 개방하며 회로 내 모든 커패시터는 단락한다.

질량-에너지 등가성원리(mass-energy equivalence principle)

1905년 아인슈타인이 발표한 질량에너지 변환공식에서 질량 m인 물질은 mc^2(c는 진공 중의 광속도, c^2은 질량단위를 에너지 단위로 바꾸는 변환상수)이 되는 에너지로 변환된다. 이 공식은 핵에너지뿐만 아니라 모든 종류 에너지에 보편적으로 적용되지만 보통의 화학반응에서는 전 반응물질의 질량변화가 매우 적으므로 관측되지 않는다.

1.15 이득(증폭율)과 감쇠

출력/입력 비가 1보다 크면 이득(gain)이고 1보다 작으면 감쇠(attenuation)이다. 이득은 출력/입력 비가 1보다 큰 증폭기와 같은 능동소자이고, 감쇠는 출력/입력 비가 1보다 작은 감쇠기와 같은 수동소자이다.

이득에는 전력이득(=출력전력/입력전력), 전압이득(=출력전압/입력전압), 전류이득(=출력전류/입력전류) 등이 있다.

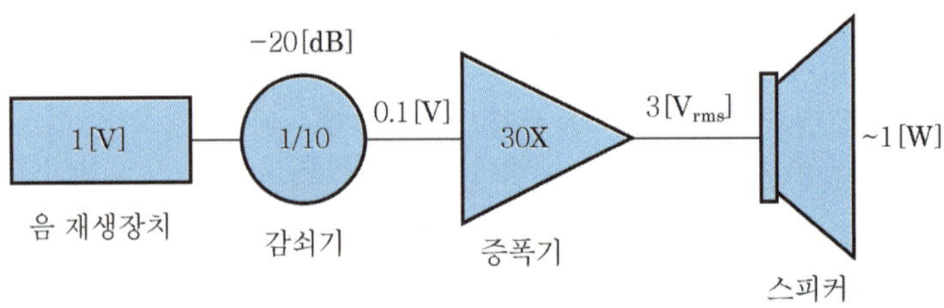

그림 1.27 증폭기와 감쇠기

1.16 공통은 공유

공통(common)은 그림과 같은 집합에서 A그룹과 B그룹의 공통집합 개념이다. 참고로 공통분모는 분수의 값을 바꾸지 않고 분모의 값을 같게 할 때 사용하는 분모이다. 시스템에서 공통은 입력과 출력이 공유하거나 교류적으로 접지되어 신호가 없는 단자를 말한다.

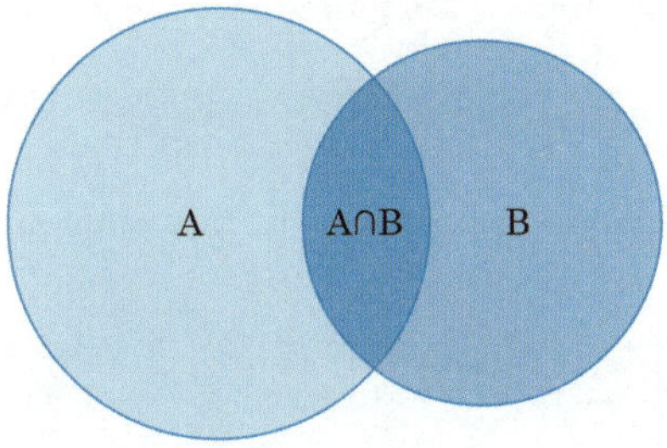

그림 1.28 집합에서 공통의 의미

BJT 증폭회로에는 입력과 출력이 있는데 입력과 출력을 위한 단자 외의 것이 무엇이냐에 따라 분류된다. 공통이미터(CE) 회로의 경우, 입력은 베이스(base)단자, 출력은 컬렉터(collector)단자이고, 공통컬렉터(CC) 회로의 경우 입력은 베이스단자, 출력은 이미터(emitter)단자이며, 공통 베이스(CB) 회로의 경우 입력은 이미터단자, 출력은 컬렉터단자이다.

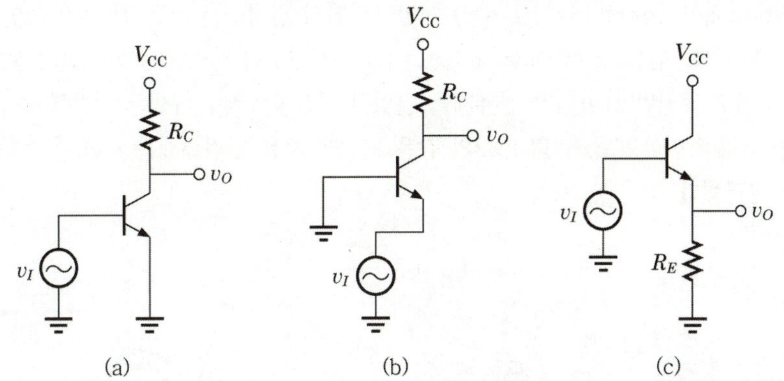

그림 1.29 BJT 증폭회로 (a) 공통 이미터회로 (b) 공통 베이스회로 (c) 공통 컬렉터회로

FET 증폭회로에서 공통 소스(CS) 회로의 경우, 입력은 게이트(gate)단자, 출력은 드레인(drain)단자이고, 공통 게이트(CG) 회로의 경우 입력은 소스단자이고, 출력은 드레인단자이며, 공통 드레인(CD) 회로의 경우 입력은 게이트단자, 출력은 소스단자이다.

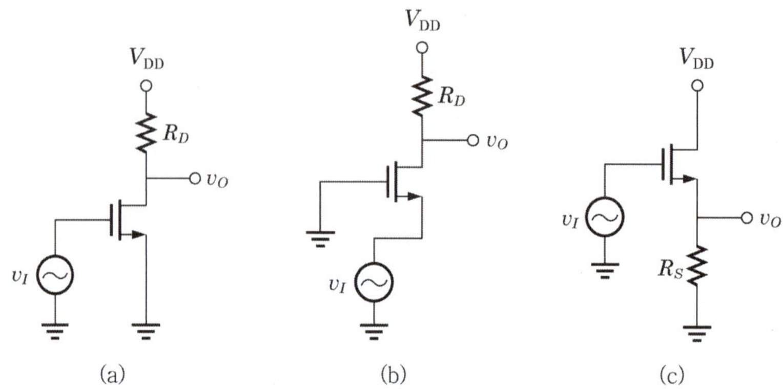

그림 1.30 FET 증폭회로 (a) 공통 소스회로 (b) 공통 게이트회로 (c) 공통 드레인회로

1.17 전류는 전자의 인생살이

curtain(커튼), curl(감다), currency(통화), current(흐름, 전류), curve(곡선) 등의 공통적인 의미는 회전, 흐름을 나타낸다. 세상살이는 사전적으로 '사람이 세상에서 살아가는 일'이라고 한다. 전기 전류(current)의 사전적 의미는 전하의 흐름 혹은 단위시간 당 특별한 회로 점을 지나는 전하의 양으로 나타낸다. 그래서 current(電流)는 전자의 세상살이다.

전류(current)가 들어간 단어에는 전류밀도(current density), 직류(direct current, DC), 교류(alternating current, AC), 그림 1.31과 같은 해류(ocean currents) 등이 있다. 사람은 제각기 살아갈 방법을 도모한다는 各自圖生(각자도생)이 생각난다.

볼타전지(Volta cell, 황산용액에 Zn-Cu)가 발명되면서 전기라는 것은 긴 시간 동안 흐를 수 있었다. 전류를 측정하는 검류계(Galvanometer)는 1780년 개구리 다리에서 동물전기를 발견한 갈바니의 이름을 따서 지었지만 갈바니가 검류계를 발명한 것은 아니다. 미세한 전류를 측정할 수 있는 전류계는 1920년경에 만들었고, 그림 1.32와 같은 코일을 사용한 검류계는 1836년 스터전(William Sturgeon)이 발명했다.

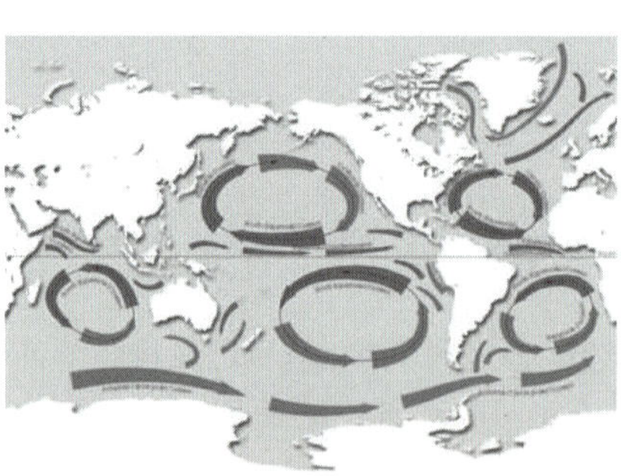

그림 1.31 해류

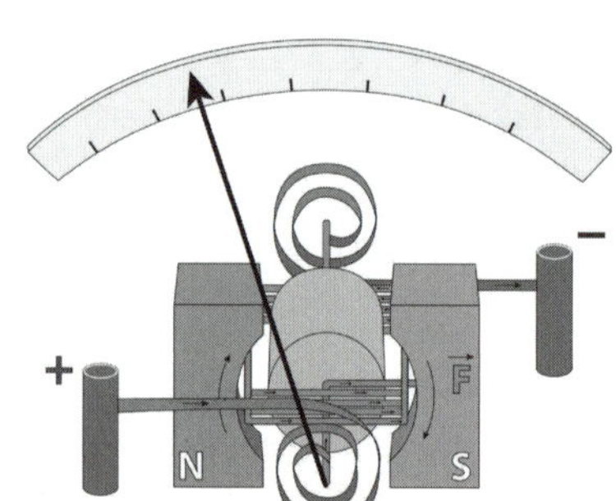

그림 1.32 검류계 구조

1.18 전류밀도와 인구밀도

전류밀도(current density, 電流密度)는 도체를 흐르는 전류I[A]를 그 유선(流線)에 직각 방향의 단면적 S[m^2]로 나눈 I/S[A/m^2]를 전류밀도라고 한다. 균일 도체에 직류를 흘린 경우의 전류밀도는 도체 단면의 어느 곳에서도 같지만 교류를 흘렸을 경우에는 표피 효과(skin effect)에 의해서 도체의 표면에 가까운 곳일수록 전류밀도가 커지고 또 주파수가 높아지면 이 경향은 더욱 현저하게 된다.

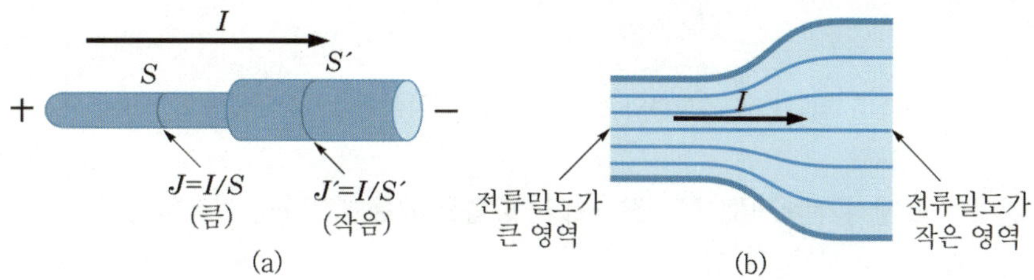

그림 1.33 전류밀도 (a) 외형 (b) 단면

전속밀도(flux density, 電束密度)는 유전체 중 어느 지점에서 단위면적을 통과하는 전속 수이다. $+Q$[C]의 전하를 중심으로 하는 반경 r[m]의 구면상에서의 전속밀도 $\boldsymbol{D}$[C/m^2]와 전장의 세기 $\boldsymbol{E}$[V/m]는 유전율이 ϵ[F/m]인 경우 $\boldsymbol{D}=\epsilon\boldsymbol{E}$이다.

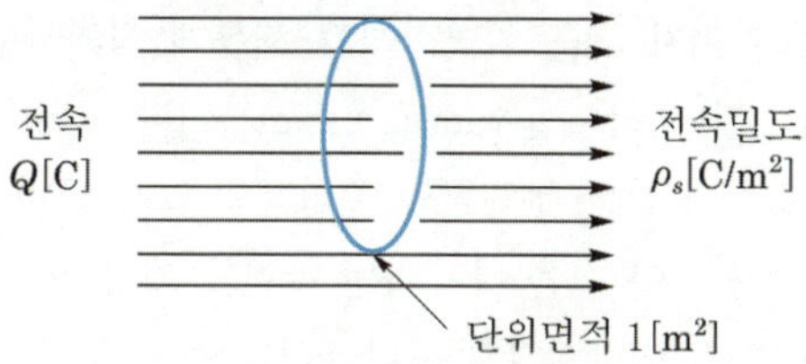

그림 1.34 전속밀도

같은 면적에서 물리량의 대소를 비교하기 위해 공학에서 밀도를 많이 사용한다. 인구밀도는 토지 면적에 대한 인구수의 비율이다. 보통 1㎞^{2}에 대해 몇 명의 비율로 나타낸다. 인구 1억 명은 대한민국에서는 사람 수가 많지만 미국인 경우 많다고 생각되지 않는 것도 면적을 고려한 인구수를 생각하기 때문이다.

1.19 아날로그 주기신호의 사인파

자연계를 근사하는 많은 함수 중에서 가장 중요한 것은 단연 삼각함수이다. 왜냐하면, 삼각함수는 원(圓)함수와 관련되어 있고, 원함수는 주기성을 가지기 때문이다. 사인파(코사인파)는 아날로그 주기신호의 가장 기본적인 형태이다. 삼각비는 원에서 정의하기 시작했기에 삼각함수를 원함수로 부른다. 푸리에 변환을 이용하면 비주기 신호를 무한개의 주기신호 변환 가능하다.

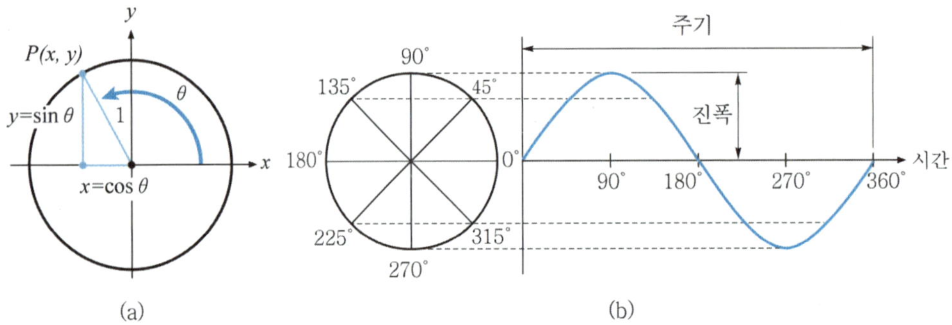

그림 1.35 원함수와 삼각함수 (a) 삼각함수 (b) 사인함수

사인파 전압을 발생시키는 방법에는 전자기적 방법인 교류발전기를 이용하는 것과 전자적 방법에는 발진회로를 이용하는 것이 있다.

1.20 육십분법과 호도법

육십분법은 원둘레를 360등분했을 때 잘린 부채꼴 하나의 중심각을 1^o로 쓰는 것이다. 그런데 숫자 1은 길이에서 쓰는 1과 다르고 육십분법으로 적은 수는 실수가 아니다.

직각삼각형에서 정의한 삼각비는 예각일 때만 생각할 수 있다. 이 삼각비를 일반화하여 조금 더 쓸모 있는 함수로 만들기 위해 먼저 각을 일반화하고 새롭게 정의하는 것이 호도법(弧度法)이다. 반지름으로 호의 길이를 재는 것이 라디안(radius+angle)이다.

1라디안은 반지름과 호의 길이가 같은 부채꼴의 중심각의 크기다. 이렇게 하면 각을 길이로 재는 것이 되므로 각의 크기가 실수가 되어 각을 나타내는 단위를 쓰지 않아도 된다. 실수에서 실수로의 함수를 정의하기 위해 필요하고 각을 라디안으로 나타내는 것이 훨씬 편하다. 반지름이 r이고 중심각이 180^o인 부채꼴은 호의 길이가 πr이므로 π[rad]이 된다. 원의 반지름의 길이와 호의 길이가 같을 때를 1[rad]으로 정한다.

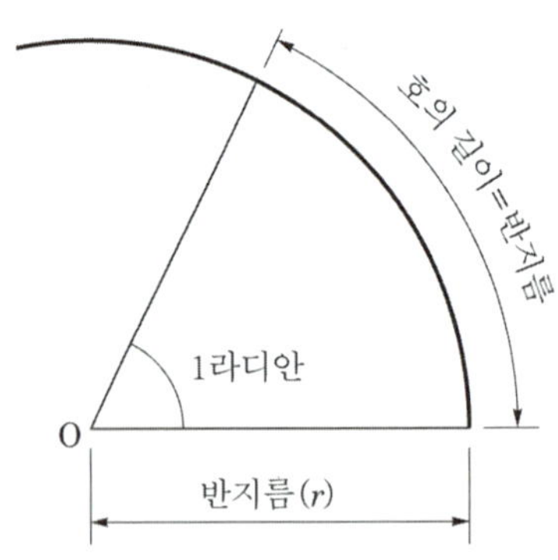

그림 1.36 1라디안 정의

1.21 주파수는 1초 동안 진동횟수

규칙적으로 반복되는 파를 주기파라 하고 길이 눈금인 파장 혹은 시간 눈금인 주기로 반복된다. 주기파는 주기가 2π이고, 순색과 순음(pure tone)을 표현할 수 있으며, 복잡한 파를 푸리어 이론으로 만들 수 있는 사인과 코사인 함수를 사용한다.

주파수란, 전파가 공간을 진행할 때 생기는 파동이 1초 동안 진동하는 횟수이며, 단위는 전자파의 존재를 실험적으로 확인한 헤르츠(Heinrich Hertz)의 이름으로 헤르츠(Hz)라 명명한다. 만약 1초 동안에 1,000번 진동했다면 주파수는 1kHz가 된다.

일반 광학, 전자기학, 전자회로 등에 사용되는 주파수는 주기의 역수이며 진동수라고도 한다. 전자파 및 영상계 등에 사용되는 공간주파수(spatial frequency)는 파장의 역수이며 파수(wave number)라고 한다.

정현파의 일반식은

$$E(t) = E_0 \sin(wt + \phi_0) \tag{1-6}$$

이고, E_0는 진폭(amplitude), $w\left(=2\pi f = \frac{2\pi}{T}\right)$는 각주파수, T[s]는 주기(period), f[Hz]는 주파수(frequency), ϕ_0는 초기위상(phase)이다. 진폭은 신호의 높이 혹은 특정 순간의 전압, 전류, 전력 신호값이다. 주기는 하나의 사이클을 완성하는데 필요한 시간이고 주파수는 주기의 역수이며, 1초 동안 생성되는 한 주기 신호의 수이고, 주파수=1/주기이다.

전파의 주파수를 알면 파장=전달속도/주파수로부터 파장을 알 수 있다. 전파의 전달속도는 빛의 속도와 같아서 1초에 30만km (3×10^8[m/s])이다.

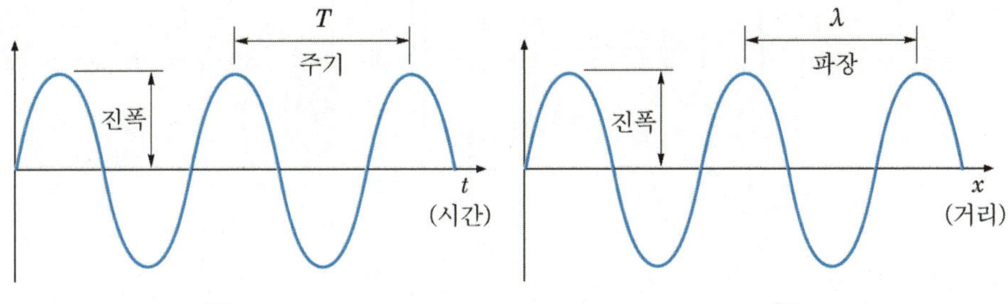

그림 1.37 파형 (a) 시간파형 (b) 공간파형

위상 변화(지연)는 두 신호 사이의 시간 차이를 나타낸다. 위상은 일반적으로 각도로 표시되지만, 상황에 따라 시간 값이 더 적절할 수 있다.

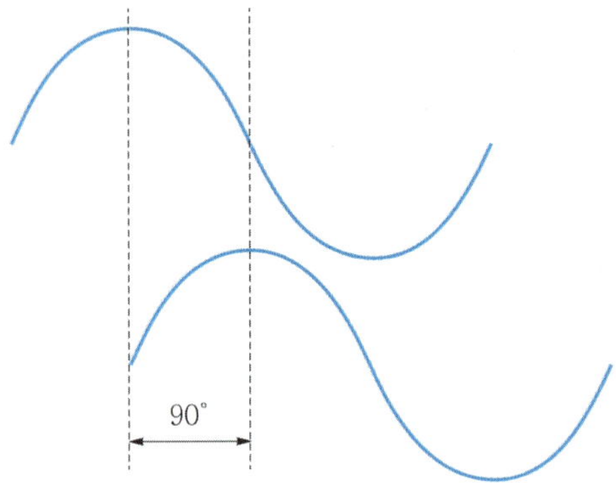

그림 1.38 위상변화

1.22 회절은 에돌이

회절(回折, diffraction)은 대표적인 파동현상으로 우리말로 '에돌이'라고 한다. 회절은 빛(전자기파)이 공간을 전파해가거나 또는 장애물을 만나서 굴절하거나 펴져나가는 현상을 말하는 것으로 빛뿐만이 아니라 모든 종류의 파동에서 일어난다.

파동의 일부가 어떤 장애물을 만났을 때 통과하는 부분의 파면들에 의한 간섭으로부터 회절이 일어나는 것으로 설명할 수 있다. 파동이 공간적으로 제한될 때 나타나는 현상으로 파동이 직선경로에서 벗어나는 현상이며, 물리적 장애물과 파동 간의 상호작용이다. 그러므로 사진기, 현미경, 망원경 등과 같은 모든 일정한 구경을 갖는 광학기기들은 모두 회절이 생긴다.

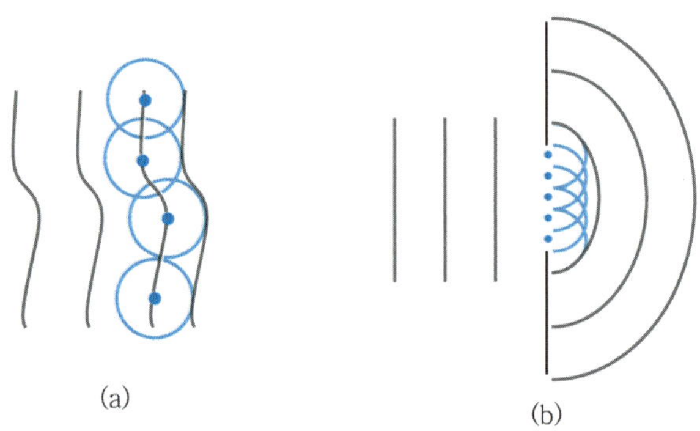

그림 1.39 원래 파면이 회절파와 직접파가 합해져서 새로운 파면이 생성 (a) 호이겐스 원리 (b) 회절

물질의 구성원소를 밝히기 위해 사용하는 적외선 분광기와 가시광 분광기, 결정형태의 물질구조를 조사하는데 사용하는 X선 분광기, 광통신에서 사용하는 광통신용 파장을 조사하는 스펙트럼 분석기 등과 같은 분석장비들은 회절이라는 현상을 이용한다.

담장 너머의 사람이 보이지는 않아도 말하는 소리는 들을 수 있다. 소리(음파)는 공기를 매질로 하고 파장이 긴 파동이므로 회절이 일어나지만 전자기파인 가시광선은 파장이 짧아 회절이 잘 일어나지 않는다.

라디오의 AM방송은 FM방송에 비해서 수신이 잘 된다. 이는 AM방송에 쓰는 전파의 파장이 FM방송에 사용되는 파장의 길이보다 길어서 건물이나 장애물을 만났을 때 회절되어 구석구석 잘 전달되기 때문이다.

1.23 사람과 마당 대 전자와 전기마당

사물을 둘러싼 주위상황은 하나의 장(場)이라고 할 수 있고, 사물은 항상 자신을 둘러싼 장 속에 위치하고 있다. 이것을 동양에서는 입장(立場)이라고 하고, 설 입(立)자와 마당 장(場)로 '서 있는 자리'다. 사전에서는 '당면하고 있는 상황'이라고 풀이하고 '처지'(處地)로 순화한다고 되어 있다.

그림 1.40 해바라기가 자라는 마당인 들판

원천이 공간에 놓이면, 공간의 변형이 일어나고, 이 변형된 공간을 '장(field) 혹은 마당'이라고 한다. 이 변형된 공간에 원천과 성질이 같은 또 하나의 물체를 놓으면 장의 영향을 받아 힘이 작용된다. 그래서 이런 공간을 장 혹은 힘의 장(force field, 力場, 힘마당)이라 하고, 장은 시공간에서 변하는 양이다. 정적인 장(static field)은 공간에서만 변하는 장이고, 시변장(time varying field)은 시공간에서 변하는 장이며, 스칼라장은 시공간에서 크기가 변하는 장이고, 벡터장은 시공간에서 크기와 방향이 변하는 장이다.

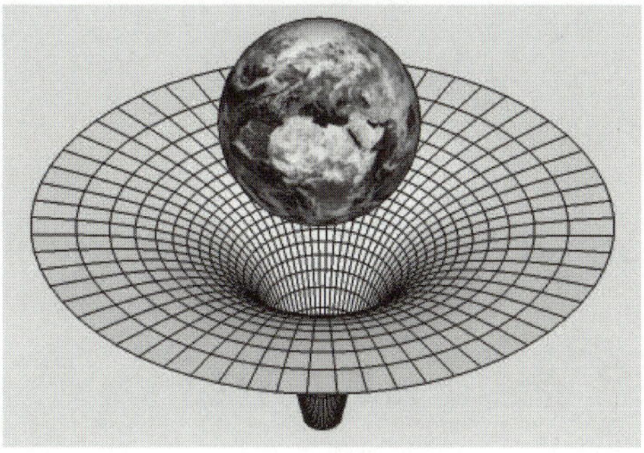

그림 1.41 중력장

전(기)장(electric field)이란 전하가 있는 공간에는 전장(전계)이 발생하고 다른 전하를 전장 안에 놓으면 전기력이 작용하는 공간이다. 즉, 전하가 있고 전기력이 작용하는 공간을 전장이라 한다.

자(기)장(magnetic field)이란 운동하는 전하 혹은 자석이 있는 공간에 자장(자계)이 발생하고 운동하는 다른 전하 혹은 자석을 자장에 놓으면 자기력이 작용하는 공간이다. 즉 운동하는 전하 혹은 자석에 의해 자기력이 작용하는 공간을 자장이라 한다.

질량을 가진 물체가 만드는 공간에는 중력장이 발생하고, 질량을 가진 다른 물체를 중력장에 두면 중력이 작용한다. 즉, 질량이 있고 중력이 작용하는 공간을 중력장이라 한다.

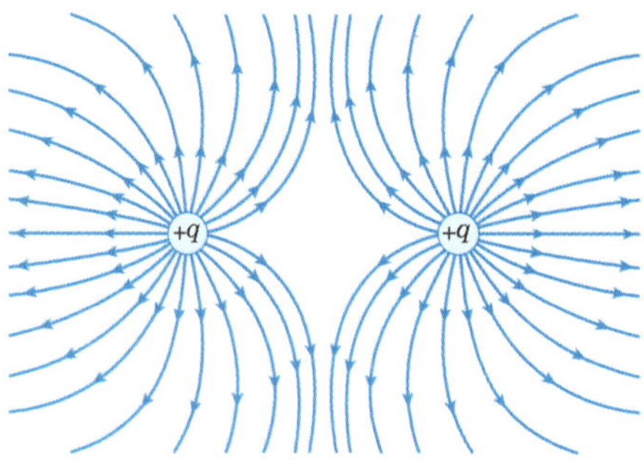

그림 1.42 전기장

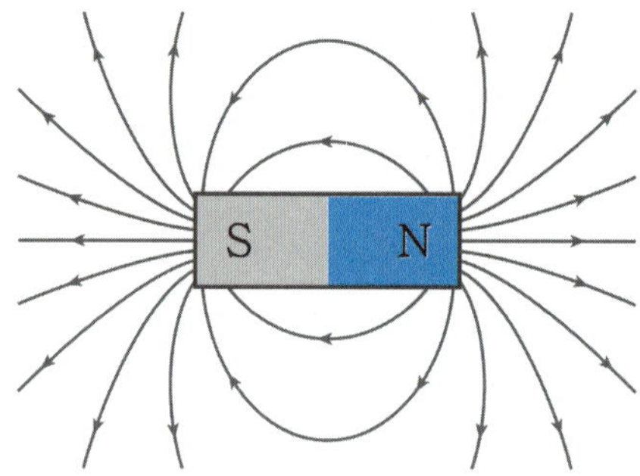

그림 1.43 자기장

1.24 전장은 전하의 유혹장

전(기)장(electric field)이란 전하가 있는 공간에는 전장(전계)이 발생하고 다른 전하를 전장 안에 놓으면 전기력이 작용하는 공간이다. 즉, 전하가 있고 전기력이 작용하는 공간을 전장이라 한다. 전장 안에 전자가 존재하면 움직이는 힘(눈에 보이지 않는 유혹의 힘)을 받는다.

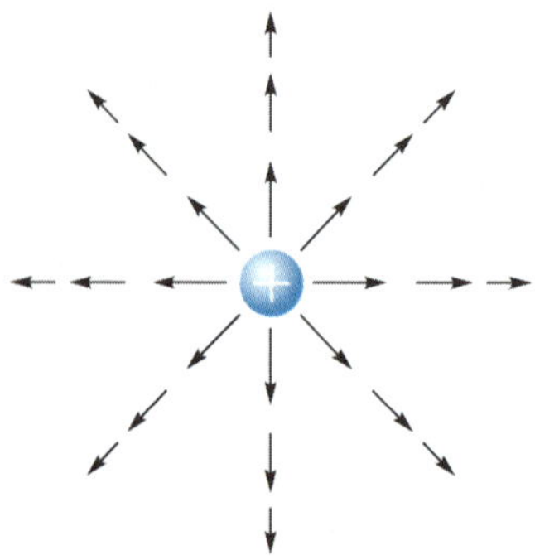

(a)

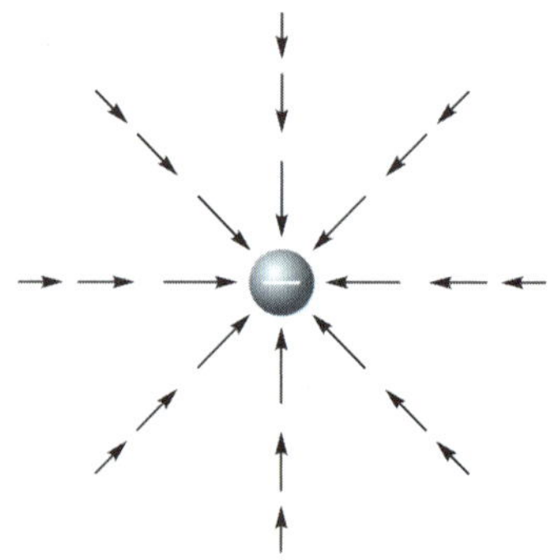

(b)

그림 1.44 전기력선 (a) 양(+)전하 (b) 음(−)전하

1.25 번개와 천둥은 결혼의 축포와 환호

번개는 과학적으로 대기 속 전장에 축적된 전기에너지의 일시적인 방전현상이고 사회과학적으로

사랑하는 연인이 결혼을 통해 결합함으로써 조물주가 준 사랑의 욕망을 없애는 과정과 유사하다.

번개가 치면 하늘과 땅 사이에 전류가 흐르면서 온 하늘이 불빛으로 갈라지고 공기에 압력차를 발생한다. 그래서 순간적인 압력파인 충격음이 발생하여 천둥소리가 천지를 진동하면서 우주의 울림을 만든다.

한여름 상승기류를 타고 올라가는 물 입자들이 마찰하면서 잘게 깨어진 먹구름에서 중력에 의해 구름의 가벼운 입자인 양전하는 위쪽, 무거운 입자인 음전하는 아래쪽에 모인다. 그래서 정전유도 현상으로 땅은 양전하가 대전된다.

수증기를 많이 포함한 공기와 전하들이 많이 모이면 유혹파인 전장(3×10^5[V/m])이 강해지고, 전기력에 의해 입자들이 공기를 뚫고 서로 결합한다. 번개는 구름 속, 구름과 구름사이, 그리고 구름과 지표면 사이에 만들어진다. 번개는 일시에 많은 양의 전기에너지를 열과 빛 에너지로 변환하고 열에너지는 주변의 공기를 팽창시켜 파동을 일으키며 이때 천둥소리가 난다.

미국 벤저민 프랭클린(Benjamin Franklin, 1706~1790)은 1752년에 '연 실험'을 통해 번개가 전기를 방전한다는 것을 증명하였고, 번개를 구름에서 끌어내기 위해 금속으로 만든 뾰족탑을 세우자고 제안한 최초의 사람이며, 이런 연구들의 결과로 피뢰침이 발명되었다.

요즘 인공적인 번개인 전자폭탄(e-bomb)을 사용하고, 이것은 좁은 공간에서 번개를 맞은 것처럼 전자장치에 피해를 입히는 치명적인 전자무기이다.

그림 1.45 구름과 지표면 사이 번개

1.26 옴의 법칙과 유혹

1827년 옴(Georg S. Ohm, 1789~1854)은 전류가 열의 흐름과 비슷하고, 전압은 온도차와 비슷하다고 설명했다. 전압 V와 전류 I는 비례관계

$$I=\frac{1}{R}V \tag{1-7}$$

이고, 비례상수의 역수는 저항이다.

도체에서 전류는 전하가 전기적 위치에너지를 줄이기 위해 전위가 높은 곳에서 낮은 곳으로 이동하면서 생긴다. 위치에너지가 높으면 불안정하기 때문이고 사람도 결혼을 통해 심리적인 위치에너지를 줄여 유혹이 적은 안정한 가정을 가지려고 한다. 전위차가 크다는 것은 전하가 움직이려고 하는 유혹이 크고 속도가 증가하면 전류가 증가한다.

구리도선에 전자가 1m 이동하는데 대략 12시간 걸린다. 전류가 흐르는 것은 전자가 빠른 속도(전자의 유효속도는 광속도의 1/100)로 이동하기 때문이 아니고 전장이 빠르게 전달되기 때문이다. 표류속도(drift velocity)가 느린데도 불구하고 전기장치가 빠른 이유는 금속도선 속에 자유전자들이 가득 차 있어 전장이 인가되면 도선 끝부분 전자들이 즉시 이동한다.

그림 1.46과 같이 유동하는 전자는 많은 충돌을 당해 전자는 가속되지 못하고 일정한 평균속도에 도달한다.

구리($n = 8.5 \times 10^{28}/\mathrm{m}^3$)도선의 단면적$= 1\mathrm{mm}^2$이고 전류 3A가 흐를 때 표류속도 v_d를 구해보자.

$I = nqv_dS$에서 $v_d = \dfrac{I}{nqS} = \dfrac{3}{8.5\times10^{28}\times1.6\times10^{-19}\times10^{-6}} = 2.2\times10^{-4}[\mathrm{m/s}]$

전자는 1초에 약 0.2mm 이동하지만 전자에서 전자로 빛의 속도로 도체 끝 전자로 전달된다.

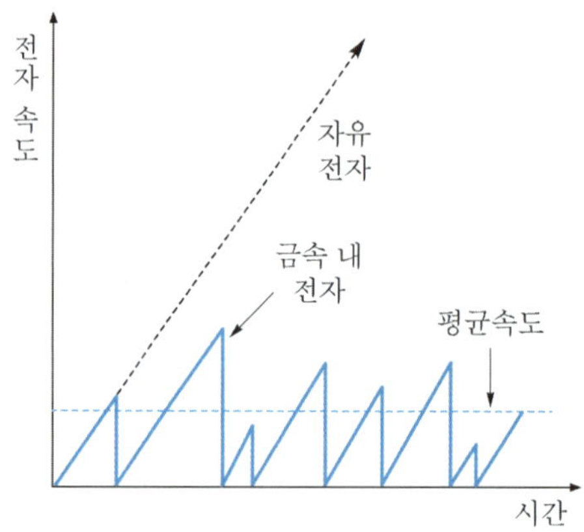

그림 1.46 시간에 따른 속도

1.27 결합과 커플

커플(couple)은 한 쌍의 남녀, 부부의 의미와 연결 및 결합의 뜻을 내포하고 있다. 커플은 두 회로(송신회로와 수신회로) 사이에 신호를 연결시키는 것을 의미하고 일반적으로 DC-커플과 AC-커플 두 종류가 있다. DC-커플은 두 회로를 전선으로 직접 연결하고 AC-커플은 커패시터 통해 두 회로를 연결한다. AC-커플은 차단주파수보다 낮은 신호에서 감쇠가 일어나고 AC-커플은 기생전기용량에 의해 간섭신호 경로로 작용한다. 오실로스코프에는 선택사항으로 전체 신호를 보는 DC-커플과 교류성분만 통과하는 AC-커플이 있다.

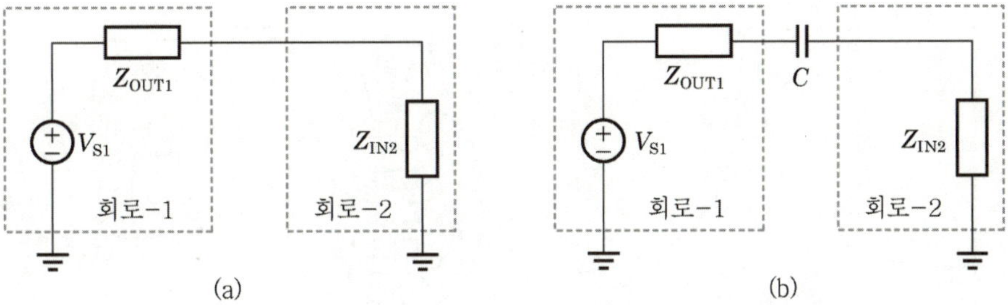

그림 1.47 커플링 회로 (a) DC-커플 (b) AC-커플

1.28 정합과 결혼

정합(整合, matching)은 임피던스가 $Z_1 = R_1 + jX_1$, $Z_2 = R_2 + jX_2$ 인 두 회로를 결합할 경우 각 회로의 등가 두 임피던스 사이에 최대 전력이 전달되는 공진조건($R_1 = R_2$, $X_1 = -X_2$)이다. 정합회로는 회로에서 반사파를 없애기 위해 임피던스 조건이다.

Match는 결혼, 성냥, 잘 어울리는 한 쌍, 시합, 경쟁상대 등은 항상 상대가 있어야 한다.

결혼은 마음과 배경이 맞는 남녀가 정식으로 부부 관계를 맺는 것이고 안전성냥은 발화연소제를 성냥갑의 마찰면에 마찰시켜야 발화되는 것이다.

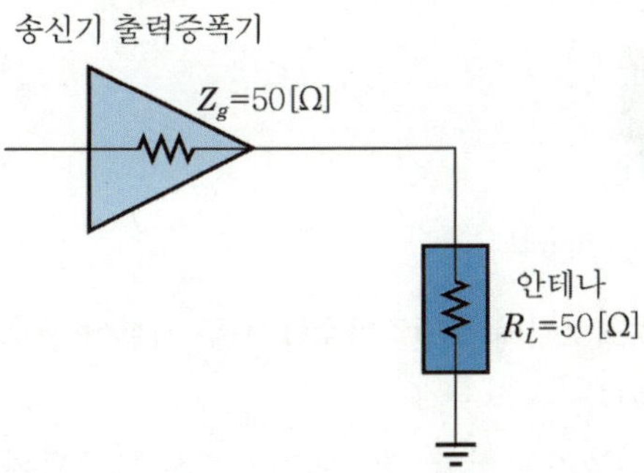

그림 1.48 부하와 정합

그림 1.49 남녀의 결혼

1.29 공진과 정합

세상에 존재하는 모든 물체들은 저마다 고유의 흔들림(진동)을 갖고 있다. 특정 주파수에서 큰 진폭으로 진동하는 현상을 공명(共鳴)이라 한다. 이때 특정주파수를 공명주파수라고 하며, 공명주파수에서는 작은 힘의 작용에도 큰 진폭 및 에너지를 전달할 수 있다. 진동은 역학, 음향, 광학 등에 나타날 수 있으며, 이 중 전기·공학적 진동의 공명을 공진(共振, resonance)이라고 한다.

공진은 커패시터와 인덕터가 서로 에너지를 주고 받으며 에너지를 저장하고 있는 상태로서 공진주파수 근처에서 임피던스가 크게 변하는 특성을 가지고 있다.

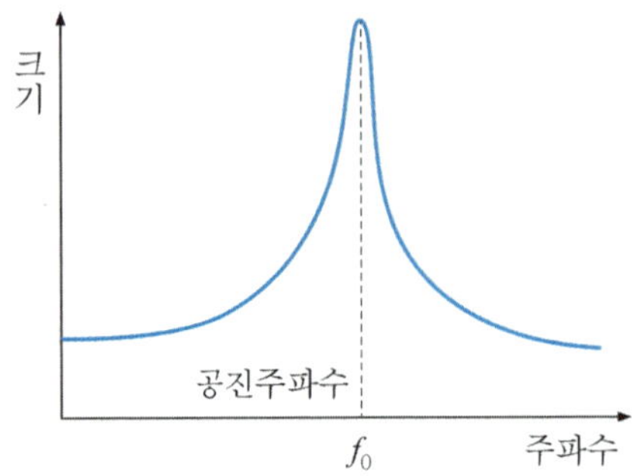

그림 1.50 공진 주파수특성

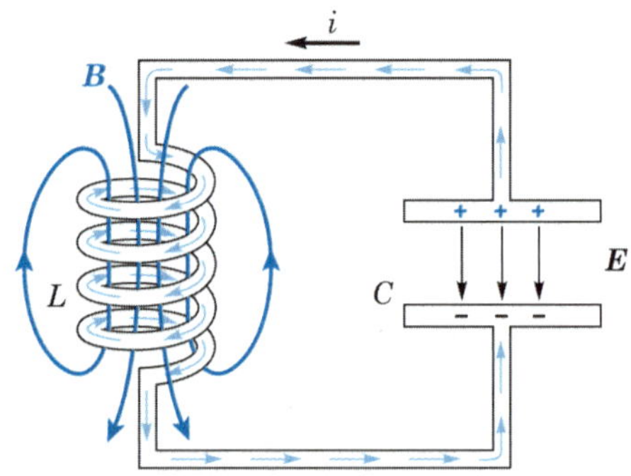

그림 1.51 전기용량과 자기용량의 공진

같은 진동수를 갖는 한 쌍의 소리굽쇠와 다른 진동수를 갖는 소리굽쇠 하나를 준비한 다음 소리굽쇠를 친다. 소리굽쇠는 고유 진동수로 진동하기 시작하고 이 진동은 공기를 통해 전파되면서 다른 소리굽쇠를 강제로 진동 시킨다. 이때 같은 진동수를 가진 소리굽쇠는 진동하지만 다른 진동수를 가진 소리굽쇠는 진동하지 않는다.

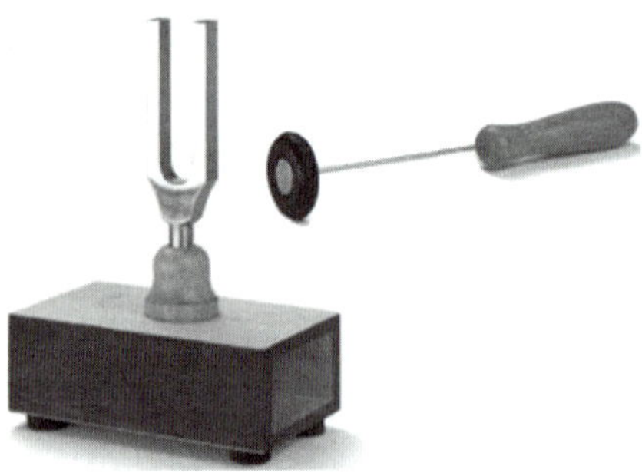

그림 1.52 소리굽쇠

안테나는 전기용량과 유도용량으로 구성된 공진회로이며 공진주파수에서 두 성분이 서로 상쇄되어 손실저항과 방사저항의 합인 순수한 저항이 된다.

라디오나 TV에서 원하는 채널을 찾을 때도 공진을 이용한다. 방송국에서 보내는 전파의 주파수와 회로 안의 주파수를 똑같이 만들어 공진을 일으키는 것이다.

같은 진동이 겹쳐서 공진이 일어난다면, 반대로 진동이 엇갈리게 만들어 진동을 상쇄시킬 수 있다.

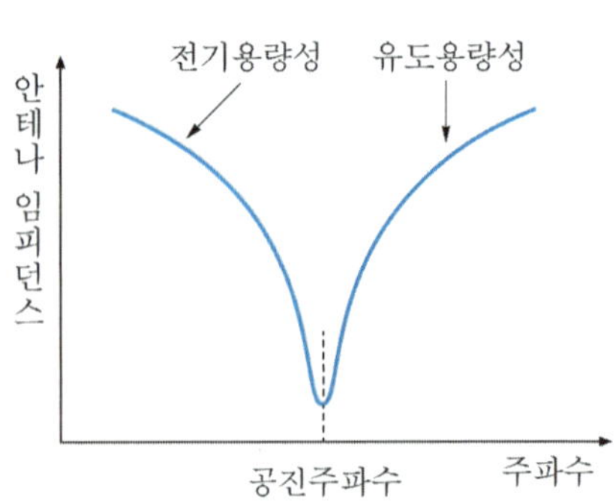

그림 1.53 안테나와 공진 특성

전자레인지는 파장이 약 1.2cm 인 마이크로파에 의해 음식물 속의 물 분자가 공명 현상에 의해 맹렬히 진동하면서 열에너지를 만들어 음식물의 온도를 높이면서 데워지거나 조리가 되도록 한다.

병원에서 많이 쓰는 자기공명단층촬영 장치(MRI)는 사람의 몸에 자장을 걸어주면 몸 안에 있는 수소원자는 공명현상에 의해 외부 전자기파로부터 특정주파수 에너지를 흡수한다. 흡수된 에너지가 다시 낮은 상태로 될 때까지 시간은 질병을 가진 세포에 따라 달라서 이 차이를 측정해서 질병여부를 파악한다.

연습문제

1.1 자유전자와 정공에 대해 설명하여라.

1.2 정전기와 동전기의 차이점을 설명하여라.

1.3 맥스웰방정식은 무엇이며 의미를 간단히 설명하여라.

1.4 스칼라와 벡터의 차이점을 기술하고 합과 차를 구하는 방법을 설명하여라.

1.5 자연에는 전자기력, 강력, 약력, 중력이 있다. 이 힘에 대해 설명하여라.

1.6 기울기, 발산, 회전에 대해 물리적인 의미를 적고 응용에 대해 설명하여라.

1.7 BJT, FET의 단자명을 적고 차이점을 설명하여라.

1.8 전류를 측정하는 검류계의 동작 원리를 설명하여라.

1.9 전속밀도와 전하량과의 관계를 설명하여라.

1.10 단면적 1mm^2인 도선에 10A 전류가 흐를 때 전류밀도를 구하여라.

1.11 푸리어 변환에 대해 설명하여라.

1.12 2 라디안을 각도로 나타내고, 120^o를 라디안으로 나타내어라.

1.13 $V(t) = 5\sin(200t + 0.1\pi)[\text{V}]$의 진폭, 주파수, 초기위상을 구하여라.

1.14 호이겐스 원리와 회절에 대해 설명하여라.

1.15 전장, 자장, 중력장의 장에 대한 의미를 설명하여라.

1.16 번개가 보인 후 천둥소리가 들리는 이유를 설명하여라.

1.17 저항이 $1k\Omega$인 저항기에 전압을 10V 인가했을 때 흐르는 전류를 구하여라.

1.18 공진과 정합의 공통점을 설명하여라.

02
Chapter

재료, 소자, 회로 및 시스템 용어

2.1 물질에 대한 원자, 원소, 분자의 차이

원소(element)는 물질을 이루는 성분을 나타내는 종류를 나타내는 추상적인 셀 수 없는 것이다. 원자(atom)은 물질을 이루는 가장 작은 입자를 나타내고 갯수를 가지며 원소를 구체적이고 셀 수가 있다. 분자란 물질의 성질을 가지는 가장 작은 입자이며 여러 개의 원자가 화학적인 결합을 통해 만들어진 입자이다.

물은 물 분자로 이루어져 있으며 물 분자는 수소 원자 두개와 산소 원자 한개로 구성된다. 결국 물을 이루는 구성 원소는 수소와 산소 두 종류이다. O는 산소원자이지만 O_2는 산소 분자가 되어 분자일 때 비로소 산소의 성질을 가진다.

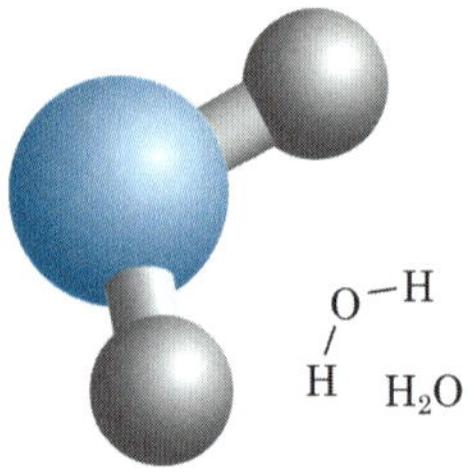

그림 2.1 물 분자

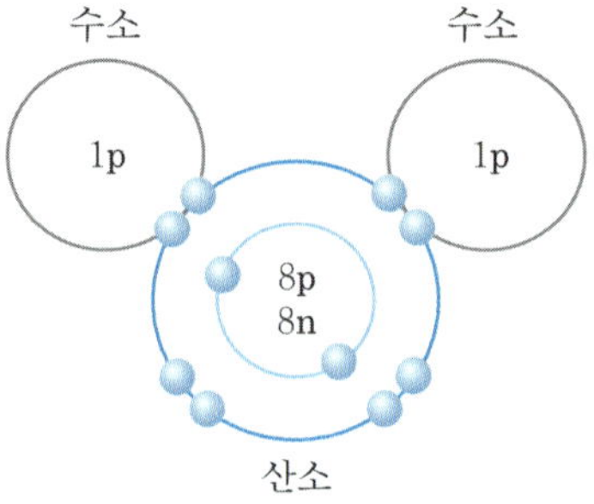

그림 2.2 물 분자의 원자결합

복숭아, 배, 감을 파는 과일가게에서 과일가게라는 물질은 복숭아, 배, 감과 같은 기본 성분, 즉 원소로 이루어져 있다고 보면 된다. 이때, 복숭아가 500개, 배가 1000개, 감이 300개 있었다면, 이때 복숭아 한개가 원자, 배 한개가 원자, 감 한개가 원자이다.

1905년 아인슈타인의 브라운 운동 논문으로 원자의 존재를 규정했다. 수소기체 1g의 수소 원자 수=물 18g의 물 분자의 수=6.02×10^{23}개이다.

가장 작은 입자인 쿼크는 원자보다 1억 배나 작다. 양성자와 중성자 안에는 쿼크라는 아주 작은 입자가 들어 있다. 궁극적으로 물질은 쿼크라는 가장 작은 단위의 입자로 이루어져 있으며 쿼크처럼 작은 입자를 관찰하고 연구하려면 입자가속기가 필요하다.

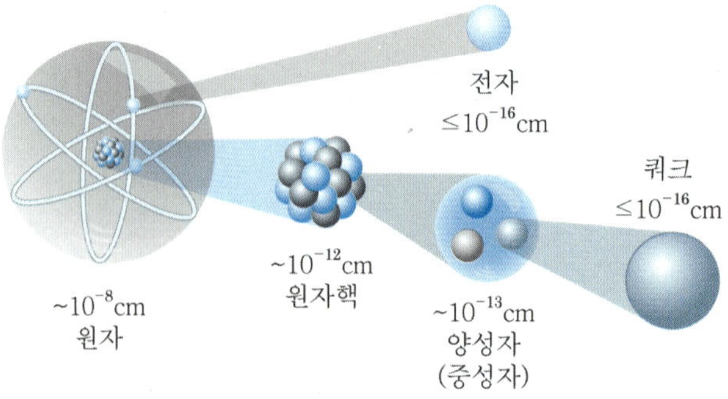

그림 2.3 입자의 기본 구조

2.2 에너지 손실이 없는 초전도체

1877년 산소, 1883년에 질소를 액화시켰고, 1908년에는 라이덴대학 온네스(Heike Kamerlingh Onnes, 1853~1926)가 액체헬륨을 생산했다. 당시 극저온에서 금속저항에 대해 관심이 많았다. 1911년 온네스 실험실에서 수은의 저항이 4.2K 부근에서 저항이 갑자기 '0'이 되는 것을 발표했고 온네스는 이 공적으로 1913년에 노벨상을 수상하였다.

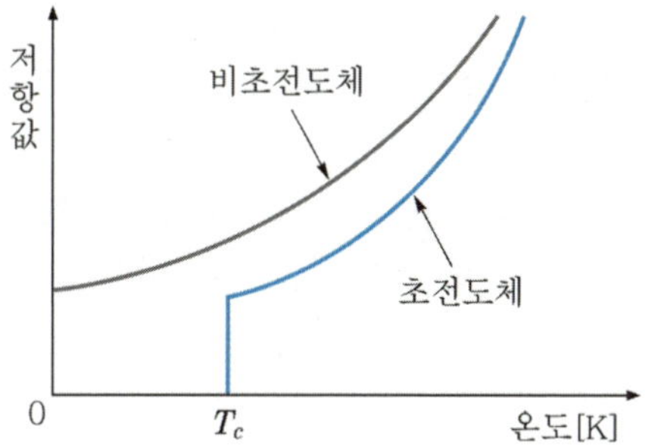

그림 2.4 초전도체의 온도-저항 특성

그 후 초전도고리를 만들어 영구자석을 만드는 실험을 했다. 초전도고리에서 초전도상태가 되기 전의 초전도고리 내부의 자장은 냉각이 되어 초전도체가 되고, 자장의 변화가 있어도 항상 초전도 고리의 자장은 원래 냉각되기 전의 자장을 유지하는 자장보존의 법칙이 성립한다.

초전도현상은 3가지 임계값인 임계온도, 임계자장, 임계전류밀도가 있다. 초전도체는 임계 범위 안에 존재하여야만 초전도성질을 유지할 수 있다.

마이스너(Walter Meissner)와 옥젠펠트(Robert Ochsenfeld)는 초전도체의 내부에 자장이 들어가지 않는다는 것을 알았다. 보통의 도체는 자장의 변화를 방해하지만 초전도체는 자장의 침투를 허용하지 않는다는 마이스너효과(Meissner's effect)가 나타나고 초전도체를 판정하는 기준으로 사용한다. 이런 성질은 완전반자성이라 한다. 초전도체는 마이스너 효과에 의해 자장을 차단하는 특성이 있어 자석 위에 가까이 가져가면 자석 위에 뜬다.

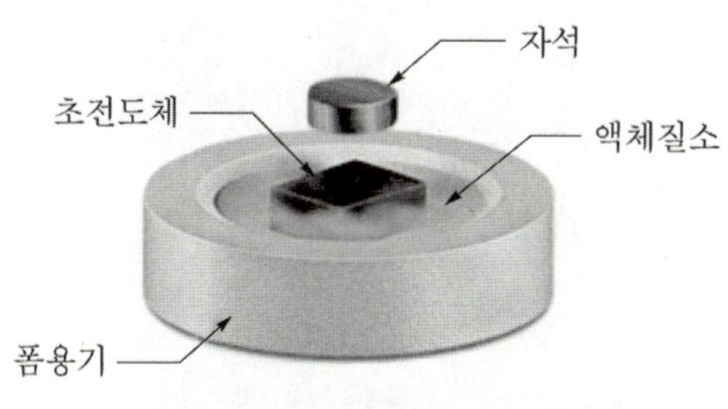

그림 2.5 초전도체의 마이스너 효과

초전도현상을 이해하려는 이론물리학의 노력은 1957년 바딘(John Bardeen), 쿠퍼(Leon Cooper), 슈리퍼(Robert J. Schrieffer) 세 사람이 초전도이론(BCS 이론)을 완성하여 초전도 현상의 원리를 이해하게 되었고 이 공적으로 세 사람은 1972년 노벨상을 수상하였다.

금속계열 초전도체를 저온 초전도체라고 하고 세라믹 계열 초전도체는 고온 초전도체라 한다.

초전도체(superconductor)는 저항이 없어 전류가 흘러들어도 전력 손실이 전혀 발생하지 않아, 대량의 전기를 손실 없이 저장하거나 송전이 가능하다. 초전도체는 매우 센 전류를 흐르게 하여 강한 자장을 얻을 수 있으므로 이를 이용하여 자기부상열차에 사용이 가능하다. 그리고 전자공학 분야에는 조셉슨 소자, 초전도양자 간섭장치(SQUID : superconducting quantum interference device), 의료분야에는 뇌파측정, MRI 등에 응용될 수 있다.

2.3 반도체는 절연체와 도체의 중간 성질

半(semi)+導體(conductor)는 원자와 그에 속박된 전자와의 상호작용에 의해 형성되는 에너지밴드 갭에 의해 절연체와 도체의 중간적 도전성을 갖는 물질이다.

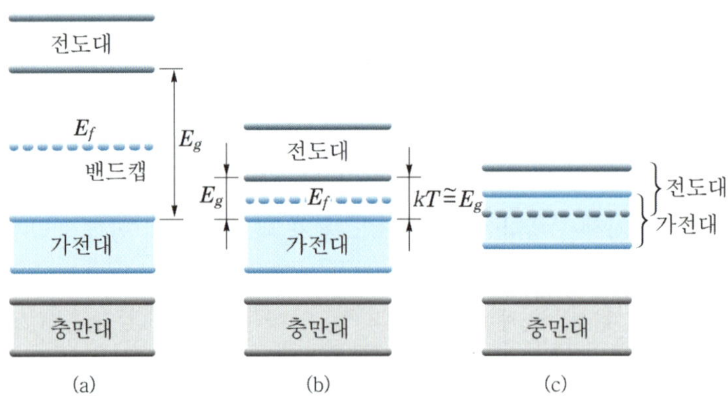

그림 2.6 에너지 밴드 (a) 절연체 (b) 반도체 (c) 도체

반도체는 원자가 주기적으로 배열된 구조를 갖는 결정이며 4족 반도체는 각 원자가 4개의 원자에 의해 둘러싸여 있고 4개의 최외각 전자를 공유한다.

그림 2.7 실리콘 주위 3족, 4족, 5족 원소주기율표

불순물에 따른 종류에는 불순물이 없는 진성(intrinsic) 반도체, 불순물이 들어간 외인성(extrinsic) 반도체가 있고 외인성 반도체는 정공이 많은 P(positive)형 반도체, 전자가 많은 N(negative)형 반도체가 있다. N형 반도체는 전자를 내어주는 도너(donor) 원자인 5족 원소를 도핑하고, P형 반도체는 정공을 내어 주는 억셉터(acceptor)원자인 3족 원소를 도핑 한다.

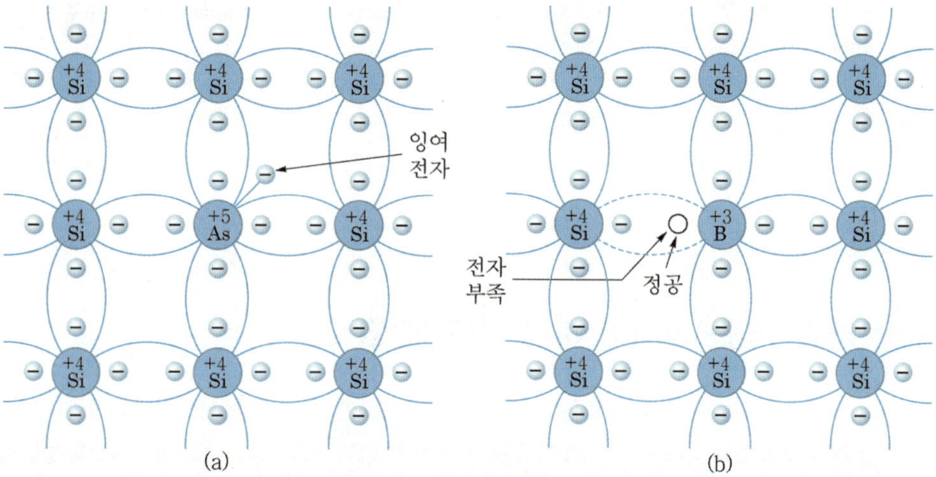

그림 2.8 외인성 실리콘 반도체 (a) N-형 (b) P-형

Si(실리콘), Ge(게르마늄), C(탄소) 등은 단원소 반도체이고, GaAs(갈륨-비소), InP(인듐-인) 등은 화합물반도체라 한다.

2.4 전기저항과 레지스탕스

독일이 제2차 대전(1939년 9월 1일~1945년 8월 15일) 중 점령 하에 있는 프랑스 등 유럽 제국(諸國)들에게 인간 멸시의 전체주의적 체제를 강제하려고 하였고 이에 인간의 자유와 존엄을 지키려는 비합법적으로 전개된 독일에 대한 저항운동을 레지스탕스(resistance)라 한다.

그림 2.9와 같이 전자가 매질에 움직일 때 자유롭게 움직일 수 없는 정도를 전기저항(electric resistance, 電氣抵抗)이라 하고 단위는 옴(Ω)이다. 전기저항값은 물질 종류에 따라 다르고 길이에 비례하고 단면적에 반비례한다.

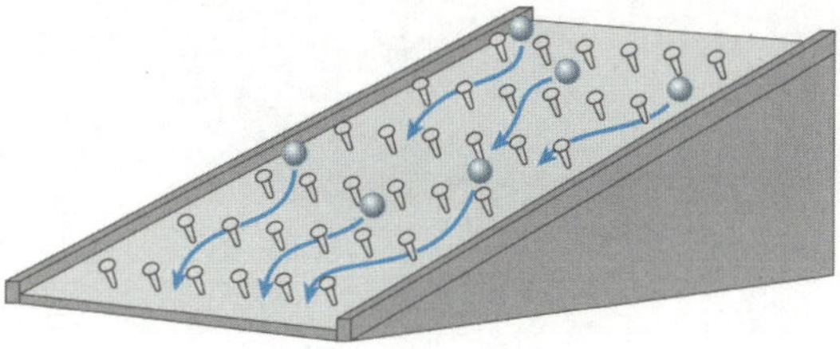

그림 2.9 저항의 개념도

일반적으로 물질의 저항값은 온도에 따라 변하는데 도체는 온도가 상승하면 전기저항이 증가하지만 반도체나 절연체에서는 오히려 작아진다. 저항이 없는 매질은 저온에서 동작하는 초전도체이다.

저항(resistance)은 직류저항, 임피던스(impedance)는 교류저항

- 저항과 임피던스는 전류흐름을 방해하는 성질을 가진다.
- 임피던스는 복소수, $Z=R+jX$이다. 실수부는 전류 흐름을 방해하는 저항(resistance) R과 허수부는 에너지 저장과 관련된 리액턴스(reactance) X로 되어 있다.
- 허수를 가질 수 있는 소자는 커패시터와 인덕터이고, 인덕터는 유도성 리액턴스, 커패시터는 용량성 리액턴스를 가진다.
- 임피던스의 역수는 어드미턴스(admittance), $Y=\frac{1}{Z}=G+jB$다. 어드미턴스의 실수부 G는 컨덕턴스(conductance), 허수부 B는 서셉턴스(susceptance)라고 한다.

2.5 커패시터는 가까이 하긴 너무 먼 당신

커패시터(capacitor, condenser) 혹은 축전기란 전기회로에서 전기용량을 지니고 전기적 위치에너지를 저장하는 수동소자 부품이다. 최초의 축전기는 그림 2.10과 같은 오늘날 라이덴병(Leyden jar)이다. 1746년 라이덴대학 대학원생 뮈센브르크(Van Musschenbroek, 1692~1762)가 처음 만들었고 라이덴병이라는 이름은 성직자 놀레(Jean Antoine Nollet, 1700~1770)가 붙였다.

커패시터 내부는 두 도체판이 떨어져 있는 구조로 되어 있고, 사이에는 보통 유전체(절연체)가 주입한다. 각 판의 표면과 유전체의 경계 부분에 전하가 축적되고, 양 표면에 모이는 전하량의 크기는 같지만 부호는 반대이다.

두 도체판 사이에 전압을 인가하면 양극에는 양전하가, 음극에는 음전하가 유도되는데, 이로 인해 전기적 인력이 발생한다. 이 인력에 의해 전하들이 모이고 에너지가 저장된다. 평행판에서 전기용량 C[F]는 각 도체판의 면적 $A[\mathrm{m}^2]$와 유전율 ϵ에 비례하고 간격 d[m]에 반비례한다.

$$C=\epsilon\frac{A}{d} \tag{2-1}$$

여기서 커패시터는 두 도체판 사이 거리가 아무리 작더라도 이상적인 유전체(자유전자는 없음)인 경우 양전하와 음전하가 직접 만날 수 없으므로 '가까이 하긴 너무 먼 당신이다'이라고 명명해 보았다.

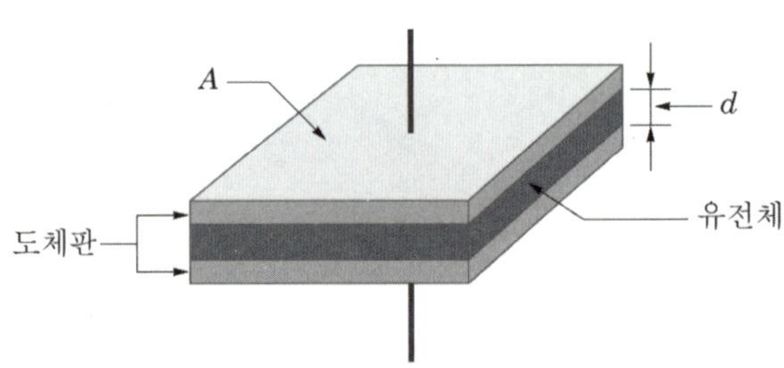

그림 2.10 평행판 커패시터 구조

평행한 축전기의 두 극판 사이 거리가 일정할 때 양 극단에 걸린 전압차가 클수록 더 많은 전하량이 대전된다. 여기서 Q[C]와 V[V]가 서로 비례하고 C[F]는 이들 사이의 비례상수로 전기용량이라 한다($Q=CV$). 전기용량 단위는 패럿(F)이다.

2.6 인덕터는 변화를 싫어하는 인간의 본성

인덕터(inductor) 혹은 유도기(誘導器)는 수동소자 부품이다. 인덕터는 자신을 통과하는 전류의 변화를 방해하는 방향으로 작용한다. 그래서 변화를 싫어하는 인간의 본성과 같은 특성으로 나타난다고 볼 수 있다.

전선 등과 같은 도체로 이루어져 있으며, 보통 코일의 형태로 꼬여 있다. 인덕터에 전류가 흐르면, 코일 속에 자장의 형태로 에너지가 일시적으로 저장된다.

그림 2.11과 같이 인덕터에 흐르는 전류가 변하면, 패러데이 전자기 유도 법칙에 따라 시간 가변성 자장이 인덕터에 전압을 유도한다. 인덕터의 성질은 전류변화에 대한 전압의 비율인 유도계수(유도용량)로 결정지어진다. 그 단위는 헨리(H)이다.

기전력 $\mathcal{E}\,[\mathrm{V}] = -\dfrac{d\Phi}{dt} = -L\dfrac{dI}{dt}$ 이고 여기서 Φ는 총자속, L은 인덕턴스이다.

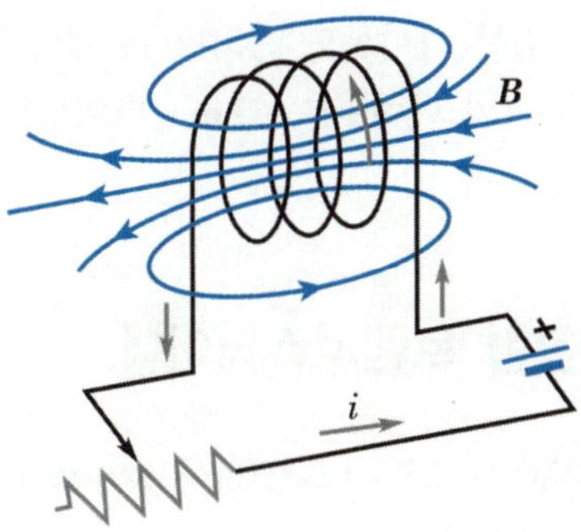

그림 2.11 패러데이 전자기 유도 법칙

2.7 다이오드는 두 개의 극을 가진 소자이다.

프랑스어 di는 2배 · 2중 · 2번의 뜻인 접두사이고, ode는 극(極)의 뜻하는 접미사이다. 진공관 다이오드는 양극(anode)과 음극(cathode)의 두 개의 전극을 가지고 비대칭 컨덕턴스를 가진다. 한 방향으로 전류가 흐르는 낮은 저항영역과 전류가 흐르지 않는 높은 저항영역으로 나눈다.

1874년 브라운(Karl Ferdinand Braun, 1850~1918)이 결정의 정류성질을 발견하였고, 그후 1906년 반도체 다이오드가 방연석(Galena) 광물질로 처음 개발되었다. 최근 실리콘 반도체 다이오드는 P형 반도체와 N형 반도체를 PN 접합한 것으로 주로 한쪽 방향으로 전류가 흐르도록 제어하는 비선형 반도체 소자이다.

반도체 PN접합에서 캐리어가 확산이나 전장으로 빠져나가고, 남게 된 이온화된 불순물인 공간적으로 고정된 전하를 공간전하(space charge)라 한다.

공핍층(空乏層, depletion layer) 혹은 공간전하영역(space charge layer)은 반도체 내부에 캐리어(전자, 정공)가 없는 접합 부분의 고저항 영역이다. PN 접합 시 캐리어 확산 및 경계부근 전장에 의해 캐리어가 이동되어 자유 캐리어는 없어지고, 격자를 형성한 움직이지 않는 이온화된 도너 및 억셉터만 남게 된 고저항 영역이다.

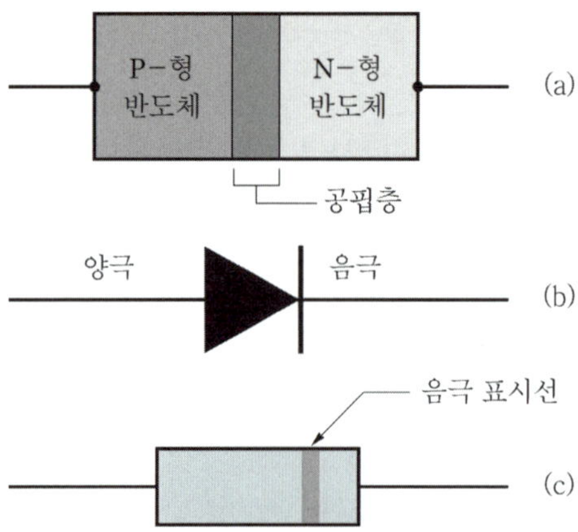

그림 2.12 PN-다이오드 (a) 구조 (b) 심벌 (c) 외양

다이오드 종류에는 정류용 PN 접합 다이오드, 정전압용 제너 다이오드, 주파수 조절용 버랙터 다이오드, 초고주파용 다이오드(쇼트키 다이오드, Gunn 다이오드, IMPATT 다이오드, 터널 다이오드 등), 광 관련 다이오드 등이 있다.

2.8 BJT는 쌍극 접합형 트랜지스터이다.

bi는 두개를 polar는 극을 나타낸다. 그래서 BJT(bipolar junction transistor)는 반송자로 전자와 정공을 이용하는(쌍극형) 트랜지스터이다.

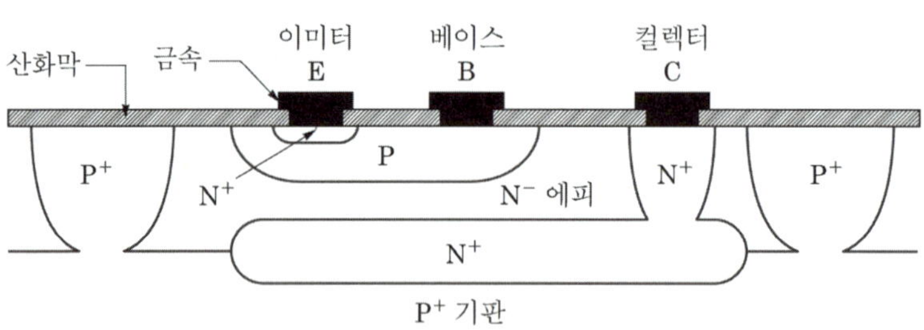

그림 2.13 NPN BJT 집적회로 단면

한 단자가 다른 두 단자의 흐름을 조절하므로 3 단자 2 포트 능동소자이다. 트랜지스터 소자는 주로 전압제어전류원(트랜스컨덕턴스)로 동작한다.

1947년 미국 벨연구소의 쇼클리(William Bradford Shockley, 1910~1989), 바딘(John Bardeen, 1908~1991), 브래튼(Walter Houser Brattain 1902~1987) 박사는 전자의 흐름, 즉 전류 양을 조절할 수 있는 트랜지스터를 발명하여 1956년 공동으로 노벨 물리학상을 받았다.

두 개의 PN 접합이 서로 반대로 맞물려 연결된 3개의 반도체 영역으로 구성된다. 단자 이름은 고농도 도핑하는 이미터(emitter), 중간농도와 폭이 좁은 베이스(base), 저농도 도핑하는 컬렉터(collector)이다. 그리고 물리적 구성에 따라 NPN과 PNP가 있다.

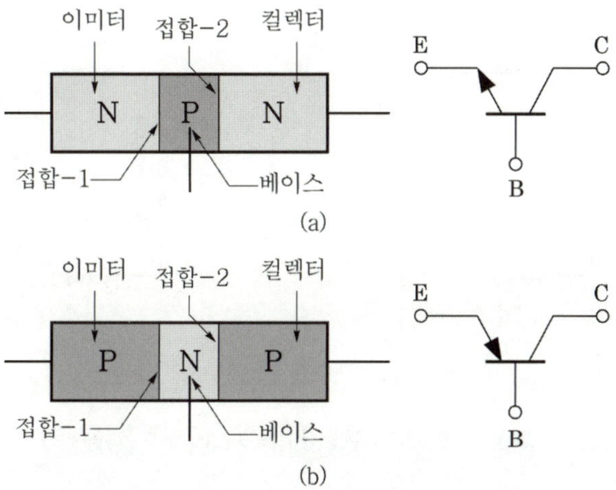

그림 2.14 BJT 트랜지스터 구조 및 심벌 (a) NPN (b) PNP

플라스틱형과 캔형인 2N2222는 1962년 모토롤라에서 처음 개발하였고 현재 특허권이 소멸되어 많은 회사에서 생산한다.

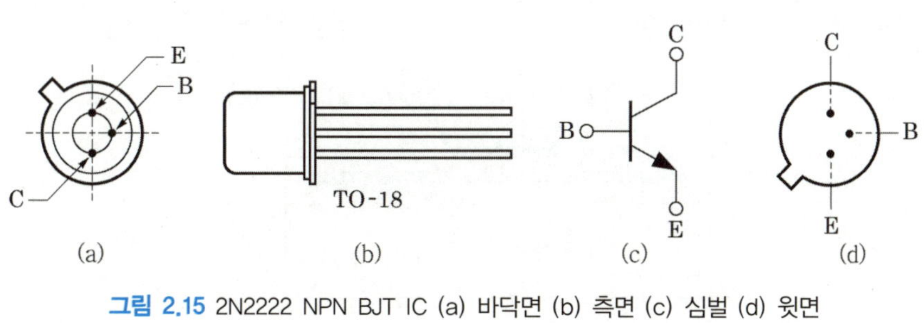

그림 2.15 2N2222 NPN BJT IC (a) 바닥면 (b) 측면 (c) 심벌 (d) 윗면

2.9 FET는 전계효과 트랜지스터이다.

전계효과(field effect)는 트랜지스터에 인가되는 전압에 의해 전장이 형성되고 전장의 세기에 의해 전하의 수와 속도가 변해 전류가 제어됨을 의미한다. FET(field effect transistor)는 입력전압에 의해 트랜지스터의 두 단자 사이에 흐르는 전류가 조절되는 소자이고 전자, 정공 중 한 개의 전하(다수캐리어) 만에 의해 동작하는 단극형(unipolar) 트랜지스터이다.

제조가 쉽고 집적도가 좋고, 크기가 작고, 전압제어 전류원, 인가전압에 의해 발생한 전장을 이용하여 전류를 제어하며 종류에는 제어단자인 게이트가 PN 접합으로 형성된 JFET(접합 FET, Junction FET), 제어단자가 산화물에 의해 절연된 MOSFET(금속-산화물-반도체 FET)이 있다.

드레인(drain)은 소스에서 공급된 캐리어가 채널영역을 지나 소자 밖으로 방출되는 단자이고, 게이트(gate)는 소스와 드레인 사이의 전류흐름을 제어하는 단자이며, 소스(source)는 전류를 운반하는 캐리어를 공급하는 단자이다.

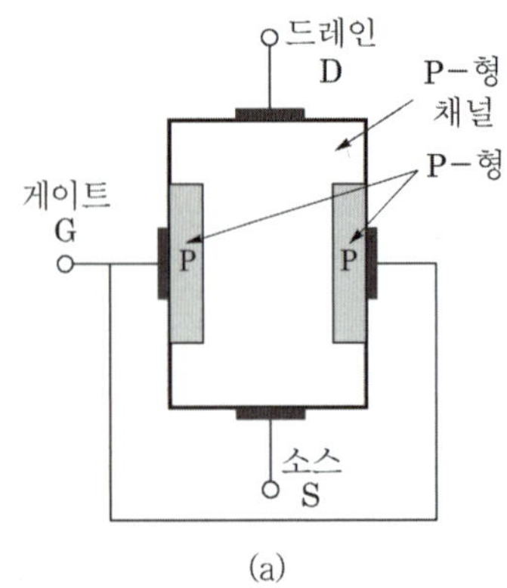

그림 2.16 JFET 구조 (a) N-채널 (b) P-채널

제작방법에 따라 증가형(enhancement-type) MOSFET(기판과 소스/드레인의 도핑형태에 따라 N-채널, P-채널이 있음)과 공핍형(depletion type) MOSFET(구조는 증가형 MOSFET과 동일하고 제조과정에서 채널이 미리 만들어짐)이 있다.

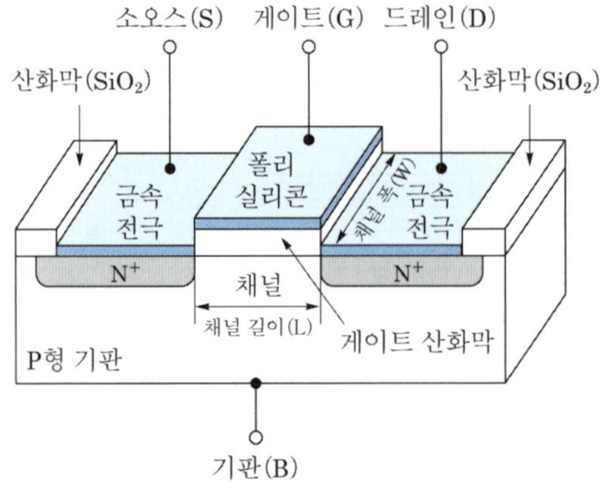

그림 2.17 N-채널 증가형 MOSFET 구조

1833년 패러데이(Michael Faraday)가 황화은(Ag_2S, silver sulfide)에서 온도가 올라가면 전기전도도가 증가하는 반도체 효과를 실험에서 발견했다. FET는 BJT 이전 1926년에 최초로 릴리언필

드(Julius Edger Lilienfeld, 1882~1963)가 황화구리(Cu_2S, copper-sulfide)를 이용한 발명특허 되었지만, 제조상의 어려움 때문에 그 실용적인 개발은 BJT 개발 이후 1960년대에 이르러서야 본격 개발되기 시작하였다. 실리콘 평판기술은 1950년대 창안되었고, 1960년대 크린룸에서 MOSFET이 만들어졌으며 1970년대 대량생산이 가능하였다. 1960년에 벨연구소의 한국인 강대원박사는 마틴 아탈라(Martin Mohammed John Atalla)와 공동으로 MOSFET를 최초 발명했다.

2.10 회로는 전자의 길

Circle, circuit, circular, circulation, circumference, circus의 공통 의미는 원, 순환이고 circuit(回路)은 '길의 순회(순환)'이므로 전자의 길이다. 회(回)가 들어간 안동의 하회(河回)마을, 예천의 회룡포(回龍浦) 마을의 지형을 생각해 보길 바란다.

Circuit의 사전적 의미는 전류가 흐를 수 있도록 두 지점 이상을 연결한 닫힌 경로이며, 소자와 부품을 전기적으로 혹은 전자기적으로 연결된 구조를 가진다. Circuit이 들어간 단어는 electronic circuit(電子回路), integrated circuit(IC : 집적회로), logic circuit(논리회로), microwave circuit (초고주파 회로) 등이 있다.

2.11 정류기는 체

정류기(rectifier, 整流器)는 교류에서 직류를 얻기 위해 한 방향으로만 전류를 통과시키는 기능을 가진 전기적인 회로소자 또는 장치이다. 대부분의 전원장치에서는 교류를 직류로 바꾸기 위해 실리콘 다이오드를 사용하고 제어 정류기 응용 부분에서는 사이리스터가 광범위하게 사용된다.

신호를 거르는 회로는 필터(filter, 여파기)가 있고, 물리적・화학적 방법으로 물을 걸러 불순물을 제거하는 기구인 정수기(浄水器)에도 여과기(필터)를 통과시킨다. 이는 가루와 액체 등을 거르는 도구인 체와 같은 기능을 한다.

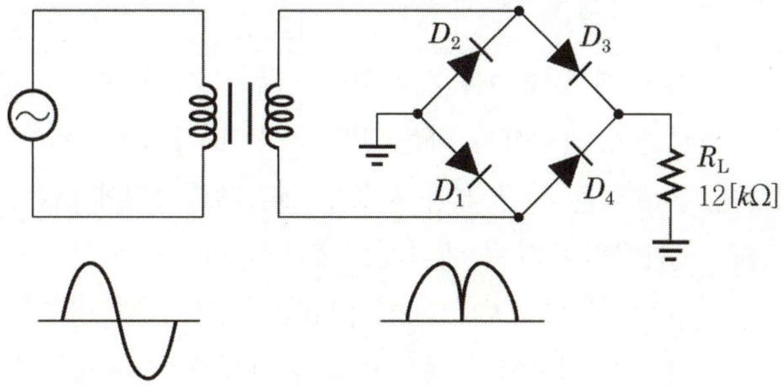

그림 2.18 정류기

2.12 Q점은 동작점

Q점은 quiescent(조용한, 활발하지 않은)를 나타내고, quiescent point는 교류성분이 없이 변화

가 없는 점 혹은 동작점(operating point), 직류 바이어스점(DC bias point)을 나타낸다. 비선형소자(트랜지스터, 다이오드 등)를 가진 회로에서 직류 전압과 전류를 공급해야 한다.

직류회로 해석은 직류 동작전원에 대한 응답 해석이고 교류회로 해석은 교류 입력신호에 대한 응답 해석이다.

① 직류회로 해석 : 직류 동작전원 V_Q에 대한 응답($v_s=0$)

$$I_O=\frac{V_Q}{R_S+R_L},\ V_O=I_OR_L=\frac{R_L}{R_S+R_L}V_Q$$

② 교류회로 해석 : 동작점에서 교류 신호원 v_s에 대한 응답 ($V_Q=0$)으로 동작점에 의존하고 선형화시킨다.

$$i_o=\frac{v_s}{R_S+R_L},\ v_o=i_oR_L=\frac{R_L}{R_S+R_L}v_s$$

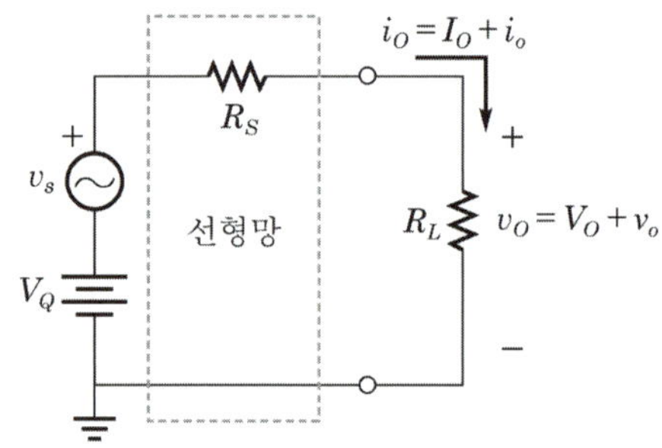

〈주〉 선형회로망에서 중첩특성으로 전체회로 해석=직류회로 해석+교류회로 해석

$\Rightarrow\ v_O=V_O+v_o,\quad i_O=I_O+i_o$

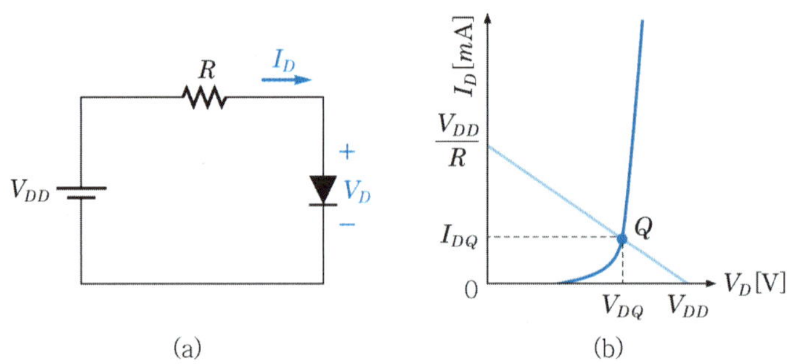

그림 2.19 순방향 다이오드 (a) 회로도 (b) 동작점

2.13 시상수는 63% 도달하는 시간

시상수는 커패시터가 0V 상태에서 충전을 시작하는 경우 63%의 전압이 충전될 때까지 걸리는 시간이다. 시상수는 커패시터가 충전되어야 하는 전압과 현재 충전된 전압 차이의 63%의 전압에 해당하는 전압을 충전하는 데 걸리는 시간이다. 시상수마다 커패시터에 남은 충전량에서 충전되는 전하량은 시상수마다 남은 전하량의 63%씩 채워가는 것과 같다. 이와 같이 커패시터에 100% 충전되는 일은 없지만 5배의 시상수 시간이 지나면 커패시터에 거의 충전된 것으로 생각한다.

시상수는 인덕터가 0A 상태에서 시작하는 경우 63%의 전류가 흐를 때까지 걸리는 시간이다. 시상수는 인덕터에 최대로 흐르는 전류와 현재 흐르는 전류 차이의 63%의 전류에 해당하는 전류를 흐르는데 걸리는 시간이다.

시상수는 정상치의 $(1-e^{-1})$배, 즉 63.2%에 이를 때까지의 시간이다. RC 회로와 RL 회로의 과도응답에서 과도항은 $e^{-t/\tau}$의 비율로 감쇠한다. $\tau=RC$이고, RL 회로에서는 $\tau=\frac{L}{R}$[s]이다. τ는 초기값에 대해 e^{-1}이 되는 시간이다.

초기에는 커패시터 전압이 매우 빠르게 축적되지만 시간이 지나면 점점 느려진다. 초기에는 인덕터 전류가 매우 빠르게 흐르지만 시간이 지나면 점점 천천히 증가한다.

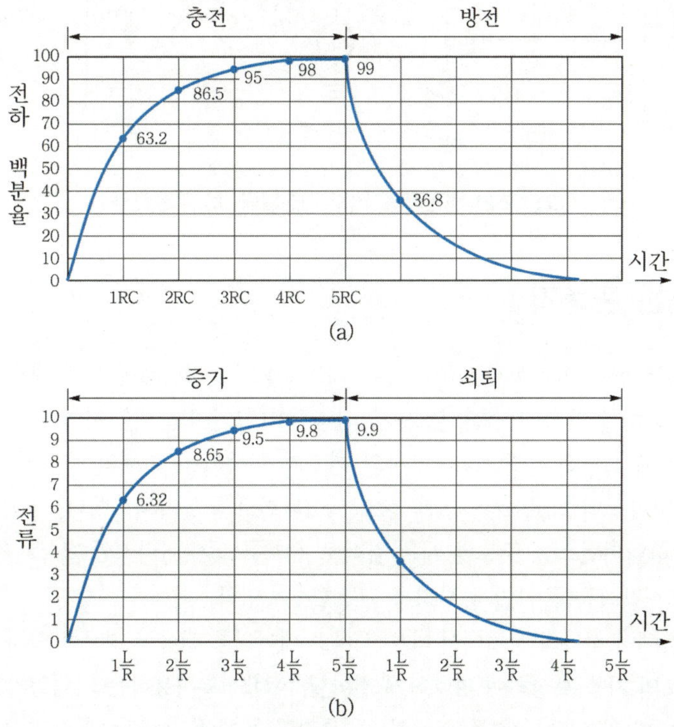

그림 2.20 시상수 (a) RC (b) L/R

2.14 연산증폭기의 가상 개념

역사적으로 최초의 연산증폭기는 아날로그 컴퓨터에 사용되었으며 수학적인 기능을 수행하였고 1965년 페어차일드 반도체 사에서 uA709를 개발하였다.

가상단락(virtual short)은 그림 2.21(a)와 같은 연산증폭기회로에서 연산증폭기의 두 입력단자 사이의 전압이 '0'에 가까워 두 단자가 단락(short)된 것처럼 보이고, 두 단자의 전류가 0인 특성이다. 가상단락은 전압에 대해서는 단락이지만 전류에 대해서는 개방이다.

그림 2.21(b)와 같이 가상접지(virtual ground)는 연산증폭기의 비반전단자를 접지시키고 반전단자에 부 귀환을 걸면, 연산증폭기 입력단자 사이의 가상단락 현상에 의해 반전단자가 접지된 것처럼 보이는 특성이다. 가상접지는 전류에 대해서는 개방이지만 전압에 대해서는 단락이기 때문에 개념적으로 접지와 같다.

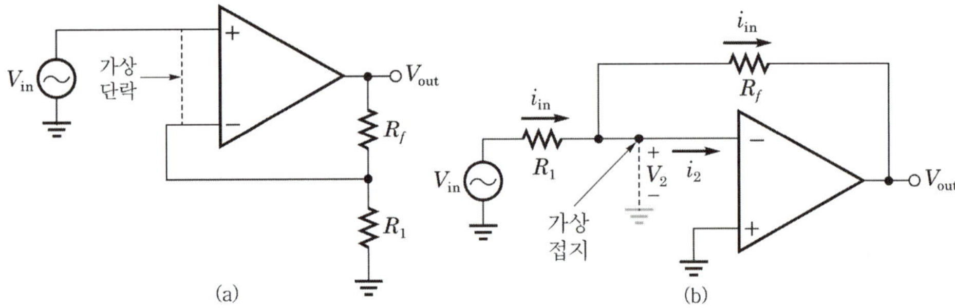

그림 2.21 연산증폭기 (a) 가상단락 (b) 가상접지

2.15 버퍼는 완충기

아날로그 전자공학에서 완충회로(buffer)는 두 회로를 종속접속하는 경우 후단의 회로가 전단의 회로에 반작용을 끼치지 않고 저전력신호를 고전력신호(고임피던스를 저임피던스 회로)로 변환하며 두 회로의 중간에 삽입하는 회로다. 부하의 회로가 구동되는 회로의 특성에 의해서 영향 받는 것을 방지하는 단방향성의 회로이다. 그림 2.22는 버퍼회로의 등가회로이다. 미약한 센서출력과 같은 송신신호가 부하임피던스를 구동할 때는 감쇠로 신호를 잃어버리지만 $Z_{IN} \gg Z_{O1}$, $Z_{O2} \ll Z_{O1}$ 조건으로 송신신호의 감쇠를 줄이면서 부하를 구동할 수 있다.

디지털 전자공학에서 하나의 장치에서 다른 장치로 데이터를 전송할 경우에 양자 간의 데이터의 전송속도나 처리속도의 차를 보상하여 양호하게 결합할 목적으로 사용하는 기억영역을 버퍼라고 한다.

기계공학에서 버퍼(완충기)는 진동하는 외력·충격이 물체에 가해질 때 스프링·방진고무·유압장치 등을 사용해서 운동에너지를 흡수하여 물체에 가해지는 진동·충격을 완화시키는 장치이다.

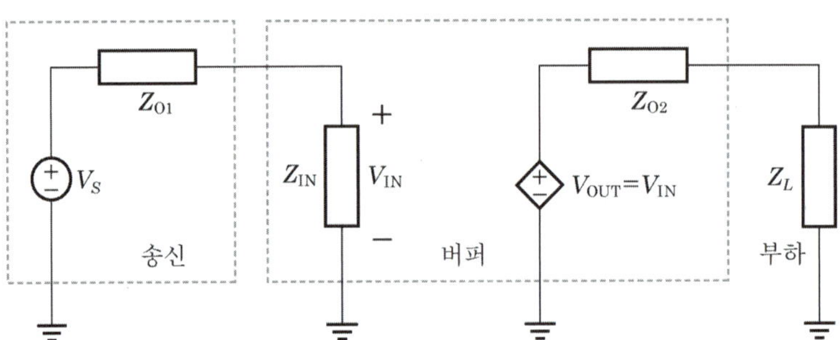

그림 2.22 아날로그 전자공학에서 버퍼의 등가회로

2.16 전달은 입력-출력 관계

전달곡선(transfer curve), 전달함수(transfer function)와 같이 전달(transfer)는 시스템의 입력에 대한 출력관계를 나타낸다. 그리고 시스템의 구성요소는 입력, 출력, 구성품(components), 상호작용(interaction) 등으로 되어 있다. 그림 2.23은 증폭기의 입력-출력 특성곡선을 나타낸다.

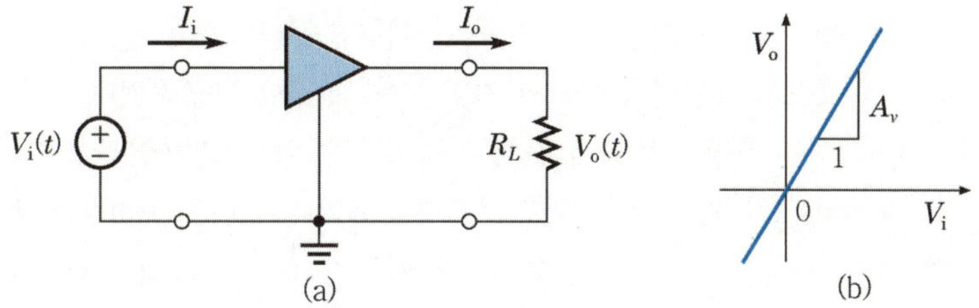

그림 2.23 증폭기 (a) 회로도 (b) 전달 특성곡선

변압기(transformer), 무선전력전송(wireless power transfer) 등에서 사용된 transfer를 보면 입력과 출력관계임을 쉽게 이해할 수 있다.

2.17 전기신호를 진동으로 바꾸는 스피커

1874년 독일 발명가 지멘스(Ernst Siemens)가 스피커의 개념을 생각했고, 벨(Alexander Graham Bell)이 1876년에 전화특허를 취득할 때 귀로 들을 수 있는 가청주파수를 생성하는 것을 지멘스의 개념을 사용했다.

스피커는 앰프로부터 받은 전기에너지를 진동판의 진동에너지로 변환하여 소리를 만드는 장치이다. 스피커는 자석의 개발과 함께 현재는 영구자석을 이용한 '다이나믹(dynamic)'형 구조의 스피커를 주로 사용하고 있다. 다이나믹형 스피커는 보이스코일(voice coil)에 전기신호가 입력되면 자기력이 발생하여 영구자석 사이의 자장의 상호작용으로 진동판(cone 혹은 diaphragm)을 진동시키며 소리를 낸다. 즉 교류신호를 보이스코일에 가해주면, 보이스코일에 흐르는 전류방향이 서로 바뀔 때마다 진동판을 왕복운동 하여 소리를 만든다.

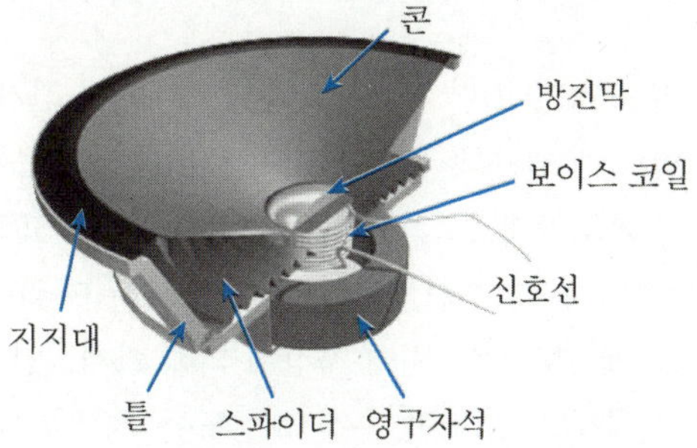

그림 2.24 스피커의 동작

2.18 발전기는 미분기계

발전기(generator)는 영구자석을 사용하는 직류발전기(magneto), 전자석을 사용하는 직류발전기(dynamo), 교류발전기(alternator)로 구분한다. 직류발전기는 generator, 교류발전기를 alternator라고 구분한다.

발전기는 코일 속의 자속변화가 기전력의 변화를 만든다(−d(자속)/dt=전압).

패러데이 전동기는 외르스테드 원리를 발견한 지 1년 2개월 후에 발표하였다. 전동기를 발명한 지 10년 후인 1831년 패러데이는 자장의 변화가 전기를 일으킬 수 있는 것을 알았고 패러데이 전자유도 법칙을 발표한 지 3개월 후 돌리면 전기를 만드는 장치, 패러데이 디스크(disk dynamo)를 발표했다. 이것이 최초의 발전기이며 이런 방식은 요즘 단극발전기(homo−polar generator)라고 한다.

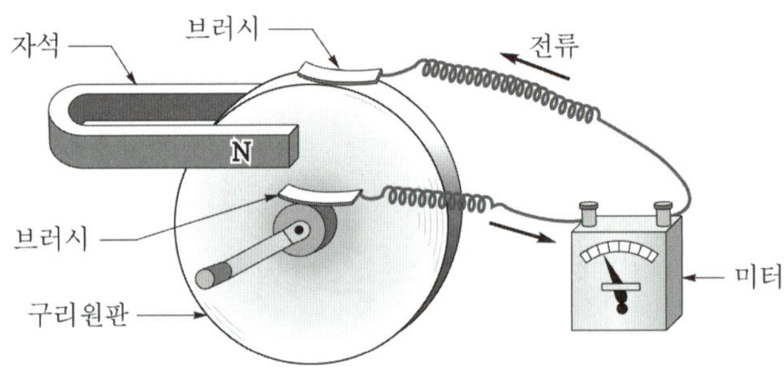

그림 2.25 패러데이 디스크 발전기

발전기의 전선이 자장을 통과하면서 전압을 발생하므로 자장이 강한 곳(코일에 많은 자속이 통과)을 통과할 때는 높은 전압이 발생하고 자장이 약한 곳(코일에 적은 자속이 통과)을 통과할 때 전압이 낮아져 맥동(ripple)이 생긴다. 패러데이 원반은 직류를 발생하고 정류자를 사용하는 방식은 모두 맥동이 생기는 교류이다. 맥동을 줄이려면 자장이 약한 곳을 지날 때 다른 코일이 자장이 강한 곳을 지나도록 하면 맥동이 줄어든다. 코일 수에 따라 단상, 2상, 3상, 6상 등의 종류가 있다.

2.19 전동기는 빌(Bil)이다

패러데이 전자유도법칙을 발표하기 10년 전, 1821년 패러데이는 전기와 자석을 이용하여 회전하는 장치를 제작하고 '물리학연보'에 발표했다. 패러데이는 전류가 흐르는 도선을 고정시키고 그 주위에서 자석을 움직이는 실험을 고안해냈고, 처음으로 그 실험에서 '도선은 항상 자석막대기와 직각을 이루며 움직이려 하고 확실히 그 주위를 원형으로 돌게 된다'라는 결과가 나왔다.

전동기는 플레밍의 왼손법칙에 따라 전기력이 자장에 의해 기계적인 힘이 발생한다. 자장($\boldsymbol{B}$) 속에 도선(ℓ)이 직각방향으로 전류(I)가 흐르면 수직으로 도선이 힘을 받아 움직이는 원리이다.

패러데이는 1821년 최초전동기를 개발, 1831년 전자유도법칙 발표, 그 후 3개월 후 최초 발전기 개발 순으로 이루어졌다.

유도전동기의 원리는 1824년 아고라가 발견한 맴돌이 전류(eddy current)의 원리를 기초한다. 스터전은 자석 속에 코일을 두어 회전하도록 만들고, 반바퀴 회전할 때 마다 전선의 연결이 반대되도록 고안했다. 이렇게 코일의 극성을 계속 바꾸어 주는 장치를 정류자(commutator)라 하고 코일과 함께 회전한다. 브러시(brush)는 회전하지 않고 고정되어 있는데 정류자에 접촉하여 정류자에 전기를 공급해 준다.

오른손은 발전기를 왼손은 전동기를 돌린다.

2.20 조명은 LED로

(1) 백열전구

텅스텐의 필라멘트에 전류를 흘려 3,000도까지 가열한다. 에너지의 11%만 가시광선으로 방출하고 나머지는 열로 방출한다. 1845년 백열전구가 발명한 이후 우리나라에서 2014년 이후 생산 및 수입이 금지되었다.

(2) 형광전구

1938년에 개발한 형광전구는 필라멘트가 가열되면서 나온 전자가 수은과 충돌하면서 자외선이 방출한다. 이 자외선이 전구 안쪽 표면에 코팅된 형광물질에 닿아 가시광선으로 방출한다.

(3) LED 전구

LED(light emitting diode)는 1962년 발명되었으며 전자가 많은 N-형 반도체와 정공이 많은 P-형 반도체를 얇은 층으로 접착시켜서 전압을 걸어주면 전자가 N-층에서 P-층으로 이동하면서 빛을 발산한다.

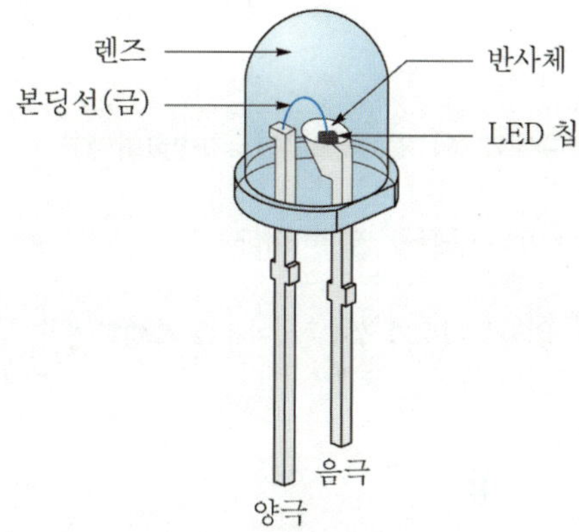

그림 2.26 LED 구조

2.21 시스템은 살아있는 조직

시스템(system)의 사전적인 의미는 필요한 기능을 실현하기 위해 관련 요소를 어떤 법칙에 따라 조합한 집합체이다. 그림 2.27과 같이 시스템은 입력(input), 출력(output), 구성요소(component), 상호작용(interaction)으로 구성되어 있다.

시스템에는 통신시스템, 컴퓨터시스템, 인체시스템, 학교시스템 등이 있다.

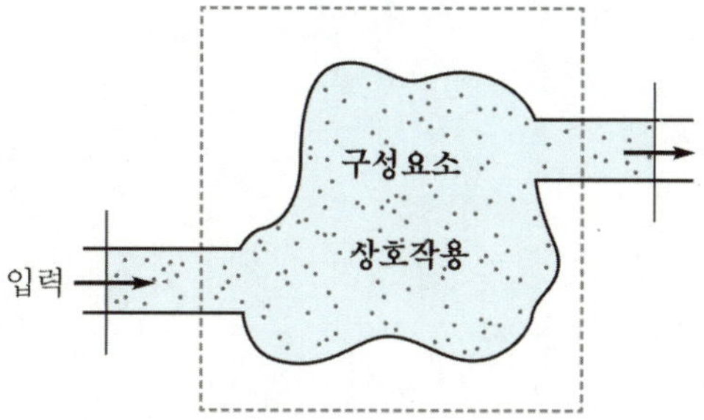

그림 2.27 시스템의 모형

연습문제

2.1 초전도체는 마이스너 효과를 설명하여라.

2.2 초전도양자 간섭장치(SQUID)의 동작에 대해 설명하여라.

2.3 반도체, 절연체, 도체 특성을 설명하여라.

2.4 저항과 임피던스의 차이를 설명하여라.

2.5 커패시터의 전기용량을 크게 하기 위한 조건을 열거하여라.

2.6 인덕터의 유도용량을 크게 하기 위한 조건을 열거하여라.

2.7 다이오드와 BJT의 용도를 기술하여라.

2.8 FET의 종류를 열거하여라.

2.9 정류기 회로가 필요한 이유를 설명하여라.

2.10 회로의 동작점이 갖는 중요성과 회로에 미치는 영향을 설명하여라.

2.11 시상수가 발생하는 원인을 전자적인 개념으로 설명하여라.

2.12 이상적인 연산증폭기의 특징을 열거하여라.

2.13 스피커와 마이크의 차이점을 전기적인 측면으로 설명하여라.

2.14 전동기와 발전기의 차이점을 설명하여라.

2.15 LED를 응용하는 실제를 설명하여라.

2.16 연산증폭기를 이용한 버퍼 회로를 구성하여라.

2.17 전기자동차를 시스템 측면에서 설명하여라.

03

Chapter

전기와 전자기술의 기초

3.1 전기와 전자 기술의 역사

- 탈레스(Thales, 624 BC~546 BC, 그리스) : 기원전 600년경, 모피로 호박을 문질렀을 때 그 호박이 깃털과 같은 가벼운 물체를 끌어당기는 현상(마찰전기)을 발견하였고, 그리스어로 호박은 일렉트론(electron)이다. 그래서 오늘날 전기(electricity)라는 용어의 기원이 되었다.
- 길버트(William Gilbert, 1544~1603, 영국) : 1600년, 자석에 관해 조직적인 연구로 'De Magnete'를 발표하였고, 전기와 자기에 관한 실험으로부터 마찰전기에는 두 종류가 있다고 주장했다. 지구 자체가 하나의 큰 자석이라고 말했으며, 자침이 남북을 가리키는 이유를 설명했다. 호박 이외에 유황, 유리, 수정, 다이아몬드 등의 물질도 마찰에 의해 가벼운 물체를 끌어당기는 성질을 실험으로 확인했다.
- 게리케(Otto von Guericke, 1602~1686, 독일) : 1633년, 정전유도작용을 발견하였고, 전기를 발생시킨 최초의 기계인 마찰 기전기를 발명했다(유황공을 회전시켜 마찰전기를 대량으로 발생함). 1745년에는 네덜란드의 뮈센브르크(P.V. Musschenborek)가 마찰전기를 축전하는 유리그릇을 발명했다.
- 프랭클린(Benjamin Franklin, 1706~1790, 미국) : 1784년 피뢰침을 발명하였고, 전하보존법칙을 발견하였다. 1747년 마찰에 의한 두 가지 종류의 전하를 표현하기 위하여 양전기와 음전기라고 명명했다. 1752년에는 연을 번개구름 속에 올려 전기를 라이든 병에 모아서 자신의 이론을 실증했다.

〈탈레스〉

〈길버트〉

〈게리케〉

〈프랭클린〉

- 쿨롱(Charles-Augustin de Coulomb, 1736~1806, 프랑스) : 1785년, 양전하와 음전하 사이에 존재하는 반발력과 흡인력에 관한 쿨롱의 법칙을 발견하였다. 전자 한 개가 갖고 있는 전기량이 전하의 최소기준 단위가 된다.
- 볼타(Alessandro Volta, 1745~1827, 이탈리아) : 1796년, 두 종류의 금속을 접촉시키면 전기가 발생하는 것을 밝히고 볼타전지를 발명하였다. 전기의 성질과 전류를 이용하는 연구를 과학적으로 수행하게 되는 계기가 되었다. 전지를 발명한 1800년대 이전에는 정전기 시대로 연속적 전기(전류)를 얻을 수 없었다.
- 외르스테드(Hans Christian Oersted, 1777~1851, 덴마크) : 1820년, 우연히 전류가 흐르는 도선의 옆에 놓여 있는 나침반이 움직이는 자기현상을 발견하여 이것으로 전동기의 원리가 되었다. 이것은 전류가 흐르는 도선 근처에 있는 나침반의 바늘이 움직인다는 것이다.
- 암페어(Andre-Marie Ampère, 1775~1836, 프랑스) : 1827년, 외르스테드에 의해 발견된 전류와 자기관계를 정량화시켜 암페어 법칙을 정립했다.

〈쿨롱〉

〈볼타〉

〈외르스테드〉

〈암페르〉

- **아라고(Dominique Francois Jean Arago, 1786~1853, 프랑스)** : 솔레노이드 내 철의 자성화를 비롯하여 전류의 자기작용을 조사하고, 1824년 아라고 원판이라고 하는 맴돌이 전류현상을 발견하였다. 패러데이는 이 맴돌이 전류를 실마리로 하여 전자유도 법칙을 발견하였다.
- **옴(Georg Simon Ohm, 1789~1854, 독일)** : 1827년, 전기회로에 관한 연구로 전기저항에 관한 옴의 법칙을 발견하였다.
- **패러데이(Michael Faraday, 1791~1867, 영국)** : 1831년, 자기가 전기를 발생시킨다는 사실과 발전기와 변압기의 원리가 되는 전자유도법칙을 발견하여 '전자기학의 아버지'로 불린다. 발전기의 원리는 자장 중에서 코일을 회전시키든가 코일 중에서 자장을 회전시켜 전기를 발생시킨다. 이와 같이 자력선을 변화시키면 도선에 전기가 생기는 것을 전자유도라 한다.

> 1821년 패러데이는 전기와 자석을 이용한 회전장치를 개발했고 이는 전동기의 효시이며, 1831년 전자기유도법칙을 발표한 지 3개월 만에 패러데이에 의해 '돌리면 전기를 만들어내는 장치'인 패러데이 디스크발전기인 단극발전기를 발표했으며 이는 발전기 효시이다.

- **다니엘(John Frederic Daniell, 1790~1845, 영국)** : 1836년에 볼타전지에 이어 양극과 산화동을 통에 넣고 다니엘전지를 발명하여 장시간 전류를 끌어내는 데 성공하였으며 1839년 그로브(William Robert Grove, 1811~1896, 웨일스)가 수소와 산소의 반응으로 전기에너지를 얻을 수 있다는 것을 발견하여 연료전지가 가능함을 증명했다.
- **모르스(S. F. B. Morse, 1791~1872, 미국)** : 1836년, 전신기를 발명하여 1840년대 이후 구미지역의 철도연변에 전선을 통해 역간통신의 중요 수단으로 주목을 받으면서 전선 제조기술 발달을 촉진시켰다.

〈옴〉

〈패러데이〉

〈다니엘〉

〈모르스〉

- 헨리(Joseph Henry, 1797~1878, 미국), 1831년, 자체유도를 발견하고, 패러데이와는 독립적으로 1830년 전자기유도를 발견하였으며 전자기식 전동기·전신기 등을 고안하여 전자기학 및 전기기술에 획기적 진보를 가져왔다.

- **줄(James Prescott Joule, 1818~1889, 영국)** : 1842년, 전류가 흐르면 열이 발생한다는 줄의 법칙을 발견하였다.
- **키르히호프(Gustav Robert Kirchhoff, 1824~1887, 독일)** : 1849년, 전기회로 해석에 관한 키르히호프의 법칙을 발견하였다. 전기회로는 전류가 흐를 수 있도록 전지, 도선, 스위치 등을 연결한 통로이고 전류의 순환회로이다.
- **맥스웰(James Clerk Maxwell, 1831~1879, 영국)** : 1864년, 기존의 전기, 자기현상의 연구들을 통합하여 맥스웰 방정식이라고 부르는 전자기학의 일반이론을 확립하여 전자기파의 존재를 예언하였다.
- **에디슨(Thomas Alva Edison, 1847~1931, 미국)** : 1879년에 발명한 백열전구의 필라멘트에서 전자가 방출(열전자 방출)되는 것을 발견하였다. 이는 X-선과 전자를 발견하거나 선스펙트럼 연구에도 영향을 미쳤다. 빛을 내기 위해 전구의 필라멘트를 대나무 줄기를 탄화시켜 사용했다. 1881년에는 뉴욕에 세계 최초 직류식 중앙발전소를 건설하였다. 1,093개의 미국 특허를 등록하고 GE사를 건립하였다.

에디슨 효과
전구 개량 시 필라멘트가 증발하면서 유리구가 검게 변하는 현상을 막으려고 유리구 안에 금속판을 넣는 과정에서 이 금속판이 필라멘트보다 전압이 높으면 전류가 흐르고 그렇지 않을 때에는 전류가 흐르지 않는다는 사실을 발견했다.

- **테슬라(Nikola Tesla, 1856~1943, 크로아티아)** : 1888년, 회전 자장법칙을 이용한 최초의 교류유도전동기 제작, 1891년 수십만 볼트의 전압을 만들어내는 장치인 테슬라코일을 제작하였다.
- **헤르츠(Heinrich Hertz, 1857~1894, 독일)** : 1888년, 최초의 전파 발생에 관한 실험을 실시하였다. 맥스웰의 전자기파 존재에 대한 예언을 입증하였다.
- **톰슨(Joseph John Thomson, 1856~1940, 영국)** : 1897년, 음전하를 띤 미립자의 전하량과 질량의 비를 알아냈고, 이 미립자를 훗날 전자라고 부르게 되었다. 톰슨은 전자의 발견으로 1906년 노벨 물리학상을 받았다.
- **마르코니(Guglielmo Marconi, 1874~1937, 이탈리아)** : 1901년, 대서양을 횡단하는 라디오 신호의 전송에 성공하였다. 그래서 무선통신의 시대가 열리게 되었다.
- **플레밍(John Ambrose Fleming, 1849~1945, 영국)** : 1904년, 에디슨 효과를 착안하여 전류가 한 방향으로만 흐르도록 하는 2극 진공관을 발명하였다. 이는 전자파를 검출하는 데 사용되었고 플레밍 밸브라고 불린 이 진공관은 진공 다이오드관의 전신이다.
- **드 포레스트(Lee de Forest, 1873~1961, 미국)** : 1907년, 신호를 증폭할 수 있는 3극 진공관을 발명하여 전자시대가 열리게 되었고 라디오의 아버지로 통한다.
- 1947년 미국의 바딘(John Bardeen), 브라텐(Walter Brattain) 쇼클리(William Shockley)는 트랜지스터를 발명하여 반도체를 이용한 전자시대의 기원이 되었다.
- 1958년 킬비(Jack Kilby)는 TI사에서 메사 Ge-PNP 트랜지스터와 수동소자를 포함한 집적회로를 실현했다.

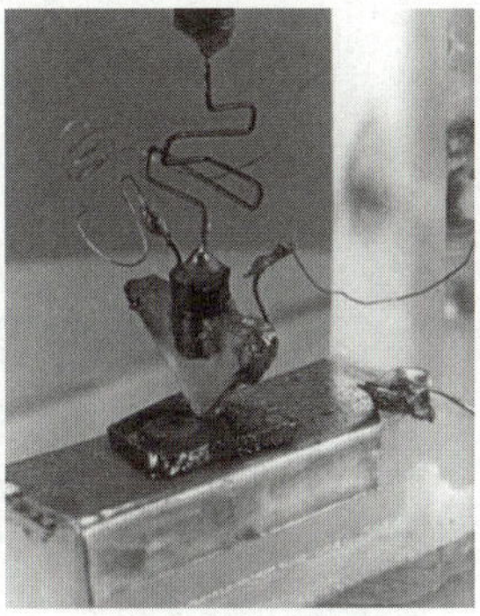

〈최초 점접촉 트랜지스터〉

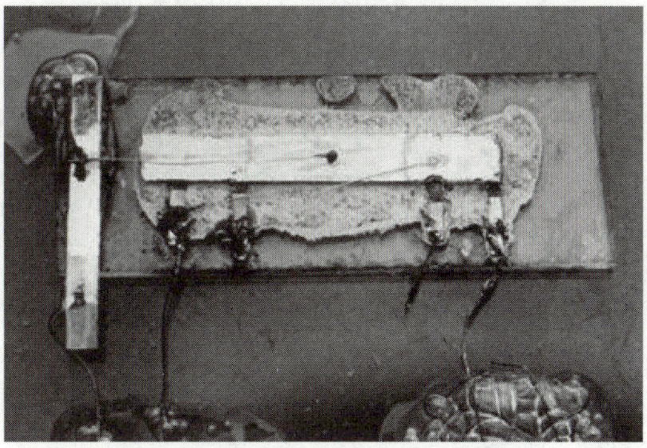

〈킬비의 최초 게르마늄 IC 발진기〉

- 1971년 호프와 메조(Ted Hoff, Stanley Mazor)는 인텔의 첫 마이크로프로세서 4004(2300 트랜지스터, 4-bit MPU, 16-pin)를 발명하였다.

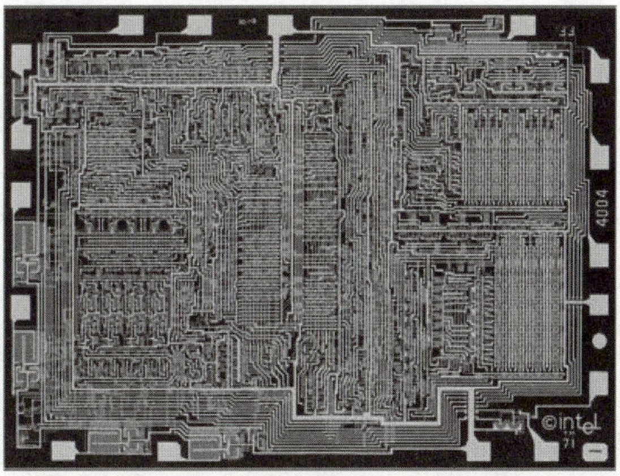

〈인텔 4004 마이크로프로세서 레이아웃〉

- 1977년 가정과 사무실용의 PC 개발하였다. 이후 반도체, 통신, 컴퓨터 등 여러 분야에서 연구개발이 이어져 고도 정보화 시대를 창출하였다.

3.2 전기전자를 위한 기초 물리

(1) 전하

전하(電荷, electric charge)는 전자기적 상호작용을 기술하는 물리량이다. 물체가 띄고 있는 정전기의 양이며 모든 전기현상의 근원이 되는 것이다. 그리고 물질이 가지고 있는 속성 중에서 전기적인 성질을 결정하며 원자에서 양(+) 전하를 띄는 양성자와 음(-) 전하를 띄는 전자가 있다. 전하의 양(전기량)의 단위는 쿨롱[C]이며, 쿨롱의 단위는 크므로 실제로는 pC, nC, μC을 사용한다.

그림 3.1과 같이 전자의 수와 양성자의 수가 같으면 순(net) 전하가 없는 중성원자이고, 가전대 전자가 충분한 에너지를 받아 원자로부터 이탈하면 원자는 양전하를 띤 양이온이 되고, 최외각에

추가전자가 들어오면 원자는 음전하를 띤 음이온이 된다.

1[C]의 전하에는 $1/(1.6\times10^{-19}) = 6.24\times10^{18}$ 전자, Q[C] = (전자의 수)/(6.24×10^{18})

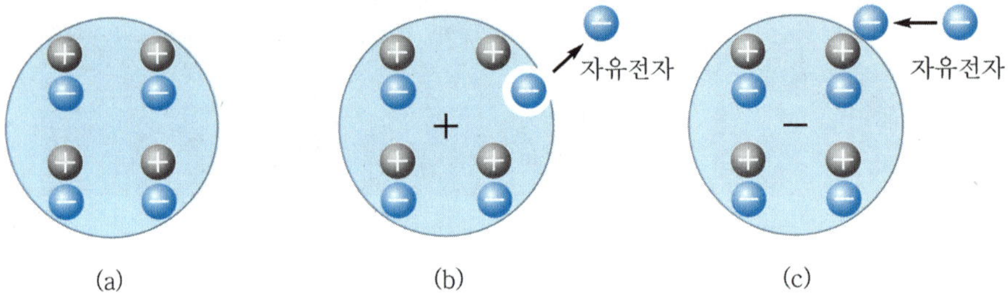

그림 3.1 전하의 종류 (a) 중성 (b) 양전하 (c) 음전하

(2) 전자

전자(電子, electron)라는 이름은 1874년 스토니(George Johnstone Stoney, 1826~1911, 아일랜드)가 기본전하량의 개념을 생각하면서 붙였고 정전기 현상이 발견된 호박의 그리스어에서 전자라고 명명했다.

1897년 톰슨(Joseph J. Thomson, 1856~1940, 영국)이 전자의 존재를 증명했지만 전자라 부르지 않았다. 톰슨은 전자의 존재를 발견한 업적으로 1906년 노벨물리학상을 수상했다.

하나의 전자 전하량 $= -1.6\times10^{-19}$[C]

(3) 직류는 일방통행 교류는 방향전환

회로에 전류가 흐르기 위해서는 회로에서 전원, 부하 그리고 닫힌경로를 가져야 한다. 그림 3.2(a)와 같이 직류(direct current : DC)는 전지와 같이 전자의 이동이 연속적으로 일정한 속도를 갖고 같은 방향으로 흘러, 시간에 대해 전압이 일정하고 극성이 변하지 않는 전기이다.

그림 3.2(b)와 같이 교류(alternating current : AC)는 전력선과 같이 속도는 '0'에서 일정한 최고속도까지 반복해서 이동방향을 바꾸는 전압이나 전류이다. 이는 일정한 주기를 갖는 정현파로 변하는 전기로, 시간에 따라 전원의 크기와 극성이 변화한다.

교류는 1초 동안 반복되는 완전한 사이클 횟수를 주파수, f[Hz]로 정의하고 1 사이클 동안 소요되는 시간인 주기, T[초]와의 관계는 $f = 1/T$ [Hz]이다. 교류에서 유효(rms : root mean square) 전류와 유효전압으로 규정하면 이들의 곱은 같은 직류전류와 직류전압의 전력과 같다.

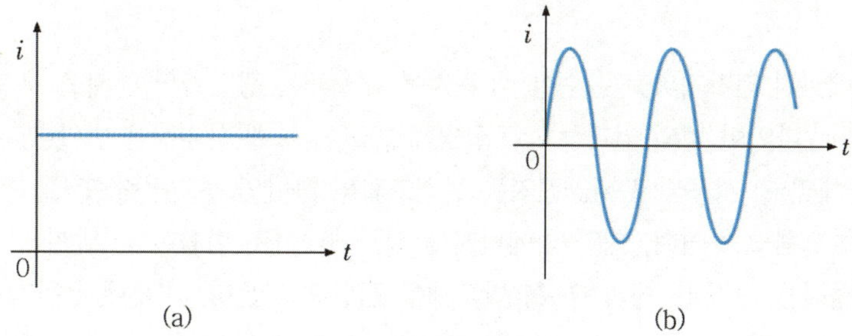

그림 3.2 전류 (a) 직류 (b) 교류

- 넓은 의미에서 극성이 일정한 직류+교류, 방향이 일정한 단일고리를 가진 직류발전기의 출력도 직류이다.
- 좁은 의미에서 직류는 크기와 방향이 일정하고, 교류는 크기와 방향이 주기적으로 변화 한다.

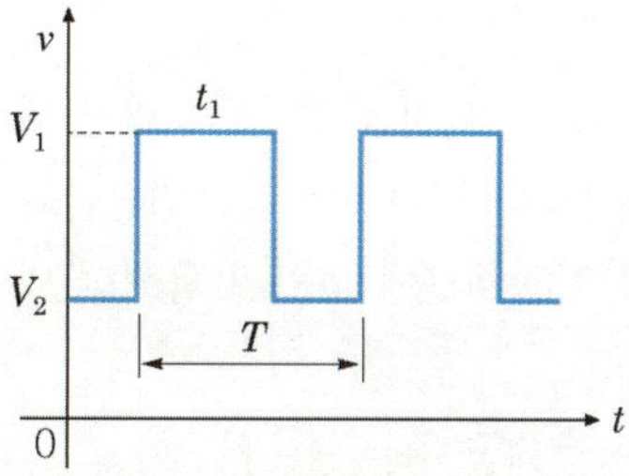

〈극성이 일정한 직류+교류〉

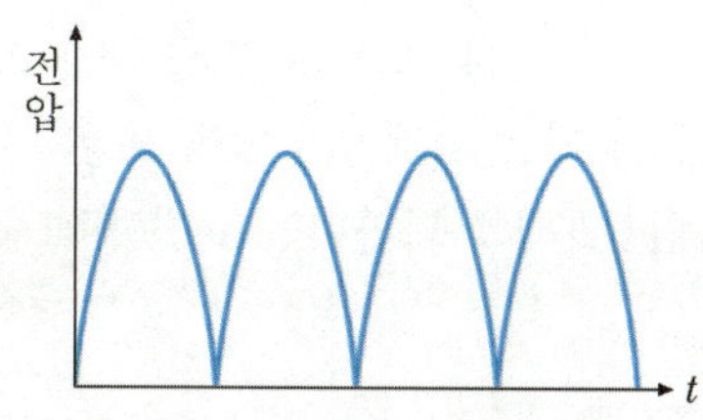

〈단일고리 직류발전기 출력〉

평균값 =직류값 + 최대값 $\times \frac{t_1}{T} = V_2 + (V_1 - V_2) \times \frac{t_1}{T}$

(4) 전압원

물은 항상 수위가 높은 곳에서 낮은 곳으로 흐르는 것처럼 전류는 전위가 높은 (+)단자에서 낮은 (−)단자로 흐른다. 수위가 높은 곳이 큰 수압이 걸리는 것처럼 전위차가 높은 쪽이 전기를 흘러 보내는 힘인 전압(電壓, voltage)이 커진다. 전압의 단위는 볼트[V]이다. 1V는 1C의 전하를 한 점에서 다른 점까지 이동하는데 필요한 에너지가 1J일 때 두 점 사이 전위차이다.

상용 전압원

- 태양전지 : 빛에너지를 전기에너지로 변환하는 직류 전압원
- 압전소자 : 압력을 전기에너지로 변환하는 직류 전압원
- 열전소자 : 열에너지 전기에너지로 변환하는 직류 전압원
- 밧데리 : 화학에너지를 전기에너지로 변환하는 직류 전압원
- 발전기 : 기계에너지를 전기에너지로 변환하는 교류 전압원
- 전원공급기 : 교류전압을 직류전압으로 바꾸는 변환기

전기를 만드는 것을 발전이라 하며, 발전하는 방법은 여러 가지가 있다. 다음은 직류(DC, direct current) 전기를 생산하는 방법이다.

① 태양전지

금속 등에 고에너지 전자기파를 흡수할 때 전자를 내보내는 광양자의 존재를 예측해 양자역학을 기초를 닦은 아인슈타인이 빛의 입자성으로 설명해 1921년 노벨 물리상을 받았다. 이 현상은 태양전지(solar cell)에 많이 사용되고 태양전지는 광전효과의 하나인 광기전력효과를 응용하여 기전력을 발생시키는 반도체 소자이며, 태양 빛에너지를 전기에너지로 변환한다. 날씨의 제약이 많은 태양전지는 다른 성질을 가진 P-형과 N-형 반도체를 접합해 만든다. 외부에서 광자가 흡수되면 광자에너지 때문에 전자와 정공쌍이 만들어지고 전자는 N-형 반도체로 정공은 P-형 반도체로 이동한다. 이 이동을 통해 회로에 전류가 흐른다.

② 압전소자

압전소자(piezoelectric device)는 수정, 로젤염, PZT(Lead zirconate titanate) 등의 물질은 기계적인 누르는 힘으로 양전하와 음전하가 나뉘는 '유전분극'이 일어나고 이때 표면의 전하밀도가 변하면서 전기가 흐르는 '압전효과'가 발생한다.

1880년 프랑스 퀴리형제(Jacque Curie와 Pierre Curie)가 처음 발견했으며 라이터와 가스버너에 이용하는 압전소자는 기계적인 압력 또는 진동에너지를 전기에너지로 변환한다.

그림 3.3은 압전효과를 나타내었고 전하 발생량이 압전재료에 인가된 응력의 양에 비례한다.

③ 열전소자

열전소자(thermoelectric device)는 열전모듈(thermoelectric module : TEM), 열전 냉각기(thermoelectric cooler : TEC) 등으로 불린다. 열전소자는 고온의 열원으로부터 열을 흡수하여 저온의 열원에 열을 전달해 주는 장치이다.

열전소자의 특성은 제벡 효과(Seebeck effect)와 펠티어 효과(Peltier effect)가 있다. 제벡효과는 서로 다른 두 금속의 양쪽 끝을 붙인 뒤 한쪽을 가열하면 온도차가 생기면서 전류가 흐르는 현상이다. 1821년 독일의 제벡이 처음 발견했고, 온도차가 클수록 전기가 강하다. 1834년 프랑스의 펠티에가 발견한 펠티에효과는 반대로 전류를 흘려주면 시료양단에 온도차가 발생하는 현상이다. 가정용 와인냉장고, 소형화장품냉장고 등에 응용한다.

그림 3.4는 열전소자의 동작원리를 나타내고 있으며 냉각 및 폐열 회수 모두에 사용될 수 있다. 열전장치에 온도구배가 생기면 전기전류로 변환할 수 있고 반대도 가능하다.

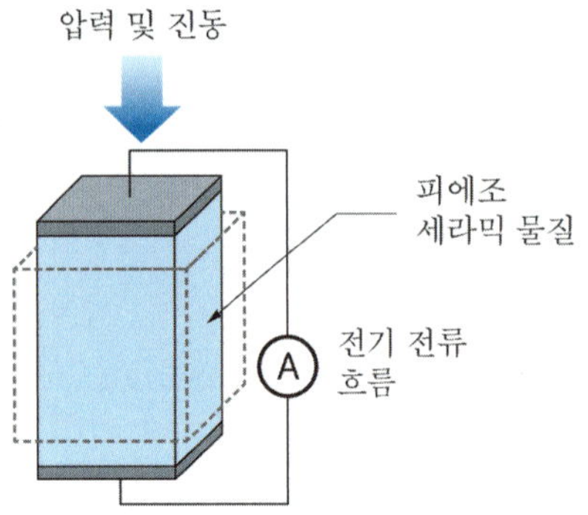

그림 3.3 압전효과

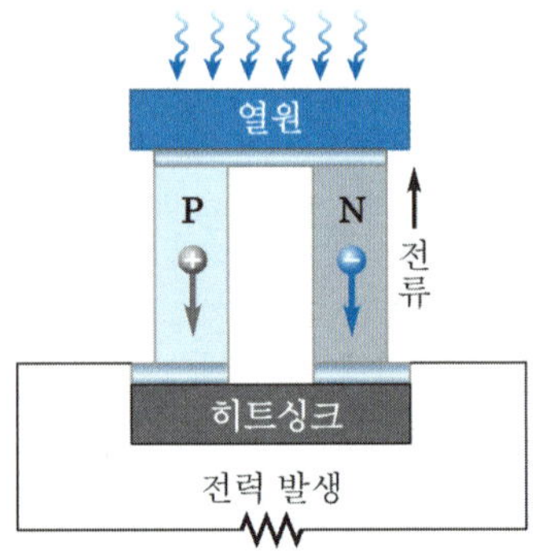

그림 3.4 열전소자의 원리

④ 발전기

자극이 만든 자장 내에서 전기자(또는 전기자 코일)를 회전시켜 자속을 끊으면 코일에 유도 기전력이 만들어진다. 이 교류를 정류자와 브러시에 의해 직류로 만든다.

⑤ 화학전지

1800년 볼타(Alessandro Volta, 1745~1827)는 금속을 전해액에 연결하면 서로 다른 금속이 액체를 사이에 두고 반대의 전하를 가질 때 기전력이 발생한다는 사실을 발견하였다.

그림 3.5는 아연판(Zn)과 구리판(Cu)을 묽은 황산(H_2SO_4)에 담가 도선으로 연결한 볼타전지를 나타내고 있다. 반응성이 큰 아연판은 산화되어 전자를 내놓는 (−)극이 되고, 반응성이 작은 구리판은 (+)극이 되어 H^+는 전자를 얻고 환원된다.

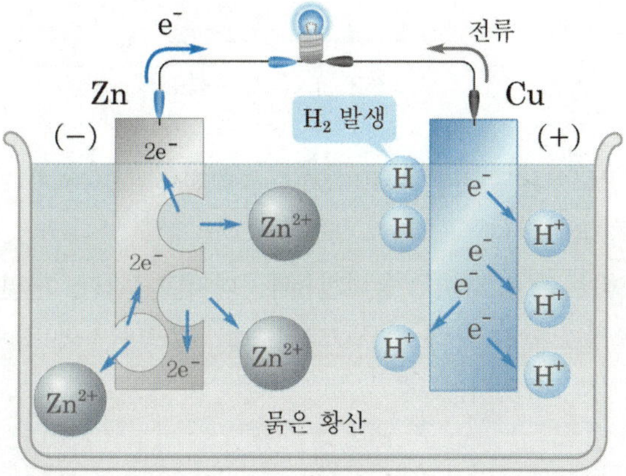

그림 3.5 볼타전지

화학전지는 1차 전지와 2차 전지로 나눈다. 건전지와 같은 1차 전지는 작용물질을 전극 가까이에 미리 넣어 두고, 이 물질의 화학변화에 의해 생기는 전기에너지를 이용한다. 작용물질의 화학변화가 끝나면 수명이 다하여 재생할 수 없다.

축전지와 같은 2차 전지는 전기에너지를 소모하여 작용물질이 변화한 후에도 다시 전지에 전기에너지를 공급하여 충전하면 작용물질이 재생되어 재사용할 수 있다. 2차 전지에는 여러 종류가 있으며 폭발사고 위험이 있고, 저온 방전 가능성이 적은 리튬이온전지는 휴대전화, 노트북 등에 사용되고, 저렴한 가격의 니켈수소전지는 AA건전지에 사용되며, 급속 충·방전이 가능한 니켈 카드뮴 전지는 전동드릴 등에 사용한다.

⑥ 전원공급기

직류 전원공급기(power supply)의 구성도는 그림 3.6과 같다. 변압기는 교류 선전압의 진폭을 작은 전압으로 변환시킨다. 정류기는 다이오드 회로를 이용하여 교류신호를 큰 직류성분을 가진 파형으로 정류시킨다. 커패시터 필터는 정류파를 보다 순탄한 파형으로 여과시킨다. 그러나 여과한 신호에는 리플이 존재함으로 넓은 범위 부하조건에서 레귤레이터로 잔여 리플을 줄여준다.

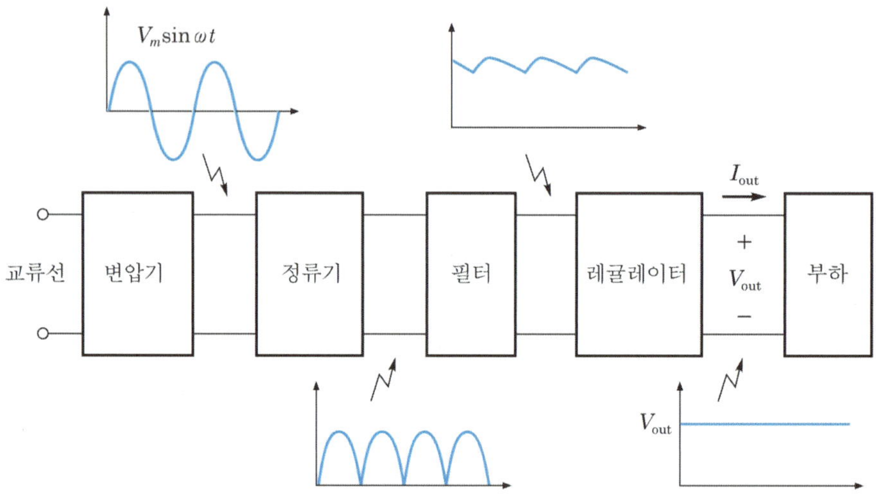

그림 3.6 전원공급기 구성도

그림 3.7과 같은 전원공급기는 출력전압 0V~30V, 출력전류 0A~3A가 되는 두 개의 출력단자와 5V, 2A의 출력단자를 가지고 있다.

전원공급기의 계기판에는 전원스위치, 출력전류계, 디지털계기판, 전압가변 조절기(단자 출력 전압 조절), 한계전류 조정기(단자 출력 전류 크기 조절), 출력단자와 접지단자, 고정 전압(+5V, 2A) 출력단자 등으로 구성되어 있다.

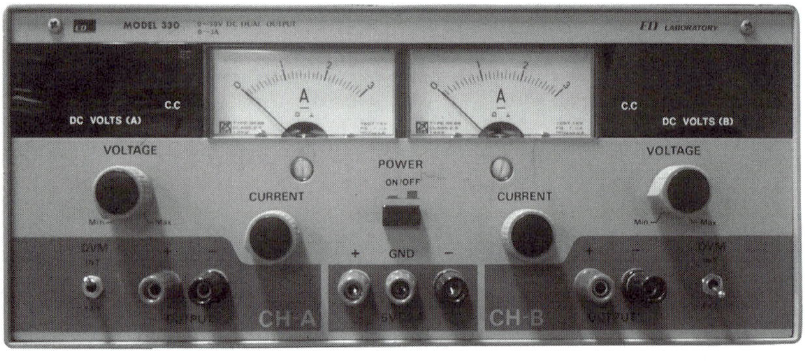

그림 3.7 전원 공급기 전면 패널

(5) 회로 접지 및 전지 등가회로

기준접지로서 전압을 측정할 때 기준점이다. 그림 3.8의 두 회로에서 $V_{ab} = 4\text{V}$, $V_{bc} = 8\text{V}$, $V_{ac} = 12\text{V}$이다. 그러나 그림 3.8(a)의 단자전압은 4V, 0V, −8V이고, 그림 3.8(b)의 단자전압은 12V, 8V, 0V이다.

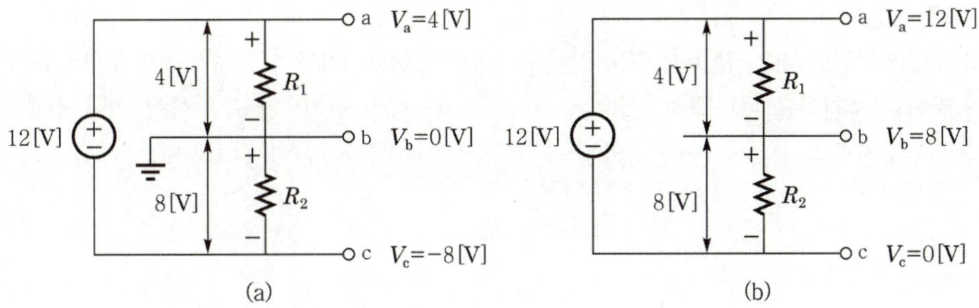

그림 3.8 회로접지 (a) b점이 접지 (b) b점이 무접지

회로를 분석할 때 단자전압을 일정하게 유지하는 이상적인 전원을 사용한다. 그러나 실제 전지와 같은 전원은 내부에 작은 저항을 가지고 있고 부하를 증가시키면 단자전압이 인가된다. 이 내부저항에 의해서 전지는 자연방전을 한다. 그래서 이런 전지는 그림 3.9와 같이 이상적인 전지 $V_{이상}$에 내부저항 r_i가 직렬로 연결된 등가회로를 나타내고 있다.

단자전압은 두 단자를 전압으로 측정하고 그림 3.9와 같이 전지의 단자전압 혹은 부하저항의 전압강하에 의한 부하의 단자전압이 같다.

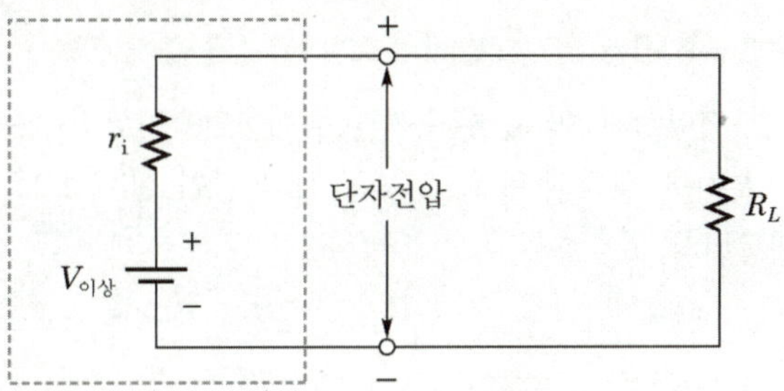

그림 3.9 전지 등가회로

(6) 전원

전원은 연결된 다른 소자들에 상관없이 정해진 전압과 전류를 공급하는 능동소자인 독립전원과 다른 전압 혹은 전류에 의해 제어되는 종속전원이 있다. 표 3.1은 이상적인 직류전원 심벌이고 독립전원은 원으로 종속전원 다이몬드 모양으로 보통 나타낸다.

독립전원은 직류출력 혹은 함수출력(사인파, 사각파, 임펄스, 선형램프 등)이 있고 종속전원은 종종 신호증폭에 사용되는 능동회로의 모델에 사용된다.

표 3.1 이상적인 전원 심벌

독립전원				종속전원	
밧데리	전압원	전류원	교류전원	전압원	전류원
				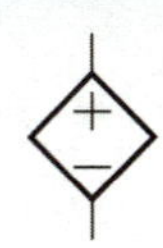	

① 직류 전압원

이상적인 전압원의 내부저항=0Ω이고 작을수록 바람직하다. 이상적인 전압원은 부하전류에 관계없이 일정한 단자전압을 나타내며, 실제는 그림 3.10과 같이 전원의 내부저항에 의한 전압강하가 발생하여 부하전류의 증가에 따라 전압원의 단자전압이 다음과 같이 감소한다.

$$v = V_0 - R_0 i \tag{3-1}$$

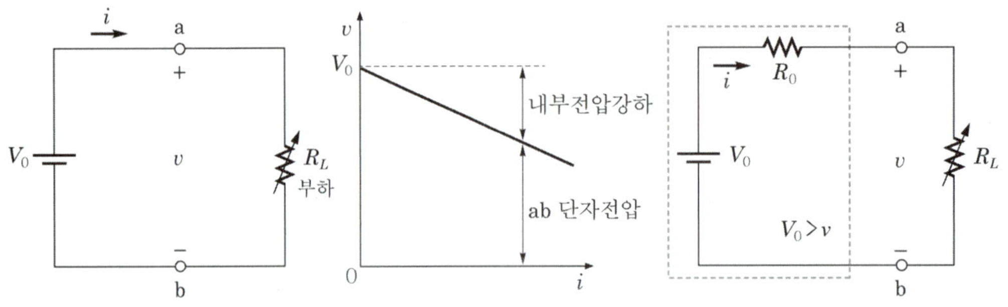

그림 3.10 전원전압의 특성 (a) 전압원 회로 (b) 실제 전압원 전압-전류 특성 (c) 실제 전압원에 대한 등가회로

② 직류 전류원

이상적인 전류원은 내부저항=∞Ω이고, 클수록 바람직하다. 이상적 전류원은 부하 임피던스에 관계없이 일정한 전류를 부하에 공급해 주고, 그림 3.11과 같이 실제적으로 부하 임피던스에 따라 다음 식과 같이 약간 변동된다.

$$i_L = \frac{V_0}{R_0 + R_L} \simeq \frac{V_0}{R_0} \quad R_0 \gg R_L \tag{3-2}$$

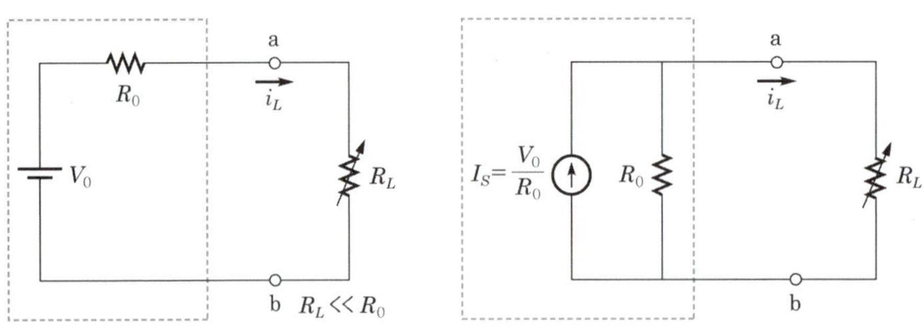

그림 3.11 전류전원의 개념 (a) 전압전원 (b) 전류전원

예제 3-1

다음과 같은 회로에서 v_0와 i_0를 구하여라.

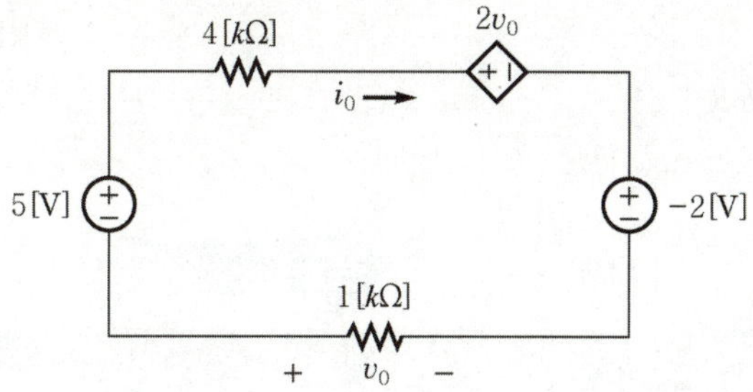

| 풀이 |

$-5+4ki_0+2v_0-2-v_0=0$과 $v_0=-1ki_0$에서 $-7+4ki_0-1ki_0=0$이고 $i_0=2.3mA$이다.

$v_0=-1ki_0=-1k\times 2.3m=-2.3V$

(7) 접지

접지(ground)는 전기회로에서 신호의 기준점이고, 회로의 다른 점에 대해 0V의 전위를 가진다. 회로에서 모든 접지점은 전기적으로 같고 그러므로 공통점이다. 일정한 전압원 회로에서 전압원의 한 단자는 접지에 연결되고, 전자기기의 금속 케이스 및 샤시 등은 프레임접지, 회로패턴의 접속은 시그널접지라고 부른다. 접지기호는 그림 3.12와 같이 나타낸다.

전기회로에서 접지의 특징은 다음과 같다.

① 전기회로의 이상전압을 제어하는 것으로 대지를 통해 이상전류를 안전하게 흘려보냄으로써, 인체를 보호하거나 화재, 기기손상 등의 재해를 예방한다.

② 제어하고자 하는 기기의 동작을 안정하게 하는데 반드시 필요하다.

③ 전자기기의 급격한 증가에 따라 안정된 신호흐름을 확보하기 위한 것이다.

그림 3.12 접지 기호 (a) 어스접지 (b) 프레임접지 (c) 시그널접지

가상접지(virtual ground)

- 접지와 같이 동일한 전압을 가지는 노드로서 전원에 연결되지 않았다.
- 전류가 가상접지로 흐를 때 가상접지의 전압은 실제접지에 비해 변할 수 있다.

(8) 전류

전자는 그림 3.13과 같이 (–)극에서 (+)극으로 이동한다. 프랭클린이 전류(電流, current)의 방향은 정전기가 흐르는 방향으로 정해서 전류는 (+)극에서 (–)극으로 흐르는 것으로 굳어져 버렸다. 그래서 전류는 전하의 이동을 말하며 보통 양전하가 이동하는 방향으로 정한다. 단위는 암페어[A]로 나타낸다.

임의의 위치에서 시간 t초 사이에 전하량 Q[C]가 이동하는 전하의 시간 변화율인 전류, $I = Q/t$[A]이다. 즉 1초 동안 주어진 단면적으로 이동하는 전자의 총 전하량이 1[C]이면 전류는 1[A]가 된다.

$$I = \frac{dQ}{dt}\ [\mathrm{A}],\quad Q = \int I\,dt\ [\mathrm{C}]$$

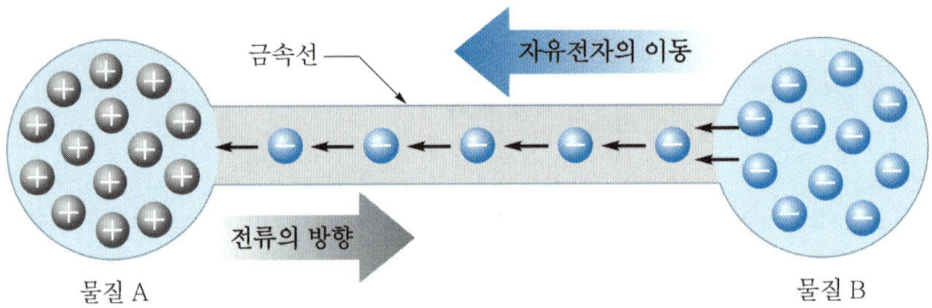

그림 3.13 자유전자가 음에서 양으로 움직이는 전류

프랭클린은 전기의 양 정전기(물질이 남으면), 음 정전기(물질이 모자라면)라 정의하고, 이 물질이 움직이면 전류가 된다고 가정했다. 그로부터 100년 후 1897년에 영국의 물리학자 톰슨은 전자를 발견되었는데 전자가 움직이는 방향은 프랭클린이 가정한 반대방향이였다. 그래서 이를 합리화하기 위해 전자가 띠고 있는 전기를 음(-)이라고 부른다.

영국의 물리학자 데이비는 전기를 양전하와 음전하로 정의하였고 그의 제자, 패러데이는 전류를 양전하가 양극에서 음극으로 이동하는 현상이라고 정의하였다.

그림 3.14와 같이 수동소자에 전류가 흐르면 전압의 극성은 전류가 들어오는 지점이 +, 흘러 나가는 지점이 −가 된다.

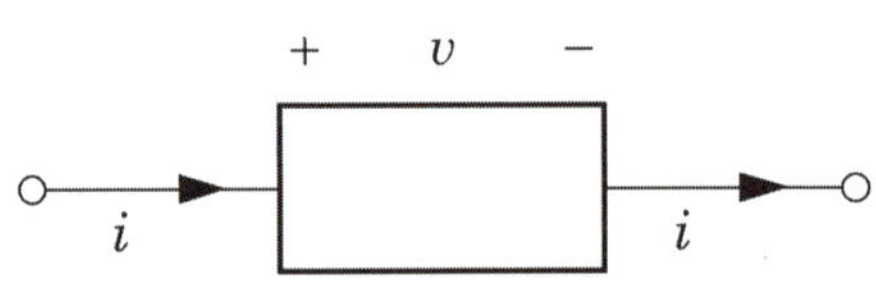

그림 3.14 수동소자 전류, 전압방향

램프, 히터, 증폭기, 휴대폰 등의 전자장비 등과 같이 전력을 소모하면서 어떤 일을 하는 장치를 부하(load)저항 또는 부하라고 한다.

예제 3-2

1pA(= 10^{-12}[A]) 인 경우 초당 움직이는 전자의 수를 계산하여라.

| 풀이 |

1 전자/1.6×10^{-19}[C] = 6×10^{18}[전자/C], 1A = 1[C/s]

1pA = 10^{-12}[A] = 10^{-12}[C/s] → 6×10^{18}[전자/C] × 10^{-12}[C/s] = 6×10^{6} 전자/s

예제 3-3

양(+) 단자로 전류 $i(t)=e^{-3t}$ 가 흘러들어갈 때 $0<t<1$[s] 동안 소자를 통해 흐르는 총전하량을 구하여라.

| 풀이 |

$$Q=\int_0^1 i(t)\,dt=\int_0^1 e^{-3t}\,dt=-\frac{1}{3}e^{-3t}\Big|_0^1=-\frac{1}{3}(e^{-3}-1)=0.32\ [mC]$$

예제 3-4

그림과 같이 도선에 흐르는 전류에서 도선에 흐르는 알짜 전하량을 구하여라. 단 $Q(0)=0$이다.

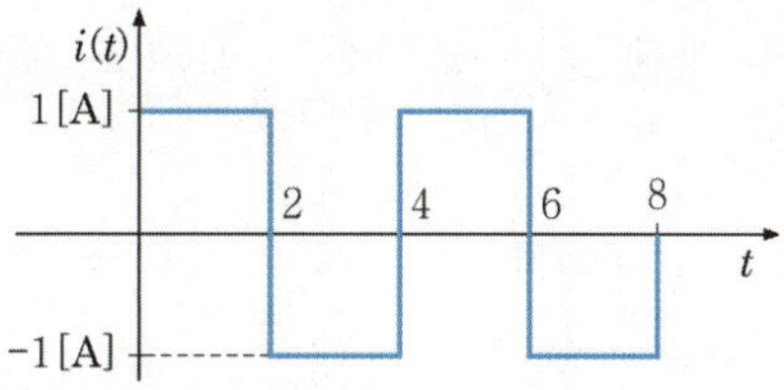

| 풀이 |

도선에 흐르는 알짜 전하량은 다음과 같다.

$$Q(t)=\begin{cases} t\,[C] & 0<t<2 \\ -t+4\,[C] & 2<t<4 \\ t-4\,[C] & 4<t<6 \\ -t+8\,[C] & 6<t<8 \end{cases}$$

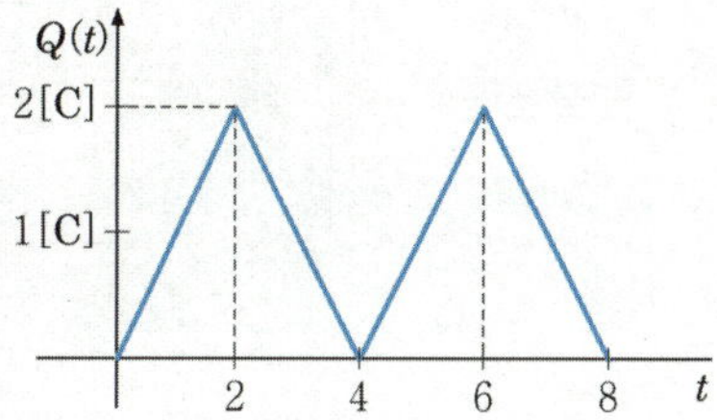

(9) 전류의 작용

① 발열(發熱) 작용

저항이나 도선에 전류가 흐르면 저항이나 도선에 열(줄열)이 발생한다. 이것은 전기에너지가 열로 바뀌는 현상인데, 발열량 $Q=0.24I^2Rt$[cal]은 전류 I[A]의 제곱과 전기저항 R[Ω] 및 전류가 흐른 시간 t[s]에 비례하며 줄열은 전열기나 전기용접 등에 이용되고 있다. 전열기는 저항값과 녹는점이 높아 쉽게 산화되지 않는 니크롬선을 사용하고, 전기용접은 금속과 금속의 접촉저항이 커지기 때문에 여기에 큰 전류를 흘리면 접촉부가 녹는 것을 이용한다.

② 발광작용

발광다이오드 등은 전류의 발광작용을 이용한 것이다. 형광등이나 가스 방전등에서는 전류가 가스 속을 흐를 때, 대전된 가스입자들이 서로 충돌하여 빛을 발생시킨다. 그리고 텅스텐과 같은 융점이 높은, 가는 금속선에 전기로 가열하면 빛을 발생한다. 온도가 높을수록 빛의 발생량은 증가하고 백열등은 필라멘트의 산화를 방지하기 위해 진공 또는 불활성가스로 충전시키며 필라멘트전구는 열 발생으로 효율이 낮아 광원으로 사용하지 않는다.

③ 화학작용

산, 염기, 소금, 금속산화물 등이 녹은 용액인 전해질(분해되는 물질)에 전류가 흐르면 전극에 이온이 도달해 방전하고 기체를 발생시키며 금속이 석출되는 전기분해가 일어난다. 양(+)이온(cation)은 음극에서 자유전자와 결합하여 전기적으로 중성이 되면서 음극에 석출(모든 금속이온과 수소이온)되고, 음(-)이온(anion)은 양극으로 이동하여 양극에 과잉전자를 주고, 전기적으로 중성이 된다.

전기도금, 알루미늄 및 구리의 생산을 위한 전해재련 등을 이용한다. 그림 3.15와 같이 전기도금은 도금할 물체를 음극으로, 도금금속을 양극으로 사용하며 두 전극을 도금금속을 이온으로 포함한 전해질용액에 담그고 직류전원장치를 연결한다.

반대로 전극에서 물질이 이온으로 이온화 함으로써 기전력이 생기는 현상으로 볼타전지의 반응은 $Zn+2H^+ \rightarrow Zn^{2+}+H_2$이며, (+)극 환원반응은 $2H^+ + 2e^- \rightarrow H_2$이고, (-)극 산화반응은 $Zn \rightarrow Zn^{2+}+2e^-$이다.

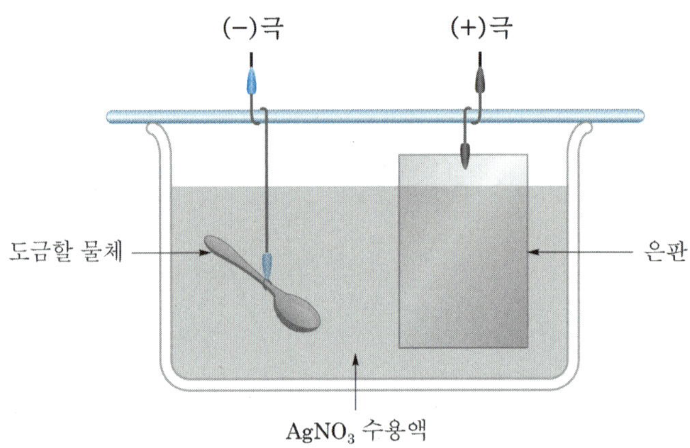

그림 3.15 은도금의 화학작용

④ 자기작용

전하의 운동에 의해 자장이 발생되는 현상이며, 암페어의 법칙에 따라 도선이나 도선을 원통형으로 감은 코일에 전류가 흐를 경우 전류 주위 자장이 발생한다. 자장의 세기는 전류의 세기, 코일의 형상, 감은 수, 길이, 철심의 투과율 등에 의해 정해지며, 이는 전자석 등에 사용된다.

패러데이 전자기유도법칙에 따라 변하는 자장 안에 놓인 도선은 기전력이 발생하며 도선의 회로가 닫혀 있을 경우 전류가 흐른다. 이는 발전기나 변압기 등에 이용한다.

플레밍의 왼손법칙에 따라 자장 속에 놓은 도선에 전류를 흐르면 도선에는 힘이 작용한다. 이는 전기에너지를 역학적 일로 변환시키는 전동기 등에 이용된다.

(10) 단자 소자

① 2-단자 소자

전압-전류의 관계 $I=f(V)$로 소자를 분류하면 저항은 $I=\frac{V}{R}$, 커패시터 $I=C\frac{dV}{dt}$, 인덕터 $I=\frac{1}{L}\int Vdt$, 그리고 다이오드 $I=I_s\left(e^{V/nV_T}-1\right)$이고 여기서 n는 다이오드 이상계수(ideality factor)

이며 이상적인 다이오드인 경우 1이고, 상온에서 $V_T = 0.026$[V]이다.

② 3-단자 소자

트랜지스터는 전류의 흐름을 조절하는 제 3의 단자가 추가된다. 가장 흔한 트랜지스터는 그림 3.16과 같이 전류를 조절하여 전류를 흘리는 바이폴라 접합 트랜지스터(bipolar junction transistor : BJT)와 전압을 조절하여 전류를 흘리는 전계효과 트랜지스터(field-effect transistor : FET) 등이 있다.

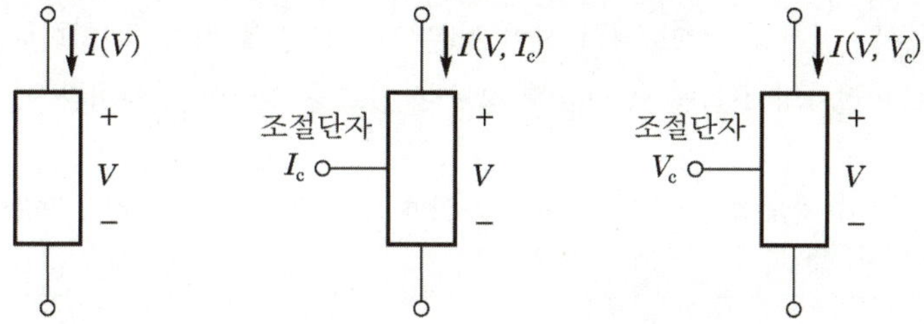

그림 3.16 2-단자와 3-단자 소자 (a) 2-단자 (b) BJT (c) FET

(11) 전기회로

전기는 도체를 통해 전자가 흐르는 동전기를 말하며 반면 정전기는 전하가 일정한 곳에 쌓여 있다가 일시에 한 물질에서 다른 물질로 이동한다.

전기회로(electrical circuit)는 그림 3.17(a)와 같이 전원의 한 극에서 출발하여 도선을 통해 전구 등의 회로소자를 거쳐 전원의 다른 극으로 한 바퀴 도는 경로를 말한다. 직류 회로소자는 주로 저항이고, 교류회로에서는 저항 이외 코일 등의 유도용량과 커패시터의 전기용량, 변압기의 상호인덕턴스 등도 포함된다. 즉 회로는 전지 또는 발전기와 같은 전자의 공급원, 전구와 같은 에너지를 소비하는 장치 그리고 전자를 공급원에서 전구를 통하여 공급원까지 돌아오게 도선으로 이루어진다.

닫힌회로는 전류가 흐르는 하나의 완전한 경로를 가지고 개방회로는 전류경로가 개방되거나 불완전한 회로이다. 전기회로는 '전기에너지가 이동하는 길'이며 그림 3.17(b)와 같이 물로 생각한다면 '수로'와 같은 개념이다.

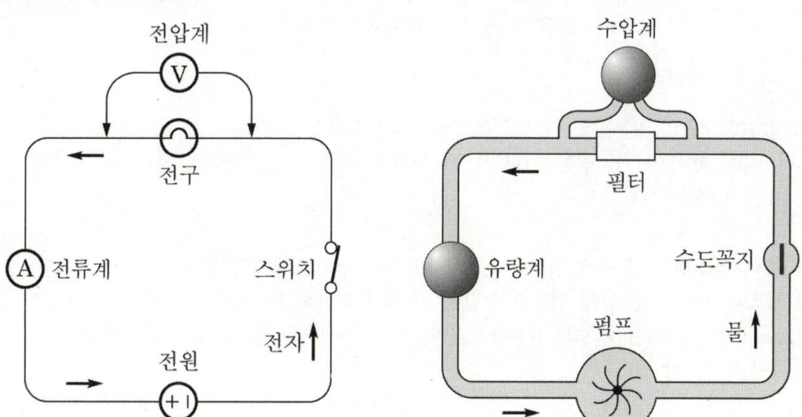

그림 3.17 흐름계통 (a) 전기회로 (b) 수류계

전기회로는 전압과 전류의 관점에서 수동소자인 저항, 커패시터, 인덕터 등을 사용하며 고전류, 고전압을 다루는 회로이다. 전기회로는 전기를 동력으로 사용하고 큰 전류가 흘러 어떤 일을 하는 것이며 전기에너지를 다른 에너지로 변환한다. 전기회로에서 기전력 방향(높은 전압에서 낮은 전압)으로 전류가 흐른다.

전자회로는 반도체 소자인 능동소자(다이오드, 트랜지스터, 연산증폭기, 집적회로 등)를 포함하여 증폭, 정류, 발진, 변조, 복조, 필터, 논리 등을 다루는 회로이며, 저전압, 저전류와 관계되는 회로이다. 전자회로는 전기를 신호로 사용하여 작은 전류로 일을 한다. 전기회로에서 전기신호를 다룰 때 전자회로는 전자의 흐름을 이용하여 정보나 신호를 주고받는 것이다.

> 자기회로는 기자력과 자속의 관점에서 문제를 푸는 회로이며, 주로 변압기, 코일, 모터, 발전기 등에서 문제를 풀기 위해 사용하는 회로이다.

(12) 전력

$P(t) > 0$이면 소자가 에너지 흡수하고, $P(t) < 0$이면 소자가 에너지를 공급한다. 수동소자(passive device)는 에너지를 소비하는 소자로서 저항, 인덕터, 커패시터 등으로 소자 내 에너지 원천을 갖지 않는다. 능동소자(active device)는 에너지를 공급할 수 있는 전원과 같은 소자이며 전력 이득을 제공할 수 있는 트랜지스터, 증폭기 등과 같은 소자이다. 그림 3.18은 휴대폰과 같은 소형 전자제품의 수요전력을 나타낸다.

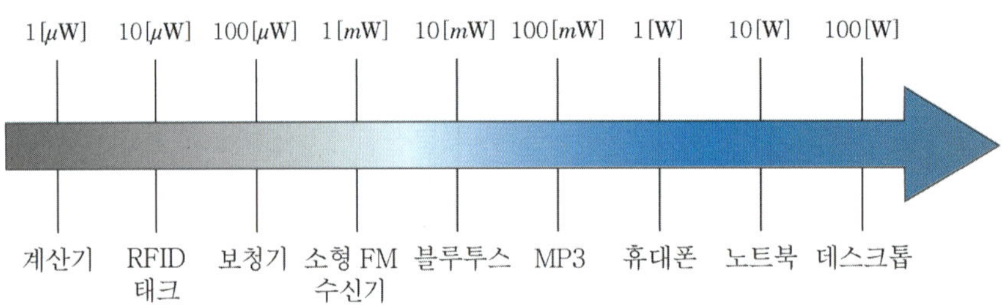

그림 3.18 소형 전자제품의 수요전력

> 전류의 기준방향과 전압의 기준방향 사이의 관계는 수동부호규정(passive sign convention : PSC)에서 나타내고 전류의 기준방향을 나타내는 화살표가 전압 기준방향의 양(+)의 단자 $(p = v \cdot i > 0)$를 향해야 한다.
>
> 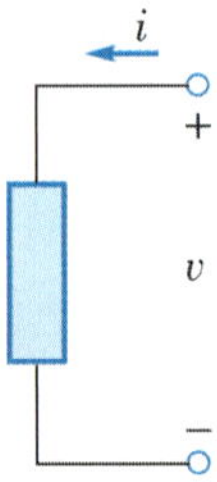
>
>
> - 에너지의 흡수(absorb) : 양(+)의 전류가 전압의 양(+)의 단자로 들어간다.
> - 에너지의 공급(deliver) : 양(+)의 전류가 전압의 음(−)의 단자로 들어간다.
> - 1-사분면, 3-사분면 : $p = v \cdot i > 0$, 인가전압 방향(+에서 −)으로 전류가 흐르고, 에너지가 소비하는 수동소자(저항 등)
> - 2-사분면, 4-사분면 : $p = v \cdot i < 0$, 인가전압 반대방향(−에서 +)으로 전류가 흐르고, 에너지를 공급하는 능동소자(밧데리, 전류원 등)

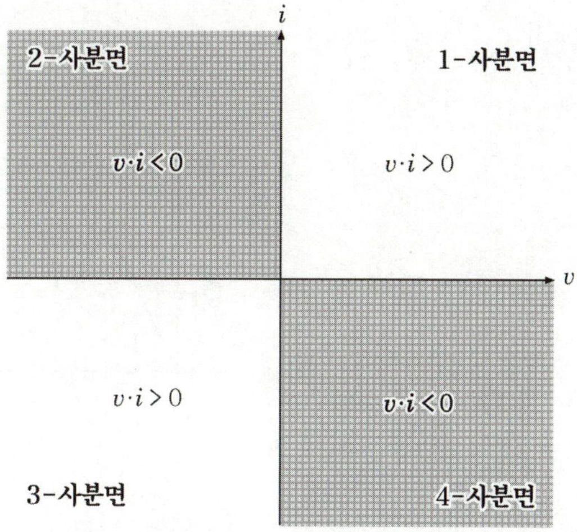

예제 3-5

다음 각 소자에 대해 전력을 흡수하는 것을 선택하여라.

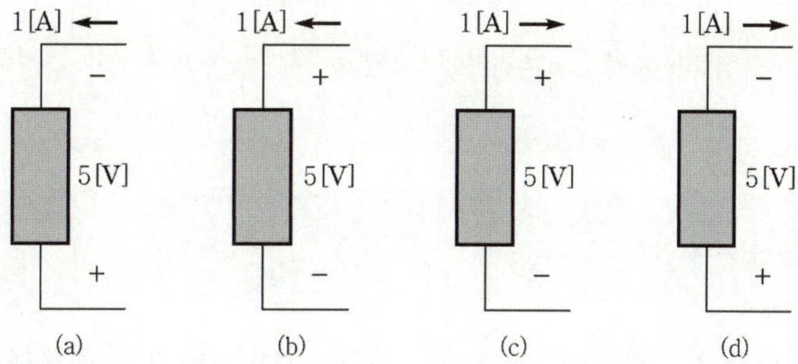

| 풀이 |

$v \cdot i > 0$을 만족해야 함으로 (b), (d)이다. (a), (c)는 전력을 공급하는 소자이다.

예제 3-6

어떤 소자에 전압 10V가 인가되고 전류가 아래 그림과 같을 때 전력과 에너지를 구하여 그려보아라.

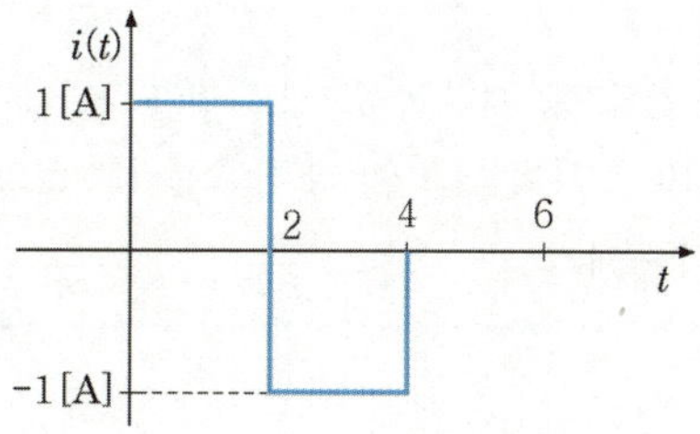

| 풀이 |

$i(t) = \begin{cases} 1\,[\mathrm{A}] & 0 < t < 2 \\ -1\,[\mathrm{A}] & 2 < t < 4 \\ 0\,[\mathrm{A}] & 4 < t < 6 \end{cases}$이므로 $P(t) = v(t)i(t) = \begin{cases} 10\,[\mathrm{W}] & 0 < t < 2 \\ -10\,[\mathrm{W}] & 2 < t < 4 \\ 0\,[\mathrm{W}] & 4 < t < 6 \end{cases}$이고

$$W(t) = \int P(t)\,dt = \begin{cases} 10t\,[\mathrm{J}] & 0 < t < 2 \\ 40-10t\,[\mathrm{J}] & 2 < t < 4 \\ 0\,[\mathrm{J}] & 4 < t < 6 \end{cases}$$

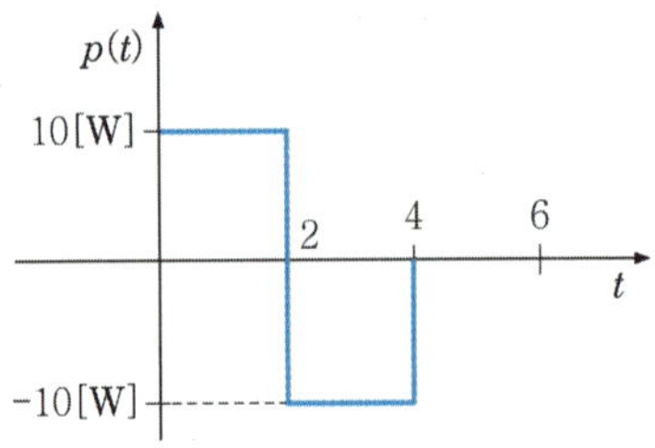

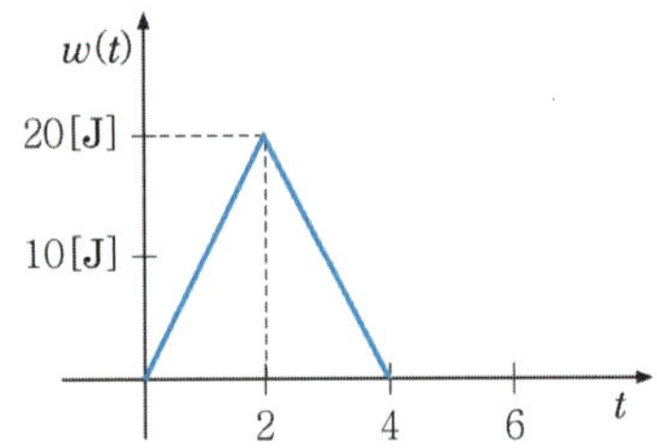

(13) 에너지와 일

에너지는 물리학적 일을 할 수 있는 능력으로 단위는 줄(Joule, [J])이며 형태에 따라 위치에너지, 운동에너지, 열에너지, 전기에너지 등이 있다. 일과 에너지는 서로 전환 가능하므로 물체가 외부에 일을 하면 물체의 에너지가 감소하고, 물체가 일을 받으면 물체의 에너지가 증가한다.

위치에너지(mgh), 운동에너지($\frac{1}{2}mv^2$), 탄성에너지($\frac{1}{2}kx^2$), 열에너지(cmT), 전기에너지($\frac{1}{2}CV^2$)

예제 3-7

1[J]의 되는 경우를 열거하여라.

| 풀이 |

1[J]은 1 N의 힘으로 1m를 움직일 때 드는 에너지, 1[J]은 열에너지로 환산하면 0.24 cal, 1[J]은 전기에너지로 환산하면 1 W의 전력을 1초간 사용한 에너지, 1[J]은 1V 전압에 1A가 1초 간 흐를 때 소비한 에너지, 1[J]은 1V 전압에 1C의 전하량이 흐르는 에너지

예제 3-8

반도체에서 흔히 사용하는 에너지, 1eV (electron volt)를 줄[J]로 나타내어라.

| 풀이 |

전자 하나는 -1.6×10^{-19}[C]의 전하량을 지니고 있으므로 전자 하나가 1V의 전압차이를 움직이면 잃거나 얻게 되는 에너지는 -1.6×10^{-19}[J]이 되고 이 양을 1eV라고 정의한다.
따라서 $1[\mathrm{eV}]=1.6\times10^{-19}$[J]이 된다.

(14) 줄의 법칙

도선에 전류가 흐르면 열이 발생한다. 전열기에 전압을 가해 전류를 흘리면 열이 발생하는데, 이것을 전류의 발열 작용이라 한다. 이것을 줄열이라고 하는데 단위시간당의 발열량은 전류의 세기의 제곱과 도선의 전기저항의 곱과 같다. 이것이 줄(Joule)의 법칙이다.

전류 I[A]의 전류가 저항이 $R[\Omega]$인 도체를 t초 동안 흐를 때 그 도체에 발생한 열량은 다음과 같다.

$$W = I^2Rt[\mathrm{J}] = 0.24I^2Rt[\mathrm{cal}] \tag{3-3}$$

1cal = 4.2J (열의 일당량), 1J = 0.24cal

예제 3-9

합금 니크롬으로 만들어진 5m 길이의 도선이 있다. 이 도선의 저항은 60Ω이다. 이 도선 전체를 하나의 열선으로 사용하는 경우와, 도선을 반으로 잘라서 사용하는 경우, 각각 얼마만큼의 열을 얻을 수 있는지 칼로리로 계산하여라. 사용시간은 1시간이고, 인가전원은 직류 110V라고 한다.

| 풀이 |

$W = 0.24I^2Rt[\mathrm{cal}]$에서 $W_1 = 0.24\left(\frac{110}{60}\right)^2(60)(3600) = 174[k\mathrm{cal}]$

$W_{1/2} = 0.24\left(\frac{110}{30}\right)^2(30)(3600) = 348[k\mathrm{cal}]$

전력량은 전기가 일정시간 동안 하는 일의 양으로, 주로 전기 · 전자 기기의 소비 전력량을 나타낼 때 사용한다. 단위는 와트시(watt hour, Wh)를 사용하며 줄(J)과 같은 단위를 가진다. 전력량 W는 전력과 시간의 곱으로 구해지며, 다음과 같은 식으로 나타낸다.

$$W = P \cdot t = I^2 \cdot R \cdot t = V \cdot I \cdot t[\mathrm{Wh}]$$

1 킬로와트시(kWh)는 1[kW]의 전력을 1시간 사용했을 때 일의 양이며 줄로 나타내면 다음과 같다.

$$1[k\mathrm{Wh}] = 10^3[\mathrm{Wh}] = 60(\text{분}) \times 60(\text{초/분}) \times 10^3[\mathrm{W}] = 3{,}600 \times 10^3[\mathrm{W \cdot s}] = 3.6 \times 10^6[\mathrm{J}] \tag{3-4}$$

- kW는 [J/s] 즉 단위시간당 에너지, kWh는 단위시간당 에너지에 시간을 곱한 값이므로, [J/s]×[s]=[J]인 에너지
- kW는 용량 즉 단위시간당 전력을 생산할 수 있는 양, kWh는 해당 용량의 설비를 일정시간 동안 운전하여 생산한 발전량

예제 3-10

소비전력이 60W인 전구 10개를 220V의 전압에 연결하여 매일 평균 3시간씩 30일 동안 사용하였다면 소비한 전력량을 kWh 단위로 나타내어라.

| 풀이 |

$W = P \times t = 60 \times 10 \times 3 \times 30 = 54[k\mathrm{Wh}]$

(15) 온도의 단위

온도 단위는 주로 섭씨, 화씨, 켈빈을 많이 사용하고, 그림 3.19은 화씨, 섭씨, 켈빈 온도 단위를 비교하였다.

① **화씨온도** : 1724년경 독일의 파렌하이트(Daniel Gabriel Fahrenheit, 1686~1736)가 정한 온도로 현재 물의 어는점을 32°F, 끓는점을 212°F로 정하고 그 사이를 180등분한 것을 사용하고 단위는 °F이다.

② **섭씨온도** : 1742년 스웨덴의 셀시우스(Anders Celsius, 1701~1744)가 정한 온도체계로 현재 물의 어는점을 0℃, 끓는점을 100℃로 그 사이를 100등분한 것을 사용하고 단위는 ℃이고 대부분 나라에서 사용한다.

온도 변환식은 화씨와 섭씨의 비례관계로

$$\mathrm{C} : (\mathrm{F} - 32) = 100 : 180 \tag{3-5}$$

이고 화씨온도-섭씨온도 변환은 $\mathrm{C} = \frac{5}{9}(\mathrm{F} - 32)$, 섭씨온도-화씨온도 변환은 $\mathrm{F} = \frac{9}{5}\mathrm{C} + 32$이다.

③ **절대온도(켈빈온도)** : 1848년 영국의 켈빈(Lord Kelvin, 1824~1907)이 창안한 온도체계로 물의 어는점을 273.15℃로 하는 절대온도 눈금을 말하며 과학에서 켈빈온도를 사용한다. 이 눈금을 사용하면 모든 온도가 (+)수치로 나타난다. 샤를의 법칙에 따라 일정한 압력에서 기체의 부피와 온도는 비례한다. −273.15℃에서 기체의 부피가 0이 되고 이 온도를 절대온도 0K로 정의한다. 절대온도의 간격은 섭씨온도 간격과 같다.

$$\text{절대온도(K)} = \text{섭씨온도(℃)} + 273.15 \tag{3-6}$$

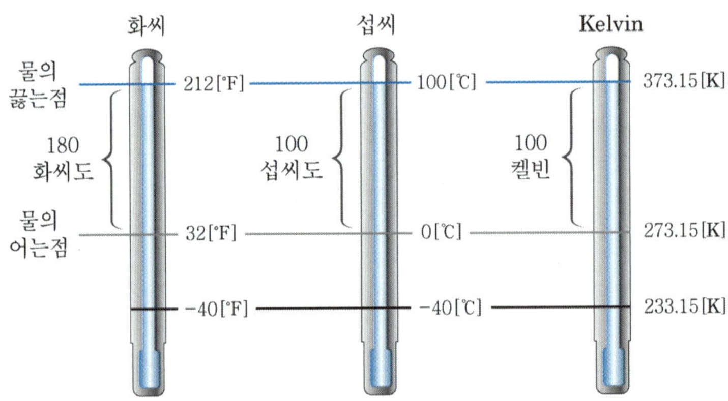

그림 3.19 화씨, 섭씨, 켈빈 온도 단위 비교

예제 3-11

상온(27℃)에서 다이오드 전류식에 있는 열전압인 kT/q를 계산하여라. 단 k는 볼츠만상수($=1.38\times10^{-23}$[J/K]), q는 전자의 전하량($=1.6\times10^{-19}$[C])이다.

| 풀이 |

$$\frac{kT}{q} = \frac{1.38\times10^{-23}[\mathrm{J/K}]\times300[\mathrm{K}]}{1.6\times10^{-19}[\mathrm{C}]} \simeq 0.026\mathrm{V}$$

예제 3-12

화씨 77°F는 섭씨온도와 절대온도로 나타내어라.

| 풀이 |

$C = \frac{5}{9}(F-32) = \frac{5}{9}(77-32) = 25°C$, 절대온도=273+25=298K

3.3 전기전자를 위한 기초 수학

(1) 미터법 접두사

큰 수와 작은 수를 표현하기 위해 편리한 방법이 필요하다. 그래서 어떤 물리량을 소수점에서 왼쪽에 1과 10사이 수인 한 자리 곱하기 10의 거듭제곱으로 표시하는 과학적인 표기방법이 있다. 그리고 소수점에서 왼쪽으로 1~3개 자리 곱하기 10의 거듭제곱으로 나타내며 거듭제곱 수는 3의 배수로 하는 공학적인 표기법이 있다. 즉 주파수 60,000 헤르츠의 과학적인 표기법은 6×10^4Hz 이고 공학적인 표기법은 60×10^3Hz이며 미터법 접두사로 나타내면 60kHz로 표현된다. 0.035 암페어는 과학적인 표기법은 3.5×10^{-2}A이며, 공학표기법으로 35×10^{-3}A로 표현되고 미터법 접두사를 사용하면 35mA로 나타낸다. 미터법 접두사는 표 3.2와 같이 10의 거듭제곱수가 3의 배수이다.

표 3.2 미터법 접두사

인수	이름	발음	기호	인수	이름	발음	기호
10^{15}	peta	페타	P	10^{-15}	femto	펨토	f
10^{12}	tera	테라	T	10^{-12}	pico	피코	p
10^{9}	giga	기가	G	10^{-9}	nano	나노	n
10^{6}	mega	메가	M	10^{-6}	micro	마이크로	μ
10^{3}	kilo	키로	k	10^{-3}	milli	밀리	m

(2) 단위 및 단위 접두사

단위와 심벌은 SI(System International)에서 규정하고, 기본단위에서 길이는 m(meter), 질량은 kg(kilogram), 시간은 s(second), 온도는 K(kelvin), 전류는 A(ampere)이고, 보조단위인 각도는 rad(radian)이다. 표 3.3은 전기전자공학 분야에 많이 사용되는 대표적인 단위이다.

표 3.3 전기 단위

물리량	심벌	명칭	단위기호	변환단위
주파수	f	헤르츠	Hz	$1\text{Hz}=1\text{s}^{-1}$
전하량	Q	쿨롱	C	$1\text{C}=1\text{A}\cdot\text{s}$
전류	I	암페어	A	$1\text{A}=1\text{C/s}$
전위, 전압, 기전력	V	볼트	V	$1\text{V}=1\text{J/C}$
전력	P	와트	W	$1\text{W}=1\text{J/s}$

에너지(일)	W	줄	J	$1J=1N\cdot m$
정전용량, 커패시턴스	C	패럿	F	$1F=1C/V$
전기저항	R	옴	Ω	$1\Omega=1V/A$
리액턴스	X	옴	Ω	$1\Omega=1V/A$
임피던스	Z	옴	Ω	$1\Omega=1V/A$
컨덕턴스	G	지멘스	S	$1S=1A/V$
자속	ϕ	웨버	Wb	$1Wb=1V\cdot s$
자속밀도	B	테슬러	T	$1T=1Wb/m^2$
유도용량, 인덕턴스	L	헨리	H	$1H=1Wb/A$

(3) 문자 기호 표기

미국 전기전자공학회(Institute of Electrical and Electronics Engineers : IEEE)의 문자 표기(IEEE 표준 #255) 기준으로 한 전기량 및 첨자기호의 표기는 아래와 같다.

- 시변 물리량(전류, 전압, 전력 등)의 순시값은 소문자로 표시한다. (보기) i, v
- 물리량의 최대값, 평균값, 실효값은 대문자로 표시한다. (보기) I, V
- 직류값과 순시 전체값은 첨자를 대문자로 표기한다. (보기) i_E, I_E, v_{BE}, V_{BE}
- 교류값은 첨자를 소문자로 표기한다. (보기) i_e, I_e, v_{be}, V_{be}
- 전원은 첨자를 반복하여 표기한다. (보기) V_{CC}, V_{DD}
- 두 개의 첨자는 첫 번째 첨자는 기준점에 대한 측정단자이고, 두 번째 첨자는 기준점이다.

> 물리량이 전류는 I 혹은 i, 전압은 V 혹은 v, 첨자는 정보로 입력은 in 혹은 i 등

(보기) $V_{CE}=V_C-V_E$는 직류 V_C 전압과 V_E 전압의 차이고, $V_E=0$일 때 직류 V_C 전압이다.

(4) 미터 단위 변환

① 보다 큰 미터단위를 보다 작은 미터단위로 변환시킬 때 소수점은 오른쪽으로 이동시킨다.
(보기) $0.45\times10^{-3}=450\times10^{-6}$

② 보다 작은 미터단위를 보다 큰 미터단위로 변환시킬 때 소수점은 왼쪽으로 이동시킨다.
(보기) $4500\times10^{-6}=4.5\times10^{-3}$

③ 변환시킬 미터단위의 10의 거듭제곱 차이로 부터 소수점을 이동하는 자리수를 결정하여 계산한다.
(보기) $4500\times10^{-6}-0.5\times10^{-3}=4.5\times10^{-3}-0.5\times10^{-3}=4\times10^{-3}$

(5) 복소수

제곱해서 -1이 되는 수를 $\sqrt{-1}$로 쓰고 이것을 기호로 j(혹은 i)로 나타내고 이를 허수단위라고 한다. j는 실수가 아니므로 0보다 큰지 작은지 같은지를 알 수 없다. 또 $j^2=-1$이므로 $j^3=j^2j=-j$, $j^4=j^3j=1$ 등으로 표현할 수 있다.

제곱해서 3가 되는 양수를 $\sqrt{3}$

i는 실재의 수가 아닌 가상의(imaginary) 수라고 하여 imaginary의 i 에서 유래한다. 전자전기공학자는 전류 i와 다른 j를 선호한다.

두 실수 a, b에 대하여 $j=\sqrt{-1}$ 일 때, $z=a+jb$를 복소수라고 한다. 여기서 a를 실수부, b를 허수부라 한다. 특히, $a=0$ 일 때를 순허수라 하고, $b=0$ 일 때는 실수가 된다. 따라서 실수는 복소수이고 복소수라 해서 실수는 아니다. 표 3.4은 복소수를 표현하는 방법을 나타낸다.

표 3.4 복소수 표현

종류	직각좌표형	극좌표형	복소지수형
표현	$a+jb$	$r\angle\theta$	$re^{j\theta}$
성분	$a=r\cos\theta$	$r=\sqrt{a^2+b^2}$	$r=\sqrt{a^2+b^2}$
	$b=r\sin\theta$	$\theta=\tan^{-1}\left(\frac{b}{a}\right)$	$\theta=\tan^{-1}\left(\frac{b}{a}\right)$

복소수 $z=a+jb$에서 허수부의 부호를 바꾼 $\bar{z}=z^*=a-jb$를 그림 3.20과 같이 켤레(conjugate) 복소수라고 하고 기호로 $\overline{a+jb}=a-jb$ 로 나타낸다. 또, 두 복소수 z, ω에 대하여 다음이 성립한다.

① $\overline{z+\omega}=\bar{z}+\bar{\omega}$ ② $\overline{z-\omega}=\bar{z}-\bar{\omega}$ ③ $\overline{z\cdot\omega}=\bar{z}\cdot\bar{\omega}$ ④ $\overline{\left(\frac{z}{\omega}\right)}=\frac{\bar{z}}{\bar{\omega}}$

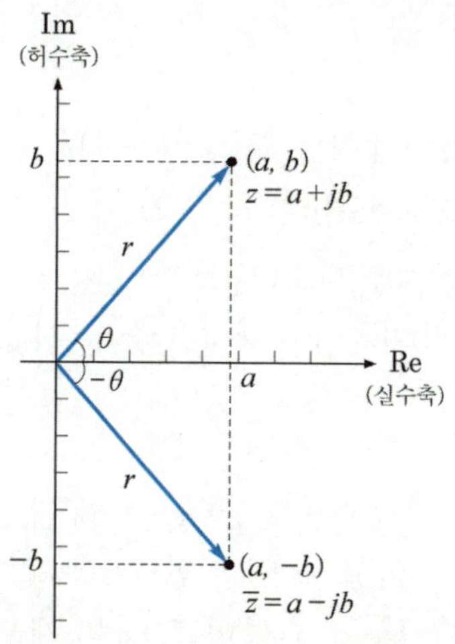

그림 3.20 복소평면에서 켤레 복소수

오일러공식

- $e^{j\theta}=\cos\theta+j\sin\theta$, 복소수를 삼각함수로, 또는 반대로 표현한다.
- $e^{j\pi}+1=0$, 자연로그의 밑(e), 원주율(π), 허수단위(j) 등을 하나의 공식에 포함함.

• 유도된 공식 $\cos\theta = \dfrac{e^{j\theta} + e^{-j\theta}}{2}$, $\sin\theta = \dfrac{e^{j\theta} - e^{-j\theta}}{2j}$

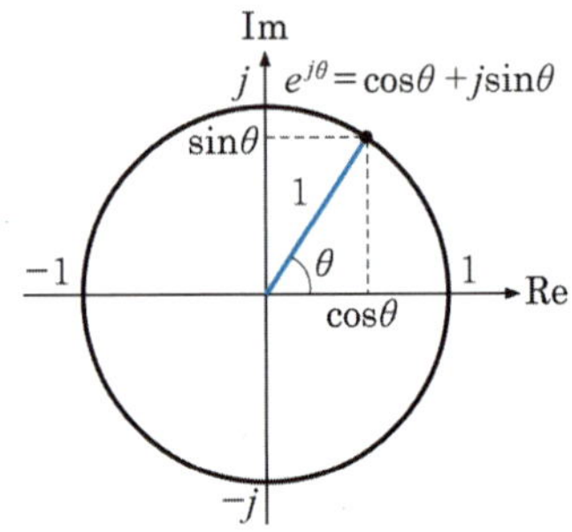

복소수의 연산은 다음과 같다. a_1, b_1, a_2, b_2가 실수일 때

① 복소수 덧셈과 뺄셈은 직각좌표형으로 계산하면 편리하다.

$$z_1 \pm z_2 = (a_1 + jb_1) \pm (a_2 + jb_2) = (a_1 \pm a_2) + j(b_1 \pm b_2)$$

② 복소수 곱셈과 나눗셈은 극좌표형으로 계산하면 편리하다.

$$z_1 \times z_2 = r_1 e^{j\theta_1} \times r_2 e^{j\theta_2} = r_1 r_2 e^{j(\theta_1 + \theta_2)},\quad \frac{z_2}{z_1} = \frac{r_2 e^{j\theta_2}}{r_1 e^{j\theta_1}} = \frac{r_2}{r_1} e^{j(\theta_2 - \theta_1)}$$

직각좌표형으로 계산하면 다음과 같다.

$$z_1 \times z_2 = (a_1 + jb_1)(a_2 + jb_2) = (a_1 a_2 - b_1 b_2) + j(a_1 b_2 + a_2 b_1),$$

$$\frac{z_2}{z_1} = \frac{a_2 + jb_2}{a_1 + jb_1} = \frac{a_2 + jb_2}{a_1 + jb_1}\frac{a_1 - jb_1}{a_1 - jb_1} = \frac{(a_1 a_2 + b_1 b_2) + j(a_1 b_2 - a_2 b_1)}{a_1^2 + b_1^2}$$

③ $(\overline{z_1 + z_2}) = \overline{z_1} + \overline{z_2}$

④ $(\overline{z_1 z_2}) = \overline{z_1}\,\overline{z_2}$

⑤ 실수성분 $\mathcal{R}e[z] = (z + \overline{z})/2$, 허수성분 $\mathcal{I}m[z] = (z - \overline{z})/2j$

(보기) $\cos\theta = (e^{j\theta} + e^{-j\theta})/2$, $\sin\theta = (e^{j\theta} - e^{-j\theta})/2j$

⑥ 절대값 : 복소수의 크기, $|z| = \sqrt{z \cdot \overline{z}} = (\mathcal{R}e[z])^2 + (\mathcal{I}m[z])^2 = \sqrt{a^2 + b^2}$

⑦ $|z_1 z_2| = |z_1||z_2|$ (증명) $|z_1 z_2|^2 = (z_1 z_2)(\overline{z_1 z_2}) = (|z_1||z_2|)^2$

⑧ $\left|\dfrac{z_1}{z_2}\right| = \dfrac{|z_1|}{|z_2|}$

⑨ 복소수의 상등 : a, b, c, d가 실수이고 $j = \sqrt{-1}$ 일 때,

$a + jb = 0$이면 $a = b = 0$이고, $a + jb = c + jd$이면 $a = c$이고, $b = d$이다.

⑩ 음수의 제곱근 : $a > 0$ 일 때 $\sqrt{-a} = j\sqrt{a}$ 이고 $-a$ 의 제곱근은 $\pm j\sqrt{a}$ 이다.

⑪ 음수 제곱근의 성질 : $a, b > 0$ 일 때 $\sqrt{-a}\sqrt{-b} = -\sqrt{ab}$ 이고 $\dfrac{\sqrt{a}}{\sqrt{-b}} = -\sqrt{-\dfrac{a}{b}}$ 이다.

드 므아브르(De Moivre)의 정리

복소수의 거듭제곱을 계산할 때 이 정리를 쓰면 편리하다.

$z^n = (re^{j\theta})^n = r^n e^{jn\theta} = r^n[\cos(n\theta) + j\sin(n\theta)]$

- 복소수는 실수값과 허수값으로 구성된다.
- 허수는 j연산자를 사용하고, 사칙연산이 가능하다. 복소평면에 직각좌표형으로 나타낼 수 있고 극좌표형 크기와 위상으로 나타낸다. 오일러공식으로 지수형과 직각좌표형으로 서로 바꾸어 나타낼 수 있다.

예제 3-13

이차방정식 $x^2-2x+2=0$ 의 근을 구하여라.

| 풀이 |

근의 공식에 의하면 $x=1\pm\sqrt{1-2}=1\pm j$이다.

예제 3-14

다음 복소수들의 켤레복소수를 말하여라.

(a) $2+j3$ (b) $-3+j$ (c) $-j5$ (d) 2

| 풀이 |

(a) $\overline{2+j3i}=2-j3$ (b) $\overline{-3+j}=-3-j$ (c) $\overline{-j5}=j5$ (d) $\overline{2}=2$

예제 3-15

$\dfrac{2+j}{1-j2}+\overline{\left(\dfrac{2+j}{1+j2}\right)}$를 간단히 하여라.

| 풀이 |

$$\frac{2+j}{1-j2}+\overline{\left(\frac{2+j}{1+j2}\right)}=\frac{(2+j)(1+j2)}{(1-j2)(1+j2)}+\frac{\overline{2+j}}{\overline{1+j2}}=\frac{(2-2)+j(1+4)}{1+4}+\frac{2-j}{1-j2}$$
$$=0.8+j1.6$$

예제 3-16

$(2y)-j(2x-y)=6j$ 를 만족하는 실수 x, y를 구하여라.

| 풀이 |

$2y=0$, $2x-y=-6$이므로 $x=-3$, $y=0$

예제 3-17

복소수 $3+j1$의 크기와 위상으로 구하고 복소평면에 나타내어라.

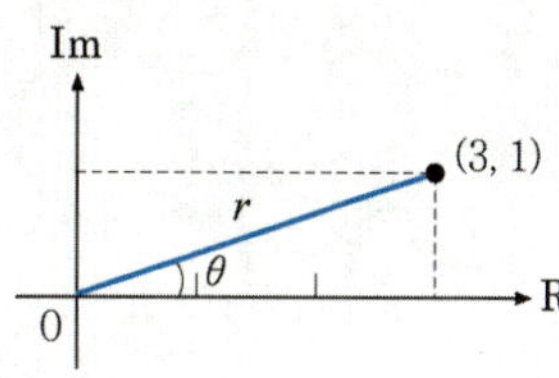

| 풀이 |

크기 $r=\sqrt{3^2+1^2}=\sqrt{10}$, 각도 $\theta=\tan^{-1}\dfrac{1}{3}=18.4^o$

(6) 벡터 해석

스칼라(scalar)는 실수 하나로 표시할 수 있거나 또는 크기만을 표현할 수 있는 물리량이며 시간, 질량, 밀도, 온도, 거리, 체적, 전하량, 전압, 전류, 그리고 에너지 등이 있다.

벡터(vector)는 다수의 실수로 표시할 수 있거나 크기와 방향을 갖는 물리량이며 변위, 힘, 속도, 가속도, 전장, 자장, 그리고 전류밀도 등이 있다. 영문자로 벡터를 표시할 때 $\boldsymbol{A}$, $\underline{A}$, $\overline{A}$, 그리고 $\overrightarrow{A}$ 등으로 표시하며, 두 벡터의 방향과 크기가 같으면 동일한 벡터라고 한다.

그림 3.21과 같이 벡터를 나타낼 때는 화살표 끝을 가진 선분으로 표현하고, 선분길이는 벡터의 크기를 나타내며 화살방향은 벡터의 방향을 나타낸다. n-차원 유클리드 공간 R^n에서 벡터 $\boldsymbol{A}$는 $\boldsymbol{A}=(a_1,\ a_2,\ \cdots,\ a_n)$으로 나타내고 이 책에서 xyz-공간 R^3을 사용한다.

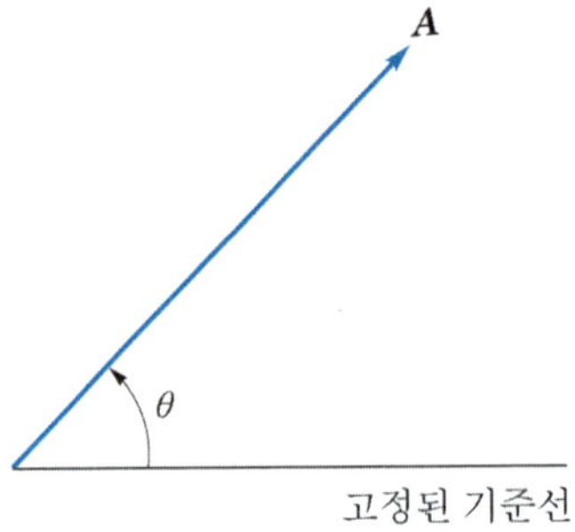

그림 3.21 수평축과 이루는 각도가 θ인 벡터 $\boldsymbol{A}$

벡터의 크기(norm) 또는 길이(length)는 A, $|\boldsymbol{A}|$, $\|\boldsymbol{A}\|$로 표시하고, n-차원 벡터인 경우 $|\boldsymbol{A}|=\sqrt{\boldsymbol{A}\cdot\boldsymbol{A}}=\sqrt{\sum_{k=1}^{n} A_k^2}$ 로 정의한다.

① 음이 아닌 크기 : $|\boldsymbol{A}|\geq 0$, 등호는 $\boldsymbol{A}=0$이다.

② 삼각 부등식 : $|\boldsymbol{A}+\boldsymbol{B}| \geq |\boldsymbol{A}|\ |\boldsymbol{B}|$

③ 스칼라 크기의 곱 : $|a\boldsymbol{A}|=|a|\ |\boldsymbol{A}|$

단위벡터(unit vector)는 좌표값이 증가하는 방향이며

현할 수 있고, $\boldsymbol{A}=A_x\hat{a_x}+A_y\hat{a_y}+A_z\hat{a_z}$으로 나타낸다. 벡터를 크기와 단위벡터로 표시하면 $\boldsymbol{A}=|\boldsymbol{A}|\,\hat{a_A}$ 으로 나타낼 수 있다.

기저벡터(basis vector) : 직교좌표계에서 좌표축 방향의 단위 벡터

- 전장의 세기, $\boldsymbol{E}=\dfrac{Q}{4\pi\epsilon_o r^2}\hat{a_r}=9\times10^9\dfrac{Q}{r^2}\hat{a_r}$ [V/m]
- 자장의 세기, $\boldsymbol{H}=\dfrac{m}{4\pi\mu_o r^2}\hat{a_r}=6.33\times10^4\dfrac{m}{r^2}\hat{a_r}$ [A/m]

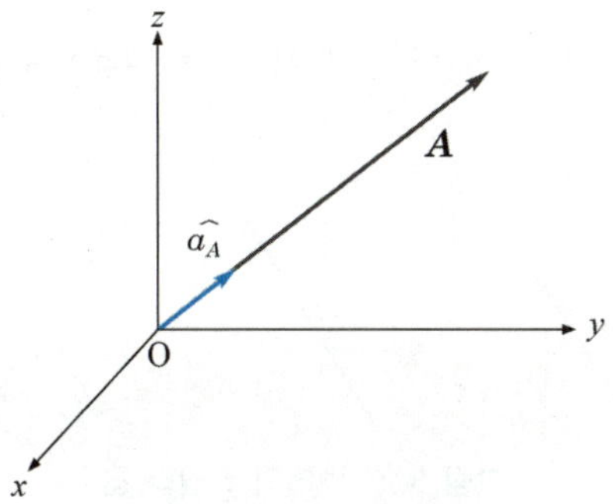

그림 3.22 3차원 단위벡터

영벡터(zero vector)
n-차원 유클리드 공간 R^n에서 $\mathbf{0}_n=(0, 0, \cdots, 0)$, xyz-공간 R^3에서 $\mathbf{0}_3=(0, 0, 0)$

벡터의 합과 스칼라의 곱에 대한 연산 성질은 다음과 같다.

① 교환법칙 : $\boldsymbol{A}+\boldsymbol{B}=\boldsymbol{B}+\boldsymbol{A}$ (보기)$0+\boldsymbol{A}=\boldsymbol{A}+0=\boldsymbol{A}$, $\boldsymbol{A}+(-\boldsymbol{A})=(-\boldsymbol{A})+\boldsymbol{A}=0$

② 결합법칙 : $\boldsymbol{A}+(\boldsymbol{B}+\boldsymbol{C})=(\boldsymbol{A}+\boldsymbol{B})+\boldsymbol{C}$, $(ab)\boldsymbol{A}=a(b\boldsymbol{A})$

③ 분배법칙 : $a(\boldsymbol{A}+\boldsymbol{B})=a\boldsymbol{A}+a\boldsymbol{B}$, $(a+b)\boldsymbol{A}=a\boldsymbol{A}+b\boldsymbol{A}$

두 벡터의 합과 차는 평행사변형법이나 수미연결규칙(head-to-tail rule)으로 구할 수 있고 그림 3.23에 도식적으로 나타내었다. 두 벡터의 합과 차는 각 벡터의 좌표축 방향의 성분끼리 크기를 합하거나 차를 구하면 된다. 그림 3.24는 벡터의 스칼라 곱을 도식적으로 나타내고 벡터에 양의 스칼라를 곱하면 벡터의 크기만 변하고 방향은 유지된다. 스칼라로 나눈 벡터는 스칼라의 역수를 벡터에 곱한 것과 같다.

$$\boldsymbol{A}\pm\boldsymbol{B}=(A_x\hat{a_x}+A_y\hat{a_y}+A_z\hat{a_z})\pm(B_x\hat{a_x}+B_y\hat{a_y}+B_z\hat{a_z})=(A_x\pm B_x)\hat{a_x}+(A_y\pm B_y)\hat{a_y}+(A_z\pm B_z)\hat{a_z}$$

$$\boldsymbol{B}-\boldsymbol{A}=\boldsymbol{B}+(-\boldsymbol{A})=\hat{a_B}B+(-\hat{a_A})A,\quad |\boldsymbol{B}-\boldsymbol{A}|=|\boldsymbol{A}-\boldsymbol{B}|$$

벡터 $\boldsymbol{A}$와 $\boldsymbol{B}$의 사잇각이 θ일 때 두 벡터의 합과 차의 크기 $C=\sqrt{A^2+B^2\pm2AB\cos\theta}$

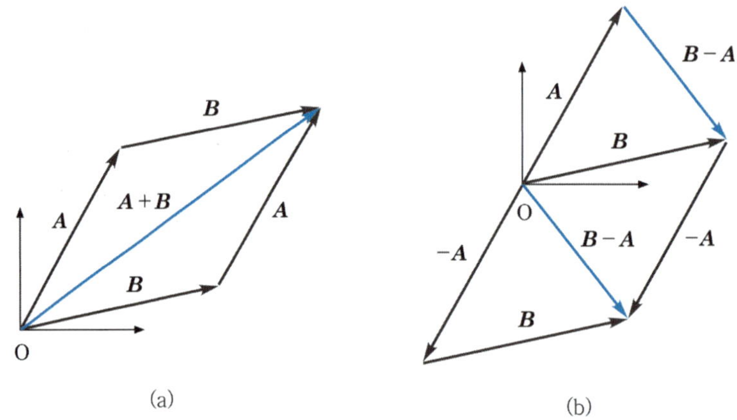

그림 3.23 도식적인 벡터의 합과 차 (a) 두 벡터 합 (b) 두 벡터 차

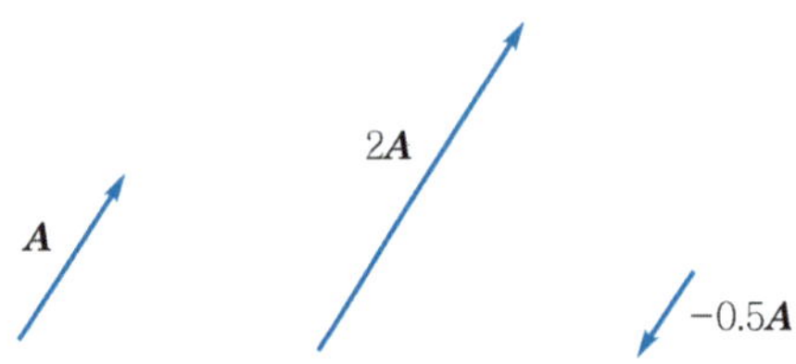

그림 3.24 벡터의 스칼라 곱

3-차원 공간에서 벡터장/스칼라장

장(field)은 일반적으로 공간과 시간의 함수인 물리량이다. 벡터함수인 $E(x,y,z,t)$, $B(x,y,z,t)$는 전하를 (x,y,z) 위치에 놓으면 시간 t에 받을 힘을 나타내는 전장과 자장이다. 여기서, 이 전하는 '장'을 발생시키는 전하들의 위치나 운동은 변화시키지 않는다고 가정한다.

- 벡터장 : 자석 주위의 자장처럼 각 점(위치벡터)에 벡터가 대응 즉, $f: R^3 \to R^3$ (예) $\boldsymbol{H}(\boldsymbol{r})$
- 스칼라장 : 공간의 온도분포처럼 각 점(위치벡터)에 스칼라가 대응 즉, $g: R^3 \to R$ (예) $T(\boldsymbol{r})$

〈2차원 벡터장〉

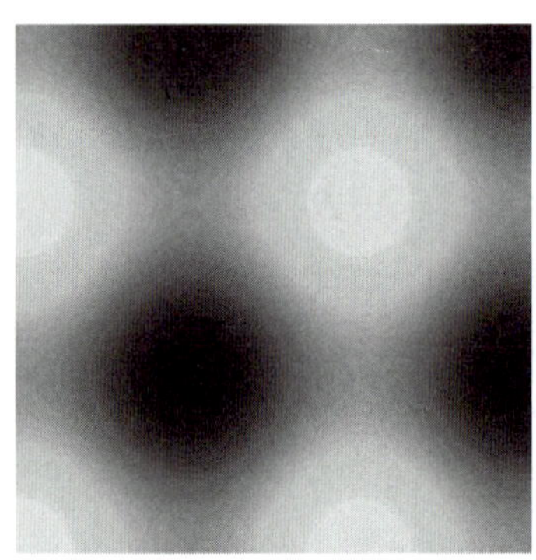

〈2차원 스칼라장〉

원점에서 점 $\mathrm{P}(x_1, y_1, z_1)$까지 거리로서 정의하는 위치벡터는 그림 3.25와 같이

$$\mathrm{OP} = \boldsymbol{r} = x_1\hat{a}_x + y_1\hat{a}_y + z_1\hat{a}_z = r\hat{a}_r \tag{3-8}$$

이고, 흔히 두 개의 알파벳으로 나타낸다. 점 $P_1(x_1, y_1, z_1)$에서 점 $P_2(x_2, y_2, z_2)$까지의 변위를 나타내는 거리벡터는 그림 3.26과 같고 수식은 다음과 같이 표현한다.

$$\boldsymbol{r}_{12} = \mathrm{OP}_2 - \mathrm{OP}_1 = \boldsymbol{r}_2 - \boldsymbol{r}_1 = (x_2 - x_1)\hat{a_x} + (y_2 - y_1)\hat{a_y} + (z_2 - z_1)\hat{a_z} \tag{3-9}$$

균일벡터장 $\boldsymbol{E}(x,y,z) = 3\hat{a_x} + 2\hat{a_y} + 5\hat{a_z}$, 비균일벡터장 $\boldsymbol{E}(x,y,z) = 3xy\hat{a_x} + 2y\hat{a_y} + 5xy^2z\hat{a_z}$

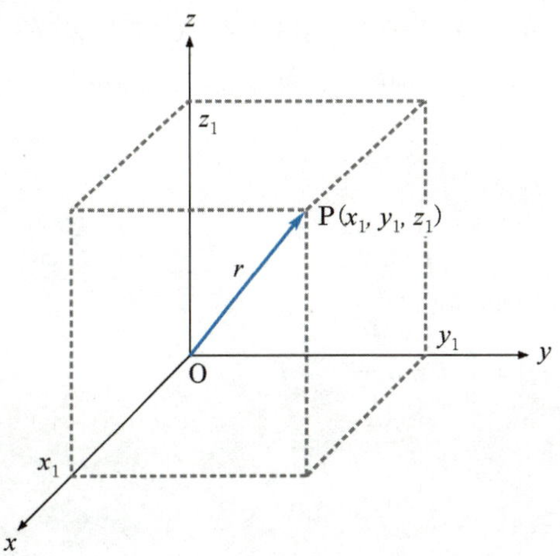

그림 3.25 원점에서 점 P까지 위치벡터 $\boldsymbol{r}$

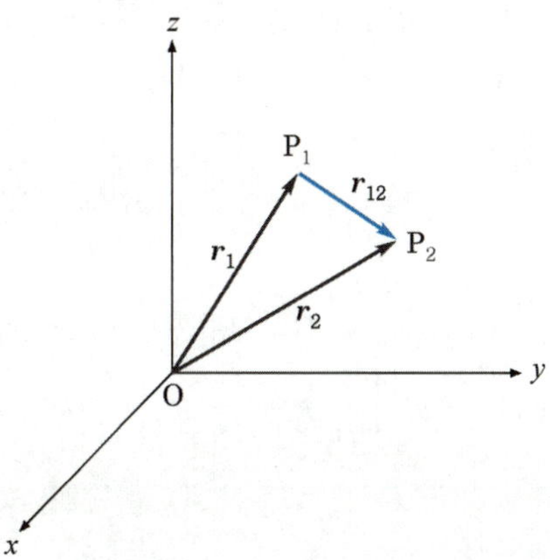

그림 3.26 t_1에서 t_2사이 물체가 이동한 변위 $\boldsymbol{r}_{12} = \boldsymbol{r}(t_2) - \boldsymbol{r}(t_1)$

예제 3-18

원점에서 점 P까지 위치 벡터가 $\boldsymbol{r}_P = \hat{a_x} + 2\hat{a_y} + 3\hat{a_z}$이고, 원점에서 점 Q까지 위치 벡터가 $\boldsymbol{r}_Q = 2\hat{a_x} - \hat{a_y} + 3\hat{a_z}$이다. 위치벡터 $\boldsymbol{r}_{PQ}$와 단위벡터 $\hat{a_r}$을 구하여라.

| 풀이 |

$$\boldsymbol{r}_{PQ} = \boldsymbol{r}_Q - \boldsymbol{r}_P = (2-1)\hat{a_x} - (1+2)\hat{a_y} + (3-3)\hat{a_z} = \hat{a_x} - 3\hat{a_y}$$

$$\hat{a_r} = \frac{\boldsymbol{r}_{PQ}}{|\boldsymbol{r}_{PQ}|} = \frac{\hat{a_x} - 3\hat{a_y}}{\sqrt{1+9}} = \frac{1}{\sqrt{10}}\hat{a_x} - \frac{3}{\sqrt{10}}\hat{a_y}$$

(7) 위상자 및 위상도

위상자(phasor, 페이저)는 미분방정식을 대수방정식으로 쉽게 풀게 해주는 도구이며 이는 공학자 헤비사이드(Oliver Heaviside, 1850~1925)가 개발했다.

위상자는 사인함수를 크기 M과 위상각 θ 정보로 나타낸 복소수이다. 즉 $Me^{j\theta} = M\angle\theta$으로 나타내고 θ는 x-축에서 반시계방향의 각도이다. 위상자의 개념은 $e^{\pm j\theta} = \cos\theta \pm j\sin\theta$인 오일러 공식에서 출발하였고, 위상자 차원 혹은 주파수 차원에서 유용하게 이용된다.

$$V_m\cos(wt+\theta) \rightarrow \mathcal{R}e\left[V_m e^{jwt+\theta}\right] \rightarrow \mathcal{R}e\left[V_m e^{jwt} e^{j\theta}\right] \rightarrow V_m e^{j\theta} = V_m\angle\theta$$

$$V_m\cos(wt+\theta) = V_m(\cos\theta\cos wt - \sin\theta\sin wt) = V_m(A\cos wt - B\sin wt) \rightarrow V_m(A+jB)$$

직각좌표에서 수평축(실수축)의 성분 X, 수직축(허수축)의 성분 Y인 복소수를 위상형으로 변환하면

$$Z = X + jY = M\angle\theta \tag{3-10}$$

이고, 여기서 크기 $M = |Z| = \sqrt{X^2 + Y^2}$, 위상 $\theta = \tan^{-1}(Y/X)$이며, 실수성분 $X = (Z+Z^*)/2$, 허수성분 $Y = (Z-Z^*)/2j$이다. 위상자 $M\angle\theta$를 직각좌표로 변환하면 다음과 같고 복소평면에서 표시는 그림 3.27과 같다.

$$M\angle\theta = M\cos\theta + jM\sin\theta \tag{3-11}$$

$$\frac{di(t)}{dt} = \mathcal{R}e[j\omega \boldsymbol{I}_s e^{jwt}] = \mathcal{R}e[j\omega \boldsymbol{I}_s(\cos wt + j\sin wt)] = -w\boldsymbol{I}_s\sin wt \Rightarrow j\omega\boldsymbol{I}_s$$
$$\int i(t)dt = \mathcal{R}e\left[\frac{1}{j\omega}\boldsymbol{I}_s e^{jwt}\right] = \mathcal{R}e\left[\frac{\boldsymbol{I}_s}{j\omega}(\cos wt + j\sin wt)\right] = \frac{\boldsymbol{I}_s}{w}\sin wt \Rightarrow \frac{1}{j\omega}\boldsymbol{I}_s$$

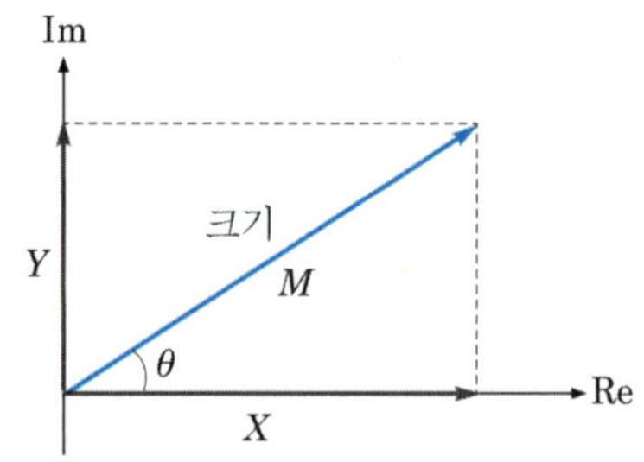

그림 3.27 복소수, $Z = X + jY = M\angle\theta$

예제 3-19

교류 순시전압 $v(t) = 8\sqrt{2}\sin\left(wt + \frac{\pi}{6}\right)$를 위상자로 나타내어라.

| 풀이 |

$$v(t) = 8\sqrt{2}\sin\left(wt + \frac{\pi}{6}\right) = 8\sqrt{2}\cos\left(wt + \frac{\pi}{6} - \frac{\pi}{2}\right) = \mathcal{R}e[8\sqrt{2}e^{jwt}e^{-j\pi/3}] = \mathcal{R}e\left[\boldsymbol{V}_s e^{jwt}\right]$$
$$\boldsymbol{V}_s = 8\sqrt{2}e^{-j\pi/3} = 8\sqrt{2}\angle(-\pi/3)\ [\mathrm{V}]$$

예제 3-20

RLC 직렬회로에서 전압원이 $v(t) = V_0\cos\omega t\,[\mathrm{V}]$일 때 전류 $i(t)$를 구하여라.

| 풀이 |

키르히호프의 전압 법칙을 이용하면 $L\frac{di(t)}{dt} + Ri(t) + \frac{1}{C}\int i(t)dt = v(t)$이고 위상자로 나타내면 $\left[R + j\left(\omega L - \frac{1}{\omega C}\right)\right]\boldsymbol{I}_s = \boldsymbol{V}_s$이다. 전류 위상자는 $\boldsymbol{I}_s = V_0 e^{+j0}\left(\sqrt{R^2+X^2}e^{-j\theta}\right)^{-1}$이고 여기서 $X = \omega L - \frac{1}{\omega C}$,

$\theta = \tan^{-1}\frac{X}{R}$이다. 그러므로 $i(t) = V_0\left(\sqrt{R^2+X^2}\right)^{-1}\cos(\omega t+\theta)$ [A]

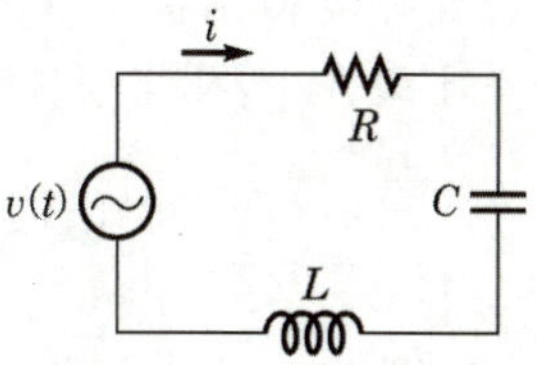

위상도(phasor diagram)는 위상자(phasor)와 위상자 벡터(vector)와 같이 교류 사인파형에만 적용된다. 일반적으로 위상자의 길이는 양의 반주기의 최대값보다 정현적인 양의 실효값(rms)으로 나타낸다. 위상도는 어느 순간에 둘 이상의 고정 정현파를 양적으로 나타내는 데 사용될 수 있다. 두 개 이상의 위상도(벡터)를 합하거나 감산하여 단일 합성 위상도(벡터)로 할 수 있다.

어느 순간의 위상자는 오른쪽 수평축을 기준으로 그려진다. 모든 위상자는 반시계 방향 회전으로 그려진다. 기준 위상자보다 앞서는 위상자는 앞섬(lead)이라고 하고 기준 위상자보다 처지는 위상자은 처짐(lag)라고 한다.

위상도는 두 개 이상의 정현파를 나타내기 위해 그려질 수 있고 그들은 전압, 전류 또는 다른 변하는 양이지만 그들 모두의 주파수가 같아야 한다. 서로 다른 주파수의 정현파는 벡터의 서로 다른 속도 때문에 같은 위상도에 나타낼 수 없고 모든 순간에 그들 사이의 위상각이 다를 수 있다.

3상 평형 시스템에서 각 개별 위상자는 120^o만큼 위상차를 나타난다.

위상도는 시간에 따라서 임의의 각도 중 어느 순간에서 순시값을 나타내고, 가로축 상에 회전벡터의 투영이다. 그림 3.28과 같이 진폭이 같은 두 전압파의 위상도에서 $V_m\cos(wt)$을 기준 위상자로 했을 때 $V_m\cos(wt+30^o)$은 화살표(벡터)의 길이가 같고 30° 앞선다.

- 위상자는 정상상태, 한 주파수 교류, 선형시스템에서만 사용할 수 있다. 위상자는 항상 시계방향으로 회전하지만 편리상 위상도에서 위상자는 주어진 조건에 항상 고정되어 나타난다.
- 임피던스는 위상자로 표현하지만 시간에 대한 의존성이 없고, 임피던스와 전력은 시스템 주파수에서 회전하지 않아 국제표준의 위상자는 아니다.

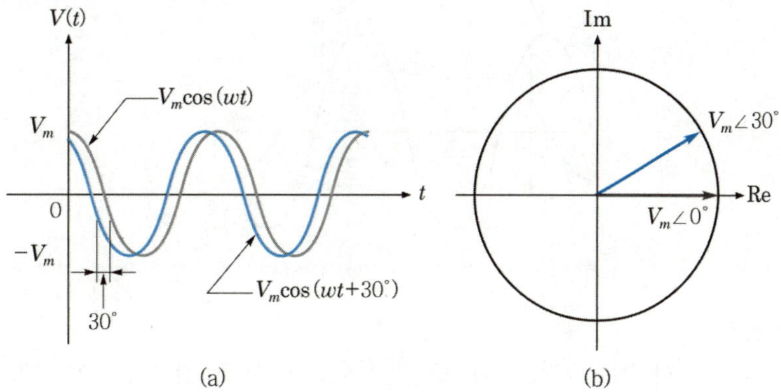

그림 3.28 교류 사인파형 위상도 표시 (a) 사인파형 (b) 위상도

그림 3.29(a)와 같이 회전위상자의 실수축 투영은 코사인파가 되고 이는 그림 3.29(b)와 같이 복소공액 회전위상자의 덧셈으로 나타낼 수 있고 이를 수식으로 나타내면 다음과 같다.

$$v(t) = V_0\cos(w_0t+\theta) = \frac{V_0}{2}\left(e^{j(w_0t+\theta)} + e^{-j(w_0t+\theta)}\right) \tag{3-12}$$

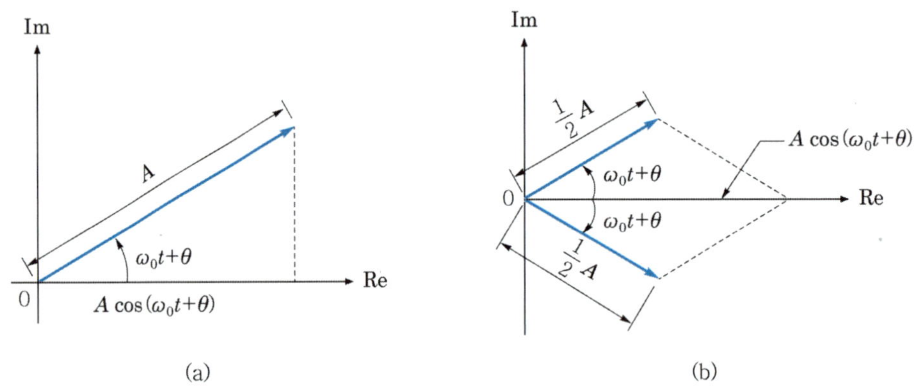

그림 3.29 회전 위상자 신호와 코사인파 신호의 관계 (a) 실수축에 회전위상자의 투영 (b) 복소 공액 회전위상자의 덧셈

예제 3-21

그림 (a)의 위상도에서 $v_L(t)$ 파형이 그림(b)와 같을 때 파형 $i_L(t)$를 그려보아라.

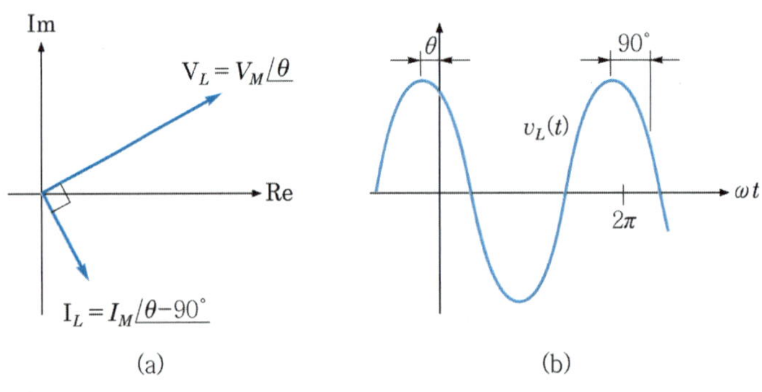

| 풀이 |

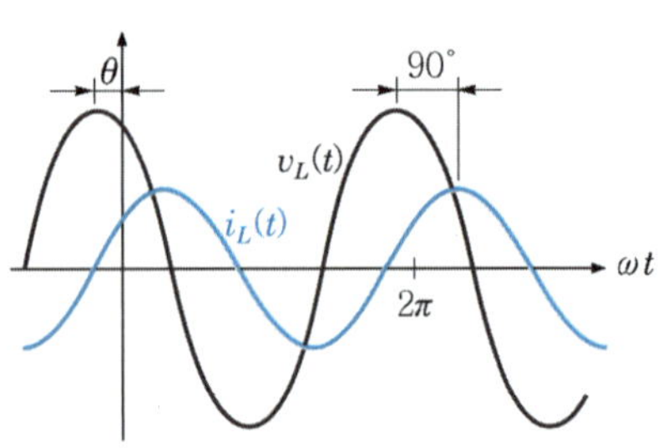

(8) 데시벨 변환

데시벨(decibel, dB, 디비)는 오디오, 비디오, 통신수신기 그리고 안테나 등에 많이 사용되는 단위이며, 1/10을 의미하는 deci와 전화 발명자의 이름 Bell(Bell, Alexander Graham, 1847~1922)

에서 따온 것이다.

입력전력이 P_i, 출력전력이 P_o이면

$$\mathrm{Bel} \equiv \log\frac{P_o}{P_i}, \quad \frac{P_o}{P_i} = 10^{M[\mathrm{dB}]/10} \tag{3-13}$$

$$\mathrm{dB} \equiv 10 \times \mathrm{Bel} = 10\log\frac{P_o}{P_i} = 10\log\frac{V_0^2/R_0}{V_i^2/R_i} = 20\log\frac{V_0}{V_i} + 10\log\frac{R_i}{R_o} \tag{3-14}$$

이고, 저항이 같으면($R_i = R_0$) 다음 관계식으로 줄어진다.

$$\mathrm{dB} = 10\log\frac{P_o}{P_i} \equiv 20\log\frac{V_0}{V_i} \tag{3-15}$$

인간의 고막은 어떤 소리의 크기를 그림 3.30과 같이 대수(logarithm)적으로 느끼며, 주파수 신호는 그 자체의 크기 값보다는 그것의 지수를 취한 로그 크기에 비례하는 특성을 가진다.

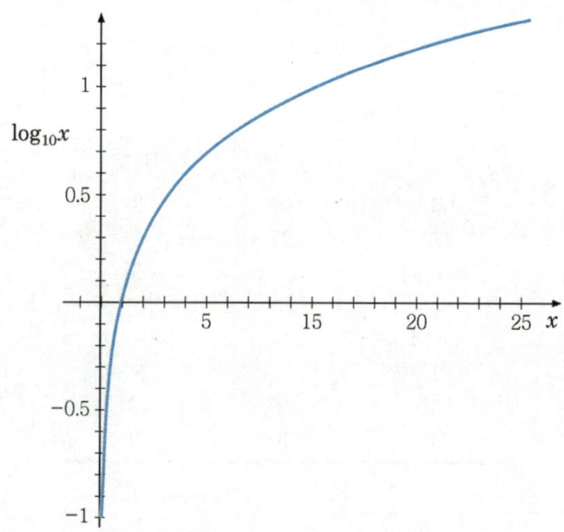

그림 3.30 $\log_{10} x$ 그래프

어떤 시스템의 입력전력 대 출력전력비가 1보다 크면 양의 dB값이 되어 이득(증폭)을 표시하며, 1보다 작으면 음의 dB값이 되고 손실(감쇠)를 나타낸다. 데시벨은 다양한 신호를 압축할 수 있는 능력이 있다. 1V 신호와 100 mV 신호를 한 화면에 나타낼 경우 로그 눈금으로 표현하면 편리하다. 그래서 전자장, 통신, 분광(spectrum), 전자장비의 동작주파수에 대한 이득이나 손실특성 등에 사용된다.

데시벨은 곱셈작용이 덧셈으로 변형되므로 이득과 손실 계산이 용이하다. 즉,

$$\frac{P_o}{P_i} = G_{p1}G_{p2}G_{p3} \tag{3-16}$$

인 전력이득을 양변에 로그를 취해 데시벨로 바꾸면

$$\begin{aligned} P_{o(\mathrm{dB})} - P_{i(\mathrm{dB})} &= G_{p1(\mathrm{dB})} + G_{p2(\mathrm{dB})} + G_{p3(\mathrm{dB})} \\ P_{o(\mathrm{dB})} &= P_{i(\mathrm{dB})} + G_{p1(\mathrm{dB})} + G_{p2(\mathrm{dB})} + G_{p3(\mathrm{dB})} \end{aligned} \tag{3-17}$$

이다. 그림 3.31은 전압, 전류와 전력비에 의한 전압, 전류 그리고 전력 데시벨을 구하는 그림을 나타내고, 표 3.5는 여러 데시벨 종류를 설명하고 있으며, 표 3.6은 자주 사용하는 주요 dB 값이다.

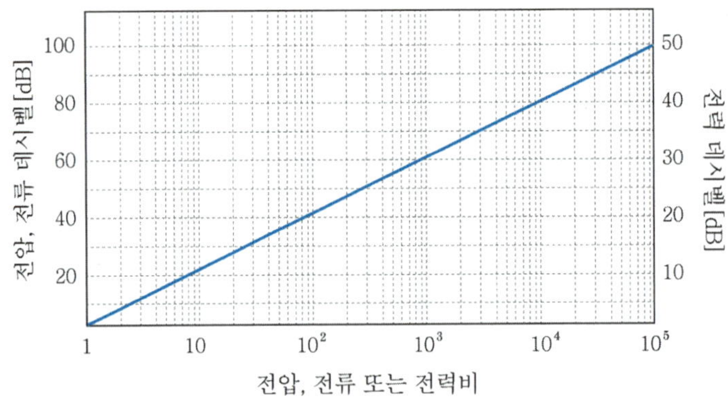

그림 3.31 전압, 전류, 전력 데시벨

표 3.5 주요 dB 값

전압비	전력비	dB 값
1/10	0.01	-20
1/2	0.25	-6
1/1.414	0.5	-3
1	1	0
1.414	2	3
2	4	6
3.16	10	10
10	100	20

표 3.6 데시벨 종류

단위	기준 단위	읽기	사용 예
dBm	$1mW$	decibel milliwatt	이동통신 단말기 송신 전력과 같은 낮은 전력
dBW	1W	decibel watt	이동통신 기지국이나 통신위성의 송신 출력과 같은 높은 전력
dBμ	μV	decibel micro	이동통신 단말기의 수신 전계 강도 등 표시
dBV	1V	decibel volt	회로의 임피던스에 관계없이 교류신호의 전압레벨

dB와 dBm의 차이

dB는 두 값의 상대적 비를 log로 나타내고$\left(10\log\frac{P_o}{P_i}\right)$, dBm은 $1mW$를 기준전력으로 한 절대적인 전력값$\left(10\log\frac{P_o[mW]}{1mW}\right)$이다.

dB : 비교치(ratio)	dBm : 절대값(value)

① $\pm 3\text{dB} = |^{\times 2}_{\div 2}$, $\pm 10\text{dB} = |^{\times 10}_{\div 10}$ 이다.

$100m\text{W} + 3\text{dB} \Rightarrow 100 \times 2 = 200m\text{W}$

$100m\text{W} + 10\text{dB} \Rightarrow 100 \times 10 = 1\text{W}$

$100m\text{W} + 7\text{dB}\,(= 10\text{dB} - 3\text{dB}) \Rightarrow 100 \times 10 \times 1/2 = 500m\text{W}$

② $2m\text{W} = 3\text{dBm}$, $10m\text{W} = 10\text{dBm}$ 이다.

$4m\text{W}(= 2 \times 2m\text{W}) \Rightarrow 3\text{dBm} + 3\text{dBm} = 6\text{dBm}$

$5m\text{W}(= 10m\text{W}/2) \Rightarrow 10\text{dBm} - 3\text{dBm} = 7\text{dBm}$

$8m\text{W}(= 2^3 m\text{W}) \Rightarrow 3 \times 3\text{dBm} = 9\text{dBm}$

$16m\text{W}(= 2^4 m\text{W}) \Rightarrow 4 \times 3\text{dBm} = 12\text{dBm}$

$20m\text{W}(= 10 \times 2m\text{W}) \Rightarrow 10\text{dBm} + 3\text{dBm} = 13\text{dBm}$

$100m\text{W}(= 10^2 m\text{W}) \Rightarrow 2 \times 10\text{dBm} = 20\text{dBm}$

③ $1000\text{W} = 30\text{dBW} = 60\text{dBm}$ 이다.

예제 3-22

다음과 같은 시스템에서 이득을 dB로 나타내어라.

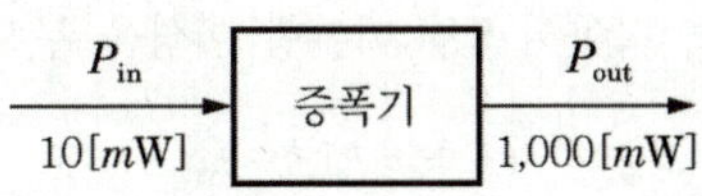

| 풀이 |

$$\text{이득} = \frac{P_{out}}{P_{in}} = \frac{1{,}000m\text{W}}{10m\text{W}} = 100 = 20\text{dB}$$

예제 3-23

다음과 같은 통신시스템에서 이득을 dB로 나타내어라.

| 풀이 |

$$\text{손실} = \frac{P_{TX}}{P_{RX}} = \frac{8\text{W}}{1\text{W}} = 8 = 9\text{dB}, \quad \text{이득} = \frac{P_{RX}}{P_{TX}} = \frac{1\text{W}}{8\text{W}} = 0.125 = -9\text{dB}$$

예제 3-24

다음과 같은 시스템에서 송신전력 $P_{TX}[m\text{W}]$을 구하고, $P_{TX} = 20\text{dBm}$ 일 때 수신전력 $P_{RX}[m\text{W}]$과 송신전력 $P_{TX}[m\text{W}]$을 구하여라.

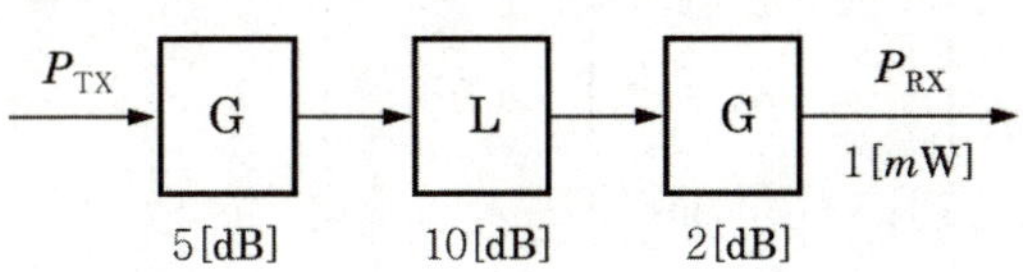

| 풀이 |

(a) 시스템 이득 $=5\text{dB}-10\text{dB}+2\text{dB}=-3\text{dB}$, 시스템 손실 $=3\text{dB}$, $P_{TX}=2m\text{W}$

(b) $P_{TX}=20\text{dBm}$ 일 때 $P_{RX}=20\text{dBm}+5\text{dB}-10\text{dB}+2\text{dB}=17\text{dBm}=10^{1.7}m\text{W}=50m\text{W}$

$P_{TX}=20\text{dBm}=10^{2}m\text{W}=100m\text{W}$

(9) 테일러 급수 전개

비선형 실수함수 $f(x)$를 $x=x_0$에서 1차원 선형 근사화시킨 테일러급수(Taylor series)는

$$f(x)=f(x_0)+\left.\frac{df}{dx}\right|_{x=x_0}(x-x_0)+\frac{1}{2!}\left.\frac{d^2f}{dx^2}\right|_{x=x_0}(x-x_0)^2+\cdots \tag{3-18}$$

$$f(x)=f(x_0)+f'(x_0)(x-x_0)+\frac{f''(x_0)}{2!}(x-x_0)^2+\cdots=\sum_{n=0}^{\infty}\frac{f^{(n)}(x_0)}{n!}(x-x_0)^n \tag{3-19}$$

으로 전개되고, 여기서 $f^{(n)}$은 함수 $f(x)$를 n번 미분한 것을 의미하며, $x_0=0$일 때 매클로린급수(Maclaurin series)라 한다. 무한급수이기 때문에 수렴반경 내에서만 성립하고, 정확한 값을 구하려면 무한번 계산을 해야 한다.

그림 3.32와 같이 오차가 극히 작아서 2차 미분항 이상을 무시할 수 있다면

$$f(x)-f(x_0)\approx K(x-x_0) \tag{3-20}$$

와 같이 선형화할 수 있고, 여기서 $K=\left.\frac{df}{dx}\right|_{x=x_0}$ 이다.

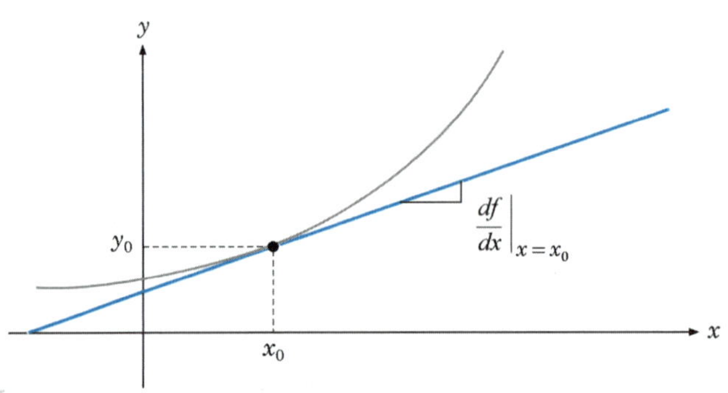

그림 3.32 선형 근사화

2차원 비선형시스템의 선형 근사화는 함수 $f(x,z)$의 (x_0, z_0)에서 테일러 급수로 전개하여 2차 미분항 이상을 무시할 수 있다고 가정하면

$$f(x_0+\Delta x, z_0+\Delta z)-f(x_0,z_0)\approx K_1(\Delta x)+K_2(\Delta z) \tag{3-21}$$

이고 여기서 계수 $K_1=\left.\frac{df}{dx}\right|_{(x_0,z_0)}$, $K_2=\left.\frac{df}{dz}\right|_{(x_0,z_0)}$ 이다.

일반적으로 $x=x_0+\Delta x$에서 1차원 테일러 급수 전개는

$$f(x_0+\Delta x)=f(x_0)+\Delta x f'(x_0)+\frac{1}{2!}(\Delta x)^2 f''(x_0)+\frac{1}{3!}(\Delta x)^3 f'''(x_0)+\cdots \tag{3-22}$$

이고, 테일러 급수는 한 독립변수값에 대응하는 함수값과 동일한 독립변수 값에서 주어진 함수의 1차 도함수 값, 2차 도함수 값 등의 모든 차수의 도함수 값을 알면 함수가 정해진다는 것이다.

매클로린 전개(Maclaurin expansion)

$$f(x)=\sum_{n=0}^{\infty}a_n x^n=\sum_{n=0}^{\infty}\frac{1}{n!}f^{(n)}(0)x^n,\quad e^x=1+x+\frac{1}{2!}x^2+\frac{1}{3!}x^3+\cdots$$

$$\sin(x)=x-\frac{1}{3!}x^3+\frac{1}{5!}x^5+\cdots,\quad \cos(x)=1-\frac{1}{2!}x^2+\frac{1}{4!}x^4+\cdots$$

$$e^{ix}=1+ix-\frac{1}{2!}x^2-i\frac{1}{3!}x^3+\frac{1}{4!}x^4+i\frac{1}{5!}x^5-\frac{1}{6!}x^3\cdots=\cos x+i\sin x$$

예제 3-25

테일러 급수의 합으로 e를 구하여라.

| 풀이 |

$e^x=1+x+\frac{1}{2!}x^2+\frac{1}{3!}x^3+\cdots$에서 $x=1$일 때 $e=1+1+\frac{1}{2!}+\frac{1}{3!}+\cdots=\sum_{n=0}^{\infty}\frac{1}{n!}$이다.

연습문제

3.1 10[Ω · m] 값과 같은 것을 선택하여라.

(a) 10^5[Ω·mm^2/m] (b) 1[mΩ · cm]

(c) 10^3[Ω · mm] (d) 10^3[Ω · cm]

3.2 다음 소자가 전력을 흡수할 수 있도록 전류의 방향을 나타내어라.

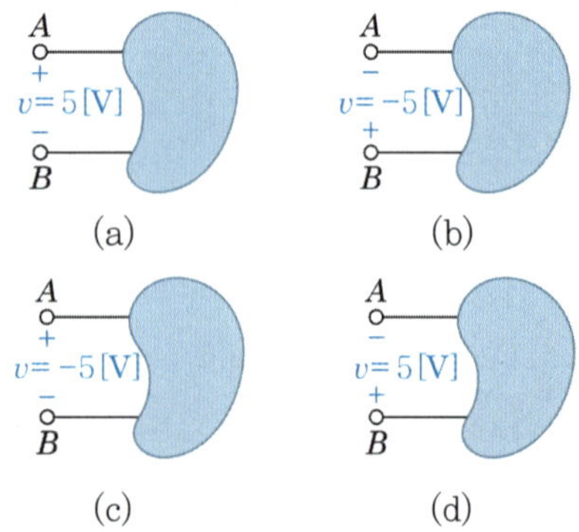

3.3 5×10^{19}개의 전자가 2s 동안에 도체 내의 한 점을 통과하였다면 전류는 얼마인지 구하여라.

3.4 9[V]의 배터리에 45[J]의 에너지를 저장하려면 필요한 전하량을 구하여라.

3.5 1kWh 에너지를 줄 단위로 나타내어라.

3.6 전기밥솥에 사용하는 유도가열(IH, induction heating)의 원리를 설명하여라.

3.7 어떤 소자에 걸리는 전압과 흐르는 전류가 그림과 같을 때 $0<t<4$[s] 동안 소자가 흡수하는 총 에너지를 구하여라.

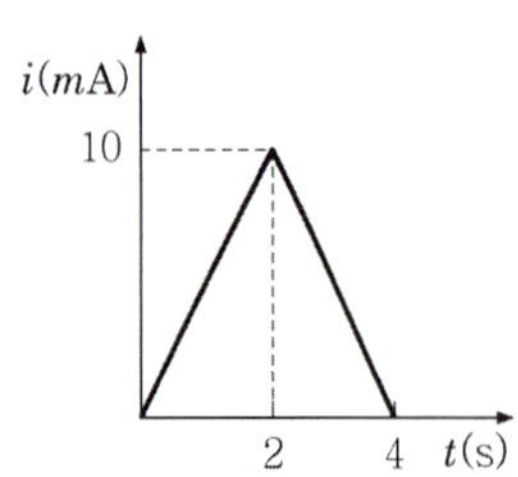

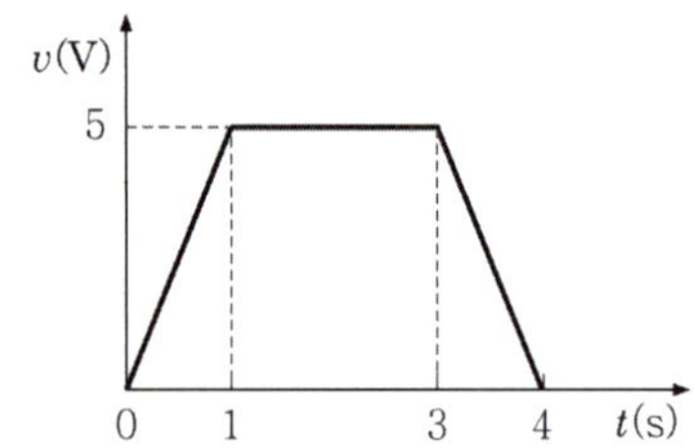

3.8 다음 단위를 단일 단위로 표시하여라.

(a) $\dfrac{\text{s}}{\text{V·C}}$ (b) V·A·s (c) $\dfrac{\text{V·C}}{\text{s}}$

3.9 전하량 $Q=5\sin 10t$[mC]일 때 도선에 흐르는 전류를 구하여라.

3.10 독립전압원과 전류원을 가진 다음 회로에서 V_1, V_2를 구하여라.

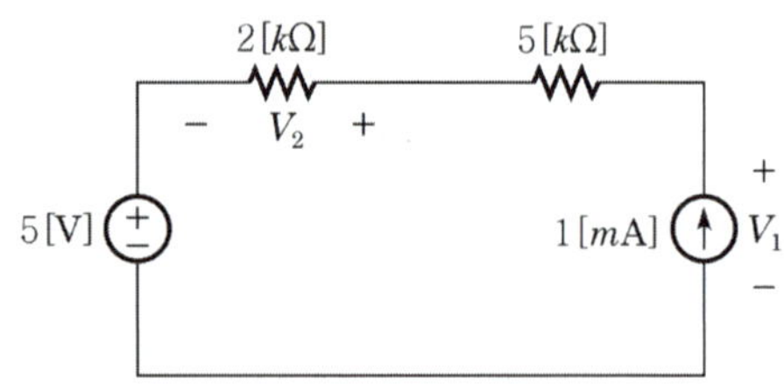

3.11 소비전력이 600[W]인 전기다리미를 하루 평균 1시간, 60W의 형광등을 하루 평균 3시간, 30일 동안 사용했을 때 전력 소비량을 계산하여라.

3.12 각 수를 직각좌표형은 극좌표형으로 극좌표형은 직각좌표형으로 나타내어라.

(a) $2e^{j\pi}$ (b) $5e^{-j\pi/6}$ (c) $3e^{j+\pi/2}$

(d) $10e^{j(30^\circ+\pi)}$ (e) $3-j3$ (f) $-j7$

(g) $-2+j\sqrt{2}$

3.13 xy−평면에 두 점을 극형식으로 표시하면 $2e^{j\pi/6}$[m], $4e^{j2\pi/3}$[m]이다. (a) 직각좌표로 두 점을 나타내고 (b) 두 점 사이 거리를 구하여라.

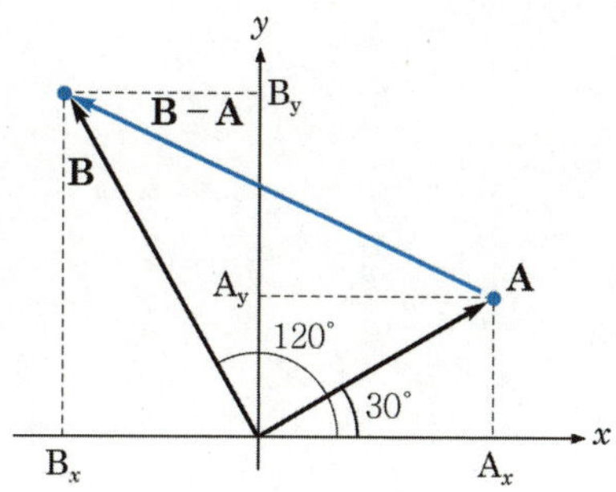

3.14 벡터 $\boldsymbol{E}=\hat{a}_x-2\hat{a}_y+2\hat{a}_z$에서 (a) 벡터 $\boldsymbol{E}$의 크기 (b) 벡터 $\boldsymbol{E}$와 x축, y축, z축 사이 각도를 각각 구하여라.

3.15 두 벡터 $\boldsymbol{A}=2\hat{a}_x-3\hat{a}_y$, $\boldsymbol{B}=-\hat{a}_x-2\hat{a}_y$에서 (a) $|\boldsymbol{A}+\boldsymbol{B}|$ (b) $|\boldsymbol{A}-\boldsymbol{B}|$ (c) $\boldsymbol{A}+\boldsymbol{B}$와 $\boldsymbol{A}-\boldsymbol{B}$의 방향을 구하여라.

3.16 위상자 $\boldsymbol{V}=2+j1$를 파형으로 나타내어라.

3.17 사인파 회로에서 키르히호프법칙을 이용하여 $i_3(t)$를 구하여라.

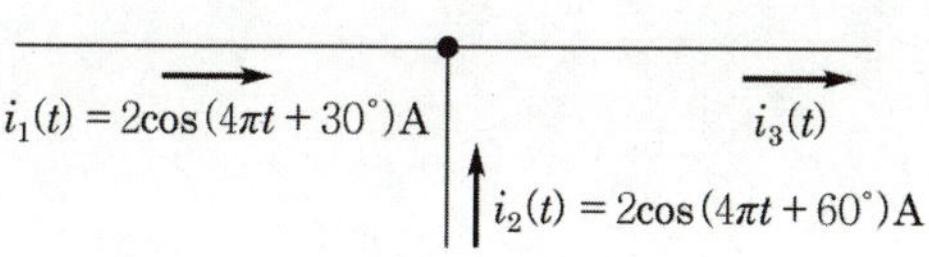

3.18 위상자를 이용하여 $v(t)=5\cos(wt)+6\sin(wt)$를 단일 사인파로 나타내고 $\dfrac{dv(t)}{dt}$를 극좌표 형으로 나타내어라.

3.19 위상도가 아래와 같을 때 시간에 대한 전압파 $v_C(t)$와 전류 $i_C(t)$ 파형을 그려보아라.

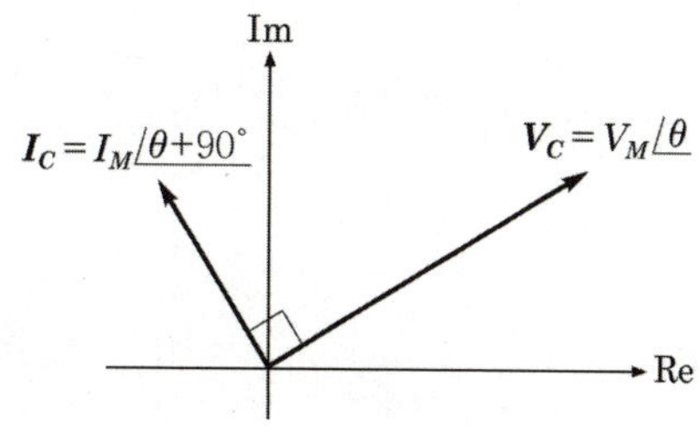

3.20 전력증폭기의 이득이 50dB이다. 500mW의 입력전력일 때 출력전력을 구하여라.

3.21 증폭기의 출력전력이 10mW와 4W일 때 전력의 양을 dB와 dBm으로 나타내어라.

3.22 전력증폭기 입력전력이 5W일 때 출력전력이 100W일 때 전력이득을 dB로 나타내어라.

제 2 부

직류회로

Chapter 04

저항과 저항기

4.1 저항

(1) 저항 계산

저항(resistance)은 전자의 흐름을 방해하는 물질의 성질이며, 전류의 흐름을 억제하는 기능을 가지고 있다. 저항을 가진 물질에 전류를 흘리면 원자와 전자의 충돌에 의해 열이 발생하고 저항값의 단위는 옴[Ω]이다. 도선은 고온이 되면 저항이 커지고 어떤 종류의 금속은 온도를 낮추면 저항이 '0'이 되는 초전도체도 있다.

그림 4.1과 같이 도선의 길이 L이고 비저항 ρ, 단면적 S인 저항은

$$R = \rho \frac{L}{S} \, [\Omega] \tag{4-1}$$

이며 비저항는 표 4.1과 같이 도선의 재질과 불순물, 온도 등에 달라진다. 온도 T_0[K]에서 비저항이 ρ_0이고 저항이 R_0[Ω]일 때 온도 T[K]에서 비저항이 ρ와 저항이 R[Ω]은

$$\rho = \rho_0 [1 + \alpha (T - T_0)] \, [\Omega \cdot \text{m}] \tag{4-2}$$

$$R = R_0 [1 + \alpha (T - T_0)] \, [\Omega] \tag{4-3}$$

이다. 비저항의 온도계수 $\alpha = \dfrac{1}{\Delta T} \dfrac{\Delta \rho}{\rho_0}$[1/K]이고 도체는 비저항의 온도계수가 양수이고 반도체는 비저항의 온도계수가 음수이다.

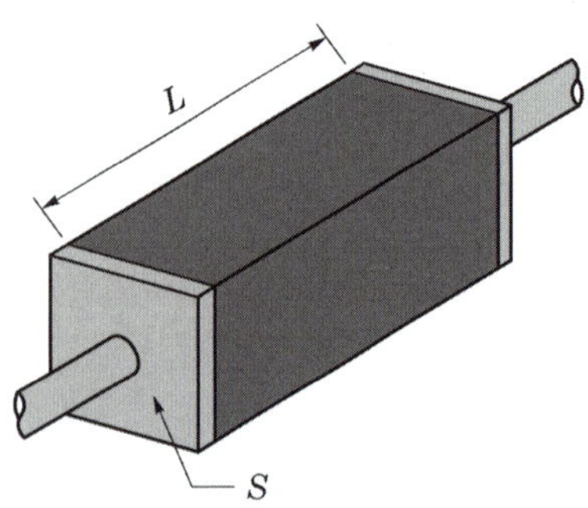

그림 4.1 저항값을 구하는 도체구조

표 4.1 20℃에서 도체의 비저항과 온도계수

도체명	비저항 [$10^{-8}\Omega \cdot \text{m}$]	온도계수 [10^{-3}/℃]
수은	95.8	0.91
백금	10.6	3.62
카드뮴	7.46	3.7
텅스텐	5.5	4.5
알루미늄	2.7	3.9
금	2.44	3.4
구리	1.72	3.96
은	1.65	3.66
니크롬	100~115	0.18

> 컨덕턴스, $G = 1/R$ [S], 비저항 $\rho = \dfrac{1}{\sigma} [\Omega \cdot \text{m}]$

예제 4-1

상온에서 비저항이 $1.5 \times 10^{-6} [\Omega \cdot \text{m}]$인 니크롬선의 반지름이 0.32mm이고 길이가 10m인 경우 저항값을 구하여라.

| 풀이 |

$$R=\rho\frac{L}{S}=(1.5\times10^{-6})\frac{10}{\pi(0.32\times10^{-3})^2}=46.6[\Omega]$$

예제 4-2

25℃에서 구리도선의 저항이 5[$m\Omega$]일 때 85℃로 가열할 때 저항값을 구하여라.

| 풀이 |

구리의 온도계수 $\alpha=0.004/℃$ 이므로 $R=5m[1+0.004(85-25)]=6.2[m\Omega]$

(2) 저항기 정격

저항을 회로에 이용하기 위한 저항기는 고정저항기와 가변저항기, 그리고 사용하는 재료에 따라 탄소계와 금속계로 분류된다. 그리고 작은 표면실장 저항기와 고전력 정격의 권선 저항기 등이 있다. 저항기는 전류를 제한하고, 전압을 나누며, 열을 발생시키고 저항기의 심벌은 그림 4.2에 나타낸다.

중요한 변수는 저항값, 정격전력, 저항값 오차가 있다. 정격전력이란 저항이 견딜 수 있는 소비전력(W)으로, 전력은 전류의 제곱×저항으로 구할 수 있다. 전자회로에서 흔히 사용되는 것으로 1/8W, 1/4W, 1/2W, 1W, 2W, 5W, 10W 등이며, 그림 4.3은 전력에 따른 저항기의 상대적인 크기를 나타낸다. 전자회로는 보통 1/8W로 충분하지만, 전원회로, 발광 다이오드의 전류제어용과 같은 저항에는 큰 전류가 흐르기 때문에 정격전력을 고려해야 한다. 기본적으로는 소비전력의 두 배 정도에 해당하는 정격전력의 저항을 사용해야 하고 1/2W 이하의 저항은 대부분 색코드로 표시한다.

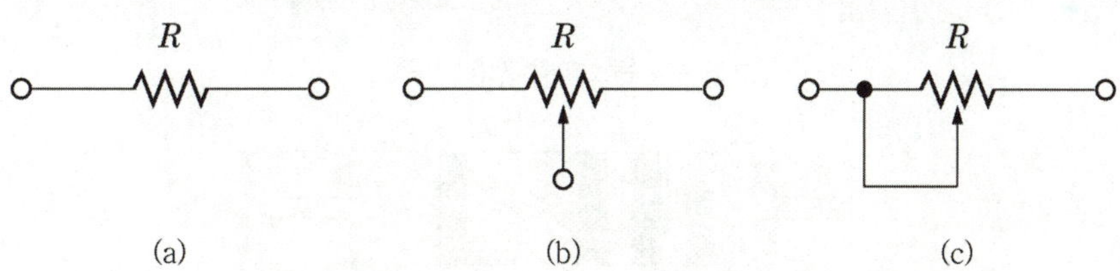

그림 4.2 저항기 심벌 (a) 고정 저항기 (b) 전위차계 (c) 가감저항기

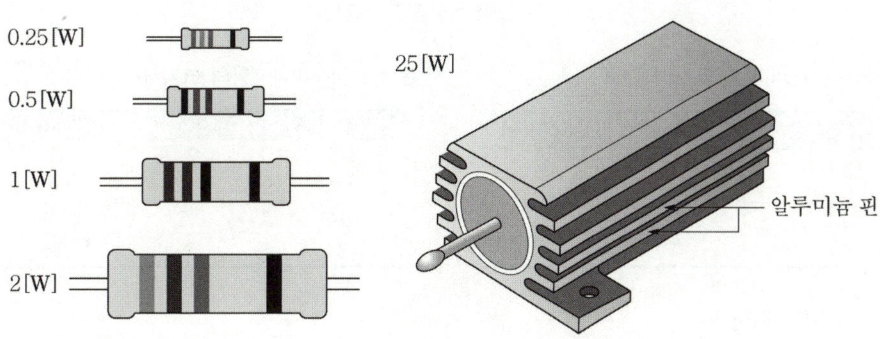

그림 4.3 전력에 따른 저항기 크기

> 소자는 물리적인 한계가 있고 이를 정격(rating)이라 하며, 제작사가 전류한계, 전압한계, 전력한계로 규정한다. 전력정격은 저항값과 무관하고 재료 조성, 크기, 저항의 모양에 의존한다.

4.2 저항기의 종류

(1) 탄소피막 저항기

탄소피막(carbon film) 저항기는 가장 일반적이고 저렴한 저항기이다. 그림 4.4와 같이 탄소피막을 절연기판에 증착하며 길고 좁은 저항성 통로를 만들기 위해 이를 나선형으로 홈을 파서 저항값을 조절한다. 탄소의 저항률은 $90 \sim 400n\Omega \cdot \mathrm{m}$ 이며 저항범위는 $1\Omega \sim 10M\Omega$ 이다. $70^{\circ}\mathrm{C}$ 에서 전력정격은 $0.125\mathrm{W} \sim 5\mathrm{W}$ 이고, 동작온도범위 $-55^{\circ}\mathrm{C} \sim 155^{\circ}\mathrm{C}$ 이며, 최대 동작전압은 $200\mathrm{V} \sim 600\mathrm{V}$ 이다.

저항값의 오차는 $\pm 5\%$ 의 저항이 가장 많고, 정격전력으로는 1/8W, 1/4W, 1/2W 등의 소전력용으로 많이 사용한다. 탄소피막 저항기는 잡음이 심하므로 일반 디지털회로에 사용하고 그림 4.5와 같은 저항의 크기일 때 탄소피막 저항 크기 규격을 표 4.2에 나타낸다.

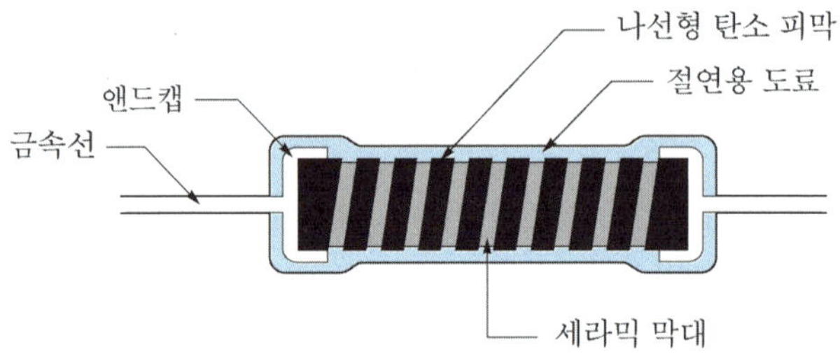

그림 4.4 탄소피막 저항의 구조

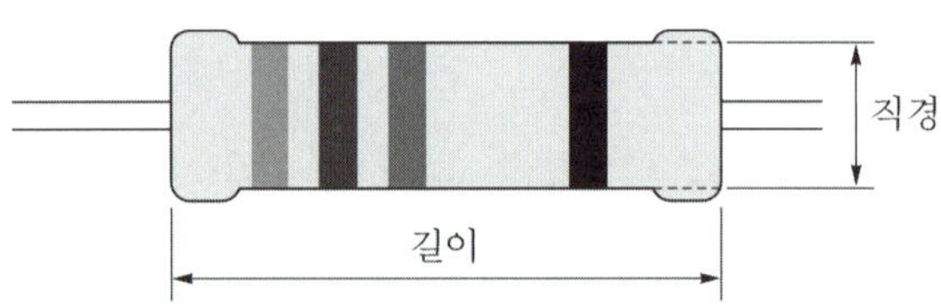

그림 4.5 저항 크기

표 4.2 탄소피막 저항 크기 규격

정격전력(W)	직경(mm)	길이(mm)
1/8	2	3
1/4	2	6
1/2	3	9

표 4.3 금속피막저항의 크기 규격

정격전력(W)	직경(mm)	길이(mm)
1/8	2	3
1/4	2	6
1	3.5	12
2	5	15

(2) 금속피막 저항기

금속피막(metal film) 저항기는 탄소계 저항보다 가격이 비싸고, 높은 정밀도의 저항값을 가질 수 있으며, 아날로그의 잡음을 줄이기 위한 회로에 사용된다. 금속피막 저항기는 그림 4.6과 같이 세라믹 기판에 저항체 재료인 Ni-Cr층을 진공증착 등으로 필름형태로 부착하여 크기와 잡음을 줄인다. 층의 두께는 10Å ~ 500Å 이고 두꺼울수록 저항값은 낮고 잡음은 줄어들며, 저항값이 커지면 층이 얇아져서 비균일과 표면결함 등으로 잡음이 증가한다. 저항범위는 20Ω ~ 2$M\Omega$ 이고, 잡음은 -32dB ~ -16dB 범위에 있다.

산화주석(SnO_2, tin oxide)과 같은 금속산화물을 이용한 산화금속피막 저항기는 고온에서 큰 안정성과 신뢰성을 가지므로 열에 강하고 소형에 많은 전류를 흘릴 수 있는 전원회로 등에 널리 사용된다. 표 4.3은 규격을 나타낸다.

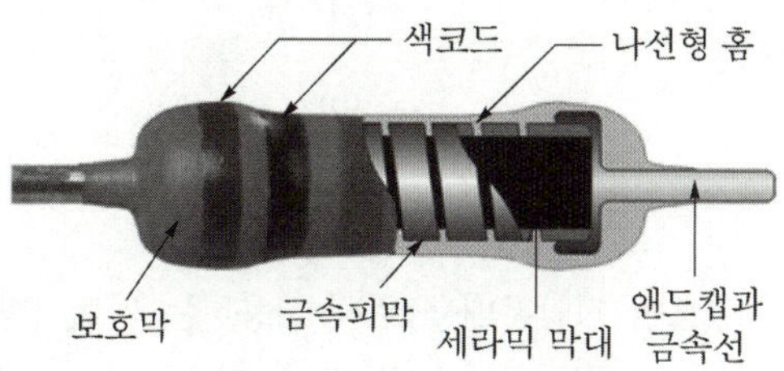

그림 4.6 금속피막 저항기 구조

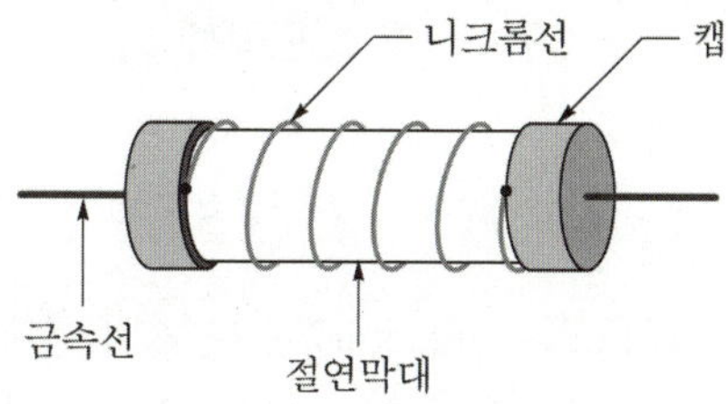

그림 4.7 권선형 저항기 구조

(3) 권선형 저항기

권선형 저항기(wire wound resistor)는 그림 4.7과 같이 금속 저항선을 세라믹 막대와 같은 권심에 감아서 일정한 저항값을 갖도록 만든다. 그래서 정밀한 저항값을 갖는 저항기를 만들 수 있고 고온과 습도에도 우수한 특성을 가질 수 있다. 안정성이 좋은 정밀저항이므로 주로 계측기 등에 많이 사용된다.

(4) 시멘트 저항기

시멘트 저항기(cement resistor)은 온도와 습도로부터 저항기를 보호하기 위하여 저항체를 시멘트 몰드에 넣어 만든 저항기이다. 이렇게 만든 저항기는 내전압 특성이 우수하며 고온에도 잘 견디므로 주로 대전력을 다루는 부분에 사용된다.

(5) 가변 저항기

라디오 음량조정과 같이 쉽게 저항값을 바꿀 수 있는 것과, 전자회로 부품의 오차에 의한 동작상태를 조정해야 하는 경우 저항값을 바꾸지 않는 반고정 저항이 있다. 가변저항, 반고정 저항은 회전할 수 있는 각도가 350° 정도이지만, 저항값을 세밀하게 조정하기 위해 기어를 조합하여 10~25회 정도로 회전시킬 수 있는 것도 있다. 그림 4.8은 가변 저항기 구조이며 고정형 저항에 비해 저항 안정성이 취약하고, 고정형 저항과 직렬 연결하면 가변성과 정밀도를 동시에 얻을 수 있다. 전위차계는 회전식 혹은 일직선형이 있고 일직선형이 더 해상도가 좋다.

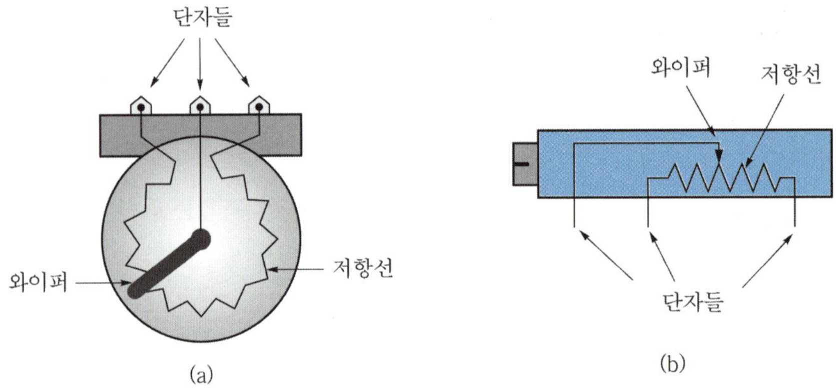

그림 4.8 가변 저항기 구조 (a) 회전식 (b) 일직선형

전위차계(potentiometer)는 세 개의 단자를 가졌으며 전압분배를 위해 사용하는 가변저항기로 위치를 전기신호로 바꾸는 변환기로 사용된다. 가감저항기(rheostat)는 두 개의 단자를 가졌으며 전류 조절을 위해 사용하는 가변 저항기로 램프밝기, 모터속도 조절용으로 사용된다. 전위차계는 가감저항기로 사용할 수 있다.

그림 4.9는 와이퍼의 위치에 따라 R_{ab}와 R_{bc} 저항값이 바뀌고, $R_{ac} = R_{ab} + R_{bc} = 10k\Omega$ 이다. 그림 4.9(a)는 $R_{ab} = 2.5k\Omega$, $R_{bc} = 7.5k\Omega$ 이고, 그림 4.9(b)는 $R_{ab} = 5k\Omega$, $R_{bc} = 5k\Omega$ 이며, 그림 4.9(c) $R_{ab} = 7.5k\Omega$, $R_{bc} = 2.5k\Omega$ 이다.

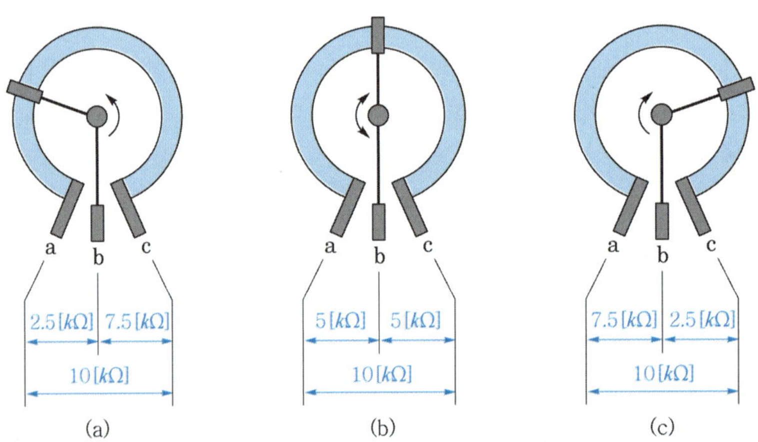

그림 4.9 와이퍼 위치에 따른 단자별 저항값 (a) $R_{ab} = 2.5k\Omega$ (b) $R_{ab} = 5k\Omega$ (c) $R_{ab} = 7.5k\Omega$

그림 4.10은 가감저항기와 전위차계를 이용한 가감저항기를 나타내고 그림 4.11은 전위차계를 이용한 전압을 변화시키는 회로 및 전위차계를 가감저항기형으로 연결하여 전류를 변화시키는 회로를 나타내었다.

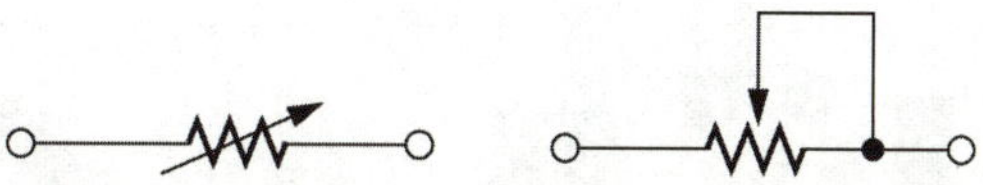

(a) (b)

그림 4.10 가감저항기 (a) 심벌 (b) 전위차계를 이용한 가감저항기

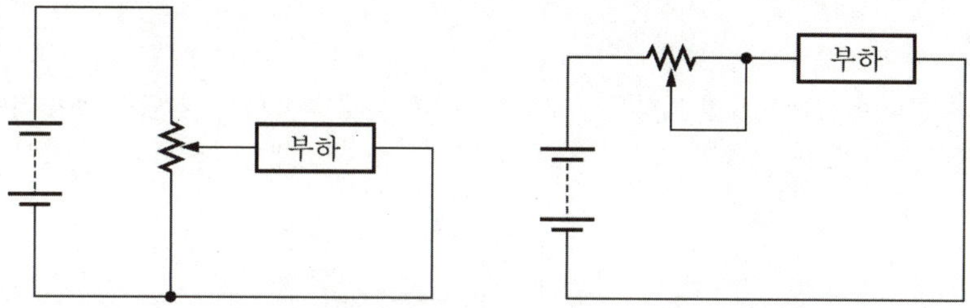

(a) (b)

그림 4.11 전위차계를 이용한 회로 (a) 전압변화 (b) 전류변화

(6) 어레이 저항기

어레이(array) 저항기는 집적도를 더욱 높이기 위해 디지털회로처럼 동일한 회로에 다수의 저항이 필요한 여러 개(4~10개 정도)의 저항을 하나의 패키지 형태로 한 것이다. 저항 네트워크를 구성하여 집적회로와 같은 형태를 갖는 부품이다.

어레이 저항기는 마이크로컨트롤러의 공통접지에 각각 연결하는 풀다운 저항을 가진 PCB와 LED 어레이 연결 등에서 V_{CC}에 풀업 혹은 접지에 풀다운 시키는 공통 지점에 연결하는 저항에 사용한다. 그림 4.4는 여러 저항기 종류의 외형을 나타내었다.

표 4.4 저항기 종류

종류	탄소피막저항기	금속피막저항기
사진	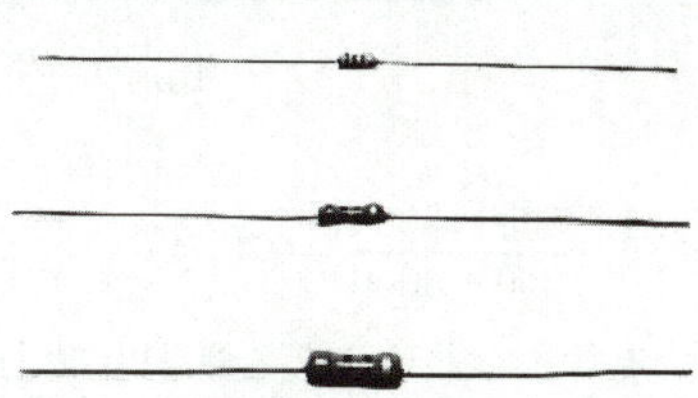	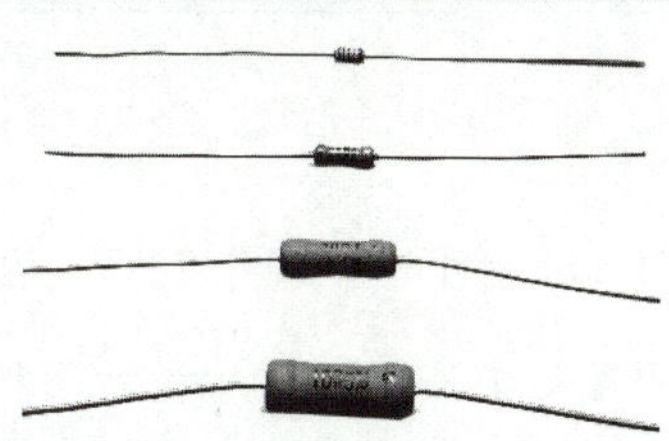
종류	권선형 저항기	시멘트저항기
사진		
종류	가변저항기	어레이 저항기

사진		

예제 4-3

$1k\Omega$ 전위차계를 사용하여 미세한 저항값을 조절하기 위한 다음 회로에서 양 단자 사이 저항값의 범위를 나타내어라.

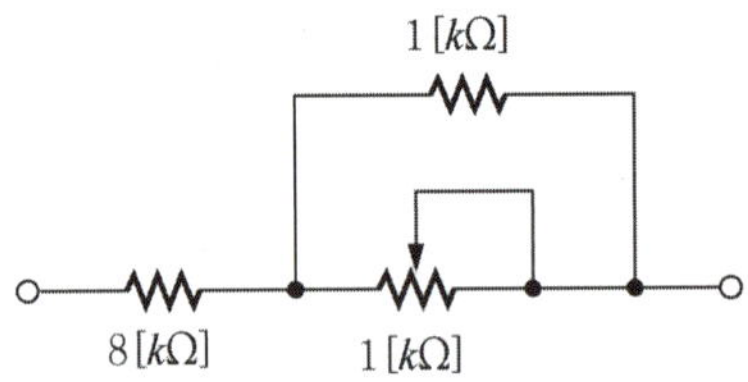

| 풀이 |

전위차계가 왼쪽으로 위치하면 $8k\Omega$ 이 되고, 오른쪽으로 위치하면
$8k\Omega + 1k /\!/ 1k = 8.5k\Omega$ 이 된다. 그래서 저항값의 범위는 $8k\Omega \sim 8.5k\Omega$ 이다.

예제 4-4

$1k\Omega$ 전위차계의 와이퍼 위치가 아래에서 30%에 있을 때 두 회로의 전압계 값을 계산하여라.

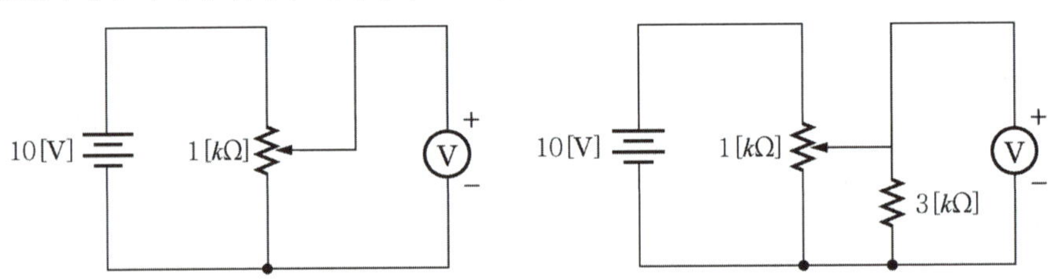

(a) (b)

| 풀이 |

(a) 3V (b) 전위차계 300Ω 과 부하 $3k\Omega$ 이 병렬저항, $\dfrac{300 \times 3000}{300 + 3000} = 272.7\Omega$,

전위차계 전압 분배로 $\dfrac{272.7}{272.7 + 700} \times 10\text{V} = 2.8\text{V}$, 전위차계에 부하가 존재하면 전압강하가 줄어든다.

4.3 저항기의 저항값 구하기

(1) 저항기 색코드

그림 4.12와 같이 저항값 코드와 오차코드를 나타낸다.

① 고정저항 코드 : 1번 디지트띠-2번 디지트띠-승수띠-오차띠

디지트 : 0(흑색) 1(갈색) 2(빨간색) 3(주황색) 4(노란색) 5(초록색) 6(파란색) 7(남색) 8(회색)

9(흰색)

② **오차코드** : 갈색(1%), 적색(2%), 금색(5%), 은색(10%), 표시 없음(20%)

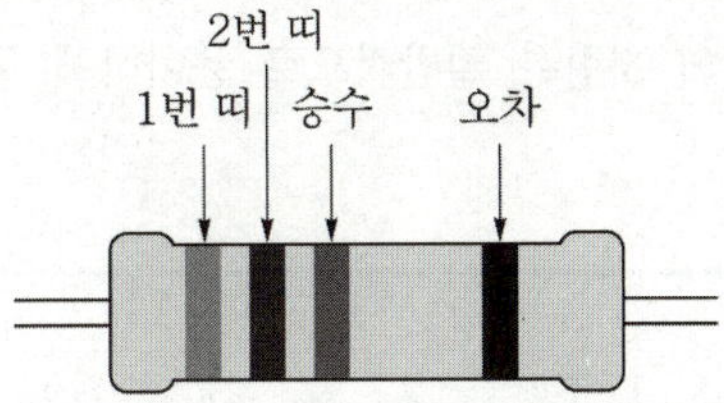

흑색	갈색	적색	등색	황색	녹색	청색	자색	회색	백색	금색	은색	무색
black	brown	red	orange	yellow	green	blue	violet	gray	white	gold	silver	no band
0	1	2	3	4	5	6	7	8	9	5%	10%	20%

그림 4.12 저항기 색 코드

예제 4-5

다음 저항 색코드는 저항값 범위로 적고, 저항값 및 오차는 색코드로 나타내어라.
(a) 노란색-남색-빨간색-금색 (b) 갈색-검정색-갈색-은색 (c) 3900Ω, 5% (d) 10MΩ, 10%

| 풀이 |

(a) $47 \times 10^2 \pm 5\% = (4700-235) \sim (4700+235) = 4465\Omega \sim 4935\Omega$

(b) $10 \times 10^1 \pm 10\% = (100-10) \sim (100+10) = 90\Omega \sim 110\Omega$

(c) 주황색-흰색-적색-금색 (d) 갈색-검정색-파랑-은색

(2) 기타 저항값 표기

① 표면실장(SMD) 저항기는 세 개의 디지트를 사용한다. 1번째 자리-2번째 자리-승수 자리
(보기) 473 = $47 \times 10^3\,\Omega$ = $47\,k\Omega$

② 정밀저항기는 2%, 1%, 0.5%, 0.25% 혹은 0.1%의 오차를 가지고 5개의 색코드를 사용한다. 앞의 4개 색코드는 저항값을 나타내고 5번째 색코드는 오차를 나타낸다.
(보기) 4992 = 499 × $10^2\Omega$ = $49.9\,k\Omega$

③ 글자와 숫자로 쓴 저항값 : 2~3자리 숫자와 저항값을 나타내는 문자 R, K 그리고 M 한 개를 사용한다. 문자는 승수 그리고 소수점 위치 표시로 사용된다.
(보기) 4R7=4.7Ω, 27R=27Ω, 3M3=3.3MΩ, 330K=330kΩ

예제 4-6

기된 저항 47R, 10K, 1M, 4K7을 값이 적은 것부터 적어보아라.

| 풀이 |

47R= 47Ω, 10K= 10kΩ, 1M= 1MΩ, 4K7= 4.7kΩ 이므로 47R, 4K7, 10K, 1M 순이다.

(3) 저항의 표준값

미국 전자공학회(Electronic Industries Association : EIA) 등에서 표준 저항값을 명시했다. E-계열에서 E6은 20% 오차, E12는 10% 오차, E24는 5% 오차이고, 표 4.5와 같이 수열표에 승수($\times 1$, $\times 10$, $\times 10^2$,…)를 곱한 값의 저항은 일반적으로 용이하게 구할 수 있다.

표 4.5 표준 EIA

E6	1.0				1.5				2.2				3.3				4.7				6.8			
E12	1.0		1.2		1.5		1.8		2.2		2.7		3.3		3.9		4.7		5.6		6.8		8.2	
E24	1.0	1.1	1.2	1.3	1.5	1.6	1.8	2.0	2.2	2.4	2.7	3.0	3.3	3.6	3.9	4.3	4.7	5.1	5.6	6.2	6.8	7.5	8.2	9.1

(4) 기타 저항기의 저항값 구하기

근사적인 중간값인 색코드 이용법 이외 저항기의 저항값 구하는 방법에는 옴미터를 이용한 측정법과 옴의 법칙 이용방법이 있다.

4.4 스위치 종류

그림 4.13과 같이 푸시스위치에는 초인종처럼 버튼을 누를 때 전류가 흐르는 NO(normally open) 스위치(push to make)와 버튼을 누를 때 개방되는 NC(normally closed) 스위치(push to break)가 있다.

(a) (b)

그림 4.13 푸시스위치 (a) NO 스위치 (b) NC 스위치

극(pole)의 수와 연결점(throw)의 수에 따라 종류가 구분되고, 조절되는 극 수에 의해 단일(single)과 이중(double)으로 나누어지고, 각 극이 위치할 수 있는 연결점에 따라 역시 단일과 이중으로 나누어진다. 그래서 온-오프 스위치인 단일극 단일연결 스위치(single-pole single-throw : SPST), 온-오프-온 상태를 가지는 2-통로 스위치인 단일극 이중연결 스위치(single-pole double-throw : SPDT), 이중 온-오프 스위치인 이중극 단일연결 스위치(double-pole single-throw : DPST), 모터에서 역방향 스위치로 사용되는 이중극 이중연결 스위치(double-pole double-throw : DPDT)로 네 개의 구조가 사용된다. 실험에는 주로 단일극 단일연결 스위치가 사용되고 있다. 그림 4.14는 스위치의 구조를 나타내고 있다.

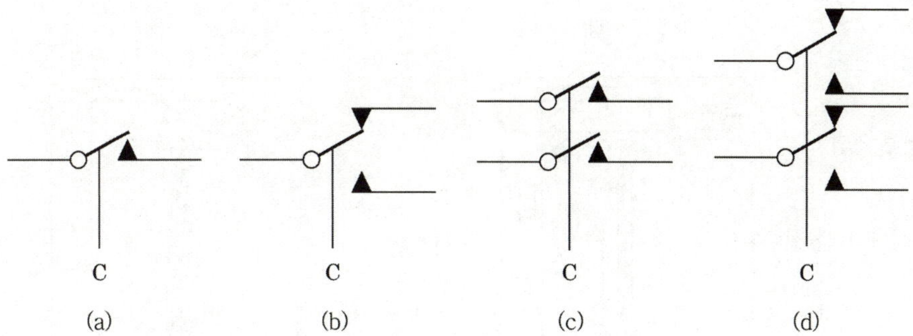

그림 4.14 스위치의 종류 (a) SPST (b) SPDT (c) DPST (d) DPDT

그림 4.15(a)는 이상적인 스위치의 전압-전류 특성이고, 그림 4.15(b)는 실제 스위치의 전압-전류 특성이다. 스위치가 도통 시 이상적인 스위치는 도통저항이 '0'이지만 실제 스위치는 $r[\Omega]$을 가진다.

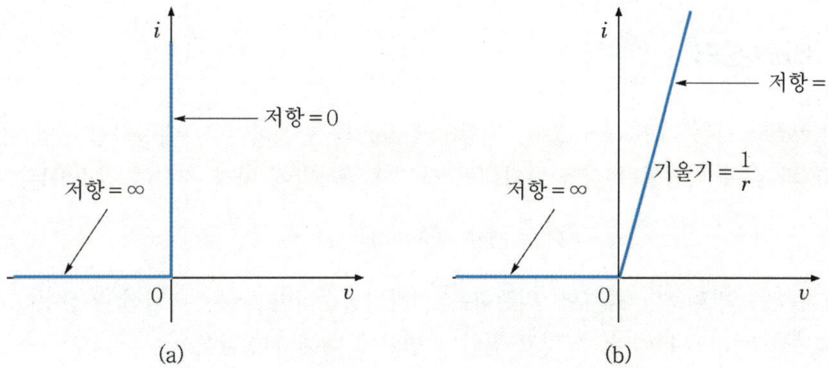

그림 4.15 스위치 특성 (a) 이상적인 스위치 (b) 실제 스위치

- 단락(short) : 직류 및 저주파에서 도선으로 연결되어 저항이 $0[\Omega]$인 상태
- 개방(open) : 직류 및 저주파에서 도선이 끊어져 저항이 $\infty[\Omega]$인 상태

회로차단기는 전류가 너무 많이 흐르면 스위치가 개방되고 다시 리셋할 수 있는 스위치이다. 차단기는 전기회로에 전선의 합선이나 다른 이상으로 외부에서 높은 전류가 흐를 때 이를 감지하고 전기의 흐름을 차단한다. 차단기 종류에는 퓨즈를 이용하는 나이프스위치(knife switch), 바이메탈을 이용하는 배선용 차단기(그림 4.16), 누전 차단기 등이 있다.

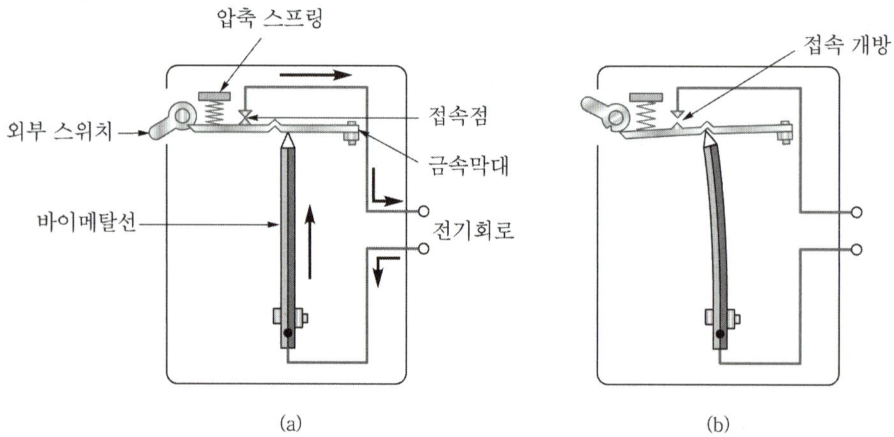

그림 4.16 바이메탈을 이용한 회로차단기 (a) 닫힘 (b) 개방

4.5 바리스터

바리스터(varistor)는 가변(variable), 저항(resistor)의 합성어이다. 대칭적인 전압-전류 특성은 그림 4.17과 같이 비선형 특성을 나타내고 전압이 증가함에 따라 저항이 감소하는

$$I = kV^{\alpha}, \quad \log I = \log k + \alpha \log V \tag{4-4}$$

이고, 여기서 k는 바리스터 종류에 의존하는 세라믹상수이며, α는 비직선형 상수이고 SiC는 $\alpha \simeq 5$, ZnO는 $\alpha = 20 \sim 40$이다. 그리고 전압의 변화에 대해 저항값은

$$R = \frac{V}{I} = \frac{V}{kV^{\alpha}} = \frac{1}{kV^{\alpha-1}}, \quad \log R = \log\left(\frac{1}{k}\right) + (1-\alpha)\log V \tag{4-5}$$

이고, 급격하게 변한다. 또한 비직선형 상수는 $\alpha = \dfrac{\log I_2 - \log I_1}{\log V_2 - \log V_1}$으로 나타낼 수 있고, $I_1 = 0.1\text{mA}$, $I_2 = 1\text{mA}$이고, V_1은 $0.1m\text{A}$ 인가 시 바리스터 양단전압, V_2는 $1m\text{A}$ 인가 시 바리스터 양단전압으로 한다.

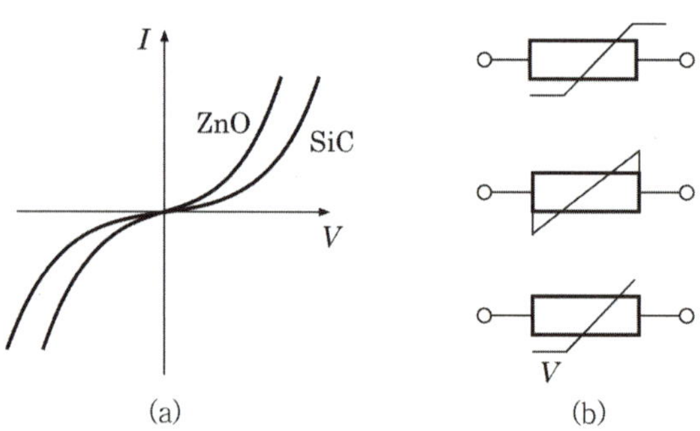

그림 4.17 바리스터 (a) 전류-전압 특성, (b) 심벌

바리스터는 보호하고자하는 부품이나 회로에 병렬로 연결하여 과도전압이 증가하면 낮은 저항회로를 형성하여 과도전압이 더 이상 상승하는 것을 막아준다. 바리스터의 전압 의존성은 비선형 상수 α에 의해 표현되고 금속산화물 바리스터는 α를 크게 만들 수 있어 제너다이오드와 비슷한 보호 수준을 갖는다. 바리스터 응답속도는 $25ns$ 이하로 거의 완벽한 보호용 부품이다. 용도는 고압방전, 서지 및 잡음억제, 모터나 릴레이 등의 개폐 서지흡수, 정전기 서지흡수, 통신, 계측, 제어장비의 보호 등에서 사용된다.

ZnO 바리스터의 주요 변수는 다음과 같다.

① **동작전압** : 정격전류 $1mA$가 회로에 연속적으로 적용할 수 있는 전압이며 일반적으로 최대 교류, 직류 동작전압으로 나타낸다.

② **서지전류** : 과전압에 의해 짧은 순간 흐르는 전류, 바리스터가 견딜 수 있는 최대 서지전류는 전류의 크기, 펄스의 유지시간 및 펄스의 수에 의존한다. 바리스터의 단일펄스에 대해 견디는 능력은 규정된 파형(상승시간/펄스지속시간=$8\mu s/20\mu s$)의 전류를 사용하여 단자에 나타나는 최대 한계전압을 결정한다.

③ **전기용량** : ZnO는 큰 유전상수를 가지므로 바리스터는 커패시터처럼 작용하여 전기용량은 전극의 면적에 비례하고 전극간 거리에 반비례한다.

④ **반응시간** : 순간 과도전압에 대한 바리스터 세라믹의 응답시간은 수 ps이다. 그러나 응답시간은 리드선의 인덕턴스에 의해 증가한다.

⑤ **온도계수** : 음의 온도계수를 가지고 온도가 증가함에 따라 전압은 감소한다. 약 $-0.05\%/℃$ 이하이다.

저항의 온도계수

온도가 상승하면 금속의 저항값은 직선적으로 증가하지만, 반도체는 급격하게 저항값이 감소한다. 온도 $T_1[℃]$에서의 저항이 R_1이고 온도 $T_2[℃]$에서의 저항은 $R_2 = R_1(1+\alpha\Delta T)[\Omega]$이며, 여기서 $\alpha[1/℃]$는 저항의 온도계수이다.

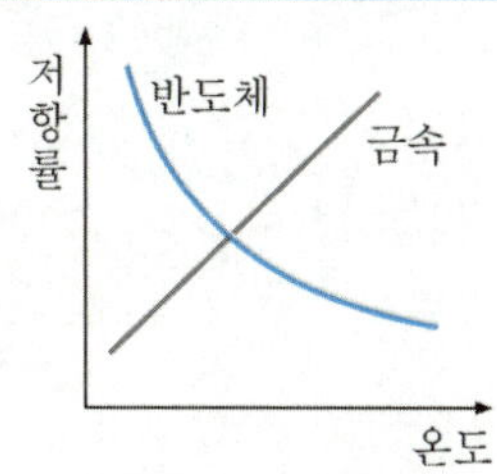

〈저항의 온도계수〉

4.6 서미스터

서미스터(thermistor)란 저항기의 일종으로, 온도(−90℃에서 130℃)에 따라 물질의 저항이 변화하는 성질을 이용한 전기적 장치이다. 열 가변저항기라고도 하며, 주로 회로의 전류가 일정 이상으로 증가하는 것을 방지하거나, 회로의 온도를 감지하는 센서로써 이용된다.

서미스터는 그림 4.18과 같이 크게 NTC(negative temperature coefficient)와 PTC(positive temperature coefficient)로 나눌 수 있다. 서미스터는 주로 폴리머나 세라믹 소재로 제작되며, 높은 정확도로 온도를 측정할 수 있다. 서미스터의 저항이 온도변화에 따라 선형으로 변화한다고 가정하면 저항의 변화량, ΔR은 온도의 변화량, ΔT에서 $\Delta R = k\Delta T$이고, 여기서 k는 1차 저항온도계수이다.

① $k > 0$인 경우, 온도가 올라가면 저항이 증가하는 특성을 가진 PTC 서미스터이다. 전기밥솥이나 가정용 난방기, 헤어드라이어, 복사기 등 비교적 열이 많이 나는 전자제품 속에 들어 있는 PTC 서미스터는 과열로 인한 부품 손상을 막아준다. 특히 화재경보기에 적용하면 온도에 따라 신속하게 반응하기 때문에 화재로 인한 인명과 재산 피해를 줄일 수 있다.

② $k < 0$인 경우 온도가 올라가면 저항이 줄어드는 특성을 가진 NTC 서미스터, 온도계 센서나 온도조정용 소자 등에 주로 사용한다.

③ $k \simeq 0$인 경우 온도에 따른 저항변화가 거의 없으므로 서미스터가 아닌 일반적인 저항기이다.

그림 4.18 서미스터 심벌 (a) NTC 서미스터 (b) PTC 서미스터

예제 4-7

냉장고 및 실내의 온도 감시 및 제어 회로에 사용되는 서미스터의 특성이 다음과 같다. 다음과 같은 서미스터 회로에서 각 온도에서 전압계의 온도를 구하여라.

온도[℃]	0	10	20	30	40
저항값[$k\Omega$]	80	15	8	4	1

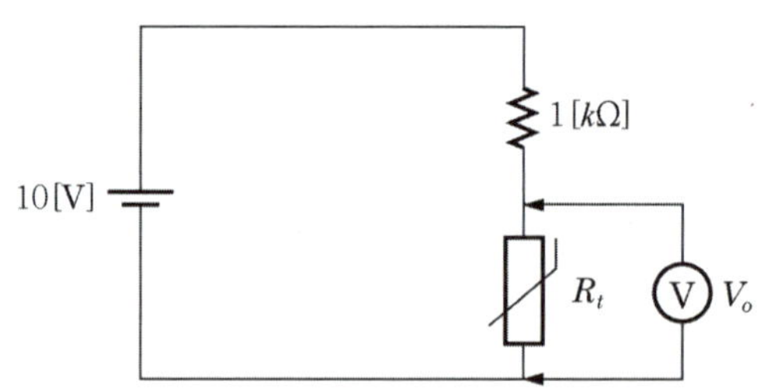

| 풀이 |

전압 분배로 전압을 구한다. $V_o = \dfrac{R_t}{1k + R_t} \times 10\text{V}$

온도[℃]	0	10	20	30	40
$R_t[k\Omega]$	80	15	8	4	1
V_o[V]	9.9	9.4	8.9	8	5

4.7 멀티미터

전류, 전압 및 저항의 측정은 모든 전기, 전자회로를 측정하고 분석하는 데 기본이 된다. 그런데

전류를 측정하는 검류계에 적절한 회로를 덧붙이면 전압과 저항도 측정할 수 있으므로, 하나의 측정기로 전류, 전압 및 저항을 측정하도록 만들 수 있다. 이렇게 전류, 전압, 저항과 다른 전기량을 함께 측정할 수 있는 기구를 멀티미터(multimeter)라고 부르며, 시험기(tester) 혹은 VOM (volt-ohm-milliampere)라고도 부른다. 그림 4.19(a)와 같이 멀티미터에는 눈금판 위에 지침이 움직이는 아날로그형과 그림 4.19(b)와 같이 숫자로 전기량을 표시해 주는 디지털형이 있다. 디지털 멀티미터는 아날로그 방식에 비해 측정 정확도가 높고, 직류전압 또는 직류전류 측정 시 극성에 신경 쓸 필요가 없으며, 잡음에 의한 오차를 줄일 수 있고, 부가적인 기능도 이용할 수 있다.

멀티미터는 일반적으로 다음과 같은 기능을 가지고 있다.

- 양 단자에 걸리는 직류/교류 전압을 측정하기 위해 병렬로 연결하여 측정한다.
- 가지에 흐르는 직류/교류 전류측정하기 위해 직렬로 연결하여 측정한다.
- 저항을 측정한다.
- 측정하는 두 지점 사이에 전류가 흐르는지 확인하는 전도성 검사를 한다. 납땜, 도선, 퓨즈 등의 연결여부를 확인하는데 유용하다.

(a) (b)

그림 4.19 소형 멀티미터 (a) 아날로그형 (b) 디지털형

(1) 디지털 멀티미터

그림 4.20과 같은 디지털 멀티미터 GDM-8245는 측정치, 측정단위 및 선택되어 있는 측정 기능은 표시기에 나타나고 AC 전압 측정값을 데시벨 dBm으로 나타낼 수 있으므로 증폭기의 이득이나 감쇠 등을 dB로 직접 읽을 수 있다. AC 전압은 1,000V까지 측정할 수 있고, DC 전압은 1,200V까지 측정할 수 있다. 그리고 전류는 AC 및 DC 모두 20A까지 측정할 수 있으며 또한 저항은 20$M\Omega$까지 측정할 수 있다. 이들의 측정값은 데이터 홀딩(Hold) 기능에 의하여 유지시킬 수 있다.

측정하는 동안의 최대값(MAX) 또는 최소값(MIN)을 지시하는 기능, 어떤 설정값에 대한 상대적인 값을 측정하는 기능(REL) 등의 특수한 기능이 있다. 디지털 멀티미터에 단자와 기능은 다음과 같다.

① 전원을 끄고 켜는 전원 스위치

② 모든 측정에 공통적으로 사용되는 입력단자인 COM 공통단자(흑색)

③ 직류나 교류 전압, 저항, 도통시험 등과 같은 측정 시 사용되는 단자인 V/Ω 단자(적색)

④ 최대전류 2A의 직류나 교류전류를 측정할 때 사용하는 단자인 2A 단자(적색)

⑤ 최대전류 20A의 직류나 교류전류를 측정할 때 사용하는 단자인 20A 단자(적색)

⑥ 측정하고자 하는 기능(저항(Ω), 주파수, DCV, DCA, ACV, ACA 등)을 선택하는 기능 선택 버튼

⑦ 원하는 정밀도에 따른 값의 범위를 선택하는 버튼 : (AC 전압범위 : 500mV, 5V, 50V, 500V, 1000V; DC 전압범위 : 500mV, 5V, 50V, 500V, 1200V; DC/AC 전류범위 : 500μA, 5mA, 50mA, 500mA, 2A, 20A; 저항범위 : 500Ω, 5kΩ, 50kΩ, 500kΩ, 5MΩ, 20MΩ)

그림 4.20 디지털 멀티미터 앞면

그림 4.21과 그림 4.22는 디지털 전류계와 전압계의 구성도를 나타내고 있다. 디지털전류계의 입력저항은 가능하면 낮고(이상적으로 0[Ω]), 디지털전압계의 입력저항은 가능하면 높다(이상적으로 ∞[Ω]).

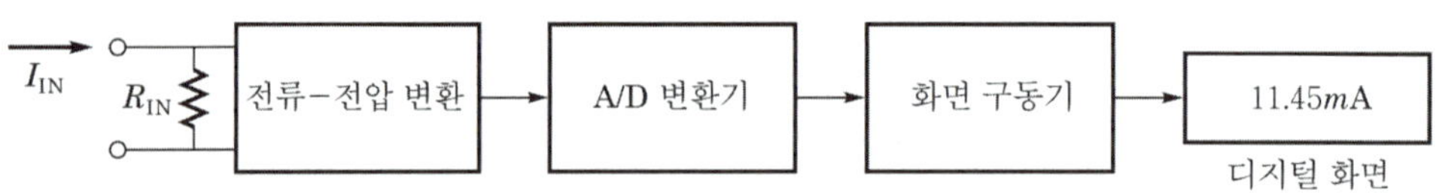

그림 4.21 디지털 전류계

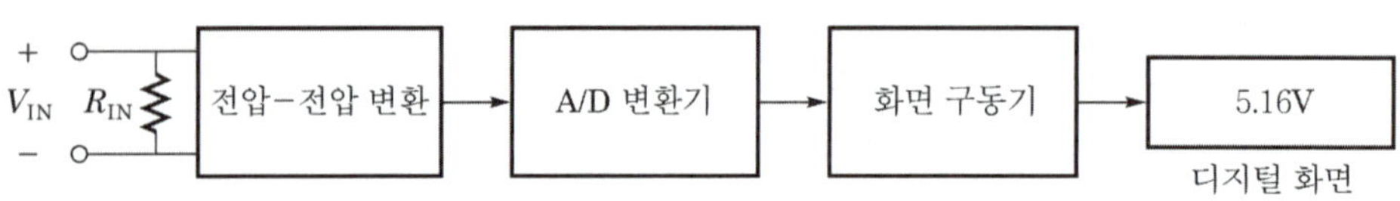

그림 4.22 디지털 전압계

4.8 내부저항

건전지나 직류 전원발생기와 같은 전원, 멀티미터, 오실로스코프, 함수발생기를 비롯한 여러 가지 신호발생기, 그리고 센서변환기들과 같은 측정계기들은 그림 4.23(b)와 같이 구조상 자체의 내부저항을 가지고 있다. 그래서 같은 전압을 재는데도 회로구성 상태에 따라 출력전압이 달라진다.

일반적으로 좋은 측정장치는 입력임피던스와 출력임피던스를 고려하여야 한다.

> **10 : 1 비**
> 저항(리액턴스)이 리액턴스(저항)보다 10배 크다면 작은 것을 무시할 수 있다.

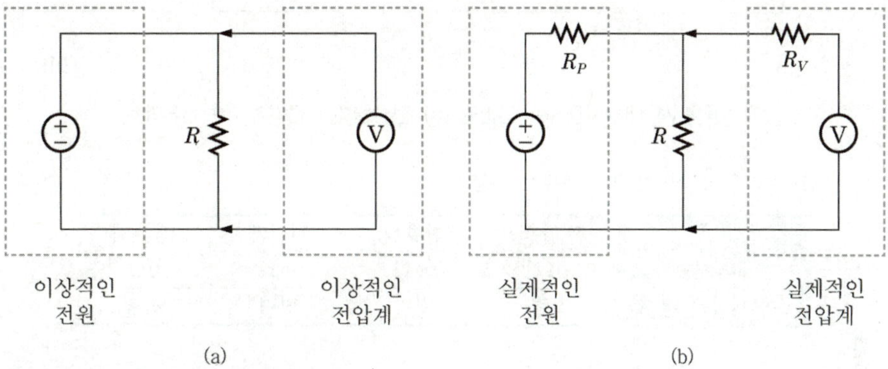

그림 4.23 측정장치의 등가회로 (a) 이상적인 계기 (b) 실제적인 계기

4.24(a)와 같은 전압원에 부하를 연결했을 때 전압 V_s가 모두 걸리지 않고 내부저항에 약간의 전압강하가 일어난다. 부하저항이 클 경우에는 대부분의 전압이 부하에 모두 걸리지만 부하저항이 적을수록 부하에 걸리는 전압이 줄어든다. 그러므로 이상적인 전압원인 경우에는 내부저항이 0Ω 이므로 아무리 작은 부하저항을 연결하더라도 전압 V_s가 모두 다 걸린다.

4.24(b)와 같은 전류원은 내부저항이 무한대로 커야 내부적으로 흐르는 전류가 없이 전류 I_s 전체가 부하로 흐른다.

전압계(voltmeter)를 연결할 때는 병렬로 연결해야 하고 전류계는 직렬로 측정해야 한다. 4.24(c)와 같은 전압계는 전압차를 측정하려는 두 지점에 병렬로 연결하여 측정한다. 이상적인 전압계는 내부저항이 무한대여서 병렬로 연결한 전압계에 전류가 흐르지 않는다. 실제 전압계는 매우 큰 병렬 내부저항 r_v가 있어 전류가 흘러 측정전압이 줄어든다.

전류의 크기와 방향을 측정하는 4.24(d)와 같은 전류계(ammeter)는 전류를 재려고 하는 부분을 끊고 그 자리에 직렬로 연결한다. 이상적인 전류계는 내부저항이 0Ω 이어서 전압강하가 0V 이다. 그러나 실제의 전류계는 작은 내부저항 r_a이 있어 전압강하가 생겨 측정한 전류는 실제보다 줄어든다. 표 4.6은 이상적인 전원과 계측기의 내부저항과 연결을 요약한 표이다.

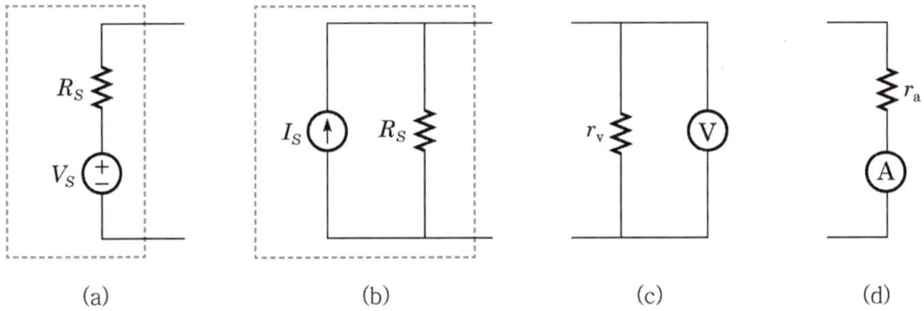

그림 4.24 내부저항 (a) 전압원 (b) 전류원 (c) 전압계 (d) 전류계

표 4.6 이상적인 전원과 계측기 특성

	전압원	전류원	전압계	전류계
내부저항	0Ω	∞Ω	∞Ω	0Ω
내부저항과 연결	직렬	병렬	병렬	직렬

예제 4-8

아래 회로에서 R_1과 R_3에 흐르는 전류와 전압을 측정하는 계기의 연결도를 그려라.

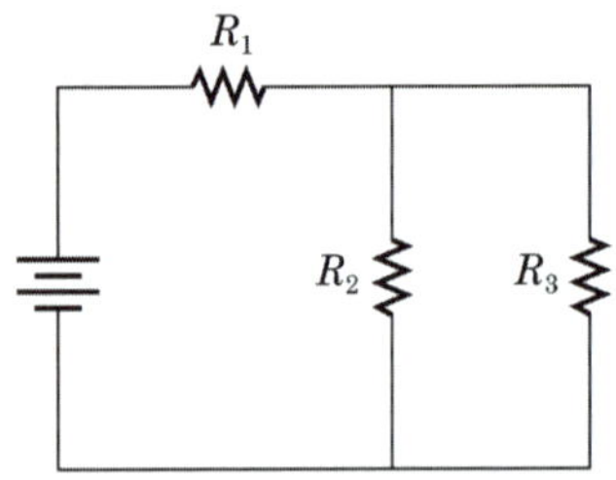

〈예제의 회로도〉

| 풀이 |

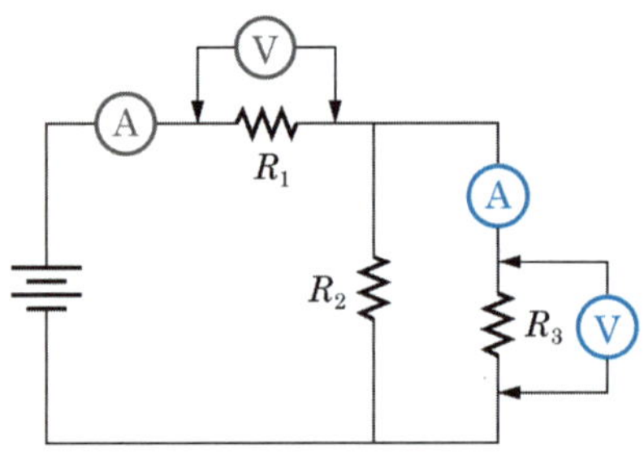

〈연결도〉

연습문제

4.1 상온에서 비저항이 $1.7\times10^{-8}[\Omega\cdot\mathrm{m}]$인 구리도선의 반지름이 2mm이고 길이가 10m인 경우 저항을 구하여라.

4.2 25℃에서 금도선의 저항이 $1[m\Omega]$일 때 95℃로 가열할 때 저항값을 구하여라.

4.3 도선의 단면적이 반으로 줄어들고 길이가 두 배 늘어날 때 도선의 저항은 어떻게 되는지 설명하여라.

4.4 표기된 저항 2K2, 10K, 22R, 270K를 값이 적은 것부터 적어보아라.

4.5 저항 $1[k\Omega]$의 허용전력이 $1[kW]$라 한다. 이때의 허용전류를 구하여라.

4.6 저항의 규격은 저항값과 허용전력, 온도범위, 오차 등이 있다. 저항의 규격에 대해 설명하여라.

4.7 녹색-청색-갈색-금색으로 된 0.5W 저항기의 저항값과 실제값(최대 및 최소값)을 구하여라.

4.8 220V 전원을 사용하는 2kW 전열기에서 전열기의 저항값을 구하여라.

4.9 표면실장(SMD) 저항기에 표시된 324, 102, 561 저항값을 구하여라.

4.10 누전과 합선에 대해 설명하여라.

4.11 10Ω 저항에 5V가 인가된 회로에서 정격이 2W와 3W인 10Ω 저항 두 개가 있다. 무엇을 사용해야하고 그 이유는 무엇인지 설명하여라.

4.12 $1k\Omega$ 전위차계를 사용한 회로에서 저항 R_1에 흐르는 최대 전류를 구하고 이때 R_2에 흐르는 전류는 어떻게 되는 지 설명하여라.

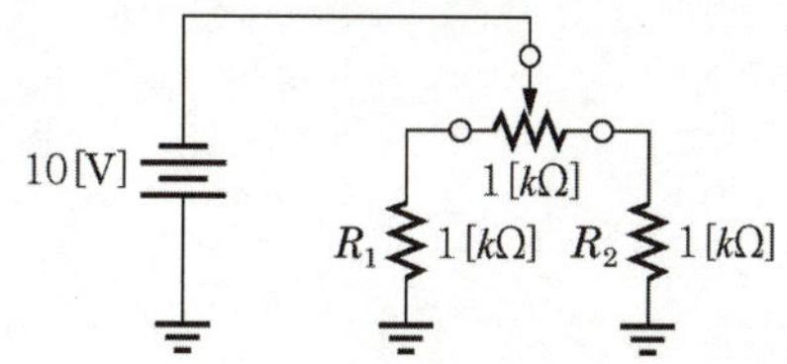

4.13 주어진 서미스터의 특성과 서미스터 회로에서 각 온도에서 전압계의 전압를 구하여라.

온도[℃]	0	10	20	30	40
저항값[$k\Omega$]	80	15	8	4	1

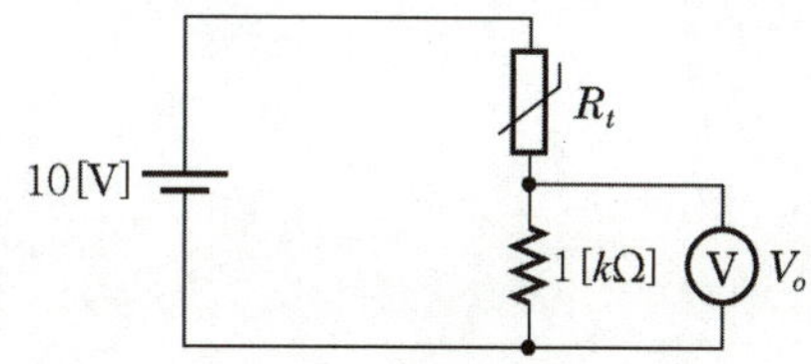

4.14 가로등에 이용되는 광저항기(LDR : light detecting resistor)에서 빛의 세기에 대한 저항값의 특성에 대해 설명하여라.

4.15 두 전구와 전지를 직렬로 연결한 회로에 (a) 병렬로 연결한 전류계와 (b) 직렬로 연결한 전압계인 경우 전구의 밝기를 설명하여라.

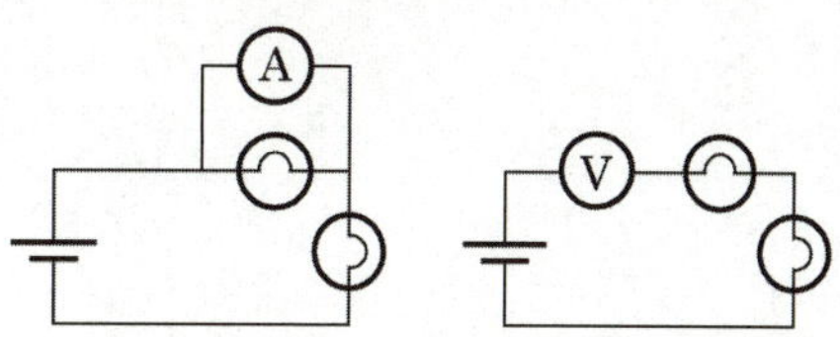

(a) (b)

4.16 회로에서 R_4에 흐르는 전류 및 전압을 측정하기 위한 전류계 및 전압계를 연결하여라.

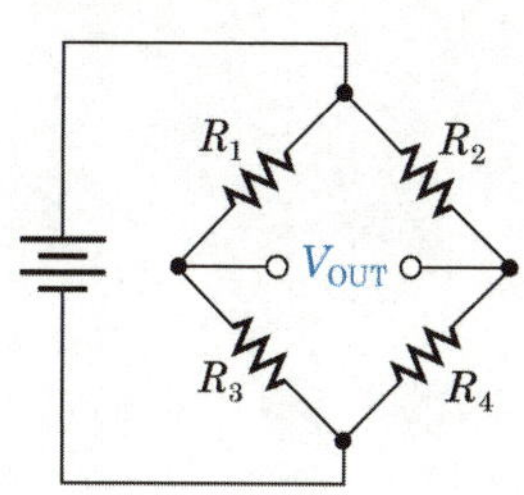

05

Chapter

회로이론

5.1 옴의 법칙

옴(Ohm)의 법칙은 "전류의 세기는 전압에 비례하고 저항의 크기에 반비례 한다" 이며 1826년 독일의 물리학자 옴(Georg Simon Ohm, 1789~1854)이 발견했다.

전압은 V 혹은 E로 표시하고 단위는 V(볼트)로 나타낸다. R로 표시되는 저항은 전류의 흐름을 방해하는 정도를 정의하며 단위는 Ω(옴)으로 나타낸다. 두 점간의 전위차가 1V의 전압에서 1A의 전류가 흐른다면 이 회로의 저항은 1Ω인 것이다. 옴의 법칙을 수식적으로 표현하면 다음과 같다.

$$I = \frac{1}{R} V \text{ [A]} \tag{5-1}$$

여기서 V는 저항기에 인가된 전압이고, I는 저항기에 흐르는 전류이며, R은 저항기의 저항값이다. 저항이 거의 없다는 것은 단락을, 저항이 무한대와 같다는 것은 개방됨을 의미한다.

- 옴성 물질 : 옴의 법칙을 만족하는 물질
- 비옴성 물질 : 옴의 법칙을 만족하지 않는 물질

그림 5.1에서 전류계는 회로에 직렬로 연결하고, 전압계는 측정하고자 하는 부하에 병렬로 연결한다.

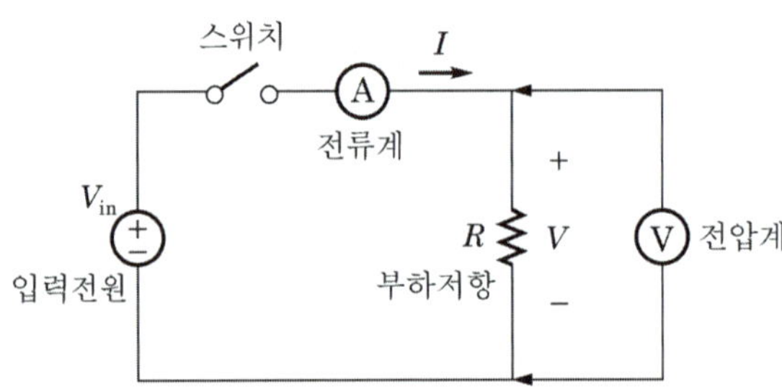

그림 5.1 전압과 전류 측정

금속에 전압변화로 전류를 측정하여 저항을 계산하면 저항값이 증가한다. 그래서 당시 학자들은 옴의 법칙을 믿지 않았고 급기야 옴은 교수직도 사직했다. 나중에 금속에 전류가 흐르면 금속의 온도가 올라 저항이 증가하는 것을 렌츠가 알았고, 1840년 정량적으로 확인하고 발표한 사람은 줄이다. 그 후 옴의 가설이 맞았다고 인정 받았다.

맥스웰(James C. Maxwell, 1831~1879)이 전자파 연구를 위해 자료를 정리하는 도중 옴의 법칙이 발표된 40년 전 1781년 캐번디시(Henry Cavendish, 1731~1810)의 기록을 발견하고 소개했다. 라이덴병과 소금물로 채워진 유리관, 자기 몸으로 전기회로를 구성하여 전압과 전류가 비례한다고 사실을 알았다. 그 당시 전류를 자신의 몸을 통해 흘려보내 느낌으로 전류를 측정했다. 1973년 캠브리지대학 캐번디시 연구소가 설립되고 초대소장에 맥스웰이 임명되었다.

예제 5-1

다음 회로에서 전원 전류와 각 저항에서 전류를 구하여라.

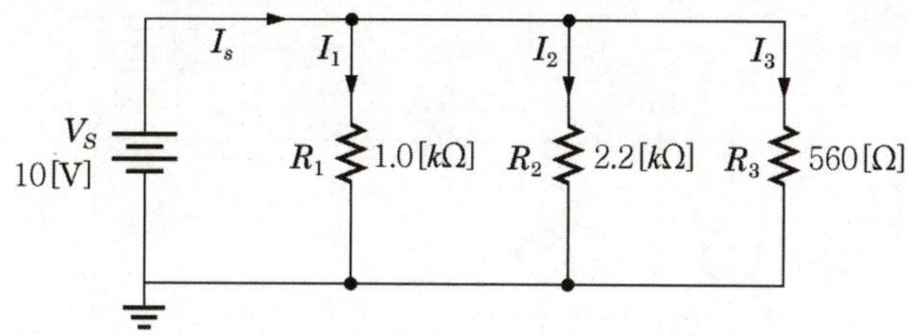

| 풀이 |

$I_1=\frac{10}{1k}=10mA$, $I_2=\frac{10}{2.2k}=4.5mA$, $I_3=\frac{10}{560}=17.9mA$, 전원 전류

$I_s=10m+4.5m+17.9m=32.4mA$

(1) 종속전원 종류

독립전원은 정해진 전압 혹은 전류를 공급하지만 종속전원은 회로 내의 다른 전압이나 전류의 값에 의해 결정되는 전압 또는 전류이다. 의존하는 전압이나 전류의 값을 모르면 종속 전원의 값을 알 수 없다. 종속전원은 트랜지스터와 같이 전기 에너지를 발생시키는 능동소자를 모델링한 등가회로에 나타나며 종속전원의 종류는 다음과 같고 종속전원의 심벌은 표 5.1과 같다.

① 전압제어 전압원(Voltage Controlled Voltage Source : VCVS)은 전압제어가 되는 출력 전압원이며, 등가회로에서 전압증폭기 유형이다.

② 전압제어 전류원(Voltage Controlled Current Source : VCCS 혹은 VCIS)은 전압제어가 되는 출력 전류원이며, 등가회로에서 전달 컨덕턴스증폭기 유형이다.

③ 전류제어 전압원(Current Controlled Voltage Source, CCVS 혹은 ICVS)은 전류제어가 되는 출력 전압원이며, 등가회로에서 전달 저항증폭기 유형이다.

④ 전류제어 전류원(Current Controlled Current Source : CCCS 혹은 ICIS)은 전류제어가 되는 출력 전류원이며, 등가회로에서 전류증폭기 유형이다.

표 5.1 종속전원 심벌

VCVS	VCCS	CCVS	CCCS
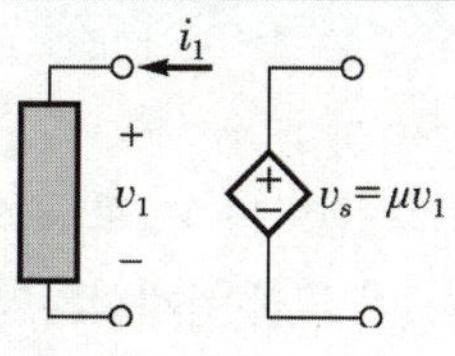	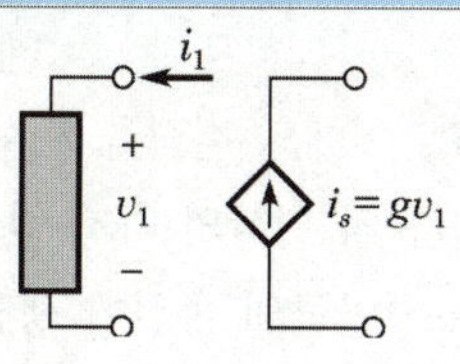	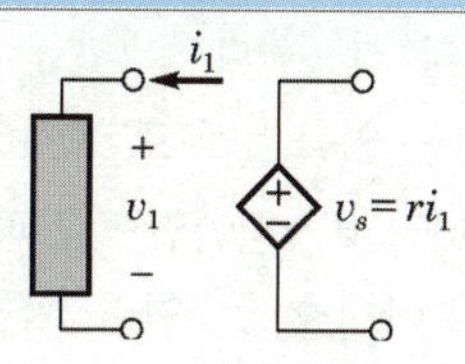	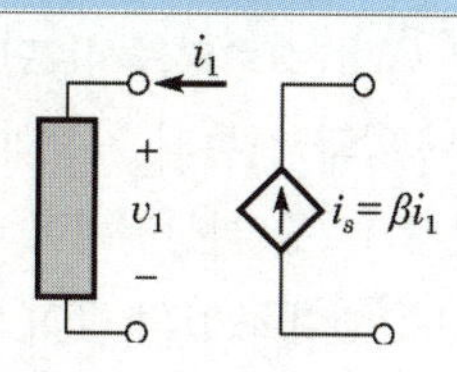

예제 5-2

다음 회로에서 종속전원의 종류를 적고 A와 i_a를 구하여라.

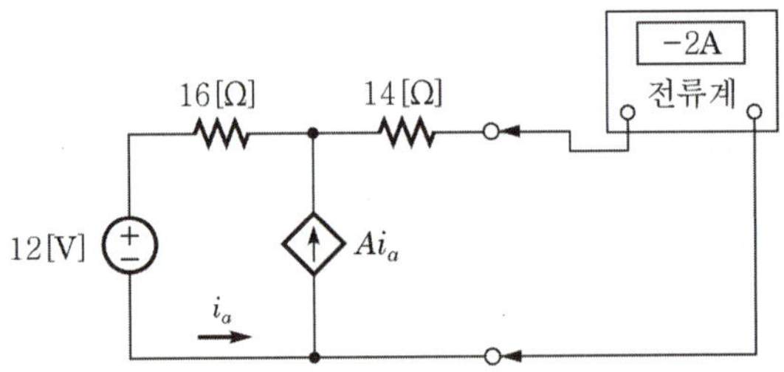

| 풀이 |

종속전원은 전류제어 전류원이다.

접점에서 전류합 $-i_a+Ai_a+2=0$, 닫힌경로 전압식 $14\times 2+16i_a+12=0$에서 $i_a=-2.5$A이다.

$(-2.5)(A-1)+2=0$에서 $A=1.8$[A/A]이다.

(2) 전력과 역률

전력은 단위시간 당 전기의 일량(전기에너지) W인 전기의 일률이다. 그래서 전력은 전압×전류이며 기호로는 P로 표시하고, 단위는 W(와트)이다. 즉 1[V]의 전압에서 1[A]의 전류가 흐를 때의 전력은 1[W]=1[J/s]이다.

전류가 흐르는 회로에 저항이 연결되면 일이 발생하며 단위시간에 하는 일의 양인 전력은 일정한 저항을 갖는 부하일 경우에는 그 부하 양단의 전위차(전압) 혹은 전류의 제곱에 비례한다. 전력은 저항 R에 흐르는 전류 I와 저항에 인가된 전압 V에 의해 다음과 같이 나타낸다.

$$P=\frac{W}{t}=I\cdot V=I^2R=\frac{V^2}{R}\ \text{[W]} \tag{5-2}$$

저항에 의해 흡수된 전력은 열로 나타난다. 저항의 크기는 안전하게 열을 발산할 수 있는 전력의 양에 의해 결정된다. 그 양을 정격(power rating)이라고 한다. 정격을 초과하는 전력소비는 저항을 물리적인 손상을 받는다. 저항이 과도한 전력소비로 열을 받게 되면 저항값이 바뀐다. 온도계수에 따라 저항값이 증가할 수도 감소할 수도 있고 탄소저항은 온도가 증가하면 저항값이 감소한다. 정격 이상에서 동작한 저항의 전압-전류 특성은 직선이 아닌 비선형 특성을 나타낸다.

1W의 전력을 한 시간 사용한 경우 1Wh(와트시)의 전력량을 사용한 것이고, 한 달 전기 사용량은 kWh(킬로와트시) 단위를 사용한다.

전압과 전류의 위상의 차를 역률 cosθ로 표시하고, 이때의 전력을 $P=V\cdot I^*\cos\theta$로 표시한다. 여기서 $V\cdot I$를 피상전력이라 하고 θ가 0이면 전압과 전류의 위상의 차가 없으므로 전력은 $V\cdot I$로 표시된다. 반대로 θ의 값이 0이 아닌 경우, 전력 P는 cosθ만큼의 손실이 생긴다. 이 역률은 전선의 인덕터, 커패시터 등으로 전압과 전류의 위상차에 의해 발생한다. θ를 작게 하여 무효전력을 작게 하고 감소한 만큼의 전류는 열 등과 같이 다른 형태의 에너지로 바뀌어 소비된다. 그림 5.2는 옴과 와트 법칙의 관계를 나타내는 그림이다.

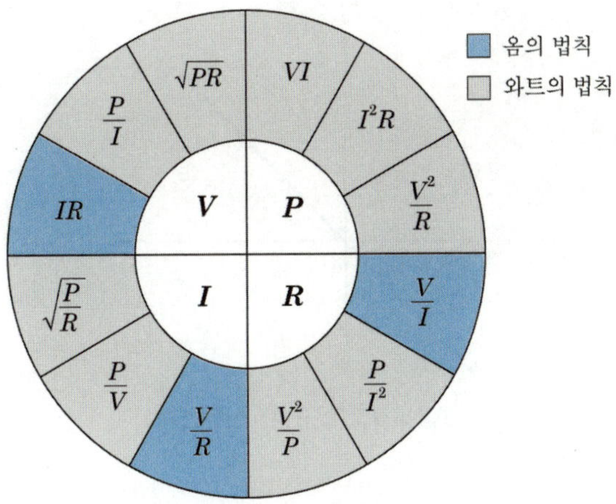

그림 5.2 옴과 와트 법칙의 관계

예제 5-3

$10[mA]$의 전류가 흐를 때의 전력이 $10[mW]$인 저항에 $20[mA]$가 흐를 때의 전력을 구하여라.

| 풀이 |

$i^2R = 10mW = (10m)^2R$이므로 $R = 100\Omega$이다. $20[mA]$ 흐를 때 전력 $i^2R = (20m)^2 \times 100 = 40mW$

예제 5-4

10V 직류전원이 저항에 5W를 소모했다. 저항에 똑같은 전력 소모를 위한 교류전원의 양진폭을 구하여라.

| 풀이 |

교류의 유효값이 10V이므로 교류의 피크값은 $10\sqrt{2}$V이고 양진폭은 $2 \times 10\sqrt{2}\text{V} = 28.28\text{V}$

(3) 선형성

그림 5.3과 같이 소자를 통해 흐르는 전류는 소자에 인가된 전압과 선형적으로 비례하면 전압-전류 관계는 선형이다. 회로에 적용하는 등식이 선형소자와 독립 전류원, 전압원으로 구성되면 선형방정식이 된다. 수학적으로 선형 함수는 가감 성질에 의해

$$f(a_1x_1 + a_2x_2 + \cdots + a_nx_n) = f(a_1x_1) + f(a_1x_1) + \cdots + f(a_1x_1) \tag{5-3}$$

이고, 선형함수의 동질성에 의해 다음과 같이 나타낼 수 있다.

$$f(a_1x_1) + f(a_1x_1) + \cdots + f(a_1x_1) = a_1f(x_1) + a_2f(x_2) + \cdots + a_nf(x_n) \tag{5-4}$$

선형회로에서 여러 주파수를 가진 시변전류는 독립성으로 같은 주파수만 만들어진다. 일반적으로 낮은 전류와 전압에 작동하는 저항, 커패시터, 인덕터 그리고 변압기 등은 선형소자이다. 만약 정격 이상의 전력에서 작동하는 저항은 가열되어 저항값이 바뀌고 전류의 크기가 바뀌어 비선형소자로 동작할 수 있다.

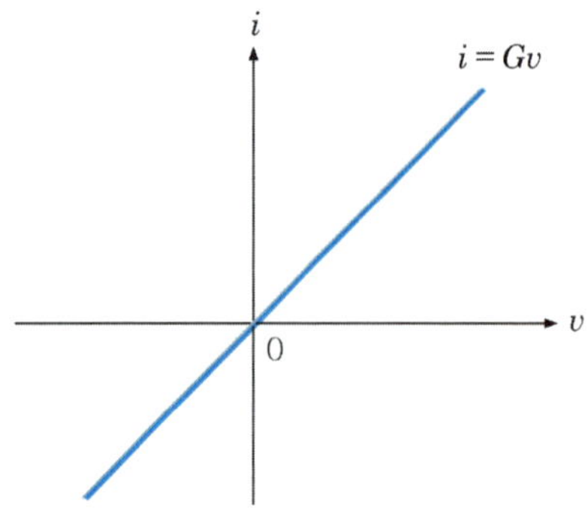

그림 5.3 전압-전류 선형관계

(4) 비례의 정리

회로에서 응답은 회로에 작용하는 전원에 비례한다는 것은 비례의 정리(proportionality theorem)이고 선형성으로 알려져 있다. 비례상수 k는 입력전압과 출력전압의 관계에서

$$V_{out} = kV_{in} \tag{5-5}$$

이다. 그림 5.4 회로에서 전원전압은 V_{in}이고, 응답은 3.3$k\Omega$에 걸리는 전압 V_{out}일 때 응답전압은 전원전압에 비례관계가 있다.

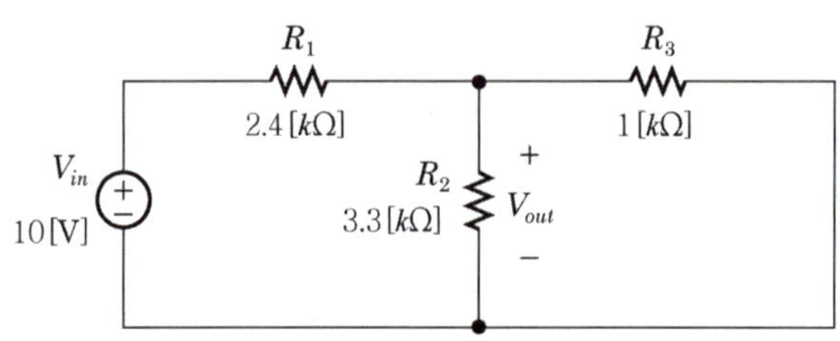

그림 5.4 선형 저항회로

5.2 중첩의 원리

중첩의 정리(superposition theorem)는 한 개 이상의 전원(전압원/전류원)을 포함하는 선형 회로에서 응답은 독립적으로 동작하는 각각의 전원에 의해 생성되는 응답의 대수적인 합이 되는 것이다(linear network containing several independent source, separate and add).

선형소자들과 n개의 독립전원들로 구성된 회로에 있어 임의의 가지와 노드에서 전압 및 전류값은 n개 전원 각각에 의한 응답 값의 대수적인 합과 같다. 단, 고려 대상인 독립전원을 제외한 모든 독립 전압원은 단락회로, 모든 독립 전류원은 개방회로로 대치시킨다.

그림 5.5(a)의 회로의 V_{out}은 그림 5.5(b)의 V_{out1}과 그림 5.5(c)의 V_{out2}을 합한 전압과 같다.

(1) 5V 독립 전압원에 의한 $V_{out1} = 5 \times \dfrac{2.4k /\!/ 3.3k}{1k + (2.4k /\!/ 3.3k)} = 5 \times \dfrac{1.39k}{1k + (1.39k)} = 2.9\text{V}$

(2) 10V 독립 전압원에 의한 $V_{out2} = 10 \times \dfrac{1k /\!/ 3.3k}{2.4k + (1k /\!/ 3.3k)} = 10 \times \dfrac{0.76k}{(2.4k + 0.76k)} = 2.4\text{V}$

(3) 5V와 10V 독립 전압원 가진 $V_{out} = V_{out1} + V_{out2} = 2.9\text{V} + 2.4\text{V} = 5.3\text{V}$

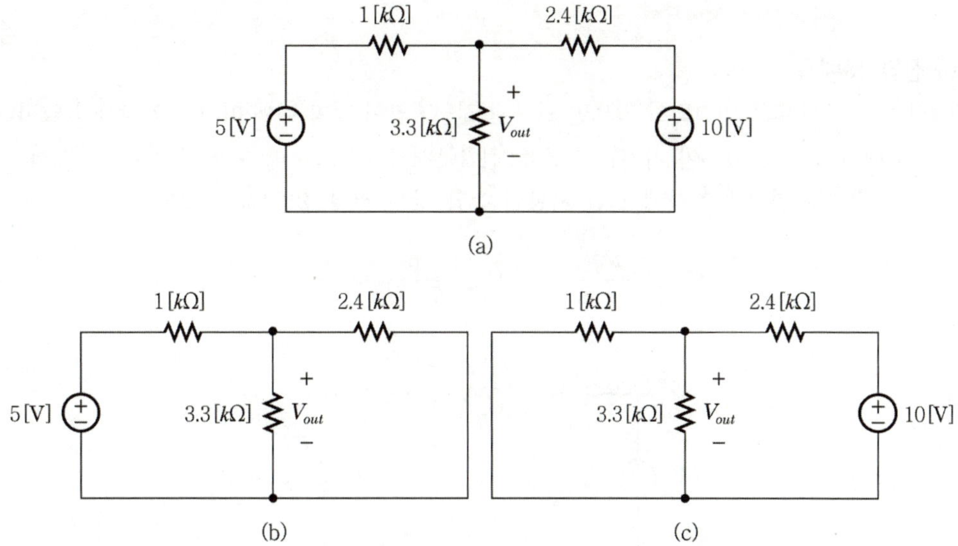

그림 5.5 중첩원리 풀이 과정 (a) 5V와 10V 독립 전압원 가진 V_{out}을 구하는 선형회로 (b) 5V 독립 전압원에 의한 V_{out1}을 구하는 회로 (c) 10V 독립 전압원에 의한 V_{out2}를 구하는 회로

예제 5-5

$V_{s1} = 20\text{V}$, $V_{s2} = 10\text{V}$, $R_1 = 1k\Omega$, $R_2 = 3k\Omega$, $R_3 = 1k\Omega$ 일 때 저항 R_2에 흐르는 전류 I_2를 구하여라.

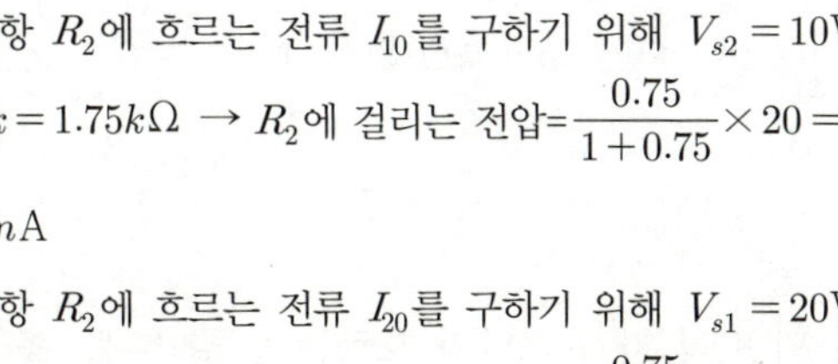

| 풀이 |

(a) $V_{s1} = 20\text{V}$에 의한 저항 R_2에 흐르는 전류 I_{10}를 구하기 위해 $V_{s2} = 10\text{V}$를 단락회로로 대치한다.

전체저항$=1k + \dfrac{1 \cdot 3}{1+3}k = 1.75k\Omega$ → R_2에 걸리는 전압$=\dfrac{0.75}{1+0.75} \times 20 = 8.57\text{V}$ → R_2에 흐르는 전류 $I_{10} = \dfrac{8.57}{3k} = 2.86m\text{A}$

(b) $V_{s2} = 10\text{V}$에 의한 저항 R_2에 흐르는 전류 I_{20}를 구하기 위해 $V_{s1} = 20\text{V}$를 단락회로로 대치한다.

전체저항$=1k + \dfrac{1 \cdot 3}{1+3}k = 1.75k\Omega$ → R_2에 걸리는 전압$=\dfrac{0.75}{1+0.75} \times 10 = 4.29\text{V}$ → R_2에 흐르는 전류 $I_{20} = \dfrac{4.29}{3k} = 1.43m\text{A}$

(c) R_2에 흐르는 전체 전류 $I_{10} + I_{20} = (2.86 + 1.43)m\text{A} = 4.29m\text{A}$

5.3 키르히호프 법칙

(1) 전압 분배기

회로에 저항이 직렬로 연결되어 있으면 인가된 전원전압이 저항 비에 따라 전압강하가 일어나고 각 저항에 따라 전압을 나누어 가지는 구조를 전압분배기(voltage divider)라 한다. 그래서 그림 5.6과 같이 직렬로 연결된 저항에서 한 저항의 전압 값은 전체 전압 값의 일부이다.

$$V_1 = \frac{R_1}{R_1 + R_2} V_s, \quad V_2 = \frac{R_2}{R_1 + R_2} V_s \tag{5-6}$$

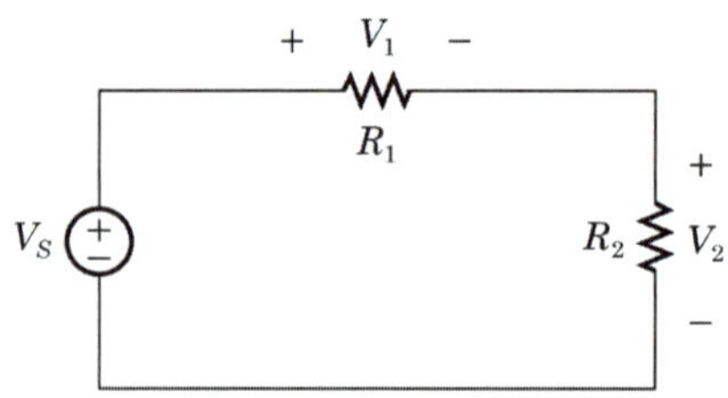

그림 5.6 전압 분배기 회로

예제 5-6

다음 회로에서 R_2가 $1k\Omega$과 $10k\Omega$일 때 V_{out}를 전압분배로 구하여라.

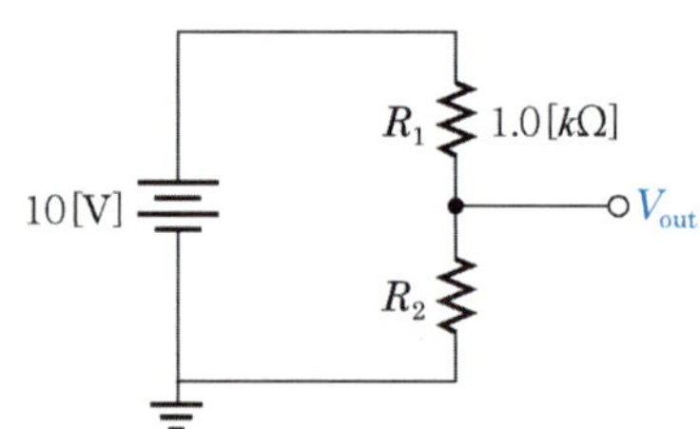

| 풀이 |

(a) $1k\Omega$일 때 $V_{out} = \frac{1}{1+1} \times 10 = 5\text{V}$, (b) $10k\Omega$일 때 $V_{out} = \frac{10}{1+10} \times 10 = 9.1\text{V}$

(2) 전류 분배기

저항을 병렬로 연결하게 되면 각 가지를 따라 흐르는 전류의 세기를 저항의 크기에 따라 분배된다. 이를 전류분배기(current divider)라 한다. 물론 전류의 세기는 각 가지 저항의 크기에 반비례한다. 그림 5.7과 같이 병렬로 연결된 저항에서 한 저항에 흐르는 전류량은 전체 전류량의 일부이다.

$$I_1 = \frac{R_2}{R_1 + R_2} I_s, \quad I_2 = \frac{R_1}{R_1 + R_2} I_s \tag{5-7}$$

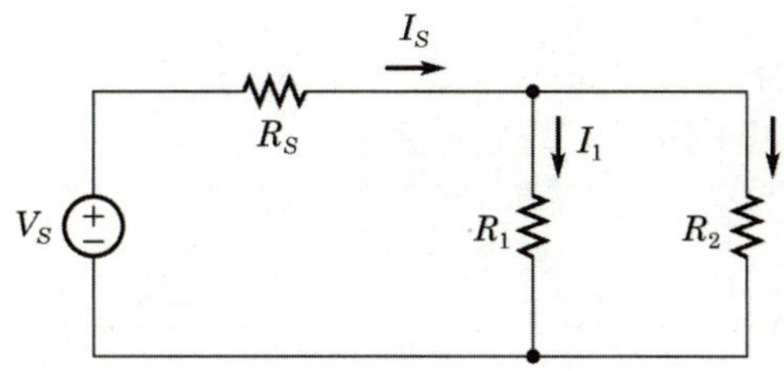

그림 5.7 전류 분배기 회로

예제 5-7

그림에서 전원에 20mA 흐를 때 각 저항에 흐르는 전류를 전류분배로 구하여라.

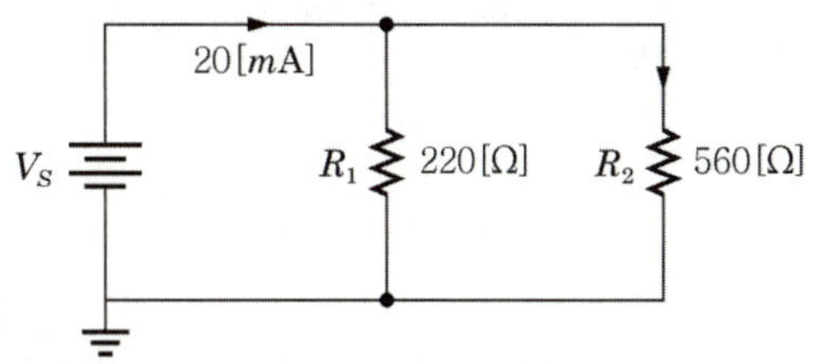

| 풀이 |

$$I_{R1} = \frac{560}{220+560} \times 20m = 14.4m\text{A},\ I_{R2} = \frac{220}{220+560} \times 20m = 5.6m\text{A}$$

(3) 키르히호프의 전압법칙

복수의 전압원을 가진 회로에서 각각의 전압원에 대해 닫힌회로를 구성하면 닫힌회로의 상승전압과 하강전압의 합은 같다. 즉, 닫힌회로 내 모든 전압의 합은 '0' 이라는 것을 키르히호프의 전압법칙(Kirchhoff's Voltage Law : KVL)이라 한다.

그림 5.8(a)에서 전류가 시계방향으로 흐른다고 볼 때 V_s는 상승전압이고 V_1, V_2는 하강전압이다. 따라서 $V_s = V_1 + V_2$ 즉, $V_s - V_1 - V_2 = 0$이 된다.

하나의 닫힌고리 내의 상승전압 합=강하전압 합이므로 모든 전압의 합은 '0'이다.

$$V_1 - V_2 + V_3 \cdots - V_n = \sum_{k=1}^{n} V_k = 0 \tag{5-8}$$

여기서 $I_0 \int_{t_1}^{t_2} \sum_{k=1}^{n} V_k dt = 0$은 에너지 보존법칙을 의미한다. 저항에 전압강하된 극성은 전원의 (+) 단자에 가까운 저항의 종단이 (+)가 된다.

> 전류가 일정한 직렬회로는 단면적이 다른 수관(시간당 흐르는 물의 양이 같음)의 연결과 같다.

- 고리(loop) 혹은 메시(mesh)는 회로 안에 닫힌 경로
- 망(network)은 두 개 이상 기전력을 포함한 복잡한 회로

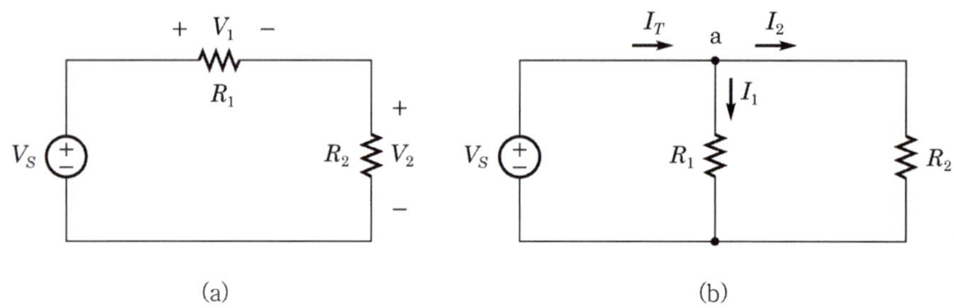

그림 5.8 키르히호프 법칙 (a) KVL (b) KCL

예제 5-8

다음 그림과 같은 회로에서 출력의 전압을 구하여라.

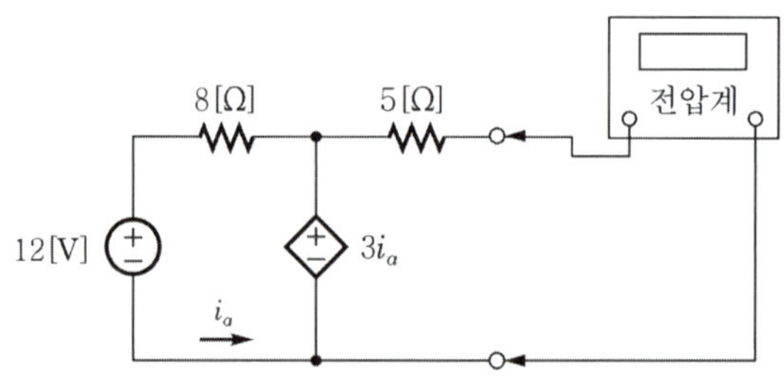

| 풀이 |

닫힌회로의 전압합 $-3i_a+8i_a+12=0$에서 $i_a=2.4\text{A}$이므로 $V_o=3\times2.4=7.2\text{V}$

(4) 키르히호프의 전류법칙

회로망에서 임의의 접합점(node)에 흘러 들어오고 나가는 전류의 대수적 합은 '0'이다는 것을 키르히호프의 전류법칙(Kirchhoff's Current Law : KCL)이라 한다.

그림 5.8(b)에서 두 개 병렬저항의 접합점 a로 들어오는 전류는 I_T 이고, 나가는 전류는 I_1, I_2이다. 따라서 $I_T=I_1+I_2$ 즉, $I_T-I_1-I_2=0$이 된다. 접합점에서 들어오는 전류를 양(+), 나가는 전류를 음(−)으로 간주하면 된다.

일반화하면 다음 등식이 성립한다.

$$I_1+I_2+I_3\cdots+I_n=\sum_{k=1}^{n}I_k=0 \quad (5\text{-}9)$$

임의의 한 접합점에 들어가는 전류의 합과 나오는 전류의 합은 같다는 의미는 $\int_{t_1}^{t_2}\sum_{k=1}^{n}I_k dt=0$이 전하보존법칙이 성립함을 알 수 있다. 즉 체적을 점점 줄여서 접합점만 체적 내부에 존재하게 만들면, 이 접합점에서 전하가 저장, 소멸, 생성될 수가 없으므로, $dQ/dt=0$이 된다.

그림 5.9와 같이 세 개 병렬 저항회로는 네 개의 노드가 있으며 각 노드에서 키르히호프의 전류 법칙을 적용하면 노드 a : $-I_s+I_1+I_5=0$, 노드 b : $-I_5+I_2+I_3=0$, 노드 c : $-I_1-I_6+I_s=0$, 노드 d : $-I_2-I_3+I_6=0$이다.

> 전압이 일정한 병렬회로는 단면적이 다른 수관에 수압이 동일(시간당 흐르는 수량이 다름)하게 연결한 것과 같다.

> 노드(node, 절점, 접합점) : 두 개 이상 회로 부품이 만나는 점

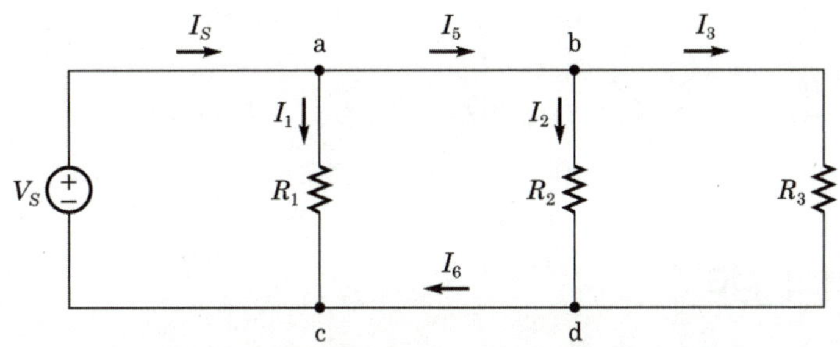

그림 5.9 세 개 병렬 저항회로의 키르히호프의 전류법칙

예제 5-9

다음 그림과 같은 회로에서 출력의 전류를 구하여라.

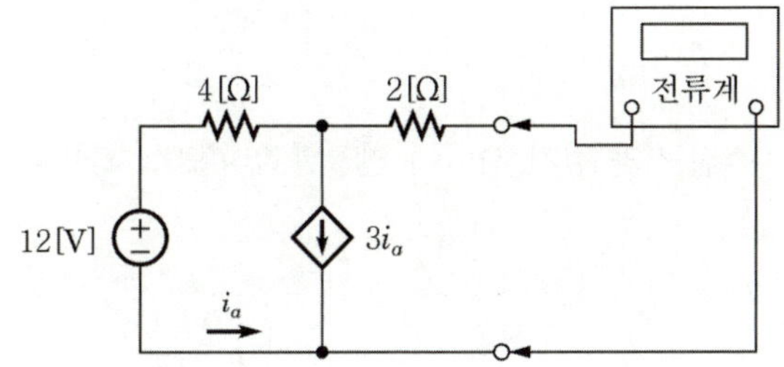

| 풀이 |

접점에서 전류방정식 $i_a+3i_a+i_o=0$이고 i_o는 출력전류이다. 그래서 $i_o=-4i_a$이다. 닫힌회로 전압식은 $4i_a+12=2i_o$이므로 두식을 풀면 $i_o=4\text{A}$ 이다.

예제 5-10

회로와 같은 5개 저항으로 구성된 회로의 키르히호프 전압법칙 및 전류법칙을 설명하여라.

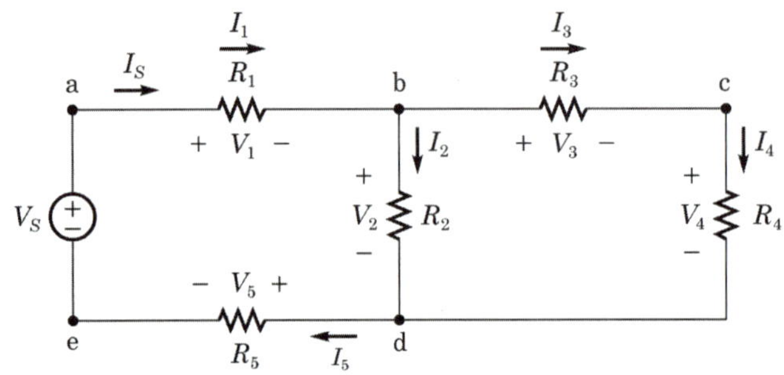

| 풀이 |

(a) 두 개의 고리에서 키르히호프의 전압법칙

고리 1 : $-V_s + V_1 + V_2 + V_5 = 0$, 고리 2 : $-V_2 + V_3 + V_4 = 0$

(b) 네 개의 노드에서 키르히호프의 전류법칙

노드 a : $-I_s + I_1 = 0$, 노드 b : $-I_1 + I_2 + I_3 = 0$, 노드 c : $-I_3 + I_4 = 0$, 노드 d : $-I_2 - I_4 + I_5 = 0$

5.4 밀러의 정리

밀러의 정리(Miller's theorem)는 그림 5.10과 같이 큰 회로의 한부분인 절점-1과 절점-2 사이에 임피던스가 Z가 연결되어 있다. 이를 오른쪽의 등가회로처럼 두 개의 임피던스인 절점-1과 접지, 절점-2와 접지로 분리하여 나타낼 수 있고 이를 밀러의 정리라고 한다. 이때 $K = V_2/V_1$이다.

절점-1과 접지 사이에 연결된 임피던스 Z_1은

$$I_1 = \frac{V_1}{Z_1} = I = \frac{V_1 - V_2}{Z} = \frac{V_1 - KV_1}{Z} \tag{5-10}$$

이므로 $Z_1 = \frac{Z}{1-K}$이다. 절점-2와 접지 사이에 연결된 임피던스 Z_2는

$$I_2 = \frac{0 - V_2}{Z_2} = I = \frac{\frac{1}{K}V_2 - V_2}{Z} = \frac{-V_2}{Z\left(\frac{K}{K-1}\right)} \tag{5-11}$$

이므로 $Z_2 = Z\frac{K}{K-1}$이다.

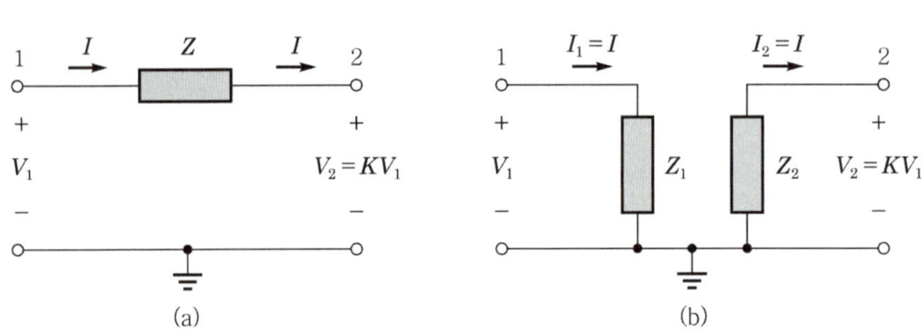

그림 5.10 밀러 등가회로 $\left(Z_1 = \frac{Z}{1-K},\ Z_2 = Z\frac{K}{K-1}\right)$

예제 5-11

이득이 $-150[\mathrm{V/V}]$인 전압증폭기에 입력과 출력에 임피던스 Z가 연결되어 있다. 임피던스 $Z=2M\Omega$ 일 때 밀러 등가회로를 구하고 V_o/V_s를 구하여라.

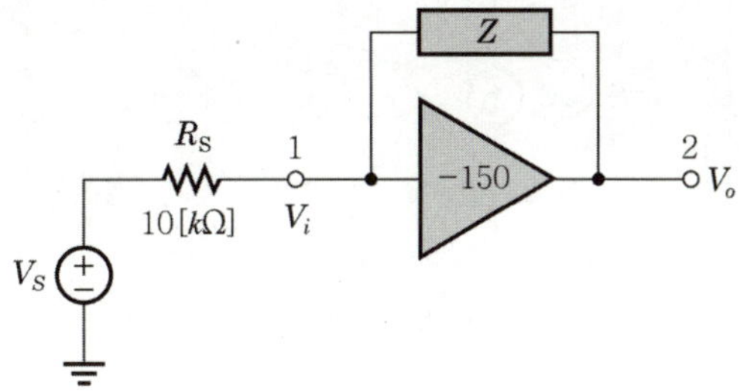

| 풀이 |

(a) $Z=2M\Omega$, $K=-150$일 때

$$Z_1=\frac{Z}{1-K}=\frac{2M}{1+150}=13.2k\Omega,\ Z_2=Z\frac{K}{K-1}=2M\frac{150}{151}=1.98M\Omega$$

(b) $$\frac{V_o}{V_s}=\frac{V_o}{V_i}\frac{V_i}{V_s}=K\frac{Z_1}{Z_1+R_s}=-150\frac{13.2k}{13.2k+10k}=-85.3[\mathrm{V/V}]$$

5.5 밀만 정리

노드 방정식인 밀만(Millman) 정리는 회로가 두 개의 공통선(예를 들면, 전원선과 접지선)을 갖는 경우 두 선 사이의 전압을 구하는데 사용될 수 있다. 회로에 다수 개의 병렬가지에 전압원이 포함되어 있는 경우 효과적으로 해석할 수 있다. 이는 키르히호프의 전류 방정식을 적용하여 얻은 것이다. 그림 5.11과 같이 세 개의 저항에 각각 전압이 걸릴 때 그 교차점 노드의 전압은 다음과 같다.

$$V_{eq}=\frac{V_1/R_1+V_2/R_2+V_3/R_3}{1/R_1+1/R_2+1/R_3}=\sum_{i=1}^{3}\frac{V_i/R_i}{1/R_i} \tag{5-12}$$

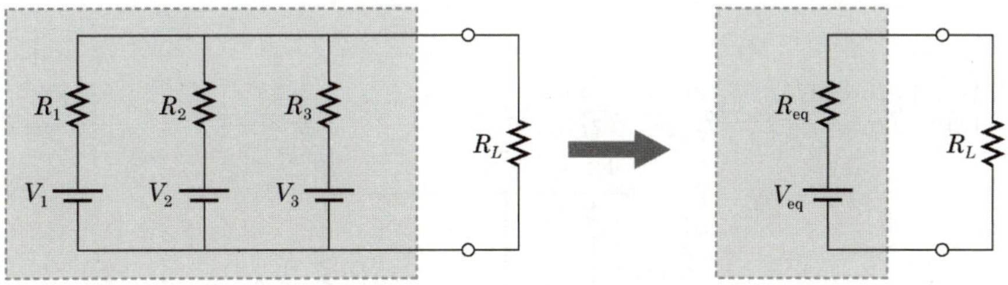

그림 5.11 밀만정리 회로

밀만의 정리를 적용하여 병렬 전압원의 수를 줄일 수 있고, R_L에 걸리는 전압이나 전류를 구하는데 망로 해석법이나, 마디해석법, 중첩의 정리 및 기타 다른 방법을 적용하지 않고도 구할 수 있다.

(1) 전압원을 전류원으로 변환한다.

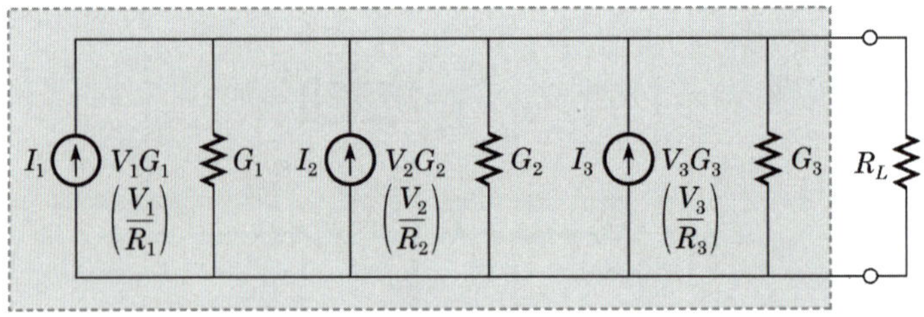

그림 5.12 전압원을 전류원으로 변환

(2) 그림 5.12와 같은 병렬 전원을 합성한다. $I_T = I_1 + I_2 + I_3$, $G_T = G_1 + G_2 + G_3$

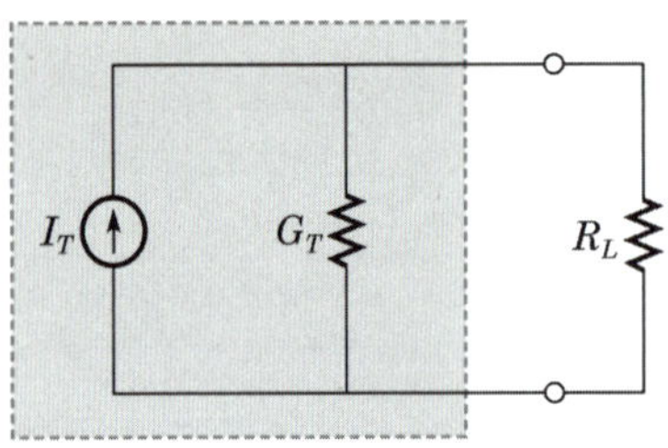

그림 5.13 병렬 합성

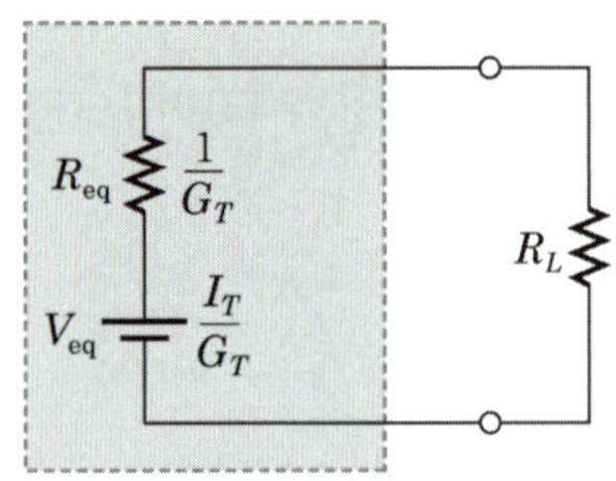

그림 5.14 직렬회로

(3) 그림 5.14와 같이 총 전류원을 전압으로 변환한다.

$$V_{eq} = \frac{V_1G_1 \pm V_2G_2 \pm V_3G_3 \pm \cdots \pm V_NG_N}{G_1 + G_2 + G_3 + \cdots + G_N} = \sum_{i=1}^{N} \frac{V_iG_i}{G_i} \tag{5-13}$$

$$R_{eq} = \frac{1}{G_1 + G_2 + G_3 + \cdots + G_N} = \sum_{i=1}^{N} \frac{1}{G_i} \tag{5-14}$$

예제 5-12

회로에서 밀만정리를 이용하여 V_{ab}를 구하여라.

| 풀이 |

$$V_{ab} = \frac{84/12 + 0/6 + 21/3}{1/12 + 1/6 + 1/3} = \frac{7 + 0 + 7}{7/12} = \frac{14}{7/12} = 24\text{V}$$

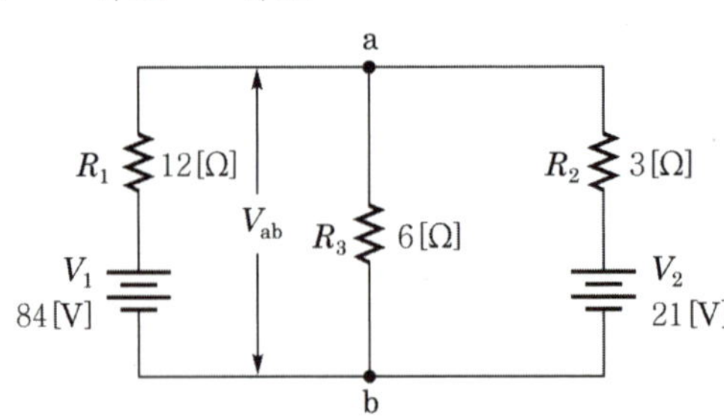

5.6 테브난 정리

(1) 테브난 정리의 원리

원천(source)회로는 에너지를 공급하는 회로이고, 부하(load)회로는 에너지를 소비하는 회로이다. 그림 5.15와 같이 부하회로는 단일 등가임피던스로 간단히 모델화시킬 수 있고 반면에 원천회로는 전압원 혹은 전류원 그리고 등가임피던스로 모델화할 수 있다.

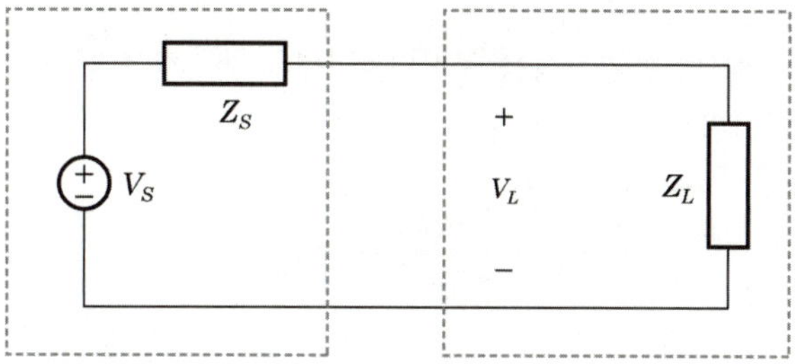

그림 5.15 원천회로 및 부하회로 등가 모델

그림 5.16과 같이 두 단자를 가진 임의의 회로망을 하나의 등가전원과 하나의 등가저항이 직렬 연결된 회로로 바꿀 수 있다는 것이 테브난 정리(Thevenin's theorem)이다.

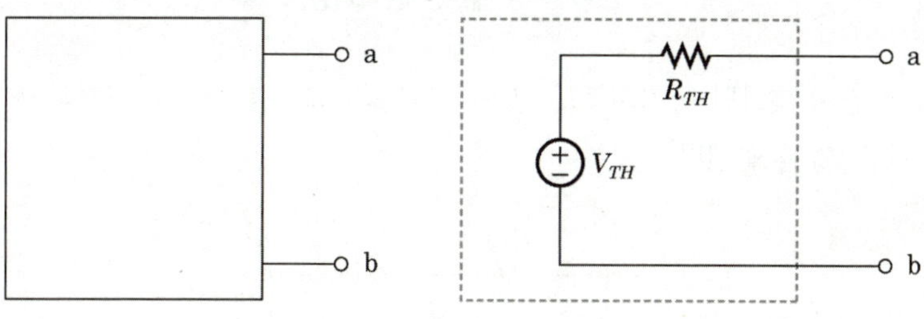

그림 5.16 선형 회로망 (a) 임의의 회로망 (b) 테브난 등가회로

선형망(전원과 선형소자로 구성된 회로)인 복잡한 회로를 단일 전압원(V_{TH}), 직렬저항(R_{TH}), 부하저항(R_L)으로 구성된 등가 직렬회로로 간략화 시키는 과정이다. 등가저항을 구할 때 독립전압원은 단락회로, 독립전류원는 개방회로로 한다.

① 그림 5.17과 같이 테브난 등가전압(개방회로 전압)을 구한다. 부하저항 R_L을 제거하고 개방전압을 구한다.

$$V_{TH} = V_{ab} = \frac{R_3 V_s}{R_3 + R_4} \tag{5-15}$$

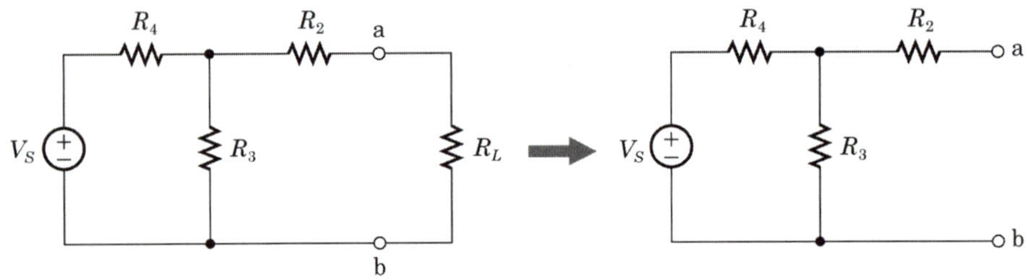

그림 5.17 테브난 등가전압

② 그림 5.18과 같이 테브난 등가저항을 구한다. 전원을 제거하고 단자 a와 단자 b에서 본 저항을 구한다. 독립전압원은 단락시킨다.

$$R_{TH} = \frac{R_3 R_4}{R_3 + R_4} + R_2 \tag{5-16}$$

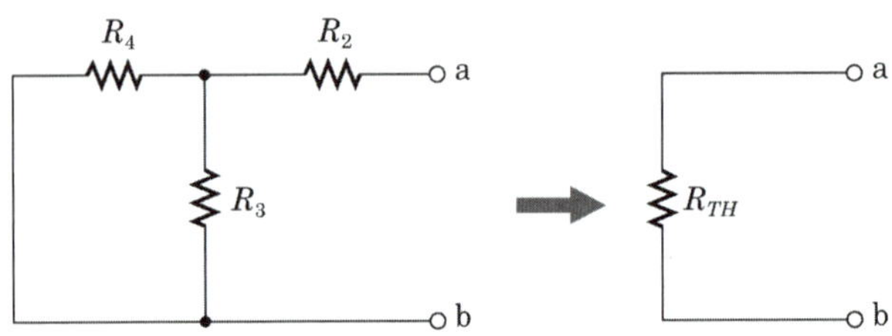

그림 5.18 테브난 등가저항

③ 그림 5.19와 같이 테브난 등가회로를 그린다. V_{TH}와 R_{TH}를 직렬로 연결하고 단자 a와 단자 b에 부하저항 R_L을 붙인다.

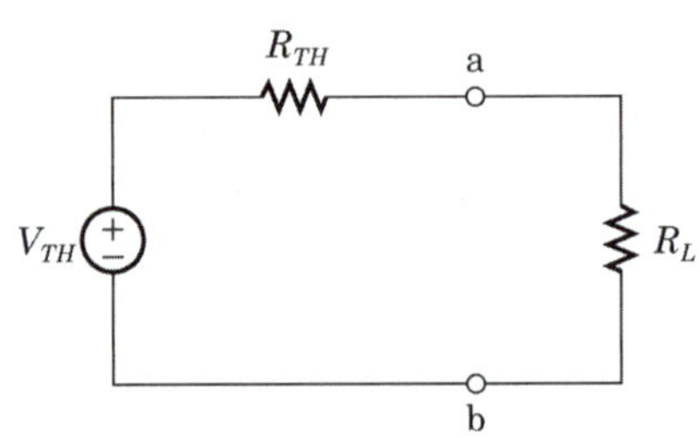

그림 5.19 부하저항을 가진 테브난 등가회로

④ 부하전류는 $I_R = \dfrac{V_{TH}}{R_{TH} + R_L}$ 이고, 부하전압는 $V_R = I_R R_L = \dfrac{V_{TH} R_L}{R_{TH} + R_L}$ 이다.

그림 5.20의 선형저항회로를 그림 5.21과 같이 테브난 등가회로를 만들면 부하전압(V_L) 혹은 부하전류(I_L)를 쉽게 결정할 수 있다. 테브난 정리의 주요한 용도는 복잡하고 관심이 없는 부분을 포함한 많은 부분을 간단하게 등가로 대치하는 것이다.

새롭게 간략화한 회로는 원래 회로에서 부하에 공급할 수 있는 전압, 전류, 전력의 계산을 신속하게 할 수 있다. 역시 최대전력 전송을 하는 부하 저항값을 선택하는데 도움을 준다.

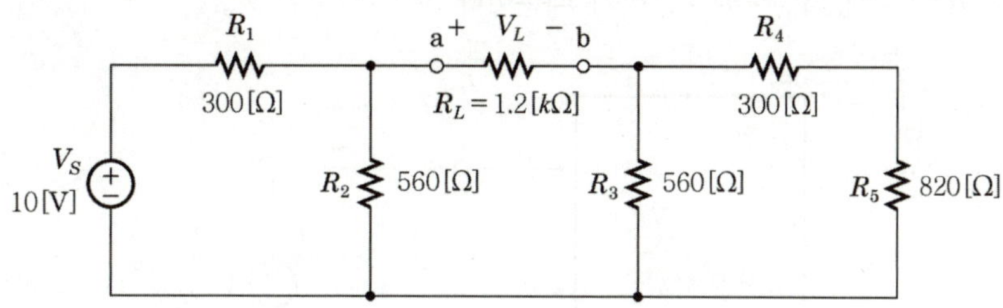

그림 5.20 선형 저항회로

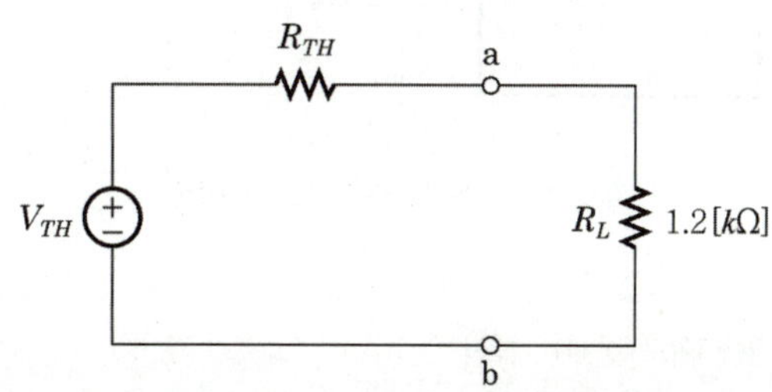

그림 5.21 그림 5.20의 테브난 등가회로

(2) 등가저항 R_{TH} 구하는 방법

① 종속전원이 없고 간단한 회로망인 경우 회로망 안의 독립전원을 없애고(독립 전압원은 단락, 독립 전류원은 개방) a−b 단자간의 등가저항을 계산하여 구할 수 있다.

② a−b 단자의 개방회로 전압(V_{oc})을 a−b 단자의 단락회로 전류(I_{sc})로 나누어 구할 수 있다. 즉 $\frac{V_{oc}}{I_{sc}} = \frac{V_{TH}}{V_{TH}/R_{TH}} = R_{TH}$로 구한다.

③ 그림 5.22와 같이 회로망 안의 독립전원만 없애고, a−b 단자에 V_x를 걸었을 때 I_x를 구하여 $R_{TH} = V_x / I_x$로 구한다.

독립전원만 있는 경우, 종속전원만 있는 경우, 독립전원과 종속전원이 있는 경우 테스트전압 V_x 및 전류 I_x를 인가하여 KCL를 풀면 $I_x = \frac{V_x - V_{TH}}{R_{TH}}$ 형으로 만들어 R_{TH}, V_{TH}를 구한다. 종속전원만 있는 경우 $V_{TH} = 0$이다. 종속전원이 있으면 R_{TH}는 양 혹은 음이 될 수 있다.

원래 망과 등가회로는 부하에서 전압과 전류가 같지만 망 안에서 전력은 다르다.

④ 두 단자 사이에 부하저항으로 가변저항을 연결한 후, 가변저항 값을 바꿔가면서 두 단자 사이의 전압을 측정한다. 두 단자 사이의 전압이 $0.5V_{oc}$가 될 때 가변저항의 저항값을 측정하면 R_{TH}와 같아지게 된다. 왜냐하면, 가변저항 R_L 양단의 단자 간 전압 V_{ab}는

$$V_{ab} = V_{TH}\frac{R_L}{R_{TH}+R_L} \tag{5-17}$$

이고, $R_L = R_{TH}$일 때, $V_{ab}=0.5V_{TH}$이기 때문이다.

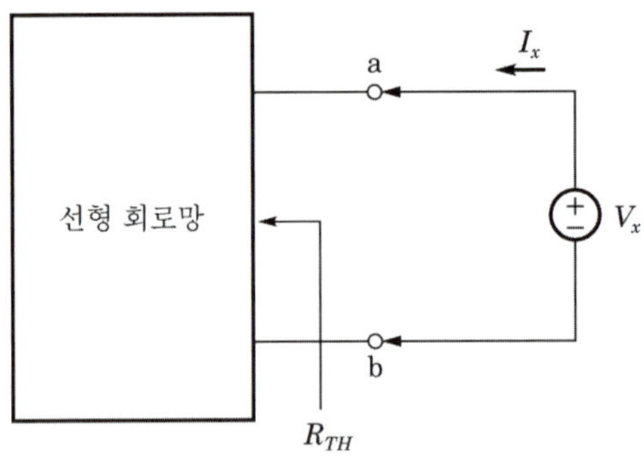

그림 5.22 등가저항 구하는 방법

단락(short, 전류가 짧은 시간에 회로 통과), 합선

예제 5-13

다음 회로의 테브난 등가회로의 성분을 구하여라.

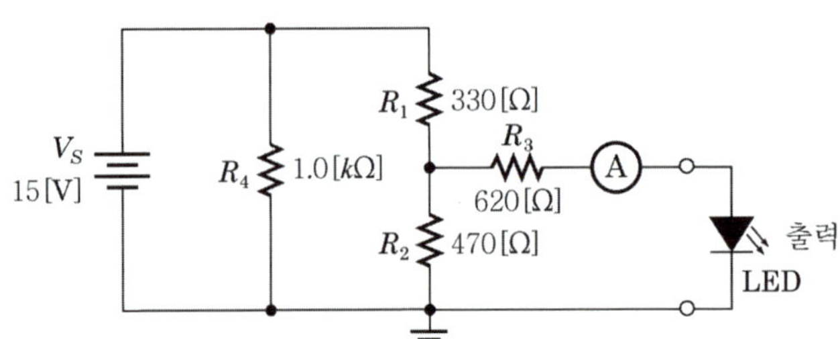

| 풀이 |

(a) 등가저항 R_{TH}를 구하기 위해 V_s를 단락시킨다. $R_{TH} = 330 /\!/ 470 + 620 = 814\Omega$

(b) 등가전압 V_{TH}를 구하기 위해 부하, LED를 개방한다.

$$V_{TH} = \frac{R_2}{R_1+R_2}V_s = \left(\frac{470}{330+470}\right)15 = 8.8\text{V}$$

예제 5-14

다음 회로의 테브난 등가회로를 그려라.

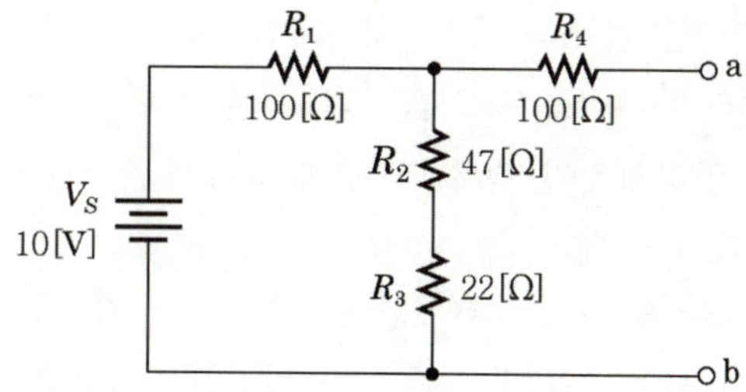

| 풀이 |

(a) 등가저항 R_{TH}를 구하기 위해 V_s를 단락시키면 R_1과 R_2+R_3는 병렬연결이 되고, R_4는 $R_1 /\!/ (R_2+R_3)$와 직렬이다.

$$R_{TH}=R_4+\frac{R_1(R_2+R_3)}{R_1+R_2+R_3}=100+100 /\!/ 69=141\Omega$$

(b) 등가전압 V_{TH}를 구하기 위해 $R_1-R_2-R_3$에서 R_2+R_3에 걸리는 전압을 전압분배로 구한다.

$$V_{TH}=\left(\frac{R_2+R_3}{R_1+R_2+R_3}\right)V_s=\left(\frac{69}{169}\right)10=4.08\text{V}$$

(c) 등가회로는 다음과 같다.

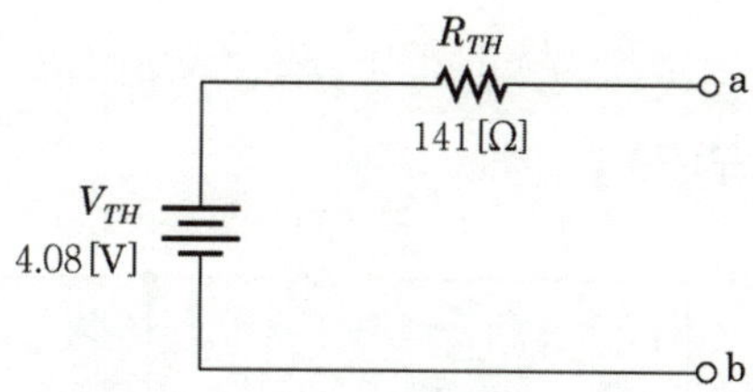

5.7 노턴 정리 및 전원변환

(1) 노턴 정리

그림 5.23과 같이 두 단자를 가진 임의의 회로망을 하나의 등가전류원과 하나의 등가저항이 병렬 연결된 회로로 바꾸어 놓을 수 있다는 것이 노턴 정리(Norton's theorem)이다.

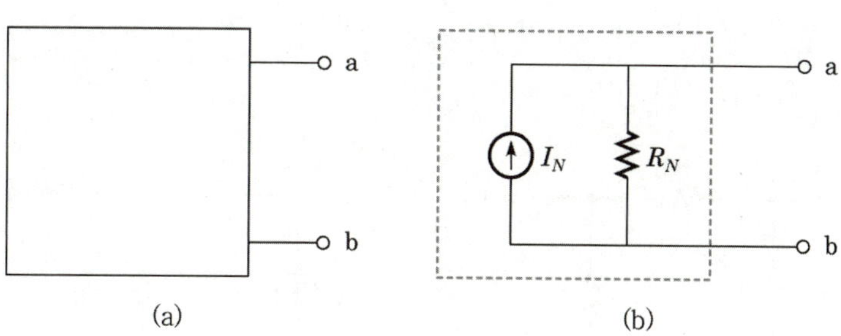

그림 5.23 선형회로망 (a) 임의의 회로망 (b) 노턴 등가회로

노턴 등가회로에서도 등가전류원 I_N과 등가저항 R_N의 값은 등가회로를 생각하면 쉽게 구할 수 있다. 실험적으로, I_N은 두 단자 사이를 단락시킨 상태에서 두 단자 사이의 전류인 I_{sc}를 측정할 수 있다. 회로망의 내부회로가 알려져 있을 경우, 두 단자 사이가 단락된 상태에서 두 단자 사이의 전류를 계산하여 구할 수 있다.

노턴 등가회로에서 등가저항 R_N의 값은 테브난 등가회로의 등가저항 R_{TH} 값과 같다. 노턴 등가회로도 두 단자 회로망이므로 테브난 등가회로를 구할 수 있다. 그림 5.23(b)의 노턴 등가회로에서 두 단자를 개방하면 I_N이 모두 R_N을 통해 흐르게 되므로, 개방전압 즉, V_{TH}의 값은 $V_{TH}=I_N R_N$이다. 또한 노턴회로의 두 단자를 단락시키면 I_N이 모두 두 단자 사이로 흐르게 되므로 단락전류는 I_N이다. 그러므로 R_{TH}의 값은

$$\frac{V_{oc}}{I_{sc}}=R_{TH}=\frac{I_N R_N}{I_N}=R_N \tag{5-18}$$

이 된다. 즉, 테브난 등가회로와 노턴 등가회로의 등가저항 값은 같고, V_{TH}와 I_N의 관계는 옴의 법칙과 유사한 형태의 식으로 주어진다.

예제 5-15

다음 회로의 노턴 등가회로를 구하여 그려라.

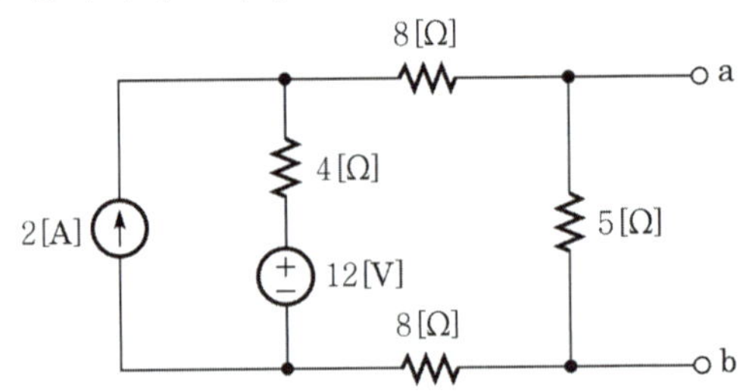

| 풀이 |

(a) 전류원은 개방, 전압원은 단락시켜 등가저항을 구한다.

$R_N=5\,/\!/\,(8+4+8)=5\,/\!/\,20=4\Omega$

(b) 단자 $a-b$에 단락전류를 구한다.

$I_{SC(2A)}=\dfrac{4}{4+16}\times 2=0.4\text{A}$, $I_{SC(12V)}=\dfrac{12}{4+8+8}=0.6\text{A}$,

$I_{SC}=I_{SC(2A)}+I_{SC(12V)}=0.4+0.6=1\text{A}$

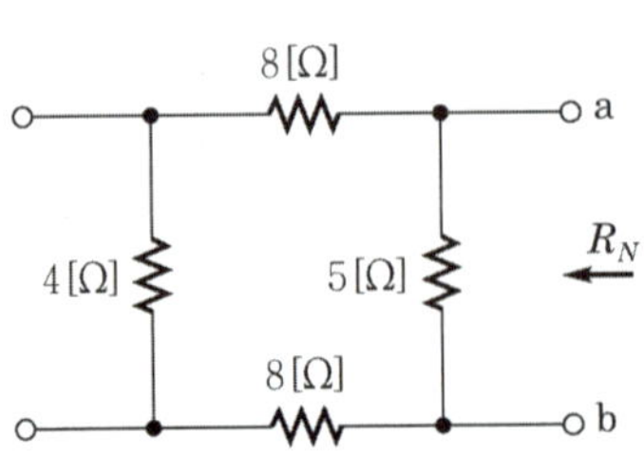

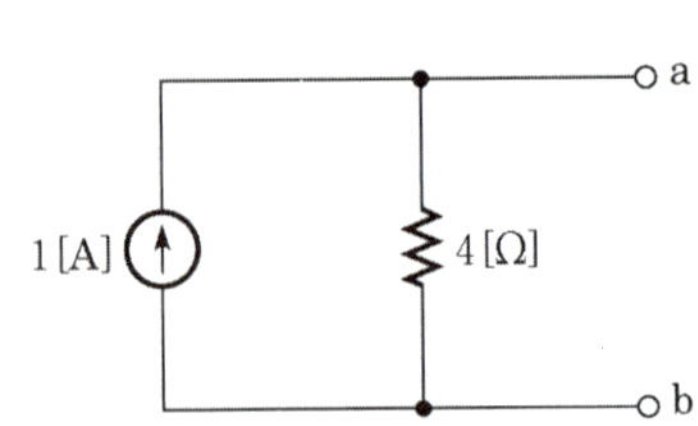

(2) 전원 변환 및 로딩

그림 5.24와 같이 직렬로 연결된 등가 전압원과 등가 임피던스인 테브난 등가회로는 병렬로 연결된 등가 전류원과 등가 임피던스인 노턴 등가회로로 표현할 수 있다. 이를 전원 변환(source transformation)이라고 하고 $I_{SC} = I_N = V_{TH}/R_{TH}$ [A]의 관계가 있다.

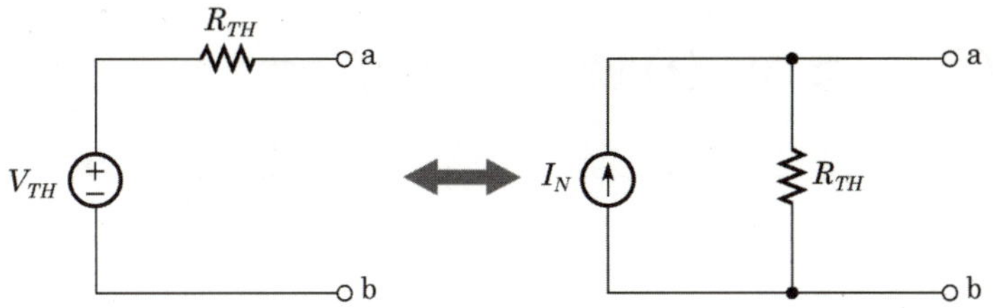

그림 5.24 전원 변환

그림 5.25와 같이 부하에 전원을 붙일 때(source loading) 테브난 등가회로와 노턴 등가회로일 때 이상적인 전원이 되기 위한 내부저항의 조건은 다음과 같다.

① 테브난 등가회로인 경우 내부 전압강하에 따른 부하전압은 $V_L = V_{TH} - I_L R_{TH}$이므로 가능하면 작은 내부 저항이 되도록 한다.

② 노턴 등가회로인 경우 부하전류는 $I_L = I_N - (V_L / R_{TH})$이므로 가능하면 큰 내부저항이 되도록 한다.

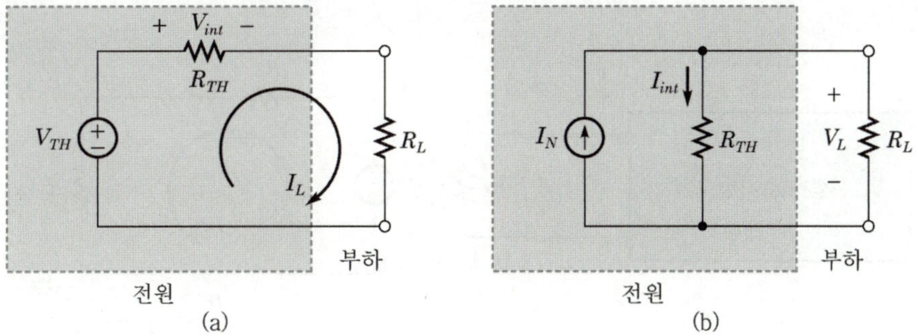

그림 5.25 전원 로딩

예제 5-16

다음 회로를 전원변환으로 테브난 등가회로를 구하여라.

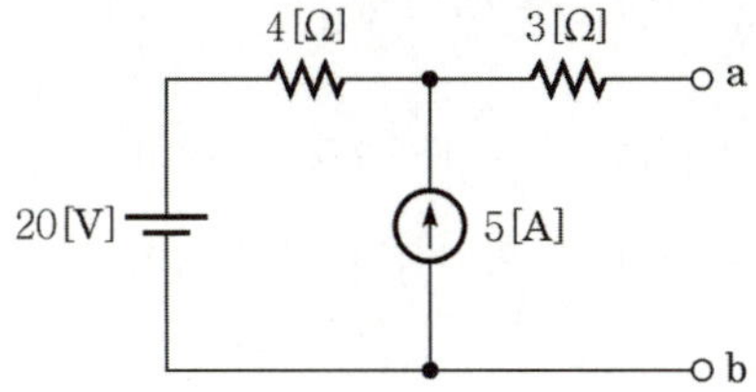

| 풀이 |

20V, 4Ω을 전류원으로 바꾸면 그림 (a)와 같이 5A, 4Ω이 되고, 그림 (a)의 10A, 4Ω를 다시 전압원으로 바꾸면, 그림 (b)와 같이 $V_{TH}=40\text{V}$, $R_{TH}=7\Omega$이 된다.

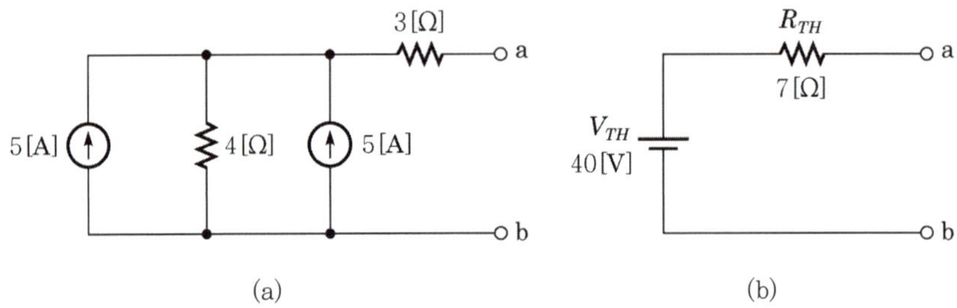

5.8 최대 전력전달

최대 전력전달(maximum power transfer)은 가장 이상적인 조건 하에서 최대로 많은 전력이 부하에 전달되는 조건을 찾는 것이다. 그림 5.26과 같이 등가 전압원 v_S, 전원의 등가저항 R_s일 때 부하 R_L에 전달되는 최대 전력전달 조건을 구해보자. 그림 5.26(b)에서 부하전류 $I_L = V_s/(R_s+R_L)$이므로 부하에 소비하는 전력은 다음과 같다.

$$P_L = I_L^2 R_L = \left(\frac{V_s}{R_s+R_L}\right)^2 R_L = \frac{V_s^2}{R_s^2/R_L+2R_s+R_L} \tag{5-19}$$

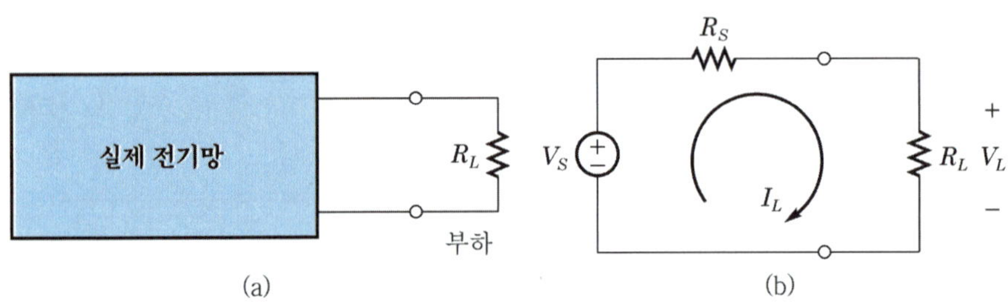

그림 5.26 최대 전력전달 (a) 실제 전원회로와 부하 (b) 등가 전원회로와 부하

분모의 최소점이 부하전력의 최대점이 되므로 분모의 최소점을 구하기 위해 R_L에 대해 미분을 하면

$$\frac{d}{dR_L}\left(R_s^2/R_L+2R_s+R_L\right)=-\frac{R_s^2}{R_L^2}+1 \tag{5-20}$$

이고, 최대 혹은 최소가 되기 위해 1차 미분값이 '0'이 되어야 한다. 즉 $R_s^2/R_L^2=1$ 혹은 $R_L=\pm R_s$이다. 이 해가 최소점 혹은 최대점인 지 확인하기 위해 다시 한 번 미분해야 한다.

$$\frac{d^2}{dR_L^2}\left(R_s^2/R_L+2R_s+R_L\right)=\frac{2R_s^2}{R_L^3} \tag{5-21}$$

R_s와 R_L이 양이면 2차 미분값도 양이므로 아래로 볼록한 함수가 되어 전력의 분모값은 최소값이 된다. 그래서 $R_s=R_L$일 때 전력은 최대가 된다.

독립 전압원과 직렬로 연결된 저항 R_s 혹은 독립 전류원과 병렬로 연결된 저항 R_s인 경우 부하저항이 $R_L=R_s$일 때 최대전력이 공급된다. 테브난 등가회로에서 최대전력은 부하저항이 테브난 등가저항 R_{TH}와 같을 때 전달된다. 그림 5.26과 같은 선형 전원에서부터 정합된 부하에 공급되는 최대전력은

$$P_{\max}=I_L^2R_L=\left(\frac{V_s}{2R_L}\right)^2R_L=\frac{1}{4}\frac{V_s^2}{R_L} \tag{5-22}$$

이고, $R_L=R_{TH}$일 때 효율은 다음과 같다. 그리고 그림 5.27은 R_L/R_s비에 따른 부하전력 및 효율 그래프를 나타내고 있다.

$$\eta=\frac{R_L}{R_{TH}+R_L}\times 100\%=\frac{R_L}{2R_L}\times 100\%=50\% \tag{5-23}$$

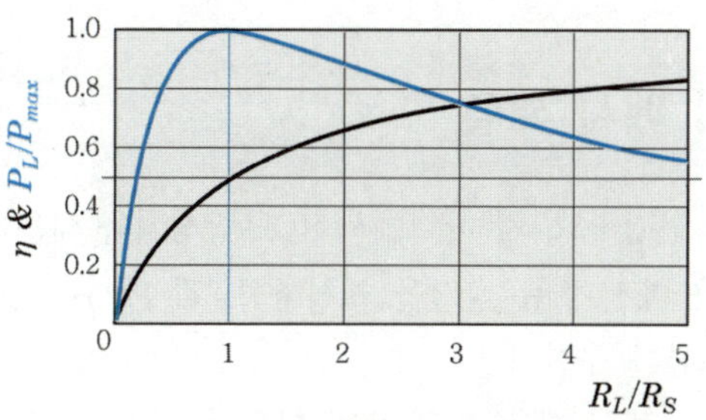

그림 5.27 R_L/R_s비에 따른 부하전력 및 효율

> 최대 전력을 부하에 전달하기 위해 등가 전원저항과 부하저항이 서로 같아야 하고 이때 전원과 부하 사이 정합(matching)되었다고 한다.

> **교류회로에서 최대전력전달**
>
> $Z_L=R_L+jX_L$, $Z_s=R_s+jX_s$인 경우 부하전류 $I_L=\dfrac{V_s}{Z_L+Z_s}=\dfrac{V_s}{(R_s+R_L)+j(X_s+X_L)}$이고,
> 최대전류가 흐르기 위해 $X_s+X_L=0$이므로 부하에 공급되는 최대전력은
> $P_{\max}=I_L^2R_L=\left(\dfrac{V_s}{R_s+R_L}\right)^2R_L=\dfrac{V_s^2}{4R_s}$[W]이다.

통신시스템에서 수신안테나로부터 수신신호를 최대로 얻기 위해 최대전달전력이 중요하고, 송전시스템에서는 최대전달전력보다 효율이 중요하다.

예제 5-17

다음회로에서 부하에 최대 전력전달 조건과 최대전력을 구하여라.

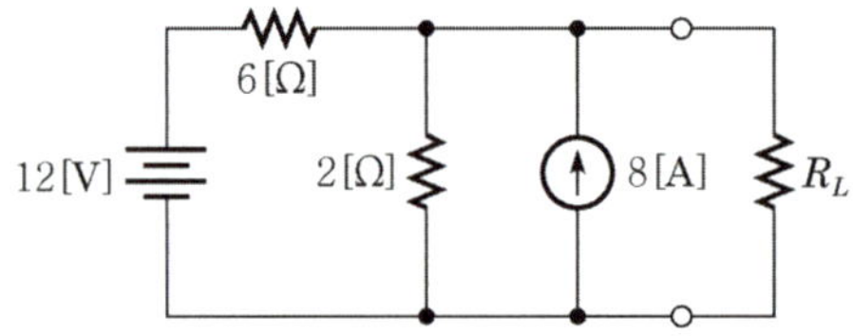

| 풀이 |

(a) 중첩의 원리로 부하 개방전압 $V_{oc} = 3\text{V} + 12\text{V} = 15\text{V}$, 등가저항 $R_{TH} = 6 /\!/ 2 = 1.5\Omega$ 이므로 부하에 최대 전력전달 조건 $R_L = 1.5\Omega$ 이다.

(b) 부하전류 $I_L = \dfrac{15}{1.5+1.5} = 5\text{A}$ 이므로, 최대전력 $P_{\max} = I_L^2 R_L = 5^2 \times 1.5 = 37.5\text{W}$

5.9 노드 해석과 메시 해석

노드 해석은 기준 마디를 선정하고, 각 마디에서 KCL 방정식을 세운 후 연립방정식을 풀어 마디 전압을 구한다. 메시 해석은 메시 전류 각각을 표시하고, 각 메시에 대한 KVL 방정식을 세운 후 연립방정식을 풀어 메시 전류를 구한다.

그림 5.5를 이용하여 노드 해석 식을 쓰고 풀면 다음과 같다.

$$\frac{V_{out}-5}{1k} + \frac{V_{out}}{3.3k} + \frac{V_{out}-10}{2.4k} = 0,\quad V_{out} = 5.3\text{V} \tag{5-24}$$

예제 5.5의 회로를 이용하여 메시 해석 식은 $-20 + 1k(i_1) + 3k(i_1 - i_2) = 0$, $3k(i_2 - i_1) + 1k(i_2) + 10 = 0$ 이고 연립방정식과 $I_2 = i_1 - i_2$를 구하면 다음과 같다.

$$\begin{pmatrix} 4k(i_1) - 3k(i_2) = 20 \\ -3k(i_1) + 4k(i_2) = -10 \end{pmatrix} \quad I_2 = i_1 - i_2 = \frac{30}{7k} = 4.29m\text{A} \tag{5-25}$$

연습문제

5.1 다음과 같은 전압-전류 특성에서 저항값이 큰 순서로 나열하여라.

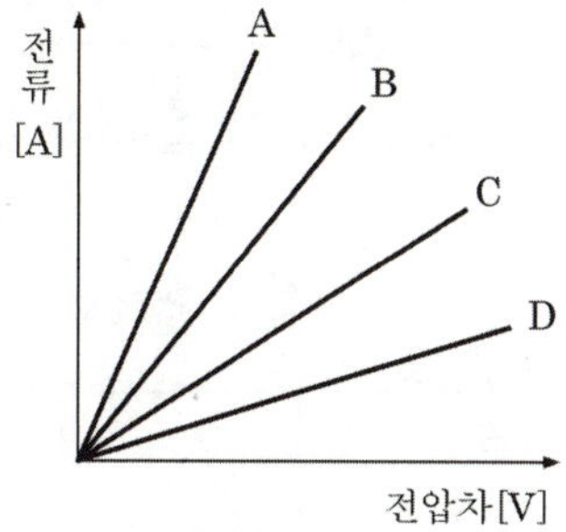

5.2 1[mA]의 전류를 흘렸을 때의 전력이 5[mW]인 저항에 5[mA]가 흐를 때의 전력을 구하여라.

5.3 1[V]의 전압이 인가할 때의 전력이 5[mW]인 저항에 5[mA]가 흐를 때의 전력을 구하여라.

5.4 부하가 없이 1.6V를 공급하는 AAA 전지에서 100Ω 저항을 전지 단자에 연결할 때 전압이 1.59V 전압강하가 일어난다. 전지의 내부 저항값을 구하여라.

5.5 20V 직류전원이 저항에 10W를 소모했다. 저항에 똑같은 전력 소모를 위한 교류전원의 양진폭을 구하여라.

5.6 다음회로에서 $R_L = 1k\Omega$ 일 때와 $R_L = 100k\Omega$ 일 때 출력전압을 구하여라.

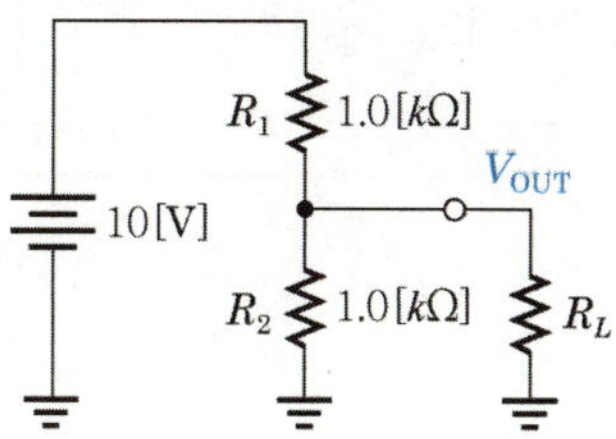

5.7 그림과 같은 회로의 출력전압을 구하여라.

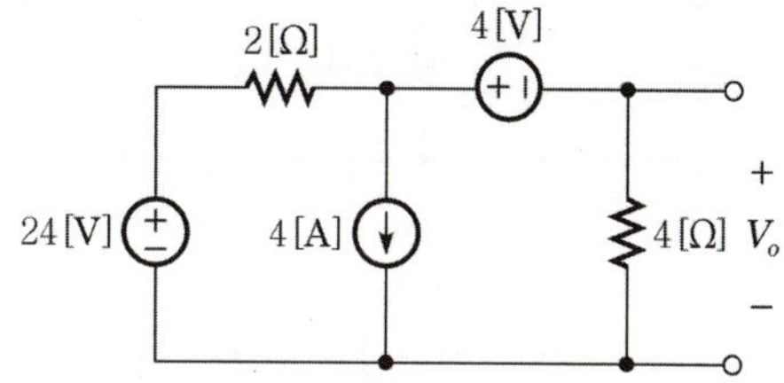

5.8 그림과 같은 회로에서 전류 I_x를 구하여라.

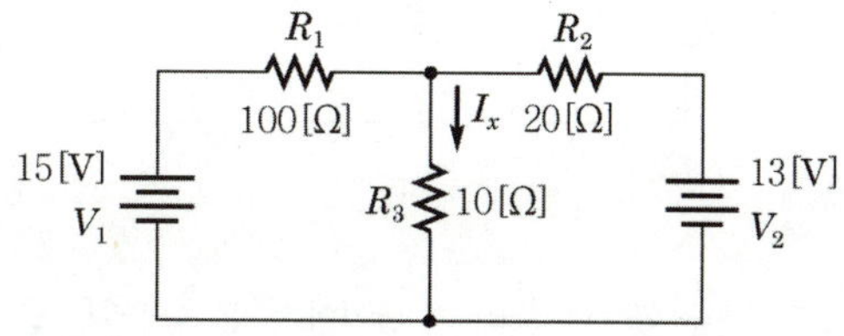

(a)

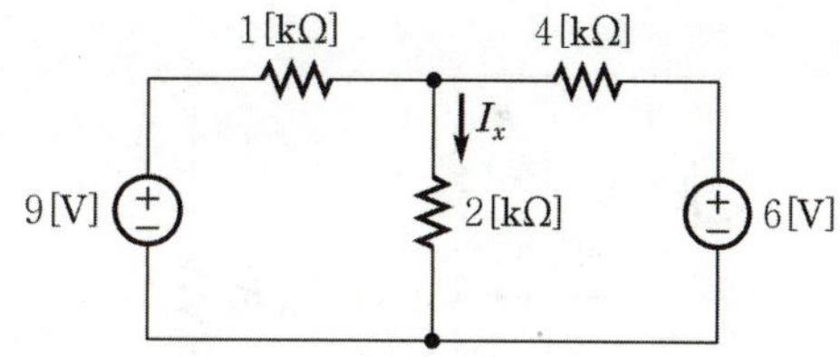

(b)

5.9 그림과 같은 회로에서 전압 v_1, v_2를 구하여라.

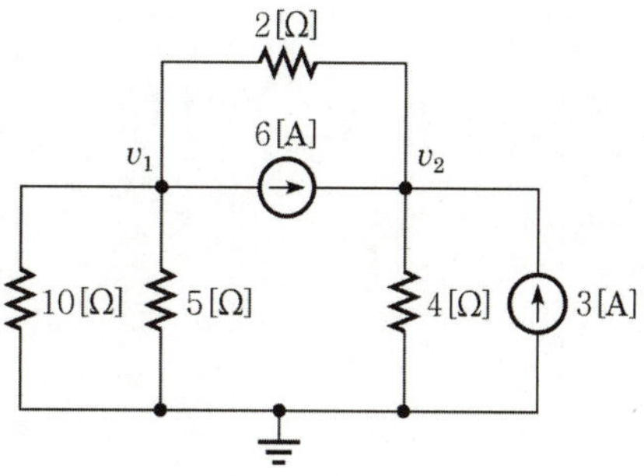

5.10 다음 회로의 테브난 등가회로로 구하여라.

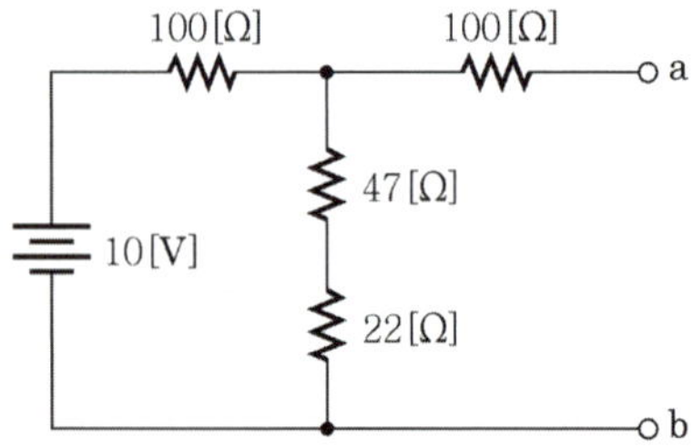

(a)

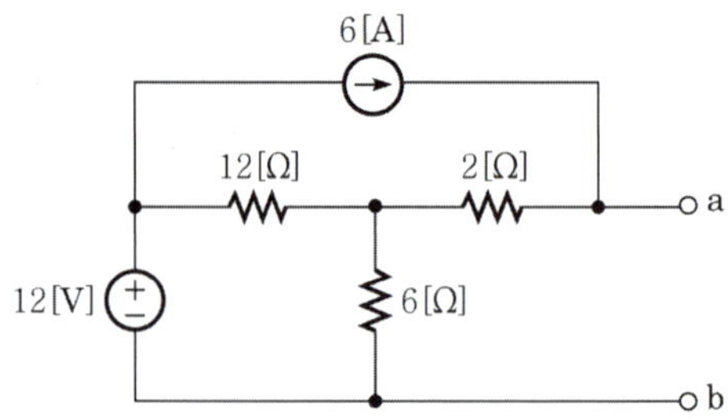

(b)

5.11 다음 회로에서 $a-b$ 단자에서 본 등가회로를 구하여라.

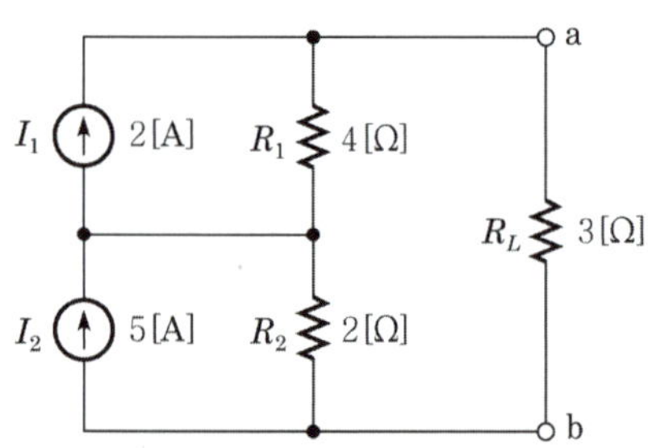

5.12 다음 회로의 등가저항을 구하여라.

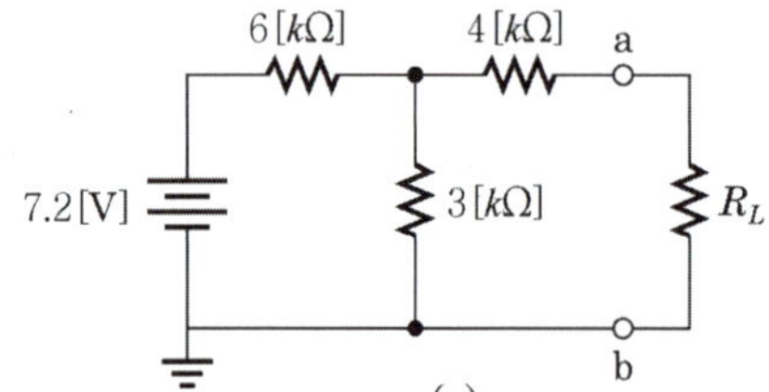

(a)

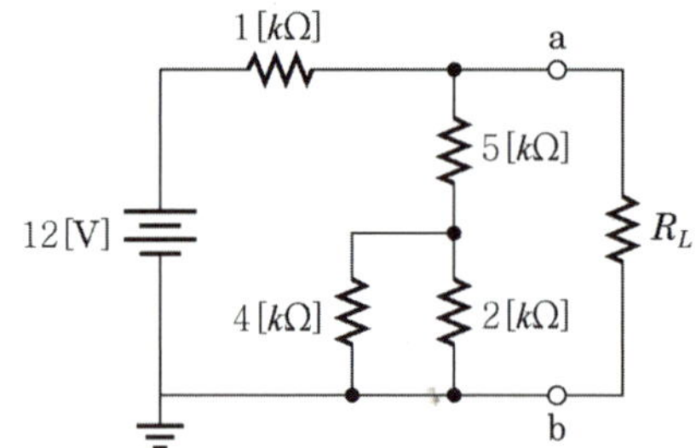

(b)

5.13 다음 회로의 노턴 등가회로를 구하여라.

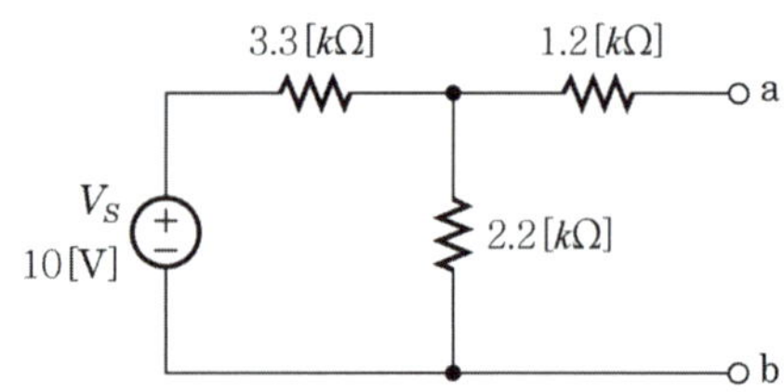

5.14 내부저항이 10Ω인 10[V] 전원에서 직렬로 연결된 부하에 최대전력이 전달하기 위한 부하저항을 구하고 이때 최대 부하전력을 구하여라.

5.15 부하에 최대 전력을 공급하기 위한 조건을 구하고 최대전력을 구하여라.

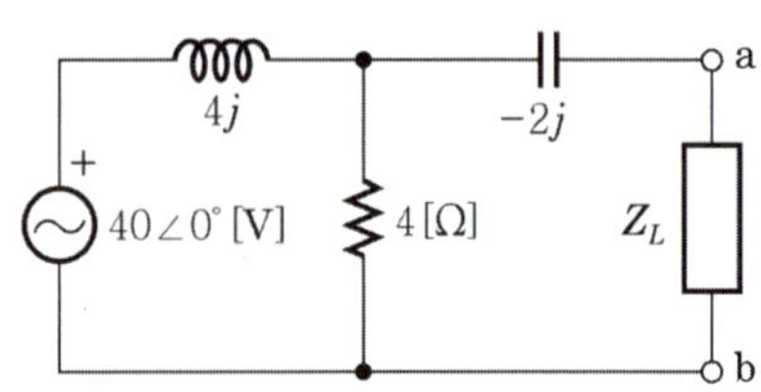

06

Chapter

저항의 연결

6.1 저항의 직렬 및 병렬 연결

(1) 저항의 직렬연결

회로는 다수의 전기소자들이 연결되고, 최소한 하나 이상의 닫힌 경로가 있어야만 전류가 흐를 수 있다. 전원을 통과하면서 전압이 상승하며 저항을 통과하면서 전압이 하강한다.

직렬연결은 두 소자가 한 점에서 연결되며 노드에 제 3의 소자가 연결되지 않는 경우로서 직렬회로 내부 전체에서 전류는 동일하게 흐른다.

병렬연결은 두 개의 전기소자가 두 점에서 서로 접속되어 있는 경우이며, 병렬회로에서 회로 내를 통과하던 전류는 두 저항에 의해 나뉘고, 두 소자의 전압 강하는 동일하다.

그림 6.1(a)와 같이 회로에서 두 개 이상의 저항이 직렬로 연결되어 있을 때 합성저항, R_s는 다음과 같다.

$$R_s = R_1 + R_2 + \cdots + R_n \tag{6-1}$$

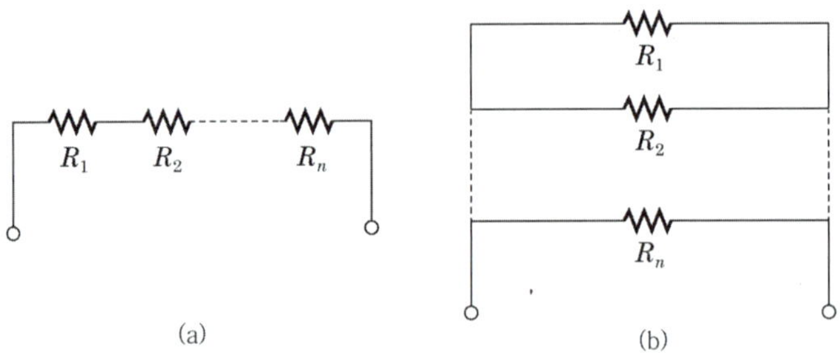

그림 6.1 저항의 연결 (a) 직렬연결 (b) 병렬연결

직렬연결에서 전체전압 V_T, 전체저항 R_s를 구하면 전체전류 $I_T = V_T/R_s$로 구할 수 있다. 한편 직렬저항 R에서 전압강하 V_R을 알면, 저항에 흐르는 전류는 $I = V_R/R$이다. 두 개 이상 전원이 직렬로 연결되면 전원의 극성을 고려하여 대수적으로 합하면 된다. 직렬회로의 특징은 다음과 같다.

① 경로의 개방이 있으면 전류가 흐르지 않고 각 직렬저항에 강하된 전압이 '0'이며, 개방된 단자에 전체 전압이 나타난다.

② 직렬저항의 한부분이 단락되었다면 전체 저항값은 줄어들고 더 많은 전류가 흐른다.

③ 직렬 저항에는 같은 전류가 흐르므로 전압강하는 저항값에 비례한다(전압분배). 직렬 전체저항이 R_s이고, 전체전원이 V_T인 경우 저항 R_x의 전압 강하는 $V_x = (R_x/R_s)V_T$이다. 두 개 직렬저항에서 R_1에 걸리는 전압은 $V_1 = \dfrac{R_1}{R_1 + R_2} V_T$ 이다.

④ 닫힌 경로에서 모든 전압강하 및 전원의 대수적인 합은 '0'이다. 즉 키르히호프 전압법칙(KVL)인 $\pm \sum_{i=1}^{m} V_{si} \pm \sum_{j=1}^{n} V_j = 0$이다.

⑤ 직렬 저항회로의 전력은 각 저항의 전력의 합과 같다. 즉 $P_T = \sum_{i=1}^{n} P_i$이다. 저항의 전력은 저항의 정격보다 작아야 한다.

예제 6-1

다음과 같은 직렬연결 회로의 전체 저항값을 구하여라.

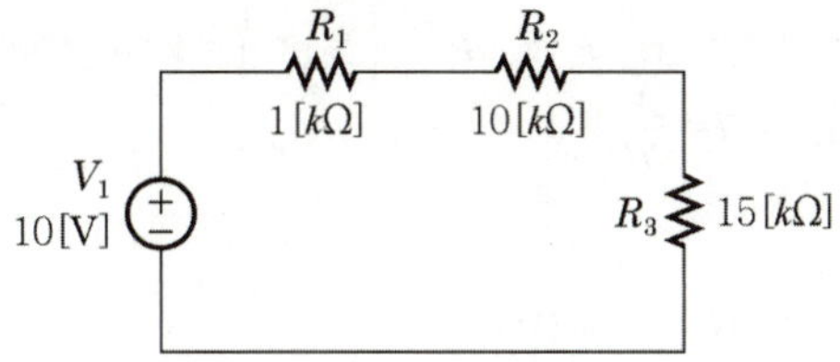

| 풀이 |

$R_T = R_1 + R_2 + R_3 = 1k + 10k + 15k = 26k\Omega$

(2) 저항의 병렬연결

그림 6.1(b)와 같이 회로에서 두 개 이상의 저항이 병렬로 연결되어 있을 때 합성 저항 R_P는 다음과 같다.

$$\frac{1}{R_p} = \frac{1}{R_1} + \frac{1}{R_2} + \cdots + \frac{1}{R_n} \quad \text{또는} \quad R_p = \frac{1}{\frac{1}{R_1} + \frac{1}{R_2} + \cdots + \frac{1}{R_n}} \tag{6-2}$$

식 (6-1)과 (6-2)에서 알 수 있듯이 저항이 직렬로 연결되어 있으면 그 합성저항은 증가하고, 병렬로 연결되어 있으면 합성저항은 감소한다. 병렬회로에서 총 저항은 항상 병렬회로 내의 가장 작은 저항 값보다 작으며, 저항 값이 R인 저항 N개가 병렬로 연결되면 전체 저항값은 $R_T = R/N$이다.

병렬회로의 특징은 다음과 같다.

① 어떤 저항 가지가 개방되면 합성 저항값은 증가하여 전체 전류는 감소하지만 다른 가지에는 똑같은 전류가 흐르고 영향을 받지 않는다. 따라서 가정의 전등과 기기들은 모두 병렬로 결선되어 있다. 전등의 스위치는 전등과 직렬로 연결되어 있다.

② 병렬저항의 한 저항이 단락되었다면 합성 저항값은 '0'이 되고 매우 많은 전류가 흐른다.

③ 병렬 저항에서 전체전류가 저항값에 반비례로 나누어진다(전류분배). 병렬 합성저항이 R_p이고, 전체전류가 I_T인 경우 저항 R_x에 흐르는 전류는 $I_x = (R_p/R_x)I_T$이다. 두 개 병렬저항에서 R_1에 흐르는 전류는 $I_1 = \frac{R_2}{R_1 + R_2} I_T = \frac{1/R_1}{1/R_1 + 1/R_2} I_T$ 이다.

④ 노드로 흘러들어온 전류의 합은 노드로 흘러나가는 전류의 합과 같다. 즉 키르히호프 전류법칙(KCL)인 $\sum_{i=1}^{m} I_i = \sum_{j=1}^{n} I_j$이다.

⑤ 병렬 저항회로의 전력은 각 저항의 전력의 합과 같다. 즉 $P_T = \sum_{i=1}^{n} P_i$이므로 직렬회로와 같다.

- 직렬회로는 두 개 노드 사이에 단일 전류경로를 가진다.
- 병렬회로는 한 개 이상 가지를 가지고, 두 개 노드 사이에 한 개 이상 전류경로를 가진다.

- 직렬저항 1Ω, 2Ω, 3Ω 일 때 전압비는 $V_1 : V_2 : V_3 = 1:2:3$이다. ⇒ 직렬회로는 전류가 같으므로 저항에 비례한다. ⇒ $V = RI$
- 병렬저항 1Ω, 2Ω, 3Ω 일 때 전류비는 $I_1 : I_2 : I_3 = \frac{1}{1} : \frac{1}{2} : \frac{1}{3} = 6:3:2$이다. 병렬회로는 전압이 같기 때문에 전류는 $\frac{1}{R}$에 비례한다. ⇒ $I = \frac{1}{R} V$

(a) 병렬저항 R_3을 추가하면 합성저항은 줄어든다.

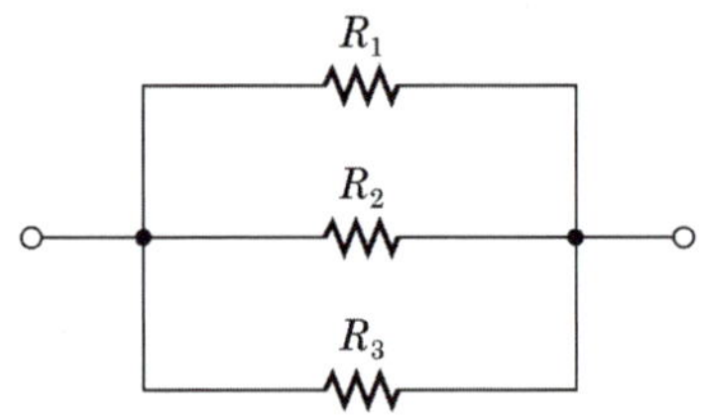

(보기) $R_1 = 100\Omega$, $R_2 = 400\Omega$, $R_3 = 80\Omega$ 이면 $R_1 /\!/ R_2 = \frac{40k}{500} = 80[\Omega]$이므로 합성저항은 40Ω 이다.

(b) 가변저항 R_2의 값을 증가시키면 합성저항은 증가하고, 가변저항 값을 감소시키면 합성저항은 감소한다.

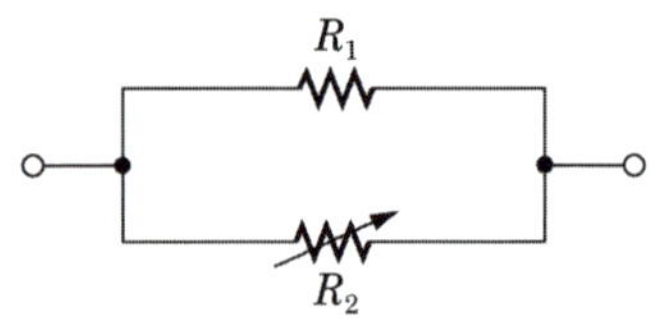

예제 6-2

다음과 같은 병렬연결 회로의 전체 저항값을 구하여라.

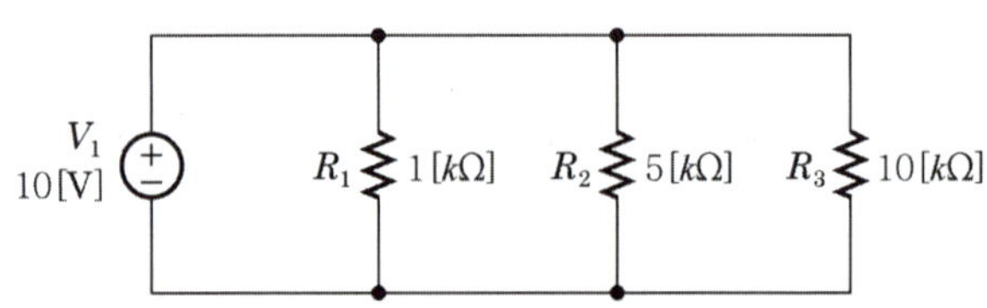

| 풀이 |

$$\frac{1}{R_T} = \frac{1}{R_1} + \frac{1}{R_2} + \frac{1}{R_3} = \frac{1}{1k} + \frac{1}{5k} + \frac{1}{10k} = \frac{10+2+1}{10k} = \frac{13}{10k} = 1.3m\mho,\ R_T = 0.77k\Omega$$

(3) 저항의 혼합연결

직렬 및 병렬로 연결된 저항들은 일반적으로 하나 또는 두개의 저항으로 대체할 수 있다. 그림 6.2와 같은 직렬/병렬회로에서 병렬회로 합성저항 $R_{T2}=\dfrac{R_2R_3}{R_2+R_3}$이고, $a-d$의 합성저항 $R_T=R_1+R_{T2}+R_4$이다.

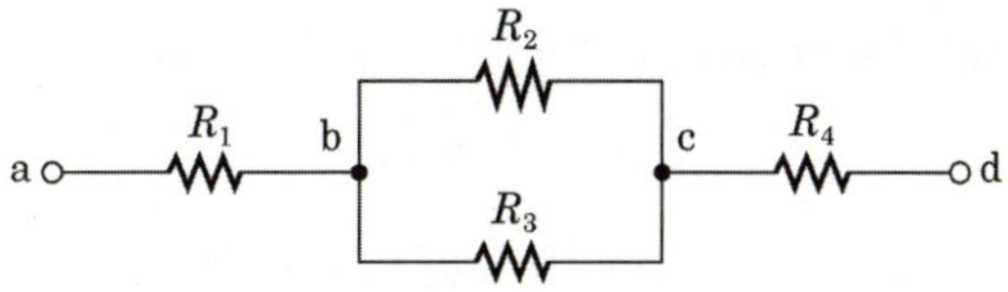

그림 6.2 직렬 및 병렬연결

① 전체 합성저항은 직렬/병렬구조를 구분하고 직렬합성저항과 병렬합성저항으로 구한다.
② 옴의 법칙으로 전체전압을 전체 합성저항으로 나누어서 전체전류를 구한다.
③ 가지전류와 강하된 전압을 전류 분배와 전압 분배로 구한다.

예제 6-3

$R-2R$ 저항망에서 $R=1k\Omega$일 때 전체 저항값을 구하여라.

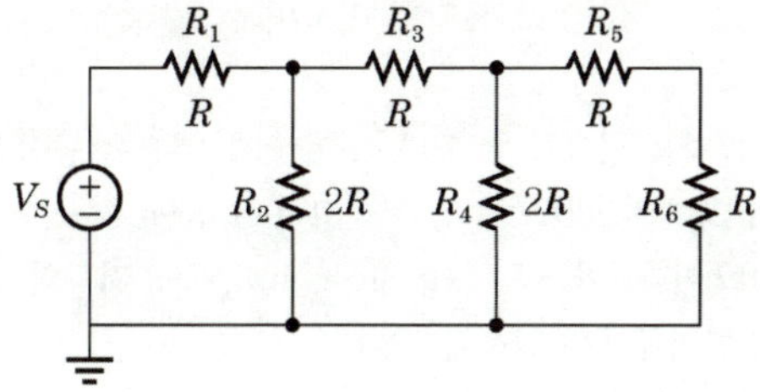

| 풀이 |

$R_T=R_1+[R_2/\!/(R_3+\{R_4/\!/(R_5+R_6)\})]=R+[2R/\!/(R+\{2R/\!/(2R)\})]=2R$

따라서 $R_T=2k\Omega$이다.

예제 6-4

다음 회로의 등가 저항값을 구하여라.

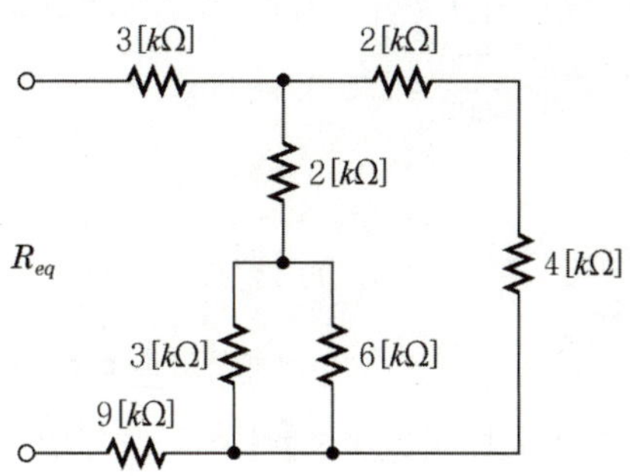

| 풀이 |

(a) 가지-1 : $3k\Omega /\!/ 6k\Omega = \frac{18k^2}{9k} = 2k\Omega$, $3k\Omega /\!/ 6k\Omega + 2k\Omega = 2k + 2k = 4k\Omega$

(b) 가지-2 : 직렬 $2k\Omega + 4k\Omega = 6k\Omega$

(c) 가지-1과 가지-2의 병렬 $4k\Omega /\!/ 6k\Omega = 2.4k\Omega$

(d) 직렬 $3k\Omega + 9k\Omega + 2.4k\Omega = 14.4k\Omega$

예제 6-5

田 모양으로 연결된 저항망에서 모든 저항값이 100Ω 일 때 (a) d와 f사이의 합성저항 (b) a와 i사이의 합성 저항 (c) b와 d사이의 합성저항을 구하여라.

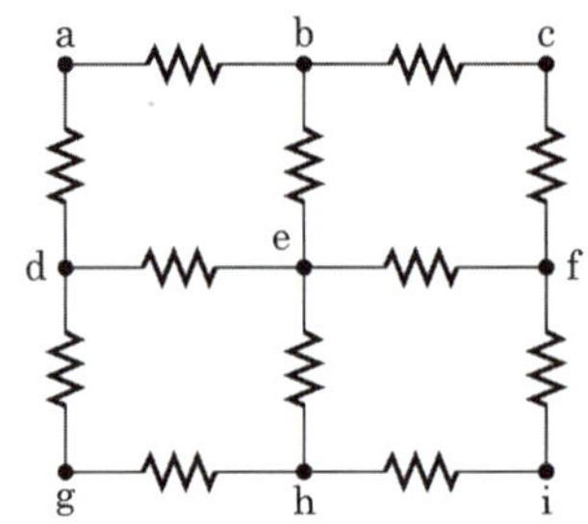

| 풀이 |

(a) d-f 사이는 크게 3가지의 저항을 생각할 수 있다. b-e, e-h 부분은 등전위가 되어 전류가 흐르지 않아 회로에서 제거하면, d-f의 저항은 200Ω 이다. 그리고 d-a, a-b, b-c, c-f 가지저항은 직렬로 연결되어 이 경로의 저항은 400Ω 이다. 아래쪽 d-g, g-h, h-i, i-f 저항의 합은 400Ω 이다. 그래서 1개 200Ω 과 2개 400Ω 의 병렬저항값은 다음과 같다.

$R_{t(d-f)} = 200 /\!/ 400 /\!/ 400 = 100\Omega$

(b) a-i 사이 저항에서 d와 b, g와 e와 c, h와 f는 등전위이므로

$R_{t(a-i)} = 2[(100 /\!/ 100) + (100 /\!/ 100 /\!/ 100 /\!/ 100)] = 2(50 + 25) = 150\Omega$

(c) b-d 사이의 저항은 총 3개의 계통으로 나눠볼 수 있다.

$R_{b-a-d} = 100 + 100 = 200\Omega$, $R_{b-e-d} = 100 + 100 = 200\Omega$

$R_{b-c-f} = 100 + 100 = 200\Omega$, $R_{d-g-h} = 100 + 100 = 200\Omega$

$R_{f-e-h} = 100 + 100 = 200\Omega$ 과 $R_{f-i-h} = 100 + 100 = 200\Omega$ 이 병렬연결되어 100Ω 이 된다.

중간지점은 등전위이므로 휘스톤브리지 원리로 저항가지 사이의 전류 유입은 없다.

$R_{t(b-d)} = 200 /\!/ 200 /\!/ 500 = \frac{100 \times 500}{100 + 500} = 250/3 = 83.3\Omega$

(4) 부하 효과

부하(load)란 전원으로부터 전기를 공급받아 전기에너지를 다른 에너지로 변환 소비하는 조명기구, 전열기, 전동기 등과 같은 장치이다. 부하가 전원회로에 병렬로 연결되면 출력전압은 감소한다. 부하회로의 임피던스가 전원회로의 임피던스보다 훨씬 크면, 두 회로가 종속접속(cascaded)될 때

부하효과는 일어나지 않는다. 회로에서 저항의 전압을 측정하기 위해 전압계를 저항에 병렬로 연결하므로 부하효과가 존재하지만 보통 최근 디지털 멀티미터의 내부저항은 $10M\Omega$ 정도이다.

예제 6-6

다음 회로에서 (a) $R_1 = R_2 = 1k\Omega$ (b) $R_1 = R_2 = 100k\Omega$ (c) $R_1 = R_2 = 1M\Omega$ 일 때 R_2의 전압을 측정한다고 가정하고 계산하여라. 이때 전압계의 내부저항값이 $1M\Omega$ 이다. 계산에서 저항값이 커질 때 R_2의 전압이 어떻게 되는 지 설명하여라.

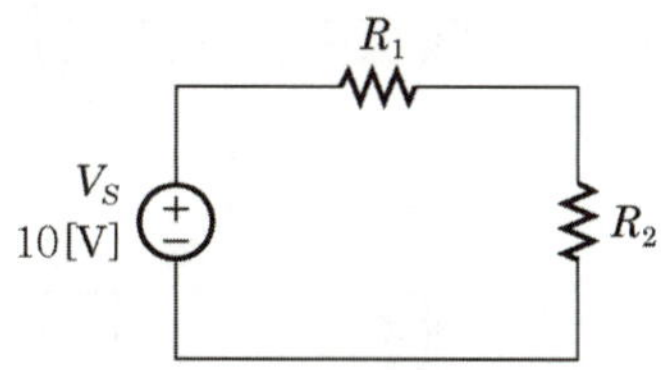

| 풀이 |

전압계의 내부저항을 R_m 이라고 하면 $V_{R2} = \dfrac{R_2 /\!/ R_m}{R_1 + R_2 /\!/ R_m} \times 10$ 이다.

(a) $V_{1k} = \dfrac{1k /\!/ 1M}{1k + 1k /\!/ 1M} \times 10 \approx 5\text{V}$ (b) $V_{1k} = \dfrac{100k /\!/ 1M}{100k + 100k /\!/ 1M} \times 10 \approx 4.76\text{V}$

(c) $V_{1k} = \dfrac{1M /\!/ 1M}{1M + 1M /\!/ 1M} \times 10 \approx 3.3\text{V}$, 저항값이 커지면 전압계의 내부저항의 부하현상으로 전압이 줄어든다.

6.2 휘스톤 브리지 회로

(1) 평형 휘스톤 브리지

브리지 회로는 R, L, C 또는 주파수 등의 측정에 널리 사용된다. 그림 6.3과 같은 브리지 회로에서 각 갈래가 순저항인 직류 휘스톤 브리지(Wheatstone bridge)에서는 검출기로 검류계가 많이 쓰인다. M에 흐르는 전류가 '0'이 되었을 때 브리지는 평형(balance)되었다고 말한다.

평형 상태가 되었을 때에는 M 양단의 전위차는 '0'이 되고 그림 6.3의 b점과 c점 사이에는 전류가 흐르지 않는다. 접속점 a에서 b까지 전압강하 V_{ab}는 a에서 c까지 전압강하 V_{ac}의 크기와 위상이 같은 조건을 만족하고

$$Z_1 I_1 = Z_2 I_2, \quad Z_3 I_1 = Z_4 I_2 \tag{6-3}$$

이 조건으로부터 각 임피던스 사이의 관계는

$$\frac{Z_1}{Z_2} = \frac{Z_3}{Z_4} \quad \text{또는} \quad Z_1 Z_4 = Z_2 Z_3 \tag{6-4}$$

이며, 이것이 브리지의 평형조건(condition of balance)이다. 휘스톤 브리지회로는 정밀하게 저항을 측정하는데 사용하는데 미지의 저항이 R_1 이면 $R_1 = R_2 R_3 / R_4$ 이다.

M에서 전류가 검출된다면 불평형(unbalance) 상태이고, 이것은 외부의 힘(환경)이 회로에 가해졌음을 의미하며 이러한 기능은 감지회로에 응용된다. 브리지는 보통 스트레인, 온도, 압력 등의 물리적인 양을 측정하기 위해 변환기와 결합하여 사용된다. 변환기는 물리적인 매개변수에서의 변화를 감지하여 저항의 변화와 같은 전기적인 양으로 변환하여 주는 소자이다. 그래서 휘스톤 브리지 회로는 평형 또는 불평형 조건에서 사용될 수 있다.

단자 c와 b 사이 전압차 V_{cb}는 다음과 같다.

$$V_{cb} = V_c - V_b = V_g\left(\frac{Z_4}{Z_2+Z_4} - \frac{Z_3}{Z_1+Z_3}\right) \tag{6-5}$$

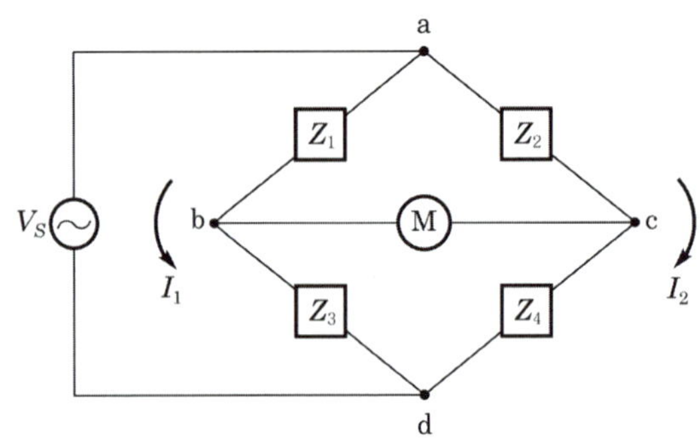

그림 6.3 브리지 회로

그림 6.4과 같은 회로에서 평형 브리지회로가 되기 위한 R_2값을 구해보자. 평형인 경우 $V_b = V_c$ 이므로

$$\frac{R_2}{R_1+R_2}V_s = \frac{R_4}{R_3+R_4}V_s \tag{6-6}$$

이고, $R_2(R_3+R_4) = R_4(R_1+R_2)$이며 $R_2R_3 = R_1R_4$이므로 $R_2 = R_1R_4/R_3 = 385[\Omega]$이다.

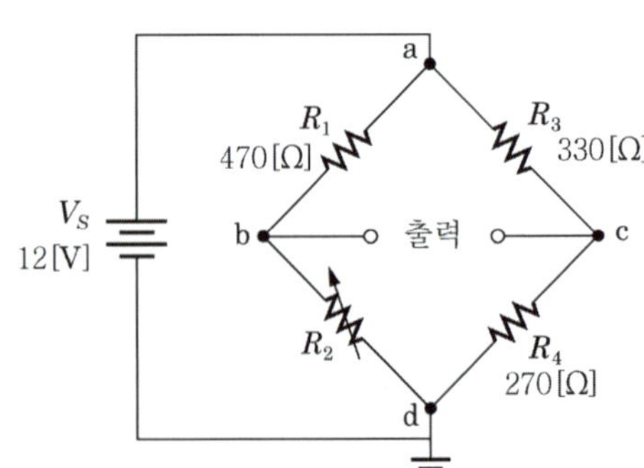

그림 6.4 평형 브리지회로

예제 6-7

$V_s = 10\text{V}$, $R_1 = 100\Omega$, $R_2 = 200\Omega$, $R_3 = 200\Omega$, $R_4 = 200\Omega$, $R_L = 1k\Omega$ 인 휘스톤 브리지회로에서 테브난 등가회로를 그리고 R_L에 흐르는 전류를 구하여라.

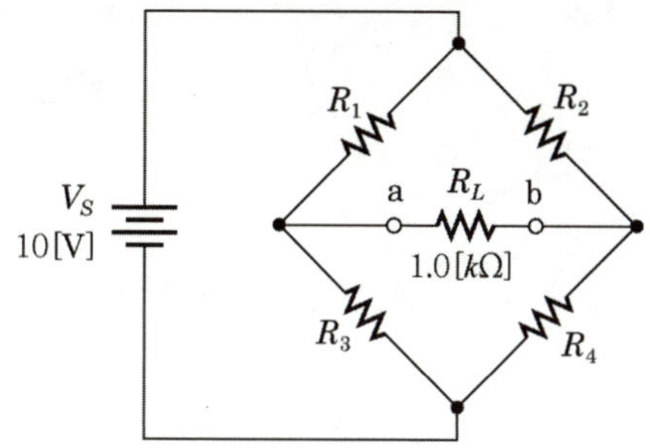

| 풀이 |

(a) 등가저항 R_{TH}를 구하기 위해 V_s를 단락시킨다.

$$R_{TH} = 100/200 + 200/200 = \frac{2\times 10^4}{300} + 100 = 166.6\Omega$$

(b) $V_{TH} = V_a - V_b$

$$V_a = \frac{R_3}{R_1 + R_3} V_s = \frac{200}{300} \times 10 = 6.67\text{V},\ \ V_b = \frac{R_4}{R_2 + R_4} V_s = \frac{200}{400} \times 10 = 5\text{V},$$

$$V_{TH} = V_a - V_b = 6.67 - 5 = 1.67\text{V}$$

(c) 등가회로는 $V_{TH} = 1.67\text{V}$, $R_{TH} = 166.6\Omega$ 이며 다음과 같다.

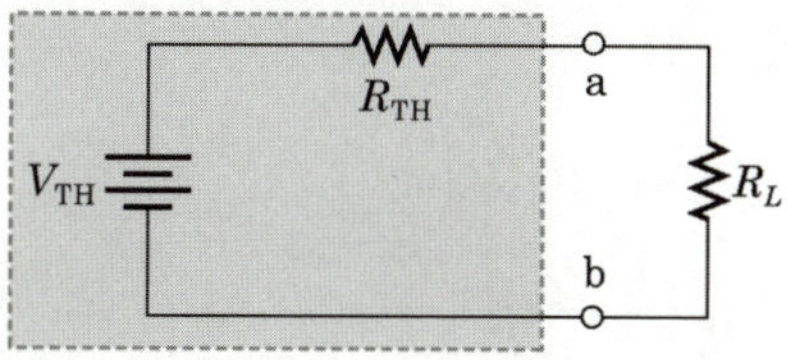

(d) 부하전류는 테브난 등가회로에 부하저항 R_L을 연결하여 흐르는 전류이다.

$$I_L = \frac{V_{TH}}{R_{TH} + R_L} = \frac{1.67}{1k + 166.6} = 1.43m\text{A}$$

(2) 불평형 휘스톤 브리지

불평형 브리지 조건은 ΔV_o가 '0'이 되지 않을 때 발생한다. 불평형 브리지는 기계적 변형, 온도 또는 압력과 같은 물리적인 양을 측정하는데 사용된다.

그림 6.5와 같이 25℃ 의 평형상태에서 온도가 변화하면 서미스터의 저항이 변화하여 평형상태가 깨진다. 저항의 변화는 전압의 변화로 측정되고 브리지에서 V_a, V_b 전압의 변화가 일어난다. $\Delta V_o = V_a - V_b$를 증폭하여 디스플레이 하기 위해 회로를 추가한다.

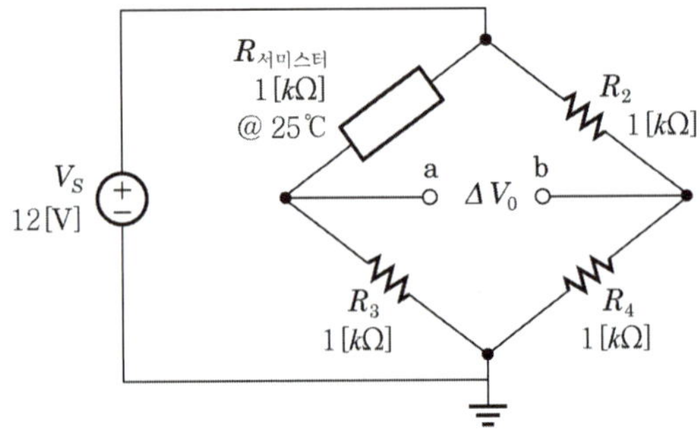

그림 6.5 비평형 휘스톤 브리지 회로

예제 6-8

비평형 브리지회로에서 테브난 등가회로를 구하고 부하 R_L에 흐르는 전류를 구하여라.

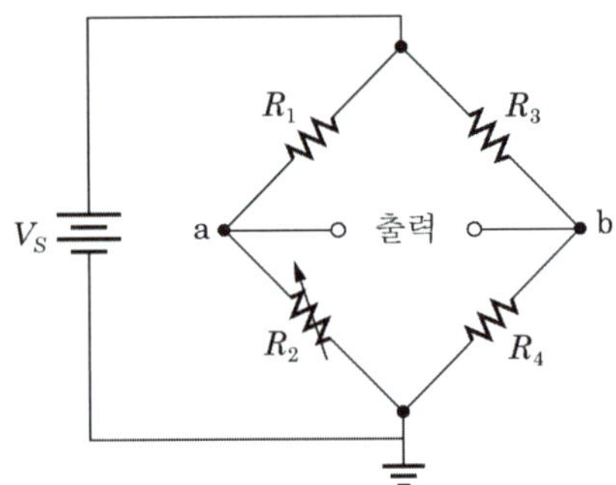

| 풀이 |

(a) 등가저항 R_{TH}를 구하기 위해 V_s를 단락시킨다.

$$R_{TH} = R_1 /\!/ R_2 + R_3 /\!/ R_4 = \frac{R_1 R_2}{R_1 + R_2} + \frac{R_3 R_4}{R_3 + R_4}$$

(b) $V_{TH} = V_a - V_b$

$$V_a = \frac{R_2}{R_1 + R_2} V_s, \quad V_b = \frac{R_4}{R_3 + R_4} V_s, \quad V_{TH} = \left(\frac{R_2}{R_1 + R_2} - \frac{R_4}{R_3 + R_4} \right) V_s$$

(c) 부하전류는 테브난 등가회로에 부하저항 R_L을 연결하면 $I_L = \dfrac{V_{TH}}{R_{TH} + R_L}$ 이다.

6.3 $\Delta - Y$ 혹은 $Y - \Delta$ 변환

복잡해 보이는 회로를 간단하게 하기 위하여 부분적으로 Y를 Δ로 또는 Δ를 Y로 변환하면 회로해석이 편리한 경우가 있다. 이를 위해 $\Delta - Y$ 변환 혹은 $Y - \Delta$ 변환을 위한 두 회로의 3-단자망이 등가(等價, equivalent)가 되도록 변환과정을 유도해 보자.

(1) $\Delta - Y$ 변환

$\Delta - Y$ 변환공식은 그림 6.6에서 $\Delta(\Pi)$형 회로와 $Y(T)$형 회로의 세 단자 중 한 단자를 개방하고 나머지 두 단자 사이의 저항값은 같다는 조건으로 구한다.

① a단자 개방한 후 $b-c$단자 사이의 저항값은 $(R_b+R_c) /\!/ R_a = R_2+R_3 = \dfrac{R_a(R_b+R_c)}{R_a+R_b+R_c}$

② b단자 개방한 후 $a-c$단자 사이의 저항값은 $(R_a+R_c) /\!/ R_b = R_1+R_3 = \dfrac{R_b(R_a+R_c)}{R_a+R_b+R_c}$

③ c단자 개방한 후 $a-b$단자 사이의 저항값은 $(R_a+R_b) /\!/ R_c = R_1+R_2 = \dfrac{R_c(R_a+R_b)}{R_a+R_b+R_c}$

④ 세 식을 더하여 2로 나누면 $R_1+R_2+R_3 = \dfrac{R_aR_b+R_bR_c+R_cR_a)}{R_a+R_b+R_c}$이고 각 식을 빼면 다음과 같다.

$$R_1 = \frac{R_bR_c}{R_a+R_b+R_c},\ R_2 = \frac{R_cR_a}{R_a+R_b+R_c},\ R_3 = \frac{R_aR_b}{R_a+R_b+R_c} \tag{6-7}$$

> $\Delta - Y$ 변환에서, Y의 각 팔 저항은 Δ의 인접한 두 면의 저항 곱을 Δ의 세 면의 저항 합으로 나누어 구한다. 인접한 두 저항의 곱에서 맞은편 저항은 배제한다. 각 팔 저항은 각 저항의 교차곱을 세 면의 저항합으로 나누어 계산한다.

(2) $Y-\Delta$ 변환

$Y-\Delta$ 변환공식은 그림 6.6에서 $\Delta(\Pi)$형 회로와 $Y(T)$형 회로의 세 단자 중 두 단자를 단락하고 나머지 두 단자 사이의 저항값은 같다는 조건으로 구한다.

① $b-c$단자를 단락시킨 $a-c$단자 저항값은 $R_b /\!/ R_c = R_1 + R_2 /\!/ R_3$이므로

$\dfrac{R_bR_c}{R_b+R_c} = R_1 + \dfrac{R_2R_3}{R_2+R_3} = \dfrac{R_1R_2+R_1R_3+R_2R_3}{R_2+R_3}$이고 역수를 취하면 다음과 같다.

$$\frac{1}{R_b}+\frac{1}{R_c} = \frac{R_2+R_3}{R_1R_2+R_1R_3+R_2R_3} \tag{6-8}$$

② $a-c$단자 단락시킨 $b-c$단자 저항값은 $R_a /\!/ R_c = R_2 + R_1 /\!/ R_3$ 이므로

$\dfrac{R_aR_c}{R_a+R_c} = R_2 + \dfrac{R_1R_3}{R_1+R_3} = \dfrac{R_1R_2+R_1R_3+R_2R_3}{R_1+R_3}$이고, 역수를 취하면 다음과 같다.

$$\frac{1}{R_a}+\frac{1}{R_c} = \frac{R_1+R_3}{R_1R_2+R_1R_3+R_2R_3} \tag{6-9}$$

③ $a-b$단자 단락시킨 $b-c$(혹은 $a-c$)단자 저항값은 $R_a /\!/ R_b = R_3 + R_1 /\!/ R_2$ 이므로

$\dfrac{R_aR_b}{R_a+R_b} = R_3 + \dfrac{R_1R_2}{R_1+R_2} = \dfrac{R_1R_2+R_1R_3+R_2R_3}{R_1+R_2}$이고, 역수를 취하면 다음과 같다.

$$\frac{1}{R_a}+\frac{1}{R_b} = \frac{R_1+R_2}{R_1R_2+R_1R_3+R_2R_3} \tag{6-10}$$

④ 식(6-8), 식(6-9), 식(6-10)를 더하고 2를 나누면

$$\frac{1}{R_a}+\frac{1}{R_b}+\frac{1}{R_c}=\frac{R_1+R_2+R_3}{R_1R_2+R_1R_3+R_2R_3} \tag{6-11}$$

이고, 식(6-11)에서 각 식(6-8), 식(6-9), 식(6-10)을 뺀 후 역수를 취하면 다음과 같다.

$$\frac{1}{R_a}=\frac{R_1}{R_1R_2+R_1R_3+R_2R_3} \rightarrow R_a=\frac{R_1R_2+R_1R_3+R_2R_3}{R_1} \tag{6-12}$$

$$\frac{1}{R_b}=\frac{R_2}{R_1R_2+R_1R_3+R_2R_3} \rightarrow R_b=\frac{R_1R_2+R_1R_3+R_2R_3}{R_2} \tag{6-13}$$

$$\frac{1}{R_c}=\frac{R_3}{R_1R_2+R_1R_3+R_2R_3} \rightarrow R_c=\frac{R_1R_2+R_1R_3+R_2R_3}{R_3} \tag{6-14}$$

$Y-\Delta$ 변환공식에서, Δ의 각 면은 먼저 Y의 팔에 있는 저항을 한 번에 두 개씩 가능한 모든 조합으로 서로 교차하여 곱한다. 그리고 Δ의 각 면의 값을 구하기 위해 세 개의 교차곱의 합을 맞은편 팔에 있는 저항으로 나눈다.

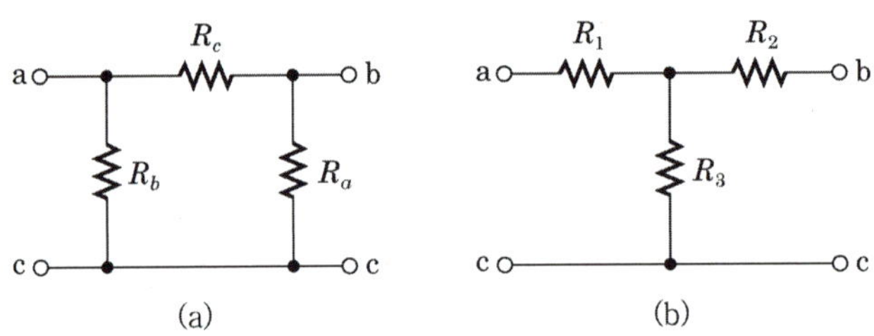

그림 6.6 3-단자망 (a) 델타 회로 (b) 와이 회로

- $Y-\Delta$ 변환식 : $R_a=\dfrac{R_1R_2+R_2R_3+R_3R_1}{R_1}$, $R_b=\dfrac{R_1R_2+R_2R_3+R_3R_1}{R_2}$, $R_c=\dfrac{R_1R_2+R_2R_3+R_3R_1}{R_3}$
- $\Delta-Y$ 변환식 : $R_1=\dfrac{R_bR_c}{R_a+R_b+R_c}$, $R_2=\dfrac{R_cR_a}{R_a+R_b+R_c}$, $R_3=\dfrac{R_aR_b}{R_a+R_b+R_c}$

예제 6-9

그림의 Δ 회로를 Y회로로 바꾸어라.

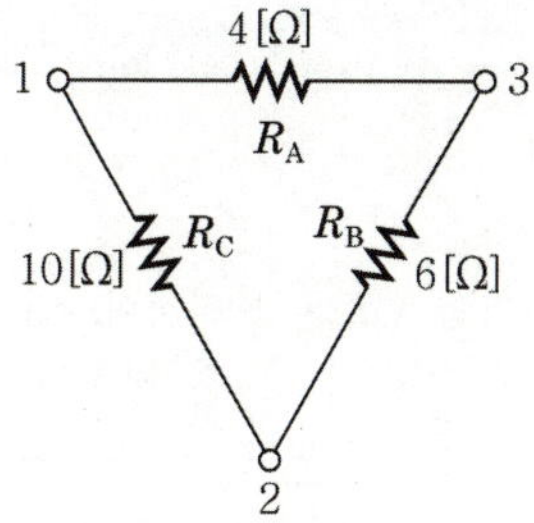

〈예제 회로도〉

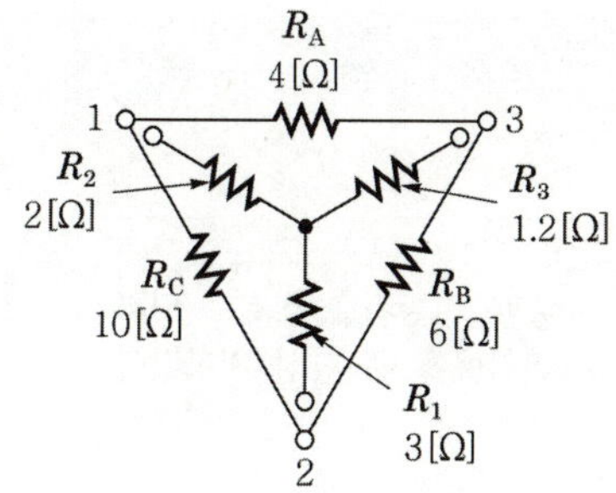

〈Y회로를 △회로 안에 넣은 회로도〉

| 풀이 |

Y회로를 △회로 안에 넣는다. 그리고 Y회로의 팔에 놓인 저항마다 △회로의 저항 두 개가 인접해 있다.

$$R_1 = \frac{R_b R_c}{R_a + R_b + R_c} = \frac{60}{20} = 3\Omega,\quad R_2 = \frac{R_c R_a}{R_a + R_b + R_c} = \frac{40}{20} = 2\Omega,$$

$$R_3 = \frac{R_a R_b}{R_a + R_b + R_c} = \frac{24}{20} = 1.2\Omega$$

연습문제

6.1 1$k\Omega$, 2.2$k\Omega$, 5.6$k\Omega$ 저항기를 직렬로 연결했을 때와 병렬로 연결했을 때 합성 저항값을 구하여라.

6.2 1$k\Omega$ 저항에 흐르는 전류가 1mA일 때 전지의 전압을 구하여라.

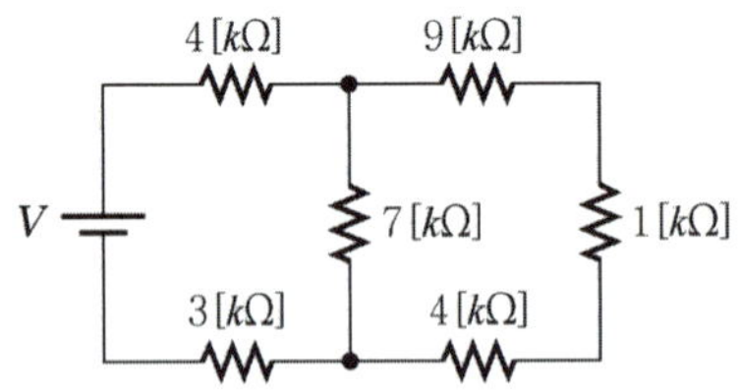

6.3 회로의 등가 저항값을 구하고 전원의 전력을 구하여라.

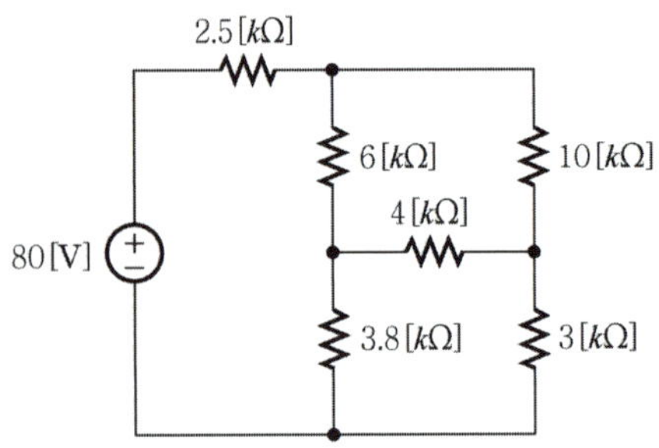

6.4 회로의 등가 저항값을 구하여라.

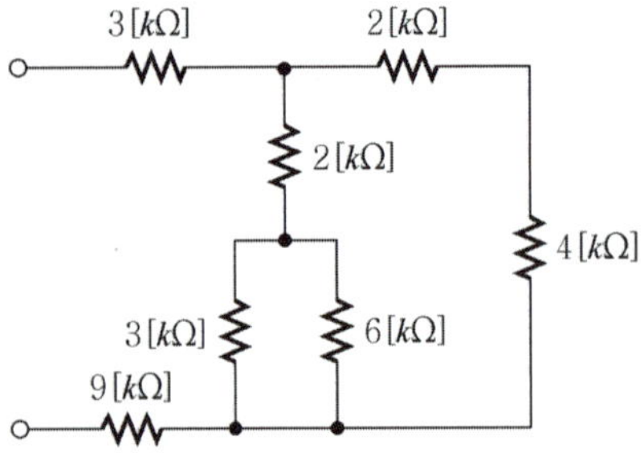

6.5 다음 휘스톤 브리지회로의 등가 저항값을 구하고 전원의 전력을 구하여라.

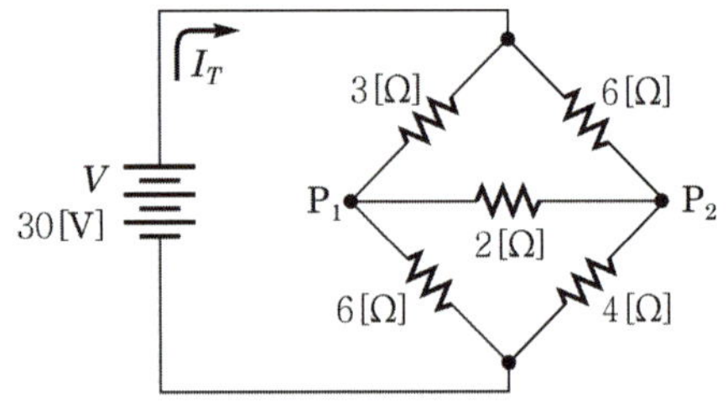

6.6 그림에서 $a-b$간의 합성저항은 $c-d$간의 합성저항의 몇 배인지 계산하여라.

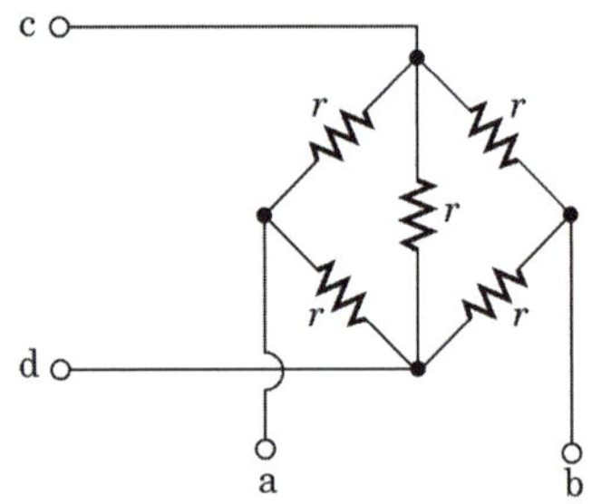

6.7 평형 브리지 회로에 감도가 좋은 검류계 혹은 계기를 사용하는 이유를 설명하여라.

6.8 $R=1k\Omega$일 때 단자 a와 b 사이의 저항값을 구하여라.

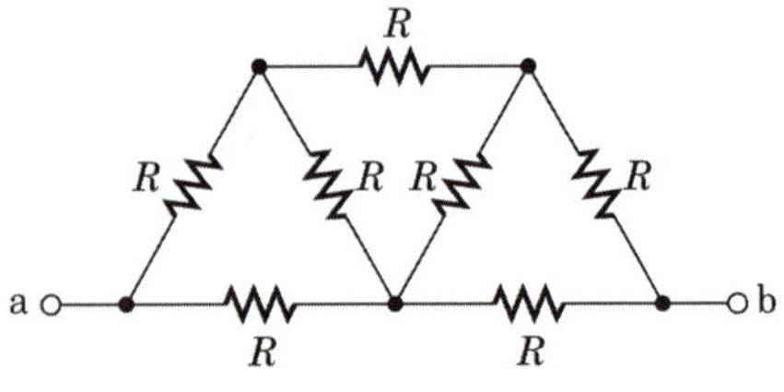

제3부

교류회로

Chapter 07

교류신호

7.1 파형

음파, 뇌파, 바다의 물결, 전압파 등과 같이 공간 혹은 물질의 한 부분에서 생긴 주기적인 진동이 시간의 흐름에 따라 주위로 멀리 퍼져나가는 것을 파동(wave)이라 한다.

파도의 움직임과 비슷한 형태인 파형(waveform)은 신호의 형상을 한다. 파형은 시간 또는 거리에 따른 다양한 양의 그래프의 모양을 나타낸다. 파형은 파동을 그래프로 나타낸 것으로 전압파형은 수평축에 시간성분을, 수직축에 전압성분을 나타낸다.

파형의 형태만으로도 신호에 대해 많은 정보를 알 수 있다. 예를 들어 파형의 높이 변화는 전압의 변화이며, 수평축에 평행하면 시간에 따른 변화가 없다는 것이고, 직선의 기울기는 선형적 신호 변화 즉, 전압의 상승이나 하강이 일정하고, 큰 위상각의 변화는 신호가 갑자기 변했음을 의미한다.

그림 7.1(a)와 같이 물체의 주기적인 움직임을 단진동(simple harmonic motion)이라고 한다. 그림 7.1(b)와 같이 일정한 속도로 원운동을 하는 등속원운동에도 정현파가 생긴다.

직류보다 교류를 많이 사용하는 이유

① 회전하는 발전기로부터 교류가 발생한다. ② 변압기로 전압을 바꿀 수 있다.
③ 저가이고 편하게 교류 모터를 사용할 수 있다.
단점은 교류 100만[V] 송전을 위해 최대전압 141만[V] 송전시설이 필요하여 시설비가 많이 든다. 직류 송전이면 송전전압과 최대전압의 차이가 없다.

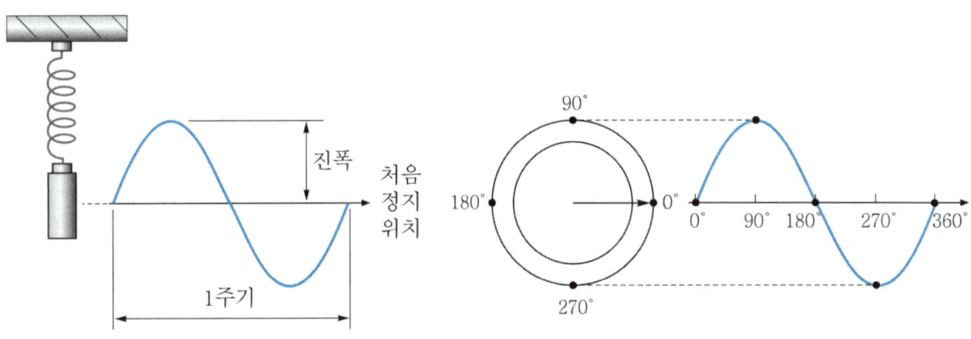

그림 7.1 정현파 발생 (a) 단진동 (b) 등속 원운동

예제 7-1

250μs 내에는 20kHz 파형의 몇 사이클이 발생하는지 계산하여라.

| 풀이 |

파형의 주기, 즉 한 사이클의 시간 $T=\frac{1}{f}=\frac{1}{20k}=50\mu\text{s}$이므로 $\frac{250\mu\text{s}}{50\mu\text{s}}=5$주기이다.

주기적으로 변하는 값을 표기하는 방법에는 아래와 같이 여러 가지가 있다.

① 파형으로 나타내는 방법

② 삼각함수 식으로 나타내는 방법 : $v(t) = V_m\cos(wt-\theta)$

③ 위상도로 나타내는 방법

④ 복소수로 나타내는 방법 : $v(t) = \mathcal{R}e\left[V_m e^{j(wt-\theta)}\right]$

그림 7.2와 같이 하나의 벡터가 반시계 방향으로 회전할 때, 점 A의 끝은 한번 완전한 회전을 하면 $360^o(2\pi)$가 되고 이를 하나의 완전한 사이클을 나타낸다.

움직이는 끝의 길이를 수직축에 투영하면 시간에 대응되는 각도 간격으로 정현파

$$v(t) = V_m\sin(wt+\theta) \tag{7-1}$$

이 되고, 위상자가 회전함으로써 파형의 시간축은 각 또는 라디안으로 나타낸다.

수평축을 따라 각각의 위치는 $t=0$이후 경과시간을 나타내며 벡터의 끝은 0°, 180°, 360° 순간에 수평이 된다. 벡터의 끝이 수직일 때 마찬가지로, $90^o(\pi/2)$일 때 양의 피크값(V_m), $270^o(3\pi/2)$일 때 음의 피크값을 나타낸다.

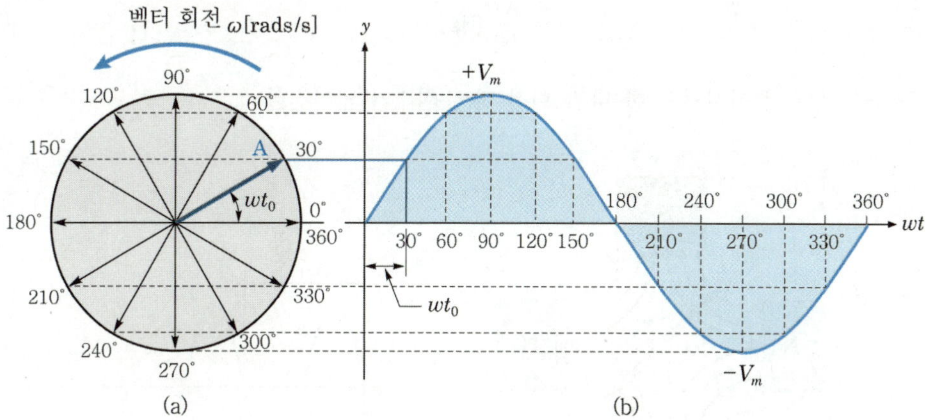

그림 7.2 주기파 표현방법 (a) 회전 위상자 (b) 시간차원 사인파형

7.2 사인파

직류는 시간이 경과하더라도 크기와 방향이 일정한데 교류(AC : alternating current)는 시간의 흐름에 따라 그 크기와 방향이 주기적으로 바뀌며 즉, 전류와 전압이 시간에 따라 변화하는 전기를 말한다. 교류 발전기에서 만들어지는 교류전압은 그림 7.3과 같이 일정한 주기를 가지는 정현파(sine wave)이다. 교류회로를 해석할 경우에는 진폭(amplitude), 주파수(frequency), 양진폭(peak to peak voltage) 및 위상각(phase angle)을 고려하여야 한다.

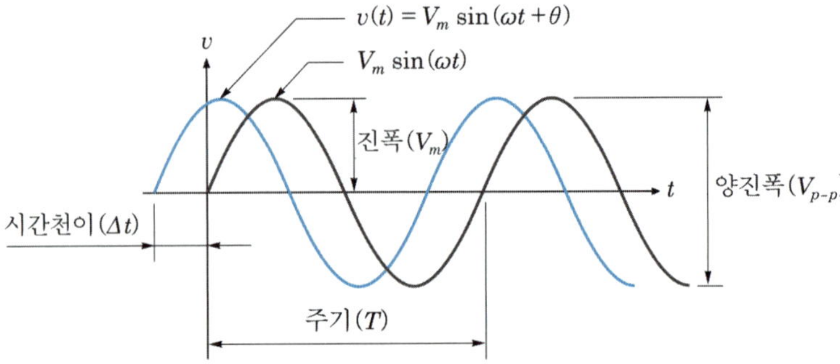

그림 7.3 사인파형 교류전압

그림 7.4와 같이 교류 발전기는 슬립링(slip ring)으로 회전주기 동안 유도전압을 발생시키고, 유도전압은 도선고리가 자르는 자속의 수에 비례한다. 도선고리와 자속이 평행하면 유도전압이 없고, 수직이면 유도전압이 최대가 된다. 유도전압이 정방향과 역방향으로 흘러 전류도 양과 음으로 변화하는 정현파가 된다.

회전속도 N[rpm], 자극의 쌍수 P일 때 교류발전기의 출력주파수는

$$f = \frac{NP}{60}[\text{Hz}] \tag{7-2}$$

이며, 자극의 수를 증가시키면 한 바퀴 회전 당 순환수가 많아진다.

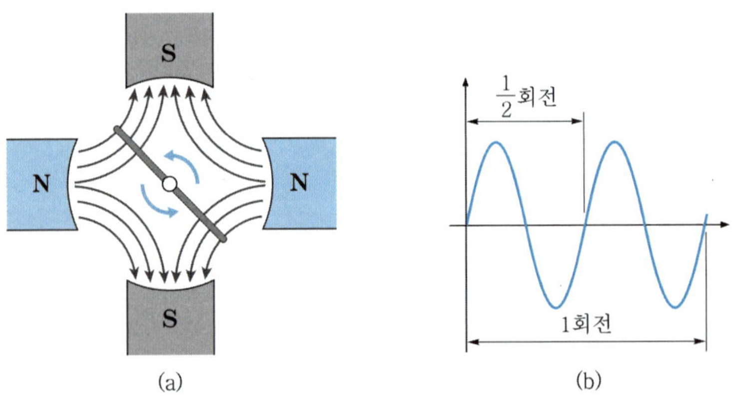

그림 7.4 사인파 발생 (a) 교류발전기 (b) 출력파형

예제 7-2

10cm 길이의 도체가 1.5T의 자속밀도를 통해 0.9m/s의 속도로 자속에 수직방향으로 움직인다. 도체에 유도전압을 구하여라.

| 풀이 |

$V_{ind} = B\ell v \sin\theta = (1.5\text{T})(0.1\text{m})(0.9\text{m/s})(\sin 90^o) = 135m\text{V}$

(1) 최대값

파형에서 (+) 방향이나 (–) 방향에서 제일 높은 값이다. 즉, 발전기에서 회전자가 자석 S나 N극을 지나는 시점이며 이 때 자속을 가장 많이 끊게 되어 회전자의 권선 쪽으로 유도 전압이 가장 많이 발생하게 된다. 최대값은 순시값 중에서 가장 큰 값이다.

- 순시값 : 시간에 따라 매 순간마다 변하는 전압(전류)의 임의의 시간에 있어서 값
- 양진폭(피크–피크값) : 파형에서 양의 최대값에서 음의 최대값까지의 값, V_{p-p}, I_{p-p}
- 피크값 : 파형의 영에서 양의 최대값 혹은 영에서 음의 최대값, V_p, I_p
- 피크–피크값과 피크값 관계 : $V_{p-p} = 2V_p$, $I_{p-p} = 2I_p$

(2) 주기와 주파수

시간의 변화에 따라 순간순간 나타나는 정현파의 값을 순시값이라 하고, 그림 7.5와 같이 파형의 최대값을 진폭, 파가 1회 진동하는데 필요한 시간을 주기라고 한다.

그림 7.6과 같이 1초 동안 진동을 반복하는 횟수를 주파수라고 하며 단위는 헤르츠[Hz]이다. 그리고 교류신호에서 사용되는 실효값은 직류전류가 저항을 통과하여 흐를 때 생기는 발열효과와 교류전류가 같은 저항을 통하여 흐를 때 생기는 발열효과가 같아지는 전류로 정의된다. 표 7.1은 주파수 대역별 이름과 응용분야를 나타낸다.

- 주기(T) : 한번 진동(1 사이클)하는 데 걸리는 시간[초]
- 주파수(f) : 1초 동안 진동하는(사이클) 횟수, $f = 1/T$[Hz]
- 1 사이클(cycle) : 주기적인 파형이 하나의 완전한 진동

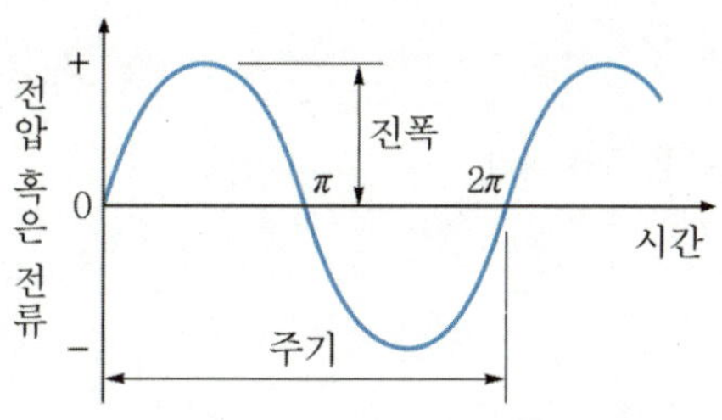

그림 7.5 교류의 주기와 진폭

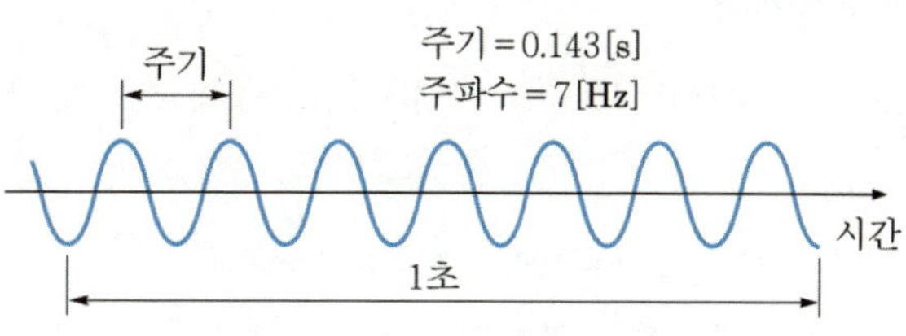

그림 7.6 주파수 설명

표 7.1 주파수 대역별 이름과 응용분야

대역이름		주파수	파장	특징	응용
한국이름	영어이름				
밀리파	EHF(extremely high frequency)	$30GHz \sim 300GHz$	1cm ~1mm	강한 직진성, 물방울 영향 강함, 근거리통신	우주관측 전파망원경, 자동차 충돌방지레이더, 사무실 무선LAN, 위성간 통신

마이크로파	SHF(super high frequency)	3GHz ~30GHz	10cm ~1cm	직진성, 높은 정보량, 고정지점간 통신 (수km~수십km)	이동통신, 위성통신, 비행장이나 항구 레이더
극초단파	UHF(ultra high frequency)	300MHz ~3GHz	1m ~10cm	직진성, 회절성질	육상이동통신, 전자레인지, UHF TV
초단파	VHF(very high frequency)	30MHz ~300MHz	10m ~1m	직진성, 전리층 반사 약함, 회절성질	VHF TV, FM, 항공기 관제, 근거리 이동통신
단파	HF(high frequency)	3MHz ~30MHz	100m ~10m	전리층 F층(약 200km ~ 400km) 반사, 장거리통신	국제선 항공기통신, 팩시밀리, 아마추어무선, 국제방송
중파	MF(medium frequency)	300kHz ~3MHz	1km ~ 100m	전리층 E층(약 100km) 반사, 원거리송신	해상무선, 항공무선, 라디오방송
장파	LF(low frequency)	30kHz ~300kHz	10km ~ 1km	매우 먼 곳까지 전파	항공기나 선박 항로안내(비콘, 데카), 표준전파(40kHz)
초장파	VLF(very low frequency)	3kHz ~30kHz	100km ~10km	지표면을 따라 전파, 수중에도 30m 도달	무선항행, 해상이동

예제 7-3

100MHz 의 주기 및 파장을 계산하여라.

| 풀이 |

주기, $T = \dfrac{1}{100M} = 10ns$, 파장 $\lambda = \dfrac{c}{f} = \dfrac{3\times10^{8}[\mathrm{m/s}]}{100M[1/\mathrm{s}]} = 3\mathrm{m}$

예제 7-4

$v(t) = 141\sin\left(120\pi t - \dfrac{\pi}{3}\right)[\mathrm{V}]$인 파형의 진폭 및 주파수를 구하여라.

| 풀이 |

진폭= 141V, $2\pi f = 120\pi$, 주파수 $f = 60\mathrm{Hz}$

(3) 라디안과 각속도

호의 길이와 반지름과의 비를 각도로 나타내는 방법을 호도법이라 한다. 각도는 원의 원주를 360으로 등분한 것이고, 라디안(radian)은 원주상의 호의 길이 ℓ을 반지름 r로 나눈 값

$$\text{라디안[rad]} = \frac{\ell}{r} = \frac{\dfrac{\text{각도}[^o]}{360^o}\times 2\pi r}{r} = \frac{2\pi}{360^o}\times\text{각도}[^o] \qquad (7\text{-}3)$$

이고, $1[\mathrm{rad}] = 57.3^o$는 그림 7.7과 같으며, 표 7.2는 각도와 라디안 사이 관계이다.

> 라디안[rad] $= \left(\frac{\pi}{180^o}\right) \times$ 각도[°], 각도[°] $= \left(\frac{180^o}{\pi}\right) \times$ 라디안[rad]

표 7.2 각도와 라디안 사이 관계

각도	0°	30°	45°	60°	90°	120°	135°	150°	180°
라디안	0	$\pi/6$	$\pi/4$	$\pi/3$	$\pi/2$	$2\pi/3$	$3\pi/4$	$5\pi/6$	π

그림 7.8과 같이 각속도(각주파수, 角周波數, angular frequency), w는 원의 중심에서 반지름 r의 원 주위를 운동하는 물체가 단위시간에 이동하는 각도의 크기로써 다음과 같이 나타낸다.

$$w = \frac{\theta}{t} = \frac{2\pi}{T} \text{ [rad/s]} \tag{7-4}$$

주파수 3Hz는 신호가 1초에 3바퀴 도는 것이고, 이것을 각속도로 나타내면 1초에 6π[rad]만큼 회전하는 것이다. 사인파의 주기가 작을수록(주파수가 클수록) 파형의 각속도는 높아진다.

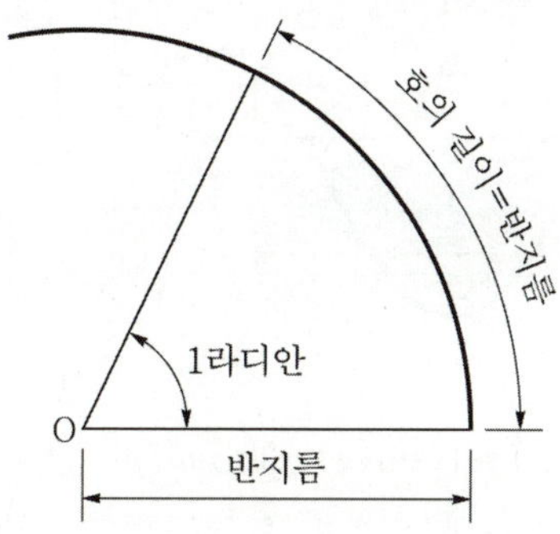

그림 7.7 호도법에 의한 1[rad]의 정의

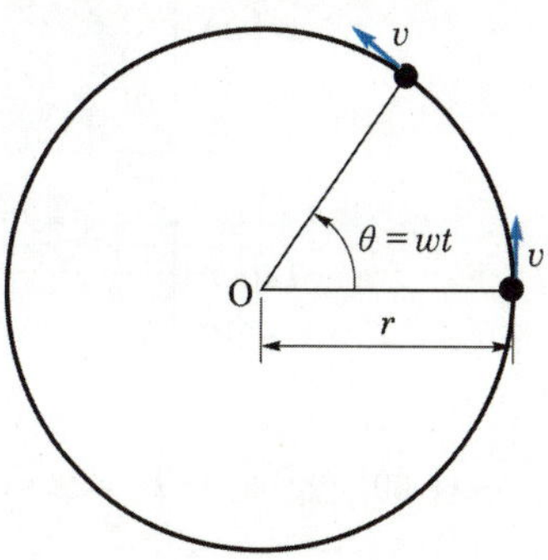

그림 7.8 각속도의 정의

예제 7-5

영국에서는 50Hz, 한국과 미국에서는 60Hz의 전력선을 사용한다. 각각 각속도를 구하여라.

| 풀이 |

영국에서는 $w = 2\pi f = 2\pi \times 50 = 314.2$[rad/s], 한국과 미국에서는 $w = 2\pi f = 2\pi \times 60 = 377$[rad/s]

(4) 위상 뒤짐과 앞섬

위상은 기준에 대해 상대적인 정현파의 특정 위치를 각도로 측정한 값이다. 그림 7.9와 같이 사인파가 기준에서 오른쪽으로 θ만큼 이동하면 이것을 뒤짐(lag)이라 하고, 기준에서 왼쪽으로 θ만큼 이동하면 이것을 앞섬(lead)이라고 한다.

$$\cos(wt) = \sin\left(wt + \frac{\pi}{2}\right),\ \sin(wt) = \cos\left(wt - \frac{\pi}{2}\right)$$

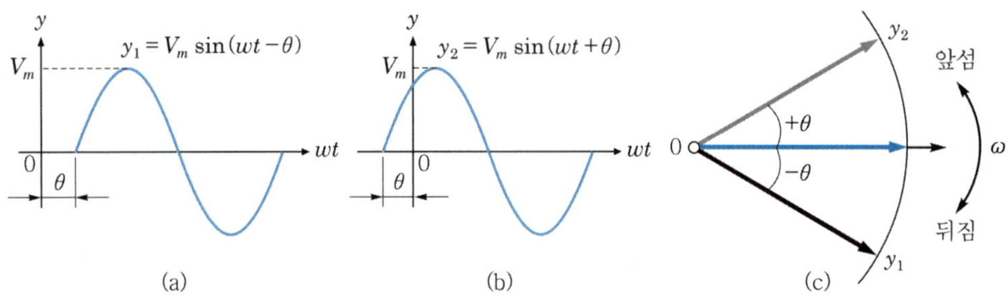

그림 7.9 파형의 위상 (a) 뒤짐 (b) 앞섬 (c) 위상도

예제 7-6

다음의 전압파 및 전류파의 위상관계를 말하고 정현파 식을 나타내어라.

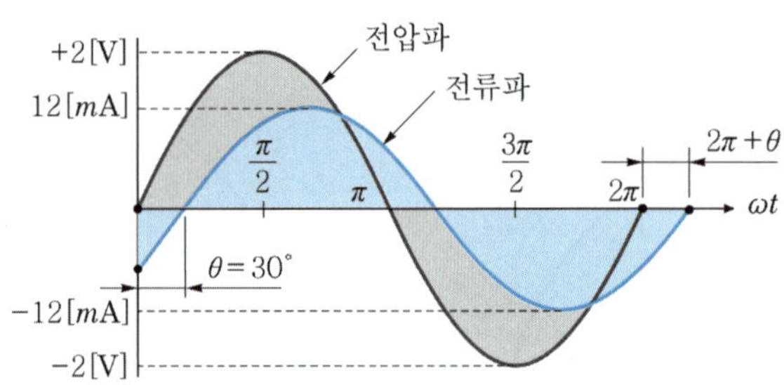

| 풀이 |

전압이 전류보다 30° 앞선다. $v(t) = 2\sin(wt)[\mathrm{V}]$, $i(t) = 12\sin(wt - 30^o)[m\mathrm{A}]$

(5) 평균값

주기신호 $v(t)$의 평균값은 교류와 동일한 일을 하는 직류의 크기로 바꿔 나타낸 값으로 다음과 같고, 멀티미터의 직류전압(DCV)은 평균값을 나타낸다.

$$V_{dc} = \frac{1}{T}\int_0^T v(t)dt = \frac{1\text{주기 아래 면적}}{1\text{주기}} \tag{7-5}$$

예제 7-7

그림과 같은 주기 $T = 10ms$인 반파정류 사인파의 직류값을 구하여라.

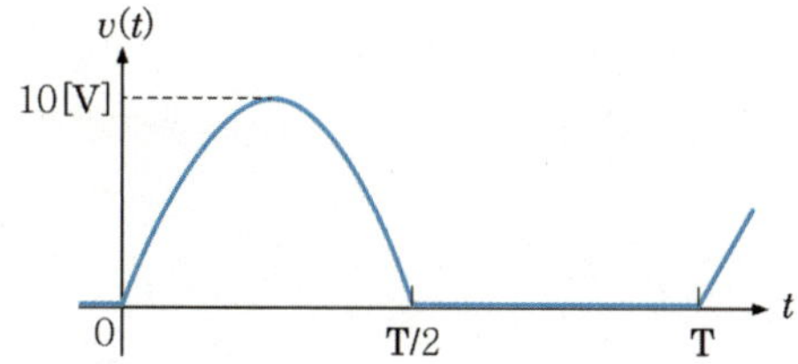

| 풀이 |

$$V_{dc}=\frac{1}{T}\int_0^{T/2}10\sin twt\,dt=-\frac{1}{T}\times 10\times\frac{T}{2\pi}\times\cos wt\Big|_0^{T/2}=\frac{10}{\pi}=3.18\text{V}$$

(6) 실효값

교류전압계는 실효값(rms : root mean square)을 나타내고 실효값의 표시는 V, I, V_{rms}, I_{rms} 이며, 보통 지칭 없이 5V라고 하면 실효값(혹은 유효값)이다. 실효전압은 교류전압에서 저항에 같은 열을 내는 등가 직류전압이다.

그림 7.10과 같이 일정한 부하저항 R에 직류전류 I_{rms}와 주기전류 i가 흐르는 각각의 경우, 일정한 시간 간격, 주기 T 동안 동일한 열량 Q가 발생한다고 가정할 때,

$$Q=\int_0^T RI_{rms}^2\,dt=\int_0^T Ri^2dt \tag{7-6}$$

이고, 주기적인 전류 i 또는 전압 v가 인가될 때 저항 R에서 소비되는 평균 소비전력

$$P_R=\frac{Q}{T}=\frac{1}{T}\int_0^T Ri^2dt=\frac{R}{T}\int_0^T i^2dt=RI_{rms}^2=\frac{V_{rms}^2}{R} \tag{7-7}$$

이다. 그래서 실효전류 I_{rms}와 실효전압 V_{rms}는 다음과 같다.

$$I_{rms}=\sqrt{\frac{1}{T}\int_0^T i^2dt},\quad V_{rms}=\sqrt{\frac{1}{T}\int_0^T v^2dt} \tag{7-8}$$

주기적인 전류(또는 전압)이 인가될 때 저항에서 소비되는 평균 소비전력은 전류(또는 전압)의 실효값의 제곱에 비례한다.

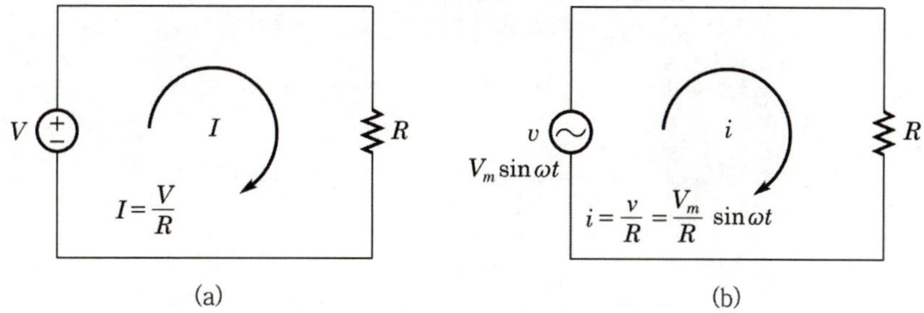

그림 7.10 실효값 (a) 직류전압 (b) 교류전압

실효값의 크기는 교류 전류나 전압과 동일한 열 효과를 내는 직류전류나 직류전압의 크기로 정한다. 직류 220V로 물을 끓일 때 1분 만에 물의 온도를 1℃ 상승했다고 하면 같은 물을 교류전압으로 1분 만에 1℃ 올리는 교류전압 220V는 실효값이다.

그림 7.11과 같이 정현파 $v(t) = V_p\cos(wt+\phi)$에서 진폭(최대값)은 $V_m = V_p$, 평균값 $V_{dc} = 0$, 그리고 유효값 $V_{rms} = V_p/\sqrt{2}$이다. 그림 7.12와 같이 직류와 교류로 구성된 신호인 $v(t) = V_{dc} + V_p\cos(wt+\phi)$에서 진폭(최대값)은 $V_m = V_p$, 평균값은 V_{dc}, 그리고 유효값은 $V_{rms} = V_{dc} + V_p/\sqrt{2}$이다.

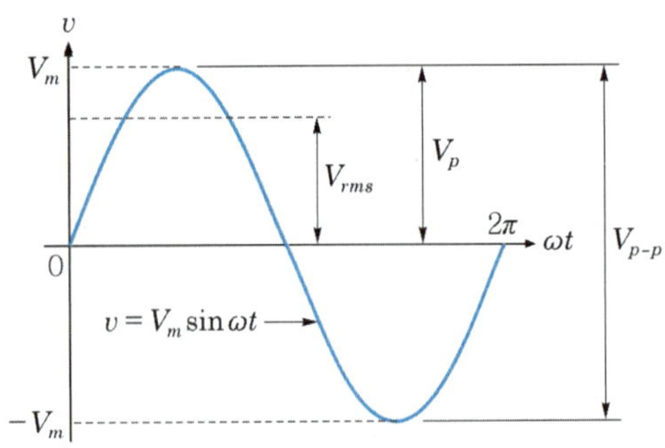

그림 7.11 정현파의 실효값

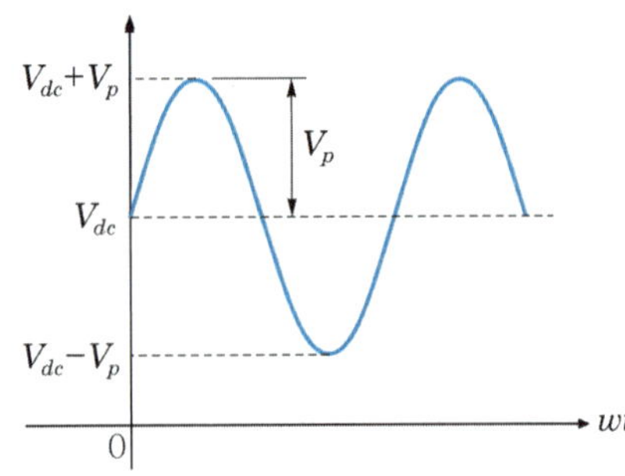

그림 7.12 직류+교류신호의 평균값

멀티미터의 교류전압(ACV)에 위치시키면 신호에서 직류성분을 뺀 교류 성분($v_{리플} = v(t) - V_{dc}$)의 실효값을 나타낸다.

$$V_{rms(신호)} = \left[\frac{1}{T}\int_0^T v(t)^2 dt\right]^{1/2} \tag{7-9}$$

$$V_{rms(리플)} = \left[\frac{1}{T}\int_0^T [v(t) - V_{dc}]^2 dt\right]^{1/2} = \left[\frac{1}{T}\int_T (v^2 - 2v\,V_{dc} + V_{dc}^2)dt\right]^{1/2} \tag{7-10}$$
$$= \left[V_{rms(신호)}^2 - 2V_{dc}^2 + V_{dc}^2\right]^{1/2} = \left[V_{rms(신호)}^2 - V_{dc}^2\right]^{1/2}$$

여기서 $V_{rms(신호)}$는 전체신호의 실효값이다. 표 7.3은 여러 파형의 직류값과 실효값을 나타낸다.

표 7.3 여러 파형의 직류값, 실효값

	평균값	실효값
정현파	0	$\frac{V_m}{\sqrt{2}} = 0.707\,V_m$
반파	$\frac{V_m}{\pi} = 0.318\,V_m$	$\frac{V_m}{2} = 0.5\,V_m$
전파	$\frac{2\,V_m}{\pi} = 0.637\,V_m$	$\frac{V_m}{\sqrt{2}} = 0.707\,V_m$

상용전원 220V/60Hz는 교류의 실효치가 220V임을 나타내고, 최대값은 $\sqrt{2}\cdot 220\,V \simeq 311\,V$이다.

예제 7-8

20V 피크-피크값의 정현파의 rms값(유효값)은 얼마인지 계산하여라.

| 풀이 |

$$V_{rms} = \frac{V_{p-p}}{2}\frac{1}{\sqrt{2}} = \frac{V_m}{\sqrt{2}} = 0.707\,V_m = 0.707\times 10 = 7.07[\mathrm{V}]$$

예제 7-9

교류전원을 가진 회로에서 테브난 등가회로의 등가전압과 등가저항값을 구하여라.

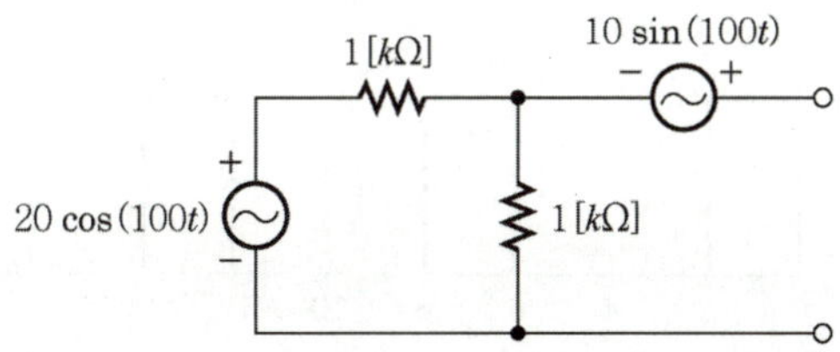

| 풀이 |

$$V_{TH} = \frac{1k\Omega}{1k\Omega + 1k\Omega}[20\cos(100t)] + 10\sin(100t) = 5\sqrt{2}\sin(100t + 63^o)$$

$$R_{TH} = 1k\Omega \,/\!/\, 1k\Omega = 500\Omega$$

7.3 비사인파

(1) 펄스파

그림 7.13과 같이 이상적인 펄스파는 기저준위에서 진폭준위까지 빠르게 상승하고 펄스폭 시간 후 다시 기저준위로 하강하는 주기파이다. 비이상적인 펄스파인 경우 진폭의 10%에서 90%까지 상승하거나 하강하는 시간인 상승시간과 하강시간을 가진다. 펄스폭은 진폭의 50% 상승해서 하강하는 시간 간격이다. 펄스의 대응하는 점에서 한 펄스와 다음 펄스 사이 시간은 T이고, 주파수는 $f = 1/T$이다. 펄스폭이 t_w인 펄스의 듀티 사이클(duty cycle)은 $(t_w/T)\times 100$이고, 사각파인 경우 듀티 사이클은 50%이다.

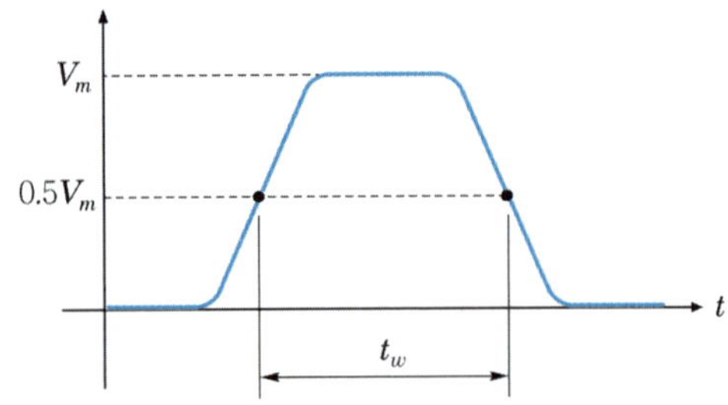

그림 7.13 펄스폭 및 진폭

예제 7-10

다음과 같은 펄스폭변조 신호의 듀티 사이클을 구하여라.

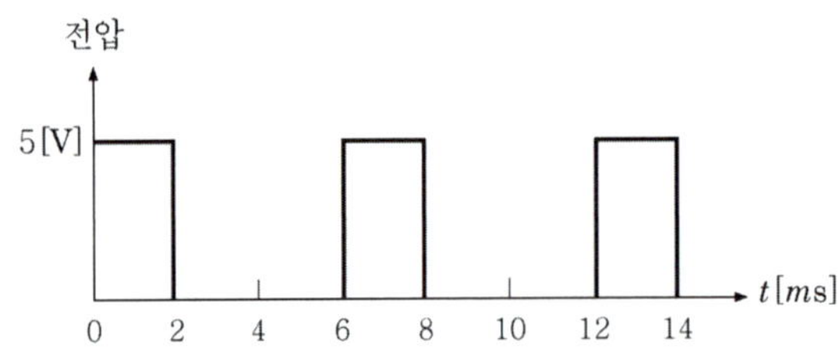

| 풀이 |

$$\frac{t_w}{T}\times 100=\frac{2}{6}\times 100=33.3\%$$

(2) 삼각파와 톱니파

삼각파와 톱니파는 전압 혹은 전류가 선형적으로 증가 혹은 감소하는 램프(ramp)로 만들어졌다. 그림 7.14와 같이 삼각(triangular)파는 같은 기울기로 증가하고 감소하는 램프를 가진 파형이다.

지속시간이 긴 램프와 짧은 램프인 두 개의 다른 기울기를 가진 특수한 삼각파를 톱니(sawtooth)파라 한다. 톱니파 전압은 텔레비전 수신기의 전자빔 제어에 사용되며 종종 스윕(sweep) 전압이라고 한다.

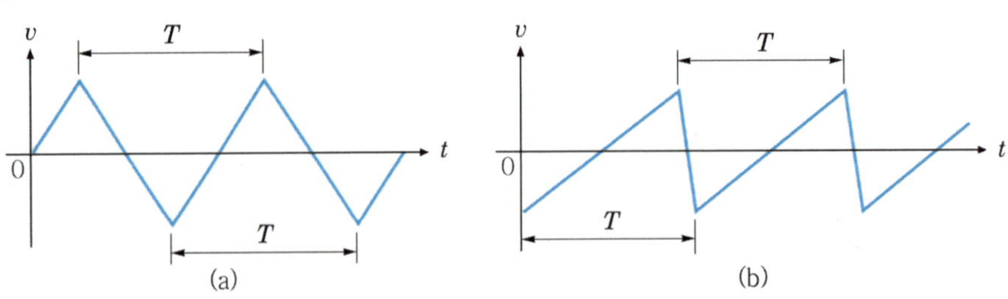

그림 7.14 삼각파 (a) 일반 삼각파 (b) 톱니파

예제 7-11

다음과 같은 삼각파의 평균값 및 유효값을 구하여라.

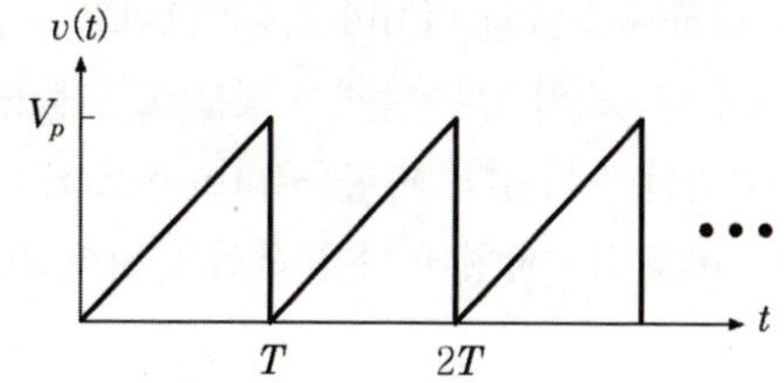

| 풀이 |

평균값 $V_{dc}=\dfrac{1}{T}\displaystyle\int_0^T v(t)dt=\dfrac{1}{T}\int_0^T \dfrac{V_p t}{T}dt=\dfrac{V_p}{2}$, 유효값 $V_{rms}=\sqrt{\dfrac{1}{T}\displaystyle\int_0^T\left(\dfrac{V_p t}{T}\right)^2 dt}=\dfrac{V_p}{\sqrt{3}}$

(3) 기타 파형

표 7.4와 같이 타이밍 신호로서 사용되는 구형파는 전압이 규칙적인 간격을 두고 도통/차단을 반복한다. 그리고 직사각파는 디지털 회로해석에 중요하게 쓰이는 파로써 도통과 차단의 시간간격이 일정하지 않는 것 외에는 구형파와 동일하다. 단발 신호인 스텝파는 전원 스위치를 도통할 때 볼 수 있는 것처럼 갑작스런 전압의 변화를 나타낸다.

표 7.4 기타 파형

구형파	직사각파	스텝파
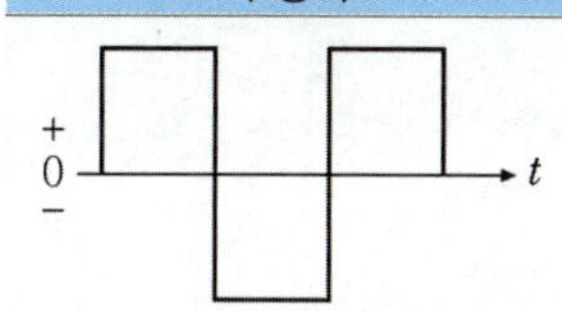	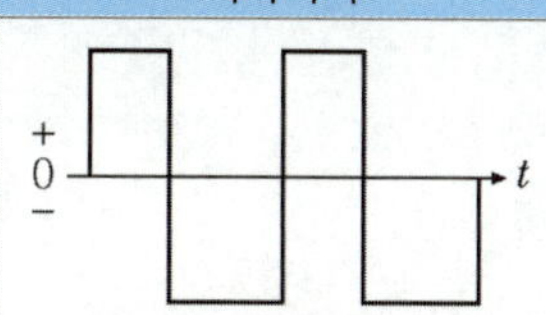	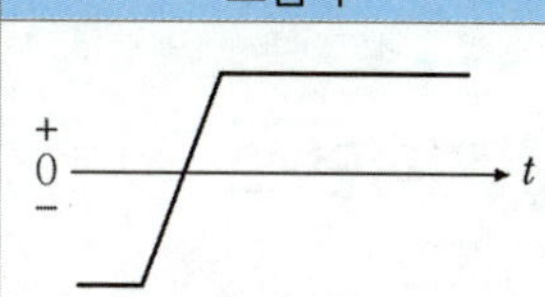

예제 7-12

다음과 같은 양극 사각파의 평균값 및 유효값을 구하여라. 이때 δ는 듀티비이다.

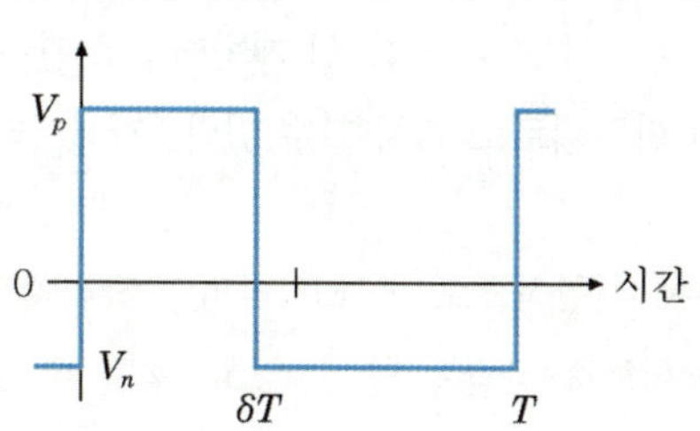

| 풀이 |

$V_{dc}=\dfrac{1}{T}(\delta T\times V_p+(1-\delta)T\times V_n)=\delta V_p+(1-\delta)V_n$,

$V_{rms}=\sqrt{\dfrac{1}{T}(\delta T\times V_p^2+(1-\delta)T\times V_n^2)}=\sqrt{\delta V_p^2+(1-\delta)V_n^2}$

7.4 파형에 따른 특성

파고율(crest factor)은 피크값과 유효값의 비이며 직류는 1이고 사인파는 1.414, 랜덤신호는 ∞이다. 의미는 측정 대상 신호에서 임펄스와 같은 충격성 성분 또는 불규칙적인 랜덤 잡음 등과 같은 성분이 얼마나 포함되는지 알기 위한 수치이다. 파형율(form factor)은 신호 파형의 실효값을 시간 평균값으로 나눈 비율 값이다. 표 7.5는 파형에 따른 특성을 나타낸다.

표 7.5 파형에 따른 특성

이름	파형	유효값 V_{rms}	전파평균값 V_{dc}	파형율 V_{rms}/V_{dc}	파고율 V_p/V_{rms}
사인파	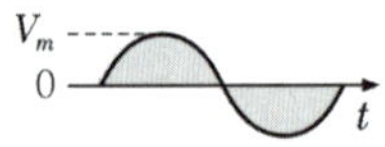	$V_m/\sqrt{2}$ $\simeq 0.707\,V_m$	$2\,V_m/\pi$ $\simeq 0.637\,V_m$	$\pi/2\sqrt{2}$ $\simeq 1.111$	$\sqrt{2}$ $\simeq 1.414$
사각파	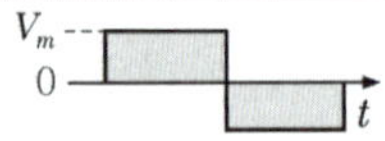	V_m	V_m	1	1
삼각파	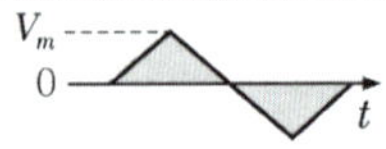	$V_m/\sqrt{3}$ $\simeq 0.5774\,V_m$	$0.5\,V_m$	$2/\sqrt{3}$ $\simeq 1.155$	$\sqrt{3}$ $\simeq 1.732$
펄스파	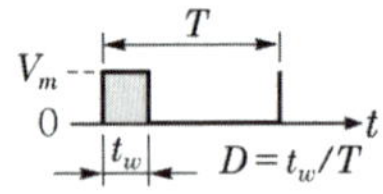	$V_m\sqrt{D}$	$V_m t_w/T$ $=V_m\cdot D$	$1/\sqrt{D}$	$1/\sqrt{D}$

7.5 임피던스

(1) 수동 소자별 특성

표 7.6과 같이 저항기의 저항은 낮은 주파수에서 변하지 않고 일정하며, 저항의 임피던스 $Z_R = R$이다. 저항뿐인 교류회로에서 전압과 전류는 동일한 위상이다.

커패시터의 리액턴스는 주파수에 비선형적인 반비례 관계로 변하고 임피던스(리액턴스)는 $Z_C = 1/jwC$이다. 직류상태($f=0$)에서 $Z_C = \infty\,[\Omega]$인 개방회로로 간략화 할 수 있고, 높은 주파수에서는 임피던스가 매우 작아져서 단락회로로 대치할 수 있다. 커패시터뿐인 교류회로에서 전압이 전류에 90° 뒤진다.

인덕터의 리액턴스는 주파수에 선형적으로 변하고 임피던스(리액턴스)는 $Z_L = jwL$이다. 직류상태($f=0$)에서 $Z_L = 0[\Omega]$인 단락회로로 간략화 할 수 있고, 높은 주파수에서는 임피던스가 매우 커서 개방회로로 대치할 수 있다. 인덕터 뿐인 교류회로에서 전류가 전압에 90° 뒤진다. 표 7.7은 소자별 사인파 분석 변수를 요약하였다.

표 7.6 소자별 특성

	교류회로	복소평면 전압과 전류	시간영역 전압과 전류
저항 회로	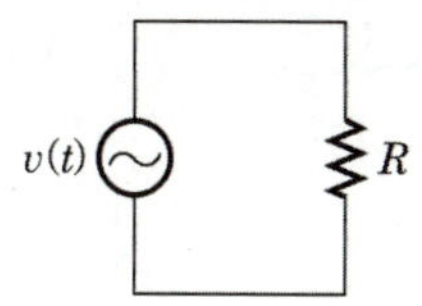	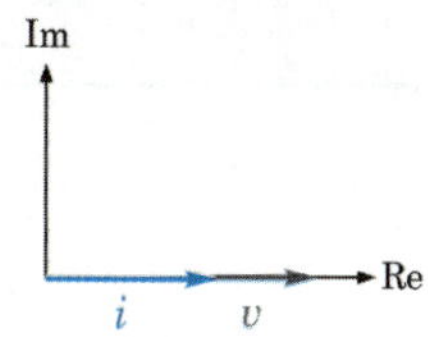	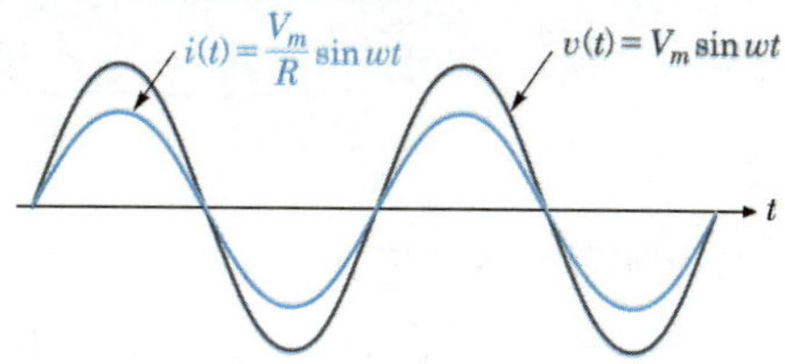
커패시터 회로	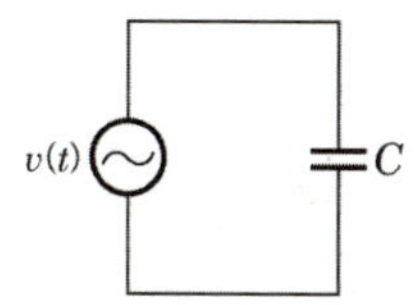	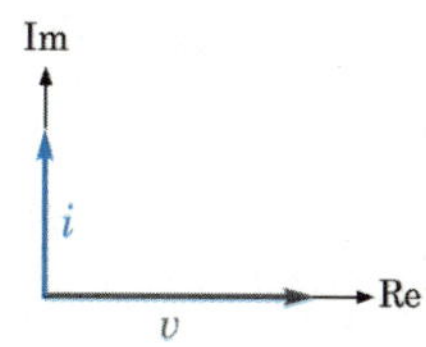	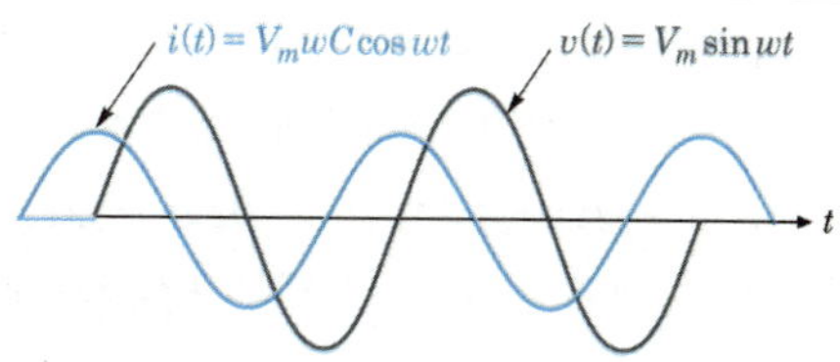
인덕터 회로	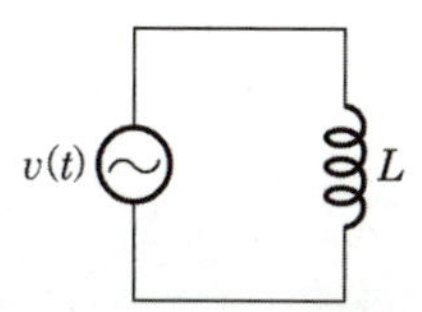	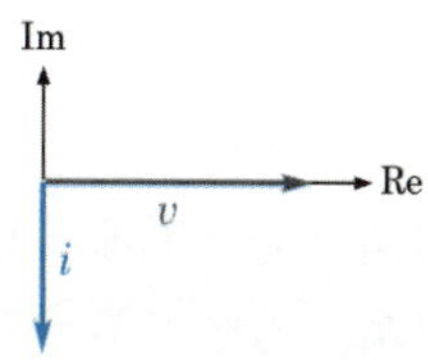	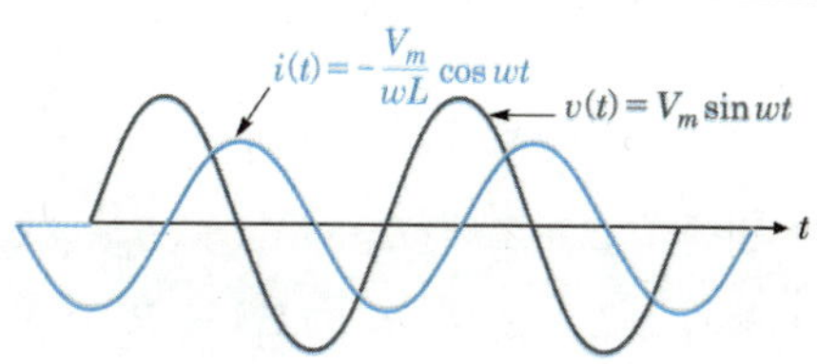

표 7.7 소자별 사인파 분석 변수

변수 \ 소자	저항	커패시터	인덕터
임피던스(Z)	R(레지스턴스)	$1/jwC=-j/wC$	jwL
리액턴스(X)	–	$-1/wC$	wL
어드미턴스(Y)	G(컨덕턴스)	jwC	$1/jwL$
서셉턴스(B)	–	wC	$-1/wL$
전압	$\boldsymbol{I}R$	$\boldsymbol{I}/jwC$ $(I_m/wC)\angle(\theta_v-90^o)$	$jwL\boldsymbol{I}$ $(I_m wL)\angle(\theta_v+90^o)$
전류	$\boldsymbol{V}/R$	$jwC\boldsymbol{V}$ $(V_m wC)\angle(\theta_v+90^o)$	$\boldsymbol{V}/jwL$ $(V_m/wL)\angle(\theta_v-90^o)$

예제 7-13

100Ω 의 저항, $1.5915\mu F$ 의 커패시터, $15.915mH$ 의 인덕터에서 주파수 100Hz, 1kHz, 10kHz 에서 임피던스를 구하여라.

| 풀이 |

$Z_L=jwL$, $Z_C=-j\left(\frac{1}{wC}\right)$ 에서

	$R[\Omega]$	$Z_L[\Omega]$	$Z_C[\Omega]$
100Hz	100	$j10$	$-j1k$
1kHz	100	$j100$	$-j100$
10kHz	100	$j1k$	$-j10$

(2) 임피던스 사칙연산

① 실수축은 저항값이므로 실수에서 가감승제를 하면 된다.

$(4\Omega+2\Omega=6\Omega,\ 4\Omega-2\Omega=2\Omega,\ 4\Omega\times 2\Omega=8\Omega^2,\ 4\Omega\div 2\Omega=2)$

② 허수축은 리액턴스이므로 실수와 같이 가감승제를 하면 된다.

$j4\Omega+j2\Omega=j6\Omega,\ j4\Omega-j2\Omega=j2\Omega,\ j4\Omega\times j2\Omega=-8\Omega^2,\ j4\Omega\div j2\Omega=2$

③ 축을 제외 한 평면에서 가감승제는 다음과 같다.

$$Z_1=R_1+jX_1=\sqrt{R_1^2+X_1^2}\angle\tan^{-1}\frac{X_1}{R_1}=|Z_1|\angle\theta_1\ [\Omega]$$

$$Z_2=R_2+jX_2=\sqrt{R_2^2+X_2^2}\angle\tan^{-1}\frac{X_2}{R_2}=|Z_2|\angle\theta_2\ [\Omega]$$

- 덧셈 : $Z_1+Z_2=(R_1+jX_1)+(R_2+jX_2)=(R_1+R_2)+j(X_1+X_2)\ [\Omega]$
- 뺄셈 : $Z_1-Z_2=(R_1+jX_1)-(R_2+jX_2)=(R_1-R_2)+j(X_1-X_2)\ [\Omega]$
- 곱셈 : $Z_1Z_2=(R_1+jX_1)(R_2+jX_2)=(R_1R_2-X_1X_2)+j(R_1X_2+R_2X_1)\ [\Omega^2]$

  $Z_1Z_2=|Z_1|\angle\theta_1\cdot|Z_2|\angle\theta_2=|Z_1||Z_2|\angle(\theta_1+\theta_2)$
- 나눗셈 : $\dfrac{Z_1}{Z_2}=\dfrac{(R_1+jX_1)}{(R_2+jX_2)}=\dfrac{(R_1+jX_1)(R_2-jX_2)}{(R_2+jX_2)(R_2-jX_2)}=\dfrac{(R_1R_2+X_1X_2)+j(R_2X_1-R_1X_2)}{R_2^2+X_2^2}$

  $\dfrac{Z_1}{Z_2}=\dfrac{|Z_1|\angle\theta_1}{|Z_2|\angle\theta_2}=\dfrac{|Z_1|}{|Z_2|}\angle(\theta_1-\theta_2)$

7.6 시간영역과 주파수영역

주기적인 아날로그 신호는 정현파로 구성되어 있고 시간영역(time-domain)과 주파수영역(frequency-domain)으로 나타낼 수 있다. 그림 7.15(a)와 같이 시간영역으로 나타내면 진폭, 주파수, 위상에 의해 포괄적으로 정의하는 정현파를 사용하여 표현하고, 시간에 대한 순간적인 진폭으로 나타낸다. 그림 7.15(b)와 같이 주파수영역은 주파수에 대한 최대 진폭으로 나타낸다.

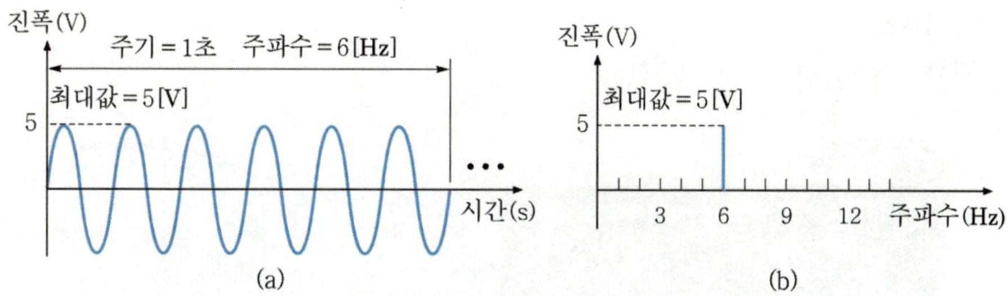

그림 7.15 정현파 표현 (a) 시간영역 (b) 주파수영역

그림 7.16과 같이 시간차원 신호 $s(t)$을 주파수차원 신호 $S(w)$로 바꾸는 푸리에변환 식은 $S(w)=\int_{-\infty}^{\infty} s(t)e^{-jwt}dt$이고 주파수차원 신호 $S(w)$를 시간차원 신호 $s(t)$로 바꾸는 푸리어 역변환 식은 $s(t)=\frac{1}{2\pi}\int_{-\infty}^{\infty} S(w)e^{jwt}dw$이다.

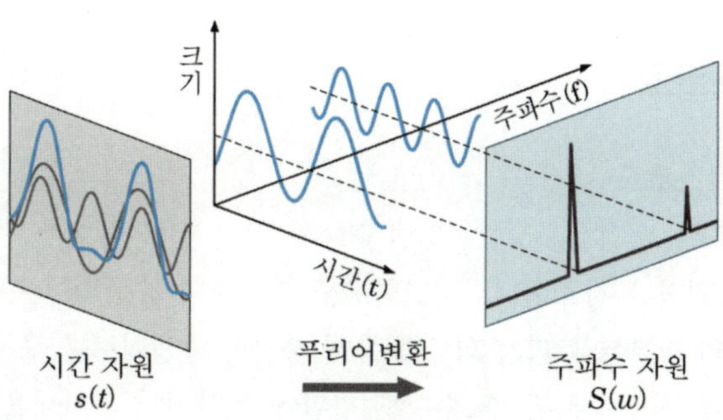

그림 7.16 푸리어변환 관계

7.7 함수발생기

(1) 함수발생기

그림 7.17과 같은 함수발생기는 전기 및 전자관련 분야에서 주로 실험용 정현파(사인파), 사각파(구형파), 삼각파, 펄스파 등의 파형을 원하는 주파수와 진폭으로 생성할 때 사용하는 기기이다. 다양한 주파수를 가지는 교류 신호파형을 발생하여 설계하는 전기전자회로의 입력신호로 사용한다.

(2) 함수발생기 계기판 주요 기능

- **파형선택 스위치** : 출력 파형의 종류를 선택할 수 있도록 해준다. 정현파, 사각파, 삼각파, 등에서 하나를 선택한다.
- **파형 진폭 다이얼** : 출력파형의 진폭을 조정한다.
- **주파수 손잡이** : 영역 스위치를 사용해 크게 조절한 주파수를 정밀하게 맞출 수 있도록 해준다. 주파수 다이얼을 이용해서 출력을 원하는 주파수로 정확하게 조정한다.
- **직류 오프셋 조정손잡이** : 출력 신호파형에 양 혹은 음의 직류성분을 포함시키거나 제거하는

기능을 한다.

- **출력단자** : BNC 컨넥터를 연결한다.

그림 7.17 함수발생기(SFG-2110)

7.8 오실로스코프

(1) 아날로그 오실로스코프

아날로그 오실로스코프(oscilloscope)는 그림 7.18과 같이 입력 신호가 수직 증폭기를 통하여 입력되고 이 신호는 증폭되거나 감소된 후 지연회로를 통과하며 증폭되어 수직 편향판에 인가된다. 그리고 수직 입력 신호의 일부는 트리거 회로를 통해 톱니파 발생회로를 구동시켜 톱니파를 만든다. 이 톱니파는 수평 증폭기에서 증폭된 후 수평 편향판에 인가되어 전자빔을 수평으로 이동시킨다.

각 편향판의 전압은 전자총에서 만들어진 전자빔을 편향시켜 화면의 빔 위치를 결정한다. 트리거(trigger) 회로는 화면에 나타나는 파형의 시작위치와 기울기를 결정하며, 또한 화면에 안정적인 정지된 파형이 나타나게 한다. 트리거는 반복적인 신호, 단발적인 신호 및 랜덤 신호 모두의 경우에 관측하고자 하는 파형을 안정적으로 연속 또는 비연속적으로 화면상에 나타나게 한다.

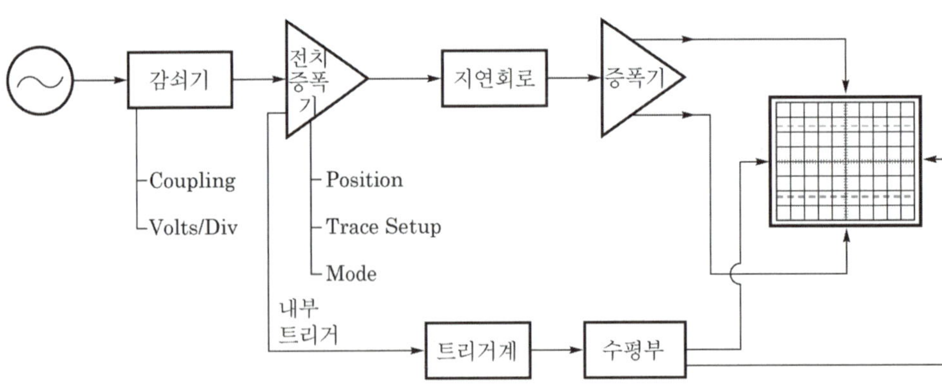

그림 7.18 아날로그 오실로스코프 구성도

(2) 디지털 오실로스코프

디지털 오실로스코프(digital storage type oscilloscope : DSO)는 아날로그 방식과 달리 그림 7.19와 같이 측정전압을 디지털 값으로 변환하여 처리, 표시해주며 입력부, 아날로그/디지털(A/D) 변환부, 저장장치부, 타이밍 발생부, 제어부, 그리고 표시부가 있다.

입력부는 일반적인 아날로그 오실로스코프와 거의 동일한 구조로 되어 있고 A/D 변환, 메모리부, 타이밍 발생부 및 제어부는 컴퓨터와 유사한 구조로 되어 있고, 표시부는 컴퓨터 모니터와 유사한 방식이다.

디지털 오실로스코프의 기본적인 성능은 A/D 변환부, 메모리부, 표시부에 달려 있다. A/D 변환부는 측정하는 신호의 분해능, 측정가능 주파수에 영향을 주고, 메모리부 및 표시부는 신호의 표시 품질, 측정시간 등에 영향을 준다. 제어부는 각각의 제품마다 고유의 기능을 하는 측정항목 등에 연결된다.

그림 7.20과 같이 디지털 오실로스코프는 저장 기능, 산술 기능(두 신호의 합, 차, 곱 등), 평균 기능, 주파수 분석기능 등 다양한 분석기능을 갖추고 있는데 제조회사마다 그 조작 방법이 조금씩 다르다.

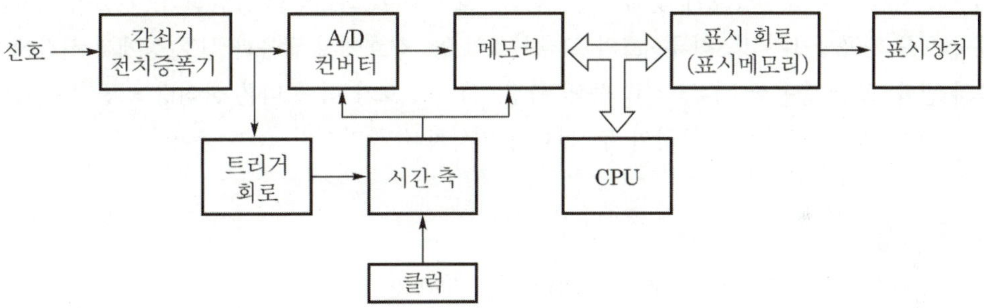

그림 7.19 디지털 오실로스코프의 구성도

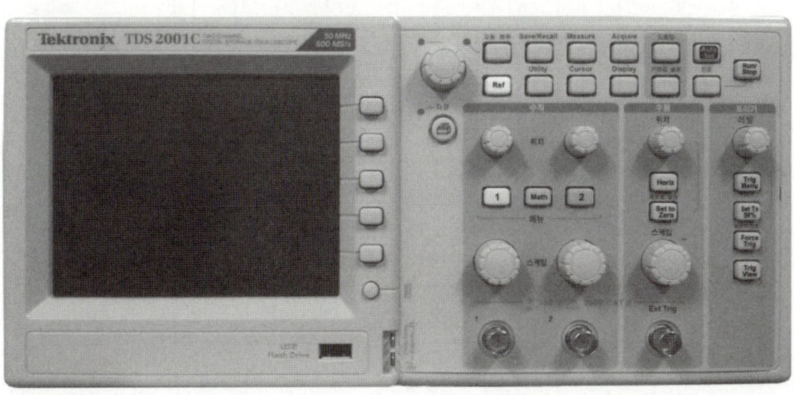

그림 7.20 Tektronix TDS2001C 디지털 저장 오실로스코프(50MHz, 2-CH, 500MS/s, 칼라 화면)

수직 Y-축은 전압의 변화(전압축), 수평 X-축은 시간 변화(시간축)를 나타내며, 화면의 명암(intensity)이나 밝기(brightness)는 Z-축이라 부른다. 보통 오실로스코프 화면은 그림 7.21과 같이 수직 방향으로는 8칸, 수평 방향으로는 10칸으로 되어 있으며 대략 1 칸이 1cm 이다.

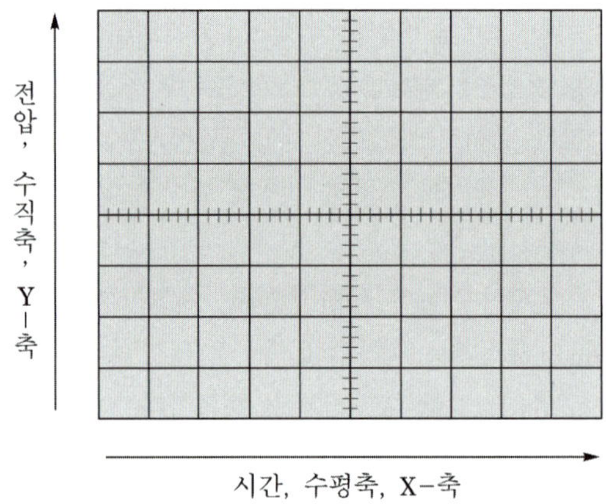

그림 7.21 오실로스코프의 화면

(3) 응용

신호의 시간에 따른 전압크기 및 주파수, 입력신호에 대한 회로상의 응답변화, 기능이 저하된 요소가 신호를 왜곡시키는 것, 직류신호와 교류신호의 양, 신호에서 잡음과 신호 상에서 시간에 따른 잡음의 변화, 조금 응용한 전류, 전력 등의 측정, 전기 신호가 아닌 다른 물리량도 전기 신호로 변환하여 측정, X-Y 모드를 이용하여 두 신호의 위상차나 주파수비 측정 등이다.

예제 7-14

오실로스코프 채널을 VERTICAL VOLTS/DIV=0.2V, SWEEP TIME/DIV=0.2ms로 조정하고, 화면에 나타난 사인파의 V_{p-p}, 주기, 그리고 주파수를 구하여라.

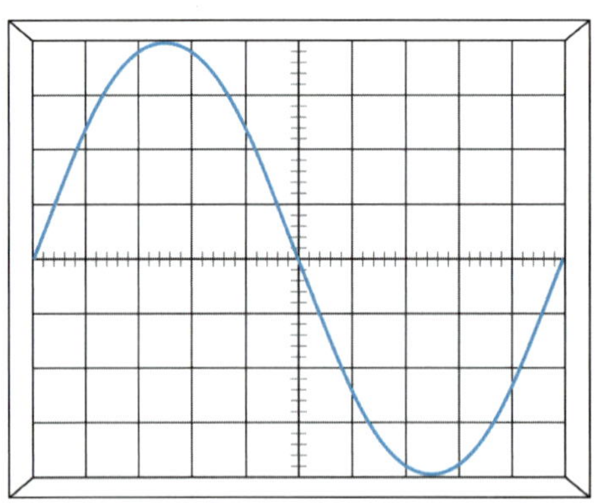

| 풀이 |

$V_{p-p} = 8\text{DIV} \times 0.2\text{V} = 1.6\text{V}$, 주기=10칸$\times$ 0.2ms= 2ms, 주파수=1/주기=0.5kHz= 500Hz

(4) 프로브 사용법

프로브(probe)는 그림 7.22와 같은 스코프와 측정회로를 연결해 주는 선으로 스코프로 전압을 측정할 때에는 악어클립 형태로 된 쪽을 반드시 회로의 접지 부분에 연결하고 침 혹은 갈고리 형태의 단자를 측정하고자 하는 곳에 접속한다. 프로브의 이상 유무는 디지털멀티미터로 저항을 측정하여 유한한 값(1×에서 약 250Ω, 10×에서 약 9MΩ)이 나타나면 된다.

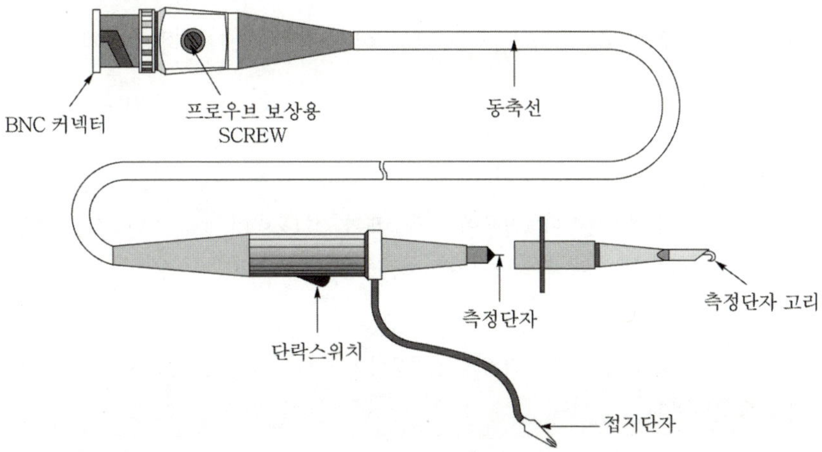

그림 7.22 오실로스코프 프로브

1:1 프로브는 입력전압 감쇄없이 직접 전달(입력저항 1MΩ)하고, 10:1 프로브는 입력전압을 1/10로 감쇄시켜 오실로스코프에 전달(입력저항 10MΩ)한다. 오실로스코프에서 측정되는 전압값에 10을 곱해줘야 하는 10:1 프로브는 그림 7.23과 같이 프로브 쪽에 가변 커패시터, C_1이 있어 주파수에 관계없이 측정전압을 10:1로 분배해준다.

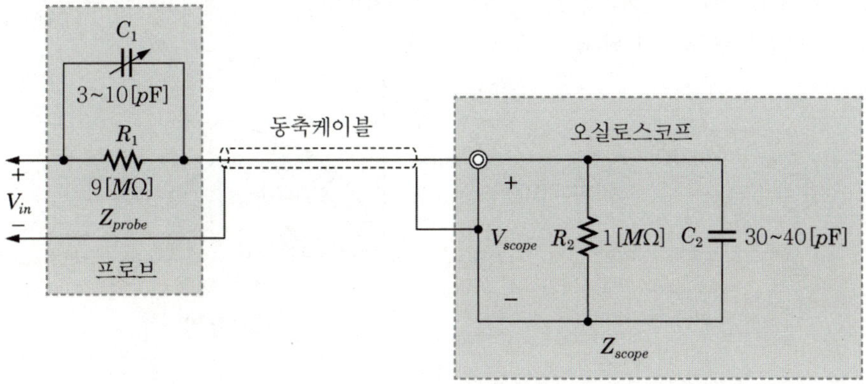

그림 7.23 10:1 프로브의 등가회로

오실로스코프는 내부저항과 함께 내부전기용량이 있고, 1m 정도의 동축케이블에는 10pF 정도의 전기용량을 가진다. 그래서 10:1 프로브를 사용할 때는 프로브를 사용하기 전에 반드시 보정해야 한다. 그 보정용 트리머 커패시터를 드라이버로 돌리면서 구형파가 나타나도록 조정한다.

오실로스코프 전압은 각 임피던스 값으로 분압 되므로

$$V_{scope} = \frac{Z_{scope}}{Z_{scope} + Z_{probe}} V_{in} \tag{7-11}$$

이며 $Z_{scope} = R_2 /\!/ \frac{1}{jwC_2} = \frac{R_2}{1 + jwR_2C_2}$ 그리고 $Z_{probe} = R_1 /\!/ \frac{1}{jwC_1} = \frac{R_1}{1 + jwR_1C_1}$ 이다.

이때 $R_1C_1 = R_2C_2$가 되면 $V_{scope} = \frac{R_2}{R_1 + R_2} V_{in}$이 되므로 스코프 전압은 저항에 의해 분압되어 왜곡이 발생하지 않는다.

예제 7-15

10:1 프로브에서 케이블의 전기용량이 10pF 이고 스코프의 전기용량이 20pF 이다. 프로브에 0 ~ 100V 인 5kHz 사각파를 입력할 때 테브난 등가회로와 출력파형을 구하여라.

| 풀이 |

프로브-오실로스코프의 등가회로 1에서 각각의 전기용량이 병렬이므로 합성전기용량 $C_i = 10p + 20p = 30p$F 인 등가회로 2가 된다.

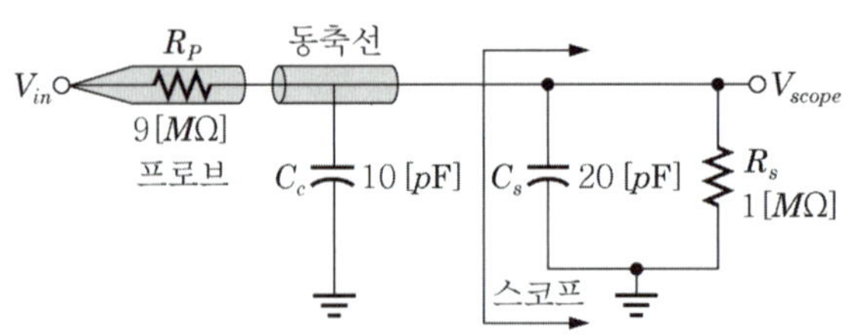

〈등가회로 1〉

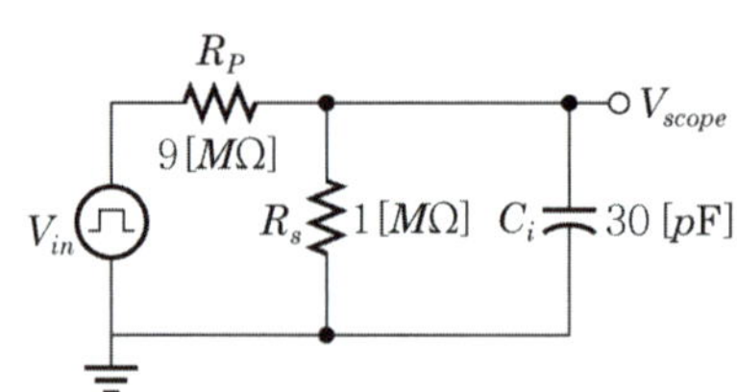

〈등가회로 2〉

등가회로 2에서 C_i에서 본 등가저항 $R_{TH} = 9M /\!/ 1M = 0.9M\Omega$ 이고, 등가전압 $V_{TH} = \frac{1M}{1M + 9M} V_{in} = 0.1\,V_{in}$ 인 테브난 등가회로가 된다.

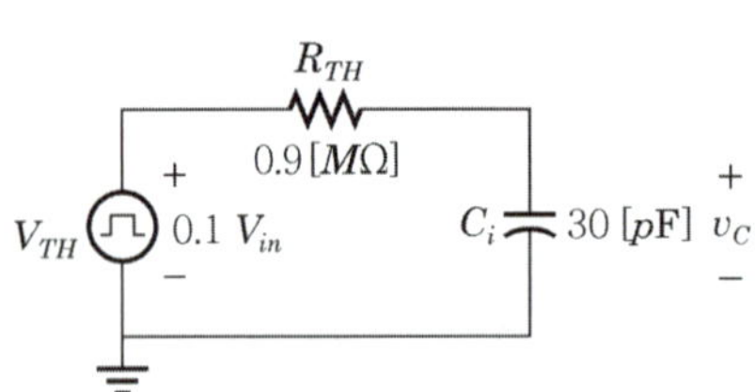

〈테브난 등가회로〉

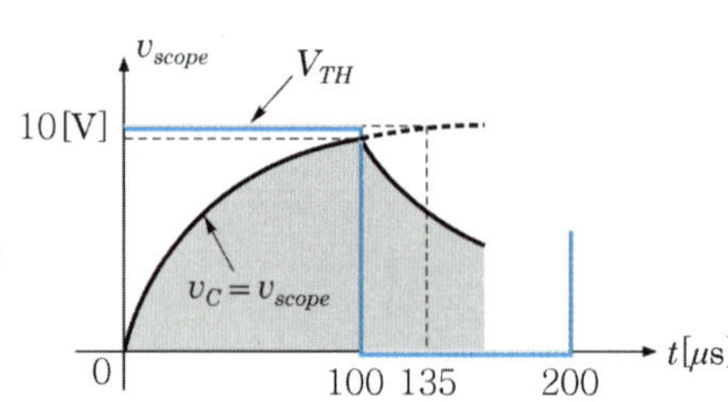

〈출력파형〉

스코프의 출력파형 $v_c(t) = v_{scope}(t) = 10 - 10e^{-t/\tau}$[V] 이다. 시정수 $\tau = R_{TH}C_i = (0.9M)(30p) = 27\mu$s 이고, 사각파의 주기는 $T = \frac{1}{f} = \frac{1}{5k} = 0.2m$s 이다. $5\tau = 5(27\mu) = 135\mu$s 이므로 $T/2 < 5\tau$이고 정상상태 10V 까지 올라가기 전에 방전되어 출력파형은 사각파가 찌그러진 모양이다.

연습문제

7.1 소자에 흡수되는 전력 $p(t)=10\cos^2(100t)[\mathrm{W}]$ 이고 소자에 흐르는 전류 $i(t)=5\cos(100t)[m\mathrm{A}]$ 일 때 소자에 인가되는 전압을 구하여라.

7.2 사람이 들을 수 있는 주파수가 20Hz ~ 20kHz 이고, 음파가 공기 중에 전파속도는 340m/s일 때 파장영역을 계산하여라.

7.3 $V_m=120\mathrm{V}$, $I_m=50\mathrm{A}$, $\theta=\dfrac{\pi}{6}$ 인 다음의 전압파 및 전류파의 위상관계를 말하고 정현파 식을 나타내어라.

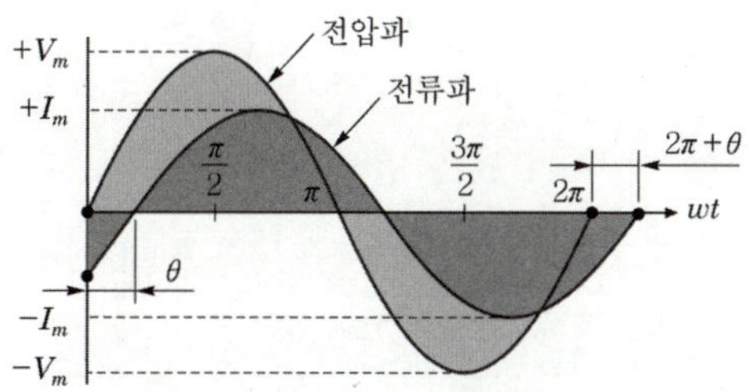

7.4 주파수가 60Hz, 진폭이 220V 인 3상 평형 시스템의 위상도를 그리고 전압방정식을 적어라.

7.5 $v(t)=169.8\sin(377t)[\mathrm{V}]$의 전압파에서 유효값, 주파수, 5$m$s 후 순간전압값을 구하여라.

7.6 교류발전기의 출력주파수가 60Hz 이고 자극이 세 쌍일 때 회전속도, N[rpm]를 구하여라.

7.7 RC 회로에서 출력전압파의 피크-피크값이 4[V]가 되는 경우 입력 전압파의 피크값과 위상차를 구하여라.

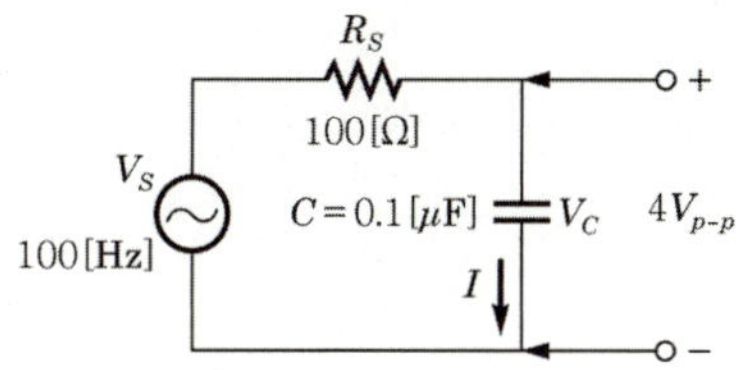

7.8 그림과 같은 파형의 평균값과 유효값을 구하여라. 단 δ는 듀티비이다.

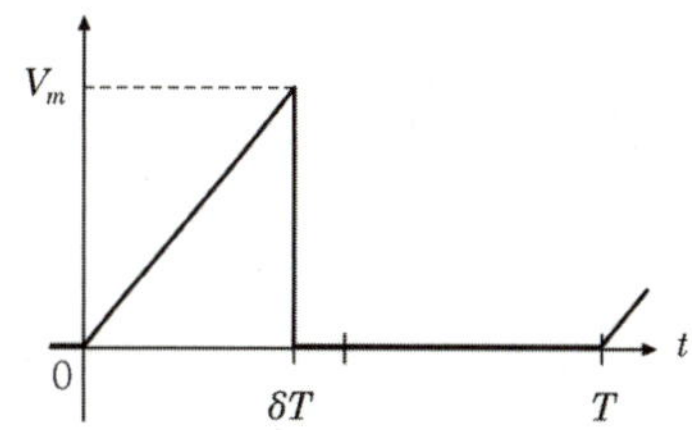

7.9 오실로스코프 채널-1에서 AC-GND-DC 스위치가 DC이고 VERTICAL VOLTS/DIV이 0.2V, SWEEP TIME/DIV이 0.2ms 일 때 주기, 주파수, 직류값 및 교류 피크값을 구하여라.

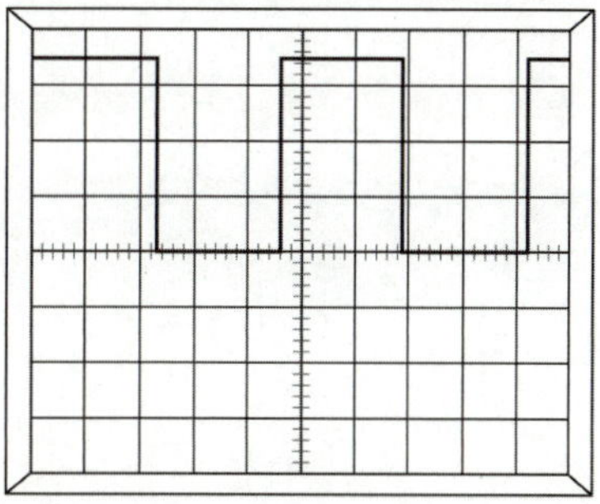

7.10 오실로스코프에서 Time/Div=0.2ms, Volts/Div =0.5V 일 때 진폭이 1V 이고 주기가 0.8ms 인 사각파 파형을 나타내어라.

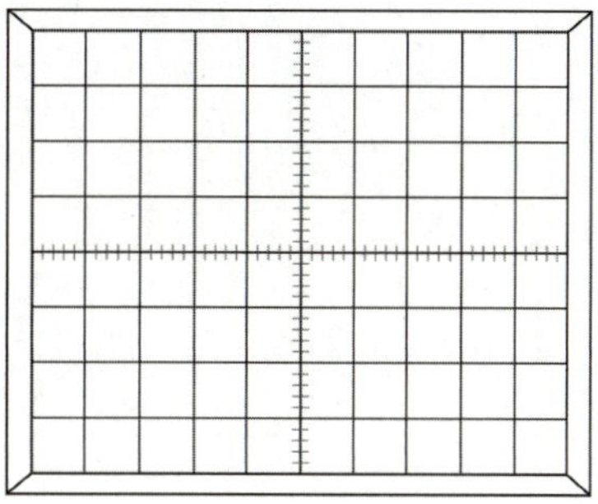

08

Chapter

커패시터와 RC 회로

8.1 커패시터

커패시터(capacitor) 혹은 콘덴서(condenser)는 전하를 축적하거나 직류전류를 차단하고 교류전류를 통과시키려는 용도에 사용된다. 구조는 그림 8.1과 같이 두 도체판의 전극 사이에 절연체(유전체)를 넣어 커패시터를 만드는데, 이 재질에 따라 여러 종류의 커패시터가 있고, 공기를 유전체로 하는 커패시터도 있다.

중성상태에서는 두 도체판에 자유전자의 수가 같지만 직류전압을 인가하면, (+) 단자에 연결된 도체판에서 전자가 제거되고 (–) 단자에 연결된 도체판에 같은 양의 전자가 축적된다. 그래서 각 전극에 부호가 다른 전하(電荷)가 축적되며, 축적하는 동안에는 전류가 흐르지만 유전체를 통해 전류가 흐르지 않는다. 축적된 상태에서 전류는 흐르지 않고 전원을 제거하더라도 커패시터에 손실이 없다면 축적된 전하는 유지된다.

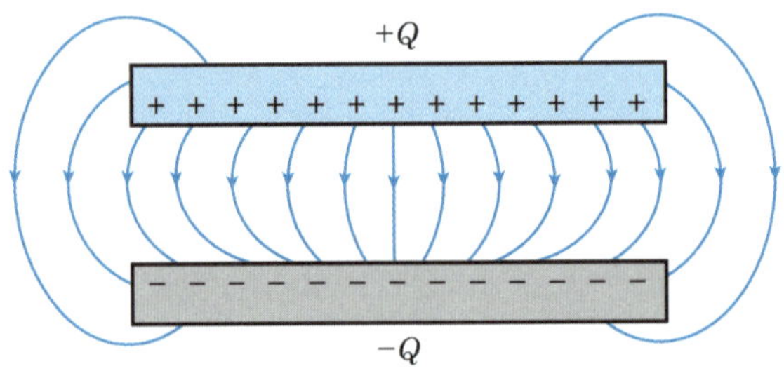

그림 8.1 평행판 커패시터에서 전기력선

커패시터의 전기용량은 도체판의 개수 N, 도체판의 크기(면적) $A[\text{cm}^2]$, 두 판 사이의 거리 $d[\text{cm}]$ 및 절연체의 종류에 의해 결정되고 관계식은

$$C=\epsilon\frac{A(N-1)}{d}=8.85\times10^{-12}\epsilon_r\frac{A(N-1)}{d}\ [\text{F}]=0.0885\ \epsilon_r\frac{A(N-1)}{d}\ [\text{pF}] \tag{8-1}$$

이며, 여기서 $\epsilon=\epsilon_r\epsilon_0$는 유전율(permittivity)상수이며, $\epsilon_0=8.85\times10^{-12}$는 진공의 유전율 상수, ϵ_r는 표 8.1과 같이 유전체의 비유전율(relative permittivity)상수로 재료에 따라 1~7500 사이 값을 갖는다. 세 개의 변수 중에 한 개를 변화시키면 전기용량을 쉽게 변화시킬 수 있고, 그림 8.2는 커패시터의 심벌이다.

표 8.1 재료에 따른 비유전율

재료	비유전율	재료	비유전율
공기(대기압)	1	마닐라종이	1.5
마이카	7.5	수정	2
에틸알콜	25	밀납	1.86
파라핀왁스	2.25	증류수	81

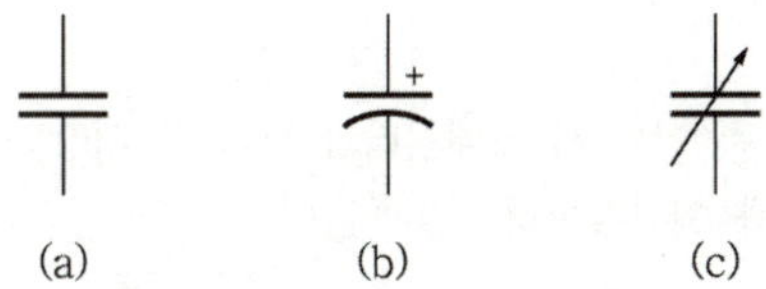

그림 8.2 커패시터 심벌 (a) 고정, 비극성 (b) 극성 (c) 가변, 비극성

> 커패시터는 전압의 변화에 대해 연속적이다.

> 유전(誘電)은 전기를 유도한다는 뜻이고 유전율(誘電率)은 분극(polarization)에 의해 전기를 유도하는 정도

예제 8-1

파라핀왁스($\epsilon_r = 2.25$)로 채워진 평행판 커패시터에서 면적이 2cm^2이고 판 사이 거리가 1mm 일 때 전기용량을 구하여라.

| 풀이 |

$$C = \epsilon_0 \epsilon_r \frac{A}{d} = 2.25 \times (8.85 \times 10^{-12}[\text{C}^2/\text{N}\cdot\text{m}^2]) \frac{2 \times 10^{-4}[\text{m}^2]}{1 \times 10^{-3}[\text{m}]} \simeq 4 \times 10^{-12}\text{F} = 4p\text{F}$$

(1) 전기용량의 단위

전기용량 C[F : 패럿]는 전하량 Q[C : 쿨롱]와 전압 V[V : 볼트]의 비이며 1F은 1[C/V]이다.

$$C = \frac{Q}{V} = \frac{dQ}{dV} = \frac{dQ/dt}{dV/dt} = \frac{I}{dV/dt}\ [\text{F}] \quad \rightarrow \quad I = C\frac{dV}{dt}\ [\text{A}] \tag{8-2}$$

일반적으로 커패시터에 축적되는 전기용량은 매우 작기 때문에, μF$(10^{-6}$F$)$나 pF$(10^{-12}$F$)$의 단위가 사용된다. 최근에는 슈퍼 커패시터라는 명칭으로 F 단위의 용량을 가진 커패시터도 있다.

> 커패시터 임피던스
>
> $$V_C = V_0 e^{jwt} \rightarrow I_C = C\frac{dV_C}{dt} \rightarrow I_C = jwCV_0 e^{jwt} \rightarrow Z_C = \frac{V_C}{I_C} = \frac{1}{jwC}$$
>
> - 고주파수에서 커패시터의 임피던스 Z_C는 작고, 저주파수에서 Z_C는 크다.
> - 직류에서 커패시터의 임피던스 Z_C는 $\infty\Omega$ 즉 개방이다.

> - 전기용량은 커패시터가 도체판에 1V 당 저장할 수 있는 전하량
> - 커패시터에 형성된 전장에 의해 충전되는 전기에너지, $W_c = \frac{1}{2}CV^2$ [J]

예제 8-2

커패시터의 금속판 사이에 10V를 인가 시 커패시터가 1mC을 저장하기 위한 전기용량(커패시턴스)은 얼마인지 계산하고 전기에너지를 계산하여라.

| 풀이 |

$$C=\frac{Q}{V}=\frac{1[mC]}{10[V]}=0.1[mF],\ \ W_c=\frac{1}{2}CV^2=\frac{1}{2}QV=\frac{1}{2}\times10^{-3}\times(10)=5[mJ]$$

(2) 커패시터의 정격 및 응용

유전체의 절연내력(dielectric strength) 이내에서 소자의 손상없이 사용할 수 있는 최대 직류 전압이다. 온도계수는 온도가 증가하면 전기용량이 증가하는 양의 온도계수 혹은 감소하는 음의 온도계수 그리고 크기로 표시한다. 교류인 경우 가능한 리플 성분을 고려하여 1.41을 작동전압에 곱한 수치보다 큰 내압의 커패시터 사용을 권장한다.

- 교류 실효값 100V인 경우 최대값은 141V이다.
- 동작전압의 실효전압보다 50% 이상 크도록 실제로 커패시터를 선택한다.

커패시터는 직류차단용, 교류 결합용, 그리고 바이패스용으로 사용되며, 전원공급기의 여과회로, 특정주파수를 가진 교류신호를 선택하는 필터회로, RC 시상수에 의한 시간지연회로(timing circuit), DRAM과 같은 동적 기억장치, 전원과 접지 사이에 커패시터를 연결하여 직류전원에 원하지 않는 잡음을 제거하는 기능 등에 사용한다.

(3) 커패시터의 용량, 허용오차, 정격전압

커패시터의 용량표시는 그림 8.3과 같이 부품회사에 따라 세 자리의 숫자로 표시하거나 그대로 표시한다. 그리고 커패시터의 허용오차, 정격전압은 각각 표 8.2과 표 8.3에 나타내었다.

① 세 자리 숫자로 나타내는 경우에는 앞의 두 자리 숫자가 용량의 제1 숫자와 제2 숫자이고, 세 번째 자리가 승수이다. 표시단위는 pF로 되어 있다. 예를 들면 103이면 $10\times10^3p=$ 10,000pF$=0.01\mu$F로 된다.

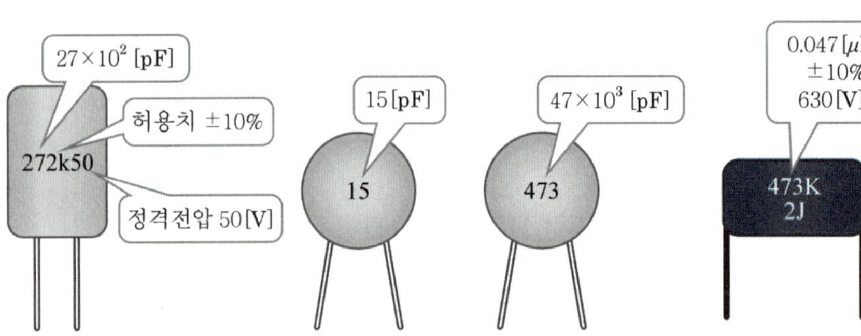

그림 8.3 커패시터 값 읽기

② 커패시터는 용량을 그대로 표시한 경우 pF을 붙인다. 즉, 47은 $47pF$을 의미한다. 무선주파수에선 pF 단위가 주로 사용된다.

③ 커패시터는 용량을 소수점으로 표시한 경우 μF을 붙인다. 즉, 0.001은 $0.001\mu F$을 의미한다.

표 8.2 커패시터의 허용오차

기호	B	C	D	F	G	J	K	M	N
허용오차[%]	±0.1	±0.25	±0.5	±1	±2	±5	±10	±20	±30

표 8.3 커패시터의 정격 전압

기호	정격전압 [V]	기호	정격전압 [V]	기호	정격전압 [V]
0A	1	1A	10	2A	100
0B	1.25	1B	12.5	2B	125
0C	1.6	1C	16	2C	160
0P	1.8	1P	18	2P	180
0D	2	1D	20	2D	200
0E	2.5	1E	25	2E	250
0F	3.15	1F	31.5	2F	315
0V	3.5	1V	35	2V	350
0G	4	1G	40	2G	400
0W	4.5	1W	45	2W	450
0H	5	1H	50	2H	500
0J	6.3	1J	63	2J	630
0K	8	1K	80	2K	800

(4) 커패시터 종류

① 알루미늄 전해커패시터

그림 8.4(a)와 같이 두 장의 알루미늄 전극 사이에 인산염, 탄산염 등의 전해액을 얇은 산화막으로 하여 유전체로 사용한다. 유전체를 매우 얇게 할 수 있으므로 커패시터의 체적에 비해 큰 용량을 얻을 수 있다. 특징은 극성이 있어 일반적으로 커패시터에 (−) 선이 표시되어 있고, 정격 전압(2V ~ 500V), 용량($0.1\mu F$ ~ $15000\mu F$), 비교적 큰 허용오차(±10%, ±20%, −10% ~ +30%)도 표시되어 있다. 이 커패시터는 직류 전원의 필터회로, 교류회로의 결합회로 등에 사용되고 코일 성분이 많아 저주파(DC ~ 수 $100kHz$)에 사용된다.

② 탄탈 커패시터

전극에 탄탈륨이라는 재료를 사용하고 있는 전해콘덴서로 다양한 형상과 다양한 색상을 가진다. 탄탈 커패시터는 탄탈륨 분말을 소결하여 굳혔을 때에 나오는 빈틈을 이용하는 구조로 되어 있어, 두루마리 구조가 아니므로 알루미늄 전해커패시터보다 특성이 우수하다. 비교적 용량이 크고($0.1\mu F$ ~ $220\mu F$), 정격 전압은 3V ~ 35V이며, 커패시터 선 중 긴쪽이 (+) 극을 표시하는 극성이 있다. 가격은 전해커패시터보다 비싸기 때문에 온도에 의한 용량 변화가 적은 회로, 주파수 특성이 우수한(DC ~ 수 $10MHz$) 회로 등에 사용한다. 신호 파형을 중요시하는 아날로그 회로에는 탄탈 커패시터를 흔히 사용한다.

③ 세라믹 커패시터

큰 유전율을 가진 티탄산 바륨(Titanium-Barium)을 원형으로 만들고 양면에 은을 코팅한다. 접시형 갈색 본체를 가진 커패시터는 인덕턴스가 적어 고주파 특성이 양호하다는 특징을 가지고 있어, 고주파의 바이패스에 흔히 사용된다. 모양은 원반형으로 되어 있으며, 용량은 비교적 작고(수 pF~수 μF), 높은 전압용(25V~3kV)이며, 전극의 극성은 없다. 그리고 허용차가 크고(±10%, ±20%), 적용 주파수 범위가 넓다(수 kHz~수 GHz). 세라믹은 강유전체의 물질로 아날로그 회로에 사용하면 신호에 일그러짐이 생기므로 이런 회로에는 사용할 수 없다.

④ 가변용량 커패시터

용량을 변화시킬 수 있는 커패시터이며, 주로 주파수 조정 등에 사용한다. 유전체로 세라믹과 폴리에스테르 필름 등을 유전체로 사용하고, 프린트 기판에 실장할 수 있도록 만들어져 있다. 그림 8.4(b)와 같은 가변 커패시터는 서로 맞물리는 고정판 및 이동판으로 구성되어 있다. 이동판을 회전축에 의해 조정되고, 판 사이의 유전물질은 공기이다. 일반적으로 10pF에서 500pF의 값으로 조절된다. 표 8.4는 여러 커패시터 종류의 외형사진을 나타낸다.

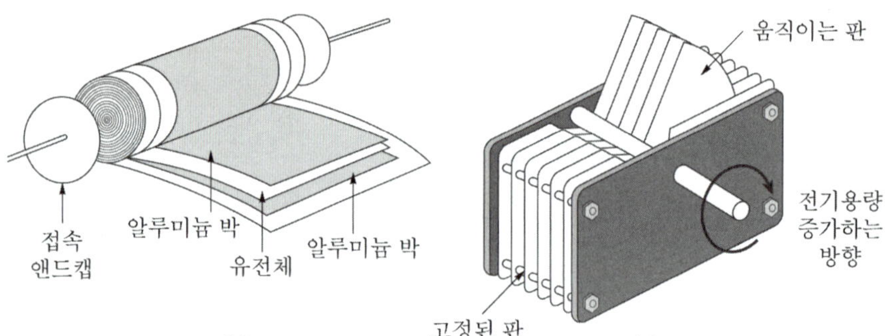

(a) (b)

그림 8.4 커패시터 구조 (a) 알루미늄 전해커패시터 (b) 가변용량 커패시터

표 8.4 커패시터 종류

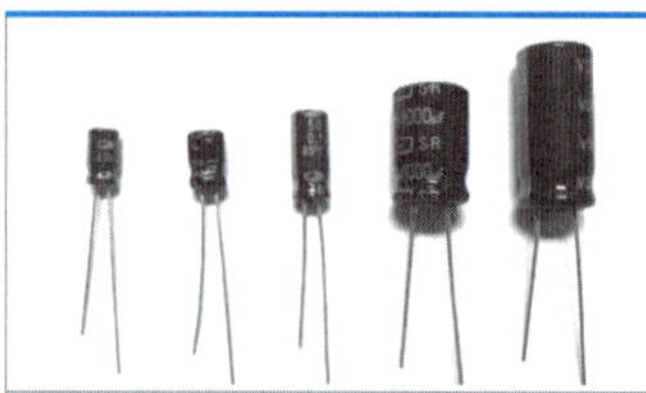	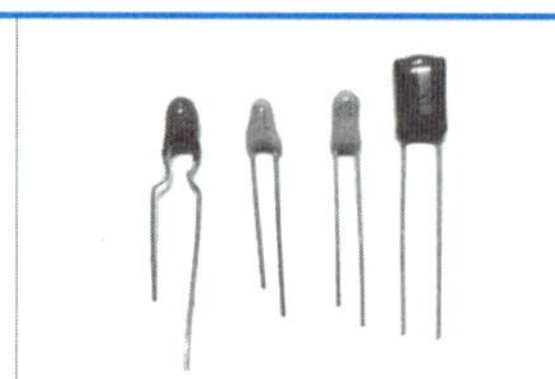
알루미늄 전해커패시터	탄탈 커패시터
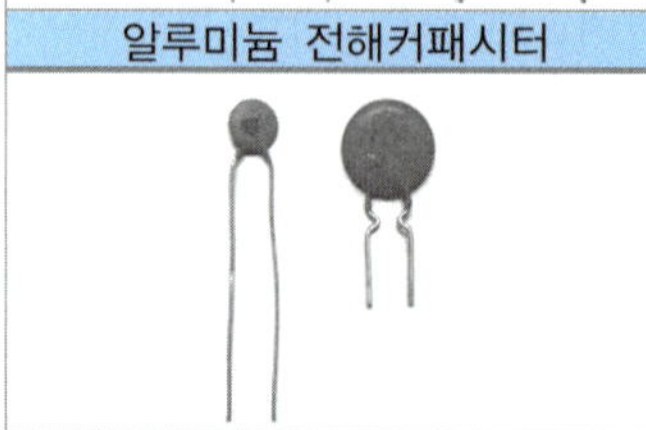	
세라믹 커패시터	가변용량 커패시터

(5) 커패시터의 직류 및 교류 특성

전기용량만을 가지는 이상적 커패시터에 $i = I_m \sin\omega t$로 표시되는 정현파 전류가 흐를 때 전류의 방향으로의 전압강하 v는

$$v = \frac{1}{C}\int idt = \frac{1}{C}\int I_m \sin\omega t dt = -\frac{1}{\omega C} I_m \cos\omega t = \frac{1}{\omega C} I_m \sin(\omega t - 90^o) \quad (8\text{-}3)$$

이고, 여기서 전압과 전류의 최대치의 관계는 $V_m = (1/\omega C) I_m$이며, 실효값은 $V = (1/\omega C) I$ 또는 $I = \omega CV$와 같다.

그림 8.5는 전기용량 회로의 전압과 전류의 위상관계를 보여주고 있다. 따라서 전기용량만을 가지는 교류회로에서 전압과 전류는 동일 주파수의 정현파이고 전압은 전류보다 위상이 90° 늦다. 그리고 전압과 전류의 실효값의 크기 비는 $|X_c| = 1/(\omega C)$와 같다. 또한 X_c는 커패시터 회로의 전류를 제한하는 일종의 교류저항기 역할을 하는데 이 용량성 리액턴스 X_c는

$$X_c = -\frac{1}{\omega C} = -\frac{1}{2\pi f C} \ [\Omega] \quad (8\text{-}4)$$

이고, 여기서 C를 전기용량(커패시턴스), f는 교류주파수를 표시하며, X_c의 단위는 저항과 같이 Ω을 사용한다.

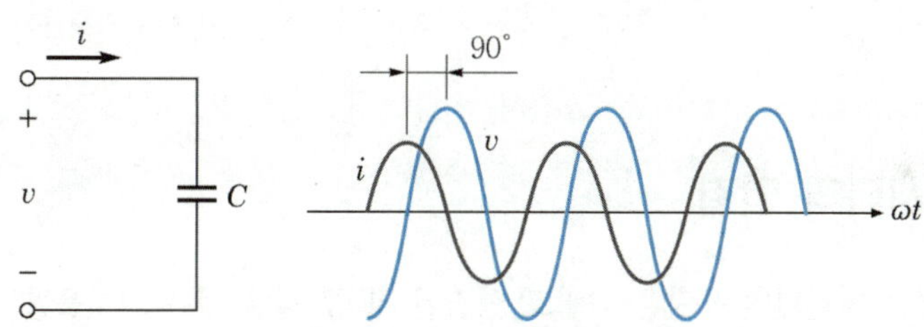

그림 8.5 커패시터의 전압 및 전류

① 직류에 대해서 개방회로로 작용하므로 직류를 차단시킨다. 직류전원을 연결하면 충전전류가 흐르고 충전 후 전류가 흐르지는 않지만 $Cv^2/2$의 전기에너지가 축적된다.

② 커패시터 교류전류는 커패시터에 인가된 교류전압의 순간변화율×전기용량인 $i = C\frac{dv}{dt}$ [A]이다. 사인파의 최대 및 최소 지점에서 변화율($d(\sin\theta)/dt$)은 '0'이 되어 순수 커패시터 교류회로에서 전류는 전압보다 90° 앞선다.

③ 주파수가 증가하면, 전압변화율이 증가하고 교류전류가 증가하여 교류전류의 흐름을 방해하는 커패시터의 리액턴스가 줄어든다는 것이다. 그림 8.6과 같이 커패시터의 리액턴스, $X_C = 1/2\pi f C$ [Ω]는 교류전류를 방해하고 주파수에 반비례한다.

④ 순수한 커패시터는 저항성분이 없으므로 전력을 소모하지 않는다. 위상차가 90^o인 전압과 전류의 곱의 평균값이 '0'이 되어 유효전력은 없고 무효전력만 갖는다. 즉 에너지를 저장하고, 후에 일부 사이클 동안 회로로 다시 전력을 되돌린다.

그림 8.7과 같이 커패시터는 직류와 낮은 주파수는 차단하고, 주파수가 커질수록 커패시터의 리액턴스가 줄어들어 전류가 잘 통과한다.

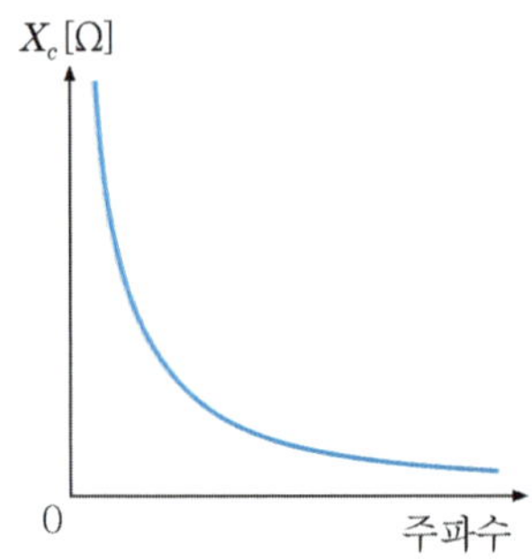

그림 8.6 주파수에 따른 리액턴스

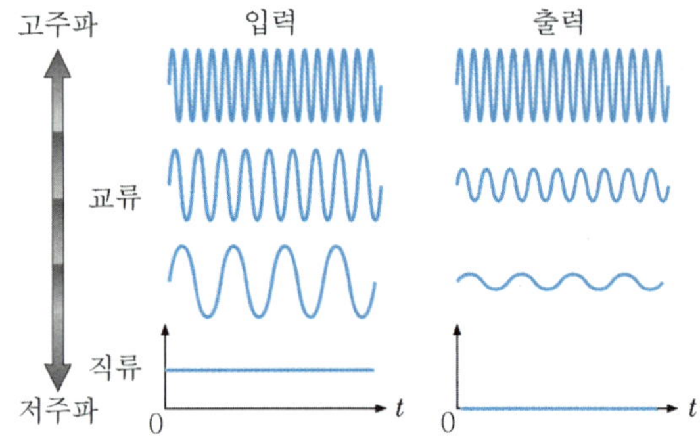

그림 8.7 주파수에 따른 전달 특성

예제 8-3

주파수 $f=10kHz$ 이고 전기용량 $1\mu F$ 일 때 용량성 리액턴스의 크기를 계산하여라.

| 풀이 |

$$|X_c|=\frac{1}{\omega C}=\frac{1}{2\pi fC}=\frac{1}{2\pi\times 10^4\times 10^{-6}}\simeq 15.9\Omega$$

8.2 커패시터의 연결

커패시터는 직렬로 연결되면 용량은 직렬로 연결된 것 중 제일 적은 전기용량보다도 더 적게 되고 병렬로 연결시키면 반대로 합한 전기용량 값으로 증가한다. 그림 8.8(a)와 (b)는 각각 커패시터를 직렬연결과 병렬연결 한 회로를 보여준다. 커패시터의 직렬연결 시 충전된 전하량은 같고 전위차가 다르므로 합성 전기용량은

$$V_s=V_1+V_2+\ \cdots\ +V_n=Q\left(\frac{1}{C_1}+\frac{1}{C_2}+\ \cdots\ +\frac{1}{C_n}\right) \tag{8-5}$$

$$\frac{1}{C_s}=\frac{V_s}{Q}=\frac{1}{C_1}+\frac{1}{C_2}+\ \cdots\ +\frac{1}{C_n} \tag{8-6}$$

이고, 저항의 병렬연결과 같은 방법으로 구하며 직렬 연결되는 커패시터가 많아질수록 합성 전기용량은 감소한다.

커패시터의 병렬연결 시 전위차는 같고 충전된 전하량이 다르므로 합성 전기용량은

$$Q_p=Q_1+Q_2+\ \cdots\ +Q_n=V(C_1+C_2+\ \cdots\ +C_n) \tag{8-7}$$

$$C_p=\frac{V}{Q_p}=C_1+C_2+\ \cdots\ +C_n \tag{8-8}$$

이고, 저항의 직렬연결과 같은 방법으로 구하며 병렬 연결되는 커패시터가 증가할수록 합성 전기용량은 증가한다.

커패시터의 내압을 표시하고 있으므로 이 전압 이하에서만 사용하여야 한다. 만약 같은 용량, 같은 내압의 커패시터를 직렬 연결하는 경우에는 그 직렬 수만큼 양단의 내압도 증가하게 된다. 즉 $30\mu F/10V$ 전기용량 세 개를 직렬연결하면 합성용량이 $10\mu F/30V$가 된다.

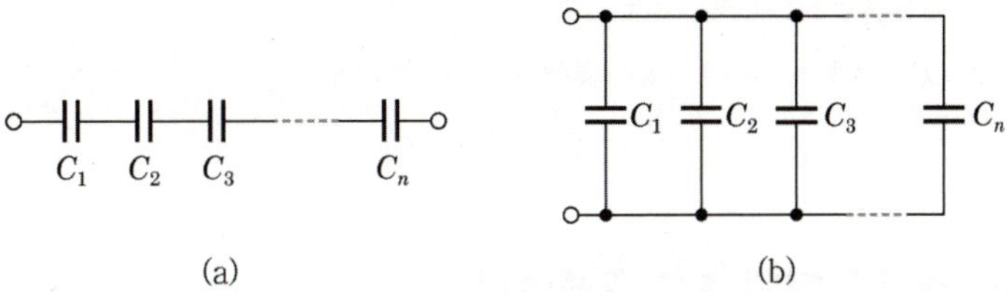

그림 8.8 커패시터의 연결 (a) 직렬 (b) 병렬

직렬/병렬로 구성된 그림 8.9와 같은 회로에서 합성 전기용량은

$$C_T = \frac{C_1 C_2}{C_1 + C_2} + C_3 \tag{8-9}$$

이다. 직렬로 연결된 C_1과 C_2는 같은 전하량을 보유하므로 $C_1 V_1 = C_2 V_2$이고 전지의 전원은 각각의 전위차를 더한 $V_s = V_1 + V_2$이므로 이 두 식을 정리하면 C_1과 C_2에 인가된 전위차는 다음과 같다.

$$V_1 = \frac{V_s C_2}{C_1 + C_2},\ V_2 = \frac{V_s C_1}{C_1 + C_2} \tag{8-10}$$

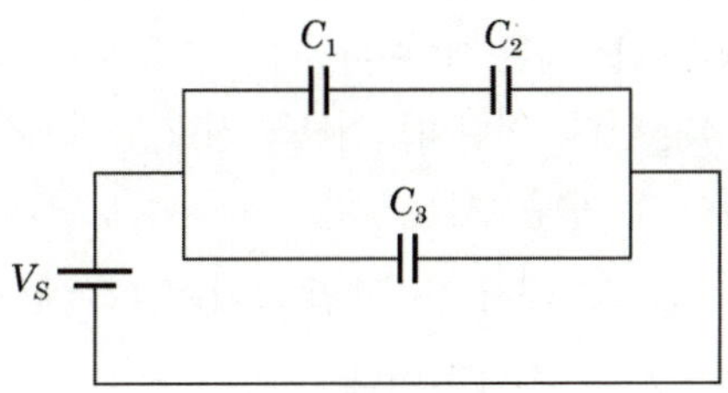

그림 8.9 직병렬 커패시터 회로

예제 8-4

다음 회로에서 단자 $a-b$에 50V 전원을 인가했을 때 커패시터의 합성 전기용량을 구하고 C_3에 인가된 전위차를 구하여라.

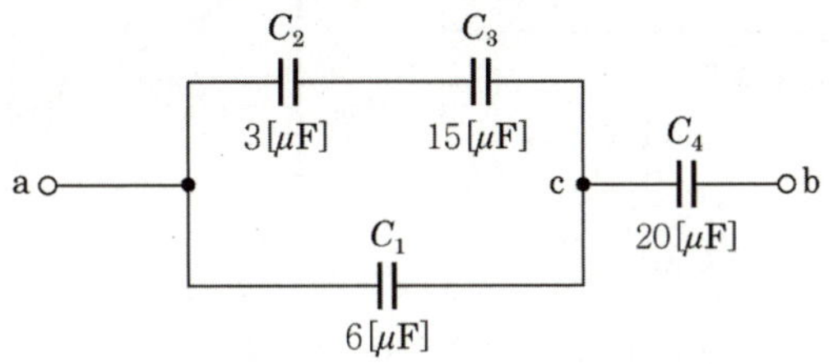

| 풀이 |

$C_1 - C_2 - C_3$ 전기용량 $C_{123} = C_1 + \dfrac{C_2 C_3}{C_2 + C_3} = 6\mu + 2.5\mu = 8.5\mu\text{F}$

$C_{123} - C_4$ 전기용량 $C_T = \dfrac{C_4 C_{123}}{C_4 + C_{123}} = 5.96\mu\text{F}$

전체 전기량 $Q_T = C_T V_s = (5.96\mu\text{F})(50\text{V}) = 298\mu\text{C}$ 이므로 $V_{C4} = \dfrac{Q_T}{C_4} = \dfrac{298 \times 10^{-6}}{20 \times 10^{-6}} = 14.9\text{V}$ 이고

병렬가지에 인가된 전위차 $V_{23} = 50 - 14.9 = 35.1\text{V}$ 이며, C_3 가지 전하량

$Q_{C3} = C_{23} V_{23} = 2.5\mu \times 35.1 = 87.8\mu\text{C}$ 이고 그래서 $V_3 = \dfrac{Q_{C3}}{C_3} = \dfrac{87.8 \times 10^{-6}}{15 \times 10^{-6}} \simeq 5.85\text{V}$ 이다.

8.3 실제 커패시터와 RC 직렬회로

(1) RC 직렬회로

모든 커패시터들은 교류 성분의 저항뿐만 아니라 에너지 충전을 지연시키는 직류 저항성분 및 충전된 에너지를 방전시키는 손실 저항성분을 갖고 있다. 따라서 커패시터의 교류저항(reactance) 성분을 X_C, 그리고 직류저항 성분을 R이라 하면, 합성저항인 임피던스(impedance)는 $Z = R - jX_C$이고 전류와 전압과의 관계인 옴의 법칙, $Z = V/I$로 구할 수 있다. 그림 8.10은 RC 직렬회로와 위상도이고, RC 직렬회로 특성은 다음과 같다.

① RC 직렬회로의 합성저항(임피던스) 크기는 $|Z| = \sqrt{R^2 + {X_C}^2}$ 이고, 위상각 $\theta = \tan^{-1}\ (-X_C/R)$이다.

② 그림 8.10(b)와 같이 전류에 대한 전압의 위상차 θ는 $0^o \sim 90^o$이다. 순저항인 경우 위상차가 0°, 순 커패시턴스인 경우 위상차는 90^o이다.

③ 키르히호프 전압법칙을 적용한다. 직렬회로이므로 저항과 커패시터에 흐르는 전류는 같다. 저항전압은 전류와 동위상이고, 커패시터 전압은 90° 늦다. 그래서 저항의 전압 V_R과 커패시터 전압 V_C의 위상차는 90^o이고, 그래서 전원전압 크기는 $V_S = \sqrt{V_R^2 + V_C^2}$, 저항 전압과 전원전압 사이 위상각은 $\theta = \tan^{-1}\ (-V_C/V_R)$이다.

④ 커패시터의 리액턴스는 $X_C = -1/(2\pi f C)$이다. 저항성분이 일정한 경우 교류전류의 주파수가 증가할수록 리액턴스 X_C, 임피던스 Z, 그리고 위상각 θ의 크기는 감소한다.

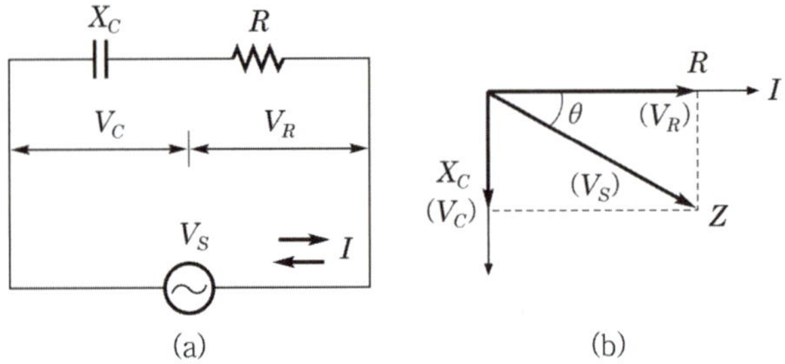

그림 8.10 RC 직렬회로 (a) 회로도 (b) 위상도

예제 8-5

그림의 회로에서 커패시터 양단 전압이 저항기 양단 전압과 같아지는 전원의 주파수를 계산하여라.

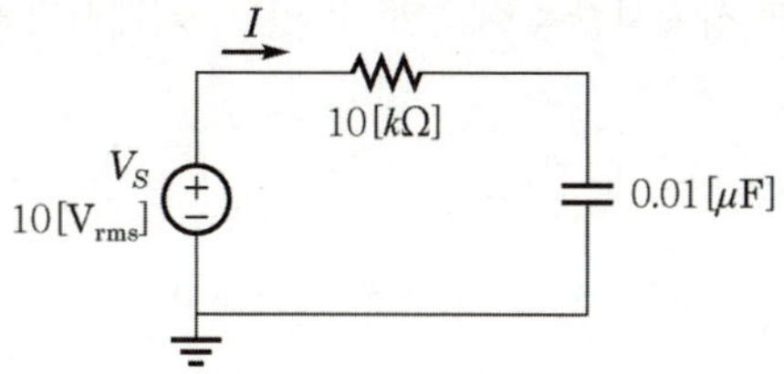

| 풀이 |

$X_C = R = 10k\Omega$ 이므로 $f = \dfrac{1}{2\pi X_C C} = \dfrac{1}{2\pi(10k)(0.01\mu)} = 1.59kHz$

(2) 충전과 방전 식

커패시터는 두 금속판 사이에 유전체를 사이에 두고 전압을 가하면 전하가 이동하여 이들 금속판에 전하가 축적된다. 커패시터에 전하를 축적시키는 것을 충전(charge)이라고 하고, 커패시터에 축적된 전하를 방출하는 것을 방전(discharge)이라고 한다.

그림 8.11과 같이 전류의 방향이 커패시터의 양(+)의 도체판으로 유입되면 충전이고 전류 $I=+\dfrac{dQ}{dt}$ 이며, 전류의 방향이 양(+)의 도체판으로 유출되면 방전과정이고 전류는 $I=-\dfrac{dQ}{dt}$ 이다.

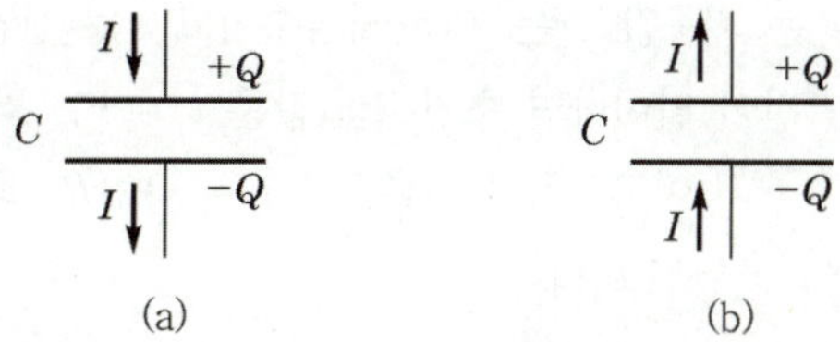

그림 8.11 커패시터의 충방전과정 (a) 충전 (b) 방전

- 커패시터가 완전히 충전되면 회로에는 더 이상 전류가 흐르지 않는다.
- 직류전원에 대한 정상상태에서 커패시터는 개방회로와 같다.

등가 전기용량이 C, 등가 커패시터 단자에서 본 테브난 저항이 R일 때 RC 회로의 시상수(time constant), τ는 다음과 같다.

$$\tau = RC \tag{8-11}$$

펄스는 한 높은 전위에서 다른 낮은 전위로 그리고 다시 높은 전위로 변하는 전압 및 전류이다. 펄스열의 각 순환시간을 주기, T라 하면 사각파는 높은 전위시간과 낮은 전위시간이 같은 파형으로 이상적인 사각파의 펄스폭, t_p는 주기의 반이다. 펄스폭과 주파수와의 관계는 다음과 같다.

$$f = \frac{1}{T} = \frac{1}{2t_p} \tag{8-12}$$

그림 8.12(a)와 같이 입력을 $t \geq 0$에서 V_0인 직류전압을 회로에 인가한다. 응답곡선은 그림 8.12(b)와 같이 증가하고, 시상수 RC는 최종값의 63%에 도달하는 데 걸리는 시간이다. 그리고 출력전압의 기울기로 출력전압의 상승시간을 예측할 수 있고, 커패시터의 용량이 클수록 전압의 상승시간은 길어진다.

커패시터 충전전압 $V_C(t)$는 다음과 같다.

$$V_C(t) = V_0\left(1 - e^{-t/RC}\right) \quad t \geq 0 \tag{8-13}$$

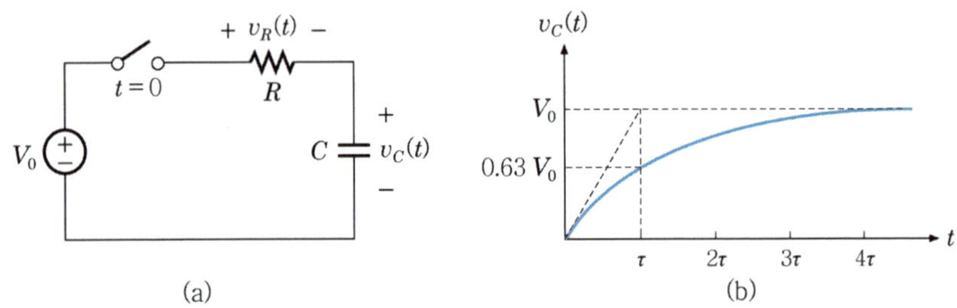

그림 8.12 RC 직렬회로 및 충전 (a) 회로도 (b) 커패시터 충전전압 파형

커패시터의 충방전 전압과 인덕터의 충전과 방전 전류를 구할 때

$$s(t) = s_f + (s_i - s_f)e^{-t/\tau} \tag{8-14}$$

이고, 여기서 s_i는 초기값, s_f는 최종값, τ는 RC−시상수이고 s는 전압과 전류이다.

그림 8.13과 같이 t_0에서 방전이 일어나면 초기 전압값은 $v_i = V_0$, 최종 전압값은 $v_f = 0$이므로 방전 전압식은 $v_C(t) = V_0 e^{-(t-t_0)/\tau}$이고, 초기 전류값은 $i_i = -V_0/R$, 최종 전류값은 $i_f = 0$이므로 방전 전류식은 $i_C(t) = -\dfrac{V_0}{R}e^{-(t-t_0)/\tau}$이다.

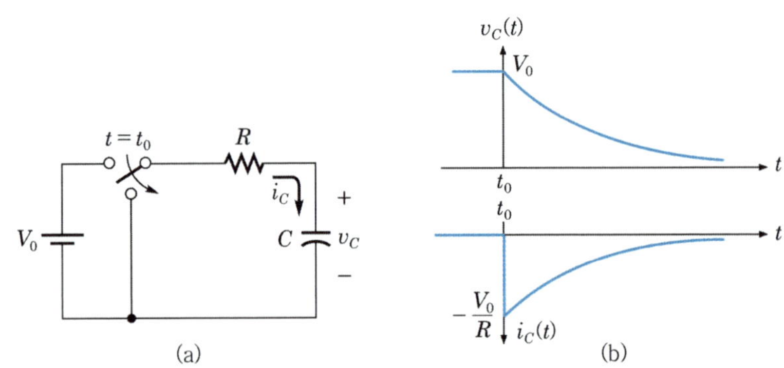

그림 8.13 RC 직렬 회로 및 방전 (a) 회로도 (b) 방전 전압 및 전류 특성

커패시터 방전전압 $v_C(t)$는

$$v_C(t) = V_0 e^{-t/RC} \quad t \geq 0 \tag{8-15}$$

이고, 여기서 V_0은 $t=0$에서 커패시터에 저장된 초기전압이다. 그림 8.14는 지수함수적으로 감쇠

되는 응답곡선을 나타낸다. 충전 혹은 방전할 때 5τ가 경과하면 최종값에서 99%에 도달하며 이 시간을 과도시간(transient time)이라 한다.

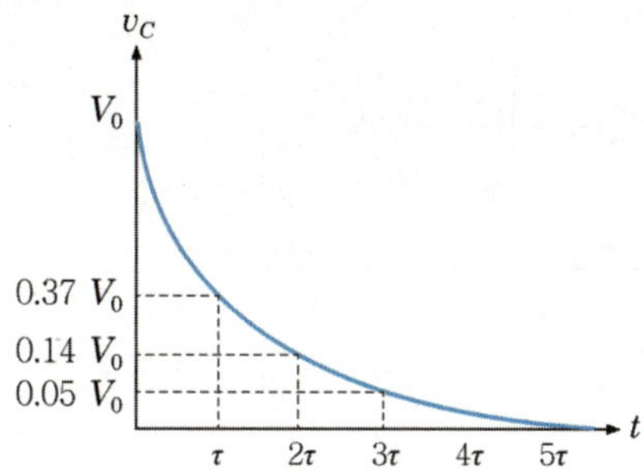

t	$e^{-t/\tau}$
τ	0.37
2τ	0.14
3τ	0.05
4τ	0.02
5τ	0.01

그림 8.14 RC 직렬회로의 커패시터 방전전압 파형

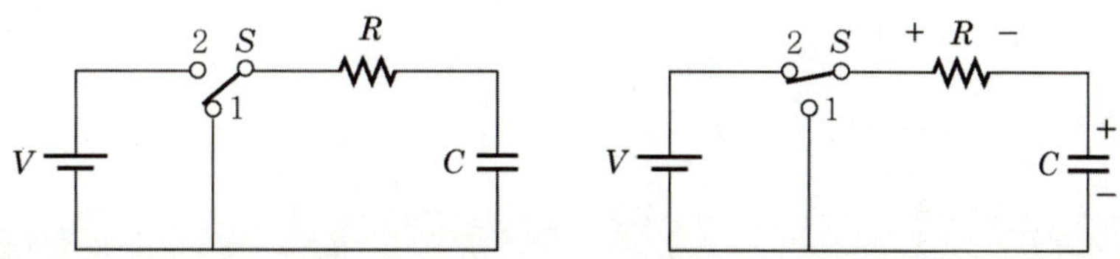

처음 스위치 위치 1에서 회로에 흐르는 전류는 없고, 스위치 위치 1에서 2로 이동하면 커패시터에 충전하기 위한 전류가 흐른다. 순간전류는 순간 전하 Q[C]가 커패시터에 저장된다.

① $V - Ri - \frac{Q}{C} = 0 \to V - R\frac{dQ}{dt} - \frac{Q}{C} = 0 \to -RC\frac{dQ}{dt} = Q - CV \to \int_0^Q \frac{dQ}{Q-CV} = \int_0^t -\frac{dt}{RC} \to$

$[\ln(Q-CV)]_0^Q = -\frac{t}{RC} \to \ln\left(\frac{Q-CV}{CV}\right) = -\frac{t}{RC} \to \frac{Q-CV}{CV} = e^{-\frac{t}{RC}} \to Q = CV(1-e^{-t/RC})$

② $Q_i = 0,\ Q_f = CV,\ \tau = RC,\ Q = Q_f + (Q_i - Q_f)e^{-t/\tau} = CV + (0 - CV)e^{-t/RC} = CV(1-e^{-t/RC})$

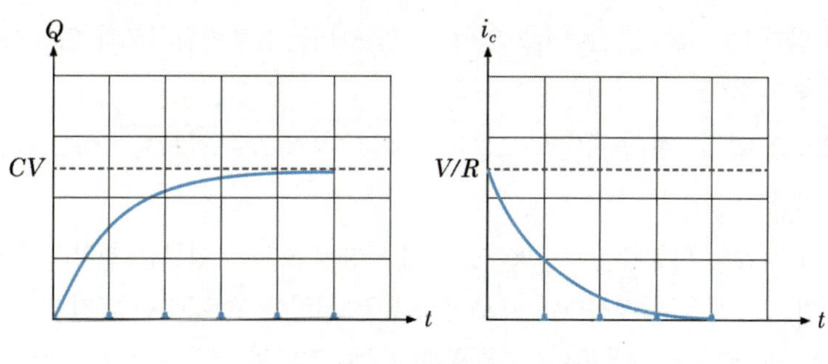

〈커패시터 충전과 방전식〉

	Q	i_C
충전	$CV(1-e^{-t/RC})$	$\frac{V}{R}e^{-\frac{t}{RC}}$
방전	$Q_0e^{-\frac{t}{RC}}$	$\frac{V}{R}e^{-\frac{t}{RC}}$

예제 8-6

다음 회로에서 커패시터 충분히 방전되었고 $t=0$에서 스위치를 닫는다. 물음에 답하여라. (a) $t=0$에서 커패시터 전류 및 I_R (b) $t=\infty$에서 커패시터 전류 및 전압 (c) 스위치 개방 후 I_R, I_C (d) 시상수

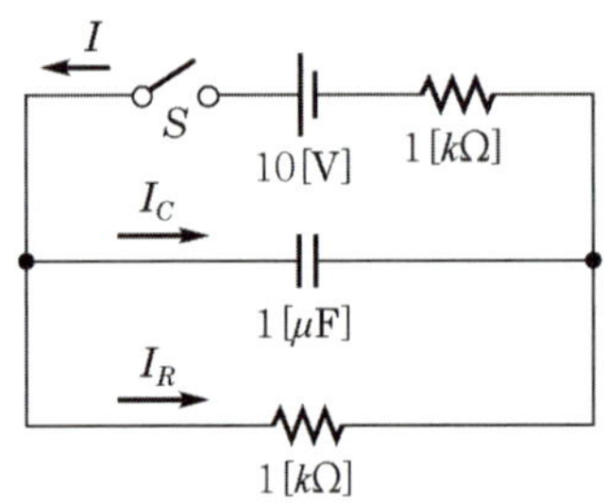

| 풀이 |

(a) 커패시터에 전하가 없으므로 커패시터에 전압강하가 없이 단락회로가 된다. 그래서 커패시터 전류

$I_C=\dfrac{10}{1k}=10mA$, $I_R=0$

(b) 완전히 충전이 되어 커패시터 전류=0, $V_C=\dfrac{10\text{V}\times 1k}{1k+1k}=5\text{V}$

(c) $I_R=-I_C=\dfrac{5}{1k}=5mA$

(d) 등가저항 $R=1k /\!/ 1k=500\Omega$ 이므로$RC=500\times 10^{-6}=500\mu s$

8.4 RC 병렬회로

컨덕턴스(conductance) 성분을 $G=1/R$이고, 커패시터의 서셉턴스(susceptance) 성분을 $B_C=1/X_C$이라 하면, 합성 어드미턴스(admittance)는 $Y=1/Z=G+jB_C$ [S]이고 전류와 전압과의 관계인 옴의 법칙, $Y=I/V$로 구할 수 있다. 그림 8.15는 RC 병렬회로와 위상도이고, RC 병렬회로 특성은 다음과 같다.

① RC 병렬회로의 합성저항(임피던스) 크기는 $|Z|=(R\,X_C)/\sqrt{R^2+X_C^{\ 2}}$이고, 위상각 $\theta=\tan^{-1}(-R/X_C)$이다.

② 전체 전류와 전압의 위상차는 $0^o\sim 90^o$이다. 순저항에 흐르는 전류는 전압과 위상차가 0^o이고, 순 커패시턴스인 경우 커패시터에 흐르는 전류는 저항에 흐르는 전류(전압)보다 90° 앞선다.

③ 키르히호프 전류법칙을 적용한다. 병렬회로이므로 저항과 커패시터에 걸리는 전압은 인가전압과 같다. 저항의 전류 I_R과 커패시터 전류 I_C의 위상차는 90^o이고, 그래서 전체전류 크기는 $|I_T|=\sqrt{I_R^2+I_C^2}$, 저항 전압과 전원전압 사이 위상각은 $\theta=\tan^{-1}(I_C/I_R)$이다.

④ 커패시터의 서셉턴스는 $B_C=2\pi fC$이다. 저항성분이 일정한 경우 교류전류의 주파수가 증가할수록 서셉턴스 B_C, 어드미턴스 Y, 그리고 위상각 θ의 크기는 증가한다. 주어진 주파수에서 모든 RC 병렬회로는 RC 직렬회로로 변환할 수 있고, 직렬회로 임피던스는 $1/Y=R_{eq}+jX_{C(eq)}=Z\cos\theta+jZ\sin\theta$이다.

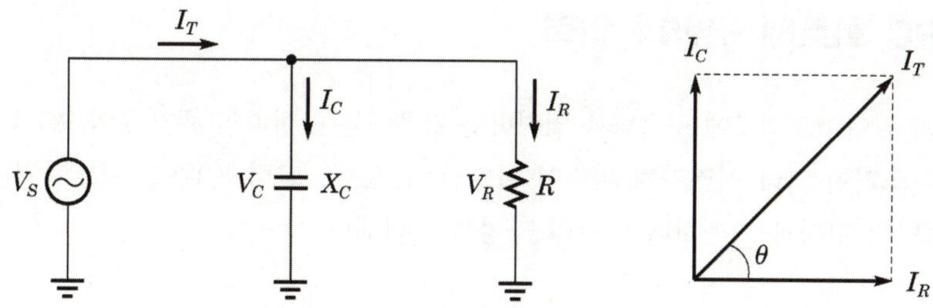

(a) (b)

그림 8.15 RC 병렬회로 (a) 회로도 (b) 위상도

예제 8-7

그림의 병렬 RC 회로는 200kHz, 10 V_{rms} 전원전압으로부터 16mA의 전체전류가 흐른다. (a) X_C의 값 (b) C의 값을 구하여라.

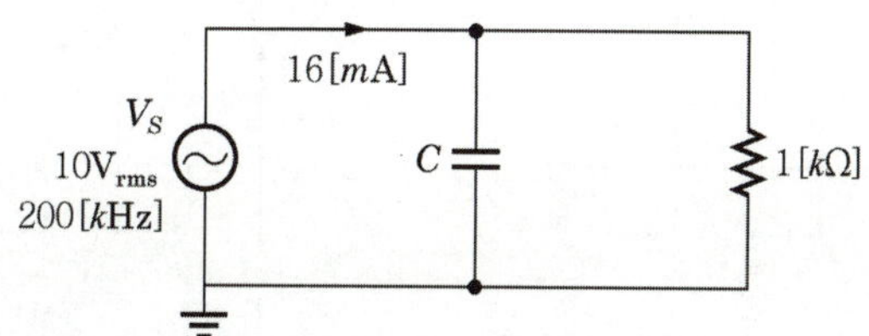

| 풀이 |

저항에 흐르는 전류 $I_R = \dfrac{V_s}{R} = \dfrac{10}{1k} = 10mA$, 커패시터에 흐르는 전류

$I_C = \sqrt{I_t^2 - I_R^2} = \sqrt{(16m)^2 - (10m)^2} = 12.5mA$

(a) $X_C = \dfrac{V_s}{I_C} = \dfrac{10}{12.5m} = 801\Omega$ (b) $C = \dfrac{1}{2\pi f X_C} = \dfrac{1}{2\pi(200k)(801)} = 994pF$

예제 8-8

주파수가 100kHz에서 다음 회로의 각 전류를 구하고 위상도를 그려보아라.

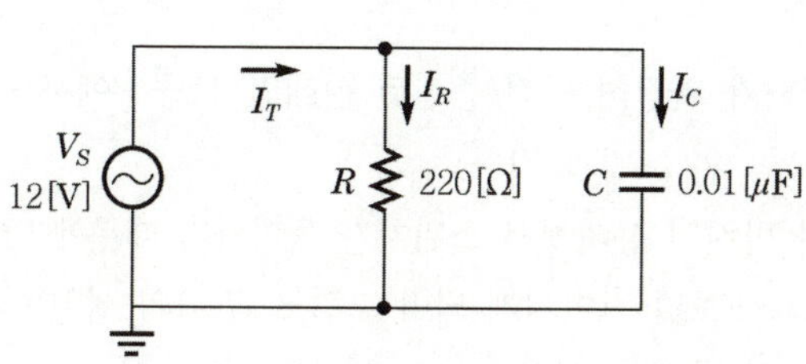

〈회로도〉

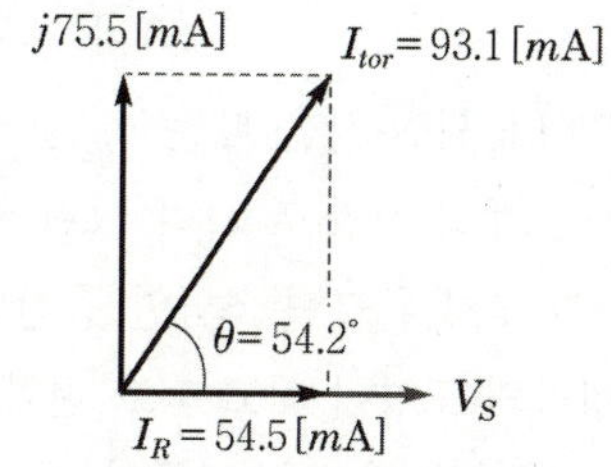

〈위상도 예제 해답〉

| 풀이 |

$X_c = -j\dfrac{1}{2\pi f C} = -j\dfrac{1}{2\pi \times 10^5 \times 10^{-8}} = -j159\Omega$, $I_R = \dfrac{12}{220} = 54.5mA$, $I_C = \dfrac{12}{-j159} = j75.5[mA]$,

$I_T = 54.5 + j75.5[mA] = 93.1\angle 54.2^o [mA]$

8.5 RC 회로에 구형파 입력

그림 8.16과 같이 RC 회로에 구형파를 입력하는 경우에는 구형파의 주기 T와 RC 회로의 시상수 τ의 상대적인 크기에 따라 여러가지 파형이 나타날 수 있다. 그림 8.17에는 몇 가지 T/τ의 값에 대해 저항 양단의 파형과 커패시터 양단의 파형을 나타낸다.

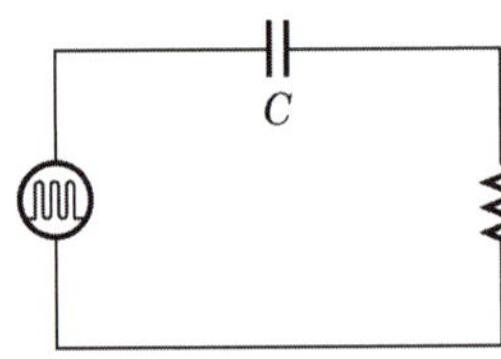

그림 8.16 구형파가 입력된 RC 회로

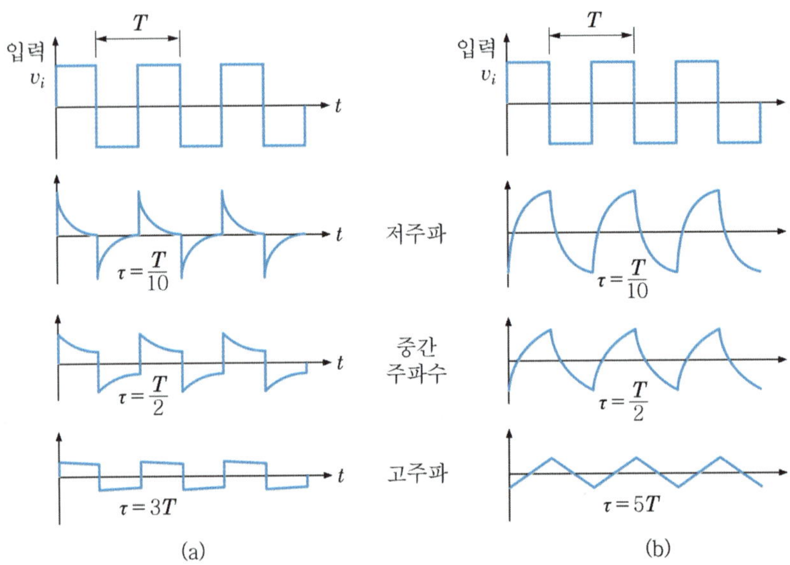

그림 8.17 T/τ의 값에 따른 파형 (a) v_R (b) v_C

τ가 T보다 훨씬 작을 때는 v_R은 커패시터가 완전히 방전/충전된 상태인 $V/-V$에서 구형파의 반주기보다 빨리 '0'으로 가며 그림 8.17(a)의 위 그림과 같다.

한편 τ가 T보다 크면 조금만 충전되거나 방전된 상태에서 스위치가 옮겨가기 때문에 약간 기울어진 구형파의 모양이 되고 최고 전압도 $V/-V$보다 작아지게 되며 그림 8.17(a)의 제일 아래 그림과 같다. 이러한 반응은 고주파 통과 필터의 개념을 사용해서도 이해할 수 있다. 즉 저주파인 $T = 2\pi/w \gg \tau = RC$일 때 즉 $wRC \ll 1$일 때($f \ll 1/2\pi RC$)는, v_R은 입력 구형파의 미분신호 즉 스파이크 형태의 파형이 된다.

커패시터 양단의 전압 v_C는 입력전압에서 v_R을 뺀 것으로 이해할 수 있다. 특히 고주파인 $T \ll \tau$일 때 즉 $wRC \gg 1$일 때($f \gg 1/2\pi RC$)는, v_C는 입력 구형파의 적분신호가 된다.

적분기는 사각파 입력신호를 삼각파 출력으로 변환하고 커패시터에 충전과 방전된다. 입력주파수가 커질수록 입력의 진폭과 비교하여 진폭은 낮아진다.

8.6 RC 지상망 및 진상망

사인전압을 RC 회로에 인가하면 전류와 각 소자의 인가전압도 사인파가 된다. RC 회로의 전체 전류는 전원보다 위상이 앞선다. 그림 8.18과 같이 RC 지상망(遲相, lag network)은 출력전압이 입력전압보다 위상이 지연되는 위상천이회로이다. 또 주파수 선택회로로 낮은 주파수를 통과시키는 저역통과필터이고, 출력크기는 다음과 같다.

$$V_{out} = \left(\frac{X_C}{\sqrt{R^2 + X_C^2}}\right)V_{in} \tag{8-16}$$

그림 8.19와 같이 RC 진상망(進相, lead network)은 출력전압이 입력전압보다 위상이 앞서는 위상천이회로이다. 또 주파수 선택회로로 높은 주파수를 통과시키는 고역통과필터이고, 출력크기는 다음과 같다.

$$V_{out} = \left(\frac{R}{\sqrt{R^2 + X_C^2}}\right)V_{in} \tag{8-17}$$

저역통과 및 고역통과 RC 회로에서 리액턴스와 저항이 같은 주파수를 차단주파수, $f_c = 1/(2\pi RC)$이다.

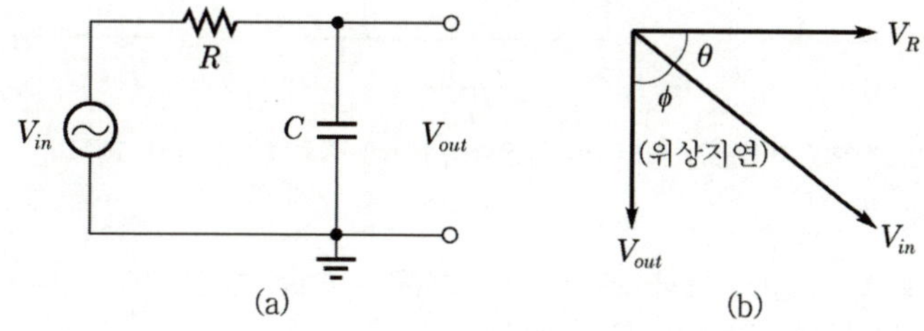

그림 8.18 입력과 출력 사이 위상 지연 (a) 회로도 (b) 전압 위상자

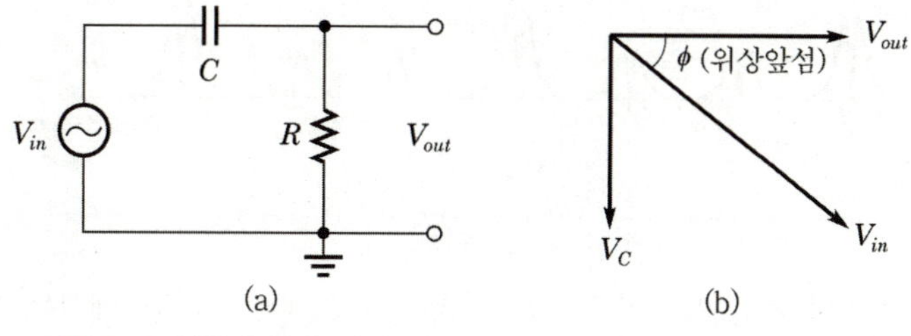

그림 8.19 입력과 출력 사이 위상 앞섬 (a) 회로도 (b) 전압 위상자

예제 8-9

2F 커패시터의 전압이 $5te^{-2t}$[V]일 때 전류와 전력을 구하여라.

| 풀이 |

$$i = C\frac{dv}{dt} = 2(5e^{-2t} - 10te^{-2t}) = 10(1-2t)e^{-2t}[\mathrm{A}],$$

$$p = vi = 10(1-2t)e^{-2t} \cdot 5te^{-2t} = 50t(1-2t)e^{-4t}[\mathrm{W}]$$

8.7 수동 RC 필터

주파수가 증가하면 커패시터의 리액턴스는 감소하고, 주파수가 감소하면 커패시터의 리액턴스는 증가한다. 그래서 그림 8.20과 같이 고주파는 커패시터를 통해 빠져나가 출력으로 차단되고 직류를 포함한 저주파는 부하를 통해 출력된다. 커패시터 양단의 전압 v_C는 입력전압에서 저항전압 v_R을 뺀 것으로 이해할 수 있다.

RC 필터에서는 저역통과필터(low pass filter : LPF) 설계 시에는 커패시터를 부하에 대해 병렬로 연결하고, 고역통과필터(high pass filter : HPF) 설계 시에는 커패시터를 부하에 대해 직렬로 연결한다.

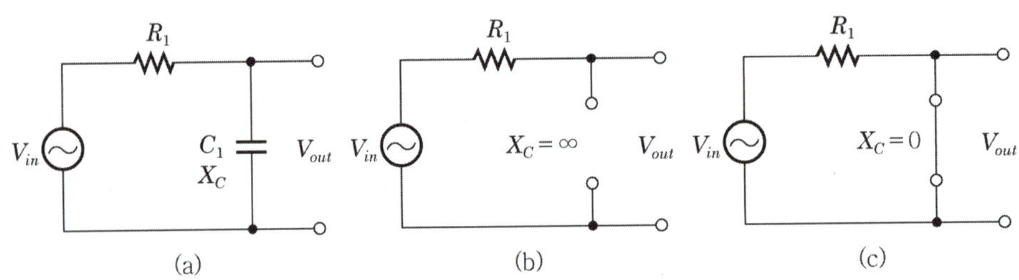

그림 8.20 RC 저역통과 필터 (a) 공진주파수 (b) 직류($f=0$) (c) 고주파($f=\infty$)

필터는 주파수 선택회로이며 원하는 주파수를 통과시키고 다른 주파수는 제거시키도록 설계한다. 주파수에 따라 임피던스가 변하는 인덕터 혹은 커패시터를 사용한다.

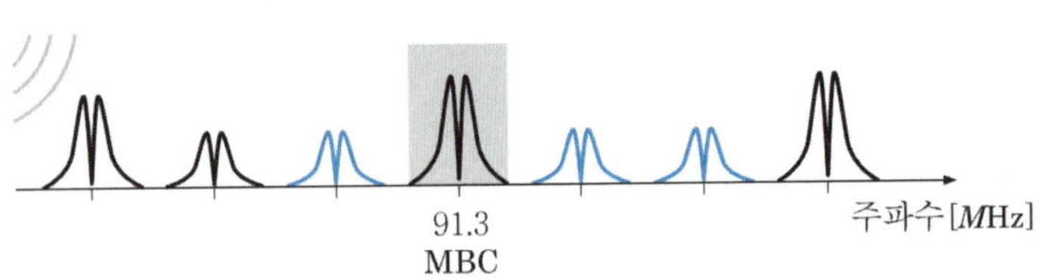

수동필터에는 RC 필터와 RL 필터로 두 가지로 나눌 수 있다. RC 필터에서는 저항+커패시터 필터로서 저역통과필터이며 커패시터에서 출력전압을 뽑아낸다. 커패시터+저항 필터에서는 고역통과필터이며 저항에서 출력전압을 뽑아낸다.

RC 저역통과필터에서 입력전압 V_{in}와 출력전압 V_{out}의 관계는

$$\frac{V_{out}}{V_{in}} = \frac{\frac{1}{j\omega C_1}}{R_1 + \frac{1}{j\omega C_1}} = \frac{1}{1 + j\omega C_1 R_1} = \frac{1}{1 + j\frac{w}{w_{cL}}} = K_L \tag{8-18}$$

이고, 여기서 w는 단위가 rad/s인 각주파수이며 차단각주파수 $w_{cL} = 1/R_1 C_1$(차단주파수 $f_{cL} = 1/(2\pi R_1 C_1)$)이다. 그림 8.20(a)에서 전달함수의 크기 $1/\sqrt{1+w^2 R_1^2 C_1^2}$ 이 필터의 이득이며 주파수 w가 증가함에 따라 분모가 커지면서 이득이 줄어들게 된다.

식 (8-18)에서 ω가 증가하여 일정한 값 w_{cL}보다 크게 되면 V_{out}/V_{in}는 점차로 작아져서 '0'에 가깝게 된다. 따라서 $V_{out} = K_L V_{in}$의 관계로부터 V_{in}의 주파수가 w_c보다 커질수록 V_{out}는 '0'에 가까워지고 V_{in}의 낮은 주파수 성분만이 V_{out}에 나타난다. 그래서 그림 8.20(a)의 회로는 저주파 성분만을 통과시키는 저역통과필터의 기능을 한다.

- 주파수 응답곡선에서 최고값의 0.707(=$1/\sqrt{2}$)이 되는 주파수
- 임계주파수, 차단(cut-off)주파수, 반전력(half-power)주파수, 모서리(corner)주파수, roll-off 주파수

그림 8.21(a)와 같이 차단주파수는 전기용량의 리액턴스와 저항값이 같은($R = X_C$) 주파수 $f = 1/(2\pi R_1 C_1)$이고 차단주파수에서 출력전압의 크기는 입력전압의 70.7% 혹은 $20\log(V_{out}/V_{in})$의 -3dB인 주파수이다.

그림 8.21(b)와 같이 출력신호의 위상각은 입력신호보다 지연, $\theta = -\tan^{-1}(2\pi f R_1 C_1)$ 되고 차단주파수에서 -45° 위상이 다르다(out of phase). 입력 주파수가 커질수록 커패시터의 지연은 증가하여 회로는 더 많은 위상차가 생긴다.

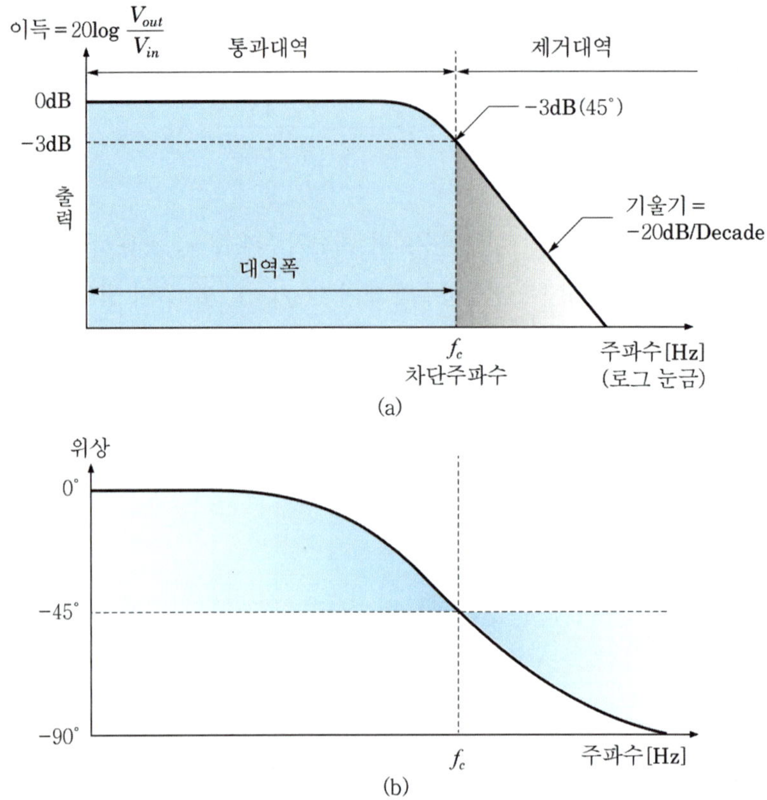

그림 8.21 저역통과 필터의 주파수 특성 (a) 이득 (b) 위상

저항을 출력으로 하는 경우 저항의 전압과 입력에 대한 저항의 전압은 다음과 같다.

$$V_R = V_{in}\frac{Z_R}{Z_R + Z_C} = V\frac{R_1}{R_1 + \dfrac{1}{jwC_1}} \tag{8-19}$$

$$\frac{V_R}{V_{in}} = \frac{R_1}{\sqrt{R_1^2 + \left(\dfrac{1}{w\,C_1}\right)^2}} = \frac{1}{\sqrt{1 + \left(\dfrac{1}{wR_1\,C_1}\right)^2}} \tag{8-20}$$

$V_R/V_{in} = 1/\sqrt{2}$ 일 때 저항에서 소모되는 전력은 1/2가 되므로 반전력 주파수 f_0는 $w_0R_1C_1 = 2\pi f_0R_1C_1 = 1$로부터 $f_0 = 1/(2\pi R_1 C_1)$이다.

그림 8.22는 고역통과 필터의 주파수 특성을 나타내고 있다.

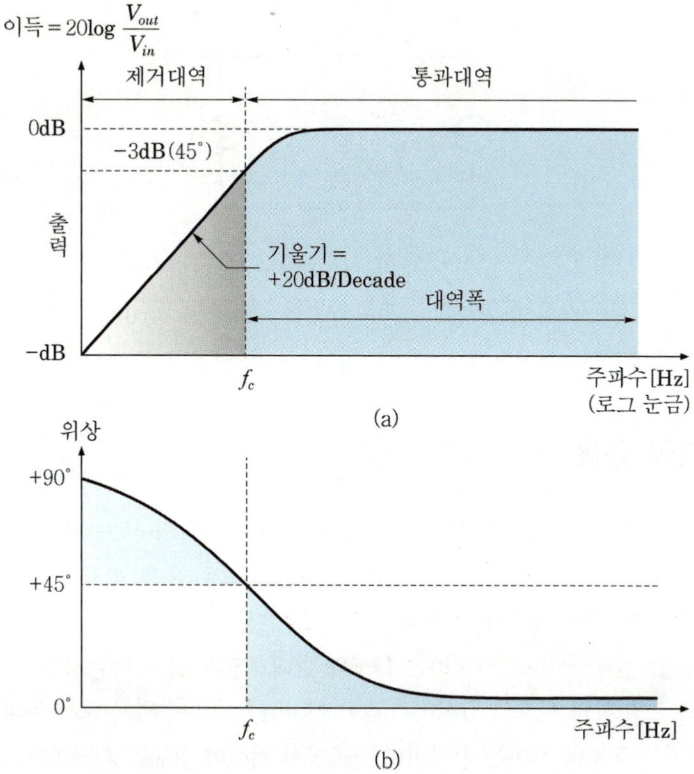

그림 8.22 고역통과 필터의 주파수 특성 (a) 이득 (b) 위상

예제 8-10

다음과 같은 저역통과필터의 시상수와 차단주파수를 구하여라.

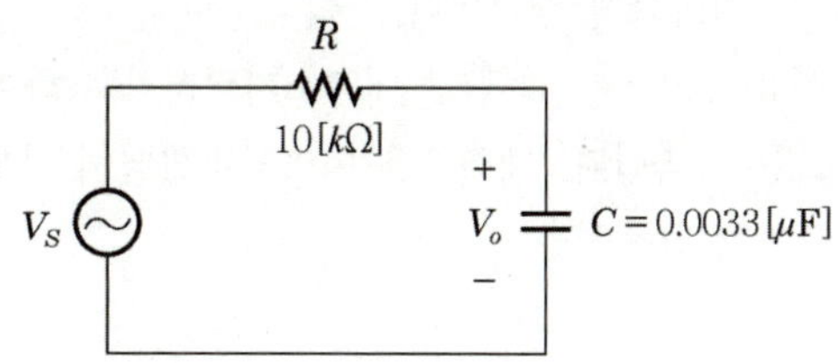

| 풀이 |

시상수 $= RC = 10k \times 0.0033\mu = 0.033ms$,

차단주파수 $f_c = \frac{1}{2\pi RC} = \frac{1}{2\pi \times 10k \times 0.0033 \times 10^{-6}} = 4.8k\text{Hz}$

예제 8-11

차단주파수가 $2k\text{Hz}$, 전기용량이 $0.047\mu\text{F}$ 인 다음과 같은 필터에서 저항값을 구하여라.

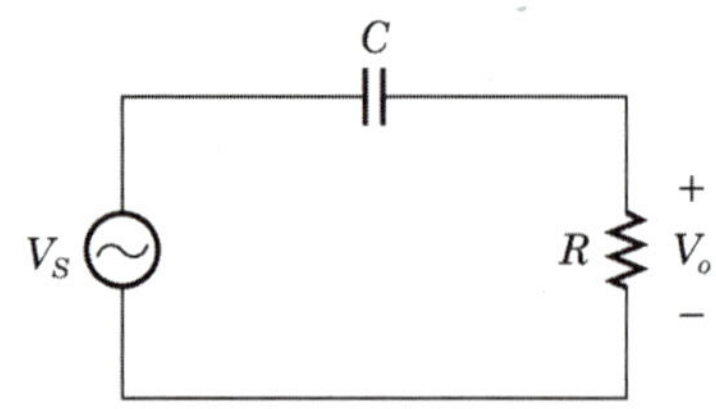

| 풀이 |

고역통과필터의 차단주파수 $f_c = \frac{1}{2\pi RC}$에서 $R = \frac{1}{2\pi f_c C} = \frac{1}{2\pi \times 2k \times 0.047\mu} = 17k\text{Hz}$

8.8 필터의 종류

저역통과필터(low pass filter : LPF)는 필터 차단주파수 이하의 주파수를 통과시킨다. 응답은 RC회로 숫자에 의존하여 하한 차단주파수는 출력이 6dB/octave 혹은 20dB/decade로 감소되는 주파수에서 결정된다. 저역통과필터의 대역폭은 BW= f_c이다.

고역통과필터(high pass filter : HPF)는 LPF와 반대개념의 필터로서 저주파수의 통행을 제한하는 필터이다. 즉 f_c 이하의 신호는 감쇠시키고 f_c보다 높은 주파수의 신호는 통과시킨다. 실제 상용으로 매우 제한된 용도로만 쓰이는 필터이며 구조에서 저주파 발진을 최적화하기 위해 HPF를 덧붙이기도 한다. 즉 주파수성분 중에서 고주파를 없애야할 때 사용되는 필터이다.

대역통과필터(band pass filter : BPF)는 하한주파수와 상한주파수 내의 모든 신호를 통과시키고 그 외의 주파수 신호는 저지시킨다. 대역폭은 상한 임계주파수와 하한 임계주파수의 차로 $BW = f_{c2} - f_{c1}$이다. 회로는 8.23(a)와 같이 기본적인 저역통과필터, 고역통과필터의 직렬연결이다. 중심주파수는 두 임계주파수의 기하학적 평균이다.

노치(Notch)필터는 대역제거(band reject)필터, 대역소거필터라고 하며, 특정주파수의 신호만을 저지하고 그 외의 주파수 신호는 통과한다. 대역폭은 대역통과필터의 경우처럼 −3dB 점 사이의 주파수이다. 그림 8.23(b) 회로의 전달특성은

$$H(w) = \frac{1 - w^2 LC}{1 + jwRC - w^2 LC} \tag{8-21}$$

이며, 공진주파수 $f_0 = \frac{1}{2\pi\sqrt{LC}}$이고, $H(f_0) = 0$이다.

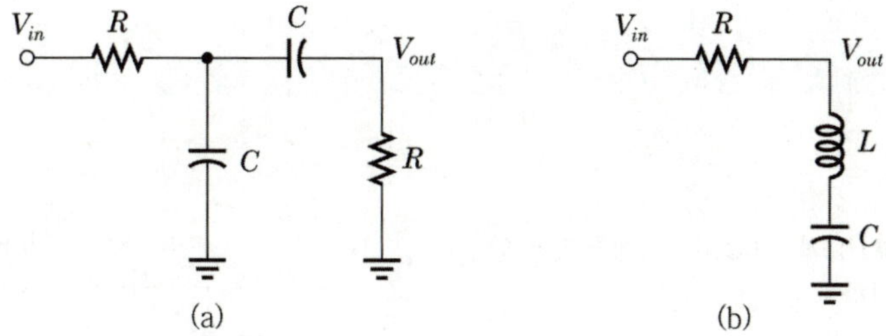

그림 8.23 필터 회로 (a) BPF (b) 노치필터

그림 8.24는 위에서 열거한 이상적인 필터들의 주파수 특성을 나타낸다.

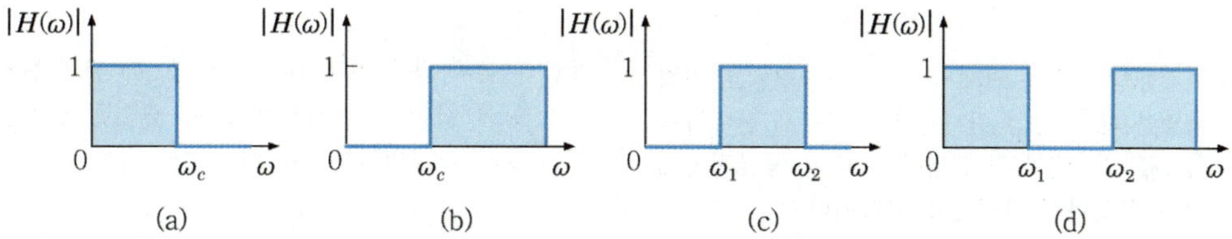

그림 8.24 이상적인 필터의 주파수 특성 (a) 저역통과 (b) 고역통과 (c) 밴드통과 (d) 밴드제거

예제 8-12

오디오증폭기 설계에서 교류 전력선의 60Hz를 차단하는 것이 중요하다. 차단되지 않으면 스피커에 윙 하는 소리가 난다. 60Hz 신호를 차단하려면 어떤 종류의 필터를 사용해야 하는 지 설명하여라.

| 풀이 |

60Hz 신호만 제거하기 위해 노치필터(밴드 제거 필터)가 필요하다.

연습문제

8.1 주파수 $f = 100kHz$에서 $0.1\mu F$ 커패시터의 임피던스를 구하여라.

8.2 유리($\epsilon_r = 8.53$)로 채워진 평행판 커패시터에서 면적이 $100cm^2$이고 판 사이 거리가 2mm이다. 두 판 사이 전위차가 5V일 때 전기용량과 충전된 전하량 그리고 커패시터에 저장된 전기에너지를 구하여라.

8.3 전기용량이 같은 커패시터 두 개를 병렬로 연결하였을 때의 합성 전기용량은 직렬로 접속하였을 때의 몇 배인 지 설명하고, 같은 공급전압에서 전기에너지 차이를 설명하여라.

8.4 공기로 채워진 $1\mu F$의 평행판 커패시터에 충전된 전기량이 $100\mu C$이다. 공기 대신 유전체, 마이카($\epsilon_r = 7.5$)로 채울 경우 두 단자 사이 전위차를 구하여라.

8.5 다음과 같은 커패시터를 연결할 때 전체 전기용량을 구하여라.

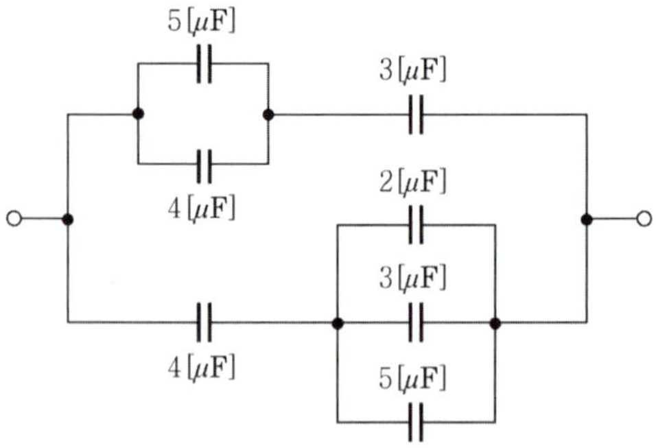

8.6 다음과 같은 커패시터를 연결할 때 전체 전기용량을 구하고, $4\mu F$와 $3\mu F$에 충전된 전기량과 전위차 그리고 전기에너지를 구하여라.

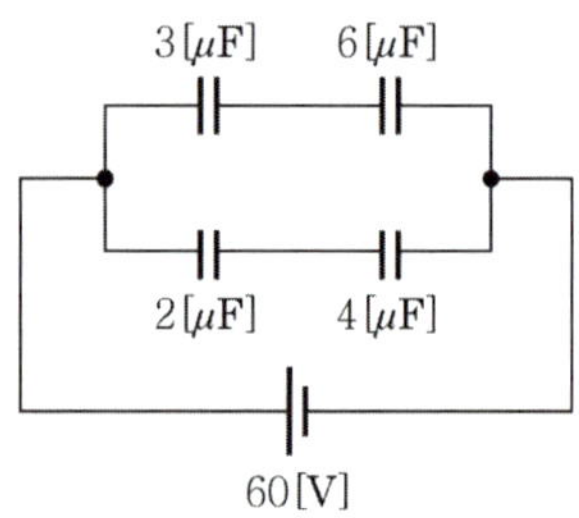

8.7 다음과 같은 커패시터를 연결할 때 전체 전기용량을 구하고, 커패시터 C_1에 충전된 전기량을 구하고 전위차를 구하여라.

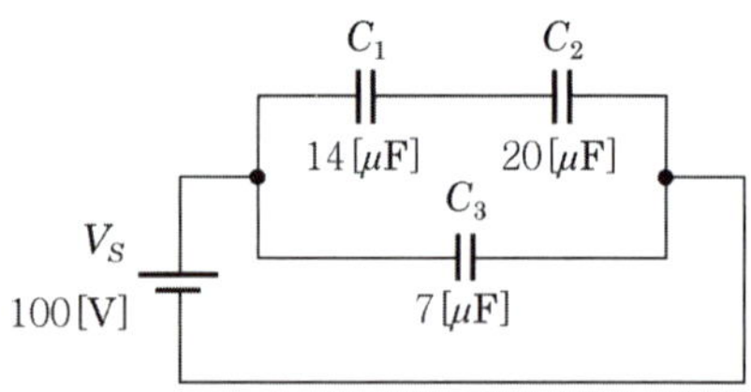

8.8 주파수가 $10kHz$, $100kHz$에서 다음 회로의 임피던스 크기 및 위상을 구하여라.

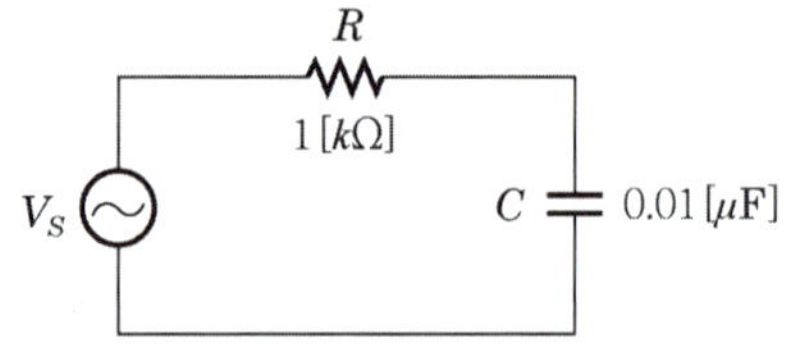

8.9 다음 회로에서 커패시터 충분히 방전되었고 $t=0$에서 스위치를 닫는다. 물음에 답하여라. (a) $t=0$에서 커패시터 전류 및 I_R (b) $t=\infty$에서 커패시터 전류 및 전압 (c) 스위치 개방 후 I_R, I_C (d) 시상수

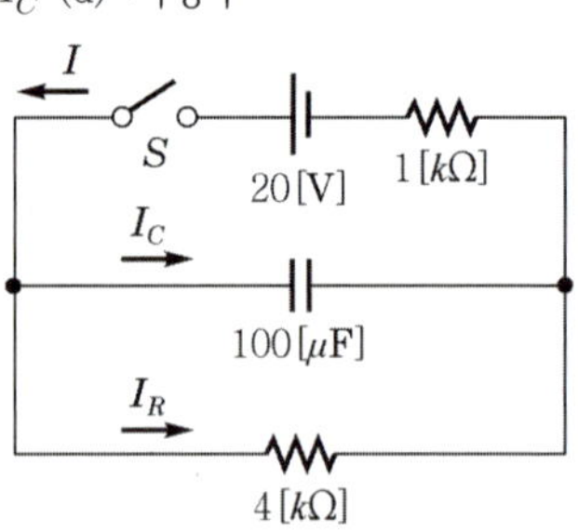

8.10 다음 회로의 합성임피던스와 저항 R_1에 흐르는 최대 전류값을 구하여라.

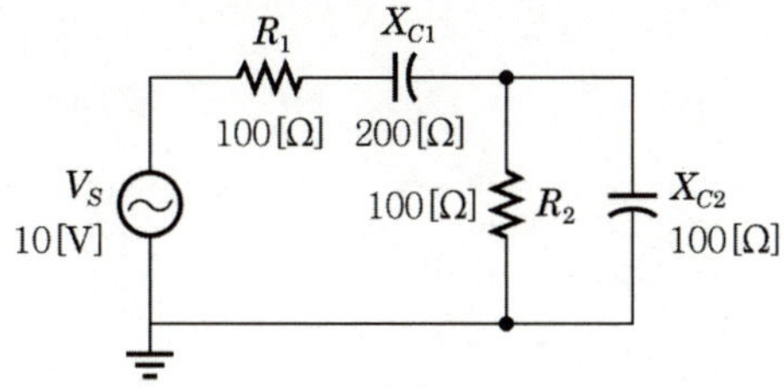

8.11 주파수가 10kHz에서 다음 회로의 각 전류를 구하고 위상도를 그려보아라.

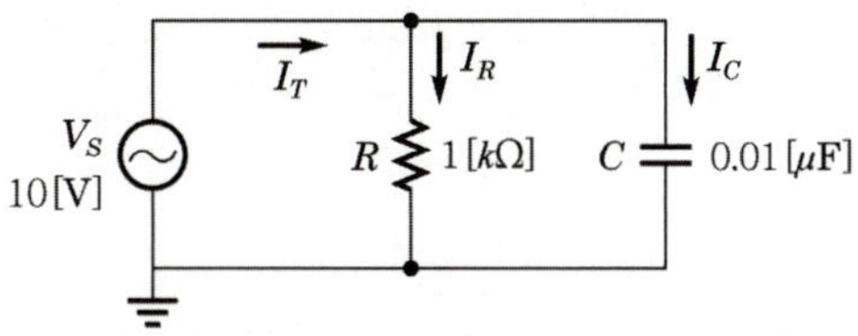

8.12 다음 회로의 종류를 말하고 시상수, 차단주파수를 구하여라.

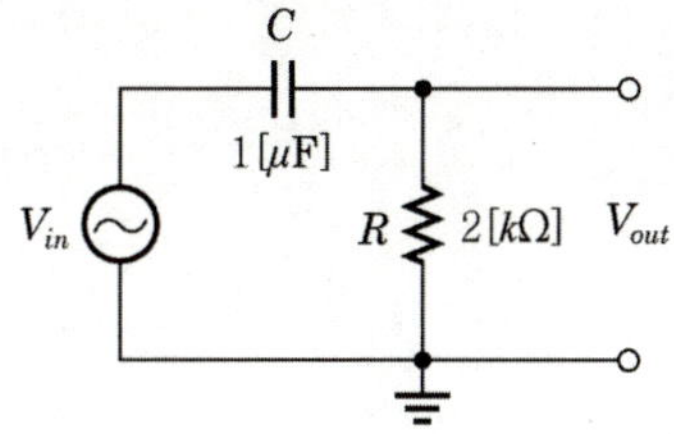

8.13 다음 회로의 종류를 말하고 시상수, 차단주파수를 구하여라.

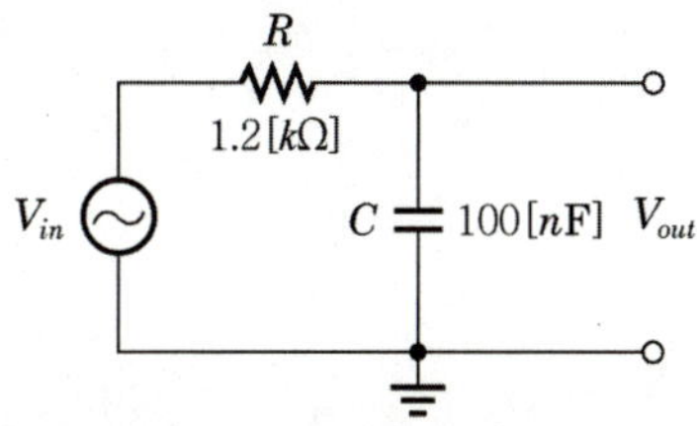

09

Chapter

인덕터와 RL 회로

9.1 인덕터

인덕터(코일, inductor)는 그림 9.1과 같이 에나멜을 씌운 구리선과 같은 선을 공기, 세라믹, 그리고 고투자율 페라이트인 자심(core)에 나선 모양으로 감는 구조로 도선을 많이 감을수록 코일의 성질이 강해지며 유도용량의 값도 커진다. 코일 반경이 r_c이고 길이가 ℓ인 원통에 단일층으로 N번 감은 코일의 유도용량 값인 인덕턴스는

$$L = \frac{\mu N^2 \pi r_c^2}{\ell} = \mu N^2 A/\ell \text{ [H]} \quad \ell \gg r_c \tag{9-1}$$

이고, 여기서, μ는 자심의 투자율[H/m], $A=\pi r_c^2$는 자심의 단면적이다. $\ell \gg r_c$가 아닌 경우 유도용량 값은

$$L = \mu N^2 r_c \left[\ln\left(\frac{8r_c}{r_w}\right) - 2\right] \text{[H]} \tag{9-2}$$

이고, 여기서 r_w는 도선의 반경이다. 그림 9.2와 같이 자성물질을 코어로 하여 도선을 감은 인덕터는 전류를 흘리면 훨씬 강한 자장이 생긴다.

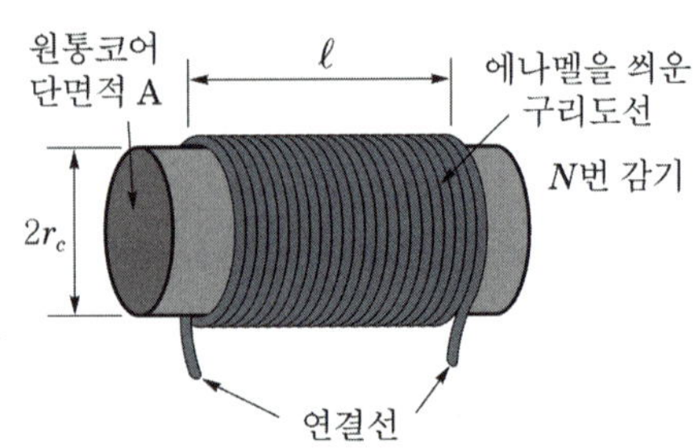

그림 9.1 코일 구조

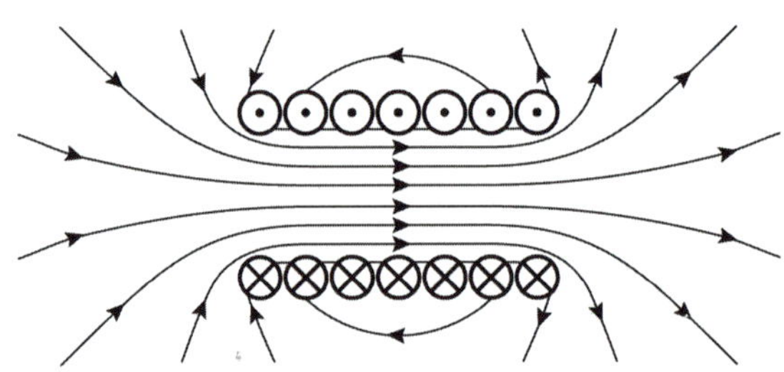

그림 9.2 솔레노이드 코일에서 자기력선

코일의 감은 횟수가 많으면 직류저항인 내부저항, R_w가 존재하고, 인접한 도선에 의한 전기용량, C_w도 있어 고주파에서 인덕터의 특성에 영향을 준다. 그림 9.3은 인덕터의 심벌이고, 그림 9.4는 자심에 따른 인덕터의 심벌이다.

그림 9.3 인덕터의 심벌 (a) 고정 (b) 가변

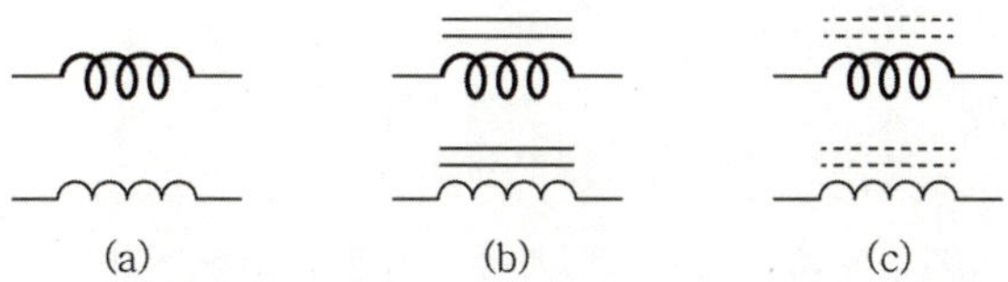

그림 9.4 자심에 따른 인덕터의 심벌 (a) 공기 (b) 철 (c) 페라이트

> 같은 인덕터 원통길이에 인덕턴스를 증가시키는 방법 : 큰 단면적, 많은 감은횟수, 큰 자심의 투자율

> 인덕터는 전류변화를 방해하므로 전류의 변화에 대해 연속적이다.

예제 9-1

공기 코어의 반경이 3cm 이고 길이가 2m 일 때 유도용량이 120μH 이다. 코어에 몇 번 감아야 되는 지 계산하여라.

| 풀이 |

$\ell \gg r_c$이므로 $L = \dfrac{\mu_0 N^2 \pi r_c^2}{\ell} = \mu_0 N^2 A/\ell$ [H] 에서

$N^2 = \dfrac{L\ell}{\mu_0 \pi r_c^2} = \dfrac{120 \times 10^{-6} \times 2}{4\pi \times 10^{-7} \times \pi \times (0.03)^2} = 6.75 \times 10^4$, 감는 수 $N = 260$번

(1) 유도용량의 단위

코일의 감긴 각 고리 주위에 생긴 자기력선은 인접 고리 주위의 자기력선과 효과적으로 더해져 코일 안과 주위에 강한 자장이 형성된다. 유도용량(inductance)은 전류변화에 의해 유도전압이 만들어지는 코일의 능력과 유도전압이 전류변화를 방해하는 방향의 척도이다. 유도용량 L [H : 헨리]은 자속 ϕ [Wb : 웨버]와 전류 I [A : 암페어]의 비이고, 1H은 1[Wb/A]인 인덕턴스이다.

$$L = \frac{\phi}{I} = \frac{d\phi}{dI} = \frac{d\phi/dt}{dI/dt} = \frac{V}{dI/dt} \text{ [H]} \quad \rightarrow \quad V = L\frac{dI}{dt} \text{ [V]} \qquad (9\text{-}3)$$

자기 인덕턴스는 코일이 하나만 있는 경우 자신이 발생하는 자속의 변화가 자신에게 영향을 주는 척도이고, 전류의 변화율이 1[A/s]일 때 1V 의 기전력을 발생하는 경우의 자기 인덕턴스를 1H라 한다.

상호 인덕턴스는 코일에 교류전류가 흐를 경우, 코일에 발생하는 자속이 변화한다. 그 코일에 다른 코일을 가까이 했을 경우, 상호유도작용(mutual induction)에 의해 접근시킨 코일에 교류전압이 발생한다(패러데이 법칙). 어떤 코일의 전류변화율이 1[A/s]일 때, 다른 쪽의 코일에 1V 의 기전력을 유도하는 두 코일간의 상호 인덕턴스를 1H라 한다.

일반적으로 전자 · 전기회로에서 사용하는 코일은 μH ~ H 단위의 넓은 범위로 사용되며 무선주파수에선 nH 단위가 주로 사용된다. 코일 내를 흐르는 전류가 변하면 인덕터는 전류의 변화에 저항하는 전압을 발생시킨다(렌츠의 법칙). 즉 전류가 빠르게 변할수록 유도되는 전압은 커진다.

인덕터의 임피던스

$$I_L = I_0 e^{jwt} \rightarrow V_L = L\frac{dI_L}{dt} \rightarrow V_L = jwLI_0 e^{jwt} \rightarrow Z_L = \frac{V_L}{I_L} = jwL$$

- 저주파수에서 인덕터의 임피던스 Z_L은 작고, 고주파에서 Z_L은 큰 값을 가진다.
- 직류에서 인덕터의 임피던스 $Z_L = 0\Omega$ 즉 단락이다.

인덕터에 저장되는 자기에너지 : $W_L = \frac{1}{2}LI^2$ [J]

예제 9-2

솔레노이드를 통한 전류가 0.5[A/s]로 감소할 때 유도기전력이 200μV이다. 이 때 솔레노이드 유도용량을 구하여라.

| 풀이 |

$$L = -\frac{V}{dI/dt} = \frac{200 \times 10^{-6}}{0.5} = 400[\mu\text{H}]$$

(2) 자심의 자화 및 투자율

고 투자율의 자성체에서 인덕턴스는 투자율에 비례하고 큰 전류는 강한 자속을 발생시키므로 코일에 발생하는 자속 ϕ는 인덕턴스 L와 흐르는 전류 I에 비례한다($\phi = LI$).

그러나 전류가 자심(core)이 자기포화에 도달하는 지점 이상이 되면 자성체는 자속을 모으는 능력의 한계가 있다. 이 지점에서 자속밀도 B를 최대 자속밀도 B_m이라고 한다.

그림 9.5와 같이 코일을 통해 전류가 흐르면 자화의 세기가 증가하고 자심 내의 자속밀도가 커지게 된다. 그러나 포화에 도달하면 투자율이 떨어지고 인덕턴스 역시 감소한다. 코일은 마침내 코일로서 기능이 없어진다.

자심이 자화가 됨으로써 자심의 투자율은 변하고 투자율 μ는 자심의 자화곡선의 기울기이다. 자장의 세기 H_1에서 투자율은

$$\tan\theta = \frac{B_1}{H_1} = \mu_1 \tag{9-4}$$

이고, 곡선의 원점 가까이 초기 기울기는 초기 투자율 μ_i이고, 일반적으로 사양서에 명시된 투자율이다. 그리고 코일에 전류가 증가하면 자화가 증가하여 투자율은 최고치에 도달하여 최대 투자율 μ_m에 도달하고 이후에는 투자율은 다시 떨어진다.

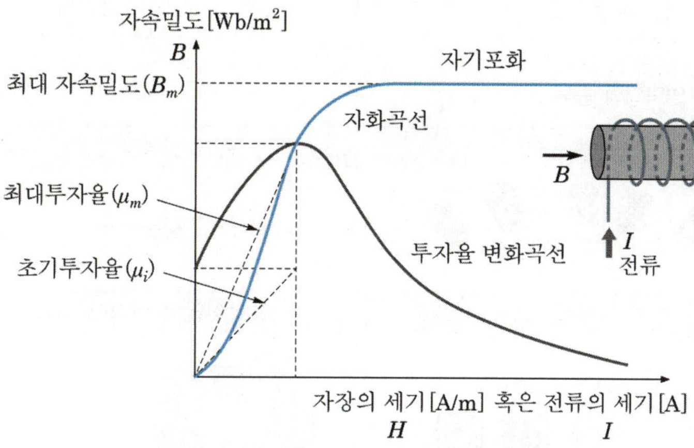

그림 9.5 자심의 자화곡선과 투자율 변화곡선

투자율은 표 9.1과 같이 물질의 종류에 따라 정해지며 철과 같은 강자성체나 페리자성체 등에서는 극히 큰 값을 나타내며, 그 값은 자성체의 자기적인 이력이나 자장의 세기에 따라 변한다. 비투자율은 물질의 투자율 μ와 진공의 투자율 μ_0과의 비, $\mu_r = \mu/\mu_0$이며 여기서 $\mu_0 = 4\pi \times 10^{-7}$[H/m]이다. 비자성체의 μ_r은 1에 가까운 값이며, 자성체에서는 1보다 아주 크게 된다.

표 9.1 상온에서 자성체의 비투자율

물질명	기호	비투자율
구리	Cu	~1
은	Ag	~1
공기/산소	O_2	~1
알루미늄	Al	~1
코발트	Co	250
니켈	Ni	600
순수 철/철	Fe	~200,000/~5,000
MnZn 페라이트	MnZn	~2000

(3) 소형 인덕터의 종류

① **드럼형 인덕터** : 소북 모양의 코어에 가느다란 동선을 감은 것이다. 고주파의 공진, 고주파의 저지 등에 사용한다. 용량은 1μH에서 수백 μH까지 다양하다.

② **축형(axial) 인덕터** : 저항과 같이 생겼으며 봉 모양의 코어에 가는 동선을 감은 것이다.

③ **나사형 인덕터** : 동조용, 발진용으로 인덕턴스값을 변화시킬 수 있다. 고주파이므로 다른 회로로부터 자기에 의한 영향을 받지 않도록 하거나, 또는 주변 부품에 영향을 주지 않도록 하기 위해 금속 케이스에 수납되어 있다. 이 케이스는 반드시 접지에 연결하여야 한다.

④ **트로이달(troidal) 인덕터** : 강자성체에 권선을 감은 코일이다. 유도계수의 안정성으로 고주파

회로에 사용된다. 표 9.2는 여러 인덕터 종류의 외형사진을 나타내었다.

표 9.2 인덕터의 종류

드럼형 인덕터	축형 인덕터

나사형 인덕터	**트로이달형 인덕터**
	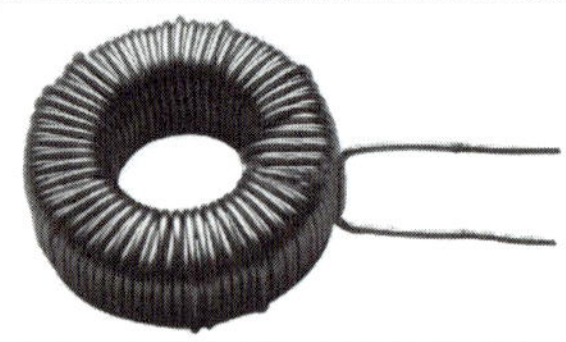

(4) 커패시터와 인덕터 비교

커패시터는 절연체(또는 유전체)로 분리된 두 개의 도체판으로 구성되어 있고, 인덕터는 동선과 같은 선재(線材)를 나선 모양으로 감은 것이다. 커패시턴스는 두 도체판 사이의 전위차에 의해 커패시터의 한쪽 도체판으로 이동하는 전하량의 비를 의미하고, 인덕턴스는 인덕터에 흐르는 전류의 변화를 저지하기 위해 유도기전력을 발생하는 척도이다. 표 9.3은 커패시터와 인덕터 특성을 나타낸다.

표 9.3 커패시터와 인덕터 전기적인 특성 비교

	커패시터	인덕터
차단 신호	직류	교류
통과 신호	교류	직류
천천히 변하는 변수	전압	전류
에너지 저장	전장	자장
앞선 위상	전류	전압
특성	빠른 전압변화는 큰 전류를 발생함	빠른 전류변화는 큰 전압을 발생함
전위차, 시상수	$V = \frac{Q}{C}$, $\tau = RC$	$V_L = \frac{Ldi}{dt}$, $\tau = \frac{L}{R}$
저장에너지/에너지밀도	$\frac{1}{2}Cv^2 / \frac{1}{2}\epsilon_0 E^2$	$\frac{1}{2}Li^2 / \frac{1}{2}\frac{B^2}{\mu_0}$

9.2 인덕터의 직류 및 교류특성

유도용량, L을 갖는 이상적 인덕터에 $i = I_m \sin\omega t$로 표시되는 정현파 전류가 흐를 때 전류의 방향으로 생기는 전압강하 v는

$$v = L\frac{di}{dt} = L\frac{d}{dt}(I_m \sin\omega t) = \omega L I_m \cos\omega t = \omega L I_m \sin(\omega t + 90^o) \qquad (9\text{-}5)$$

이고, 여기서 전압, 전류의 최대치의 관계는 $V_m = \omega L I_m$이 된다. 또 실효값으로는 $V = \omega L I$ 또는 $I = V/(\omega L)$로 표현할 수 있다.

그림 9.6과 같은 인덕터 만의 교류회로에서 전압과 전류는 같은 주파수의 정현파이며, 전압은 전류보다 위상이 90° 앞선다. 전압과 전류의 실효값(또는 최대값)의 비는 $X_L = \omega L$과 같고, 인덕터는 교류에서만 나타내는 일종의 교류저항기이다. 그림 9.7은 주파수에 따른 저항, 커패시터, 인덕터의 임피던스 변화를 나타내었다.

유도성 리액턴스 X_L은

$$X_L = \omega L = 2\pi f L \ [\Omega] \qquad (9\text{-}6)$$

이며, 여기서 f는 교류의 주파수, L은 코일의 유도용량을 표시하고 리액턴스 단위는 저항과 동일한 옴(Ω)을 사용한다.

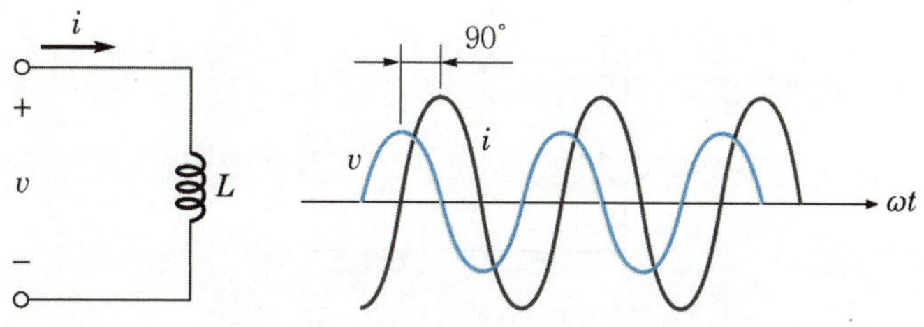

그림 9.6 인덕터 회로의 전압과 전류 위상

그림 9.8과 같이 인덕터는 직류와 낮은 주파수의 교류는 잘 통과시키지만 주파수가 높은 교류는 인덕터에 존재하는 저항성분으로 전류가 약해진다.

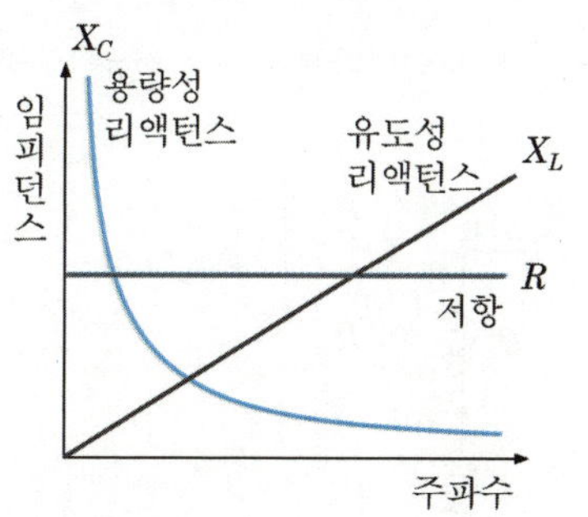

그림 9.7 주파수에 따른 저항, 커패시터, 인덕터의 임피던스

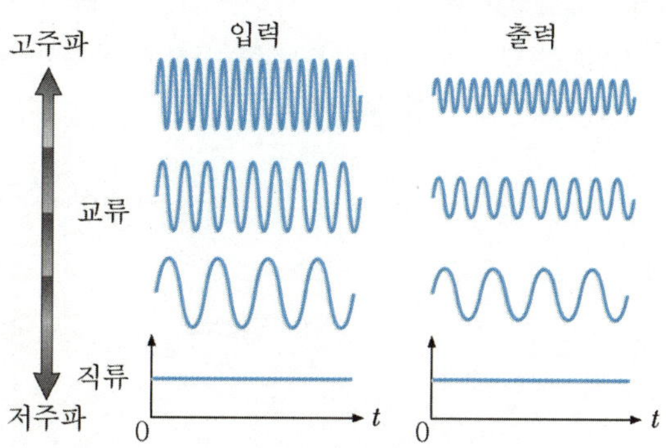

그림 9.8 주파수에 따른 전달특성

① 직류회로에서 인덕터에 일정한 전류가 흐르면 유도전압은 없지만 일정량의 에너지, $\frac{1}{2}Li^2$이 축적된다. 코일의 직류저항으로 전압강하가 있으며, 직류에서 인덕터는 단락회로가 된다.

② 인덕터 교류전압은 인덕터에 인가된 교류전류의 순간변화율×유도용량인 $V = L\frac{di}{dt}$ [V]이다. 사인파의 최대 및 최소 지점에서 변화율[$d(\sin\theta)/dt$]은 '0'이 되어 순수 인덕터 교류회로에서 전압은 전류보다 90° 앞선다.

③ 패러데이 법칙에 의해 주파수가 증가하면 인덕터에 흐르는 전류의 반대되는 방향으로 많은 전압이 유기되어 전체 전류의 크기가 감소한다. 그래서 유도용량의 리액턴스는 교류전류를 방해하고, 주파수에 비례한다. 즉 인덕터의 리액턴스, $X_L = 2\pi f L$ [Ω]는 교류전류를 방해하고 주파수에 비례한다.

④ 순수한 인덕터는 저항성분이 없으므로 전력을 소모하지 않는다. 위상차가 90^o인 전압과 전류의 곱의 평균값이 '0'이 되어 유효전력은 없고 무효전력만 갖는다. 즉 에너지를 저장하고, 후에 일부 사이클 동안 회로로 다시 전력을 되돌린다.

예제 9-3

그림의 회로에서 인덕터 양단 전압이 저항기 양단 전압과 같아지는 전원의 주파수를 계산하여라.

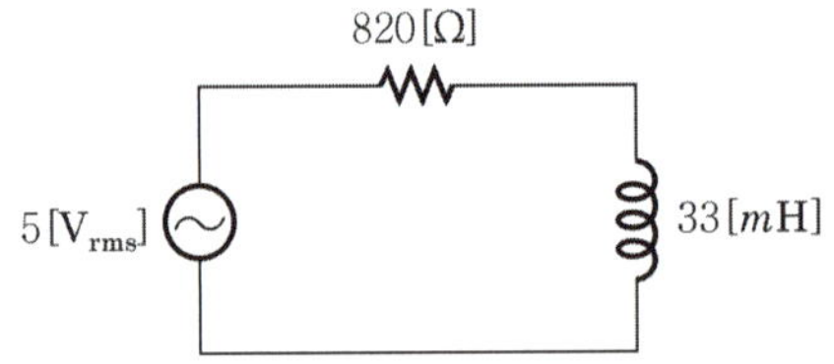

| 풀이 |

리액턴스와 저항값이 같으므로 $X_L = R = 820\Omega = 2\pi f L$이다.

그래서 $f = \frac{X_L}{2\pi L} = \frac{820}{2\pi(33m)} = 3.95kHz$

예제 9-4

스위치를 닫는 순간 인덕터 전압을 구하고, 충분한 시간이 경과한 후 인덕터에 흐르는 전류를 구하고 충전된 자기 에너지를 구하여라.

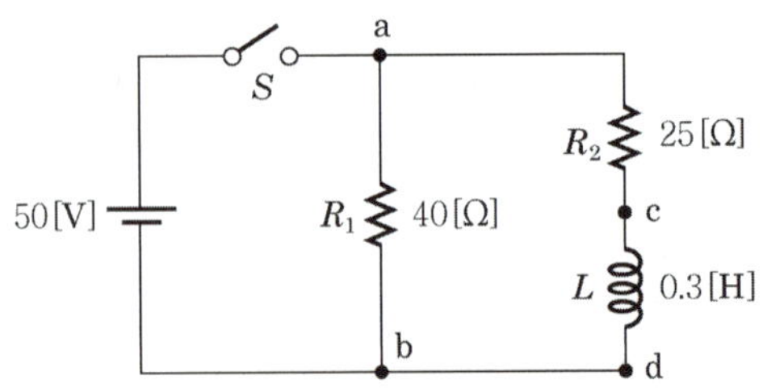

| 풀이 |

스위치를 닫는 순간 인덕터 전압 $v_L = 50V$, 충분한 시간이 경과한 후 $I_L = \frac{50}{25} = 2A$, 자기에너지

$$W_B = \frac{1}{2}LI^2 = \frac{1}{2}\times 0.3\times 2^2 = 0.6\text{W}$$

9.3 인덕터의 연결

인덕터는 저항과 마찬가지로 직렬로 연결되면 연결된 만큼 증가되고 병렬로 연결시키면 감소하여 가장 작은 인덕턴스보다 작다. 그림 9.9(a)와 (b)는 각각 인덕터의 직렬연결과 병렬연결 회로를 보여주고 있다.

직렬 연결한 인덕터에서 각 인덕터의 전압은 키르히호프 전압법칙을 이용하면 $v = v_1 + v_2 + \cdots + v_n$이고, 회로에서 동일한 전류변화는 di/dt이면

$$v = L_1\frac{di}{dt} + L_2\frac{di}{dt} + \cdots + L_n\frac{di}{dt} = (L_1 + L_2 + \cdots + L_n)\frac{di}{dt} = L_s\frac{di}{dt} \tag{9-7}$$

$$L_s = L_1 + L_2 + \ \cdots \ + L_n \tag{9-8}$$

이다. 여기서 L_s은 합성 직렬 유도용량이다. 따라서 직렬 연결한 인덕터의 합성 유도용량은 각 인덕터의 유도용량을 더하고, 합성 유도용량의 일반식은 직렬 합성저항을 구하는 방법과 같다.

병렬 연결한 인덕터에서 각 인덕터의 전류는 키르히호프 전류법칙을 이용하면 $i = i_1 + i_2 + \cdots + i_n$이고, $di/dt = di_1/dt + di_2/dt + \cdots + di_n/dt$이다. 각 인덕터에 인가된 전압이 같기 때문에

$$v = L_1\frac{di_1}{dt} = L_2\frac{di_2}{dt} = \cdots = L_n\frac{di_n}{dt} = L_p\frac{di}{dt} \tag{9-9}$$

$$\frac{v}{L_1} = \frac{di_1}{dt},\ \frac{v}{L_2} = \frac{di_2}{dt}, \cdots,\ \frac{v}{L_n} = \frac{di_n}{dt},\ \frac{v}{L_p} = \frac{di}{dt}$$

$$\frac{v}{L_p} = \frac{v}{L_1} + \frac{v}{L_2} + \cdots + \frac{v}{L_n} \rightarrow \frac{1}{L_p} = \frac{1}{L_1} + \frac{1}{L_2} + \cdots + \frac{1}{L_n} \tag{9-10}$$

이다. 여기서 L_p은 병렬 인덕터의 합성유도용량이다. 따라서 합성 유도용량의 일반식은 병렬 합성저항을 구하는 방법과 같다.

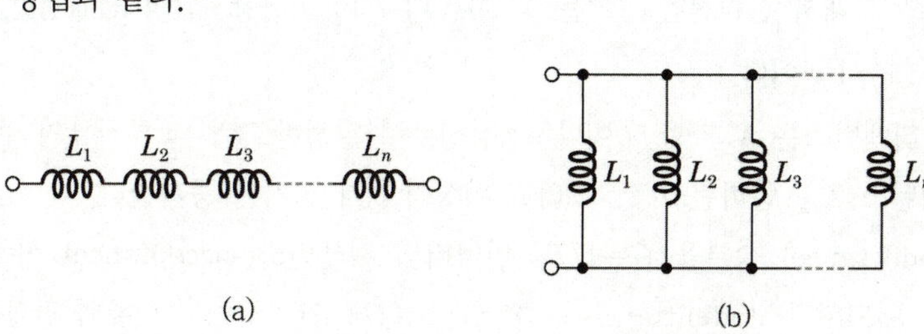

그림 9.9 인덕터의 연결 (a) 직렬연결 (b) 병렬연결

예제 9-5

다음 회로에서 합성 유도용량, 총 리액턴스, 전체전류를 구하여라.

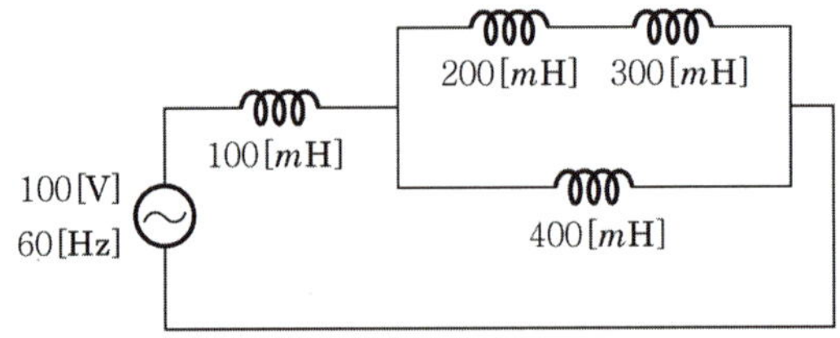

| 풀이 |

$L_T = 100m + \dfrac{400m \times 500m}{400m + 500m} = 322.2m\text{H}$,

$X_T = jwL_T = j2\pi \times 60 \times 322.2 \times 10^{-3} = j121.5[\Omega]$, $I_T = \dfrac{100}{j121.5} = 0.82\angle -90^o[\text{A}]$

9.4 RL 직렬회로 특성

그림 9.10(a)와 같은 직렬 RL 회로에 교류전압을 인가하면 각 소자에 흐르는 전류는 같지만, 각 소자의 전압분배는 저항과 인덕터의 리액턴스의 상대적인 값에 따라 분배된다. 회로에 흐르는 전류와 전압의 위상이 90° 차이를 갖는다. 그러나 코일에 직류 저항성분을 포함한 저항값이 R이고 직렬이면 이의 합성저항(임피던스)은 $Z = R + jX_L$이고 전압과 전류의 관계도 옴의 법칙, $Z = V/I$로 구할 수 있다.

① RL 직렬회로의 합성저항(임피던스) 크기는 $|Z| = \sqrt{R^2 + X_L{}^2}$이고, 위상각은 $\theta = \tan^{-1}(X_L/R)$이다.

② 전류에 대한 전압의 위상차는 $0^o \sim 90^o$ 사이인 θ이다(그림 9.10(b)). 순저항인 경우 위상차가 0°, 순 인덕턴스인 경우 위상차는 90^o이다.

③ 키르히호프 전압법칙을 적용한다. 저항과 인덕터에 흐르는 전류는 같다. 저항전압은 전류와 동위상이고, 인덕터 전압은 90° 빠르다. 그래서 저항의 전압 V_R과 인덕터 전압 V_L의 위상차는 90^o이고, 그래서 전원전압 크기는 $V_S = \sqrt{V_R^2 + V_L^2}$, 저항전압과 전원전압 사이 위상각은 $\theta = \tan^{-1}(V_L/V_R)$이다.

④ 인덕터의 리액턴스는 $X_L = 2\pi fL$이다. 저항성분이 일정한 경우 교류전류의 주파수가 증가할수록 리액턴스 X_L, 임피던스 Z, 그리고 위상각 θ의 크기는 증가한다.

컨덕턴스(conductance) 성분을 $G = 1/R$, 인덕터의 서셉턴스(susceptance) 성분을 $B_L = 1/X_L$이라 하면, 합성 어드미턴스(admittance)는 $Y = 1/Z = G + jB_L$ [S]이고 전류와 전압과의 관계인 옴의 법칙, $Y = I/V$로 구할 수 있다.

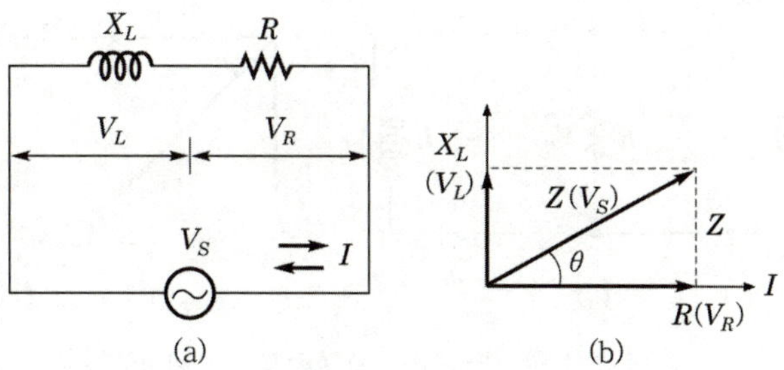

그림 9.10 (a) 직렬 RL 회로 (a) 회로도 (b) 위상도

예제 9-6

다음 회로에서 입력에 60Hz, 100V가 인가될 때 임피던스, 전류를 구하여라.

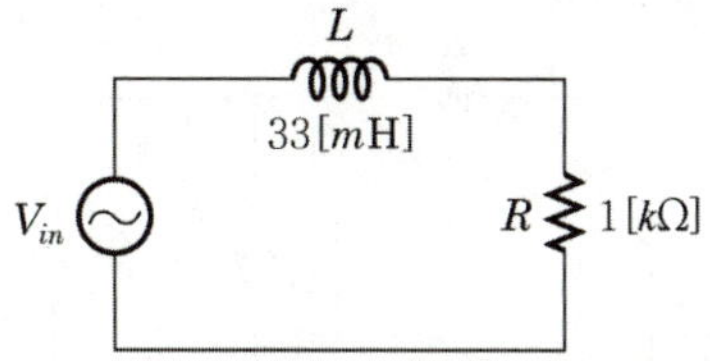

| 풀이 |

$Z = 1k + j2\pi(60)(33\times10^{-3}) = 1{,}000 + j12.4[\Omega] = 1\angle 0.71^o[k\Omega]$

$I = \frac{v_{in}}{Z} = \frac{100}{1\angle 0.71^o[k\Omega]} = 0.1\angle -0.71^o[\text{A}]$

9.5 RL 병렬회로 특성

① RL 병렬회로의 합성저항(임피던스) 크기는 $|Z| = (RX_L)/\sqrt{R^2 + X_L^{\ 2}}$ 이고, 위상각은 $\theta = \tan^{-1}(R/X_L)$ 이다.

② 전체 전류와 전압의 위상차는 $0^o \sim 90^o$ 이다. 순저항에 흐르는 전류는 전압과 위상차가 0° 이고, 순 인덕턴스인 경우 인덕터에 흐르는 전류는 저항에 흐르는 전류(전압)보다 90° 뒤진다.

③ 키르히호프 전류법칙을 적용한다. 병렬회로이므로 저항과 인덕터에 걸리는 전압은 인가 전압과 같다. 저항의 전류 I_R과 인덕터 전류 I_L의 위상차는 90° 이고, 그래서 전체전류 크기는 $I_T = \sqrt{I_R^2 + I_L^2}$, 저항전압과 전원전압 사이 위상각은 $\theta = \tan^{-1}\ (I_L/I_R)$ 이다.

④ 인덕터의 서셉턴스는 $B_L = 1/(2\pi fL)$ 이다. 저항성분이 일정한 경우 교류전류의 주파수가 증가할수록 서셉턴스 B_L, 어드미턴스 Y, 그리고 위상각 θ의 크기는 감소한다. 주어진 주파수에서 모든 병렬 RL 회로는 직렬 RL 회로로 변환할 수 있고, 직렬회로 임피던스는 $1/Y = R_{eq} + jX_{L(eq)} = Z\cos\theta + jZ\sin\theta$ 이다.

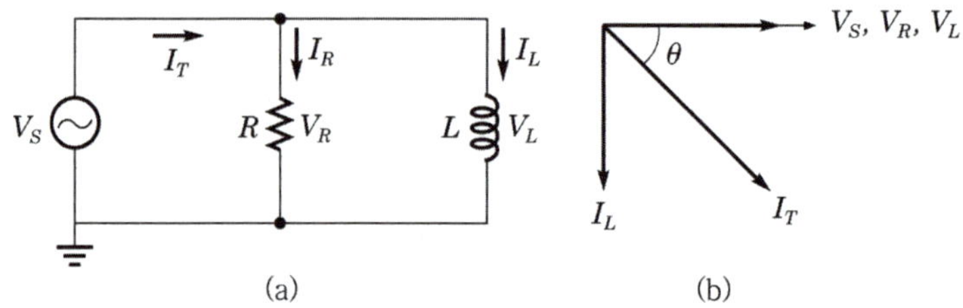

그림 9.11 RL 병렬회로 (a) 회로도 (b) 위상도

예제 9-7

다음 회로에서 $t=0$에서 스위치를 닫을 때 (a) 닫는 직후와 (b) 충분한 시간이 흐른 후 (c) 충분한 시간이 흐른 후 다시 스위치를 열 때 각 저항의 전압을 구하여라.

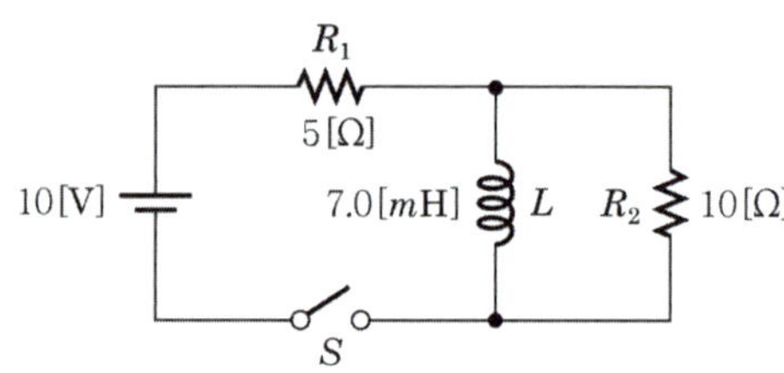

| 풀이 |

(a) $t=0$ 직후 $V_{R1}=\dfrac{5}{15}\times 10 \simeq 3.3\text{V}$, $V_{R2}=\dfrac{10}{15}\times 10 \simeq 6.7\text{V}$

(b) 충분한 시간이 경과 후 인덕터는 단락으로 작용하므로 $V_{R1}=10\text{V}$, $V_{R2}=0\text{V}$

(c) 충분한 시간이 경과 후 스위치를 열면 $V_{R1}=V_{R2}=0\text{V}$이다.

9.6 RL 회로 충전과 방전

등가 유도용량이 L, 등가 인덕터 단자에서 본 테브난 저항값이 R일 때 RL 회로의 시상수 τ는 다음과 같다.

$$\tau = L/R \text{ [s]} \tag{9-11}$$

정상상태는 RC 회로의 전압과 RL 회로의 전류가 스위칭이 일어나고 경과시간(elapsed time)인 시상수의 5배(5τ)를 지나면 최종값에 도달하는 상태가 된다.

그림 9.12(a)와 같이 RL 직렬회로에서 스위치가 닫히는 순간 인덕터는 개방회로가 되어 전원전압이 인가되고, 5τ까지 지수함수적으로 전류가 생겨 유도전압이 감소한다. 저항 전압은 전류에 따라 증가하고 5τ 이후 전원전압이 저항에 인가되며, 인덕터에는 유도전압이 거의 없다.

인덕터 충전전류 $i_L(t)$은

$$i_L(t) = \frac{V_0}{R}\left(1-e^{-(R/L)t}\right) \qquad t \geq 0 \tag{9-12}$$

이고, 여기서 V_0은 $t \geq 0$에서 회로에 인가한 직류전원이고, 시상수 L/R에서 최종값의 63%에 도달한다. 응답곡선은 그림 9.12(b)와 같이 증가한다.

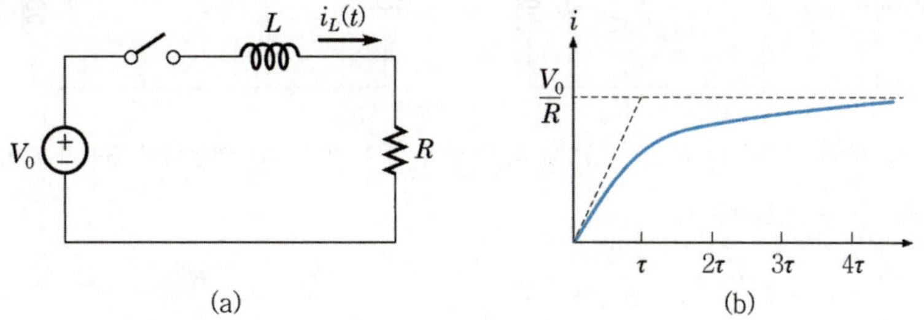

그림 9.12 RL 직렬회로 (a) 회로도 (b) 충전전류 응답

인덕터 방전전류 $i_L(t)$는

$$i_L(t) = I_0 e^{-(R/L)t} \qquad t \geq 0 \tag{9-13}$$

이고, 여기서 I_0은 $t=0$에서 인덕터에 저장된 초기전류이다. 그림 9.13은 지수함수적으로 감소되는 응답곡선을 나타낸다.

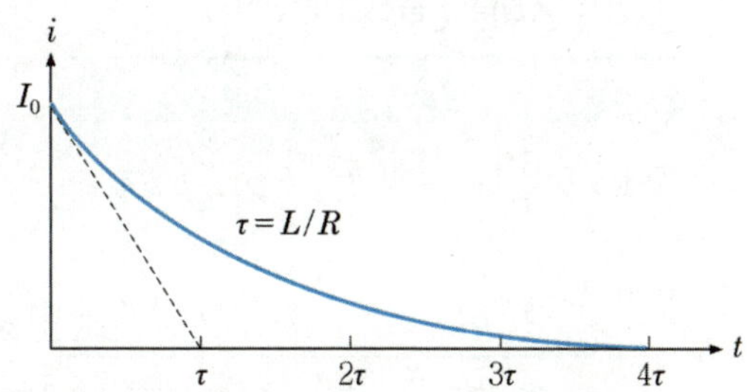

그림 9.13 인덕터의 방전전류 응답

오실로스코프로 전류를 직접 측정할 수 없으므로 저항을 통한 전압($V_R = I_L R$)으로 측정하면 시상수

$$\tau = L/R_t \tag{9-14}$$

을 측정할 수 있다. 여기서 $R_t = r_{ind} + R$은 전체 저항이고, r_{ind}는 인덕터의 저항값이다.

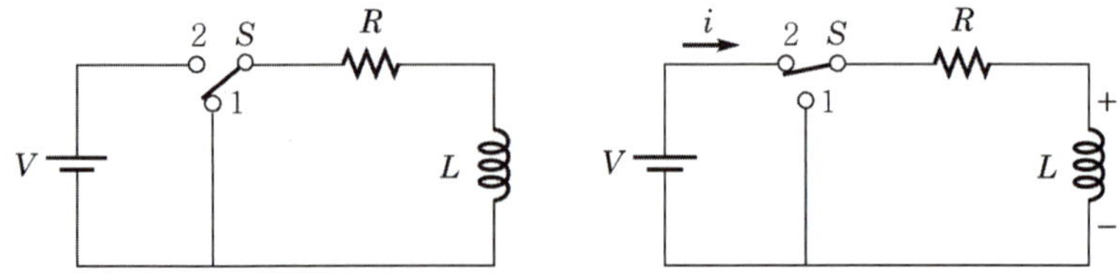

처음 스위치 위치 1에서 회로에 흐르는 전류는 없고, 스위치 위치 1에서 2로 이동하면 전류가 서서히 증가하여 정상상태 전류인 $\frac{V}{R}$까지 흐른다.

① $V-Ri-L\frac{di}{dt}=0 \rightarrow L\frac{di}{dt}=V-Ri \rightarrow \frac{di}{V-Ri}=\frac{dt}{L} \rightarrow \frac{di}{V/R-i}=\frac{R}{L}dt \rightarrow$

$\int_0^i \frac{di}{V/R-i}=\int_0^t \frac{R}{L}dt \rightarrow \ln\left(\frac{V/R-i}{V/R}\right)=-\frac{Rt}{L} \rightarrow \frac{V/R-i}{V/R}=e^{-\frac{Rt}{L}} \rightarrow i=\frac{V}{R}\left(1-e^{-\frac{t}{L/R}}\right)$

$v_L=L\frac{di}{dt}=L\frac{d}{dt}\left[\frac{V}{R}\left(1-e^{-\frac{t}{L/R}}\right)\right]=Ve^{-\frac{t}{L/R}}$

② $v_i=V,\ v_f=0,\ \tau=L/R,\ v=v_f+(v_i-v_f)e^{-t/\tau}=0+(V-0)e^{-tL/R}=Ve^{-\frac{t}{L/R}}$

$i_i=0,\ i_f=V/R,\ \tau=L/R,\ i=i_f+(i_i-i_f)e^{-t/\tau}=\frac{V}{R}+\left(0-\frac{V}{R}\right)e^{-tL/R}=\frac{V}{R}\left(1-e^{-\frac{t}{L/R}}\right)$

〈인덕터 충전과 방전식〉

	i_L	v_L
충전	$\frac{V}{R}\left(1-e^{-\frac{t}{L/R}}\right)$	$Ve^{-\frac{t}{L/R}}$
방전	$\frac{V}{R}e^{-\frac{t}{L/R}}$	$Ve^{-\frac{t}{L/R}}$

시정수(time constant)

- 급격한 섭동 후 최종치의 63%($1-e^{-1}=0.63$배) 증가 또는 초기치의 37%($e^{-1}\simeq 0.37$배) 감소하는데 걸리는 시간이다.
- 1차 시스템(1차 회로)에서 과도응답 특성을 나타내는 주요 특성변수로 얼마나 빨리 정상상태에 도달할 수 있는가를 가늠하는 척도이다.
- 시간에 대해 $e^{-\alpha t}$의 관계로 진폭이 감쇠 또는 증가하며 변동하는 경우 지수부분의 α는 감쇠율이라 하며, 이의 역수 즉 $1/\alpha$를 시정수 τ라고 한다.

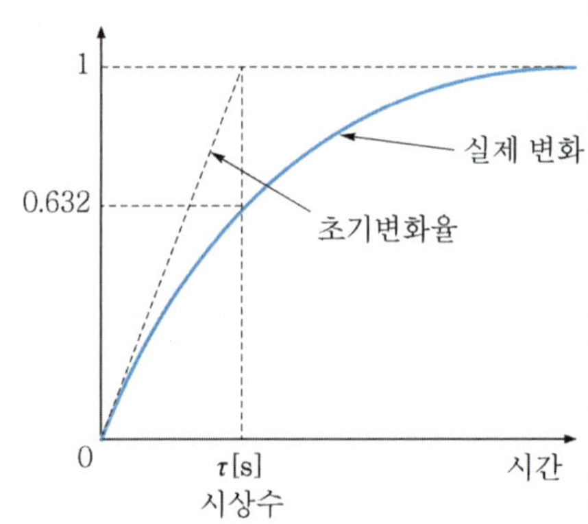

- 용량성 시상수 : $RC=\dfrac{V}{I}\dfrac{Q}{V}=\dfrac{Q}{I}=\dfrac{Q}{Q/\tau}=\tau[\mathrm{s}]$
- 유도성 시상수 : $\dfrac{L}{R}=\dfrac{\Phi}{I}\dfrac{I}{V}=\dfrac{\Phi}{V}=\dfrac{\Phi}{\tau}\dfrac{\tau}{V}=\tau[\mathrm{s}]$
- 용량성 및 유도성 시상수 곱 : $(RC)\left(\dfrac{L}{R}\right)=LC=\dfrac{\Phi}{I}\dfrac{Q}{V}=\dfrac{\Phi}{Q/\tau}\dfrac{Q}{V}=\Phi\dfrac{\tau}{V}=\dfrac{\Phi}{\tau}\dfrac{\tau^2}{V}=\tau^2$
- 유도용량과 전기용량 곱 : $LC=\mu\epsilon\ell^2=\dfrac{1}{v_0^2}\ell^2=\tau[\mathrm{s}]$

예제 9-8

$L=2.5m\mathrm{H}$ 인 RL회로에서 전류가 최종값의 90%에 도달하는 시간이 $3m\mathrm{s}$ 걸린다면 저항값을 구하여라.

| 풀이 |

$i_L(t)=\dfrac{V_0}{R}\left(1-e^{-(R/L)t}\right)$ 에서 $0.9I_0=I_0\left(1-e^{-3m/\tau}\right)$ 이고 $\tau=\dfrac{L}{R}$ 이다.

$\tau=1.3m\mathrm{s}$ 이므로 $R=\dfrac{L}{\tau}=\dfrac{2.5m}{1.3m}=1.92\Omega$ 이다.

예제 9-9

$t=0$ 에 유도용량이 $15\mathrm{H}$ 인 인덕터와 $30k\Omega$ 저항을 직렬 연결한 회로에 $50\mathrm{V}$ 전지에 연결한다. $t=0$, $1m\mathrm{s}$, 그리고 $3m\mathrm{s}$ 에서 전류의 증가율을 구하여라.

| 풀이 |

시상수 $\tau=\dfrac{L}{R}=\dfrac{15}{30k}=0.5m\mathrm{s}$ 이고 $I_0=\dfrac{V_0}{R}=\dfrac{50}{30k}=\dfrac{5}{3}m\mathrm{A}$,

$i_L(t)=\dfrac{V_0}{R}\left(1-e^{-(R/L)t}\right)=\dfrac{5}{3}\left(1-e^{-(t/0.5m)}\right)[m\mathrm{A}]$,

$\dfrac{di_L(t)}{dt}=\dfrac{5}{3}\left(\dfrac{1}{0.5m}\right)e^{-(t/0.5m)}[m\mathrm{A}]=\dfrac{10}{3}e^{-(t/0.5m)}[\mathrm{A}]$, $\left.\dfrac{di_L(t)}{dt}\right|_{t=0}\simeq 3.33[\mathrm{A}]/\mathrm{s}$,

$\left.\dfrac{di_L(t)}{dt}\right|_{t=1ms}\simeq 0.45[\mathrm{A}]/\mathrm{s}$, $\left.\dfrac{di_L(t)}{dt}\right|_{t=3ms}\simeq 8.26[m\mathrm{A}]/\mathrm{s}$

9.7 RL 저역통과필터 및 고역통과필터

(1) 수동 RL 저역통과필터

그림 9.14와 같이 인덕터는 주파수가 감소하면 인덕터의 리액턴스는 줄어들어 저주파는 통과시키고, 주파수가 증가하면 인덕터의 리액턴스는 증가하여 고주파를 차단한다. 저항 양단의 전압 v_R은 입력전압에서 인덕터 전압 v_L을 뺀 것이므로 고주파에서 저항 양단의 출력전압은 감소한다. 직렬 RL 회로에서 저항이 출력인 경우 저역통과필터가 된다. 이것은 출력전압이 입력전압보다 위상이 지연되므로 RL 지상회로이다.

RL 저역통과필터의 전달함수는

$$\frac{V_{out}}{V_{in}} = \frac{R}{R+j\omega L} = \frac{1}{1+j\dfrac{wL}{R}} = \frac{1}{1+j\dfrac{w}{w_{cL}}} = K_L \tag{9-15}$$

이고, 여기서 차단주파수는 $f_c = R/(2\pi L)$이며 그림 9.15는 저역통과필터의 주파수 특성곡선이다.

한편, 인덕터 양단 전압이 출력전압으로 하면 직류에서 출력전압은 '0'이다. 주파수가 증가하면 인덕턴스가 증가하고 인덕터 양단의 전압은 증가하여 고역통과필터가 된다. 이것은 출력전압이 입력전압보다 위상이 앞서므로 RL 진상회로이다.

RL 필터에서는 LPF 설계 시에는 인덕터를 부하에 대해 직렬로, HPF 설계 시에는 인덕터를 부하에 대해 병렬로 연결한다.

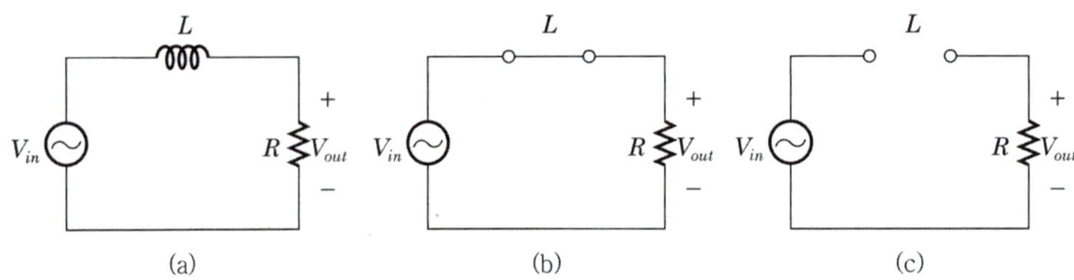

그림 9.14 RL 저역통과필터 (a) 공진주파수 (b) 직류($f = 0$) (c) 고주파($f = \infty$)

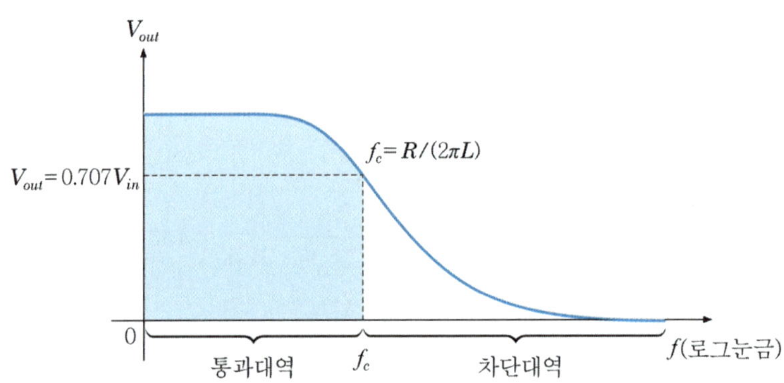

그림 9.15 저역통과필터 주파수 특성

예제 9-10

RL 1차 저역통과필터에서 저항 $R = 10k\Omega$, 차단주파수가 $796k$Hz 일 때 인덕터의 유도용량을 구하여라.

| 풀이 |

차단주파수 $f_c = \dfrac{R}{2\pi L}$ 에서 $L = \dfrac{R}{2\pi f_c} = \dfrac{10^4}{2\pi \times 796k} \simeq 2m$H

(2) 수동 RL 고역통과필터

인덕터는 저주파수 신호에서 작은 저항값으로 통과시키고 고주파 신호에는 큰 저항값으로 작용한다. 그래서 저주파 신호는 어떤 감쇠 없이 쉽게 통과시키고 고주파 신호는 큰 감쇠 혹은 완전 차단시켜 출력한다. 회로에서 전류는 가장 적은 저항경로로 선택한다. 그래서 그림 9.16과 같이 고주파신호는 인덕터를 거치지 않고 출력으로 나가고 직류 혹은 저주파 전류는 인덕터를 통해 접지로 흘러간다. 그래서 이 회로는 고역통과 필터 회로가 된다.

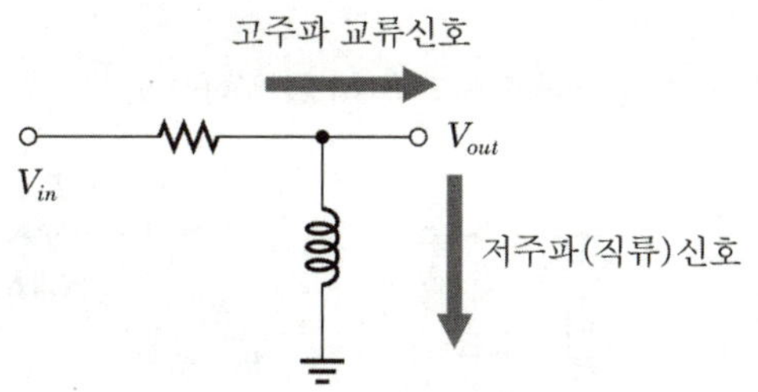

그림 9.16 RL 고역통과 필터 개념도

그림 9.17(a)는 R과 L을 사용한 고역통과필터 회로이고, 입력전압 V_{in}와 출력전압 V_{out}의 전달함수는

$$\frac{V_{out}}{V_{in}} = \frac{j\omega L}{R + j\omega L} = \frac{1}{1 - j\dfrac{R}{wL}} = \frac{1}{1 - j\dfrac{w_{cH}}{w}} = K_H \tag{9-16}$$

이며, 여기서 차단각주파수, $w_{cH} = R/L$이고 차단주파수 $f_{cH} = R/(2\pi L)$이다. 식 (9-16)에서 ω 가 감소하여 일정한 값 w_{cH}보다 작게 되면 V_{out}/V_{in}는 점차로 작아져서 '0'에 가깝게 되는 것을 그림 9.17(b)에서 알 수 있다. 따라서 $V_{out} = K_H V_{in}$의 관계로부터 V_{in}의 주파수가 w_{cH}보다 작아질수록 V_{out}는 '0'에 가까워지고 V_{in}에서 높은 주파수 성분만이 V_{out}에 나타날 수 있게 된다. 이러한 특성을 이용하여 그림 9.17(a)의 회로는 고역통과필터로 사용할 수 있다.

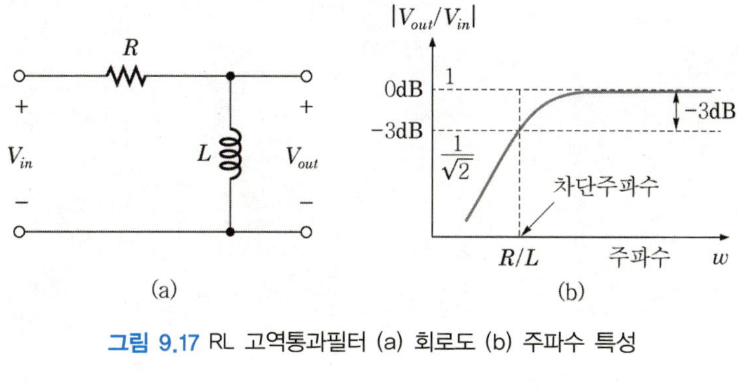

그림 9.17 RL 고역통과필터 (a) 회로도 (b) 주파수 특성

예제 9-11

$R=100k\Omega$, $L=4.7m\mathrm{H}$인 고역통과필터의 차단주파수를 구하여라.

| 풀이 |

차단주파수 $f_c=\dfrac{R}{2\pi L}=\dfrac{10^5}{2\pi\times 4.7\times 10^{-3}}=3.4M\mathrm{Hz}$

예제 9-12

다음회로에서 V_{out}/V_{in} 전달함수를 구하고 차단주파수를 구하여라.

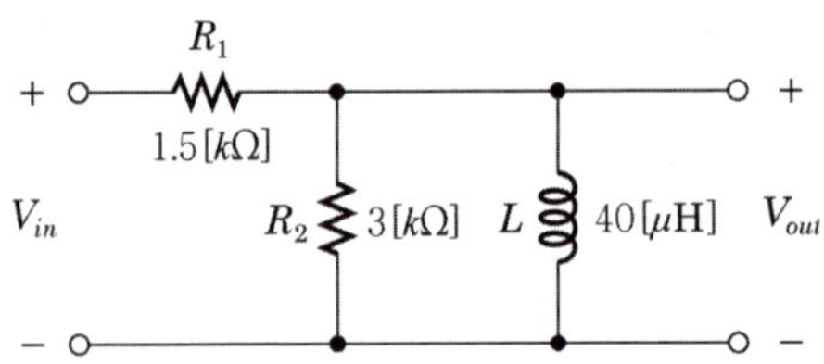

〈예제 그림〉

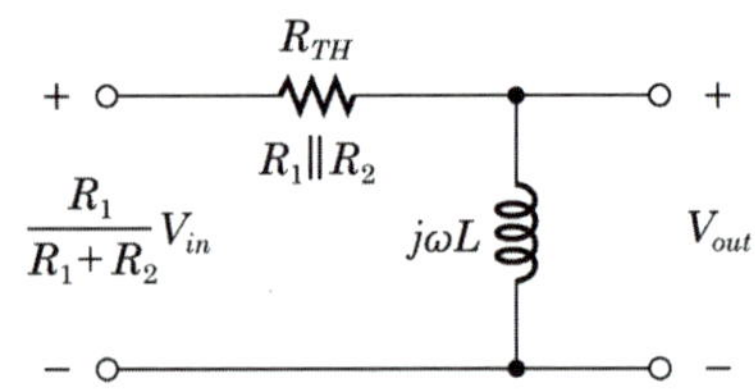

〈풀이과정〉

| 풀이 |

테브난 등가회로를 그리면 $V_{TH}=V_{in}\dfrac{R_2}{R_1+R_2}=\dfrac{2}{3}V_{in}$, $R_{TH}=R_1 /\!/ R_2=\dfrac{R_1R_2}{R_1+R_2}=1k\Omega$, 전달함수

$H(w)=\dfrac{V_{out}}{V_{in}}=\dfrac{2}{3}\dfrac{j\omega L}{R+j\omega L}=\dfrac{2}{3}\dfrac{1}{1-j\dfrac{R}{wL}}=\dfrac{1}{1-j\dfrac{w_c}{w}}$

$w=\dfrac{R}{L}=\dfrac{1k}{40\mu}=25M[\mathrm{rad/s}]$이다.

연습문제

9.1 공기 코어의 반경이 5cm 이고 길이가 3m 이며 감은 수가 1000번일 때 유도용량값을 계산하여라.

9.2 공기솔레노이드 길이가 50cm, 단면적이 $3\mathrm{cm}^2$ 이고 솔레노이드를 통한 전류가 0.5[A/s]로 감소할 때 유도기전력이 200μV 이다. 이 솔레노이드의 단위길이 당 감은 수를 구하여라.

9.3 커패시터는 전하를 저장하지만 인덕터는 무엇을 저장하는 지 설명하여라.

9.4 주파수 $f = 100k$Hz 에서 $10m$H 인덕터의 임피던스를 구하여라.

9.5 다음 회로에서 합성 유도용량을 구하고 L_4에 흐르는 전류 및 전압을 구하여라.

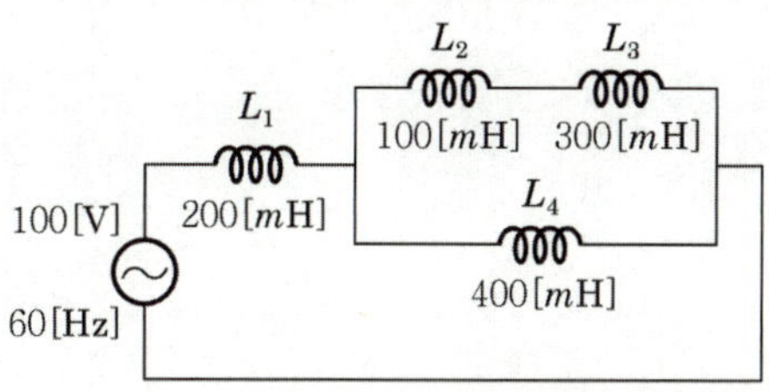

9.6 인덕터 전압과 저항의 전압이 같을 때 전원의 주파수를 구하여라.

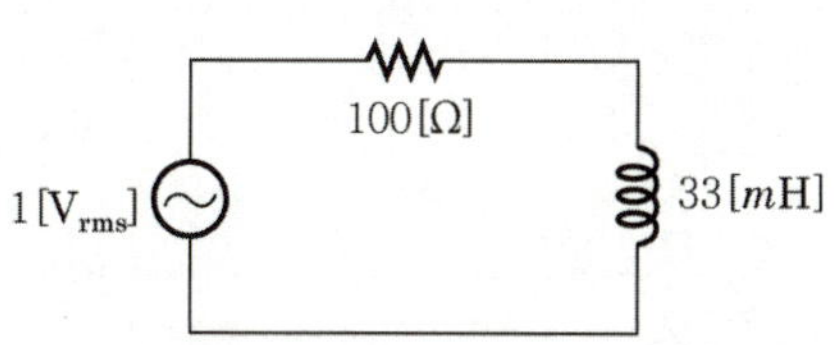

9.7 어떤 회로에 전압을 인가할 때 90° 위상이 뒤진 전류가 흐른다. 이 회로는 어떤 종류 회로(유도성, 용량성, 저항성)인지 설명하여라.

9.8 다음 회로에서 입력에 1kHz, 100V 가 인가될 때 임피던스와 전류 그리고 시상수를 구하여라.

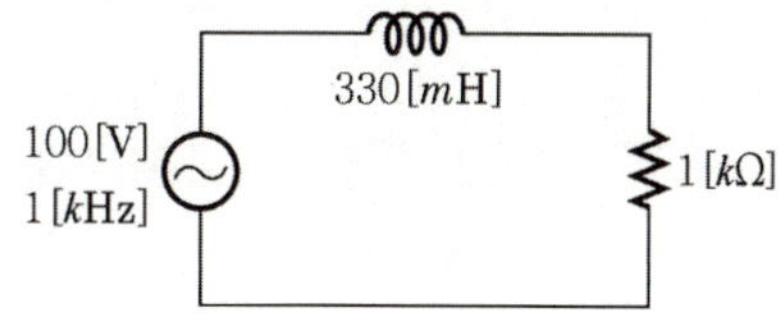

9.9 저항 3[Ω]과 유도리액턴스 4[Ω]이 직렬 접속된 회로에 100[V]의 교류전압을 인가하면 이때 흐르는 전류를 구하여라.

9.10 RL 직렬회로에서 임피던스 위상각 $\theta = 45^o$가 되는 조건을 설명하여라.

9.11 RL 직렬회로에서 저항이 일정할 때 리액턴스 X_L의 증감이 위상각에 미치는 영향을 설명하여라.

9.12 $L = 50m$H 인 RL회로에서 전류가 최종값의 50%에 도달하는 시간이 $3ms$ 걸린다면 저항값을 구하여라.

9.13 $t = 0$에 유도용량이 0.15H 인 인덕터와 100Ω 저항을 직렬 연결한 회로에 50V 전지에 연결한다. $t = 0$, $1ms$, 그리고 $3ms$에서 전류의 증가율을 구하여라.

9.14 다음 회로의 전달함수 V_{out}/V_{in}를 구하고 w에 대한 $|V_{out}/V_{in}|$를 그리며 차단주파수를 구하여라.

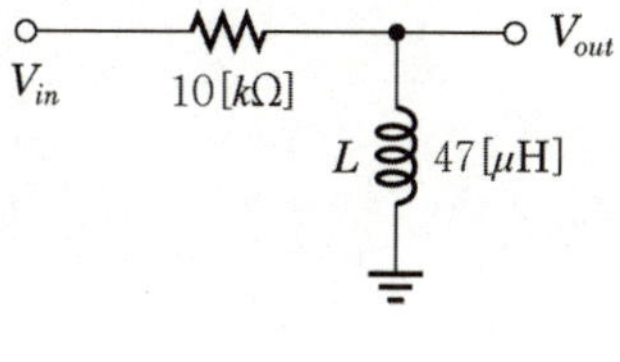

Chapter 10

변압기

10.1 전자유도와 유도기전력

그림 10.1과 같이 코일에 자속을 변화시킬 때, 코일에서 기전력이 발생하는데 이 현상을 전자유도라 한다. 전류가 흐르면 주위에 자장이 생기는 것처럼, 코일(도체)주위에 자장이 발생하면 전자의 움직임이 발생한다. 이것이 곧 전자의 흐름이 되어 전류가 만들어지는 것이다.

N번 감긴 코일에 발생하는 유도기전력은

$$\mathcal{E} = N\frac{\Delta\phi}{\Delta t}[\mathrm{V}] \tag{10-1}$$

이고 코일에 자속 ϕ의 변화가 클수록 기전력은 증가한다.

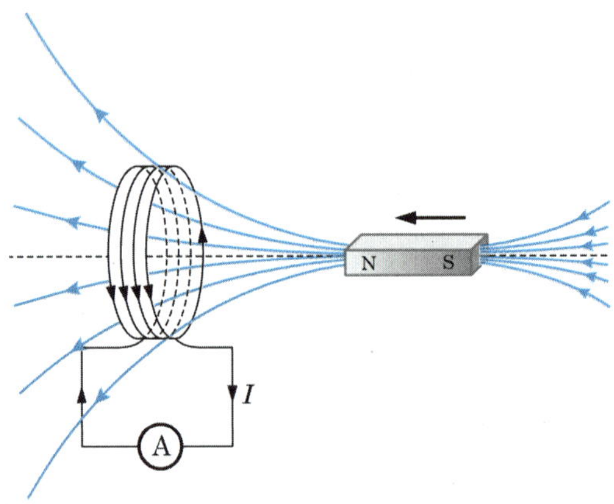

그림 10.1 전자유도 현상

(1) 자체유도에 의한 자체 인덕턴스

그림 10.2(a)와 같이 스위치 작동으로 코일에 흐르는 전류가 바뀌면 자속이 변하고 전자유도에 의해 자속을 방해하려는 방향으로 유도기전력이 발생하는데 이를 자체유도(self induction)라 한다. 코일의 자체유도능력의 정도를 나타내는 것을 자체인덕턴스(self inductance)라 한다. 자체 유도기전력은

$$\mathcal{E} =-L\frac{\Delta I}{\Delta t}=-N\frac{\Delta\phi}{\Delta t}[\mathrm{V}] \tag{10-2}$$

이므로 $L=\dfrac{N\phi}{I}[\mathrm{H}]$이고, 코일의 인덕턴스는 감긴 횟수에 비례한다.

(2) 상호유도에 의한 상호 인덕턴스

그림 10.2(b)와 같이 두 개의 코일을 가까이 놓고 한쪽 코일(1차 코일)에 전류를 가해 자속이 발생하며 다른 쪽의 코일(2차 코일)에서 1차 코일의 자속의 변화를 방해하려는 방향으로 기전력이 발생한다. 즉 한쪽 코일의 전류가 변화할 때, 다른 쪽에서 유도기전력이 발생하는 것을 상호유도

(mutual induction)라 한다.

상호유도작용에 의하여 1차 측의 전압의 변화가 2차 측으로 전달되는데, 이런 구조가 변압기이다. 두 개 코일의 권수를 이용하여 전압을 변화시켜 사용하는데, 발전소에서 변전소를 거쳐 가정까지 많은 변압기가 사용되어진다. 즉, 높은 전압에는 코일을 많이 감고, 낮은 전압에는 조금 감아 전압을 변화시킨다. 상호유도에 의한 기전력은

$$\mathcal{E}_2 = -M\frac{\Delta I_1}{\Delta t} = -N_2\frac{\Delta \phi_2}{\Delta t}[\mathrm{V}] \tag{10-3}$$

이므로 상호인덕턴스(mutual inductance) $M=(N_2\phi_2)/I_1[\mathrm{H}]$이고, 상호인덕턴스는 1차 측과 2차 측 감긴 횟수에 비례한다.

변압기의 코일 두 개의 자기적인 결합 정도를 나타내는 결합계수 $k=M/\sqrt{L_1L_2}$이고, 결합계수의 범위는 $0 \leq k \leq 1$이다. 투자율이 큰 재료 혹은 인접한 두 코일인 경우 밀결합이고 결합계수는 1에 가까우며, 철심자로가 닫힌 경로가 아닌 안테나 코일은 소결합으로 '0'에 가깝다.

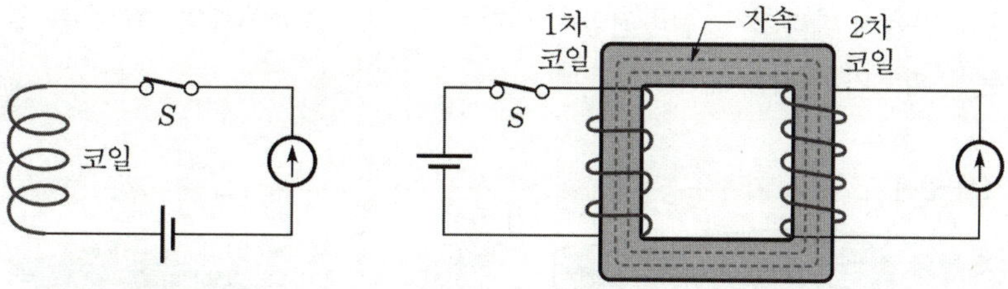

그림 10.2 전자유도 종류 (a) 자기유도 (b) 상호유도

예제 10-1

자기인덕턴스가 4H, 5H이고 상호인덕턴스가 3H이다. 이 회로의 자기 결합계수를 구하여라.

| 풀이 |

$$k=\frac{M}{\sqrt{L_1L_2}}=\frac{3}{\sqrt{5\times 4}}=0.67$$

10.2 변압기

가정이나 공장에 공급되는 전원은 교류이다. 전력은 전압과 전류의 곱이므로 같은 전력을 전송할 때 전압을 크게 하면 전류는 적어진다. 전류가 I[A] 흐르는 전력선로의 저항 r이면 I^2r에 해당하는 손실이 발생하게 된다. 따라서 전류가 적은 전력을 전송하게 되면 전기에너지의 손실을 줄일 수 있다.

교류를 사용하면 변압기를 이용하여 전압을 쉽게 변화시킬 수 있으므로 전력의 전송효율을 높일 수 있다. 변압기는 1차 권선에 공급된 전력을 최소의 손실로 2차 권선에 전달하는 전기기기이다.

최초의 변압기는 1831년 패러데이(Michael Faraday, 1791~1867)가 발견한 전자유도법칙을 기초로 하여 1883년 가라드(Lucien Gaulard, 1850~1888, 프랑스)와 깁스(John Dixon Gibbs(1834~1912, 영국)가 변압기를 제작하였다.

(1) 변압기 원리

변압기(transformer=transfer former, 트랜스포머 또는 트랜스)는 그림 10.3과 같이 철심에 1차 권선과 2차 권선으로 구성되어 있으며 전기적으로 분리되어 있으나 자기적으로는 결합되어 있다.

동작은 패러데이 전자유도법칙에 의해 자기적으로 결합된 두 코일이 있을 때 어느 한 코일에 전류가 변화하면 다른 코일에 기전력이 유도되고, 발생하는 기전력의 방향은 렌츠의 법칙에 의해 결정된다. 즉 2차 권선의 내부에 있는 철심에서는 1차 권선에 의한 자속의 변화를 방해하는 방향으로 자속이 발생하고 이 자속에 의해 2차 권선에 기전력이 발생하여 전류가 흐르게 된다.

유도기전력(전압)은 코일을 통한 자기선속의 변화율과 코일의 감긴 횟수에 비례한다. 전력을 공급하는 쪽의 코일(입력)을 1차 측, 전력을 꺼내는 쪽(출력)을 2차 측이라고 한다. 철심에 코일을 감았을 때 1차 권선과 2차 권선은 전기적으로 분리되어 있으나 자기적으로는 결합되어 있다. 1차 권수와 2차 권수의 비율에 따라 2차 측의 전압이 변화한다. 그리고 1차 측의 주파수를 일정하게 하면 2차 측도 같은 주파수가 된다.

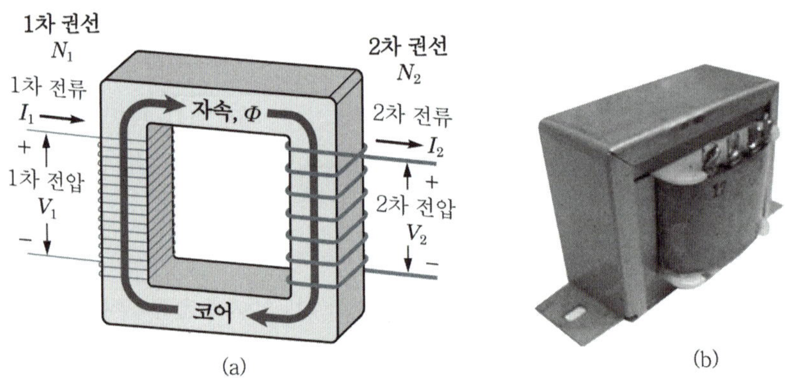

그림 10.3 변압기 (a) 구조 (b) 실제 모습

(2) 이상적인 변압기

이상적인 변압기는 누설자속이 없고, 철손도 없으며, 철심의 투자율이 무한히 커서 자속을 유지하기 위한 여자전류(勵磁電流)도 필요 없고 권선의 저항은 '0'인 변압기이며 등가회로는 그림 10.4(a)와 같다. 1차 코일에 교류전압 V_1을 걸어 주면 1차 코일에 흐르는 전류에 의한 자속의 변화가 철심을 통해 2차 코일에 전달되어 2차 코일에도 유도기전력 V_2가 나타난다.

$$V_1 = -N_1\frac{d\Phi}{dt}, \quad V_2 = -N_2\frac{d\Phi}{dt} \tag{10-4}$$

양쪽 코일에 자속 변화율, $d\Phi/dt$이 같으므로

$$\frac{V_1}{N_1} = \frac{V_2}{N_2} = -\frac{d\Phi}{dt} \rightarrow \frac{V_2}{V_1} = \frac{N_2}{N_1} = n \tag{10-5}$$

이고, n은 감은 비(turn ratio, 권선비) 또는 변압비(transformer ratio), N_1[회]은 1차 감은 수, N_2[회]는 2차 감은 수이다.

> **이상적인 변압기**
> 큰 리액턴스 코일(인덕턴스 L_1, L_2, M가 무한대), 결합계수 $k = 1(M = \sqrt{L_1 L_2}$, 완전결합, 누설자속=0) 무손실 코일($R_1 = R_2 = 0\Omega$: 코일저항=히스테리시스 손실=와류손실=0)

전력손실이 없는 이상적인 변압기에서 1차 코일에 공급되는 전력 P_1과 2차 코일에 유도되는 전력 P_2는 같고($P_1 = P_2$), $V_1 I_1 = V_2 I_2$이므로

$$\frac{V_1}{V_2} = \frac{I_2}{I_1} = \frac{N_1}{N_2} \tag{10-6}$$

이고, 여기서 I_1는 1차 전류, I_2는 2차 전류이고, 전압은 감은 수에 비례하며 전류의 세기는 감은 수에 반비례한다.

> 자속 $\phi \propto N$, 인덕턴스 $L = (N\phi)/I \propto N^2$이므로 인덕턴스는 권선수의 제곱에 비례함으로 $\frac{N_1}{N_2} = \sqrt{\frac{L_1}{L_2}}$

전압을 k배 높이면 전류는 $1/k$배가 되고 손실전력은 $1/k^2$로 줄게 된다. 보통 발전소의 경우 15만~22만V로 송전하면 시내에서 12,000V가 되고 가정에서 220V가 된다. 그리고 1차 측의 주파수를 일정하게 하면 2차 측도 같은 주파수가 된다. 코일이 투자율이 상수인 자기적으로 선형물질(공기, 플라스틱, 베이크라이트 등)에 감겨 있는 선형 변압기 등가회로는 그림 10.4(b)와 같고 R_1은 1차 코일저항이고 R_2는 2차 코일저항이다.

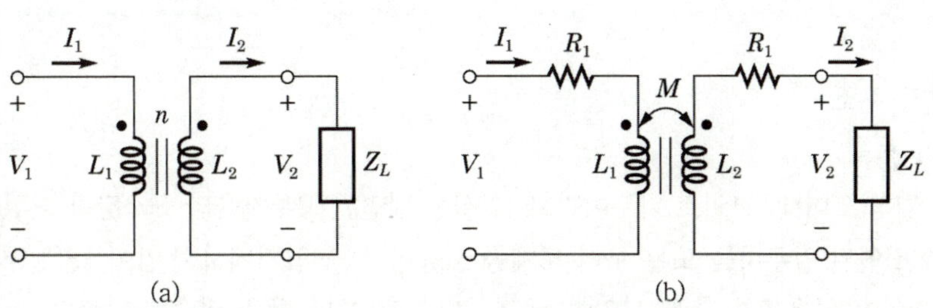

그림 10.4 변압기 등가회로 (a) 이상적인 변압기 (b) 선형 변압기

변압기는 종속전압원과 종속전류원으로 나타낼 수 있다. 그림 10.5와 같이 이상적인 변압기는 종속전원으로 나타낼 수 있고 결합된 인덕터로 변압기를 모델링할 수 있다.

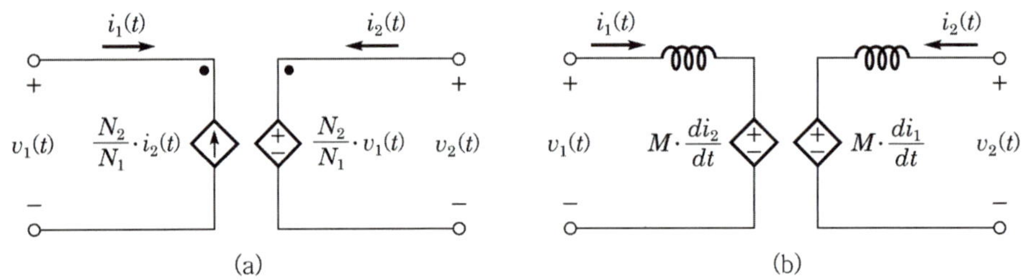

그림 10.5 변압기 모델링 (a) 종속전류원과 종속전압원의 이상적인 변압기 (b) 종속전압원과 인덕터의 결합한 변압기

예제 10-2

220[V]를 11[V]로 강압하는 변압기를 설계하려고 한다. 1차 권선수를 300[회]로 할 때 2차 권선은 코일의 감을 수를 구하여라. 또한 부하전류가 5[A]라면 1차 권선에 흐르는 전류를 구하여라.

| 풀이 |

(a) 감은 비 계산 : $\frac{V_1}{V_2} = \frac{N_1}{N_2}$에서 $\frac{220}{11} = \frac{300}{N_2}$이므로 $N_2 = \frac{300 \times 11}{220} = 15$[회]

(b) 전압-전류 관계 : $\frac{V_1}{V_2} = \frac{I_2}{I_1}$에서 $\frac{220}{11} = \frac{5}{I_1}$이므로 $I_1 = 0.25$[A]

예제 10-3

이상적인 변압기의 정격이 2,400/120V, 9.6kVA이고 2차 코일의 감은수가 50번이다. (a) 감은 비 (b) 1차 코일에 감은 수 (c) 1차와 2차 코일 정격전류를 구하여라.

| 풀이 |

(a) $n = \frac{N_2}{N_1} = \frac{V_2}{V_1} = \frac{2400}{120} = 0.05$

(b) $N_1 = \frac{N_2}{n} = \frac{50}{0.05} = 1{,}000$번

(c) $P = V \cdot I = 9{,}600$VA이므로 $I_1 = \frac{P}{V_1} = \frac{9{,}600}{2{,}400} = 4$A, $I_2 = \frac{P}{V_2} = \frac{9{,}600}{120} = 80$A

(3) 변압기 구조

① 변압기 종류

변압기는 철심(코어)과 코일로 나누어지고, 철심은 냉연된 고투자율의 규소강판을 성층으로 사용하고 코일은 절연된 알루미늄 또는 구리 도체를 사용한다. 변압기에서 전압이 높은 1차 측은 코일이 가늘고 전압이 낮은 2차 측은 코일이 굵고, 고압 측이 더 많은 권수를 갖는다.

변압기는 전원의 상(相)수에 따라 단상과 3상 변압기로 나뉘며 철심용 구조에 따라 내철(core)형, 외철(shell)형 등이 있다. 내철형은 1차와 2차 코일이 서로 다른 위치에 감겨 있다. 1차와 2차 측 권선이 멀리 떨어져 있으므로 고압용에 적합하다. 외철형은 1차와 2차 코일이 함께 감겨 있다. 외철형은 누설자속이 적고 1차 혹은 2차 측의 전압과 전류를 곱하면 변압기의 용량이 된다.

② 철심

자기회로를 구성하여 1차 측에 인가된 전압을 2차 측에 다른 전압으로 나타나도록 하는 역할을 한다. 자장 안에 철심이 있으므로 맴돌이 전류에 의한 철손과 누설자속이 고려할 요소가 된다.

일반적으로 절연피막이 입혀져 있는 두께 0.3mm ~ 0.6mm, 규소 함유량 3.5% 정도의 규소 강판을 그림 10.6과 같이 성층한 적철심(積鐵心, laminate core)형과 나선모양으로 감아서 만든 권철심(卷鐵心, winding core)형이 있다.

적철심형은 규소강판을 모양에 맞게 절단한 것을 쌓아 압착한 것이며, 철판을 조합해서 만들기 때문에 접속부위 근처에서 자로(磁路)가 굴곡(끊겨)이 되어 철손이 증가한다. 그림 10.7은 적철심형 변압기의 내철형과 외철형을 나타낸다.

권철심형은 연속규소강대(silicon steel strip, 硅素鋼帶)를 연속으로 감은 형태로서 주로 전주에 설치하는 주상변압기의 대부분이 이것을 사용하고 있으며, 적철심형의 결점을 없애기 위하여 강대를 말아서 접속부위를 없앤 구조이고, 철심의 끊어진 부분이 없으므로 여자전류 및 손실이 적다. 그림 10.8은 권철심형 변압기의 내철형과 외철형을 나타낸다.

최근에는 규소 강판 대신에 철손이 적은 비정질(amorphous) 자성 재료를 이용하기도 한다.

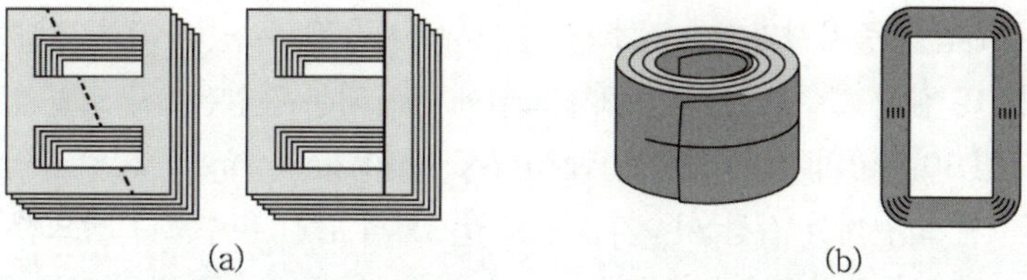

그림 10.6 철심의 분류 (a) 적철심형 (b) 권철심형

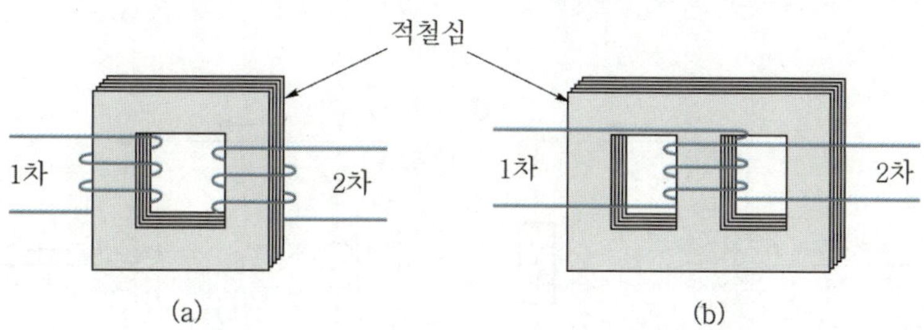

그림 10.7 적철심형 변압기 (a) 내철형 (b) 외철형

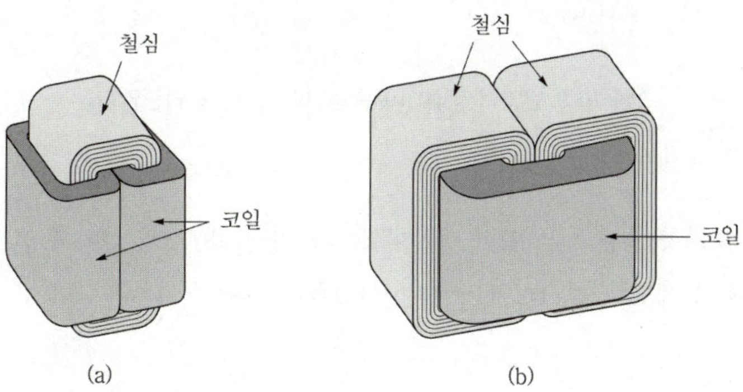

그림 10.8 권철심형 변압기 (a) 내철형 (b) 외철형

비정질 자성 재료
아몰퍼스(amorphous) 자성 합금은 Fe(철), Ni(니켈), Co(코발트) 등의 강자성 원소와 B(붕소), Si(실리콘), C(탄소) 원소와의 합금이다. 아몰퍼스 합금을 전기기기의 철심 재료로 사용하면 철손을 기존의 규소 강판보다 1/4로 줄일 수 있다.

③ 권선

1차 권선과 2차 권선을 나주어 감게 되면 1차 전류에 의해 발생된 자속이 2차 권선에 모두 도달하지 못하는 누설 자속이 생기게 된다. 그러면 변압기의 효율이 나빠지므로 대부분의 변압기는 1차 권선과 2차 권선을 하나의 몸체가 되도록 한다.

소형 변압기에서는 원형의 에나멜 절연코일을 사용하고 대전류의 변압기에서는 면사, 절연 수지 등으로 절연한 평각동선(rectangular copper wire, 平角銅線)을 사용한다.

감는 방법에 따라 철심에 직접 감는 직권(direct wound)과 일정한 틀에 감아 형을 만들어 조립하는 형권(form wound)으로 나눈다.

(4) 강압/승압변압기

변압기는 교류 전압을 증가시키거나 감소시키는 데에 사용될 수 있다. 2차 코일에 감긴 선의 횟수가 1차 코일에서의 감긴 횟수보다 크면, 2차 코일에 유도되는 전압은 1차 코일의 전압보다 더 크게 된다. 이를 그림 10.9(a)와 같은 승압 변압기(step-up transformer) 혹은 전압 증가형 변압기라 한다. 그러나 2차 코일에서 감긴 횟수가 1차 코일에서의 감긴 횟수보다 작으면, 전압은 감소한다. 이를 그림 10.9(b)와 같이 강압 변압기(step-down transformer) 혹은 전류 증가형 변압기라 한다.

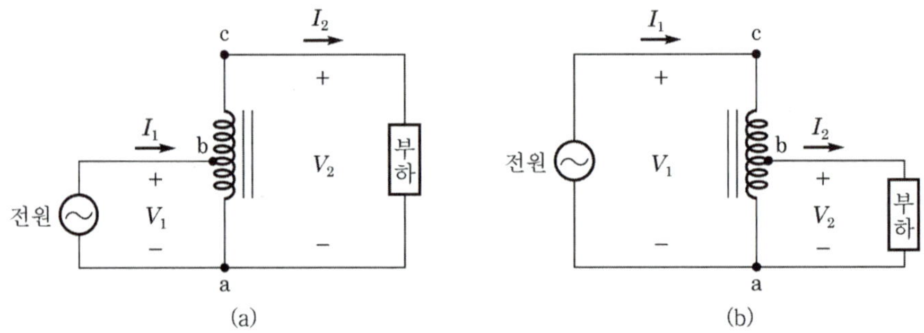

그림 10.9 변압기 종류 (a) 승압변압기 (b) 강압변압기

(5) 단권 변압기

단권 변압기(autotransformer)는 일반 변압기와는 달리 철심에 1차, 2차 권선을 직렬로 감아 공통 권선을 가지도록 설계된 변압기이며 구조와 결선도는 그림 10.10과 같다.

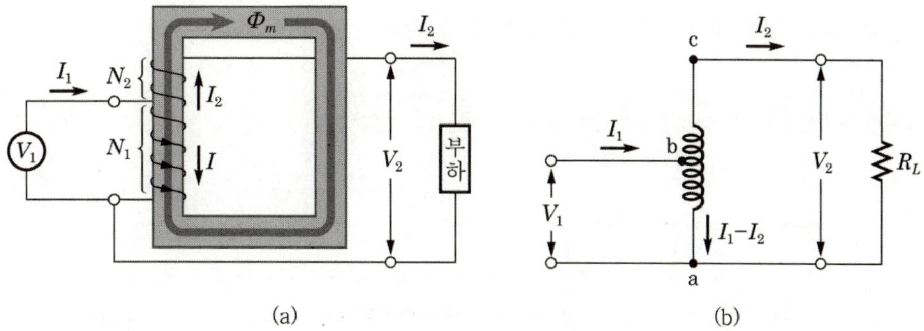

그림 10.10 승압 단권 변압기 (a) 구조 (b) 결선도

단권변압기의 원리는 전력용 변압기와 비슷하고, 변압비 $V_2/V_1 = n$일 때, $n > 1$이면 승압 변압기로 사용되고 $n < 1$이면 강압 변압기로 사용된다.

단권변압기는 변압비의 크기가 적을수록 효율이 좋기 때문에 선로전압을 10% 정도 올리는 승압기로 사용된다. 그리고 전동기를 기동할 때 공급전압을 낮추어 기동전류를 제한하는 기동 보상기로 사용된다.

(6) 변압기의 정격

변압기가 정상상태에서 연속적으로 사용된다는 가정 하에서 주파수, 전압, 전류, 역률, 용량 등의 조건을 변압기 정격이라 한다.

① **정격전압**(V) : 변압기의 운전과 성능 특성을 나타낼 때의 기준전압으로서 무부하 운전 시 발생되는 1차 전압 및 2차 전압의 실효값이다.

② **정격용량**(kVA, MVA) : 정격전압, 정격주파수, 정격역률에서 지정된 온도 상승 한계 내에서 출력단자 사이에서 얻어지는 피상 전력값이다.

③ **정격전류**(A) : 정격용량과 정격전압에서 산출되는 선로전류의 실효값이다. 즉 정격 2차 전류는 정격용량을 정격 2차 전압으로 나누어 구한다.

10.3 변압기 특성

(1) 임피던스 변환기

2차 권선에 흐르는 전류의 양은 연결된 부하에 따라 달라지며 2차 전류에 의해 1차 전류가 달라진다. 변압기는 1차 권선에 공급된 전력을 최소의 손실로 2차 권선에 전달하는 전기 기기이다. 전원이 부하로 공급할 수 있는 전력은 부하의 크기에 의존하며, 부하가 미리 정해져 있다면 변압기를 이용하여 부하변환 효과를 만들 수 있다. 그림 10.11과 같이 부하저항 R_2, 권선비 $n = N_2/N_1$라고 하면, 1차 측에서 본 등가저항 R_1은

$$R_1 = \frac{V_1}{I_1} = \frac{V_2/n}{nI_2} = \frac{1}{n^2}\left(\frac{V_2}{I_2}\right) = \frac{R_2}{n^2} \tag{10-7}$$

이고, 권선비 n을 적절히 조절하여 등가저항 R_1을 원하는 만큼 조절할 수 있다.

$n > 1$ 이면 승압변압기, $n < 1$ 강압변압기, $n = 1$ 이면 격리 변압기

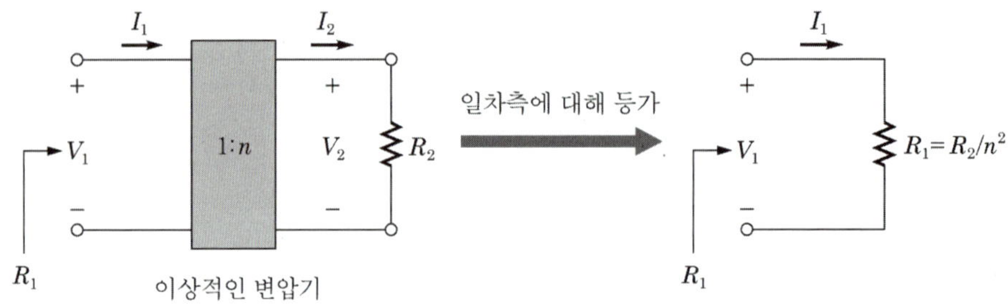

그림 10.11 임피던스 변환기

(2) 변압기 직류 저항

코일의 저항은 도선의 지름과 감은 횟수에 따라 변한다. 저항은 도선의 지름의 제곱에 반비례하고 감은 수에 비례한다. 높은 전류를 흐르게 하기 위해 굵은 도선이 필요하며, 낮은 전류가 흐르는 곳에는 지름이 작은 도선을 사용한다. 강압형 변압기는 출력단에 더 많은 전류가 흐르므로 입력단의 저항은 출력단의 저항보다 높다. 이것은 1차 측과 2차 측 코일의 지름과 감은 비에 의존한다.

코일의 개방상태를 점검하기 위해 각 코일의 직류저항을 측정한다. 측정한 저항값과 사양서에 명시된 저항값을 비교하여 변압기 파손 여부를 검사한다.

① 1차 측 직류저항 혹은 2차 측 직류저항값이 사양서에 명시된 값(예로 120Ω)으로 측정되어야 한다. 저항값이 크거나 무한대면 변압기의 코일이 개방되거나 접속이 불량한 상태이다.

② 코일간의 저항은 무한대의 저항값이 측정되어야 한다. 측정값이 나타나면 변압기가 파손된 것이다.

(3) 변압기의 공진 주파수

변압기의 등가회로는 그림 10.12와 같고, R_w는 1차 권선저항 R_1과 2차 반사 권선저항 R_2/n^2의 합이다. 도선을 코일모양으로 감으면 고주파에서 전기용량으로 공진주파수가 발생하고 그 공진주파수는

$$f_0 \simeq \frac{1}{2\pi\sqrt{L_w C_r}} \tag{10-8}$$

이며, 여기서 C_r은 1차 권선 전기용량 C_1과 2차 반사 권선 전기용량 n^2C_2의 합이고, L_w는 1차 누설유도용량 L_1과 2차 반사 누설유도용량 L_2/n^2의 합이다. 고주파에서 여러 공진주파수가 나타나지만 전기용량을 계산하기 위해 첫 번째 피크를 사용한다.

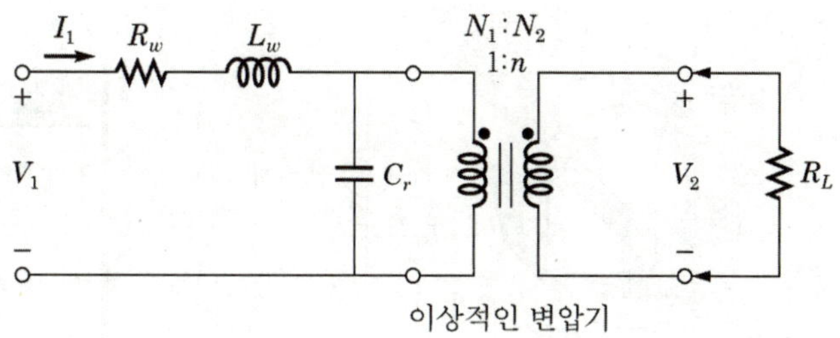

그림 10.12 고주파에서 변압기의 등가회로

10.4 변성기

그림 10.13의 변압기(변성기, 變成器)는 음성 주파수대역(200Hz ~ 5kHz)에서 사용된다. 양쪽 코일에 입력을 인가할 수 있고, 11.5× 코일에 입력인 1차 측으로 사용하면 11.5× 강압형 변압기가 되고, 1× 코일을 1차 측으로 사용하면 승압형 변압기가 된다.

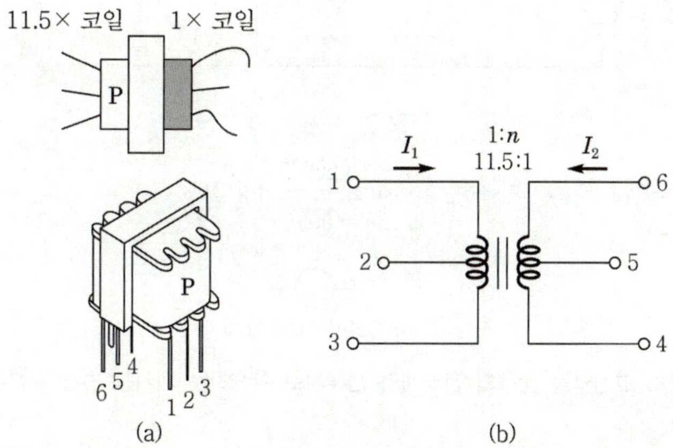

그림 10.13 1차 측이 x11.5이고 중간 탭을 가진 오디오 변압기 (a) 모형 (b) 등가회로

전력용으로 전압을 올리거나 내리게 하는 것을 변압기라 하고, 영상장비 · 오디오기기 · 통신기 등에 사용되는 것을 변성기(transformer, 變成器) 라고 한다.

변성기를 사용하는 목적은 ① 전기회로의 임피던스 정합시켜, 전기적인 효율을 증가시킨다. ② 회로를 교류적으로 결합하고 직류적으로 분리하여 설계를 용이하게 한다. ③ 1차 코일과 2차 코일의 전압 변화로 인한 전류의 감소 또는 증가를 도모한다.

고전압, 대전류의 1차적인 전기량을 측정계기, 전력계 또는 보호계전기 등의 접속장치에 적합한 2차적인 전압 및 전류로 바꾸어 주는 전기기기로서, 그림 10.14와 같은 변류기(Current Transformer, CT), 그림 10.15와 같은 계기용 변압기(Potential Transformer, PT) 및 계기용 변압 변류기(Combined Voltage and Current Transformer, PCT)로 나누어진다.

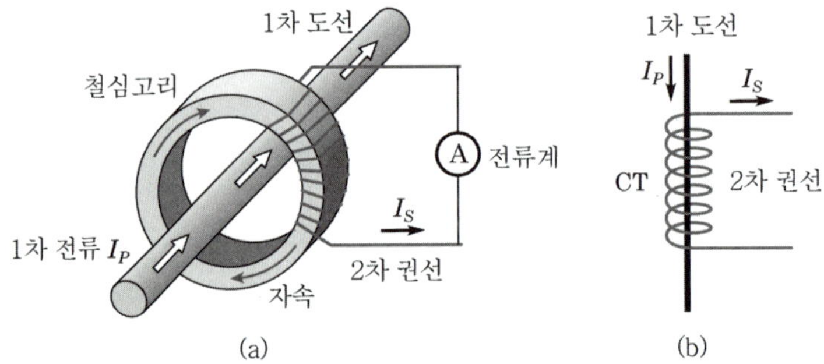

그림 10.14 변류기 (a) 구조 (b) 등가 심벌

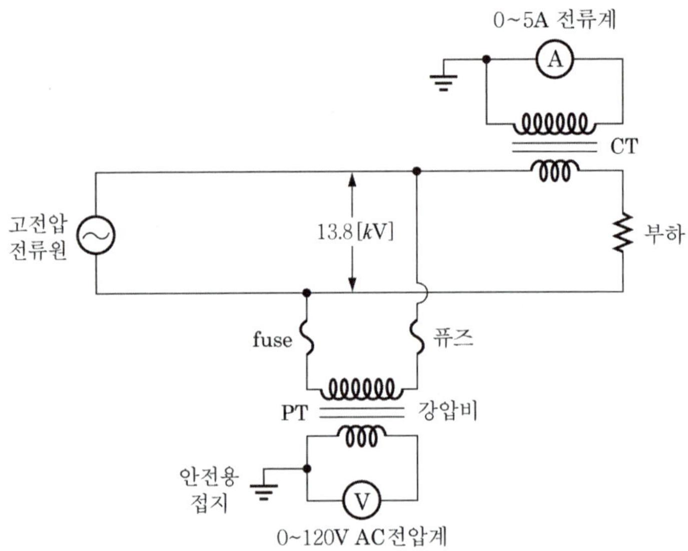

그림 10.15 고전압을 상용의 전압계와 전류계로 측정하는 계기용 변압기/변류기 응용

예제 10-4

다음과 같은 회로에서 스피커와 오디오 증폭기를 임피던스 정합시키기 위한 감은 비를 구하여라.

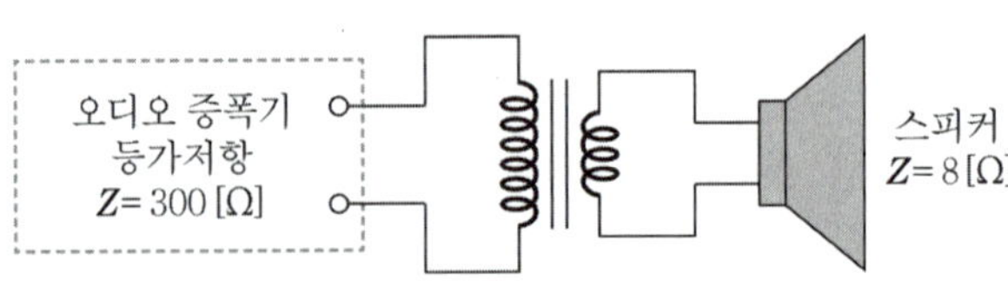

| 풀이 |

$\dfrac{R_2}{R_1} = n^2$에서 $\dfrac{8}{300} = n^2$, $n = \dfrac{N_2}{N_1} = 0.1633$, $N_1 : N_2 = 6.1237 : 1$이다.

10.5 자기유도 전압과 상호 유도전압

(1) 흑점 규약

자기유도 전압과 상호 유도전압을 합하거나 빼는 것은 흑점 규칙(dot convention)으로 정한다. 수동규약을 따르는 흑점 규약은 자심 주위에 도선을 감는 방향에 따라 달라진다. 그림 10.16(a), (b)와 같이 인덕터의 같은 위치에 흑점이 있으면 코일이 서로 시계방향-반시계방향으로 감겨져 있다. 그림 10.16(c), (d)와 같이 흑점 위치가 반대이면 코일이 같은 방향(시계방향-시계방향 혹은 반시계방향-반시계방향)으로 감겨져 있다.

① 코일-1의 흑점단자로 전류가 들어오면 코일-2에 유도전압의 기준극성은 흑점단자가 양(+)이다.

② 코일-1의 흑점단자로 전류가 흘러나가면 코일-2에 유도전압의 기준극성은 흑점단자가 음(-)이다.

상호인덕턴스는 양이지만 상호인덕턴스에 의한 유도기전력의 부호는 코일의 감긴 방향에 의존한다.

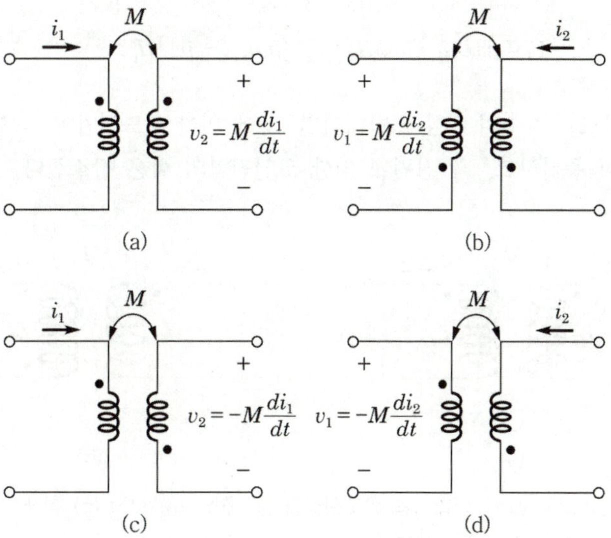

그림 10.16 결합 인덕터의 유도전압의 극성

(2) 변압기의 전체 유도전압과 에너지

그림 10.17(a)와 같이 인덕터에 걸리는 전체 유도전압 강하는 자기유도 전압과 상호유도 전압의 합으로 나타낸다. 그림 10.17(a)와 같이 같은 위치에 흑점이 있은 두 개 코일에 동시에 전류가 흐르는 경우 자기인덕턴스 L_1, L_2에 의한 유도전압과 상호인덕턴스 M에 의한 유도전압은 중첩되어 합하면

$$v_1 = L_1\frac{di_1}{dt} + M\frac{di_2}{dt},\ v_2 = L_2\frac{di_2}{dt} + M\frac{di_1}{dt} \tag{10-9}$$

이고, 위상자로 나타내면 다음과 같다.

$$\boldsymbol{V_1} = jwL_1\boldsymbol{I_1} + jwM\boldsymbol{I_2},\ \boldsymbol{V_2} = jwL_2\boldsymbol{I_2} + jwM\boldsymbol{I_1} \tag{10-10}$$

두 개 코일에 전류가 흐르는 경우, 두 개 코일에서 만드는 자속의 방향이 동일하면, M에 의한 유도전압이 (+)이다. 자속 쇄교 수가 증가하면 코일전압이 증가하고 각 전원에 의한 코일전압의 합은 중첩의 원리에 의해 증가한다.

그림 10.17(b)와 같이 다른 위치에 흑점이 있는 두 개 코일에 동시에 전류가 흐르는 경우 자기인덕턴스 L_1, L_2에 의한 유도전압과 상호인덕턴스 M에 의한 유도전압은 중첩되어 합하면

$$v_1 = L_1\frac{di_1}{dt} - M\frac{di_2}{dt},\ v_2 = L_2\frac{di_2}{dt} - M\frac{di_1}{dt} \tag{10-11}$$

이고, 위상자로 나타내면 다음과 같다.

$$\boldsymbol{V_1} = jwL_1\boldsymbol{I_1} - jwM\boldsymbol{I_2},\ \boldsymbol{V_2} = jwL_2\boldsymbol{I_2} - jwM\boldsymbol{I_1} \tag{10-12}$$

두 개 코일에서 만드는 자속의 방향이 반대이면, M에 의한 유도전압이 (−)이다. 자속 쇄교 수가 감소하면 코일전압이 증가하고, 각 전원에 의한 코일전압의 합은 감소한다.

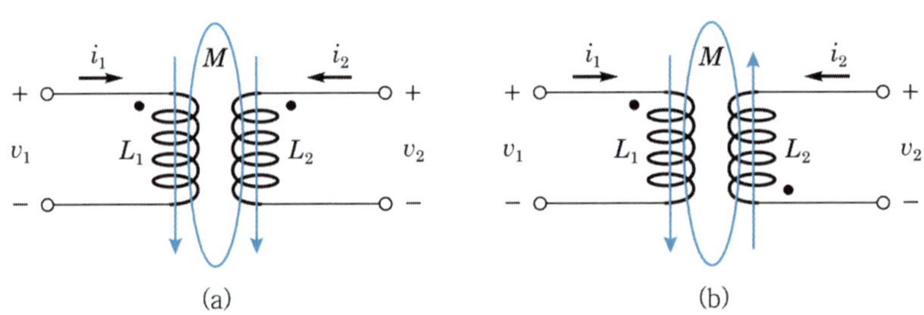

그림 10.17 변압기의 유도전압과 상호전압 (a) 보강 (b) 상쇄

예제 10-5

다음과 같은 변압기 회로에서 위상 전류 $\boldsymbol{I_1}$, $\boldsymbol{I_2}$를 구하여라.

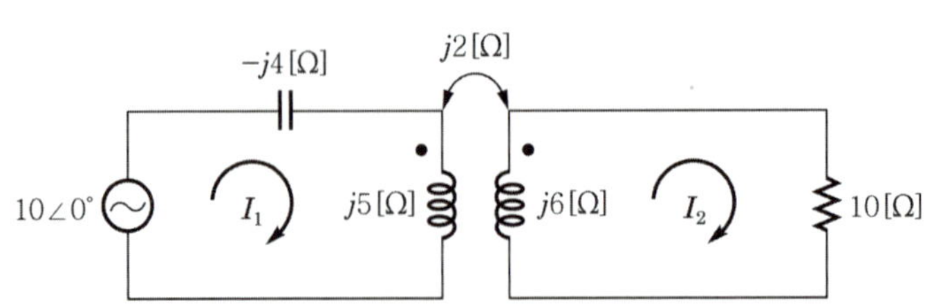

| 풀이 |

$I_1(-j4+j5)+I_2(-j2)=10\angle 0^o$, $I_2(10+j6)-I_1(j2)=0 \rightarrow I_1=(3-j5)I_2 \rightarrow I_2=\dfrac{10\angle 0^o}{3-j7}=$ $1.3\angle 66.8^o \rightarrow I_1=(3-j5)I_2=(5.8\angle -59^o)(1.3\angle 66.8^o)=7.54\angle 7.8^o$

각 코일의 전류가 흑점단자로 들어오던지 나갈 때 인덕터에 축적된 전체 에너지는

$$W_B=\frac{1}{2}L_1i_1^2+\frac{1}{2}L_2i_2^2+Mi_1i_2 \tag{10-13}$$

이고, 한 코일의 전류가 흑점단자로 들어오면 다른 코일의 전류는 나갈 때 인덕터에 축적된 전체 에너지는 다음과 같다.

$$W_B=\frac{1}{2}L_1i_1^2+\frac{1}{2}L_2i_2^2-Mi_1i_2 \tag{10-14}$$

(3) 상호 결합된 직렬연결

상호인덕턴스는 서로의 방향과 코일이 떨어져있는 거리에 의존한다. 그림 10.18과 같이 직렬로 상호 연결된 인덕터는 총 인덕턴스를 보강(aiding)하거나 상쇄(opposing)하며 전류에 의해 자속이 같은 방향으로 만들어지는 보상결합(cumulatively coupled)과 반대방향으로 만들어지는 차동결합(differentially coupled)이 있다.

직렬 보상결합일 때 총 인덕턴스는

$$L_T=L_1+L_2+2M\ [\mathrm{H}] \tag{10-15}$$

이고, 직렬 차동결합일 때 총 인덕턴스는

$$L_T=L_1+L_2-2M\ [\mathrm{H}] \tag{10-16}$$

이며, M은 상호 인덕턴스이다.

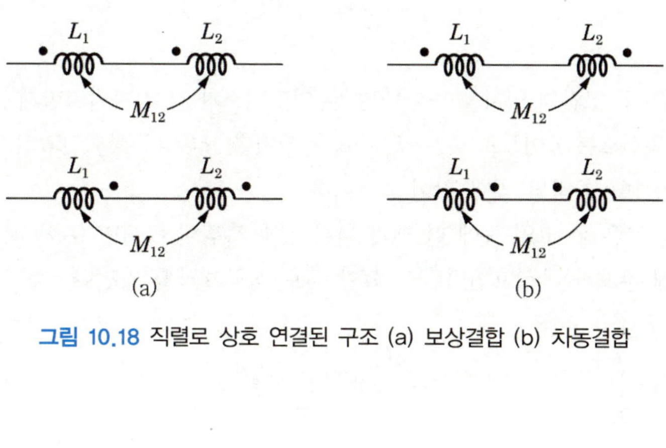

그림 10.18 직렬로 상호 연결된 구조 (a) 보상결합 (b) 차동결합

예제 10-6

두 직렬 코일의 자기 인덕턴스가 $20mH$, $50mH$이며 직렬 연결된 전체 인덕턴스가 $120mH$이다. 보상결합 된 두 코일에 존재하는 상호인덕턴스를 구하여라.

| 풀이 |

$L_T = L_1 + L_2 + 2M$ [H] $= 20m + 50m + 2M = 120m$ 이면 $M = 25mH$이다.

예제 10-7

다음 회로에서 전체 인덕턴스를 구하여라.

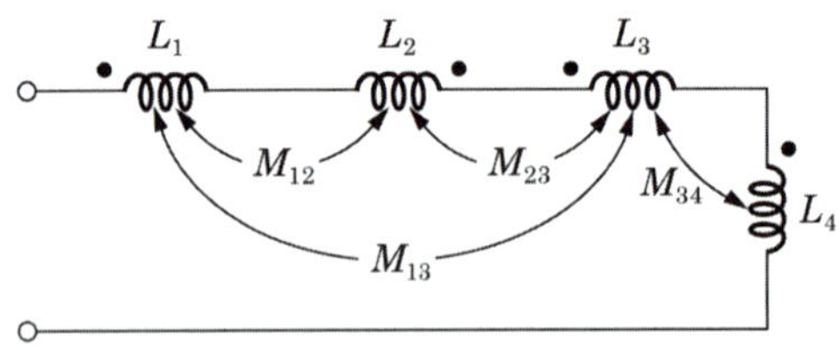

| 풀이 |

$L_T = L_1 + L_2 + L_3 + L_4 - 2M_{12} + 2M_{13} - 2M_{23} + 2M_{34}$

(4) 상호 결합된 병렬연결

인덕터를 병렬로 함께 연결하면 한쪽 자속이 다른 쪽에 링크되어 상호인덕턴스 효과는 코일 사이에 존재하는 자속결합의 양에 따라 전체 인덕턴스를 증가하거나 감소한다.

병렬로 상호 연결된 인덕터는 상호인덕턴스가 없는 코일과 비교하여 보강(aiding)형과 상쇄(opposing)형이 있으며 총 등가 인덕턴스를 증가시키는 코일을 병렬보강형과 감소시키는 병렬상쇄형으로 분류된다.

그림 10.19(a)와 같은 두 병렬 보강형 인덕터의 전압은 같고, 인덕터 전압이 같게 유지하기 위해 두 전류 I_1, I_2는 변한다. 총 인덕턴스는

$$L_T = \frac{L_1 L_2 - M^2}{L_1 + L_2 - 2M} \text{ [H]} \tag{10-17}$$

이고, 여기서 $2M$은 두 코일의 영향을 나타내며 두 인덕턴스가 같고 자기결합계수가 1이면 병렬 두 인덕터의 등가 인덕턴스는 L이므로 $L_T = L_1 = L_2 = M$이다. 그러나 상호인덕턴스가 '0'이면 두 개의 자기인덕턴스가 병렬연결된 것과 같이 $L/2$이다.

그림 10.19(b)와 같은 두 코일 중에 한 개가 다른 것과 흑점이 바뀌면 두 병렬 상쇄 인덕터 구조는 두 코일 사이에 존재하는 상호인덕턴스 M이 서로 상쇄효과를 가진다. 총 인덕턴스는

$$L_T = \frac{L_1 L_2 - M^2}{L_1 + L_2 + 2M} \text{ [H]} \tag{10-18}$$

이고, 두 인덕턴스가 같고 자기결합계수가 1이면 등가인덕턴스와 자기유도전압는 두 인덕터가 서로 상쇄하므로 '0'이 된다.

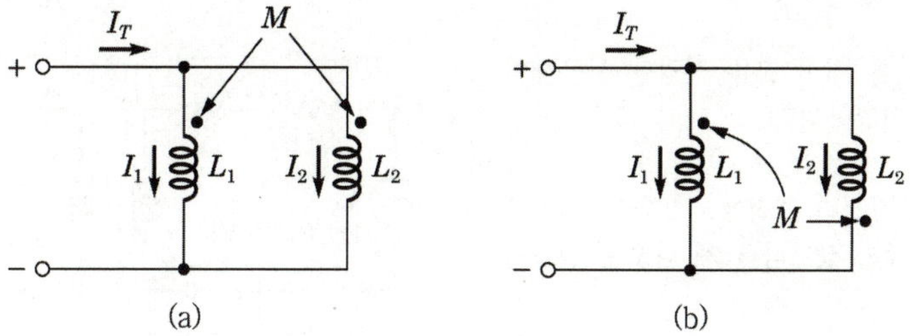

그림 10.19 병렬로 상호 연결된 구조 (a) 보강형 (b) 감쇄형

예제 10-8

두 인덕터의 자기 인덕턴스가 50mH, 70mH이고 보강형 병렬구조로 연결되었다. 상호인덕턴스가 20mH일 때 총 인덕턴스를 구하여라.

| 풀이 |

$$L_T = \frac{L_1L_2 - M^2}{L_1 + L_2 - 2M} = \frac{(50m)(70m)}{50m + 70m - 2(20m)} = 43.8m\text{H}$$

연습문제

10.1 변압기에서 직류 대신 교류 전압을 사용해야 하는 이유를 설명하여라.

10.2 변압기의 유도기전력 측정에서 2차 전압의 측정값이 항상 계산 값보다 작게 나오는 원인을 설명하여라.

10.3 변압기 회로에서 공진을 일으키는 전기용량에는 어떤 것이 있는 지 설명하여라.

10.4 권수가 1차 100[회], 2차 300[회]인 변압기에 220[V]의 전압을 1차 단자에 가했다면 2차 단자에 나타나는 전압을 구하여라.

10.5 220[V]를 44[V]로 강압하는 변압기를 설계하려고 한다. 1차 권선수를 500[회]로 할 때 2차 권선은 코일의 감을 수를 구하여라. 또한 부하 전류가 20[A]라면 1차 권선에 흐르는 전류를 구하여라.

10.6 2차 측에 60V 전구가 부착되어 있고 1차 측에 교류전압이 12 V_{rms} 이고 전류가 5A이다. 이 때 2차 측 코일에 흐르는 전류를 구하여라.

10.7 다음과 같은 이상적인 변압기 회로에서 입력 임피던스 R_1을 구하여라.

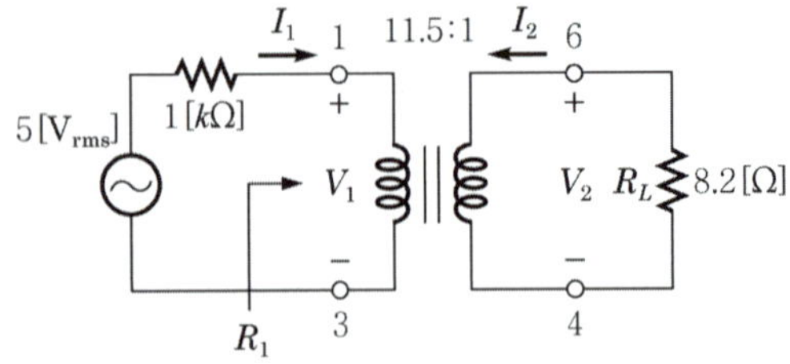

10.8 다음과 같은 이상적인 변압기 회로에서 입력 임피던스 R_1을 구하여라.

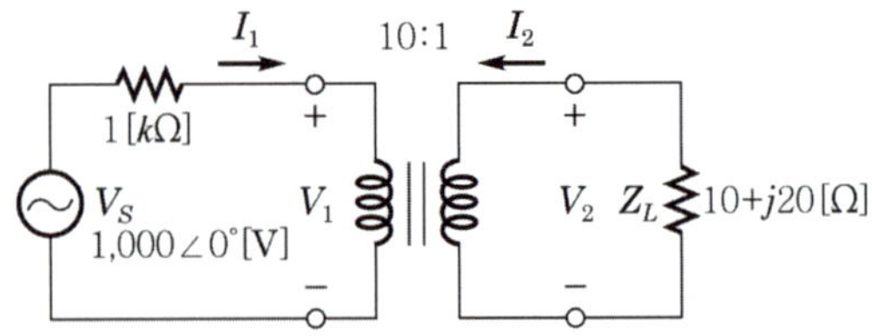

10.9 다음 회로에서 전체 인덕턴스를 구하여라.

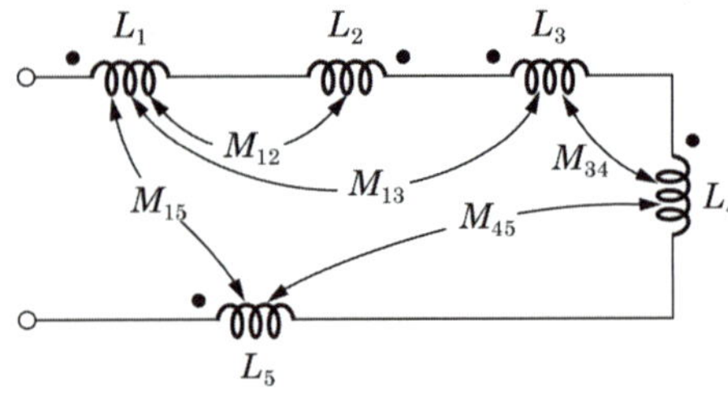

10.10 다음 회로가 정합되기 위해 변압기의 감은 비를 구하여라.

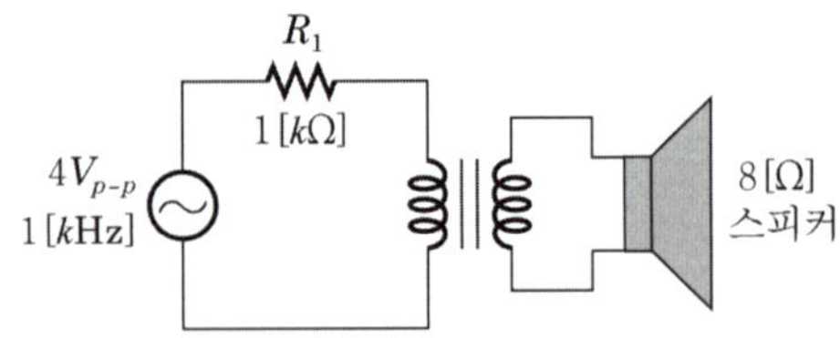

10.11 $v(t) = 100\cos(4t + 60^o)$[V]일 때 자기 결합 계수, 1차 코일과 2차 코일의 위상자 전류를 구하고 결합된 인덕터에 저장된 에너지를 구하여라.

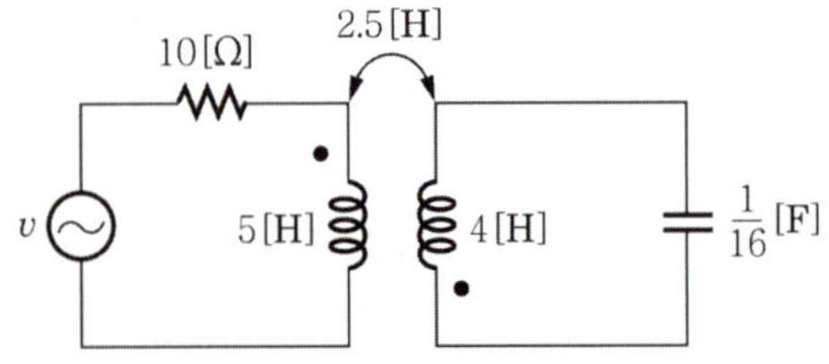

11

Chapter

자기와 전기기기

11.1 전기기기를 위한 전자기 현상

(1) 로렌츠의 힘

전장과 자장 내에서 움직이는 전하가 받는 힘인 로렌츠의 힘(Lorentz force)은

$$\boldsymbol{F} = q\boldsymbol{E} + qv \times \boldsymbol{B} \text{ [N]} \tag{11-1}$$

이고, 여기서 q는 양전하의 전하량(1.9×10^{-19}[C]), v는 전하입자의 속도[m/s], $\boldsymbol{E}$는 전장세기[V/m], $\boldsymbol{B}$는 자속밀도[T]이며 그림 11.1과 같이 전기력($q\boldsymbol{E}$)과 자기력($qv \times \boldsymbol{B}$)의 합이다.

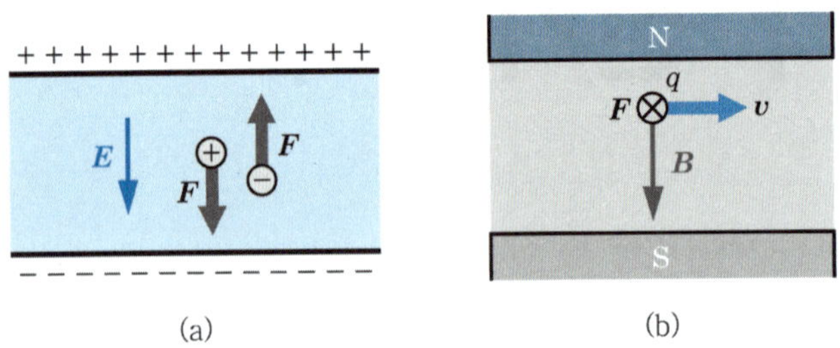

그림 11.1 로렌츠 힘 (a) 전기력 (b) 자기력

그림 11.2는 자장 내에 전하가 움직일 때 로렌츠힘의 방향을 나타낸다.

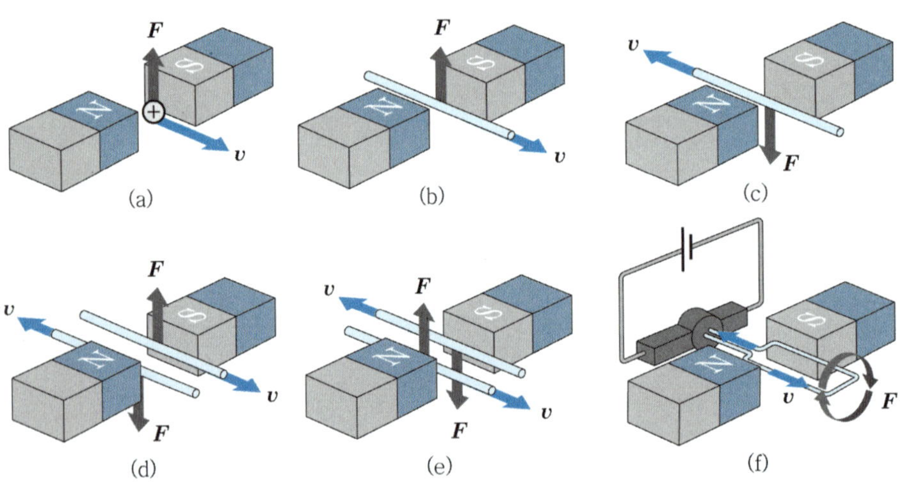

그림 11.2 로렌츠 힘의 방향 (a) 양전하 (b) 단일도선 I_a(c) 단일도선 $-I_a$ (d) 두 평행도선 1 (e) 두 평행도선 2 (f) 고리

그림 11.3(a)와 같이 영구자석 사이에 도체를 놓고 전류를 흘린다. 그러면 영구자석과 도체전류에 의한 자기력선이 발생한다. 자기력선은 서로 교차하지 않는 특성에 의해 그림 11.3(b)와 같이 자기력선이 변형된다. 자기력선의 변화에 의해 도체는 힘을 받게 되는데 이것을 자기력이라 한다. 이때 자기력의 방향은 플레밍의 왼손법칙에 따른다. 도체의 중심을 회전할 수 있도록 고정시키면 도체에 회전력이 발생하게 된다.

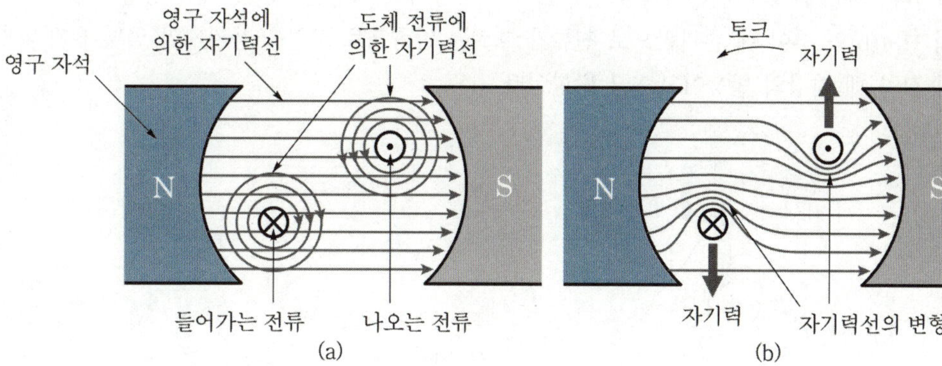

그림 11.3 자기력의 발생 (a) 자석과 도체의 자기력선 (b) 자기력선의 변형

예제 11-1

전하가 전류가 흐르는 도선 주위에서 움직인다. 도선 위의 자장은 페이지 밖으로 나오고 도선 아래의 자장은 페이지로 들어간다. 입자들의 속도 v로 움직이는 방향은 화살표로 나타내었다. +와 −는 전하의 극성이다. 도선에 의해 만들어진 자장으로 각 입자가 받는 자기력의 방향을 표시하여라.

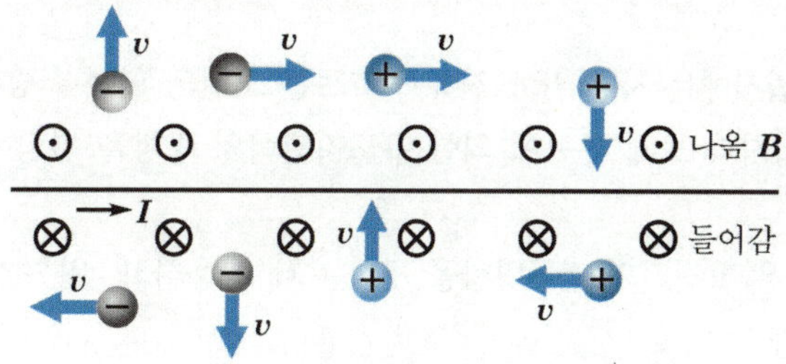

| 풀이 |

자기력에 의한 로렌츠 힘은 $F=qv\times B$이고 오른손법칙에 의해서도 구할 수 있다. 극성이 바뀌면 힘이 받는 방향은 정반대 이다.

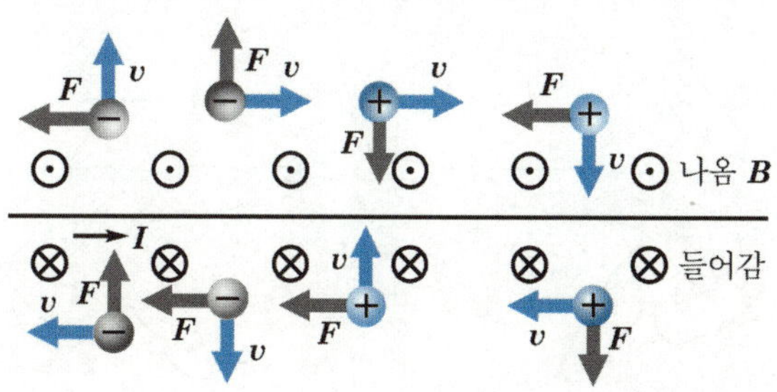

(2) 오른나사의 법칙

전류가 자장을 발생시키는 관계를 오른나사의 법칙, 오른손 법칙, 앙페르의 오른손 법칙이라 한다.

그림 11.4(a)와 같이 엄지가 전류 흐르는 방향으로 향하게 하고 다른 손가락은 자장의 방향인 도선을 둥글게 도선을 움켜잡는다. 그래서 오른손 엄지손가락은 전류방향, 자장은 나머지 손가락들이

가리키거나, 전류가 나머지 손가락들이 가리키는 방향이면 자장은 엄지손가락 방향이다.

그림 11.4(b)와 같이 네 손가락으로 전류가 흐르는 방향으로 코일을 움켜지면 엄지가 가리키는 방향이 코일 내 자장의 방향이고 N극 방향이다.

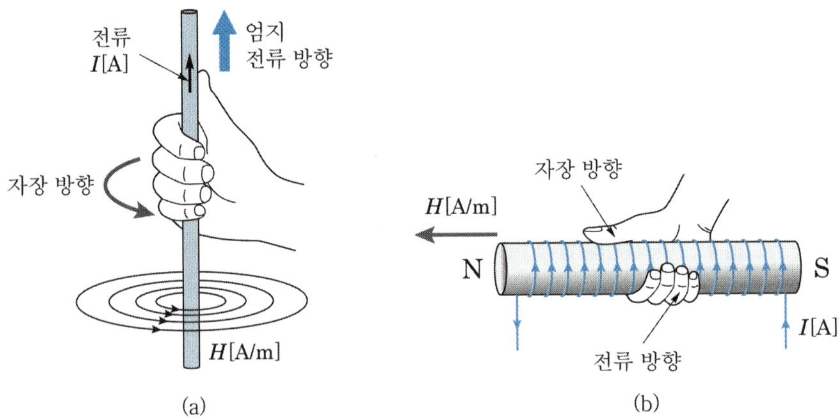

그림 11.4 오른손 법칙

(3) 플레밍의 법칙

플레밍(Fleming)의 법칙에는 자장 안에 전류가 흐르는 도선의 회전력 방향(자기력의 방향)을 결정하는 플레밍의 왼손법칙과 도체 운동에 의한 유도기전력의 방향을 결정하는 플레밍의 오른손법칙이 있다.

플레밍의 오른손법칙은 발전기의 전류방향을 구하는 데 사용하고, 왼손법칙은 전동기의 회전 방향을 구하는데 유용하다.

쉽게 외우기 위해 오른손/왼손으로 발(전기) 전(동기)이라고 소리 내고, 발전기는 오른손법칙, 전동기는 왼손법칙이라 여기며, 그림 11.5와 같이 엄지/검지/중지 손가락을 각각 직각으로 벌리며 힘, 자(장), 전(기전력, 전류) 방향이라고 외친다.

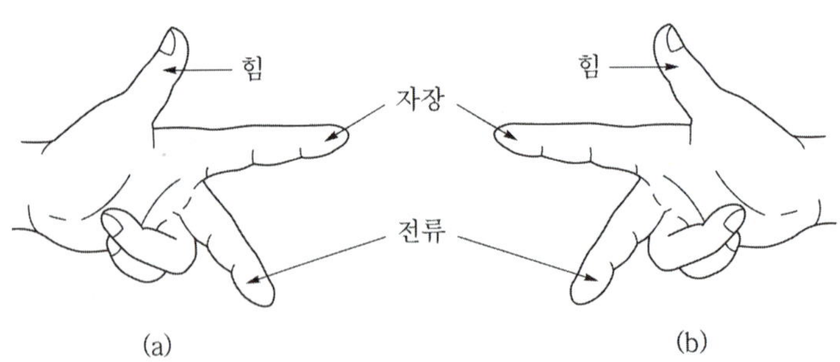

그림 11.5 플레밍의 법칙 (a) 왼손법칙 (b) 오른손 법칙

(4) 전동기의 원리인 플레밍의 왼손 법칙

그림 11.6(a)에서 전기자 a의 부분에 전류 I_a가 흐를 때 플레밍의 왼손법칙으로 힘이 위 방향으로

작용하고, 전기자 b의 부분에서는 아래쪽으로 힘이 작용하여 전기자는 회전하게 된다.

그림 11.6(b)에서 전기자가 수직으로 되면 전류는 흐르지 않게 되지만 관성 때문에 전기자는 회전을 계속한다.

전기자가 반회전해서 그림 11.6(c)의 위치에 오면 전기자 a, b부분이 그림 11.6(a)와 반대가 된다. 그러나 정류자에 의해 전류가 반대방향으로 흐르기 때문에 전기자는 같은 힘을 받아 회전을 계속한다. 실제의 전동기에서는 영구자석을 전자석으로 하는 경우가 많고, 전기자는 철심에 코일을 많이 감아서 만든다.

자장 내에서 전류를 흘리는 도체에 작용하는 힘 $F = I \times B\ell$ [N]

여기서 I는 도체에 흐르는 전류[A], B는 도체가 운동하는 공간의 자속밀도[Wb/m^2], ℓ은 자속을 끊고 있는 도체의 길이[m], v는 도체의 운동속도[m/s]

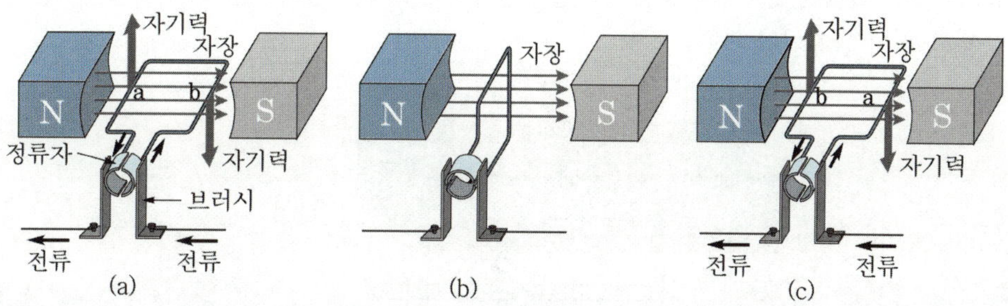

그림 11.6 전동기 원리 (a) $I_a > 0$ (b) $I_a = 0$ (c) $I_a < 0$

예제 11-2

그림과 같이 자장이 존재하는 곳에 5A 전류가 흐르는 도선이 있다. 이때 도선에 유기된 힘의 방향과 크기를 구하여라.

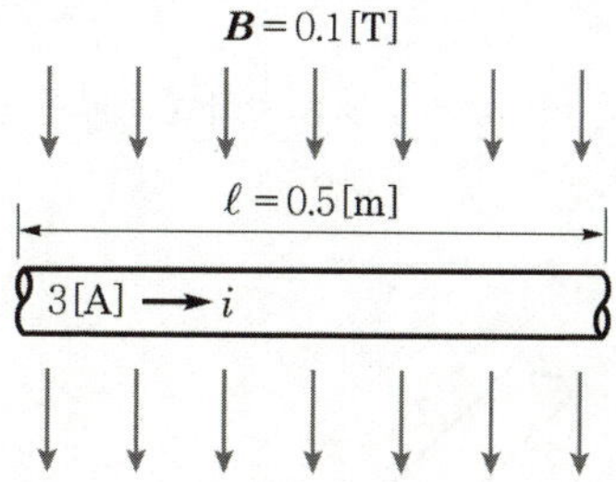

| 풀이 |

$F = \ell(I \times B) = I\ell B \sin 90^o = (3A)(0.5m)(0.1T) = 0.15N$, 방향은 플레밍의 오른손 법칙에 따라 페이지 속으로 들어가는 방향이다.

(5) 발전기의 원리인 플레밍의 오른손 법칙

그림 11.7과 같이 자장 속에 놓인 U자형 도선 위에 길이 ℓ의 도체막대를 양끝을 접속시키고 자장의 방향에 직각으로 속도 v로 움직이면 PQRS는 하나의 닫힌회로이다. 이때 도선이 이동하면 닫힌회로 내부의 자력선 수가 변화하므로 패러데이의 전자유도법칙에 의해 닫힌회로는 유도기전력이 발생한다.

유도기전력의 크기는 이 닫힌회로를 관통하는 자력선의 변화속도에 비례한다. 자속밀도 $\boldsymbol{B}$, 도선의 길이 ℓ, 도선의 속도 $\boldsymbol{v}$일 때 코일에 발생하는 유도기전력의 크기는

$$\mathcal{E} = N\frac{\Delta\phi}{\Delta t} = \boldsymbol{v}\times\boldsymbol{B}\ell = B\ell v\sin\theta\,[\mathrm{V}] \tag{11-2}$$

이고, 코일의 자속변화가 클수록 기전력은 증가한다. 코일의 자체유도 정도에 따라 유도기전력의 크기도 변한다. 이때 유도기전력은 렌츠의 법칙에서 회로를 관통하는 자력선의 증가를 방해하는 방향인 유도전류를 흘리는 QRSP의 방향으로 발생한다. 자장 속을 움직이는 도선에 발생하는 유도전류를 응용한 것이 발전기이다.

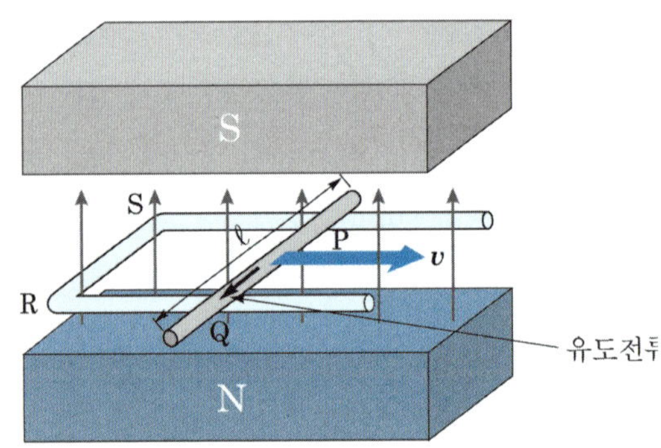

그림 11.7 발전기의 원리

예제 11-3

그림 같이 자장 0.5T 안에 직선으로 1m/s 속도로 움직이고 왼편으로 45° 기울어진 길이 0.6m 도선에서 도선에 유도되는 기전력의 방향과 크기를 구하여라.

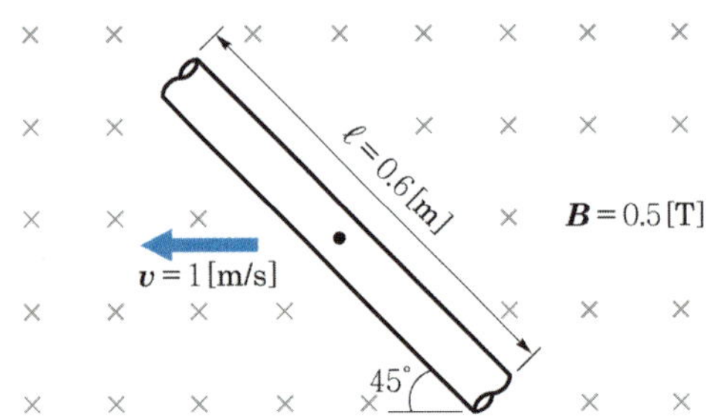

| 풀이 |

$V_e = (\boldsymbol{v} \times \boldsymbol{B}) \cdot \ell = vB\ell\cos45^o = (1\text{m/s})(0.5\text{T})(0.6\text{m})\cos45^o = 0.21\text{V}$ 전압극성은 아래 방향이 양(+)으로 유도된다.

예제 11-4

그림 같이 자장 0.1T에 수직으로 놓인 길이 0.5m 도선이 자장의 수직방향으로 도선이 2m/s 속도로 움직일 때 도선에 유도되는 기전력의 방향과 크기를 구하여라.

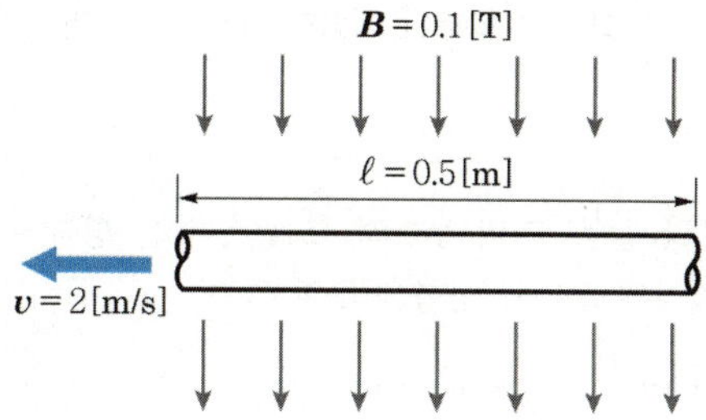

| 풀이 |

$V_e = (\boldsymbol{v} \times \boldsymbol{B}) \cdot \ell = vB\ell\cos90^o = 0\text{V}$, $\boldsymbol{v} \times \boldsymbol{B}$는 페이지 밖으로 향하지만 도선은 페이지의 평면에 있으므로 유도전압은 0V이다.

(6) 암페어 법칙

1830년대 암페어는 전류가 흐르는 도선 주위에 발생되는 자장의 세기를 알아내는 암페어 주회법칙(circuital law)을 발표했다. 암페어 법칙은 임의의 폐곡선에 대한 '자장의 선적분은 이 닫힌곡선 곡면 내부를 통과하는 전류와 같다' 이며 이를 수식으로 표현하면 다음과 같다.

$$\int \boldsymbol{H} \cdot d\boldsymbol{\ell} = \sum I[\text{A}] \tag{11-3}$$

$$H = \frac{I}{2\pi r}[\text{A/m}] \tag{11-4}$$

그림 11.8과 같이 직선형태의 도체에 전류를 흘리면 이 전류에 의한 자장의 방향은 암페어의 오른손 법칙에 따라 전류방향과 오른손 엄지손가락을 일치시키고 주먹을 쥐었을 때 나머지 네 개의 손가락의 방향과 같다는 것이다. 물론 이때의 전압과 전류는 크기와 방향을 갖는 벡터량으로 취급되어진다.

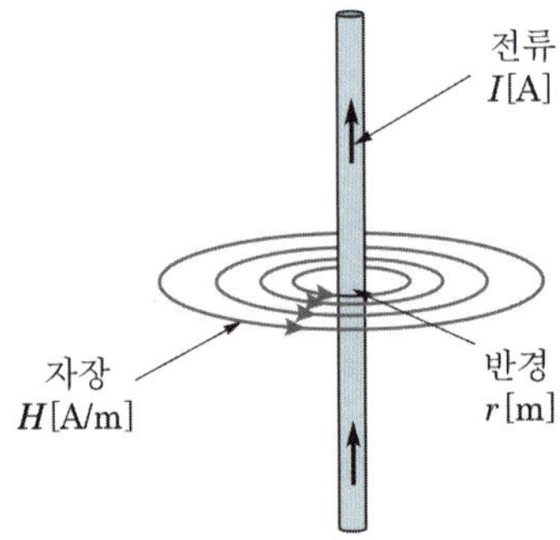

그림 11.8 암페어 주회전 법칙 설명그림

예제 11-5

그림 (a)와 같이 반지름 r[m]인 원형고리와 무한직선도선은 같은 평면에 있고, 도선에서 전류 I[A]가 흐른다. 원형고리 중심에서 자장의 크기와 방향을 구하여라.

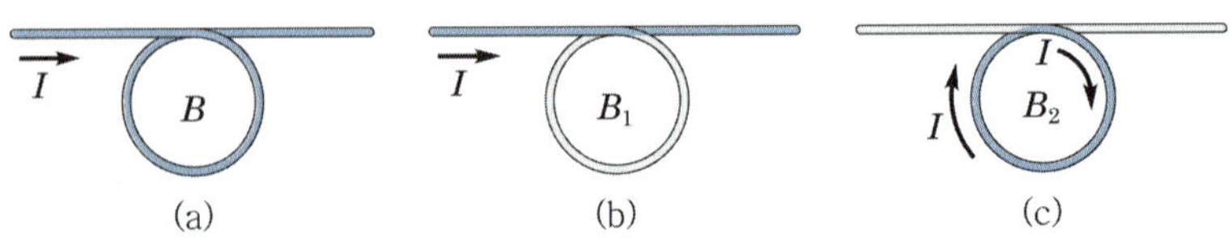

| 풀이 |

자장 B는 직선무한도선에 의한 자장 B_1과 원형고리에 의한 자장 B_2의 합 $B=B_1+B_2$이다. 암페어 법칙에 의해 $B_1=\dfrac{\mu_0 I}{2\pi r}$이고 원형고리에 의한 자장 $B_2=\dfrac{\mu_0 I}{2r}$이므로 $B=B_1+B_2=\dfrac{\mu_0 I}{r}\left(\dfrac{1}{2\pi}+\dfrac{1}{2}\right)$이다. 오른손법칙에 의해 자장의 방향은 페이지 안쪽으로 들어간다.

(7) 패러데이 전자유도 법칙

패러데이는 자장의 변화가 기전력을 유도한다는 전자유도(electro-magnetic induction) 법칙을 정립하였다. N 개의 단일 도선고리에 유기되는 전압(emf) $\mathcal{E}$는 고리의 면적 A[m^2]를 통한 자속 ϕ의 변화율에 비례하는

$$\mathcal{E}=-N\frac{\Delta\phi}{\Delta t} \tag{11-5}$$

이고, 여기서 $\phi=BA\cos\theta$, B는 자속밀도이며 θ는 자속방향과 고리면의 각도이다. 도체와 자장의 상대적인 운동이 기전력을 유기한다는 것이다.

일정한 자장 내에서 도체가 운동함으로서 발생되는 기전력을 발전기기전력 또는 운동기전력(dynamic electro-motive force)이라 하며 시간적으로 변화하는 자장 내부에 놓인 정지된 도체에 발생되는 기전력을 변압기기전력 또는 정지기전력(static electro-motive force) 이라 부른다.

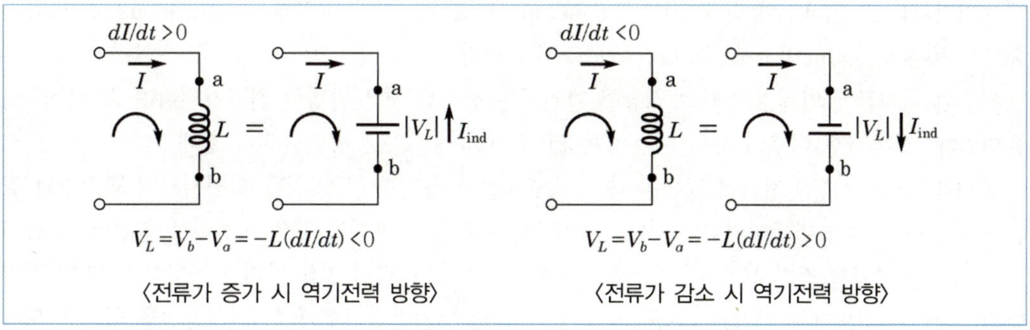

렌츠(Lentz)는 실험을 통해 패러데이의 식에 에너지 보존법칙을 확장 적용하여 마이너스(−) 부호를 추가하였다. 의미는 자장과 도체간의 상호운동으로 만들어지는 유도기전력의 방향은 자속변화를 방해하는 방향으로 전류를 흘릴 수 있도록 한다는 것이다.

그림 11.9(a)는 자석을 코일 가까이 이동하면 자속의 증가를 억제하는 방향(감소하는 방향)으로 자속작용이 일어나 코일에 유도전류가 만들어지고, 그림 11.9(b)는 자석을 코일로부터 멀어지면 자속의 감소를 억제하는 방향(증가하는 방향)으로 자속작용이 일어나 코일에 유도전류가 흐른다.

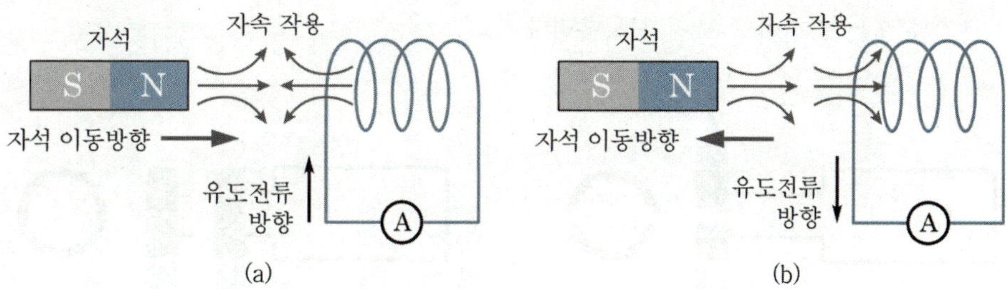

그림 11.9 렌츠법칙 (a) 자속 증가 (b) 자속 감소

예제 11-6

균일한 자장 1T 속에 각속도 $w = 200[\mathrm{rad/s}]$로 회전하는 단일 직사각형 고리($2r \times \ell = 0.2\mathrm{m} \times 0.5\mathrm{m}$)에서 유도 기전력을 구하여라.

| 풀이 |

회전하는 단일 고리에 유도 기전력은 고리에 관통하는 자속 $\phi = 2r\ell B\cos wt$의 변화율이므로 $\mathcal{E} = -\dfrac{\Delta\phi}{\Delta t}$ $= 2rwB\ell\sin wt = 2(0.1)(200)(1)(0.5)\sin 200t = 20\sin 200t[\mathrm{V}]$이다.

11.2 전기기계

같은 장치인 전동기와 발전기를 전기기계(電氣機械, electric machine)라고 부르고, 전기기계와 변압기(變壓器)를 전기기기(電氣器機)라고 한다. 機는 움직이는 장치를 器는 움직이지 않는 장치를 말한다.

전기기계를 크게 나누면 직류기(直流機, DC machine), 동기기(同期機, synchronous machine), 유도기(誘導機, induction machine) 등으로 구분한다.

직류기는 직류에 의해 회전하고 직류를 발전하는 장치로 처음 발명한 전기기계이며 오랫동안 사용되었다. 전류전쟁 이후 교류를 사용하게 된 후 교류발전기는 동기발전기 형태였다.

동기발전기는 직류발전기의 정류자 대신 슬립링을 사용한다. 동기기를 회전시키면 회전수와 같은 주파수의 교류가 만들어지고, 교류를 흘러주면 교류의 주파수와 같은 회전수로 회전한다. 동기기에서 회전 계자형(전기자는 고정자, 계자가 회전자)은 슬립링이 필요 없지만 자장이 약해 큰 전력 발전을 할 수 없으며 동기기는 기동장치가 필요하다. 동기발전기로 흔히 전력발전을 하고 반도체 전류제어장치를 사용한 스테핑(stepping)모터도 동기기이다.

유도기는 1824년 아고라가 발견한 회전하는 자석에 원반이 회전하는 맴돌이전류 원리를 이용한 것으로 전기계량기 및 유도전동기 등에 많이 사용한다.

(1) 전류전송용 고리와 링

회로에 전류를 전송하는 몇 가지 방법이 있다. 그림 11.10(a)와 같이 직류발전기(DC Generators : Dynamos)는 정류자라는 분할 링을 사용한다. 그림 11.10(b)와 같이 교류발전기(AC Generators)는 고리의 양 끝에 두개의 슬립링을 갖고 전기가 회로를 통과할 수 있도록 각 링에 금속접촉 또는 브러시 문지름 또는 슬라이드로 전기를 흘린다.

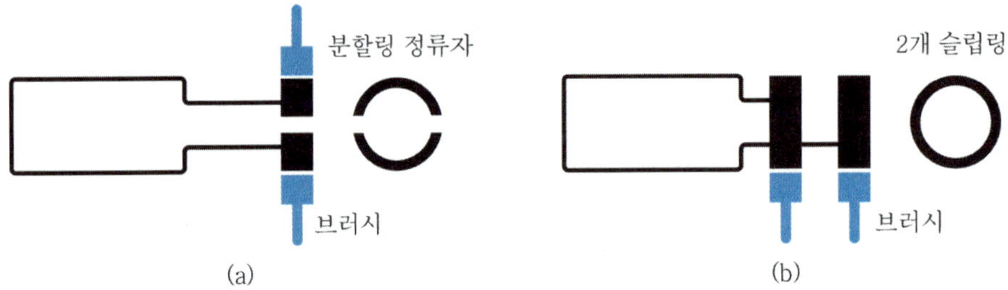

그림 11.10 전류전송용 고리와 링 (a) 직류 (b) 교류

고리의 한쪽이 자장의 다른 극으로 이동함에 따라 그 전류의 방향이 변경된다. 교류발전기의 두 슬립링은 변경된 전류방향을 수용하여 교류가 된다. 직류발전기의 분할 링 정류자는 코일에서 전류 방향의 변화를 조절하여 브러시를 통해 직류전류를 생성하여 내보낸다.

(2) 발전기 및 전동기

발전기는 회전 기계에너지를 전기 에너지로 변환하는 장치이다. 발전기를 구성하는 요소는 회전자(rotor)와 고정자(stator)이며, 코일(고리) 및 계장은 회전자 또는 고정자에 위치할 수 있다. 전류가 발생하는 고리는 회전자에 있고 고정자에 계장에 있으며, 발전기는 교류 또는 직류전류를 생산한다.

그림 11.11은 직류발전기와 교류발전기에서 자장이 고정된 단일고리 발전기 구조 및 출력(전류 혹은 기전력)파형을 나타낸다. 그들은 변화하는 자속은 고리를 통해 전류를 구동할 수 있는 기전력

(패러데이의 법칙)을 생성하는 원리로 동작한다. 직류발전기는 외부 토크의 기계적 일을 고리의 회전으로 변환시켜 전기에너지를 발생하며, 직류전동기와 같은 기본 구성품을 갖고 단지 에너지 입력 및 출력이 반전된다.

역 토크란

- 전동기에서 역기전력 : 직류전동기에서 자장 내에서 전류가 흐르는 도선이 받는 힘은 토크를 제공한다. 모터가 일단 회전되면, 코일을 통해 자속이 변하고 공급한 기전력에 반대의 역기전력이 유도된다.
- 발전기의 역토크 : 발전기에서, 토크는 코일을 회전시키고 코일을 통한 변하는 자속을 제공한다. 변하는 자속은 기전력을 유도하고 전류를 생성한다. 전류가 일단 흐르면 모터효과로 전류가 흐르는 코일에 힘이 있다. 이것은 공급 토크의 반대 방향 즉 발전기가 회전되는 반대 방향의 토크를 생성한다. 이것은 '역토크'로 알려져 있다.

직류전류가 일정한 값이 아니고 링의 틈에서 제로 전압과 더불어 리플을 가진 신호이다. 수학적으로 사인파의 제곱으로 전력을 설명될 수 있다. 대부분의 직류발전기는 많은 고리로 되어 있으므로 요동이 있어도 인지하지 못하고 고리가 자장에 빠르게 움직일수록 전류는 커진다.

고정자 자석과 회전자의 고리를 가진 교류발전기는 회전자에서 외부회로로 전류를 전달하는 슬립링 정류기라고 불리는 장치를 이용한다. 표 11.1은 직류발전기 및 교류발진기를 비교한 표이다.

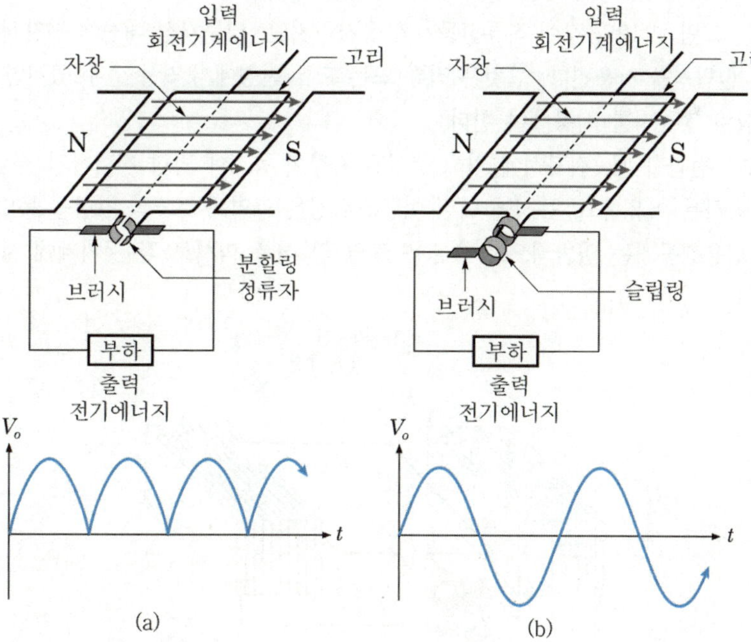

그림 11.11 고정자장 단일고리 발전기 구조 및 출력파형 (a) 직류 발전기 (b) 교류발전기

표 11.1 직류발전기 및 교류발전기 비교

직류 발진기	장점	직류모터의 역방향 동작이라 변형 없이 모터 혹은 발전기로 사용할 수 있는 가전성이 있고, 직류전기는 교류에 비해 덜 위험하며, 직류전기는 전자제품을 위해 정류할 필요가 없다.
	단점	정류자는 닳고 찢어져서 파손되기 쉽고 역시 분할 링 정류자의 불꽃튀김이나 닳아 신뢰성이 낮고, 분할 링 정류자에 의한 불꽃튀김은 강한 전자파간섭과 자극가스인 오존을 발생시키며, 직류전압은 변압기로 승압시킬 수 없고 직류발전기로 만든 전기는 먼거리 전송동안 큰 에너지 손실을 야기한다. 회전자에서 전기가 유도하므로 큰 전류를 위해 회전자가 무거워진다.
교류 발진기	장점	출력전압을 효율적인 전송을 위해 승압할 수 있고 가정용을 위해 강압을 할 수 있다. 고전압 교류전기의 전송은 열로 인한 에너지손실을 최소화할 수 있다. 움직이는 부품이 적고 유지하기가 쉬우며 저렴하다. 마찰, 열, 잡음을 적게 발생하고 직류발전기보다 가볍고 더 효율적이다. 동일한 출력의 직류발전기보다 더 밀집되는 것은 더 효율적이고 덜 과열되는 설계 때문이다. 슬립링 정류자는 우수한 전기적인 접촉과 직류발전기보다 교류발전기에서 훨씬 큰 전류를 유도시킬 수 있다. 출력전류는 회전자 혹은 고정자에서 유도하고 3상 전기를 만드는 설계가 쉽다.
	단점	교류전류는 파동이라 근처 금속에 맴돌이전류가 유도되어 자속이 변하므로 유도에 의해 주위에 에너지 손실을 막기 위해 교류발전기의 출력은 항상 차폐시켜야 한다. 고전압교류는 다른 전파통신 매체(휴대폰, 무선국 등)와 간섭할 수 있는 전자파를 발생하고, 이것은 다른 에너지손실원이다. 교류는 직류보다 위험하고, 교류 충격은 치명적인 상처를 유발할 수 있다. 교류는 직류에 동작하는 많은 가전제품(컴퓨터, 휴대폰충전기, 전기치솔 등)을 위해 정류시켜야 한다.

범용전동기는 그림 11.12와 같이 직류전동기와 유사하지만, 영구자석 대신에 전자석이 사용되며, 분할링 대신에 슬립링을 사용된다. 그것은 직류 또는 교류 전원에서 작동할 수 있지만 직류는 슬립링 대신에 분할링 정류자를 사용해야 한다.

교류가 방향을 전환할 때, 전자석에 의해 생성된 자장이 동시에 방향 전환하기 때문에, 범용 교류전동기를 사용하는 이유이고, 동시에 이런 이중스위칭은 코일에 토크의 방향을 동일하게 유지하기 위함이다. 범용전동기는 일반적으로 휴대용 드릴 및 식품 믹서로 작은 기계에 사용된다.

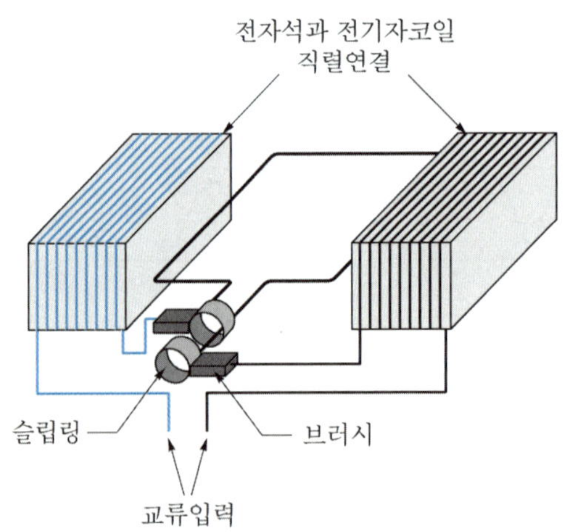

그림 11.12 범용전동기

예제 11-7

전동기의 축이 5000[rpm]으로 회전할 때 축의 속도를 rad/s로 나타내어라.

| 풀이 |

$$w = 5000\left[\frac{r}{\min}\right]\left[\frac{1\min}{60\mathrm{s}}\right]\left[\frac{2\pi \mathrm{rad}}{1r}\right] = 523.6[\mathrm{rad/s}]$$

예제 11-8

속도조절바퀴(flywheel)의 속도가 20[rad/s]일 때 rpm으로 회전속도를 구하여라.

| 풀이 |

$$n = 20\left[\frac{\mathrm{rad}}{\mathrm{s}}\right]\left[\frac{1\mathrm{r}}{2\pi \mathrm{rad}}\right]\left[\frac{60\mathrm{s}}{1\min}\right] = 191[\mathrm{rpm}]$$

(3) 직류기의 종류별 등가회로

직류기는 크게 계자와 전기자의 두 가지 요소로 구분한다. 계자는 영구자석을 사용할 수도 있고, 직류전원을 공급하는 전자석으로 구성할 수도 있다. 전자석으로 구성하는 경우에는 그림 11.13과 같이 전자석에 공급하는 전원을 고정자에 흐르는 전원과 따로 취하는 타여자 방식, 같은 전원을 취하는 자여자 방식으로 분류한다.

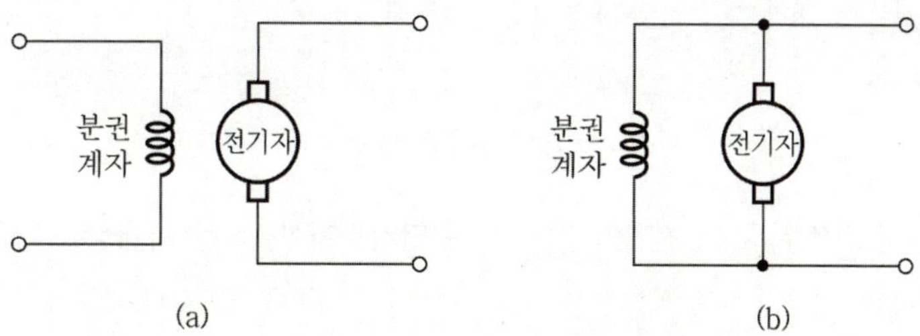

그림 11.13 전자석에 공급하는 전원에 따른 분류 (a) 타여자 발전기 (b) 자여자 발전기

자여자는 권선이 연결된 방식에 따라서 계자권선과 전기자가 직렬로 연결되어 있으면 직권, 병렬로 연결되어 있으면 분권, 두 가지 모두 사용되었으면 복권이라고 한다. 그림 11.14는 자여자 직류 발전기 종류별 전기적 등가회로이다. 복권에서 내분권은 전기자는 분권선과 병렬로 연결되고 직권 권선과는 직렬로 연결되며, 외분권은 전기자와 직권권선을 직렬로 연결한 것과 분권선을 병렬로 연결한 것이다.

같은 철심에 두 개 이상 도선을 감았을 때 각각의 자속이 같은 방향이면 보상(화동, 和動) 연결이라 하고, 반대방향이면 차동연결이라 한다.

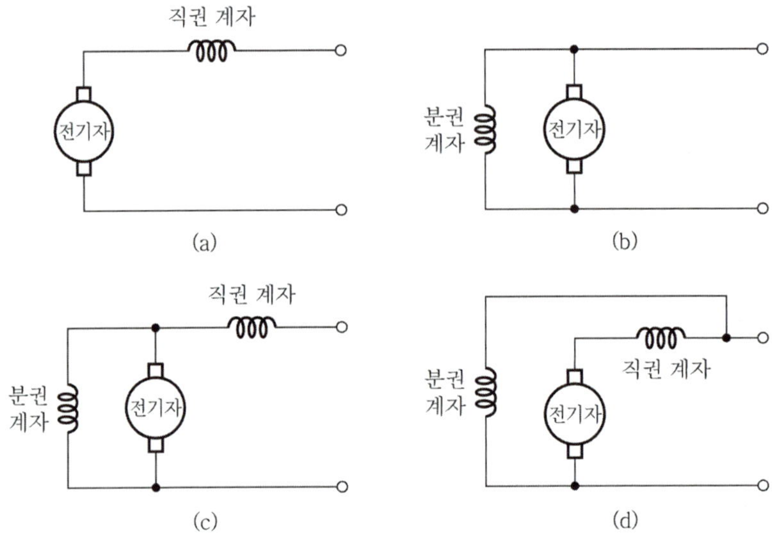

그림 11.14 자여자 직류발전기 종류별 전기적 등가회로 (a) 직권 발전기 (b) 분권 발전기 (c) 복권 발전기(내분권) (d) 복권 발전기(외분권)

직권의 경우 자속밀도는 부하전류의 크기와 비례한다. 전류와 자속의 관계가 선형이 아닌 히스테리시스에 의한 무부하 포화곡선을 나타내게 되므로 부하전류가 증가함에 따라 유기되는 전압의 값이 포화되는 성질을 갖는다. 그리고 부하전류가 증가함에 따라서 전기자 저항에 의한 전압강하가 비례적으로 크게 된다. 계자권선과 전기자 권선의 인덕턴스를 고려하지 않는 정상상태에서 단자전압은

$$V_t = E - I_a r_a = K\phi N - I_a r_a \tag{11-6}$$

이고 여기서 E는 유도전류, I_a는 전기자전류, r_a는 전기자저항, K는 기계상수, ϕ는 자속, N는 회전속도(rpm)이다.

분권발전기의 계자는 전기자와 병렬로 연결되어 있다. 정상적인 운전상태에서 계자에 흐르는 전류는 전기자에서 발생된 전압과 계자의 권선저항으로 항상 일정한 전류가 흐른다. 이는 계자가 항상 일정한 자장의 크기를 발생하게 됨을 의미하며, 타여자 발전기와 동일한 특성을 갖게 된다. 마찬가지로 부하전류가 증가함에 따라서 전기자 저항에 의한 전압 강하가 나타나게 된다.

직권발전기는 부하전류가 증가함에 따라서 단자전압이 증가하고, 분권발전기는 부하전류가 증가함에 따라서 단자전압이 감소한다. 두 가지의 권선법을 결합하여 사용함으로써 발전기의 특성을 개선할 수 있다. 발전기는 일반적으로 부하전류의 변화가 있더라도 일정한 단자전압을 유지하여야 한다.

11.3 유도전동기

(1) 아라고 원판의 회전 원리

그림 11.15와 같은 아라고 원판(Arago's disk)은 영구자석을 화살표 방향으로 회전시키면 원판도 같은 방향으로 회전한다. 자석을 회전시키면 원판을 통과하는 자속이 변화하게 된다. 그러면 플레밍의 오른손법칙에 따른 유도기전력이 원판에 발생한다. 유도기전력에 의한 맴돌이 전류와 영구자석에 의한 각각의 자력선 사이에 전자력이 발생하여 원판이 회전하게 된다.

이때 원판은 영구자석의 속도보다 느리게 회전한다. 만약 원판과 자석의 속도가 같게 되면 원판을 지나는 자속은 일정하게 된다. 자속이 변하지 않으면 맴돌이 전류가 발생되지 않고 원판은 더 이상 회전하지 않게 된다.

자석이 시계 방향으로 움직인다는 것은 상대적으로 자석이 정지하고 원판이 반시계 방향으로 움직이는 것과 같으므로 전류의 방향은 자극 간에서 원판 주변으로부터 중심방향으로 된다. 이 맴돌이전류와 자석이 만드는 자력선 간에 발생하는 토크의 방향은 '플레밍의 왼손법칙'에 의하여 자석이 움직이는 방향과 같은 것을 알 수 있다. 즉, 원판은 자석이 움직이는 방향으로 따라 움직인다.

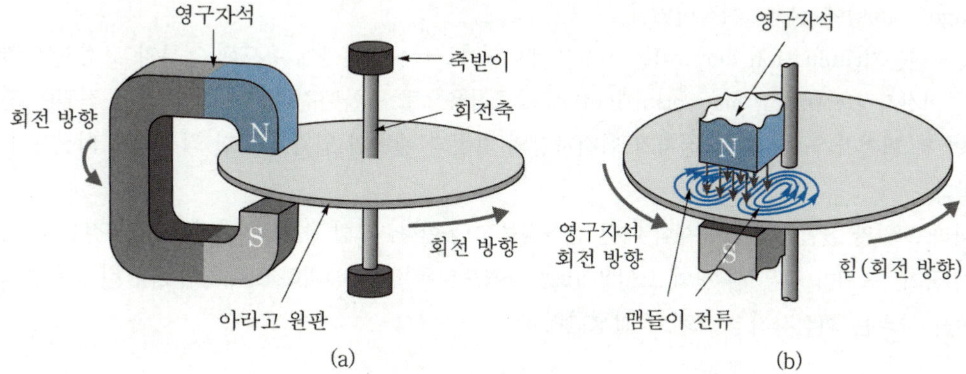

그림 11.15 아라고 원판 (a) 원판의 회전 (b) 맴돌이 전류

회전자를 원판으로 사용하는 대신 그림 11.16과 같이 원통형 도체를 사용하여 그 주변에 자석을 움직여도 맴돌이 전류가 발생한다. 이때 원통 내에 생기는 맴돌이전류 중 축 방향의 힘만이 회전력을 발생하는데 효과가 있다. 원주방향의 힘은 회전력 작용을 하지 못한다. 회전자의 원주에 따라 영구자석을 움직여주는 대신 전류가 흐르는 권선에 의하여 회전하는 자장을 만들어 준 것이 바로 유도전동기의 기본원리이다.

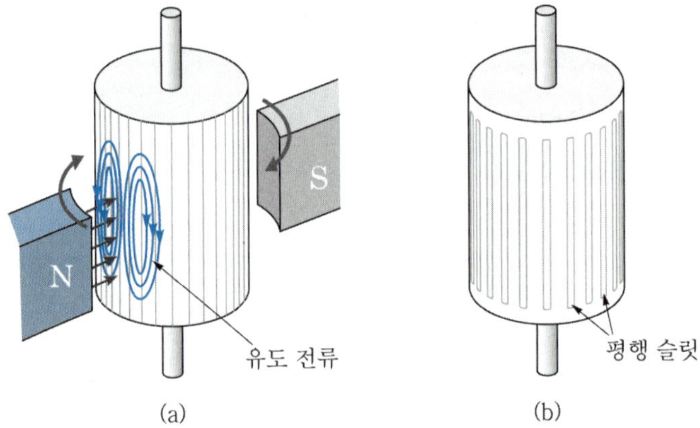

그림 11.16 회전자 원판 (a) 불분명한 유도전류 경로 (b) 유도전류 경로를 위한 평행 슬릿

(2) 유도전동기

1892년 아라고는 실험을 통해 동 혹은 알루미늄으로 만든 원판을 축으로 지지하고 원판의 주변을 자석이 움직이게 하면 원판은 자석보다 느린 속도로 같은 방향으로 움직인다는 것을 알게 되었고 이것이 최초의 유도전동기의 기본원리이다. 다상 유도전동기의 기본원리는 아라고의 원판(Arago's disk)에서부터 시작하였다.

유도전동기(Induction motors)는 교류기계이며 토크는 회전자에 유도된 전류와 고정자에 만들어진 회전자장(rotating magnetic field)의 상호작용으로 만들어진다. 유도전동기는 전원에 연결이 안 된 회전자가 있지만 회전자가 회전자장의 자속과 렌츠의 법칙에 의한 작용으로 회전자가 회전한다.

아라고 원판 실험에서 영구자석 대신 전자석을 이용한다. 그림 11.17과 같이 고정자 철심에 권수, 선의 굵기, 크기가 같은 세 개의 코일을 120° 간격으로 적절히 배치하고 대칭인 3상 전류를 흘리면 자석을 돌리는 회전자기장 효과가 발생한다.

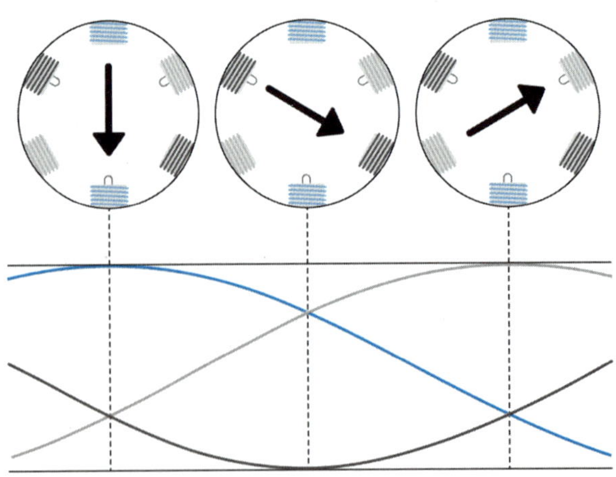

그림 11.17 3상전원이 유도모터에 회전자계 공급

유도전동기의 장점은 다음과 같다. 첫째, 회전자에 부착된 것이 없으므로 낮은 마찰로 회전하여 정상적인 사용에서 마모가 적게 발생한다. 둘째, 정류자가 필요하지 않아 마찰에 의한 스파크나 효율손실이 없고, 높은 전류를 모터에 전달될 수 있다. 셋째, 회전속도를 예측할 수 있고, 회전 주파수가 교류 주파수와 동일하다.

유도전동기의 단점은 다음과 같다. 첫째, 상대적으로 시작토크가 낮고, 범용모터 또는 직류모터를 위해 단상 대신에 3상이 필요하다. 둘째, 상대적으로 복잡하고 복수의 코일 쌍이 필요하며, 속도가 제한되고 교류주파수를 초과할 수 없다.

회전자의 토크는 회전자 도체에 흐르는 전류와 자속의 곱에 비례한다. 부하가 없는 무부하 상태에서 회전자속도 N[rpm]이 점차 증가하여 회전자장의 속도인 동기속도(synchronous speed) N_s[rpm]에 가까워지면 도체를 관통하는 자속의 수가 줄어든다. 자속이 감소하면 회전자에 유도되는 전류가 줄어들고 회전자 토크도 감소한다.

부하가 연결되면 회전자 속도가 낮아져 동기속도와의 차가 커진다. 그러면 도체를 관통하는 자속수도 증가하여 도체에 발생하는 전류가 커진다. 이것은 전동기의 토크를 크게 하고 속도는 다시 증가하게 된다. 그래서 전동기가 큰 토크로 부하를 돌려주기 위해서는 회전자속도가 동기속도보다 낮은 회전수를 가져야 한다.

주파수가 f[Hz]인 교류에서 회전자장의 1분간 회전속도는 $60f$[rpm]이다. 고정자 코일의 극수를 p가 되도록 감았을 때의 회전자장을 동기속도 $N_s = \dfrac{120 \times f}{p}$[rpm] 이다.

전동기의 속도(회전자 속도) N[rpm], 동기속도(회전자장의 속도) N_s[rpm]의 관계에서 유도전동기에서 중요한 특성인 슬립은 $s = \dfrac{N_s - N}{N_s}$, 상대속도(회전자의 슬립속도)는 $N_{slip} = N_s - N = sN_s$[rpm], 전동기속도는 $N = (1-s)N_s$[rpm]이다.

예제 11-9

교류 주파수가 50Hz, 극수가 2개일 때 유도 전동기의 회전속도를 구하여라.

| 풀이 |

초당 50 회전 혹은 $N_s = \dfrac{120f}{P} = \dfrac{120 \times 50}{2} = 3000$[rpm]의 회전 속도를 초과 할 수 없다.

예제 11-10

220V, 3상, 극수가 두개, 60Hz 유도전동기에서 슬립은 5%이다. 자장의 속도, 회전자의 속도, 로터의 슬립속도, 회전자의 주파수를 구하여라.

| 풀이 |

(a) 자장의 속도는 $N_s = \dfrac{120f}{P} = \dfrac{120 \times 60}{2} = 3600$[rpm]

(b) 회전자의 속도는 $N = (1-s)N_s = (1-0.05)3600 = 3420\text{rpm}$

(c) 회전자의 슬립속도 $N_{slip} = N_s - N = sN_s = 180$[rpm]

(d) 회전자의 주파수 $f_r = \dfrac{N_{slip}P}{120} = \dfrac{180 \times 2}{120} = 3\text{Hz}$

11.4 3상 유도 발전기

세계 최초의 발전소는 직류발전기로 1879년 에디슨이 만든 것이다. 그러나 전압강하가 크기 때문에 멀리 송전하지 못한다. 가정에는 단상교류지만 삼상교류는 전력손실을 적게 하고 발전효율 측면에서도 높아 송전선이나 공장으로 끌어들인다.

현재 3상 발전기는 대규모 전력생산에 사용되고, 그림 11.18과 같이 토크를 제공하기 위해 증기 터빈에 연결하는 브러시 전자석은 회전자로 사용되며, 이것이 회전할 때 코일을 통해 변하는 자속을 발생시키고 그래서 교류전류를 유도한다.

이러한 전류는 그림 11.19와 같이 코일의 서로 다른 위치 때문에 같은 주기를 가지고 서로 120° 위상이 다르며 서로 다른 시간에 자속 변화의 최대 변화율을 일어난다.

3상의 장점은 동일한 라인에 $\sqrt{3} = 1.7$배 만큼 전기를 더 낼 수 있어 장거리 전송할 수 있어 투자비용이 감소하고 모터구동에 효율이 높아 산업용 및 공조용에 3상을 사용한다.

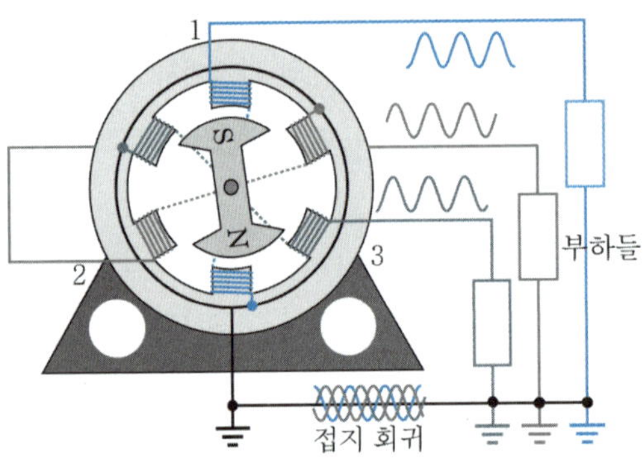

그림 11.18 3상 교류발전기

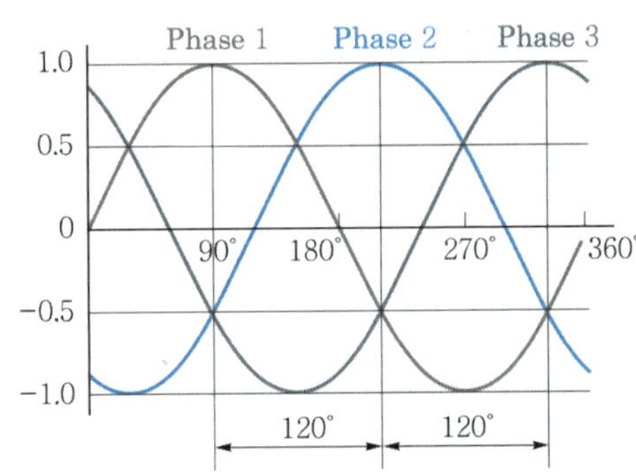

그림 11.19 3상 파형

예제 11-11

그림과 같이 세 개의 부하를 가진 간단한 단상 교류전력시스템을 나타내고 있다. 전원은 $V_s = 120\angle 0^o[\text{V}]$이고 부하는 $5\angle 30^o[\Omega]$, $5\angle 45^o[\Omega]$, $5\angle -90^o[\Omega]$이다. (a) 스위치가 개방 시 그리고 (b) 스위치 단락 시 전류 I를 구하여라.

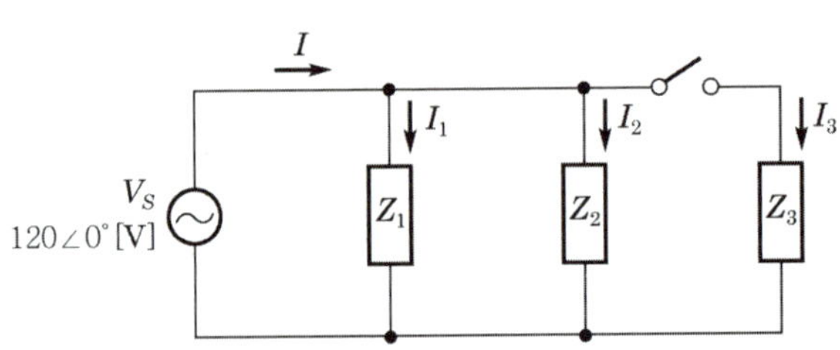

| 풀이 |

(a) 스위치 개방 시 부하-1과 부하-2가 전원에 연결,

$$I_1 = \frac{V_s}{Z_1} = \frac{120\angle 0^o}{5\angle 30^o} = 24\angle -30^o[\mathrm{A}],\ I_2 = \frac{V_s}{Z_2} = \frac{120\angle 0^o}{5\angle 45^o} = 24\angle -45^o[\mathrm{A}]$$ 이므로 전원전류

$$I = I_1 + I_2 = 24\angle -30^o + 24\angle -45^o = 47.6\angle -37.5^o[\mathrm{A}]$$

(b) 스위치 단락 시 부하 3이 추가로 전원에 연결되므로, 부하 1, 부하 2의 전류는 동일하고

$$I_3 = \frac{V_s}{Z_1} = \frac{120\angle 0^o}{5\angle -90^o} = 24\angle 90^o[\mathrm{A}]$$ 이므로 전원전류

$$I = I_1 + I_2 + I_3 = 24\angle -30^o + 24\angle -45^o + 24\angle 90^o = 38.08\angle -7.5^o[\mathrm{A}]$$ 이다.

11.5 델타(△) 결선 및 Y-결선

3상 회로를 구성하는 방법에는 델타배선과 Y-배선이 있다. 한국에서 많이 사용하는 Y-배선은 전원과 부하를 Y형으로 접속하는 방법인데 중성점은 전압과 위상이 '0'이고 a, b, c 각각 120° 위상 차이를 가지고 공급한다. 그림 11.20과 같이 중성점을 기준으로 V_a. V_b, V_c는 상전압, V_{ab}, V_{bc}, V_{ca}는 선간전압이다. 한국에서 상전압은 위상이 120° 다른 220V 전압을 가지고 선간전압은 위상이 120° 다른 380V$(=\sqrt{3}\times 220)$ 전압을 가진다. 이때 선간전압은 상전압보다 30° 위상이 앞선다.

$$V_{ab} = V_a - V_b = \sqrt{3}\,E_a\angle 30^o[\mathrm{V}],\ V_{bc} = V_b - V_c = \sqrt{3}\,E_b\angle 30^o[\mathrm{V}],$$
$$V_{ca} = V_c - V_a = \sqrt{3}\,E_c\angle 30^o[\mathrm{V}]$$

변압기가 3대일 때 3상 전원을 만들 때 사용하는 결선 방법이며, 이때 3상이 나오며 중성선에서 한 개의 선이 도출되어 모두 3상 4선이 된다. 변압기 중 1대가 고장 나면 V 결선으로 교체되어 효율이 80%로 떨어진다.

3상 교류의 기전력의 합은 '0'이다.

$$V_a + V_b + V_c = E + E\angle -120^o + E\angle -240^0 = E + E\left(-\frac{1}{2} - j\sqrt{\frac{3}{2}}\right) + E\left(-\frac{1}{2} + j\sqrt{\frac{3}{2}}\right) = 0$$

Y결선은 중성점을 접지할 수 있으므로 절연방식을 채택할 수 있고, 고전압 결선에 적합하며, 순환전류가 흐르지 않는 장점이 있지만 제3 고조파가 대지로 흘러 인근의 통신선에 장애를 줄 수 있다는 단점이 있다.

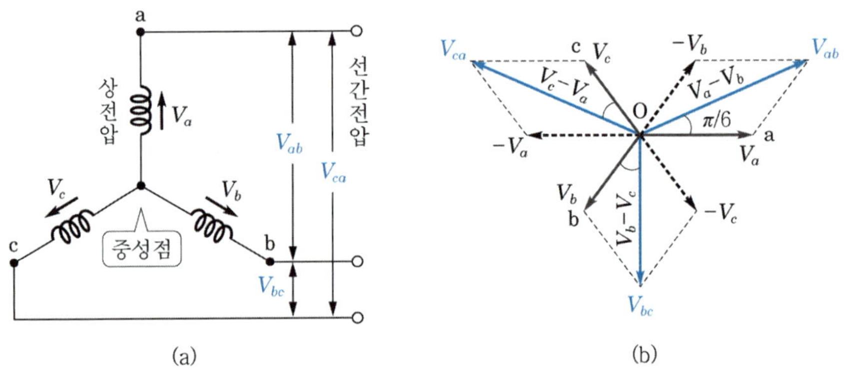

그림 11.20 Y 결선의 상전압과 선간전압 (a) 회로도 (b) 벡터도

예제 11-12

Y결선으로 대칭 3상 전원의 1상의 전압이 $V_a = 220\angle 30^o$[V]이면 선간전압을 구하여라.

| 풀이 |

$V_{ab} = \sqrt{3}\,E_a\angle 30^o = 220\sqrt{3}\angle 30^o$[V], $V_{bc} = V_{ab}\angle -120^o = 220\sqrt{3}\angle -60^o$[V],

$V_{ca} = E_{ab}\angle -240^o = 220\sqrt{3}\,E_c\angle -180^o$[V]

델타결선은 그림 11.21과 같이 중성점이 없고 상전압은 그림에는 표현되지만 선간전압만 존재한다. 하나의 전압으로 고정되므로 다른 전압이 필요한 경우 변압기로 인입전압을 높게 하던지 변환기를 사용해야 한다.

변압기가 3대가 있을 때 3상 전원을 얻기 위해 결선하는 방법이고 고 전류(Y결선의 $\sqrt{3}$ 배)의 전류가 필요한 모터 등에 필요한 전력을 공급한다.

델타결선된 대칭 3상 전원에 대한 선전류는 각 상전류보다 크기는 $\sqrt{3}$ 배이고, 위상은 30˚ 뒤진다.
$I_a = I_{ab} - I_{ca} = \sqrt{3}\,I_{ab}\angle -30^o$[A], $I_b = I_{bc} - I_{ab} = \sqrt{3}\,I_{bc}\angle -30^o$[A],
$I_c = I_{ca} - I_{bc} = \sqrt{3}\,I_{ca}\angle -30^o$[A]

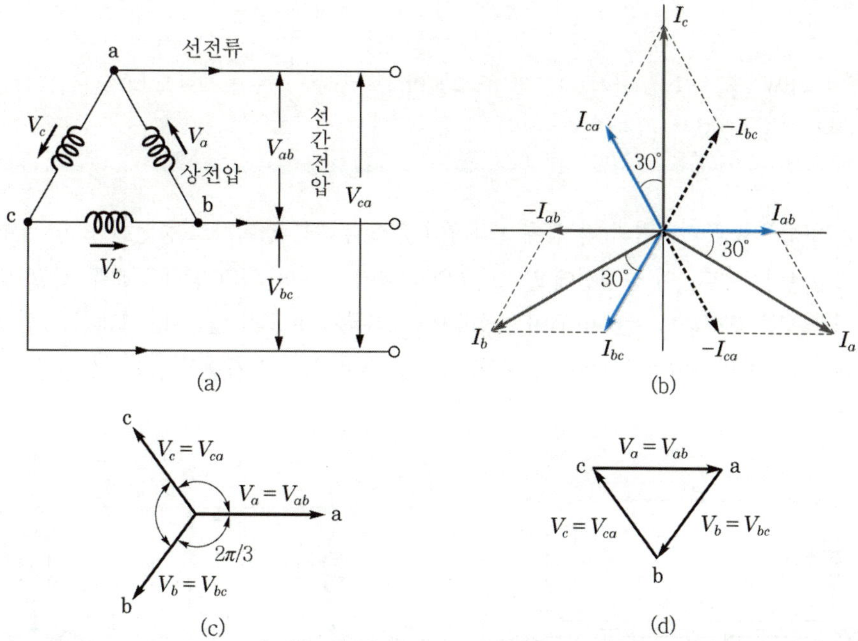

그림 11.21 델타결선 (a) 회로도 (b) 전류벡터도 (c) 시작점이 동일한 전압 벡터도 (d) 평행이동 전압벡터도

예제 11-13

델타결선 된 선전류가 $I_a = 200\angle 30^o$[A]이면 상전류를 구하여라.

| 풀이 |

$$I_{ab} = \frac{1}{\sqrt{3}} I_a \angle 30^o = \frac{200}{\sqrt{3}} \angle 60^o[\mathrm{A}],\ I_{bc} = I_{ab}\angle -120^o = \frac{200}{\sqrt{3}} \angle -60^o[\mathrm{A}],$$

$$I_{ca} = I_{ab}\angle -240^o = \frac{200}{\sqrt{3}} \angle -180^o[\mathrm{A}]$$

예제 11-14

그림과 같이 세 개의 임피던스 $4+j3[\Omega]$이 △결선이 되고 3상 240V 전력선이 연결되어 있다. I_ϕ, I_L을 구하여라.

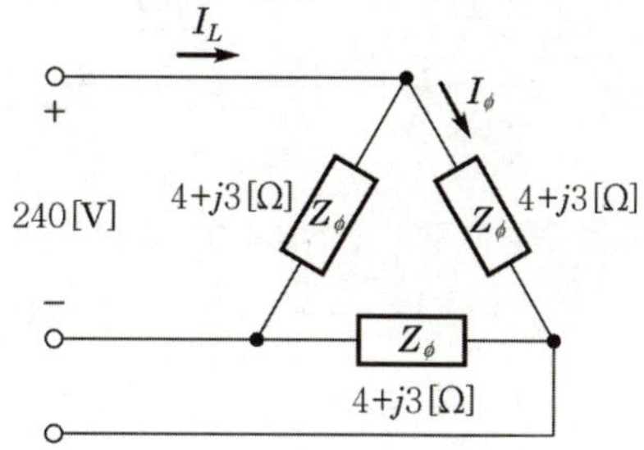

| 풀이 |

$V_L = V_\phi = 240\text{V}$, $Z_\phi = 4 + j3[\Omega] = 5\angle 36.87^o[\Omega]$이므로 $I_\phi = \dfrac{V_\phi}{Z_\phi} = \dfrac{240}{5} = 41.6\text{A}$,
$I_L = \sqrt{3}\, I_\phi = \sqrt{3} \times 41.6 \simeq 72.1\text{A}$

그림 11.22(a)은 3상 기전력의 각 상에 Z의 임피던스 부하를 접속하고 중성선을 한 선으로 모아 결선하는 3상 4선식이다. 이 중성선에 I_a, I_b, I_c의 전류가 흐르게 되면 방향은 모두 같고 각각 120° 위상차가 있으므로 $I_a + I_b + I_c = 0$이 되어 중성선에는 전류가 흐르지 않는다. 그래서 그림 11.22(b)와 같이 중성선을 생략하면 3상 3선식의 성형(star)결선이 되고, 선간전압= $\sqrt{3} \times$상전압, 선전류 = 상전류이다.

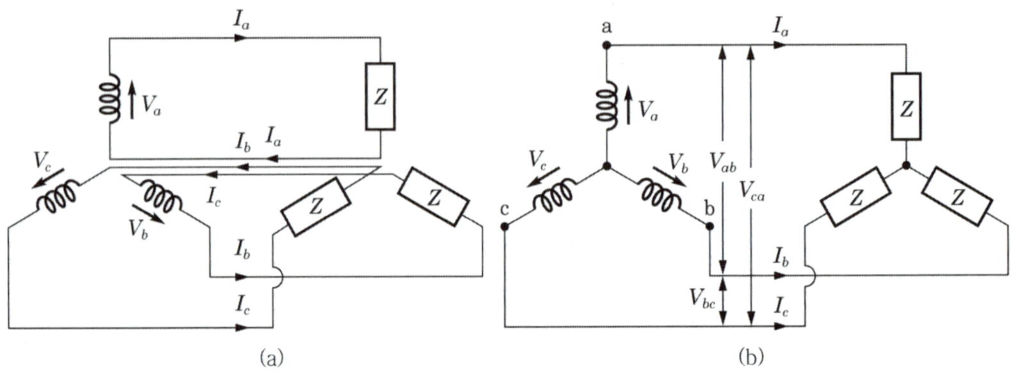

그림 11.22 부하를 연결한 Y 결선 (a) 3가닥 도선 (3) 3가닥 도선

그림 11.23과 같이 전원과 부하를 연결하는 환형(ring)결선인 델타결선이다. 여기서 선간전압= 상전압, 선전류= $\sqrt{3} \times$상전류이다.

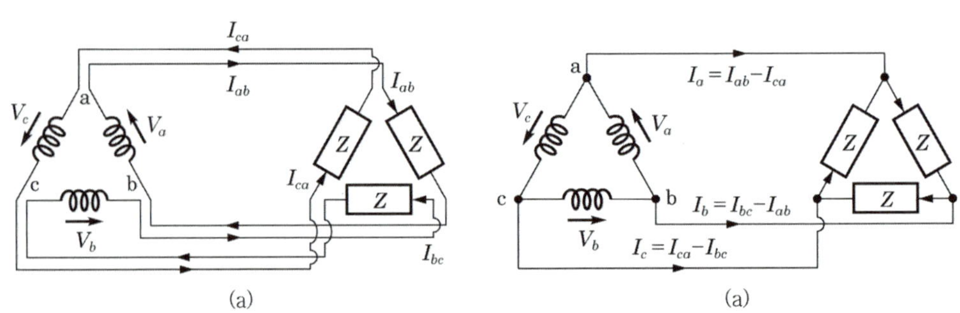

그림 11.23 부하를 연결한 델타 결선 (a) 3가닥 도선 (3) 3가닥 도선

11.6 전기관련 용어

- **여자**(勵磁, excite) : 자장을 발생시키기 위한 전류로 계자권선에 전류를 흘러 자속을 발생하며 보통 철심에 감은 코일에 흐른다. 교류기기에서는 철손전류를 포함한 전류를 말한다. 발전기 자체에서 발생한 전압으로 여자하는 자려자(自勵磁)와 따로 설치한 전원으로 여자하는 타려자(他慮滋)가 있다.
- **여자기**(勵磁機, exciter) : 회전자의 계자권선에 전기를 공급하기 위한 전체장치를 말하며 계자전류를 만들고 공급하는 방식에 따라 브러시를 갖는 브러시형과 브러시를 갖지 않는 브러시리스(brushless)형으로 구별된다. 초기에는 브러시를 갖는 구조였으나 최근 반도체기술의 발전으로 대부분 브러시리스형이다.
- **권선**(捲線, winding wire) : 변압기 등의 전자장치(電磁裝置)에 감는 피복 절연전선이고, 도체는 주로 도전율이 높은 구리나 알루미늄 등을 사용한다. 대형 전기기기에는 둥근 환각형 대신 평각형의 것이 사용되며, 많이 사용되는 권선은 지름이 0.025~3.2mm의 둥근 환각형 구리선이다. 절연형식은 초기에는 절연 테이프 또는 실로 감은 것이 대부분이었으나, 기술의 발달로 에나멜선이 급속도로 증가되었다.
- **계자**(界磁, magnetic field) : 전동기나 발전기에서 N극과 S극의 자극(磁極)을 이루는 부분이다. 계자철심과 이에 감겨진 계자코일로 구성되는 전자석이고, 소형전동기나 발전기에는 영구자석을 쓴다. 원리적으로는 계자, 전기자(電機子)의 어느 쪽을 회전시켜도 되지만 직류기에서는 계자를 고정하는 것이 보통이다. 동기기(同期機)에서는 계자가 고정되어 있는 것과 회전하는 것이 있다.
- **계자권선**(界磁捲線, field winding) : 자속을 발생시키기 위해 주자극 또는 보극에 감은 권선이다. 계자권선은 보통 직류발전기에서는 고정자에 있고, 교류발전기에서는 회전자에 있다. 직류기에서는 고정자 쪽에, 동기기에서는 회전자 쪽에 설치한다. 발전기에서 전압을 올리는 데 필요한 자속(磁束)을 발생시키기 위한 기자력(起磁力)을 계자석에 주는 권선을 말한다. 회전기에서 자극에 설치하는 권선이다.
- **전기자**(電機子, armature) : 철심과 권선으로 되어 있고 쇄교하는 자속과 상대적인 운동에 의해 기전력이 발생한다. 전자(電磁)장치에서 고정부분에 대하여 회전 혹은 이동운동에 의해서 전기-기계 에너지 변환 또는 회로의 개폐 등을 하는 부분이다.
- **전기자권선**(電機子捲線, armature winding) : 직류기에서 전기자 코일이라고 하는 회전하는 부품에 감는다. 직류/교류 발전기 경우 전기자는 직류/교류 전압을 발전하고, 회전하는 축이 있는 전동기인 경우 입력으로 전기자에 전압을 제공한다. 회전기의 고정자(stator) 또는 회전자(rotor)에 설치된 권선에 있어서, 자장과의 상대 회전운동에 따라 유도기전력이 발생하는 권선이다.
- **정류자**(commutator) : 서로 절연된 전기자 권선의 코일과 같은 수의 정류자편(整流子片)을 원통형의 회전자 위에 배열한 것으로, 본체 부분의 브러시와 정류자편의 접촉에 의해 전류를 공급한다. 일정한 방향으로 회전하도록 전류의 방향을 주기적으로 바꿔 전기자에 공급하는 장치이다.

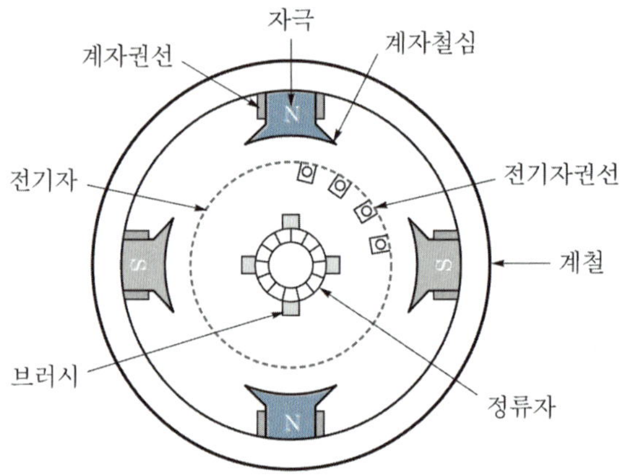

그림 11.24 직류기의 부품 명칭

- **전력변환기기** : 교류를 직류로 바꾸는 기기를 정류기(컨버터, converter), 직류를 교류로 변환하는 기기를 인버터(inverter, 역변환기), 직류를 직류로 변경하는 쵸퍼(chopper), 주파수를 변환하는 사이클로 컨버터(cycloconverter)가 있다. 쵸퍼는 직류전압을 강압 또는 승압시키는 일종의 직류변압기이며, 강압형(Buck 컨버터, Step-down 컨버터), 승압형(Boost 컨버터, Step-up 컨버터), 승/강압형(Buck-Booster 컨버터) 등이 있다.
- **동기전동기와 유도전동기** : 직류발전기(전동기)는 회전 전기자에서 브러시를 통해 전기를 추출(공급)하며 회전 전기자형이다. 동기기는 대부분 동기발전기이며 고정되어 있는 전기자에서 전기를 추출하고 여자기(440V 전기를 공급)를 이용한 회전계자형이다. 동기전동기는 동기조상기로 많이 사용하고 역률을 조정할 수 있지만 기동이 어렵다. 동기기일 때 고정자의 회전자계의 회전속도인 동기속도($N_s = 120f/p$, p는 극 수)는 회전자의 회전속도(N) 같다. 유도기는 회전 전기자형이며 현재 대다수 사용하는 전동기이다. 유도기는 전기자에 유도전류를 발생시켜 유도자기장이 만들어 자기력으로 토크를 생기게 하여 움직인다. 그래서 회전자코일에 유도전류를 발생하기 위해 회전자의 회전속도(N), 고정자 자계의 회전속도인 동기속도($N_s = 120f/p$, p는 극 수)는 달라야 한다. 이때 유도전동기 슬립, $s = (N_s - N)/N_s$이고 기동 시 $N = 0$이므로 $s = 1$이다. 만약 고정자(전원 주파수가 f일 때 회전자 주파수는 sf가 된다. 동기기는 회전계자형이므로 $N_s = N$이므로 슬립은 0이다.
- **극 피치**(pole pitch) : 각 자극 사이 각도, 극수가 p일 때 전기각 $=180^o \times p$, 전기각과 기계각의 비는 $\frac{\theta_{electrical}}{\theta_{mechanical}} = \frac{p \times 180^o}{360^o} = \frac{p}{2}$이다. 2극기는 $\theta_{electrical} = \theta_{mechanical}$, 4극기는 $\theta_{electrical} = 2\theta_{mechanical}$이다.
- **유효전력과 무효전력** : 유효전력은 원동기(터빈)로, 무효전력은 여자기에 의해 발생한다. 무효전력을 발생하는 장치인 조상설비의 종류는 병렬 콘덴서, 전력용 콘덴서, 분로 리액터, 동기 조상기 등이 있다. 발전기는 자기장을 만드는 무효전력이 필요하다. 자기장을 만드는 전류는 무효성분 전류이고, 무효성분 전류는 자속을 만들어 무효전력을 만든다. 무효전력은 전압이 높은 곳에서 낮은 곳으로 이동하지만 무효전력손실이 크므로 먼 곳까지 이동하지 못한다. 유효전력이란 발전기에서 생산되어 시스템 내의 부하에서 소비되는 에너지를 말한다. 따라서 발전기에서 부하로 흘러가서 소비되며 전압의 위상각이 큰 곳에서 작은 곳으로 흐른다. 전력시스템운용에서는 유효전력을 수송하기 위하여 적정량의 무효전력이 필요하다. 무효전력은 전력시스템의 전압을 유지하기 위해 매우 중요하고 무효전력의 공급이 부족하면 전압 안정도(voltage stability)가 나빠져서 시스템이 붕괴될 수 있다.

연습문제

11.1 그림과 같이 음의 전하가 속도 $\boldsymbol{v}$로 움직이고 자장의 방향을 $\boldsymbol{B}$에 나타내었다. ⊗는 들어가는 방향 ⊙는 밖으로 나오는 방향을 나타낸다. 입자가 받는 자기력의 방향을 표시하여라.

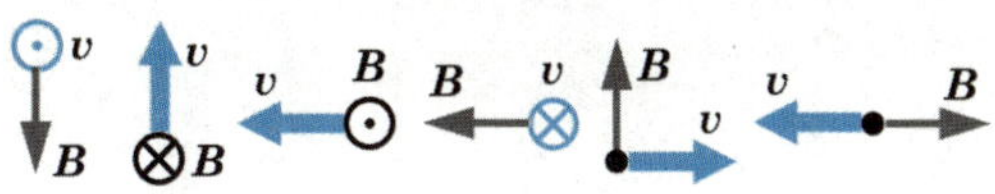

11.2 그림과 같이 0.5T 자장이 존재하는 곳에 1A 전류가 흐르는 길이 0.5m 도선이 있다. 이때 도선에 유기된 힘의 방향과 크기를 구하여라.

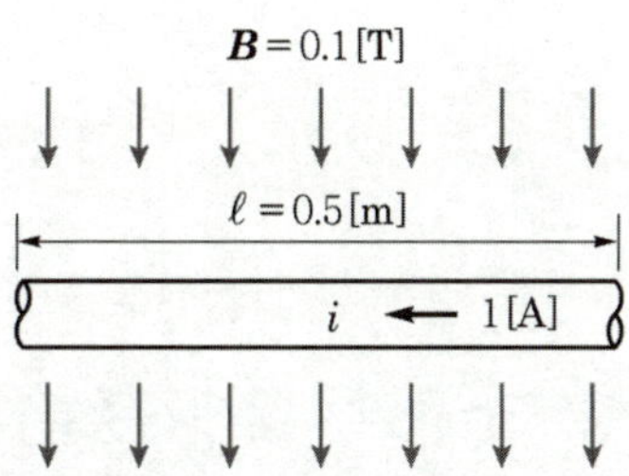

11.3 그림 같이 자장 안에 움직이는 도선에서 도선에 유도되는 기전력의 방향과 크기를 구하여라.

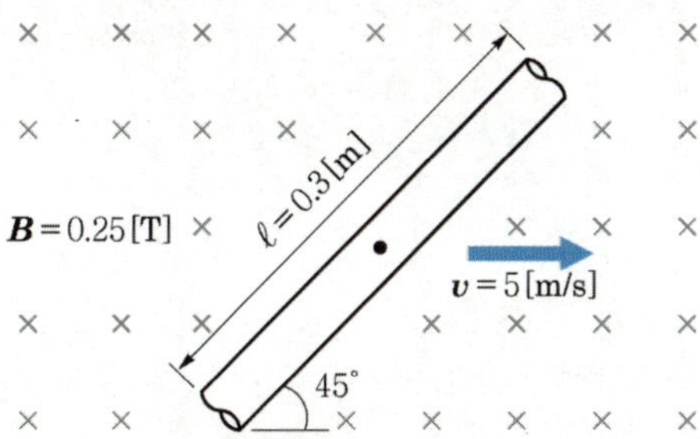

11.4 전류 I_1[A]이 흐르는 길이가 a[m]인 정사각형 도선고리의 중심에서 전류 I_2[A]이 흐르는 무한대 도선과의 거리가 d[m]만큼 떨어져 있다. 도선고리와 무한도선은 같은 평면에 있고 도선고리의 두 측면은 무한도선과 평행이고 다른 두 면은 수직으로 놓여있다. 도선고리가 받는 알짜힘이 $\dfrac{\mu_0 I_1 I_2 a^2}{2\pi\left(d^2 + \dfrac{a^2}{4}\right)}$[N]임을 보여라.

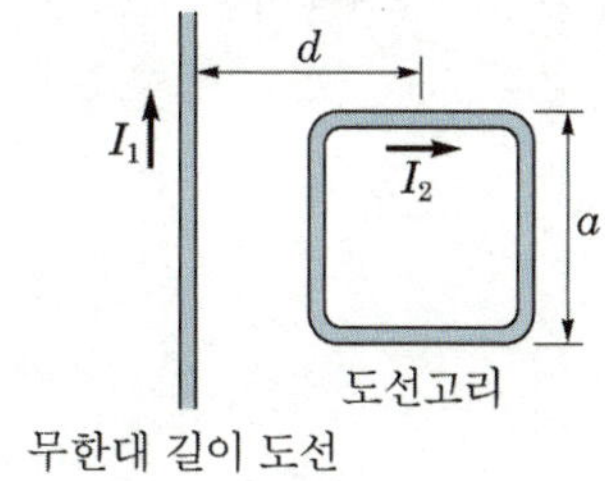

11.5 전동기의 축이 3000[rpm]으로 회전할 때 축의 속도를 rad/s로 나타내어라.

11.6 속도조절바퀴의 속도가 10[rad/s]일 때 rpm으로 회전속도를 구하여라.

11.7 주파수가 60Hz인 3상 교류를 4극의 유도전동기에 가해 주었을 때의 동기속도를 구하여라.

11.8 220V, 3상, 극수가 두개, 50Hz 유도전동기에서 슬립은 2%이다. 자장의 속도, 회전자의 속도, 로터의 슬립속도, 그리고 회전자의 주파수를 구하여라.

11.9 3상 60Hz 유도전동기에서 무부하에서 7,200rpm으로, 부하 시 7,100rpm으로 동작한다. 전동기의 극수, 부하 시 슬립을 구하여라.

11.10 그림과 같이 세 개의 부하를 가진 간단한 단상 교류전력시스템을 나타내고 있다. 전원은 $V_s = 120\angle 0^o$[V]이고 부하는 $Z_1 = 10\angle 45^o$[Ω], $Z_2 = 10\angle 60^o$[Ω], $Z_3 = 10\angle 90^o$[Ω]이다. 스위치가 개방 시 그리고 스위치 단락 시 전류 $\boldsymbol{I}$를 구하여라.

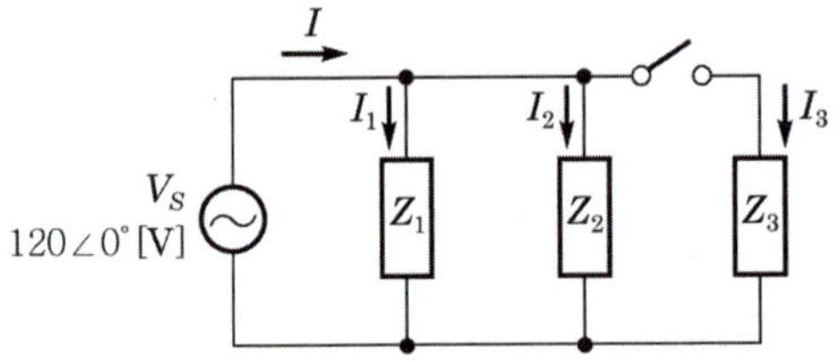

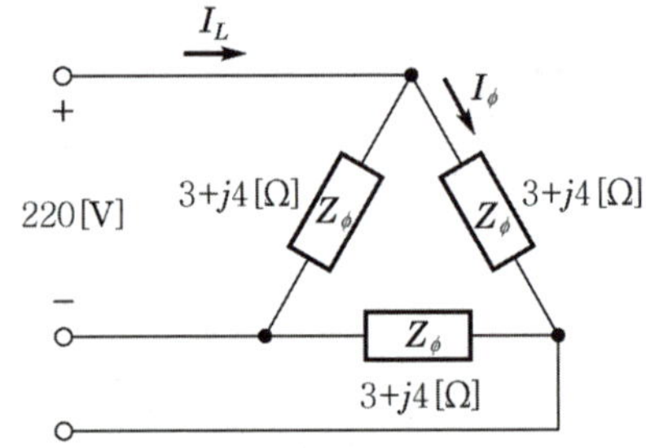

11.11 그림과 같이 세 개의 임피던스 $3+j4[\Omega]$이 △결선이 되고 3상 220V 전력선이 연결되어 있다. I_ϕ, I_L을 구하여라.

12

Chapter

RLC 회로

12.1 RC와 RL의 전력

(1) 임피던스 및 위상도

전기적 임피던스를 만드는 기본요소는 저항, 인덕턴스, 커패시턴스이며 기호로는 R, L, C로 표현된다. 유도용량 L과 정전용량 C에 교류전압을 인가하면 흐르는 전류를 제한하는 작용의 리액턴스 $X[\Omega]$가 생긴다. 그림 12.1은 임피던스의 도식적 이해를 위해 임피던스와 어드미턴스의 위상도를 나타낸다.

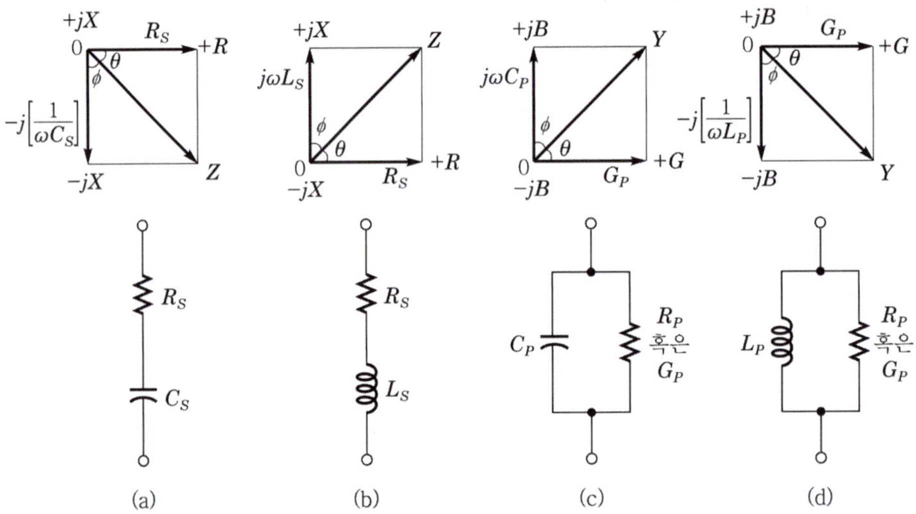

그림 12.1 위상도 (a) 전기용량성 임피던스 (b) 유도용량성 임피던스 (c) 전기용량성 어드미턴스 (d) 유도용량성 어드미턴스

표 12.1은 임피던스 파라미터의 수식 및 단위, 의미를 규정한다. 여기서 Q는 회로 좋음의 척도인 양호도(quality factor)와 그 역수인 손실률 D를 구하여 인덕터와 커패시터의 양호 또는 불량을 검사한다. 인덕터의 경우는 Q 값이 클수록 손실이 없는 양질의 인덕터로 평가한다.

표 12.1 임피던스 관련 변수

변수	이름	단위	공식
Z	임피던스	Ω(ohm)	$Z=R_s+jX_s=1/Y=\|Z\|e^{j\theta}$
Y	어드미턴스	S(siemen 혹은 mho)	$Y=G_p+jB_p=1/Z=\|Y\|e^{j\phi}$
$\|Z\|$	Z의 크기	Ω	$\|Z\|=\sqrt{R_s^2+X_s^2}=1/\|Y\|$
R_s, ESR	저항값, Z의 실수부	Ω	$R_s=\dfrac{G_p}{G_p^2+B_p^2}=\dfrac{R_p}{1+Q^2}$
X_s	리액턴스, Z의 허수부	Ω	$X_s=-\dfrac{B_p}{G_p^2+B_p^2}$

C_s	직렬 커패시턴스	F(farad)	$C_s = -\dfrac{1}{wX_s} = C_p(1+D^2)$
L_s	직렬 인덕턴스	H(henry)	$L_s = \dfrac{X}{w} = L_p\dfrac{Q^2}{1+Q^2}$
$\|Y\|$	Y의 크기	S	$\|Y\| = \sqrt{G_p^2+B_p^2} = 1/\|Z\|$
G_p	컨덕턴스, Y의 실수부	S	$G_p = \dfrac{R_s}{R_s^2+X_s^2}$
B_p	서셉턴스, Y의 허수부	S	$B_p = -\dfrac{X_s}{R_s^2+X_s^2}$
C_p	병렬 커패시턴스	F	$C_p = \dfrac{B}{w} = \dfrac{C_s}{1+D^2}$
L_p	병렬 인덕턴스	H	$L_p = -\dfrac{1}{wB_p} = L_s(1+1/Q^2)$
Q	양호도		$Q = -1/D = X_s/R_s = G_p/B_p = \tan\theta$

(2) 전력삼각형

교류회로를 쉽게 정의하는 세 개의 기본 관계는 위상도, 임피던스삼각형 그리고 전력삼각형이다. 이들은 직각삼각형으로 피타고라스 정리 및 삼각법으로 교류 문제를 쉽게 이해하고 풀 수 있다. 세 개의 기본 관계에서 θ는 공통이고, 위상도는 동일한 주기(주파수)를 갖는 전압과 전류를 벡터로 표시하고 벡터의 크기는 실효값으로 표시한다. 그림 12.2와 같이 전력 삼각형은 유효전력과 피상전력의 관계를 나타낸다. 변수의 3~4개(예 V_s, I, 그리고 θ)를 알면 모든 변수를 계산할 수 있다.

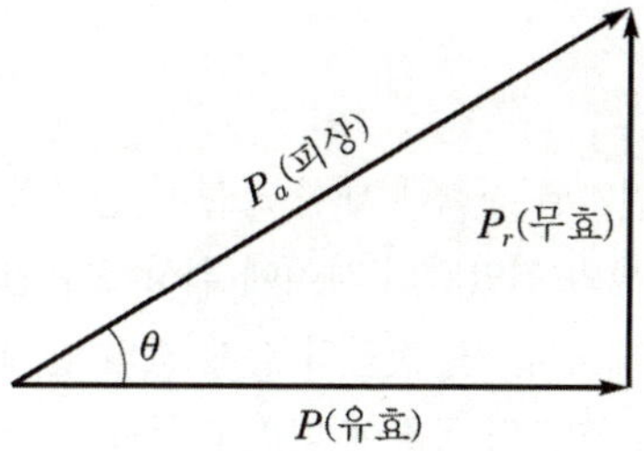

그림 12.2 전력 삼각형

그림 12.3은 직렬 RL 회로의 위상도과 임피던스 삼각형이다. 전류 I는 전원전압 V_s보다 θ만큼 뒤진다. 전류 I는 저항전압 V_R과 동위상이고 전류 I는 인덕터 전압 V_L보다 90° 뒤진다. 즉 저항전압 V_R은 전원전압 V_s보다 θ만큼 뒤지고, 인덕터 전압 V_L는 전원전압 V_s보다 $(90^o-\theta)$만큼 앞선다. 같은 교류회로에서 임피던스 삼각형은 전류에 대해 반대이다.

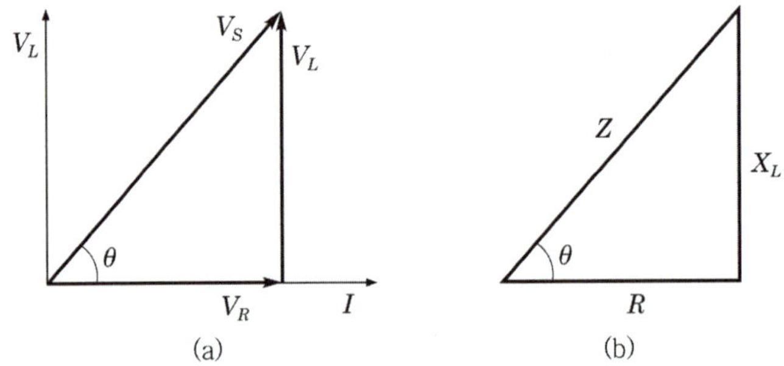

그림 12.3 직렬 RL 회로 (a) 위상도 (b) 임피던스 삼각형

그림 12.4는 직렬 RC회로의 위상도과 임피던스 삼각형이다. 전류 I는 전원전압 V_s보다 θ만큼 앞선다. 전류 I는 저항전압 V_R과 동위상이고 전류 I는 커패시터 전압 V_C보다 90° 앞선다. 즉 저항전압 V_R은 전원전압 V_s보다 θ만큼 앞서고, 커패시터 전압 V_C는 전원전압 V_s보다 $(90^o - \theta)$만큼 뒤진다.

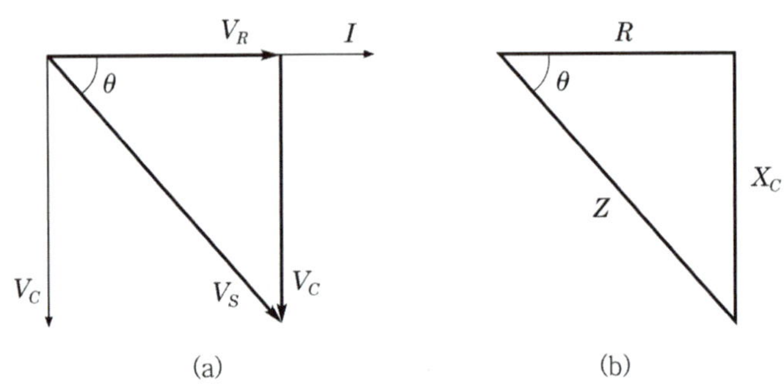

그림 12.4 직렬 RC 회로 (a) 위상그림 (b) 임피던스 삼각형

(3) 역률의 개선

역률(power factor : PF)은 인가된 전력에 대한 소모된 전력의 비이며 교류에서 전압과 전류의 위상차와 관계된다. 교류에서 전류와 전압과의 사이에 위상차가 있으면 전력은 전류와 전압의 곱과 같지 않고 전력이 항상 작다. 실제 전류 및 전압의 실제 값의 곱에 어떤 인수를 곱한 것이다. 단위는 무단위 또는 %이다. 이 인수는 회로의 종류에 따라 다르고, 이 인수를 그 회로의 역률이라 한다. 그림 12.5와 같이 소비전력 P[W], 전류의 실효값을 I_{rms}[A], 전압의 실효값을 V_{rms}[V]라 하고 정현파 전류와 전압사이의 위상차를 θ라 하면, 역률은 다음과 같다.

$$PF = \frac{P}{P_a} = \frac{P}{V_{rms} I_{rms}} = \frac{V_{rms} I_{rms} \cos\theta}{V_{rms} I_{rms}} = \cos\theta \qquad (12\text{-}1)$$

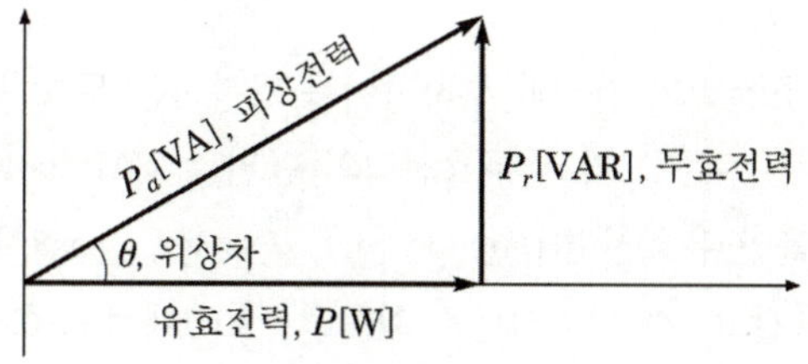

그림 12.5 전력의 위상도

① $0 \le$ 역률 ≤ 1이다. 순 저항회로의 역률은 1이고, 순 리액턴스회로의 역률은 0이다.

② 변압기, 전기모터, 스피커와 같이 실제적인 부하는 인덕턴스 성분을 갖는다. 높은 역률을 갖는 것은 부하에 전력을 전달하는데 보다 효율적인 장점을 가진다.

③ 인덕턴스 부하의 역률을 증가시키기 위해 전기용량을 추가하여 보상한다. 인덕턴스 전류와 전기용량의 전류는 180° 위상차를 가지므로 전기용량을 추가하여 전체 전류의 위상차를 줄인다.

④ 역률을 1로 만들기 위해 인덕터의 무효전력과 커패시터의 무효전력을 같게 하고 $P_{rL} = P_{rC}$ 조건에서 병렬 전기용량 값을 찾는다.

⑤ 전류와 전압이 정현파인 경우 역률은 $\cos\theta$이고 전력전달의 효율성을 나타낸다. $\theta > 0$이면 유도용량성의 지상(lagging) 역률, $\theta < 0$이면 전기용량성의 진상(leading) 역률이다.

역률개선을 위해 주로 부하 단에 전력용 커패시터를 부하에 병렬로 접속한다. RL 부하를 역률이 정확하게 1로 만들기 위해 그림 12.6과 같이 병렬 전기용량 C를 추가하여 보상 한다. 보상회로를 포함한 부하의 임피던스는

$$Z = (R + jwL) /\!/ \left(\frac{1}{jwC}\right) = \frac{w^2RLC + R(1-w^2LC)}{w^2R^2C^2 + (1-w^2LC)^2} + j\left[\frac{wL(1-w^2LC) - wR^2C}{w^2R^2C^2 + (1-w^2LC)^2}\right] \quad (12\text{-}2)$$

이고, 단위 역률로 만들기 위해 부하의 임피던스의 리액턴스성분$= wL(1-w^2LC) - wR^2C = 0$으로 하면 그 때 전기용량은 다음과 같다.

$$C = \frac{L}{R^2 + w^2L^2} \quad (12\text{-}3)$$

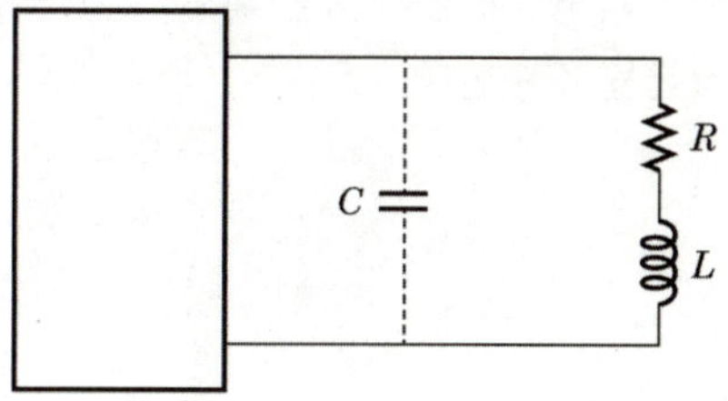

그림 12.6 RL 부하를 단위역률로 만드는 보상 전기용량

(4) 교류 전력

피상전력은 일을 하는 유효전력과 전원과 부하사이를 왕복하는 무효전력이 있고, 피상전력의 단위는 VA, 유효전력의 단위는 W, 그리고 무효전력의 단위는 VAR[volt-ampere reactive]이다.

단위시간당 에너지 소비율인 유효전력(true power), $P = V_s I_{total} \cos\theta$은 순수저항($\theta = 0^o$)에서 피상전력(apparent power)과 같고, 순 커패시턴스 회로($\theta = 90^o$)에서 유효전력은 '0'이다. RC 직렬회로에서 전류가 전압보다 앞섬으로 진상 역률이라 한다.

이상적인 인덕터 회로에서 양의 전력주기에서 인덕터는 전력을 저장하고, 음의 주기에서 전원으로 다시 전력을 돌려줌으로써 유효전력은 '0'이다. 실제적인 인덕터는 감긴 도선에 의한 유효전력, $I_{rms}^2 R_w$에 의해 에너지가 소비된다. 양호도는 인덕터의 무효전력과 유효전력의 비이며, 다음과 같다.

$$Q = \frac{\text{무효전력}}{\text{유효전력}} = X_L / R_w \tag{12-4}$$

교류회로가 리액턴스를 포함하는 경우, 피상전력은 유효전력보다 크고 여분의 전력을 무효전력(imaginary power, reactive power)이라 한다. 무효전력은 리액턴스에 존재하고, 인덕터와 커패시터는 에너지를 축적한 후, 다음 사이클에서 에너지를 방출하므로 무효전력은

$$P_r = Im[\boldsymbol{V_{rms}} \boldsymbol{I_{rms}^*}] = V_{rms}^2 / X_L = I_{rms}^2 X_L \text{ [VAR]} \tag{12-5}$$

이며, 자장 또는 전장으로 에너지를 저장한다.

리액턴스 성분을 가지고 있는 회로에 교류전압을 가하면 역시 교류전류가 흐르는데, 이 전류와 전압의 위상차가 존재한다. 겉보기에 소비되는 것처럼 보이는 전력을 피상전력이라 한다. 이 피상전력 중에 실제로 소비된 전력을 유효전력이라고 하며, 피상전력×cos(전류과 전압 위상차)가 된다.

가정의 전력계량기는 유효전력을 적산하는데, 가정에서 쓰는 전력에 무효전력이 많으면 발전소 입장에서 손해이므로 무효전력에 대해 규제를 한다. 일반적으로 발전기나 변압기 등과 같은 전기장치나 설비의 전력용량은 피상전력의 크기로 나타낸다.

무효전력은 피상전력-유효전력이 아니고 유효전력을 끄집어내기 위해 필요한 일률이다. 그림 12.7과 같이 피상전력이 일정할 때 역률 값이 작아질수록 유효전력의 크기가 작아진다. 부하의 역률은 전등, 전열기 등에서 거의 1이고 유도전동기 등은 역률이 나쁘다. 공장 등에서 역률이 85% 이하로 떨어지면 % 강하만큼 범칙금을 징수한다.

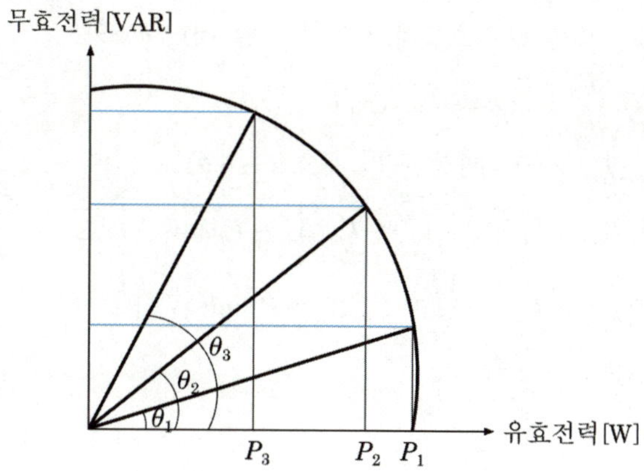

그림 12.7 피상전력이 일정할 때 부하전력과 역률

예제 12-1

그림과 같은 부하에서 저항 소비전력, 피상전력, 무효전력, 역률을 구하여라.

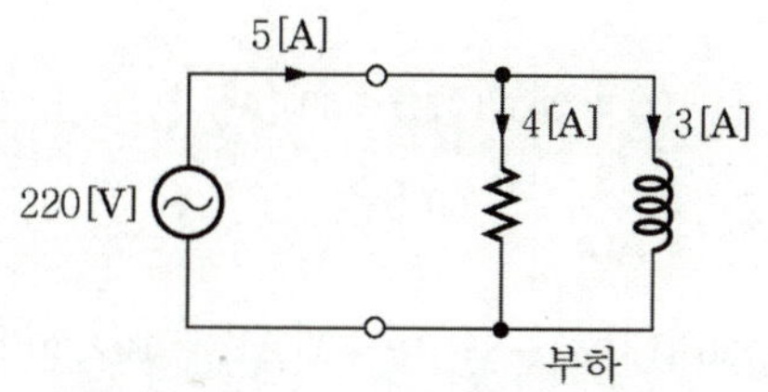

| 풀이 |

저항 소비전력=$220\times 4=880$[W], 인덕터 소비전력=0[W], 부하의 전력=$880+0=880$[W], 피상전력=$220\times 5=1{,}100$[W], 역률=$\cos\theta=\dfrac{880}{1100}=0.8$, $\theta=36.9^o$

무효전력= $VI\sin\theta=\sqrt{1100^2-880^2}=660$[VAR]

(5) 교류 전력 공식

① 복소전력 $\boldsymbol{S}=\boldsymbol{V}_{rms}\boldsymbol{I}^*_{rms}=P_a\angle\theta=P+jP_r=P+jQ$

② 피상전력, P_a [VA] : 겉보기 전력 혹은 이론상 최대전력이다.

- $P_a=V_{rms}I_{rms}=\sqrt{P^2+P_r^2}=\sqrt{유효전력^2+무효전력^2}$ [VA]
- $P_a=V_sI_{rms}=\dfrac{V_s^2}{Z}=I_{rms}^2Z$ [VA]

③ 유효전력, P[W], $\mathcal{R}e[\boldsymbol{S}]$: 소비전력

- 역률 $=\dfrac{유효전력}{피상전력}=\dfrac{P}{P_a}=\dfrac{[W]}{[VA]}=\cos\theta$, 역률 $=\cos\theta=\dfrac{R}{Z}=\dfrac{V_R}{V_s}=\dfrac{P}{P_a}$
- 유효전력, $P=V_{rms}I_{rms}\cos\theta=$ 피상전력 × 역률($\cos\theta$)
- $P=V_RI_{rms}=\dfrac{V_R^2}{R}=I_{rms}^2R=P_a\cos\theta$ [W]

④ 무효전력, P_r[VAR] 혹은 Q(양호도와 혼동하지 말 것), $Im[\boldsymbol{S}]$

- 무효율 $= \dfrac{\text{무효전력}}{\text{피상전력}} = \dfrac{P_r}{P_a} = \sin\theta = \sqrt{1-\cos^2\theta}$
- 무효전력, $P_r = V_{rms} I_{rms} \sin\theta = \text{피상전력} \times \text{무효율}(\sin\theta)$
- 커패시터 무효전력 $P_{rC} = V_C I_{rms} = \dfrac{V_C^2}{X_C} = I_{rms}^2 X_C = P_a \sin\theta$ [VAR]
- 인덕터 무효전력 $P_{rL} = V_L I_{rms} = \dfrac{V_L^2}{X_L} = I_{rms}^2 X_L = P_a \sin\theta$ [VAR]
- 공진에서 $P_{rL} = P_{rC} = \sqrt{P_a^2 - P^2}$

예제 12-2

다음과 같이 출력단자에 전류와 전압이 주어질 때 복소전력, 평균전력, 피상전력, 무효전력, 역률, 역률의 진상 혹은 지상 각도를 구하여라.

(a) $v(t) = 10\cos(377t - 30^o)$[V], $i(t) = 2\cos(377t - 60^o)$[A]

(b) $\boldsymbol{V}_{rms} = 100\angle 60^o$[V], $\boldsymbol{I}_{rms} = 5\angle 45^o$[A]

| 풀이 |

(a) $v(t) = 10\cos(377t - 30)$[V], $i(t) = 2\cos(377t - 60)$[A]

$\boldsymbol{V}_{rms} = \dfrac{10}{\sqrt{2}}\angle -30^o[\text{V}]$, $\boldsymbol{I}_{rms} = \dfrac{2}{\sqrt{2}}\angle -60^o[\text{A}]$,

$$\boldsymbol{S} = \boldsymbol{V}_{rms}\boldsymbol{I}_{rms}^* = \left(\frac{10}{\sqrt{2}}\angle -30^o[\text{V}]\right) \times \left(\frac{2}{\sqrt{2}}\angle -60^o[\text{A}]\right)^* = 10\angle 30^o[\text{VA}]$$

$$P_a = |\boldsymbol{S}| = 10[\text{VA}],\ P = \mathcal{R}e[\boldsymbol{S}] = 10\cos 30^o = 10 \times \frac{\sqrt{3}}{2}[\text{W}] = 8.66[\text{W}],$$

$Q = P_r = Im[\boldsymbol{S}] = 10\sin 30^o = 5[\text{VAR}]$, $\theta_s = \theta_v - \theta_i = -30^o + 60^o = 30^o$(역율 각도는 지연임)

$PF = \cos 30^o = 0.866$

(b) $\boldsymbol{S} = \boldsymbol{V}_{rms}\boldsymbol{I}_{rms}^* = (100\angle 60^o[\text{V}])(5\angle 45^o[\text{A}])^* = 500\angle 15^o[\text{VA}]$, $P_a = |\boldsymbol{S}| = 500[\text{VA}]$,

$P = \mathcal{R}e[\boldsymbol{S}] = 500\cos 15^o = 483[\text{W}]$, $Q = P_r = Im[\boldsymbol{S}] = 500\sin 15^o = 129[\text{VAR}]$,

$PF = \cos 15^o = 0.97$(역율 각도는 지연임)

예제 12-3

$10[\mu\text{F}]$의 콘덴서에 $50[\text{V}_{rms}]$, $60[\text{Hz}]$의 교류를 가할 때 무효전력을 구하여라.

| 풀이 |

$$X_C = \frac{1}{2\pi \times 60 \times 10 \times 10^{-6}} = 265.3\Omega\quad P_{rC} = \frac{V_C^2}{X_C} = \frac{50^2}{265.3} = 9.4[\text{VAR}]$$

예제 12-4

$R = 3[\Omega]$, $X_L = 4[\Omega]$의 직렬 및 병렬 회로의 역률을 계산하여라.

| 풀이 |

직렬인 경우 역률 $=\cos\theta=\dfrac{R}{Z}=\dfrac{3}{\sqrt{3^2+4^2}}=\dfrac{3}{5}=0.6$

병렬인 경우 $Z=\dfrac{3(j4)}{3+j4}=\dfrac{48}{25}+j\dfrac{36}{25}$, 역률 $=\cos\theta=\dfrac{R}{Z}=\dfrac{48/25}{\sqrt{(48/25)^2+(36/25)^2}}=0.8$

12.2 RLC 직렬공진회로

(1) RLC 직렬공진

그림 12.8(a)와 같이 $R-L-C$로 구성된 회로에 교류전압을 가할 때 전압과 전류의 위상이 동위상이 되는 경우를 공진(resonance) 혹은 동조(tuning)라 하며, 이때의 주파수를 공진주파수라 한다.

공진 시에는 리액턴스 성분은 서로 상쇄되므로 임피던스는 순 저항성분만 남게 된다. 따라서 어떤 회로의 합성임피던스를 구하고, 이의 허수부가 '0'이 되는 조건을 찾으면 이 조건이 공진조건이 된다. 또한 공진 시에는 리액턴스 성분이 '0'이 되므로 무효전력은 존재할 수 없고, 순 저항성분에서 소모되는 유효전력만 존재하게 되므로 역률은 1이 된다.

공진회로는 전자공학에 많이 사용하는 회로로서, 많은 신호 중에서 원하는 라디오와 TV 신호를 선택할 때 사용된다.

LC 직렬회로에서 $V_L=V_C$일 때 $\omega_0 L=1/(\omega_0 C)$가 되는 주파수에서 회로의 임피던스 Z는 순 저항성분만 가지며 이때의 주파수가 공진주파수가 된다. 이 조건을 만족하는 각주파수 $\omega_0=1/\sqrt{LC}$[rad/s]이며, 이 ω_0를 공진 각주파수라 하고, 공진주파수 f_0는 다음과 같다.

$$f_0=\frac{1}{2\pi\sqrt{LC}}\quad[\text{Hz}] \tag{12-6}$$

그림 12.8(b)는 직렬공진회로에서 전압의 위상도 관계를 나타내고 있다. 공진 시 임피던스는 $Z_0=R$이므로 전류는 $I_0=V_{rms}/R$이므로 전류가 최대값을 가지고 이때 전압과 전류는 동위상이다.

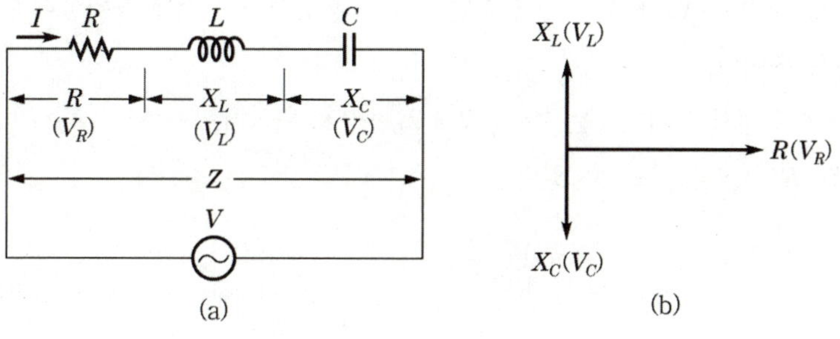

그림 12.8 RLC 직렬회로 (a) 회로도 (b) 위상도

(2) RLC 직렬공진회로의 전압 및 전류

R, L, C 소자가 직렬로 연결되었을 때 키르히호프 전압법칙에 의해

$$\boldsymbol{V_s} = \boldsymbol{V_R} + \boldsymbol{V_L} + \boldsymbol{V_C} = R\boldsymbol{I} + jwL\boldsymbol{I} + \frac{1}{jwC}\boldsymbol{I} = \left[R + j\left(wL - \frac{1}{wC}\right)\right]\boldsymbol{I} = Z\boldsymbol{I} \tag{12-7}$$

$$|\boldsymbol{V_s}| = \sqrt{V_R^2 + (V_L - V_C)^2} = \sqrt{V_R^2 + V_T^2}$$

이고, RLC 직렬공진회로의 교류 합성임피던스 Z와 Z의 크기와 위상은

$$\text{임피던스,} \quad Z = R + j\left(\omega L - \frac{1}{\omega C}\right) = R - jX_T \tag{12-8}$$

$$\text{크기,} \quad |Z| = \sqrt{R^2 + \left(\omega L - \frac{1}{\omega C}\right)^2} \tag{12-9}$$

$$\text{위상,} \quad \theta = \tan^{-1}\frac{\left(\omega L - \frac{1}{\omega C}\right)}{R} \tag{12-10}$$

이며, 리액턴스 성분의 크기에 따라 분류하면 다음과 같다.

① 공진주파수보다 주파수 낮을 때 $X_T = wL - \frac{1}{wC} < 0$이고 전기용량성 리액턴스를 나타내고 전압은 뒤지고 전류는 앞선다.

② 공진주파수에서 $X_T = wL - \frac{1}{wC} = 0$인 직렬공진상태이고 순수저항 R만 남으며 동위상이다.

③ 공진주파수보다 높으면 $X_T = wL - \frac{1}{wC} > 0$이고 유도용량성 리액턴스를 나타내며 전압은 앞서고 전류는 뒤진다.

그림 12.9는 직렬 RLC 회로 주파수에 따른 임피던스, 커패시터와 인덕터의 리액턴스, 그리고 임피던스의 위상변화를 나타낸다. 그리고 직렬 RLC 회로의 특징을 요약하면 다음과 같다.

① 인덕터와 커패시터는 교류회로에서 서로 반대 효과를 나타낸다. 인덕터는 전압의 위상이 앞서지만 커패시터는 전류의 위상이 앞선다.

② 직렬 RLC 회로에서 총 리액턴스 X_T는 X_C와 X_L의 차이이다.

③ 직렬 RLC 회로에서 X_L이 X_C보다 크다면 회로는 유도성이며 전압이 위상각 θ만큼 전류를 앞서고 θ는 양수이다. X_C가 X_L보다 크다면 회로는 용량성이며 전류가 위상각 θ만큼 전압을 앞서고 θ는 음수이다.

④ 직렬 RLC 회로에서 임피던스는 $Z = \sqrt{R^2 + X_T^2}$ 이다. 위상각 $\theta = \tan^{-1}(X_T/R)$를 이용하여 임피던스 $Z = R/\cos\theta$을 구할 수 있다.

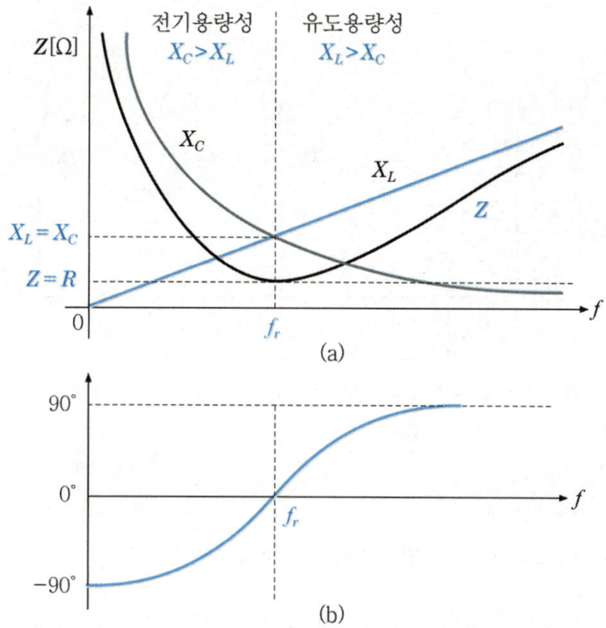

그림 12.9 직렬 RLC 회로 주파수 특성 (a) 임피던스, 커패시터와 인덕터의 리액턴스 (b) 임피던스 위상

그림 12.10은 직렬회로 임피던스, 전압, 그리고 전류 위상그림을 나타내고 특징은 다음과 같다.

① 직렬회로의 임피던스 위상도에서 $+j$는 유도용량성이고, $-j$는 전기용량성이다.

② 직렬회로의 전압 위상도에서 $+j$는 유도용량성이고, $-j$는 전기용량성이다.

③ 직렬회로의 전류 위상도에서 $+j$는 전기용량성이고, $-j$는 유도용량성이다.

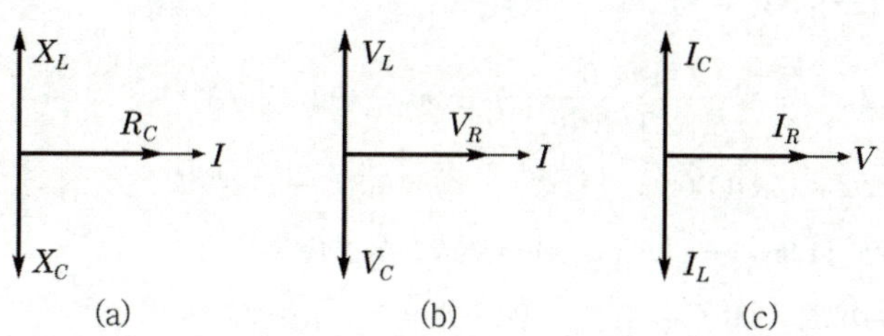

그림 12.10 직렬회로 위상도 (a) 임피던스 (b) 전압 (c) 전류

그림 12.11은 RLC 직렬회로의 주파수에 따른 전류와 전압 크기를 나타낸다. 저항 전압 V_R은 공진에서 최대인 전원전압 V_s이고, 전류곡선과 같은 모양이다. 주파수 $f=0$ 혹은 무한대에서 '0'이다. $f=0$에서 커패시터가 개방이므로 $V_C = V_s$이고 주파수가 무한대이면 인덕터가 개방이므로 V_L은 V_s로 접근한다.

전압은 공진주파수에서 모두 최대이고 공진주파수 아래 혹은 위에서 떨어지며 공진주파수에서 인덕터와 커패시터에 걸리는 전압은 같지만 위상이 반대이다. 그래서 공진에서 $V_C + V_L = 0$이므로 $V_R = V_s$가 된다. 인덕터와 커패시터 전압은 전원의 전압보다 높지만 극성이 반대가 되므로 합하면 사라진다.

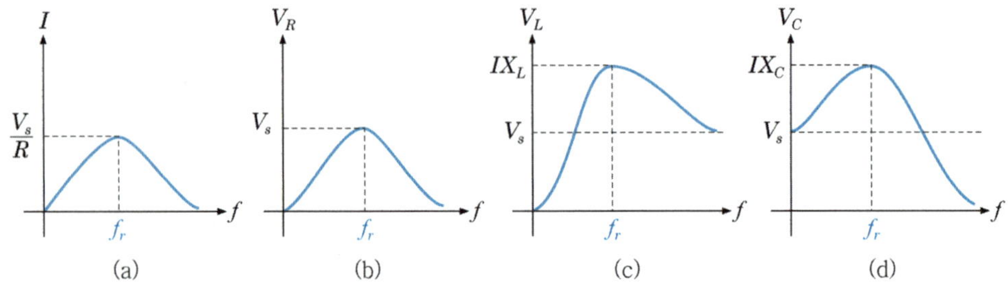

그림 12.11 RLC 직렬회로 주파수에 따른 전류와 전압 크기 (a) 전류 (b) 저항전압 (c) 인덕터 전압 (d) 커패시터 전압

예제 12-5

그림과 같은 회로에서 각 소자에 전압 및 전류를 구하여라.

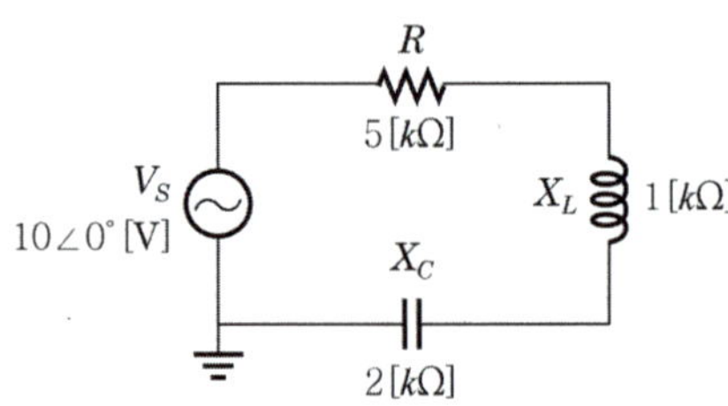

| 풀이 |

임피던스 $Z = R + j(X_L - X_C) = 5k + j(1k - 2k) = 5k\Omega - j1k\Omega$

$= \sqrt{5^2+1^2}\angle\tan^{-1}\left(\frac{1}{5}\right)[k\Omega] = 5.1\angle 11.3^o[k\Omega]$

옴의 법칙으로 전류 $\boldsymbol{I} = \frac{\boldsymbol{V_s}}{Z} = \frac{10\angle 0^o}{5.1\angle 11.3^o[k\Omega]} = 1.96\angle -11.3^o[mA]$

각 소자 전압 $\boldsymbol{V_R} = R\boldsymbol{I} = (5k)(1.96\angle -11.3^o[mA]) = 9.8\angle -11.3^o[V]$

$\boldsymbol{V_L} = X_L\boldsymbol{I} = (1k\angle 90^o)(1.96\angle -11.3^o[mA]) = 1.96\angle 78.7^o[V]$

$\boldsymbol{V_C} = X_C\boldsymbol{I} = (2k\angle -90^o)(1.96\angle -11.3^o[mA]) = 3.92\angle -101.3^o[V]$

예제 12-6

RLC 직렬회로에서 $R = 10\Omega$, $L = 5mH$, $C = 0.05\mu F$, $V_s = 100V/2kHz$ 일 때 임피던스의 크기를 구하여라.

| 풀이 |

$X_C = \frac{1}{2\pi fC} = 1.6k\Omega$, $X_L = 2\pi fL = 62.8\Omega$, $Z = 10 + j(62.8 - 1.6k) \simeq 10 - j1.6[k\Omega]$,

$|Z| = 1.6[k\Omega]$

예제 12-7

$R=200\Omega$, $L=230mH$, $C=15\mu F$ 직렬회로에서 주파수 60Hz이고 최댓값이 $V_m=36V$인 전원을 인가하였다. 전류를 위상자와 시간차원으로 나타내어라.

| 풀이 |

$X_L=2\pi\times60\times0.23=86.7\Omega$, $X_C=1/(2\pi\times60\times15\times10^{-6})=177\Omega$,

$|Z|=\sqrt{200^2+(86.7-177)^2}=219\Omega$, $\theta=\tan^{-1}\left(\dfrac{86.7-177}{200}\right)=-24.3^o$

$X_C>X_L$이므로 전류가 전압보다 앞선다. $\boldsymbol{I}=\dfrac{\boldsymbol{V}}{Z}=\dfrac{36\angle0^o}{219\angle-24.3^o}=164mA\angle24.3^o$이므로 따라서 $i(t)=164\sin(wt+24.3^o)[mA]$이다.

(3) 직렬공진회로 전력

정상상태에서 전압 $v=V_m\cos(wt+\theta_v)$, 전류 $i=I_m\cos(wt+\theta_i)$인 경우 유효전력 $P[W]$는 평균전력이고, 양수이면 부하에 평균전력이 흡수되고 음수면 발생한다.

$$P[W]=\frac{V_mI_m}{2}\cos(\theta_v-\theta_i)=V_{rms}I_{rms}\cos(\theta_v-\theta_i) \tag{12-11}$$

무효전력 $Q[VAR]$에서 양수면 회로에 무효전력을 흡수하고(인덕터), 음수면 무효전력을 공급한다(커패시터).

$$Q[VAR]=\frac{V_mI_m}{2}\sin(\theta_v-\theta_i)=V_{rms}I_{rms}\sin(\theta_v-\theta_i) \tag{12-12}$$

복소전력(피상전력) $\boldsymbol{S}[VA]$는

$$\begin{aligned}\boldsymbol{S}&=P+jQ=V_{rms}I_{rms}\angle(\theta_v-\theta_i)=V_{rms}I_{rms}\cos(\theta_v-\theta_i)+jV_{rms}I_{rms}\sin(\theta_v-\theta_i)\\&=\boldsymbol{V}_{rms}\boldsymbol{I}_{rms}^*=\frac{1}{2}\boldsymbol{V}_m\boldsymbol{I}_m^*=\frac{\boldsymbol{V}_{rms}^2}{\boldsymbol{Z}^*}\end{aligned} \tag{12-13}$$

이고, 크기는 $S=\sqrt{P^2+Q^2}$ [VA], 위상각은 $\theta=\tan^{-1}(Q/P)$이다.

역률은 유효전력과 피상전력의 비로써 $PF=\cos\theta=\cos(\theta_v-\theta_i)$이다. 지상(lagging)은 유도용량성이며, 전류가 $-j$로 뒤지고 무효전력은 $+Q$이다. 진상(leading)은 전기용량성이며, 전류가 $+j$로 앞서고 무효전력은 $-Q$이다. 그림 12.12와 같이 전력 삼각형은 임피던스 삼각형과 기하학적으로 똑같다.

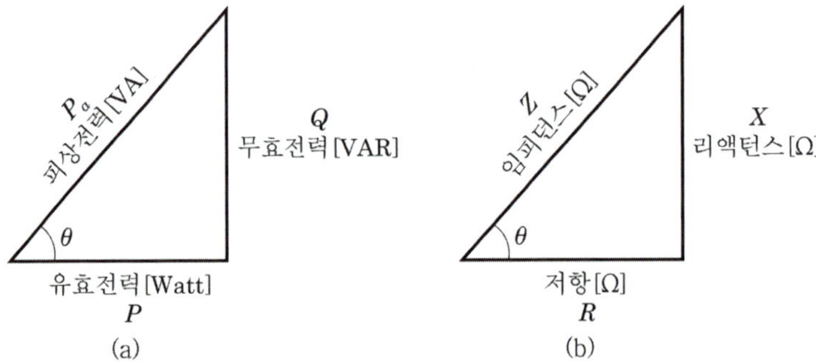

그림 12.12 위상도 (a) 전력 (b) 임피던스

(4) 주파수 응답

그림 12.13과 같이 RLC 직렬회로에서 전류는 공진주파수에서 최대가 되고 양측에서 감소한다. 이때 공진주파수 f_0에서 흐르는 전류를 I_m이라고 할 때 $(1/\sqrt{2})I_m = 0.707I_m$이 되는 반전력 주파수를 각각 f_1, f_2라 하면 곡선의 첨예도(sharpness)를 나타내는 양호도 Q(quality factor)는 다음과 같이 정의 된다.

$$Q=\frac{V_L}{V_R}=\frac{w_0LI}{RI}=\frac{\omega_0L}{R},\qquad Q=\frac{V_C}{V_R}=\frac{\frac{1}{w_0C}I}{RI}=\frac{1}{\omega_0CR},\qquad (12\text{–}14)$$

$$Q=\frac{f_0}{BW}=\frac{f_0}{f_2-f_1}$$

여기서 BW는 반전력 대역폭이라 하고, f_1은 하측 차단주파수, f_2는 상측차단주파수이며 Q가 클수록 대역폭이 좁아지고, 작을수록 넓어진다.

임계(critical)주파수, 차단(cutoff)주파수, -3dB 주파수, 반전력(half-power)주파수라고 한다.

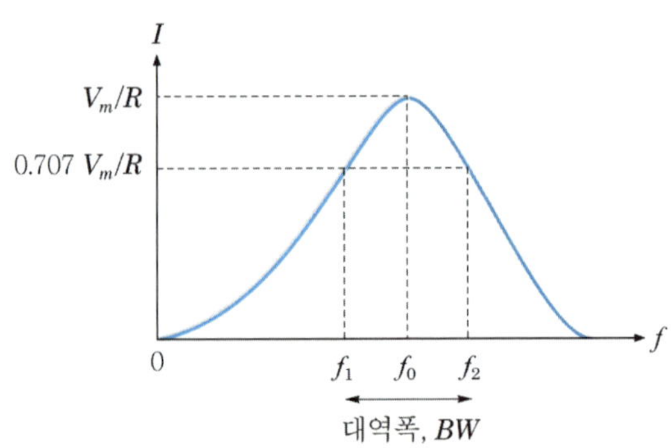

그림 12.13 RLC 직렬회로의 주파수응답

예제 12-8

$R=1\Omega$, $L=6.366m\mathrm{H}$, $C=15.92\mu\mathrm{F}$ 직렬회로에서 전원의 진폭이 $=2V_{rms}$이다. 공진주파수, 양호도, 대역폭을 구하고, 공진주파수에서 저항의 평균 소비전력을 구하여라.

| 풀이 |

공진주파수 $f_r=\dfrac{1}{2\pi\sqrt{LC}}=\dfrac{1}{2\pi\sqrt{(6.366\times10^{-3})(15.92\times10^{-6})}}\simeq 500\mathrm{Hz}$, 양호도

$Q=\dfrac{2\pi f_r L}{R}=2\pi(500)(6.366\times10^{-3})\simeq 20$, 대역폭 $BW=\dfrac{f_r}{Q}=\dfrac{500}{20}=25\mathrm{Hz}$,

저항의 평균 소비전력 $P=\dfrac{V_{rms}^2}{R}=\dfrac{2^2}{1}=4\mathrm{W}$

12.3 RLC 병렬회로

(1) RLC 병렬회로 전압과 전류

RLC 병렬공진회로는 그림 12.14와 같이 L과 C를 병렬 연결한 탱크회로와 이를 R과 직렬 연결한 회로에 교류전원을 걸어준 회로이다. 전원은 $v(t)\ =V_m\cos\omega t=\mathcal{R}e(V_m e^{j\omega t})=V_m\angle 0^o=\boldsymbol{V}$로 복소 전압을 나타낸다. 탱크회로의 복소수 임피던스는

$$\frac{1}{\boldsymbol{Z}_t}=\frac{1}{\boldsymbol{Z}_L}+\frac{1}{\boldsymbol{Z}_C}=\frac{1}{j\omega L}+\frac{1}{\dfrac{1}{j\omega C}}=\frac{1-\omega^2LC}{j\omega L} \tag{12-15}$$

이므로, $\boldsymbol{Z}_t=j\omega L/(1-\omega^2LC)$가 된다. 따라서 $\omega_o=1/\sqrt{LC}$ 에서 Z_t는 무한대가 되며 이 때 병렬회로의 공진이라고 한다. 공진 각주파수는 직렬공진회로의 경우와 같지만, 직렬공진회로에서는 L과 C의 직렬연결 부분의 임피던스가 '0'이 되고, 병렬공진회로에서는 L과 C의 병렬연결 부분의 임피던스는 무한대가 된다.

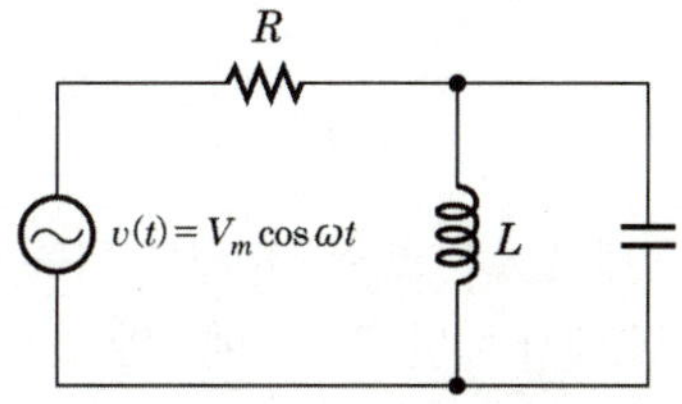

그림 12.14 RLC 병렬회로

병렬회로의 전체 임피던스는 $\boldsymbol{Z}=R+\boldsymbol{Z}_t=R+\dfrac{j\omega L}{1-\omega^2LC}$ 이고, 복소수 전류는

$$\boldsymbol{I}=\frac{\boldsymbol{V}}{\boldsymbol{Z}}=\frac{V_m\angle 0^o}{R+j\omega L/(1-\omega^2LC)} \tag{12-16}$$

이며, 병렬공진회로에서 탱크회로의 출력전압은

$$\boldsymbol{V}_o = \boldsymbol{IZ} = \frac{V_m \angle 0^o}{R + j\omega L/(1-\omega^2 LC)} \frac{j\omega L}{1-\omega^2 LC} = V_m \angle 0^o \frac{j\omega L}{R(1-\omega^2 LC) + j\omega L} \tag{12-17}$$

이고, 출력전압의 진폭은 $\boldsymbol{V}_0$의 절대값으로 얻을 수 있다.

$$|\boldsymbol{V}_o| = V_m \frac{\omega L}{\sqrt{R^2(1-\omega^2 LC)^2 + (\omega L)^2}} = V_m \frac{1}{\sqrt{1+\left(\frac{R}{\omega L}\right)^2 (1-\omega^2 LC)^2}} \tag{12-18}$$

따라서 출력전압과 입력전압의 비를 구하면

$$\left|\frac{\boldsymbol{V}_o}{V_m}\right| = \frac{1}{\sqrt{1+\left(\frac{R}{\omega L}\right)^2 (1-\omega^2 LC)^2}} \tag{12-19}$$

이고, 공진주파수 $f_o = 1/(2\pi\sqrt{LC}\,)$에서 V_0 / V_m의 값은 1이 된다.

(2) RLC 병렬회로 주파수 응답

병렬회로에서 임피던스는 공진주파수에서 최대가 되고 전체전류는 최소가 된다. 대역폭은 주파수-임피던스 곡선과 같이 그림 12.15와 같은 주파수 크기응답을 나타내고 양호도 Q는 직렬공진회로와 같이

$$Q = \frac{f_0}{BW} = \frac{f_0}{f_2 - f_1} = \omega_0 CR = \frac{R}{\omega_0 L} \tag{12-20}$$

로 정의되며, 여기서 반전력 대역폭 $BW = f_2 - f_1$이고 양호도 Q는 R에 비례한다.

이상적으로 중심주파수인 공진주파수와 하측차단주파수와 상측차단주파수와의 관계는 다음과 같다.

$$f_0 = \frac{f_1 + f_2}{2} \tag{12-21}$$

이상적으로 공진회로에서 대역폭 내 신호는 받아들이고 대역폭 바깥 신호는 완전히 제거되길 바란다. 선택도(selectivity)는 공진회로에서 어떤 주파수에서만 반응하는 정도를 나타내는 지수이며, 대역폭이 좁을수록 선택도가 커진다. 선택도에 중요한 요소는 특성곡선의 기울기인 첨예도(sharpness)와 관계가 있다. 차단주파수에서 빨리 떨어질수록 보다 선택도가 높아 대역폭 내 주파수에만 잘 반응하는 회로가 된다. $BW = f_0 / Q$에서 양호도 Q가 높을수록 대역폭이 좁아져 선택도가 커진다.

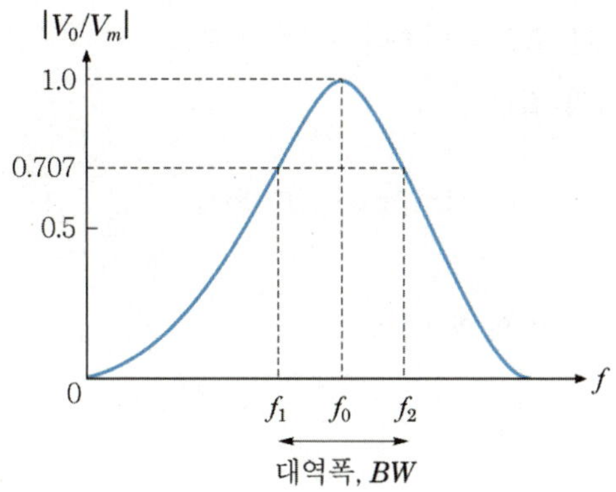

그림 12.15 RLC 병렬회로의 주파수응답

예제 12-9

공진회로에서 하측차단주파수는 12kHz, 상측차단주파수는 20kHz 일 때 대역폭, 중심(공진) 주파수, 양호도를 구하여라.

| 풀이 |

$$BW = f_2 - f_1 = 20k - 12k = 8k,\ f_r = \frac{f_1 + f_2}{2} = \frac{12k + 20k}{2} = 16k\text{Hz},\ Q = \frac{f_r}{BW} = \frac{16k}{8k} = 2$$

(3) RLC 병렬회로 어드미턴스

그림 12.16(a)와 같이 병렬로 연결된 R, L, C 소자의 교류 어드미턴스 Y의 크기와 위상은 다음과 같다.

$$\text{어드미턴스,}\quad Y = \frac{1}{Z} = \frac{1}{R} + j\left(\omega C - \frac{1}{\omega L}\right) \tag{12-22}$$

$$\text{크기,}\quad |Y| = \sqrt{\frac{1}{R^2} + \left(\omega C - \frac{1}{\omega L}\right)^2} \tag{12-23}$$

$$\text{위상,}\quad \theta = \tan^{-1} R\left(\omega C - \frac{1}{\omega L}\right) \tag{12-24}$$

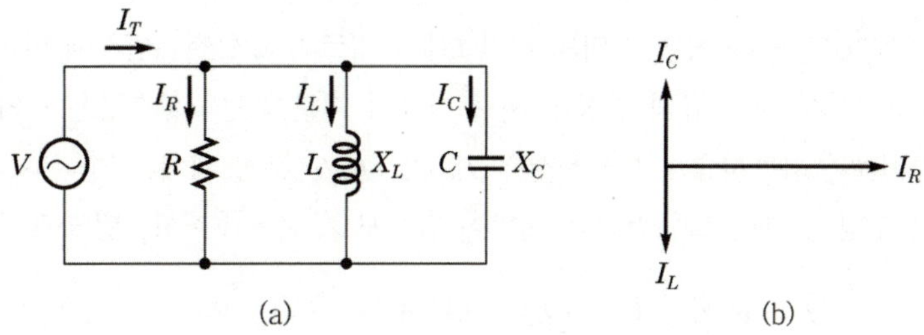

그림 12.16 RLC 병렬회로 (a) 회로도 (b) 위상도

LC 병렬회로에서 $\omega_0 C = 1/\omega_0 L$가 되는 주파수에서 임피던스 Z가 순저항성분만 가지며 이때의 주

파수가 공진주파수가 된다. 이 조건을 만족하는 각주파수 $\omega_0 = 1/\sqrt{LC}$ [rad/s]이 공진 각주파수라 하고, 공진주파수 f_0는 다음과 같다.

$$f_0 = 1/(2\pi\sqrt{LC}) \quad [\text{Hz}] \tag{12-25}$$

공진조건 : $X_L = X_C$, 병렬 LC 회로의 임피던스 $Z_r = \infty$

예제 12-10

그림과 같은 RLC 병렬회로에서 각 가지 전류, 전체전류를 구하고 위상도를 그려보아라.

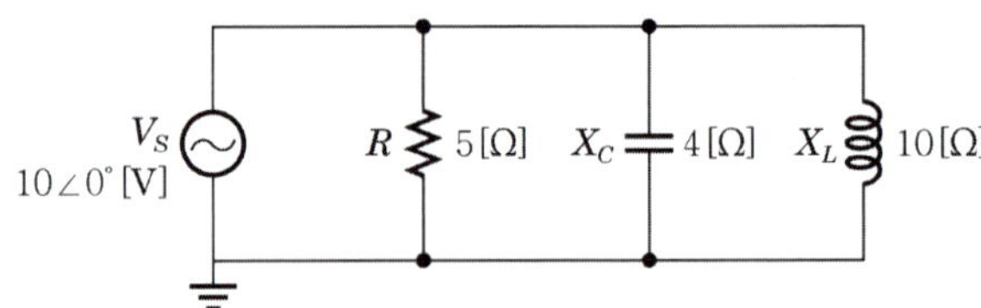

| 풀이 |

옴의 법식으로 위상자 전류를 구한다.

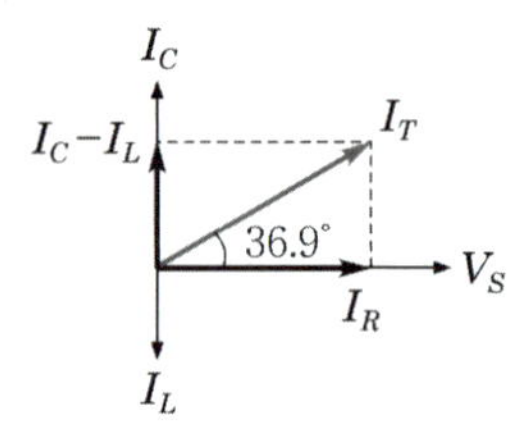

$\boldsymbol{I_R} = \dfrac{V_s}{R} = \dfrac{10\angle 0^o}{5\angle 0^o} = 2\angle 0^o[\text{A}]$, $\boldsymbol{I_C} = \dfrac{V_s}{X_C} = \dfrac{10\angle 0^o}{4\angle -90^o} = 2.5\angle 90^o[\text{A}]$,

$\boldsymbol{I_L} = \dfrac{V_s}{X_L} = \dfrac{10\angle 0^o}{10\angle 90^o} = 1\angle -90^o[\text{A}]$, 전체전류는

$\boldsymbol{I_T} = \boldsymbol{I_R} + \boldsymbol{I_C} + \boldsymbol{I_L} = 2\angle 0^o[\text{A}] + 2.5\angle 90^o[\text{A}] + 1\angle -90^o[\text{A}] =$

$2 + j2.5 - j = 2 + j1.5 = \sqrt{2^2 + 1.5^2}\angle\tan^{-1}\left(\dfrac{1.5}{2}\right) = 2.5\angle 36.9^o$ 전체전류 크기는 2.5이고 V_s보다 36.9^o 앞서간다.

(4) RLC 병렬회로의 전류특성

그림 12.14와 같은 RLC 병렬회로에서 저항 R을 통해 흐르는 전류 i, 인덕터와 커패시터를 통해 흐르는 전류를 각각 i_L과 i_C라 하면 임의의 시간 t에서 키르히호프 전류법칙에 따라 $i(t) = i_L(t) + i_C(t)$이다. 그러나 이 세 개 전류의 위상이 서로 다르기 때문에 i의 실효값은 i_L의 실효값과 i_C의 실효값의 합이 아니다. 저항전류 i의 실효값은 $|\boldsymbol{I}|/\sqrt{2}$ 이고, 공진 때에는 '0'이 된다. 한편 공진조건에서 입력전압 $\boldsymbol{V}$와 탱크회로에 걸리는 전압이 같으므로 $V_t = V$이고, 탱크에 흐르는 전류는

$$\boldsymbol{I_L} = \boldsymbol{V}/\boldsymbol{Z_L} = \boldsymbol{V}/(j\omega_o L), \quad \boldsymbol{I_C} = \boldsymbol{V}/\boldsymbol{Z_C} = j\omega_o C\boldsymbol{V} \tag{12-26}$$

이 된다. 따라서 그 실효값들은 $I_L = V/(\omega_o L)$, $I_C = \omega_o CV$가 되고, $\omega_o L = 1/(\omega_o C)$이므로 이 두 전류의 크기는 같다.

병렬 LC공진회로는 인덕터에는 자기에너지를 커패시터는 전기에너지를 저장하므로 탱크(tank) 회로라고 한다. 그림 12.17과 같이 저장된 에너지는 커패시터와 인덕터가 반 주기씩 돌아가면서 충전과 방전을 계속한다.

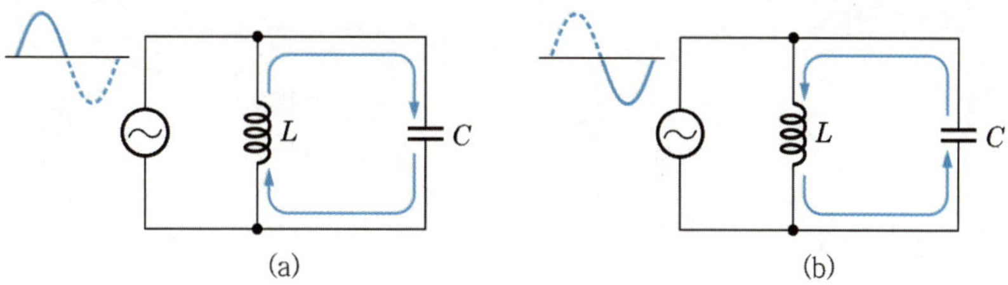

그림 12.17 탱크회로 충전과 방전 (a) 인덕터는 방전하고 커패시터는 충전 (b) 커패시터는 방전하고 인덕터는 충전

공진 시 LC 탱크회로의 임피던스가 무한대이므로 저항전류가 '0'인데도 i_L와 i_C가 '0'이 아닌 것은 i_L과 i_C가 크기는 같고 위상차가 180^o이기 때문이다. 즉 공진 시에는 L과 C로 이루어진 고리를 순환하는 전류가 흐르게 된다.

이상적인 LC 탱크회로의 임피던스는 무한대이지만 실제 공진주파수에서 임피던스가 그림 12.18과 같이 최대이고 낮거나 높은 주파수에서 감소한다. 실제 탱크회로는 인덕터에 저항성분이 있어 공진 시 임피던스에 의해 전체 전류는 V_s/Z_r이 된다.

낮은 주파수에서 X_L은 작고 X_C는 높으므로 전체 임피던스는 유도성 성분과 같게 된다. 주파수가 올라가면 임피던스도 증가하고 공진주파수가 될 때까지 X_C보다 작은 유도성 성분이 우세하다. 공진주파수에서 $X_C \simeq X_L$이 되어 임피던스는 최대값을 갖는다. 공진주파수 이상에서는 X_L보다 작은 전기용량 성분이 우세하고 임피던스는 감소한다.

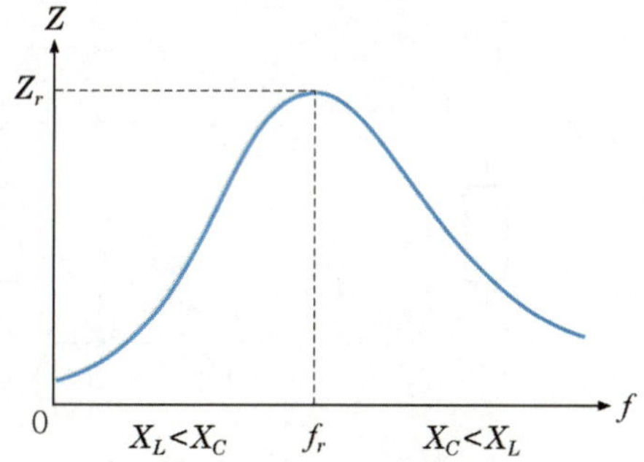

그림 12.18 LC 탱크회로 임피던스 곡선

공진 회로는 동조증폭기, 안테나 결합, 수신기에 신호 분리, 무선신호 검출 등 특별히 통신시스템에 광범위하게 응용된다.

12.4 임피던스 변환

(1) 임피던스 변환

그림 12.19와 같이 직렬망을 병렬망으로 바꾸기를 원한다면 단일 주파수에서 두 어드미턴스 ($Y_s = Y_p$)가 같아야 한다.

$$Y_s = \frac{1}{R_s + jX_s} = \frac{R_s - jX_s}{R_s^2 + X_s^2},\ Y_p = \frac{1}{R_p} - j\frac{1}{X_p} \tag{12-27}$$

실수성분과 허수성분이 같아야 하므로

$$R_p = \frac{R_s^2 + X_s^2}{R_s},\ X_p = \frac{R_s^2 + X_s^2}{X_s} \tag{12-28}$$

이고, $\frac{R_p}{X_p} = \frac{X_s}{R_s}$이다. 그리고 양호도 정의에 의해

$$Q_s = \frac{X_s}{R_s} = \frac{R_p}{X_p} = Q_p = Q \tag{12-29}$$

이므로 양호도를 이용하여 병렬망의 성분을 간단하게 하면

$$R_p = R_s(1 + Q^2),\ X_p = X_s(1 + Q^{-2}) \tag{12-30}$$

이다. $Q \geq 5$이면

$$R_p \simeq Q^2 R_s,\ X_p \simeq X_s \tag{12-31}$$

이므로 저장소자 성분은 $C_p \simeq C_s$ 혹은 $L_p \simeq L_s$이다.

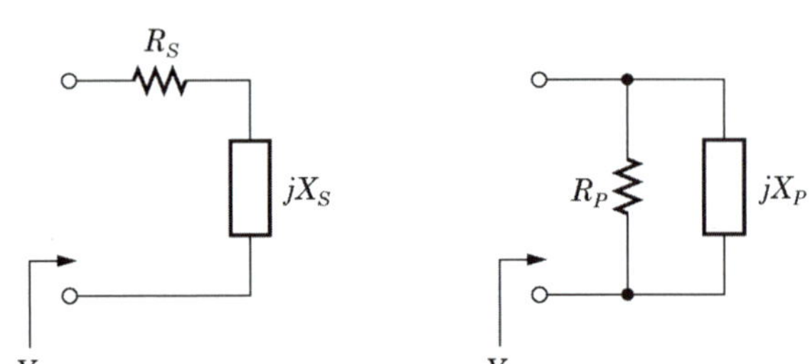

그림 12.19 직렬망을 병렬망으로 변환

실제 $R-L-C$ 부품은 비이상적인 특성을 포함하지만 자기공진주파수(self resonant frequency : SRF) 이하에서는 간단한 RLC 직렬회로로 취급할 수 있다. 자기공진주파수는 등가 인덕턴스와 커패시턴스 값에 의해 정해지고 전체 직렬저항에 의해 양호도가 정해진다.

예제 12-11

다음 회로를 주파수 $f=15.9k\text{Hz}$에서 직렬회로를 등가 병렬회로로 바꾸어라.

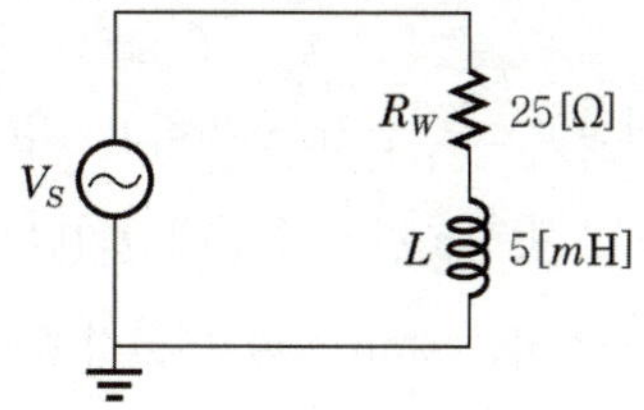

| 풀이 |

유도성 리액턴스 $X_L=2\pi fL=2\pi(15.9k)(5m)=500\Omega$, 인덕터의 $Q=\dfrac{X_L}{R_w}=\dfrac{500}{25}=20$, $Q>1$이므로 $L_{eq}\simeq L=5m\text{H}$, 등가 병렬저항 $R_{p(eq)}=R_w(Q^2+1)=25(20^2+1)=10k\Omega$

(2) 병렬망을 직렬망으로 변환

그림 12.20과 같이 병렬망을 직렬망으로 등가 변환하고, 양호도 $Q\gg 1$이면 $R_p= R_s(Q^2+1)\approx R_sQ^2$, $C_p=C_s\left(\dfrac{Q^2}{Q^2+1}\right)\approx C_s$이므로 공진조건에서 입력임피던스는 $Z_{in}=R_s=\dfrac{R_p}{1+Q^2}\approx\dfrac{R_p}{Q^2}$로 순 실수값이 되며 임피던스가 감소하는(step-down) 변환기로 작용한다.

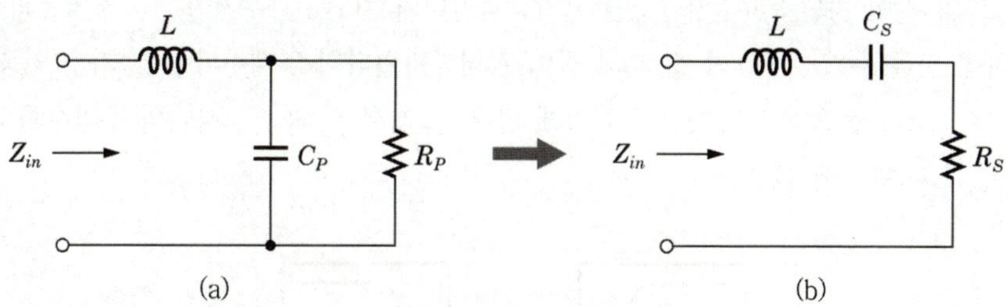

그림 12.20 등가 병렬망에서 직렬망으로 변환 (a) 병렬망 (b) 직렬망

예제 12-12

다음 회로를 주파수 $f=10k\text{Hz}$에서 병렬회로를 등가 직렬회로로 바꾸어라.

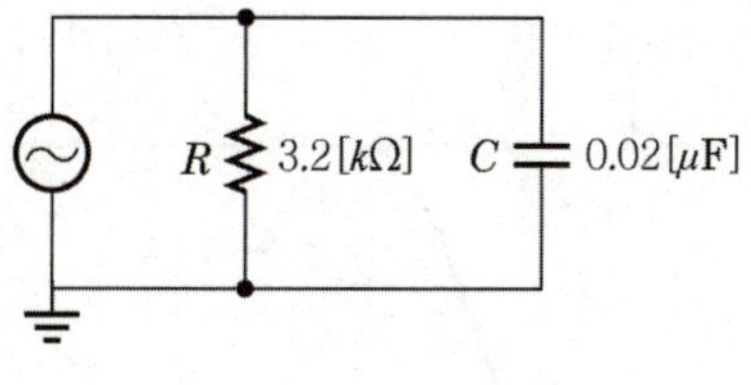

| 풀이 |

전기용량성 리액턴스 $X_C=1/2\pi fC=1/(2\pi\times 10k\times 0.02\mu)\simeq 795.8\Omega$, 커패시터의 $Q_p=\dfrac{R}{X_p}=\dfrac{3200}{795.8}=4$, $Q>1$이므로 등가 직렬저항 $R_s=R_p\dfrac{1}{Q^2}=\dfrac{3.2k}{4^2}=200\Omega$, $X_s\simeq X_p$이므로

등가 직렬 전기용량 $C_p \simeq C_s = 0.02\mu\text{F}$

(3) 직렬망을 병렬망으로 변환

그림 12.21과 같이 직렬망을 병렬망으로 등가 변환하고, 양호도 $Q \gg 1$이면 $R_p = R_s(Q^2+1) \approx R_s Q^2$, $L_p = L_s\left(\dfrac{Q^2}{Q^2+1}\right) \approx L_s$이므로 공진조건에서 입력임피던스는 $Z_{in} = R_p = (1+Q^2)R_s \approx Q^2 R_s$로 순 실수값이 되며 임피던스가 증가하는(step-up) 변환기로 작용한다.

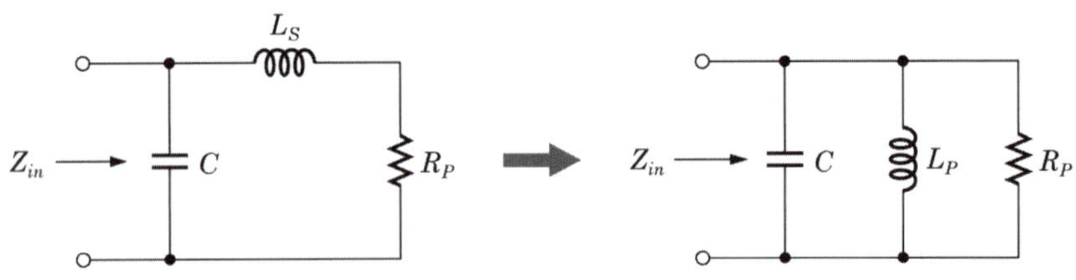

그림 12.21 등가 직렬망에서 병렬망으로 변환 (a) 직렬망 (b) 병렬망

12.5 대역통과필터

그림 12.22와 같이 차단주파수가 f_{cH}인 고역통과필터와 차단주파수가 f_{cL}인 저역통과필터를 직렬로 연결하여 만들 수 있다. 그림 12.23과 같이 저역통과필터의 임계주파수 f_{cL}가 고역통과필터의 임계주파수 f_{cH} 보다 높으면 응답곡선이 겹치게 된다. 그래서 f_{cL}과 f_{cH} 사이의 주파수를 제외한 나머지의 모든 주파수는 제거된다.

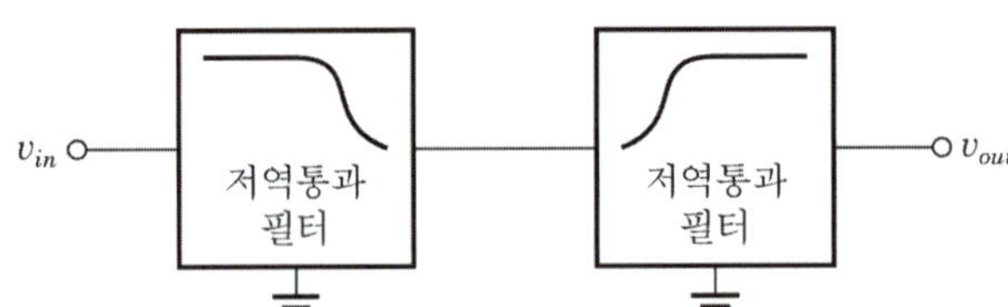

그림 12.22 LPF+HPF로 구성된 BPF

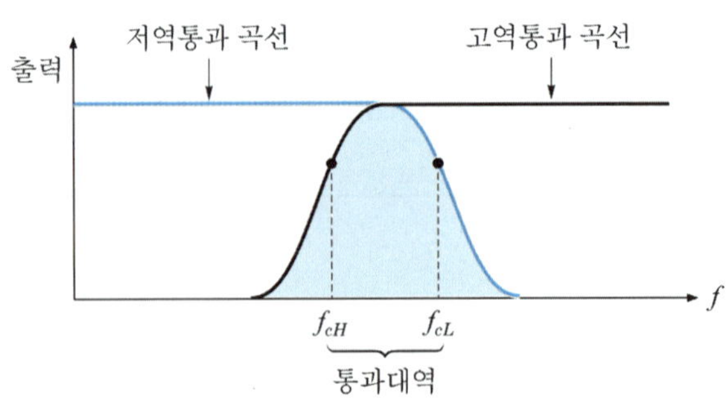

그림 12.23 BPF의 주파수 특성

그림 12.24(a)는 대역통과필터 회로이며 v_i와 v_o의 전달함수는 다음과 같다.

$$\frac{v_o}{v_i}=\frac{\dfrac{j\omega L\dfrac{1}{j\omega C}}{j\omega L+\dfrac{1}{j\omega C}}}{R+\dfrac{j\omega L\dfrac{1}{j\omega C}}{j\omega L+\dfrac{1}{j\omega C}}}=\frac{\dfrac{j\omega L}{1-\omega^2LC}}{R+\dfrac{j\omega L}{1-\omega^2LC}}=\frac{j\omega L}{R(1-\omega^2LC)+j\omega L}=K_B \tag{12-32}$$

$$H(jw)=\frac{K}{1+jQ\left(\dfrac{w}{w_0}-\dfrac{w_0}{w}\right)} \tag{12-33}$$

위 식에서 ω가 증가하여 일정한 값 w_1보다 크게 되면 v_o/v_i는 점차로 커지고 w_2보다 크게 되면 v_o/v_i는 다시 작아져서 '0'에 가깝게 되는 것을 그림 21.24(b)에서 알 수 있다. 따라서 v_i의 주파수가 w_1보다 크고 w_2보다 작은 범위의 주파수 성분만이 v_o에 나타날 수 있다. 이러한 특성을 가지는 그림 12.24(a)의 회로는 대역통과필터라 한다.

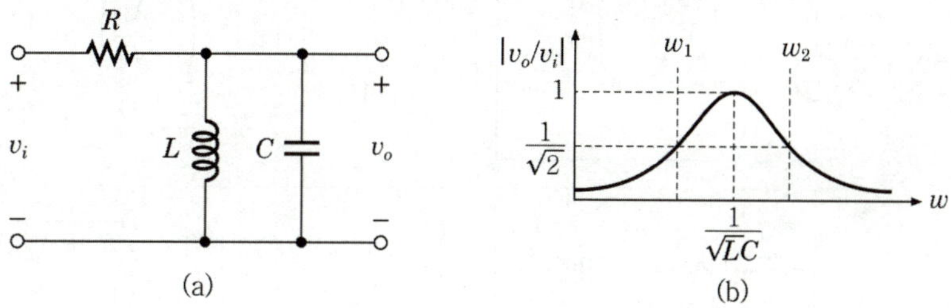

그림 12.24 대역통과필터 (a) 회로도 (b) 주파수 특성

- 수동 필터 : 저항, 인덕터, 커패시터 소자만을 사용한 필터
- 능동 필터 : 연산증폭기를 사용한 안정적인 필터

중심주파수 $f_0=\sqrt{f_{cL}f_{cH}}$, 양호도 $Q=\dfrac{f_0}{BW}$, Q는 대역통과필터의 선택도를 나타내고 협대역통과필터는 $Q>10$이고, 광대역통과필터는 $Q<10$이다.

예제 12-13

중심주파수가 20kHz이도 대역폭이 5kHz인 경우 양호도를 구하여라.

| 풀이 |

$Q=\dfrac{f_0}{BW}=\dfrac{20k}{5k}=4$이므로 광대역이다.

예제 12-14

FM 라디오 수신기는 흔히 200kHz 대역폭을 갖는 대역통과필터를 사용한다. 100.1MHz, 11.9MHz 방송을 듣기 위해 양호도 Q를 각각 구하여라.

| 풀이 |

$$Q\,|_{101.1M} = \frac{f_r}{BW} = \frac{101.1M}{200k} = 505.5,\ \ Q\,|_{11.9M} = \frac{f_r}{BW} = \frac{11.9M}{200k} = 59.5,\ \text{협대역이다.}$$

12.6 특성식 요약

(1) 직렬회로의 특성식 요약

표 12.2 직렬회로의 특성식 요약

	회로도	특성식
직렬 RC	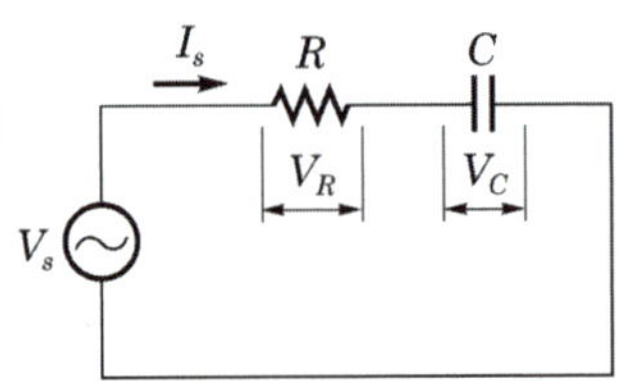	$Z = R - jX_C,\ \lvert Z\rvert = \sqrt{R^2 + X_C^2}$, $\theta = \tan^{-1}\left(-\frac{X_C}{R}\right)$ $I_s = \frac{V_s}{Z},\ I_s = I_R = I_C,\ V_s = V_R + V_C$
직렬 RL	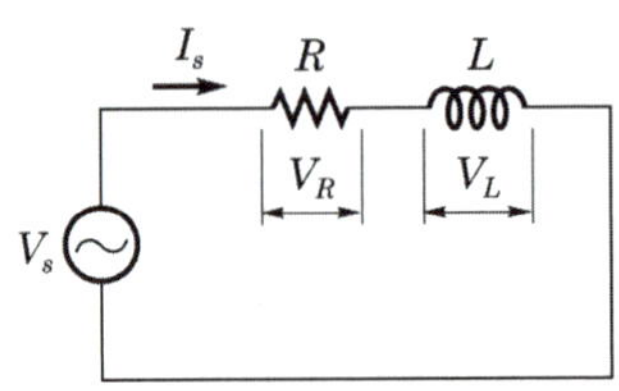	$Z = R + jX_L,\ \lvert Z\rvert = \sqrt{R^2 + X_L^2}$, $\theta = \tan^{-1}\left(\frac{X_L}{R}\right)$ $I_s = \frac{V_s}{Z},\ I_s = I_R = I_L,\ V_s = V_R + V_L$
직렬 LC	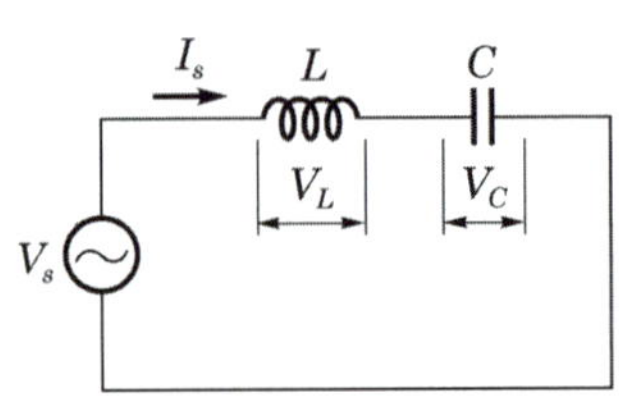	$Z = jX_L - jX_C,\ \lvert Z\rvert = \sqrt{(X_L - X_C)^2}$, $\theta = \tan^{-1}\left(-\frac{X_C}{R}\right)$ $I_s = \frac{V_s}{Z},\ I_s = I_L = I_C,\ V_s = V_L + V_C$ $f_r = \frac{1}{2\pi\sqrt{LC}}$에서 $X_L = X_C$이므로 $V_L = V_C$

(2) 병렬회로의 특성식 요약

표 12.3 병렬회로의 특성식 요약

	회로도	특성식
병렬 RC	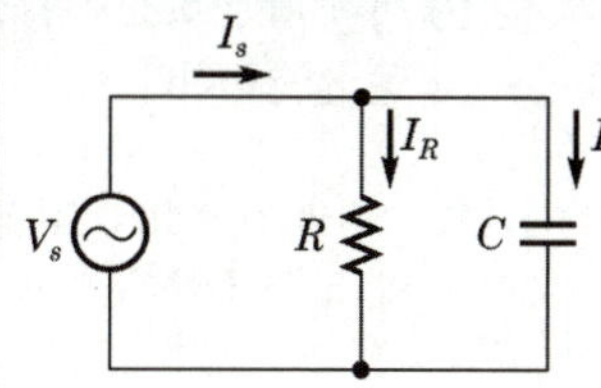	$I_s = I_R + I_C$ $\lvert I_s \rvert = \sqrt{\lvert I_R \rvert^2 + \lvert I_C \rvert^2}$, $\theta = \tan^{-1}\left(\frac{I_C}{I_R}\right)$ $Y = 1/Z = 1/R + jB_C$, $I_s = V_s Y,\ \ V_s = V_R = V_C$
병렬 RL	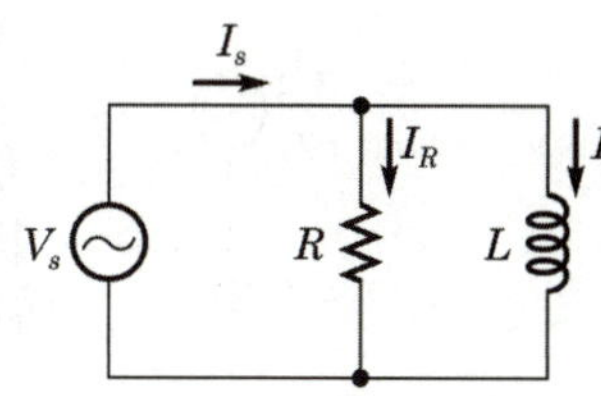	$I_s = I_R + I_C$ $\lvert I_s \rvert = \sqrt{\lvert I_R \rvert^2 + \lvert I_L \rvert^2}$, $\theta = \tan^{-1}\left(\frac{I_L}{I_R}\right)$ $Y = 1/Z = 1/R - jB_L$, $I_s = V_s Y,\ \ V_s = V_R = V_L$
병렬 LC	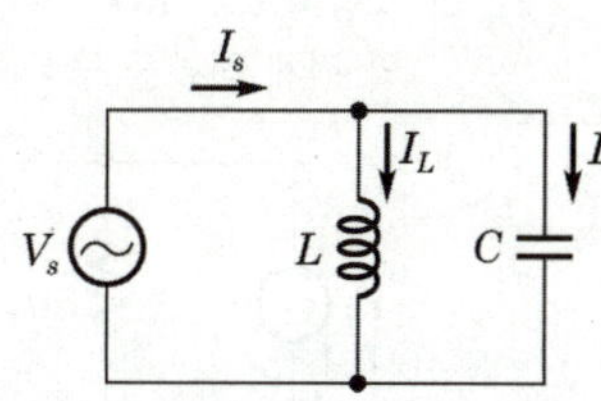	$I_s = I_L + I_C$ $\lvert I_s \rvert = \sqrt{(I_L - I_C)^2}$ $Y = 1/Z = jB_C - jB_L$, $I_s = V_s Y,\ \ V_s = V_C = V_L$ $f_r = \frac{1}{2\pi\sqrt{LC}}$에서 $X_L = X_C$이므로 $I_L = I_C$

(3) RLC 회로의 특성식 요약

표 12.4 RLC 회로의 특성식 요약

	직렬 RLC 회로	병렬 RLC 회로
회로도	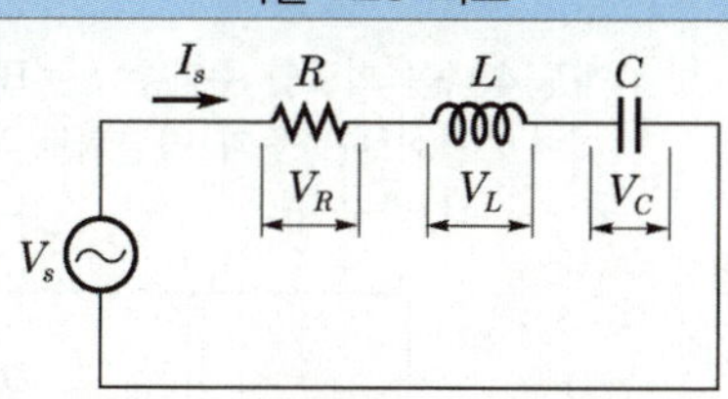	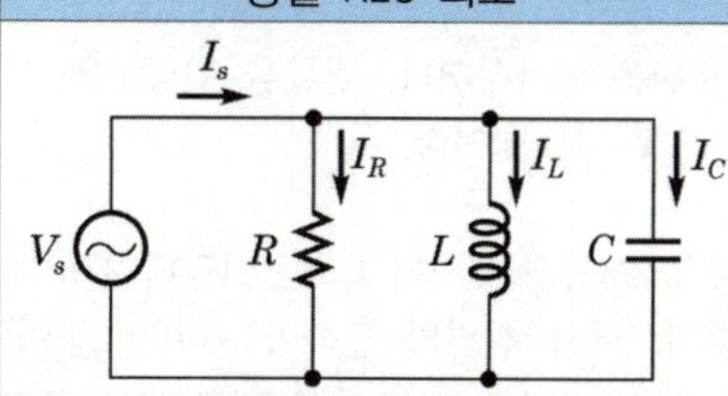
특성식	$Z = R + j(X_L - X_C) = \lvert Z \rvert \angle \theta$ $\lvert Z \rvert = \sqrt{R^2 + (X_L - X_C)^2}$ $\theta = \tan^{-1}\left(\frac{X_L - X_C}{R}\right)$ $\lvert V_s \rvert = \sqrt{\lvert V_R \rvert^2 + \lvert V_L - V_C \rvert^2}$ $\lvert I_s \rvert = \frac{\lvert V_s \rvert}{\lvert Z \rvert} = \frac{\lvert V_s \rvert}{\sqrt{R^2 + (X_L - X_C)^2}}$ $I_s = I_R = I_L = I_C$	$Y = G + j(B_C - B_L) = \lvert Y \rvert \angle \theta$ $\lvert Y \rvert = \lvert 1/Z \rvert = \sqrt{G^2 + (B_C - B_L)^2}$ $\theta = \tan^{-1}\left(\frac{B_C - B_L}{G}\right)$ $\lvert I_s \rvert = \sqrt{\lvert I_R \rvert^2 + \lvert I_L - I_C \rvert^2}$ $V_s = V_R = V_L = V_C$ $f_r = \frac{1}{2\pi\sqrt{LC}}$

연습문제

12.1 다음과 같이 출력단자에 전류와 전압이 주어질 때 복소전력, 평균전력, 피상전력, 무효전력, 역률, 역률의 진상 혹은 지상 각도를 구하여라.

(a) $v(t) = 5\cos(2\pi \times 10^4 t - 45^o)$[V],
$i(t) = 3\cos(2\pi \times 10^4 t - 75^o)$[A]

(b) $\boldsymbol{V}_{rms} = 12\angle 60^o$[V], $\boldsymbol{I}_{rms} = 0.5\angle -30^o$[A]

12.2 47[μF]의 콘덴서에 50[V_{rms}], 60[Hz]의 교류를 가할 때 무효전력을 구하여라.

12.3 $R = 1k\Omega$, $L = 230mH$ 직렬회로에서 50[V_{rms}], 60[Hz]의 교류를 가할 때 유효전력과 피상전력을 구하여라.

12.4 $R = 4[k\Omega]$, $X_C = -3[k\Omega]$의 직렬 및 병렬 회로의 역률을 계산하여라.

12.5 교류회로에서 역률은 전압 혹은 전류에 의존하는 이유를 설명하여라.

12.6 부하는 늦은 역률 0.9를 갖는다면 전원전압 V_s와 전류 I를 기준으로 무엇을 의미하는 지 설명하여라.

12.7 $R = 1k\Omega$, $L = 230mH$, $C = 15\mu F$ 직렬회로에서 주파수 60Hz이고 최댓값이 $V_m = 20V$인 전원을 인가하였다. 전류를 위상자와 시간 차원으로 나타내어라.

12.8 저항 $1.2k\Omega$, 커패시터 $1\mu F$, 인덕터 $27mH$인 직렬회로에서 전원의 진폭이 $= 10\,V_{rms}$이다. 공진주파수, 양호도, 대역폭을 구하고, 공진주파수에서 저항의 평균 소비전력을 구하여라.

12.9 저항 20Ω, 커패시터 $1\mu F$, 인덕터 $2mH$인 직렬회로에서 전원의 진폭이 $= 10\,V_{rms}$이다. 공진주파수를 구하고, 공진주파수에서 저항과 커패시터 전압을 구하여라. 공진 시 전원전압보다 커패시터 전압이 큰 이유를 설명하여라.

12.10 병렬 RLC 회로에서 주파수와 임피던스 관계를 설명하여라.

12.11 그림과 같은 RLC 직렬회로에서 각 소자에 전압 및 전류를 구하고 위상도를 그려보아라.

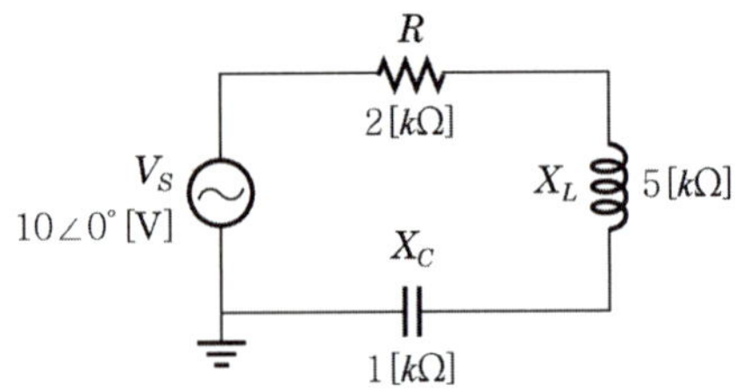

12.12 그림과 같은 RLC 병렬회로에서 각 가지 전류와 전체 전류를 구하고 위상도를 그려보아라.

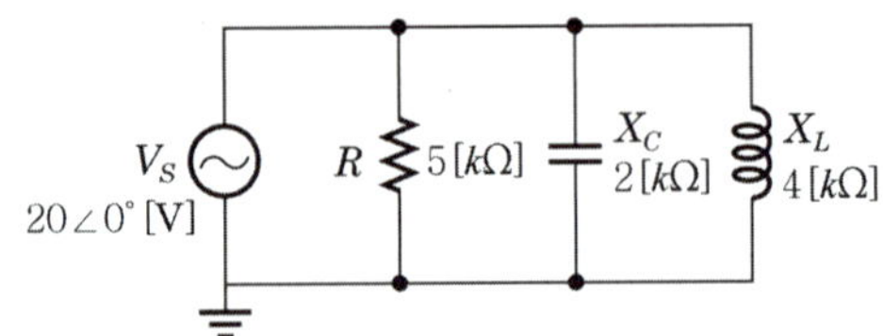

12.13 공진회로에서 하측차단주파수는 $10kHz$, 상측차단주파수는 $20kHz$일 때 대역폭, 중심(공진) 주파수, 양호도를 구하여라.

12.14 다음 회로를 주파수 $f = 10kHz$에서 직렬-병렬회로를 등가 병렬회로 혹은 등가 직렬회로로 바꾸어라.

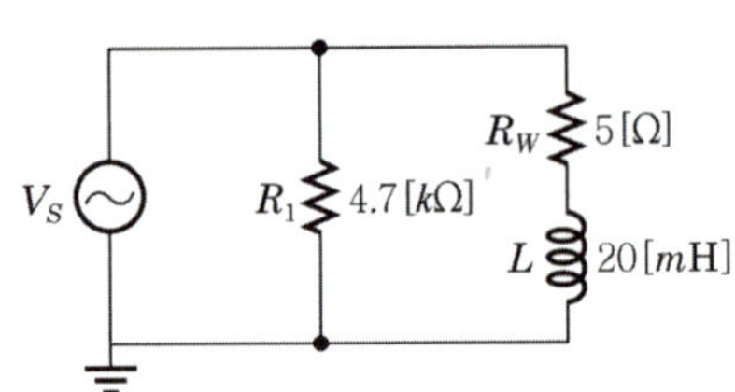

(a)

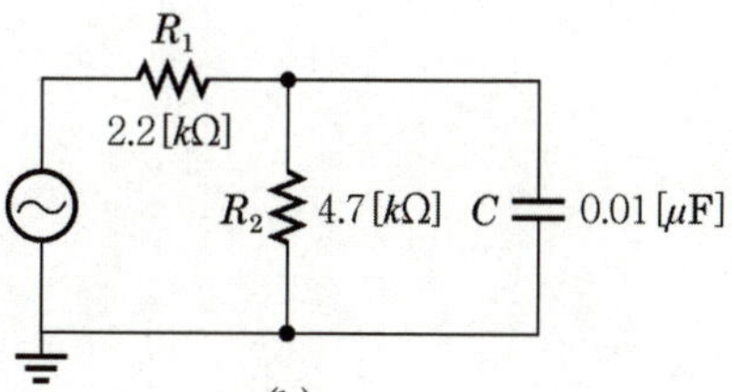

(b)

12.15 다음과 같은 회로에서 공진주파수를 계산하여라.

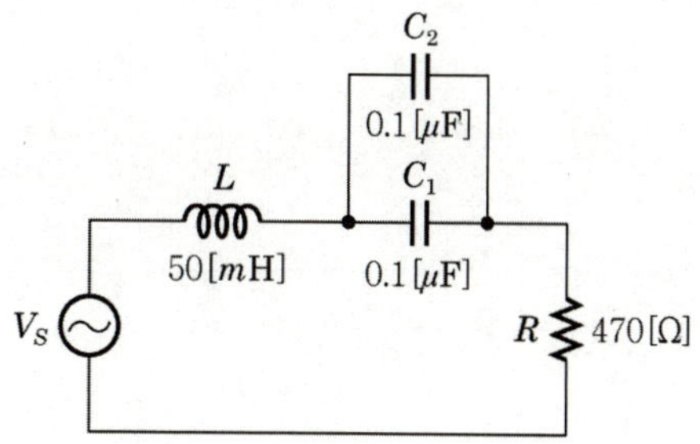

(a)

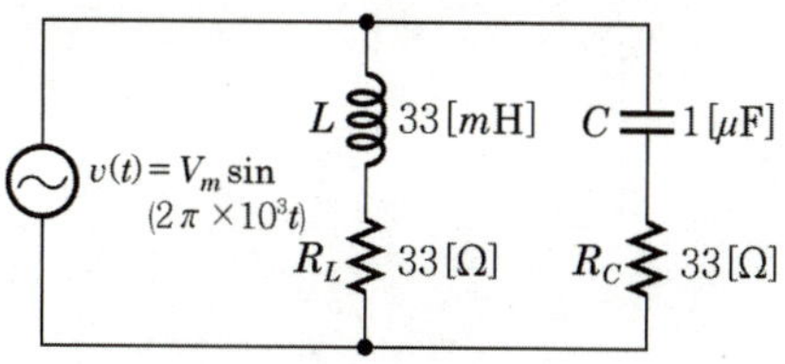

(b)

제 4 부

반도체소자

13

Chapter

반도체 원리

13.1 물질의 구조

(1) 보어 모델

1913년 닐스 보어(Niels Bohr, 1885~1962년)는 보어 모형으로 수소 원자의 실험적인 방출선에 대해 1888년에 발표한 뤼드베리(Rydberg) 공식으로 설명하였다. 후에 양자역학이 발전하면서 보어 모형은 정확한 모형(원자가 껍질)으로 대체되었다.

보어가 수소 원자에 대한 이론을 발표한 후 보어의 모형을 전자가 두 개 이상인 원자에 확장시킬 수 없었다. 후에 전자가 원자핵 주위를 원운동 한다는 보어의 원자 모형이 바르지 않다는 것이 밝혀졌지만 보어가 제안한 전자의 에너지 양자화와 에너지준위 사이의 전자 천이 개념은 현상을 설명하는데 널리 사용된다. 표 13.1은 원자모양의 변천 역사이다.

표 13.1 원자모양의 변천 역사

돌턴	톰슨	리더퍼드	보어	현재 모형
	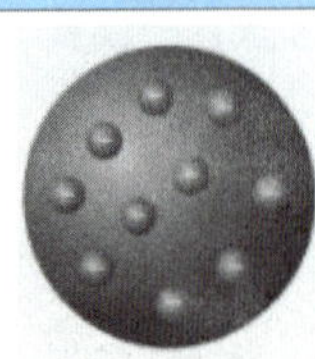		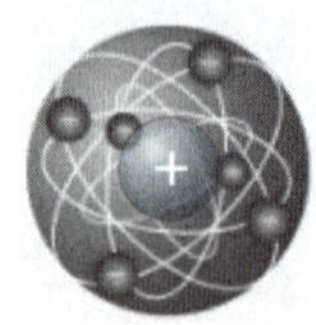	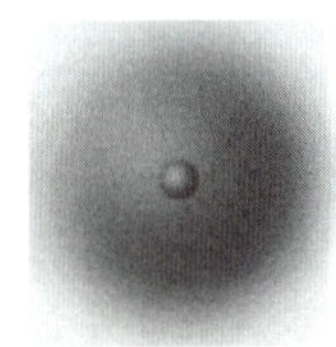
1807년	1904년	1911년	1913년	1930년 이후
단단한 공 모형	건포도-푸딩모형	행성모형	궤도모형	전자구름모형
단단하고 더 이상 쪼갤 수 없는 작은 공과 같은 모양	원자핵 개념이 없는 건포도가 든 푸딩 모양	태양주위를 돌고 있는 행성과 같은 전자행성모형	전자는 원자핵 주위에서 불연속적인 원궤도를 그리면서 운동	핵주위의 전자를 확률분포에 따라 나타나게 하는 전자구름 모형

수소원자를 물리적으로 설명하기 위한 가설은 다음과 같다.

(가설-1) 전자는 핵을 중심으로 안정한 원형 궤도를 존재한다. 그림 13.1(a)에서 안정한 궤도를 위해 정전기력=구심력이므로

$$-\frac{q^2}{4\pi\epsilon_0 r^2} = -\frac{mv^2}{r} \tag{13-1}$$

이고, 여기서 m는 전자의 질량($m_0 = 9.1\times10^{-31}[kg]$), v는 전자의 속도이다.

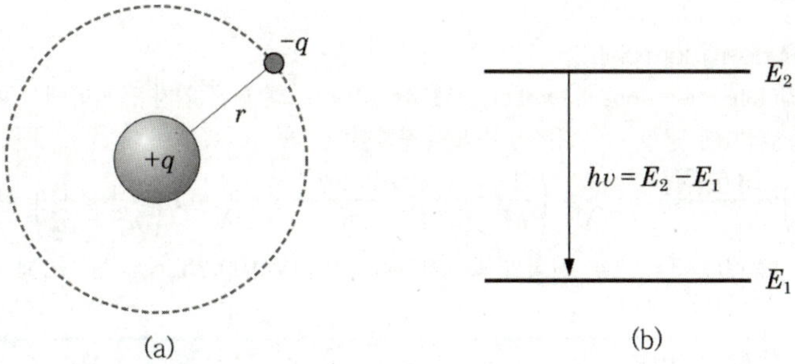

그림 13.1 보어모델 (a) 가설-1 (b) 가설-2

(가설-2) 전자는 에너지를 얻으면 높은 준위로 에너지를 잃으면 낮은 준위로 이동한다. 에너지 레벨의 차는 광자를 흡수하거나 방출한다. h가 플랑크 상수(6.63×10^{-34}[J·s]), ν가 주파수이면 그림 13.1(b)와 같이 에너지 레벨-2에서 레벨-1로 천이할 때 $E_2-E_1=h\nu$ 광자의 에너지를 방출한다.

(가설-3) 궤도에서 전자의 각 운동량(angular momentum) p_θ는 양자화 되어 있다. 즉 $p_\theta=mvr=n\hbar$(n은 자연수)이다. 따라서 r이 역시 양자화 되어야 하므로

$$mv=\frac{n\hbar}{r_n}\ \rightarrow\ m^2v^2=\frac{n^2\hbar^2}{r_n^2} \qquad (13-2)$$

이고, 여기서 r_n은 n번째 궤도의 반경이다.

식 (13-1)과 식 (13-2)를 풀면

$$r_n=\frac{4\pi\epsilon_0 n^2\hbar^2}{mq^2} \qquad (13-3)$$

이고, 각 궤도의 전체 에너지를 계산하면 운동에너지$=\frac{1}{2}mv^2=\frac{mq^4}{2(4\pi\epsilon_0)^2n^2\hbar^2}$, 위치에너지 $=\frac{-q^2}{4\pi\epsilon_0 r_n}$ $=\frac{-mq^4}{(4\pi\epsilon_0)^2n^2\hbar^2}$이다. 전체에너지 $E(n)$=운동에너지+위치에너지$=\frac{-mq^4}{2(4\pi\epsilon_0)^2n^2\hbar^2}=-\frac{1}{n^2}\cdot13.6$[eV]$=-\frac{1}{n^2}(2.18\times10^{-18})$[J]이고 13.6[eV]$=2.18\times10^{-18}$[J]는 1뤼드베리라고 부른다.

보어모델은 에너지 레벨-2에서 레벨-1로 천이할 때 방출하는 광자의 에너지는

$$h\nu=\Delta E=E_{n2}-E_{n1}=\frac{-mq^4}{2(4\pi\epsilon_0)^2\hbar^2}\left(\frac{1}{n_2^2}-\frac{1}{n_1^2}\right)=\left(\frac{1}{n_1^2}-\frac{1}{n_2^2}\right)\cdot13.6[\text{eV}] \qquad (13-4)$$

이고, 전자들의 에너지는 일련의 한정된 값으로 제한된다. 그리고 보어모델은 전자 두 개 이상은 만족하지 않는다.

뤼드베리 공식(Rydberg formula)

1888년 뤼드베리(Johannes Robert Rydberg, 1854~1919, 스웨덴)는 입자 물리학에서 대부분의 원소 스펙트럼 계열의 파장을 정확하게 구할 수 있는 공식을 발견하였다.

$\nu=\left(\frac{1}{n_1^2}-\frac{1}{n_2^2}\right)\cdot\frac{13.6[\mathrm{eV}]}{h} \rightarrow \frac{1}{\lambda}=\left(\frac{1}{n_1^2}-\frac{1}{n_2^2}\right)\cdot\frac{13.6[\mathrm{eV}]}{hc} \rightarrow \frac{1}{\lambda}=R\left(\frac{1}{n_1^2}-\frac{1}{n_2^2}\right)$ 여기서 λ는 진공에서 빛의 파장, R은 무한대에서 n_1으로 전이될 때 뤼드베리 상수($=109{,}737\mathrm{cm}^{-1}$), n_1과 n_2는 정수이다.

이름	n_1	n_2	상수
라이먼(Lyman)계열	1	2, 3, ⋯, ∞	91.13nm (자외선)
발머(Balmer) 계열	2	3, 4, ⋯, ∞	364.51nm (가시광선)
파셴(Paschen) 계열	3	4, 5, ⋯, ∞	820.14nm (적외선)

발머 계열 스펙트럼 $\nu=\left(\frac{1}{2^2}-\frac{1}{n_2^2}\right)\cdot\frac{13.6[\mathrm{eV}]}{h},\ n=3,4,5,\cdots$

라이만 계열 스펙트럼 $\nu=\left(\frac{1}{1^2}-\frac{1}{n_2^2}\right)\cdot\frac{13.6[\mathrm{eV}]}{h},\ n=2,3,4,\cdots$

파셴 계열 스펙트럼 $\nu=\left(\frac{1}{3^2}-\frac{1}{n_2^2}\right)\cdot\frac{13.6[\mathrm{eV}]}{h},\ n=4,5,6,\cdots$

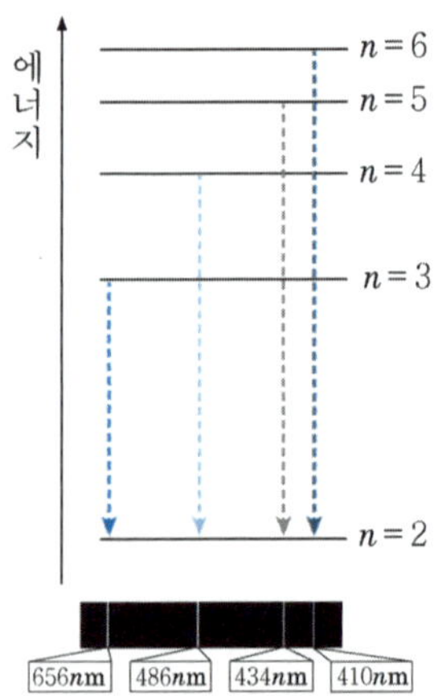

〈수소 발머계열 스펙트럼(656nm, 486nm, 434nm, 410nm)〉

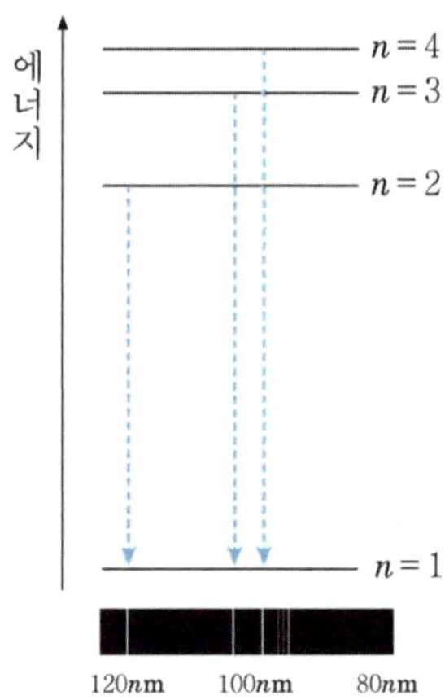

〈수소 라이만계열 스펙트럼(122nm, 103nm, 97nm, 95nm, 94nm〉

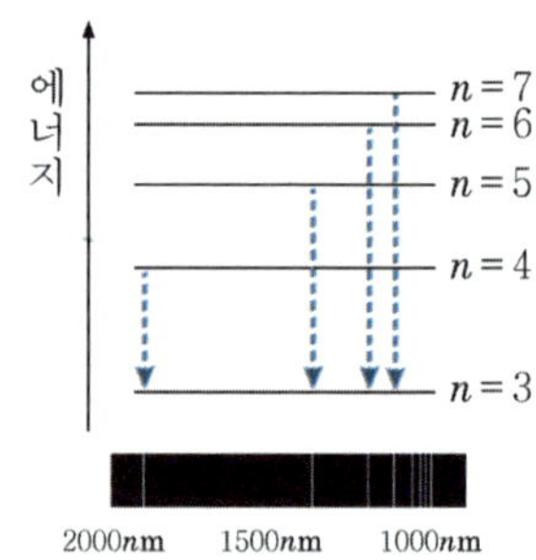

〈수소 파셴계열 스펙트럼(1875nm, 1282nm, 1094nm〉

에너지 준위 $E_n = -\frac{1,312}{n^2}$[kJ/mol], 주양자수 n이 커질수록 전자껍질의 에너지준위 크기가 커진다.
K−껍질($n=1$), L−껍질($n=2$), M−껍질($n=3$), N−껍질($n=4$)⋯

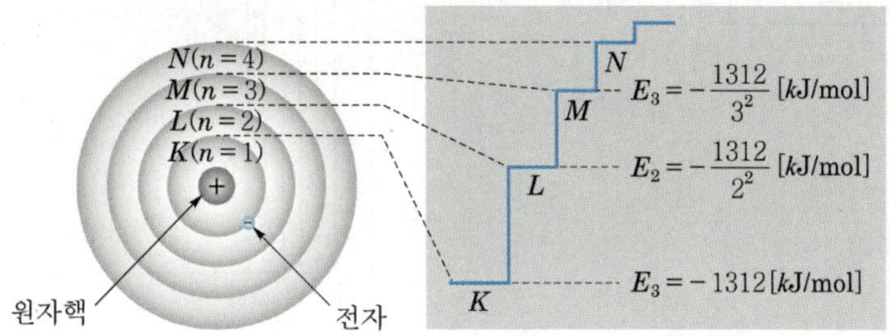

이온화에너지는 원자로부터 하나의 전자를 떼어내는 최소한의 에너지이다. 따라서 수소 1몰 이온화에너지는 수소 1몰의 전자가 $n=0$인 상태에서 $n=\infty$인 상태로 전이하기 위해 필요한 에너지이며, $(2.18\times10^{-18}[\mathrm{J}])(6.02\times10^{23}[1/\mathrm{mol}])=13\times10^5[\mathrm{J/mol}]$이고, 더 정확한 값을 대입하면 보통 수소의 1몰 이온화 에너지는 1,312[kJ/mol]이다.

그림 13.2에서 주양자수가 클수록 높은 에너지 준위를 나타내고, $n=1$인 에너지 준위와 $n=2$인 에너지 준위 사이의 차이는 아주 크며, 양자수가 커질수록 인접한 에너지 준위와의 차이가 점점 작아진다. 그리고 $n=1$인 에너지 준위가 가장 낮은 에너지로서, 바닥상태라고 부르고 그 외의 다른 에너지 준위는 들뜬 상태를 나타낸다. $n=\infty$인 에너지 준위는 전자가 원자핵으로부터 무한대 떨어져 있는 상태이고 에너지=0으로 기준점이다.

그림 13.3에서 수소 전자는 궤도 반지름이 원자핵에서 가까운 위치부터 $n=1, 2, 3, \cdots$의 정수로 나타나는 특정궤도에만 있을 수 있다. 이 정수 n을 주양자수라고 하고 양자수와 관련된 특정한 에너지 값만 가지므로 에너지 양자화라고 한다.

수소 원자 스펙트럼에서 나타나는 빛 에너지는 두 전자궤도의 에너지 준위 차이로 주어지며, 허용된 에너지 준위 사이에서만 천이가 일어나므로 불연속적인 방출과 흡수 스펙트럼이 나타난다.

기준점은 전자가 원자로부터 무한대 떨어져 있어 핵으로부터 아무런 인력을 받지 않는 정지된 전자의 에너지를 '0'으로 정한다. 전자가 원자핵에 가까워지면서 인력을 받아 에너지는 낮아지므로 원자 안에서의 전자의 에너지는 −값을 갖는다.

$$h\nu = E_{n2} - E_{n1} = \left(\frac{1}{n_1^2} - \frac{1}{n_2^2}\right)\cdot 13.6[\mathrm{eV}] = \left[\left(\frac{-1}{n_2^2}\right) - \left(\frac{-1}{n_1^2}\right)\right]\cdot 13.6[\mathrm{eV}]$$

$\left(\frac{-1}{n_2^2}\right) > \left(\frac{-1}{n_1^2}\right)$이므로 높은 에너지에서 낮은 에너지 준위를 뺀 에너지를 방출한다.

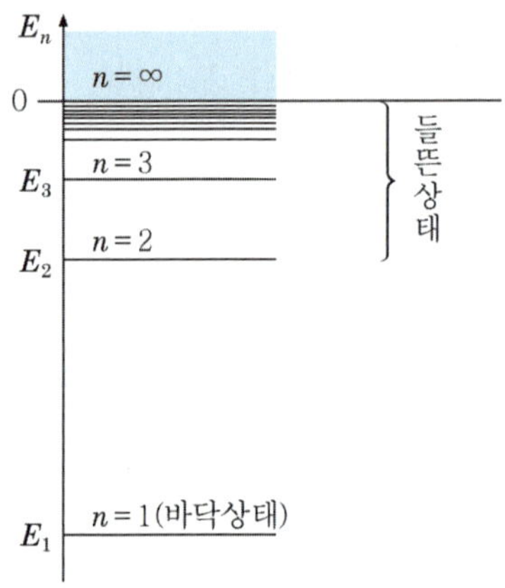

그림 13.2 에너지 준위

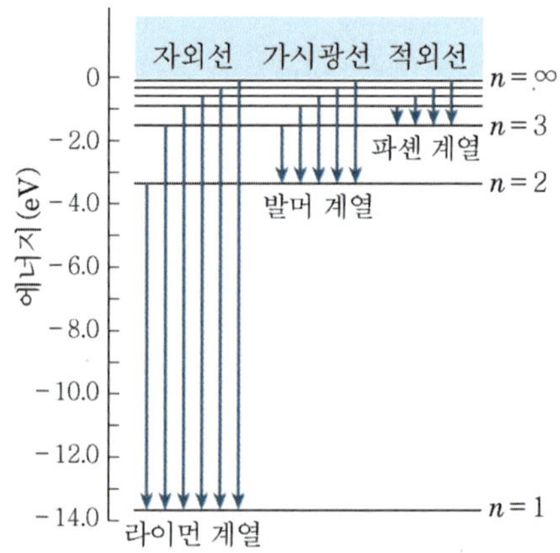

그림 13.3 수소원자의 스펙트럼 계열

예제 13-1

수소 원자 모형에서 주양자수 $n=3$에서 $n=2$로 천이될 때 방출되는 에너지(단위 : J)와 파장(단위 : m)을 구하여라.

| 풀이 |

$$h\nu=\left(\frac{1}{n_1^2}-\frac{1}{n_2^2}\right)\cdot 13.6[\text{eV}]=\left(\frac{1}{n_1^2}-\frac{1}{n_2^2}\right)\cdot(2.18\times10^{-18})[\text{J}]\text{에서}$$

$$h\nu=\left(\frac{1}{2^2}-\frac{1}{3^2}\right)\cdot(2.18\times10^{-18})[\text{J}]=3.03\times10^{-19}[\text{J}]$$

$$\frac{1}{\lambda}=\left(\frac{1}{n_1^2}-\frac{1}{n_2^2}\right)\cdot(109{,}737)[\text{cm}^{-1}]\text{에서 }\frac{1}{\lambda}=\left(\frac{1}{2^2}-\frac{1}{3^2}\right)\cdot(109{,}737)[\text{cm}^{-1}]=15{,}241[\text{cm}^{-1}]\text{이므로}$$

$$\lambda=656.11\text{nm}$$

(2) 에너지 대역에 따른 전도도

보어 원자모델에서 고립된 원자는 핵 주위에 전자의 궤적이 불연속 에너지준위를 가진다. 에너지 준위는 핵 속의 양성자와 양성자간의 상호 작용력으로 결정되는 특별한 궤적으로 전자의 위치에너지이다. 실리콘 원자의 기저상태에서 전자구조는 $1s^2 2s^2 2p^6 3s^2 3p^2$이며 전자가 존재할 수 있는 에너지 준위는 그림 13.4와 같다.

양자수(quantum number)

- n는 주양자수 : $2n^2$, $n=1(K\text{-껍질}),2(L\text{-껍질}),3(M\text{-껍질}),4(N\text{-껍질})\cdots$
- ℓ은 방위양자수 : $2(2\ell+1)$, $\ell=0(s\text{-궤도}),1(p\text{-궤도}),2(d\text{-궤도}),3(f\text{-궤도}),\cdots,(n-1)$ (n개)
- m은 자기양자수 : $m=-\ell,\cdots,-2,-1,0,+1,+2,\cdots,+\ell$ $(2\ell+1)$개
- s은 스핀양자수 : $1/2,-1/2$ (2개)
- 전자의 부껍질 배열순서 : $1s,2s,2p,3s,3p,4s,3d,4p,5s\cdots$

$2p^6$에서 2는 주양자수 $n=2$, p는 방위양자수 $\ell=1$, 6은 $2p$ 부껍질에 전자가 6개 차 있다.

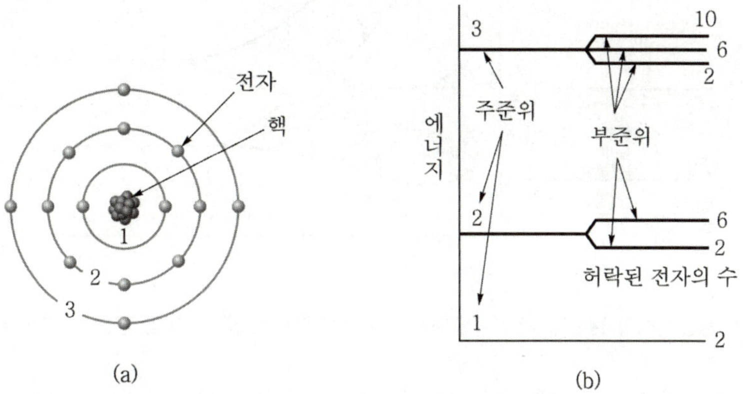

그림 13.4 실리콘 원자 (a) 원자 모델 (b) 에너지 준위

두 개의 같은 원자가 접근하면 파울리의 배타원리(Pauli's exclusion principle)에 의해 같은 에너지 레벨이 존재할 수 없으므로 하나는 낮고 다른 하나는 높은 에너지를 갖는 두 개의 에너지 레벨로 분리한다. 수많은 원자가 서로 근접해 있는 결정 내에서는 에너지레벨이 분리되어 에너지밴드는 많은 허용대역와 금지대역으로 형성한다.

고체와 같이 원자들을 차곡히 채우면 원자 간의 상호 작용력으로 불연속 원자에너지준위가 변하여 에너지대역(band)을 형성하지만 에너지준위 전체수는 일정하다. 그리고 완전히 채워진 밴드에 있는 전자는 움직일 수 없고 인접 높은 에너지 밴드로 점프하여 움직일 수밖에 없다. 절대온도 0K에서 전자는 페르미준위라는 기준에너지준위 아래 에너지준위에 머물지만 온도 T[K](고온)에서 전자가 k_BT(k_B는 볼츠만 상수) 열에너지를 받으면 페르미준위보다 높은 에너지준위의 밴드로 이동할 수 있다.

그림 13.5와 같이 공유원소의 원자간 거리가 줄어들면 뚜렷한 에너지 준위, 대역 겹침(band overlapping), 그리고 밴드의 확대현상 등이 일어난다. 대역 겹침 때문에 반도체의 전도대(conduction band)와 가전대(valence band)는 혼합된 s-상태(state)와 p-상태로 이루워진다. 여덟 개 가장 높은 $s+p$ 상태(두 개 s-상태와 여섯 개 p-상태)는 각각 한 개의 s-상태와 세 개의 p-상태로 구성된 두 개 $s+p$ 상태로 나누어진다.

가장 낮은 s-상태는 원자 당 한 개의 전자를 수용하고 낮은 세 개의 p-상태는 원자 당 세 개의 전자를 수용한다. 그러므로 원자가 N개라면 가전대는 4N 전자를 수용하고 전도대도 동일한 수를 수용할 수 있다. 주기율표 IV가인 게르마늄과 실리콘은 원자 당 네 개의 가전 전자를 가지고 가전대는 전자로 완전히 채워져 있고 전도대는 비워져있다.

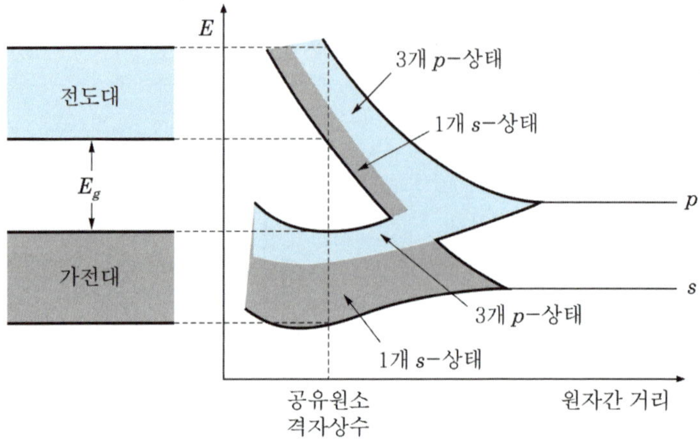

그림 13.5 공유원소의 원자간 거리가 줄어들면 뚜렷한 에너지 준위, 대역 겹침, 밴드의 확대현상

가전대는 원자의 최외각 궤도에 해당하고 전자로 가득찬 대역이며 가전대의 전자들은 움직일 수가 없다. 전도대는 가전대와는 달리 전자가 자유로이 이동할 수 있는 대역이며, 전도대에 있는 전자를 자유전자라 한다.

- 가전대 대역 : 전자가 들어 있는 가장 외곽 에너지 준위
- 전도대 대역 : 가전대역 바로 위의 에너지 준위

금지대(forbidden band)는 전자가 들어갈 자리도 없고 전자가 머물 수도 없는 곳이다. 그림 13.6과 같이 금지대의 폭(에너지 밴드갭)은 물질의 성질을 결정하는데 중요한 역할을 한다.

0K에서 Ⅳ−족 원소의 에너지 갭 : E_g(C,다이몬드) = 5.48eV, E_g(Si) = 1.17eV, E_g(Ge) = 0.74eV, E_g(회주석,Sn,*gray tin*) = 0.08eV

격자상수 : $a_{Si} = 5.431$ Å, $a_{diamod} = 3.567$ Å, $a_{Ge} = 5.658$ Å, $a_{Al} = 4.046$ Å

절연체(insulator)는 전도대와 가전대 사이 금지대의 에너지 밴드갭이(3eV < E_g < 6eV) 커서 상온에서 전도대에 전자가 존재하지 않는다. 전도대에 전자가 전혀 없다면, 결정 내를 움직일 수 있는 전자가 없어서 전류는 전혀 흐르지 않는다.

반도체(semiconductor)는 금지대의 에너지 밴드갭(0.1eV < E_g < 1eV)이 충분히 작기 때문에 열에너지로 전도대에 전자를 발생시킬 수 있다. 상온에서의 열에너지는 약 0.026eV 정도이므로 아주 극소수의 전자들만이 전도대로 올라갈 수 있다. 가전자대의 전자가 금지대를 넘어서 전도대로 옮겨가면 가전자대에는 전자가 있던 자리가 빈자리로 남게 되는데, 이 자리를 정공(正孔, hole)이라고 한다. 이 정공은 전류를 흐르게 하는 캐리어(carrier)가 된다.

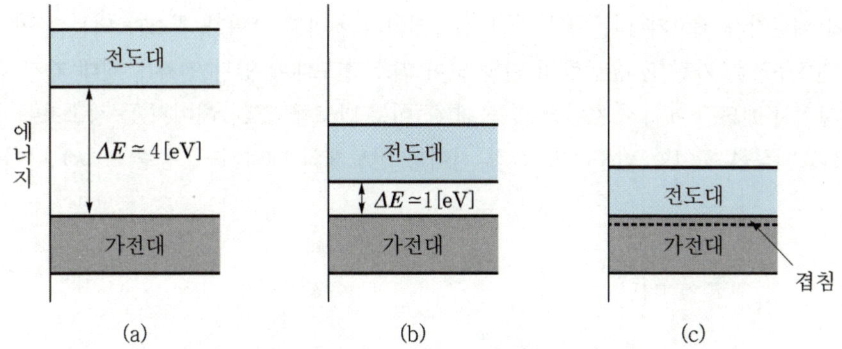

그림 13.6 물질별 금지대의 폭 (a) 절연체 (b) 반도체 (c) 도체

도체(conductor)는 금지대의 에너지 밴드갭이 0.01eV 이하이거나 가전자대가 전도대와 겹쳐지는 물질이다. 도체는 상온에서 거의 모든 전자들이 전도대로 올라가 자유전자가 된다. 전기전도도를 에너지 밴드갭의 개념으로 설명할 수 있으며, 그림 13.7은 상온에서 여러 재료의 전기전도도(conductivity)를 나타내고 있다.

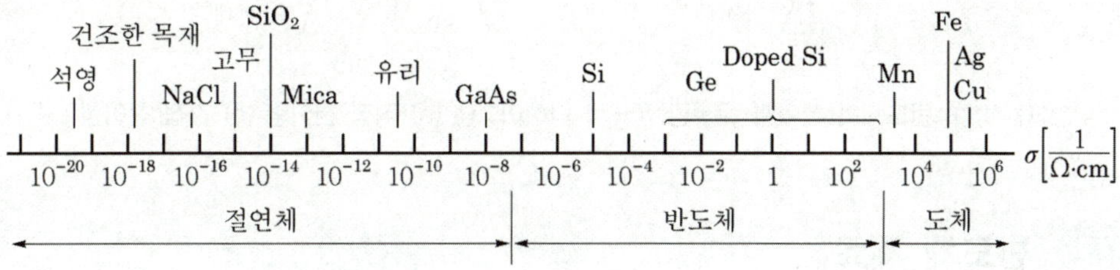

그림 13.7 상온에서 재료별 전기전도도

예제 13-2

원자번호 6번 탄소(C), 원자번호 32번 게르마늄(Ge), 원자번호 31번 갈륨(Ga), 원자번호 33번 비소(As) 원자의 기저상태에서 양자수를 이용하여 전자구조를 나타내어라.

| 풀이 |

탄소 : $1s^2 2s^2 2p^2$, Ge : $1s^2 2s^2 2p^6 3s^2 3p^6 3d^{10} 4s^2 4p^2$, Ga : $1s^2 2s^2 2p^6 3s^2 3p^6 3d^{10} 4s^2 4p^1$, As : $1s^2 2s^2 2p^6 3s^2 3p^6 3d^{10} 4s^2 4p^3$ 최외각 원자준위가 s 혹은 p이다.

(3) 전자 천이 종류

간접천이(間接遷移, indirect bandgap) 반도체는 Si, Ge과 같은 반도체와 같이 가전대역에서 에너지 준위가 최고가 되는 운동량과 전도대역에서 에너지 준위가 최소가 되는 운동량이 일치하지 않는 밴드 구조를 가진다. 최소 전도대에 있는 전자는 최대 가전대의 빈 상태로 떨어질 때 에너지 갭 내의 결함상태를 경유한다. 그래서 운동량을 변화하고 운동량 감소한 에너지차를 열로 발산한다.

직접천이(直接遷移, direct bandgap) 반도체는 GaAs, InP와 GaN 같은 화합물 반도체와 같이

가전대역의 에너지가 최고가 되는 운동량과 전도대역의 에너지 준위가 최소가 되는 운동량의 값이 일치하는 밴드구조를 가진다. 운동량의 변화 없이 최소 전도대에 있는 전자는 최대 가전대에 빈 상태로 떨어지면서 밴드갭 에너지 차만큼 빛을 낸다. 이는 반도체 LED, 레이저 등 광소자에 응용된다.

그림 13.8은 직접 천이형 반도체와 간접 천이형 반도체의 에너지-운동량($E-k$) 다이어그램을 나타낸다.

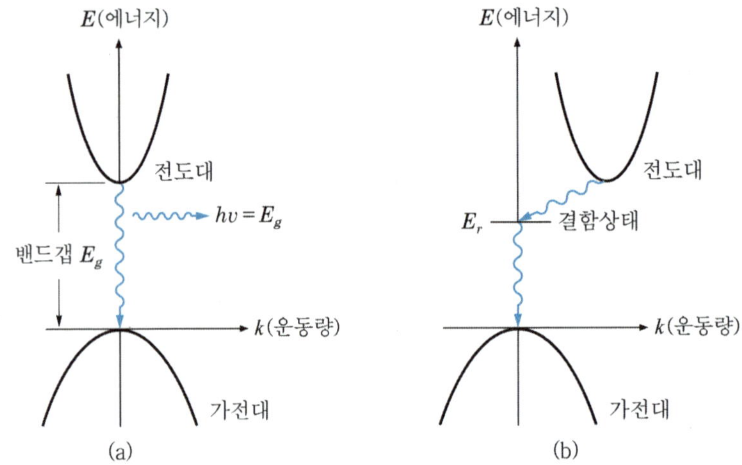

그림 13.8 반도체의 에너지-운동량($E-k$) 다이어그램 (a) 직접 천이형 (b) 간접 천이형

13.2 반도체 재료

(1) 반도체 및 공유결합

반(semi-, 半)도체는 전기적으로 도체와 절연체 사이의 전기전도도를 가지는 고체이다. 반도체 소자를 만든 재료는 옛날에 게르마늄(Ge)을 사용했지만, 열에 예민한 재료의 결함으로 현재 실리콘(Si)이 주로 사용한다. 그림 13.9는 반도체인 Si과 Ge의 원자구조로 최외각 전자의 수가 네 개(최대 여덟 개 전자의 반)이다.

Ge과 Si는 실질적인 반도체 재료로 공정에 투입되기 전에 높은 순도를 유지해야 한다. 순도가 높은 반도체의 전도도는 매우 낮고, 저항률은 매우 높다. Ge나 Si의 전도도는 매우 소량의 특정 불순물을 주입함으로써 증가될 수 있다. 불순물의 종류나 양을 조절하는 도핑(doping)은 이들 원자 간의 전자결합 구조를 변화시켜 캐리어를 발생하여 전도도를 증가시킨다.

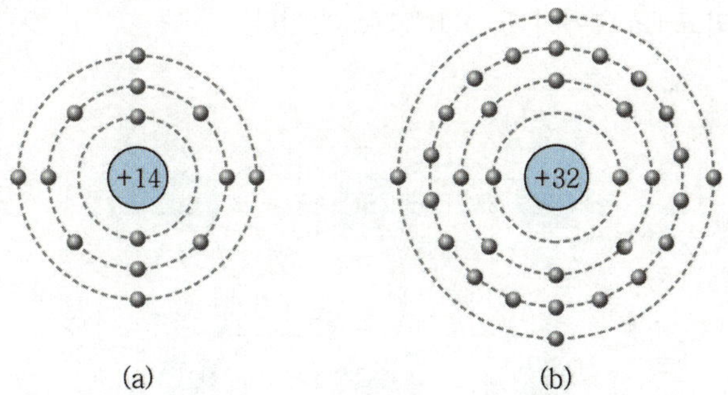

그림 13.9 반도체 원자구조 (a) 실리콘 (b) 게르마늄

공유결합(covalent bond)은 두 개 이상의 원자가 최외각 전자를 공유하여 서로 결합된 것이며 그림 13.10과 같이 네 개의 외곽전자를 가진 IV족의 원소반도체인 탄소, 실리콘, 게르마늄 등과 탄소-수소 공유결합 분자인 그림 13.11과 같은 메탄(CH_4), 에탄(C_2H_6), 그리고 에틸렌(C_2H_4) 등과 그 외 H_2가 있다. 공유결합을 하는 물질의 결합에너지는 다른 물질에 비해 크며, 단단하고 높은 용융점(다이아몬드는 4,000K)을 가지고, 열과 전기전도가 나쁘다.

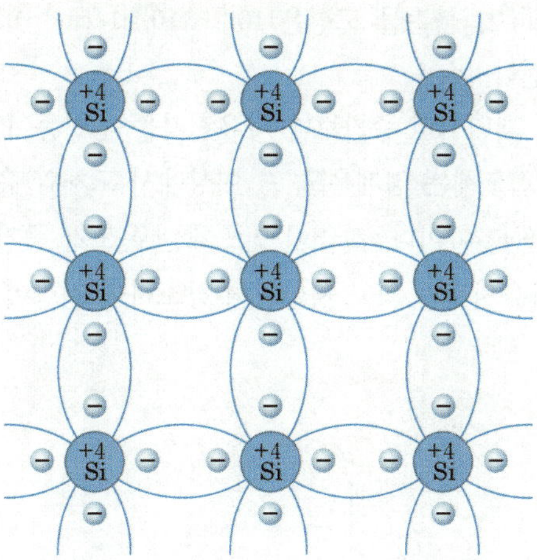

그림 13.10 실리콘의 공유결합

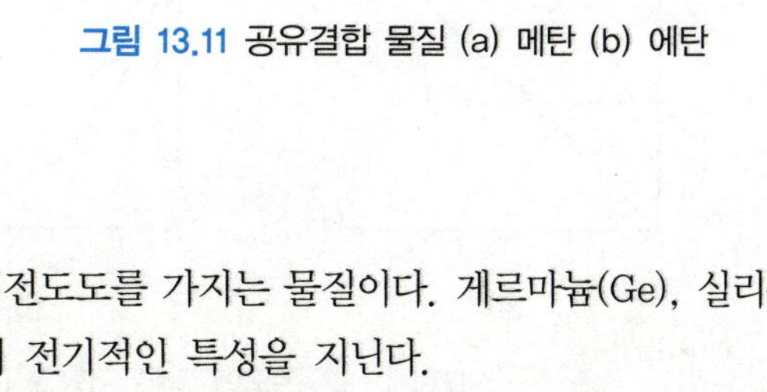

그림 13.11 공유결합 물질 (a) 메탄 (b) 에탄

(2) 진성 반도체

반도체는 상온에서 도체와 부도체의 중간 전기전도도를 가지는 물질이다. 게르마늄(Ge), 실리콘(Si), GaAs, AlAs과 같이 도체와 절연체 사이의 전기적인 특성을 지닌다.

진성(intrinsic) 반도체는 현재의 기술로 불순물의 농도를 최대로 줄인 도핑을 하지 않은 반도체이다. 전도도가 낮고, 전자의 캐리어 농도와 정공의 캐리어의 농도수가 같다. 그림 13.12와 같이 공유결합에 의해서 강하게 원자에 연결되어 있는 전자들은 자연적으로 발생하는 운동에너지에 의해 그 결합이 깨지고 최외각전자는 자유전자가 되어 전도전류에 기여한다. 순수한 물질로 자연적으로 발생한 자유전자농도인 진성캐리어 농도는 실리콘에서 $1.5 \times 10^{10}[1/cm^3]$, 게르마늄에서

$2.5 \times 10^{13}[1/cm^3]$, 그리고 GaAs에서 $1.7 \times 10^6[1/cm^3]$이다.

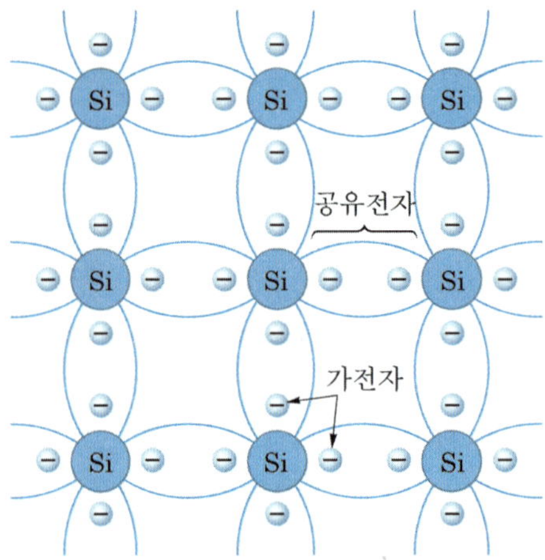

그림 13.12 실리콘의 공유결합

외인성(extrinsic) 반도체는 가전자가 한 개 많거나 적은 불순물원자를 진성반도체에 첨가하는 도핑 처리를 한 반도체이다. 실리콘의 농도는 $10^{23}[1/cm^3]$, 불순물 도핑은 $10^{15} \sim 10^{19}[1/cm^3]$이고, 작은 양의 불순물은 반도체의 전도도를 크게 변화시킨다.

그림 13.13과 같이 도체는 온도가 증가하면 도체 내 캐리어의 증가보다 자유전자들의 진동이 커져 흐름의 방해로 저항이 증가한다($\rho \propto T$). 그리고 초전도체는 임계온도 T_c 이상에서 도체와 유사하게 저항률이 증가하고, 임계온도 T_c 이하에서 저항률 $\rho = 0$이다. 그러나 반도체는 온도가 증가하면 공유결합을 한 최외각 전자가 에너지를 흡수하여 자유전자가 되고 저항률이 감소하여 저항이 감소한다($T \rightarrow 0$, $\rho \rightarrow \infty$).

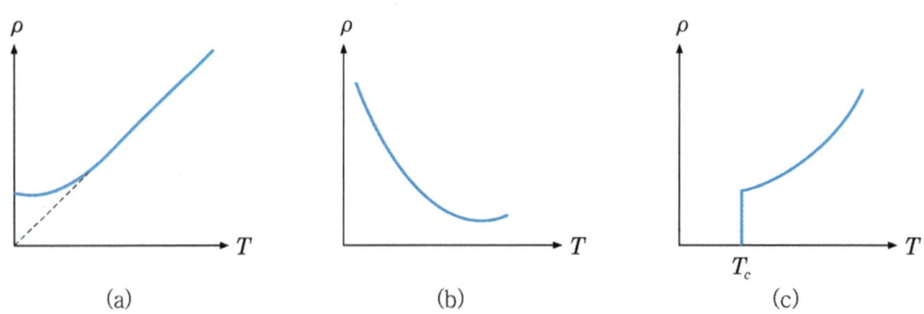

그림 13.13 온도에 따른 저항률 (a) 도체 (b) 반도체 (c) 초전도체

(3) P-형 반도체

그림 13.14와 같이 진성 반도체에 최외각 전자가 세 개인 알루미늄(Al), 인듐(In), 갈륨(Ga) 등을 조금 넣어주면 공유결합 할 전자가 한 개 부족하여 빈 자리가 생긴다. 이 빈 자리를 정공(hole)이라고 하고, 전기를 옮겨주는 캐리어가 된다. 주입된 불순물은 전자를 받아들인다는 의미로서 억셉터

(acceptor)라 한다. P-형 반도체의 다수 캐리어는 정공이고, 소수 캐리어는 전자이며 P-형 반도체의 밴드 모형은 그림 13.15와 같다.

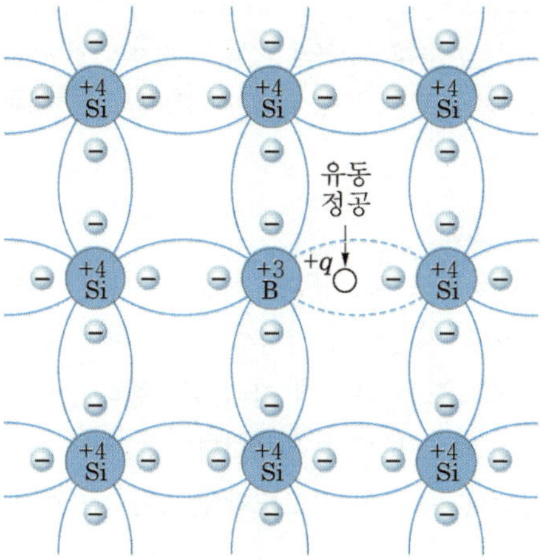

그림 13.14 B-도핑 Si-반도체 결합

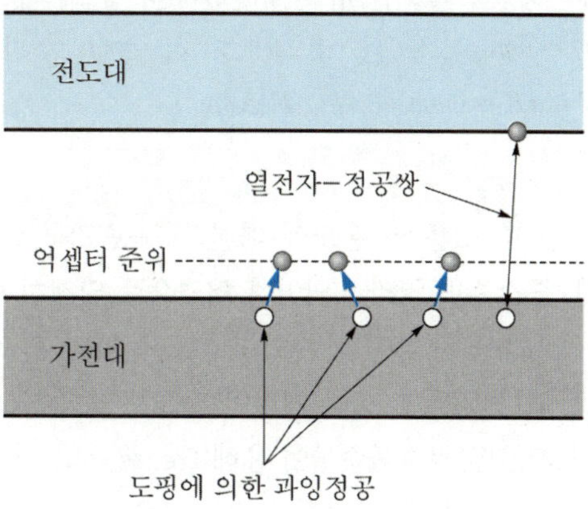

그림 13.15 P-형 반도체 밴드 모형

(4) N-형 반도체

그림 13.16과 같이 진성 반도체에 최외각 전자가 다섯 개인 인(P), 비소(As), 안티몬(Sb) 등을 조금 넣어주면 공유결합을 하고 한 개의 전자가 남는다. 이 전자를 자유전자라고 하고, 전기를 옮겨주는 캐리어가 된다. 주입된 불순물은 전자를 준다는 의미로서 도너(donor)라 한다. 5가 물질의 초과된 가전자가 자유전자로 되는데 필요한 에너지를 이온화 에너지라 하고 상온에서 대부분 이온화 한다. N-형 반도체의 다수 캐리어는 전자이고, 소수 캐리어는 정공이며 N-형 반도체의 밴드 모형은 그림 13.17과 같다.

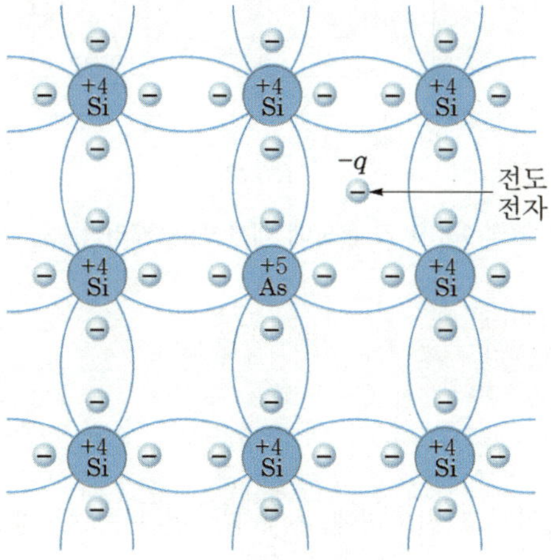

그림 13.16 As-도핑 Si-반도체 결합

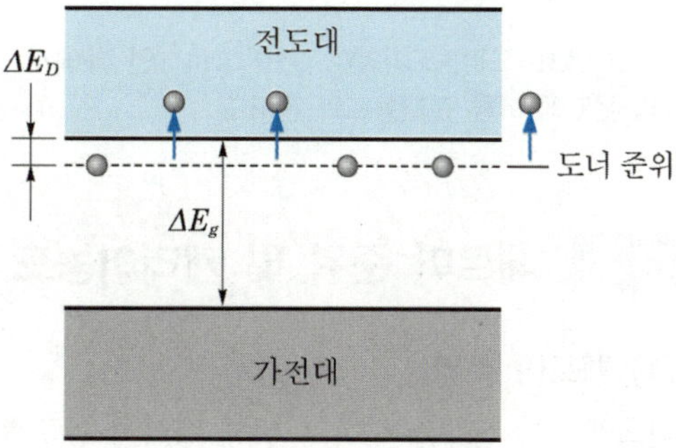

그림 13.17 N-형 반도체 밴드 모형

이동도는 물질 속에서 캐리어가 물질을 지나갈 수 있는 척도이다. 전자 이동도인 경우 실리콘은 1,500[cm²/V · s], 게르마늄은 3,900[cm²/V · s], GaAs는 8,500[cm²/V · s]이다.

> p : 정공의 밀도[1/cm³], n : 전자의 밀도[1/cm³], μ_n, μ_p : 전자와 정공의 이동도, 전자의 전도도 : $\sigma_n = nq\mu_n$, 정공의 전도도 : $\sigma_p = pq\mu_p$, 전체 전도도, $\sigma = \sigma_n + \sigma_p = nq\mu_n + pq\mu_p$, 전류밀도, $\boldsymbol{J} = \sigma \boldsymbol{E} = (nq\mu_n + pq\mu_p)\boldsymbol{E}$[A/m²]

그림 13.18은 역 온도에 따른 전자농도와 전도도를 나타내고 각 영역별 특성은 다음과 같다.

① **중간 온도영역** : 외인성 영역으로 완전히 이온화되어 전자농도가 일정하게 유지한다. 그러나 이동도는 격자 산란으로 온도에 따라 감소하므로 전도도는 온도에 따라 감소한다.

② **고온 영역** : 진성 캐리어 농도는 증가하고 전자농도와 전도도가 우세하다.

③ **저온 영역** : 불순물이 용해(freeze-out)가 시작되고 전자농도와 전도도가 온도가 감소에 따라 감소한다.

그림 13.19는 실리콘, 게르마늄, 갈륨비소의 온도에 따른 진성 전자농도를 나타내고 있다.

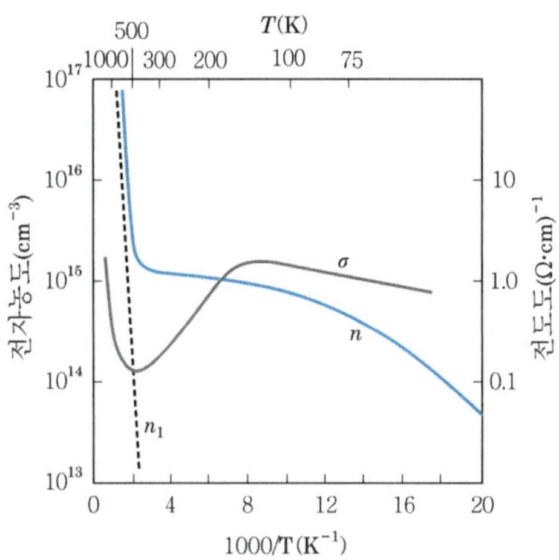

그림 13.18 도핑농도가 $N_D = 10^{15}$[cm³]인 Si에서 역 온도에 따른 전자농도와 전도도

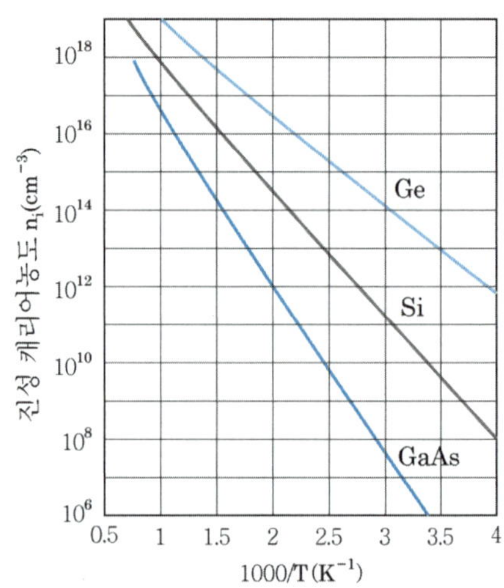

그림 13.19 역 온도에 대한 진성 캐리어농도

13.3 페르미 준위 및 캐리어농도

(1) 페르미 준위

반도체에서 전류를 구하기 위해 캐리어 농도를 알아야하고 전도대에 존재하는 전자농도를 계산해야 한다. 전자나 정공의 농도를 구하기 위해 페르미-디락(Fermi-Dirac) 통계를 이용한다.

페르미-디랙 분포는 임의의 온도 T에서 에너지 준위 E가 입자에 의해 채워질 확률을 나타내며 페르미-디랙 분포함수는

$$f(E)=\frac{1}{1+e^{(E-E_F)/kT}} \tag{13-5}$$

이고, 여기서 k는 볼츠만상수(8.62×10^{-5}[eV/K]), T는 절대온도, E_F는 페르미 준위이다.

페르미 준위는 ① 0K에서 전자가 가질 수 있는 최대 에너지 준위이며, ② 임의의 온도 T에서 전자가 채워질 확률은 온도에 무관하게 $f(E=E_F)=1/2$인 에너지 준위이다.

> ① $T\to0$일 때 ⓐ $E<E_F$일 때 $f(E)=\frac{1}{(1/\infty)+1}=1$(전자가 완전히 채워짐) ⓑ $E>E_F$일 때 $f(E)=\frac{1}{\infty+1}=0$(완전히 비워짐) ②임의의 온도 T에서 $f(E_F)=\frac{1}{1+1}=\frac{1}{2}$

그림 13.20은 온도에 따른 페르미-디랙 분포함수와 페르미 준위의 관계를 나타내었다. $E>E_F$일 때 $f(E)>0$이고 $E<E_F$일 때 $f(E)<1$이다.

만일 $T=0$이면 페르미-디랙 함수는 계단함수가 되어, 페르미 에너지보다 낮은 에너지 준위는 다 채워지며 그보다 높은 에너지 준위는 비게 된다. 그러나 온도가 올라갈수록 확률함수는 페르미 에너지를 경계로 완만한 변화를 보여주는데, 이 경우 페르미 에너지보다 낮은 에너지 준위가 비어 있을 확률이 생겨나고 또한 이보다 높은 에너지 준위가 채워져 있을 확률도 올라가게 된다.

그림 13.21과 같이 임의의 온도, T_2에서는 0K와 달리 E_F 이상의 에너지 상태가 전자로 채워질 확률 $f(E)$가 존재하고, E_F 이하의 에너지 상태가 비어질 확률 $1-f(E)=1/[1+e^{(E_F-E)/kT}]$가 존재한다. 특히, $E=E_F$에서는 온도에 무관하게 전자로 채워질 확률은 항상 1/2 이다. 또한, $f(E)$는 E_F에 관하여 대칭성을 가지므로 $f(E_F+\Delta E)=1-f(E_F-\Delta E)$이 되고 $E-E_F>3kT$일 때 $f(E)\approx e^{-(E-E_F)/kT}$이다.

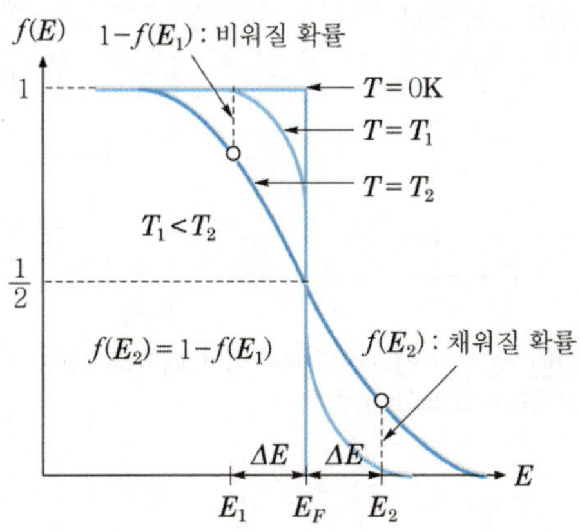

그림 13.20 온도에 따른 페르미 준위와 채워질 확률

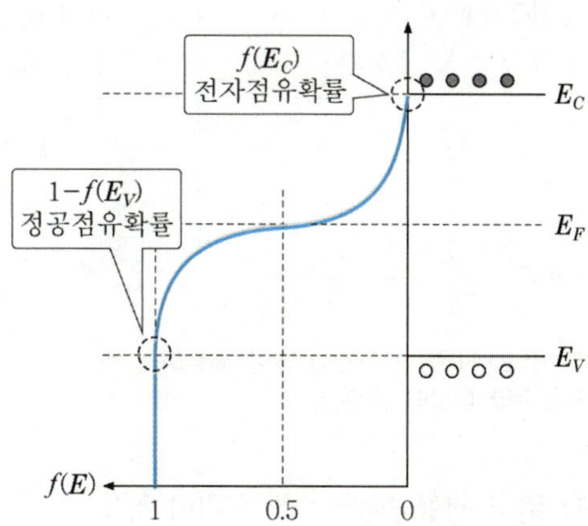

그림 13.21 진성 반도체에 대한 페르미-디랙 분포함수와 페르미 준위

(2) 진성 반도체의 페르미 준위

진성 반도체에 대한 캐리어 농도는 $n=p=n_i$이다. 따라서 E_F는 에너지 밴드갭 중앙에 위치하고 이러한 페르미 준위를 진성 페르미 준위 E_i라고 한다. Si의 경우 300K에서 캐리어 농도는 $n_i \approx 1.5\times 10^{10}$[/cm^3]이고, 유효상태 밀도가 $N(E_C, E_V) \approx 10^{19}$[states/cm^3]이므로 E_C에서의 전자점유확률과 E_V에서의 정공점유확률은 매우 작다. 즉 $f(E_C)=1-f(E_V)\approx 0$이다.

(3) 외인성 반도체의 페르미 준위

그림 13.22와 같이 N-형 반도체의 경우, E_C-E_F는 전도대의 전자농도에 대한 척도로 E_C-E_F가 증가하면 전자의 농도는 감소한다. 즉, $n_0=N_C e^{-(E_C-E_F)/kT}$이다.

페르미-디랙 분포함수 개념을 이용하여 이를 유추해보면 E_C 준위가 전자에 의해 점유될 확률은 n_0/N_C로, 이는 $f(E_C)$와 같으므로 다음 식이 성립된다.

$$\frac{n_0}{N_C}=f(E_C)=\frac{1}{1+e^{(E_C-E_F)/kT}}\approx e^{-(E_C-E_F)/kT} \tag{13-6}$$

그림 13.23과 같은 P-형 반도체의 경우, 마찬가지로 E_F-E_V는 가전자대의 정공농도에 대한 척도로 E_F-E_V가 증가하면 정공의 농도는 감소한다. 즉, $p_0=N_V e^{-(E_F-E_V)/kT}$이 성립한다.

$$\frac{p_0}{N_V}=f(E_V)=\frac{1}{1+e^{(E_F-E_C)/kT}}\approx e^{-(E_F-E_V)/kT} \tag{13-7}$$

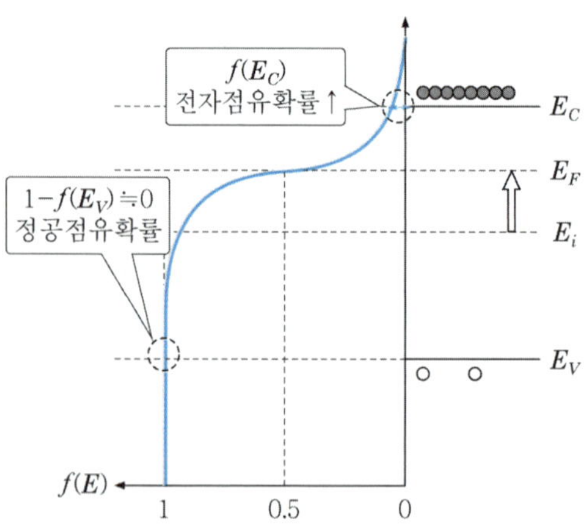

그림 13.22 N-형 반도체에 대한 페르미-디랙 분포함수와 페르미 준위

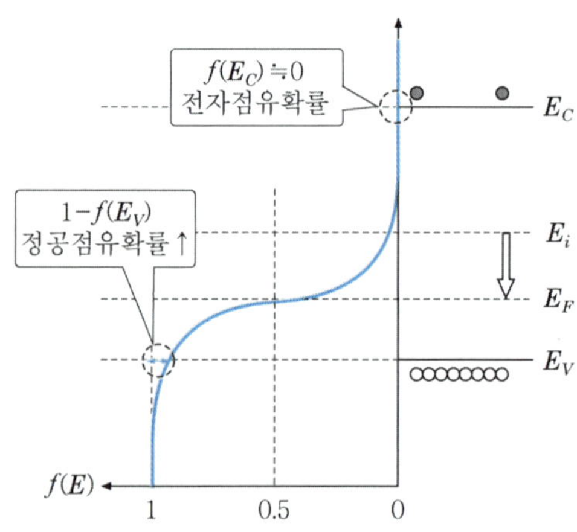

그림 13.23 P-형 반도체에 대한 페르미-디랙 분포함수와 페르미 준위

(4) 열적 평형상태에서의 캐리어 농도

열적평형상태에서 전도대의 전자 농도 n_0[electrons/cm^3]는 다음과 같이 얻어질 수 있다.

n_0=체적 당 에너지 상태의 수[states/cm^3]×그 상태가 채워질 확률 $f(E)$ 따라서 전자 농도가 연속분포를 보이므로 적분식으로 표현하면

$$n_0 = \int_{E_C}^{\infty} f(E)N(E)dE \tag{13-8}$$

이고, 여기서 $N(E)$는 에너지 상태밀도[states/cm^3·eV]이다. 따라서 $N(E)\,dE$는 미소에너지 dE 내 체적 당 에너지 상태의 수[states/cm^3]이므로 E_C의 적분으로 농도를 구할 수 있다.

일반적인 에너지 상태밀도는 다음과 같이 표현되고 $N(E) \propto E^{1/2}$의 관계이다.

$$N(E) = \frac{1}{2\pi^2}\left(\frac{2m}{\hbar^2}\right)^{3/2}\sqrt{E} \tag{13-9}$$

마찬가지로 열적평형 상태에서 가전자대의 정공 농도 p_0는 다음과 같게 된다.

$$p_0 = \int_{-\infty}^{E_V} [1 - f(E)]N(E)dE \tag{13-10}$$

$n_0 = n_i e^{(E_F - E_i)/kT}$, $p_0 = n_i e^{(E_i - E_F)/kT}$

예제 13-3

상온인 실리콘에서 가전대 위 0.2eV에 페르미 준위가 있다. 반도체 종류(P-형 혹은 N-형)와 전자 및 정공의 농도를 구하여라. 단 실리콘에서 $E_g = 1.12\text{eV}$, $n_i = 10^{10}[\text{cm}^{-3}]$라고 가정한다.

| 풀이 |

$E_i - E_V = \frac{E_g}{2} = 0.56\text{eV}$, $E_i - E_F = \frac{E_g}{2} - (E_F - E_V) = 0.56\text{eV} - 0.2\text{eV} = 0.36\text{eV}$

페르미 준위가 전도대보다 가전대에 가까이 있으므로(진성 페르미 준위보다 아래) P-형 반도체이다.

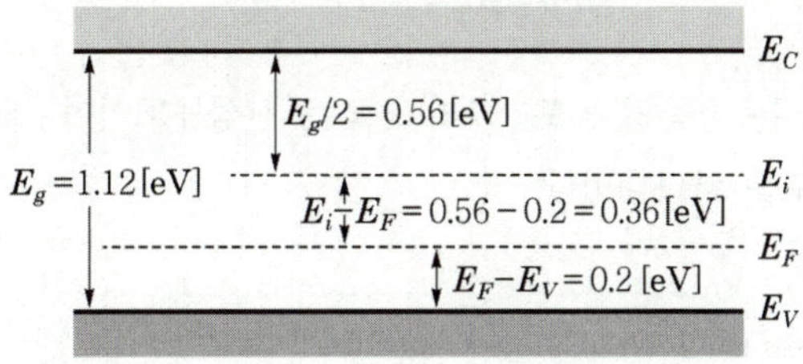

$p_0 = n_i e^{(E_i - E_F)/kT} = 10^{10} e^{(0.36/0.026)} \approx 1.0 \times 10^{16}[\text{cm}^{-3}]$

$n_0 = n_i e^{(E_F - E_i)/kT} = 10^{10} e^{(-0.36/0.026)} \approx 10^4[\text{cm}^{-3}]$

(별해) 전자농도을 위해 질량작용의 법칙을 이용하면 $n_0 = \frac{n_i^2}{p_0} = \frac{(10^{10})^2}{10^{16}} \approx 10^4[\text{cm}^{-3}]$이다.

예제 13-4

상온인 실리콘에서 As 원자 $N_D = 10^{16}[\text{cm}^{-3}]$로 도핑 했을 때 반도체 종류(P-형 혹은 N-형), 평형 시 전자 및 정공 농도 및 페르미 준위의 위치($E_F - E_i$, $E_C - E_F$)를 구하여라. 단 실리콘에서 $E_g = 1.12\text{eV}$, $n_i = 10^{10}[\text{cm}^{-3}]$라고 가정한다.

| 풀이 |

도너원자를 도핑하여 N-형 반도체이다. $n_0 \approx N_D = 10^{16}[\text{cm}^{-3}]$

질량작용의 법칙을 이용하면 $p_0 = \dfrac{n_i^2}{n_0} = \dfrac{(10^{10})^2}{10^{16}} \approx 10^4[\text{cm}^{-3}]$

$n_0 = n_i e^{(E_F - E_i)/kT}$에서 $E_F - E_i = kT\ln\left(\dfrac{n_0}{n_i}\right) = 0.026\ln\left(\dfrac{10^{16}}{10^{10}}\right) = 0.24\text{eV}$,

$E_C - E_F = 0.56 - 0.24 = 0.32\text{eV}$ 이다.

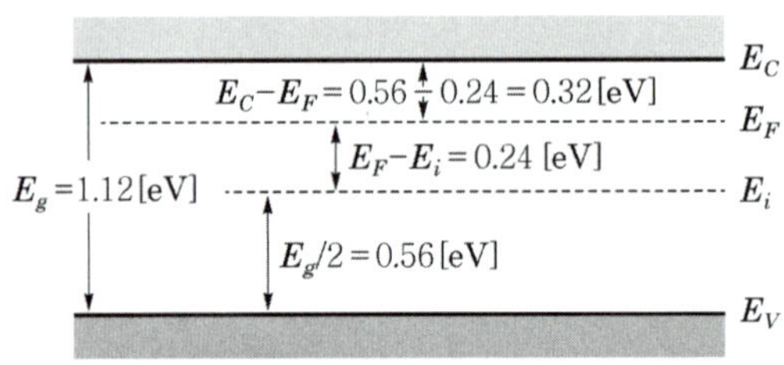

(5) 질량작용의 법칙

N-형 불순물을 정공의 수가 감소하고 P-형 불순물을 추가하면 전자의 수가 감소한다. 실험적으로 반도체의 열평형상태에서 정공의 수와 전자의 수의 곱은 항상 일정하고 도핑의 양과 무관하다는 질량작용의 법칙(mass action law) 관계식은

$$n \cdot p = n_i^2 = f(T) \qquad (13\text{-}11)$$

이고, n는 전자의 농도, p는 정공의 농도, 그리고 n_i는 진성농도이며, 표 13.2는 일반적으로 흔히 사용하는 반도체 진성농도를 나타내었다.

온도에 따른 실리콘 진성농도 $n_i(T) = 5.29 \times 10^{19}(T/300)^{2.54} e^{-6,727/T}$

표 13.2 상온(300K)에서 진성반도체 농도

종류	Si	Ge	GaAs
$n_i(\text{cm}^{-3})$	1.5×10^{10}	2.4×10^{13}	1.8×10^{13}

도너와 억셉터로 도핑된 반도체에서 완전히 이온화 되었고 자유전자와 정공의 농도는 전기적인 중립법칙에 따라 전체 양의 전하밀도=전체 음의 전하밀도이므로

$$N_D + p = N_A + n \tag{13-12}$$

이고, 여기서 $N_D[1/\text{cm}^3]$는 도너 원자의 농도(혹은 도너 이온에 의한 양의 전하의 수), p는 정공의 농도, $N_A[1/\text{cm}^3]$는 억셉터 원자의 농도, 그리고 n는 전자의 농도이다.

N-형 반도체에서 $N_A = 0$이고 $n \gg p$이므로 $N_D = n$이다. 즉 도너원자의 농도는 자유전자의 농도와 같고 질량작용의 법칙에 따라 $p = \frac{n_i^2}{n} = \frac{n_i^2}{N_D}$이다.

P-형 반도체에서 $N_D = 0$이고 $n \ll p$이므로 $N_A = p$이다. 즉 억셉터 원자의 농도는 정공의 농도와 같고, 질량작용의 법칙에 따라 $n = \frac{n_i^2}{p} = \frac{n_i^2}{N_A}$이다.

- $N_D - N_A \gg n_i$이면 $n = N_D - N_A$, $p = n_i^2/(N_D - N_A)$
- $N_A - N_D \gg n_i$이면 $p = N_A - N_D$, $n = n_i^2/(N_A - N_D)$
- $N_A = N_D$(진성)이면 $n_0 = p_0 = n_i$

예제 13-5

상온에서 N-형 실리콘 반도체의 $N_D = 10^{16}[\text{cm}^{-3}]$, $N_A = 0$일 때 열평형상태에서 전자와 정공의 농도를 구하여라. 단 진성 캐리어 농도 $n_i = 10^{10}[\text{cm}^{-3}]$이라고 가정한다.

| 풀이 |

$n = 10^{16}[\text{cm}^{-3}]$, $p = \frac{n_i^2}{n} = \frac{n_i^2}{N_D} = \frac{(10^{10})^2}{10^{16}} = 10^4[\text{cm}^{-3}]$

13.4 반도체 전류

(1) 다수캐리어 및 소수 캐리어

불순물 비소(As), 안티몬(Sb), 인(P) 등은 음전하 캐리어인 자유전자 수를 증가시킴으로써 Si의 전도도를 증가시킨다. 이 이유로 As나 Sb를 도핑시킨 Si를 N-형 반도체라 부른다. N-형 반도체에도 약간의 양전하 캐리어인 정공이 존재하지만 수가 적어 소수캐리어(minority carrier)라 부른다. N-형 반도체에서 전류의 흐름은 다수캐리어(majority carrier)인 자유전자에 기인한다.

그림 13.24는 N-형 반도체에서 다수캐리어인 전자와 소수캐리어인 정공의 흐름을 나타낸다. 전원의 양(+) 단자는 반도체 내 자유전자를 당기고 자유전자가 떠난 원자는 양전하로 남는다. 그리고 전자는 전원의 음 단자에서 반도체로 들어와 전자를 잃은 원자의 양전하에 당김을 받는다. 그래서 전자는 음 단자에서 출발하여 양 단자로 움직이고 관례적인 전류는 반대방향으로 흐른다.

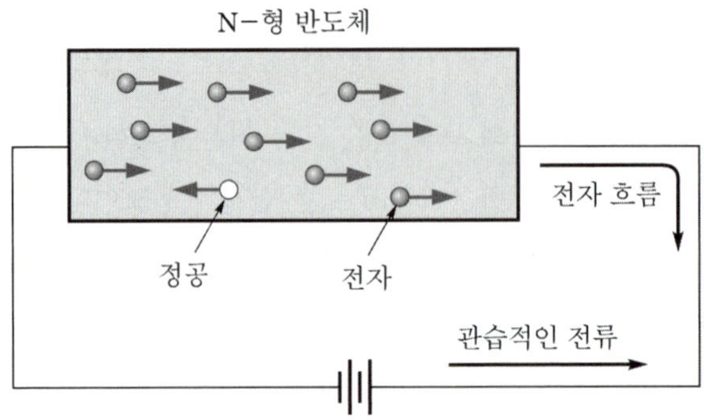

그림 13.24 N-형 반도체에서 다수캐리어인 전자와 소수캐리어인 정공의 흐름

불순물 인듐(In), 갈륨(Ga), 알루미늄(Al) 등은 정공 수를 증가시켜 실리콘의 전도도를 증가시킨다. 그래서 In이나 Ga으로 도핑된 실리콘을 P-형 반도체라고 부른다. P-형 실리콘에도 약간의 자유전자가 존재하지만 이것은 소수캐리어이다. P-형 반도체에서 전류의 흐름은 다수캐리어인 정공에 기인한다.

그림 13.25는 P-형 반도체에서 다수캐리어인 정공과 소수캐리어인 전자의 흐름방향을 나타낸다. 전자는 전원의 음 단자에서 양의 정공으로 끌림을 받고 전원의 양 단자는 전자를 당겨 정공을 만든다. 그래서 정공 전류는 양의 단자에서 반도체를 거쳐 음의 단자로 흐른다.

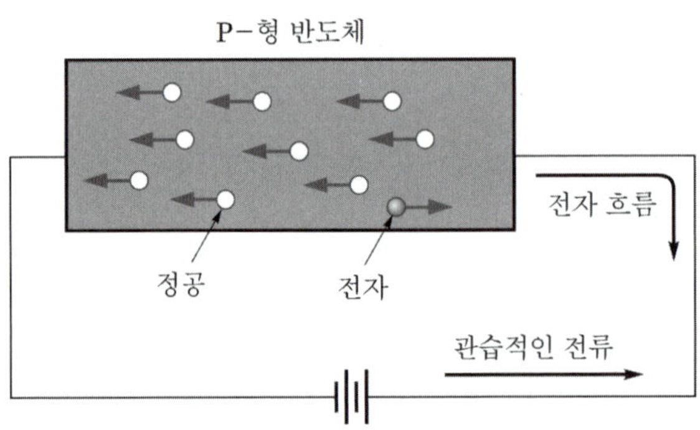

그림 13.25 P-형 반도체에서 다수캐리어인 정공과 소수캐리어인 전자의 흐름

정공은 자유전자를 끌어당기며, 자유전자와 정공이 만났을 때 자유전자는 정공을 채우고 전하는 중화된다. 이때 자유전자는 정공과 재결합(recombination)되었다고 말하며, 이 과정으로 정공과 자유전자는 전류를 흘리는 캐리어의 기능을 잃어버린다. 이 과정 동안 반도체의 다른 부분에서는 새로운 캐리어가 만들어지는 생성(generation)이 일어난다.

캐리어가 움직여서 발생되는 전류는 반도체의 외부 전원을 인가하여 제어될 수 있다. P-형 Si 반도체에서 정공은 전원의 양(+)단자에 의해 반발하여 음(-)단자 쪽으로 이동하며, 자유전자는 전원의 음(-)단자로부터 Si-재료 방향으로 들어가, 정공이 있는 방향으로 이동한 후 자유전자와 정공이 재결합한다. 이 결합이 이루어지는 동안 Si 내의 다른 전자-정공 결합으로부터 열에너지에 의해 전자와 정공이 분리되어 나온다. 이 분리된 전자는 전지의 양(+) 단자 방향으로 이동하고, 정공은 음(−) 단자 방향으로 이동한다. 계속적인 재결합과 열적생성이 외부회로에 일정한 전류를 흐르게 한다.

(2) 유동전류

반도체에서 $T \neq 0$일 때 자유입자들이 열 에너지로 일정한 무작위 움직임을 가진다. 그림 13.26(a)와 같이 전장이 인가하지 않을 경우 자유입자들의 특정방향의 총 움직임은 거의 '0'이므로 전류=0이다.

그러나 전장이 인가되면 13.26(b)와 같이 정공은 전장의 방향으로 전자는 반대방향으로 평균 총 움직임인 유동(drift)가 생긴다. 반도체 내 전하입자는 전장에 비례하는 평균속도로 움직인다.

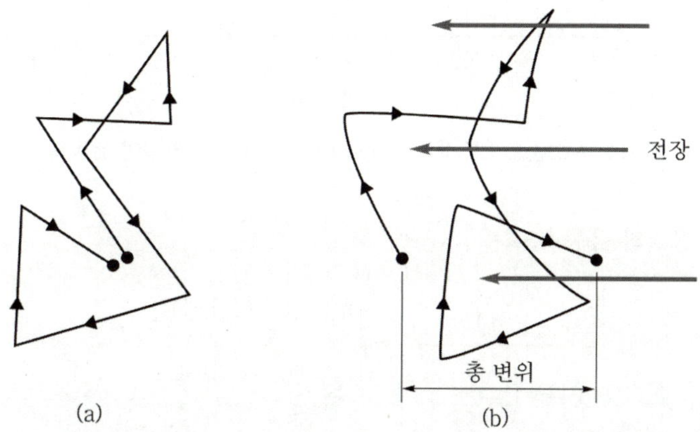

그림 13.26 자유입자의 움직임 (a) 전장 E=0 (b) 전장 E가 존재

정전기력에 의하면 반도체에 외부전원을 인가하여 전장이 존재하면 전하를 띈 캐리어는 가속될 것이다. 그러나 산란에 의해 반도체 내 전자는 일정한 가속이 되지 않고 일정한 평균 유동속도 v_d로 움직이는 준 고전적인 입자로 보인다. 정공속도 $v_h = \mu_p E$, 전자속도 $v_e = -\mu_n E$이고 여기서 μ_p는 정공 이동도($cm^2/V \cdot s$), μ_n은 전자 이동도이다.

그림 13.27과 같이 낮은 전장에서 전장에 대한 유동속도는 직선적인 특성을 나타내고 이 기울기가 이동도를 나타낸다. 그러나 높은 전장 영역에서 캐리어의 유동속도는 선형특성이 아니다.

실리콘의 전자 이동도는 $\mu_n = 1{,}350[cm^2/V \cdot s]$, 전자의 유동속도는 약 $10^7[cm/s]$로 포화가 되고 이때 전장의 세기는 약 $30[kV/cm]$이다. 캐리어의 유동속도가 포화가 되면 유동전류밀도도 포화가 되어 인가전장에 무관하게 된다.

GaAs의 이동도는 $8{,}500[cm^2/V \cdot s]$이고 Si보다 낮은 전장에서 전자이동도가 높으며, 전자 유동속도는 최대치를 도달 후 감소(음 이동도는 음 저항을 의미하므로 발전기에 응용함)한다.

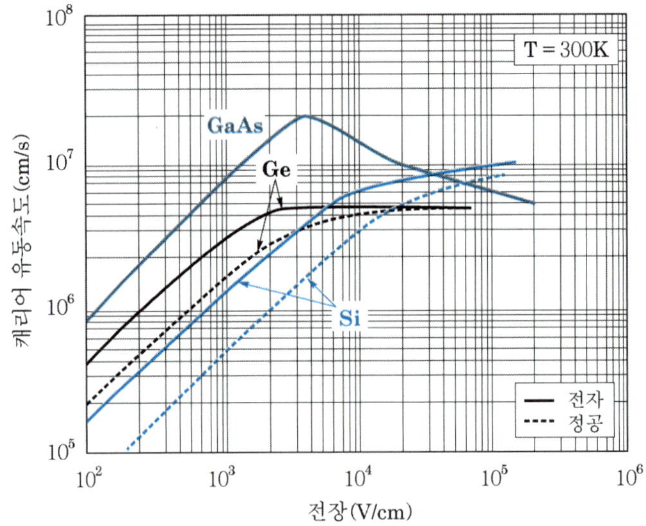

그림 13.27 고순도 Si, Ge, GaAs의 전장에 대한 캐리어 유동속도

실리콘과 같은 물질의 유동속도는

$$v_d = \frac{\mu_0 \mathrm{E}}{\left[1+\left(\frac{\mu_0 \mathrm{E}}{v_{sat}}\right)^{\beta}\right]^{1/\beta}} \approx \begin{cases} \mu_0 \mathrm{E} & (\mathrm{E} \to 0 \text{일 때}) \\ v_{sat} & (\mathrm{E} \to \infty \text{일 때}) \end{cases} \tag{13-13}$$

이고 v_{sat}은 포화속도이다.

그림 13.28과 같이 단위체적당 정공의 수가 p[개/cm^3]인 반도체에서 시간 t[s] 동안 거리 d[m]만큼 이동했을 때 정공의 유동속도 $v_{d,h} = d/t$이므로 $t[\mathrm{s}] = d/v_{d,h}$이다. 체적 $A \cdot d$[cm^3] 내 총 정공의 전하량 $Q = pqAd$[C]이고 전류는

$$I = \frac{Q}{t} = \frac{pqSd}{d/v_h} = pqv_h S\ [\mathrm{A}] \tag{13-14}$$

이므로 유동전류는 캐리어의 속도와 캐리어 농도에 비례한다. 그래서 단위면적당 정공의 전류인 정공 전류밀도는 $J_{p,drift} = qpv_h$이다.

- $v_h St$[cm^3]는 시간 t동안 교차면의 체적, $pv_h St$[개]는 시간 t동안 교차 면 내 정공의 수
- $qpv_h St$[C]는 시간 t동안 교차면 내 전하량, $qpv_h S$[A]는 단위시간 당 교차 면을 통과하는 전하량(정공전류), qpv_h[A/m^2] 단위면적당 정공전류(정공전류밀도)

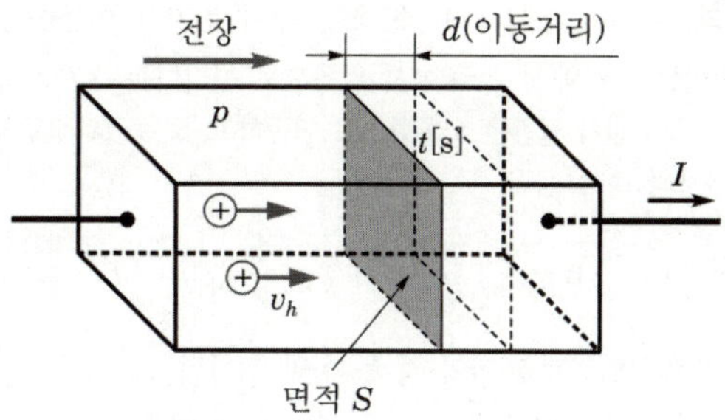

그림 13.28 유동전류 및 전류밀도

낮은 전장을 인가한 정공밀도가 p인 Si을 통한 정공 유동전류는 $J_{p,drift}=qp\mu_p\mathrm{E}$이고, 전자밀도가 n인 Si을 통한 전자 유동전류는 $J_{n,drift}=-qn(-\mu_n\mathrm{E})=qn\mu_n\mathrm{E}$이므로 전체 유동전류는

$$J_{tot,drift}=J_{n,drift}+J_{p,drift}=q(n\mu_n+p\mu_p)\mathrm{E}=\sigma\mathrm{E} \quad (13\text{-}15)$$

이고, $\sigma=q(n\mu_n+p\mu_p)=1/\rho[1/\Omega\cdot\mathrm{cm}]$는 전도도이다.

예제 13-6

전자 이동도 $\mu_n=300[\mathrm{cm}^2/\mathrm{V\cdot s}]$, 정공 이동도 $\mu_p=120[\mathrm{cm}^2/\mathrm{V\cdot s}]$, 정공농도 $p=10^{18}/\mathrm{cm}^3$, 전자농도 $n=10^{10}/\mathrm{cm}^3$인 균일하게 도핑된 실리콘 막대에 $+x$ 방향으로 $10^3[\mathrm{V/cm}]$ 전장을 인가하였다. 전체전류밀도를 구하여라.

| 풀이 |

$J_{p,drift}=qp\mu_p\mathrm{E}=1.6\times10^{-19}\times120\times10^{18}\times10^3=1.9\times10^4[\mathrm{A/cm}^2]$

$J_{n,drift}=qn\mu_n\mathrm{E}=1.6\times10^{-19}\times300\times10^{10}\times10^3=4.8\times10^{-4}[\mathrm{A/cm}^2]$

$J_{tot,drift}=J_{p,drift}+J_{n,drift}=1.9\times10^4+4.8\times10^{-4}=1.9\times10^4[\mathrm{A/cm}^2]$

(3) 확산전류

보통 농도의 기울기가 존재하면 기울기를 '0'으로 줄이려고 한다. 열적으로 유도된 무작위 움직임으로 유동성 입자는 고농도 영역에서 저농도 영역으로 움직이는 확산전류(diffusion current)가 발생한다. 확산전류는 유동성 입자의 확산에 의한 흐름으로 캐리어 농도의 기울기에 비례하며 반도체 내 전자와 정공에 의한 성분으로 구성된다.

픽스(Ficks) 법칙에 따라 확산은 농도의 기울기에 비례하는 플럭스 $F=-D\nabla n$이고 n는 캐리어의 농도이고 D는 확산계수이다.

픽스 법칙

전자농도가 그림과 같이 1차원에서 변하고, 평균 전자 열속도는 거리에 무관하기 위해 온도는 균일한다고 가정한다. 전류를 계산하기 위해 $x=0$면을 통과하는 단위면적당 단위시간당 전자의 총흐름을 계산한다.

ℓ은 전자의 평균 자유거리(mean-free path) 즉 충돌 사이 전자가 이동하는 평균거리($\ell = v_{th}\tau_{cn}$)이다. $x=-\ell$에서 오른쪽으로 움직이는 전자와 $x=+\ell$에서 왼쪽으로 움직이는 전자는 평균적인 거리에 있는 $x=0$ 면을 관통한다. 한순간에 $x=-\ell$의 전자 절반은 오른쪽으로 이동하고, $x=+\ell$의 전자 절반은 왼쪽으로 이동한다.

$x=0$면에서 $+x$ 방향 전자의 총 흐름율, F_n은

$$F_n = \frac{1}{2}n(-\ell)v_{th} - \frac{1}{2}n(+\ell)v_{th} = \frac{1}{2}v_{th}[n(-\ell) - n(+\ell)]$$

이고, 전자 농도를 $x=0$에서 테일러전개를 하여 첫 두 항만 취하면

$F_n = \frac{1}{2}v_{th}\left[\left(n(0) - \ell\frac{dn}{dx}\right) - \left(n(0) + \ell\frac{dn}{dx}\right)\right] = -v_{th}\ell\frac{dn}{dx} = -D\frac{dn}{dx}$ 이다.

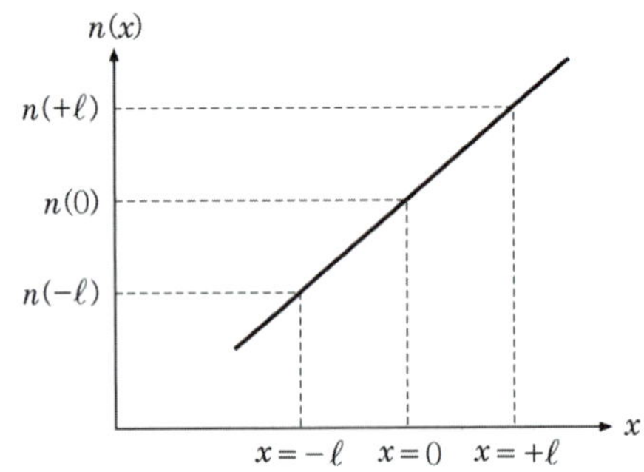

〈거리에 따른 전자농도〉

그림 13.29와 같이 전자와 정공의 확산전류밀도는 입자의 플럭스에 $\pm q$(정공과 전자의 부호가 반대)의 곱으로 나타난

$$J_{p,diff} = -(q)D_p\frac{dp}{dx},\ J_{n,diff} = -(-q)D_n\frac{dn}{dx} = qD_n\frac{dn}{dx} \tag{13-16}$$

이고, 확산전류의 합은 다음 식과 같다.

$$J_{tot,diff} = J_{n,diff} + J_{p,diff} = qD_n\frac{dn}{dx} - qD_p\frac{dp}{dx} \tag{13-17}$$

전체전류가 확산전류와 유동전류(표 13.3)로 구성하면 정공 전체전류, 전자 전체전류, 그리고 정공전류와 전자전류를 합친 총 전류는 각각 다음 식과 같다.

$$J_p = J_{p,drift} + J_{p,diff} = q\mu_p p\mathrm{E} - qD_p\frac{dp}{dx} \tag{13-18}$$

$$J_n = J_{n,drift} + J_{n,diff} = q\mu_n n\mathrm{E} + qD_n\frac{dn}{dx}$$

$$J = J_n + J_p = (q\mu_n n\mathrm{E} + qD_n\nabla n) + (q\mu_p p\mathrm{E} - qD_p\nabla p) = q(\mu_n n + \mu_p p)\mathrm{E} + q(D_n\nabla n - D_p\nabla p) \tag{13-19}$$

N-형 반도체($n_0 > p_0$) $J_{n,drift} > J_{p,drift}$, $J_{n,diff} < J_{p,diff}$이고 P-형 반도체($n_0 < p_0$) $J_{n,drift} < J_{p,drift}$, $J_{n,diff} > J_{p,diff}$(확산전류인 경우 소수캐리어의 농도기울기가 큼)

표 13.3 확산전류와 유동전류 비교

	확산전류	유동전류
방향	캐리어 농도의 변화	전장의 극성
종속 상수	확산계수(D_n, D_p), 전자($-q$)와 정공($+q$) 극성 및 전하량	유전율, ϵ
전장 관계	상관없음	의존

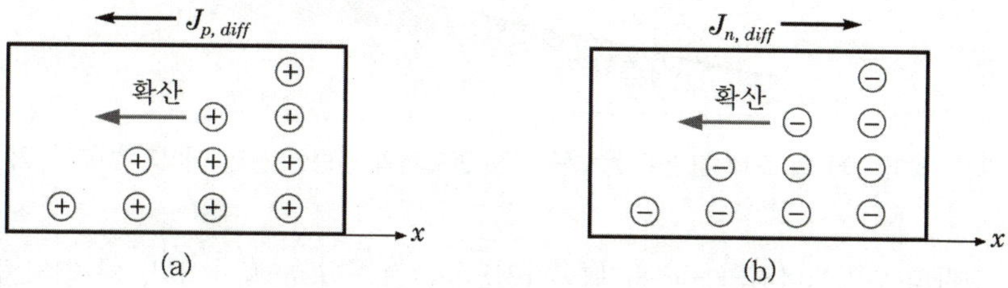

그림 13.29 농도 기울기에 의한 확산전류 (a) 정공 확산전류 (b) 전자 확산전류

예제 13-7

상온이고 도핑농도가 $N_D = 10^{17}/\text{cm}^3$ 인 N-형 Si 기판에 표면에서 $0.5\mu\text{m}$ 까지 $10^{14}/\text{cm}^3 \sim 5\times 10^{13}/\text{cm}^3$ 선형적으로 감소한다. 정공 이동도가 $317[\text{cm}^2/\text{V}\cdot\text{s}]$일 때 확산전류밀도를 구하여라.

| 풀이 |

$\dfrac{D_p}{\mu_p} = \dfrac{kT}{q}$ 에서 $D_p = 0.026\times 317 = 8.2[\text{cm}^2/\text{s}]$,

$$J_{p,diff} = -qD_p\frac{dp}{dx} = 1.6\times 10^{-19}\times 8.2\times\frac{5\times 10^{13}}{0.5\times 10^{-4}} = 1.31[\text{A/cm}^2]$$

13.5 경사진 불순물 분포

대부분의 경우 반도체가 균일 도핑으로 가정하였지만 실제 반도체소자는 불균일 도핑 영역을 지닌다. 이러한 불균일 도핑영역에서 열평형 상태에 도달하였을 때 분석하고 고찰한다.

(1) 유도전장

그림 13.30과 같이 도너 불순물 원자들로 도핑된 반도체에서 반도체가 열평형 상태에 있으면 페르미 에너지 준위는 결정 전체에 걸쳐서 일정하다.

도핑농도는 x가 증가함에 따라 감소하고, 높은 도핑영역으로부터 낮은 영역인 $+x$ 방향으로 다수 캐리어 전자 확산이 일어난다. 그래서 음 전자의 흐름은 뒤에 양 이온화된 도너 이온을 남기게 된다. 양과 음전하의 분리는 확산과 반대방향으로 전장이 유도된다. 평형상태에 이르면 이동 가능한 캐리어 농도는 고정 불순물 농도와 정확히 같지 않고 유도전장은 더 이상 전하가 분리되지 않도록 억제한다.

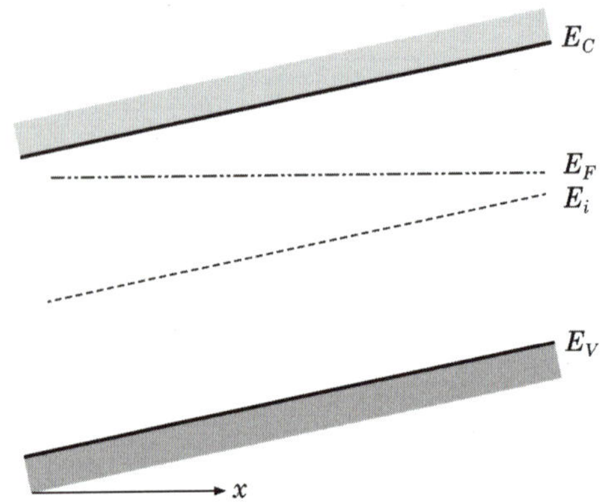

그림 13.30 불균일 도너 불순물 농도를 갖는 반도체의 열평형 상태 에너지 밴드 그림

전위 ϕ는 전자의 위치에너지와 $-q$ 관계를 가지므로 $\phi = \frac{1}{q}(E_F - E_{Fi})$이고, 1차원의 경우 전장은 정의에 의해 다음과 같다.

$$\mathrm{E_x} = -\frac{d\phi}{dx} = \frac{1}{q}\frac{dE_{Fi}}{dx} \tag{13-20}$$

진성 페르미 준위가 열평형상태에서 거리의 함수로 변하면, 전장은 반도체 내에서 존재한다. 만약 전자농도가 거의 도너 불순물 농도와 같은 준 중성조건(quasi-neutral condition)을 가정하면

$$n_0 = n_i \exp\left[\frac{E_F - E_{Fi}}{kT}\right] \approx N_d(x) \tag{13-21}$$

$$E_F - E_{Fi} = kT \ln\left(\frac{N_d(x)}{n_i}\right) \tag{13-22}$$

이다. 페르미 준위는 열평형상태에서 일정하므로 x에 대해 미분하면 $-\frac{dE_{Fi}}{dx} = \frac{kT}{N_d(x)}\frac{dN_d(x)}{dx}$이고 다음 식에 대입하면

$$\mathrm{E_x} = -\frac{d\phi}{dx} = \frac{1}{q}\frac{dE_{Fi}}{dx} = -\left(\frac{kT}{q}\right)\frac{1}{N_d(x)}\frac{dN_d(x)}{dx} \tag{13-23}$$

이므로 전장이 있고, 불균일 도핑 된 반도체 내에 전위차가 발생한다.

> 개방된 열평형상태의 반도체시료가 전자농도의 불균일로 확산전류가 생기면 농도 기울기에 의한 전위차로 생긴 유동전류로 제거된다. 그리고 전자농도가 정공농도보다 커기 때문에 전자 유동전류가 정공 유동전류보다 커다.

예제 13-8

상온에서 실리콘의 시편의 도핑농도가 $0 \le z \le 1\mu\mathrm{m}$ 에서 $N_d(z) = 10^{16} - 10^{19}z[\mathrm{cm}^{-3}]$일 때 $z=0$에서 전장을 구하여라.

| 풀이 |

$E_z(z) = -\left(\frac{kT}{q}\right)\frac{1}{N_d}\frac{dN_d(z)}{dz} = -(0.0259)\frac{(-10^{19})}{10^{16}-10^{19}z}$ 이므로 $z=0$에서 $E_z(z=0)=25.9[\mathrm{V/cm}]$

예제 13-9

상온에서 실리콘의 시편의 전자분포가 $0 \sim 100\mu m$에서 선형적으로 $10^{15} \sim 10^{16}[\mathrm{cm^{-3}}]$으로 변한다. 열평형에서 전위 ϕ, 전자 확산전류밀도를 구하여라. 이때 $D_n = 26\mathrm{cm^2/s}$이다.

| 풀이 |

(a) $\phi = \frac{kT}{q}\ln\frac{n}{n_i} = 0.026\ln\left(\frac{n(x)}{10^{10}}\right)$에서 $10^{15}[\mathrm{cm^{-3}}]$일 때 $\phi = 299m\mathrm{V}$이고 $10^{16}[\mathrm{cm^{-3}}]$일 때 $\phi = 359m\mathrm{V}$

(b) $J_{n,diff} = qD_n\frac{dn}{dx} = (1.6\times10^{-19})(26)\left(\frac{9\times10^{15}}{10^{-2}}\right) = 3.7[\mathrm{A/cm^2}]$

예제 13-10

전장을 인가한 반도체의 에너지 밴드 다이어그램이다. 영역-1과 영역-2의 전자의 전위 대소를 비교하고 전장의 방향을 각각 나타내어라

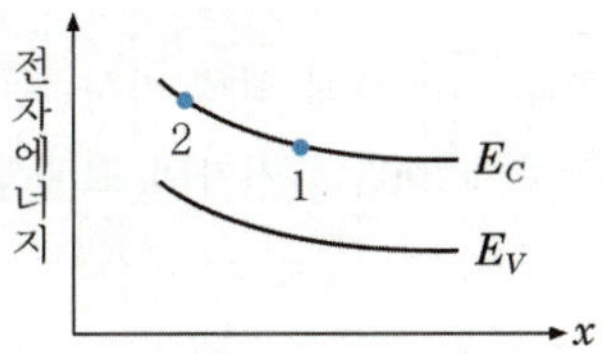

(a)

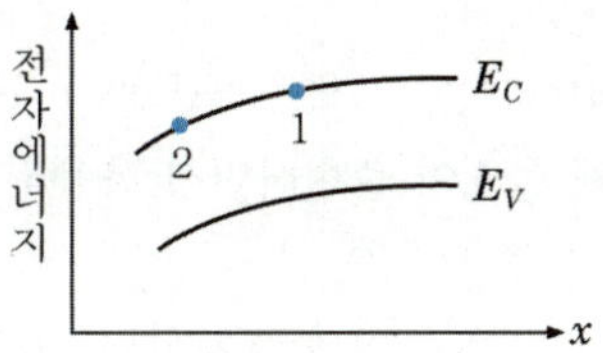

(b)

| 풀이 |

(a) 밴드이론으로 $-qV_1 < -qV_2$이므로 $V_1 > V_2$, 전자농도는 $n_1 > n_2$이므로 이온화 되면 영역-1이 더 +를 띈다. 그래서 전장은 영역-1에서 영역-2 방향이다.

(b) 밴드이론으로 $-qV_1 > -qV_2$이므로 $V_1 < V_2$, 전자농도는 $n_1 < n_2$이므로 이온화 되면 영역-2이 더 +를 띈다. 그래서 전장은 영역-2에서 영역-1 방향이다.

(2) 아인스타인 관계식

비균일 도핑된 반도체에서 인가 전장이 없고, 열평형상태라고 가정하면 전자와 정공의 전류는 '0'이므로

$$J_n = 0 = q\mu_n n E_x + qD_n\frac{dn}{dx} \tag{13-24}$$

이다. 준 중립성에 의해 $n \approx N_D(x)$이면

$$J_n = 0 = q\mu_n N_D(x) E_x + qD_n\frac{dN_D(x)}{dx} \tag{13-25}$$

이고, 전장에 식 (13-22)를 대입하면

$$0 = -q\mu_n N_D(x)\left(\frac{kT}{q}\right)\frac{1}{N_D(x)}\frac{dN_D(x)}{dx} + qD_n\frac{dN_D(x)}{dx} \tag{13-26}$$

이며 정리하면 $\frac{D_n}{\mu_n} = \frac{kT}{q}$ 이 된다. 정공전류도 같은 방법으로 유도하면 $\frac{D_p}{\mu_p} = \frac{kT}{q}$ 이다. 따라서 유동 및 확산을 위한 특성상수인 전하 확산계수 및 전하 이동도는 $\frac{D_n}{\mu_n} = \frac{D_p}{\mu_p} = \frac{kT}{q}$ 의 열역학적인 유사성 관계가 있으며 이를 아인스타인 관계식(Einstein's relation)이라 한다.

예제 13-11

상온에서 Ge의 정공 이동도가 1,900[cm^2/V·s]일 때 확산계수를 구하여라.

| 풀이 |

$\frac{D_p}{\mu_p} = \frac{kT}{q}$ 에서 $\frac{D_p}{1{,}900} = 0.026$ 이므로 $D_p = 49.4$[cm^2/s]

13.6 홀 효과

홀 효과(Hall effect)는 1879년 홀(Edwin Hall, 1855~1938)에 의해 박사논문에서 발표되었다. 1950년대에 반도체 물질이 출현하면서 응용되기 시작하여 1965년 저가의 고체상태 센서에 본격적으로 이용되었다.

홀효과는 전장과 자장에 의해 움직이는 전하가 받는 힘의 결과로 나타나며 반도체의 N-형 혹은 P-형을 구분하고, 다수캐리어 농도와 다수캐리어 이동도를 측정할 수 있다.

그림 13.31과 같이 길이가 ℓ[m], 두께가 d[m], 폭이 W[m]인 P-형 소재판에 x-방향으로 전류 I_x가 흐르도록 전압을 인가하고 전류의 수직방향인 z-방향으로 자속밀도 B_z가 통과되도록 설치한다. 이때 qv_xB_z의 자기력이 $-y$ 방향으로 작용하여 전자 혹은 정공의 경로는 편향되고 폭 방향으로 전장이 유도된다.

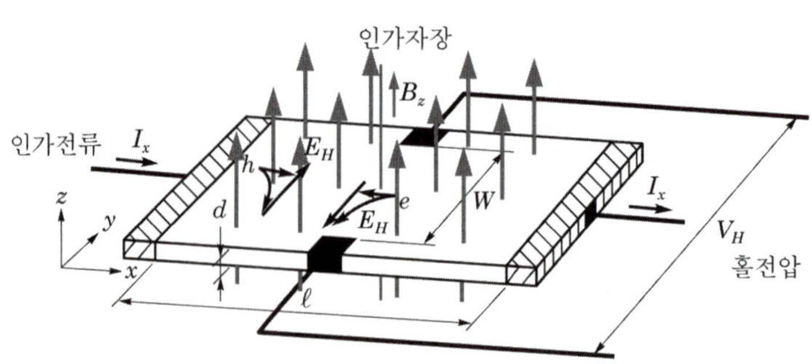

그림 13.31 홀효과 측정

P-형 반도체($p_0 > n_0$)인 경우 $y=0$의 반도체 표면에 양의 전하가 쌓이고, N-형 반도체($p_0 < n_0$)인 경우 $y=0$의 반도체 표면에 음의 전하가 쌓인다. 총 전하는 y-방향으로 전장을 유도한다.

정상상태에서 자기력과 유도 전기력이 정확하게 균형을 이룰 때 로렌츠 힘은

$$\boldsymbol{F} = q(\mathrm{E} + \boldsymbol{v}\times\boldsymbol{B}) = 0, \quad F_y = q(\mathrm{E_y} - v_x B_z) = 0 \tag{13-27}$$

이므로 $q\mathrm{E_y} = qv_x B_z$이 된다. y-방향으로 유도된 전장은

$$\mathrm{E_y} = v_x B_z \ [\mathrm{V/m}] \tag{13-28}$$

이고, 이를 홀 전장이라 부른다.

y-방향으로 유도된 홀 전장($\mathrm{E_y} = \mathrm{E_H}$)은 홀 전압, $V_H = +\mathrm{E_y} W = v_x B_z W\,[\mathrm{V}]$을 발생시키고, 여기서 홀 전장이 $+y$ 방향이면 홀 전압은 양의 극성을 가진다.

P-형 반도체인 경우 유동속도는

$$v_{dx} = \frac{J_x}{qp_0} = \frac{I_x}{qp_0 Wd} \ [\mathrm{cm/s}] \tag{13-29}$$

이므로 홀 전압은

$$V_H = \left(\frac{I_x}{qp_0 Wd}\right) B_z W = \left(\frac{1}{qp_0}\right)\frac{I_x B_z}{d} = R_H \frac{I_x B_z}{d} \ [\mathrm{V}]$$

이고, 여기서 p_0은 정공밀도, q는 전하량($1.6\times10^{-19}\,[\mathrm{C}]$), R_H는 홀 계수이다. 홀 전압을 측정하면 자장의 세기와 전류의 크기로부터 다수캐리어 정공의 농도 p_0를 결정할 수 있다.

$$p_0 = \frac{1}{qR_H} = \frac{I_x B_z}{qV_H d} \ [\mathrm{cm^{-3}}] \tag{13-30}$$

같은 방법으로 N-형 반도체인 경우 홀 전압과 전자의 농도는

$$V_H = -\left(\frac{1}{qn_0}\right)\frac{I_x B_z}{d} \ [\mathrm{V}]$$

$$n_0 = -\frac{I_x B_z}{qV_H d} \ [\mathrm{cm^{-3}}] \tag{13-31}$$

이고, N-형 반도체인 경우 홀 전압은 음(-)이므로 전자농도는 양(+)의 크기가 된다.

다수캐리어 농도를 구했고 낮은 전장 다수 캐리어 이동도 μ을 구할 수 있다. P-형 반도체인 경우 $J_x = qp_0\mu_p \mathrm{E_x}$이므로 전류밀도와 전장을 전류와 전압으로 바꾸면

$$\frac{I_x}{Wd} = \frac{qp_0\mu_p V_x}{\ell}$$

이므로 정공의 이동도는

$$\mu_p = \frac{I_x \ell}{qp_0 V_x Wd} = \frac{\sigma}{qp_0} = \frac{1}{qp_0 \rho} \ [\mathrm{cm^2/V \cdot s}] \tag{13-32}$$

이고, 전도도 σ와 저항률 ρ는 다음과 같다.

$$\rho = \frac{1}{\sigma} = R_x \frac{Wd}{\ell} = \frac{V_x / I_x}{\ell / Wd} \ [\Omega \cdot \mathrm{cm}] \tag{13-33}$$

N-형 반도체인 경우 전자의 이동도, $\mu_n = \dfrac{I_x \ell}{qn_0 V_x Wd} = \dfrac{\sigma}{qn_0} = \dfrac{1}{qn_0 \rho}$ $[\mathrm{cm^2/V \cdot s}]$

예제 13-12

두께가 $10\mu\mathrm{m}$ 이고 농도가 $10^{16}/\mathrm{cm}^3$ 인 P-형 실리콘반도체 시편에 $I_x = 1m\mathrm{A}$, $B_z = 1000[\mathrm{G}]$ 인가 시 홀 전압을 구하여라.

| 풀이 |

$B_z = 1000[\mathrm{G}] = 1000 \cdot 10^{-8} = 10^{-5}$ $[\mathrm{Wb/cm^2}]$,

홀 계수, $R_H = \dfrac{1}{qp_0} = \dfrac{1}{1.6 \cdot 10^{-19} \cdot 10^{16}} = 625[\mathrm{cm^3/C}]$

홀 전압, $V_H = R_H \dfrac{I_x B_z}{d} = \dfrac{625 \cdot 10^{-3} \cdot 10^{-5}}{10 \cdot 10^{-6} \cdot 100} = 6.25[m\mathrm{V}]$

연습문제

13.1 수소 원자 모형에서 주양자수 $n=4$에서 $n=1$로 천이될 때 방출되는 에너지(eV)와 파장(m)을 구하여라.

13.2 주양자수 $n=3$일 때 방위양자수 ℓ, 자기양자수 m, 껍질에 채워질 수 있는 총 전자의 수를 구하여라.

13.3 상온에서 진성 실리콘의 저항률을 구하여라. 단 상온에서 전자 이동도는 1,500[cm^2/V · s], 정공 이동도는 480[cm^2/V · s], 진성농도는 $n_i=10^{10}$[1/cm^3]이다.

13.4 상온에서 N-형 게르마늄 반도체의 $N_D=10^{15}$[cm^{-3}], $N_A=0$일 때 열평형상태에서 전자와 정공의 농도를 구하여라. 단 진성 캐리어 농도 $n_i=10^{13}$[cm^{-3}]이라고 가정한다.

13.5 상온에서 P-형 실리콘 반도체의 $N_A=10^{16}$[cm^{-3}], $N_D=0$일 때 열평형상태에서 전자와 정공의 농도를 구하여라. 단 진성 캐리어 농도 $n_i=10^{10}$[cm^{-3}]이라고 가정한다.

13.6 실리콘의 비저항은 600Ω·m이다. 실리콘의 직경을 1mm의 선으로 만든다고 할 때 실리콘 선의 단위길이 당 저항값을 구하여라.

13.7 상온에서 실리콘($E_g=1.12$eV)에 도너원자, $N_D=3\times10^{15}$[cm^{-3}], 엑셉터 원자, $N_A=2\times10^{15}$[cm^{-3}]로 도핑 했다. 반도체 종류(P-형 혹은 N-형)와 페르미 위치를 구하여 에너지 밴드 다이어그램에 그려보아라.

13.8 상온에서 저농도로 도핑한 반도체인 경우 빈칸의 이동도와 확산계수의 수치를 채워보아라.

재료	Si (실리콘)	GaAs (갈륨비소)
μ_n[cm^2/V·s]	1350	
D_n[cm^2/s]		220
μ_p[cm^2/V·s]		400
D_p[cm^2/s]	12.4	

13.9 전자 이동도 $\mu_n=300$[cm^2/V·s], 정공 이동도 $\mu_p=120$[cm^2/V·s], 정공농도 $n=10^{18}$/cm^3, 전자농도 $p=10^{10}$/cm^{3}인 균일하게 도핑된 실리콘 막대에 $+x$ 방향으로 10^3[V/cm] 전장을 인가하였다. 전체전류밀도를 구하여라.

13.10 상온에서 실리콘의 시편의 도핑농도가 $0\le z\le 0.5\mu$m에서 $N_d(z)=10^{15}-10^{18}z$[cm^{-3}]일 때 $z=0$에서 전장을 구하여라.

13.11 상온에서 실리콘의 시편의 정공분포가 0 ~ 10μm에서 선형적으로 $10^{14}\sim10^{15}$[cm^{-3}]으로 변한다. 열평형에서 전위 ϕ, 정공 확산전류밀도를 구하여라. 이때 $D_p=13$cm^2/s이다.

13.12 홀 센서 구조에서 두께가 5μm이고 농도가 10^{17}/cm^{3}인 N-형 실리콘반도체 시편에 $I_x=1$mA, $B_z=2000$[G] 인가 시 홀 전압을 구하여라.

14

Chapter

PN 접합 다이오드

14.1 반도체 PN 접합 다이오드

(1) 다이오드의 동작

그림 14.1과 같이 P-형 반도체와 N-형 반도체를 접합시켜 접합 다이오드를 만들 경우, 한 방향으로만 전류를 잘 흐르게 하는 전기적인 특성을 가진다.

그림 14.2와 같이 N-형에 전지의 음(-)단자를, P-형에 전지의 양(+)단자를 연결하여 전류를 흐르게 하는 경우를 순방향 바이어스(forward bias)라 부른다. 이 경우 자유전자와 정공이 반발하여 PN-접합을 넘어 재결합으로 중성이 되어 소멸하고, 전지로부터 자유전자는 계속 보충된다. 자유전자의 이동은 N형→접합→P형→전지의 양(+)단자 방향이고, 이 흐름이 큰 순방향 전류가 된다. 이 접속의 경우 전류가 잘 흘러 다이오드는 적은 순방향 저항을 갖게 된다.

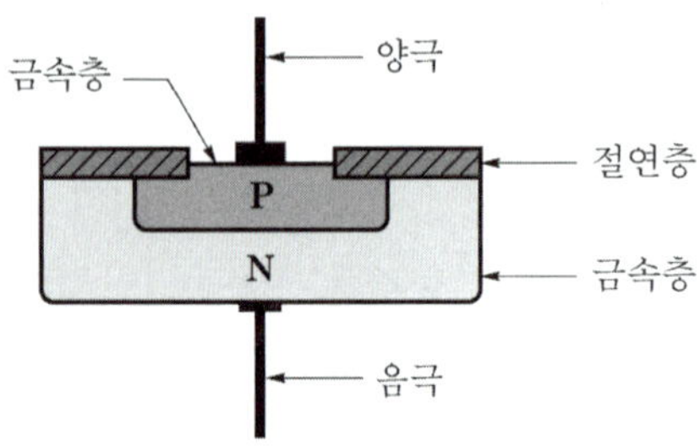

그림 14.1 PN-다이오드 단면도

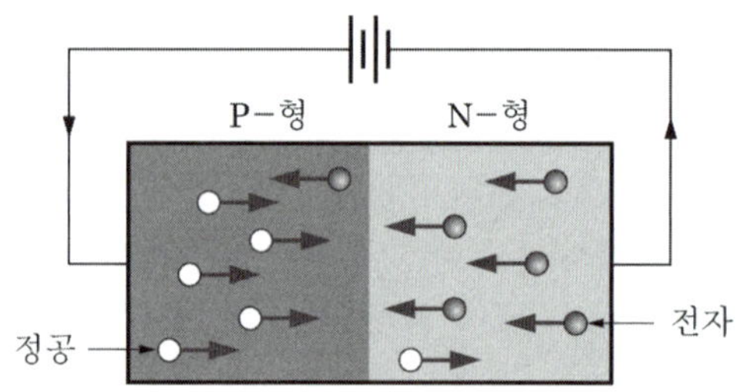

그림 14.2 PN-다이오드의 순방향 바이어스

그림 14.3과 같이 역방향 바이어스(reverse bias) 접속의 경우 전지의 양(+)단자가 N-형 반도체의 자유전자를 끌어당겨 PN 접합면으로부터 멀어지게 되고 접합면에 공핍층이 확장된다. 또 전지의 음(-)단자는 P-형 내의 정공을 끌어당겨 PN 접합면에서 멀어지게 한다. 이 경우 자유전자와 정공의 결합이 없어 다이오드의 다수캐리어는 전류의 흐름에 기여하지 못하고, 소수캐리어인 N-형의 정공, P-형의 자유전자에 의해 아주 소량의 전류만이 흐른다. 이는 전지극성이 소수캐리어에 대해 전류흐름을 유도하는 방향이기 때문이다. 소수캐리어에 의한 전류는 수 μA 크기이며, 역방향 바이어스 경우 다이오드는 역방향 저항이 크게 나타난다.

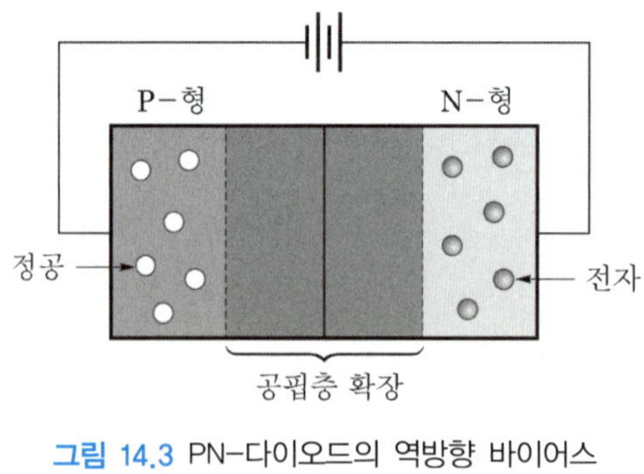

그림 14.3 PN-다이오드의 역방향 바이어스

그림 14.4(a)는 반도체 PN 다이오드의 기호이다. 화살 표시된 양극단자는 P-형 반도체에 연결되고, 음극 표시된 부분은 N-형 반도체에 연결된다. 이 다이오드에 전류가 흐르기 위해 순방향 바이어스 접속이 되도록 전지 양(+)단자는 양극에, 음(-)단자는 음극에 연결되어야 한다. 다이오드의 음극 끝에는 원형 띠로 표시되어 있지만 표시가 없어도 저항검사에 의해 간단하게 양극과 음극을 결정할 수 있다.

그림 14.4(b)는 IC 다이오드 단면도이며 P-기판을 시작으로 다이오드의 경계를 N-우물로 만들어 기판에 역 바이어스 시킨다.

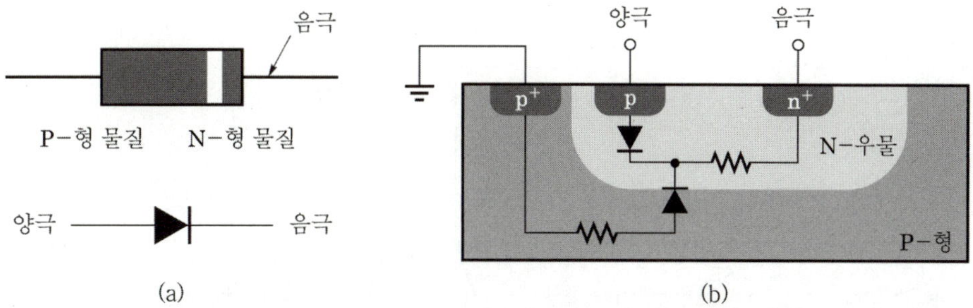

그림 14.4 반도체 PN 다이오드 (a) 기호 (b) IC 다이오드 단면

(2) 순방향 전압-전류 특성

다이오드에 인가된 전압의 변화에 따라 어떻게 전류가 흐르는가를 보여주는 다이오드의 전압-전류 특성은 다이오드에 인가전압을 점진적으로 증가하여 흐르는 전류를 측정하고, 전압 대 전류 측정 자료를 그래프에 그릴 수 있다.

Si 다이오드는 순방향 바이어스전압이 0.7V 미만일 때 적은 전류가 흐르고, 순방향 바이어스전압이 0.7V 이상일 때 다이오드는 동작하기 시작하여 전류가 흐르게 된다. 순방향 바이어스전압이 0.7V 이상인 경우 조금만 전압이 상승하여도 다이오드의 전류는 크게 증가한다. 그림 14.5는 Si과 Ge 다이오드의 대표적인 순방향 전압-전류 특성곡선이고, 다이오드 전류 식은

$$I(V_a) = I_s\left(e^{qV_a/kT} - 1\right) \tag{14-1}$$

이며 V_a는 다이오드 인가전압이고 I_s는 역방향 포화전류이며 상온에서 $kT/q = 0.026\text{V}$ 이다.

순방향 영역에서 전류가 갑자기 증가하기 시작하는 전압을 문턱(threshold, offset, knee, barrier)전압이라 한다. 문턱전압의 값은 Si 다이오드인 경우 0.7V, Ge 다이오드는 0.3V이다.

항복전압에 이르기까지 다이오드를 역방향 바이어스 시키면 전압값에 무관하게 소수 캐리어에 의한 적은 전류가 비교적 일정하게 흐른다. 그러나 계속 역방향 바이어스를 증가시키면 고 에너지 전자에 의한 애벌란시항복(avalanche breakdown)이 생겨 매우 큰 전류가 흐르고, 다이오드를 파괴시킬 수 있다. 그래서 다이오드는 이 안전영역 내에서 동작시켜야 하고, 안전동작 한계는 생산자에 의해 최대 순방향전압(V_{FM}), 최대 역방향전압(V_{RM}), 최대 순방향 허용전류(I_{FM})이하로 규정되어 제공한다.

실리콘 다이오드 문턱전압 V_{th}의 온도특성은 $-2m\text{V}/℃$ 이다. 순방향 전류가 일정한 상태에서 온도 1℃ 증가할 때 문턱전압이 $2m\text{V}$ 적어진다. 역방향포화전류 I_s의 온도특성은 10℃ 증가할 때 마다 약 2배 증가, $I_s(T_1+\Delta T) \propto I_s(T_1)2^{\frac{\Delta T}{10}}$ 이다.

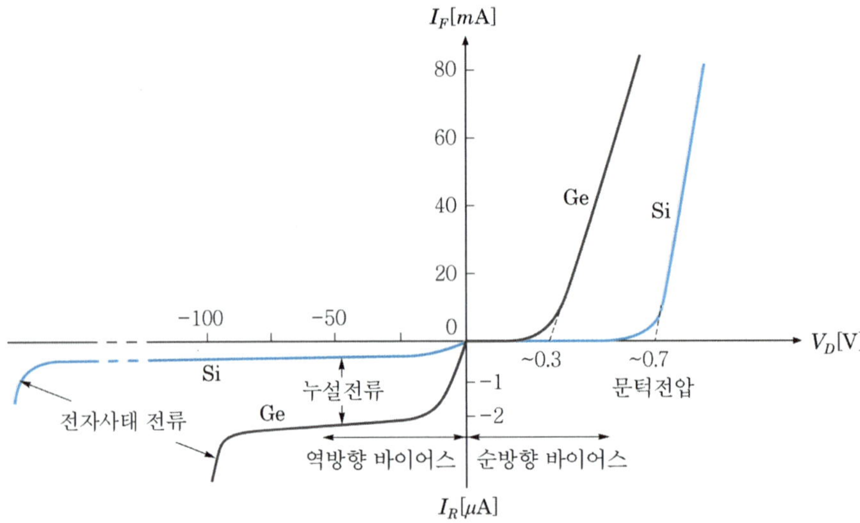

그림 14.5 Si과 Ge 접합 다이오드의 전압-전류 특성

(3) 다이오드의 동작점 구하는 방법

그림 14.6과 같은 간단한 다이오드회로에서 다이오드가 순방향 바이어스 된 경우 KVL을 사용하면 $V_{DD}=I_DR+V_D$이고, 다이오드 전압-전류식은 $I_D=I_S\left(e^{\frac{V_D}{nV_T}}-1\right)$이며 여기서 이상계수 n, 역방향 포화전류 I_S(보통 $10^{-15}\sim10^{-13}$A), V_T(상온에서 26mV)는 안다고 가정한다. 그때 모르는 변수는 다이오드 전압 V_D, 다이오드 전류 I_D이므로

$$V_D=V_{DD}-I_SR\left(e^{\frac{V_D}{nV_T}}-1\right) \tag{14-2}$$

이 되고 이 식은 미지수의 대수식만으로 나타낼 수 없는 초월방정식(implicit 함수)이다. 그래서 동작점을 구하는 방법을 다음과 같다.

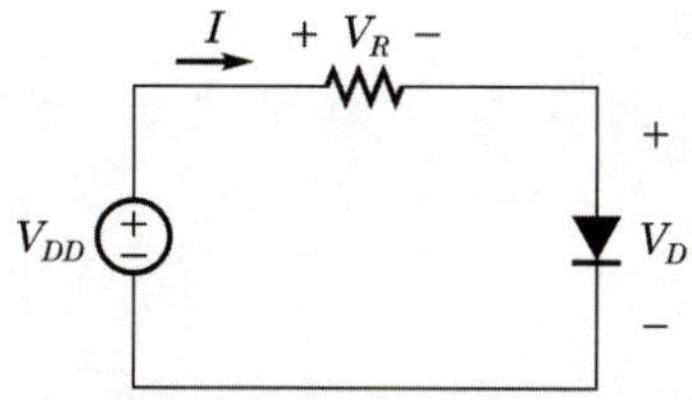

그림 14.6 다이오드 회로

① 그래프 방법을 이용한 해석

그림 14.7과 같이 다이오드 전압-전류 특성곡선과 부하선을 동시에 그려 교차점이 동작점이 된다. 이때 특성곡선과 부하선의 교차점은 다이오드 전압 V_D, 다이오드에 흐르는 전류 I_D이다.

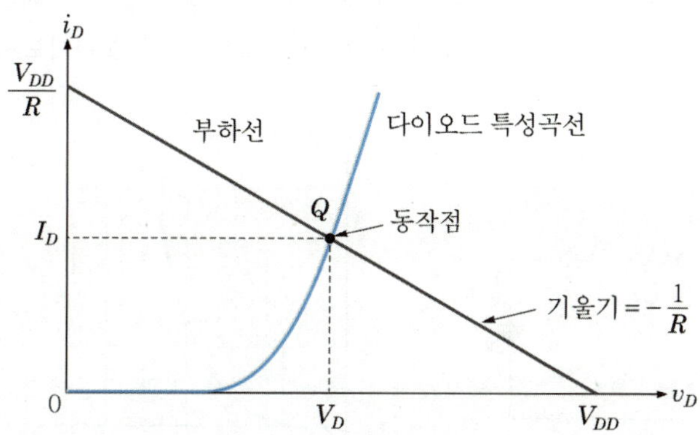

그림 14.7 그래프 방법

부하선과 수평축 교점은 전원전압 V_{DD}이며 부하선과 수직축 교점은 V_{DD}/R이다. 그래서 그림 14.8과 같이 전원 V_{DD}와 저항 R의 크기가 변화할 때 부하선이 어떻게 이동하는 지 나타내었다.

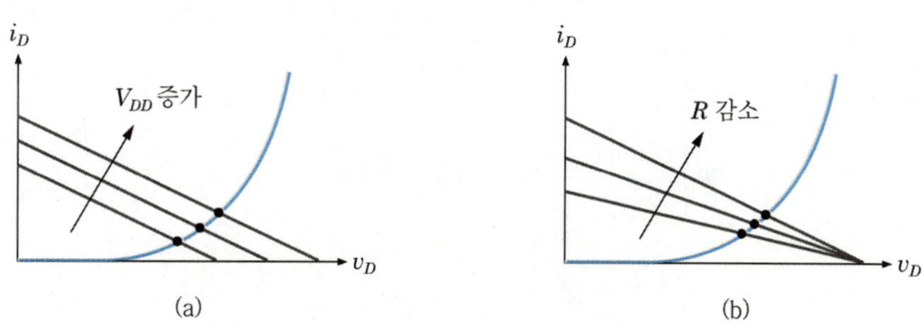

그림 14.8 부하선의 변화 (a) V_{DD} 변화 (b) R 변화

② 수치해석적인 방법

Matlab, Mathematica, Mathcad 등을 이용해서 컴퓨터를 사용해 계산한다.

③ 시뮬레이션 툴 이용한 해석

SPICE, Agilent의 ADS(Advanced Design System) 등을 사용하여 시뮬레이션을 하면 다이오드 전압과 전류값을 구할 수 있다.

④ 반복적인 해석

초기값을 임의로 준 후 반복적(iterative)으로 정답을 계산하여 찾아가는 방법이다.

⑤ 다이오드를 근사화한 해석

손으로 계산하기 위해 다이오드를 근사화된 모델로 바꾸어서 쉽게 대략적인 다이오드 전압과 전류값을 구한다.

예제 14-1

그림 (a)와 같은 LED회로에서 다이오드의 전압-전류특성이 그림 (b)일 때 다이오드에 걸리는 전압과 흐르는 전류를 구하여라.

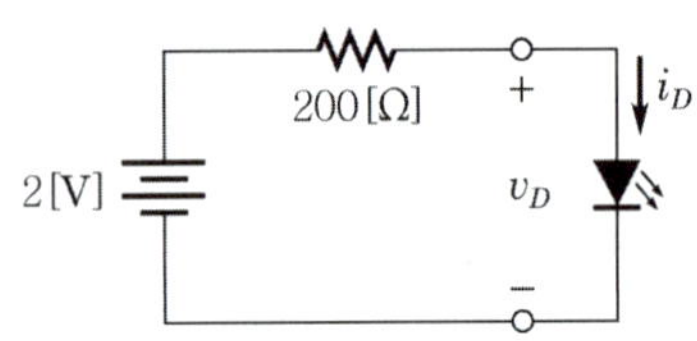

(a)

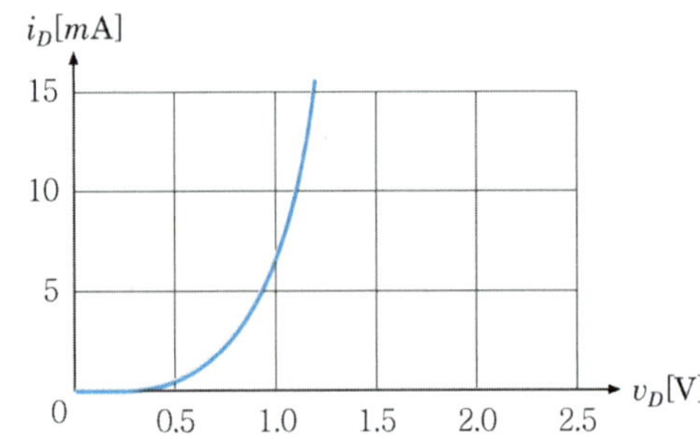

(b)

| 풀이 |

(a) $v_D = 0\text{V}$ (단락회로)이면 $i_D = \dfrac{2}{200} = 10mA$ (b) $i_D = 0\text{A}$ (개방회로)이면 $v_D = 2\text{V}$

(c) 부하선을 그리면 부하선과 다이오드 특성곡선과의 교점은 $v_D = 0.95\text{V}, i_D = 5.5mA$ 이다.

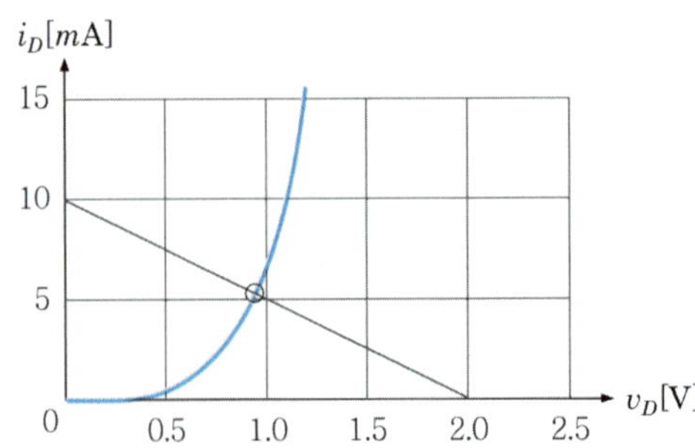

〈예제 해답〉

(4) 순방향 직류저항과 교류저항

그림 14.9처럼 다이오드의 순방향 특성곡선-a에서 직선-c의 기울기의 역수는 점 P에서 직류(dc)저항이고, 직선-b 즉 점 P에서 접선의 기울기의 역수는 교류(ac)저항이다. 교류 다이오드회로 분석 시 동작점 P에서 교류저항이 중요한 매개변수가 된다.

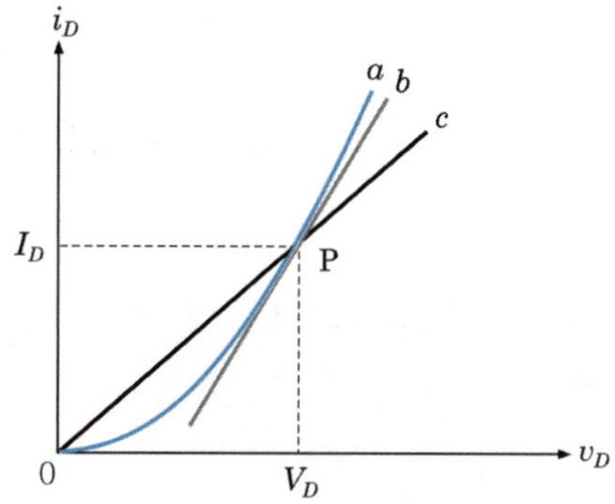

그림 14.9 다이오드 순방향 직류저항과 교류저항

표 14.1은 일반적으로 반도체 소자의 저항인 직류저항, 교류저항, 평균교류저항 등을 요약하였다.

표 14.1 반도체소자 저항

종류	수식 및 설명	그림설명
직류(static) 저항	$r_{DC} = V_D/I_D$ 한 점(동작점)에서 원점 사이 기울기	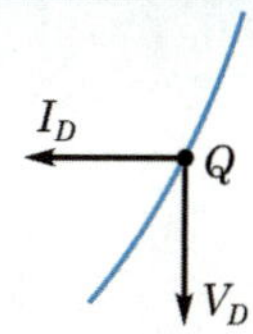
교류(dynamic) 저항	$r_d = \dfrac{\Delta v_D}{\Delta i_D} = \dfrac{26m\mathrm{V}}{I_D}$ 동작점에서 접선의 기울기	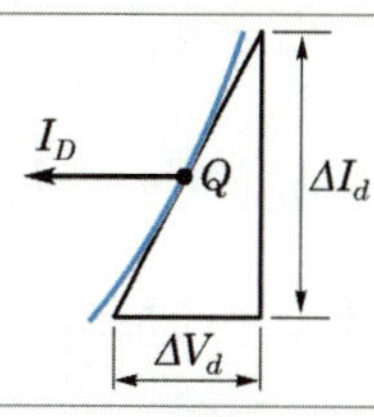
평균 교류저항	$r_D = \dfrac{\Delta v_D}{\Delta i_D}\Big\vert_{\text{점}-\text{점}}$ 두 점 사이의 기울기	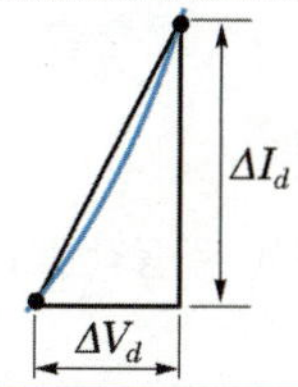

예제 14-2

0.2V 에서 동작하는 다이오드는 상온에서 동작하고 역포화전류 $I_0 = 0.1\mu A$ 이다. 이때 다이오드에 직류저항을 구하여라.

| 풀이 |

$V_D = 0.2V$ 일 때 $I_D = I_0(e^{V_D/V_T} - 1) = 0.1 \times 10^{-6}(e^{0.2/0.026} - 1) = 0.22mA$ 이므로

$$r_{DC} = \frac{V_D}{I_D} = \frac{0.2}{0.22m} = 909\Omega$$

예제 14-3

다음과 같은 전압-전류 특성의 다이오드의 직류저항을 구하여라.

(a) $I_D = 1mA$ (b) $I_D = 10mA$ (c) $V_D = -10V$

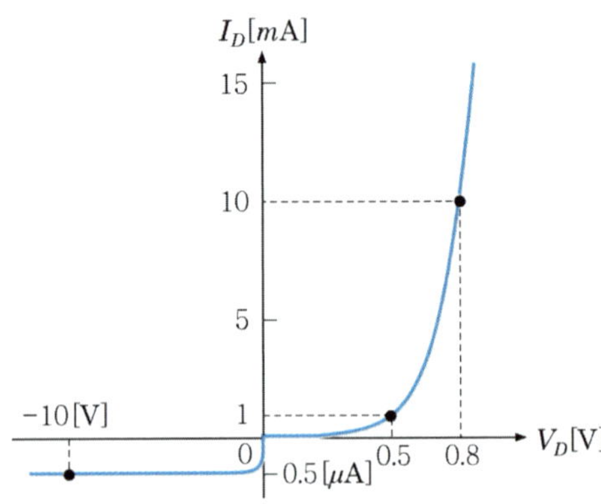

| 풀이 |

(a) 곡선에서 $I_D = 1mA$, $V_D = 0.5V$ 이므로 $r_{DC} = \frac{V_D}{I_D} = \frac{0.5}{1m} = 500\Omega$

(b) 곡선에서 $I_D = 10mA$, $V_D = 0.8V$ 이므로 $r_{DC} = \frac{V_D}{I_D} = \frac{0.8}{10m} = 80\Omega$

(c) 곡선에서 $I_D = -0.5\mu A$, $V_D = -10V$ 이므로 $r_{DC} = \frac{V_D}{I_D} = \frac{10}{0.5\mu} = 20M\Omega$

예제 14-4

예제 14-3에서 두 동작점 $I_D = 1mA$ 와 $I_D = 10mA$ 에서 평균교류저항을 구하여라.

| 풀이 |

$$r_D = \left.\frac{\Delta v_D}{\Delta i_D}\right|_{점-점} = \frac{0.8 - 0.5}{10m - 1m} = 33.3\Omega$$

예제 14-5

다이오드의 특성곡선에 두 점 (1V,30mA)과 (0.6V,5mA)에서 평균교류저항을 구하여라.

| 풀이 |

$$r_D = \frac{\Delta v_D}{\Delta i_D}\Bigg|_{점-점} = \frac{1-0.6}{30m-5m} = 16\Omega$$

예제 14-6

상온에서 다이오드의 순방향 전류 $I_D = 10mA$에서 교류저항값을 구하여라.

| 풀이 |

$$r_d = \frac{26mV}{I_D} = \frac{0.026}{10m} = 2.6\Omega$$

14.2 다이오드 근사 방법

(1) 근사 1 방법

'근사 1'은 이상적인 다이오드 모델이다. 다이오드는 순방향에서 도통이 잘 되고, 역방향에서는 잘 안 된다는 특성을 이용하면 이상적으로는 그림 14.10과 같이 순방향 바이어스일 때 다이오드는 단락(완전도체, 영전위)처럼, 역방향 바이어스일 때는 개방(완전절연체, 영전류)과 같이 동작된다. 이 근사법은 다이오드 회로해석을 빠르고 쉽게 할 수 있다.

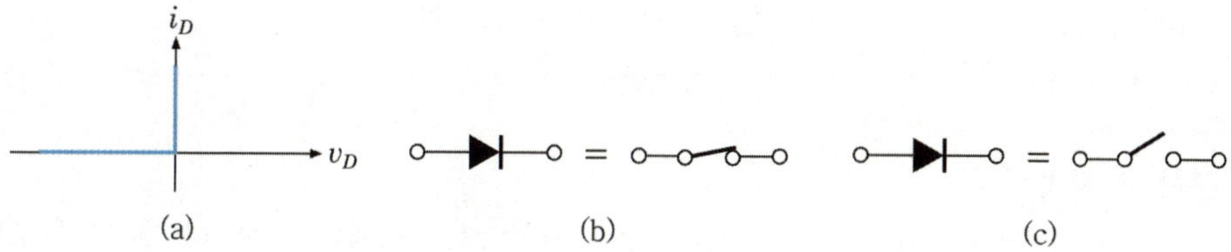

그림 14.10 근사 1 방법 (a) 전압-전류 특성 (b) 순방향 바이어스 (c) 역방향 바이어스

예제 14-7

그림 (a)와 (b)의 다이오드 회로에서 근사 1 모델에 의해 다이오드에 흐르는 전류를 구하여라.

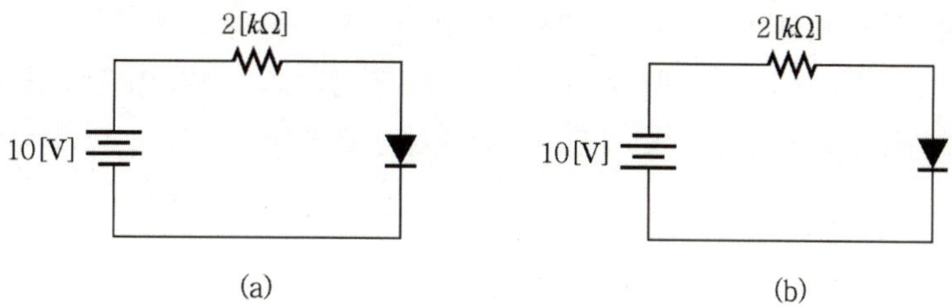

〈다이오드 바이어스 회로 (a) 순방향 (b) 역방향〉

| 풀이 |

순방향 전류 $I = \frac{10V}{2k\Omega} = 5mA$, 역방향 바이어스에서 회로에 흐르는 전류=0이다.

예제 14-8

다음 회로에서 이상적인 다이오드 모델을 사용하여 다이오드 전압과 전류를 구하여라.

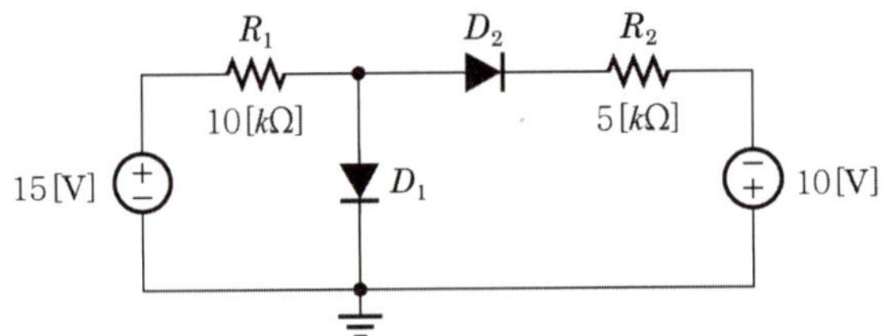

| 풀이 |

(a) D_1, D_2가 도통된 경우 $I_{R1} = \frac{15}{10k} = 1.5mA$ $I_{R2} = \frac{0-(-10)}{5k} = 2mA$이므로

$I_{D1} = I_{R1} - I_{R2} = 1.5m - 2m = -0.5m$이므로 가정한 조건과 틀린다.

(b) D_1은 도통, D_2가 차단된 경우 $I_{D2} = 0$, $V_{D2} = 0-(-10) = 10V$ (가정에 틀림)

(c) D_1, D_2가 차단된 경우 $V_{D2} = 15-(-10) = 25V$ (가정에 틀림)

(d) D_1은 차단, D_2 도통된 경우 $I_{R1} = \frac{15-(-10)}{15k} = 1.7mA$,

$V_{D1} = 15 - 10k(1.7m) = -2V < 0$이므로 가정에 맞다.

그래서 정답은 $I_{D1} = 0A$, $V_{D1} = -2V$, $I_{D2} = 1.7mA$, $V_{D2} = 0V$이다.

(2) 근사 2 방법

'근사 2'는 정전압(constant voltage drop : CVD) 다이오드 모델이다. Si 다이오드가 도통되기 위해 문턱전압 0.7V가 필요하다. 큰 전압을 입력으로 사용할 경우 0.7V는 무시하지만, 전압이 크지 않을 때는 0.7V를 계산에 포함시켜야 한다.

그림 14.11(a)는 '근사 2' 모델이며 여기서 다이오드에 0.7V 전압이 걸릴 때까지 전류가 흐르지 않고, 0.7V에서 다이오드가 도통된다는 것을 보여준다. 그러나 순방향 전류에 상관없이 Si 다이오드의 전압강하는 단지 0.7V이다(Ge 다이오드 경우는 0.3V).

그림 14.11(b)는 '근사 2'의 등가회로이며, 이는 0.7V 전압과 스위치가 직렬로 연결되어 있다. 만약 다이오드에 문턱전압 이상 전압이 인가되면 스위치는 단락회로가 되고, 다이오드는 0.7V와 같게 된다.

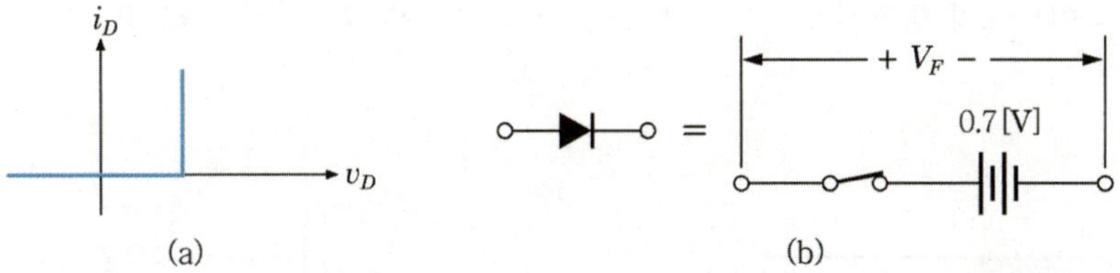

그림 14.11 근사 2 방법 (a) 전압-전류 특성 (b) 순방향 바이어스 시 등가회로

예제 14-9

그림 14.6에서 $R = 2k\Omega$ 이고 $V_{DD} = \pm 10\text{V}$ 일 때 다이오드에 근사 2를 사용하여 다이오드의 순방향 바이어스전류와 역방향 바이어스전류를 구하여라.

| 풀이 |

순방향전류, $I = \dfrac{10\text{V} - 0.7\text{V}}{2k\Omega} = 4.65m\text{A}$, 역방향전류=0이다.

예제 14-10

문턱전압이 0.7V 인 정전압 다이오드 모델을 사용하여 다음 회로에서 진폭이 10V 인 정현파를 입력에 가했을 때 출력에 흐르는 전류를 구하여라.

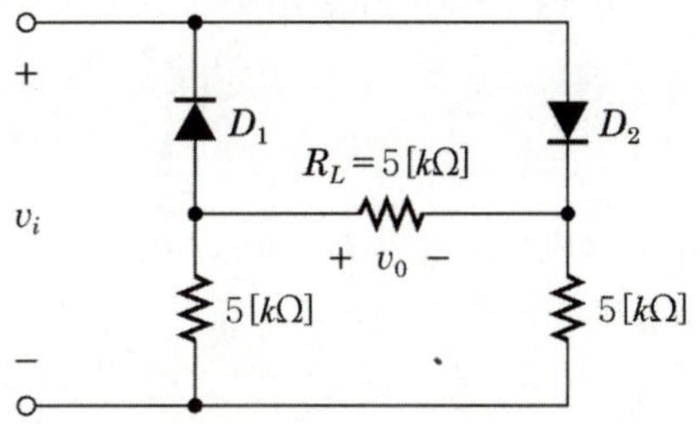

| 풀이 |

(a) 10V 일 때 D_1은 역방향이므로 개방회로이고 D_2는 순방향이고 0.7V 전압강하가 생긴다. 그래서 부하에 흐르는 전류는 $I_L = \dfrac{10 - 0.7}{5k + 5k} = \dfrac{9.3}{10k} = 0.93m\text{A}$ 이다.

(b) -10V 일 때 D_2은 역방향이므로 개방회로이고 D_1는 순방향이고 0.7V 전압강하가 생긴다. 그래서 부하에 흐르는 전류는 $I_L = \dfrac{10 - 0.7}{5k + 5k} = \dfrac{9.3}{10k} = 0.93m\text{A}$ 이다.

다이오드 전류는 문턱전압 이상에서 급격히 증가한다. 즉, 다이오드 전압이 조금 증가하여도 다이오드 전류는 크게 증가한다. 문턱전압 이상에서 다이오드에 흐르는 전류를 방해하는 저항은 그림 14.12에 나타난 P-영역과 N-영역 저항인 r_P와 r_N이다. 이 저항들의 합은

$$r_B = r_P + r_N \tag{14-3}$$

이고, 이를 다이오드의 벌크저항이라 하며 보통 r_B는 $1\sim25[\Omega]$ 범위의 값이다.

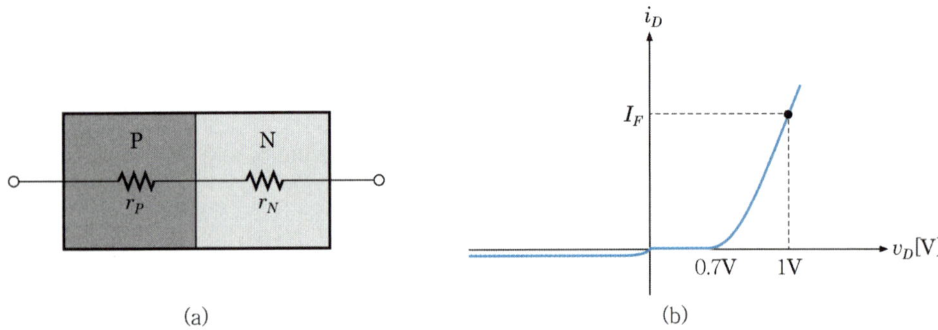

그림 14.12 Si 다이오드 (a) 벌크 저항 (b) $V_D=1\text{V}$ 시 순방향 전류

Si 다이오드의 벌크저항의 계산법은 다음과 같다. 생산자 자료에서 보통 1V에서의 순방향전류 I_F로 규정한다. Si 다이오드에서는 먼저 0.7V가 문턱전압을 초과하는데 필요하고 남은 0.3V가 다이오드의 벌크 저항에 걸린다. 따라서 벌크저항은 다음 식으로 계산할 수 있다.

$$r_B=\frac{0.3\text{V}}{I_F} \tag{14-4}$$

여기서 I_F는 다이오드 전압이 1V일 때 순방향전류이다.

예제 14-11

Si 다이오드인 1N456에서 인가전압이 1V인 경우 $I_F=40m\text{A}$이다. 벌크저항을 구하여라.

| 풀이 |

벌크저항, $r_B=\dfrac{0.3\text{V}}{40m\text{A}}=7.5\Omega$

(3) 근사 3 방법

구분적 선형(piecewise linear : PWL) 다이오드 모델인 '근사 3' 모델에서는 그림 14.13(a)처럼 다이오드 내부저항인 벌크저항 r_B를 포함하여 나타낸다. Si 다이오드가 전류를 흘리면 r_B에 전압을 강하시키고, 전류를 크게 증가시키려면 전압을 증가시켜야 한다.

'근사 3'에 따른 등가 회로는 그림 14.13(b)처럼 스위치, 0.7V 전지, r_B 저항이 직렬로 연결된다. 외부회로가 다이오드에 문턱전압 이상 전원을 인가하면 전류가 벌크저항을 통해 흐르게 된다.

'근사 1'은 이상적인 다이오드라는 가정에서 어떻게 동작하는가를 쉽게 알 수 있도록 해준다. 만일 0.7V가 전원전압과 비교하여 고려해야 할 정도의 값이라면 '근사 2'를 사용하고, 벌크 저항이 회로 저항과 비교하여 고려해야 할 범위의 값이라면 '근사 3'을 사용한다.

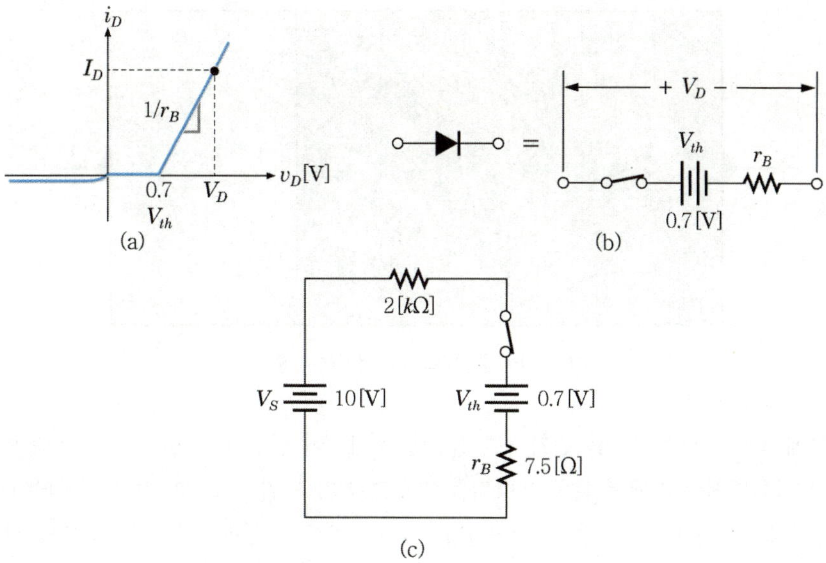

그림 14.13 근사 3 방법 (a) 전압-전류 특성 (b) 순방향 바이어스 시 등가회로 (c) 예제 회로

예제 14-12

그림 14.6에서 $R = 2k\Omega$이고 $V_{DD} = +10\text{V}$이며 다이오드의 벌크저항이 7.5Ω이다. 근사 3을 사용하여 회로에서 전류를 구하고 세 가지 근사법의 전류를 비교하여라.

| 풀이 |

등가 대치하면 이 회로전류는 $I = \dfrac{10\text{V} - 0.7\text{V}}{2k\Omega + 7.5\Omega} = \dfrac{9.3\text{V}}{2007.5\Omega} = 4.63m\text{A}$이다. 세 가지 근사법을 사용하여 회로를 해석해 보면 근사 1은 $I = 5m\text{A}$, 근사 2는 $I = 4.65m\text{A}$, 근사 3은 $I = 4.63m\text{A}$이다.

14.3 애벌란시항복 및 제너항복

그림 14.14와 같이 역방향 전압이 커지면 공핍층 내의 전장이 강해진다. 공핍층에 유입된 캐리어는 전장에 의해 높은 에너지를 얻어 공핍층 내의 다른 원자와 충돌하여 전자-정공 쌍(EHP)을 발생시킨다. 발생한 전자-정공 쌍은 다시 전장에 의해 가속되어 다시 원자와 충돌하는 과정을 반복한다. 그래서 캐리어가 기하급수적으로 증가하고 이를 애벌란시항복(avalanche breakdown)이라 한다.

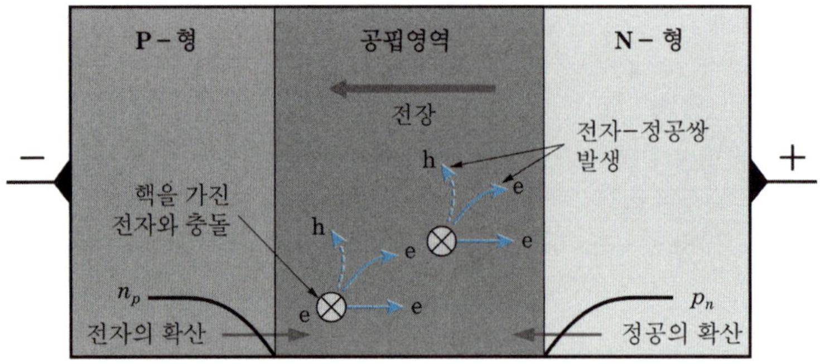

그림 14.14 PN 다이오드의 애벌란시 항복 원리

PN-접합에 역방향 바이어스를 인가하면 접합에 공핍층이 생성하고, 공핍층의 전자가 원자의 가전대 전자를 자유롭게 하기에 충분한 에너지를 가지면 격자의 원자로 에너지가 전달되어 충돌에 의해 전자-정공쌍이 발생하여 이온화가 일어난다. 이것은 밴드 그림에서는 그림 14.15와 같이 수직천이로 나타내고, 공핍층 폭이 평균자유경로보다 클 때 많은 충돌이 일어난다.

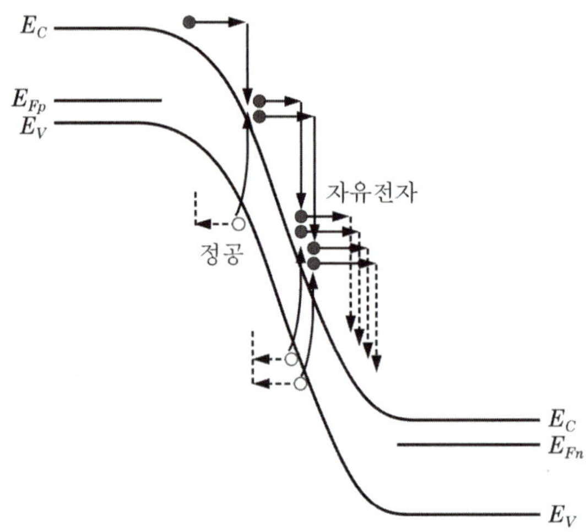

그림 14.15 애벌란시 항복의 밴드 그림

원래 전자는 P-형에서 전도대까지 에너지를 받아 올라간 다음 전도대 상에서 N-형으로 이동한다. 하지만 제너다이오드는 도핑농도가 높고 역방향전압이 커지면 그림 14.16과 같이 N-형 전도대가 P형의 가전대보다 낮게 되어 P형 전자가 N형으로 바로 이동한다. 에너지 장벽을 넘어 통과하는 터널링(tunneling)이 발생한다. 애벌란시 항복은 의도한 결과가 아니지만 제너항복은 도핑을 조절하여 항복전압을 의도적으로 조절하여 정전압 기능을 할 수 있다.

한 단면에 채워진 상태와 다른 단면에 비워진 상태 사이 전위장벽이 양자 역학적으로 충분하게 얇아지면 P 단면에 가전대와 N 단면의 전도대로 전자가 터널링이 일어난다. 이것은 밴드그림에서 같은 에너지 준위에서 수평적인 천이가 일어난다.

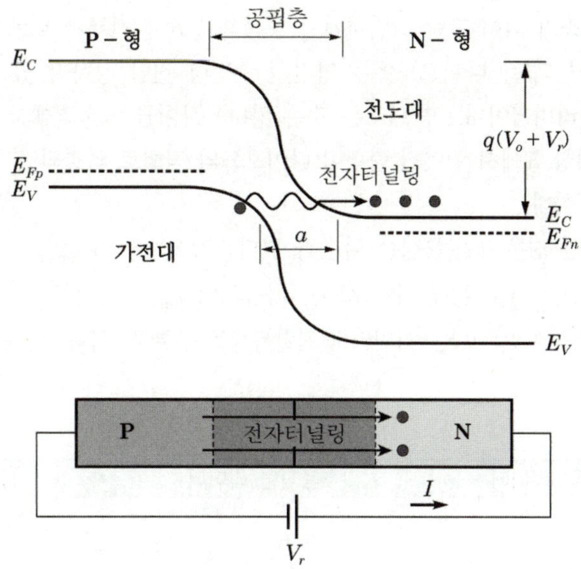

그림 14.16 PN 다이오드의 제너항복 밴드 그림

표 14.2는 애벌란시 효과와 제너 효과를 비교하였다. 온도가 증가하면 애벌란시에서 항복전압은 증가하고 제너인 경우 항복전압이 낮아진다. 공핍층이 넓어지면 애벌란시 항복이 주요한 작용이 된다. 왜냐하면 양자역학적인 터널링(Zener 항복)이 불가능해지기 때문이다.

표 14.2 애벌란시 효과와 제너 효과 비교

	도핑농도	항복전압	캐리어발생	온도계수 (TC)	밴드에서 전자이동
애벌란시 효과	저농도	7V 이상	충돌	양	수직
제너 효과	고농도	5V 이하	전장 이온화	음	수평

14.4 리미터와 클램퍼

(1) 리미터

교류신호의 진폭을 제한하거나 교류전압을 미리 정한 레벨로 제한할 필요가 있다. 이러한 목적에 사용되는 전자회로를 리미터(limiter)라고 한다. 리미터는 정현파를 구형파로 바꾸거나, 교류신호의 양(+) 사이클이나 음(–) 사이클 혹은 양쪽을 제한할 수 있고, 다양한 파형을 만들 수 있다. 다이오드의 단일 방향 전류특성 때문에 직렬로 접속한 다이오드는 리미터로 동작한다.

표 14.3의 양직렬 다이오드 리미터에서 저항 R에 직렬로 연결된 다이오드에 교류발생기가 정현파 전압 v_{in}을 인가한다. 입력전압 v_{in}과 출력전압 v_{out}은 동일한 위상을 보여준다. 양(+) 사이클 동안 다이오드의 음극은 양극에 비해 양(+)이므로 다이오드는 역방향 바이어스 상태이다. 그러므로 회로에 전류는 흐르지 않고 저항 양단의 출력전압 v_{out}은 0V가 된다. 음(–) 사이클 동안에는 다이

오드가 순방향 바이어스가 되어 단락 스위치처럼 동작하고 R에 전류가 흐르게 된다. 저항 R 양단의 전압은 음의 반파가 되고, 다이오드에는 약간의 순방향 전압 강하가 있다.

이 회로는 양 직렬 리미터이며, '양'이라는 것은 양(+) 사이클이 출력에서 제한되거나 제거됐기 때문이다. 또한 부하저항 R에서 얻어진 출력이 다이오드와 직렬로 연결되었기 때문에 '직렬 리미터(series limiter)'라고 한다.

다이오드가 근사 2인 경우 전달특성은 다음과 같다. ① $v_{in} < -V_{th}$일 때 다이오드가 도통되어 $v_{out} = v_{in} + V_{th}$. ② $v_{in} \geq -V_{th}$일 때 다이오드는 차단되어 $v_{out} = 0$.

같은 방법으로 표 14.3에 있는 다른 리미터도 전달특성을 구한 후 입력과 출력특성을 그릴 수 있다.

표 14.3 리미터 전달특성

<table>
<tr><th>회로명</th><th>양직렬 리미터</th><th>음직렬 리미터</th><th>음병렬 리미터</th></tr>
<tr><td>회로</td><td>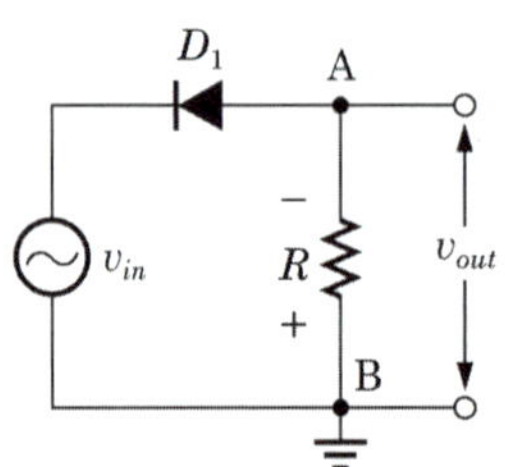
</td><td>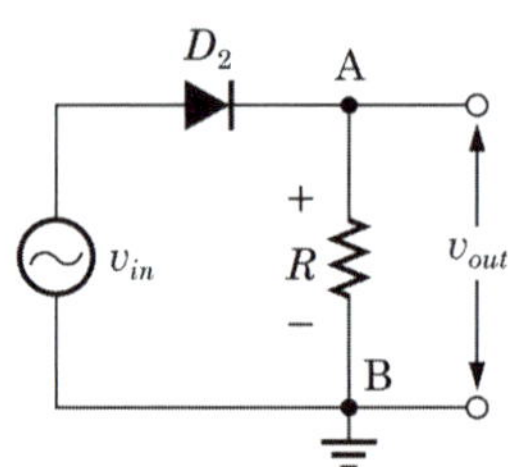
</td><td>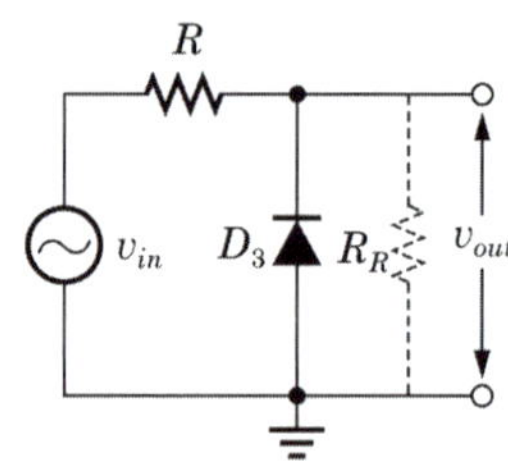
</td></tr>
<tr><td>전달 특성</td><td>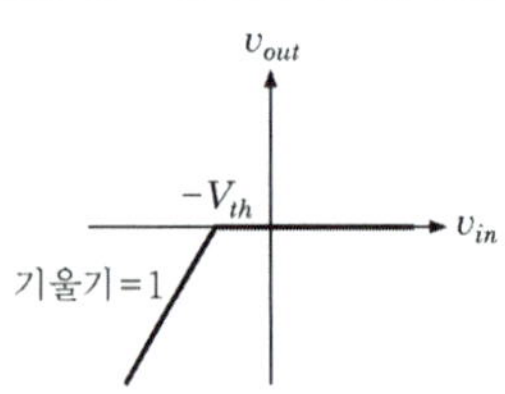
</td><td>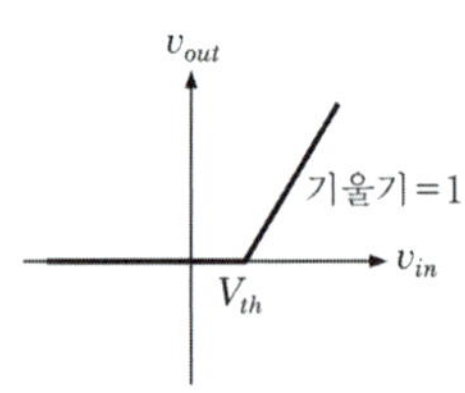
</td><td>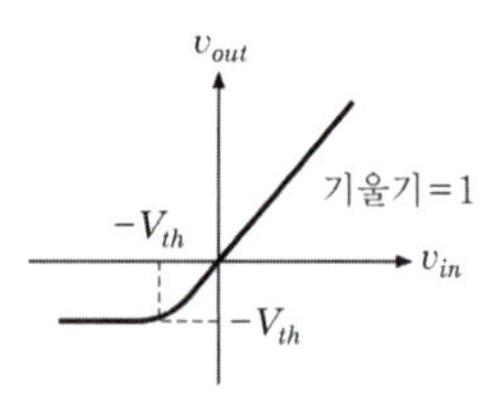
</td></tr>
<tr><td>입출력 파형</td><td>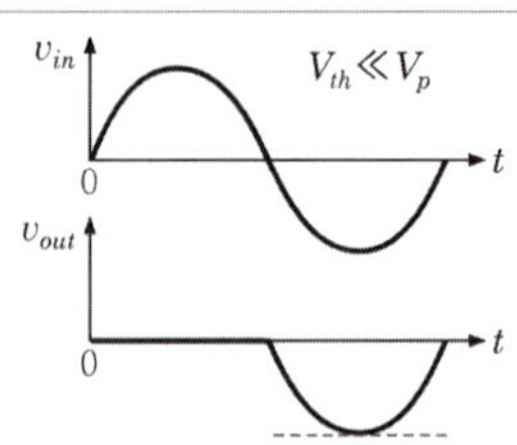
</td><td>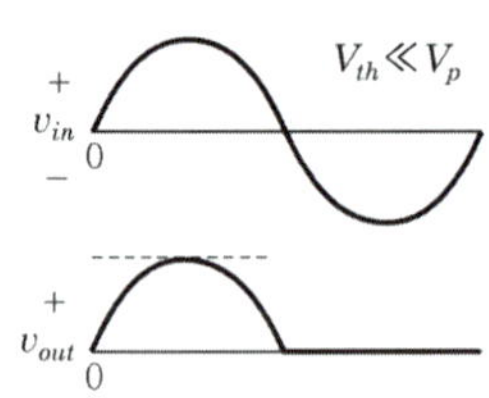
</td><td>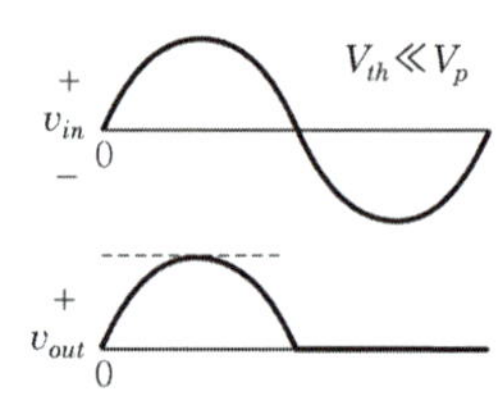
</td></tr>
</table>

표 14.3 (계속)

회로명	양병렬 리미터	음 바이어스 된 음 병렬 리미터	바이어스 된 두 다이오드 리미터
회로	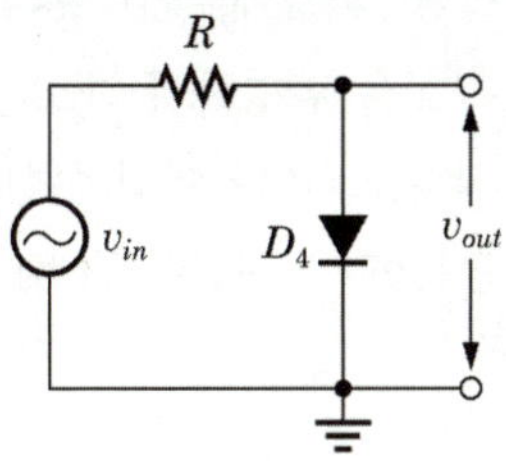	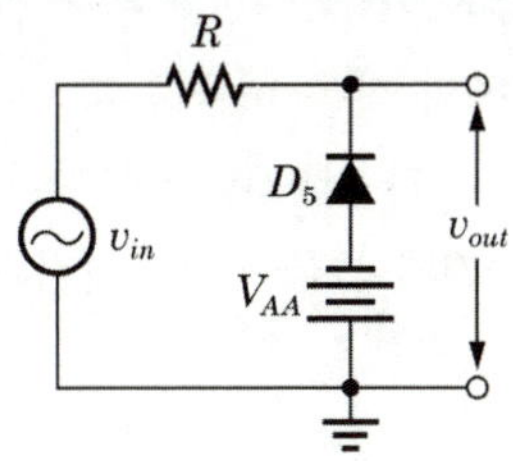	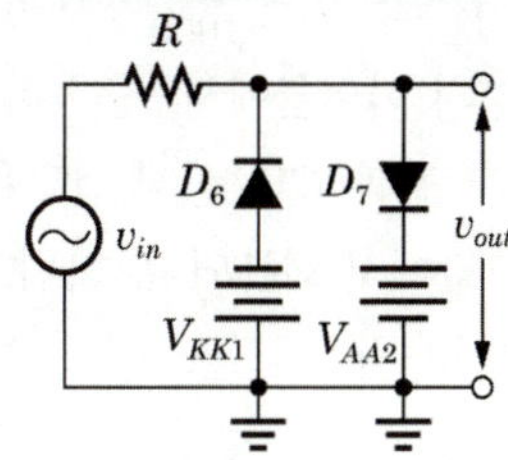
전달 특성	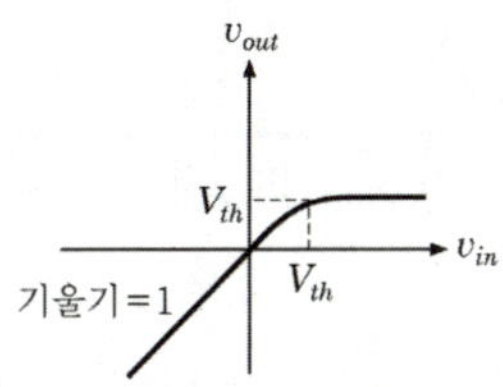	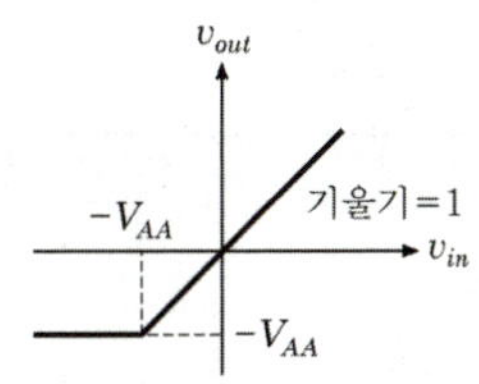	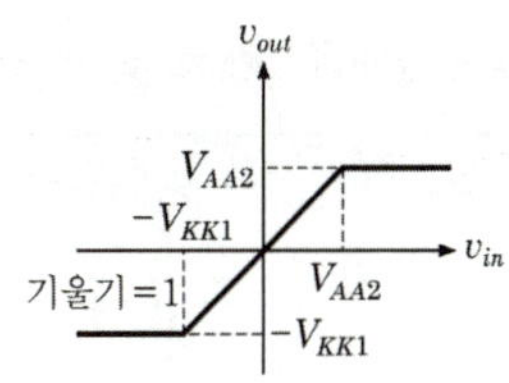
입출력 파형	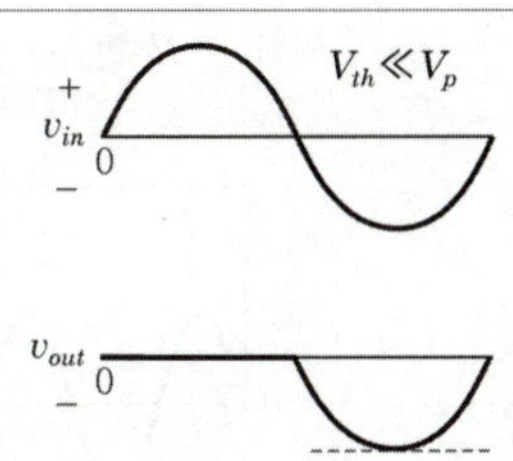	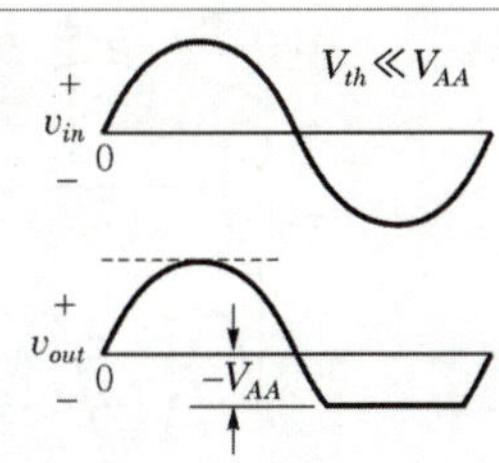	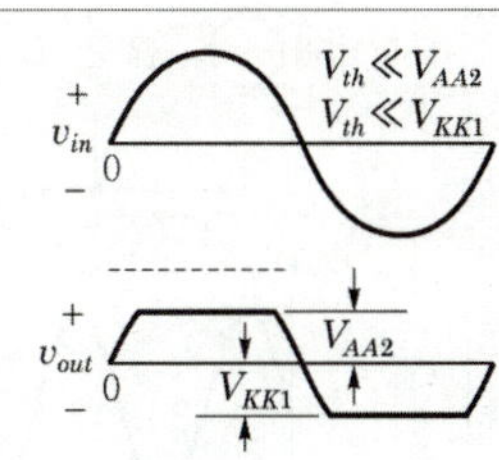

(2) 클램퍼

클램퍼(clamper) 회로는 입력 파형 모양을 바꾸지 않고, 입력파형에 직류 레벨을 더해준다. 종류에는 양(+) 클램퍼, 음(−) 클램퍼, 바이어스 된 클램퍼 등이 있다.

양 클램퍼는 직류값이 0V, 10 V_{p-p} 입력파형에 +5V를 더해준 결과 +5V에서 −5V로 변화하는 입력파형이 +5V를 축으로 하여 0에서 +10V 사이를 변화하는 출력신호가 된다. 출력파형은 +5V 전지가 입력에 직렬로 연결된 것처럼 동작한다. 실제로 $V_p - 0.7\text{V}$ 만큼 신호를 천이시키며 직류를 복원하는 클럭 회복회로에 사용한다.

회로는 10 V_{p-p} 입력 정현파의 음의 사이클 동안 다이오드 D의 음극은 양극에 대해 음(−)이 된다. 그러므로 D는 도통되고 순방향 바이어스 된 다이오드의 낮은 저항을 통해 C에 충전된다.

다이오드가 근사 1일 때 커패시터 C는 음의 사이클 피크인 5V까지 충전된다. 양의 사이클 동안 D는 음극이 양극에 대해 양(+)이기 때문에 차단된다. 이때 커패시터 C는 저항 R을 통하여 방전한다. 그러나 시상수 RC가 정현파의 주기보다 크면 커패시터는 방전하지 못하므로 C 양단 전압은 5V를 유지할 것이다. 그 결과 두 번째 음의 사이클 동안에는 C의 양 전압은 음 입력 전압과 상쇄되고, 다이오드 D는 도통되지 못할 것이다.

큰 시상수 RC는 입력파형의 주기 T보다 10배 이상인 $RC \geq 10T$으로 정의한다. 주기는

$$T = \frac{1}{f}\ [\mathrm{s}] \tag{4-5}$$

이고, 여기서 f는 헤르츠[Hz]로 측정된 정현파의 주파수이다. 한 예로 입력파형의 주파수가 1kHz일 때 주기는 $T=\frac{1}{1000}=1ms$이므로 RC는 10ms보다 커야 한다. 회로에 대한 앞의 설명은 C가 모든 양의 사이클에서, 충전된 전하의 작은 비율을 잃는다는 사실을 반영하여 다소간 수정하여야 한다. 그 결과 C의 실제 전압은 +5V가 아니고 5V보다 약간 작다. 그러나 이런 손실은 음 사이클의 피크값에서 회복되며, 다이오드 D의 음극이 도통시키기에 충분한 음 전압이 될 때 +5V 크기로 재충전된다.

같은 방법으로 표 14.4에 있는 다른 클램퍼도 해석한 후 입력과 출력특성을 나타낼 수 있다.

표 14.4 클램퍼 입력과 출력특성

회로명	양 클램퍼	음 클램퍼	바이어스 된 음 클램퍼
회로	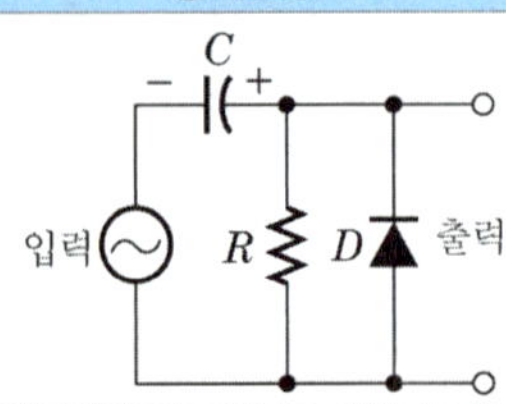	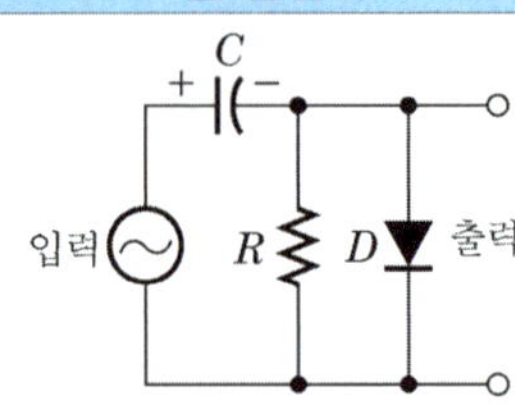	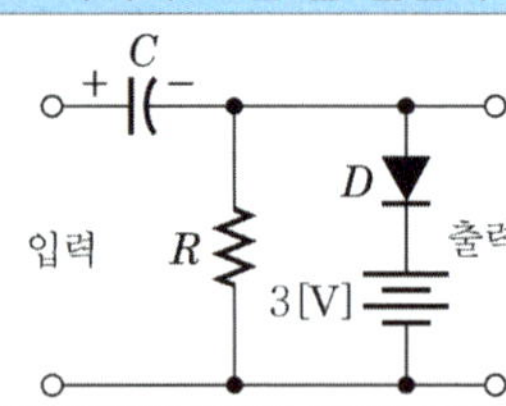
입력 파형	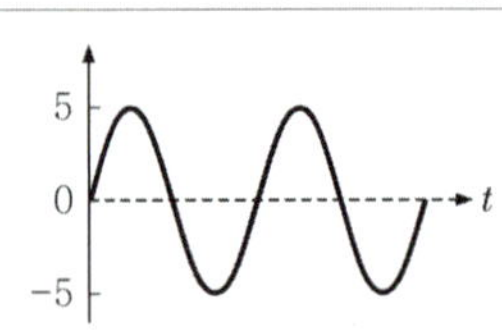	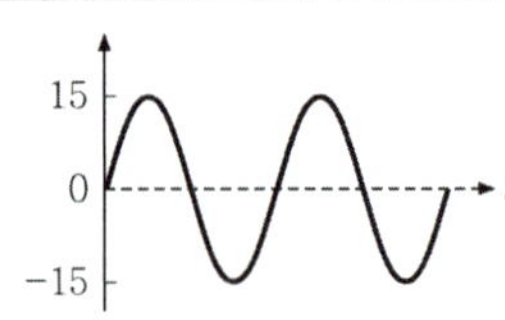	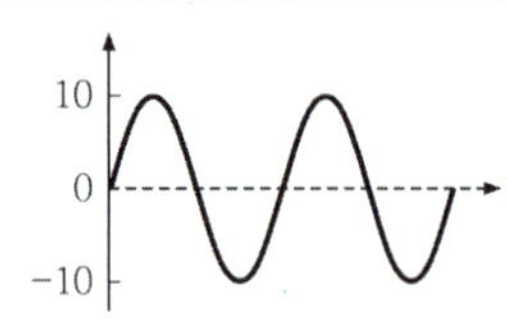
출력 파형	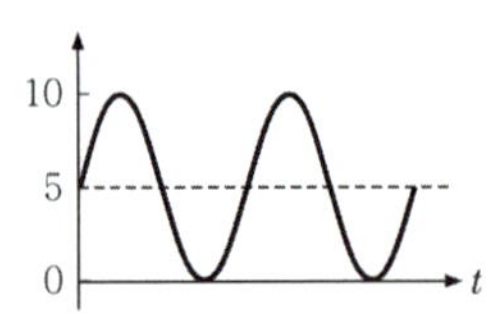	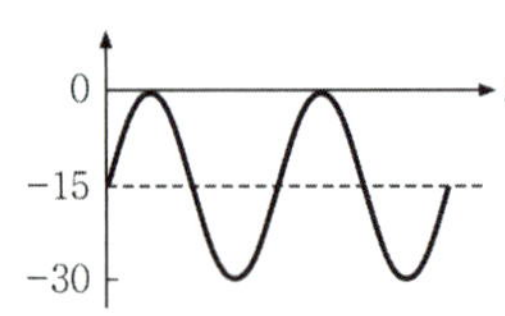	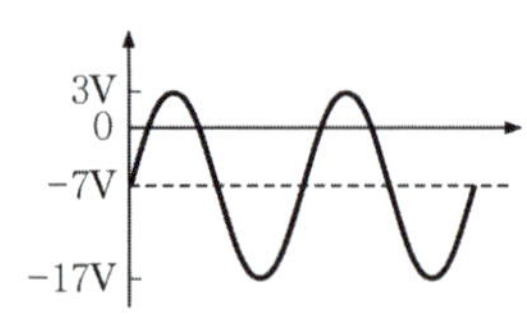

예제 14-13

그림과 같은 정전기 방전(electro-static discharge : ESD) 보호회로(클램프 다이오드)에서 실리콘 다이오드가 근사 2일 때 출력범위를 구하여라.

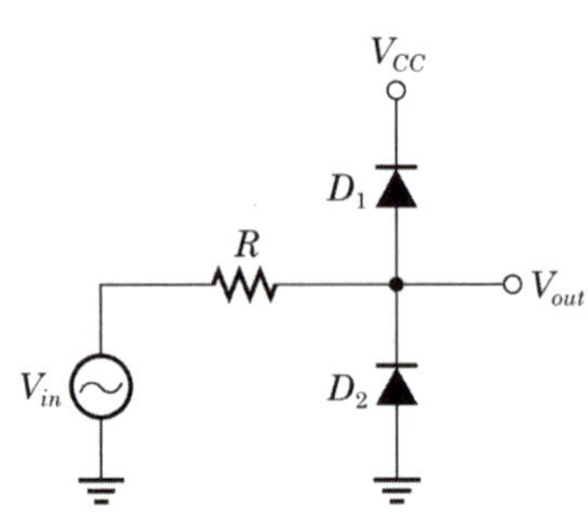

| 풀이 |

(a) $V_{in} \geqq V_{CC}+0.7$이면 $V_{out}=V_{CC}+0.7$, (b) $V_{in} \leqq -0.7\text{V}$ 이면 $V_{out}=-0.7\text{V}$, (c) $-0.7 < V_{in} < V_{CC}+0.7$이면 $V_{out}=V_{in}$.

그래서 신호가 전원+0.7V 이상 초과하지 못하게 방지하고 출력은 $-0.7 < V_{out} < V_{CC}+0.7$ 범위에서 변하게 한다.

예제 14-14

이상적인 다이오드에서 입력 전압이 $-10\text{V} \leq V_{in} \leq 10\text{V}$ 일 때 다음 회로의 전압 대 전류조건을 구하고 특성그림을 그려보아라.

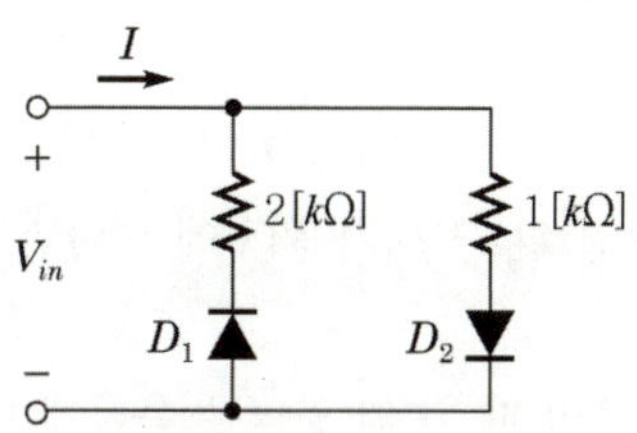

〈예제 회로도〉

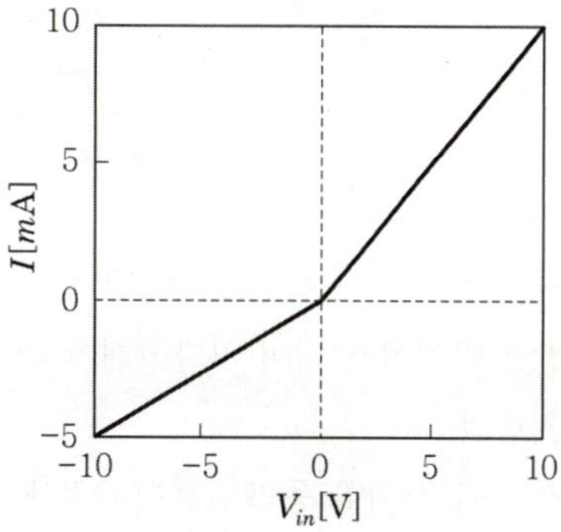

〈예제 특성그림〉

| 풀이 |

(a) $V_{in} \geq 0\text{V}$ 이면 D_1는 차단, D_2는 도통됨으로 $I=\dfrac{V_{in}}{1k}=V_{in}[mA]$

(b) $V_{in} \leq 0\text{V}$ 이면 D_1는 도통, D_2는 차단됨으로 $I=\dfrac{V_{in}}{2k}=V_{in}/2[mA]$

14.5 브리지 정류기

그림 14.17은 변압기를 사용한 브리지 정류기(bridge rectifier)의 회로도이다. 변압기의 고압 2차 권선은 D_1에서 D_4까지 네 개의 실리콘 정류기를 포함하고 있다. 회로의 동작은 다음과 같다.

입력 정현파의 양(+)사이클 동안 A점은 C점(변압기 권선의 양쪽 전압은 180° 위상차를 갖는다)에 대하여 양이 된다. 그래서 D_1의 양극은 음극에 대하여 양이 되고, 따라서 D_1은 순방향 바이어스 된다. 유사하게 C점에 연결된 D_3의 음극은 양극에 대하여 음이 되고, D_3는 순방향 바이어스 된다. D_2와 D_4는 양(+) 전압 사이클 동안 역방향 바이어스 된다. 그리하여 D_1과 D_3는 양의 사이클 동안 도통상태가 되고 반면에 D_2와 D_4는 차단상태가 되고 된다.

양(+) 사이클 동안 정류기 D_1과 D_3는 전류가 흐르는 통로가 형성되고, 직렬로 부하저항 R_L이 연결되어진다. 전류 경로는 A점에서 $D_1 \rightarrow R_L \rightarrow D_3$를 지나 C점으로 흐른다. 다이오드 D_2과 D_4에 인가되는 최대 역방향 전압(PIV : peak inverse voltage)은 $PIV = V_{D2} = (V_{2p} - 2V_{th}) - (-V_t) = V_{2p} - V_t = V_{RL} + V_t$, 출력전압은 $V_{RL} = V_{2p} - 2V_{th}$ 이다. 즉 역방향 된 다이오드의 최대 역방향 전압은 변압기 2차 측 최대 전압에 다이오드 문턱전압을 뺀 값이다.

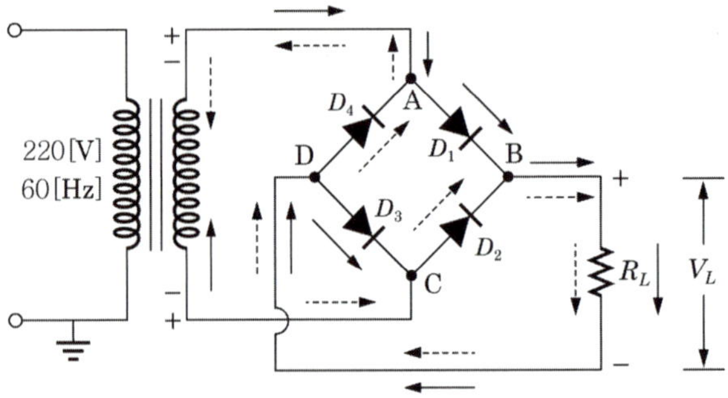

그림 14.17 브리지 정류기

그림 14.18(b)는 양의 주기 동안 R_L 양단에 나타나는 양의 전압파형을 보여준다. 음 사이클 동안 D_1과 D_3는 역방향 바이어스 되어 차단상태가 된다. 만일 D_2와 D_4가 회로에 없다면 D_1과 D_3는 반파정류기로 동작한다.

그림 14.18(c)는 음 사이클 동안 A점이 C점에 비해 음일 때 D_2의 양극은 음극에 대하여 양이 되고, D_4의 음극은 양극에 대하여 음이 된다. 그러므로 D_2와 D_4는 순방향 바이어스 되고, D_1과 D_3는 역방향 바이어스 된다. 이제 D_2와 D_4는 도통하여 R_L을 통하여 전류가 흐르게 된다.

입력의 양 사이클 동안 D_1과 직렬 연결된 D_3가 도통하고, 반면에 음 전압 사이클 동안 D_2와 직렬 연결된 D_4가 도통한다. 그러므로 브리지 정류기의 출력은 그림 14.18(d)와 같고 그래서 전파정류기이다.

전파정류기 특성 변수

$v_s(t) = V_m \sin wt$, 다이오드 순방향 저항 r_f, 부하 R_L일 때

최대전류 $I_m = \dfrac{V_m}{2r_f + R_L}$, 출력(직류)전류 $I_{dc} = \dfrac{1}{\pi}\displaystyle\int_0^\pi I_m \sin(wt)\, d(wt) = 2\dfrac{I_m}{\pi}$, 직류출력전압

$V_{dc} = I_{dc} R_L = 2\dfrac{I_m}{\pi} R_L$, rms 전류 $I_{rms} = \sqrt{\dfrac{1}{\pi}\displaystyle\int_0^\pi I_m^2 \sin^2 wt\, d(wt)} = \dfrac{I_m}{\sqrt{2}}$, rms 전압

$V_{Lrms} = I_{rms} R_L = \dfrac{I_m R_L}{\sqrt{2}}$, 효율 $\dfrac{P_{dc}}{P_{ac}} = \dfrac{I_{dc}^2 R_L}{I_{rms}^2 (2r_f) + I_{rms}^2 R_L} = \dfrac{\left(\dfrac{2I_m}{\pi}\right)^2 R_L}{\dfrac{I_m^2}{2}(2r_f + R_L)} = \left(\dfrac{0.81}{1 + \dfrac{2r_f}{R_L}}\right)$

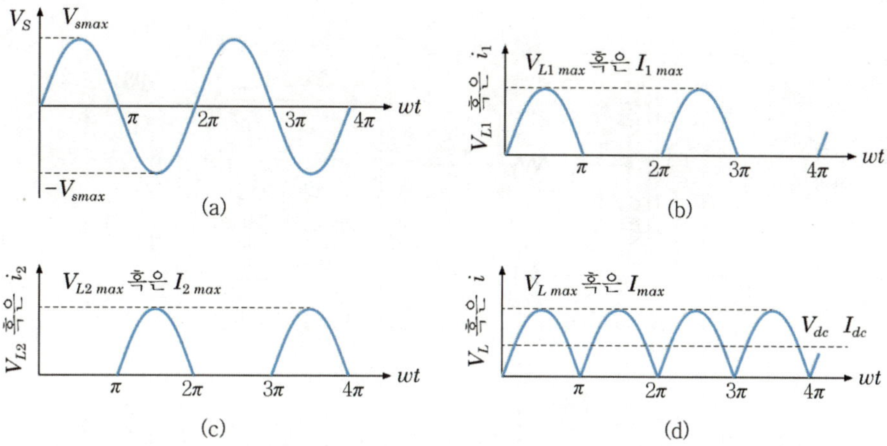

그림 14.18 브리지 정류기의 동작 파형 (a) 입력 (b) 양의 주기 (c) 음의 주기 (d) 출력

다른 정류기 회로에 사용되는 똑같은 필터회로가 브리지 정류기에 사용될 수 있다. 브리지 정류기에 있어 필터 커패시터의 정격전압은 같은 변압기를 사용하는 전파정류기의 필터 커패시터 정격이 적어도 두 배는 되어야 한다.

전파 정류기의 출력은 일정한 직류전압이 아니므로 교류리플을 줄여 전자소자에 일정한 전압을 공급하는 것이 중요하다. 그래서 전파정류기의 출력에 커패시터 필터 혹은 인덕터 필터를 사용하여 평탄한 직류를 만들어야 한다. 그림 14.19는 RC필터를 이용한 회로 및 파형이다. 표 14.5는 다이오드 정류회로의 특성을 요약하였다

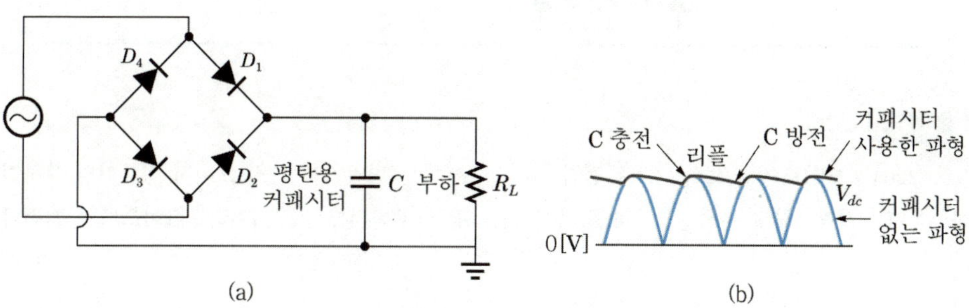

그림 14.19 커패시터 필터를 사용한 전파회로 (a) 회로도 (b) 파형

표 14.5 다이오드 정류회로 특성 요약

종류	회로도	220V 상용전원입력		PIV
		수식	평균값	
단상 반파	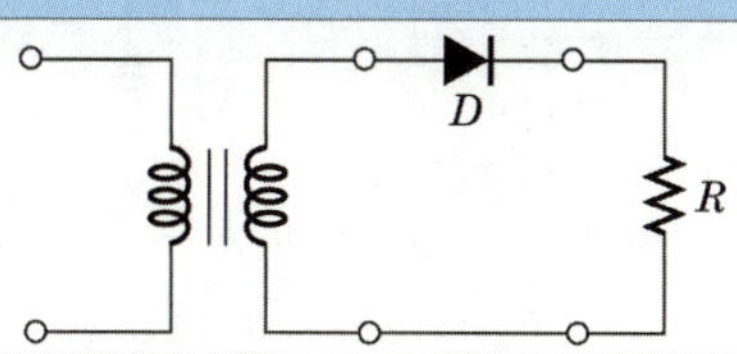	$\frac{\sqrt{2}\,V_{rms}}{\pi}$	99V	V_m

단상 전파	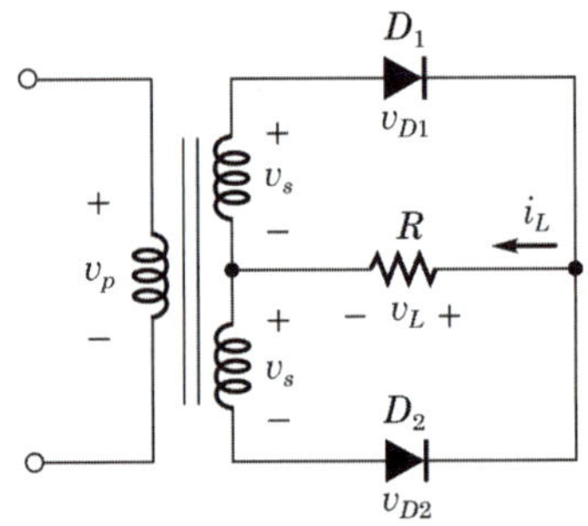	다이오드 2개 $\dfrac{2\sqrt{2}\,V_{rms}}{\pi}$	198V	$2V_m$
		다이오드 4개(브리지정류기) $\dfrac{2\sqrt{2}\,V_{rms}}{\pi}$	198V	V_m
3상 반파	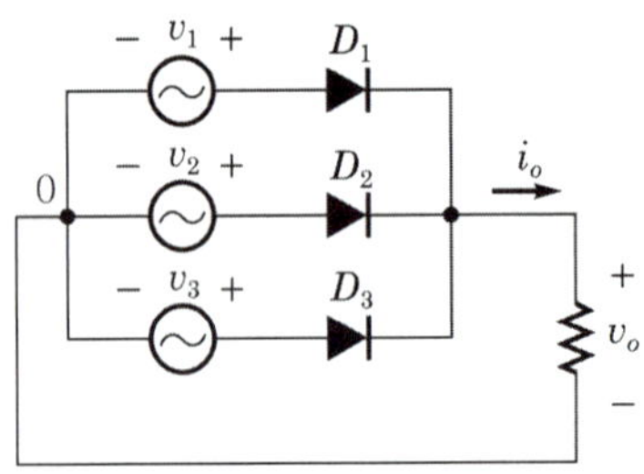	$\dfrac{6\sqrt{3}\,V_{rms}}{2\pi}$	364V	
3상 전파	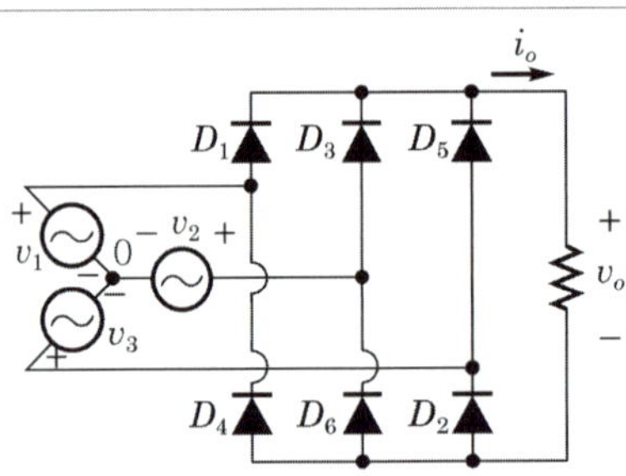	$\dfrac{6\sqrt{3}\,V_{rms}}{\pi}$	728V	

예제 14-15

1차 측 220V, 60Hz 전압으로 2차 측 전압 $10\,V_{rms}$로 하는 변압기를 가진 브리지 정류기의 부하전압 주파수, PIV 정격, 최대 부하전압, 평균 부하전압, 평균 부하전류를 구하여라. 다이오드 문턱전압은 0.7V 이다.

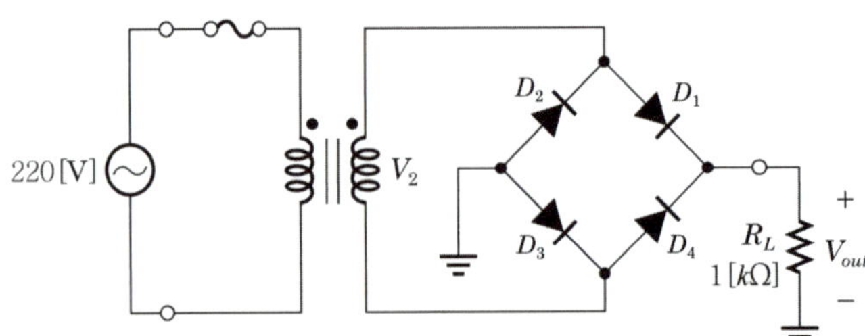

| 풀이 |

(a) 전파전류이므로 전력선의 주파수의 두 배이므로 $f = f_{line} \times 2 = 120\text{Hz}$

(b) $V_{2p} = \sqrt{2}\,V_{rms} = \sqrt{2} \times 10 \simeq 14.1\text{V}$, $V_{op} = V_{2p} - 2V_{th} = 14.1 - 1.4 = 12.7\text{V}$

(c) $PIV = V_{2p} - V_{th} = 14.1 - 0.7 = 13.4\text{V}$ 혹은 $PIV = V_{op} + V_{th} = 12.7 + 0.7 = 13.4\text{V}$

(d) $V_{av} = \dfrac{2V_{op}}{\pi} = \dfrac{2(V_{2p} - 2V_t)}{\pi} = \dfrac{2(12.7)}{\pi} = 8.1\text{V}$

(e) $I_{RL} = \dfrac{V_{av}}{R_L} = \dfrac{8.1}{1k} = 8.1mA$

14.6 다이오드 모델링

(1) 다이오드 교류 모델

그림 14.20(a)와 같은 회로에서 회로해석은 직류 바이어스와 작은 진폭의 교류신호로 나누어 각각의 해를 중첩으로 더하면 된다. 시간 t에서 전체전압은 직류와 교류성분의 합인 $v_D(t) = V_D + v_d(t)$에서 $v_d(t)$는 주기신호인 소신호($v_d \leq 10m\text{V}$)이고 V_D는 다이오드 동작을 위한 Q-점이다.

그림 14.20(b)와 같이 직류해석에서 구분선형법에 의한 다이오드 r_D와 문턱전압 V_{th}로 대체했다. 그림 14.20(c)와 같이 교류(신호)해석에서 모든 직류전원은 제거하고(직류 전압원은 단락, 직류 전류원은 개방시킴) 소신호 저항 r_d로 대체한다.

다이오드 전류는 $i_D(t) \gg I_s$이므로 $i_D(t) \approx I_S e^{\frac{qv_D(t)}{kT}} = I_S e^{\frac{qV_D(t)}{kT}} e^{\frac{qv_d(t)}{kT}} = I_D e^{\frac{qv_d(t)}{kT}}$ 이고 여기서 $k = 1.38 \times 10^{-23}[\text{J/K}]$, $T = 300[\text{K}]$이다.

다이오드 동작점 Q, (V_D, I_D)에서 PN-다이오드 전압-전류 특성 $I_D = I_S\left(e^{\frac{qV_D}{nkT}} - 1\right) = I_S\left(e^{\frac{V_D}{nV_T}} - 1\right)$ $i_D(t) = I_D + i_d(t) = I_S\left[e^{\frac{q(V_D + v_d(t))}{kT}} - 1\right] \approx I_D + \frac{I_D}{V_T} v_d(t)$

$e^x = 1 + x + \frac{x^2}{2!} + \cdots$

$\dfrac{v_d(t)}{V_T} \ll 2$이면 $e^{\frac{qv_d(t)}{kT}} \approx 1 + \dfrac{v_d(t)}{V_T}$이므로 $i_D(t) \approx I_D + \dfrac{I_D}{V_T} v_d(t)$이며 소신호 저항은 $r_d = \dfrac{V_T}{I_D} = \dfrac{kT}{qI_D}[\Omega]$이고, 상온에서 $r_d = \dfrac{26m\text{V}}{I_D}[\Omega]$이다. 다이오드 전류가 작으면(낮은 전압) 교류 저항은 커진다.

소신호 다이오드저항 r_d와 구분선형법에 의한 다이오드 r_B(혹은 r_D)와 다름

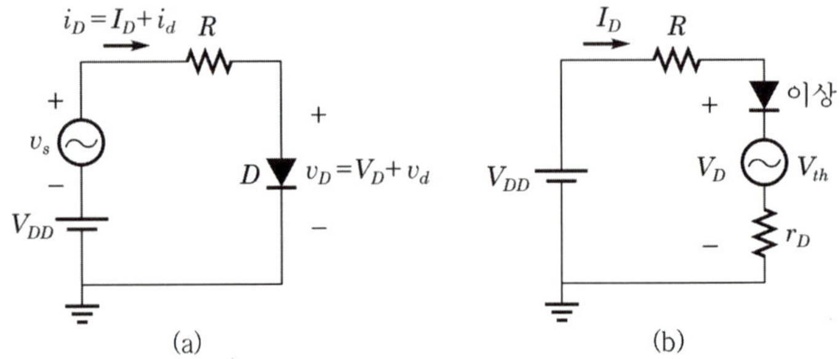

그림 14.20 다이오드 회로 (a) 직류 및 교류회로 (b) 직류 등가회로 (c) 교류 등가회로

예제 14-16

상온에서 순방향 바이어스 된 다이오드 전류 $I_D = 2m\mathrm{A}$ 일 때 소신호 저항 r_d를 구하여라.

| 풀이 |

$$r_d = \frac{26m\mathrm{V}}{I_D} = \frac{26m}{2m} = 13[\Omega]$$

(2) 다이오드 고주파 등가회로

다이오드에 고주파 교류신호를 인가하면 전하가 분리되어 변하는 전장이 발생하여 변위전류가 생겨 등가 전기용량으로 모델링할 수 있다. 고주파 등가회로는 그림 14.21과 같이 교류저항 r_d에 역방향 바이어스 시 공핍층 전기용량 C_j, 순방향 바이어스 시 확산 전기용량 C_d으로 구성한다.

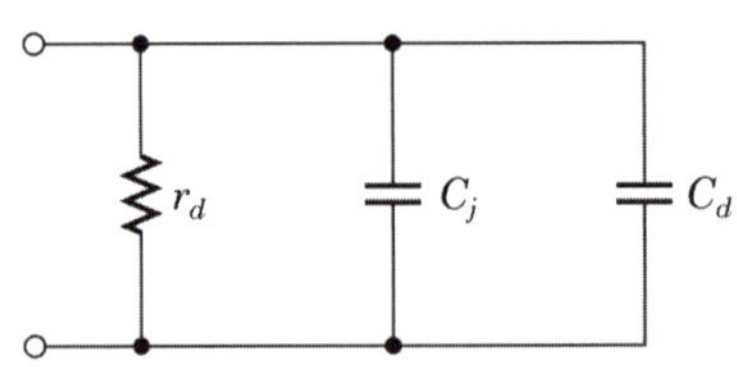

그림 14.21 다이오드 고주파 등가회로

14.7 제너 다이오드 동작

제너 다이오드(Zener diode)는 전압제어를 위해 PN 다이오드보다 그림 14.22(c)와 같이 과도핑한 P형과 N형으로 변경했다. 그래서 접합의 두께가 얇아서 역방향 항복전압이 낮고 도핑농도로 항복전압을 조절할 수 있다.

일반 다이오드는 순방향 바이어스 전압-전류특성 범위에서 동작시키지만 제너 다이오드는 역방향 바이어스 전압-전류 특성을 이용한다. 제너 다이오드 외형과 기호는 그림 14.22 (a), (b)와 같다.

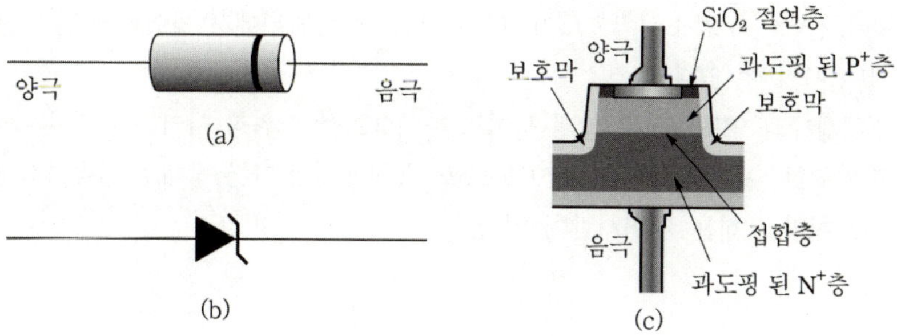

그림 14.22 제너 다이오드 (a) 외형 (b) 심벌 (c) 단면구조

그림 14.23은 제너 다이오드의 전형적인 전압-전류 특성곡선이다. 다이오드가 순방향 바이어스일 때 단락 스위치처럼 동작하고, 순방향전류는 공급전압 증가에 따라 증가한다. 순방향 전류는 회로변수에 의해 제한된다. 다이오드가 역방향 바이어스가 되었을 때 역포화 전류 I_s가 흐른다. I_s는 제너 항복전압 V_Z 이하에서 역방향 바이어스가 증가해도 거의 일정한 값을 유지한다. 제너전압 V_Z 부근에서 역방향 전류는 애벌란시 효과로 빠르게 증가하기 시작하고, V_Z에 도달했을 때 제너 항복으로 전류가 급격하게 증가한다. 이 영역에서는 작은 전압변화가 큰 전류변화를 가져온다. 분명히 이 영역에서는 PN 접합부의 실효저항이 크게 변한다.

> 제너 다이오드의 항복전압은 음의 온도계수, 애벌란시 다이오드는 양의 온도계수를 가진다. 음의 온도계수는 온도가 증가하면 항복전압이 감소한다.

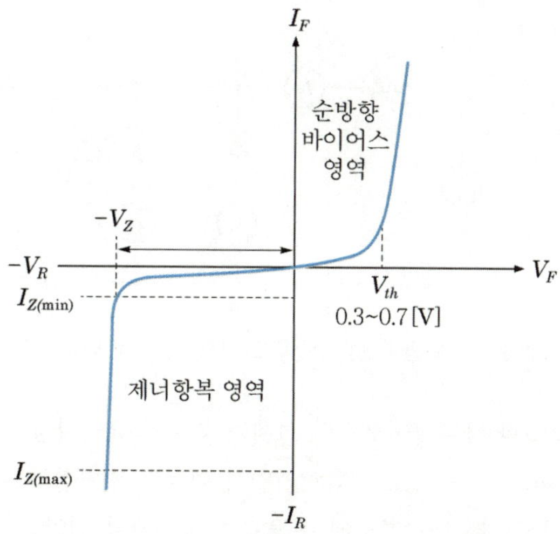

그림 14.23 제너 다이오드의 전압-전류 특성곡선

제너항복이 다이오드의 파괴를 초래하는 것은 아니다. 다이오드를 통해 흐르는 전류가 외부회로로 전력 정격치 이내로 제한하는 한 다이오드는 정상적으로 동작할 것이다. 또한 역방향 바이어스

전압을 제너항복 전압에서 감소시킴으로써, 다이오드를 항복범위에서 벗어나게 할 수 있고 역포화 전류 범위로 복귀시킬 수 있다.

제너항복 전류상태와 역포화전류 상태 사이로 다이오드를 스위칭 시키는 과정은 다이오드를 손상시키지 않고 반복할 수 있다. 그러나 다이오드를 한 상태에서 다른 상태로 변화시킬 때 '회복시간(recovery time)'이라고 하는 지연시간이 있다.

(1) 정격

다이오드 제조회사는 각종 제너 다이오드에 대한 자료를 제공한다. 정격에는 제너전압, 제너전압의 편차, 최대 제너전류, 최대 소비전력, 최대 동작온도, 최대 제너임피던스, mW/℃로 나타낸 열손실 감소율, 누설전류 등이 있다. 다이오드를 구성하는 물질의 성질과 다이오드의 응용분야 등도 제시한다.

제너 다이오드의 제너항복전압은 다이오드의 물질, 구조에 따라 정해지고, 1V~수백 V까지 가할 수 있도록 설계된다. 제너 다이오드는 일반 PN 다이오드보다 높은 역방향전류에도 견딜 수 있고 전력정격은 500mW에서 50W까지 가능하다. 제조사는 회로 설계자들이 회로에 필요로 하는 특성에 거의 근접하는 것을 선택할 수 있도록 다양한 종류의 다이오드를 만든다.

(2) 응용분야

제너 다이오드는 전압 조정기(voltage regulator), 표준 전압발생기에 사용된다. 그림 14.24는 분류형 전압조정기로 사용된 다이오드 회로이다. 다이오드는 부하저항 R_L과 병렬연결 되어있다. 제너 다이오드의 목적은 직류전원의 출력전압이 변하거나 부하저항이 변해 부하전류가 변하더라도, 부하에 걸리는 전압을 일정하게 유지하며 전압조정기의 출력범위는 $-V_{th} \leq V_{out} \leq V_Z$이다.

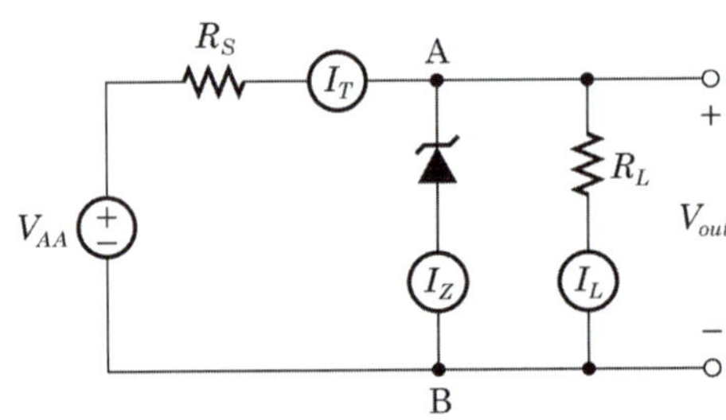

그림 14.24 병렬 전압조정기로 사용된 제너 다이오드

전류제한용 직렬저항(R_s)과 제너다이오드의 설계는 회로의 요구사항에 따라 다르게 계산되어질 수 있다. 부하전류 I_L을 5mA~20mA로 변화시키면서 일정한 출력전압 V_{out}=10V (±0.7V)을 요구한다. 전력은 20V 정전압으로부터 회로에 공급되는 조건에서 전압조정 회로를 설계하여 보자.

주어진 특성을 만족하는 그림 14.24의 전압조정 회로에서 V_Z=10V인 전압조정용 제너다이오드를 선택해야 한다. 전체전류 I_T를 30mA로 하면 다이오드의 I_Z는 부하전류 변동에 관계없이 일정하게 유지할 수 있을 정도로 충분히 크다고 가정한다. 여기에서 키르히호프 전압법칙을 적용하여 정리하면 다음과 같다.

$$V_{AA} = I_T \times R_s + V_{out},\quad R_s = \frac{V_{AA} - V_{out}}{I_T} \tag{14-6}$$

주어진 값 $V_{AA} = 20\text{V}$, $V_{out} = 10\text{V}$, $I_T = 30 \times 10^{-3}\text{A}$를 식 (14-6)에 대입하면

$$R_s = \frac{20-10}{30 \times 10^{-3}} = 333\Omega$$

이고, 전압강하 10V를 고려하여 R_s에 소비전력을 계산하면

$$W_s = \frac{V^2}{R_s} = \frac{10^2}{333} = \frac{1}{3}\text{W} \tag{14-7}$$

이며, 실제 올바른 동작을 위해 저항을 정격보다 높게 요구해서 $330\Omega \pm 5\%$, 1W의 저항을 사용한다.

다이오드의 전력손실은 회로에 의해 요구되는 최대 I_Z 전류에 따라 결정된다. 보기에서 최대 $I_Z = 25m\text{A}$일 때, $I_L = 5m\text{A}$이므로 최대전력 손실 W_Z는

$$W_Z = V \times I_Z = 10 \times 25 \times 10^{-3} = 250m\text{W} \tag{14-8}$$

이고, 실제 다이오드 선택은 계산값보다 큰 정격인 500mW 다이오드를 선택하면 충분하다.

예제 14-17

그림 14.24회로에서 $V_{AA} = 10\text{V}$, $R_s = 1k\Omega$, $V_Z = 6\text{V}$이다. $R_L = 1k\Omega$과 $10k\Omega$일 때 출력값을 구하여라.

| 풀이 |

(a) $R_L = 1k\Omega$일 때 $v_{out} = \dfrac{R_L V_{AA}}{R_S + R_L} = \dfrac{1}{2} \times 10 = 5\text{V} < V_Z$이므로 $v_{out} = 5\text{V}$

(b) $R_L = 10k\Omega$일 때 $v_{out} = \dfrac{R_L V_{AA}}{R_S + R_L} = \dfrac{10}{11} \times 10 = 9.1\text{V} > V_Z$이므로 $v_{out} = 6\text{V}$

예제 14-18

그림 14.24회로에서 $V_{AA} = 10\text{V}$, $R_s = 1k\Omega$, $V_Z = 6\text{V}$, $I_{Zmin} = 1m\text{A}$일 때 제너다이오드가 제너영역에 동작하기 위한 R_L의 최소값을 구하여라.

| 풀이 |

$I_D = -I_{RS} + I_{RL} = -\dfrac{V_{AA} - V_z}{R_s} + \dfrac{V_Z}{R_L} \le -I_{Zmin}$에서 $-\dfrac{10-6}{1k} + \dfrac{6}{R_L} \le -1m$이고 $R_L \ge \dfrac{6}{3} = 2k\Omega$이다.
따라서 R_L의 최소값 $2k\Omega$이다.

예제 14-19

그림 14.24회로에서 $V_{AA}=10\text{V}$, $R_L=500\Omega$, $V_Z=6\text{V}$, $I_{Zmin}=1m\text{A}$일 때 제너다이오드가 제너영역에 동작하기 위한 의 R_s의 최댓값을 구하여라.

| 풀이 |

$I_D=-I_{RS}+I_{RL}=-\dfrac{V_{AA}-V_z}{R_s}+\dfrac{V_Z}{R_L}\leq -I_{Zmin}$ 에서 $-\dfrac{10-6}{R_s}+\dfrac{6}{500}\leq -1m$ 이고

$R_s\leq \dfrac{4}{13m}=307.7\Omega$ 이다. 따라서 R_s의 최댓값는 307.7Ω 이다.

14.8 기타 다이오드 종류

(1) 쇼트키 다이오드

PN 접합 다이오드와 달리 쇼트키 장벽 다이오드(Schottky Barrier Diode : SBD)는 그림 14.25와 같이 금속과 반도체와의 접합을 통해 발생하는 쇼트키 장벽을 이용한 다이오드이다.

일반적인 PN 접합 다이오드에 비해 순방향 전압(V_F)특성이 낮으며(금속에 따라 문턱전압이 0.15V ~ 0.3V), 다수캐리어 소자로 스위칭 특성이 빠르다는 장점이 있다. 단, 누설 전류(I_R)가 크므로 열 설계를 잘못하면 열 폭주가 발생한다는 결점이 있다.

N-형 반도체와 금속을 접촉시켜, 금속에는 양(+)의 전압, 반도체에는 음(-)의 전압을 인가하면, 반도체에서 금속의 핫 전자(hot carrier)가 주입된다. 정공은 관여하지 않으므로 접합부에 소수 캐리어 축적이 없으며, 금속 동작의 다이오드를 얻을 수 있다. 반도체에는 실리콘이나 갈륨비소(GaAs), 또 금속에는 몰리브덴(Mo), 티탄(Ti), 금(Au), 크롬(Cr), 은(Ag) 등이 사용된다.

쇼트키 다이오드는 RF 검출기, 혼합기, 전압 크램핑, 역방향 전류 흐름과 방전보호 회로, 스위치 모드 전력공급원 등에 사용된다. 표 14.6은 쇼트키 다이오드와 PN 다이오드의 비교한 표이다.

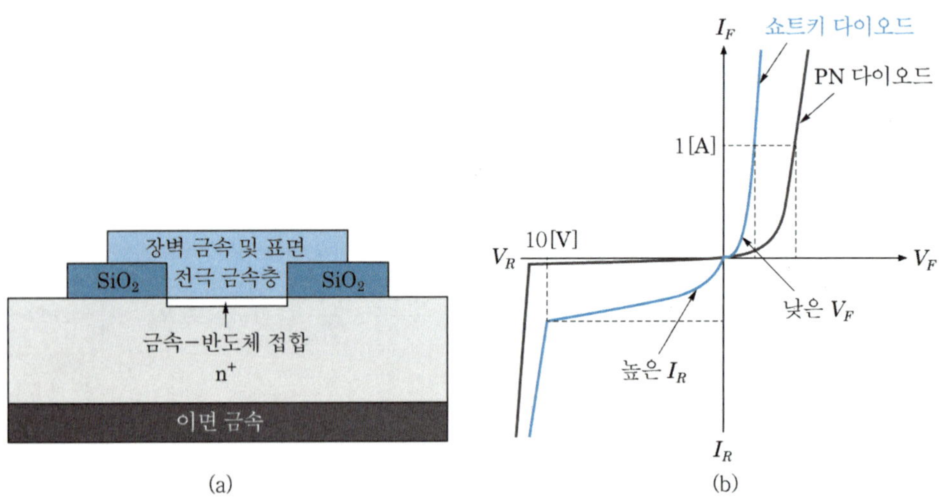

그림 14.25 쇼트키 다이오드 (a) 소자 구조 (b) 전압-전류 특성

표 14.6 쇼트키 다이오드와 PN 다이오드의 비교

	쇼트키 다이오드	PN 다이오드
순방향 전류	열전자방출(thermionic emission) (다수 캐리어 이동) $A^* T^2 e^{-(q\phi_{Bn}/kT)}$	확산전류(소수캐리어 이동) $\dfrac{qD_n n_{p0}}{L_n} + \dfrac{qD_p p_{n0}}{L_p}$
역방향 전류	장벽을 넘은 다수 캐리어(온도에 덜 의존함)	공핍층으로 소수캐리어 확산과 반대편으로 드리프트(강한 온도 의존함)
문턱전압	작음(~0.3V)	큼(~0.7V)
스위칭속도	고속(다수캐리어 동작으로 재결합 시간이 불필요함)	제한된 속도(소수캐리어 주입으로 재결합시간)
이상계수 (ideal factor)	~1(공핍층에 재결합이 없음)	1.2 ~ 2(공핍층에 재결합)
응용	성능이 우수하여 혼합기 등	일반 스위치

예제 14-20

일반다이오드 대신 쇼트키 다이오드(최대 역방향전압=20V, 최대 순방향 전류=1A)를 사용할 경우 장점을 설명하여라.

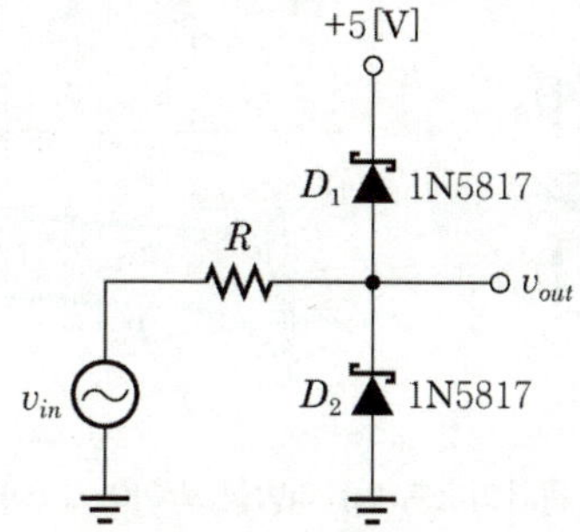

| 풀이 |

±20V 입력 전압일 경우 일반다이오드보다 +5V와 접지 범위를 출력하고 빠르게 동작한다.

(2) 광다이오드

역방향 바이어스 된 다이오드는 소수 캐리어에 기인되는 미소한 전류가 흐른다. 이들 캐리어의 수는 온도뿐만 아니라 접합에 부딪히는 빛에 의존한다. 다이오드 패키지가 불투명하면 외부의 빛은 접합에 도달할 수 없어, 빛이 전기적인 양으로 변환하는 광전효과(photoelectric effect)를 감지할 수 없다. 그러나 유리 패키지로 된 다이오드는 들어오는 빛을 역방향 전류의 양으로 변화시킨다.

광다이오드(photodiode)는 빛에 대한 감도가 최적화되어 있어, 다이오드의 유리창은 접합을 통해 빛이 통과하도록 하고 들어오는 빛은 자유전자와 정공을 만든다. 즉, 빛은 소수 캐리어의 수를 증가시키며 빛이 강하면 강할수록 더 많은 소수 캐리어를 만든다.

그림 14.26(a)는 광다이오드를 사용한 회로이며, 광다이오드 기호에서 안쪽으로 향하는 화살표

는 들어오는 빛을 나타낸다. 또한 광다이오드는 역방향 바이어스가 되어 있어 빛이 강할수록 역방향 전류는 증가한다. 역방향 전류는 보통 수십 μA 크기로 적다.

광다이오드는 들어오는 빛을 전기적인 양으로 변환할 수 있는 광검출기(photodetector)이다. 다른 광검출기에는 광저항기, 광트랜지스터와 광다링톤 등이 있다.

그림 14.26(b)와 같이 빛이 없으면 광다이오드는 정류 다이오드와 같은 전압-전류 특성을 나타낸다. 즉 $V_D=0$일 때 암전류(dark current) $I_P=0$이고 큰 역방향 바이어스를 인가하면 암전류는 역포화전류 I_s가 된다. 그러나 빛을 쬐면 빛의 세기($P_0<P_1<P_2$)에 따라 전압-전류 곡선은 광전류 I_P 만큼 이동한다.

$$I_T = I_D - I_P = I_s\left(e^{\frac{qV_D}{kT}} - 1\right) - I_P \tag{14-9}$$

역방향 바이어스전압을 증가시키면 광다이오드 전류는 급격히 증가하는 항복전압에 도달하고, 광다이오드는 항상 항복전압보다 낮은 전압에서 작동시켜야 한다.

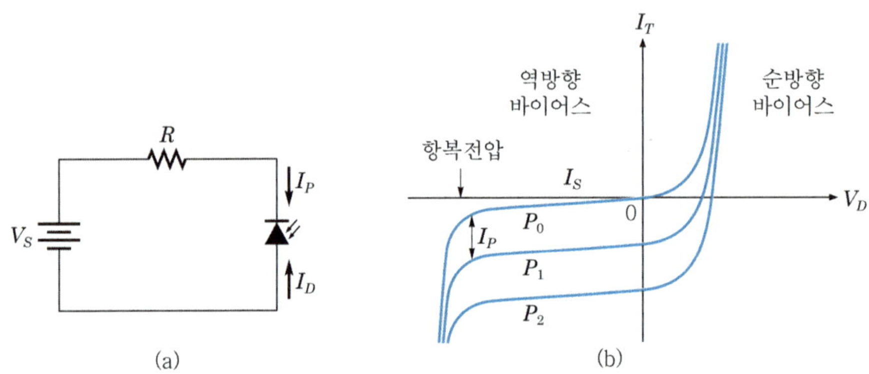

그림 14.26 광다이오드 (a) 역방향 바이어스 (b) I-V 특성

(3) 발광다이오드

그림 14.27과 같이 발광다이오드(light emitting diode : LED)는 순방향으로 전압을 가했을 때 빛을 발생하는 반도체 소자이다. 발광색은 사용되는 재료에 따라 자외선 영역에서 가시광선, 적외선 영역까지 발광하는 것을 제조할 수 있다. 일리노이 대학의 호로니악(Nick Holonyak, 1928~)이 1962년에 최초로 개발하였다.

그림 14.28은 LED 구동 회로를 나타내었다. 여기서 전원전압이 3.3V이고 LED의 문턱전압이 2.1V이며 동작전류가 10mA일 때 필요한 전류제한 저항은 1.2V/10mA = 120Ω이다.

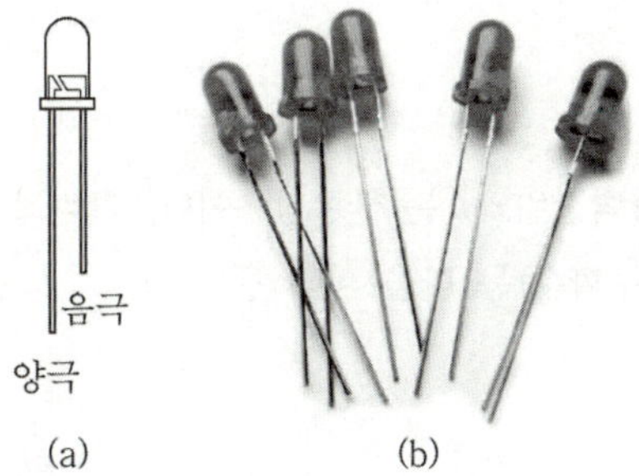

그림 14.27 (a) LED 구조 및 (b) 적색 LED

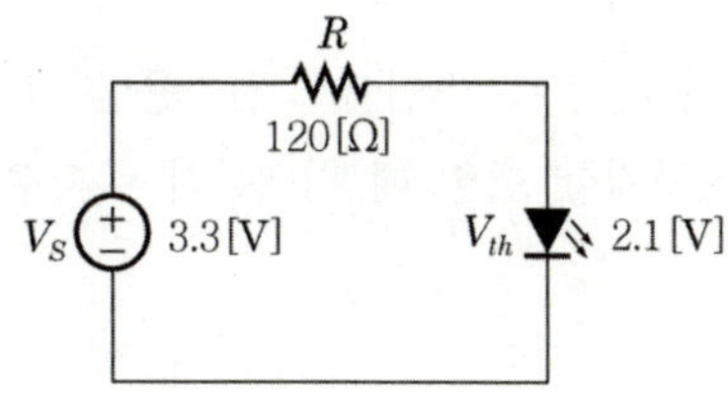

그림 14.28 전기를 인가한 LED회로

LED 극성을 구분하는 방법에는 아래와 같다.

① 회로시험기를 저항측정(×1배)으로 선택하고, 적색봉(+)과 흑색봉(−)을 LED 양극에 접촉시켰을 때 불이 오면 적색봉이 있는 곳이 (−) 단자이고 흑색봉 찍은 곳이 (+) 단자이다. 즉 시험기봉 극성과는 반대이다.

② 육안으로 다리가 긴쪽이 (+)이다.

③ LED 안의 판의 크기가 다르다. 면적이 작은 것을 (+)이다.

- 수동소자(passive device) : 저항, 커패시터, 인덕터 등과 같이 소자는 공급받은 것보다 더 많은 에너지를 외부로 공급할 수 없다.

$$w(t) = \int_{-\infty}^{t} p(t)\,dt = \int_{-\infty}^{t} vi\ dt \ \geq 0$$

- 능동소자(active device) : 연산증폭기, 발전기, 전지 등

예제 14-21

LED 구동 회로에서 전원 전압이 5V이고 LED의 문턱전압이 1.5V이며 전류제한 저항이 330Ω일 때 다이오드에 흐르는 전류를 구하여라.

| 풀이 |

$I_D = \dfrac{5-1.5}{330} = 10.6m\mathrm{A}$ 이다.

(4) 버랙터 다이오드

버랙터 다이오드(varactor diode)는 그림 14.29와 같이 PN 접합으로 되었고 역방향 바이어스 상태에서 항상 동작한다. 접합의 단면적 A와 반도체 유전율 ϵ이 일정할 때 역방향 전압에 따라 공핍층의 두께 d가 증가하거나 감소하여 전기용량($C = \epsilon A/d$)이 변한다. 따라서 전압에 따라 전기용량을 가변 할 수 있는 가변용량 다이오드이며 배리캡(Varicap), 가변 리액터(variable reactor), 전압가변 커패시터(voltage-variable capacitance) 등으로 불린다.

역방향 바이어스전압 V_R에 따른 전기용량 C_j의 관계식은

$$C_j = \frac{C_0}{(V_{bi} - V_R)^m} \tag{14-10}$$

이고, 여기서 C_0는 무 바이어스 전기용량, V_{bi}는 장벽전위, m는 물질상수이다. 그리고 버랙터 다이오드의 직렬저항 R_s일 때 최대동작 주파수(차단주파수)는 다음 식과 같다.

$$f_{\max} = \frac{1}{2\pi R_s C_j} \tag{14-11}$$

버랙터 다이오드는 휴대폰 등의 무선수신기에 사용하는 PLL(phase locked loop) 내부에 있는 VCO(voltage controlled oscillator)에 사용하거나 공진필터, 위상천이기 등에 응용된다.

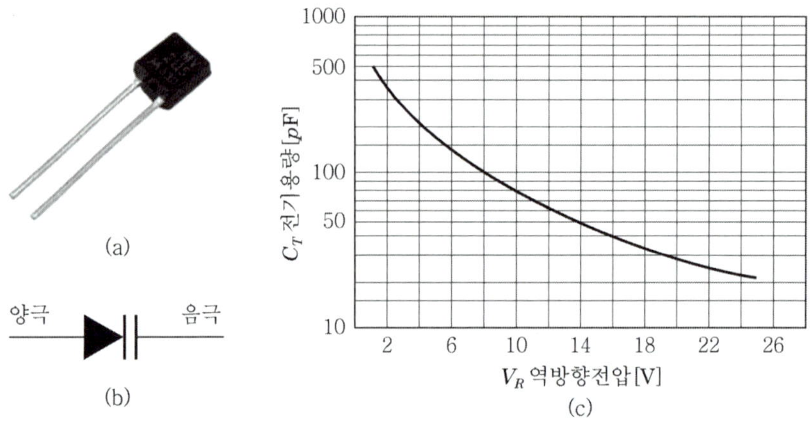

그림 14.29 버랙터 다이오드 (a) 외형(MV2115) (b)심벌 (c) 역방향전압-전기용량 특성(MVAM125))

예제 14-22

$V_{DC} = 6\text{V}$, $R = 1k\Omega$일 때 버랙터 다이오드(MVAM125) 특성을 이용하여 이 회로의 최대주파수(대역폭)을 구하여라.

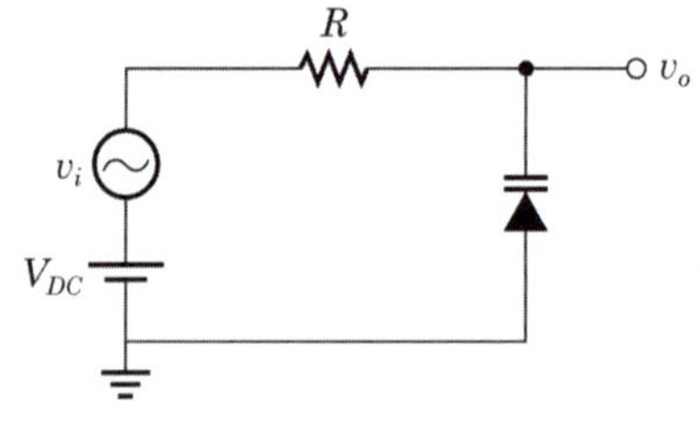

| 풀이 |

버랙터 다이오드가 역방향 바이어스가 8V 일 때 전기용량은 150pF 이므로 최대주파수

$f_{\max} = \frac{1}{2\pi RC} = \frac{1}{2\pi(1k)(150p)} = 1.06MHz$ 이다.

연습문제

14.1 300K에서 작동하는 다이오드의 포화전류 $I_s = 2 \times 10^{-12}\text{A}$이다. (a) 양단의 걸리는 전압이 0.4V일 때 다이오드에 흐르는 전류 (b) 다이오드에 흐르는 전류가 2mA일 때 다이오드 양단에 걸리는 전압 (c) 다이오드 전압이 0.2V와 0.4V일 때 다이오드 저항값을 구하여라.

14.2 0.2V에서 동작하는 다이오드는 상온에서 동작하고 역포화전류 $I_0 = 0.1\mu\text{A}$이다. 이때 다이오드에 직류저항을 구하여라.

14.3 다음 회로에서 이상적인 다이오드 모델을 사용하여 다이오드 전압과 전류를 구하여라.

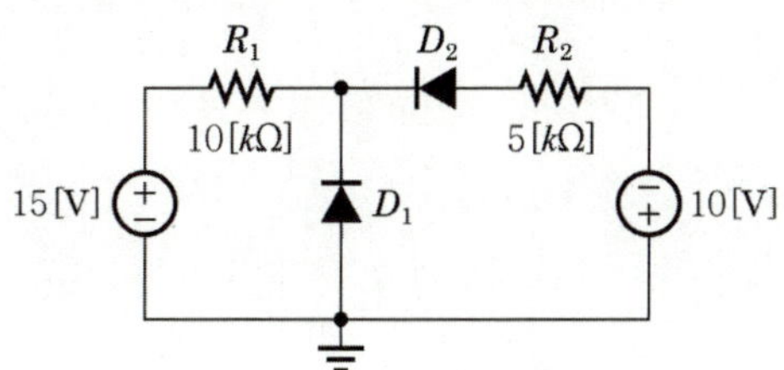

14.4 이상적인 다이오드를 사용하여 다이오드에 흐르는 전류와 인가되는 전압을 구하여라.

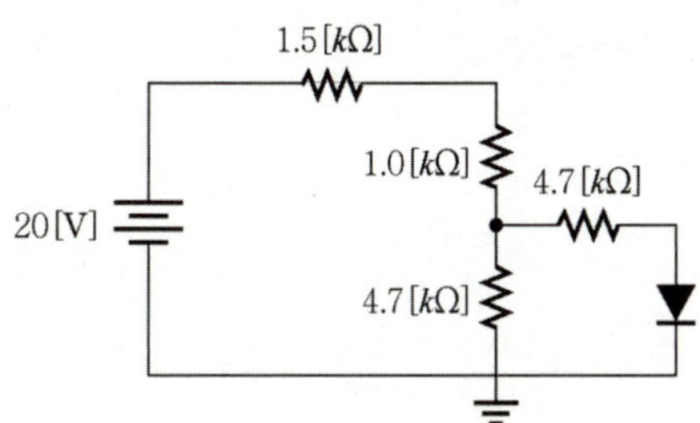

14.5 그림 (a)와 같은 LED회로에서 다이오드의 전압-전류특성이 그림 (b)일 때 다이오드에 걸리는 전압과 흐르는 전류를 구하여라.

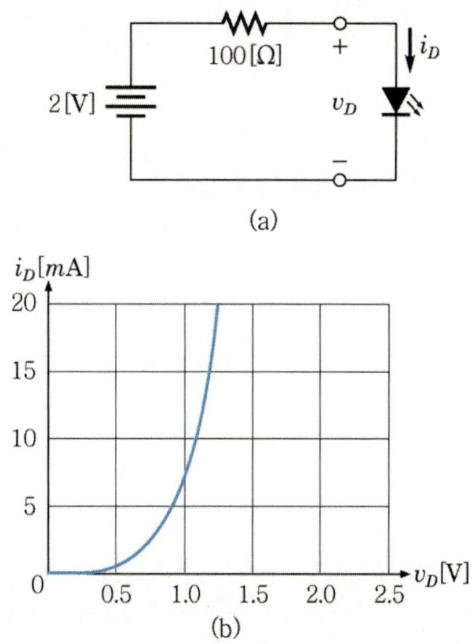

14.6 그림 14.24회로에서 $V_{AA} = 15\text{V}$, $R_s = 1k\Omega$, $V_Z = 9\text{V}$이다. $R_L = 1k\Omega$과 $10k\Omega$일 때 출력값을 구하여라.

14.7 그림 14.24회로에서 $V_{AA} = 12\text{V}$, $R_s = 100\Omega$, $V_Z = 5\text{V}$, $I_{Zmin} = 1m\text{A}$일 때 제너다이오드가 제너영역에 동작하기 위한 R_L의 최소값을 구하여라.

14.8 그림 14.24회로에서 $V_{AA} = 12\text{V}$, $R_L = 500\Omega$, $V_Z = 5\text{V}$, $I_{Zmin} = 1m\text{A}$일 때 제너다이오드가 제너영역에 동작하기 위한 의 R_s의 최댓값을 구하여라.

14.9 이상적인 다이오드 모델을 이용하고 입력전압 v_{in}의 진폭이 10V인 1kHz의 정현파가 인가되었다. 이때 다음 회로의 입력전압 대 출력전압 조건을 구하고, 전달특성과 출력파형을 그려라.

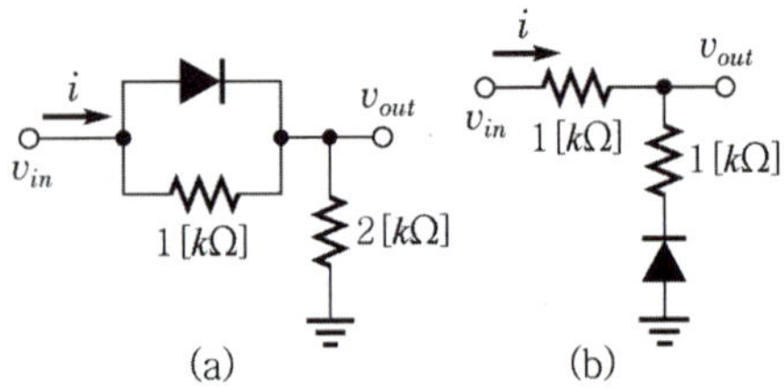

14.10 1차 측 110V, 50Hz 전압이고 감은비가 10 : 1인 변압기를 가진 브리지 정류기의 부하전압 주파수, PIV 정격, 최대 부하전압, 평균 부하전압, 평균 부하전류를 구하여라. 다이오드 문턱전압은 0.7V 이다.

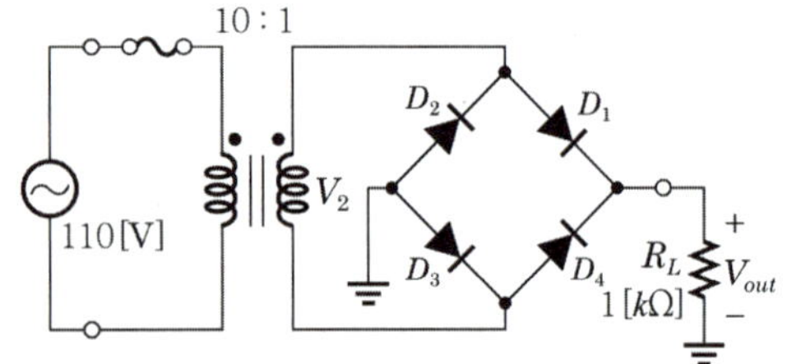

15

Chapter

바이폴라 트랜지스터

15.1 바이폴라 접합 트랜지스터

(1) BJT 구성

바이폴라 접합 트랜지스터(bipolar junction transistor : BJT)는 1947년 벨연구소의 쇼클리, 바딘, 브래튼에 의해 발명되었으며 이로인해 전자산업은 빠르게 발전하기 시작했다. 그 후 컴퓨터를 시작으로 전자공학의 급속한 발전은 우리의 생활을 편리하고 풍부하게 해 주었다.

증폭기, 스위치, 발진기 등에 사용되는 3단자 소자, 바이폴라 접합 트랜지스터의 장점은 작고, 가벼워서 장치의 소형화를 가능하게 하고, 낮은 전압에서도 동작하며 전력소모가 적다. 또 예열시간이 필요 없고 전력이 공급되면 즉시 동작하며, 회로에 연결되는 단자의 수도 적다. 바이폴라 트랜지스터의 단점은 열에 대한 민감도이지만 트랜지스터 자체가 많은 열을 발생하지 않는다는 장점도 있다.

Transistor = trans + istor = transfer resistor

bi(2개) polar(극성)의 의미로서 트랜지스터를 구성하는 반도체에 정공(양의 극성)과 전자(음의 극성)에 의해 전류가 흐르게 되어있는 것을 바이폴라 트랜지스터라고 한다.

바이폴라 트랜지스터는 여러 종류가 있다. 제조되는 기본 재료에 따라 게르마늄, 실리콘, 화합물 반도체 트랜지스터 등이 있고, 대부분 실리콘으로 제작된다. 바이폴라 트랜지스터는 전력을 소모하는 능력에 따라 분류될 수도 있다. 50mW 이하인 저전력형에서, 2W 이상 고전력형까지 넓은 범위에 걸쳐 여러 종류가 있다. 그리고 제조하는 공정에 따라 분류될 수도 있다.

바이폴라 트랜지스터는 반도체 다이오드의 기능이 확장된 것이다. 그림 15.1은 NPN형 트랜지스터의 구조 및 집적회로 단면도를 나타내며, 이는 두개의 넓은 N형 실리콘 사이에 아주 얇은 P형의 실리콘으로 만들어진 접합 트랜지스터이다. 세 개의 단자는 각각 반도체 결정과 금속이 접합되어 외부로 연결되어진다. 왼쪽의 N-반도체는 이미터(emitter)로, 중간의 P-반도체는 베이스(base)로, 오른쪽의 N-반도체는 컬렉터(collector)란 이름으로 부르고 베이스는 약 0.25μm 이하 두께를 가진다.

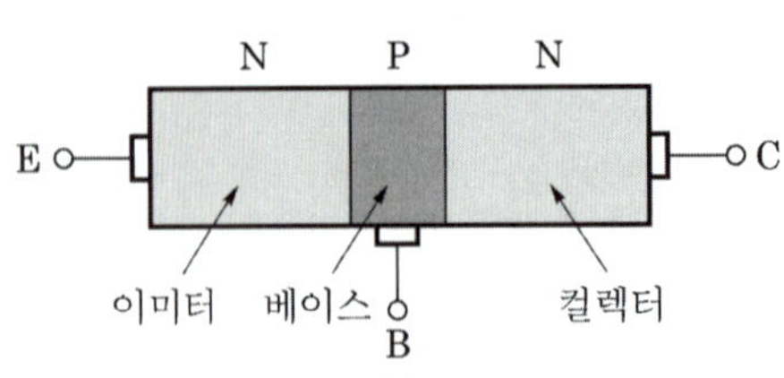

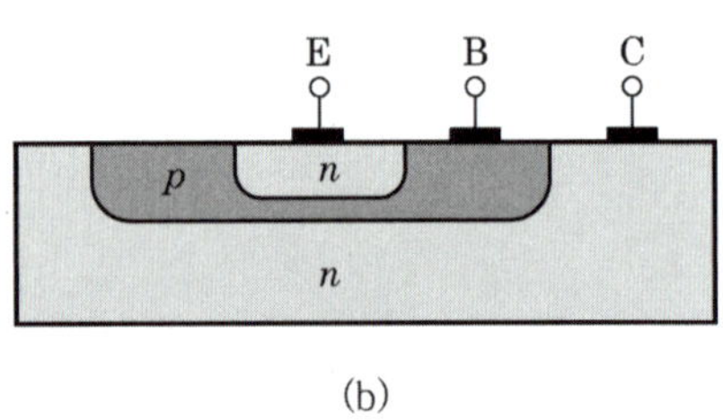

그림 15.1 NPN 바이폴라 접합 트랜지스터 (a) 구조 (b) IC 단면도

(2) 트랜지스터 동작 및 전류 흐름

바이폴라 트랜지스터를 바이어스 시키기 위해 이미터-베이스와 컬렉터-베이스 접합 두개를 분리하여 고려한다. 그림 15.2와 같이 바이폴라 트랜지스터의 동작에는 네 가지 영역으로 나눈다. 순방향 영역은 베이스전류에 비례하여 컬렉터전류가 증가하고 고정된 베이스전류에서 컬렉터는 부하에 대해 전류원처럼 동작하여 좋은 증폭기가 된다. 포화영역은 베이스전류가 증가하더라도 컬렉터전류는 증가하지 않고 컬렉터는 0.2V ~ 0.3V 전압원과 같이 동작하여 닫힌 스위치와 같다. 차단영역은 컬렉터 전류가 매우 작게(≃ 0A) 흘러 열린 스위치와 같다. 표 15.1은 PNP와 NPN 트랜지스터 동작 영역별 바이어스 조건을 나타낸다.

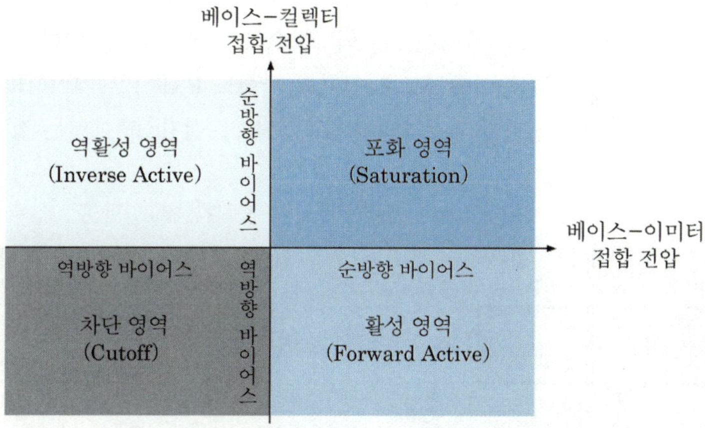

그림 15.2 바이폴라 접합 트랜지스터 동작 영역 종류

표 15.1 트랜지스터 동작 영역별 바이어스 조건

	포화영역	활성영역	차단영역	역활성영역
PNP	$V_{EB}>0, V_{CB}>0$	$V_{EB}>0, V_{CB}<0$	$V_{EB}<0, V_{CB}<0$	$V_{EB}<0, V_{CB}>0$
NPN	$V_{BE}>0, V_{BC}>0$	$V_{BE}>0, V_{BC}<0$	$V_{BE}<0, V_{BC}<0$	$V_{BE}<0, V_{BC}>0$

증폭기로 사용될 때 트랜지스터는 그림 15.3(a)와 같이 활성영역에 바이어스 된다. 이미터-베이스는 V_{EE}에 의해 순방향으로 바이어스 되며, 다수캐리어인 정공(hole)들은 P형인 이미터로부터 나온다.

이미터에 의해 방출되는 작은 비율의 정공만이 베이스에 있는 자유전자와 결합한다. 95% 이상의 정공은 아주 얇은 베이스 부분을 통과하여 컬렉터의 음(−)의 전지에 끌린다. 이미터-컬렉터회로는 외부적으로 두 개의 전지 V_{EE}와 V_{CC}를 통하여 완성된다. 저항 R_C는 컬렉터회로에 흐르는 최대 컬렉터전류의 크기를 제한한다. 트랜지스터의 전류흐름에서 이미터가 전류캐리어의 공급원이고, 베이스전류는 아주 작으며, 컬렉터전류는 크다.

또한 이미터-베이스 바이어스에서의 변화는 이미터전류의 변화로 나타난다. 이렇게 순방향 바이어스 증가는 이미터전류의 증가에 의해 컬렉터전류가 증가하게 된다. 이미터전류가 증가하거나 감소함에 따라 베이스전류는 약간 증가하거나 감소할 것이다. 컬렉터전류는 이미터-베이스 바이어스의 변화에 의해 쉽게 조정될 수 있다.

NPN Si-BJT 영역별 바이어스

- 차단영역 : $I_E = I_C = I_B = 0$, $V_{BE} < 0.5\text{V}$, $V_{BC} < 0.4\text{V}$
- 활성영역 : $V_{BE} = 0.7\text{V}$, $V_{BC} < 0.3\text{V}$, $I_B : I_C : I_E = 1 : \beta : (1+\beta)$, $V_{BE} < V_{CE} < V_{CC}$
- 포화영역 : $V_{BE} \geq 0.7\text{V}$, $V_{CE} \leq 0.2\text{V}$, $I_C / I_B < \beta$, $V_{CE} < V_{BE}$

NPN 트랜지스터는 그림 15.3(b)로 구성할 수 있다. PNP 경우와 같이 이미터-베이스의 바이어스는 순방향으로, 컬렉터-베이스의 바이어스는 역방향으로 되어야 한다. 이미터와 컬렉터는 N형 반도체로, 베이스는 P형 반도체를 사용하므로 전지의 극성도 PNP 트랜지스터의 반대로 되어야 한다. NPN 트랜지스터에서는 전자가 다수캐리어이고, PNP 트랜지스터에서는 정공이 다수캐리어이다.

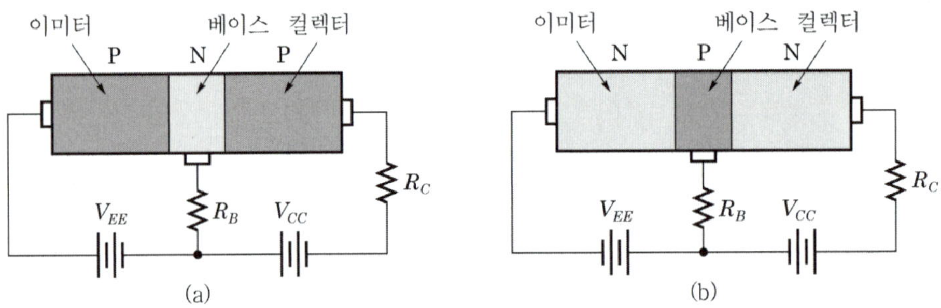

그림 15.3 트랜지스터의 바이어스 (a) PNP 트랜지스터 (b) NPN 트랜지스터

그림 15.4는 PNP 트랜지스터의 외부회로에 흐르는 전자전류의 방향을 보여주는 간단한 회로도이다. 외부회로에 흐르는 것은 전자전류이고, P형 반도체 내부에 흐르는 것은 정공이다. 이미터에 흐르는 전류는 베이스와 컬렉터에 흐르는 전류의 합과 같고, I_{CBO}는 매우 적은 값을 갖는 누설전류이다.

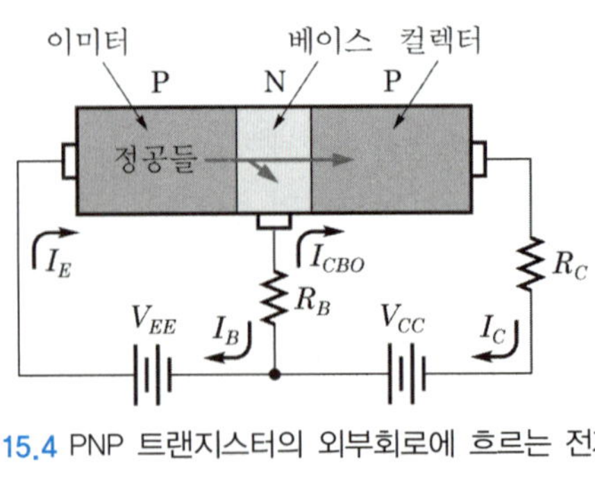

그림 15.4 PNP 트랜지스터의 외부회로에 흐르는 전자전류

그림 15.5는 NPN 트랜지스터의 외부회로에 흐르는 전자전류의 방향을 보여주는 간단한 회로도이다. 그림 15.4와 비교할 때 NPN 트랜지스터의 외부회로에 흐르는 전류방향은 PNP형의 전류방향과 반대이다.

NPN 트랜지스터의 활성영역에서 단자 전류(I_E, I_B, I_C)는 다음과 같다.

① 이미터전류는 $I_E = I_{En} + I_{Ep}$이고 여기서 I_{En}은 이미터에서 베이스로 전자주입전류이고 I_{Ep}는 베이스에서 이미터로 전공주입전류이다.

② 컬렉터전류는 $I_C = I_{Cn} + I_{CBO}$이고 여기서 I_{Cn}는 전자 유동전류이고 I_{CBO}는 이미터 개방한 후 컬렉터 접합의 역포화전류이다.

③ 베이스전류는 $I_B = I_{B1} + I_{B2}$이고 여기서 I_{B1}는 베이스에서 이미터로 정공 주입전류이고, I_{B2}는 베이스영역의 재결합전류이다.

- 이미터 주입효율 : $\gamma = I_{En}/(I_{En} + I_{Ep})$, 베이스 전달율 : $\alpha_T = I_{Cn}/I_{En}$, 공통베이스 전류이득 : $\alpha = I_{Cn}/I_E = \gamma\alpha_T < 1$
- 전류식 : $i_C = I_{CS}\left(e^{\frac{v_{BE}}{V_T}} - 1\right)\left(1 + \frac{v_{CE}}{V_A}\right)$, $\beta = \beta_0\left(1 + \frac{v_{CE}}{V_A}\right)$, $i_B = I_{BS}\left(e^{\frac{v_{BE}}{V_T}} - 1\right)$, $I_{CS} = \beta I_{BS}$

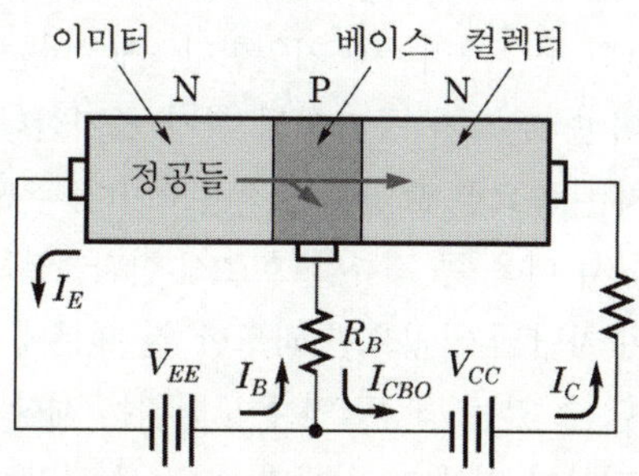

그림 15.5 NPN 트랜지스터의 외부회로에 흐르는 전자전류

(3) 전류 이득

공통이미터회로 전류이득은 $\beta = I_C/I_B$이고, 공통베이스회로 전류이득은 $\alpha = I_C/I_E$이다.

이미터전류는 $I_E = I_C + I_B = \left(\frac{1+\beta}{\beta}\right)I_C = \frac{I_C}{\alpha} = \frac{I_S}{\alpha}e^{V_{BE}/V_T}$이므로 α와 β의 관계는 다음과 같다.

$$\alpha = \frac{\beta}{1+\beta},\ \beta = \frac{\alpha}{1-\alpha} \tag{15-1}$$

전류이득 β는 정확하게 상수가 아니고 온도와 컬렉터전류에 따라 변한다. 온도가 올라가면 전류이득 β는 증가한다. 전류이득은 소자-소자에 따라 변하므로 전류이득에 덜 민감하게 회로를 설계해야 한다.

역포화전류, $10^{-15}\text{A} < \text{I}_\text{S} < 10^{-12}\text{A}$, CE 전류이득 $50 \le \beta \le 250$, 얼리전압 $15\text{V} \le \text{V}_\text{A} \le 150\text{V}$

예제 15-1

다음 회로에서 트랜지스터의 전류이득 β와 역포화전류 I_S를 구하여라. 단 열전압 $V_T=0.026\text{V}$ 이다.

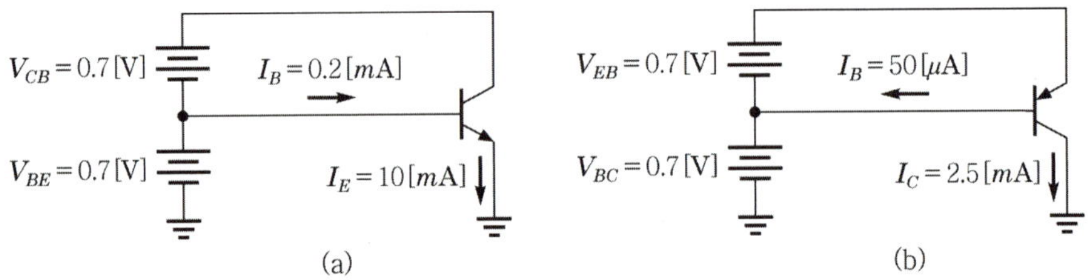

| 풀이 |

(a) NPN 바이어스는 활성영역에서 동작하므로 $\beta=\dfrac{I_E}{I_B}-1=50-1=49$, $I_E=I_S e^{V_{BE}/V_T}$에서 $I_S=(10m)e^{-0.7/0.026}=2\times10^{-14}[\text{A}]$

(b) PNP 바이어스는 활성영역에서 동작하므로 $I_E=I_B+I_C=2.55m\text{A}$, $\beta=\dfrac{I_E}{I_B}-1=51-1=50$, $\alpha=\dfrac{\beta}{1+\beta}=0.98$, $I_C=\alpha I_S e^{V_{BE}/V_T}$에서 $I_S=\left(\dfrac{2.5m}{0.98}\right)e^{-0.7/0.026}=5.18\times10^{-15}[\text{A}]$

(4) I_{CBO}와 열폭주

I_{CBO}는 이미터를 개방시켜두고 컬렉터-베이스 간을 역방향 바이어스 시 흐르는 컬렉터전류이다. 이 누설전류는 컬렉터와 베이스간의 소수캐리어에 기인한다. 게르마늄의 경우, 수 μA의 크기이고, 실리콘의 경우에는 수 nA 크기이며, 온도가 증가함에 따라 증가한다.

트랜지스터 동작에 영향을 미치는 중요한 요인은 동작온도이다. 온도가 증가되면 전류도 증가한다. 이것이 열을 축적하게 하고 다시 더욱 큰 전류를 흐르게 한다. 열폭주(thermal runaway)라 부르는 이러한 연속적인 상호작용이 차단되지 않으면 과도한 열 때문에 트랜지스터가 완전히 파괴된다. 트랜지스터가 안전하게 동작할 수 있는 정상적인 온도범위는 제작회사에서 제시해준다. 실리콘 트랜지스터는 게르마늄 트랜지스터보다 열에 더 강하다. 따라서 실리콘의 정상 동작온도 범위는 게르마늄보다 더 넓다.

(5) 바이폴라 접합 트랜지스터의 기호, 정격

PNP와 NPN 바이폴라 트랜지스터 기호가 그림 15.6에 나타내었으며, 화살표가 있는 단자가 이미터이고 대칭으로 존재하는 단자가 컬렉터이다. NPN 트랜지스터는 이미터 화살이 나가고 PNP형에서는 베이스로 들어오는 것으로 구별된다. 전자전류가 흐르는 방향과 화살표의 방향이 반대이다.

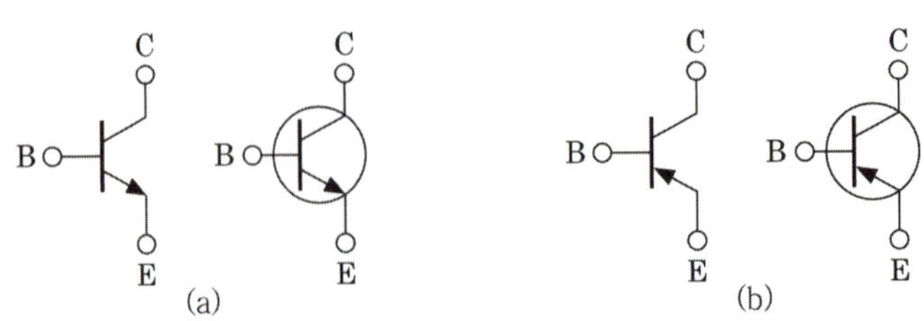

그림 15.6 바이폴라 트랜지스터 기호 (a) NPN 트랜지스터 (b) PNP 트랜지스터

바이폴라 트랜지스터는 전력을 소모하는 능력에 따라 정격이 정해진다. 낮은 수준의 음성증폭기에 사용되는 트랜지스터는 50mW 정도의 낮은 전력정격을 가질 수 있다. 출력증폭기에 사용되는 트랜지스터는 더 높은 전력정격을 갖는다. 전력트랜지스터의 케이스는 쉽게 냉각될 수 있도록 특별하게 설계된다. 예를 들면 어떤 출력 트랜지스터는 열을 전도 방출하기 위해 방사 핀을 사용한다. 다른 종류는 사용되는 장비의 금속 섀시 위에 설치하는 금속 케이스를 갖는다. 이러한 트랜지스터에서 컬렉터는 트랜지스터 케이스에 연결되어 섀시는 열을 전도 방출한다. 이런 종류의 트랜지스터는 물리적으로 금속 섀시에 고정시킬 때 더 높은 전력정격을 갖게 되고 섀시에서 떨어져 설치시킬 때 더 낮은 정격전력을 갖게 된다.

(6) 쇼트키 트랜지스터

그림 15.7과 같이 컬렉터와 베이스 사이에 쇼트키다이오드를 삽입한 쇼트키 트랜지스터는 포화상태로 들어가지 않게 하고 포화상태에서 쇼트키 다이오드의 전압강하는 0.3V이다.

일반 BJT의 큰 단점은 포화상태에서 빠져 나오는데 매우 느려 스위칭속도가 낮다. 보통 BJT는 포화상태로 V_{CE}가 0.2V 이하가 되고 V_{BE}는 0.8V 이상이 된다.

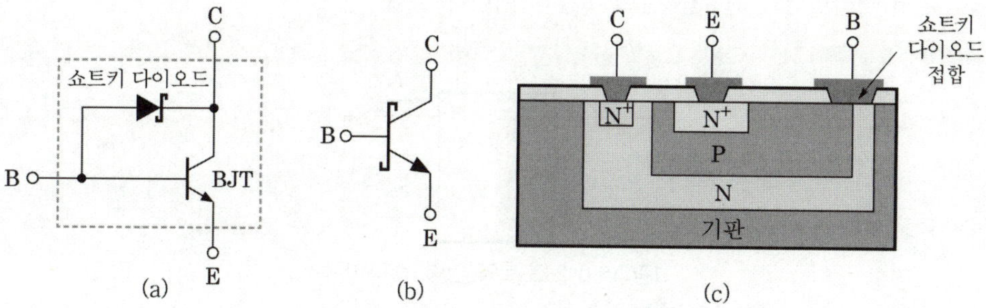

그림 15.7 쇼트키 트랜지스터 (a) 구조 (b) 심벌 (c) 단면도

예제 15-2

실리콘 트랜지스터의 전류이득 β가 매우 크다고 가정할 때 표시된 전류와 전압을 구하여라.

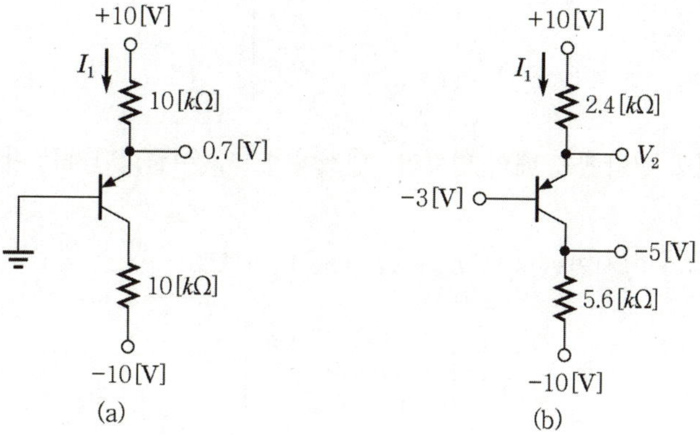

| 풀이 |

(a) $I_1 = \dfrac{V_{CC} - V_E}{R_E} = \dfrac{10 - 0.7}{10k} = 9.3mA$

(b) $V_2 = V_B + V_{BE} = -3 + 0.7 = -2.3V$

15.2 트랜지스터 해석

(1) 직류 h 파라미터

그림 15.8의 선형 4-단자 회로의 입력은 1-단의 전류와 2-단의 전압이며, 출력은 1-단의 전압과 2-단의 전류이고, 특성 방정식은

$$\begin{bmatrix} V_1 \\ I_2 \end{bmatrix} = \begin{bmatrix} h_{11} & h_{12} \\ h_{21} & h_{22} \end{bmatrix} \begin{bmatrix} I_1 \\ V_2 \end{bmatrix} \text{ 혹은 } V_1 = h_{11} I_1 + h_{12} V_2,\ I_2 = h_{21} I_1 + h_{22} V_2 \tag{15-2}$$

이며, 직류 h 파라미터와 교류(소신호) h 파라미터가 있다.

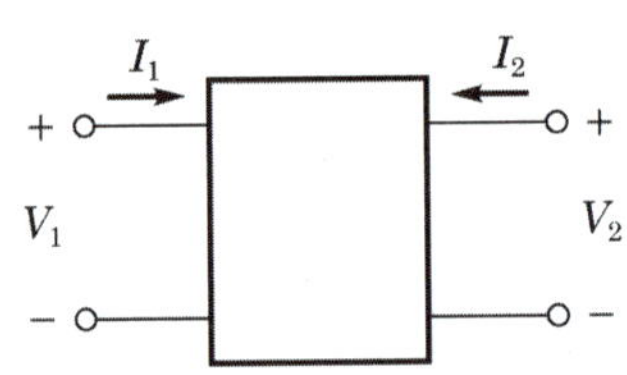

그림 15.8 2-포트망 입력-출력 변수

h-파라미터의 의미는 두 입력변수 I_1, V_2에 대한 출력 I_2, V_1의 영향을 나타내고, 두 입력 중 하나의 입력을 차례로 '0'으로 설정하고 나머지 입력에 대한 출력변수의 영향을 파악함으로써 측정 가능하데 바로 선형시스템이기 때문이다.

출력단자를 단락($V_2 = 0$) 시키면 $V_1 = h_{11} I_1,\ I_2 = h_{21} I_1$ 이므로

$$h_{11} = \left.\frac{\Delta V_1}{\Delta I_1}\right|_{V_2 = 0},\ h_{21} = \left.\frac{\Delta I_2}{\Delta I_1}\right|_{V_2 = 0} \tag{15-3}$$

이고 h_{11}은 출력단자를 단락했을 때의 입력임피던스이며, h_{21}은 출력단자를 단락했을 때의 순방향 전류이득이다.

입력단자를 개방($I_1 = 0$) 시키면 $V_1 = h_{12} V_2,\ I_2 = h_{22} V_2$ 이므로

$$h_{12} = \left.\frac{\Delta V_1}{\Delta V_2}\right|_{I_1 = 0},\ h_{22} = \left.\frac{\Delta I_2}{\Delta V_2}\right|_{I_1 = 0} \tag{15-4}$$

이고, h_{12}는 입력단자를 개방했을 때의 역방향 전압이득이며, h_{22}는 입력단자를 개방했을 때의 출력 어드미턴스이다.

예제 15-3

다음 회로의 h-파라미터를 구하여라.

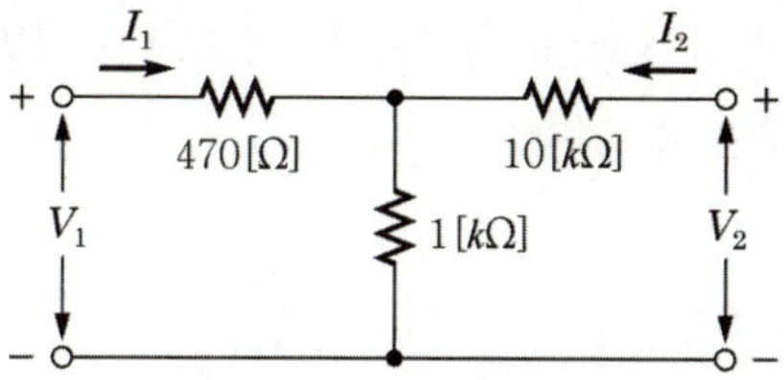

| 풀이 |

$$h_{11}=\left.\frac{\Delta V_1}{\Delta I_1}\right|_{V_2=0}=470+(1k /\!/ 10k)=0.91k\Omega,\quad h_{21}=\left.\frac{\Delta I_2}{\Delta I_1}\right|_{V_2=0}=-0.1,$$

$$h_{12}=\left.\frac{\Delta V_1}{\Delta V_2}\right|_{I_1=0}=0.1,\quad h_{22}=\left.\frac{\Delta I_2}{\Delta V_2}\right|_{I_1=0}=0.1[mS]$$

BJT의 바이어스 방식에는 그림 15.9와 같이 공통이미터(이미터접지), 공통컬렉터(컬렉터 접지), 공통베이스(베이스접지)가 있고 4-단자 회로망 파라미터에는 h_i는 입력저항, h_o는 출력어드미턴스, h_f는 정방향 이득 그리고 h_r은 역방향 이득이다. 2첨자 바이어스 방식을 표시할 때 공통이미터는 h_{xe}, 공통베이스는 h_{xb}, 공통컬렉터는 h_{xc}이고 첨자 $x=i, o, f, r$이다.

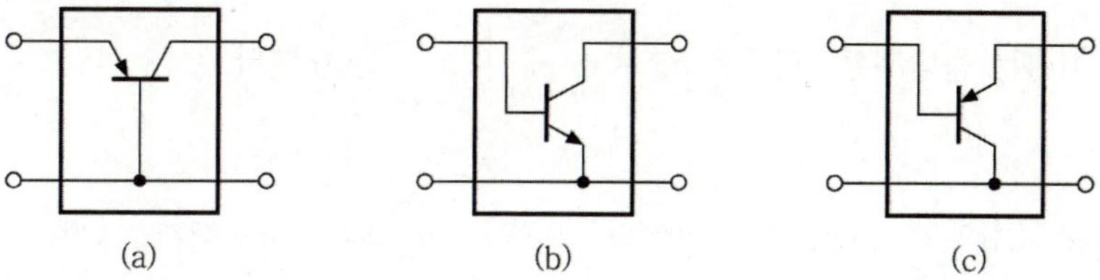

그림 15.9 BJT의 바이어스 방식 (a) 공통이미터(이미터접지) (b) 공통컬렉터(컬렉터접지) (c) 공통베이스(베이스접지)

(2) 공통이미터 회로의 소신호 모델

그림 15.10과 같은 공통이미터 회로의 소신호 4-단자 회로망 방정식은 다음과 같다.

$$\Delta v_1=h_{ie}\Delta i_1+h_{re}\Delta v_2,\ \Delta i_2=h_{fe}\Delta i_1+h_{oe}\Delta v_2 \tag{15-5}$$

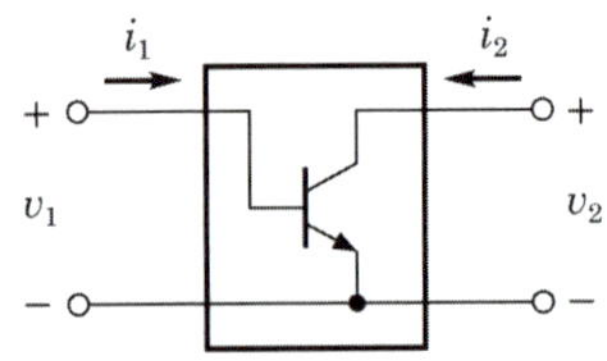

그림 15.10 소신호 h-파라미터 해석을 위한 공통 이미터회로

출력단을 교류 단락(즉 전압을 고정)하고 입력단에 소신호 입력하면 v_1, i_1, i_2의 변화를 구할 수 있어 다음과 같이 h_{ie}와 h_{fe}를 구할 수 있다.

$$h_{ie} = \left.\frac{\Delta v_1}{\Delta i_1}\right|_{\Delta v_2 = 0},\ h_{fe} = \left.\frac{\Delta i_2}{\Delta i_1}\right|_{\Delta v_2 = 0} \tag{15-6}$$

입력단을 교류 개방(즉 전류를 고정)하고 출력단에 소신호 입력하면 v_1, v_2, i_2의 변화를 구할 수 있어 다음과 같이 h_{re}와 h_{oe}를 구할 수 있다.

$$h_{re} = \left.\frac{\Delta v_1}{\Delta v_2}\right|_{\Delta i_1 = 0},\ h_{oe} = \left.\frac{\Delta i_2}{\Delta v_2}\right|_{\Delta i_1 = 0} \tag{15-7}$$

(3) BJT의 특성곡선을 이용한 h 값 구하기

그림 15.11는 BJT-특성곡선에서 h-파라미터 구하는 방법을 나타내고 있다. 그림 15.11(a)는 $V_{BE}-I_B$ 특성곡선에서 $h_{ie} = \left.\frac{\Delta V_{BE}}{\Delta I_B}\right|_{V_{CE}=\text{일정}}$를 구하고, 그림 15.11(b)는 출력특성곡선에서 $h_{fe} = \left.\frac{\Delta I_C}{\Delta I_B}\right|_{V_{CE}=\text{일정}}$를 구하며, 그림 15.11(c)는 $V_{BE}-I_B$ 특성곡선에서 $h_{re} = \left.\frac{\Delta V_{BE}}{\Delta V_{CE}}\right|_{I_B=\text{일정}}$를 구하고, 그림 15.11(d)는 출력특성곡선에서 $h_{oe} = \left.\frac{\Delta I_C}{\Delta V_{CE}}\right|_{I_B=\text{일정}}$를 구한다.

> 순방향 바이어스 접합의 문턱전압은 25℃에서 Si은 0.7V, Ge는 0.2V이고 온도계수는 Si은 $-2.0m\text{V}/^{\circ}\text{C}$, Ge는 $-2.5m\text{V}/^{\circ}\text{C}$이다.

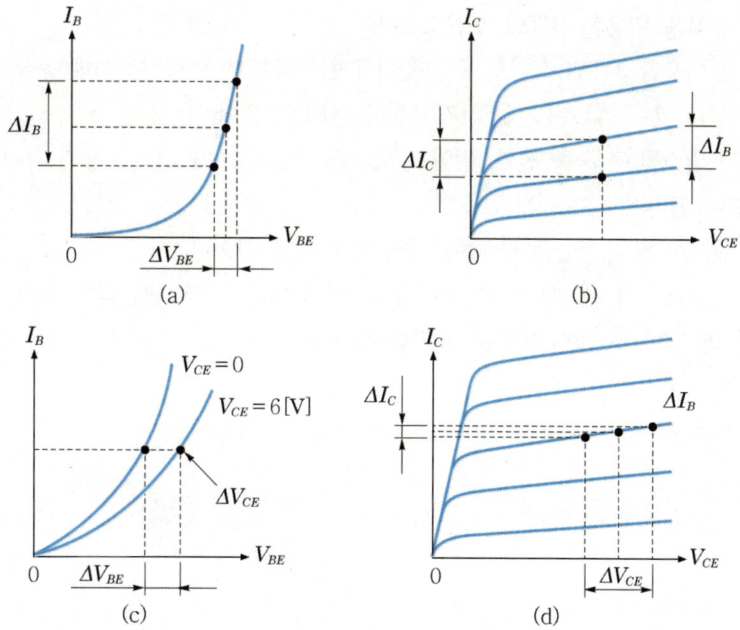

그림 15.11 BJT-특성곡선에서 h-파라미터 구하기 (a) $h_{ie} = \left.\frac{\Delta V_{BE}}{\Delta I_B}\right|_{V_{CE}=\text{일정}}$ (b) $h_{fe} = \left.\frac{\Delta I_C}{\Delta I_B}\right|_{V_{CE}=\text{일정}}$ (c) $h_{re} = \left.\frac{\Delta V_{BE}}{\Delta V_{CE}}\right|_{I_B=\text{일정}}$ (d) $h_{oe} = \left.\frac{\Delta I_C}{\Delta V_{CE}}\right|_{I_B=\text{일정}}$

예제 15-4

BJT의 출력특성을 나타내고 있다. $I_B = 4\mu A$와 $V_{CE} = 10V$에서 $h_{fe}(=\beta)$ 및 $h_{feDC}(=\beta_{DC})$를 구하여라.

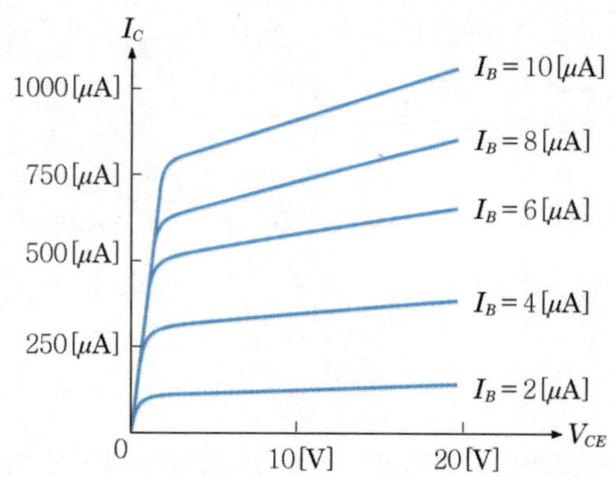

| 풀이 |

$$\beta = \frac{\Delta I_C}{\Delta I_B} = \frac{480\mu}{6\mu - 2\mu} = 120,\ \beta_{DC} = \frac{I_C}{I_B} = \frac{360\mu}{4\mu} = 90$$

(4) 테일러 공식을 이용한 BJT의 소신호 모델

테일러 공식을 이용한 BJT의 소신호 모델에 사용하는 직류 바이어스에 의해 동작점 Q에서의 전류, 전압의 값들 I_B, I_C, V_{BE}, V_{CE}을 가지고 다음 사항이 있다.

① 교류신호가 입력될 경우 총 전류, 전압은 $i_B = I_B + i_b$, $v_{CE} = V_{CE} + v_{ce}$ 등과 같이 Q 값과 교류신호의 합이 된다.

② 교류신호에 관련된 i_b, v_{ce}는 Q 값에 비해 아주 작은 값이다.

③ i_B, i_C, v_{BE}, v_{CE}의 네 개의 변수는 독립적이지 않고 서로 연관되어 있다. $v_{BE}(i_B, v_{CE})$, $i_C(i_B, v_{CE})$와 같이 두 개의 변수로 표현할 수 있다.

교류신호가 작을 경우 Q 점 (i_B, v_{CE})근방에서 테일러 전개를 하면

$$v_{BE}(I_B + i_b, V_{CE} + v_{ce}) \approx v_{BE}(I_B, V_{CE}) + \left.\frac{\partial v_{BE}}{\partial i_B}\right|_Q i_b + \left.\frac{\partial v_{BE}}{\partial v_{CE}}\right|_Q v_{ce} \tag{15-8}$$

$$i_C(I_B + i_b, V_{CE} + v_{ce}) \approx i_C(I_B, V_{CE}) + \left.\frac{\partial i_C}{\partial i_B}\right|_Q i_b + \left.\frac{\partial i_C}{\partial v_{CE}}\right|_Q v_{ce} \tag{15-9}$$

이고, 여기서 $v_{BE}(I_B, V_{CE}) = V_{BE}$, $i_C(I_B, V_{CE}) = I_C$이므로 $v_{BE} = V_{BE} + v_{be}$, $i_C = I_C + i_c$와 같이 표현한다. 교류신호만의 식은

$$v_{be} = \left.\frac{\partial v_{BE}}{\partial i_B}\right|_Q i_b + \left.\frac{\partial v_{BE}}{\partial v_{CE}}\right|_Q v_{ce} = h_{ie} i_b + h_{re} v_{ce} \tag{15-10}$$

$$i_c = \left.\frac{\partial i_C}{\partial i_B}\right|_Q i_b + \left.\frac{\partial i_C}{\partial v_{CE}}\right|_Q v_{ce} = h_{fe} i_b + h_{oe} v_{ce} \tag{15-11}$$

이고, 여기서 $h_{ie} = \left.\frac{\partial v_{BE}}{\partial i_B}\right|_Q$, $h_{re} = \left.\frac{\partial v_{BE}}{\partial v_{CE}}\right|_Q$, $h_{fe} = \left.\frac{\partial i_C}{\partial i_B}\right|_Q$, $h_{oe} = \left.\frac{\partial i_C}{\partial v_{CE}}\right|_Q$ 이다.

> 함수 $f(x_0 + \Delta x, y_0 + \Delta y)$에서 Δx, Δy가 작을 경우 (x_0, y_0)근방에서 테일러 전개를 하면
> $$f(x_0 + \Delta x, y_0 + \Delta y) = f(x_0, y_0) + \left.\frac{\partial f}{\partial x}\right|_{(x_0, y_0)} \Delta x + \left.\frac{\partial f}{\partial y}\right|_{(x_0, y_0)} \Delta y + \cdots$$

식 (15-8)에서 모든 항들은 전압의 단위이므로 h_{ie}는 저항의 단위를 가져야하고 h_{re}는 단위가 없어야 한다. 식 (15-10)을 만족하는 키르히호프 전압법칙에 의한 회로도는 그림 15.12의 입력단과 같다. 베이스와 에미터 사이의 전압강하는 $h_{ie} i_b$ 전압강하와 $h_{re} v_{ce}$ 종속전원의 합이다.

식 (15-9)에서 모든 항들은 전류의 단위이므로 h_{fe}는 단위가 없어야 하고 h_{oe}는 전도도의 단위(S)이다. 식 (15-11)을 만족하는 키르히호프 전류법칙에 의한 회로도 그림 15.12의 출력단과 같다. 컬렉터를 흐르는 전류는 종속전류원 $h_{fe} i_b$와 전류 v_{ce}/h_{oe}의 합이다.

입력인 베이스-이미터와 출력인 컬렉터-이미터 단자를 합치게 되면 공통 이미터에서의 소신호 하이브리드 모델이 만들어진다.

그림 15.13과 같이 h_{re}가 매우 작아(10^{-4} 정도) 이를 무시한 것이 하이브리드 π-모델(r_e-모델)이고 하이브리드 모델과 구분하기 위해서 계수를 $h_{ie}=r_\pi$, $h_{fe}=\beta$, $r_0=1/h_{oe}$ 등으로 달리 대체하여 사용한다.

- 특성곡선에서 $\Delta I_C/\Delta V_{CE}\approx 0$이므로 $r_0=\Delta V_{CE}/\Delta I_C$는 ∞이다.
- 컬렉터 전류는 $i_C=I_S\left(e^{qv_{BE}/kT}-1\right)\approx I_S e^{qv_{BE}/kT}$
- $i_B=\dfrac{i_C}{\beta}$, $i_E=\alpha i_C$이므로 상호컨덕턴스는 $g_m=\left.\dfrac{\partial i_C}{\partial v_{BE}}\right|_Q=\dfrac{i_c}{v_{be}}=\dfrac{qI_S}{kT}e^{qv_{BE}/kT}=\dfrac{qi_C}{kT}$
- r_π와 r_e 관계는 $r_\pi=h_{ie}=\left.\dfrac{\partial v_{BE}}{\partial i_B}\right|_Q=\dfrac{v_{be}}{i_b}\dfrac{i_c}{i_c}=\dfrac{\beta}{g_m}$, $r_e=\left.\dfrac{\partial v_{BE}}{\partial i_E}\right|_Q=\dfrac{v_{be}}{i_e}\dfrac{i_c}{i_c}=\dfrac{\alpha}{g_m}\approx\dfrac{1}{g_m}$,

  $r_\pi=(1+\beta)r_e\approx\beta r_e$

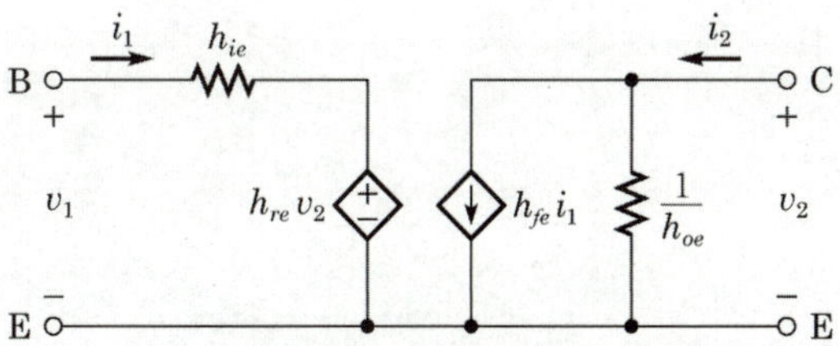

그림 15.12 공통 이미터회로의 소신호 h-파라미터 등가회로

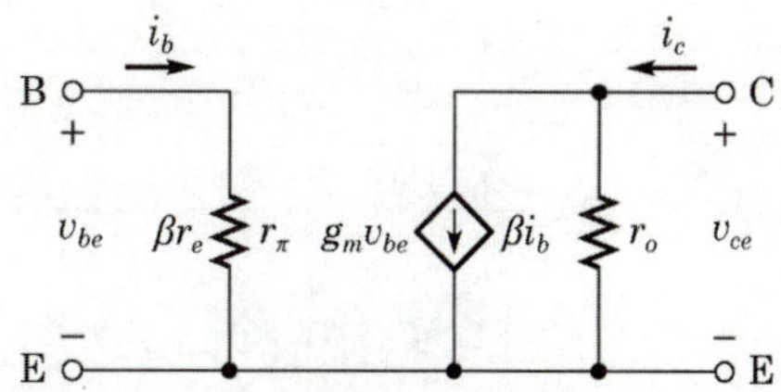

그림 15.13 공통 이미터회로의 소신호 r_e-모델

예제 15-5

다음 회로에서 $V_E=1\text{V}$, $V_{BE}=-0.6\text{V}$일 때 V_B, I_B, I_E, I_C, β, 그리고 α를 구하여라.

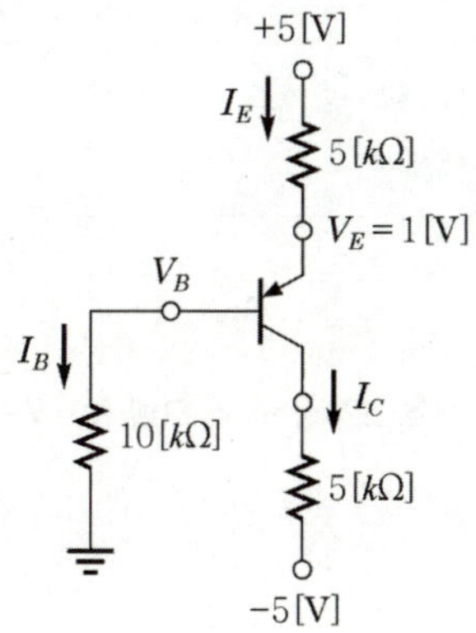

| 풀이 |

(a) 이미터 저항망에서 $5=I_E(5k)+1$에서 $I_E=0.8m\text{A}$

(b) $V_B = V_E - V_{EB} = 1 - 0.6 = 0.4\text{V}$

(c) $V_B = I_B R_B$에서 $0.4 = I_B(10k)$, $I_B = 40\mu\text{A}$ (d) $I_C = I_E - I_B = 0.8m - 0.04m = 0.76m\text{A}$

(e) $\beta = \dfrac{I_C}{I_B} = \dfrac{0.76m}{40\mu} = 19$ (f) $\alpha = \dfrac{I_C}{I_E} = \dfrac{0.76m}{0.8m} = 0.95$

(5) BJT 소신호 모델 요약

그림 15.14는 BJT 소신호 모델을 나타낸다. π-모델은 보통 이미터가 접지되었을 때 사용하고 T-모델은 이미터가 접지되지 않았을 때 사용한다. 그리고 소신호에서 트랜지스터는 선형소자로 동작하므로 h-변수를 사용할 수 있다. 주어진 회로에서 h-변수는 상수이다. 변수 g_m은 I_C에 선형적으로 비례하고 r_π는 I_C에 반비례한다. 표 15.2는 모델변수들의 표현방법을 나타내고, 표 15.3은 다용도 2N3904 NPN BJT의 h-변수를 나타낸다.

최대 컬렉터 전류가 $500m\text{A}$ 이하, 최대 컬렉터 손실 1W 미만의 트랜지스터를 전력트랜지스터에 비해 소신호 트랜지스터로 부르며 일반적으로 수지몰드 타입이 많은 것이 특색이다.

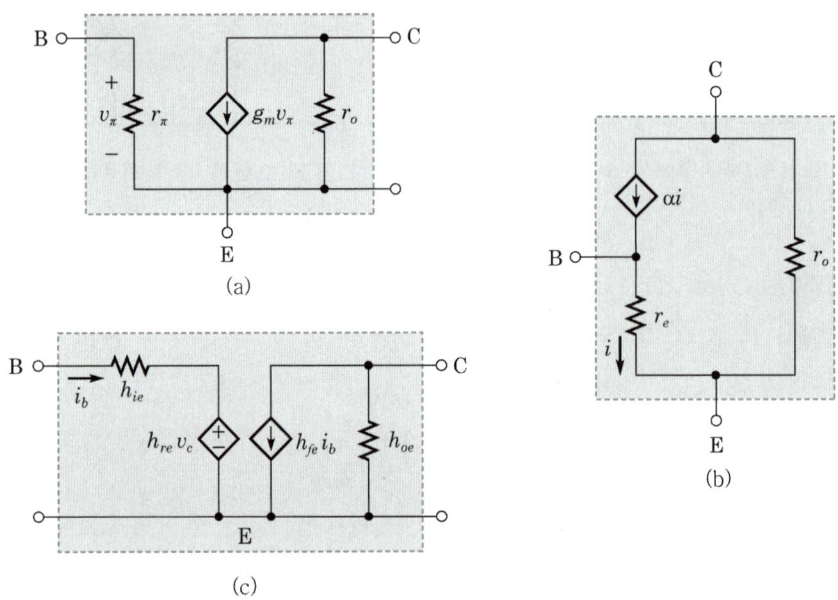

그림 15.14 BJT 소신호 모델 (a) π-모델 (b) T-모델 (c) h-변수

$h_i = \dfrac{v_1}{i_1}$(입력임피던스), $h_f = \dfrac{i_2}{i_1}$(전류이득), $h_r = \dfrac{v_1}{v_2}$(역전압이득), $h_o = \dfrac{i_2}{v_2}$(출력어드미턴스)

CE 구조에서 $h_{ie} = \dfrac{V_{be}}{I_b}$, $h_{fe} = \dfrac{I_c}{I_b}$, $h_{re} = \dfrac{V_{be}}{V_{ce}}$, $h_{oe} = \dfrac{I_c}{V_{ce}}$

$V_{BE} = 0.7\text{V}$, I_B, I_E, I_C가 흐르도록 바이어스된 BJT에서 교류해석 : $i_b = \dfrac{v_{be}}{r_\pi}$, $i_e = \dfrac{v_{be}}{r_e}$, $i_c = g_m v_{be}$

얼리(Early)효과

컬렉터단자의 역 바이어스전압에 따라 베이스폭이 변화하는 현상(베이스폭 변조)이며, 역 바이어스의 증가로 베이스폭의 감소는 전류증폭률 α를 증가시키고, 컬렉터 전압의 증가에 따라 I_c도 증가하여 컬렉터전류 $i_C = I_S\, e^{v_{BE}/V_T}\left(1 + \dfrac{v_{CE}}{V_A}\right)$이 된다. 여기서 V_A는 얼리전압이고, 컬렉터에서 바로 본 출력저항 $r_o = \left(\dfrac{\partial i_C}{\partial v_{CE}}\bigg|_{v_{BE} = 일정}\right)^{-1} = \dfrac{V_A}{I_C}$이며 무한대가 아닌 값을 가진다.

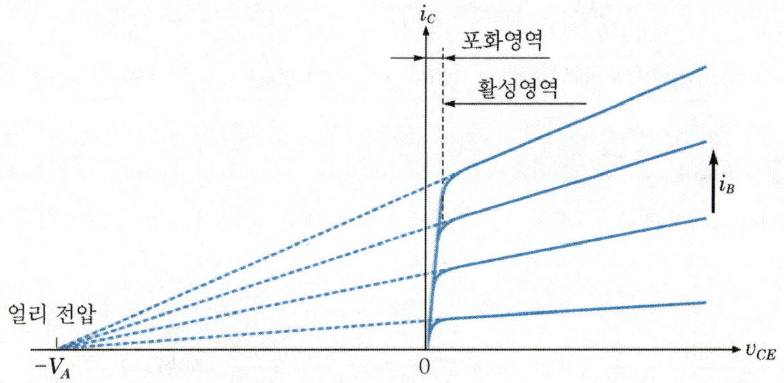

〈BJT 출력 특성곡선〉

침식현상(punch through)

컬렉터 역 바이어스 전압을 계속해서 증대시키면 CB-접합의 공핍층이 베이스 영역 안으로 퍼져 들어가서 EB-접합의 공핍층과 닿게 되고 트랜지스터의 작용을 할 수 없게 된 현상을 침식현상이라 한다. 베이스 농도가 N_B이고 공핍층 폭=베이스폭(W_B)가 되는 역 바이어스 전압을 침식 전압 $V_{pt} = \dfrac{qN_B W_B^2}{2\epsilon}$[V]이다.

표 15.2 모델변수 표현방법

	정의	직류 바이어스전류 용어	g_m 용어	r_e 용어	α와 β
표현	$g_m = \frac{dI_C}{dV_{BE}} = \frac{i_c}{v_{in}}$ $r_\pi = \frac{v_{in}}{i_b}$ $r_o = \frac{dV_{CE}}{dI_C}$ $\beta = \frac{dI_C}{dI_B} = \frac{i_c}{i_b} = \left(\frac{d}{dI_C}\frac{I_C}{\beta}\right)^{-1}$	$g_m = \frac{qI_C}{kT} = \frac{I_C}{V_T}$, $r_e = \frac{V_T}{I_E} = \alpha\frac{V_T}{I_C}$ $r_\pi = \frac{V_T}{I_B} = \beta\frac{V_T}{I_C}$ $r_o = \frac{\lvert V_A \rvert}{I_C}$	$r_e = \frac{\alpha}{g_m}$ $r_\pi = \frac{\beta}{g_m}$	$g_m = \frac{\alpha}{r_e}$ $r_\pi = (1+\beta)r_e$	$\beta = \frac{\alpha}{1-\alpha}$ $\alpha = \frac{\beta}{1+\beta}$

표 15.3 다용도 2N3904 NPN BJT의 h-변수

변수	최솟값	최댓값	기하평균
$r_\pi = h_{ie}[k\Omega]$	1	10	3
h_{re}	0.5×10^{-4}	8×10^{-4}	2×10^{-4}
$\beta = h_{fe}$	100	400	200
$r_e = h_{ie}/h_{fe}[\Omega]$	10	25	15
$r_o = 1/h_{oe}[k\Omega]$	25	1,000	150

예제 15-6

상온(25℃)에서 컬렉터 전류가 1mA, 얼리전압 50V인 트랜지스터에서 전달컨덕턴스와 출력저항을 구하여라.

| 풀이 |

$$g_m = \frac{qI_C}{kT} = \frac{1.6 \times 10^{-19} \times 10^{-3}}{1.38 \times 10^{-23} \times 298} = 38.9mA/V,\ r_o = \frac{\lvert V_A \rvert}{I_C} = \frac{50}{10^{-3}} = 50k\Omega$$

15.3 다층 반도체 스위칭 소자

다층 반도체 소자는 제어가 가능한 다이오드로서 최소한 네 개 이상의 반도체 층으로 구성되고 세 개의 PN접합을 가지고 있는 소자들을 통칭한다.

1963년 국제전자규격기구(ISO)는 대전력 스위칭소자를 사이리스터(thyristor)라 총칭하기로 결정하였는데 실리콘제어 정류기(SCR : silicon controlled rectifier), 트라이악(TRIode Alternating Current switch : TRIAC), 다이악(DIode Alternating Current switch : DIAC) 등이 있다.

사이리스터는 전동기나 전기용접 등 비교적 큰 전기의 스위칭 소자를 총칭하는 용어이나 좁은 의

미로는 실리콘제어 정류기를 말한다.

(1) 쇼클리 다이오드

그림 15.15와 같이 전원 스위칭에 사용되는 PNPN 구조인 쇼클리 다이오드(Shockley diode)는 P층과 N층이 교차하는 네 개 층의 구조로 되어 있으며, 적어도 세 개의 PN 접합을 포함하는 반도체 소자이다.

그림 15.15(d)와 같이 PN-다이오드를 이용한 등가회로와 그림 15.15(e), (f)와 같이 바이폴라 트랜지스터를 이용한 등가회로를 나타내었다. 트랜지스터를 이용한 등가회로에서 n_1은 PNP 트랜지스터의 베이스이고 NPN 트랜지스터의 컬렉터이다. p_2는 NPN 트랜지스터의 베이스이고 PNP트랜지스터의 컬렉터이다. J_2 접합은 두 트랜지스터의 콜렉터 접합을 공유한다.

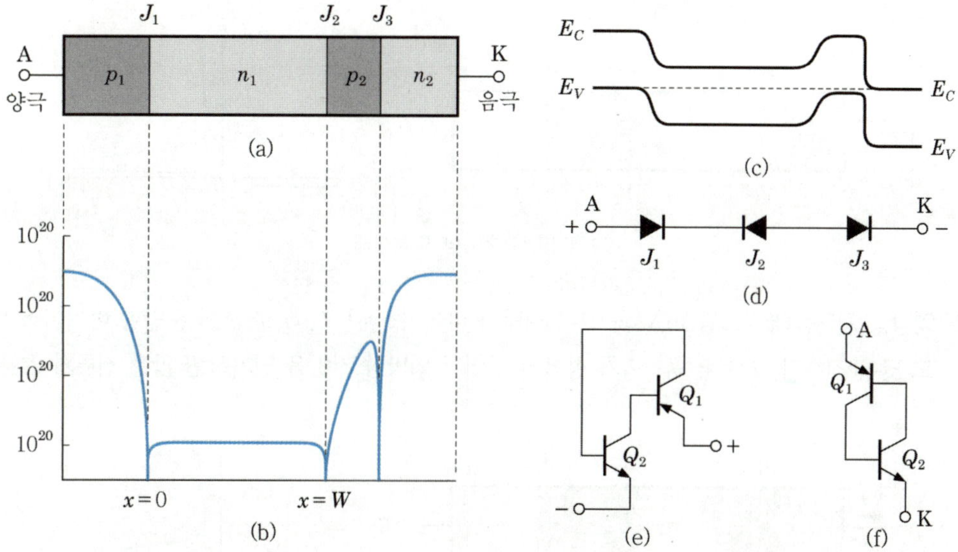

그림 15.15 쇼클리 다이오드 (a) 구조 (b) 도핑분포 (c) 에너지 밴드 (d) 다이오드를 이용한 등가회로 (e) (f) 트랜지스터를 이용한 등가회로

쇼클리 다이오드가 순방향 차단될 때, 순방향 도통될 때 그리고 역방향 차단일 때 등가회로를 이용하여 공핍층과 전압-전류 특성곡선으로 설명한다.

① **순방향 차단상태** : 그림 15.16과 같이 순방향 바이어스 된 J_1, J_3로 캐리어 공급은 역방향 바이어스 된 J_2에 의해 제한되어 J_2의 역포화전류 정도 낮은 전류가 흐른다.

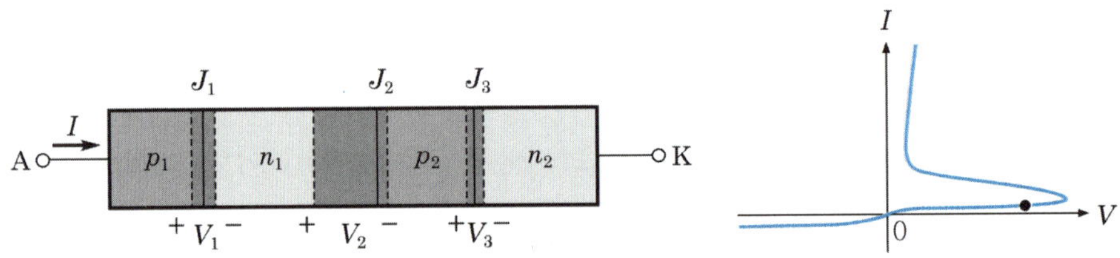

그림 15.16 순방향 차단상태

② **순방향 도통상태** : 그림 15.17과 같이 역방향 바이어스 된 J_2가 애벌란시 항복현상이 일어나는 브레이크 오버(breakover) 전압에 도달하면 모든 접합이 순방향 바이어스 되어 이미터에서 베이스로 캐리어가 주입되고 베이스를 거쳐 컬렉터에 도달하여(포화영역) 급격하게 큰 전류가 흐른다.

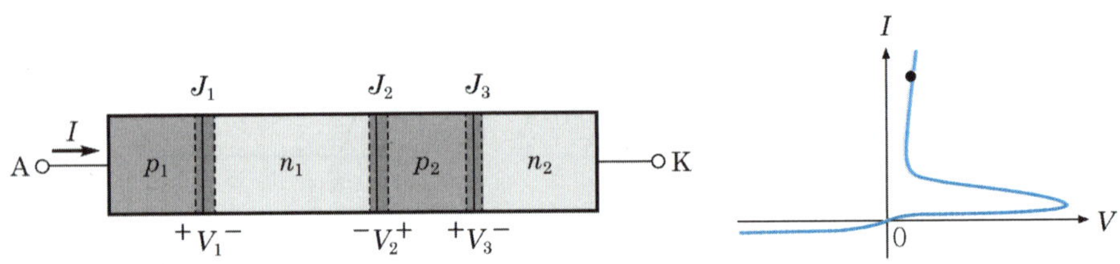

그림 15.17 순방향 도통상태

③ **역방향 차단상태** : 그림 15.18과 같이 역방향 바이어스 된 J_1, J_3로 J_2이 순방향 바이어스 되어도 낮은 전류가 흐른다. J_1, J_3가 항복이 일어날 역방향 전압을 인가하면 많은 전류가 흐른다.

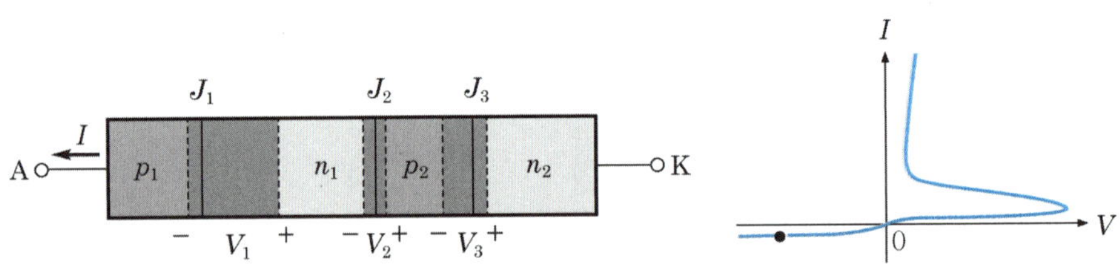

그림 15.18 역방향 차단상태

예제 15-7

그림과 같이 PNPN 다이오드에 전원과 저항 R을 직렬 연결하여 전류 I가 흐를 때 등가회로를 이용하여 두 트랜지스터가 활성영역에 있을 때 전류 I를 역방향 포화전류 I_{co}와 전류이득 α로 나타내어라.

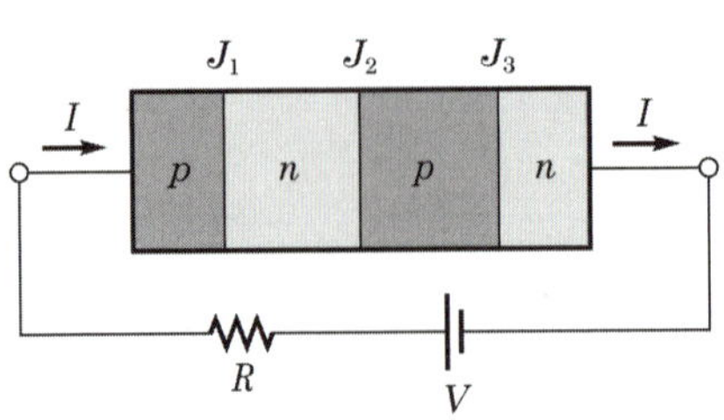

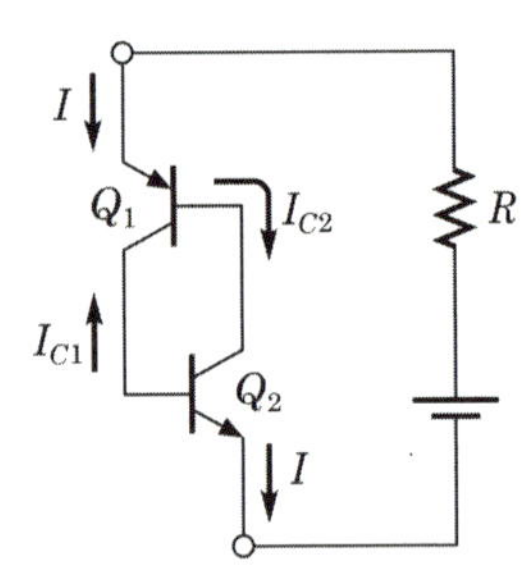

| 풀이 |

$\alpha = -\dfrac{I_C - I_{CO}}{I_E}$ $I_{C1} = -\alpha_1 I + I_{CO1}$, $I_{C2} = \alpha_2 I + I_{CO2}$, Q_1에서 전류의 합=0이므로 $I + I_{C1} - I_{C2} = 0$ 그래서 $I = \dfrac{I_{CO2} - I_{CO1}}{1-\alpha_1-\alpha_2} = \dfrac{I_{CO}}{1-(\alpha_1+\alpha_2)}$ 여기서 I_{CO}는 접합 J_2의 총 역방향 포화전류이다. $\alpha_1+\alpha_2$이 1로 접근하면 전류 I가 갑자기 증가하여 소자가 도통된다. 이때 역방향된 J_2가 순방향이 되어 도통상태가 되고 두 트랜지스터는 포화상태가 된다.

(2) 실리콘제어 정류기

실리콘제어 정류기(silicon controlled rectifier : SCR)는 그림 15.19와 같이 4층의 NPNP 고체 상태 정류기로서, 세 개의 전극인 양극, 음극, 그리고 조절단자인 게이트로 되어 있다.

SCR은 순방향 양(+)의 바이어스가 되어도 양극전압이 순방향 브레이크오버 전압(forward breakover voltage), V_{BRF} 이상이 되기 전에는 전류를 전혀 흐르지 않는다는 점에서 다이오드 정류기와 다르다. V_{BRF}에 도달하면 SCR은 켜지고, 높은 전도성을 갖게 된다. 그리고 V_{BRF}의 값은 게이트 전류의 크기에 의해 조절할 수 있다. 따라서 게이트는 정류기의 동작에서 새로운 차원을 제공하여, 작은 크기의 게이트전류로 큰 크기의 양극 또는 부하전류를 조절하게 된다.

저전류 SCR은 1A 미만의 양극전류를 제공할 수 있고, 고전류 SCR은 수 백 암페어의 양극 또는 부하전류를 통과시킬 수 있으며, 큰 전류 제어능력으로 시간지연회로, 위상제어, 스위칭 등에 사용된다.

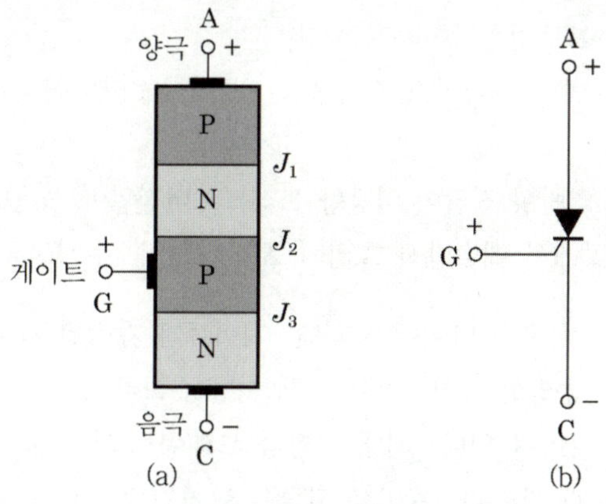

그림 15.19 SCR (a) 구조 (b) 심벌

그림 15.20은 SCR의 전압-전류 특성이다. 양극-음극회로가 역방향 바이어스 되면, 역방향 블로킹 전류(reverse blocking current)라고 부르는 약간의 역방향 누설전류가 존재한다. 이 전류는 역방향 바이어스 전압이 최대 역방향 전압을 초과할 때까지 일정하게 존재한다. 최대 역방향 전압에서 애벌란시 영역이 시작되면서, 누설전류가 급격히 증가한다.

SCR이 순방향 바이어스 되면 순방향 블로킹전류(forward blocking current)라고 부르는 작은 순방향 누설전류가 존재하는데, 이는 순방향 브레이크오버 전압에 도달할 때까지 남아 있다. 이 영역에 도달하면 순방향 애벌란시가 일어나고, 이 지점에서 전류는 급격하게 변한다. 이 때 SCR의 양극과 음극간의 저항은 매우 작아 단락 스위치처럼 동작한다.

SCR의 두 동작영역은 스위치의 도통/차단 두 상태에 대응된다. 인가전압이 브레이크오버 전압보다 낮으면 정류기는 꺼지고, 전압이 브레이크오버 전압 이상이 되면 정류기는 켜진다. 전류가 유지전류(holding current)라고 부르는 특정값 이상으로 머무르는 동안에는, 정류기는 켜진 상태 즉, 높은 전류상태에 머문다. 정류기 양단의 전압이 유지전류를 유지할 수 없을 정도로 줄어들면 정류기는 꺼진다.

① **순방향 브레이크오버 전압(V_{FB})** : SCR이 순방향 차단영역에서 순방향 전도영역으로 들어가기 위한 전압을 순방향 브레이크오버(breakover) 전압이라 한다. 그림에 나타난 바와 같이 게이트 전류 I_G가 증가하면 순방향 브레이크오버 전압은 감소한다. 게이트 전류 $I_G=0$일 때 순방향 브레이크오버 전압이 최대가 된다.

② **유지전류** : SCR이 순방향 전도영역에서 동작하기 위한 최소의 양극전류를 유지전류(holding current)라고 한다.

③ **게이트 트리거전류(I_G)** : SCR을 순방향 블로킹영역에서 순방향 전도영역으로 전환하는데 필요한 게이트 전류를 트리거 전류라고 한다.

④ **역방향 항복전압** : SCR이 애벌란시 영역으로 들어가서 급격히 도통되기 시작하는 양극과 음극 양단의 역방향 전압을 역방향 항복전압 혹은 역방향 브레이크오브전압이라고 한다.

⑤ **순방향과 역방향 블로킹영역** : 순방향 바이어스전압을 인가했을 때 SCR이 차단상태인 영역을 순방향 블로킹(blocking)영역이라 하고, 역방향 바이어스전압을 인가했을 때 SCR이 차단상태인 영역을 역방향 블로킹영역이라고 한다.

⑥ **순방향 전도영역** : 순방향 바이어스 전압을 인가했을 때 SCR이 온 상태인 영역을 순방향 전도영역이라고 한다.

⑦ **애벌란시 항복영역** : 역방향 전압이 역방향 브레크오버전압에 접근하면 역방향 전도가 일어난다. 최대 역방향 전압에서 애벌란시 효과가 시작되면서, 누설전류가 급격히 증가한다.

게이트-음극 접합이 순방향으로 바이어스 되면, 게이트가 개방된 경우에 비해 낮은 양극전압에 대해 정류기가 켜진다. 즉, 순방향 바이어스에 의해 순방향 브레이크오버 전압이 감소한다. 이것은 그림 15.20의 특성곡선에 나타나 있다. 최대 순방향 브레이크오버 전압 V_{FBO}은 게이트가 개방된 경우 게이트 전류 I_{G0}=0일 때 생긴다. 게이트 전류의 크기가 I_{G1}일 때, 순방향 브레이크오버 전압 V_{FBO1}은 V_{FBO}보다 낮다. 마찬가지로 I_{G1}보다 큰 값인 I_{G2}에 의해 결정되는 V_{FBO2}는 V_{FBO1}보다 낮다. 게이트 전류가 증가하면 SCR은 보통의 실리콘정류기와 유사하게 동작한다.

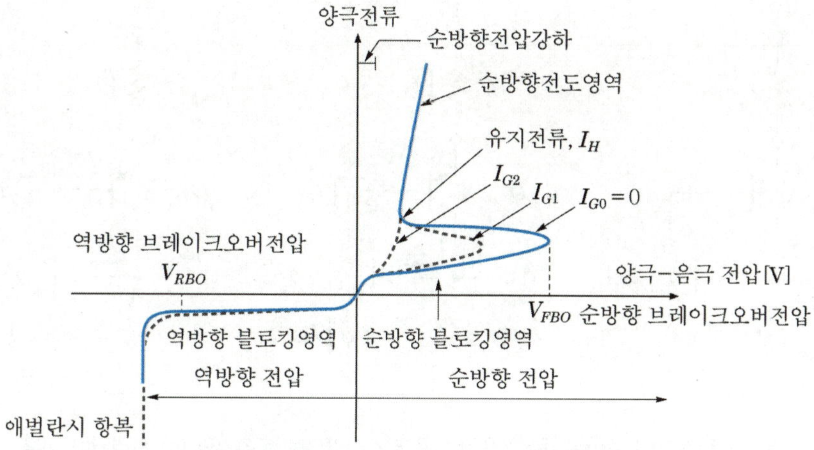

그림 15.20 SCR 전압–전류 특성

SCR의 게이트 트리거링은 다음과 같다.

① 그림 15.21(a)와 같이 게이트가 접지되면 게이트전류=0이 되어 Q_1은 차단상태가 되어 개방상태가 된다. 이때 I_{B2}는 너무 작아서 Q_2를 도통시키지 못하므로 모두가 개방상태에 있게 되고 SCR의 양극–음극 사이 고저항, 개방회로가 된다.

② 그림 15.21(b)와 같이 게이트에 짧은 펄스전류를 인가하면 SCR은 재생동작(regenerative action)으로 도통상태로 전환된다. 전류 I_{B2}는 트랜지스터 Q_2를 도통시키고 순차적으로 Q_2의 컬렉터전류는 I_{B1}과 같으므로 Q_1이 도통된다.

트랜지스터 Q_1의 컬렉터전류는 트랜지스터 Q_2의 베이스 전류를 공급하여 Q_2은 계속 도통상태를 유지되므로 게이트 전류가 더 이상 필요하지 않는다. 그래서 트리거링 이후에 SCR은 계속 도통(래치)되어 SCR의 양극–음극 간 저항은 대단히 작아져 단락회로(닫힌 스위치)가 된다. 일반적은 SCR은 $0.1\mu s \sim 1\mu s$의 턴온 시간을 갖는다.

게이트의 트리거링은 SCR이 양극을 음극 대해 (+)로 순방향 바이어스하고, 게이트와 음극 사이에 적당한 양의 전압을 인가할 때 일어난다.

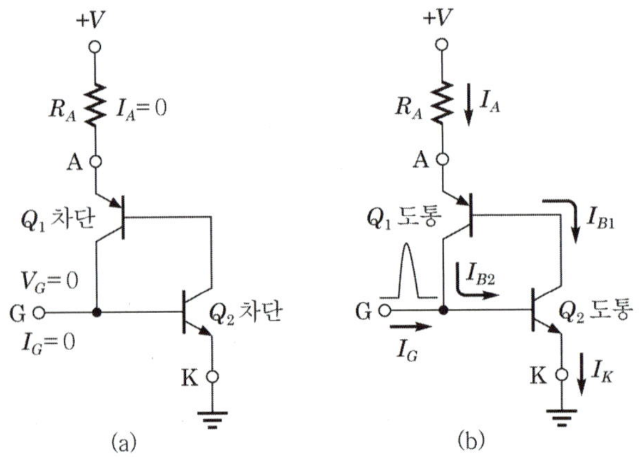

그림 15.21 SCR 동작 (a) $V_G = 0$ (b) 큰 펄스전압으로 트리거링 (c) 트리거링 이후

SCR이 게이트전류에 의해 켜지고 나면 게이트에 의한 조절이 불가능해져서, 게이트전류를 감소시켜도 양극전류는 영향을 받지 않는다. SCR을 차단상태로 만들기 위한 방법은 양극전류 차단법과 강제전환법이 있다. 양극전류 차단법은 그림 15.22(a)와 같이 직렬 스위치를 개방시키는 방법과 그림 15.22(b)와 같이 병렬 스위치를 단락시키는 방법이 있으며 두 가지 모두 양극전류가 0이 되어 SCR이 차단상태로 한다.

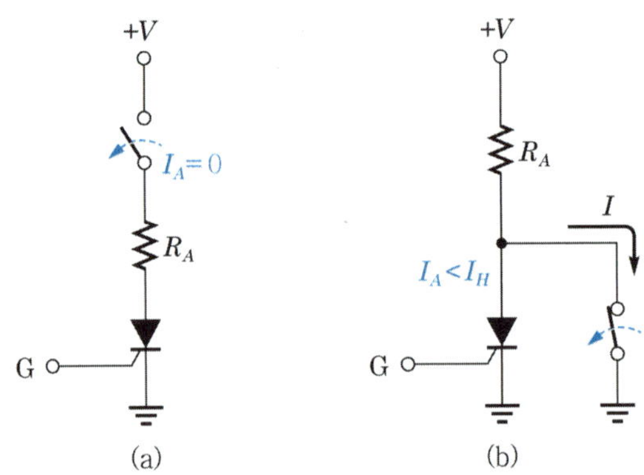

그림 15.22 SCR 도통 후 차단시키는 방법 (a) $I_A = 0$ (b) $I_A < I_H$

예제 15-8

아래 회로에서 SCR이 도통 시 $V_{GK} = 0.7\text{V}$, $V_{AK} = 1.2\text{V}$ 이고 유지전류 $I_H = 5m\text{A}$ 일 때 게이트 트리거 전류와 양극 전류를 구하여라.

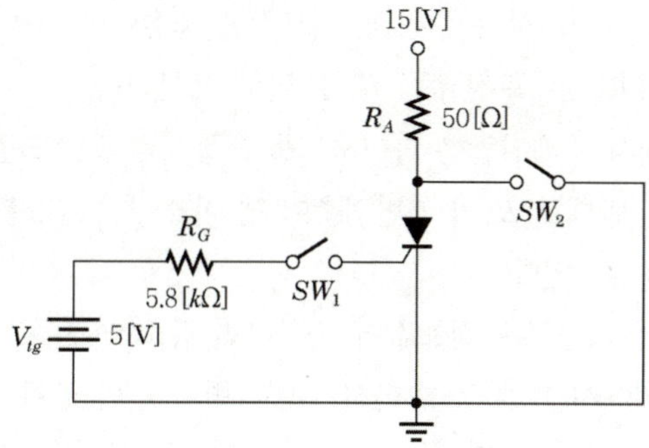

| 풀이 |

$$I_G = \frac{V_{tg} - V_{GK}}{R_G} = \frac{5-0.7}{5.8k} = 7.41m = 741\mu A$$

$$I_A = \frac{V_A - V_{AK}}{R_A} = \frac{15-1.2}{50} = 0.276 = 276mA$$

그림 15.23과 같이 SCR, 제너다이오드, 저항 등으로 구성된 간단한 회로는 SCR의 고속 스위칭 특성을 이용하여 장비 내 전력공급기에 과전압으로부터 보호하기 위해 사용한다.

제너다이오드는 출력전압의 최고 한계값을 설정하며 출력전압이 제너다이오드를 도통시킬 때 SCR의 트리거링 전압은 전압분배기(R_1과 R_2)에 의해 공급한다.

220V 선전압에 연결된 SCR은 도통되면 퓨즈를 끊어 전원공급기에서 선전압을 분리시켜 손상으로부터 회로를 보호한다.

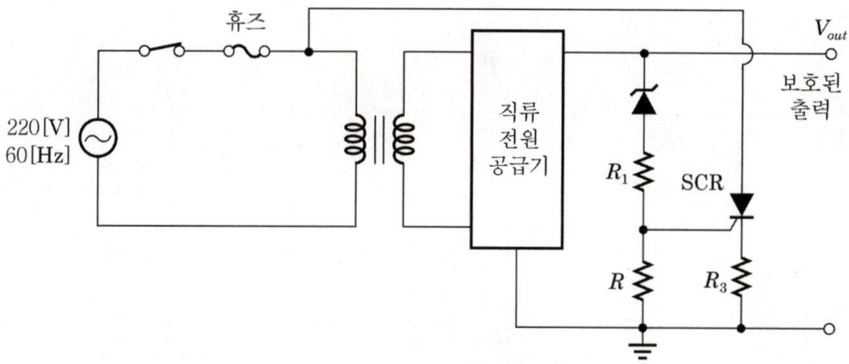

그림 15.23 과전압 보호회로

SCR은 인가전압에 대해 어떤 각도 α에서 트리거링을 함으로써 전력의 양을 제어하는 램프조광기, 전열기, 전기모터 등에 사용할 수 있다. 각도 α는 점호각(firing angle) 혹은 지연각도(delay angle)라 하고 부하에 흐르는 전력을 점호각을 변화시켜 얻으므로 위상제어라고 한다. 각도 β는 전도각이며, SCR은 유지전류 이하로 감소할 때 차단된다.

그림 15.24는 SCR을 이용한 반파 위상제어 및 전력제어 회로이다. 저항 R_1에 의해 전류가 제한

되고 전위차계 R_2는 SCR을 트리거하는 준위 및 점호각을 조절한다. 입력의 양의 반주기 동안 다이오드가 순방향 바이어스 되고 게이트전류는 R_2 조절로 제한된다.

R_2의 가변접촉이 맨 위에서 분배전압은 다이오드를 도통시키고 SCR은 입력의 양의 반주기 시작에 거의 트리거 될 수 있다. 반대로 R_2의 가변접촉이 맨 아래에서 SCR은 입력의 양의 반주기 최고값에서도 트리거 되지 않을 수 있다.

부하에서 소비되는 최대유효전력은 점호각이 증가하면 감소하고 무효전력은 증가한다. 맨 끝점 사이 점호각(반파인 경우 0^o에서 180°)을 변화시키면 가변된 전력 양이 부하에 공급될 수 있다. 그리고 SCR은 음의 주기 동안 스스로 차단되므로 다른 회로로 대체할 필요가 없는 장점이 있다.

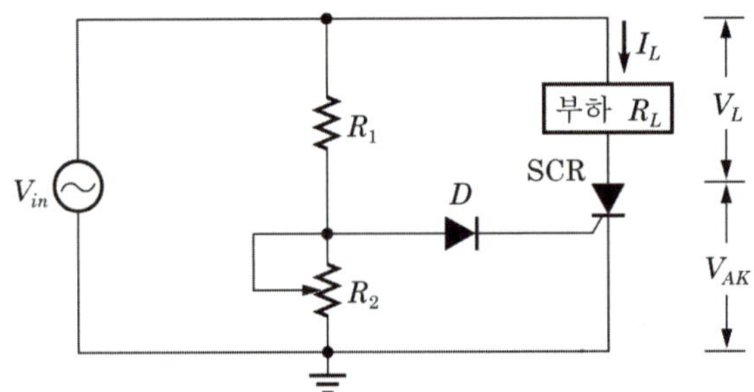

그림 15.24 반파 위상제어 및 전력제어

그림 15.25는 SCR의 트리거링과 전력제어를 나타내고 있다. SCR이 도통되었을 때 양극-음극 전압이 '0'이라 하고 부하저항 R_L에 전류 I_L이 흐르고 부하저항의 전압 V_L를 나타내었다. SCR이 차단되면 입력이 SCR 양단 V_{AK}에 나타나고 R_L을 통해 흐르는 전류는 '0'이다.

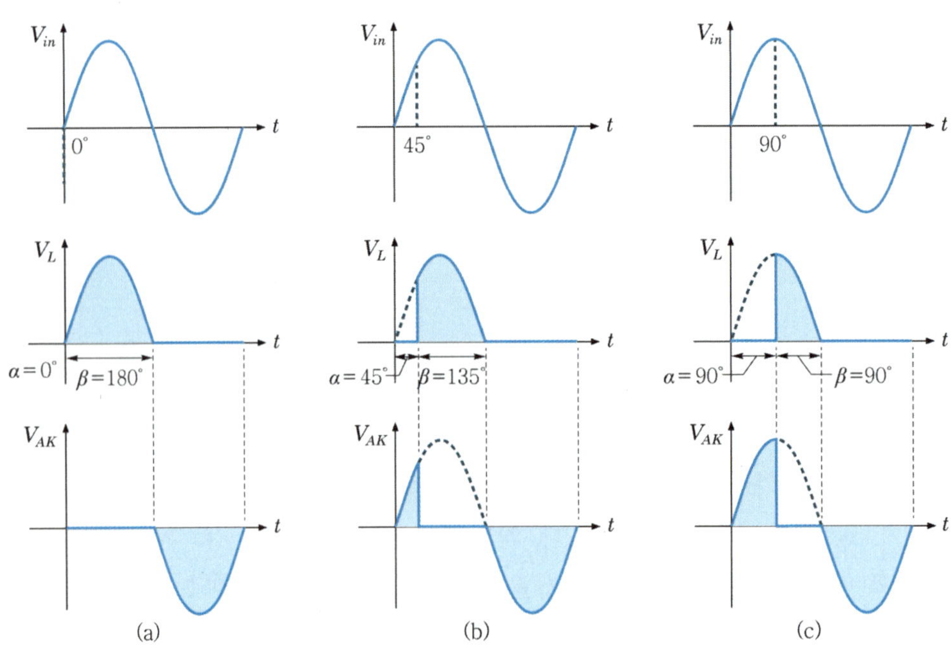

그림 15.25 SCR 게이트 트리거링에 따른 입력, 부하전압, 양극-음극 전압파형 (a) 0° (b) 45° (c) 90°

연습문제

15.1. 이미터 바이어스를 증가시킬 때 컬렉터전류의 효과를 설명하여라.

15.2. I_C와 I_{CBO}의 차이를 계산하고 설명하여라.

15.3 활성영역에서 동작시킨 공통 베이스 증폭기의 전류이득(α)은 얼마인지 기술하여라.

15.4 다음 회로에서 트랜지스터의 전류이득 β와 역포화전류 I_S를 구하여라. 단 열전압 $V_T = 0.026\text{V}$이다.

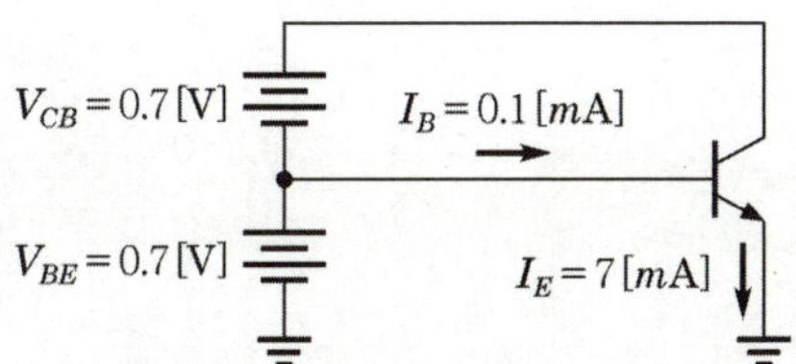

(a)

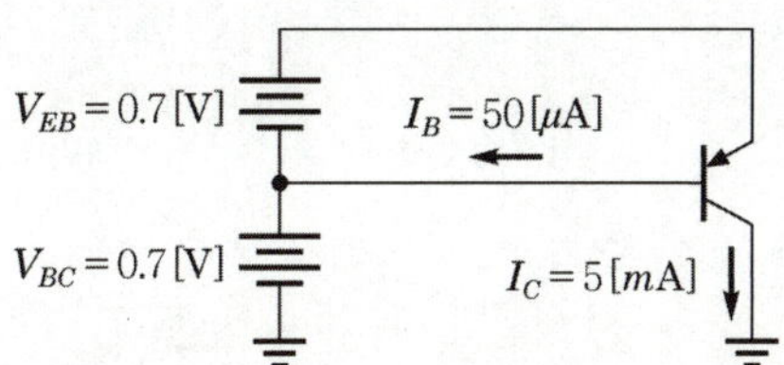

(b)

15.5 BJT의 출력특성을 나타내고 있다. $I_B = 8\mu\text{A}$와 $V_{CE} = 10\text{V}$에서 β 및 β_{DC}를 구하여라.

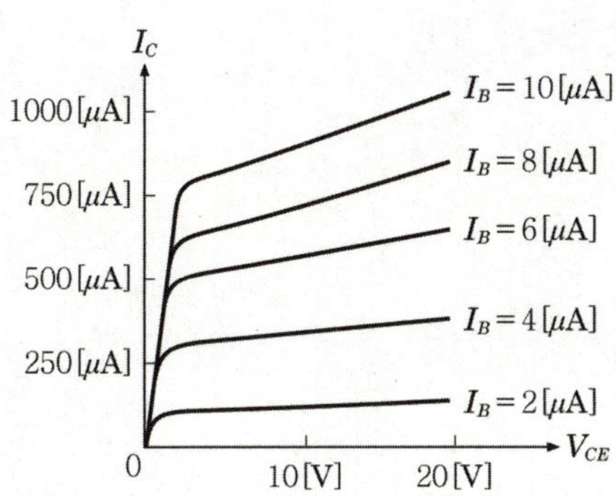

15.6 다음 회로에서 $V_E = 1.5\text{V}$, $V_{BE} = -0.65\text{V}$일 때 V_B, I_B, I_E, I_C, β, 그리고 α를 구하여라.

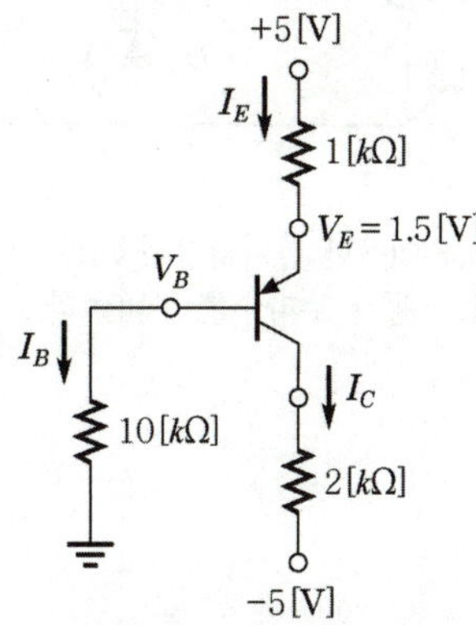

15.7 실리콘 트랜지스터의 전류이득 β가 매우 크다고 가정할 때 표시된 전압과 전류를 구하여라.

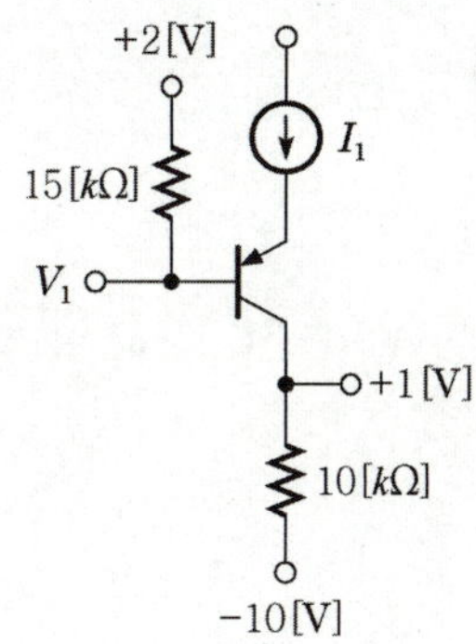

(a)

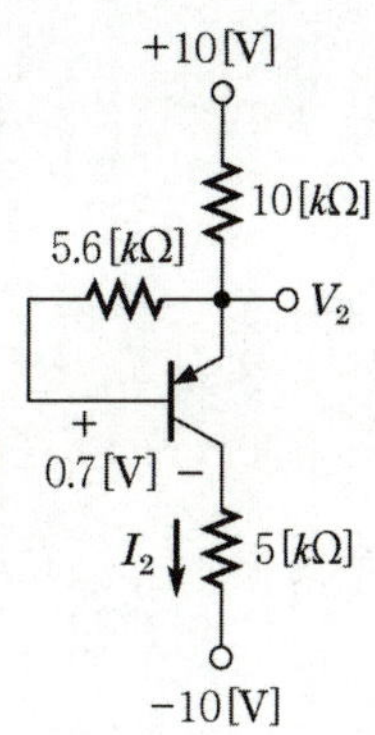

(b)

15.8 아래회로의 h-파라미터를 구하여라.

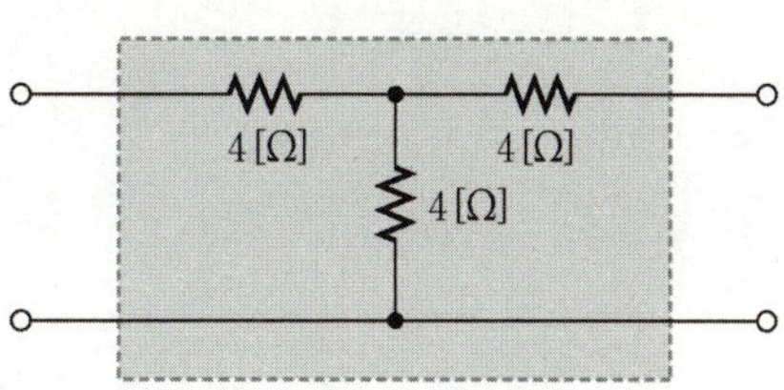

15.9 간단한 직렬 전압 조정기 $V_{out} = V_z - V_{BE}$이다. 입력이 출력보다 커거나 작을 때 트랜지스터의 역할을 설명하여라.

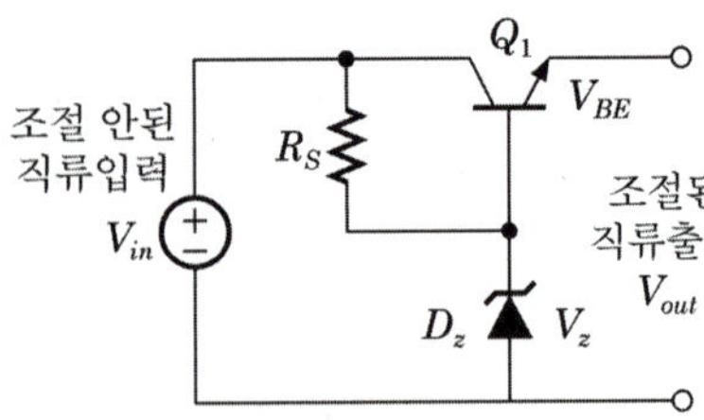

15.10 SCR을 이용한 톱니파발생 회로의 동작을 설명하고 동작 주파수를 구하여라.

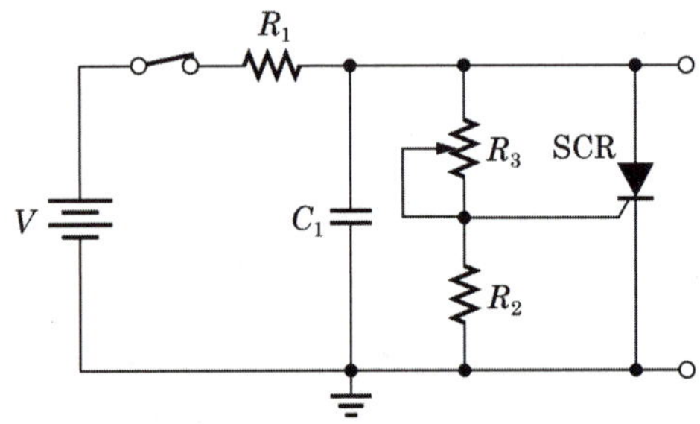

15.11 트라이악(TRIAC), 다이악(DIAC) 전압-전류 특성곡선을 그려서 설명하여라.

Chapter 16

전계효과 트랜지스터

16.1 JFET

(1) JFET 동작

전계효과 트랜지스터(FET : field-effect transistor)는 한 종류의 전하에 의하여 작용하므로 단극성(unipolar) 소자라 부른다. FET는 접합형 FET(JFET : Junction FET)와 금속-산화물-반도체형 FET(MOSFET : Metal Oxide Semiconductor FET)가 있다.

> FET는 접합형 FET, MOS형 FET, GaAs형 FET가 있다. 접합형 FET는 오디오 기기 등 아날로그회로에 많이 이용되며 MOS형 FET는 주로 마이크로컴퓨터 등의 디지털 IC에 사용되고 있다. GaAs형 FET는 위성방송수신기 등의 마이크로파증폭기에 사용된다.

> 쌍극성 접합 트랜지스터(BJT)는 두 개의 접합을 가지며, 두 종류의 정공과 전자 캐리어의 작용에 의해 동작하는 소자이다.

JFET의 구조와 동작은 릴리앙필드(Julius Lilienfield, 1882~1963)가 1925년 최초로 제안하였다. 그 후 1952 쇼클리(William Shockley, 1910~1989)가 FET 이론을 발표하였지만 1960년까지 공정기술 결함으로 트랜지스터가 동작되지 않았다.

그림 16.1은 N-채널 JFET의 구조이고 트랜지스터의 3단자는 소스(source), 게이트(gate), 드레인(drain)이며 트랜지스터의 기판과 채널은 N형 반도체이다. 드레인과 소스의 단자는 채널 위, 아래에서 저항성 접착으로 이루어져 있으며, 이것은 반도체 접합이 아니다. 반도체 접합으로 이루어진 채널 양쪽에 게이트라 불리는 P형 물질이 있다. 그러므로 이 소자를 접합형 FET라 부른다. P형 물질에 대한 저항성 접착은 게이트의 단자로 작용한다. FET를 만드는 과정에서 게이트를 하나 혹은 두 개 접합으로 할 수 있다. 그림 16.1(a)는 단일 게이트 JFET이며, 그림 16.1(b)는 이중 게이트 JFET이다.

FET에서, 드레인은 BJT의 컬렉터, 소스는 이미터, 게이트는 베이스에 각각 대응된다. 그러나 단극성 트랜지스터의 작용은 쌍극성 트랜지스터와는 완전히 다르다. 이중 중요한 차이점은 JFET 경우 드레인전류 I_D는 게이트-소스 전압 V_{GS}에 의하여 제어되지만, 쌍극성 트랜지스터 경우에서 컬렉터전류는 베이스전류에 의하여 제어된다는 점이다.

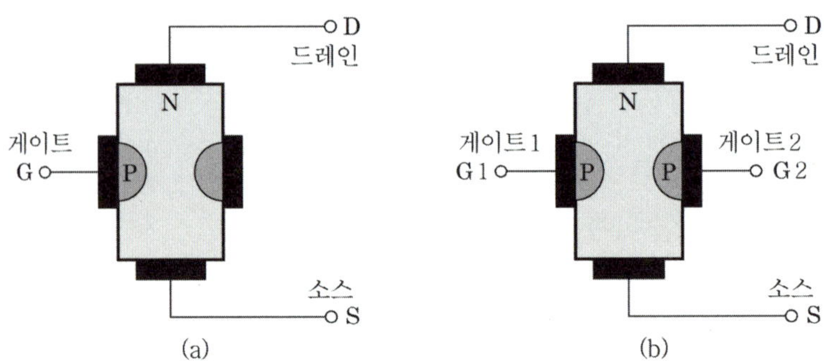

그림 16.1 N-채널 JFET (a) 단일 게이트 (b) 이중 게이트

그림 16.2와 같이 전원 V_{DS}가 채널 양단에 연결되어 있다면, JFET의 N채널에서 전자는 전원의 양(+) 단자로 이동하면서 드레인으로 흐르고, 전자를 보충하기 위하여 전원의 음(−) 단자에서 전자들이 소스를 통하여 N-채널로 이동한다.

드레인전류의 제어방법은 소스 단자와 비교하여 게이트 단자가 더 역방향 바이어스 되게 하는 것이다. 게이트 단자에 역방향 바이어스를 인가한 효과는 물리적인 특성에 의해 채널폭이 좁아지고, 이것이 채널로 흐르는 전류를 제한한다. 또 게이트에 역방향 바이어스를 인가하면 접합부에서 전장은 게이트를 확장시켜, 그림 16.2(b)와 같이 채널폭을 더욱 감소시킨다. 만약 게이트에 역방향 바이어스가 충분히 인가되면, 그림 16.2(c)와 같이 채널폭이 완전히 막혀 드레인전류가 흐르지 못하는 차단상태가 된다.

게이트 접합부에 역방향 바이어스가 인가되었기 때문에 게이트에는 전류가 흐르지 않는다. 드레인전류 I_D는 게이트전류가 아닌 게이트의 역방향 바이어스 전압에 의하여 제어된다.

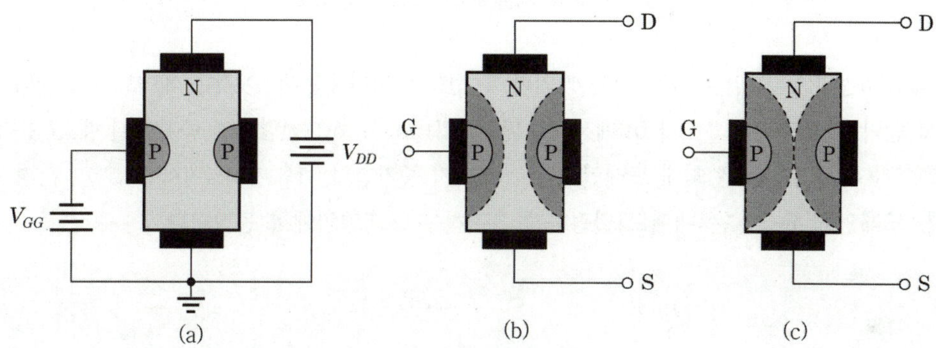

그림 16.2 N-채널 JFET 동작 (a) 게이트와 소스에 역방향 바이어스 (b) 게이트의 확장 (c) 충분히 높은 역방향 게이트바이어스로 드레인 전류가 완전히 차단

그림 16.3은 N-채널 JFET과 P-채널 JFET 기호를 나타낸다. 게이트 화살표는 채널 중심에 있을 수도 있고, 소스 쪽에 가깝게 그릴 수도 있다. P-채널 소자의 화살표는 N-채널 소자와 반대방향이고, P-채널 JFET에 대한 바이어스는 N-채널 JFET와 반대방향으로 연결하면 된다.

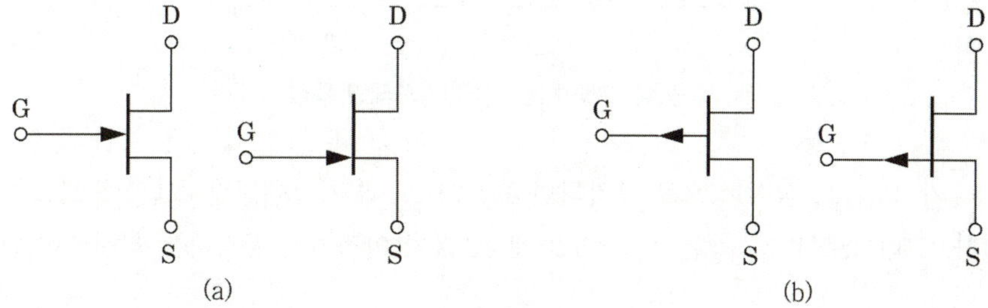

그림 16.3 JFET 기호 (a) N-채널 (b) P-채널

(2) JFET 출력 특성

N-채널 JFET에서 I_D 전류에 대한 V_{DS} 전압의 효과는 그림 16.4의 회로로 결정할 수 있다. 여기서 V_{GG}는 게이트 전압이고, V_{DD}는 드레인 전원이며, 전류계 A로 V_{DD}가 변화될 때 I_{DS}를 측정한다.

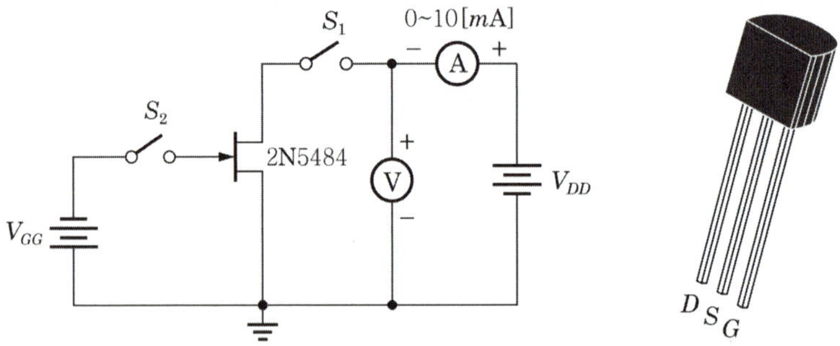

그림 16.4 N-채널 JFET 드레인 특성회로

그림 16.5는 $V_{GS}=0$일 때 V_{DS} 변화에 의한 I_D 변화를 나타내는데, 이것은 게이트가 소스와 효과적으로 단락된 조건이다. V_{DS}가 0V에서 V_P 핀치오프(pinch-off)전압까지 증가시킬 때, I_D는 '0'에서 JFET가 파괴되지 않은 최대 드레인 전류 I_{DSS}까지 증가한다. V_{DS}가 V_P에서 $V_{DS(MAX)}$까지 증가할 때, 드레인 전류 I_{DSS}는 대체로 일정하게 유지하는 포화영역에서 동작한다.

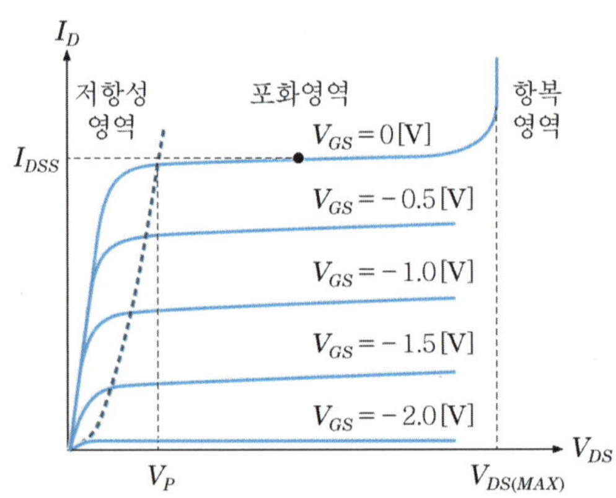

그림 16.5 N-채널 JFET의 드레인 특성

만약, V_{DS}가 $V_{DS(MAX)}$점 이상으로 증가하면 JFET가 파괴되는 애벌란시 현상으로 I_D가 급격하게 증가한다. 그러므로 $V_{DS(MAX)}$는 $V_{GS}=0$일 때 JFET가 안정하게 동작하는 최대 드레인-소스전압이다.

V_P값은 I_D가 일정하게 유지되는 V_P와 $V_{DS(MAX)}$ 영역의 시작점이다. 이것은 V_{GS}가 $-V_P$와 같을 때 드레인전류는 차단된다.

다른 여러 드레인 특성곡선은 V_{GS}가 -0.5V 간격으로 감소할 때 I_D의 변화를 그림 16.5에 나타내었다. 여기서 드레인전류가 차단되는 V_{GS}의 최종값인 −2.0V에서 $V_{GS(off)}$로 설계되어진다.

- V_P : 핀치오프 전압, 드레인 전류가 일정하게 되는 최소의 드레인–소스 전압
- $V_{GS(off)}$: 게이트–소스 차단전압, $I_D = 0$으로 채널을 완전히 차단시키는 게이트–소스전압
- $V_p = |V_{GS(off)}|$

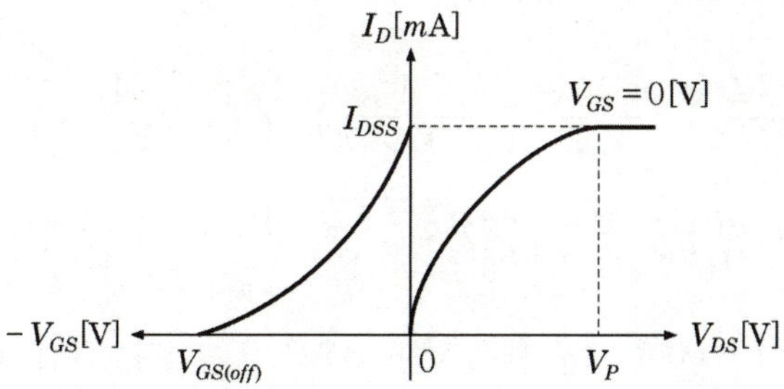

(3) JFET의 전달특성

전달특성 혹은 전달 컨덕턴스 특성은 FET의 동작조건을 평가하는데 유용하며, 이 곡선은 그림 16.4의 회로를 이용하여 그려질 수 있다. 그림 16.6은 V_{DS}는 일정한 값을 유지하면서 V_{GS}에 대한 I_D를 측정한 결과이다.

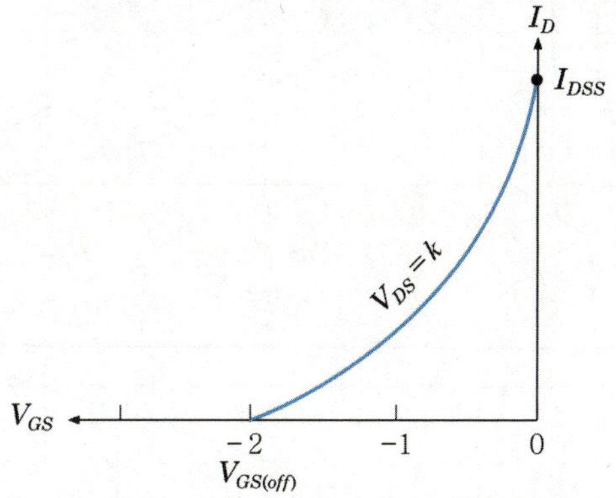

그림 16.6 N–채널 JFET의 전달 특성곡선

특성곡선의 양 끝점(V_{GS}=0V, $I_D = I_{DSS}$)는 최대 드레인전류이며, ($V_{GS(off)} = -2$V, $I_D = 0$)는 최소 드레인전류로 정의된다. 그림 16.6의 전달곡선은 제곱항의 식으로 나타나므로 제곱법칙(square–law)곡선이라 하고, 제곱특성 때문에 JFET은 라디오나 TV 튜너로 이용된다.

포화영역($0 \leq V_{GS} \leq V_{GS(off)}$, $V_{DS} \geq V_{GS} - V_{GS(off)}$)에서 간략화한 드레인 전류는

$$I_D = I_{DSS}\left(1 - \frac{V_{GS}}{V_{GS(off)}}\right)^2 = \frac{I_{DSS}}{V_{GS(off)}^2}(V_{GS} - V_{GS(off)})^2 \qquad (16\text{–}1)$$

이다. 또한 FET는 높은 입력임피던스를 가지므로 게이트에는 전류가 흐르지 않아 많은 계측기의 입력회로에는 FET를 사용한다.

JFET은 전압조절 전류소자이므로 전달컨덕턴스(transconductance) 이득, g_m은

$$g_m = \frac{dI_D}{dV_{GS}} = -\frac{2I_{DSS}}{V_{GS(off)}}\left(1 - \frac{V_{GS}}{V_{GS(off)}}\right) = g_{m0}\left(1 - \frac{V_{GS}}{V_{GS(off)}}\right) \qquad (16\text{–}2)$$
$$= g_{m0}\sqrt{\frac{I_D}{I_{DSS}}} = \frac{2}{V_{GS(off)}}\sqrt{I_D \times I_{DSS}} \ [\mathrm{S}]$$

이고, 대표적으로 0.0001~0.02이므로 매우 낮아 mS로 표현한다. 그림 16.7과 같이 g_m은 V_{GS}에 선형함수이고 $V_{GS} = C_{GS(off)}$일 때($I_D = 0$) $g_m = 0$이고, $V_{GS} = 0$일 때($I_D = I_{DSS}$) g_m이 최댓값을 가지므로 이득을 최대로 하기 위해 I_{DSS}에 바이어스 시켜야 한다.

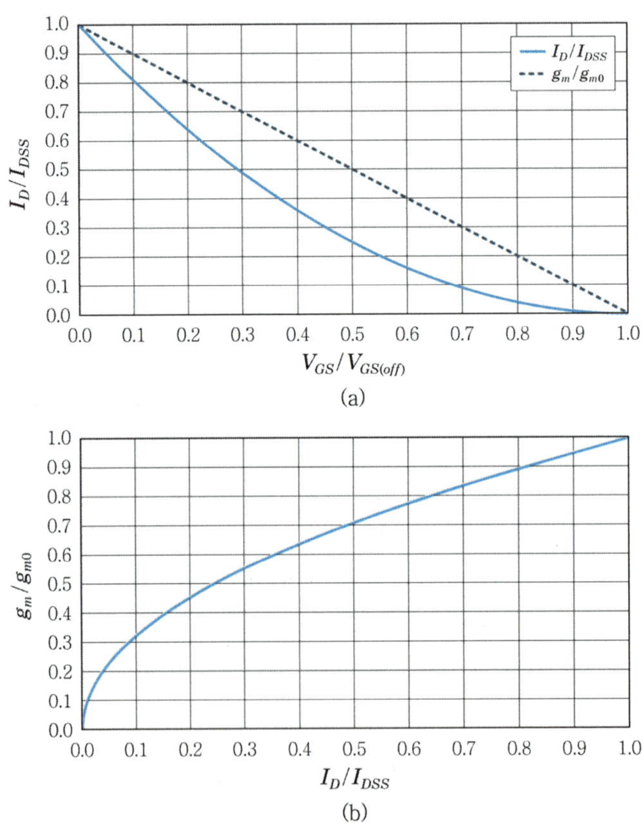

그림 16.7 JFET의 이득 특성 (a) 정규화 전달특성 (b) 정규화 이득 특성

예제 16-1

JFET의 특성이 $I_{DSS}=3mA$, $V_{GS(off)}=-6V$, $g_{m0}=5mS$이다. $V_{GS}=-4V$에서 전달컨덕턴스와 드레인전류를 구하여라.

| 풀이 |

$$g_m = g_{m0}\left(1-\frac{V_{GS}}{V_{GS(off)}}\right)=5m\left(1-\frac{-4}{-6}\right)=1.67[mS]$$

$$I_D = I_{DSS}\left(1-\frac{V_{GS}}{V_{GS(off)}}\right)^2=3m\left(1-\frac{-4}{-6}\right)^2=333\mu A$$

16.2 MOSFET

그림 16.8은 FET의 종류를 나타내고 있다. JFET과 마찬가지로 MOSFET도 드레인 전류 I_D가 게이트 전압에 의하여 제어되는 FET의 한 종류이다. MOSFET과 JFET는 물리적 구조와 동작원리가 다르다. 그림 16.9와 같은 MOSFET은 만드는 방법에 따라 공핍형(depletion type)과 증가형(enhancement type)이 있고, MOSFET는 JFET보다 더 큰 입력 임피던스를 가진다.

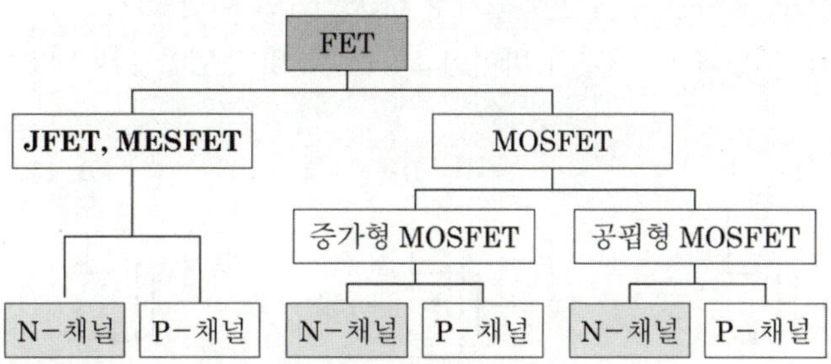

그림 16.8 FET의 종류

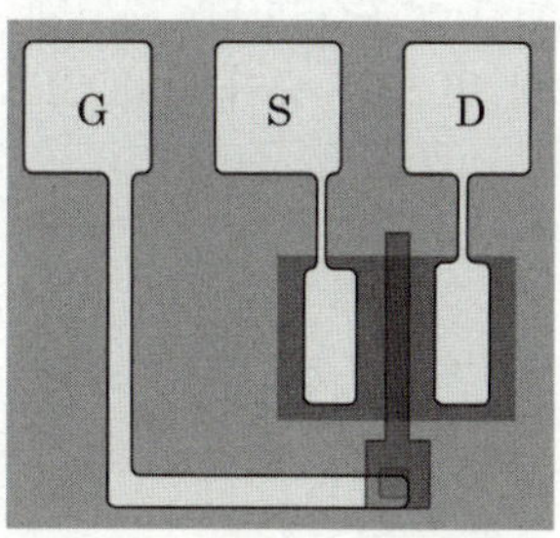

그림 16.9 간단한 MOSFET의 사진

(1) 증가형 MOSFET

증가형 MOSFET는 드레인과 소스 사이에 채널이 없고 N-형 드레인과 소스가 그림 16.10(a)와 같이 P-형 기판에 의하여 분리되어 있다. 반도체 기판 위에는 매우 얇은 산화물(SiO_2) 절연층이 있고, 그 위에 게이트단자로 작용하는 금속이 만들어져 있다. 저항성 접착은 게이트, 드레인, 소스, 기판단자에 만들어진다. 기판단자가 내부적으로 소스와 연결되어 있으면 기판단자는 만들지 않는다.

그러므로 게이트는 FET의 기판으로부터 절연되어 있어서, MOSFET를 절연게이트 FET(IGFET)라 부른다. 비록 물리적으로 채널은 없지만, 그림 16.10(a)에 있는 MOSFET를 N-채널 증가형 MOSFET이라 부른다.

게이트와 기판은 SiO_2 유전체에 의하여 분리되어진 커패시터의 전극판과 같은 작용을 한다. 그림 16.10(b)와 같이 한 쪽 게이트가 기판에 접속되어 있는 경우, 게이트가 소스에 대하여 더 양(+)으로 되면 커패시터는 충전된다. 그러므로 게이트가 양(+)이 되고, 드레인과 소스 사이의 반도체

기판 표면에 음전하가 유도되어 N-채널이 만들어지고 소스-드레인 사이에 전류가 흐르게 된다.

N-채널 증가형 MOSFET는 게이트가 소스에 대하여 양(+)일 때만 도통된다. 또 게이트와 소스 사이가 0V일 때 차단상태가 된다. 게이트는 기판과 절연되어 있기 때문에 게이트가 기판에 대하여 양(+)이 되더라도 직류전류는 흐르지 않는다. 그러므로 MOSFET은 높은 입력 임피던스의 특성을 나타낸다.

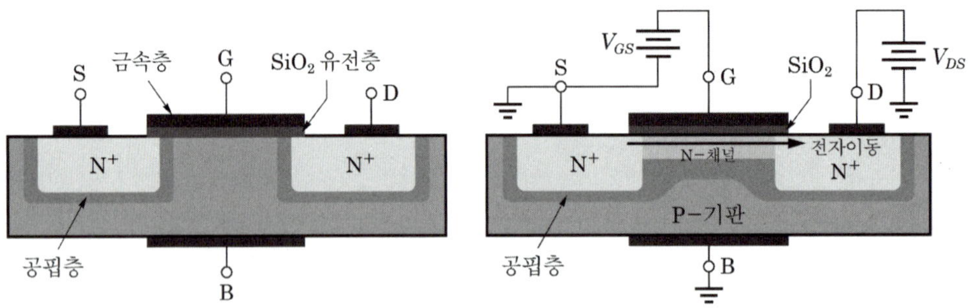

(a) (b)

그림 16.10 N-채널 증가형 MOSFET (a) 구조 (b) 바이어스

N-채널과 P-채널 증가형 MOSFET의 기호는 그림 16.11(a), (b)에 나타내었고 각각 내부와 외부 기판연결 구조가 있다. 그림에 점선으로 표시된 수직선이 증가형 MOSFET를 나타낸다.

그림 16.12는 증가형 MOSFET의 N-채널과 P-채널의 바이어스와 전류 및 전압을 나타내었다.

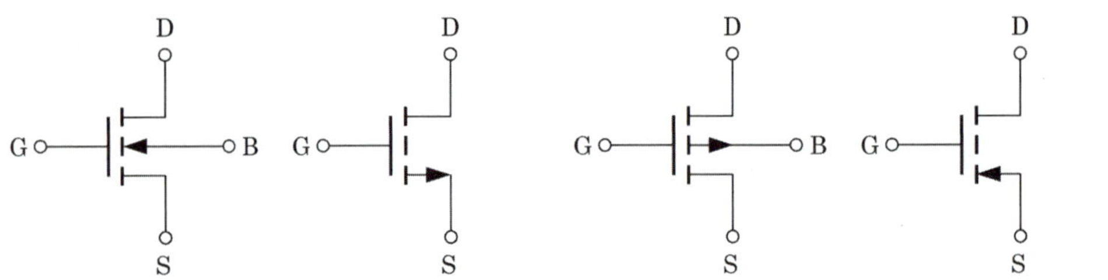

(a) (b)

그림 16.11 증가형 MOSFET의 기호 (a) N-채널 (b) P-채널

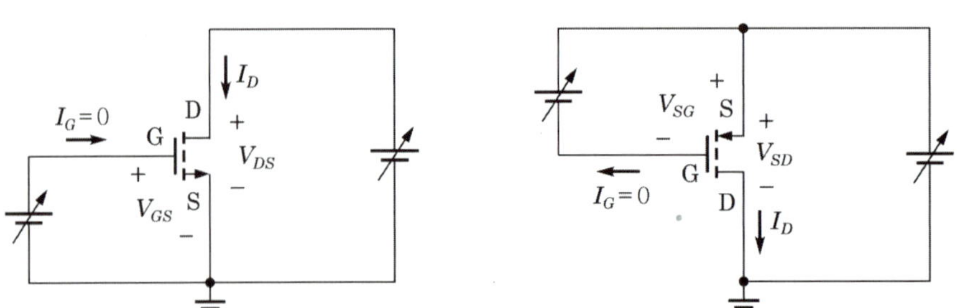

(a) (b)

그림 16.12 증가형 MOSFET (a) N-채널 (b) P-채널

표 16.1은 증가형 N채널 MOSFET의 모드 종류 및 전류를 나타내고 여기서 문턱전압은 V_{th}, 채널 전자이동도는 μ_n, 게이트면적 당 전기용량은 C_{ox} 이다. 표 16.2는 증가형 P채널 MOSFET 조건 및 전류를 요약하였다.

표 16.1 증가형 N채널 MOSFET

항목 \ 모드	차단(cutoff)	선형(linear, triode)	포화(saturation)
조건	$V_{GS} < V_{th}$	$V_{GS} > V_{th}$, $V_{DS} < V_{GS} - V_{th}\,(V_{GD} > V_{tn})$	$V_{GS} > V_{th}$, $V_{DS} > V_{GS} - V_{th}\,(V_{GD} < V_{tn})$
동작 및 전류, I_{DS}	$I_{DS} = 0$	게이트 전압에 따라 저항과 같이 동작하는 영역 $\frac{W}{L}\mu_n C_{ox}\left[(V_{GS} - V_{th})V_{DS} - \frac{V_{DS}^2}{2}\right]$	드레인전류는 게이트-소스전압에 따라 변함. $\frac{1}{2}\frac{W}{L}\mu_n C_{ox}(V_{GS} - V_{th})^2$

표 16.2 증가형 P채널 MOSFET 조건 및 전류

항목 \ 모드	차단(cutoff)	선형(linear, triode)	포화(saturation)
조건	$V_{SG} < V_{th}$	$V_{SG} > V_{th}$, $V_{SD} < V_{SG} + V_{th}\,(V_{DG} > -V_{tp})$	$V_{SG} > V_{th}$, $V_{SD} > V_{SG} + V_{th}\,(V_{DG} < -V_{tp})$
전류, I_{SD}	$I_{SD} = 0$	$\frac{W}{2L}\mu_n C_{ox}\left[2(V_{SG} + V_{th})V_{SD} - V_{SD}^2\right]$	$\frac{W}{2L}\mu_n C_{ox}(V_{SG} + V_{th})^2$

예제 16-2

증가형 N-MOSFET에서 문턱전압 $V_{th} = 1\text{V}$, $\frac{1}{2}\frac{W}{L}\mu_n C_{ox} = 10m\text{A/V}^2$일 때 (a) 회로에서 I_{DS}, (b) 회로에서 V_{GS}를 구하여라.

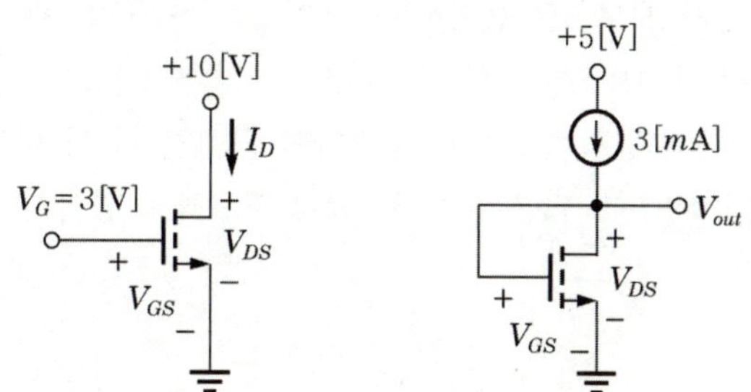

(a) (b)

| 풀이 |

(a) $V_{DS} = 10\text{V}$, $V_{GS} = 3\text{V}$, $V_{th} = 1\text{V}$ 이므로 $V_{GS} > V_{th}$, $V_{DS} > V_{GS} - V_{th}$ 이다. 그래서 소자는 포화영역에 동작하고 $I_{DS} = (10m\text{A/V}^2)(3-1)^2 = 40m\text{A}$ 이다.

(b) $V_{DS} = V_{GS} = V_{out}$ 이므로 $V_{DS} > V_{GS} - V_{th}$ 이므로 소자는 포화 영역에서 동작한다, 따라서

$I_{DS}=3mA=(10mA/V^2)(V_{GS}-1)^2$에서, $V_{GS}=1.55V$이다.

예제 16-3

증가형 P-MOSFET에서 문턱전압 $V_{th}=-1V$, $\frac{1}{2}\frac{W}{L}\mu_n C_{ox}=2mA/V^2$일 때 (a) 회로에서 I_{DS}, (b) 회로에서 출력전압을 구하여라.

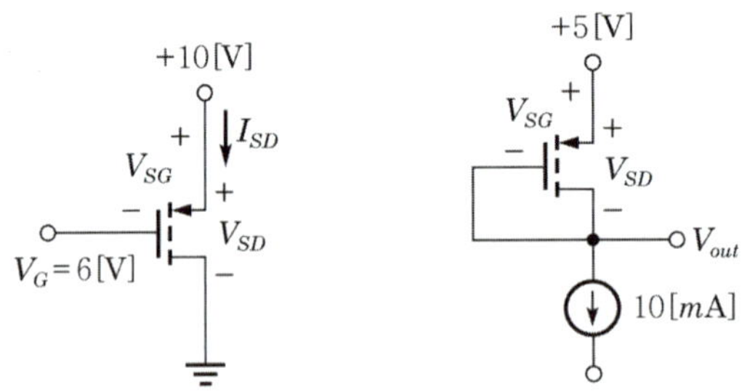

(a) (b)

| 풀이 |

(a) $V_{SD}=10V$, $V_{SG}=4V$, $V_{th}=-1V$이므로 $V_{SG}>V_{th}$, $V_{SD}>V_{SG}+V_{th}$이다. 그래서 소자는 포화영역에 동작하고 $I_{DS}=(2mA/V^2)(4-1)^2=18mA$이다.

(b) $V_{SD}=V_{SG}=V_{out}$이므로 $V_{SD}>V_{SG}+V_{th}$이므로 소자는 포화 영역에서 동작한다. 따라서 $I_{SD}=10mA=(2mA/V^2)(V_{SG}-1)^2$에서, $V_{SG}=3.24V$, $V_{out}=5-V_{SG}=1.76V$이다.

(2) 공핍형 MOSFET

그림 16.13에 나타낸 MOSFET은 N-채널이 형성되어 있다는 것을 제외하고 그림 16.10(a)에 나타낸 것과 같은 구조이다. 그림 16.13에 있는 FET는 양(+)과 음(−)게이트로 동작할 수 있다. 게이트가 양(+)일 때 FET는 증가형 모드로 동작하고, 게이트가 음(−)일 때 공핍형 모드로 동작한다.

양(+)의 게이트전압에서 게이트-채널 사이의 커패시터가 충전되고 그림 16.13의 N-채널에 음(−)전하 캐리어가 유도되어 채널의 전도도가 증가하여 드레인전류를 더욱 증가시킨다. 게이트에 더욱 양(+)의 전압을 인가하면, 더 많은 드레인전류가 흐르므로 증가형 모드이다.

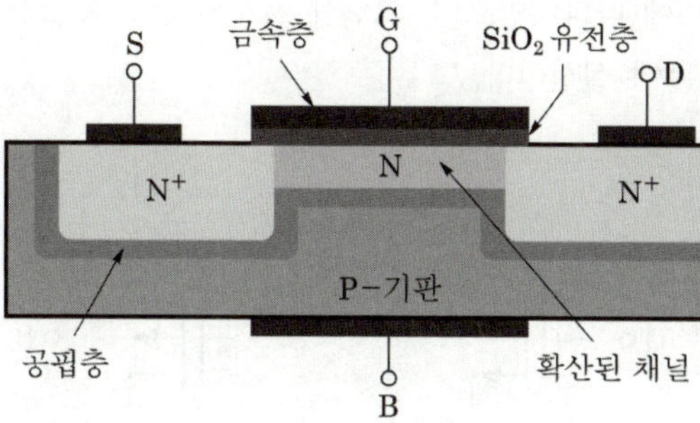

그림 16.13 N-채널 공핍형 MOSFET 구조

게이트가 소스에 단락시킨 경우($V_{GS}=0V$), 그림 16.14와 같이 전원 V_{DS}가 연결되면 채널을 통하여 드레인전류는 소스에서 드레인으로 흐른다. 0V 게이트전압에서 드레인 전류는 양(+)의 게이트전압에서 드레인전류보다 적다. 게이트 바이어스가 0V일지라도 드레인 전류가 흐르므로, 이것을 일반적으로 공핍형 MOSFET라고 부른다.

게이트가 소스에 대하여 음(−)의 전압상태가 되면 게이트에 있는 전자들은 N-채널에 있는 음전하 캐리어들을 밀어내어, 채널에서 음 전하의 결핍이 생겨 드레인 전류를 감소시킨다. 게이트가 더욱 더 음(−)으로 바이어스 시키면, 드레인전류는 더욱 감소된다. V_{GS}가 충분히 음(−)이 되면, 드레인전류는 차단상태가 된다.

드레인-소스 전류 I_{DS}와 게이트-소스 전압 V_{GS} 관계식은

$$I_D = I_{DSS}\left(1 - \frac{V_{GS}}{V_{GS(off)}}\right)^2 \tag{16-3}$$

이고 여기서 I_{DSS}는 $V_{GS}=0V$ 일 때 드레인 전류이고, $V_{GS(off)}$는 채널이 핀치오프(pinch-off)되는 게이트-소스전압인 $-V_p$이다. N-채널 증가형 MOSFET인 경우 핀치오프 전압 V_p는 $V_{DS(sat)}$을 통해 도입되므로 양(+)의 크기이지만 N-채널 공핍형 MOSFET인 경우 $V_{GS(off)}$는 음(−)의 값 $-V_p$이다.

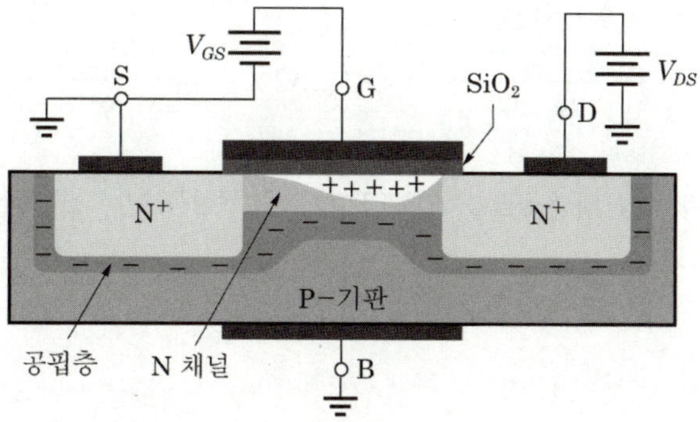

그림 16.14 게이트에 음의 바이어스를 인가한 N-채널 공핍층 MOSFET

공핍형 MOSFET는 N-형 기판 위에 P-채널로 만들 수 있다. N-채널과 P-채널 공핍형

MOSFET의 기호는 그림 16.15에 나타내었으며, 그림에 표시된 수직 채널선은 게이트 전압이 0V일 때 채널이 형성되어 있기 때문에 실선이다.

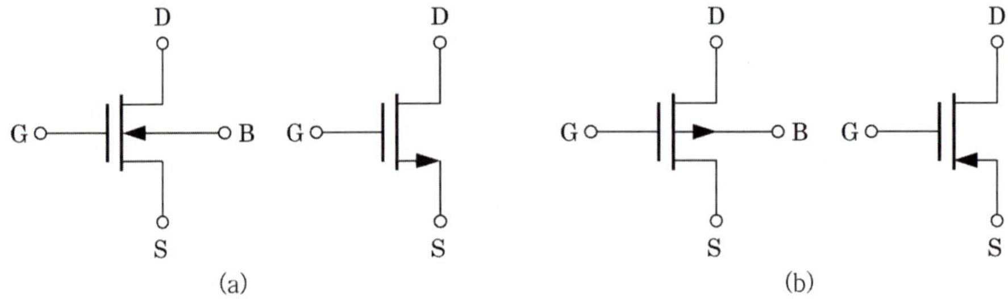

그림 16.15 공핍층 MOSFET의 기호 (a) N-채널 (b) P-채널

MOSFET에 대한 출력 특성곡선은 JFET과 비슷하며, 그림 16.16에 N채널 공핍형 MOSFET에 대한 출력 특성곡선 및 전달특성곡선을 나타내었다. 그림 16.17은 공핍형 MOSFET의 N-채널과 P-채널의 바이어스와 전압 및 전류를 나타내었다.

선형영역 전류식

$$I_D = 2I_{DSS}\left[\left(\frac{V_{GS}}{V_{GS(off)}}-1\right)\frac{V_{DS}}{V_{GS(off)}}-\frac{1}{2}\left(\frac{V_{DS}}{V_{GS(off)}}\right)^2\right]=\frac{2I_{DSS}}{V_{GS(off)}^2}\left[(V_{GS}-V_{GS(off)})V_{DS}-\frac{1}{2}V_{DS}^2\right]$$

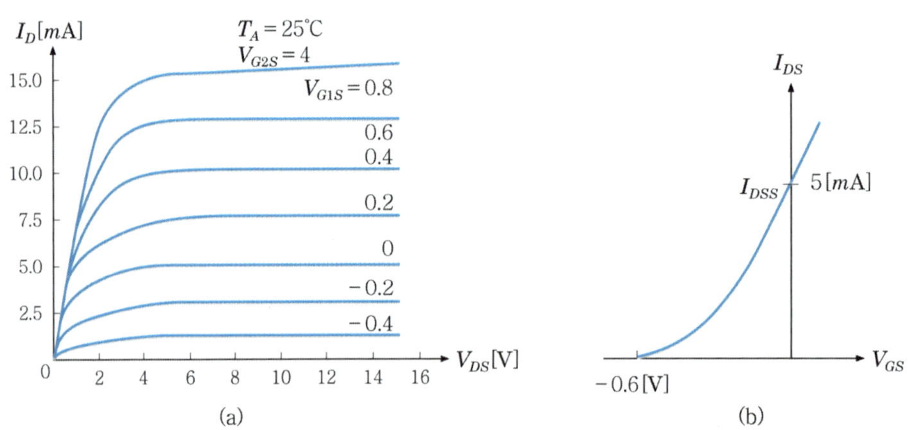

그림 16.16 N-채널 공핍형 MOSFET (a) 출력 특성곡선 (b) 전달특성곡선

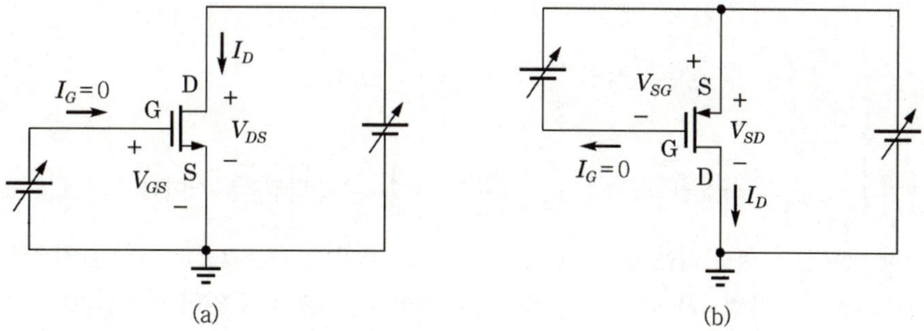

그림 16.17 공핍형 MOSFET 바이어스 (a) N-채널 (b) P-채널

(3) FET 종류별 전달특성

표 16.3은 JFET, 공핍층 MOSFET, 증가형 MOSFET 종류별 전달특성을 나타낸다.

표 16.3 FET 종류별 전달특성

	JFET	공핍층 MOSFET	증가형 MOSFET
N-채널	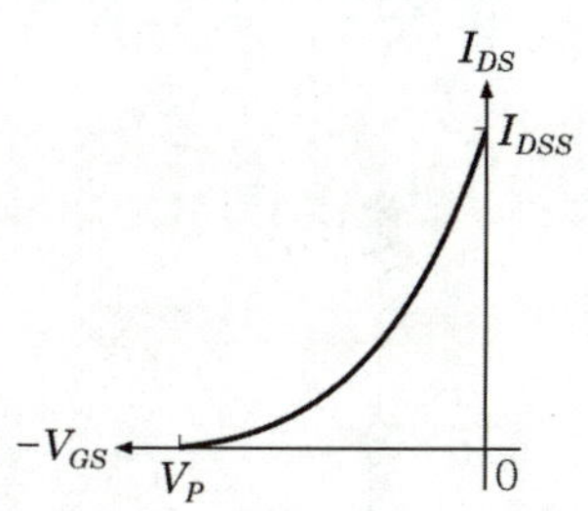	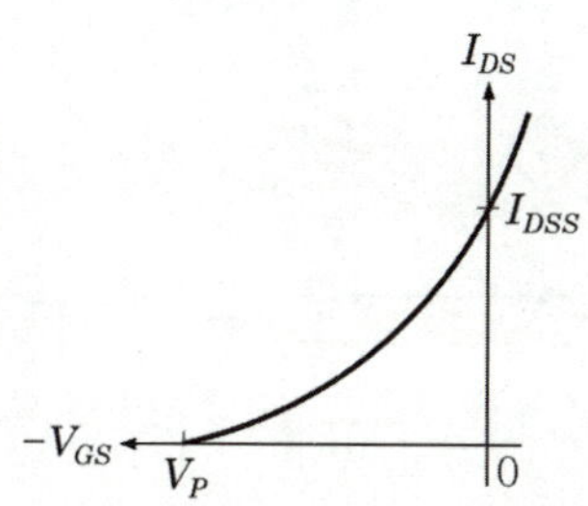	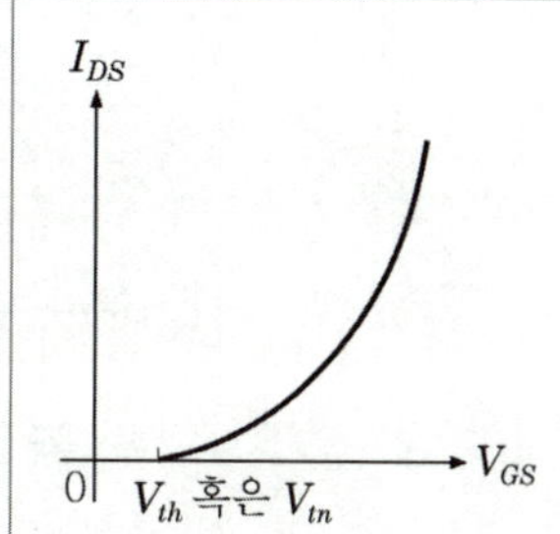
P-채널	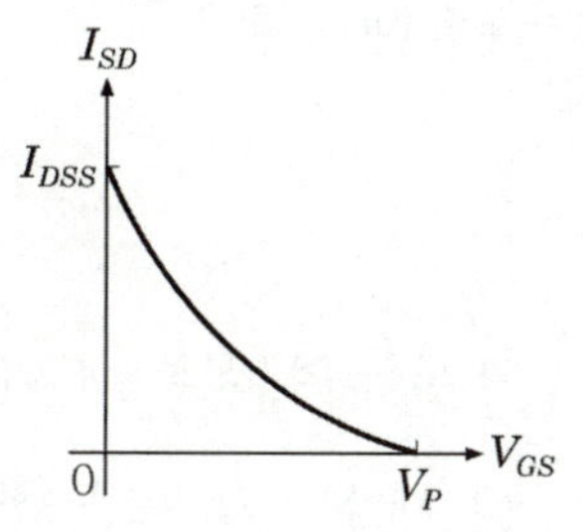	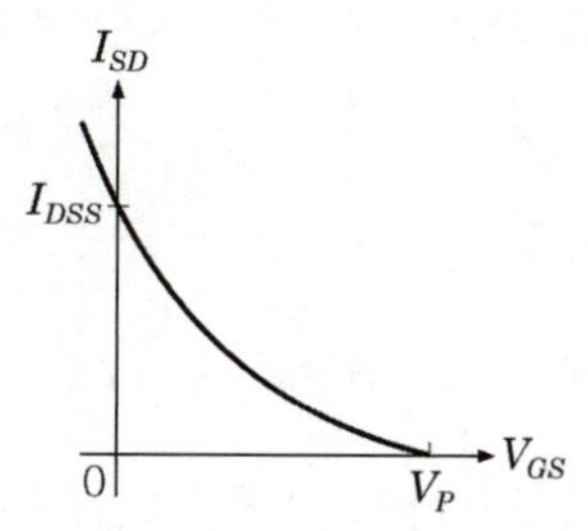	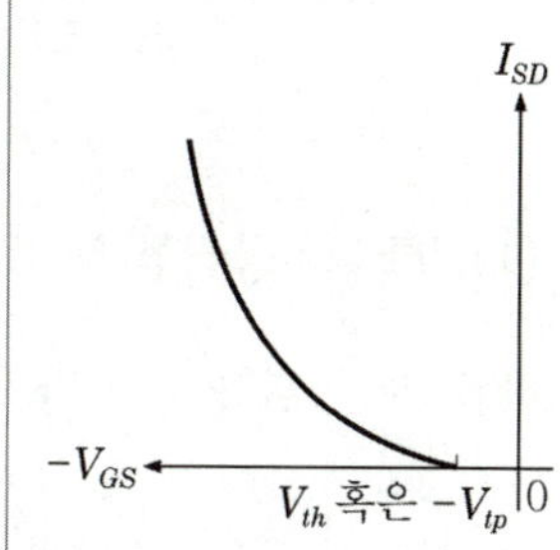

16.3 FET의 소신호 모델

직류 바이어스 된 FET에 교류신호가 입력되면 드레인-소스 전압은 바이어스 전압과 교류 신호 전압의 합 $v_{GS}=V_{GS}+v_{gs}$ 이다. 이에 따라 드레인-소스 전류가 바뀌는데, 이 또한 바이어스 전류와 증폭된 교류전류의 합 $i_D=I_D+i_d$가 된다.

교류신호를 아주 작다고 가정하면 이를 동작점 Q 근처에서 테일러 전개를 할 수 있다. Q-점인 (V_{GS},V_{DS})에서 드레인 전류, $i_D(v_{GS},v_{DS})$는 두 변수로 나타낼 수 있으며

$$i_D = I_D + \left.\frac{\partial i_D}{\partial v_{GS}}\right|_Q v_{gs} + \left.\frac{\partial i_D}{\partial v_{DS}}\right|_Q v_{ds} + \cdots \tag{16-4}$$

여기서 $\left.\frac{\partial i_D}{\partial v_{GS}}\right|_Q \equiv g_m$은 상호컨덕턴스이고, $\left.\frac{\partial i_D}{\partial v_{DS}}\right|_Q = \frac{1}{r_0}$은 출력컨덕턴스이다.

이에 따라 교류신호 성분 식은 $i_d = g_m v_{gs} + (1/r_0)v_{ds}$이고 이는 그림 16.18(a)와 같이 FET의 출력 부분의 키르히호프 전류법칙을 나타낸다. 동작 시 게이트는 절연되어 있어 입력임피던스가 ∞이므로 개방된 구조이다.

그림 16.18의 공통소스 FET 소신호 등가회로에서 게이트-소스 전압의 변화에 대한 드레인 전류 변화비인 전달컨덕턴스 g_m, 드레인과 소스 사이에 나타나는 저항 r_o는 채널길이 변조효과에 의한 저항성분이다. 그리고 소신호 교류 등가회로는 PMOS와 NMOS가 동일하다.

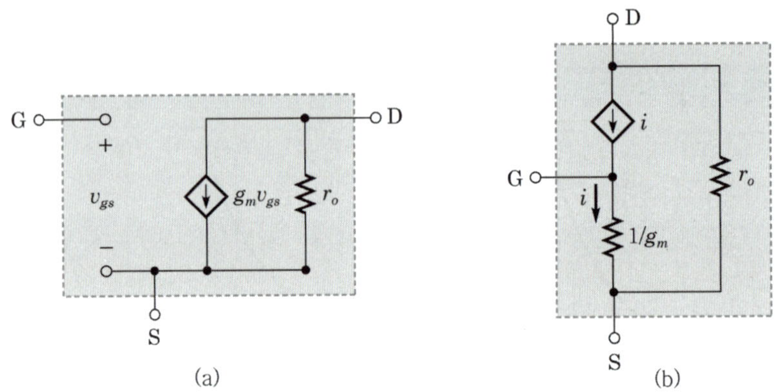

그림 16.18 공통소스 FET 소신호 등가회로 (a) π-모델 (b) T-모델

(1) JFET과 공핍형 MOSFET

JFET과 공핍형 MOSFET에서 드레인전류 $I_D = I_{DSS}\left(1 - \frac{V_{GS}}{V_P}\right)^2$로 주어지므로 상호컨덕턴스는 $g_m = \left.\frac{\Delta I_D}{\Delta V_{GS}}\right|_Q = \frac{2I_{DSS}}{|\Delta V_{GS}|}\left(1 - \frac{V_{GS}}{V_P}\right)$이고 출력임피던스는 V_{DS}에 대한 I_D의 특성곡선에서 $r_o = \left.\frac{\Delta V_{DS}}{\Delta I_D}\right|_Q$이다. 출력임피던스가 충분히 크면 개방회로가 되어 등가회로가 간단해진다. 전압-전류 특성곡선에서 $\Delta V_{DS}/\Delta I_D \approx 0$이므로 $r_o = \infty$이다.

(2) 증가형 MOSFET

증가형 MOSFET 드레인전류 $I_D = K(V_{GS} - V_{th})^2$이므로 상호컨덕턴스는 $g_m = \left.\frac{\Delta I_D}{\Delta V_{GS}}\right|_Q = 2K(V_{GS} - V_{th})$이다.

N-MOSFET 소신호 변수

$$g_m = \mu_n C_{ox} \frac{W}{L}(V_{GS} - V_{th}) = \sqrt{2\mu_n C_{ox} \frac{W}{L} I_D} = \frac{2I_D}{V_{GS} - V_{th}},\ r_o = \frac{V_A}{I_D}$$

- P-채널 FET의 소신호 등가회로는 N-채널 FET의 소스와 드레인을 서로 바꾸는 것을 제외하고 같다.
- 입력저항 $R_i = 10^9 \Omega$ (JFET), $R_i = 10^{12} \sim 10^{15} \Omega$ (MOSFET), $-dV_{th}/dT \simeq -2\text{mV}/°\text{C}$

MOSFET의 포화영역에서 드레인전압이 증가함에 따라 채널의 핀치오프가 증가하여 드레인 근처에서 채널이 없어지는 채널길이 변조효과에 의한 드레인전류

$I_D = \frac{1}{2}\frac{W}{L}\mu_n C_{ox}(V_{GS} - V_{th})^2(1 + \lambda V_{DS})$이다. 여기서 채널길이 변조계수 $\lambda = \frac{1}{V_A}$, 얼리전압 V_A이다.

연습문제

16.1 MOSFET 3N187이 공핍형인 지 증가형인 지 알 수 있는 방법을 설명하여라.

16.2 증가형 MOSFET 2N7000에 양(+)의 바이어스를 인가할 때와 음(−)의 바이어스를 인가할 때의 영향을 설명하여라.

16.3 자기 바이어스된 N-채널 JFET 회로에서 $I_{DSS} = 10mA$, $V_{GS(off)} = -3.1V$ 일 때 I_D와 V_{DS}를 구하여라.

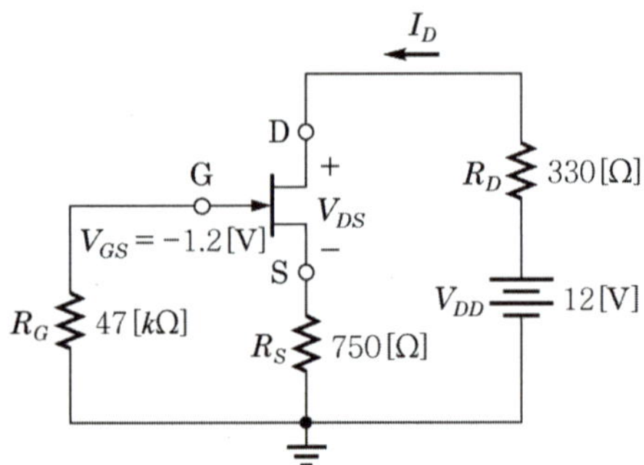

16.4 전압분배 바이어스된 P-채널 JFET 회로에서 $I_{DSS} = 10mA$, $V_{GS(off)} = 3.1V$ 일 때 I_D와 V_{DS}를 구하여라.

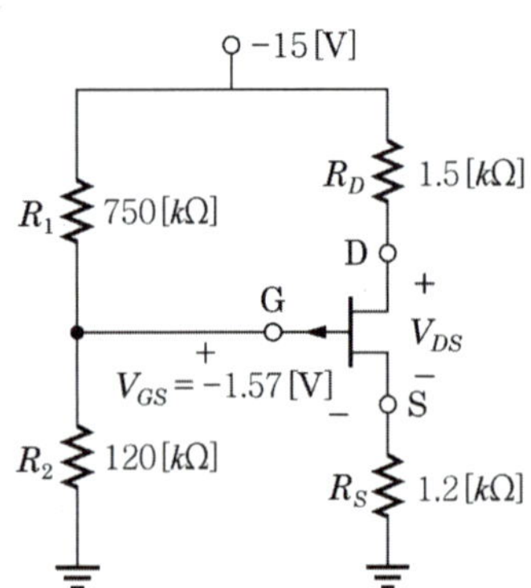

16.5 트랜지스터의 문턱전압 $|V_{th}| = 1V$ 이고, $\frac{W}{L}\mu C_{ox} = K = 0.1mA/V^2$일 때 트랜지스터 종류 및 단자명, 트랜지스터 동작영역을 결정하고 전류를 구하여라.

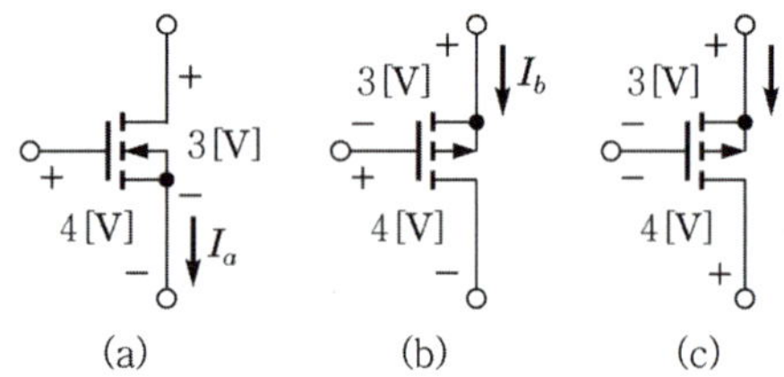

16.6 MOSFET의 $\frac{W}{L}\mu_n C_{ox} = K_n = 200\mu A/V^2$이고 문턱전압 $V_{thN} = 0.5V$ 인 회로에서 트랜지스터의 동작영역과 i_D와 v_D를 구하여라.

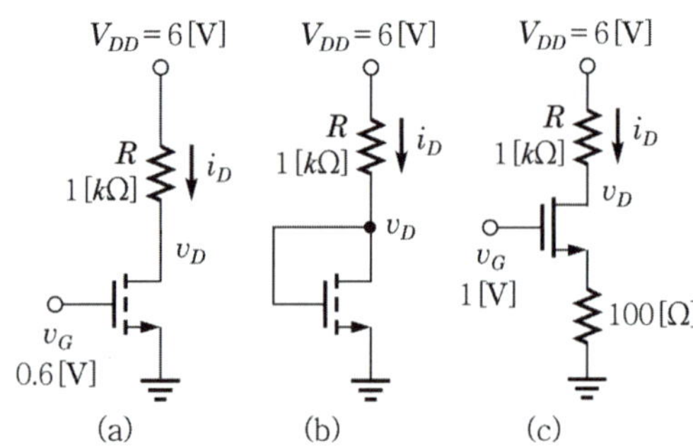

16.7 MOSFET의 $\frac{W}{L}\mu_p C_{ox} = K_p = 60\mu A/V^2$이고 문턱전압 $V_{thP} = 0.7V$ 인 회로에서 트랜지스터의 동작영역과 i_D와 v_D를 구하여라.

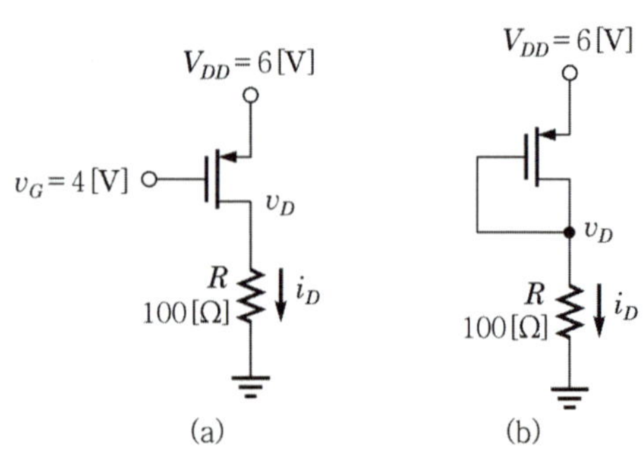

제5부

아날로그 및 디지털회로

17

Chapter

BJT 증폭기와 FET 증폭기

17.1 BJT 트랜지스터 회로

(1) 회로 종류

트랜지스터 증폭기는 (1) 공통 이미터(CE : common emitter) 또는 이미터 접지 (2) 공통 베이스(CB : common base) 또는 베이스 접지 (3) 공통 컬렉터(CC : common collector) 또는 컬렉터 접지로 부르는 세 종류 회로로 구성할 수 있다.

그림 17.1은 NPN 트랜지스터가 세 가지 회로구성으로 연결된 것이며 PNP 트랜지스터는 전지 극성을 반대로 연결하면 된다.

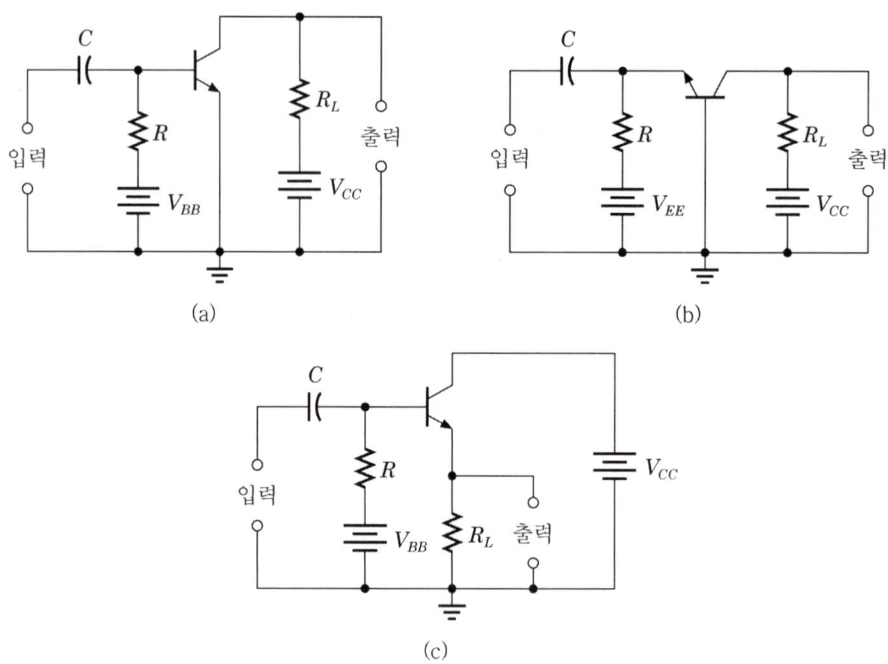

그림 17.1 트랜지스터 회로 구성 (a) 공통 이미터 (b) 공통 베이스 (c) 공통 컬렉터

공통 이미터 회로가 전압, 전류 그리고 전력이득을 얻을 수 있기 때문에 자주 사용된다. 각 회로에서 신호전압은 입력에 인가하고 처리된 신호는 출력으로부터 나온다. 공통 이미터회로의 경우에 입력신호는 베이스와 이미터 사이에 걸리고, 출력신호는 컬렉터와 이미터 사이에서 나온다.

> 공통 이미터란 이미터 단자가 입력회로와 출력회로에 공통이라는 의미이다.

공통 컬렉터 회로에서 컬렉터는 컬렉터회로를 역방향 바이어스하기 위해 직류전압 V_{CC}가 필요하다. V_{CC}가 내부저항이 없는 이상적인 전지라고 가정하면 컬렉터회로의 임피던스는 '0'이다. 신호전압이 '0'이면 컬렉터에 신호전압이 나타나지 않는다. 컬렉터는 이제 입력과 출력신호에 대하여 공통 기준전위로 사용한다. 컬렉터가 입력과 출력 양쪽에 대하여 공통이기 때문에 이 회로는 공통 컬렉터 또는 컬렉터 접지라고 한다.

(2) 증폭기의 전압전달특성

그림 17.2(a)와 같이 입력단자를 베이스에 출력단자를 컬렉터로 사용한 간단한 증폭기의 입력과 출력의 전압전달특성(VCT)은 그림 17.2(b)와 같고 조건은 다음과 같다.

① **차단영역** : $0 \leq V_{BE} < 0.5\text{V}$, $I_C = 0$, $V_O = V_{CE} = V_{CC}$

② **활성영역** : $V_{BE} > 0.5\text{V}$, $I_C = I_S e^{V_{BE}/V_T}$, $V_O = V_{CC} - R_C I_S e^{V_{BE}/V_T}$

③ **포화영역** : $V_{BE} > 0.7\text{V}$, $V_{CE} = V_{CWEsat} = 0.2\text{V}$, $V_O = 0.2\text{V}$

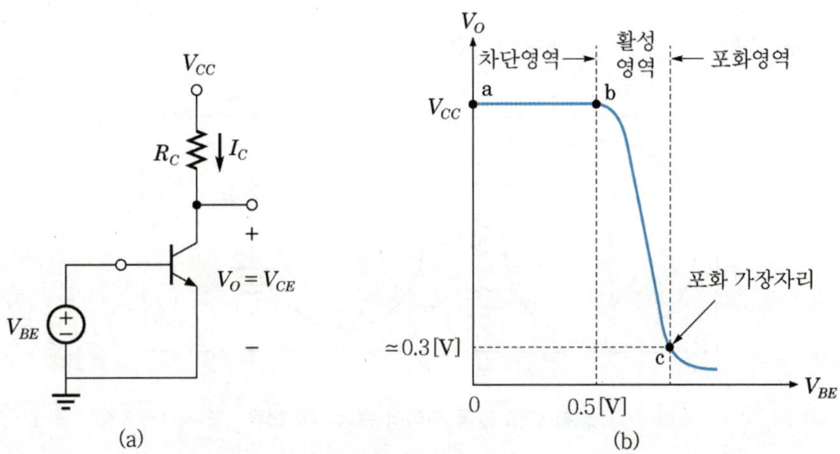

그림 17.2 간단한 증폭기 (a) 회로도 (b) 전압전달특성

17.2 트랜지스터 전류이득

(1) 알파 전류이득

공통 베이스회로에서 컬렉터전류는 이미터전류의 변화에 의해 영향을 받는다. 즉, 이미터전류에서의 증감이 컬렉터전류의 증감으로 나타난다. α는 컬렉터전압이 일정할 때 이미터전류 변화 $\triangle I_E$에 대한 컬렉터전류의 변화 $\triangle I_C$ 비율

$$\alpha = \left. \frac{\triangle I_C}{\triangle I_E} \right|_{V_{CB} = \text{일정}} \tag{17-1}$$

로 정의하고 그래서 α는 CB 전류이득이라 부르며, h-변수는 h_{fb}로 나타낸다.

(2) 베타 전류이득

그림 17.3의 이미터접지 회로에서 입력신호는 베이스에 걸리고, 전류이득 β는

$$\beta = \frac{\Delta I_C}{\Delta I_B}\bigg|_{V_{CE}=\text{일정}} = \frac{I_{C2}-I_{C1}}{I_{B2}-I_{B1}}\bigg|_{V_{CE}=\text{일정}} \quad (17\text{–}2)$$

이므로 컬렉터전압 V_{CE}가 일정하게 유지되는 상태에서 베이스전류의 변화에 의해 제어되는 컬렉터 전류의 변화 비로 나타낸다. β는 CE 증폭기의 전류이득이고, 대응되는 h–변수는 h_{fe}이다. 한편 V_{CE}와 V_{CB}가 일정한 경우 식 (17–2)는

$$\beta = \frac{\alpha}{1-\alpha},\ \alpha = \frac{\beta}{1+\beta} \quad (17\text{–}3)$$

이고, α가 1에 근접할 때 β는 매우 크게 증가한다. 그래서 α가 0.99인 경우 β가 99가 된다. 1 근처에서 α의 작은 변화가 β에 큰 변화를 일으킨다.

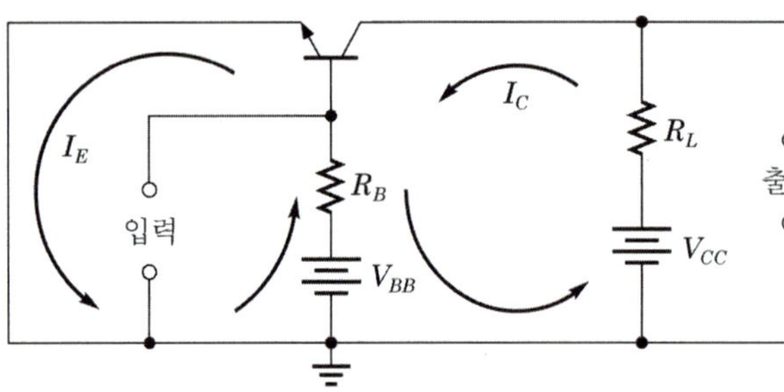

그림 17.3 공통 이미터 증폭기의 전류

예제 17–1

다음과 같은 바이어스 조건에서 각 단자의 전류를 구하여라.

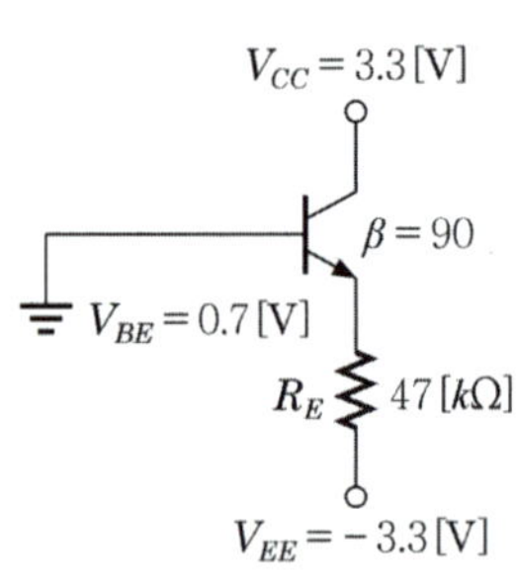

| 풀이 |

$\alpha = \dfrac{\beta}{1+\beta} = \dfrac{90}{91}$ 이므로 $I_C = \dfrac{-V_{BE}-V_{EE}}{R_E} = \dfrac{-0.7+3.3}{47k} = 55\mu\text{A}$,

$I_B = \dfrac{I_E}{1+\beta} = \dfrac{I_C/\alpha}{1+\beta} = \dfrac{91}{90}\left(\dfrac{1}{91}\right)(55\mu) = 0.6\mu\text{A}$, $I_E = \alpha I_C = \dfrac{90}{91}(55\mu) = 54.4\mu\text{A}$

17.3 공통 이미터회로에서 평균 출력특성

그림 17.4는 PNP형 2N217 공통 이미터 회로의 평균 컬렉터 특성을 나타낸다. 각 곡선은 V_{CE}에 대한 I_C의 함수관계를 도시하였으며, 입력 베이스전류의 증가에 따라 컬렉터전류가 증가한다. 세로축 $V_{CE}=-1$의 오른쪽에서는 컬렉터전류가 실질적으로 컬렉터전압에 무관하고 베이스 전류에만 의존한다. 또 각 곡선의 종점을 살펴보면 $I_B=0.1mA$의 곡선은 $V_{CE}=-12V$에서 끝나고 이 점에서 컬렉터전류는 대략 $12mA$이다. 그러므로 곡선 상의 종점에서 V_{CE}와 I_C의 곱은 $144mW$이고 이 값은 BJT의 정격소비전력 $150mW$에 가깝다. 다른 곡선들 각각의 종점들도 유사하게 이와 같은 전력 범위 내로 제한된다.

바이폴라 트랜지스터는 정격소비전력 내에서 동작되어야 한다. 곡선들의 왼쪽 빗금 친 영역은 트랜지스터의 포화영역을 표시하고 V_{CE}에서의 작은 변화가 I_C에서의 큰 변화를 일으킨다. $I_B=0$ 아래 빗금 친 부분은 차단영역으로 부른다. 여기서는 V_{CE}의 큰 변화에서도 컬렉터에 작은 전류만을 흐르고 이 영역에서 흐르는 전류는 기호가 I_{CEO}($I_B=0$일 때 컬렉터에서 이미터로 흐르는 전류)인 누설전류이다.

그림 17.4의 곡선들은 바이폴라 트랜지스터 주위 온도가 25℃로 유지되는 동안 측정되었고 만일 온도가 더 높아지면 컬렉터전류는 더 증가한다.

그림 17.4로부터 β는

$$\beta=\frac{\Delta I_C}{\Delta I_B}\bigg|_{V_{CE}=\text{일정}} \tag{17-4}$$

이고, 출력 특성곡선에서 V_{CE}값을 고정시킨 후, 연속된 두 개의 I_B값에 대응한 I_C값을 구한다.

예제 17-2

$V_{CE}=-4V$에서 $I_B=0.1mA$일 때 $I_C=10mA$이고, $I_B=0.2mA$일 때 $I_C=18mA$이면 β는 얼마인지 구하여라.

| 풀이 |

$$\beta=\frac{18-10}{0.2-0.1}=\frac{8}{0.1}=80$$

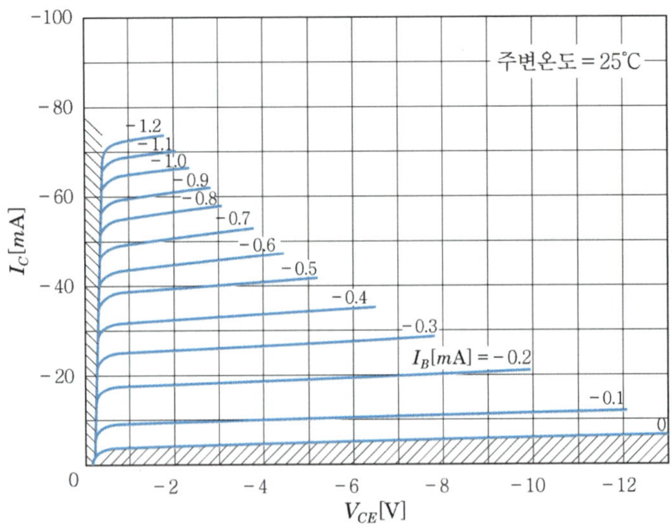

그림 17.4 2N217의 공통 이미터회로에 대한 평균 컬렉터 특성

17.4 전압분배기 바이어스 공통 이미터 BJT 증폭기 동작

공통 이미터회로는 베이스전류에 의해 컬렉터전류가 제어되고, 베이스전류의 증가에 비해 컬렉터전류의 증가가 훨씬 크다. 공통 이미터에서 BJT의 전류이득 베타(β)를 측정하기 위해 이미터-베이스는 순방향 바이어스, 컬렉터-베이스는 역방향 바이어스 한다. 이런 바이어스 조건이 오디오, 라디오, TV 회로에서 사용되는 바이어스 조건이다.

그림 17.5는 CE로 연결된 NPN 바이폴라 트랜지스터 교류 증폭기회로이다. R_1, R_2는 베이스와 이미터를 순방향으로 바이어스하기 위해 사용하였다. V_{CC}는 컬렉터전류와 베이스 전압분배기 R_1, R_2에 전원을 공급한다. 입력신호 v_{in}은 C_1에 의해 베이스에 연결되어 있고, 출력 v_{out}은 C_2에 의해서 컬렉터와 연결된다.

트랜지스터 특성에서 베이스전류의 작은 증가는 컬렉터전류의 상대적인 큰 증가를 야기한다. 베이스전류의 작은 감소는 상대적으로 컬렉터전류의 큰 감소를 일으킨다. 따라서 베이스와 컬렉터전류는 동위상이다. CE 증폭기에서 컬렉터전류의 변화는 트랜지스터의 β값에 의존된다.

커패시터 C_1으로 연결되어 있는 입력신호는 베이스 바이어스전류와 합해져서 베이스전류가 증가하거나 감소하도록 한다.

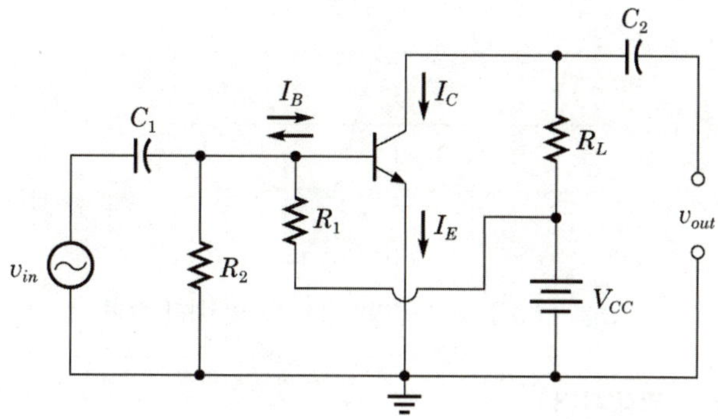

그림 17.5 NPN 트랜지스터의 공통 이미터 증폭기

바이어스전류 I_B가 100μA이고 i_b는 정현파 교류전류(한 주기 동안 '0'에서 50μA가 되었다가, 다시 '0'이 된 다음 −50μA까지 감소하고 다시 '0'이 되는 신호)이면 신호전류가 베이스 바이어스전류와 결합하여 베이스 전류는 I_B+i_b가 된다. 따라서 위와 같은 교류신호가 입력되면 베이스전류는 100μA에서 150μA가 되었다가 다시 100μA가 되고 50μA가 된 다음 다시 100μA로 된다.

증폭기가 BJT 특성곡선의 선형영역에서 동작하고 있다면, 정현파 신호의 베이스전류 변화는 컬렉터전류에 동위상으로 변화시킨다. I_B =100μA일 때 I_C가 2mA라 가정하면 신호 i_b 주기에 대해 컬렉터전류는 $I_C+\beta i_b$만큼 변화하고, 전류이득 β가 20이면 컬렉터전류는 2mA에서 3mA가 되고, 다시 2mA가 된 다음 1mA가 되고, 다시 2mA가 된다.

베이스전류가 증가하면 R_L 저항에 흐르는 전류도 증가하고 R_L 양단에 큰 전압강하를 일으킨다. 부하저항의 큰 전압강하는 다음과 같이 상대적으로 V_C를 감소시킨다.

$$V_C = V_{CC} - V_{RL} = V_{CC} - I_C \times R_L \tag{17-5}$$

여기서 V_{RL}은 부하저항의 전압강하이다.

정현파 베이스전압과 출력 컬렉터전압의 두 신호의 위상차가 180°이다. 입력신호 i_b에 의해 증폭된 컬렉터전류가 컬렉터회로에 흐르기 때문에 실질적인 신호전압의 출력은 컬렉터와 접지에서 계산된다.

(1) 바이어스 방법과 안정화

일그러짐이 없는 증폭을 하기 위해 베이스신호가 트랜지스터 특성곡선의 선형영역에서 동작하도록 베이스가 적절히 바이어스 되어야 한다. 그렇지 않으면 출력은 그림 17.6과 같이 차단되거나 포화된다. 따라서 트랜지스터의 바이어스 방법이 입력신호에 대해 출력되는 신호를 결정한다.

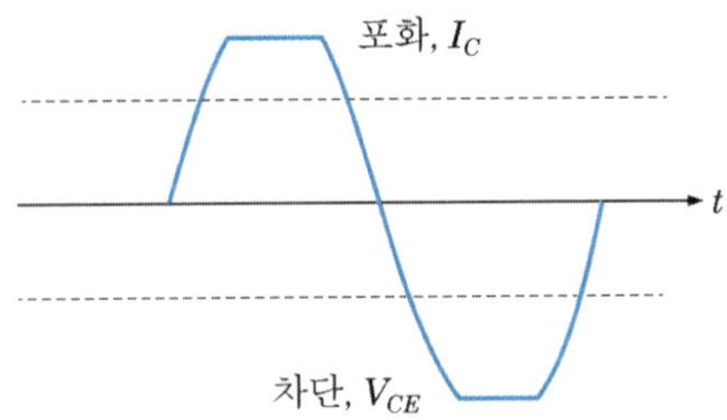

그림 17.6 컬렉터 출력파형 포화 및 차단 효과

(2) 이미터 바이패스 커패시터

그림 17.7의 회로에서 이미터저항 R_E에 병렬로 연결되어 있는 커패시터 C_E에서 C_E가 없을 때 트랜지스터의 베이스에 교류신호가 가해졌다면 R_E 저항의 효과는 직류, 교류에 모두 영향을 미친다. 컬렉터전류는 베이스의 교류 신호전류와 베이스의 신호전압과 동위상인 R_E 저항에서 발생하는 교류전압과 연관되어 증감한다. 베이스전압과 이미터전압의 차이 값으로 계산되는 실질적인 베이스-이미터신호는 베이스에 가해지는 신호전압보다 작아진다. 따라서 트랜지스터에는 효과적으로 작은 교류신호가 입력되기 때문에 컬렉터의 출력신호는 작아지고, 이로 인하여 증폭도가 줄어들게 된다.

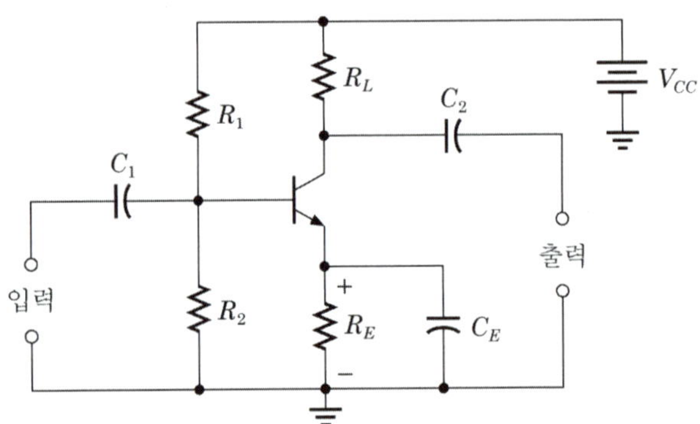

그림 17.7 커패시터 C_E를 가진 공통이미터 증폭기

R_E 양단에 연결된 C_E는 교류신호의 또 다른 경로가 된다. 증폭기가 동작하는 교류신호의 주파수에서, C_E의 용량성 리액턴스가 R_E 저항보다 대단히 작다면 C_E는 교류신호에 대하여 낮은 임피던스의 경로로 작용한다. 따라서 R_E는 효과적으로 바이패스되며 R_E에 인가되는 교류전압도 무시할 수 있다. 그래서 이득은 R_E 저항이 없는 경우와 같으며, 직류에서 R_E에 의한 바이어스 안정화를 도모할 수 있다.

C_E의 값을 결정하기 위해 이미터저항 R_E의 값과 바이패스 되어야 할 최소주파수 $f_{\min}$을 알아야 한다. 주어진 $f_{\min}$에서 다음 관계가 만족되면 C_E에 의한 바이패스가 적절하다고 본다.

$$X_{CE} = R_E/10 \tag{17-6}$$

(3) 전압분배기 바이어스

그림 17.7에 표시된 전압분배기 바이어스회로는 가장 많이 사용되는 베이스 바이어스회로이다. NPN BJT가 사용되었기 때문에 V_{CC}가 바이어스 회로에도 함께 사용된다. R_1-R_2 분배기는 베이스 단자에 전압분배가 일어나고, 베이스-이미터 접합을 순방향 바이어스가 되기 때문에 이미터-베이스전류, 이미터-컬렉터전류가 흐른다. 이미터저항 R_E에 인가되는 전압의 극성이 그림 17.7에 표시되었다. 베이스 바이어스전류를 결정하는 베이스전압은 베이스와 이미터의 전압차이다.

전압분배기 바이어스 회로에서 직류 바이어스전류를 계산하기 위해, 베이스회로에서 테브난 정리를 적용한다. 먼저 전압분배기 R_1과 R_2를 베이스에서 개방한다. 개방한 점에서 테브난 전압 V_{TH}와 테브난 저항 R_{TH}은 다음과 같이 계산된다.

$$V_{TH}=\frac{V_{CC}R_2}{R_1+R_2},\ R_{TH}=\frac{R_1R_2}{R_1+R_2} \tag{17-7}$$

다음에는 키르히호프 전압법칙을 사용하여 유도된 이미터전류는

$$I_E=\frac{V_{TH}-V_{BE}}{R_E+R_{TH}/\beta} \tag{17-8}$$

이고 베이스전류 I_B는 다음과 같다.

$$I_B=I_E/\beta \tag{17-9}$$

식 (17-8), (17-9)과 V_{BE} 근사값 0.7V를 이용하면 I_B는 다음과 같다.

$$I_B=\frac{V_{TH}-0.7}{\beta R_E-R_{TH}} \tag{17-10}$$

C_1은 입력신호를 베이스에 결합시키고, C_2는 출력신호를 다음 단에 접속시킨다. R_E는 직류 감소를 초래하지만, 온도나 다른 변화에 의한 전류변화를 줄여 안정화시켜, 적절하게 설계된 증폭기 회로에서 R_E는 온도나 β값의 변화를 보상하고 R_L은 부하저항이다.

17.5 바이폴라 트랜지스터 동작점

바이폴라 트랜지스터 증폭기는 트랜지스터의 특성곡선 중 선형영역에서 동작시켜야 신호의 일그러짐이 없이 증폭할 수 있다. 따라서 선형증폭기를 설계하기 위해 동작점, 트랜지스터의 특성, 그리고 관련된 회로의 부품들을 주의 깊게 선택해야 한다.

바이폴라 트랜지스터에서 동작점은 컬렉터, 이미터, 베이스에 대해 선택된 직류전류에 의해 결정된다. 따라서 증폭기를 설계할 때 트랜지스터의 특성곡선과 그 밖의 다른 자료를 참조하여야 한다.

(1) 트랜지스터 컬렉터 손실곡선

그림 17.8은 공통 이미터회로에서 2N649 바이폴라 트랜지스터의 컬렉터 특성곡선이다. 이 곡선

은 트랜지스터 주변온도가 25℃ 일 때 컬렉터의 전류 및 전압이 허용하는 범위에서, 베이스 전류의 여러 가지 값에 대해 트랜지스터의 특성을 그린 것이다. 특성곡선 내에서 트랜지스터가 동작할 수 있는 영역은 제한되어 있다. 이러한 제한은 특정한 온도에서 컬렉터에 허용되는 최대 에너지손실과 연관되어 있다.

2N649 NPN 트랜지스터는 25℃ 에서 동작할 때, 컬렉터손실은 100mW 로 제한된다. 허용되는 동작영역은 제조회사에서 제공하는 컬렉터 특성곡선 위에 그린 그래프로 나타낸다. 최대 손실곡선이 제조회사의 자료에 포함되어 있지 않았을 때는, 특성곡선 위에 쉽게 그려 넣을 수 있다. 그 곡선의 모든 점은 100mW 를 나타내며, 다음 수식을 만족하는 점들이다.

$$V_{CE} \times I_C = 100m\text{W} \tag{17-13}$$

점(2V, 50mA)와, (10V, 10mA)는 식 (17-13)을 만족하는 쌍곡선 위의 점이며, 바이폴라 트랜지스터는 이 곡선의 왼쪽 영역에서 동작하여야 한다.

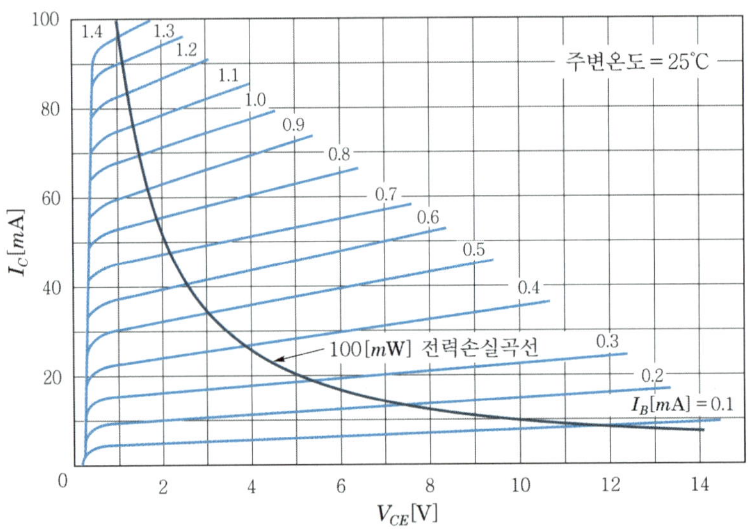

그림 17.8 트랜지스터 2N649(RCA사)의 컬렉터 특성곡선과 100mW 의 전력손실곡선

(2) 트랜지스터 직류부하선

바이폴라 트랜지스터 증폭기의 성능은 부하선에 의해 그래프로 예측할 수 있다. 교류부하가 없다고 가정하면, 특정한 동작조건에서 입력신호가 출력신호에 미치는 영향은 부하선에 의해 결정된다.

공통이미터 증폭기의 출력회로를 나타낸 그림 17.9에서 V_{CC}와 R_L 값이 결정되면, 부하선은 다음 두 점을 지나는 직선이 된다.

(a) 최대 포화상태 점(컬렉터 전류축의 교점) : $(V_{CE} = 0,\ I_C = V_{CC}/R_L)$

(b) 완전 차단상태 점(컬렉터 전압축의 교점) : $(V_{CE} = V_{CC},\ I_C = 0)$

그림 17.9에서 $V_{CC} = 6\text{V}$, $R_L = 300\Omega$ 일 때 $V_{CE} = 0\text{V}$이면 $I_C = 6/300 = 20m\text{A}$, $I_C = 0$이면 $V_{CE} = 6\text{V}$ 이다. 두 점을 연결한 부하선(#1)이 그림 17.10에 그려져 있다.

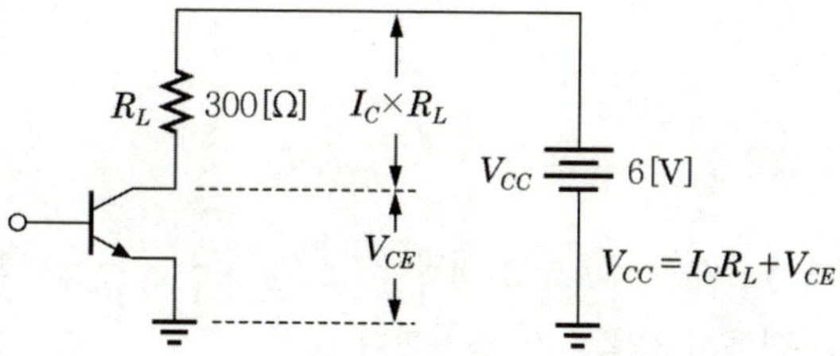

그림 17.9 공통이미터 증폭기의 출력회로

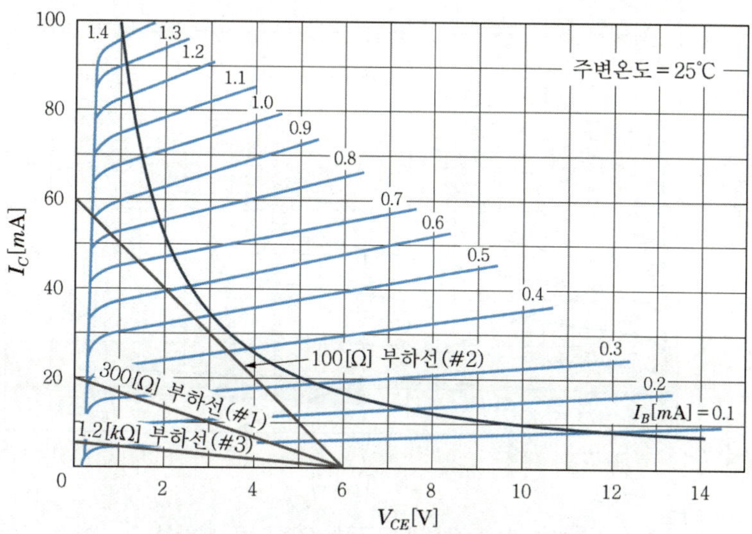

그림 17.10 특정한 R_L과 V_{CC}값에 대한 부하선

같은 조건에서 R_L을 100Ω으로 줄이면 부하선(#2)의 교점 좌표는 $\left(V_{CE}=0, I_C=\dfrac{6}{100}=60mA\right)$과 $(V_{CE}=6V, I_C=0)$이다. 부하선(#2)는 부하선(#1)과 같은 점, $(V_{CE}=6V, I_C=0)$을 지나지만 부하선(#1)보다 위에 그려진다.

R_L을 1.2kΩ으로 증가하면 부하선 (#3)의 좌표는 $\left(V_{CE}=0, I_C=\dfrac{6}{1200}=5mA\right)$과 $(V_{CE}=6V, I_C=0)$이다. 부하선(#3)은 부하선(#1), (#2)와 수평축 교점은 같지만, 부하선(#1)보다 밑에 그려진다. 그리고 3가지 모두 100mW의 최대 손실곡선의 왼쪽에 있다.

R_L과 V_{CC}를 알고 있다면 부하선을 분명히 그릴 수 있지만, R_L의 값을 모르고 트랜지스터 증폭기의 동작점을 알고 있다고 가정하자(동작점은 증폭기의 Q-점으로 정의한다. 다시 말하면 무신호 상태에서 V_{CE}와 I_C로 정의된다).

만일 Q점이 $(V_{CE}=5.25V,\ I_C=19mA)$이고, 전원전압 $V_{CC}=10V$이라면 그림 17.11과 같이 부하선은 Q점과 $(I_C=0,\ V_{CE}=10V)$점을 연결하여 그릴 수 있다. 부하선이 컬렉터전류 좌표 $(V_{CE}=0,\ I_C=40mA)$와 만난다면 부하저항 R_L은 $V_{CE}=0$에서 $I_C=V_{CC}/R_L$관계로 부터 쉽게 찾

을 수 있다.

$$R_L = V_{CC}/I_C \tag{17-14}$$

식 (17-14)에서 $V_{CC}=10\text{V}$, $I_C=40m\text{A}$를 대입하면, $R_L=\dfrac{10}{40\times10^{-3}}=250\Omega$이 된다. 즉, 250Ω의 컬렉터저항에 의해 Q-점에서 증폭기가 동작한다.

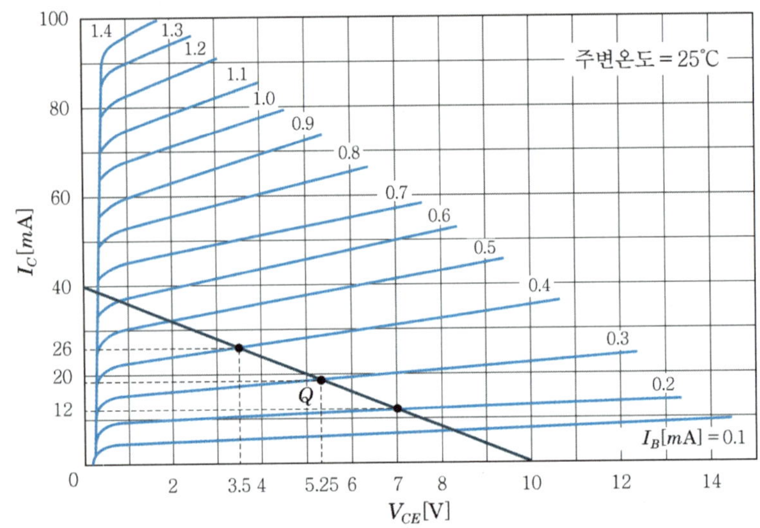

그림 17.11 동작점과 공급전압으로 그린 부하선

표 17.1은 NPN 트랜지스터 증폭기의 다양한 바이어스 종류이다.

표 17.1 NPN 트랜지스터 바이어스 종류

	베이스 바이어스	전압분배바이어스	이미터바이어스	컬렉터 귀환바이어스
회로	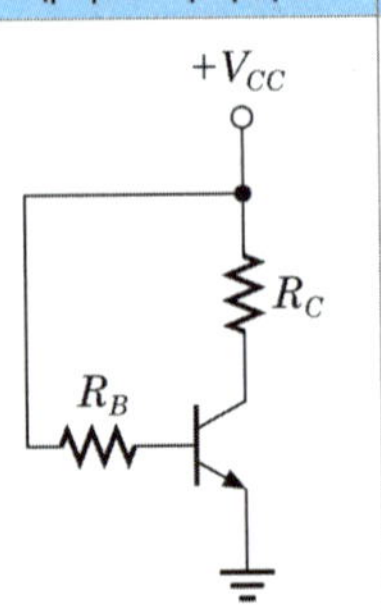	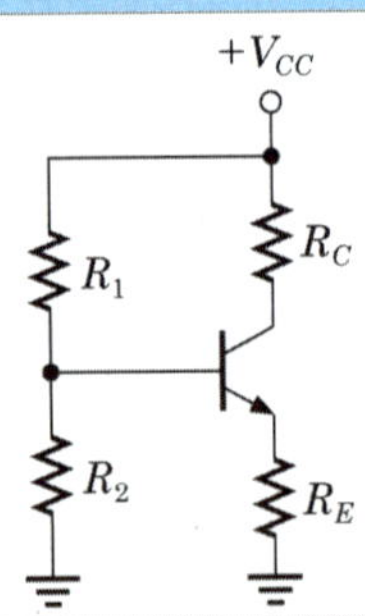	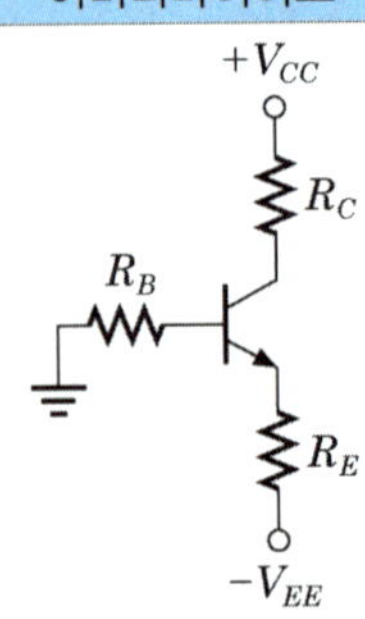	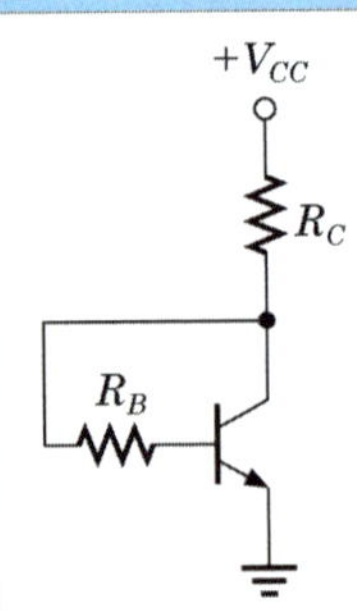
바이어스	$I_C=\beta\left(\dfrac{V_{CC}-V_{BE}}{R_B}\right)$ $V_{CE}=V_{CC}-I_CR_C$	$I_C=\dfrac{[R_2/(R_1+R_2)]V_{CC}-V_{BE}}{R_E}$ $V_{CE}=V_{CC}-I_CR_C$	$I_C=\dfrac{V_{EE}-V_{BE}}{R_E+R_B/\beta}$ $V_{CE}=V_{CC}-V_{EE}-I_C(R_C+R_E)$	$I_C=\dfrac{V_{CC}-V_{BE}}{R_C+R_B/\beta}$ $V_{CE}=V_{CC}-I_CR_C$

예제 17-3

컬렉터 귀환바이어스 회로에서 트랜지스터 전류이득 $\beta=60$, $V_{BE}=0.7\text{V}$, $V_{CC}=2\text{V}$ 이고 동작점이 $I_C=30\mu\text{A}$, $V_{CE}=1\text{V}$ 일 때 저항 R_C와 R_B를 구하여라.

| 풀이 |

컬렉터망의 KVL $(I_C+I_B)R_C+V_{CE}=2$, $(I_C+\frac{I_C}{\beta})R_C+1=2$에서, $R_C\simeq 33.3k\Omega$

베이스망의 KVL $(I_C+I_B)R_C+I_BR_B+V_{BE}=2$, $(I_C+\frac{I_C}{\beta})R_C+\frac{I_C}{\beta}R_B+0.7=2$에서, $R_B\simeq 600k\Omega$

17.6 소신호 BJT 증폭기 분석

(1) 공통이미터 고정 바이어스회로

그림 17.12와 같은 고정 바이어스(fixed bias)는 고정된 바이어스 전원으로 직류 전류(전압)을 가해주는 방식이다. 실제적으로는 주 전원에 저항을 통해 바이어스 전류가 흐르도록 구성한다. 이 바이어스 회로는 트랜지스터의 β와 온도에 민감하므로 동작점의 변화가 심하다.

① 입력임피던스 Z_i : $Z_i=R_B /\!/ \beta r_e$ ② 출력임피던스 Z_o : $Z_o=R_C$

③ 전압이득 A_V : $V_o=-\beta i_b R_C=-\beta i_i R_C$ $(R_B\gg\beta r_e)$, $i_i=\frac{v_i}{Z_i}=\frac{v_i}{\beta r_e}$, $v_o=-\beta\left(\frac{v_i}{\beta r_e}\right)R_C$,

$A_V=\frac{v_o}{v_i}=-\frac{R_C}{r_e}$ (180° 위상차)

④ 전류이득 A_I : $i_o=\beta i_b\simeq\beta i_i$, $A_I=\frac{i_o}{i_i}=\beta$

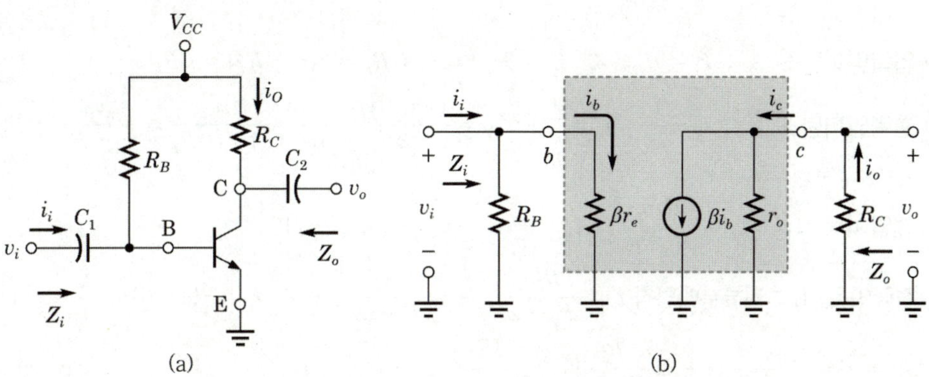

그림 17.12 공통이미터 고정 바이어스회로 (a) 회로 (b) 등가회로

(2) 전압분배기 바이어스회로

그림 17.13과 같은 전압분배기 바이어스회로는 베이스 회로가 두 저항에 의해 전압 분배되고, 증폭기에 폭넓게 사용되는 바이어스 회로이다. 트랜지스터의 β에 무관한 바이어스 회로이다.

① 입력임피던스 Z_i : $R' = R_1 /\!/ R_2$, $Z_i = R' /\!/ \beta r_e$

② 출력임피던스 Z_o : $Z_o = R_C$

③ 전압이득 A_V : $V_o = -\beta i_b R_C = -\beta\left(\dfrac{v_i}{\beta r_e}\right)R_C = \dfrac{-R_C v_i}{r_e}$, $A_V = \dfrac{v_o}{v_i} = -\dfrac{R_C}{r_e}$ (180° 위상차)

④ 전류이득 A_I : 전류분배법칙 $i_b = \dfrac{R' i_i}{R' + \beta r_e}$, $\dfrac{i_b}{i_i} = \dfrac{R'}{R' + \beta r_e}$, $i_o = \beta i_b$, $A_I = \dfrac{i_o}{i_i} = \dfrac{i_o}{i_b}\dfrac{i_b}{i_i} = \dfrac{\beta R'}{R' + \beta r_e}$

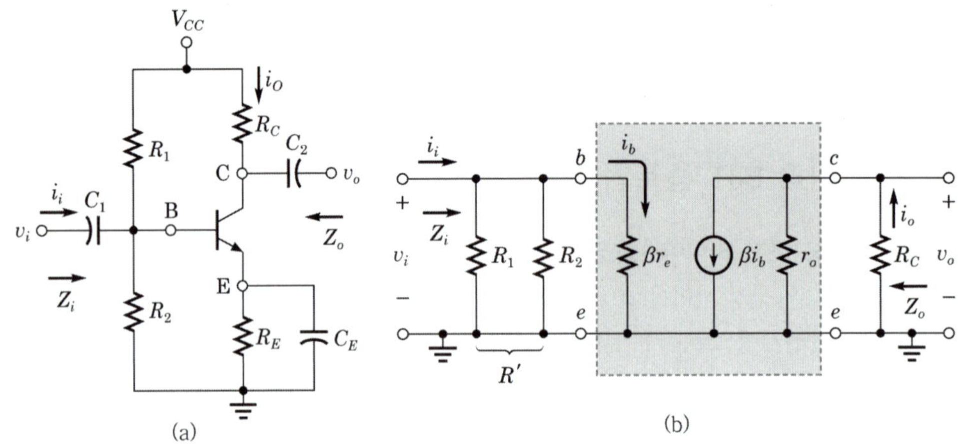

그림 17.13 공통이미터 전압분배 바이어스회로 (a) 회로 (b) 등가회로

(3) 공통 콜렉터 회로

그림 17.14와 같은 컬렉터를 입출력 단자에 공통으로 한 BJT 소신호 증폭기이며, 입력은 베이스를 통하고, 출력은 이미터 단자에서 얻어진다. 베이스 입력전압의 변화가 곧바로 이미터 출력전압에 그대로 전달되므로 이미터 폴로어(Emitter-follower)라고 부른다.

① 입력임피던스 Z_i : $Z_i = R_B /\!/ Z_b$, $Z_b = \beta r_e + (1+\beta)R_E \simeq \beta(r_e + R_E) \simeq \beta R_E$

② 출력임피던스 Z_o : $i_b = \dfrac{v_i}{Z_b}$, $i_e = (1+\beta)i_b = \dfrac{(1+\beta)v_i}{Z_b} = \dfrac{(1+\beta)v_i}{\beta r_e + (1+\beta)R_E} \simeq \dfrac{v_i}{r_e + R_E}$,

$Z_o|_{v_i=0} = r_e /\!/ R_E \simeq r_e$

③ 전압이득 A_V : $v_o = \dfrac{R_E v_i}{R_E + r_e}$, $A_V = \dfrac{v_o}{v_i} = \dfrac{R_E}{R_E + r_e} \simeq 1$ (동상)

④ 전류이득 A_I : 전류분배법칙 $i_b = \dfrac{R_B i_i}{R_B + Z_b}$, $\dfrac{i_b}{i_i} = \dfrac{R_B}{R_B + Z_b}$, $i_o = -i_e = -(1+\beta)i_b$, $\dfrac{i_o}{i_b} = -(1+\beta)$,

$A_I = \dfrac{i_o}{i_i} = \dfrac{i_o}{i_b}\dfrac{i_b}{i_i} = -(1+\beta)\dfrac{R_B}{R_B + Z_b} \simeq \dfrac{-\beta R_B}{R_B + Z_b}$

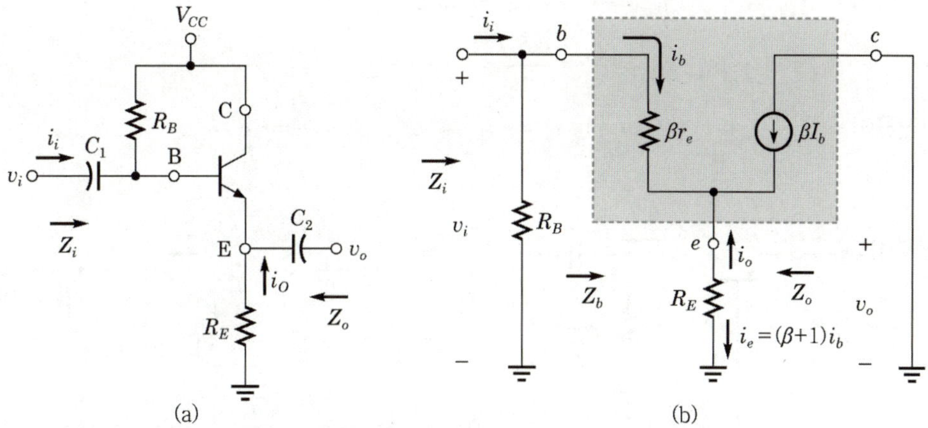

그림 17.14 공통컬렉터 바이어스회로 (a) 회로 (b) 등가회로

공통이미터회로만 사용하여 스피커를 구동할 경우 그림 17.15(b)와 같이 스피커의 임피던스 크기가 8Ω 정도이고 공통이미터 출력임피던스는 수백 kΩ 이므로 전체에너지는 스피커가 아닌 출력임피던스에 소비하게 된다. 그래서 스피커에 소리가 나지 않는다.

그래서 그림 17.15(a)와 같이 공통이미터+이미터폴로어를 종속연결하면 전류이득은 두 증폭기의 전류이득의 곱이 되고 출력임피던스가 적어져 효율적으로 스피커에 전력을 공급할 수 있다.

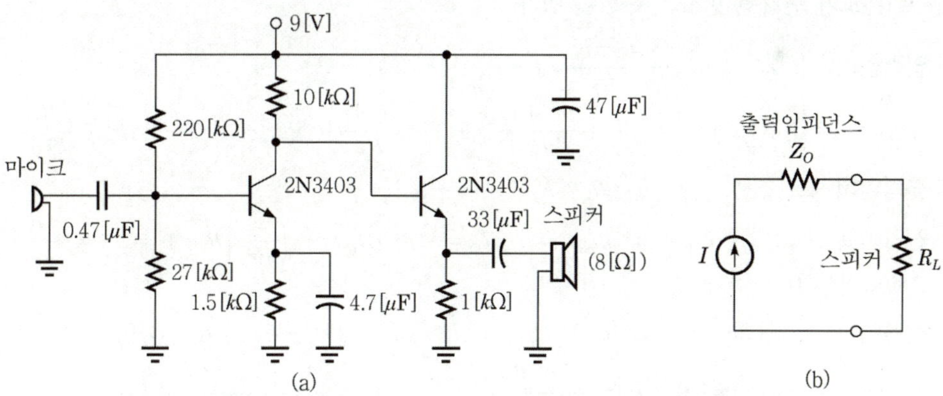

그림 17.15 CE+CC 종속회로 (a) 회로도 (b) 출력등가회로

(4) 공통 베이스 회로

그림 17.16와 같은 공통베이스 회로는 이미터는 입력단자, 컬렉터는 출력단자, 베이스는 공통(교류접지)단자이다. 이 회로는 전류 버퍼나 전압 증폭용으로 주로 이용한다.

① 입력임피던스 Z_i : $Z_i = R_E /\!/ r_e$

② 출력임피던스 Z_o : $Z_o = R_C$

③ 전압이득 A_V : $v_o = -i_o R_C = -(-\alpha i_e) R_C = \alpha i_e R_C$

$$i_e = \frac{v_i}{r_e}, v_o = \alpha\left(\frac{v_i}{r_e}\right) R_C,\ A_V = \frac{v_o}{v_i} = \frac{\alpha R_C}{r_e} = \frac{R_C}{r_e}\ \text{(동상)}$$

④ 전류이득 A_I : $i_e = i_i\ (R_E \gg r_e),\ i_o = -\alpha i_e = -\alpha i_i,\ A_I = \frac{i_o}{i_i} = -\alpha \simeq -1$

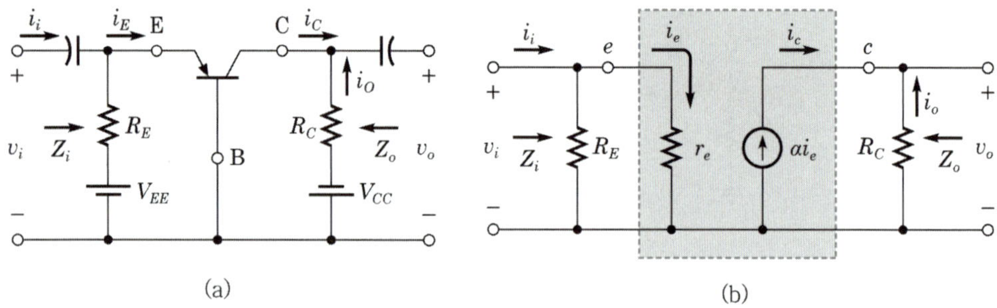

그림 17.16 공통베이스 바이어스회로 (a) 회로 (b) 등가회로

(5) 컬렉터 귀환회로

그림 17.17와 같은 컬렉터 귀환회로는 베이스 전류를 전원으로부터 직접 얻지 않고 소자의 컬렉터로부터 얻는다. 직류 β의 변화에 따른 영향을 줄임으로써 비교적 안정적인 동작점을 만드는 부귀환 회로이다. 고정 바이어스 방식에 비해 안정하나 입력 임피던스가 낮게 되고 V_{CE} 변화를 이용하므로 주위온도가 변하면 변하는 단점이 있다.

① 입력임피던스 Z_i : $i_b = i_i + \frac{v_o - v_i}{R_F} \simeq i_i + \frac{v_o}{R_F}$ $(v_o \gg v_i$ 이면)

$$v_i = i_b \beta r_e = \left(i_i + \frac{v_o}{R_F}\right)\beta r_e = i_i \beta r_e + \frac{\beta r_e A_o v_i}{R_F},\ v_i\left(1 - \frac{\beta r_e A_V}{R_F}\right) = i_i \beta r_e,\ Z_i = \frac{v_i}{i_i} = \beta r_e /\!/ \frac{R_F}{|A_V|}$$

② 출력임피던스 Z_o : $Z_o|_{v_i = 0V} = R_C /\!/ R_F$

③ 전압이득 A_V : $i_o = i' + \beta i_b \simeq \beta i_b, v_o = -i_o R_C = -(\beta i_b) R_C = -\beta\left(\frac{v_i}{\beta r_e}\right) R_C, A_V = \frac{v_o}{v_i} = \frac{-R_C}{r_e}$
(180° 위상차)

④ 전류이득 A_I : $i_b \beta r_e + (i_b - i_i) R_F + i_o R_C = 0,\ i_o = \beta i_b,\ i_b(\beta r_e + R_F + \beta R_C) = i_i R_F,$

$$\frac{i_o}{\beta}(\beta r_e + R_F + \beta R_C) = i_i R_F,\ i_o = \frac{\beta i_i R_F}{(\beta r_e + R_F + \beta R_C)},\ A_I = \frac{i_o}{i_i} = \frac{\beta R_F}{(\beta r_e + R_F + \beta R_C)}$$

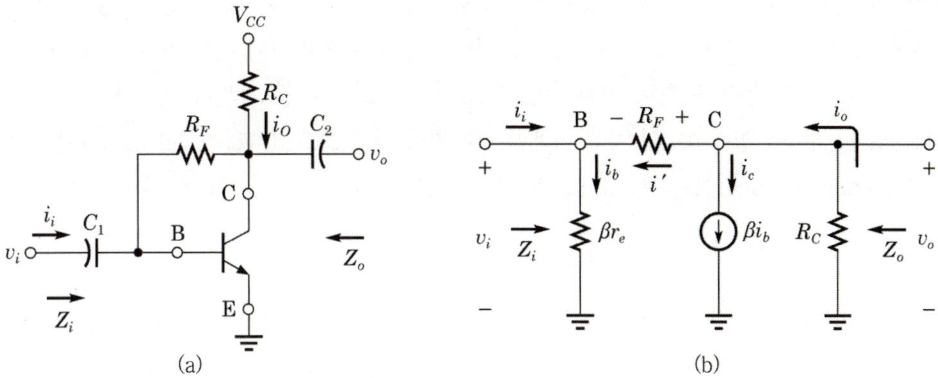

그림 17.17 컬렉터 귀환 바이어스회로 (a) 회로 (b) 등가회로

표 17.2는 BJT 증폭기 특성 비교한 표이고, 표 17.3은 BJT 증폭기 특성을 요약한 표이다.

표 17.2 BJT 증폭기 특성 비교

특성 \ 종류	CE	CB	CC
입력저항	낮음(약 750Ω)	낮음(약 100Ω)	매우 높음(약 750kΩ)
출력저항	높음(약 45kΩ)	매우 높음(약 450kΩ)	낮음(약 50Ω)
전압이득	약 500	약 150	<1
전류이득	높음(β)	<1	상당함
응용	오디오 주파수 응용	고주파 응용	임피던스 정합

표 17.3 BJT 증폭기 특성 요약

	CE 증폭기	R_E를 가진 CE 증폭기	CB 증폭기	CC 증폭기 (이미터 폴로어)
R_i	r_π	$(1+\beta)(r_e+R_E)=r_\pi+(1+\beta)R_E$	r_e	$(1+\beta)(r_e+R_L)$
R_o	$R_C \Vert r_o \approx R_C$	$R_C \Vert r_o \approx R_C$	$R_C \Vert r_o \approx R_C$	r_e+R_s/β
A_{v0}	$-g_m(R_C \Vert r_o) \approx -g_m R_C$	$-\dfrac{g_m R_C}{1+g_m R_E}$	$g_m R_C$	$\dfrac{R_L}{r_e+R_L} \approx 1$
A_i	β	$\dfrac{\beta R_B}{R_B+\beta R_E}$	≈ -1	$\dfrac{-\beta R_B}{R_B+\beta R_E}$

17.7 단순 차동증폭기

차동증폭기는 연산증폭기와 같은 직결합 선형 집적회로(IC) 증폭기에 널리 사용되고 있다. 그림 17.18은 이중입력 평형출력 차동증폭기의 회로도이며, 두 개의 입력과 하나의 출력을 갖는 두 개의 트랜지스터로 구성된다. 이상적인 차동증폭기 회로에서 두 개의 트랜지스터 Q_1과 Q_2는 서로 동일한 특성을 갖고, 이미터저항 R_E는 두 트랜지스터에 공통으로 연결되어 대칭적이다. 컬렉터 부하저항은 $R_{L1}=R_{L2}$이고, 두 입력회로 역시 동일한 $v_1=v_2$와 $R_1=R_2$를 갖는다.

출력전압 v_{out}은 두 입력신호의 차에 비례하게 하거나, 차동모드(differential mode)이득 A_{DM}과 공통모드(common mode)이득 A_{CM}으로 표현할 수 있다.

$$v_{out}=A(v_1-v_2) \tag{17-15}$$

여기서 A는 각 트랜지스터의 이득이고, v_1과 v_2는 접지에 대한 각 베이스단자에서 신호전압, v_d는 차동입력$[v_d=v_1-v_2]$, v_c는 공통입력$[v_c=(v_1+v_2)/2]$이다. 두 개의 입력신호가 동상이고, 크기가 같을 때 공통모드 동작조건은 다음과 같다.

$$v_1-v_2=0, \quad v_{out}=A\times(0)=0 \tag{17-16}$$

즉 공통모드에서 차동증폭기는 공통모드 신호를 제거하여 이상적으로 공통모드 신호의 출력은 '0'이 된다. 그러나 실제로는 차동증폭기가 완전히 대칭이 아니므로 공통모드 신호에 대해서 매우 작은 출력이 존재한다.

두 개의 입력이 크기는 같고, 180^o의 위상차를 가질 때, 차동모드 동작조건은 다음과 같다.

$$v_1=-v_2 \quad \text{혹은} \quad v_2=-v_1, \quad v_{out}=A[v_1-(-v_1)]=2Av_1 \tag{17-17}$$

따라서, 차동모드의 동작상태에서 차동증폭기는 입력신호를 증폭하고, 출력은 입력신호와 두 배의 이득을 곱한 값이 된다.

> 실제적인 차동증폭기는 공통모드에도 영향을 받는다. $v_d=v_1-v_2$, $v_c=(v_1+v_2)/2 \rightarrow v_{out}=A_1v_1+A_2v_2$ 여기서 A_1은 입력-2를 접지시키고 입력-1의 전압증폭도이다. $\rightarrow v_1=v_c+\frac{1}{2}v_d$, $v_1=v_c-\frac{1}{2}v_d \rightarrow$ $v_{out}=A_1\left(v_c+\frac{1}{2}v_d\right)+A_2\left(v_c-\frac{1}{2}v_d\right)=\left(\frac{A_1-A_2}{2}\right)v_d+(A_1+A_2)v_c=A_{DM}v_d+A_{CM}v_c$ 여기서 A_{DM}은 차동모드이득, A_{CM}은 공통모드이득이다.

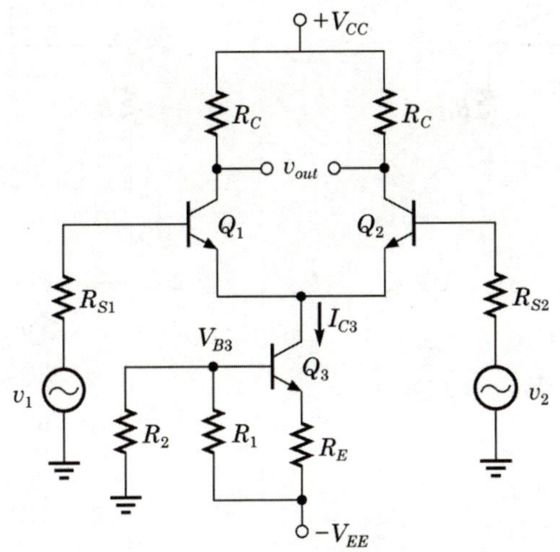

그림 17.18 차동증폭기

두 트랜지스터가 같다고 가정하면 차동전압 이득, 공통신호에 대한 이득은

$$A_{DM} = \frac{R_C}{2r_e}, \quad A_{CM} = \frac{R_C}{2R_E} \tag{17-18}$$

이고, FET 차동증폭기에 대한 차동 전압이득의 크기는 다음과 같다.

$$A_v = \frac{g_m R_D}{2} \tag{17-19}$$

이상적인 차동증폭기는 두 입력이 같을 때 출력전압은 '0'이고 $v_1 > v_2$일 때 출력은 $v_1 < v_2$일 때 출력과 극성이 반대이다. 그림 17.19와 같이 입력의 개수에 따라 단일(single) 혹은 이중(dual)이 있고, 출력전압은 두 컬렉터 사이 전압차이며 두 컬렉터는 접지에 대해 같은 직류전위를 가지므로 평형(balanced)출력이라고 하며, 출력을 접지에 대해 컬렉터의 한쪽만 측정하면 불평형(unbalaced)출력이라 한다.

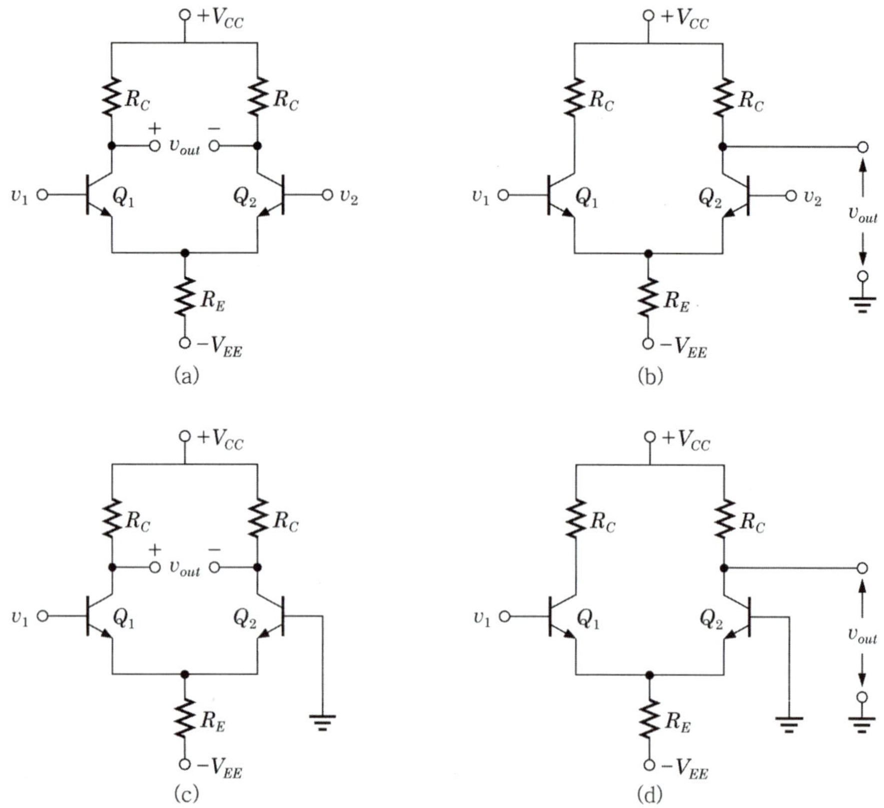

그림 17.19 차동증폭기 구조 (a) 이중입력 평형출력 (b) 이중입력 불평형 출력 (c) 단일입력 평형출력 (d) 단일입력 불평형출력

(1) 차동증폭기의 직류 특성

그림 17.20은 차동증폭기의 동작점(I_{CQ}, V_{CEQ})을 구하기 위해 입력전압 $v_1 = v_2 = 0\text{V}$인 직류 등가회로를 나타낸다. 입력신호의 내부저항 $R_{S1} = R_{S2} = R_S$이고, 차동증폭기의 바이어스 된 양쪽의 이미터는 모든 면에서 대칭이므로 한쪽에서 동작점을 구하면 된다.

트랜지스터 Q_1의 베이스-이미터 고리에 키르히호프법칙을 적용하면

$$R_S I_B + V_{BE} + 2I_E R_E = V_{EE} \tag{17-20}$$

이고 $I_B = I_E/\beta_{dc}$이며 $I_C \approx I_E$이므로

$$I_E = I_C = R_S I_B + + 2I_E R_E = \frac{V_{EE} - V_{BE}}{2R_E + (R_S/\beta_{dc})} \tag{17-21}$$

이고, R_S가 입력신호의 내부저항이므로 $R_s/\beta_{dc} \ll 2R_E$이므로

$$I_E = I_C = \frac{V_{EE} - V_{BE}}{2R_E} \tag{17-22}$$

이며, Q_1과 Q_2의 이미터전류는 컬렉터저항에 독립이고 R_E와 V_{EE}에 의해 결정된다.

Q_1의 이미터 전압 V_E는 저항의 전압강하를 무시하면 대략 $-V_{BE}$이고, I_C를 알면 $V_C = V_{CC} - I_C R_C$이므로 컬렉터-이미터 전압은 다음과 같다.

$$V_{CE} = V_C - V_E = V_{CC} - I_C R_C + V_{BE} \tag{17-23}$$

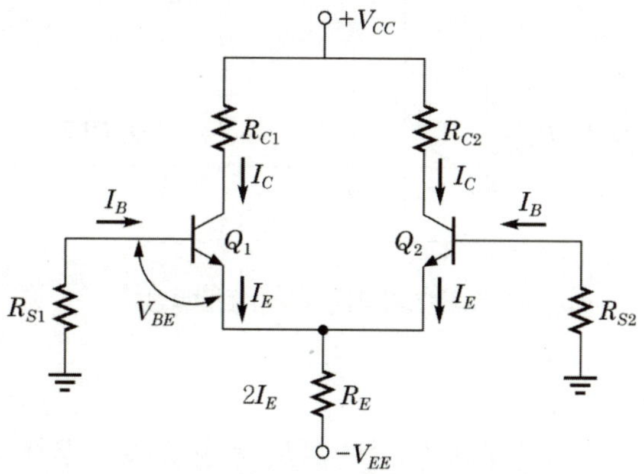

그림 17.20 차동증폭기 직류해석 회로

예제 17-4

이중입력 평형출력 차동증폭기에서 $R_{S1} = R_{S2} = 50\Omega$, $R_C = 2.2k\Omega$, $V_{CC} = +10\text{V}$, $-V_{EE} = -10\text{V}$, $\beta_{dc} = 100$, $V_{BE} = 0.7\text{V}$일 때 두 트랜지스터의 동작점(I_{CQ}, V_{CEQ})을 구하여라.

| 풀이 |

$$I_{CQ} = \frac{V_{EE} - V_{BE}}{2R_E + (R_S/\beta_{dc})} = \frac{10 - 0.7}{9.4k + (50/100)} = 0.99m\text{A}$$

$$V_{CEQ} = V_{CC} - I_C R_C + V_{BE} = 10 - (2.2k)(0.99m) + 0.7 = 8.52\text{V}$$

(2) 차동증폭기 전달특성

그림 17.21과 같이 BJT 차동증폭기의 경우에는 대신호 모델에서 각 트랜지스터에 흐르는 전류가 입력차 $v_1 - v_2 = v_{id}$에만 의존한다. 따라서 상대적으로 작은 변화량의 v_{id}값에 따라 BJT의 도통, 차단이 쉽게 결정되는데, 이 때문에 BJT-차동증폭기는 빠른 전류 스위칭 소자로 사용되기도 한다.

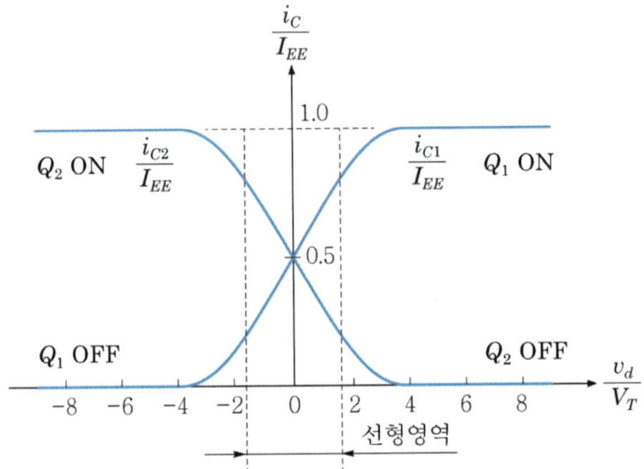

그림 17.21 차동증폭기 전달특성

(3) 공통모드 제거비

차동증폭기는 보통 이상적이지 못한 전류원 $I_{EE}(R_O \neq \infty)$, R_C의 오차, g_m의 오차 때문에 공통모드이득이 0이 아니다. 차동증폭기는 차동모드 입력신호에 대해서는 증폭이득이 크고, 공통모드 신호에 대해서는 증폭이득이 낮도록 동작되어야 한다. 차동모드 신호의 증폭이득을 A_{DM}이라 하고, 공통모드신호의 증폭이득을 A_{CM}이라 할 때, A_{DM}/A_{CM}을 그 증폭기의 공통모드 제거비(common-mode rejection ratio : CMRR)이라 한다.

$$\mathrm{CMRR} = \frac{A_{DM}}{A_{CM}} \tag{17-24}$$

CMRR값은 차동증폭기의 효율성을 나타내는 지표이다. 따라서 이 값이 크면 좋은 증폭기라 할 수 있다. 따라서, CMRR이 ∞에 가까울수록 이상적인 증폭기가 된다. 차동증폭기는 차동입력에만 반응하도록 설계된 소자이다.

(4) 바이패스 안된 이미터저항 R_E가 차동 증폭기에 미치는 영향

공통모드 신호에 대해 바이패스 안 된 이미터저항 R_E는 감쇄적인 작용 혹은 부 귀환 동작을 한다. 따라서 R_E 저항이 크면 클수록 공통모드에서의 부 귀환 전압이 커져서 결국 차동증폭기가 공통모드 신호를 제거하는 효과가 커지게 된다.

차동모드에서 R_E는 완전히 바이패스된 것으로 동작하기 때문에 차동모드 신호에 대해서는 증폭기의 이득을 감소시키지 않는다.

따라서 차동증폭기에서 R_E 저항을 크게 함으로써 차동모드 이득(A_{DM})에 영향을 주지 않으면서 공통 모드이득(A_{CM})을 작게 할 수 있다는 것을 알 수 있다. 따라서 큰 R_E 저항을 사용함으로써 큰 값의 CMRR을 얻게 된다.

실제적으로는 R_E값이 이미터전류 I_E를 결정하기 때문에 무조건 크게 할 수는 없고 근사식은 다음과 같다.

$$I_E = \frac{V_{EE}}{R_E} \tag{17-25}$$

또한 이미터는 차동증폭기의 두 컬렉터에 동일 전류를 공급한다. R_E을 증가시키면 이미터와 컬렉터전류 모두 감소하게 된다.

그림 17.18에서와 같이 R_E 대신 정전류 트랜지스터 Q_3로 대치할 수 있다. 따라서 Q_3의 컬렉터전류를 지나치게 제한하지 않고도 Q_3의 컬렉터-이미터간의 저항은 높게 할 수가 있다. 그러므로 Q_1과 Q_2의 컬렉터전류를 공급하는 이미터전류 I_E를 제한하지 않는다. 그림 17.18에서 이미터저항 R_E는 상대적으로 작은 값일 수 있다. Q_3에 대한 직류바이어스는 R_1와 R_2의 전압분배기에 의해 결정된다. 그러므로 회로에 Q_3를 추가함으로써 Q_1과 Q_2에 대한 컬렉터전류를 제한하지 않고 효과적으로 높은 유효 이미터저항을 보장할 수 있다.

17.8 전력증폭기 종류

고전력 음성 시스템에서 단일 출력단보다 더 많은 음성전력이 요구된다. 한 가지 해결방법은 두 개 이상의 트랜지스터를 푸시-풀(push pull)로 결합하여 이용하는 것이다. 푸시-풀 증폭기 회로는 B급(class-B) 혹은 AB급으로 동작한다. 다음은 증폭기 종류별 동작을 설명한다.

A급 전력증폭기의 동작은 입력신호의 한 주기 동안 트랜지스터 이미터-베이스가 순방향 바이어스 된다. 이때 전류는 360° 동안 흐르며, 출력신호는 그림 17.22(a)와 같이 찌그러짐이 없다.

B급 전력증폭기 동작에서 입력신호의 반주기동안 트랜지스터의 이미터-베이스는 순방향 바이어스 되고, 다음 반주기 동안 역방향 바이어스 된다. B급 증폭기회로의 컬렉터 전류파형은 그림 17.22(b)에 나타내었으며, 전류는 대략 180° 동안 흐르고 나머지 반주기 동안은 차단상태가 된다.

AB급 전력증폭기 동작은 A급 전력증폭기와 B급 전력증폭기 중간 동작을 한다. 그림 17.22(c)에 나타낸 것과 같이, 전류는 180° 이상 360° 미만의 범위에서 흐른다. 만약 저항성 부하로 동작하는 단일 트랜지스터가 B급 혹은 AB급으로 동작시키면, 신호는 왜곡이 발생하게 된다. 그러나 푸시-풀 회로는 B급 혹은 AB급 단일 트랜지스터 전력 증폭기에서 발생되는 파형의 왜곡을 제거해 준다.

C급 전력증폭기 동작은 그림 17.22(d)와 같이 트랜지스터의 차단점 이하에 동작점이 설정된다. 입력신호의 180° 이하의 일부만 출력으로 나오고, 나머지 180° 이상이 차단되어 출력파형의 왜곡이 가장 심하다. 왜곡을 갖는 정현파는 고조파(harmonics) 성분을 포함하고 있으므로, 증폭기 출력에 LC 동조회로를 이용하면 고조파 성분이 제거된 기본파성분을 얻을 수 있다. 컬렉터 전류의 평균치가 가장 작으므로, 전력효율이 가장 크다.

그림 17.23은 전력증폭기 종류별 동작점을 나타내었다.

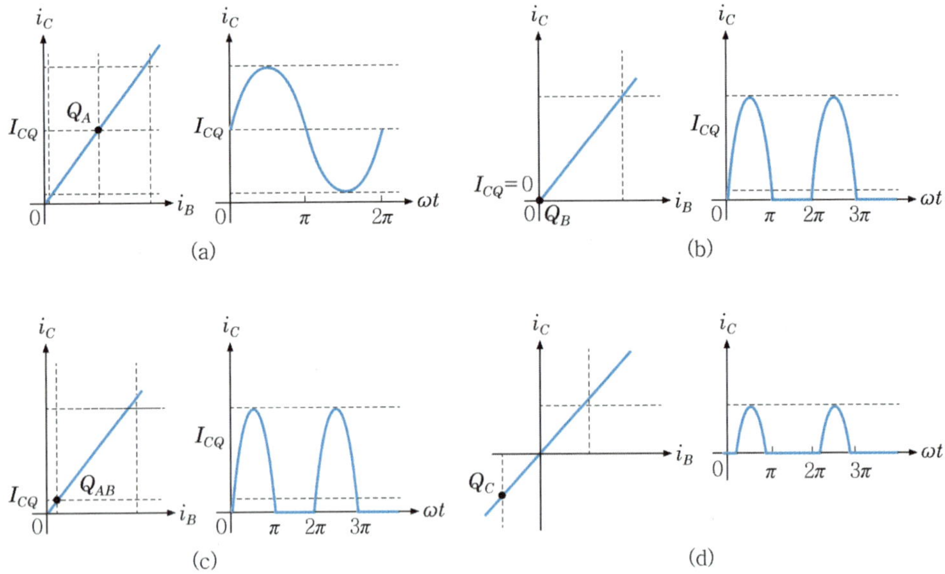

그림 17.22 전력증폭기 종류별 동작점 및 출력 (a) A급 (b) B급 (c) AB급 (d) C급

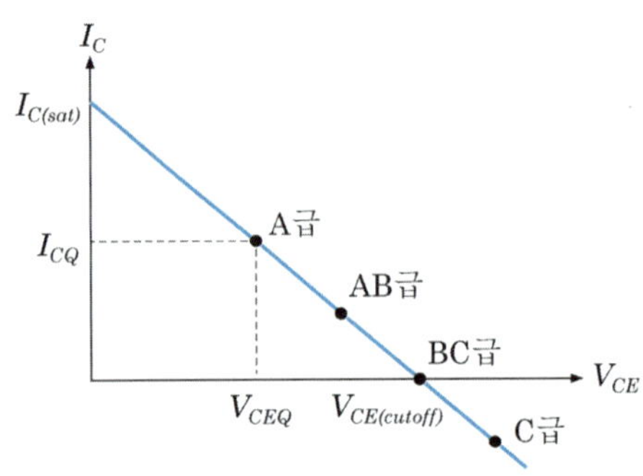

그림 17.23 전력증폭기 종류에 따른 동점점 위치

(1) 두 개 전원의 상보대칭 푸시-풀 전력증폭기

B급 푸시-풀 전력증폭기 상보 대칭형 회로에서 동일한 특성을 갖는 두 개의 트랜지스터가 사용되며, 하나는 PNP형이고, 다른 하나는 NPN형이다. 그림 17.24에 이상적인 상보대칭형 푸시-풀 증폭기를 나타내었다.

Q_N는 NPN, Q_P는 PNP로 각 트랜지스터는 서로 이미터가 함께 연결되어 있는 이미터 폴로어 회로이다. 부하 R_L은 Q_N와 Q_P의 이미터에 공통으로 연결되어있다. Q_N의 컬렉터에는 양의 전원 V_{CC}가 공급되고, Q_P의 컬렉터에는 음의 전원 $-V_{CC}$가 공급된다. Q_N와 Q_P의 베이스는 함께 연결되어 외부회로에서 입력신호를 받아들인다.

직류 바이어스가 Q_N와 Q_P를 차단상태로 유지한다고 가정하고, 이 증폭기의 입력에 정현파 신호가 인가되는 경우 현상을 분석해 보자.

Q_N의 베이스는 교류의 양의 반주기에서 이미터보다 더 양(+)이 되어, NPN 트랜지스터는 도통상

태가 된다. 그러므로 그림 17.24(b)와 같이 양(+)의 사이클 동안 Q_N에 전류가 흐르고 PNP 트랜지스터인 Q_P는 역방향 바이어스 되어 차단상태가 된다.

그림 17.24(c)과 같이 음의 반주기 동안 Q_P는 신호에 의해 순방향 바이어스 되어 도통상태가 되고, 반면에 Q_N는 차단상태가 된다. 그리고 Q_P의 전류파형이 Q_N의 전류파형과 방향이 반대이다.

그래서 한 주기 입력에 의한 R_L 양단에 걸리는 전압은 입력신호와 같은 정현파이다. 그리고 Q_N와 Q_P의 동작이 서로 상보적이고, 회로 역시 대칭이므로, 그림 17.24 회로를 상보대칭이라 부른다.

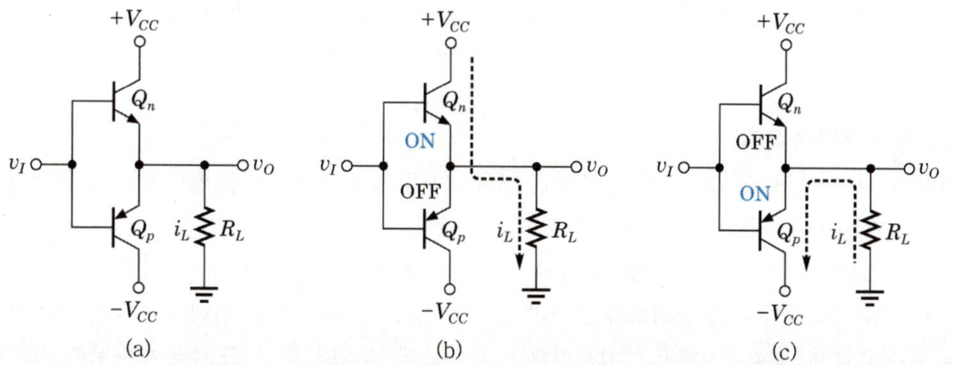

그림 17.24 이상적인 상보대칭형 푸시-풀 (a) 회로도 (b) 양의 사이클 (c) 음의 사이클

이상적인 상보대칭형 푸시-풀 특성값

직류전류 $I_{dc} = \dfrac{I_m}{\pi} = \dfrac{V_m}{\pi R_L}$, 두 전원에서 공급된 평균전력 $P_S = 2V_{CC}I_m = \dfrac{2V_{CC}V_m}{\pi R_L}$, 부하에 공급된 평균전력 $P_L = \dfrac{V_m^2}{2R_L}$, 효율 $\eta = \dfrac{\dfrac{V_m^2}{2R_L}}{\dfrac{2V_{CC}V_m}{\pi R_L}} = \dfrac{\pi V_m}{4V_{CC}} \times 100\%$ (최대효율 : 78.5%)

실제 트랜지스터는 이미터-베이스 접합의 문턱전압 $V_{th} = 0.7\text{V}$를 가지므로 $-0.7\text{V} \le v_i \le 0.7\text{V}$에서 트랜지스터가 모두 차단되어 그림 17.25와 같이 출력이 나오지 않는다. 이런 출력 파형의 왜곡을 교차왜곡(crossover distortion)이라 한다.

B급 푸시풀 증폭기의 교차왜곡을 제거시키기 위해 AB급 바이어스 방법을 사용한다. 크로스오버 왜곡을 방지하기 위해 신호가 없을 때 콜렉터에 미소한 전류(idling current)를 흐르게 하고, 이를 위해 순방향으로 바이어스 시켜야 한다.

트랜지스터에서 순방향 바이어스를 약하게 시켜 트랜지스터를 활성상태로 유지시키고, 신호가 없는 경우에 적은 컬렉터전류가 흐르도록 한다. 신호가 인가될 때 트랜지스터는 인가되는 신호의 각 반주기마다 교대로 도통상태가 된다. 그러므로 평균 컬렉터전류는 신호가 없을 때 아주 적고, 신호가 인가될 때 매우 큰 값이 된다.

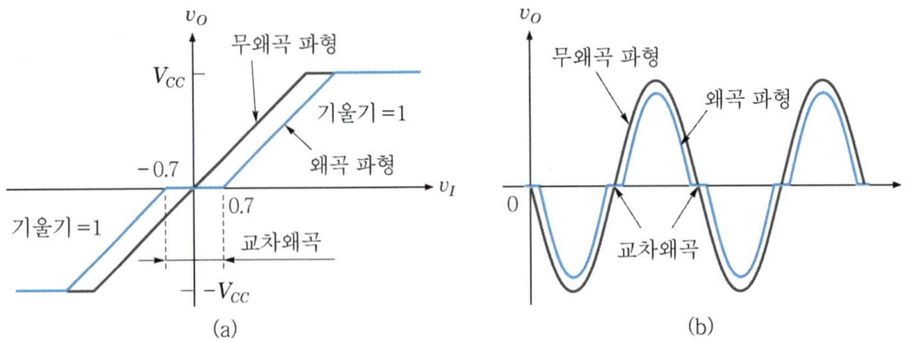

그림 17.25 무 왜곡 파형 및 왜곡 파형 (a) 전달특성 (b) 출력전압

(2) 동조 전력증폭기

전력효율이 나쁘면, 전력소모가 커서 많은 열을 발생하여 전체 시스템을 불안정하고 냉각 시스템의 비용뿐만 아니라 시스템의 부피와 무게도 늘어난다.

그림 17.26의 C-급 증폭기는 베이스에 바이어스 회로가 필요 없고 바이어스에 의한 직류전류가 없는 비선형 증폭기이며, 동조회로와 필터가 필요하다. C-급 증폭기는 컬렉터 전류는 반주기보다 적은 동안 흐르고, 병렬공진회로는 컬렉터 전류의 펄스를 걸러낸다. C-급 증폭기는 출력전압의 순수한 정현파를 발생시킬 수 있고 동조증폭기에 응용할 수 있다.

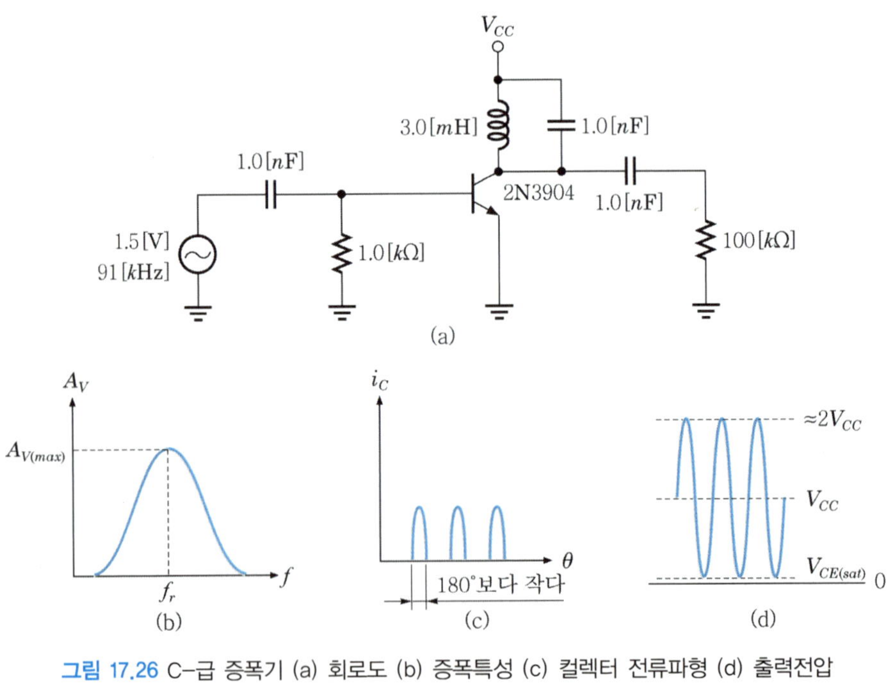

그림 17.26 C-급 증폭기 (a) 회로도 (b) 증폭특성 (c) 컬렉터 전류파형 (d) 출력전압

17.9 FET 바이어스와 동작점

JFET과 공핍형 MOSFET의 전달특성이 유사함으로 JFET으로 설명한다. JFET의 게이트 바이어스회로는 JFET의 게이트가 역방향 바이어스가 되어야 한다는 것을 제외하면 BJT의 바이어스 회로와 유사하다.

(1) 자기 바이어스 회로

그림 17.27은 N-채널 JFET에 대한 자기 바이어스 회로도와 동작점을 그리는 그림을 나타낸다. 이 회로는 게이트가 R_G을 통해 접지에 연결되어, 게이트 전류 $I_G=0$, 게이트전압 $V_G=0\text{V}$가 된다. FET와 외부 회로(R_S와 R_D)에 흐르는 전류 I_D는 R_S 양단의 전압강하 V_S를 발생시키고, 이때 V_{GS}는 다음과 같다.

$$V_S=R_SI_D,\ V_{GS}=0-V_S=-R_SI_D \tag{17-26}$$

① **입력회로 :** $V_{GS}+R_SI_D=0$이므로 $V_{GS}=-R_SI_D$이다.

$I_D=I_{DSS}\left(1-\frac{V_{GS}}{V_P}\right)^2=I_{DSS}\left(1+\frac{R_SI_D}{V_P}\right)^2$ 이므로 $I_D^2+k_1I_D+k_2=0$ 형이다.

② **출력회로 :** $V_{DS}=V_{DD}-(R_D+R_S)I_D$

그림 17.27(b)는 입력회로에서 구한 식을 트랜지스터 특성곡선에 그려 만나는 교차점이 동작점이 된다.

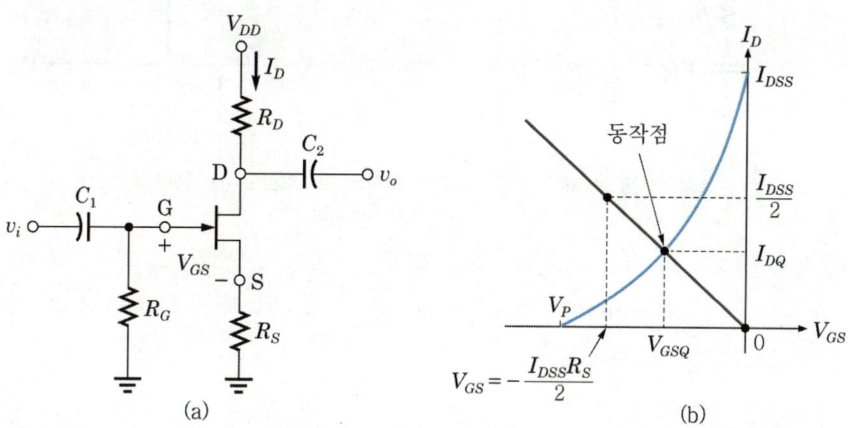

그림 17.27 N-채널 JFET의 자기 바이어스회로 (a) 회로도 (b) 동작점

예제 17-5

$V_{DD}=10\text{V}$, $R_D=1k\Omega$, $R_S=2.2k\Omega$, $I_D=1m\text{A}$이면 동작점을 구하여라.

| 풀이 |

① 입력 회로 : 게이트 바이어스 전압은 $V_{GS}=-10^{-3}\times2.2\times10^3=-2.2V$

② 출력 회로 : $V_{DS}=10-(3.2k)1m=6.8\text{V}$

(2) 고정 바이어스 회로

그림 17.28은 N-채널 JFET 고정 바이어스 회로와 동작점을 구하는 그림을 나타낸다. 이는 자기 바이어스회로와 같이 분석하면 된다.

고정된 직류 바이어스는 전원 $-V_{GG}$에서 얻고 이는 게이트가 소스에 대해 항상 음(-)으로 유지하여 저항 R_G와 게이트 전류가 흐르지 못하게 $I_G=0$이 되도록 한다. 그리고 전원은 N-채널 JFET에 전압 V_{GS}를 바이어스 시키지만 전원을 통한 전류는 흐르지 않는다. 교류신호는 커패시터 C_1을 통해 저항 R_G에 인가되지만 직류전압의 강하는 $I_G R_G=0\text{V}$이다.

① **입력회로** : $V_{GG}+V_{GS}=0$이므로 $V_{GSQ}=-V_{GG}$이다.

② **출력회로** : $V_{DS}=V_{DD}-R_D I_D$

그림 17.28(b)는 입력회로에서 구한 식을 트랜지스터 특성곡선에 그려 만나는 교차점이 동작점이 된다.

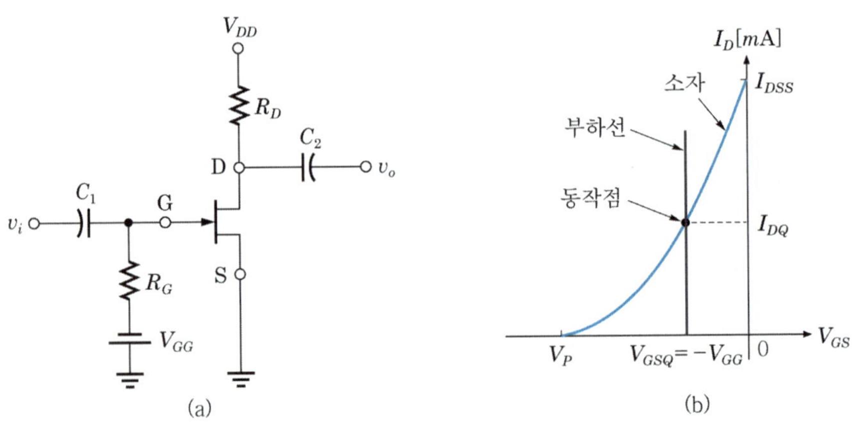

그림 17.28 N-채널 JFET 고정 바이어스 (a) 회로도 (b) 동작점

예제 17-6

$V_{DD}=15\text{V}$, $V_{GG}=0$, $R_G=10M\Omega$, $R_D=600\Omega$, $V_{GS(off)}=-7\text{V}$, $I_{DSS}=10m\text{A}$일 때 드레인전류와 드레인-소스전압을 구하여라.

| 풀이 |

$V_{GS}=0$이므로 $I_D=I_{DSS}\left(1-\dfrac{V_{GS}}{V_P}\right)^2=I_{DSS}=10m\text{A}$,

$V_{DS}=V_{DD}-I_D R_D=15-10m(600)=9\text{V}$

예제 17-7

소스 저항이 달린 자기 바이어스 공통소스 JFET 증폭기에서 $R_G=1M\Omega$, $R_S=1k\Omega$, $R_D=2k\Omega$, $V_{DD}=21\text{V}$, $I_{DSS}=10m\text{A}$, $V_p=-6\text{V}$일 때 교류 특성변수를 구하여라.

| 풀이 |

$I_D = I_{DSS}\left(1-\dfrac{V_{GS}}{V_p}\right)^2 = I_{DSS}\left(1-\dfrac{(-I_DR_S)}{V_p}\right)^2$ 에서 $I_D = 0.01\left(1+\dfrac{I_D}{-6}\right)^2$ 의 해는 $I_D = 2.8mA$ 이고

$V_{GS} = -I_DR_S = -2.8V$ 이므로 $g_m = \dfrac{2I_{DSS}}{|V_p|}\left(1-\dfrac{V_{GS}}{V_P}\right) = 1.8mS$ 이다.

입력임피던스 $Z_i = R_G = 1M\Omega$, 출력임피던스 $Z_o = R_D = 2k\Omega$, 전압이득 $A_v = -\dfrac{g_mR_D}{1+g_mR_s} = -1.27$

(3) 전압분배기 바이어스 회로

그림 17.29(a)는 전압분배기 바이어스를 사용한 N-채널 JFET 바이어스회로를 나타내었다. 게이트와 접지 사이의 전압 V_G는

$$V_G = \frac{R_2}{R_1+R_2}V_{DD} \tag{17-27}$$

이고, 소스와 접지 사이의 전압 $V_S = I_DR_S$이다.

게이트 바이어스 V_{GS}는 V_G와 V_S의 차 $V_{GS} = V_G - V_S$이고, 게이트가 역방향 바이어스로 되려면 V_S는 V_G보다 커야 한다. 그러므로 $V_G - V_S$는 음(-)의 값이 된다. 파라미터들은 이와 같은 조건이 성립되도록 선택해야 하며, 동시에 회로에 적당한 동작점을 공급하도록 선택해야 한다.

그림 17.29(a)의 게이트와 접지 사이에 교류신호(v_g)를 인가하면 교류증폭기와 같이 동작한다. 그러나 이 회로의 이득은 매우 낮다. 왜냐하면 교류전압(v_s)은 R_S 양단에 발생하고, 증폭기에서 본 게이트-소스전압은 v_g와 v_s의 차 이기 때문이다.

$$v_{gs} = v_{in} = v_g - v_s \tag{17-28}$$

R_S 양단에 걸리는 신호전압은 R_S 양단에 바이패스 커패시터를 연결함으로써 제거할 수 있다. C_S의 근사값의 관계식은

$$X_{CS} = R_S/10 \tag{17-29}$$

이고, 이 식은 증폭기가 동작하는 최저주파수에 대한 식이다. 이 방법은 BJT 증폭기에서 이미터저항을 바이패스 시킬 때 사용하는 방법과 같다.

그림 17.29에서 출력신호는 R_D 양단에서 발생되는 전압이며, 드레인 단자에서 출력된다.

① **입력회로** : $V_G = \dfrac{R_2V_{DD}}{R_1+R_2}$ 이고 $-V_G + V_{GS} + R_SI_D = 0$ 이므로 $V_{GS} = V_G - R_SI_D$이다.

② **출력회로** : $V_{DS} = V_{DD} - (R_D+R_S)I_D$

그림 17.29(b)는 입력회로에서 구한 식을 트랜지스터 특성곡선에 그려 만나는 교차점이 동작점이 된다.

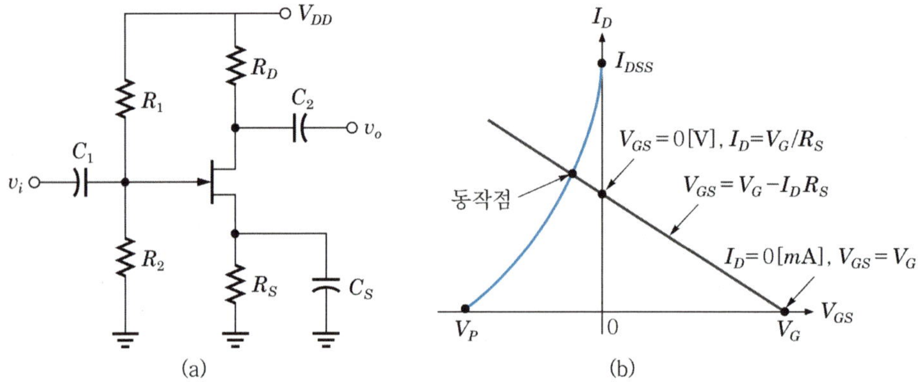

그림 17.29 N-채널 JFET 전압분배기 바이어스 (a) 회로도 (b) 동작점

그림 17.30의 N-채널 증가형 MOSFET 전압분배기 바이어스 동작점은 다음과 같다.

① **입력회로** : $V_G=\dfrac{R_2V_{DD}}{R_1+R_2}$이고 $-V_G+V_{GS}+R_SI_D=0$이므로 $V_{GS}=V_G-R_SI_D$이다.

② **출력회로** : $V_{DS}=V_{DD}-(R_D+R_S)I_D$

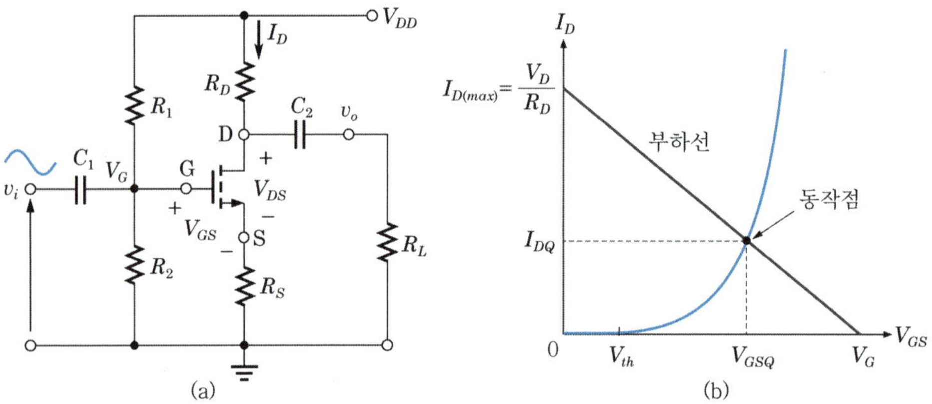

그림 17.30 N-채널 증가형 MOSFET 전압분배기 바이어스 (a) 회로도 (b) 동작점

예제 17-8

증가형 공통 소스 N-채널 MOSFET 증폭기에서 $K=50mA/V^2$, 문턱전압 $V_{th}=2V$, $V_{DD}=15V$, $R_D=470\Omega$, $V_D=V_{DD}/2$일 때 동작점을 구하고, 낮은 차단주파수 f_{cL}이 10Hz일 때 커패시터의 용량을 구하여라.

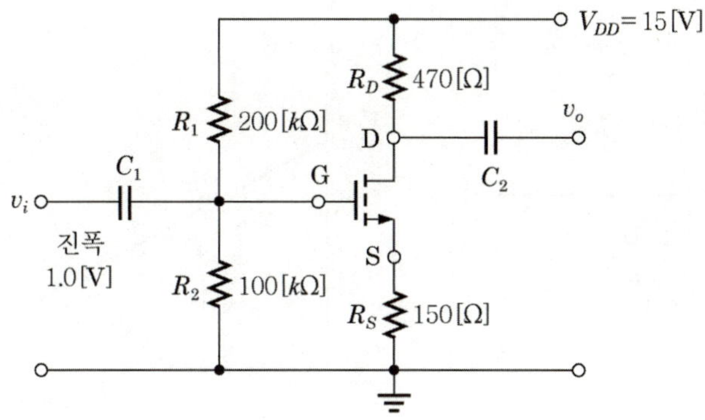

| 풀이 |

$V_{DD}=15\text{V},\ V_{th}=2\text{V},\ V_{DD}=15\text{V},\ R_D=470\Omega,\ K=50m\text{A/V}^2$

(a) $V_G=\dfrac{R_2V_{DD}}{R_1+R_2}=15\text{V}\dfrac{100k}{200k+100k}=5\text{V},\ V_D=V_{DD}/2=15/2=7.5\text{V},$

① 드레인 전류 $I_D=\dfrac{V_D}{R_D}=\dfrac{7.5}{470}=16m\text{A}$

② $V_{GS}=V_G-R_SI_D=5-(150)16m=2.6\text{V}$

③ $V_{DS}=V_{DD}-(R_D+R_S)I_D=15-(470+150)16m=5.1\text{V}$

(b) $R_{in}=R_1 /\!/ R_2=\dfrac{100k\times 200k}{100k+200k}\approx 67k\Omega,\ f_{cL}=10\text{Hz}=\dfrac{1}{2\pi R_{in}C}=\dfrac{1}{2\pi(67k)C}$

$C_1=C_2=0.38\mu\text{F}$

(4) 증가형 MOSFET 귀환 바이어스 회로

바이어스에 필요한 극성은 채널의 종류(N 혹은 P)와 MOSFET의 형식(증가형 혹은 공핍형)에 따라 다르다.

드레인 귀환 바이어스는 게이트 전류가 무시되므로 R_G에서 전압강하는 무시된다.

① **입력회로** : $V_{GS}=V_{DS}$

② **출력회로** : $V_{DS}=V_{DD}-R_DI_D$이고 $I_D=(V_{DD}-V_{DS})/R_D=K(V_{GS}-V_{th})^2$다.

$\dfrac{V_{DD}-V_{DS}}{KR_D}=(V_{DS}-V_{th})^2=V_{DS}^2-2V_{th}V_{DS}+V_{th}^2$ 이므로

$V_{DS}^2+\left(\dfrac{1}{K}R_D-2V_{th}\right)V_{DS}+V_{th}^2-\dfrac{V_{DD}}{KR_D}=0$으로 V_{DS}의 2차 방정식이다.

- 디지털 논리소자의 스위치는 차단영역(Off, $v_{GS}<V_{th}$, $i_D=0$) 및 선형영역[On, $v_{GS}>V_{th}$, $0<v_{DS}<v_{GS}-V_{th}$(혹은 $v_{GD}>V_{th}$)]에서 동작한다.
- 증폭기는 포화영역[$v_{GS}>V_{th}$, $v_{DS}>v_{GS}-V_{th}$(혹은 $v_{GD}<V_{th}$)]에서 동작한다.

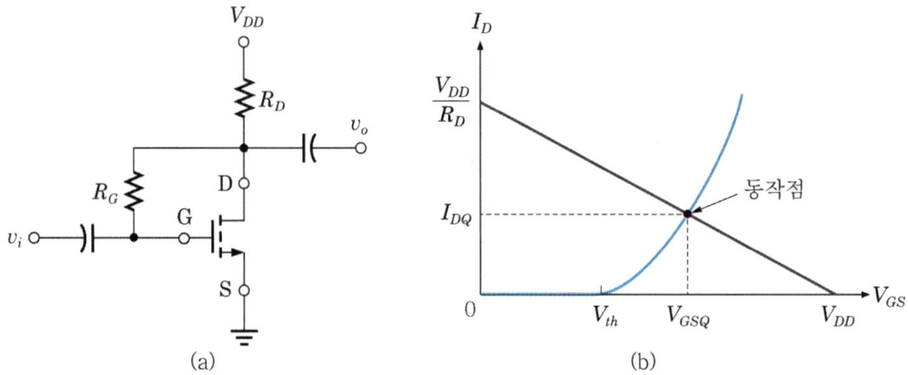

그림 17.31 증가형 MOSFET 귀환 바이어스 회로 (a) 회로도 (b) 동작점

예제 17-9

증가형 MOSFET 귀환 바이어스 회로에서 $V_{DD}=10\text{V}$, $R_D=4.7k\Omega$, $R_G=10M\Omega$, $V_{th}=2\text{V}$, $V_{GS}=7\text{V}$ 일 때 드레인 전류를 구하여라.

| 풀이 |

$$I_G=0\text{A},\ V_{GS}=V_{DS},\ I_D=\frac{(V_{DD}-V_{DS})}{R_D}=\frac{(10-7)}{4.7k}=0.64m\text{A}$$

17.10 소신호 FET 증폭기 분석

그림 17.32와 같은 공통 소스 증폭기는 가장 흔히 사용되는 구조이며 매우 높은 입력임피던스와 보통의 높은 출력임피던스 및 상당한 전압이득을 나타낸다. 입력 임피던스는 낮고, 출력 임피던스는 높아 임피던스 변환회로로 사용되는 공통 게이트 증폭기, 출력 임피던스는 비교적 낮고, 전압이득은 1보다 작은 공통 드레인 증폭기 등의 특성을 비교한다.

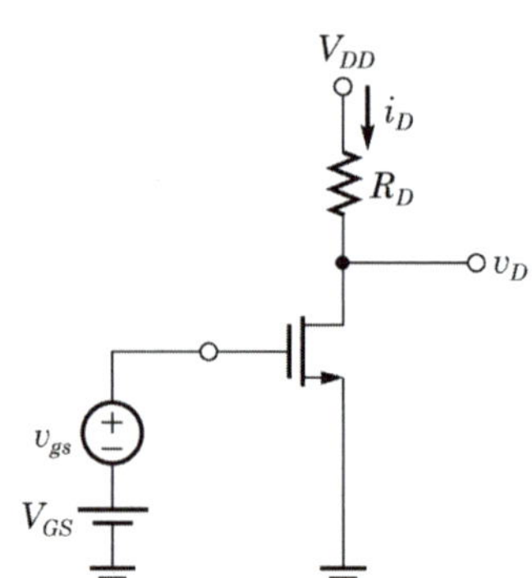

그림 17.32 직류+교류 FET 증폭기

포화 영역 조건, $V_{DS} > V_{GS} - V_T$, 부하선 $V_D = V_{DD} - I_D R_D$, 전체 게이트-소스 전압, $v_{GS} = V_{GS} + v_{gs}$

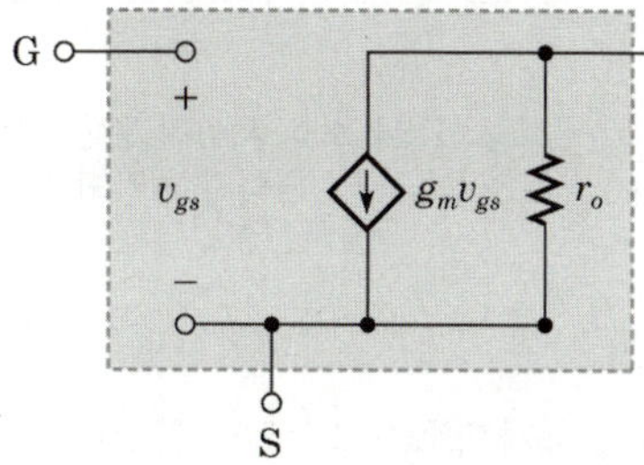

〈MOSFET의 소신호 등가회로〉

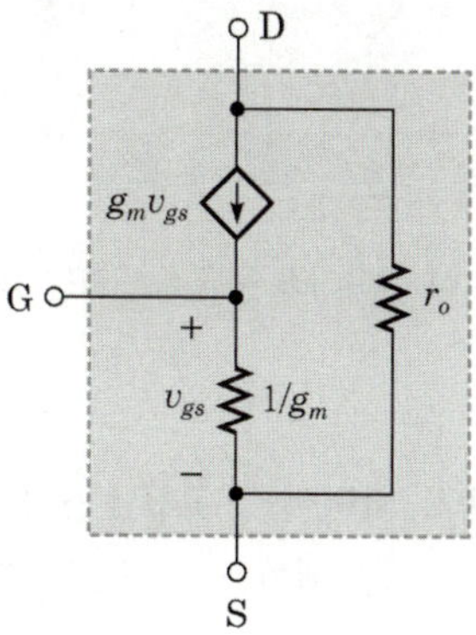

〈T-등가 모델〉

$I_{D(sat)} = K(V_{GS} - V_{th})^2(1 + \lambda V_{DS})$, $g_m = 2K(V_{GS} - V_{th})$, $1/r_o = \lambda K(V_{GS} - V_{th})^2 = \lambda I_{DQ}$

(1) 고정 바이어스 공통소스 FET 증폭기

공통소스 증폭기는 전압증폭기로 사용하고, 그림 17.33은 바이패스 소스저항 자기 바이어스 증폭기와 동일하다. 교류등가회로에서 소스저항에 병렬로 연결한 커패시터로 단락회로가 된다. 고정 바이어스 FET 증폭기 교류 특성변수는 다음과 같다.

① 입력임피던스 : $Z_i = R_G$

② 출력임피던스 : $Z_o = r_o /\!/ R_D \approx R_D$

③ 전압이득 : $v_i = V_{gs}$, $v_o = -g_m v_{gs} R_D$에서 $A_V = v_o / v_i = -g_m R_D$

r_o를 고려하면 $A_V = -g_m(R_D /\!/ r_o)$이다.

그림 17.34는 소스 저항이 달린 자기 바이어스 증폭기의 등가회로이고, 교류 특성변수는 다음과 같다.

① 입력임피던스 : $Z_i = R_G$

② 출력임피던스 : $Z_o = R_D$

③ 전압이득 : $v_{gs} = v_i - v_s = v_i - g_m v_{gs} R_s$에서 $v_i = v_{gs}(1 + g_m R_s)$이고 $v_o = -g_m v_{gs} R_D$이므로

$A_V = \frac{v_o}{v_i} = -\frac{g_m R_D}{1 + g_m R_s}$이다. r_o를 고려하면 $A_V = \frac{-g_m R_D}{1 + g_m R_S + (R_S + R_D)/r_o}$이다.

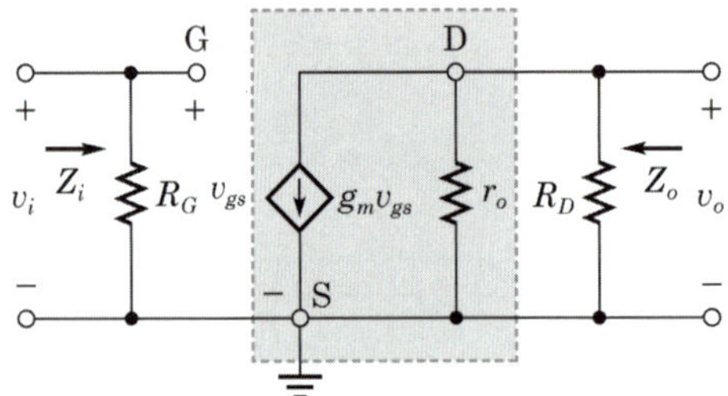

그림 17.33 고정 바이어스 공통소스 FET 증폭기 등가회로

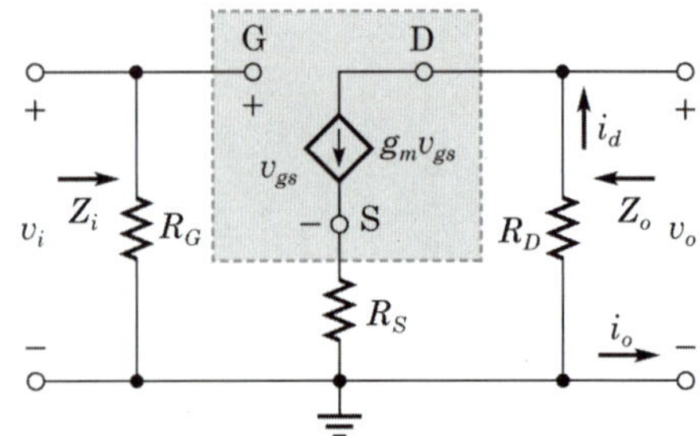

그림 17.34 소스 저항이 달린 자기 바이어스 공통소스 FET 증폭기 등가회로

(2) 전압분배기 바이어스 공통소스 FET 증폭기

그림 17.35는 전압분배기 바이어스 FET 증폭기의 등가회로이고, 교류 특성변수는 다음과 같다.

① 입력임피던스 : $Z_i = R_1 /\!/ R_2$

② 출력임피던스 : $Z_o = r_o /\!/ R_D$

③ 전압이득 : $v_o = (-g_m v_{gs})(R_D /\!/ r_o)$이므로

$$A_V = \frac{v_o}{v_i} = \frac{-g_m v_{gs}(R_D /\!/ r_o)}{v_{gs}} = -g_m(R_D /\!/ r_o) \simeq -g_m R_D \text{이다.}$$

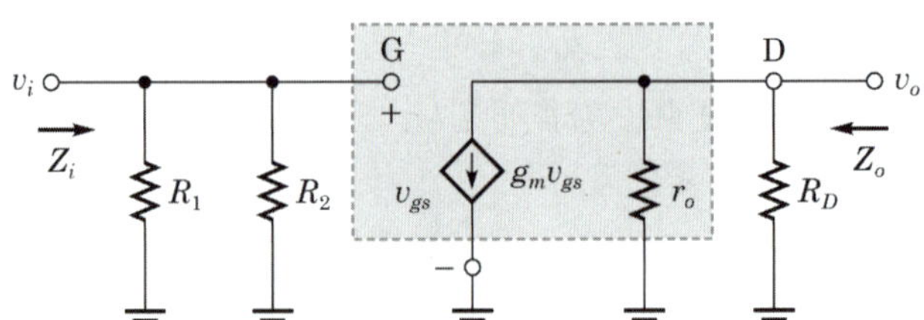

그림 17.35 전압분배기 바이어스 공통소스 FET 증폭기의 등가회로

(3) 공통드레인 증폭기

그림 17.36의 공통 드레인 증폭기는 증폭기의 전압 증폭률은 1에 가깝고, 게이트 전압의 변화는 소스 전압에 바로 전달되므로 소스 폴로어(source follower)라고도 부른다.

그림 17.37은 공통드레인 FET 증폭기의 등가회로이고, 교류 특성변수는 다음과 같다.

① 입력임피던스 : $Z_i = R_G$이므로 크기가 매우 크다.

② 출력임피던스 : $v_g = 0$이고 $v_{gs} = v_g - v_s = -v_s = -v_o$이므로 $i_o = g_m v_o + \frac{v_o}{r_o} + \frac{v_o}{R_S}$ 이다. 따라서 $Z_o = V_o/I_o = R_S /\!/ r_o /\!/ (1/g_m)$이므로 크기가 매우 작다.

③ 전압이득 : $v_{gs} = v_g - v_s = v_i - v_o \rightarrow v_o = g_m(v_i - v_o)(R_s /\!/ r_o)$이므로 전압증폭률은

$$A_V = \frac{v_o}{v_i} = \frac{g_m(R_S /\!/ r_o)}{1 + g_m(R_s /\!/ r_o)} \simeq 1 \text{이다.}$$

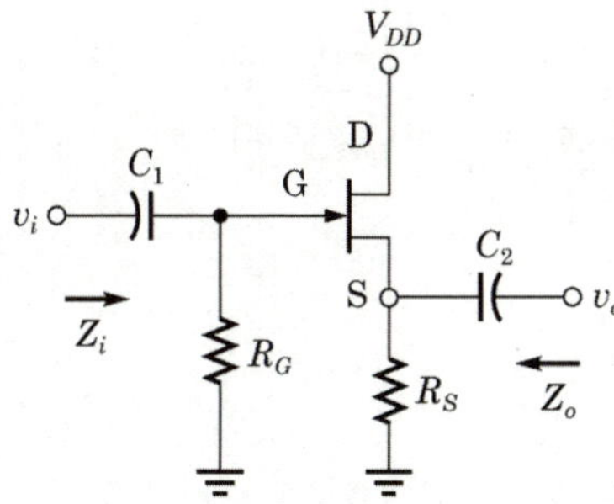

그림 17.36 공통드레인 증폭기 회로

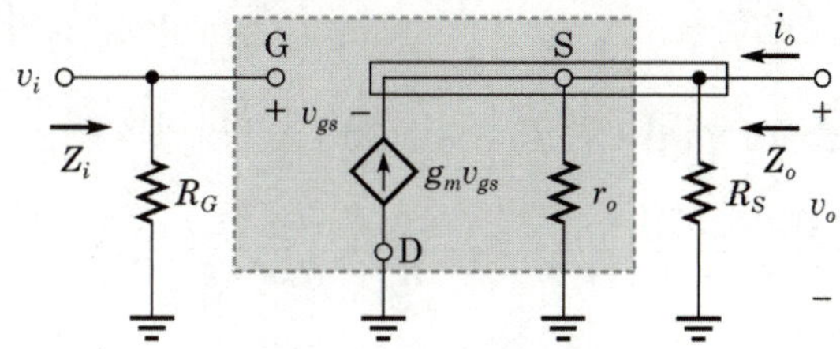

그림 17.37 공통드레인 증폭기 등가회로

(4) 공통게이트 증폭기

그림 17.38의 공통게이트 증폭기는 전류 버퍼나 전압증폭에 사용되고, 전류 증폭률은 1에 가깝다. 그림 17.39는 공통게이트 FET 증폭기의 등가회로이고, 교류 특성변수는 다음과 같다.

① 입력임피던스 : $v_o=0$로 두면 $i_i=\dfrac{-v_{gs}}{R_s}-g_m v_{gs}$ 이므로 $\dfrac{i_i}{v_i}=\dfrac{1}{R_S}+g_m$에서

$Z_i=\dfrac{v_i}{i_i}=R_S /\!/ \dfrac{1}{g_m}$이다.

② 출력임피던스 : $v_i=0$로 두면 $Z_o=\dfrac{v_o}{i_o}=R_D /\!/ r_o$이다.

③ 전압 이득 : $v_{gs}=-v_i$에서 $v_o=-g_m v_{gs} R_D=g_m R_D v_i$ 이므로 $A_V=\dfrac{v_o}{v_i}=g_m R_D$이다.

r_o를 고려하면 $v_o=R_D\left(-g_m v_{gs}+\dfrac{v_i-v_o}{r_o}\right)$이므로 $\dfrac{v_o}{v_i}=\dfrac{g_m R_D r_o+R_D}{R_D+r_o}\simeq g_m(R_D /\!/ r_o)$이다.

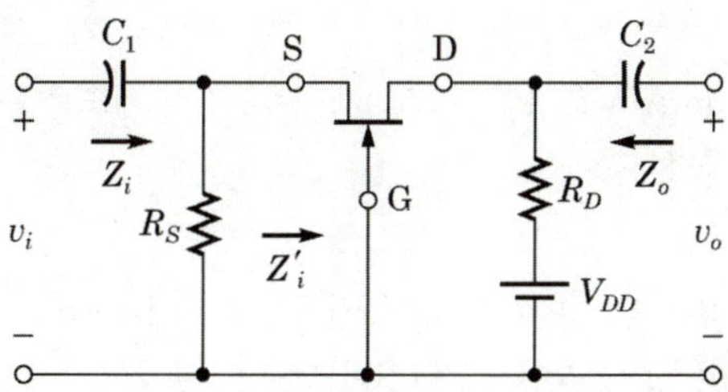

그림 17.38 공통게이트 증폭기

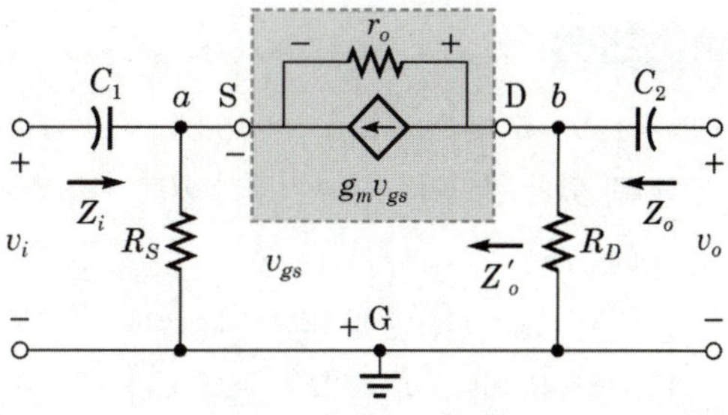

그림 17.39 공통게이트 등가회로

(5) 증가형 MOSFET 귀환 바이어스 증폭기

그림 17.40은 증가형 MOSFET 증폭기를 나타내고 그림 17.41은 증가형 MOSFET 증폭기의 등가회로이며, 교류 특성변수는 다음과 같다.

① 입력임피던스, Z_i : $v_o=0$로 두면 $I_i=\dfrac{v_i-v_o}{R_F}=\dfrac{v_i(1-v_o/v_i)}{R_F}$이므로

$Z_i=\dfrac{v_i}{i_i}=\dfrac{v_i}{v_i(1-A_V)/R_F}=\dfrac{R_F}{1-A_V}=\dfrac{R_F}{1+g_m(R_D /\!/ r_o)}$ 이다.

② 출력임피던스 : $v_i = 0$로 두면 $Z_o = \dfrac{v_o}{i_o} = R_D /\!/ r_o /\!/ R_F \simeq R_D /\!/ r_o$이다.

③ 전압이득 : $v_{gs} = v_i$이고 $v_o = -\left(\dfrac{v_o - v_i}{R_F} + g_m v_{gs}\right)$이므로 $A_V = \dfrac{v_o}{v_i} = g_m R_D$이다.

r_o를 고려하면 $v_o = R_D\left(-g_m v_{gs} + \dfrac{v_i - v_o}{r_o}\right)$이므로

$$\frac{v_o}{v_i} = \frac{(1-g_m R_F)(R_D /\!/ r_o)}{R_F + (R_D /\!/ r_o)} \simeq \frac{-g_m R_F (R_D /\!/ r_o)}{R_F + (R_D /\!/ r_o)}$$ 이다.

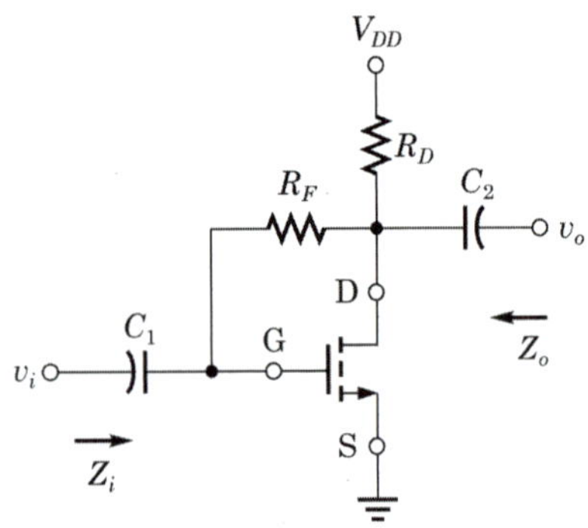

그림 17.40 증가형 MOSFET 귀환 바이어스 증폭기

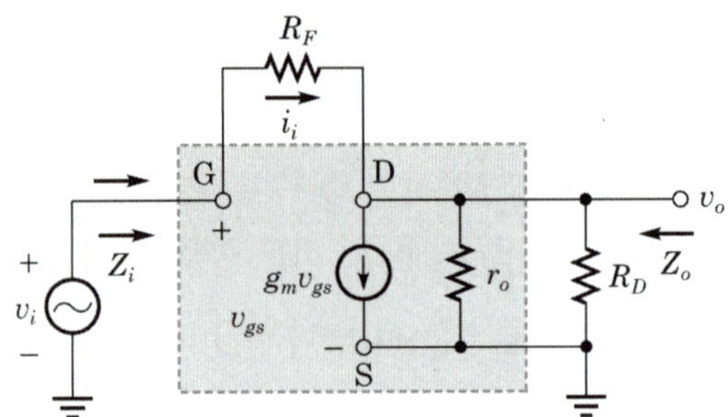

그림 17.41 증가형 MOSFET 귀환 바이어스 증폭기 등가회로

> 증폭기 해석순서 ① 직류해석 : 포화영역 가정, V_{GSQ}, $I_{DQ} = K(V_{GSQ} - V_{th})^2$, V_{DSQ}구함, $V_{GD} = V_{GSQ} - V_{DSQ} < V_{th}$임으로 가정확인 함. ② 교류변수 구함 : $g_m = 2\sqrt{KI_{DQ}}$, $r_o = (\lambda I_{DQ})^{-1}$ ③ 교류해석 : 등가회로를 그려 Z_i, Z_o, A_V를 구함.

예제 17-10

$V_{DD} = 15\text{V}$, $R_D = 10k\Omega$, $R_F = 10M\Omega$이고 $K = 0.125m\text{A/V}^2$, $V_{th} = 1.5\text{V}$, r_o는 무시할 정도로 큰 MOSFET 귀환 바이어스 증폭기에서 교류 특성변수를 구하여라.

| 풀이 |

① $I_D = K(V_{GS} - V_{th})^2 = 0.125m(V_{GS} - 1.5)^2$, $V_{DS} = 15 - I_D \times 10k = V_{GS}$ 여기에서 $I_D \approx 1.1m\text{A}$, $V_{DS} \approx 4.4\text{V}$이다. $g_m = 2K(V_{GS} - V_{th}) = 2 \times 0.125m(4.4 - 1.5) \approx 0.73m\text{S}$이므로 전압이득은 $A_v = -g_m R_D = -0.73m \times 10k = -7.3$이다.

② 입력임피던스 : $Z_i = \dfrac{v_i}{i_i} = \dfrac{v_i R_F}{(v_i - v_o)} = \dfrac{R_F}{(1 - A_v)} = \dfrac{10M}{1 + 7.3} = 1.2M\Omega$

③ 출력임피던스 $Z_o = R_D = 10\Omega$이다.

예제 17-11

다음 증폭기가 $I_D = 0.5m\text{A}$, $V_D = 3\text{V}$에서 포화영역에서 동작한다. 증가형 PMOS 트랜지스터는 $V_{th} = -1\text{V}$, $K = 0.5m\text{A/V}^2$일 때 게이트 전압 V_G을 구하여라.

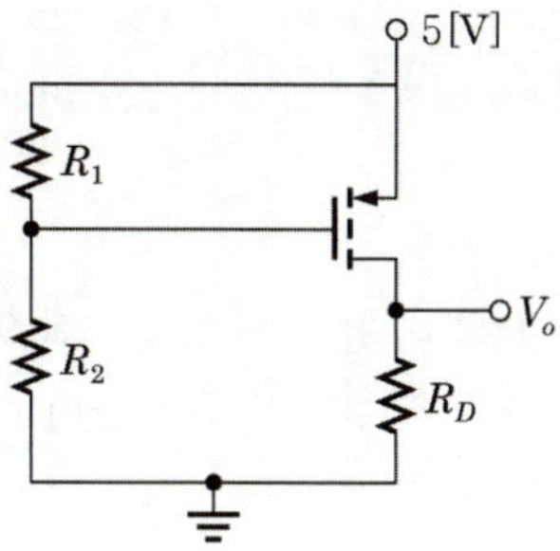

| 풀이 |

$I_D = K(V_{GS} - V_{th})^2$에서 $0.5m = 0.5m(V_{GS}+1)^2$이므로 $V_{GS} = \pm 1V - 1V$이고 $V_{th} = -1V$이므로 $V_{GS} = -2V$이다. $V_G = V_{GS} + V_S = -2 + 5 = 3V$

$A_V = \pm \dfrac{\sum_j R_{oj}}{\sum_i R_{si}}$에서 CS일 때 '−' $\quad Z_{in} = \left.\dfrac{v_i}{i_i}\right|_{v_o = 개방,\ i_o = 단락} \quad Z_o = \left.\dfrac{v_o}{i_o}\right|_{v_s = 개방,\ i_s = 단락}$

출력신호와 입력신호로 결정되는 증폭기의 전압이득 A_v는

$$A_v = \frac{v_{out}}{v_{in}} \tag{17-30}$$

이고, MOSFET 증폭기의 전압이득은 비교적 적다. 표 17.4는 FET 증폭기의 특성을 요약한 표이다.

표 17.4 FET 증폭기 특성

	CS 증폭기	R_s를 가진 CS 증폭기	CG 증폭기	CD 증폭기 (소스 폴로어)
R_i	∞	∞	$1/g_m$	∞
R_o	$R_D \Vert r_o \approx R_D$	$R_D \Vert r_o \approx R_D$	$R_D \Vert r_o \approx R_D$	$1/g_m$
A_{v0}	$-g_m(R_D \Vert r_o)$ $\approx -g_m R_D$	$-\dfrac{g_m R_D}{1+g_m R_S}$	$g_m R_D$	$\dfrac{g_m R_L}{1+g_m R_L} \approx 1$

연습문제

17.1 컬렉터 귀환바이어스 회로에서 트랜지스터 전류이득 $\beta = 100$, $V_{BE} = 0.7\text{V}$, $V_{CC} = 2\text{V}$이고 동작점이 $I_C = 40\mu\text{A}$, $V_{CE} = 0.9\text{V}$일 때 저항 R_C와 R_B를 구하여라.

17.2 다음 회로에서 BJT가 활성영역에 바이어스 됨을 보이고 컬렉터전류 I_C, 컬렉터–베이스 전압 V_{CB}를 구하여라.

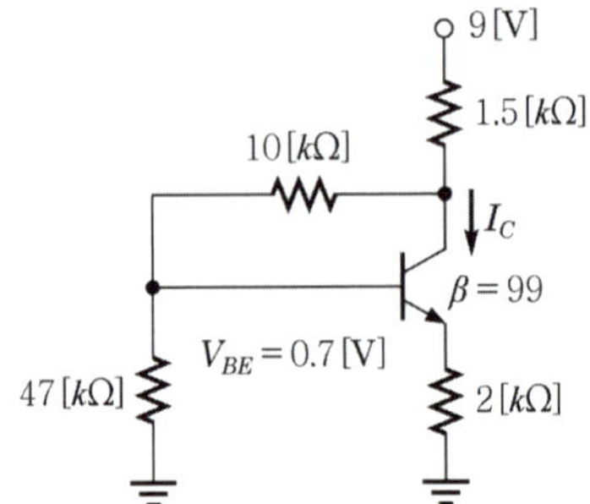

17.3 다음 회로에서 $\beta = 100$이고 $V_{BE1} = V_{BE2} = 0.7\text{V}$일 때 (a) I_{C1}, V_{C1}, V_{CE1} (b) I_{C2}, V_{C2}, V_{CE2} (c) 교류등가회로에서 전체 전압이득을 구하여라.

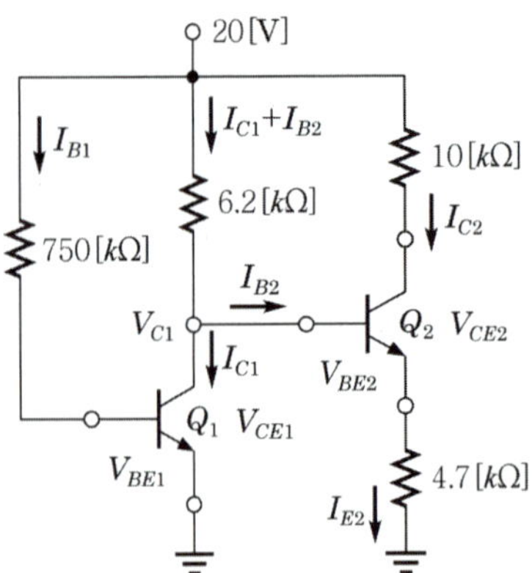

17.4 공통이미터 증폭기회로에서 트랜지스터 특성이 $\beta = 99$, $r_0 = 50k\Omega$, $V_{BE} = 0.65\text{V}$, 열전압 $V_T = 25m\text{V}$이다. (a) $R_B = 28k\Omega$, $V_B = -20.9\text{V}$, $V_C = 1.2\text{V}$, $V_E = -22.1\text{V}$, $V_{CB} = 22.1\text{V}$, $I_E = 1.9m\text{A}$ (b) $A_v = \dfrac{v_o}{v_s} = -257.9$ (c) $R_{in} = 1.2k\Omega$, $R_{out} = 9.7k\Omega$임을 나타내어라.

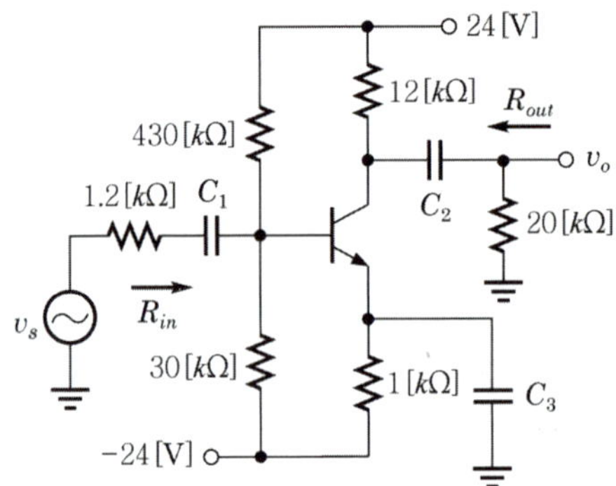

17.5 공통컬렉터 증폭기회로에서 트랜지스터 특성이 $\beta = 99$, $r_0 = 50k\Omega$, $V_{BE} = 0.65\text{V}$, 열전압 $V_T = 25m\text{V}$이다. (a) $R_B = 140k\Omega$, $V_E = 5\text{V}$, $V_C = 24\text{V}$, $V_B = 5.7\text{V}$, $V_{CB} = 11.3\text{V}$, $I_E = 5m\text{A}$ (b) $A_v = \dfrac{v_o}{v_s} = 0.99$ (c) $R_{in} = 107k\Omega$, $R_{out} = 5\Omega$임을 나타내어라.

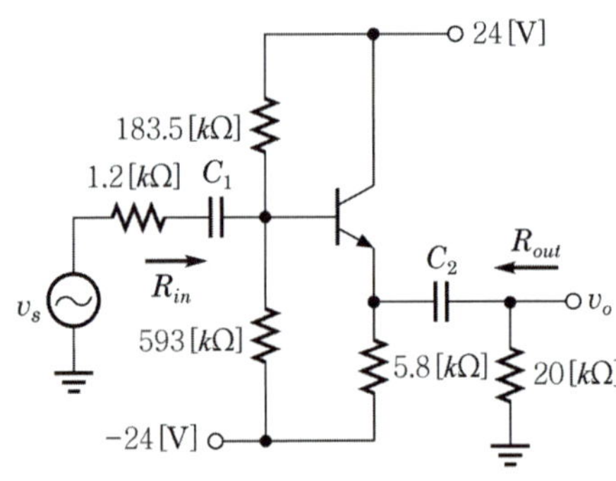

17.6 공통베이스 증폭기회로에서 트랜지스터 특성이 $\beta = 99$, $r_0 = \infty$, $V_{BE} = 0.65\text{V}$, 열전압 $V_T = 25m\text{V}$이다. (a) $R_B = 28k\Omega$, $V_B = -20.9\text{V}$, $V_C = 1.08\text{V}$, $V_E = -22.1\text{V}$, $V_{CB} = 23.2\text{V}$, $I_E = 1.9m\text{A}$ (b) $A_v = \dfrac{v_o}{v_s} = 150$

(c) $R_{in} = 13\Omega$, $R_{out} = 12k\Omega$ 임을 나타내어라.

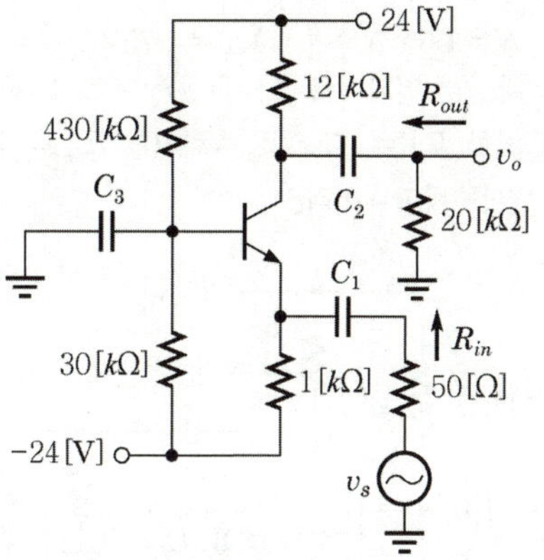

17.7 차동증폭기회로에서 트랜지스터 특성이 $\beta = 99$, $r_0 = \infty$, 열전압 $V_T = 25mV$ 이다. (a) 각 트랜지스터 $V_C = 7.5V$ 이고 $v_{o1} = -v_{o2} = -100(v_{I1} - v_{I2})$ 일 때 $R_C = 6k\Omega$ 와 $I_Q = 2.5mA$ (b) BJT의 이미터에 직렬저항 R_E을 삽입할 때 $v_{o1} = -v_{o2} = -50(v_{I1} - v_{I2})$ 일 때 $R_E = 30\Omega$ 임을 나타내어라.

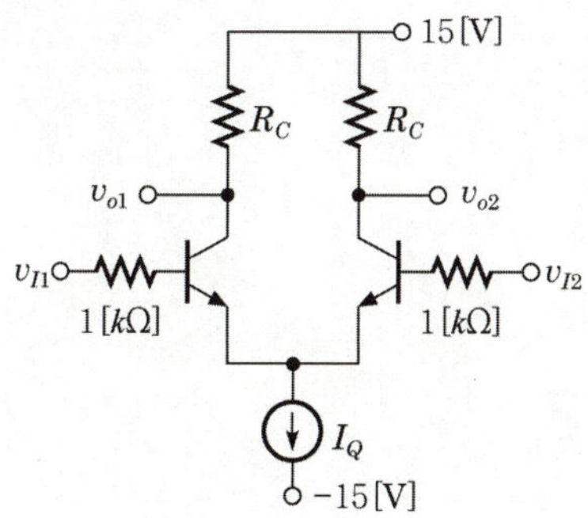

17.8 다음 공핍형 MOSFET, 공통소스 증폭기 회로의 바이어스 종류 및 전압 이득을 구하여라. 단, 상호컨덕턴스 $g_m = 0.01[S]$ 이다.

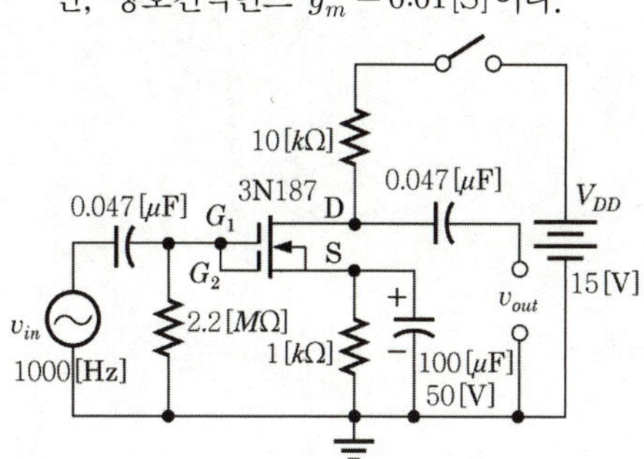

17.9 다음 회로에서 트랜지스터 특성이 $K = 100\mu A/V^2$, $r_o = \infty$, 문턱전압 $V_{th} = 1V$ 이고 회로 입력저항 $R_{in} = 100k\Omega$, 동작전류 $I_{DQ} = 2mA$ 일 때 트랜지스터 종류, 회로 종류를 구분하고 저항 R_1, R_2, 전압이득을 구하여라.

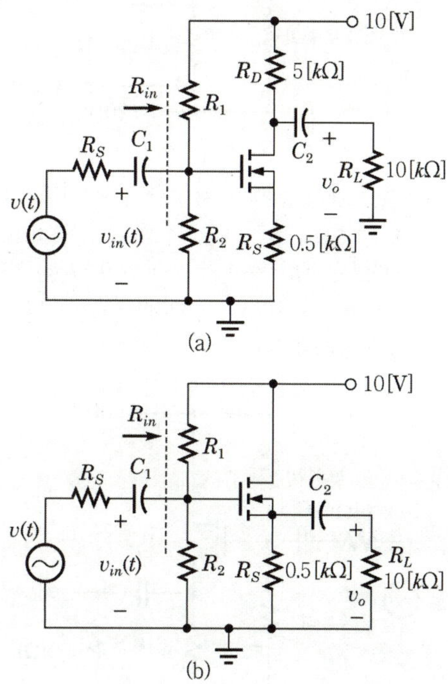

17.10 소스 저항이 달린 자기 바이어스 FET 증폭기 등가회로에서 r_o를 고려한 출력임피던스,

$$Z_o = \left(\frac{1 + g_m R_S + R_S/r_o}{1 + g_m R_S + R_S/r_o + R_D/r_o} \right) R_D$$ 임을

보여라.

17.11 공통소스 증폭기에서 트랜지스터의 특성은 $K = 1.5mA/V^2$, $V_{th} = 1.75V$, $r_0 = 40k\Omega$ 이다. (a) $I_D = 4.35mA$, $V_{DS} = 1.72V$ (b) 전압이득 $A_v = v_o/v_i = -37.7$ (c) 입력저항 $R_{in} = 176k\Omega$, 출력저항 $R_{out} = 6.1k\Omega$ 임을 나타내어라.

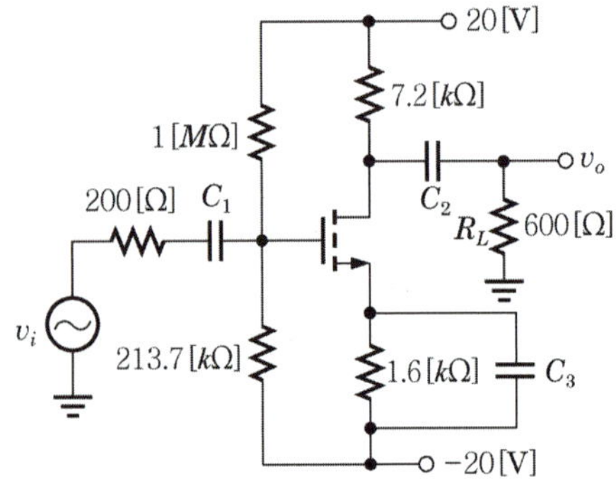

17.12 공통드레인 증폭기에서 트랜지스터의 특성은 $K=1.5m\text{A/V}^2$, $V_{th}=1.75\text{V}$, $r_0=40k\Omega$ 이다. (a) 전압이득 $A_v=v_o/v_i=0.69$ (b) 입력저항 $R_{in}=176k\Omega$, 출력저항 $R_{out}=174\Omega$ 임을 나타내어라.

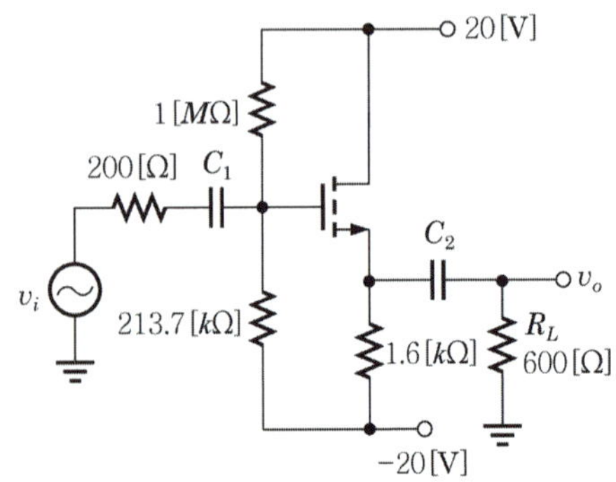

17.13 공통게이트 증폭기에서 트랜지스터의 특성은 $K=1.5m\text{A/V}^2$, $V_{th}=1.75\text{V}$, $r_0=\infty$ 이다. (a) 전압이득 $A_v=v_o/v_i=21.4$ (b) 입력저항 $R_{in}=176k\Omega$, 출력저항 $R_{out}=174\Omega$ 임을 나타내어라.

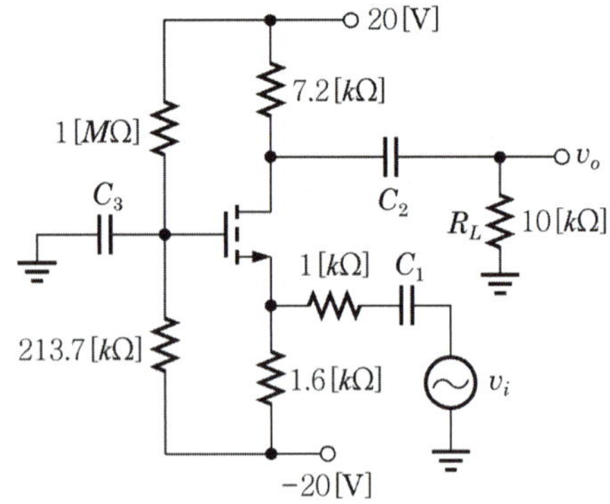

18

Chapter

연산증폭기

18.1 연산증폭기 동작

(1) 집적회로 연산증폭기

연산증폭기(operational amplifier, op amp, 演算增幅器)는 1940년에 고안되었고 최초로 진공관을 이용한 직류증폭기가 아날로그 계산기의 4칙 연산을 주로 수행하였다. 1947년 IRE(현재 IEEE 전신)에 제출된 논문에서 최초 연산증폭기 용어를 사용하였다.

1965년 최초로 집적회로 연산증폭기인 μA702, μA709를 페어차일드 반도체(Fairchild Semiconductor)에서 개발하였다. 두 번째로 집적회로 연산증폭기인 LM301을 내셔널 세미컨덕터(National Semiconductor)에서 개발했으며, 1969년 페어차일드 반도체에서 주파수 보상은 내부, 직류오프셋 보상은 외부로 한 μA741을 개발하여 지금까지 연산증폭기의 대명사로 불리면서 보편적으로 사용되고 있다.

회로 구성소자에 따라 바이폴라형, FET형(JFET 사용, 입력 바이어스 전류 적음), MOS형(MOSFET 사용, 입력바이어스전류 0.1pA 정도임), CMOS형(MOSFET를 P채널/N채널 상보 대칭으로, 고 입력임피던스, 저 소비전력형)이 있다.

연산증폭기 주요 제조업체는 페어차일드 반도체(FS), 내셔널 세미컨덕터(NS), 모토롤라(MC, Motorola), 텍사스 인스트루먼트(TI, Texas Instrument), 아날로그 디바이시스(AD, Analog Devices), 일본전기(NEC, Nippon Electric Company), 시그네틱스(SG, Signetics) 등이 있다.

연산증폭기의 일반적인 특징은 내부회로를 완전한 이해 없이 핀의 특성만 알아도 원하는 기능의 회로를 짧은 시간 내 쉽게 설계를 할 수 있다. 그리고 회로의 목적과 특성에 맞는 신뢰성이 높고, 소형이며 가벼운 집적회로를 선택만 하면 회로를 경제적으로 구성할 수 있다. 또한 증폭도가 높고 부궤환 회로가 있기 때문에 주파수대역, 드리프트, 잡음 등의 개선이 가능하다.

특성에 따라 가격이 싸고 사용하기 편리한 범용 연산증폭기, 성능이 우수한 고성능 연산증폭기 등으로 나눌 수 있고 고성능 연산증폭기에는 저 입력오프셋전압, 저 입력바이어스 전류, 고속, 광대역, 고정밀도, 고출력, 고압, 저소비전력, 저잡음 등이 있다.

연산증폭기는 가산, 적분 및 미분 등 수학적인 연산을 수행할 수 있다. 연산증폭기는 고이득, 직결합된 차동 선형증폭기로서, 응답특성은 출력과 입력 사이 부귀환에 의해 외부적으로 제어가 가능하다. 또한, 연산증폭기는 비디오와 오디오 증폭기, 발진기 등 전자, 통신공학 분야에 이용된다.

그림 18.1은 연산증폭기의 심벌 및 이상적인 연산증폭기 단자 전압 및 전류를 나타낸다. 차동증폭기와 같이 '−'와 '+' 표시가 되어있는 두 입력이 있고 '−' 표기된 입력은 반전 입력단자로서, 이 단자에 가해진 입력은 180°의 위상차를 갖는 신호가 출력된다. '+' 표기된 입력단자는 비반전 입력단자로서, 이 단자에 신호를 가하면 입력과 동위상의 신호가 출력된다. 연산증폭기의 내부회로는 복잡하기 때문에, 회로는 연산증폭기의 기호로 대치한다.

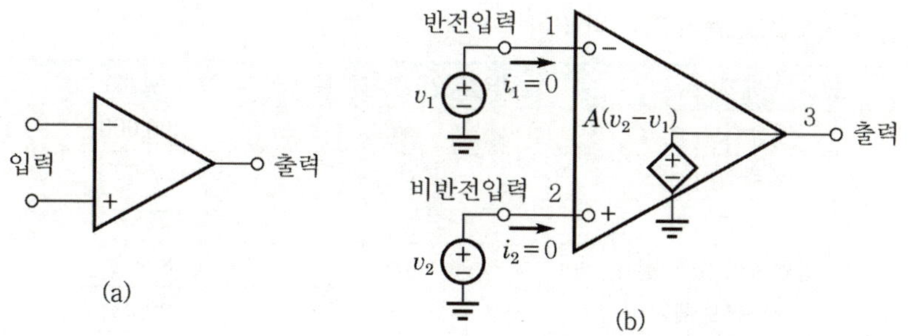

그림 18.1 연산증폭기 (a) 심벌 (b) 이상적인 연산증폭기 단자 전압 및 전류

연산증폭기는 이득이 매우 큰 전압제어전압원(VCVS)처럼 동작하는 전자소자이다. 이상적인 연산증폭기의 특성은 개방회로이득=∞, 입력임피던스=∞, 출력임피던스=0, 대역폭=∞, 슬루율=∞, 공통모드 제거비(CMRR)=∞, 입력전압=0일 때 출력전압=0인 제로 오프셋의 특성을 가진다.

그림 18.2는 이상적인 연산증폭기 및 실용 연산증폭기의 등가회로이고, 그림 18.3은 8-핀 DIL(Dual In Line) 연산증폭기 IC의 핀의 이름이며, 표 18.1은 이상적인 연산증폭기 및 실용 연산증폭기(LM741)의 특성을 비교하였다.

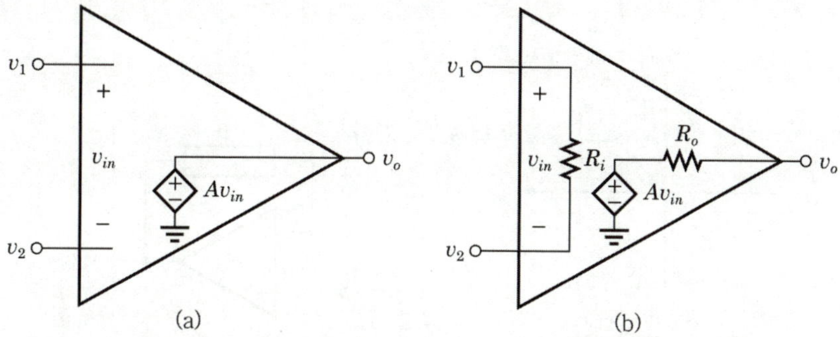

그림 18.2 연산증폭기 등가회로 (a) 이상적인 연산증폭기 (b) 실용 연산증폭기

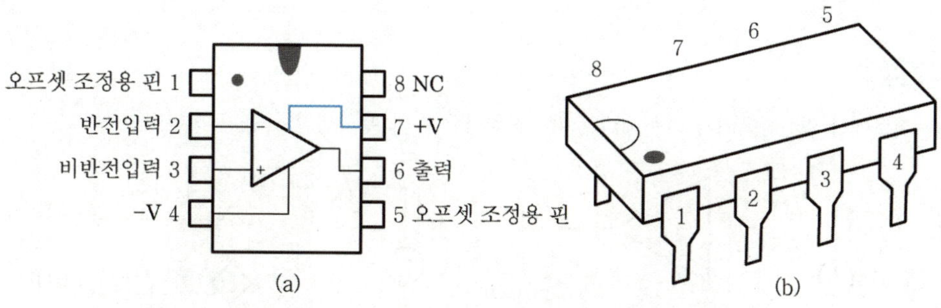

그림 18.3 8-핀 DIL 연산증폭기 IC (a) 핀 배치도 (b) IC 외형 핀 구성

표 18.1 연산증폭기 특성 비교

매개변수	이상적인 연산증폭기	LM741
개방회로 이득	∞	200,000
입력임피던스	∞	$2M\Omega$
출력저항	0	75Ω
입력바이어스 전류	0	$80nA$
공통모드 제거비	∞	90dB
단위이득 대역폭	∞	$1MHz$

그림 18.4(a)와 같이 연산증폭기를 개방루프로 사용하면 선형영역이 매우 작고 입력전압에 대해 출력이 포화되기 쉬워 비교기로만 사용할 수 있다. 그림 18.4(b)와 같이 연산증폭기의 출력에서 반전단자로 수동소자, 다이오드, 트랜지스터 등의 소자가 연결된 부귀환 회로에서 폐루프 이득이 작아지지만 선형동작 범위가 넓어져 출력이 포화되지 않고 선형 동작한다.

귀환경로가 없는 개방루프 회로(open-loop circuit), 귀환경로가 있는 폐루프 회로(closed-loop circuit)

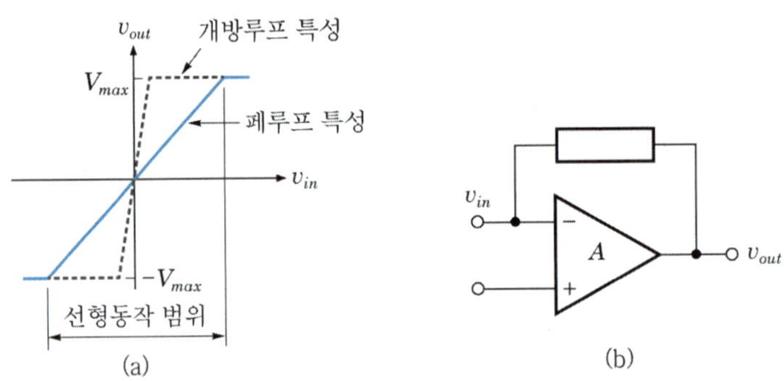

그림 18.4 이상적인 연산증폭기 (a) 전달특성 (b) 부귀환 회로

예제 18-1

다음 회로에서 연산증폭기가 $A = 10^5$ 일 때, 전원전류 i_s 와 부하전압 v_1을 구하라.

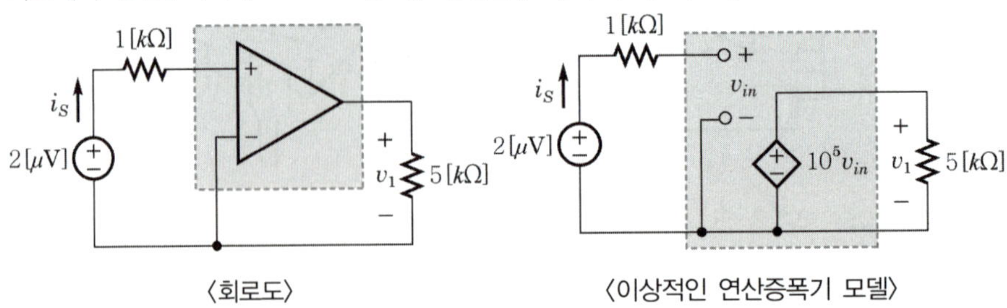

| 풀이 |

(a) i_s : 입력저항$=\infty$ 이므로 $i_s=0$ 이다.

(b) v_1 : $v_{in}=2\mu\text{V}$ 이므로 $v_1=10^5 v_{in}=10^5\times(2\times10^{-6})=0.2\text{V}$

(2) 가상단락 및 전압폴로어 회로

그림 18.5와 같이 $v_{out}=5\text{V}$ 이면 이상적인 연산증폭기의 이득이 무한대이므로 $v_{in}=v_{out}/A\simeq 0\text{V}$ 이다. 가상단락(virtual short)은 연산증폭기의 두 입력단자 사이의 전압이 '0'에 가까워 두 단자가 단락(short)된 것처럼 보이고, 두 단자의 전류가 '0'인 특성이다.

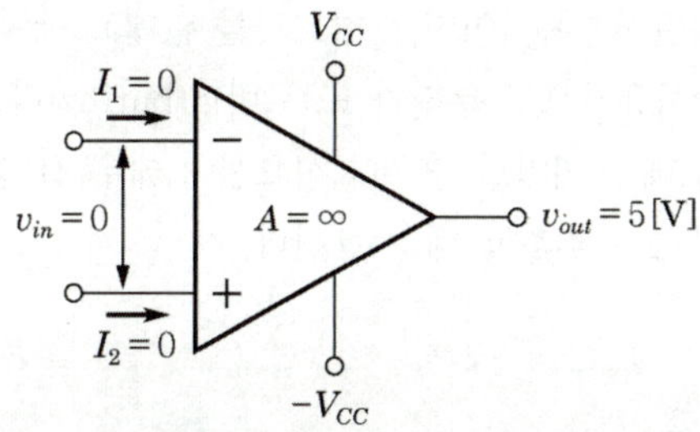

그림 18.5 가상단락 개념 설명

그림 18.6(a)는 연산증폭기를 사용한 회로에서 그림 18.6(b)와 같은 등가회로의 KVL을 적용하면 $-v_s+v_{in}+Av_{in}=0$ 이므로 $v_{in}=v_s/(1+A)$ 이고 출력은

$$v_{out}=Av_{in}=\frac{A}{1+A}v_s \tag{18-1}$$

이며, $A\gg 1$이므로 $\dfrac{A}{A+1}\simeq 1$ 이고 $v_{out}=v_s$이며 v_{out}은 증폭 없이 v_s가 된다.

따라서 $v_1=v_2$이므로 두 입력이 단락된 것 같은 동작을 한다. 그래서 비반전 부귀환 전압폴로어(voltage follower) 회로이고 출력은 $v_{out}=v_{in}$이며 회로의 이득이 1이기 때문에 단위이득 증폭기라고 부른다.

부귀환은 비반전 전압=반전단자 전압이 되도록 출력을 조절한다. 부귀환을 사용하면 전압이득은 줄이면서 조절 가능한 선형증폭기로 안정한 전압이득과 입출력 임피던스, 대역폭 제어가 가능하다.

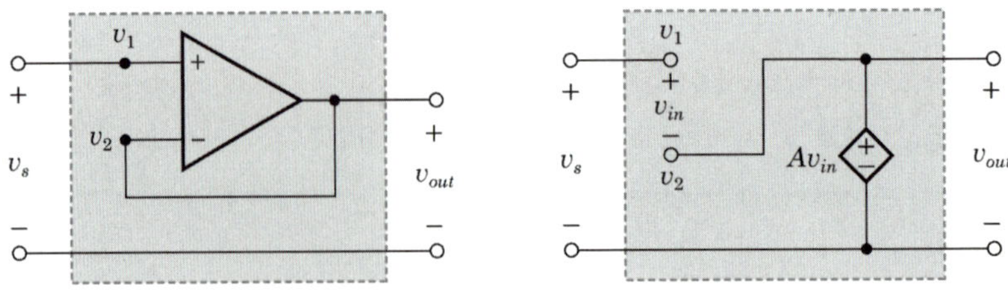

(a) (b)

그림 18.6 연산증폭기를 사용한 전압폴로어 (a) 회로도 (b) 이상적인 연산증폭기를 사용한 등가회로

전압폴로어 회로는 연산증폭기의 출력단자를 직접 반전 입력단자에 연결하여 출력이 입력으로 되돌아간다. 증폭비가 1 인 비반전증폭기이며 부하효과를 없애고, 부하에 온전한 입력전압을 전달한다. 두 회로를 분리하는 데 사용하므로 분리기 또는 버퍼(buffer)라고도 한다. 신호의 왜곡 방지를 위해, 신호원의 출력전류가 매우 미약할 경우나 신호선이 매우 긴 경우에 사용한다. 주로 센서와 같은 민감한 계측기로부터 신호를 추출할 때 사용한다.

> 가상접지(virtual ground)
> 연산증폭기의 비반전단자를 접지시키고 반전단자에 부 귀환을 걸면, 연산증폭기 입력단자 사이의 가상단락 현상에 의해 반전단자가 접지된 것처럼 보이는 특성

예제 18-2

다음과 같은 이상적인 다이오드와 연산증폭기 회로에서 (a) $v_{in}=1\text{V}$ (b) $v_{in}=-1\text{V}$ 다이오드 도통여부와 v_{out}를 구하여라.

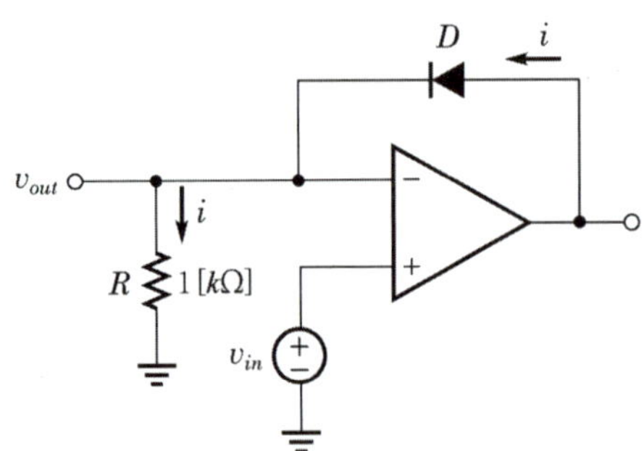

| 풀이 |

(a) v_{in}이 양일 때 다이오드가 차단이면 연산증폭기 출력이 양이 되어 다이오드는 도통된다. 귀환회로가 작동되어 단위이득 증폭기가 되어 $v_{out}=v_{in}=2\text{V}$ 이다.

(b) v_{in}이 음일 때 다이오드가 차단이면 출력이 음이 되어 다이오드는 차단이다. 그래서 전류가 저항 R에 흐르지 않으므로 $v_{out}=0\text{V}$ 이다.

18.2 연산증폭기 회로

(1) 반전증폭기

그림 18.7은 반전 연산증폭기회로를 나타내고 있다. 증폭기에 부 귀환을 걸기 위해 출력단자가 반전 입력단자와 연결되어 있다. 입력신호는 반전 입력단자에 인가되어 결국 출력은 반전되며 출력 식은

$$V_{out} = -\frac{R_F}{R_R} \times V_{in} \tag{18-2}$$

이고, 여기서 − 부호는 출력이 입력에 대해 반전되었음을 의미하며 증폭기의 이득은 R_F/R_R이다.

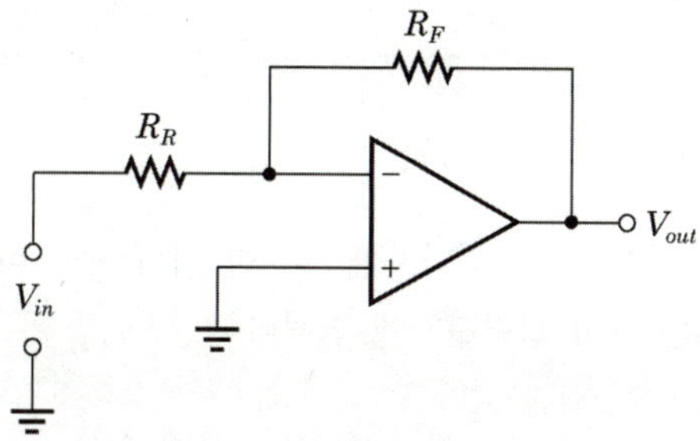

그림 18.7 반전증폭기의 회로도

예제 18-3

$R_1 = 1k\Omega$, $R_2 = 10k\Omega$ 인 증폭기회로의 이득을 구하여라.

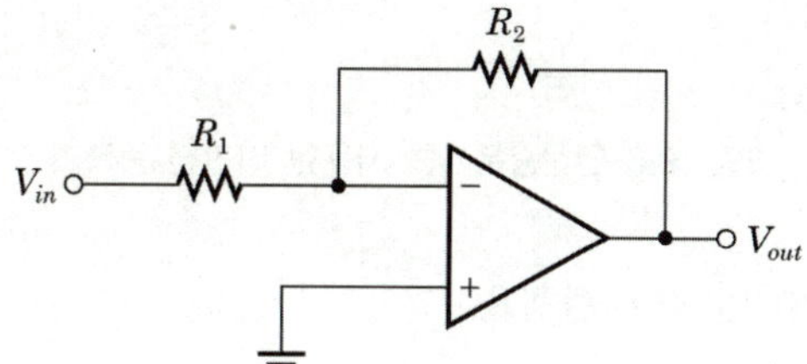

| 풀이 |

$$\frac{V_{out}}{V_{in}} = -\frac{R_2}{R_1} = -\frac{10k}{1k} = -10$$

예제 18-4

이상적인 연산증폭기에서 다음 회로의 출력전압을 구하여라.

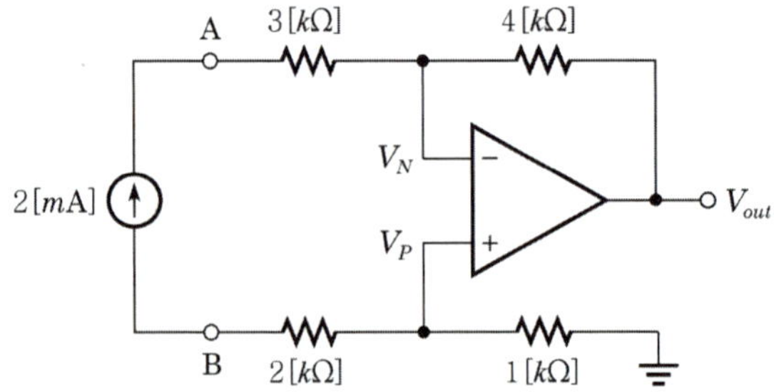

| 풀이 |

반전단자에서 KCL을 적용하면 $\frac{V_N - V_{out}}{4k} + (-2m) = 0$에서 $V_N = V_{out} + 8$이다. $1k\Omega$에 전류가 $2mA$가 흐르므로 $V_P = -2V$이고 $V_P = V_N$이므로 $-2 = V_{out} + 8$, $V_{out} = -10V$이다.

(2) 비반전 증폭기

연산증폭기는 그림 18.8과 같이 '+' 입력단자에 신호를 입력하여, 비반전 증폭기로 동작시킬 수 있다. 이 경우에도 귀환회로는 반전 입력단자에 연결한다.

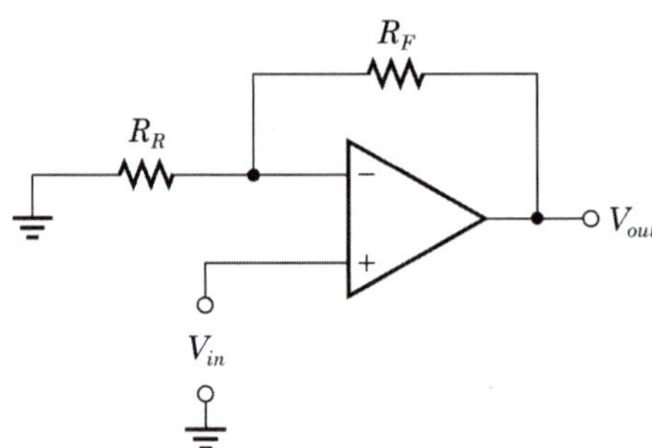

그림 18.8 연산증폭기를 사용한 비반전 증폭기

그림 18.8의 비반전 증폭기인 경우 출력은

$$V_{out} = \left(1 + \frac{R_F}{R_R}\right) V_{in} \tag{18-3}$$

이고, 이득은 $1 + (R_F / R_R)$이다.

식 (18-2)에서 (18-3)로부터 출력전압은 귀환저항 R_F와 R_R의 비에만 의존하고, 연산증폭기의 이득 역시 이들 저항에만 의존한다.

예제 18-5

$R_1 = 1k\Omega$, $R_2 = 10k\Omega$ 인 증폭기회로의 이득을 구하여라.

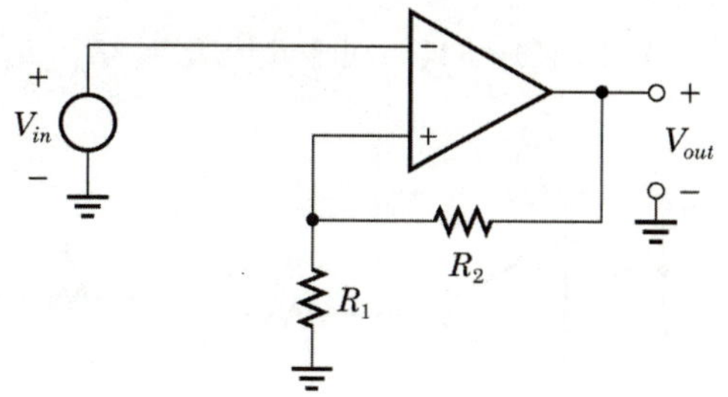

| 풀이 |

$$\frac{V_{out}}{V_{in}} = 1 + \frac{R_2}{R_1} = 1 + \frac{10k}{1k} = 11$$

(3) 연산증폭기를 사용한 가산기

그림 18.9는 연산증폭기를 사용한 가산기이다. 여기서, $R_F = R_1 = R_2$이라면, 출력전압은

$$V_o = -(V_1 + V_2) \tag{18-4}$$

이고, 출력전압은 입력전압의 합에 대한 반전 값과 같다. 만일, 입력이 반대 극성이라면 그림 18.9는 그 입력전압에 부호를 바꿔 뺀 것과 같다. 한 예로 $V_1 = +3\text{V}$, $V_2 = -2.5\text{V}$라면, $V_o = -(3-2.5) = -0.5\text{V}$가 된다. 한편 출력전압은 R_F, R_1, R_2값의 비를 입력에 곱한 후 합으로 얻을 수 있고 $R_F = 2R_1 = 3R_2$이면 다음과 같다.

$$V_o = -\left(\frac{R_F}{R_1}V_1 + \frac{R_F}{R_2}V_2\right) = -(2V_1 + 3V_2) \tag{18-5}$$

또 그림 18.9는 세 개 이상의 입력을 갖는 가산기로 응용할 수 있다.

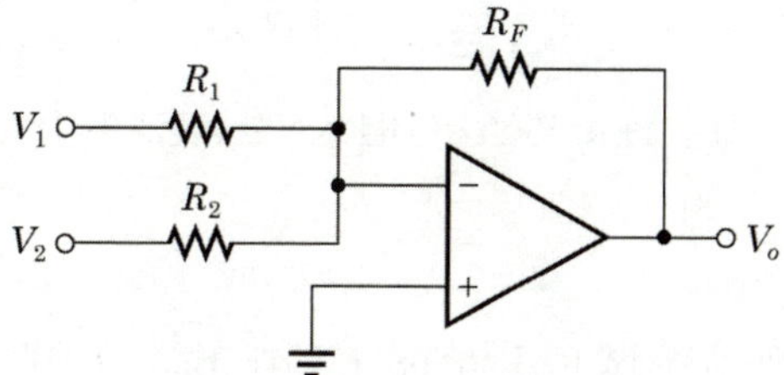

그림 18.9 연산증폭기를 사용한 가산기

예제 18-6

$V_o = V_1 + 2V_1 - 3V_3$를 연산증폭기로 구현하여라.

| 풀이 |

$V_o = V_1 + 2V_1 - 3V_3 = -\{-(V_1 + 2V_1) + 3V_3\}$, 이때 $R_1 = R_3 = 2R_2$, $R_4 = R_6 = 3R_5$이다.

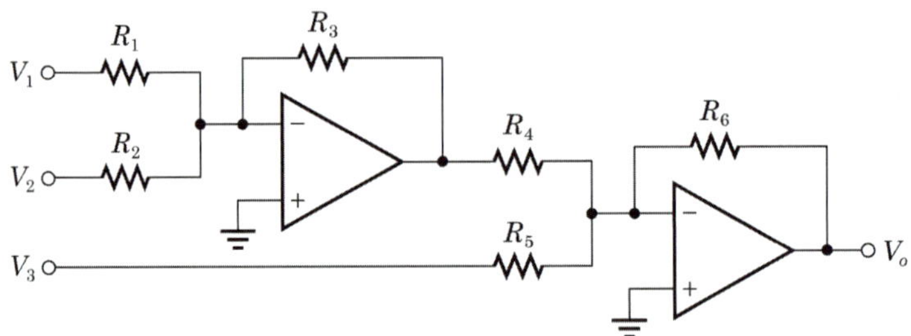

(4) 연산증폭기를 사용한 차동증폭기

연산증폭기를 사용하여 두 입력신호의 차를 증폭하는 간단한 차동증폭기는 그림 18.10과 같다. $R_2/R_1 = R_4/R_3$의 관계를 만족할 때 증폭기의 이득은

$$V_o = \frac{R_2}{R_1}(V_2 - V_1) \tag{18-6}$$

이고, 공통모드신호는 삭제되어 두 입력에 공통잡음이 발생하면 제거된다. 두 입력에 같은 신호가 인가되면 출력신호는 매우 작고 이때 전압이득은 공통모드 전압이득 A_{CM}이다.

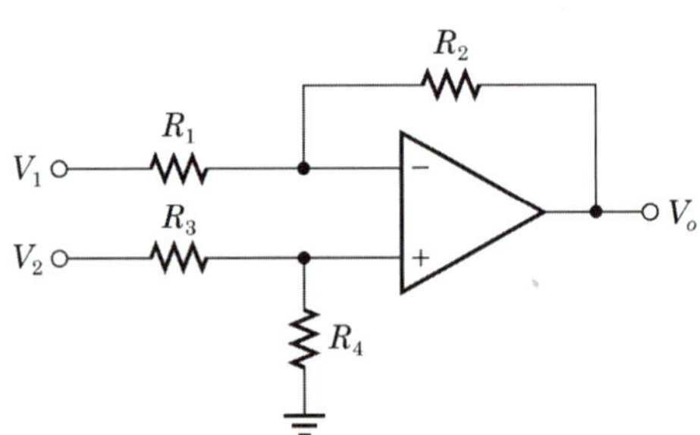

그림 18.10 연산증폭기를 사용한 차동증폭기

예제 18-7

다음 그림에서 귀환의 종류와 출력전압 V_o를 입력전압 V_1과 V_2로 나타내어라.

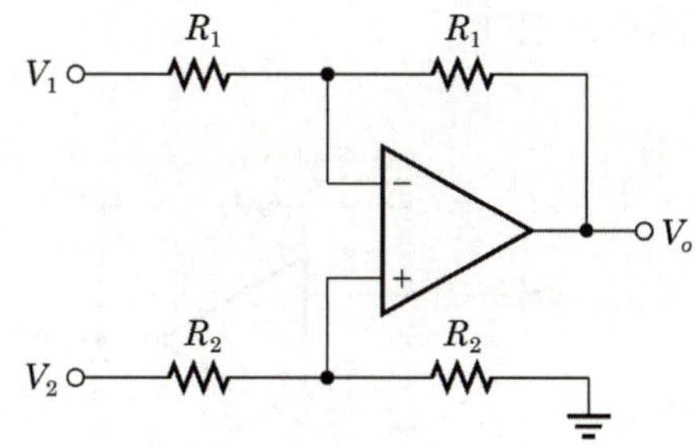

| 풀이 |

(a) 귀환의 종류 : 연산증폭기의 출력이 반전 입력측으로 귀환됨으로 음 귀환이다.

(b) 연산증폭기는 가상접지에 의해 항상 반전입력이 비반전 입력과 같아질려고 한다($V_- = V_+$). 한편, 반전 입력측의 전류 루프에서 전류는 V_1에서 반전점을 거쳐 V_o로 흘러 나간다. $V_+ = V_- = V_2/2$, $(V_1 - V_-)/R_1 = (V_- - V_o)/R_1$, 식을 정리하면, $V_o = V_2 - V_1$이다.

(5) 대수증폭기 및 지수증폭기

대수증폭기(logarithmic amplifier) 및 지수증폭기(exponential (anti-logarithmic) amplifier)는 아날로그 입력 데이터의 압축, 지수함수적인 출력을 가지는 트랜스듀서의 선형화 및 아날로그의 곱셈이나 나눗셈을 요구하는 응용분야에 이용한다.

그림 18.11과 같은 대수증폭기는 다이오드의 전압-전류 관계에서 $I_D = I_0\left(e^{qV_D/kT} - 1\right) \simeq I_0 e^{qV_D/kT}$ 이므로 반전단자에 KCL를 적용하면 $(V_i - V_n)/R_1 = I_0 e^{q(V_n - V_o)/kT}$이고 $V_n = V_p = 0$이므로 $\dfrac{V_i}{R_1} = I_0 e^{q(-V_o)/kT}$이며 출력은 다음과 같다.

$$V_o = -\frac{kT}{q}\ln\left(\frac{V_i}{I_0 R_1}\right) = -\frac{kT}{q}\ln(V_i) + \frac{kT}{q}\ln(I_0 R_1) = -a\ln(V_i) + b \tag{18-7}$$

그래서 큰 입력은 작은 입력보다 크게 감소시킬 수 있는 압축에 이용될 수 있다.

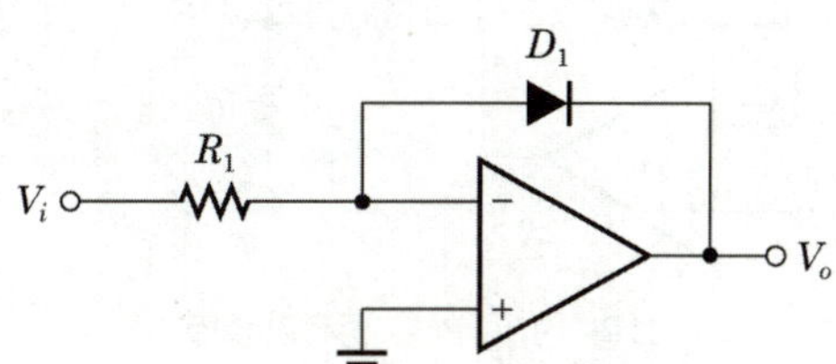

그림 18.11 대수증폭기 회로

그림 18.12와 같은 지수증폭기의 출력은

$$V_0 = -I_D R \simeq -R I_0 e^{qV_i/kT} \tag{18-8}$$

이므로 입력을 지수함수적인 출력을 한다.

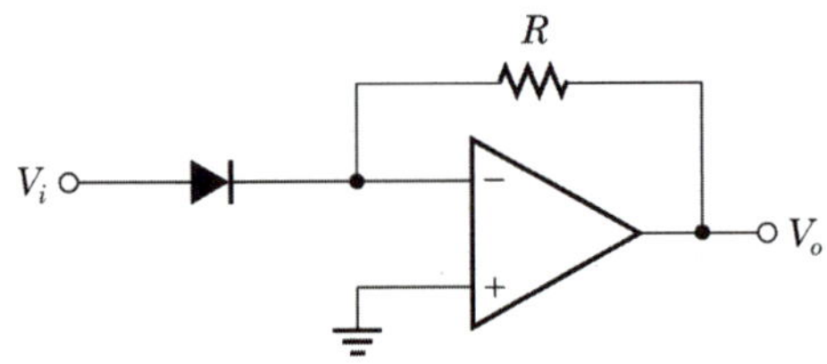

그림 18.12 지수증폭기 회로

(6) 계측증폭기

그림 18.13과 같은 계측증폭기(Instrumentation amplifier)는 세 개의 연산증폭기로 구성하고, 전압이득은 외부에 연결된 저항에 의해 결정된다. 유한한 입력저항을 가진 차동(difference)증폭기의 단점을 개선하기 위해 두 연산증폭기 A_1, A_2는 비반전증폭기이므로 계측증폭기의 입력저항을 매우 크게 만들어 측정하는 회로에 대한 부하효과를 최소화 되도록 한다. 계측증폭기는 두 입력단자에 존재하는 전압 사이의 차를 증폭하는 차동전압이득 소자이며 매우 큰 동상모드전압을 제거하고, 작은 신호를 증폭한다. 그래서 높은 입력임피던스, 높은 동상모드제거, 낮은 출력오프셋, 낮은 출력임피던스의 특성을 갖는다.

계측증폭기는 신호전압보다 훨씬 큰 동상모드전압에 중첩된 작은 차동신호전압을 측정하는데 사용하며 온도 또는 압력 감지 트랜스듀서와 같은 원격소자에 의해 감지되는 양을 측정하는데 응용된다.

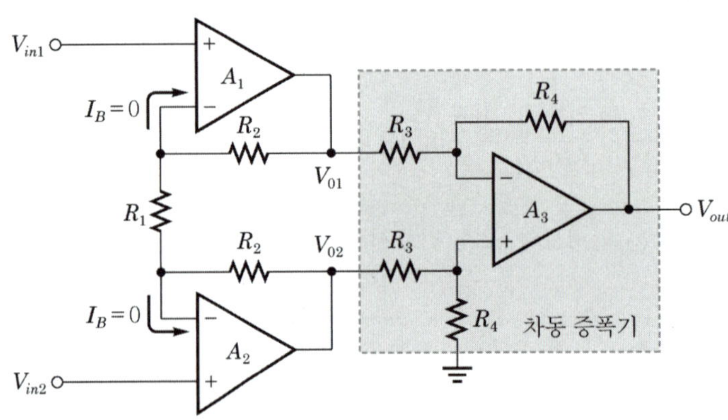

그림 18.13 계측 증폭기 회로

연산증폭기 A_1, A_2의 출력전압은 중첩의 원리로

$$V_{01} = \left(1+\frac{R_2}{R_1}\right)V_{in1} - \frac{R_2}{R_1}V_{in2},\ V_{02} = \left(1+\frac{R_2}{R_1}\right)V_{in2} - \frac{R_2}{R_1}V_{in1} \tag{18-9}$$

이고 연산증폭기 A_3는 차동(difference) 증폭기이므로 출력전압은

$$V_{out} = -\frac{R_4}{R_3}V_{o1} + \frac{R_4}{R_3}V_{o2} = \frac{R_4}{R_3}\left(1+\frac{2R_2}{R_1}\right)(V_{in2} - V_{in1}) \quad (18\text{-}10)$$

이며 여기서 차동 이득이 $\frac{R_4}{R_3}\left(1+\frac{2R_2}{R_1}\right)$이므로 저항 R_1만 변화시켜 바꿀 수 있다.

(7) 정밀 반파정류기

다이오드 반파정류기와 전달특성은 그림 18.14(a)에 나타내었다. 다이오드가 도통되기 위해 문턱전압 V_{th} 이상이 되어야 한다. 그러나 이를 없애기 위해 연산증폭기와 다이오드를 사용한 그림 18.14(b) 회로를 사용한다.

입력이 $V_i < 0$이면 다이오드는 역방향이 되므로 $I_D = 0$이고 귀환망이 끊어져 $I_2 = 0$이므로 출력전압 $V_o = 0$이다. 그리고 연산증폭기 출력 V_1는 음의 포화전압이 된다.

입력이 $V_i > 0$이면 다이오드는 순방향이 되므로 $I_D = I_2$이고 귀환망이 다이오드를 통해 연결되어 출력전압 $V_o = V_i$이다. 그리고 연산증폭기 출력 $V_1 = V_i + V_t$이다.

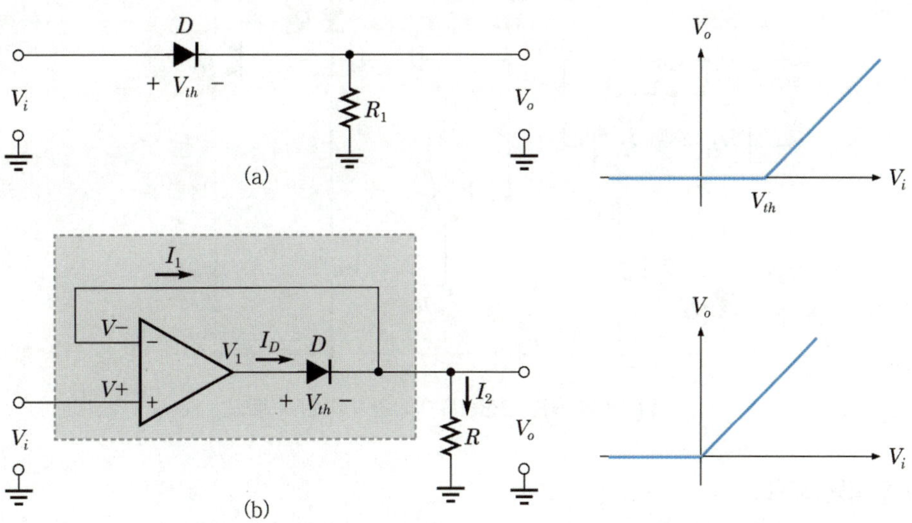

그림 18.14 반파정류기 회로 및 전달특성 (a) 일반 회로 (b) 정밀 회로

18.3 연산증폭기 회로 및 규격

연산증폭기의 구성도는 그림 18.15와 같다. 입력단은 두 개의 입력을 가진 평형 차동증폭기로 구성되며 증폭기 이득과 연산증폭기의 입력저항을 결정한다. 추가적인 이득이 필요하면 중간단을 두어 첫째단의 출력에 의해 구동되는 또 다른 두 개의 입력 비평형 출력 차동증폭기로 구성된다.

직접결합이 사용되기 때문에 중간단의 출력의 직류전압 레벨이 접지준위보다 높다. 그래서 레벨

천이회로 출력의 직류준위를 '0'으로 천이시킨다. 출력단은 푸시-풀 상보증폭기이고 출력단은 출력 전압폭을 증가시키며 연산증폭기에 전류공급능력을 증가시키고 출력저항을 낮게 한다.

그림 18.16은 741 연산 증폭기의 간략화한 회로도이다.

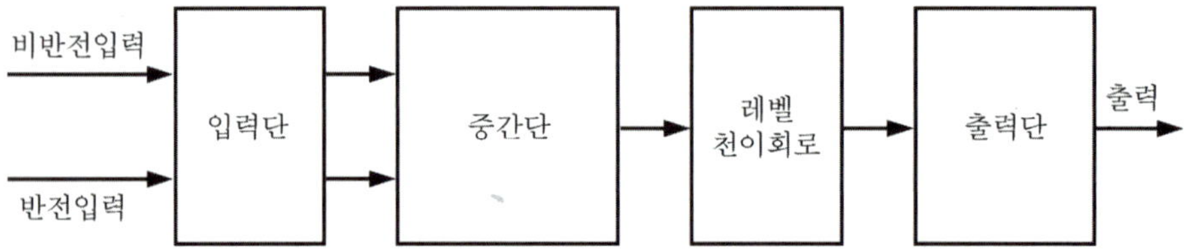

그림 18.15 연산증폭기의 구성도

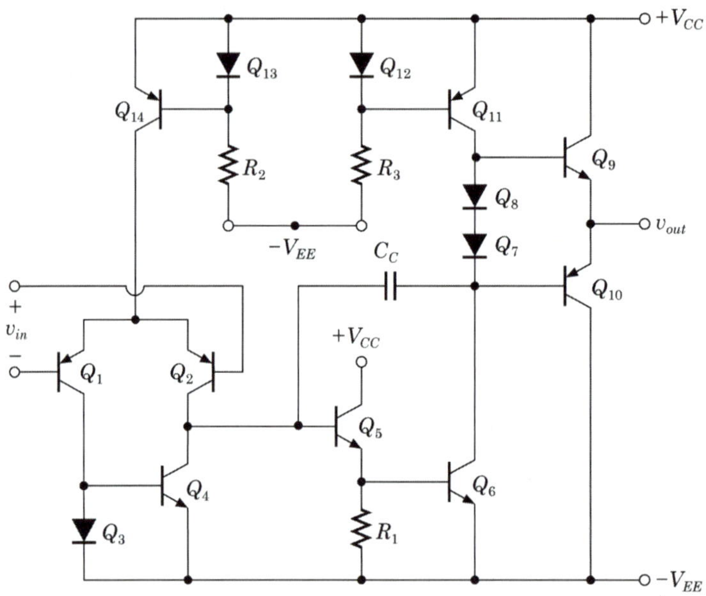

그림 18.16 표준 연산증폭기의 간략화 된 회로도

(1) 입력단 회로

Q_1과 Q_2는 차동증폭기(differential amplifier)로써 정전류원으로 동작하는 Q_{14}에 의해 바이어스 된다. 이 차동증폭기는 Q_3과 Q_4로 구성되는 능동부하(active load)를 구동시키며, 입력신호 v_{in}은 Q_5의 베이스에 들어가 전류를 증폭한다.

(2) 둘째단 및 셋째단 회로

둘째단인 Q_5는 이미터 폴로어로서, 셋째단인 Q_6의 입력임피던스를 β배 만큼 증가시키는 역할을 한다. 트랜지스터 Q_6은 출력단의 구동기로서 동작한다.

(3) 출력단 회로

마지막 단인 Q_9와 Q_{10}은 B급 푸시-풀 이미터 폴로어이다. 양전압과 음전압의 크기가 같은 분리 전원 때문에, 무 신호출력은 이상적으로 '0'이 된다. Q_{11}은 작은 아이들링전류를 흘려 크로스오버 왜곡을 제거하기 위한 출력 바이어스회로의 일부이다.

다이오드 Q_7과 Q_8은 보상용 다이오드로서, Q_9와 Q_{10}의 베이스-이미터 다이오드와 동일한 전압-전류 특성곡선을 갖는다. 이 다이오드들은 온도변화에 의해 아이들링전류가 위험한 수준으로 증가하지 않도록 보상해주는 역할을 한다.

> 보상 커패시터, C_C : 보통 $30pF$ 의 값을 갖고 주파수 응답특성과 밀접한 관계가 있으며, 불필요한 발진을 막는 역할을 한다.

(4) 능동부하 회로

보통 공통 이미터는 수동부하(저항, 변압기의 1차 등)를 사용하여 구성한다. 그림 18.16에서 능동부하 Q_{11}를 구동하는 공통 이미터단 Q_6의 한 예를 볼 수 있다. 이상적인 경우 Q_{11}은 정전류원으로 동작하기 때문에, 그 임피던스는 무한대에 가깝다. 이 때문에 Q_6에서 출력되는 전류는 최종 출력단 트랜지스터(Q_9, Q_{10})를 도통시킨다.

저항 대신 트랜지스터 등을 사용한 능동부하는 칩 안에 저항을 구현하는 것보다 트랜지스터를 구현하는 것이 쉽고, 경제적이기 때문에 집적회로에서 많이 이용한다. MOS 디지털 집적회로 분야에서 대부분 능동부하를 사용한다. 이들 IC에서 하나의 MOSFET이 다른 MOSFET의 능동부하가 된다.

(5) 연산증폭기의 규격

연산증폭기 제조회사는 회로도, 각 연산증폭기의 규격, 동작특성 그래프 등을 제공한다. 741C 연산증폭기의 회로도는 그림 18.17(a)와 같고, 핀 배치도인 18.17(b)에서 핀 4는 용기에 연결되어 있다. 741은 군사용(M)과 상업용(C) 두 종류로 나뉘고 IC 패키지도 다르다. 741HC로 표기된 캔형 패키지로 제작된 상업용 연산증폭기에 대한 제조회사의 최대정격은 다음과 같다.

공급전압=±18V, 내부 소비전력=500mW, 차동 입력전압=±30V, 동작온도=0~70℃
입력 바이어스전류=800nA, 입력저항=0.3~2$M\Omega$, 입력전압범위=±13V(평균)
동상제거비($R_S \le 10k\Omega$)=90dB(평균), 출력저항=75Ω, 출력 단락전류=25mA
전원전류=2.8mA(평균), 소비전력=85mW(평균)
대신호 전압이득($R_L \ge 2k\Omega$, V_{out} =± 10 V)=15,000
출력전압 변화폭($R_L \ge 2k\Omega$)=±13V(평균)

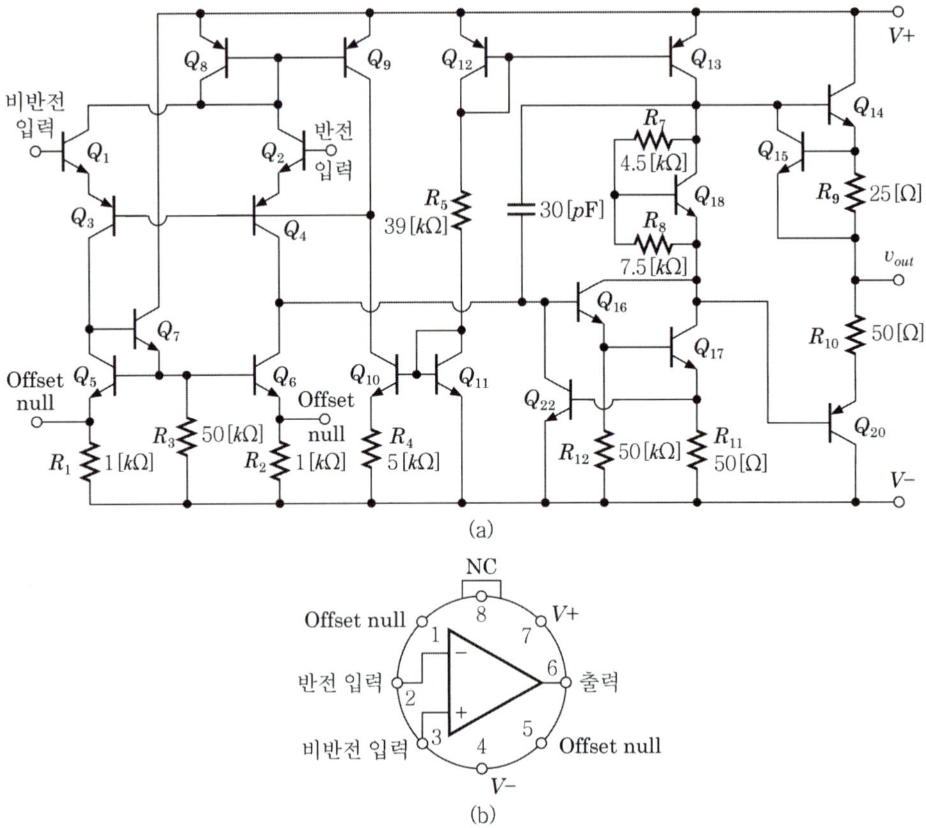

그림 18.17 (a) 등가회로도 (b) 741C의 단자 구성도(훼어차일드)

18.4 연산증폭기의 특성변수

(1) 입력 오프셋전압

이상적인 경우에는 반전입력과 비반전입력 사이의 전압차가 '0'인 경우, 출력 역시 '0'이 되어야 한다. 즉 $V_{in1} = V_{in2}$일 때 $V_o = 0$이다. 그러나 실제로는 출력에 약간의 오프셋전압 혹은 불균형이 발생한다. 이와 같은 출력의 오프셋은 칩 제조 시 내부의 불일치, 허용오차 등에 의해 발생한다. 입력 바이어스전류의 효과를 줄이기 위해 반전입력과 비반전입력을 단락시킨 경우라도 출력은 결코 '0'의 값이 되지 않는다.

그림 18.18과 같이 입력 오프셋전압(input offset voltage)이란 출력전압을 '0'으로 만들기 위해 반전입력과 비반전 입력단자 사이에 인가하는 전압차를 말한다. 741인 경우 최대 $5mV$의 입력 오프셋전압을 갖는다. 입력신호가 없는 경우, $5mV$의 전압차를 인가함으로써 출력전압을 정확히 '0'으로 만들 수 있다. 입력 오프셋 전압이 작으면 트랜지스터가 매우 유사하여 차동증폭기는 우수하다.

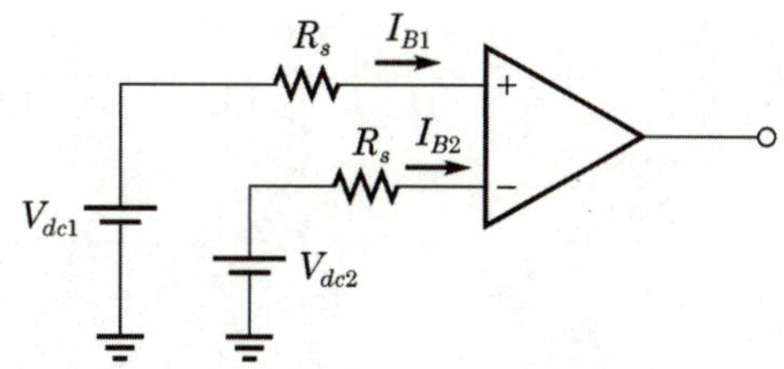

그림 18.18 입력 오프셋전압, $V_{IO} = V_{dc1} - V_{dc2}$

그림 18.19(a)와 같이 오프셋은 입력단의 부조화로 전달특성이 양 혹은 음으로 이동한다. 오프셋은 입력의 한 단자에 직렬로 단일 전압원으로 모델링 한다. 오프셋은 무작위이므로 양 혹은 음이 될 수 있다.

그림 18.19(b)와 같이 입력 오프셋전압 V_{IO}은 임의의 극성으로 둘 중 한 개의 입력에 나타날 수 있다. 직류 오프셋전압은 정확도오류, 포화의 원인이 된다.

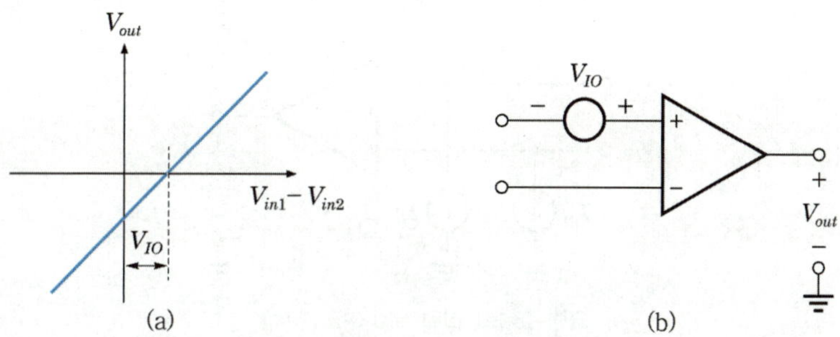

그림 18.19 오프셋 전압 (a) 전압전달특성 (b) 회로도 인가

예제 18-8

입력오프셋전압 $V_{IO} = 3mV$인 연산증폭기를 사용한 다음 회로에서 출력 오프셋전압을 구하여라.

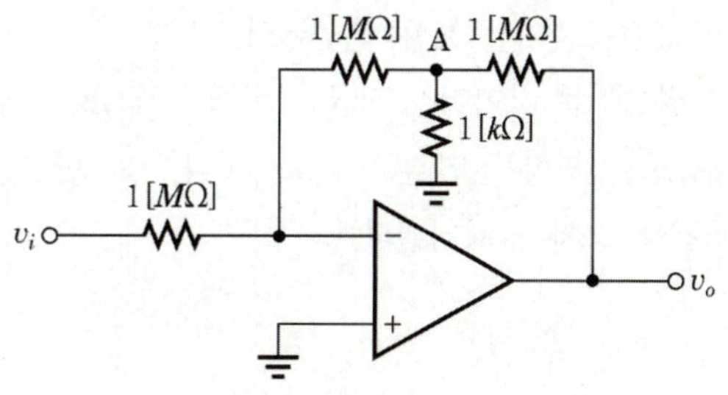

| 풀이 |

입력을 접지 시키고 반전단자의 KCL은 $\frac{V_{IO}}{1M} + \frac{V_{IO} - V_A}{1M} = 0$이므로 $V_A = 2V_{IO}$ 노드 A에서 KCL을

적용하면 $\frac{V_A}{1k}+\frac{V_A-V_{IO}}{1M}+\frac{V_A-v_o}{1M}=0$이고 $\frac{2V_{IO}}{1k}+\frac{2V_{IO}-V_{IO}}{1M}+\frac{2V_{IO}-v_o}{1M}=0$

$v_o=(2003)(3m)\simeq 6\text{V}$

(2) 입력 바이어스전류

연산증폭기는 회로가 동작하기 위해 보통 V_{CC}와 V_{EE}의 전원을 연결하고 차동단의 두 개 입력 트랜지스터가 동작하기 위해서 바이어스 되어 있어 연산증폭기의 입력으로 직류전류가 흐른다. 입력 바이어스전류(input bias current)는 회로의 부정확도를 발생하고 이것에 의한 오류는 직류 전압 오프셋과 유사하게 나타나지만 직류전압 오프셋과 다르게 무작위 현상은 아니다.

그림 18.20과 같은 바이폴라 베이스전류의 효과는 전류원을 입력에서 접지로 연결하는 모델로 나타내었다. 연산증폭기가 바이폴라 트랜지스터로 구현되었다면 각 입력으로부터 직류 베이스전류 $(0.1 \sim 1\mu\text{A})$가 항상 흐른다. 그러나 MOS로 구현된 연산증폭기는 거의 직류전류가 흐르지 않는다.

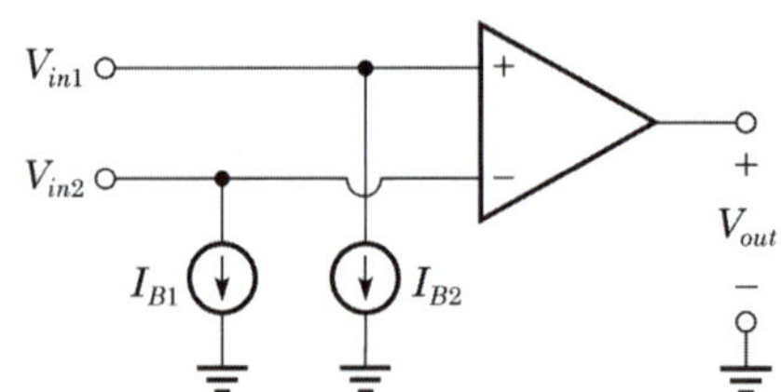

그림 18.20 입력 바이어스 전류

IC의 자료집에 나타난 입력 바이어스전류값은 두 입력 베이스전류의 평균값$[I_{IB}=(I_{B1}+I_{B2})/2]$을 나타내므로, 이 값을 보면 각 입력단자의 대략적인 값을 알 수 있다. 입력 바이어스전류가 작으면 작을수록 불균형의 가능성은 적어진다. 741은 최악의 경우 입력 바이어스전류가 $500n\text{A}$가 되므로, 대부분의 응용분야에서 문제가 되지 않는다. 그러나 이 크기가 문제되는 중요한 분야에서는, 최근 개발된 성능이 우수한 연산증폭기를 사용하면 된다.

연산증폭기의 입력오차를 일으키는 바이어스 전류를 위해 그림 18.21처럼 비반전 입력단자에 R_F와 R_R의 병렬 저항값에 대응하는 저항을 연결하여 보상한다. 즉, 반전단자와 비반전 입력단자의 저항이 같아져서 바이어스 전류 오차가 제거된다.

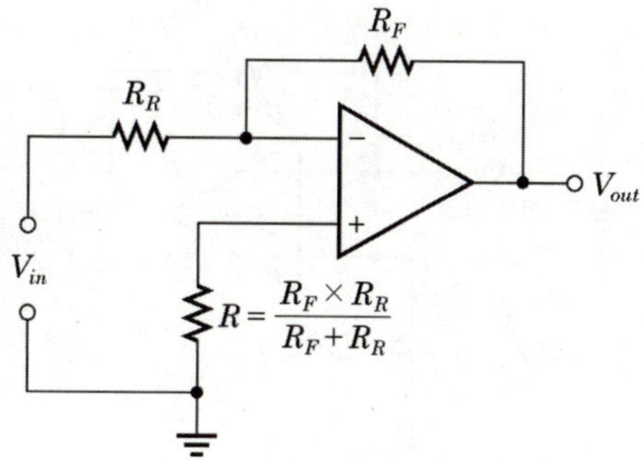

그림 18.21 입력 바이어스 오차 보상

예제 18-9

입력 바이어스전류 $I_{IB}=5nA$(방향에 따라 양 혹은 음)를 제외한 이상적인 연산증폭기 회로에서 이 입력 바이어스전류에 의한 출력전압의 최댓값과 최솟값을 구하여라.

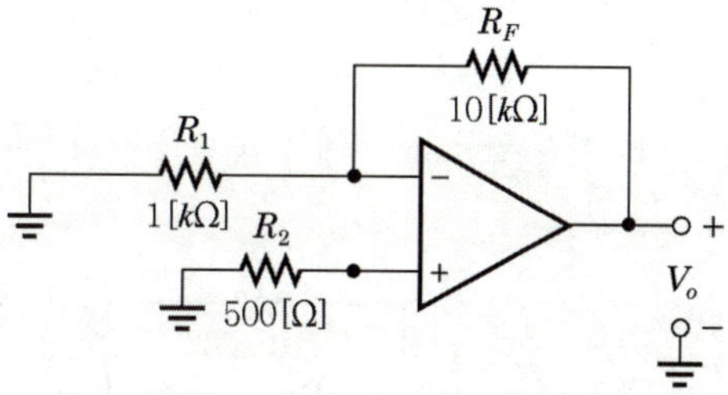

| 풀이 |

이상적인 연산증폭기는 $V_P=V_N$, 입력바이어스전류가 반전 및 비반전 단자에서 같다고 가정한다. (a) I_{IB}가 연산증폭기에 흘러 들어가면, $V_N=V_P=-R_2(I_{IB})=-0.5k(5n)=-0.25\mu V$ 이고

반전단자에서 KCL을 적용하면 $\frac{V_N}{1k}+\frac{V_N-V_o}{10k}+I_{IB}=0$이다. $V_N=-0.25\mu V$를 대입하면 $V_o=47.25\mu V$ (최댓값)

(b) I_{IB}가 연산증폭기에 흘러 들어가면 $V_N=V_P=R_2(I_{IB})=0.5k(5n)=0.25\mu V$ 이고

반전단자에서 KCL을 적용하면 $\frac{V_N}{1k}+\frac{V_N-V_o}{10k}-I_{IB}=0$이다. $V_N=0.25\mu V$를 대입하면 $V_o=-47.25\mu V$ (최솟값)

예제 18-10

입력 바이어스전류 $|I_{IB}|=10nA$인 것을 제외하고 이상적인 연산증폭기 회로에서 $t=0$에서 스위치를 개방한다. 20초 후 출력전압을 구하여라.

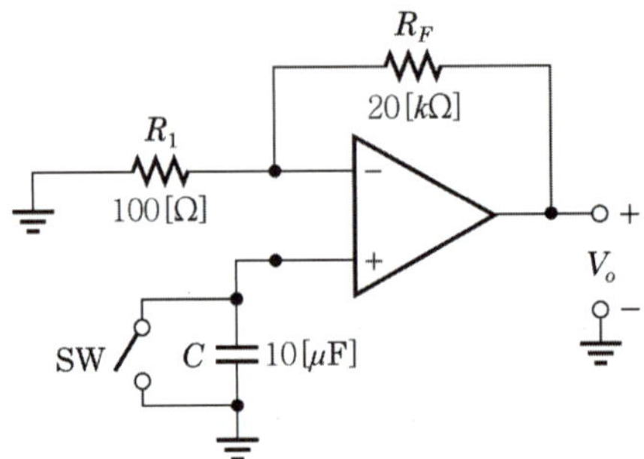

| 풀이 |

$t \geq 0$에서 커패시터에 안가된 전압 $v_C = \dfrac{\pm I_{IB} \Delta t}{C} = \dfrac{(\pm 10n)(20)}{10\mu} = \pm 20m\text{V}$, 증폭기의 이득은

$1 + \dfrac{R_F}{R_1} = 1 + \dfrac{20k}{100} = 201$이므로 $v_o = 201(\pm 20m) = \pm 4.02\text{V}$

예제 18-11

입력 바이어스전류를 제외하고 이상적인 연상증폭기에서 R_3값을 구하여라.

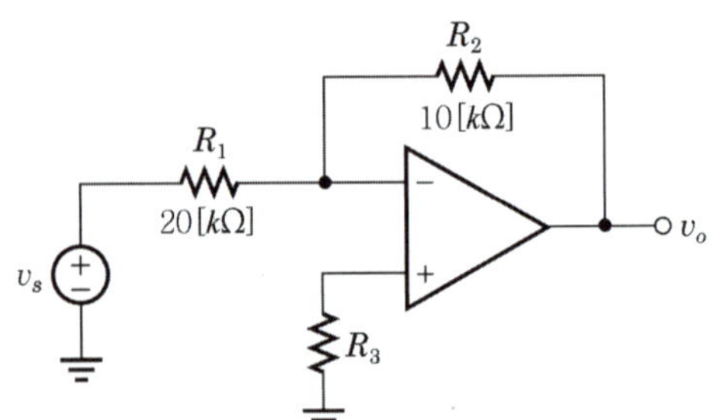

| 풀이 |

경험으로 $R_3 = R_1 /\!/ R_2 = \dfrac{10k(20k)}{10k + 20k} = 6.67k\Omega$

(3) 입력 오프셋전류

입력 오프셋전류(input offset current)는 전원으로부터 두 입력단자에 흐르는 전류차 ($I_{IO} = |I_{B2} - I_{B1}|$)이다. 이 값은 한 입력단자가 다른 입력보다 얼마나 더 큰 전류가 흐르는가를 알 수 있는 값이 된다. 741에서는 최악의 경우 $20n$A가 된다. 즉, 한쪽 베이스에 다른 쪽보다 $20n$A 만큼의 전류가 더 흐른다는 것을 의미한다. 입력 오프셋전류가 적으면 적을수록 더 좋은 연산 증폭기가 된다.

보통 입력오프셋 전류는 입력바이어스전류보다 1/10배 이상 적다. $I_{IB} = 1\mu$A이면 $I_{IO} = 100n$A

입력 바이어스전류 $I_{IB}=\dfrac{I_{B1}+I_{B2}}{2}$, 입력 오프셋 전류 $I_{IO}=|I_{B2}-I_{B1}|$이면 $I_{B2}=I_{IB}+\dfrac{I_{IO}}{2}$, $I_{B1}=I_{IB}-\dfrac{I_{IO}}{2}$이고 보통 $I_{B1}\simeq I_{B2}\simeq I_{IB}$이다.

(4) CMRR

그림 18.22와 같이 비반전단자에 v_1, 반전단자에 v_2를 인가하면 차동입력 $v_d=v_1-v_2$, 공통입력 $v_c=(v_1+v_2)/2$)이므로 출력은

$$v_o=A_1v_1-A_2v_2=A_1\left(v_c+\frac{v_d}{2}\right)-A_2\left(v_c-\frac{v_d}{2}\right) \tag{18-10}$$

$$v_o=A_{dm}(v_1-v_2)+A_{cm}\frac{1}{2}(v_1+v_2)=A_{dm}v_d+A_{cm}v_c \tag{18-11}$$

이고, 여기서 공통 모드신호의 증폭이득 $A_{cm}=A_1-A_2$, 차동모드 신호의 증폭이득 $A_{dm}=(A_1+A_2)/2$이다.

차동증폭기는 차동모드 증폭이득이 크고, 공통모드 증폭이득이 낮도록 동작되어야 한다. 차동모드 증폭이득 A_{dm}과 공통모드 증폭이득 A_{cm}의 비를 공통모드 제거비(common mode rejection ratio : CMRR)라 하며 다음 식과 같다.

$$\text{CMRR}=\frac{A_{dm}}{A_{cm}},\ \text{CMRR}_{\text{dB}}=20\log\left|\frac{A_{dm}}{A_{cm}}\right|[\text{dB}] \tag{18-12}$$

741의 CMRR 값은 30,000정도(80 ~ 100dB)이므로 같은 크기의 공통모드와 차동모드 신호를 인가하면, 공통모드 신호는 차동모드 신호보다 대략 30,000배 만큼 작은 값이 출력된다.

리플 및 유도잡음 등과 같은 간섭들은 연산증폭기를 공통모드 신호로 구동시킨다. 결국, 차동모드로 연산증폭기를 구동시키는 원래의 신호와 비교하면, 이와 같은 잡음들의 증폭은 매우 작은 값이 된다.

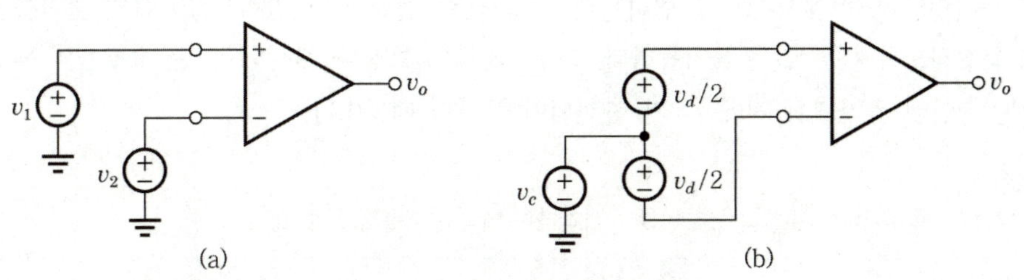

그림 18.22 공통모드 제거비 측정

예제 18-12

차동증폭기의 입력 $v_{I1}=-100mV$, $v_{I2}=+100mV$에서 출력 $v_o=2.12V$이다. 입력 $v_{I1}=v_{I2}=2V$에

서 출력 $v_o = 0.12\text{V}$ 이다. CMRR을 구하여라.

| 풀이 |

(a) 차동입력전압 $v_{I2} - v_{I1} = 200m\text{V}$ 이므로 차동모드 이득 $A_{dm} = \dfrac{v_o}{v_d} = \dfrac{2.12}{0.2} = 10.6$

(b) 공통입력전압 $v_{I1} = v_{I2} = 2\text{V}$ 이므로 $A_{cm} = \dfrac{v_o}{v_c} = \dfrac{0.12}{2} = 0.06$

(c) 공통모드 제거비 $\text{CMRR} = \left|\dfrac{A_{dm}}{A_{cm}}\right| = \left|\dfrac{10.6}{0.06}\right| \simeq 177$ 이고 $\text{CMRR}_{\text{dB}} = 20\log(177) \simeq 45\text{dB}$

예제 18-13

연산증폭기의 차동모드 이득이 2,000이고 CMRR이 80dB이다. $v_{i1} = 3.001\text{V}$, $v_{i2} = 2.999\text{V}$ 일 때 출력전압을 구하여라.

| 풀이 |

$v_d = v_{i1} - v_{i2} = 0.002\text{V}$, $v_c = \dfrac{v_{i1} + v_{i2}}{2} = 3\text{V}$, $A_{dm} = 2{,}000$, $\text{CMRR}_{\text{dB}} = 80 = 20\log\left(\dfrac{A_{dm}}{A_{cm}}\right)$,

$A_{cm} = \dfrac{2{,}000}{10^4} = 0.2$ 이므로 $v_o = A_{dm}v_d + A_{cm}v_c = (2{,}000)(0.002) + (0.2)(3) = 4.6\text{V}$

(5) 슬루율

연산증폭기의 교류동작에 영향을 미치는 슬루율(slew rate)은 대신호 동작 시 가장 중요한 제한 요소이다. 슬루율은 출력전압이 단위 μs 당 변할 수 있는 최대 변화율

$$\text{SR} = \left.\frac{dV_0}{dt}\right|_{\text{최대}} [\text{V}/\mu\text{s}] \tag{18-13}$$

이며 741은 평균 $0.5[\text{V}/\mu\text{s}]$의 슬루율을 가지고 일반적인 741의 최대속도가 되며, 출력전압은 $0.5\text{V}/\mu\text{s}$ 이하의 속도로 동작할 수 있어 고주파 응용을 제한한다.

만일 741에 대신호의 계단파를 입력하면, 출력은 그림 18.23에서 보는 바와 같이 선형적으로 증가하고 출력전압이 0V에서 10V로 변하는데 약 $20\mu s$가 걸린다. 일반적으로 741의 출력을 이보다 빠르게 동작하도록 하는 일은 불가능하다. 그림 18.16의 보상 커패시터 C_C는 슬루율의 원인이 된다. 이는 전압이 증가되기 전에 C_C가 충전되어야 하기 때문이다.

> 연산증폭기는 반주기마다 순간적으로 변하는 사각파를 왜곡없이 출력할 수 없다.

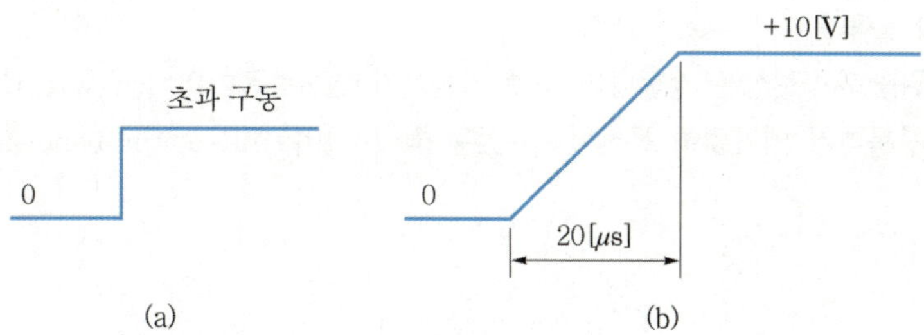

그림 18.23 초과구동에 의한 슬루율 (a) 계단파 (b) 왜곡된 파형

정현파에 대해서도 슬루율에 의해 제한된다. 그림 18.24(a)는 10V 최댓값을 갖는 정현파이다. 정현파의 초기 기울기가 슬루율 SR보다 작거나 같은 경우에는 슬루율에 의한 제한이 발생하지 않는다. 그러나 정현파의 초기 기울기가 SR보다 큰 경우, 그림 18.24(b)처럼 슬루율에 의한 왜곡이 생긴다. 출력은 삼각형 모양이 되는데, 주파수가 높아질수록 파형 스윙은 더 작아지고, 점점 더 삼각형에 가까운 모양의 파형이 출력된다.

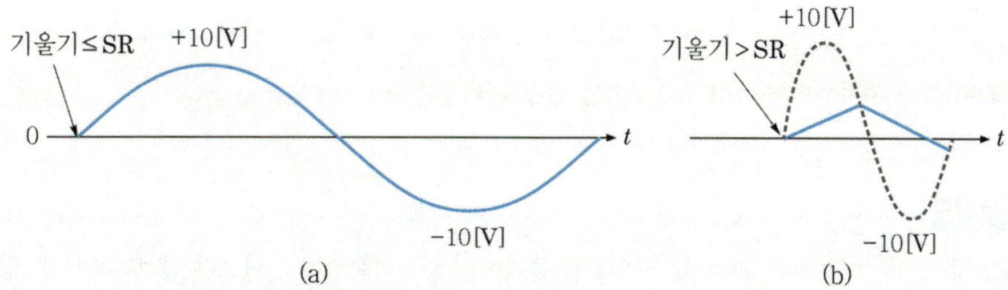

그림 18.24 정현파의 슬루율 왜곡 (a) 기울기≤ SR (b) 기울기> SR

그림 18.25에서 이상적인 연산증폭기와 SR = 2V/μs, 500kHz인 연산증폭기 출력파형을 사인파와 사각파인 경우를 나타내었다.

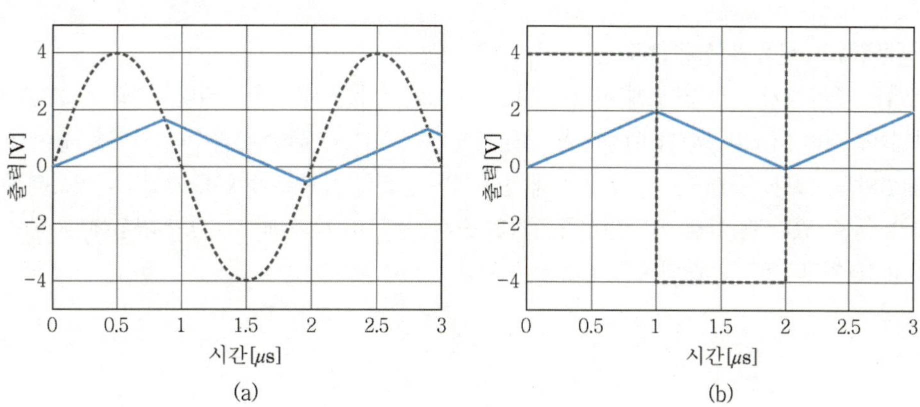

그림 18.25 이상적인 연산증폭기와 SR = 2V/μs, 500kHz인 연산증폭기 출력파형 (a) 사인파 (b) 사각파

(6) 대역폭과 슬루율

정현파의 슬루율 왜곡현상은 정현파의 초기 기울기가 연산증폭기의 슬루율과 같아지는 점에서 시작된다. 연산증폭기가 왜곡없이 동작할 수 있는 최대주파수(full power bandwidth : FPBW), $f_{\max}$는

$$f_{\max} = \frac{\mathrm{SR}}{2\pi V_P} \tag{18-14}$$

이고, 여기서 SR은 연산증폭기의 슬루율, V_P는 출력 정현파의 최대전압이다. 주파수 $f_{\max}$를 연산증폭기의 대역폭(bandwidth)이라고 한다.

예제 18-14

출력 정현파의 최대전압이 10V이고 연산증폭기의 슬루율이 0.5V/μs라면, 대신호 최대 동작주파수를 구하고 이 주파수보다 높은 주파수 사용 시 나타나는 현상을 설명하여라.

| 풀이 |

최대 동작주파수, $f_{\max} = \dfrac{0.5\mathrm{V}/\mu s}{2\pi \times 10} = 7.96k\mathrm{Hz}$이다. 741의 10V 대역폭은 약 8$k$Hz이다. 동일한 최대전압에 대해 더 높은 주파수로 증폭하는 경우에는 슬루율 왜곡현상이 발생된다.

예제 18-15

최대 출력값이 5V이고 최대 500kHz 사인파를 출력하는 증폭기회로에서 필요한 연산증폭기의 최소 슬루율을 구하여라.

| 풀이 |

$f_{\max} = \dfrac{\mathrm{SR}}{2\pi V_P}$에서 $\mathrm{SR} = 2\pi V_P f_{\max} = 2\pi(5)(5\times10^5) = 5\pi\times10^6[\mathrm{V/s}] = 15.71[\mathrm{V}/\mu\mathrm{s}]$

(7) 대역폭과 진폭의 상관관계

대역폭을 증가시키는 방법 중에 하나는 더 작은 최대전압을 사용하면 된다. 그림 18.26은 세 가지 슬루율에 대해 식 (18-14)를 이용하여 만들어진 그래프이다. 해당 주파수의 진폭을 줄여서 대역폭을 개선할 수 있다. 예를 들어, 1V의 최대 진폭이면 충분한 응용분야에서, 741의 대역폭은 80kHz까지 사용할 수 있다(맨 아래 선). 연산증폭기의 슬루율이 50V/μs(맨 위 선)인 경우에는, 10V 대역폭은 800kHz가 되고, 1V 대역폭은 8MHz가 된다.

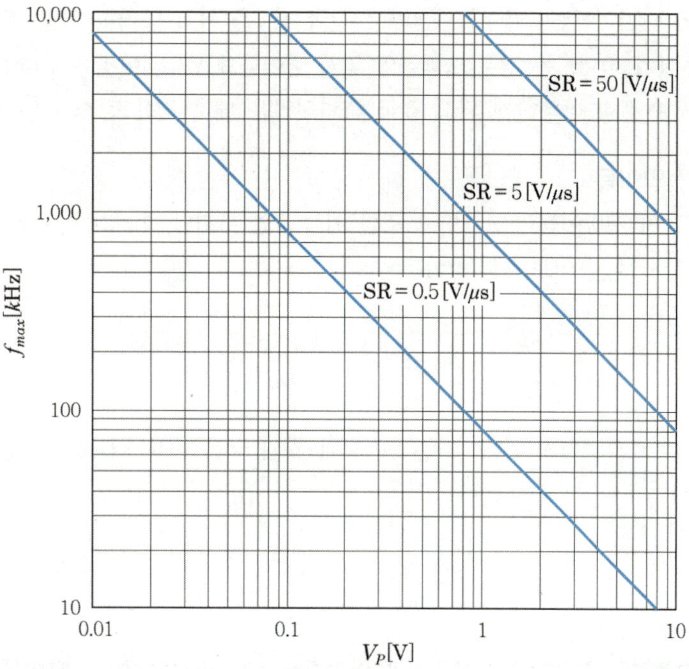

그림 18.26 대역폭과 진폭의 상관관계

18.5 부귀환 연산증폭기

연산증폭기를 개방루프로 사용하면 매우 작은 입력전압에 대해 출력이 포화되어 선형동작을 상실하므로, 비교기 이외에는 개방루프로 사용하지 않는다. 그래서 연산증폭기의 출력에서 반전단자로 저항, 커패시터, 인덕터, 다이오드, 트랜지스터 등의 소자가 연결된 부 귀환을 걸어 사용한다. 부 귀환을 걸면 폐루프 이득이 작아지는 대신에 선형동작 범위가 넓어져 출력이 포화되지 않고 선형으로 동작하게 된다.

증폭기에 부 귀환을 거는 방법은, 전화선로의 중계 증폭기 변형을 감소시키는 방법을 모색하던 블랙(Harold Stephen Black, 1898~1983)이 1927년에 고안했다.

부 귀환은 이득의 안정화, 입력과 출력 임피던스의 개선, 대역폭의 증가 등의 장점이 있다. 귀환 제어 시스템에서, 출력의 일부를 추출하여 입력으로 보내고 이 귀환된 신호는 입력신호와 결합하여 시스템 성능 변화를 일으킨다. 부 귀환은 귀환되는 신호가 원래의 입력신호와 반대되는 위상을 갖는다.

(1) 기본 개념

온도변화 혹은 다른 이유로 인해 증폭기의 전압이득(A)이 증가한다면 어떻게 하여 귀환이 이득을 안정화시키는지 설명한다. 증폭기의 전압이득이 증가하면 출력전압 역시 증가한다. 따라서 더 큰 부 귀환전압이 입력에 인가된다. 입력전압에서 이 귀환전압을 빼게 되므로, 결국 증폭기이득 A

의 증가를 상쇄할 만큼 출력이 줄어들게 되어, 결국 v_{out}은 거의 증가하지 않는다.

증폭기의 이득 A가 줄어드는 경우 출력전압 역시 줄어들게 된다. 이것은 귀환전압을 적게 하여, A의 감소를 거의 완전히 상쇄하게 되고 결국 출력전압은 매우 적은 감소가 일어난다.

(2) 부 귀환 전압이득

그림 18.27과 같이 개방이득이 A_{OL}이고 귀환 이득 β인 부귀환 증폭기 회로에서 KVL을 적용하면 $V_{out} = A_{OL}(V_{in} - \beta V_{out})$이므로 전압이득은

$$A_{CL} = \frac{V_{out}}{V_{in}} = \frac{A_{OL}}{1+\beta A_{OL}} \tag{18-15}$$

이고, 부 귀환이 더 효과적이기 위해, βA_{OL}는 1보다 훨씬 크게 되면, 식 (18-15)는 다음과 같이 근사 시킬 수 있다.

$$\frac{V_{out}}{V_{in}} = \frac{1}{\beta} \tag{18-16}$$

그래서 전체 증폭기의 전압이득은 온도나 트랜지스터 등에 따라 변하는 내부이득 A_{OL}에 대해 의존하지 않는다. 대신 전체이득은 β의 값에만 의존하는데, 이 귀환회로는 일반적으로 정밀저항을 사용한 전압분배회로이다. 이것은 β가 매우 안정되고 정확한 값임을 의미한다. 따라서 부 귀환회로의 전압이득은 $1/\beta$에 해당하는 고정된 값이 된다. 예를 들어 $\beta = 0.1$이라면 이득은 10이 되고, $\beta = 0.01$이면 이득은 100이 된다.

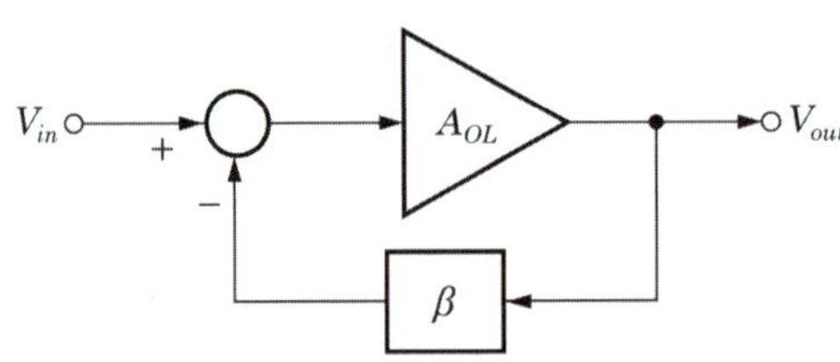

그림 18.27 이상적인 부 귀환 증폭기 모델

(3) 개방루프 이득과 폐루프 이득

내부이득 A_{OL}를 개방루프 이득이라고 하는데, 그 이유는 귀환회로가 없을 때 얻는 이득이기 때문이다. 반면에, 귀환이 있는 경우의 이득을 폐루프 이득이라 하는데, 이것은 귀환이 있어 폐루프를 형성할 때의 이득이기 때문이다. 따라서 식 (18-15)과 (18-16)를 다음과 같이 표현할 수 있고

$$A_{CL} = \frac{A_{OL}}{1+\beta A_{OL}} \tag{18-17}$$

$$A_{CL} = \frac{1}{\beta} \tag{18-18}$$

여기서, A_{CL}은 폐루프 이득, A_{OL}은 개방루프 이득이라 한다.

그림 18.28은 연산증폭기를 사용한 부 귀환 비반전 증폭기이다. 입력신호는 연산증폭기의 비반전 단자에 인가되고, 연산증폭기의 개방루프이득은 A_{OL}이다. 외부저항 R_1과 R_2는 귀환소자로서 전압분배기이다.

귀환전압은 반전입력에 인가되므로, 입력전압과 위상이 반대가 된다. 즉, 부 귀환이 걸리게 된다. 입력으로 귀환되는 출력전압의 비는 $\beta = R_1/(R_1+R_2)$가 된다. 따라서 폐루프 이득은 대략 $A_{CL} = 1/\beta = (R_1+R_2)/R_1$이 되며, 일반적으로 다음 식으로 표현한다.

$$A_{CL} = \frac{R_2}{R_1} + 1 \tag{18-19}$$

이 식으로부터 폐루프 이득은 귀환저항의 비에만 관계된다. 그래서 정밀저항을 사용함으로써 정밀한 폐루프 이득을 얻을 수 있고 온도변화나 연산증폭기를 바꾼 경우에도 안정된 폐루프 이득을 가질 수 있다.

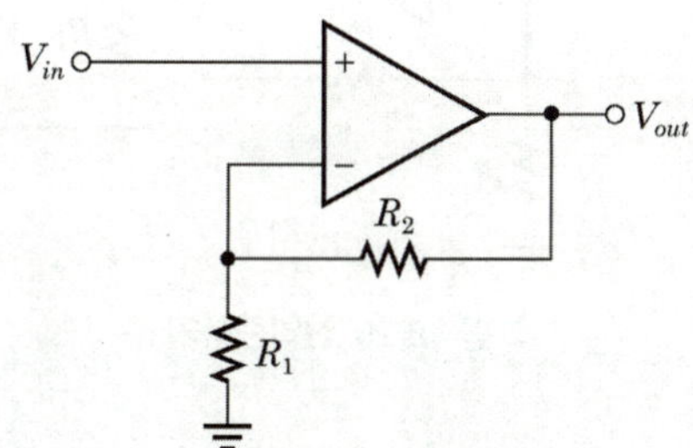

그림 18.28 부 귀환을 가진 비반전 연산증폭기

> 식 (18-18)의 이득이 1% 내의 정밀도를 갖도록 하기 위해서 개방루프 이득은 폐루프 이득보다 적어도 100배 이상 되어야 한다(즉, $A_{OL}/A_{CL}>100$). 예를 들어 741C는 대략 100,000의 개방루프 이득을 갖는데, 이 경우 폐루프 이득이 1000 이내만 되면 식 (18-7)은 1% 이내의 정확성을 갖는다.

(4) 입력과 출력 임피던스

부 귀환은 입·출력 임피던스에도 영향을 미치는데, 이상적인 전압증폭기(입력 : 전압, 출력 : 전압)인 비반전 증폭기의 입력임피던스는

$$Z_{in(CL)} = (1+\beta A_{OL})Z_{in(OL)} = \left(1+\frac{A_{OL}}{A_{CL}}\right)Z_{in(OL)} \approx \frac{A_{OL}}{A_{CL}}Z_{in(OL)} \tag{18-20}$$

이고, 입력임피던스가 A_{OL}/A_{CL}의 비로 증가한다는 것을 의미한다. 예를 들어 증폭기의 입력임피던스가 $1k\Omega$이고, A_{OL}/A_{CL}이 100이라면, $Z_{in(CL)} = 100\times 1k\Omega = 100k\Omega$이 된다.

부 귀환 비반전 증폭기의 출력임피던스는

$$Z_{out(CL)} = \frac{Z_{out(OL)}}{1+\beta A_{OL}} = \frac{Z_{out(OL)}}{A_{OL}/A_{CL}} \tag{18-21}$$

이고, 부 귀환은 출력임피던스를 A_{OL}/A_{CL}비로 감소시킨다는 것을 알 수 있다. 예를 들어, 내부증폭기의 출력임피던스가 100Ω이고, A_{OL}/A_{CL}의 값이 100이라면, $Z_{out(CL)} = 100\Omega/100 = 1\Omega$이 된다.

그림 18.29는 전압-직렬 부귀환을 가진 비반전 연산증폭기 회로이다. 회로의 특성은 안정된 전압이득, 높은 입력임피던스와 낮은 출력임피던스를 갖는다. 이 회로는 다음 식과 같은 이상적인 전압증폭기 역할을 한다.

$$\frac{V_{out}}{V_{in}} = \frac{R_2}{R_1} + 1, \; Z_{in} = \infty, \; Z_{out} = 0 \tag{18-22}$$

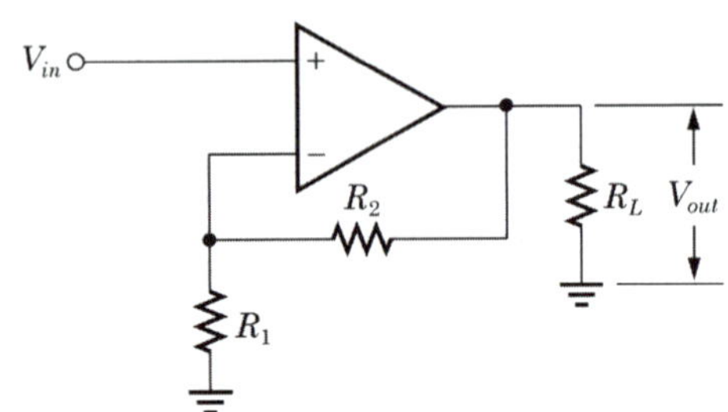

그림 18.29 전압증폭기

이상적인 전압증폭기는 이득이 일정하다. 그리고 입력임피던스가 무한대이기 때문에 증폭기를 구동시키는 회로에 대해 부하로 작용하지 않는다. 또한, 출력임피던스가 '0'이기 때문에 증폭기는 이득의 감쇄현상 없이 작은 저항부하를 구동할 수 있다.

741을 사용하여 거의 이상적인 전압증폭기를 구성할 수 있다. A_{OL}/A_{CL}이 1,000보다 크면, 입력임피던스는 수 $M\Omega$ 정도가 되고, 출력임피던스는 수 Ω 정도가 된다. 이상적인 연산증폭기는 무한대의 개방루프 이득과 입력임피던스를 갖는다는 점 때문에, 연산증폭기의 기준 점인 접지에서 입력단 전압은 같다. 즉, $V- = V+$이다. 이는 연산증폭기의 두 단자는 전류에 대해서는 개방이지만, 전압에 대해서는 접지인 가상접지 원리를 이용한 것이다. 가상접지는 이상적 근사이지만 부 귀환이 형성되면 정확한 답을 제공한다.

예제 18-16

다음 회로에서 출력전압은 입력전류 i_i에 비례한다. (a) A가 무한대 (b) A가 유한할 때 전달저항 $R_m = \frac{v_o}{i_i}$과 입력 저항 $R_i = \frac{v_i}{i_i}$를 구하여라.

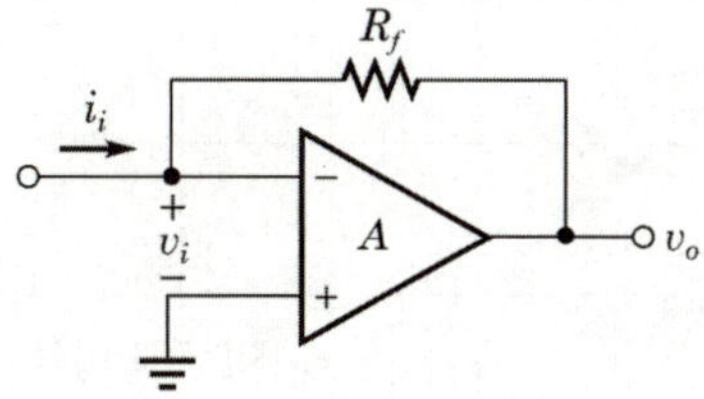

| 풀이 |

(a) $v_o = v_i - i_i R_f = -i_i R_f$이므로 전달저항 $R_m = \dfrac{v_o}{i_i} = -R_f$, 입력저항 $R_i = \dfrac{v_i}{i_i} = \dfrac{0}{i_i} = 0$

(b) $v_o = v_i - i_i R_f = -i_i R_f$은 같지만 $v_o = -Av_i$이므로 $v_o = -\dfrac{v_o}{A} - i_i R_f$이고, $v_o\left(1+\dfrac{1}{A}\right) = -i_i R_f$이므로 전달저항 $R_m = \dfrac{v_o}{i_i} = \dfrac{-R_f}{1+\dfrac{1}{A}}$, 입력 저항 $R_i = \dfrac{v_i}{i_i} = -\dfrac{v_o}{Ai_i}$이고, $v_o = -i_i R_f\left(1+\dfrac{1}{A}\right)^{-1}$를 대입하면 $R_i = \dfrac{1}{Ai_i}\left[i_i R_f\left(1+\dfrac{1}{A}\right)^{-1}\right] = \dfrac{R_f}{A}\left(1+\dfrac{1}{A}\right)^{-1} = \dfrac{R_f}{1+A}$

(5) 상한 차단주파수

그림 18.30은 741의 개방회로 응답특성을 보드 선도(Bode plot)로 그린 것이다. 개방루프 이득의 최댓값은 10^5이 되고, 동작주파수를 10Hz로 하면 개방회로 이득은 최댓값의 0.707배로 감소한다. 주파수를 계속 증가시키면, 이득 역시 계속하여 감소한다. f_{OL}보다 높은 주파수에서, 주파수를 10배로 증가시킴에 따라 이득은 1/10로 감소한다(−20dB/decade와 등가).

> octave 수 $n_{OCT} = \log_2(f_2/f_1)$, 두 배의 배수, $f_1 = 2k\text{Hz}$와 $f_2 = 8k\text{Hz}$는 2octave이다.
> 공학에서 많이 사용하는 decade 수 $n_{DEC} = \log_{10}(f_2/f_1)$, 십 배의 배수, $f_1 = 2k\text{Hz}$와 $f_2 = 10k\text{Hz}$는 $\log_{10}5 = 0.699$decade이다.

그림 18.30의 연산증폭기는 직결합이 되어 있기 때문에 하한 차단주파수(lower cutoff frequency)는 없지만, 개방회로 상한 차단주파수(upper cutoff frequency), f_{OL}을 가진다. 부 귀환이기 때문에 증폭기 전체의 상한 차단주파수 f_{CL}은 f_{OL}보다 크다.

입력주파수를 증가시키면 결국 내부 차단주파수 f_{OL}에 도달할 것이다. 이 주파수에서의 개방회로 이득은 최댓값의 0.707배로 줄어든다. 입력주파수를 계속해서 증가시키면 개방회로 이득은 폐회로 이득과 같아질 때까지 지속적으로 감소하게 된다. 이때 폐회로 이득은 급격히 감소하고, 폐회로 이득이 최댓값의 0.707배가 되는 주파수를 폐회로 차단주파수라고 한다. 개방회로 이득이 1로 감소할 때의 주파수는 단위이득 주파수(unit-gain frequency)이다.

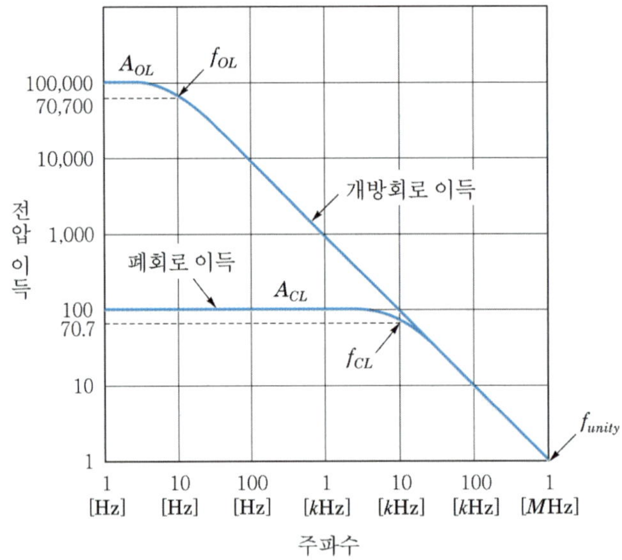

그림 18.30 741C의 개방회로 및 폐회로의 전압이득과 주파수 관계

연산증폭기의 개방이득 $A_{OL}(f)$은 RC 저역통과필터와 같이 주파수에 따라 변하는

$$A_{OL}(f) = \frac{A_{OL}}{1+jf/f_{OL}} \tag{18-23}$$

이고, 여기서 A_{OL}은 직류이득, f_{OL}은 개방회로 차단주파수이다. f_{OL}은 매우 낮은 10Hz이므로 자료집에는 보통 직류이득 A_{OL}과 개방이득=1일 때 주파수인 단위이득주파수 f_{unity}를 제시한다 $(f_{unity} = A_{OL} f_{OL})$.

폐회로 이득 $A_{CL}(f)$은

$$A_{CL}(f) = \frac{A_{OL}}{1+\beta A_{OL}} = \frac{\dfrac{A_{OL}}{1+jf/f_{OL}}}{1+\beta\left(\dfrac{A_{OL}}{1+jf/f_{OL}}\right)} = \frac{A_{OL}/(1+\beta A_{OL})}{1+j\dfrac{f}{(1+\beta A_{OL})f_{OL}}} = \frac{A_{CL}}{1+j\dfrac{f}{f_{CL}}} \tag{18-24}$$

이고, 여기서 A_{CL}는 직류 귀환증폭도, f_{CL}은 귀환 차단주파수이다. 귀환이 있는 증폭기의 주파수 응답은 RC 저역통과필터와 같고 귀환 차단주파수 $f_{CL} = f_{OL}(1+\beta A_0)$이며, f_{CL} 이하 주파수에서 이득은 $A_{CL} = A_{OL}/(1+\beta A_{OL})$이다.

귀환증폭기 이득-대역폭 곱(gain-bandwidth product) $A_{CL} f_{CL} = \dfrac{A_{OL}}{1+\beta A_{OL}} \times f_{OL}(1+\beta A_{OL}) = A_{OL} f_{OL}$이므로 귀환 차단주파수 f_{CL}은 다음과 같다.

$$f_{CL} = \frac{A_{OL}}{A_{CL}} f_{OL} \tag{18-25}$$

741C의 A_{OL}이 10^5이고 f_{OL}이 10Hz이면, 개방 직류이득과 차단주파수의 곱은 $A_{OL}f_{OL} = 100{,}000 \times 10\text{Hz} = 1M\text{Hz}$가 된다. 즉, 741C의 개방루프 이득-대역폭 곱은 $1M\text{Hz}$라는 것이다.

귀환 저항값과 무관하게, 폐회로의 $A_{CL}f_{CL}$은 개방루프의 $A_{OL}f_{OL}$과 같다. 즉, 개방루프 이득-대역폭 곱은 폐회로의 이득-대역폭 곱과 같다. 주어진 741C에 대해서는 귀환 저항값에 상관없이 $A_{CL}f_{CL}$는 항상 $1M\text{Hz}$가 된다.

예제 18-17

개방루프 상한 차단주파수 $f_{OL} = 10\text{Hz}$이고, $A_{OL}/A_{CL} = 1000$이다. 부 귀환의 상한 차단주파수를 구하여라.

| 풀이 |

$$f_{CL} = \frac{A_{OL}}{A_{CL}} f_{OL} = 1000 \times 10\text{Hz} = 10k\text{Hz}$$

예제 18-18

$4k\text{Hz}$에서 출력 진폭이 4V인 증폭기가 주파수가 증가할 때 2dB/octave로 감소한다. $13k\text{Hz}$에서 출력 진폭을 구하여라.

| 풀이 |

$4k\text{Hz}$와 $13k\text{Hz}$는 $\log_2(13/4) = 1.7$octave이다. 출력진폭은 $1.7 \times 2 = 3.4$dB 감소한다. $13k\text{Hz}$에서 출력 진폭 $20\log 4 - 3.4 = 8.64$dB 이므로 $8.64 = 20\log x$에서 2.7V이다.

(6) 단위이득 주파수

그림 18.30에서 단위이득 주파수 f_{unity}는 $1M\text{Hz}$가 된다. 이 값은 연산증폭기에서 유용한 이득의 상한 값이므로 자료집에서 f_{unity}로 알려준다. f_{unity}인 신호에 대한 전압이득은 1이므로, 개방루프 이득-대역폭 곱 역시 f_{unity}가 되고 폐회로 이득-대역폭 곱도 다음 식으로 표현된다.

$$A_{CL}f_{CL} = f_{unity} \tag{18-26}$$

어떤 연산증폭기의 f_{unity}의 값을 알게 되면, 그 값이 바로 폐회로 이득-대역폭 곱의 값이라는 것을 알 수 있다. 다시 말해 귀환저항값에 무관하게 A_{CL}과 f_{CL}의 곱은 f_{unity}의 값과 같다. 표 18.2는 이상적인 연산증폭기와 μA741의 특성을 비교하였다.

표 18.2 연산증폭기 특성 비교

매개변수	이상적인 연산증폭기	μA741
대신호 전압이득	∞	2×10^5
입력저항	∞	$2M\Omega$
입력오프셋전압	0	$1m$V
입력바이어스전류	0	$10n$A
입력 오프셋전류	0	$2n$A
입력전압범위	$\pm V_s$	± 15V($V_s=\pm 22$V)
출력전압범위	$\pm V_s$	± 14V
CMRR	∞	90dB
단위이득 주파수	∞	$1M$Hz
슬루율	∞	0.5V/μs

예제 18-19

이상적인 연산증폭기(개방이득 $A_0=40$dB, 개방 3dB 차단주파수 $f_{OL}=1M$Hz, SR $=2$V/μs, 전압레일 $=\pm 5$V)를 이용한 비반전 증폭기에서 (a) 단위이득 주파수 f_{unity} (b) 폐회로의 3dB 차단주파수 (c) 최대출력주파수(FPBW) (d) 주파수가 $1M$Hz일 때 찌그러짐이 없는 최대진폭을 구하여라.

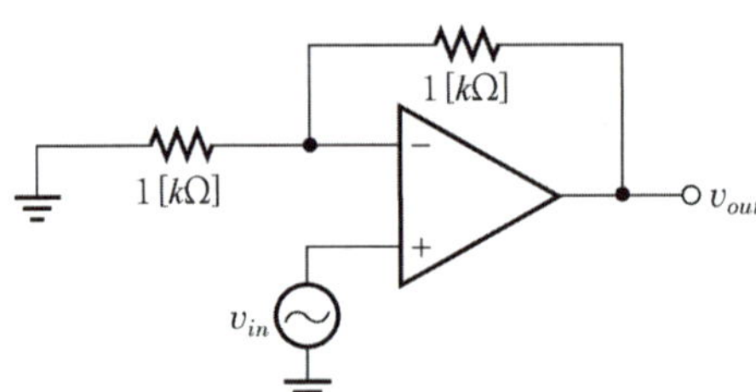

| 풀이 |

폐회로 전압이득 $\frac{v_{out}}{v_{in}}=A_{CL}=1k\left(\frac{1}{1k}+\frac{1}{1k}\right)=2$이고 개방 전압이득 $A_0=100$이다.

(a) $f_{unity}=f_{OL}A_0=(1M)(100)=100M$Hz (b) $f_{CL}=\frac{f_{unity}}{A_{CL}}=\frac{100M}{2}=50M$Hz

(c) $f_{\max}\le\frac{\text{SR}}{2\pi V_P}=\frac{2\times10^6}{2\pi(5)}=63.7k$Hz (d) $V_p\le\frac{\text{SR}}{2\pi f}\equiv\frac{2\times10^6}{2\pi(10^6)}=0.32$V

18.6 연산증폭기 적분기

(1) 일반적인 적분기

그림 18.31(a)는 연산증폭기를 사용하여 구성한 적분기를 나타낸다. 전류는 반전입력 단자로 들어갈 수 없으므로 모든 입력전류는 커패시터로 흐르고 정리하면

$$i_{out} = i_{in} = -\frac{v_{in}}{R} = C\frac{dv_{out}}{dt} \tag{18-27}$$

$$v_{out} = -\frac{1}{RC}\int_0^t v_{in}(t')dt' - V_C \tag{18-28}$$

이고 여기서 V_C는 $t=0$에서 커패시터의 전압이다. 출력은 입력의 시간적분에 비례하고 RC-곱은 적분기 시상수이다. 커패시터가 일정한 충전전류를 가질 때 커패시터의 전압은 램프, 즉, 선형변화를 나타낸다. 즉 일정한 값의 충전전류가 커패시터 양단전압을 선형적으로 변화시킨다.

그림 18.31(b)의 구형파로 적분기를 구동할 때 출력은 그림 18.31(c)와 같은 삼각파의 형태를 나타낸다. 저항 R에 흐르는 전류크기는 $i_{in} = \frac{v_{in(p)}}{R} = \frac{v_{in(p-p)}}{2R}$이고 이 전류는 커패시터에 흐르므로 적분기 피크-피크 출력전압은

$$v_{out(p-p)} = \frac{\Delta Q}{C} = \frac{i\Delta t}{C} = \frac{1}{C}\frac{v_{in(p-p)}}{2R}\frac{T}{2} = \frac{v_{in(p-p)}}{4fRC}[\text{V}] \tag{18-29}$$

이므로 발진주파수는 다음과 같다.

$$f_{out} = \frac{1}{4RC}\frac{v_{in(p-p)}}{v_{out(p-p)}}[\text{Hz}] \tag{18-30}$$

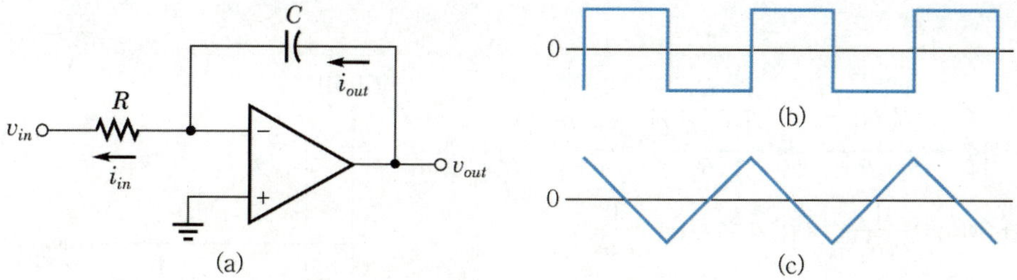

그림 18.31 연산증폭기를 이용한 적분기 (a) 회로도 (b) 입력파형 (c) 출력파형

예제 18-20

그림 18.31과 같은 적분기에서 주파수 $f=1k\text{Hz}$, $R=10k\Omega$, 그리고 $C=0.2\mu\text{F}$일 때 12V의 피크-피크값인 입력 구형파가 인가될 때 출력삼각파의 피크-피크 값을 구하여라.

| 풀이 |

$$v_{out(p-p)} = \frac{12\text{V}}{4\times10^3\times10^4\times0.2(10^{-6})} = 1.5\text{V}$$

예제 18-21

펄스열로 구동되는 적분기 회로에서 10번째 펄스 끝에서 출력전압이 -10V이다. 단 $t=0$에서 $V_C=0$

이고 각 펄스 발생 시 이전 펄스의 커패시터 전압이 유지된다고 가정할 때 시상수 RC를 구하여라.

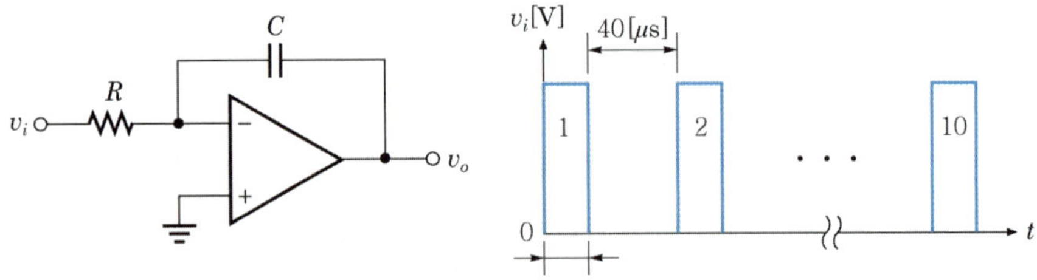

| 풀이 |

적분기 출력은 $v_o = \frac{1}{RC}\int_0^t v_i(t)dt$이고 첫 번째 펄스 $t_p = 10\mu\text{s}$ 동안 출력전압은 선형적으로 감소하므로 첫 번째 펄스 끝에서 출력전압은 $v_o(t_p) = \frac{-10\mu}{RC}[\text{V}]$이다. 다음 펄스때까지 이 전압을 유지하면 n펄스 후 전압은 $v_o(nt_p) = n \times \frac{-10\mu}{RC}[\text{V}]$이므로 $v_o(10t_p) = 10 \times \frac{-10\mu}{RC}[\text{V}] = -10\text{V}$ 이므로 시상수 $RC = 10\mu\text{s}$이다.

(2) 실제적인 연산증폭기 적분기

커패시터는 주파수가 '0'인 경우에 개방회로로 등가화 시킬 수 있으므로 그림 18.31(a)에서의 입력오프셋은 연산증폭기를 포화시킬 수 있다. 이것을 피하기 위해 그림 18.32처럼 보통 커패시터 양단과 병렬로 저항 R_2를 연결해 주는 밀러적분기(혹은 반전적분기)를 사용한다.

- 전달함수$= -\dfrac{R_2 /\!/ \frac{1}{sC}}{R_1} = -\dfrac{\frac{R_2}{1+sR_2C}}{R_1} = \dfrac{-R_2/R_1}{1+sR_2C}$
- 차단주파수$= \dfrac{1}{2\pi R_2 C}$, 적분기 주파수$= \dfrac{1}{2\pi RC}$

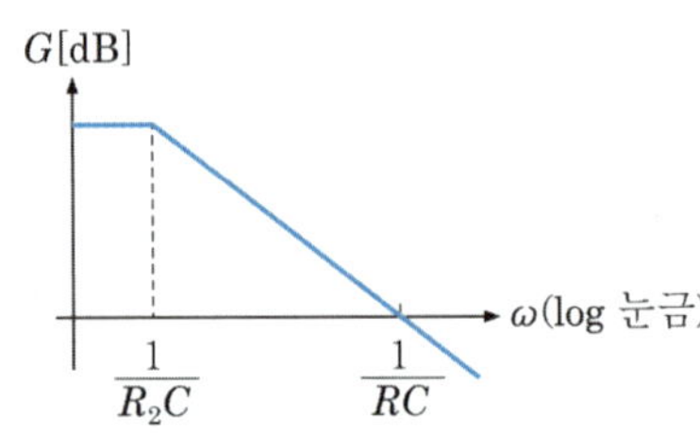

전형적으로 이 R_2 저항은 입력저항 R_1보다 5~10배 큰 값이며, 입력주파수가 아래의 식보다 훨씬 큰 경우라면 실질적으로 출력에 아무 영향도 없다.

$$f = \frac{1}{2\pi R_2 C} \tag{18-31}$$

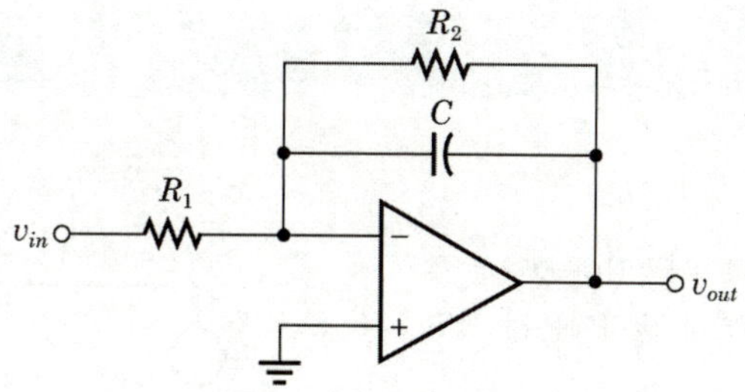

그림 18.32 입력오프셋을 최소화한 밀러적분기

예제 18-22

$R_1 = R_2 = 1k\Omega$, $C = 1\mu$F 인 밀러 반전 적분기에서 (a) 직류 이득 (b) 정상상태 전달함수 (c) 차단주파수 (d) 선형시스템일 때 입력 사인파의 진폭이 0.2V 이고 주파수가 50Hz 일 때 출력 진폭 (e) 입력 바이어스전류 $I_{IB} = 1\mu$A, 오프셋전압 $V_{IO} = 10m$V 일 때 출력에 나타나는 직류 오프셋 전압을 구하여라.

| 풀이 |

(a) 직류에서 커패시터는 개방이므로 직류이득 $A_{DC} = -\dfrac{R_2}{R_1} = -1[\text{V/V}]$

(b) $A_{CL} = -\dfrac{Z_2}{Z_1} = -\dfrac{X_C /\!/ R_2}{R_1} = -\left(\dfrac{R_2}{R_1}\right)\left(\dfrac{1}{1+jwR_2C}\right)$, K/jw 형이므로 고주파에서 적분기이다.

(c) $f_c = \dfrac{1}{2\pi R_2 C} = \dfrac{1}{2\pi(10^3)(10^{-6})} = 159\text{Hz}$

(d) $V_{om} = V_{im}\left|-\left(\dfrac{R_2}{R_1}\right)\left(\dfrac{1}{1+jwR_2C}\right)\right| = 0.2\sqrt{\dfrac{1}{1+(2\pi f R_2 C)^2}} = 0.17\text{V}$

(e) $V_{IO} = V_{dc1} - V_{dc2}$ 이므로 $V_{out} = V_{IO}\left(1+\dfrac{R_2}{R_1}\right) + I_{IB}R_2 = 10m(2) + (1\mu)(1k) = 21m\text{V}$

연습문제

18.1 연산증폭기의 찌그러짐이 없는 최대 정현파 출력은 증폭기의 이득에 따라 달라지는지 설명하여라.

18.2 다음과 같은 이상적인 연산증폭기 회로에서 출력 v_o를 구하여라.

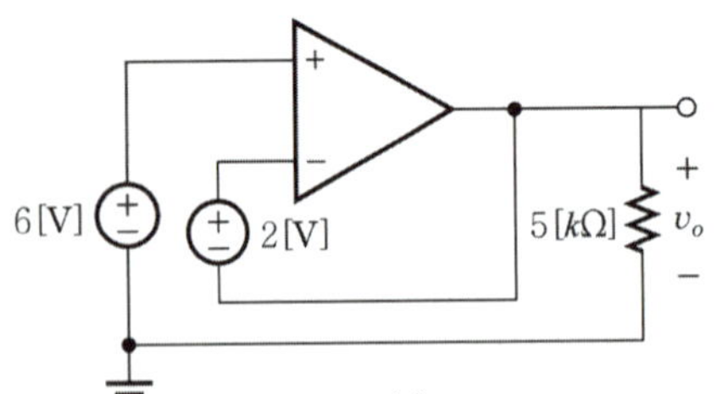

(a)

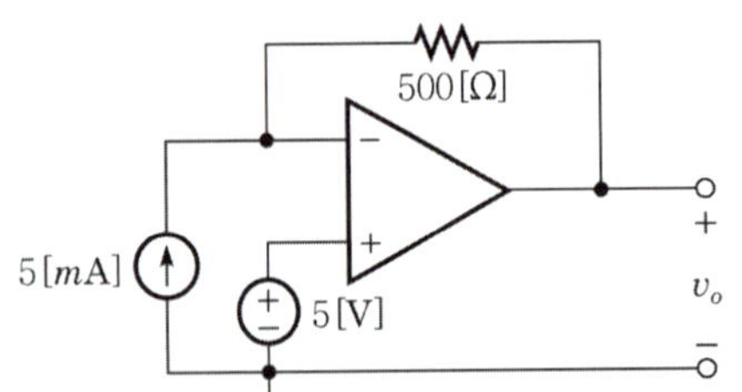

(b)

18.3 $R_1 = 560\Omega$, $R_2 = 10k\Omega$ 인 증폭기회로의 전압이득을 구하여라.

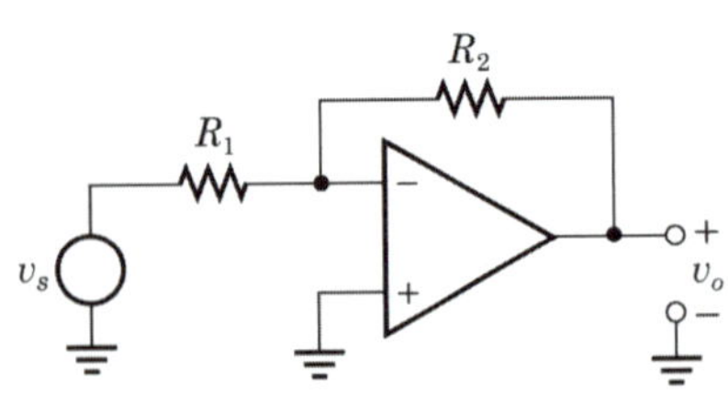

18.4 $R_1 = 560\Omega$, $R_2 = 10k\Omega$ 인 증폭기회로의 전압이득을 구하여라.

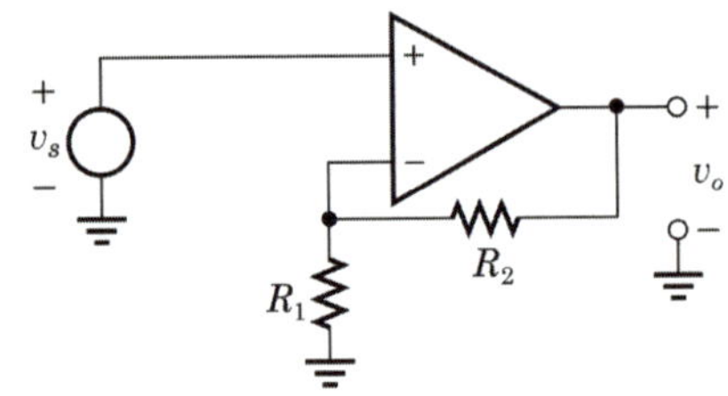

18.5 증폭기회로의 전압이득 v_o/v_{in}을 구하여라.

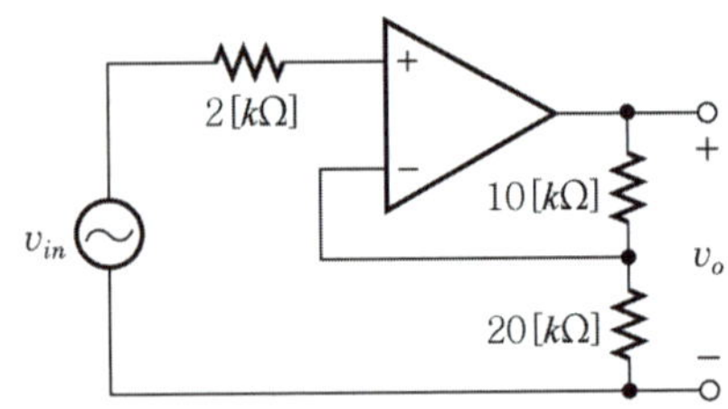

18.6 다음과 같은 이상적인 다이오드와 연산증폭기 회로에서 (a) $v_{in} = 1\text{V}$ (b) $v_{in} = -1\text{V}$ 일 때 다이오드 도통여부, v_{out}를 구하여라.

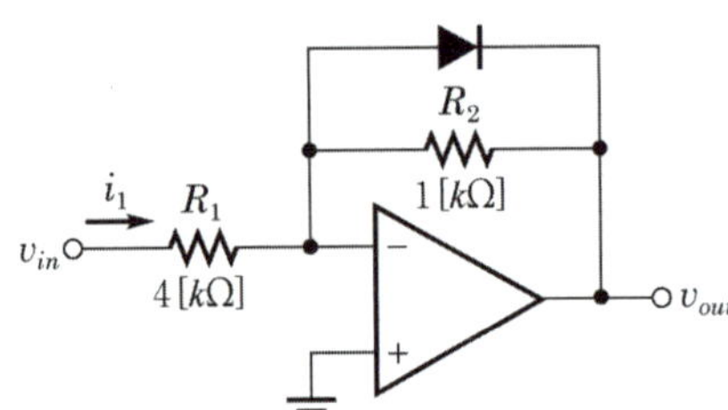

18.7 제너전압이 5V이고 입력이 $10\sin 100t$[V]일 때 출력을 나타내어라.

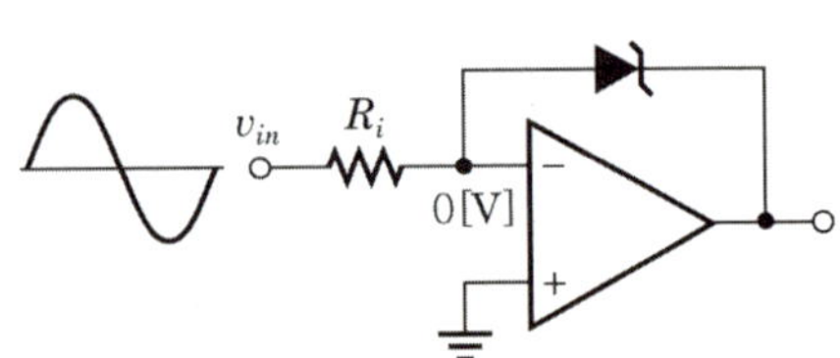

18.8 다음 회로에서 출력 $v_o = -8\text{V}$일 때 v_2값을

구하여라.

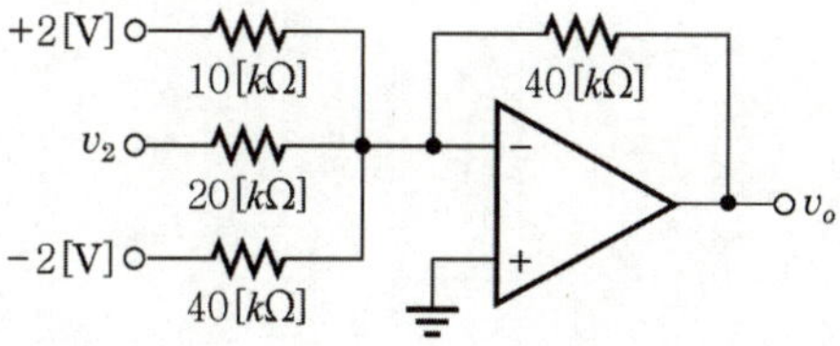

18.9 입력 바이어스전류 $I_{IB}=20nA$ (방향에 따라 양 혹은 음)를 제외한 이상적인 연산증폭기 회로에서 이 입력 바이어스전류에 의한 출력전압의 최댓값과 최솟값을 구하여라.

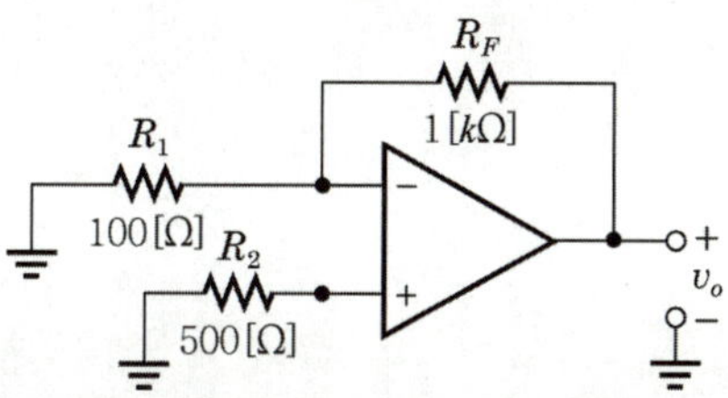

18.10 차동증폭기의 입력 $v_{I1}=-50mV$, $v_{I2}=+50mV$ 에서 출력 $v_o=1.23V$ 이다. 입력 $v_{I1}=v_{I2}=3V$ 에서 출력 $v_o=0.23V$ 이다. 차동모드이득, 공통모드이득, 그리고 CMRR을 구하여라.

18.11 연산증폭기의 차동모드 이득이 2,500이고 CMRR이 90dB이다. $v_{i1}=4.001V$, $v_{i2}=3.999V$ 일 때 출력전압을 구하여라.

18.12 최대 출력값이 5V이고 최대 1MHz 사인파를 출력하는 증폭기회로에서 필요한 연산증폭기의 최소 슬루율을 구하여라.

18.13 이상적인 연산증폭기(개방이득 $A_0=30dB$, 개방 3dB 차단주파수 $f_{OL}=10MHz$, $SR=5V/\mu s$ 전압레일=±5V)를 이용한 비반전 증폭기에서 (a) 단위이득 주파수 f_{unity} (b) 폐회로의 3dB 차단주파수 (c) 최대출력주파수(FPBW) (d) 주파수가 1MHz 일 때 찌그러짐이 없는 최대진폭을 구하여라.

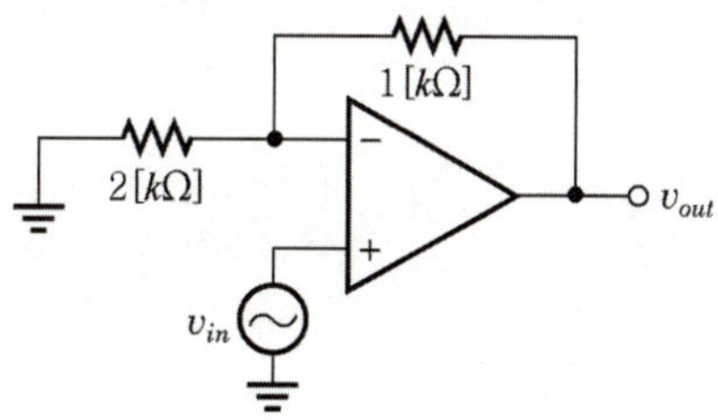

18.14 밀러 반전 적분기에서 $R_1=R_2=1k\Omega$, $C=0.1\mu F$ 인 에서 (a) 직류 이득 (b) 정상상태 전달함수 (c) 차단주파수 (d) 선형시스템일 때 입력 사인파의 진폭이 1V이고 주파수가 500Hz 일 때 출력 진폭 (e) 입력 바이어스전류 $I_{IB}=0.5\mu A$, 오프셋전압 $V_{IO}=5mV$ 일 때 출력에 나타나는 직류 오프셋전압을 구하여라.

18.15 2kHz보다 2[decade] 높은 주파수와 낮은 주파수를 계산하여라.

18.16 10kHz에서 출력 진폭이 10V인 증폭기가 주파수가 증가할 때 5dB/octave로 감소한다. 100kHz에서 출력 진폭을 구하여라.

Chapter 19

연산증폭기 응용

19.1 능동필터

능동필터(active filter)는 능동소자(연산증폭기 등)와 저항, 커패시터에 의해 구성된 필터회로이며 연산증폭기를 사용하여 저주파 영역에서 널리 이용된다.

능동필터는 필터회로에서 인덕턴스를 없애기 위한 것으로 저주파영역의 필터를 인덕터와 커패시터로 구성하면 큰 인덕턴스의 값이 필요하게 되어 인덕터는 크고 무겁게 되어 양호도 Q도 저하한다. 또한 코어에 사용하는 자성체의 비선형성, 코일의 누설자장에 의해 다른 회로에 잡음을 발생시키는 등으로 능동필터로 코일에 관련된 여러 단점을 제거할 수 있다.

능동필터의 장점은 다음과 같다. ① 연산증폭기는 필터 통과로 인한 이득 감쇠를 고려하여 높은 전압이득 제공하고 ② 높은 입력임피던스로 구동원의 과부하를 막아주며 ③ 낮은 출력임피던스로 필터가 구동될 때 부하의 영향으로부터 필터를 보호하고 ④ R, C의 값을 바꿈으로써 필터특성을 바꿀 수 있고 필터의 이득범위도 넓은 주파수 범위에서 조정하기 쉽다

그러나 능동필터의 단점은 다음과 같다. ① 능동소자를 동작시키기 위한 직류 전원이 필요하고 ② 연산증폭기의 주파수 응답에 의해 제한되어질 수 있다. 능동필터에서 취급하는 신호주파수인 경우 범용 연산증폭기는 10[kHz] 이하이고, 고속 연산증폭기는 100[kHz] 이하이다.

(1) 능동 저역통과 필터

연산증폭기와 리액턴스 소자를 사용하여 능동필터를 구성할 수 있다. 이 능동필터는 수동필터에 비해 부피가 크고 낮은 차단주파수에서 비경제적인 인덕터를 제거할 수 있다는 장점이 있다. 또한 능동필터는 전압이득을 가변시킬 수 있고, 차단주파수의 조정이 용이한 장점을 갖는다.

그림 19.1(a)는 능동 저역통과 필터의 한 방법을 나타낸 것으로 동작원리는 다음과 같다. 낮은 주파수에서 커패시터를 개방시키면 회로의 전압이득은 $-R_2/R_1$인 반전 증폭기와 동일하다. 주파수가 증가함에 따라 용량성 리액턴스는 감소되기 때문에 전압이득은 감소하게 된다. 주파수가 더욱 증가하여 무한대에 접근하면 커패시터는 단락되고, 전압이득은 '0'이 된다.

그림 19.1(b)는 출력응답이며 낮은 주파수에서 출력신호가 최대가 된다. 주파수가 차단주파수에 도달하면 출력은 3dB 떨어지고, 차단주파수 이상 주파수가 증가함에 따라 이득은 이상적인 경우 6dB/octave(주파수의 2배 증가)의 비율로 떨어진다. 예를 들어 차단주파수가 1kHz라면 이득은 주파수가 2kHz에서 4kHz로 증가하면 근사적으로 6dB 감소하고, 마찬가지로 주파수가 4kHz에서 8kHz로 증가하면 또 다시 6dB만큼 이득이 감소하는 응답특성을 나타낸다.

6dB/octave의 감소는 20dB/decade와 같다. 즉, 만약 차단주파수가 1kHz라면 이득은 주파수가 10kHz에서 100kHz로 변화하는 경우 20dB로 감소하게 되고, 또한 주파수가 100kHz에서 1MHz로 증가하면 20dB만큼 이득은 더 감소하는 것이다.

수학적인 분석에 의해 차단주파수를 구하면

$$f_c = \frac{1}{2\pi R_2 C} \tag{19-1}$$

이고, 그림 19.1(a)에서 C를 조절하면 차단주파수 가변이 가능하고, R_1에 의해 이득을 제어할 수

있다. 만약 고정된 응답특성을 얻고자 한다면 R_1과 C를 고정값으로 사용하면 된다. 능동 필터회로는 전압-병렬 부 귀환에 의해 출력 임피던스가 거의 '0'과 같은데, 이는 이 필터가 낮은 임피던스 부하를 구동시킬 수 있음을 의미한다.

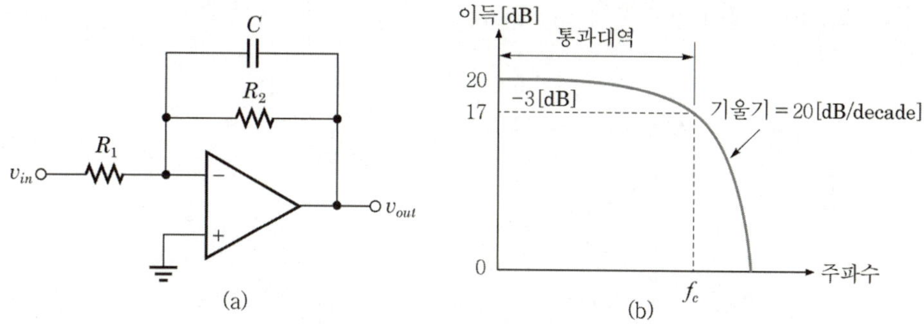

그림 19.1 능동 1차 저역통과필터 (a) 회로 (b) 주파수 특성

예제 19-1

능동 1차 저역통과필터 $R_1 = R_2 = 10k\Omega$, $C = 1nF$이고 $w = 10^5[\text{rad/s}]$, $V_{out} = 10V\angle 0°$이다. 입력을 구하고, 이 회로의 차단주파수를 구하여라.

| 풀이 |

$X_C = \dfrac{1}{jwC} = \dfrac{1}{j(10^5 \times 10^{-9})} = -j10[k\Omega]$ $Z_F = R_2 /\!/ X_C = \dfrac{10k \times (-j10k)}{10k - j10k} = 5 - j5[k\Omega]$,

$v_o = \dfrac{v_{in}}{R_1}(-Z_F) = -\dfrac{5k - j5k}{10k} v_{in}$에서 $v_{in} = \dfrac{2}{-1+j} v_o = (-1-j)(10)$이므로

$V_{in} = 14.14\angle -135^o[V]$

차단주파수 $f_c = \dfrac{1}{2\pi R_2 C} = \dfrac{1}{2\pi(10^4)(10^{-9})} = 16kHz$

(2) 2차 고역통과 필터

그림 19.2(a)는 2차(second-order) 고역통과 필터로서 낮은 주파수에서는 커패시터가 개방으로 등가 시킬 수 있어 전압이득은 '0'에 접근하게 된다. 고주파에서 커패시터는 등가적으로 단락된 것으로 볼 수 있다. 이 필터의 이득은 $1 + R_1/R_2$이고 차단주파수는 다음과 같다.

$$f_c = \frac{1}{2\pi\sqrt{R_3 R_4 C_1 C_2}} \tag{19-2}$$

그림 19.2(b)는 주파수에 대한 이득을 나타내고 차단주파수에서 이득이 3dB 떨어지고 이 차단주파수는 데시벨로 표현하지 않은 보통의 전압이득으로 나타내는 경우 높은 주파수에서의 전압이득에 비해 $0.707(=1/\sqrt{2})$배에 해당하는 전압이득을 갖는 주파수를 의미한다. 두 커패시터는 1차 능동필터보다 2배의 속도로 이득을 증가시키는 기능을 수행함으로, 결국 12dB/octave 또는

40dB/decade의 증가비율을 나타내게 된다. 예를 들어 차단주파수를 1MHz로 가정하면 이상적인 경우 이득은 주파수가 2kHz에서 4kHz로 변화할 때 12dB 증가하게 되고, 또한 주파수가 4kHz에서 8kHz로 변화하면 마찬가지로 12dB만큼 이득이 더 증가하는 형태로 응답특성을 나타낸다. 즉 주파수가 2kHz에서 20kHz로 변화하면 40dB만큼 이득이 증가되고, 20kHz에서 200kHz로 주파수가 변하면 이득이 또 40dB 증가된다.

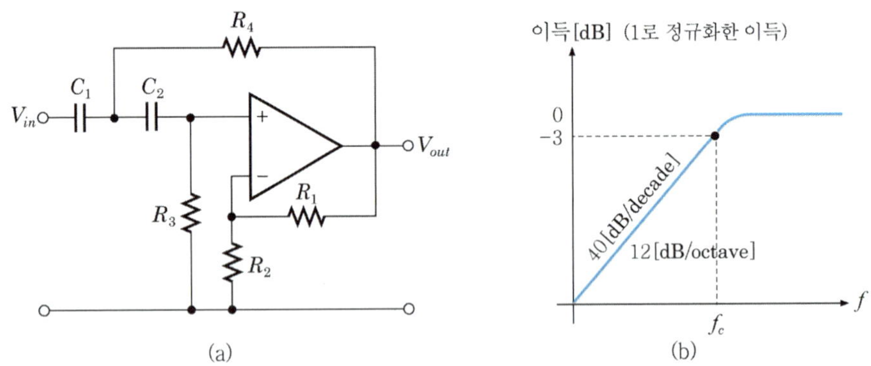

그림 19.2 2차 고역통과필터 (a) 회로 (b) 주파수 특성

예제 19-2

차단주파수를 10kHz인 2차 능동 고역통과 필터를 설계하여라.

| 풀이 |

커패시터의 전기용량을 $C_1 = C_2 = C = 0.02\mu F$을 선택한다. 차단주파수로부터

$R = \dfrac{1}{2\pi f C} = \dfrac{1}{2\pi(10^4)(0.02\times10^{-6})} \simeq 796\Omega \simeq 800\Omega$, 필터의 이득을 2로 하면 $1 + R_1/R_2 = 2$에서

$R_1/R_2 = 1$이므로 $R_1 = R_2 = 1k\Omega$으로 한다.

n-차 필터의 기울기는 $6n$[dB/octave] 혹은 $20n$[dB/decade]이다.

decade는 10배, octave는 2배를 의미한다.

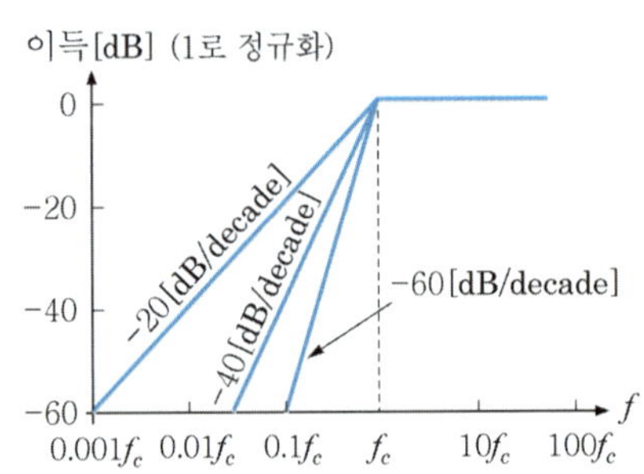

19.2 전압 비교기

전압비교기(voltage comparator)의 단자 구조는 연산증폭기와 동일하게 비반전단자, 반전단자, 양의 전원단자, 음의 전원단자, 출력단자의 5단자로 구성되어 있다. 어느 한쪽의 입력단자를 기준단자로 전압을 고정하고, 이 기준전압과 다른 한쪽의 단자에 입력되는 전압의 차를 증폭하여, 1 또는 0을 출력하는 회로이다.

① +입력단자 전위 〉 −입력단자 전위가 성립되면 1 출력

② −입력단자 전위 〉 +입력단자 전위가 성립되면 0 출력

연산증폭기와 비교기의 큰 차이점은 위상보상 커패시터의 유무이다. 연산증폭기는 부귀환 회로를 구성하여 사용하기 때문에 집적회로의 내부에 발진 방지용 위상보상 커패시터가 필요하다. 반면에, 비교기는 부귀환 회로를 구성하는 경우가 없으므로 위상보상 커패시터를 내장하고 있지 않는다. 위상보상 커패시터는 입력-출력 간 응답시간을 제한하기 때문에 위상보상 전기용량이 없는 비교기는 연산증폭기에 비해 응답특성이 우수하다.

한편, 연산증폭기를 비교기로 사용하면, 이러한 위상보상 전기용량에 의해 응답특성이 제한되어 비교기와 비교 시, 응답특성이 매우 나빠진다. 따라서 연산증폭기를 비교기로 사용할 때 주의해야 한다.

일반적으로 연산증폭기와 같이 비교기의 전달특성은 그림 19.3과 같다. 두 입력차 V_d가 작으면 선형영역에 있어 증폭기의 역할을 수행하고 입력차가 크면 포화곡선 영역에 있어 비교기처럼 동작한다.

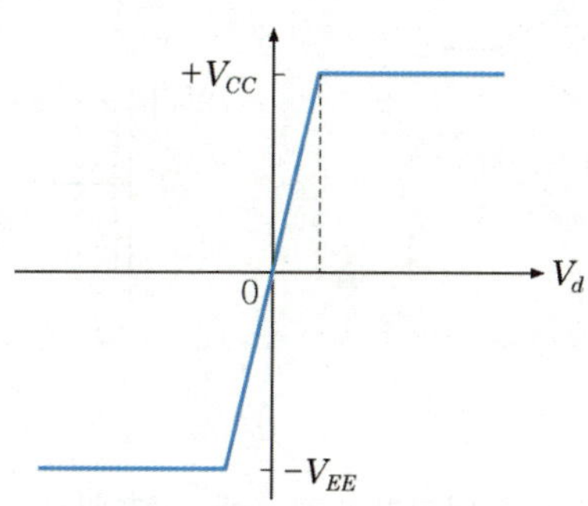

그림 19.3 비교기의 전달특성

(1) 기준전위 검출기

그림 19.4는 전압분배기를 이용한 기준전압 검출기를 나타낸다. 기준전압 $V_{REF} = \dfrac{R_2 V}{R_1 + R_2}$ 이고 기준전압보다 높으면 최대출력전압이 나오고 기준전압보다 낮으면 최소출력전압이 나타난다.

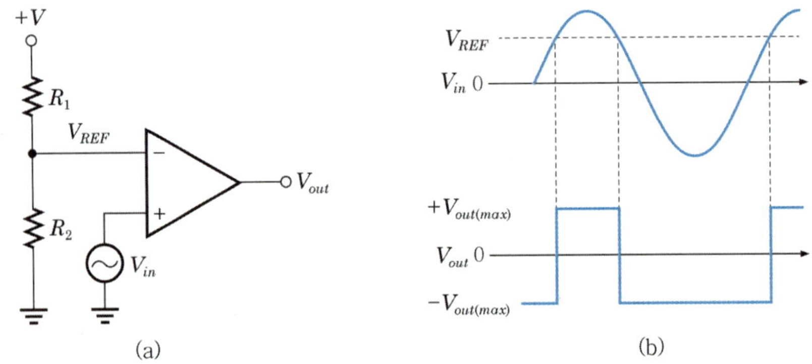

그림 19.4 기준전위 검출기

예제 19-3

$R_1 = 10k\Omega$, $R_2 = 1k\Omega$ 인 그림 19.4(a) 회로에서 사인파를 입력할 때 출력을 그려보아라. 이때 비교기의 최대/최소출력레벨은 $\pm 12\text{V}$ 이다.

| 풀이 |

$$\text{기준전위} = \frac{1k}{10k+1k}(15\text{V}) = 1.36\text{V}$$

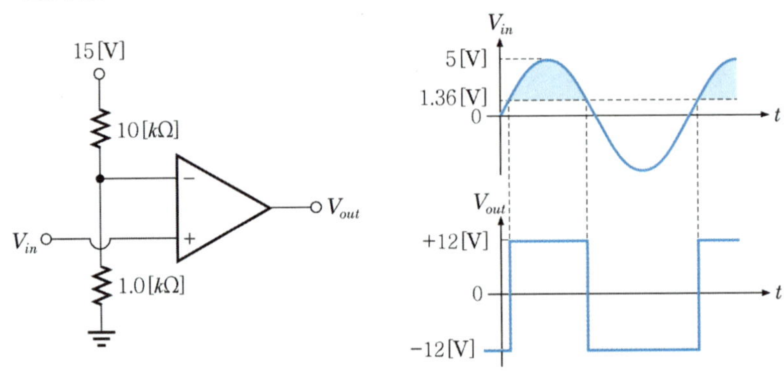

(2) 슈미트 트리거

슈미트 트리거(Schmitt trigger)는 비교기의 잡음에 의한 영향을 줄이기 위해 히스테리시스라는 정 귀환을 사용한다. 비반전 입력으로 출력 전압의 일부 귀환하고 입력신호는 반전 단자에 인가한다. 슈미트(Otto Herbert Schmitt, 1913~1998, 미국) 트리거는 트리거에 의해 발명된 히스테리시스를 가진 비교기로써, 하나의 입력전압과 출력전압, 두 개의 문턱을 가진다.

그림 19.5와 같이 낮은 트리거 전압 값(LTP : low trigger point)과 높은 트리거 전압(UTP : upper trigger point) 에서 동작한다. 이 회로는 입력 전압이 어떤 정해진 값 이상으로 높아지면 출력 파형이 상승하고 어떤 정해진 값 이하로 낮아지면 출력 파형이 하강하는 동작을 한다. 그러므로 입력 파형이 서서히 변하는 사인파이면 출력은 높고 낮은 두 개의 논리 상태를 형성하는 구형파가 된다.

슈미트 트리거의 전달특성에서 히스테리시스는 입력전압이 높은 값에서 낮은 값으로 변할 때보다 낮은 값에서 높은 값으로 변할 때 기준 레벨이 더 낮아진다. 두 개의 논리 상태 중에서 어느 한 상태로 안정되는 회로이므로 쌍안정 멀티 바이브레이터의 변형된 형태라 할 수 있다.

$$V_{UTP}=\frac{R_1}{R_1+R_2}(+V_{sat}),\ V_{LTP}=\frac{R_1}{R_1+R_2}(-V_{sat}),\ \text{히스테리시스 전압}=V_{UTP}-V_{LTP}$$

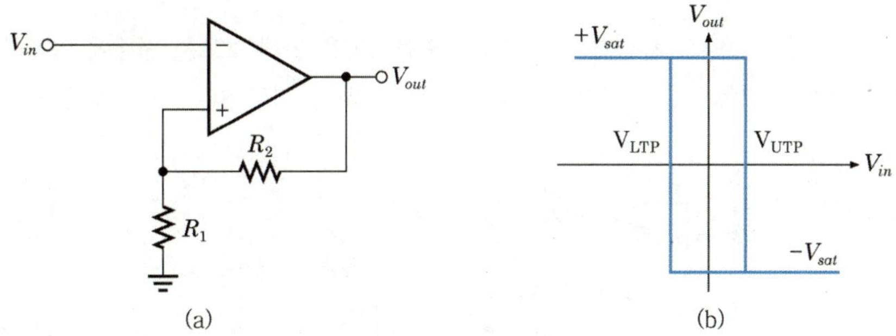

그림 19.5 슈미트 트리거 (a) 회로 (b) 전달특성

그림 19.6과 같이 잡음이 있는 입력신호를 UTP나 LTP에 도달하면 한 번만 트리거하여 입력신호에 포함된 잡음의 영향을 무시할 수 있다.

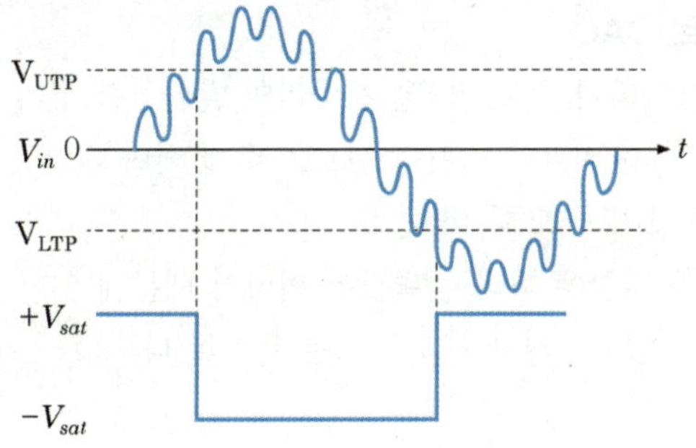

그림 19.6 슈미트 트리거 응용 예

예제 19-4

$R_1=10k\Omega$, $R_2=47k\Omega$ 인 슈미트 트리거 회로에서 최대 출력값이 $\pm 12V$ 이다. 낮은 트리거 전압 값(LTP)과 높은 트리거 전압(UTP), 히스테리시스 전압을 구하여라.

| 풀이 |

$$V_{UTP}=\frac{R_1}{R_1+R_2}(+V_{sat})=\frac{10k}{47k+10k}(+12)=2.1V,$$

$$V_{LTP}=\frac{R_1}{R_1+R_2}(-V_{sat})=\frac{10k}{47k+10k}(-12)=-2.1V,\ \text{히스테리시스 전압}=V_{UTP}-V_{LTP}=4.2V$$

19.3 디지털-아날로그 변환기

디지털 신호는 0과 1에 해당하는 두 종류의 신호의 조합으로 표현된 신호이고, 아날로그 신호는 임의의 크기를 가질 수 있는 신호이다. 신호 처리과정에서 두 종류의 신호를 상호 변환할 필요가 생기는데, 디지털 신호를 아날로그 신호로 변환하는 회로가 디지털-아날로그 변환기(digital to analog(D/A) converter : DAC)이다. 또 D/A 변환기는 디지털 신호를 아날로그 신호로 바꾸기 위한 인터페이스이다.

그림 19.7과 같이 스케일링 가산기 출력전압은 귀환저항을 통해 흐르는 전류에 비례하므로 저항 R은 2진수의 2^3자리, 저항 2R은 2^2자리, 저항 4R은 2^1자리, 저항 8R은 2^0자리이다.

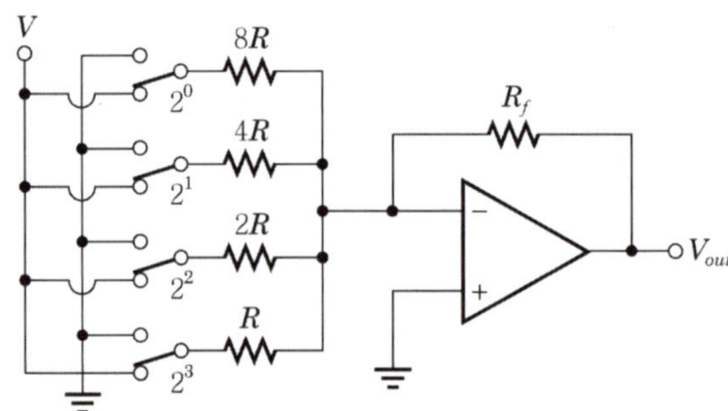

그림 19.7 D/A 변환회로

(1) R-2R 사다리 4비트 DAC

그림 19.8과 같이 R은 사다리의 기둥, 2R은 사다리의 발판처럼 생겨 R-2R 사다리(ladder)망이라고 한다. 그림 19.8과 같이 4-비트의 디지털 신호를 주게 되면 전압 분배에 의해 주어진 2진수에 의해 해당하는 아날로그 신호가 나오게 된다.

R-2R 사다리망은 부하의 저항에 따라 출력값이 변하기 때문에 이를 방지하기 위해 연산증폭기로 버퍼 또는 필요에 따라 증폭을 해서 원하는 출력을 얻는다.

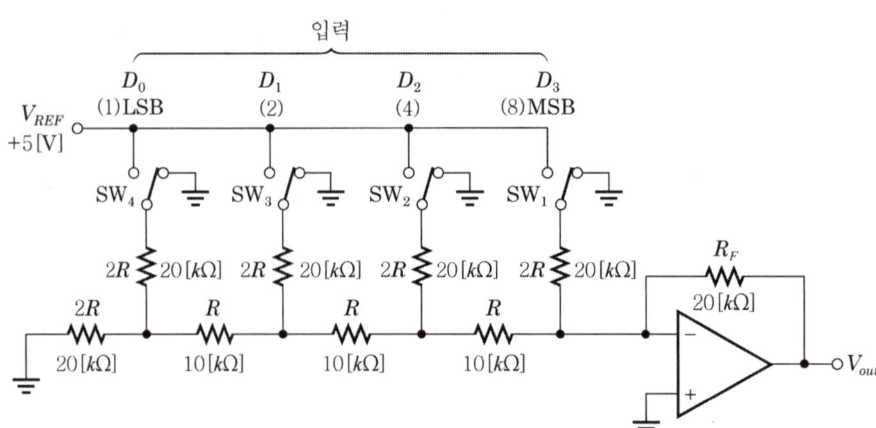

그림 19.8 R-2R 사다리 D/A 변환기

그림 19.9는 2진수 1000, 0100, 0010, 0001일 때 출력을 계산하는 회로를 나타낸다.

(a) 2진수 1000일 때 출력 $V_{out} = -IR_f = -\left(\frac{5}{2R}\right)2R = -5\text{V}$

(b) 2진수 0100일 때 출력 $V_{out} = -\left(\frac{2.5}{2R}\right)2R = -2.5\text{V}$

(c) 2진수 0010일 때 출력 $V_{out} = -\left(\frac{1.25}{2R}\right)2R = -1.25\text{V}$

(d) 2진수 0001일 때 출력 $V_{out} = -\left(\frac{0.625}{2R}\right)2R = -0.625\text{V}$

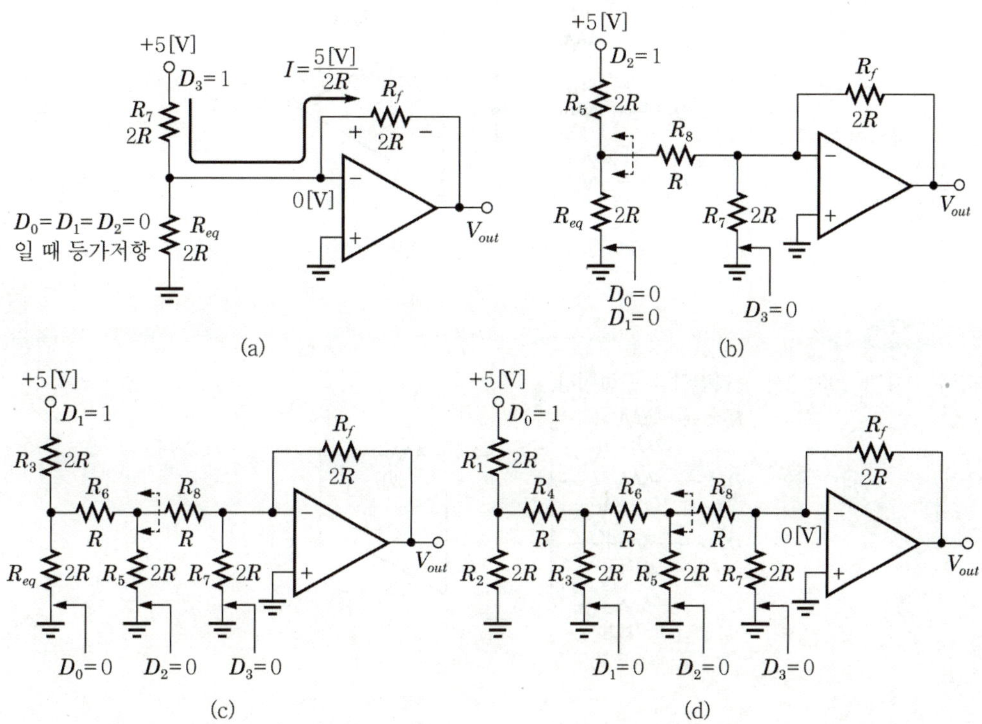

그림 19.9 R–2R 사다리 D/A 변환기 2진수에 따른 출력 (a) $(1000)_2$일 때 출력 $V_{out} = -5\text{V}$ (b) $(0100)_2$일 때 출력 $V_{out} = -2.5\text{V}$ (c) $(0010)_2$일 때 출력 $V_{out} = -1.25\text{V}$ (d) $(0001)_2$일 때 출력 $V_{out} = -0.625\text{V}$

(2) 가중저항 4-비트 DAC

DAC 회로는 여러 가지 종류가 있는데, 여기서는 연산증폭기를 이용한 가중저항(weighted-resistor) 4-bit DAC 회로에 대해 설명한다. 그림 19.10에 그려진 이 회로의 4개의 입력 D_3, D_2, D_1, D_0에 디지털 신호를 입력한다. 즉 1에 해당하는 신호인 전압 V_0이거나 0에 해당하는 전압 0을 인가한다. 연산 증폭기의 회로를 분석하면

$$\frac{V_o D_3}{R} + \frac{V_o D_2}{2R} + \frac{V_o D_1}{4R} + \frac{V_o D_0}{8R} = -\frac{V_a}{R} \tag{19-3}$$

$$V_a = -\frac{V_o}{8}(2^3 D_3 + 2^2 D_2 + 2^1 D_1 + 2^0 D_0) \tag{19-4}$$

가 된다. 즉 출력신호 V_a는 이진법으로 표기된 4 자리수 $(D_3D_2D_1D_0)_2$에 비례하는 아날로그 신호가 된다. $V_0=8\text{V}$로 하면 아날로그 값, V_a을 십진수로 표현한 값이 되도록 할 수 있다.

> BCD 코드(binary-coded decimal code)는 4-bit의 2진 수열을 사용하므로 8421코드라고 불린다. 10진수 47193을 BCD로 표현하면 0100 0111 0001 1001 0011이 된다.

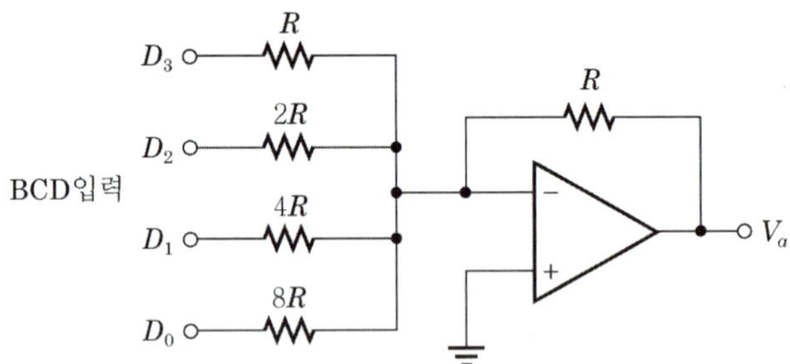

그림 19.10 가중 저항 4-비트 DAC

예제 19-5

2진수 1111과 0001에서 출력전압을 구하여라.

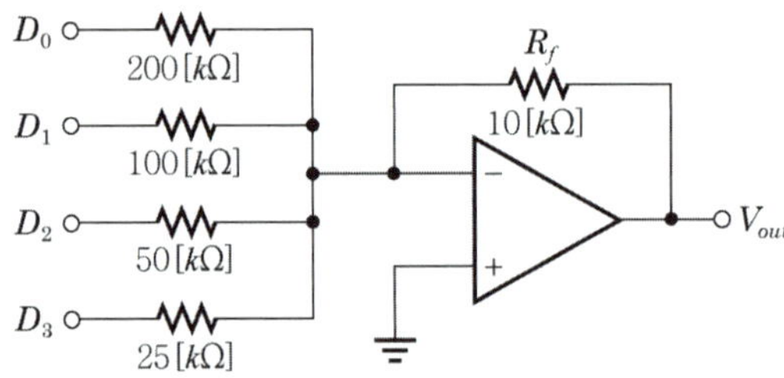

| 풀이 |

$I_0=\dfrac{5}{200k}=0.025m\text{A},\ I_1=\dfrac{5}{100k}=0.05m\text{A},\ I_2=\dfrac{5}{50k}=0.1m\text{A},\ I_3=\dfrac{5}{25k}=0.2m\text{A}$

$I_{o(D0)}=-R_fI_0=-10k(0.025m)=-0.25\text{V},\ I_{o(D1)}=-R_fI_1=-10k(0.05m)=-0.5\text{V},$

$I_{o(D2)}=-R_fI_2=-10k(0.1m)=-1\text{V},\ I_{o(D3)}=-R_fI_3=-10k(0.2m)=-2\text{V}$ 이므로

2진수 1111의 출력전압$=-0.25-0.5-1-2=-3.75\text{V}$

2진수 0001의 출력전압$=-0.25-0-0-0=-0.25\text{V}$

19.4 아날로그-디지털 변환기

아날로그-디지털(A/D) 변환기는 선형 아날로그 시스템이 디지털시스템에 입력을 공급해야 할 때 필요한 인터페이스이다. 그림 19.11과 같이 아날로그-디지털 변환 과정은 표본화와 홀딩(sampling and holding : S/H)단계와 양자화 및 부호화(quantizing and encoding : Q/E)의 두

단계로 되어 있다.

표본화를 실행하는 회로를 샘플 & 홀드회로(S/H 회로)라고 하고 연속된 아날로그 신호의 진폭값을 이산적인 주기(샘플링 주기 : $T_s = 1/f_s$[s])로 추출한다. 홀딩신호는 A/D 변환의 정확도에 유용하고, 최소 샘플링 속도는 아날로그 신호의 최고의 데이터 주파수의 최소 2배가 되어야 한다.

양자화(quantization)는 2진수로 기준신호범위를 이산적인 양자들로 분배하고, 입력신호를 올바른 양자에 연결시킨다. 부호화는 이산적인 진폭값을 '0'과 '1'로 나타내는 부호로 변환하고, 유일한 디지털코드를 각 양자에 지정하며 디지털코드를 입력신호에 할당한다. 양자 전압차 $\Delta V = 1\text{V}$ 이면 최대 양자화오차는 $\pm \Delta V/2 = \pm 0.5\text{V}$ 이고, 양자화 오차는 (표본화된 값) − (양자화된 값)이다.

해상도

아날로그 신호의 가장 작은 변화는 디지털 출력의 변화를 초래한다. 해상도 $\Delta V = V_r / 2^n$ 이고, 여기서 V_r는 기준전압범위, n는 디지털출력 비트수, 2^n는 상태수, ΔV는 해상도이다. 해상도는 신호를 디지털형으로 변환 시 고유 양자화 오류로 나타낸다.

나이키스트 샘플링 이론(Nyquist sampling theorem)

손실 없이 원래의 아날로그 신호를 복원하기 위해 주어진 아날로그 신호가 포함하고 있는 최대 주파수 $f_{\max}$보다 2배 이상 큰 주파수로 샘플링 f_s해야 한다($f_s \geq f_{\max}$).

(보기) 사람의 최대 가청주파수=20kHz 이므로 오차를 고려하여 CD는 44.1kHz, DVD는 48kHz로 샘플링 되어 있다.

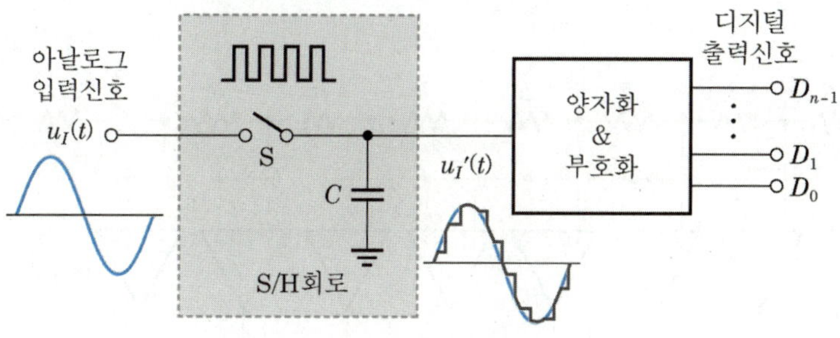

그림 19.11 아날로그-디지털 변환 과정

A/D 변환의 정확도를 향상시키는 방법에는 다음 두 가지가 있다. ① 아날로그 신호의 진폭을 측정하는데 정확도를 향상시키기 위해 해상도를 증가시킨다. ② 측정할 수 있는 최대 주파수를 증가시키는 샘플링 속도를 증가시킨다.

A/D 변환기 종류에는 플래시(flash) A/D 변환기, 연속된 근사(successive approximation) A/D 변환기, 델타-시그마(delta-sigma) A/D 변환기, 2중 기울기(dual slope) A/D 변환기 등이 있다.

예제 19-6

채널은 신호를 아날로그-디지털 변환기로 보내는 입력은 $\pm 2\text{V}$ 범위에서 변하고 신호잡음이 $1m\text{V}$이다. 다른 코드로 잡음의 영향 없이 가능한 모든 신호를 변환시키는 비트수를 구하여라.

| 풀이 |

$\frac{4}{0.001}=4{,}000$, 정보를 변환하는 소자는 $\log_2(4{,}000)=9.96\text{bits}$이므로 10bits이다.

(1) 플래시 아날로그-디지털 변환기

플래시 아날로그-디지털 변환기(flash analog to digital converter : ADC)는 그림 19.12와 같이 병렬 비교형 ADC로 아날로그 신호를 디지털 신호로 바꾸는 가장 빠른 방법이다.

전압분배기에 의해 만들어진 기준전압과 선형 입력전압을 비교(병렬 비교기)하여 각 비교기는 아날로그 전압이 분배기 기준전압보다 크면 1, 분배기 기준전압보다 작으면 0을 출력한다. 전압분배에 의해 각 비교기에 인가되는 전압 값이 다르다. 각 저항에 기준전압이 주어지고 각 비교기의 기준전압은 아래 비교기로 내려갈 때 1-비트씩 LSB(least significant bit)가 된다.

n비트 출력을 위해 2^n-1개의 비교기와 2^n개의 저항이 필요하지만 표본화하는 회로(S&H 회로)가 필요 없다. 비트수가 커지면 비교기와 저항기수가 증가하여 다른 ADC에 비해 전력소모가 커서 8-비트 이내 변환기에 사용한다. 하지만 변환시간이 짧아 넓은 대역폭 응용에 적합하다. 그래서 플래시 ADC는 고가지만 샘플링 주파수가 $1G\text{Hz}$ 이상인 빠른 처리속도가 요구되는 디지털 오실로스코프, 영상신호처리, 레이더 등에 응용된다.

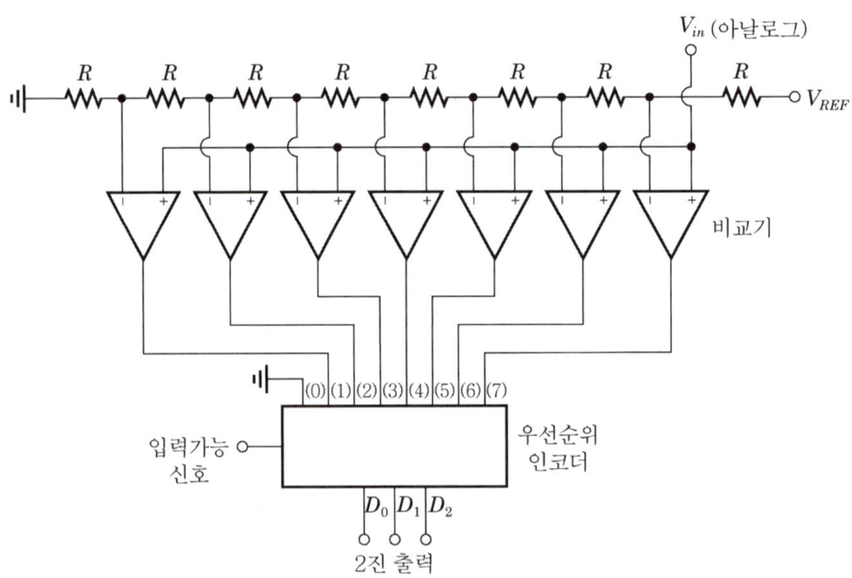

그림 19.12 비교기를 이용한 A/D 변환기

예제 19-7

12-비트 A/D 컨버트가 -5V 에서 5V 범위에서 동작한다. 검출하기 위한 최소 입력전압이 얼마만큼 변해야 하는지 구하여라.

| 풀이 |

단계수 $N=2^{12}=4096$이므로 양자화 크기 $Q=\dfrac{V_{\max}-V_{\min}}{N}=\dfrac{5-(-5)}{4096}=\dfrac{(10)}{4096}=24.4m\text{V}$

(2) 2-비트 플래시 ADC

아날로그 신호를 디지털 신호로 변환하는 플래시(flash) 변환기는 보통 4-비트가 기본 단위이지만, 그림 19.13은 간단한 2-비트 플래시 ADC 회로를 나타낸다.

그림 19.13에 사용된 710 비교기는 차동 연산증폭기의 일종으로 + 입력이 − 입력보다 클 경우에는 1의 신호를, 그 밖의 경우에는 0의 신호를 출력한다. 또한 711 2-중 비교기는 3과 6에 공통신호 v_i 를 입력하고 2에 높은 기준전압 v_u , 5에 낮은 기준전압 v_l 을 입력하는데, $v_u > v_i > v_l$이면 0을 출력하고 그 밖의 경우에는 1을 출력한다. 그림 19.13의 2-중 비교기 711의 경우, $v_3 > v_i > v_1$ 인 경우에만 출력이 0이 된다.

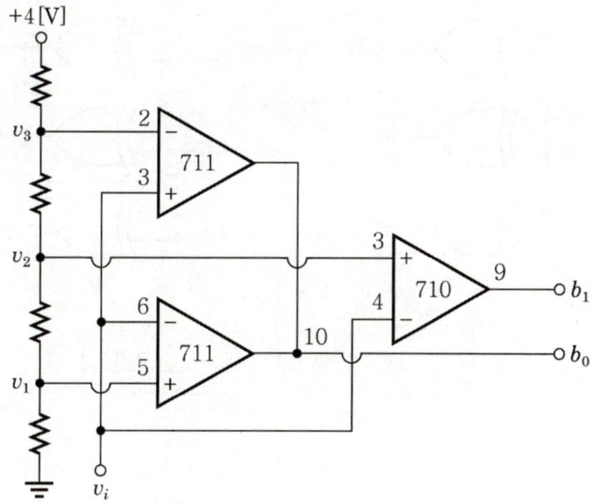

그림 19.13 2-비트 플래시 ADC 회로

표 19.1은 입력신호에 따른 ADC 회로의 출력을 나타낸다. 여기서 얻어진 b_1, b_0는 그레이 코드라고 불리는 2진법 표기법의 하나인데, 이 코드에서는 숫자가 1만큼 바뀔 때 항상 하나의 자릿수만이 바뀌는 장점이 있다. 이 그레이코드는 코드변환 집적회로를 이용하여 보통의 2진 코드로 바꿀 수 있다.

표 19.1 입력신호의 변화에 따른 ADC 회로의 출력

	10진수	2진수	b_1	b_0
$v_0 < v_i < v_1$	0	00	1	1
$v_1 < v_i < v_2$	1	01	1	0
$v_2 < v_i < v_3$	2	10	0	0
$v_3 < v_i$	3	11	0	1

그레이 코드(Gray Code)

한 수에서 다음의 수로 크기가 변할 때 인접 코드 간 오직 한자리만 변하게 만들어진 코드이다. 가중치가 없는 코드로 최소한의 비트의 변화로 두 개의 수를 구분할 수 있지만 수의 연산에는 부적합하다. 이러한 이유로 아날로그와 디지털 상호 변환기의 코드로 쓰인다.

① 2진 코드를 그레이 코드로 바꾸는 방법 : 최상위비트(MSB)를 동일하게 두고, 두 번째 비트부터 앞 숫자와 비교해서 같으면 0이라 쓰고, 다르면 1이라 쓰는 것이다. (예) 2진 코드 0011은 그레이 코드 0010이다.

② 그레이 코드를 2진 코드로 바꾸는 방법 : 두 번째 비트부터 최상위비트의 숫자와 비교하여 같으면 0이라 쓰고, 다르면 1이라 쓰는 것이다. (예) 그레이 코드 1001는 2진 코드 1110이다.

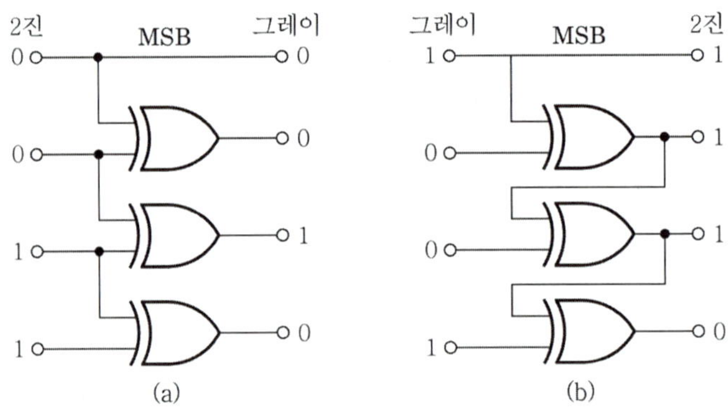

〈XOR 게이트를 이용한 그레이 코드변환
(a) 2진-그레이변환 (b) 그레이-2진 변환〉

예제 19-8

정확도는 0.04kPa이고 범위가 600kPa ~ 900kPa인 압력센서의 출력을 ADC로 디지털화하는데 필요한 2진 비트의 최소수를 구하여라.

| 풀이 |

압력범위 $=900kPa-600kPa=300kPa$, 최소 유효 비트(least significant bit : LSB)는 정확도가 결정하므로 $\frac{300kPa}{0.04kPa}=7500$, $\log_2(7500)=12.9[\text{bits}]$이므로 13bits

19.5 발진기

주파수가 낮은 발진기 설계는 그림 19.14와 같은 재생 귀환(regenerative feedback) 원리를 이용한다. 증폭기와 귀환망이 버크하우젠(Barkhausen) 판별 기준

$$\beta \times A_v = 1\angle(360^o \times n) \tag{19-5}$$

을 만족하고, 귀환 고리의 크기와 위상 변화가 없으면 단일주파수 파형이 출력된다. 재생 귀환이므로 발진을 시작한 후 스위치를 개방해도 계속하여 발진한다. 그러나 $\beta \times A_v < 1$이면 몇 사이클 후 발진이 없어지고 $\beta \times A_v > 1$이면 발진기가 포화 혹은 차단으로 파형이 절단된다. 그리고 저항성분에 의한 감쇠는 증폭기를 이용해서 보상해야 한다.

발진조건

- 고리의 위상천이가 360^o(혹은 0°)를 야기하는 귀환인 재생귀환을 가져야 한다.
- 발진을 시작하는 트리거링 신호를 받아야 한다.

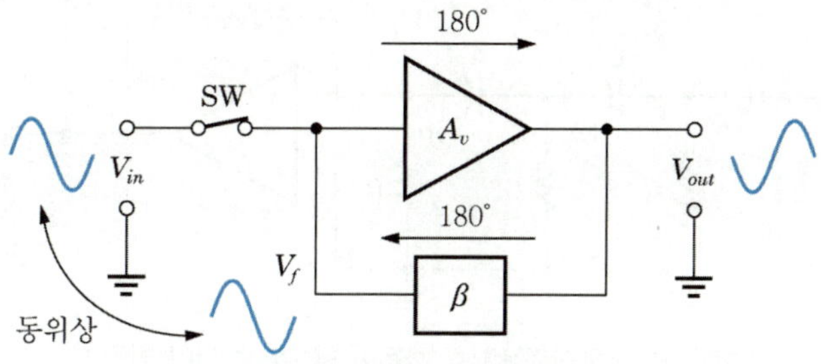

그림 19.14 발진을 위한 재생귀환의 구성도

(1) RC 위상천이망

RC 위상천이망의 신호에 소정의 위상천이를 제공하기 위해 사용될 수 있는 단순한 저항-커패시터 망이다. 1단 RC 위상회로망의 회로도는 그림 19.15(a)에 도시되어 있다.

동작 주파수가 f, 저항이 R, 전기용량이 C일 때 용량리액턴스는 $X_C = 1/(j2\pi f C)$이고 회로의 유효 임피던스 $Z = \sqrt{R^2 + X_C^2}$ 이며 RC망의 위상각 $\phi = \tan^{-1}(X_C/R)$이다.

그림 19.15(b)는 180^o의 위상천이를 생성하는 3단 RC 위상회로망의 회로도이다. 단지 60^o의 동일한 위상천이를 가진 RC망 세 개를 직렬로 연결하여 180° 원하는 위상편이를 달성될 수 있다. RC망의 180° 위상천이와 연산증폭기에 의한 180° 위상천이를 합해 입력과 출력 사이에 360^o의 전체 위상천이로 지속적인 진동을 유지하기 위한 필요조건을 제공한다.

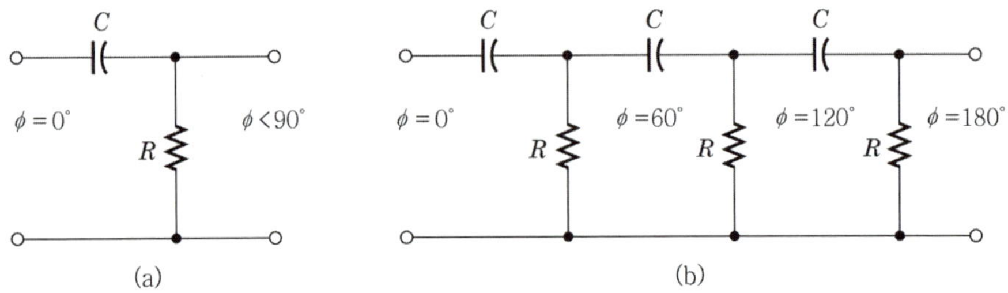

그림 19.15 RC 위상천이망 (a) 1단 (b) 3단

(2) 위상천이 발진기

그림 19.16은 RC 위상천이 발진기(phase shift oscillator)의 회로도를 나타낸다. 부하효과 등을 줄이기 위해 바이폴라 트랜지스터보다 연산증폭기를 흔히 사용한다. 귀환저항 R_f 및 연산증폭기 반전단자 가까이에 있는 저항 R은 발진기의 이득을 설정하기 위해 사용된다. RC로 구성된 3단 위상천이망은 180° 위상천이를 생성하고 연산증폭기 자체가 반전 모드로 연결되어 다른 180° 위상천이를 생성한다. 따라서 360^o의 필요한 위상 변화는 입력과 출력 사이에서 얻어진다.

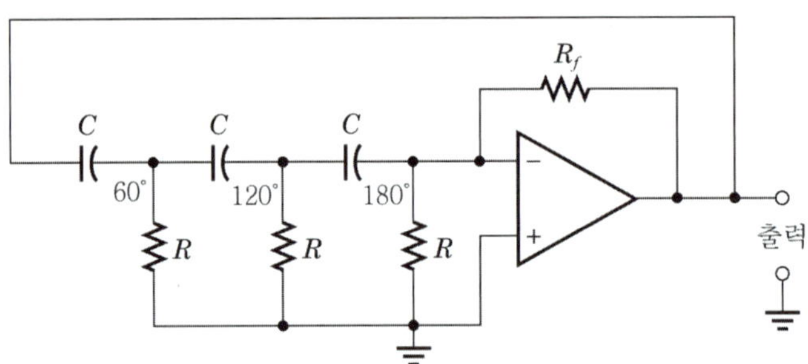

그림 19.16 연산증폭기를 사용한 RC 위상 천이 발진기

위상천이가 180^o일 때 발진주파수

$$f_0 = \frac{1}{2\pi RC\sqrt{6}} \tag{19-6}$$

이고, 귀환이득 $\beta = \dfrac{1}{1-5\alpha^2 - j(6\alpha - \alpha^3)}$이며 여기서 $\alpha = \dfrac{1}{2\pi fRC}$이다. 발진주파수에서 귀환이득은 $\beta = 1/29$이므로 손실을 보상하기 위해 충분한 이득을 증폭기로 공급해야한다. 그러나 전체이득은 '1'이 되어야 하므로 증폭기의 이득 $A > 29$여야 한다.

> RC 위상 단수가 N인 발진 주파수 : $f_0 = \dfrac{1}{2\pi RC\sqrt{2N}}$[Hz], 단수가 높을수록 안정하다.

RC 위상천이 발진기 장점은 부피가 큰 고가의 인덕터 없이 회로설계가 간단하고 10kHz 이하의 주파수에 적합하며 하나의 순수 정현파를 생성할 수 있다. 그러나 가변주파수를 사용하는 경우 전기용량값이 변화될 필요가 있기 때문에 위상천이 발진기는 부적합하다.

예제 19-9

발진주파수 10kHz, 귀환망에서 1nF 커패시터를 사용하여 3단 RC 위상천이 발진기를 설계할 때 저항값을 구하여라.

| 풀이 |

$f_0 = \dfrac{1}{2\pi RC\sqrt{2N}}$[Hz]에서 $R = \dfrac{1}{2\pi(10k)(10^{-9})\sqrt{6}} = 6.5k\Omega$이고, 발진을 유지하기 위해 연산증폭기의 이득이 29여야 하므로 $A_v = \dfrac{R_f}{R} = 29$에서 $R_f = 29 \times 6.5k = 188k\Omega$

(3) 리드-래그 회로망

그림 19.17(a) 회로가 리드-래그(lead-lag) 회로망이다. 이 회로에서 v_{out} 신호파 위상은, 낮은 주파수범위에서 v_{in} 신호파 위상에 비하여 앞서게 되고, 높은 주파수범위에서는 늦어지게 된다. 이 현상을 그림으로 나타내면 그림 19.17(c)와 같다. 여기서 위상이 '0'인 경우 해당되는 주파수는 f_o이다. 이 주파수에서 회로의 전압이득은 그림 19.17(b)과 같이 1/3의 최대값을 갖는다. 위상이 '0'에 해당하는 주파수 f_o의 크기는 다음 식으로 주어진다.

$$f_o = \frac{1}{2\pi RC} \tag{19-7}$$

그림 19.17(a)와 같은 회로에서 주파수가 f_o에 이르면 전압이득은 최대값이 되고 위상이 '0'이 되어, 이 회로를 공진회로로 볼 수 있다. 따라서 f_o를 리드-래그 회로망의 공진주파수라 부른다.

> RC-직렬회로는 고역통과필터이고, RC-병렬회로는 저역통과필터이고 리드-래그회로는 양호도 Q가 큰 2차 대역통과필터가 된다.

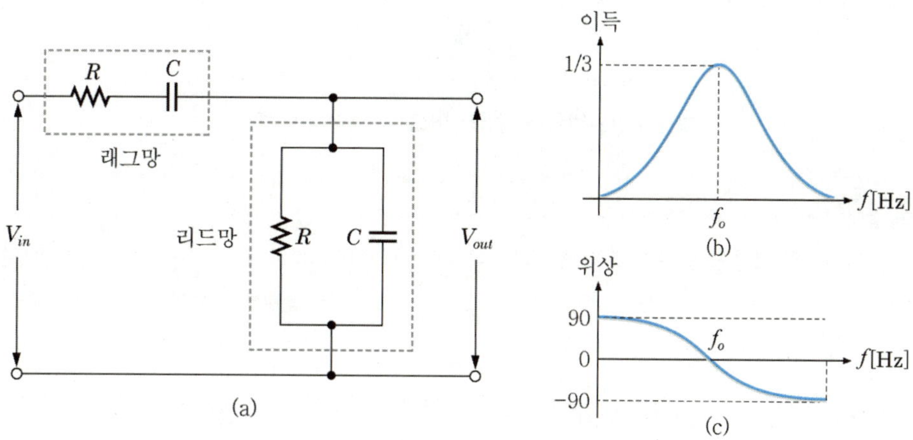

그림 19.17 리드-래그 회로망 (a) 회로도 (b) 이득 특성 (c) 위상 특성

$$\frac{V_{out}}{V_{in}} = \frac{-jRX_C}{(R^2 - X_C^2) - j(3RX_C)}, \quad \left|\frac{V_{out}}{V_{in}}\right| = \frac{RX_C}{\sqrt{(R^2 - X_C^2)^2 + (3RX_C)^2}} = \frac{1}{\sqrt{9 + \left(\frac{R}{X_C} - \frac{X_C}{R}\right)^2}}$$

→ 이득 최대값은 $X_C = R$일 때 이고 위상이 '0'이 된다.

(4) 연산증폭기를 이용한 빈브릿지 발진기

빈브릿지(Wien-bridge) 발진회로는 5Hz ~ 1MHz 의 주파수 범위의 발진회로로서 가장 광범위하게 이용된다. 그림 19.18은 연산증폭기를 이용하여 필요한 전압이득을 공급하고 있는 빈브릿지 발진기 회로이다. 빈브릿지는 리드-래그 회로망(R과 C)과 전압분배기(R_1과 R_2)로 구성된다.

그림 19.18 회로는 정귀환과 부귀환이 함께 적용되고 있다. 정귀환은 리드-래그 회로망을 통하여 비반전 입력측에 가해지며, 부귀환은 전압분배기를 통하여 반전입력에 가해진다. 보통 전압분배기의 R_2에는 소형 텅스텐 전구가 이용된다. 먼저 전원이 가해질 때 텅스텐 전구는 낮은 저항 상태이고, 전압분배기의 전압이득은 1/3 이하가 된다.

리드-래그 회로망은 f_o에서 전압이득이 1/3이며, 위상변위가 '0'이기 때문에 오차전압이 증가하여 발진이 시작되게 된다. 일단 발진이 시작하면 텅스텐 전구가 가열되어 저항이 증가한다. 전구의 저항이 $R_1/2$에 접근할 때, 전압분배기의 이득이 1/3에 접근하게 된다. 이때 오차전압은 '0'에 접근하여 안정된 발진을 한다. 다시 말하면, 텅스텐 전구의 저항값이 근사 $R_1/2$와 같아질 때, 피크-피크 출력전압은 일정한 값을 유지한다.

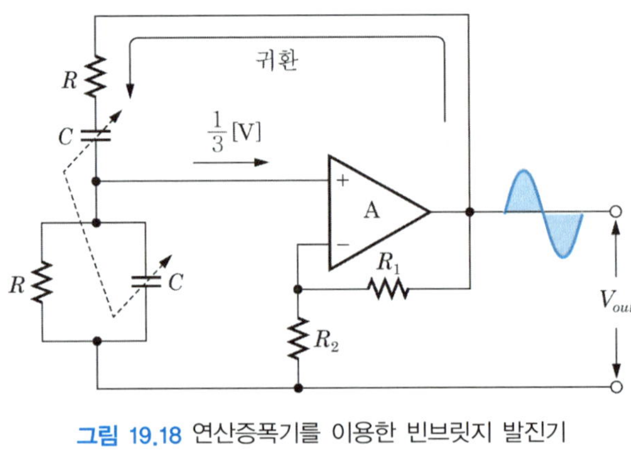

그림 19.18 연산증폭기를 이용한 빈브릿지 발진기

예제 19-10

윈브릿지 발진기의 저항이 1kΩ 이고 가변 커패시터가 10nF ~ 100nF 일 때 최대 및 최소 발진주파수를 구하여라.

| 풀이 |

$f_0 = \frac{1}{2\pi RC}$ 이므로 $f_{min} = \frac{1}{2\pi(1k)(100 \times 10^{-9})} = 1.6kHz$, $f_{max} = \frac{1}{2\pi(1k)(10 \times 10^{-9})} = 16kHz$

(5) 트윈-T 필터

그림 19.19(a)는 트윈-T(twin-T) 필터 회로도이다. 이 회로동작 특성은 그림 38.3(c)에 보인 바와 같이 위상각에 대하여 리드-래그 회로망과 같이 동작함을 알 수 있다. 주파수 f_o에서 위상천이는 '0'이 되며, 주파수가 f_o로부터 낮거나, 또는 높거나 하면 전압이득은 1에 접근한다. 주파수가 f_o일 때는 전압이득은 그림 19.3(b)같이 '0'으로 떨어진다.

노치필터(notch filter)는 f_o에 가까운 주파수들을 제거하거나 감쇄시키며, 이때 f_o를 노치 주파수라 부른다. 노치주파수 f_o는 다음과 같다.

$$f_o = \frac{1}{2\pi RC} \tag{19-8}$$

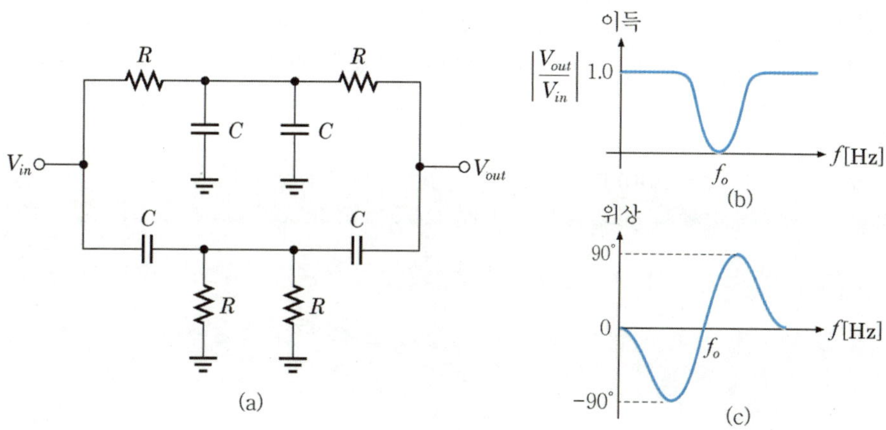

그림 19.19 트윈-T 필터 (a) 회도도 (b) 이득 특성 (c) 위상특성

(6) 트윈-T 발진회로

그림 19.20은 트윈-T 발진기 회로이다. 전압분배기 회로(R_1, R_2)를 통하여 비반전 입력으로 정귀환이 이루어지고, 부귀환은 트윈-T 필터를 경유하여 반전입력으로 연결된다. 먼저 전원이 가해지면 텅스텐 전구의 저항에 해당하는 R_2값이 낮음으로 정귀환이 최대로 행해진다. 발진동작이 안정됨에 따라 전구의 저항이 증가하여 정귀환이 감소되고, 따라서 안정한 발진동작이 되어 크기가 안정하게 유지된다. 이런 방법으로 전구(R_2)는 출력전압을 안정화시키는 역할을 한다.

트윈-T 필터회로의 $R/2$ 저항은 가변시킬 수 있다. 그 이유는 식 (19-8)로 주어지는 이상적 노치주파수보다 조금 벗어난 주파수에서 발진하도록 하기 위함이다. 발진주파수에서 트윈-T 필터의 이득은 전압분배기의 이득보다 다소 낮아야 하며, 따라서 필터의 위상천이가 대략 '0'이 된다. 이런 방법으로서, 오차전압은 발진을 지속시킬 수 있는 정확한 진폭의 크기와 위상을 지니게 된다.

발진주파수가 노치주파수에 가깝도록 하기 위해, 전압분배기에서는 R_2가 R_1보다 훨씬 커야 하며, R_2/R_1이 10에서 1000의 범위가 적당하다. 그래서 발진기는 노치주파수 근처에서 동작하게 된다.

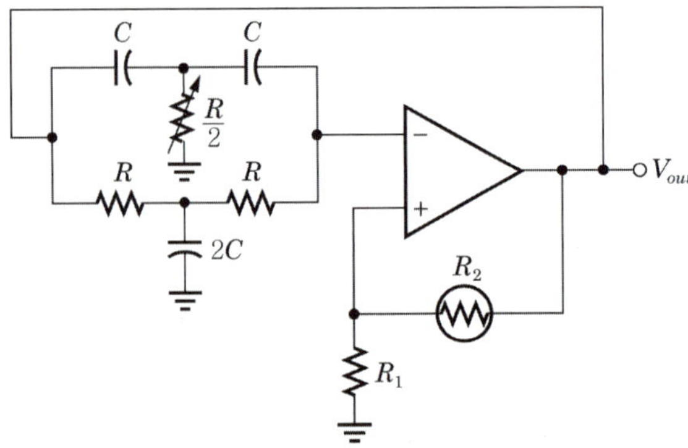

그림 19.20 연산증폭기를 이용한 트윈-T 발진기

예제 19-11

트윈-T 발진기에서 $R = 1k\Omega$ 이고 $0.1\mu F$ 일 때 발진주파수를 구하여라.

| 풀이 |

$f_0 = \dfrac{1}{2\pi RC}$ 에서 $f_0 = \dfrac{1}{2\pi(1k)(0.1\mu)} = 1.6kHz$

연습문제

19.1 능동 1차 저역통과필터 $R_1 = R_2 = 10k\Omega$, $C = 1nF$ 이고 $w = 10^5[\text{rad/s}]$, $\boldsymbol{V_{in}} = 10\text{V} \angle 0°$ 이다. 출력을 구하고, 이 회로의 차단주파수를 구하여라.

19.2 다음 필터의 종류와 차단주파수 및 이득을 구하여라.

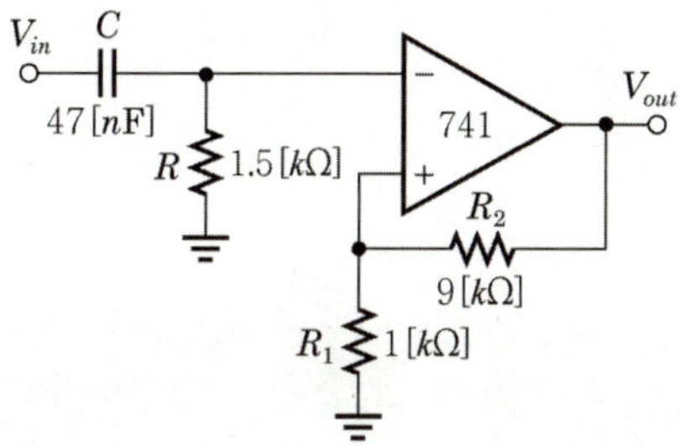

19.3 슈미트 트리거 회로에서 최대 출력값이 ±12V 이다. 낮은 트리거 전압 값(LTP)과 높은 트리거 전압(UTP), 히스테리시스 전압을 구하여라.

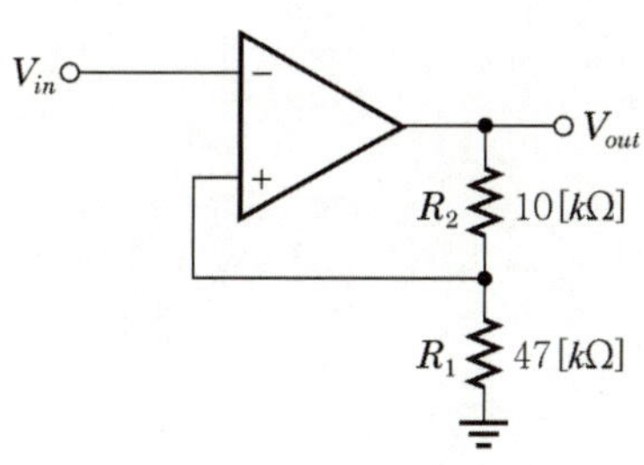

19.4 8-비트 A/D 컨버트가 −5V 에서 5V 범위에서 동작한다. 검출하기 위한 최소 입력전압이 얼마만큼 변해야 하는지 구하여라.

19.5 채널은 신호를 아날로그-디지털 변환기로 보내는 입력은 ±3V 범위에서 변하고 신호잡음이 $2m$V 이다. 다른 코드로 잡음의 영향 없이 가능한 모든 신호를 변환시키는 비트수를 구하여라.

19.6 정확도는 $0.05k$Pa 이고 범위가 $600k$Pa~$900k$Pa 인 압력센서의 출력을 ADC로 디지털화 하는데 필요한 2진 비트의 최소수를 구하여라.

19.7 주어진 연산증폭기 RC 위상천이 발진기 회로에 필요한 귀환저항 R_f의 값을 결정하고 또한 진동주파수를 결정하여라.

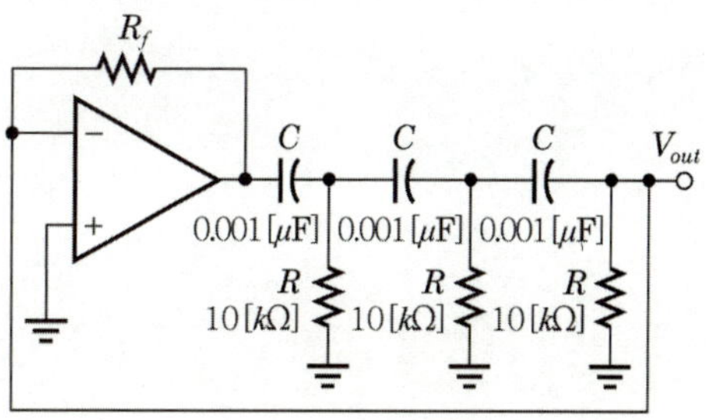

20

Chapter

논리 회로

디지털 컴퓨터는 전기적 신호(on='1', off='0')를 이용하여 자료를 정보로 가공할 수 있다. 따라서 특정 대상을 디지털 코드로 정의하였다면 이를 처리하기 위해 전기적 신호를 제어하는 회로가 필요하며 이에 따라 제작한 회로를 논리회로라 한다.

20.1 부울 대수

부울 대수(Boolean algebra)는 두 가지 상태(참과 거짓 혹은 0과 1)를 수학적으로 해석하는 방법이며 1854년 영국의 수학자 부울(George Boole, 1815~1864)이 기본적인 원리를 창안하고 디지털 컴퓨터에서 필요한 기본적인 함수이다. 1938년 샤논(Claude E. Shannon, 1916~2001, 미국)이 전기회로의 스위치가 on, off의 두 상태이므로 이 부울 대수에 의해 표시될 수 있음을 증명하였다.

> 1948년 샤논은 통신채널에서 전송할 수 있는 용량에 대한 한계인 채널용량 공식 $C = W\log_2(1+S/N)$을 발표했다. 여기서 C는 채널용량(bps : bit per second), W는 대역폭(Hz), S는 수신된 신호전력, N는 잡음전력이다.

디지털회로의 해석과 설계를 쉽게 하기 위한 부울 대수에서 사용하는 변수는 참을 1, 거짓을 0으로 표시하는 논리변수이며, 변수이름은 영문자로 표시하는 2가 변수(2-valued variable)로써 0과 1의 논리상수이다.

부울 대수의 기본 논리동작은 논리곱(AND), 논리합(OR), 그리고 논리부정(NOT)으로 구성한다.

(1) 부울 대수의 기본 연산

① 논리합과 논리곱

논리합은 A+B, A∨B, A∪B, A OR B으로 나타내고, 논리곱은 AB, A∧B, A∩B, A · B, A AND B으로 나타내며 진리표는 표 20.1과 같다.

표 20.1 논리합과 논리곱의 진리표

A	B	A+B	A · B
0	0	0	0
0	1	1	0
1	0	1	0
1	1	1	1

② 논리 부정

논리 부정은 $\overline{A}$, A′, NOT A으로 나타내고, 논리부정의 진리표는 표 20.2와 같다.

표 20.2 논리 부정의 진리표

A	$\overline{A}$
0	1
1	0

③ 배타적 논리합 및 논리 동치

배타적 논리합(Exclusive-OR)의 논리식은 $\overline{A}B + A\overline{B}$이며 A⊕B, A∀B, A⊎B, A XOR B으로 나타내고, 논리 동치(Exclusive-NOR)의 논리식은 $\overline{A}\,\overline{B}+AB$이며, A⊙B, A XNOR B으로 나타낸다. 배타적 논리합과 논리 동치의 진리표는 표 20.3과 같다.

표 20.3 배타적 논리합과 논리 동치 진리표

A	B	A⊕B	A⊙B
0	0	0	1
0	1	1	0
1	0	1	0
1	1	0	1

(2) 부울 대수의 공리와 기본 정리

부울 연산 시 연산 우선순위는 괄호, NOT, AND, OR 순이다. $Y = ((\overline{C}) \cdot ((B)+(C)))$인 경우 우선순위 규정을 따라 괄호를 없애면 $Y = \overline{C} \cdot (B+C)$이 된다. 표 20.4는 부울 대수의 공리를 나타낸다.

표 20.4 부울 대수 공리

	공리1	공리2	공리3	공리4	공리5
①	$A \neq 0$이면 $A=1$	$0 \cdot 0=0$	$1 \cdot 1=1$	$0 \cdot 1=0$	$1'=0$
②	$A \neq 0$이면 $A=1$	$0+0=0$	$1+1=1$	$0+1=1$	$0'=1$
③	$A \neq 1$이면 $A=0$				
④	$A=0$이면 $\overline{A}=1$				

(a) 교환 법칙 : $A+B=B+A$, $A \cdot B=B \cdot A$

(b) 결합법칙 : $(A+B)+C=A+(B+C)$, $(A \cdot B) \cdot C=A \cdot (B \cdot C)$

(c) 분배법칙 : $A \cdot (B+C)=A \cdot B+A \cdot C$, $A+(B \cdot C)=(A+B) \cdot (A+C)$

(d) 부정 법칙 : $\overline{\overline{A}}=A$, $\overline{\overline{\overline{A}}}=\overline{A}$, $A+\overline{A}=1$, $A \cdot \overline{A}=0$

(e) 흡수 법칙 : $A+A \cdot B=A$, $A \cdot (A+B)=A$

(f) 합의의 정리 : $AB+BC+\overline{A}C=AB+\overline{A}C$, $(A+B) \cdot (B+C) \cdot (\overline{A}+C)=(A+B) \cdot (\overline{A}+C)$

(g) 드 모르강의 정리

드 모르강(De Morgan, 1806~1871, 영국)의 제1 법칙은 $\overline{A+B} = \overline{A}\cdot\overline{B}$ 이고 드 모르강의 제2 법칙은 $\overline{A\cdot B} = \overline{A}+\overline{B}$ 이다. 부울 대수의 공식을 이용하여 긴 논리 대수식을 간소화할 수 있다.

$A\overline{A}$를 함수에 더하거나, $(A+\overline{A})$를 함수에 곱하거나, $AB+\overline{A}C$에 BC를 추가 또는 A에 AB를 더함으로써 다른 항들과 결합되거나 혹은 소거시킨다.

부울대수 기본정리

$A+0=A$, $A+A=A$, $A+1=1$, $A\cdot 1=A$, $A\cdot\overline{A}=0$, $A\cdot A=A$, $A\cdot 0=0$

예제 20-1

논리식 $Y=(A+B)\cdot(A+C)$을 간단하게 하여라.

| 풀이 |

$Y=AA+AC+AB+BC=(A+AC)+AB+BC=A+AB+BC=A+BC$

예제 20-2

$\overline{A}B\overline{C}+BCD+\overline{A}BD=\overline{A}B\overline{C}+BCD$를 증명하여라.

| 풀이 |

$XY+\overline{X}Z+YZ=XY+\overline{X}Z$ 규칙관계에서 $X=C$, $Y=BD$, $Z=\overline{A}B$

$\overline{A}B\overline{C}+BCD+\overline{A}BD=BCD+\overline{A}B\overline{C}=\overline{A}B\overline{C}+BCD$

20.2 논리식의 표현 및 간략화

진리표에서 얻은 논리식을 가능한 간소화시킴으로써 최소의 논리게이트를 사용한 회로를 얻고자 한다. 이 논리함수를 간소화시키는 방식에는 부울 대수를 이용한 방법, 진리표를 이용한 방법, 벤다이어그램(Venn diagram) 등이 있다.

예제 20-3

$A+\overline{A}\cdot B=A+B$를 부울 대수식, 진리표, 벤다이어그램으로 증명하여라.

| 풀이 |

(a) 부울 대수식 : $A+\overline{A}\cdot B=A(1+B)+\overline{A}\cdot B=A+(A+\overline{A})B=A+B$

(b) 진리표

A	B	$\overline{A}$	A+B	$\overline{A}\cdot B$	$A+\overline{A}\cdot B$
0	0	1	0	0	0
0	1	1	1	1	1
1	0	0	1	0	1
1	1	0	1	0	1

(c) 벤다이어그램

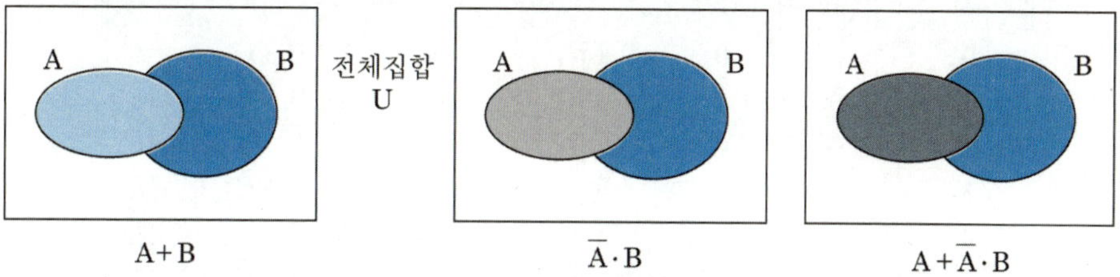

논리식은 각 변수에 할당되는 값에 대한 가능한 모든 조합을 만족하는 하나의 식으로 표현한다. 논리식의 유도는 논리식에 나타낼 각 변수의 값과 이들의 조합에 따른 결과를 진리표로 만들고, 전체 결과를 위한 논리함수인 관계식으로 유도한다.

(1) 최소항과 최대항

각 변수에 대한 진리표에서 각 변수의 결합이 논리합 형식인 최대항(maxterm) 혹은 각 변수에 대한 진리표에서 각 변수의 결합이 논리곱의 형식인 최소항(minterm)으로 구성한다.

표 20.5와 같이 A와 B의 두 변수 최소항은 AB, $\overline{A}$B, A$\overline{B}$, $\overline{AB}$로 구성되고 두 변수 최대항(maxterm)은 A+B, $\overline{A}$+B, A+$\overline{B}$, $\overline{A}+\overline{B}$ 네 개의 항으로 표시되며 최대항은 최소항의 쌍대성(duality)의 형식을 갖는다.

배정된 값이 0인 각 변수는 부정이 되고, 1이면 그대로인 모든 변수의 곱(AND), m_i가 최소항이다. 배정된 값이 1인 각 변수는 부정이 되고, 0이면 그대로인 모든 변수의 합(OR), M_i가 최대항이다.

쌍대성 원리
표현식의 OR와 AND 연산을 교환하고, 0과 1 성분을 교환하지만 변수의 형태는 변화시키지 않는다.

표 20.5 2-변수의 최소항과 최대항

A	B	Y	최소항		최대항	
0	0	0	$\overline{A}\cdot\overline{B}$	m_0	A+B	M_0
0	1	0	$\overline{A}\cdot B$	m_1	$A+\overline{B}$	M_1
1	0	1	$A\cdot\overline{B}$	m_2	$\overline{A}+B$	M_2
1	1	1	A·B	m_3	$\overline{A}+\overline{B}$	M_3

표 20.6은 변수가 세 개의 경우 최소항과 최대항을 표시하고 있는데, 이 표로부터 다음과 같은 성질을 알아낼 수 있다.

표 20.6 세 변수에 대한 최소항과 최대항

10진수	입력변수			최소항		최대항	
	A	B	C				
0	0	0	0	$\overline{A}\,\overline{B}\,\overline{C}$	m_0	$A+B+C$	M_0
1	0	0	1	$\overline{A}\,\overline{B}C$	m_1	$A+B+\overline{C}$	M_1
2	0	1	0	$\overline{A}B\overline{C}$	m_2	$A+\overline{B}+C$	M_2
3	0	1	1	$\overline{A}BC$	m_3	$A+\overline{B}+\overline{C}$	M_3
4	1	0	0	$A\overline{B}\,\overline{C}$	m_4	$\overline{A}+B+C$	M_4
5	1	0	1	$A\overline{B}C$	m_5	$\overline{A}+B+\overline{C}$	M_5
6	1	1	0	$AB\overline{C}$	m_6	$\overline{A}+\overline{B}+C$	M_6
7	1	1	1	ABC	m_7	$\overline{A}+\overline{B}+\overline{C}$	M_7

① 변수의 수가 n일 때 최소항 또는 최대항은 2^n개 나타난다.

② 최대항의 부정은 최소항이다. 그 역도 성립한다.

$\overline{M_0}=\overline{A+B+C}=m_0=\overline{A}\,\overline{B}\,\overline{C}$, 따라서 $m_2=1$이면 $M_2=0$이 된다.

③ 모든 최소항 또는 최대항의 합은 1이다.

$\sum m=m_0+m_1+m_2+m_3+m_4+m_5+m_6+m_7=1$

④ 이웃 최소항을 서로 곱하면 0이 되고, 최대항을 서로 더하면 1이 된다.

$m_2\times m_4=(\overline{A}B\overline{C})(A\overline{B}\,\overline{C})=0$

$M_2+M_4=(A+\overline{B}+C)+(\overline{A}+B+C)=(A+\overline{A})+(B+\overline{B})+(C+C)=1$

일반적으로 논리함수는 그 속에 포함되어 있는 모든 변수의 다항식으로 표시하는데, 그 변수와 변수의 부정(complement)을 포함하여 논리곱으로 표시되는 모든 항을 최소항(minterm)이라고 하며, 이들 항은 중복이 되지 않는 것이다.

표 20.7 최소항과 최대항

	0	1	항	부울함수	
최소항	$\overline{A}$	A	논리곱(AND)	1의 최소항의 합	곱의 합(Sum of Product, SOP)
최대항	A	$\overline{A}$	논리합(OR)	0의 최대항의 곱	합의 곱(Product of Sum, POS)

함수 F=1인 최소항을 1-최소항, 함수 F=0인 최소항을 0-최소항이라 한다. 부울 함수는 1-최소항의 합, F(변수 목록)=$\sum$(1-최소항 목록), 부울 함수는 0-최소항의 합, $\overline{F}$(변수 목록)=$\sum$(0-최소항 목록)으로 나타낸다.

예제 20-4

부울 함수 $F = xy + yz$를 최소항의 합으로 나타내어라.

| 풀이 |

$F = xy + yz = xy(z + \overline{z}) + (x + \overline{x})yz = xyz + xy\overline{z} + xyz + \overline{x}yz = xyz + xy\overline{z} + \overline{x}yz$

$= m_3 + m_6 + m_7 = \sum(3,6,7)$

예제 20-5

1-최소항의 합의 부울 함수 $F = \overline{A}\overline{B}C + \overline{A}B\overline{C} + A\overline{B}\overline{C} + A\overline{B}C$ 일 때 0-최소항의 합의 부울 함수 $\overline{F}$ 및 진리표로 나타내어라.

| 풀이 |

$F = \overline{A}\overline{B}C + \overline{A}B\overline{C} + A\overline{B}\overline{C} + A\overline{B}C = m_1 + m_2 + m_4 + m_5$, $F(A,B,C) = \sum(1,2,4,5)$

$\overline{F} = \overline{A}\overline{B}\overline{C} + \overline{A}BC + AB\overline{C} + ABC = m_0 + m_3 + m_6 + m_7$, $\overline{F}(A,B,C) = \sum(0,3,6,7)$

⟨$F(A,B,C) = \sum(1,2,4,5)$ 진리표⟩

10진수	입력변수			최소항		F	$\overline{F}$
	A	B	C				
0	0	0	0	$\overline{A}\overline{B}\overline{C}$	m_0	0	1
1	0	0	1	$\overline{A}\overline{B}C$	m_1	1	0
2	0	1	0	$\overline{A}B\overline{C}$	m_2	1	0
3	0	1	1	$\overline{A}BC$	m_3	0	1
4	1	0	0	$A\overline{B}\overline{C}$	m_4	1	0
5	1	0	1	$A\overline{B}C$	m_5	1	0
6	1	1	0	$AB\overline{C}$	m_6	0	1
7	1	1	1	ABC	m_7	0	1

함수 F=1인 최대항을 1-최대항, 함수 F=0인 최대항을 0-최대항이라 한다. 부울 함수는 0-최대항의 곱, F(변수 목록)=$\prod$(0-최대항 목록), 부울 함수는 1-최대항의 곱, $\overline{F}$(변수 목록)=$\prod$(1-최대항 목록)으로 나타낸다.

예제 20-6

0-최대항의 곱, $F = (A+B+C)\cdot(A+B+\overline{C})\cdot(A+\overline{B}+C)\cdot(\overline{A}+B+C)$일 때, 1-최대항의 곱, $\overline{F}$ 및 진리표를 나타내어라.

| 풀이 |

$F = (A+B+C)\cdot(A+B+\overline{C})\cdot(A+\overline{B}+C)\cdot(\overline{A}+B+C) = M_0 + M_1 + M_2 + M_4$

$F(A,B,C) = \prod(0,1,2,4)$

$$F=(A+\bar{B}+\bar{C})\cdot(\bar{A}+B+\bar{C})\cdot(\bar{A}+\bar{B}+C)\cdot(\bar{A}+\bar{B}+\bar{C})=M_3+M_5+M_6+M_7$$

$$\bar{F}(A,B,C)=\prod(3,5,6,7)$$

〈$F(A,B,C)=\prod(0,1,2,4)$ 진리표〉

10진수	입력변수 A	B	C	최대항		F	$\bar{F}$
0	0	0	0	$A+B+C$	M_0	0	1
1	0	0	1	$A+B+\bar{C}$	M_1	0	1
2	0	1	0	$A+\bar{B}+C$	M_2	0	1
3	0	1	1	$A+\bar{B}+\bar{C}$	M_3	1	0
4	1	0	0	$\bar{A}+B+C$	M_4	0	1
5	1	0	1	$\bar{A}+B+\bar{C}$	M_5	1	0
6	1	1	0	$\bar{A}+\bar{B}+C$	M_6	1	0
7	1	1	1	$\bar{A}+\bar{B}+\bar{C}$	M_6	1	0

1-최소항의 합 = 0-최대항의 곱, 0-최소항의 합 = 1-최대항의 곱

$\sum(0,3,6,7)=\prod(1,2,4,5)$, $\prod(3,5,6,7)=\sum(0,1,2,4)$

$F(A,B,C)=\prod(1,2,4,5)$ 이면 $\bar{F}(A,B,C)=\sum(1,2,4,5)$

$F(A,B,C)=\sum(0,1,2,4)$ 이면 $\bar{F}(A,B,C)=\prod(0,1,2,4)$

(2) 카르노도

논리식의 간소화 과정을 그림으로 명확하게 나타낸다. 진리표를 직사각형의 그림으로 나타내며, 인접한 2진수 입력값은 그레이 코드(Gray code)와 같이 단일 비트만 변하는 순서(00, 01, 11, 10)를 따른다. 그리고 최소항을 나타내는 내부의 사각형으로 구성된다. 미국 물리학자 카르노(Maurice Karnaugh, 1924~)이 1954년 벨연구소에서 근무하면서 카르노도(Karnaugh map)를 개발하였고, 이 그림에서는 가로축과 세로축에 입력변수의 값에 따라 나타나는 결과를 교차 지점에 표현하며, 이때 대응되는 사각형이 최소항이 된다.

그림 20.1은 1-변수 카르노도이고 그림 20.2는 2-변수 카르노도이며 그림 20.3은 3-변수 카르노도이고 그림 20.4는 변수가 A, B, C, D의 4 개인 경우의 카르노도이다.

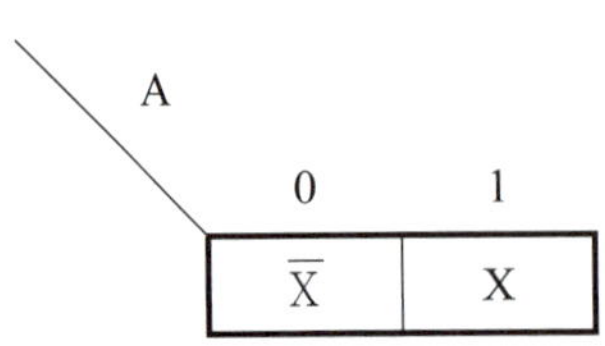

그림 20.1 1-변수 카르노도

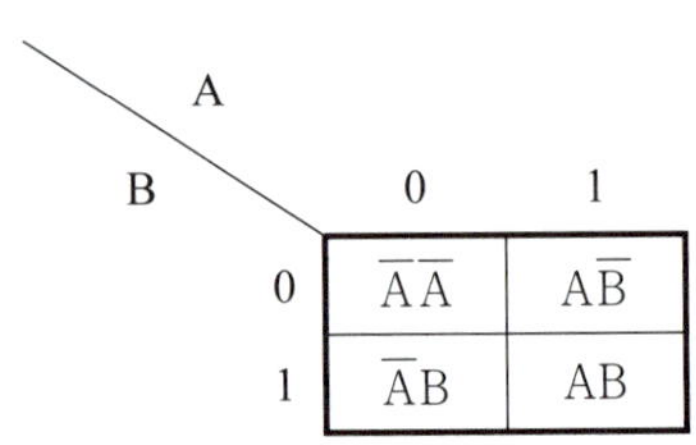

그림 20.2 2-변수 카르노도

C \ AB	00	01	11	10
0	$\bar{A}\bar{B}\bar{C}$	$\bar{A}B\bar{C}$	$AB\bar{C}$	$A\bar{B}\bar{C}$
1	$\bar{A}\bar{B}C$	$\bar{A}BC$	ABC	$A\bar{B}C$

그림 20.3 3-변수 카르노도

CD \ AB	00	01	11	10
00	$\bar{A}\bar{B}\bar{C}\bar{D}$	$\bar{A}B\bar{C}\bar{D}$	$AB\bar{C}\bar{D}$	$A\bar{B}\bar{C}\bar{D}$
01	$\bar{A}\bar{B}\bar{C}D$	$\bar{A}B\bar{C}D$	$AB\bar{C}D$	$A\bar{B}\bar{C}D$
11	$\bar{A}\bar{B}CD$	$\bar{A}BCD$	$ABCD$	$A\bar{B}CD$
10	$\bar{A}\bar{B}C\bar{D}$	$\bar{A}BC\bar{D}$	$ABC\bar{D}$	$A\bar{B}C\bar{D}$

그림 20.4 4-변수 카르노도

길고 복잡한 논리식은 카르노도에 표시하여 간략화 시키는 규칙에 따르면 매우 간단한 논리 함수를 얻을 수 있다. 다음은 카르노도를 이용한 간략화 규칙을 나타낸다.

① 1로 표시된 최소항이 서로 인접하여 있을 때 횡 또는 열(대각 방향은 아님)에 이웃하거나 겹치는(행의 제일 왼쪽과 제일 오른쪽 셀 그리고 열에서 최상위와 최하위 셀) 그룹으로 만드는 1의 셀 수를 1개, 2개, 4개, 8개씩(일반적으로 2^n셀) 한 그룹으로 묶어서 논리적 항으로 표시한다. 즉, 가능한 한 묶음으로 범위를 크게 한다.

C \ AB	00	01	11	10
0	1	1	1	1
1	0	0	1	1

그림 20.5 2^n 셀을 결속시킨 최소 그룹

② 1의 셀을 결속시킨 그룹 수가 최소가 되도록 한다.

③ 1의 셀에 인접된 항이 없으면 독립된 항으로 표시한다.

④ 1의 셀이 두 개의 그룹에 중복되는 셀이 있을 때는 중복되어 있는 상태로 논리식을 표시한다.

⑤ 마지막으로 각 그룹의 논리적 항을 합으로 표시한다.

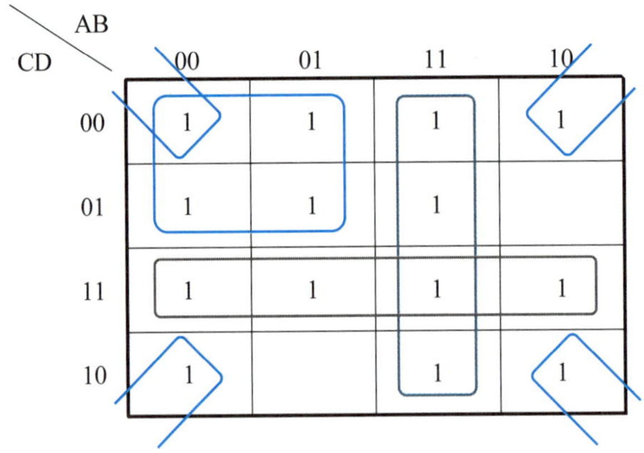

그림 20.6 결속시키는 방법

그림 20.7은 3-변수 논리식 $Y=\overline{A}\,\overline{B}\,\overline{C}+\overline{A}\,\overline{B}C+\overline{A}B\overline{C}+AB\overline{C}+ABC$를 카르노도에 다섯 개의 최소항을 표시하고 인접 항끼리 묶어 간소화시키면 논리식은 $Y=\overline{A}\,\overline{B}+B\overline{C}+AB$이 된다.

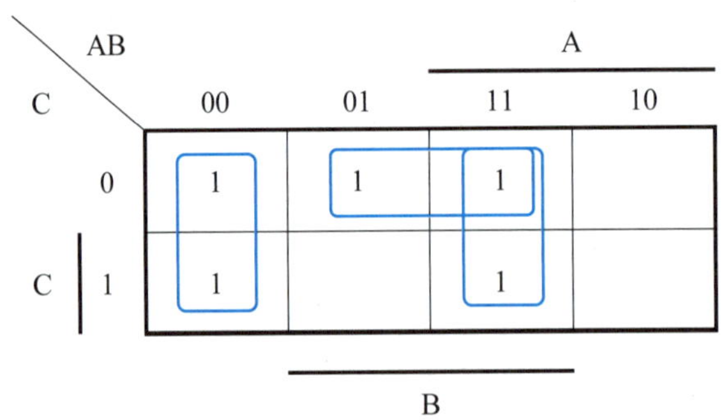

그림 20.7 다섯 개의 최소항을 간략화

부울식 간략화 방법

- 대수적인 간략화 법
- 카르노맵 : 보통 변수가 4~5개까지로 제한되며 시각화 용이함.
- 콰인-매클러스키(Quine-McCluskey)방법 : 1956년 Willard Van Orman Quine, Edward J. McCluskey가 개발했으며 처리과정이 복잡하지만 표를 사용하기 때문에 컴퓨터에서 쉽게 돌릴 수 있어 알고리즘 화에 용이함.

예제 20-7

4-변수 논리식 $\overline{A}\,\overline{B}\,\overline{C}\,\overline{D}+A\overline{B}\,\overline{C}\,\overline{D}+\overline{A}B\overline{C}D+AB\overline{C}D+\overline{A}BCD+ABCD+\overline{A}\,\overline{B}C\overline{D}+A\overline{B}C\overline{D}$를 카르노도로 간소화시킨 논리식을 구하여라.

| 풀이 |

최소항 8개를 카르노도에 표시하고 인접 항을 묶으면 $Y=BD+\overline{B}\,\overline{D}$가 된다.

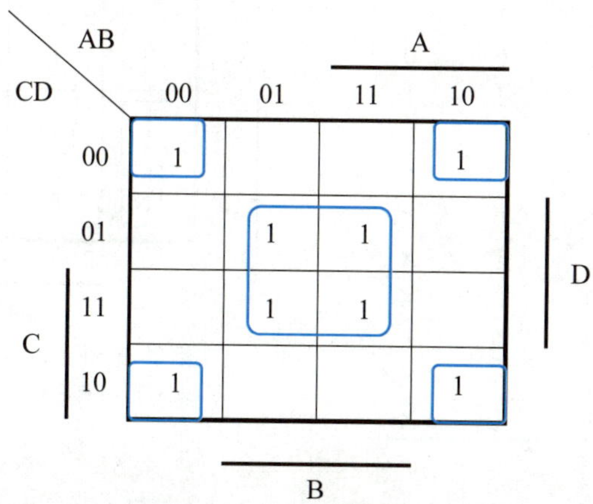

(3) 임의 상태

입력 변수가 1 혹은 0에 대하여 실제 출력 결과에 아무런 상관이 없는 경우로 조합을 임의 상태(don't care condition)라 하며, 진리표나 카르노도에서는 X로 표기한다.

표 20.10은 4-변수에 대한 BCD(binary coded decimal) 코드이며 진리표는 0에서 9까지 소수를 나타내었다. 그리고 최소항을 논리식으로 나타내면 다음과 같다.

$$Y=\overline{A}\,\overline{B}C\overline{D}+\overline{A}\,\overline{B}CD+\overline{A}B\overline{C}D+\overline{A}BCD \tag{20-1}$$

그림 20.8은 표 20.10에 대한 카르노도를 1의 경우와 임의 상태를 묶어서 간소화된 논리식을 구하는 경우를 나타낸다. 논리식을 구할 때 1 뿐만 아니라 0을 기준할 수 있으며, 이들의 결과는 같아야 한다.

그림 20.8에서 1을 기준한 경우의 카르노도에서 얻은 간소화된 논리식은 다음과 같다.

$$Y = BD+\overline{B}C \tag{20-2}$$

표 20.10 4 변수 임의 상태 진리표

	A	B	C	D	Y
0	0	0	0	0	0
1	0	0	0	1	0
2	0	0	1	0	1
3	0	0	1	1	1
4	0	1	0	0	0
5	0	1	0	1	1
6	0	1	1	0	0
7	0	1	1	1	1
8	1	0	0	0	0
9	1	0	0	1	0
10	1	0	1	0	X
11	1	0	1	1	X
12	1	1	0	0	X
13	1	1	0	1	X
14	1	1	1	0	X
15	1	1	1	1	X

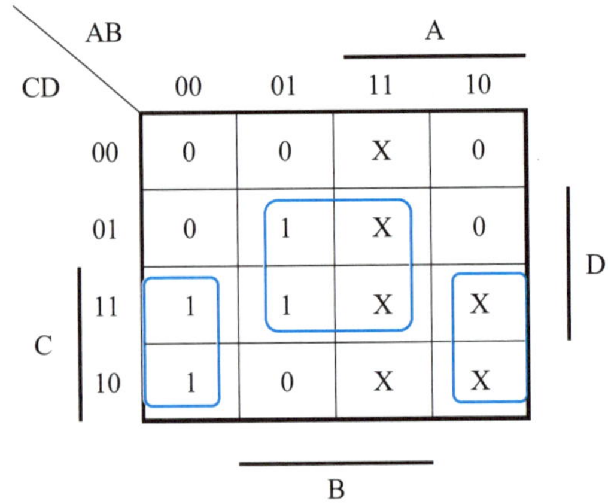

그림 20.8 카르노도로 간소화된 논리식
$Y = BD + \overline{B}C$

20.3 디지털 신호 및 논리 게이트

논리회로에서 사용되는 두 가지 논리값 0과 1은 전압의 높이로 표시하고 0과 1의 상태는 전압의 차이 혹은 펄스의 유무로 나타낸다. 전압으로 논리를 표현할 때 높은 전압을 1로 나타내는 양논리(positive logic)와 낮은 전압을 1로 표시하는 음논리(negative logic)가 있다.

그림 20.9는 논리회로에서 사용되는 양논리와 음논리를 표시하고 표 20.11은 두 논리를 AND와 OR 게이트를 나타내어 비교하였다.

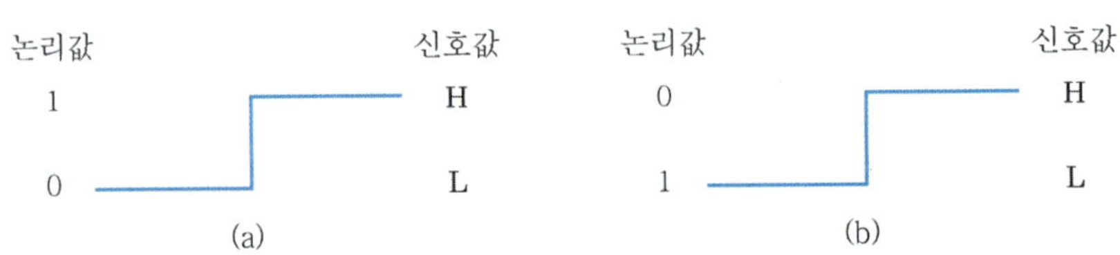

그림 20.9 논리종류 (a) 양논리 (b) 음논리

표 20.11 양논리와 음논리 AND와 OR 게이트 비교

상태		양논리		음논리	
X	Y	AND	OR	AND	OR
0	0	0	0	0	0
0	1	0	1	1	0
1	0	0	1	1	0
1	1	1	1	1	1

> 양논리 AND = 음논리 OR, 양논리 OR = 음논리 AND

(1) 논리 게이트

논리 게이트(logical gate)는 0 또는 1로 구성된 2진 정보를 취급하는 논리회로로서, 부울 연산을 수행하는 전자소자이다. 즉 주어진 입력 변수값에 대해서 정해진 논리함수를 수행하여 그 함수의 연산 결과와 동일한 것을 출력하는 하드웨어이다. 일반적으로 두 개 이상의 입력 단자와 하나의 출력단자로 구성된다.

기본적인 논리 게이트는 OR, AND, NOT 게이트가 있고 이들을 적절히 조합한 NAND, NOR, XOR 등이 있다. 실제 많이 사용하는 게이트는 NAND, NOR, XOR 게이트 등이다.

표 20.12는 기본 디지털 논리게이트이고 표 20.13은 주요 디지털 논리게이트의 심벌, 대수식, 진리표 등을 요약하였다.

표 20.12 기본 디지털 논리 게이트

이름	심벌	대수식	진리표	기타
OR	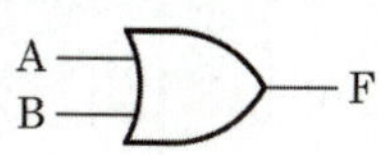	$F = A + B$	A B F 0 0 0 0 1 1 1 0 1 1 1 1	모두 '0'이면 '0'
AND	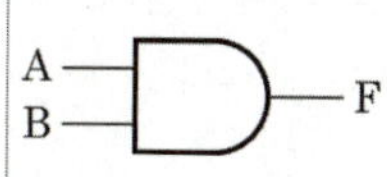	$F = AB$	A B F 0 0 0 0 1 0 1 0 0 1 1 1	모두 '1'이면 '1'
NOT (인버터)	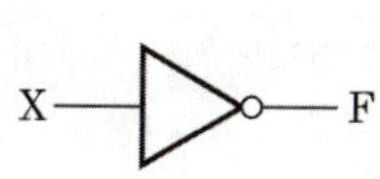	$F = \overline{X}$	X F 0 1 1 0	
버퍼	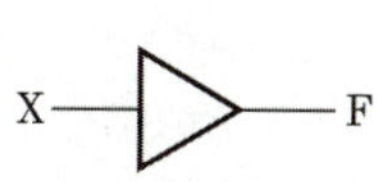	$F = X$	X F 0 0 1 1	

> 버퍼는 전압이득은 갖지 않고 전류이득만 갖고 있는 경우 사용하며 전류버퍼와 전압버퍼가 있다.
>
> 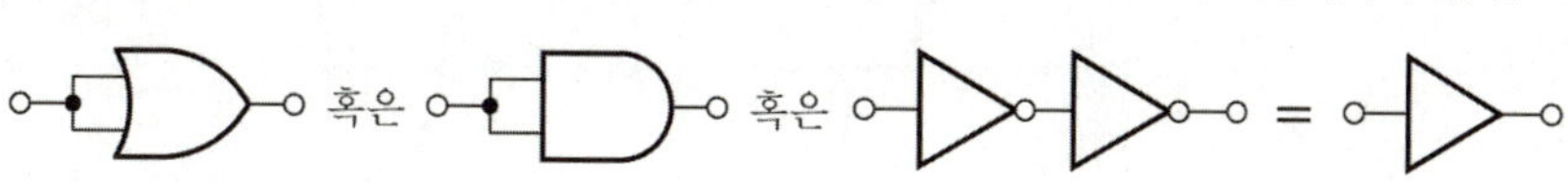
>

표 20.13 주요 디지털 논리 게이트

이름	심벌	대수식	진리표	기타
NOR	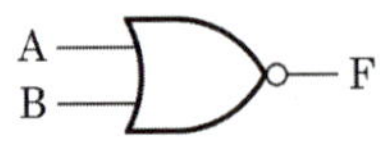	$F=(\overline{A+B})$	A B F / 0 0 1 / 0 1 0 / 1 0 0 / 1 1 0	모두 '0'이면 '1'
NAND	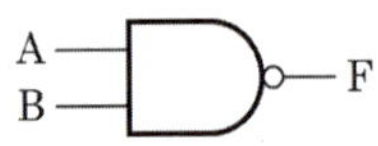	$F=(\overline{AB})$	A B F / 0 0 1 / 0 1 1 / 1 0 1 / 1 1 0	모두 '1'이면 '0'
XOR	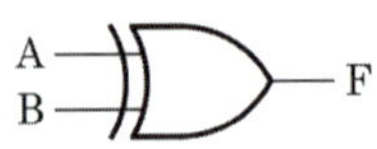	$F=\overline{A}B+A\overline{B}$ $=A\oplus B$	A B F / 0 0 0 / 0 1 1 / 1 0 1 / 1 1 0	다르면 '1'
XNOR	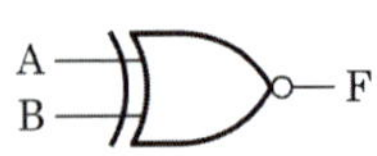	$F=AB+\overline{A}\,\overline{B}$ $=A\odot B$	A B F / 0 0 1 / 0 1 0 / 1 0 0 / 1 1 1	같으면 '1'

표 20.14와 같이 게이트 AND, OR, XOR, XNOR는 교환법칙과 결합법칙 모두 성립하지만 게이트 NAND와 NOR는 교환법칙은 성립하나 결합법칙은 성립하지 않는다.

표 20.14 게이트의 교환 및 결합법칙

이름	교환법칙	결합법칙
OR	$A+B=B+A$	$(A+B)+C=A+(B+C)$
AND	$AB=BA$	$(AB)C=A(BC)$
XOR	$A\oplus B=B\oplus A$	$(A\oplus B)\oplus C=A\oplus(B\oplus C)$
XNOR	$A\odot B=B\odot A$	$(A\odot B)\odot C=A\odot(B\odot C)$
NAND	$(\overline{AB})=(\overline{BA})$	$[\overline{(\overline{AB})C}]\neq[\overline{(A\overline{BC})}]$
NOR	$(\overline{A+B})=(\overline{B+A})$	$[\overline{(\overline{A+B})+C}]\neq[\overline{A+(\overline{B+C})}]$

예제 20-8

다음 논리회로의 논리식을 적어보아라.

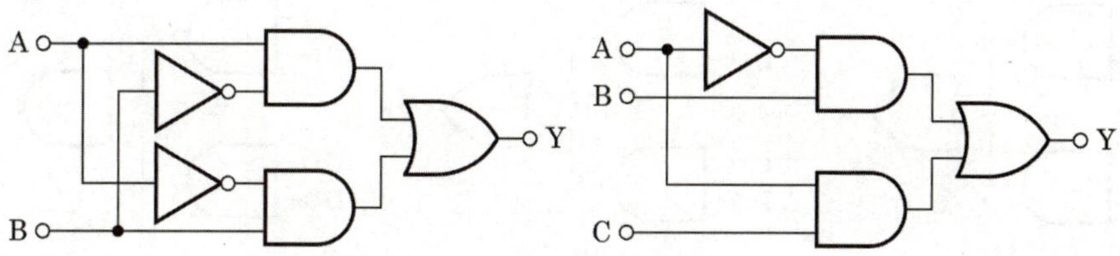

(a) (b)

| 풀이 |

(a) $Y = A\overline{B} + \overline{A}B = A \oplus B$ (b) $Y = \overline{A}B + AC$

예제 20-9

$\overline{A}$, A+B, A+B를 위해 (a) NOR (b) NAND 게이트를 사용하여 구현하여라.

| 풀이 |

(a) NOR 게이트 사용

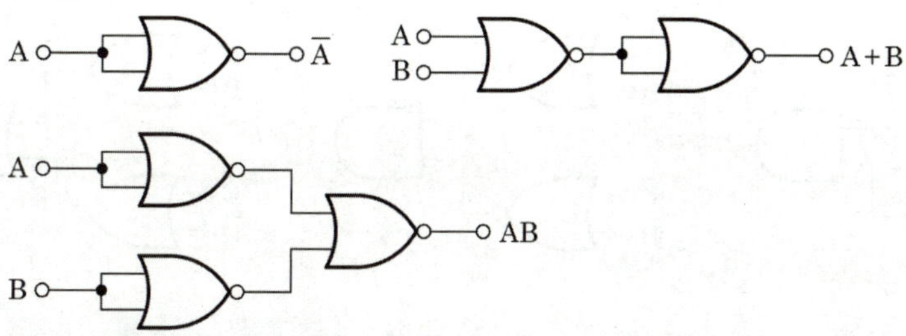

(b) NAND 게이트 사용

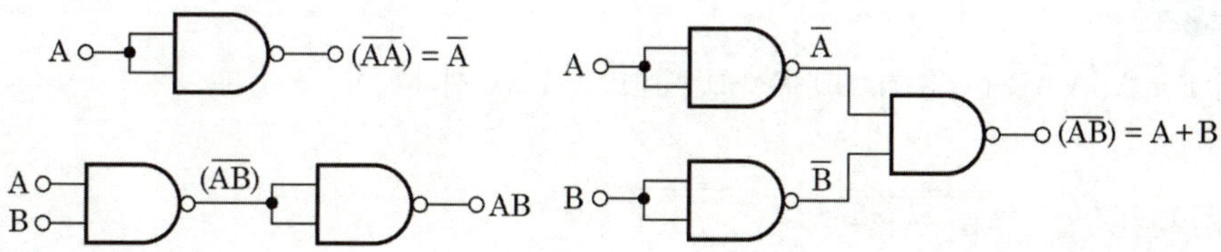

(2) 두 단계 논리회로 구현

논리 회로도는 회로의 기능을 기본 논리 게이트들에 서로 연결시켜 표현한다. AND와 OR 게이트를 가진 논리회로(SOP형과 POS형)를 NAND 혹은 NOR 만으로 만드는 것을 두 단계 구현(two-level implementation)시킬 수 있다.

부울 표현식을 NAND 게이트로 구현하기위해 SOP 형태로 만든다. 함수 F = AB + CD를 NAND 게이트로 구현하기 위해

$$F = AB + CD = \overline{\overline{AB + CD}} = \overline{\overline{AB} \cdot \overline{CD}} \qquad (20\text{-}3)$$

를 그림 20.10에 나타내었다.

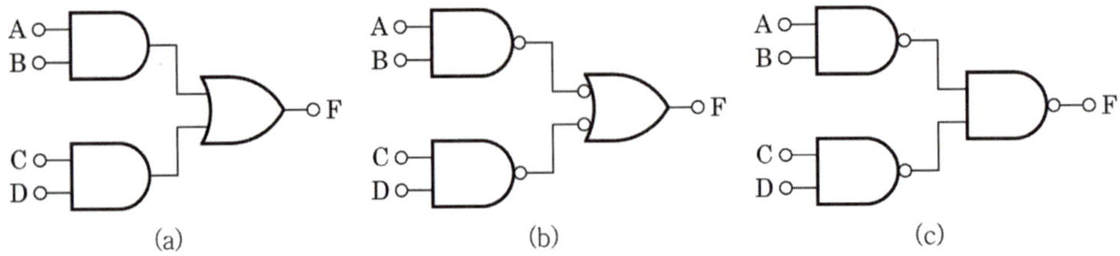

그림 20.10 두 단계 NAND 구현 (a) AND-OR 게이트 (b) NAND-OR 게이트 (c) NAND-NAND 게이트

부울 표현식을 NOR 게이트로 구현하기위해 POS 형태로 만든다. 함수 $F=(A+B)(\overline{C}+\overline{D})$를 NOR 게이트로 구현하기 위해

$$F=(A+B)(\overline{C}+\overline{D})=\overline{\overline{(A+B)(\overline{C}+\overline{D})}}=\overline{\overline{(A+B)}\cdot\overline{CD}} \qquad (20\text{-}4)$$

를 그림 20.11에 나타내었다.

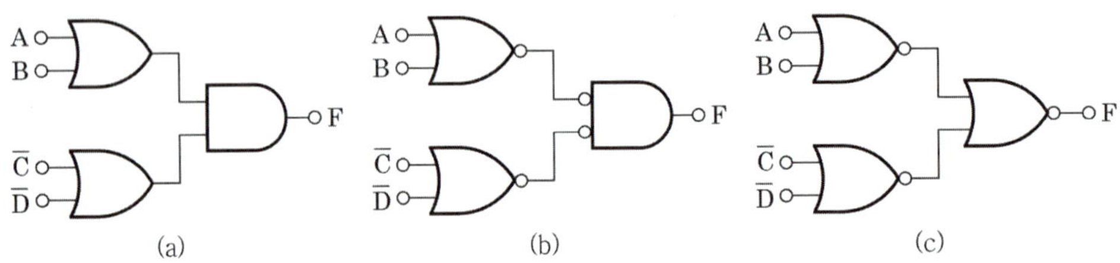

그림 20.11 두 단계 NOR 구현 (a) OR-AND 게이트 (b) NOR-AND 게이트 (c) NOR-NOR 게이트

예제 20-10

논리식 $F=A\overline{B}+\overline{A}B+C$을 NAND-NAND 게이트로 구현하여라.

| 풀이 |

$$F=A\overline{B}+\overline{A}B+C=\overline{\overline{A\overline{B}+\overline{A}B+C}}=\overline{\overline{A\overline{B}}\cdot\overline{\overline{A}B}\cdot\overline{C}}$$

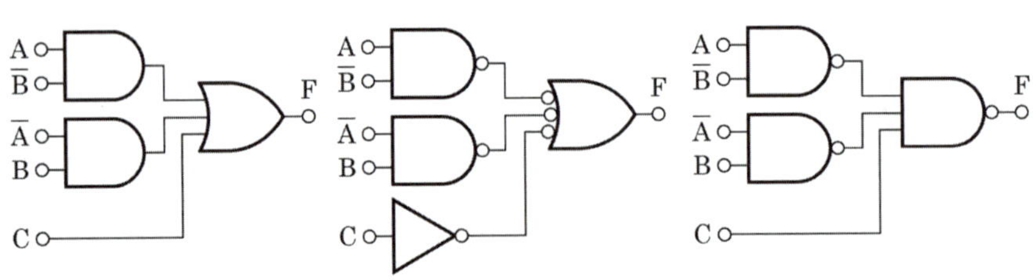

예제 20-11

부울 대수식 $Y=\overline{(A+\overline{B})(B+C)}$의 논리회로와 진리표를 나타내어라.

| 풀이 |

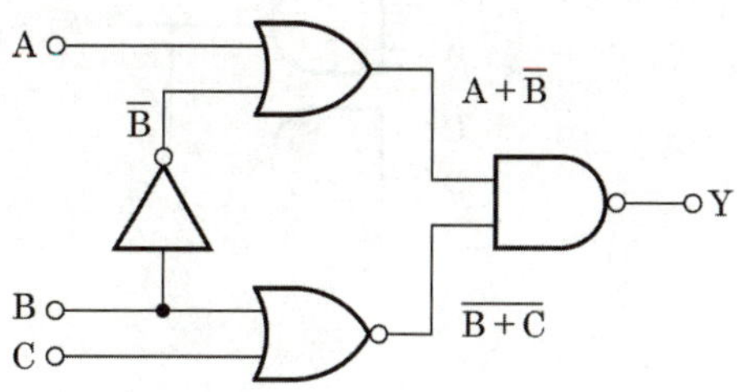

입력			출력
A	B	C	Y
0	0	0	0
0	0	1	0
0	1	0	1
0	1	1	1
1	0	0	0
1	0	1	0
1	1	0	0
1	1	1	1

(3) 와이어드 게이트

와이어드 게이트(wired gate)는 NAND 혹은 NOR 게이트의 두 출력사이 연결을 통해 기본 게이트 부품을 사용하지 않고서도 특정한 논리함수를 공급하는 방법이다.

그림 20.12(a)는 개방된 컬렉터 TTL 두 NAND 게이트를 와이어드 AND 논리를 실현한 것을 나타낸다. 이 논리회로의 논리식은

$$F = (\overline{AB})\cdot(\overline{CD}) = (\overline{AB+CD}) \tag{20-5}$$

이고, AND-OR-인버터 기능을 수행한다.

그림 20.12(b)는 ECL 게이트의 NOR 출력을 함께 묶으면 와이어드 OR 기능을 실현한다. 이 논리회로의 논리식은

$$F = (\overline{A+B}) + (\overline{C+D}) = ((\overline{(A+B)(C+D)})) \tag{20-6}$$

이고, OR-AND-인버터 기능을 수행한다.

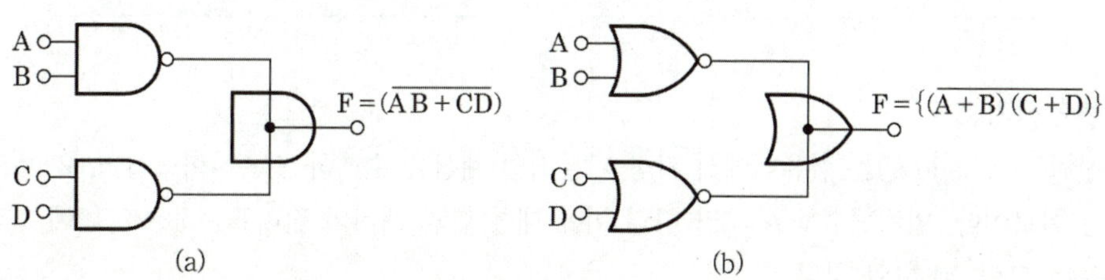

그림 20.12 와이어드 게이트 (a) 개방 컬렉터 TTL NAND 게이트에서 와이어드 AND (b) ECL 게이트에서 와이어드 OR

두 개의 NAND 게이트가 하나의 풀업 저항에 연결하면 하나 이상의 트랜지스터가 포화되면 출력은 낮은 전압이 되고, 모두가 차단되면 높은 전압이 된다. 그러므로 개방 콜렉터를 공통된 저항에 연결하면 자동적으로 AND 역할을 한다.

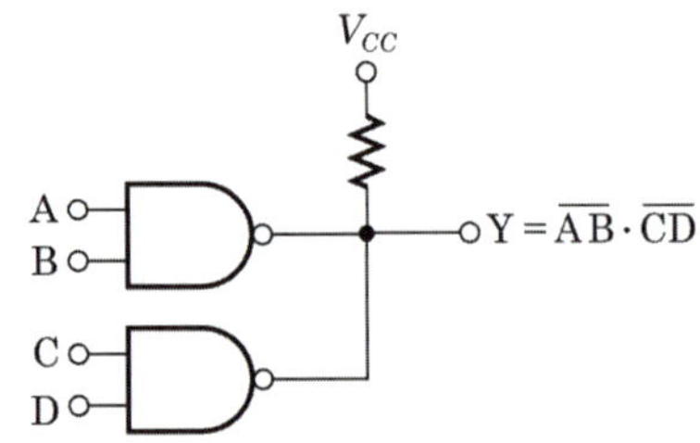

20.4 조합 논리회로

그림 20.13과 같이 논리 게이트가 모여서 입력 변수에 입력되는 데이터의 어떤 조합에 대해서 일정하게 정해진 특정 출력을 제공하기 위하여 연결된 회로를 조합 논리회로(combination logic circuit)라 한다.

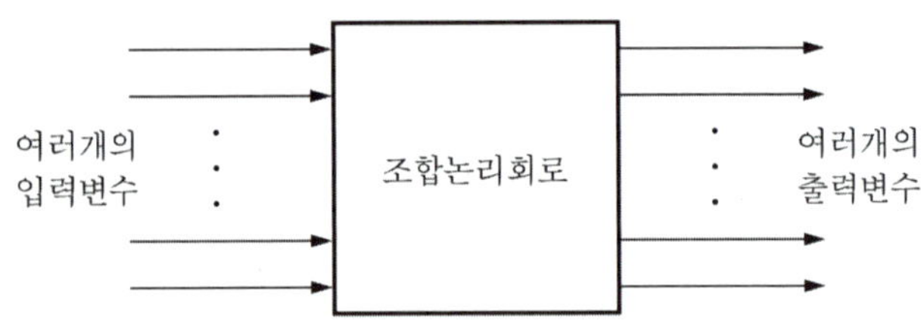

그림 20.13 조합 논리 회로

논리 회로의 설계 순서
- 입출력 조건에 따라 변수를 결정하여 진리표를 작성한다.
- 진리표에 대한 카르노도를 작성한다.
- 간소화된 논리식을 구한다.
- 논리식을 기본 게이트로 구성한다.

(1) 반가산기

반가산기(half-adder)는 컴퓨터에서 가장 기본적인 계산을 수행하는 논리회로이며, 2-비트만을 덧셈하는 회로이다. 입력변수를 A, B라 하면 이에 대한 합과 캐리의 진리표는 표 20.15에 나타내고 논리회로는 그림 20.14와 같다.

표 20.15 반가산기 진리표

A	B	합(S)	자리올림(C)
0	0	0	0
0	1	1	0
1	0	1	0
1	1	0	1

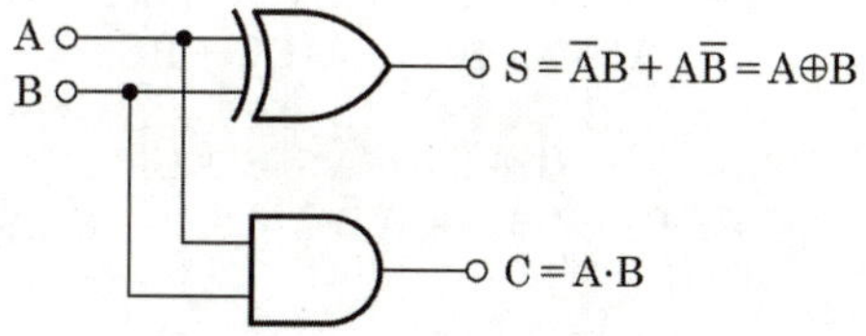

그림 20.14 반가산기의 논리 회로

(2) 전가산기

전가산기(full-adder)는 두 자리 이상을 덧셈할 때는 아래 자리에서 올라온 캐리를 함께 덧셈하여 두 자리의 합을 계산하고, 캐리는 다음 자리에서 함께 계산되도록 한다. 이렇게 두 자리 2 진수와 캐리를 함께 덧셈하는 회로이다.

전가산기는 A, B의 입력 변수와 아래 자리에서 올라온 캐리 C가 8 가지 조합을 이루며, 이들 각각에 대한 합 S와 윗자리로 전해주는 캐리 C_n에 대한 진리표는 표 20.16과 같고 카르노도는 그림 20.15와 같다.

표 20.16 전가산기의 진리표

A	B	C	S	C_n
0	0	0	0	0
0	0	1	1	0
0	1	0	1	0
0	1	1	0	1
1	0	0	1	0
1	0	1	0	1
1	1	0	0	1
1	1	1	1	1

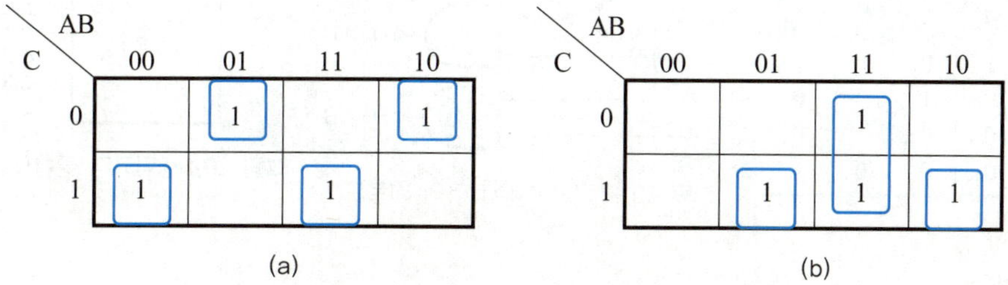

그림 20.15 전가산기의 카르노도 (a) S의 카르노도 (b) C_n의 카르노도

그림 20.15의 카르노도에서 논리식을 얻어 간소화시킨 S와 C_n은 다음 식과 같다.

$$
\begin{aligned}
S &= \bar{A}\bar{B}C\,\bar{A}B\bar{C} + ABC + A\bar{B}\bar{C} = \bar{A}(\bar{B}C+B\bar{C})+A(BC+\overline{BC}) \quad (20\text{-}7)\\
&= \bar{A}(\bar{B}C+B\bar{C})+A(BC+\overline{BC})\\
&= \bar{A}(B\oplus C)+A(B\odot C) = \bar{A}(B\oplus C)+A(\overline{B\oplus C})\\
&= A\oplus(B\oplus C) = A\oplus B\oplus C
\end{aligned}
$$

$$C_n = AB + \bar{A}BC + A\bar{B}C = AB + C(\bar{A}B + A\bar{B}) = AB + C(A\oplus B) \quad (20\text{-}8)$$

식 (20-7)과 식 (20-8)을 사용하여 게이트를 연결하면 그림 20.16의 전가산 회로도가 되며 두 개의 반가산기와 그들의 캐리를 OR 회로로 합한 것과 같다.

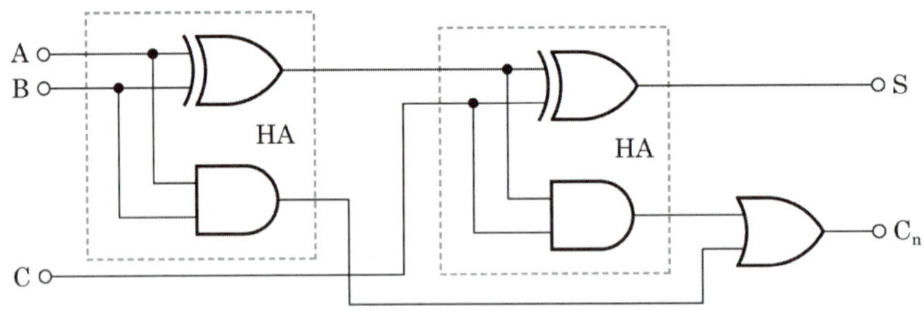

그림 20.16 전가산기의 논리회로

(3) 디코터

디코더(decoder, 해석기)는 코드 형식의 2진 정보를 다른 형식의 단일 신호로 바꾸는 회로이며 컴퓨터에서 2진수로 코드화된 데이터를 해독하여 대응되는 한 개의 신호로 바꾸어 문자와 같은 형태로 바꾸어 출력시킨다. 표 20.17은 2 비트가 입력되어 네 가지의 서로 다른 신호를 출력하는 2×4 디코더의 진리표를 나타내고, 그림 20.17은 회로도이며, 그림 20.18은 블록도이다.

진리표에서 출력의 논리식은 $D_0 = \bar{A}\bar{B}$, $D_1 = \bar{A}B$, $D_2 = A\bar{B}$, $D_3 = AB$ 이다.

표 20.17 디코더의 진리표

입력		출력			
A	B	D_0	D_1	D_2	D_3
0	0	1	0	0	0
0	1	0	1	0	0
1	0	0	0	1	0
1	1	0	0	0	1

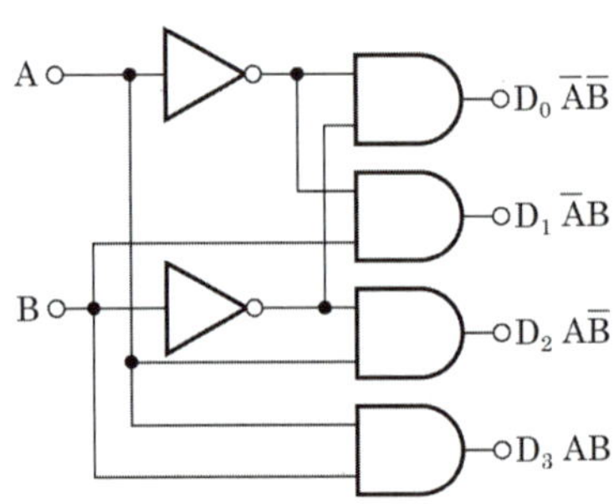

그림 20.17 2×4 디코더의 회로도

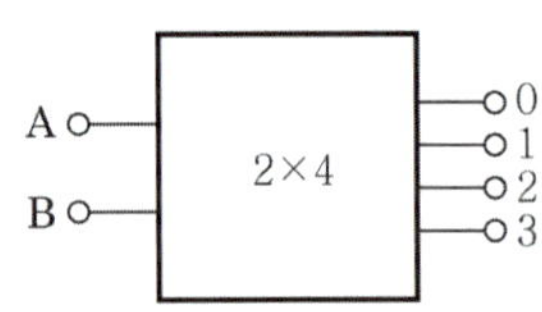

그림 20.18 디코더 블록도

(4) 인코더

인코더(encoder)는 디코더와 정반대의 기능을 수행하는 조합 논리회로이며, 여러 개의 입력 단자 중 어느 하나에 나타난 정보를 여러 자리의 2진수로 코드화하여 전달한다.

논리식을 사용하여 8진수를 세 자리의 2진수로 부호화하기 위한 진리표를 작성하면 표 20.18과 같다. 표 20.18을 사용한 8×3 인코더는 그림 20.19와 같이 설계할 수 있고, 블록도는 그림 20.20

과 같이 표현한다.

표 20.18 인코더 진리표

입력	출력		
8진수	A	B	C
0	0	0	0
1	0	0	1
2	0	1	0
3	0	1	1
4	1	0	0
5	1	0	1
6	1	1	0
7	1	1	1

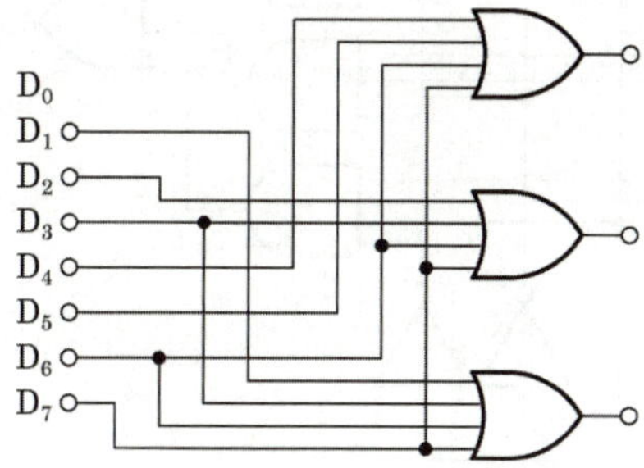

그림 20.19 8×3 인코더 회로도

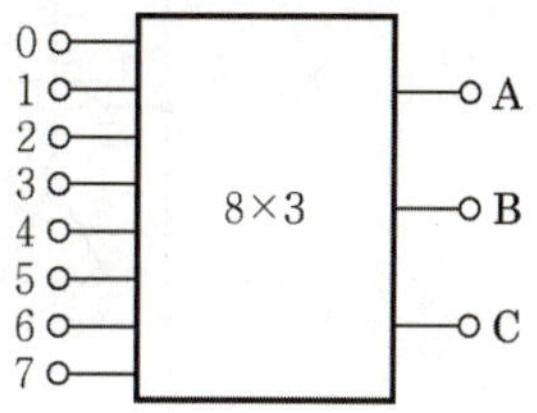

그림 20.20 인코더 블록도

(5) 멀티플렉서

멀티플렉서(multiplexer : MUX)는 여러 회선의 입력이 한 곳으로 집중될 때 특정 회선을 선택하므로, 선택기라 부르고 어느 회선에서 전송해야 하는지 결정하기 위하여 선택 신호가 있다. 멀티플렉서 회로는 여러 입출력 장치에서 일정한 회선을 통하여 중앙처리장치로 전해 줄 수 있고, 하나의 입력 회선에 여러 터미널을 접속하여 사용할 수 있다.

4×1 멀티플렉서는 네 개의 입력회선과 두 개의 선택회선이 조합되는 형태에 따라 각 회선을 할당하면 특정회선을 결정할 수 있고 이것의 진리표는 표 20.19와 같다.

표 20.19 4×1 멀티플렉서에 대한 진리표

선택 신호		선택된 입력 회선
S_1	S_2	
0	0	D_0
0	1	D_1
1	0	D_2
1	1	D_3

그림 20.21(a)는 입력 회선이 네 개이고, 이들 중 하나의 출력회선이 연결될 수 있는 4×1 멀티플렉서의 회로도를 나타내고, 그림 20.21(b)는 블록도를 나타낸 것이다. STB(strobe signal input)=LOW이면 데이터가 출력된다.

> 스트로브(strobe)는 데이터 신호를 일정한 간격으로 읽기 위해 기억장치나 회로에 입력할 때 타이밍을 잡는 것 혹은 버스에서 데이터가 올바른 것일 때 활동신호를 선택하는 것이다.

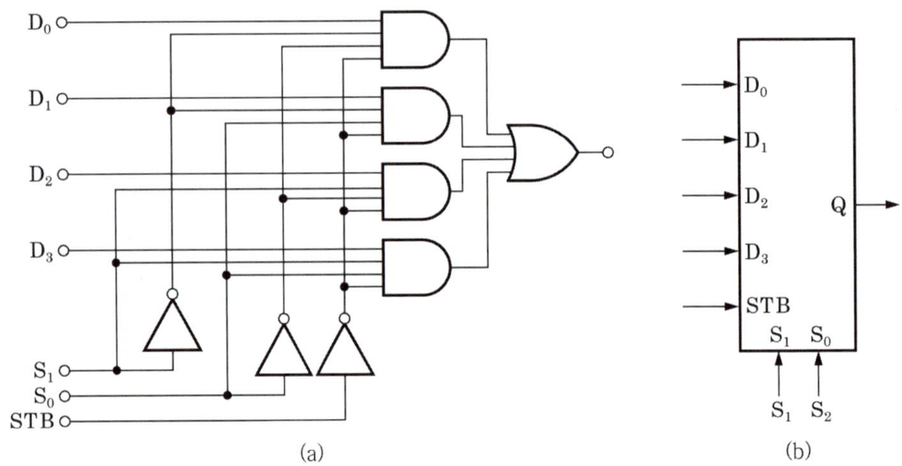

그림 20.21 4×1 멀티플렉서 (a) 회로도 (b) 블록도

멀티플렉서는 많은 입력들 중에서 하나를 선택하여 2진 정보를 출력선에 내보내기 때문에 데이터 선택기라고 한다. 멀티플렉서는 모뎀과 함께 이용하는 통신장비로서 통신망 구성과 관리를 간단하게 하고 통신비용을 절감시킨다.

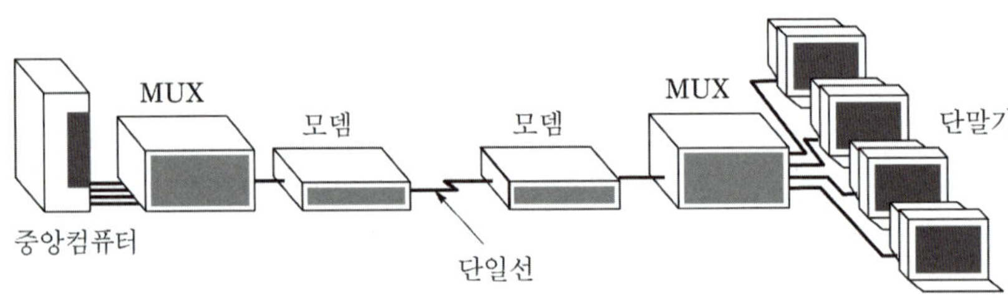

(6) 디멀티플렉서

디멀티플렉서(demultiplexer : DMUX)는 멀티플렉서와 반대 기능을 수행하여 하나의 입력 회선을 여러 개의 출력회선을 연결하여, 선택신호에서 지정하는 하나의 회선에 출력하므로, 분배기라고도 한다. 중앙처리장치에서 어떤 내용을 특정장치로 출력시킬 수 있게 하는데, 이 때 선택 신호는 특정 장치를 나타낸다.

1×4 디멀티플렉서에서 선택신호는 네 개의 조합을 만들어야 하므로, 두 개의 선택신호가 필요하다. 표 20.20에 대한 1×4 디멀티플렉서의 회로도와 블록도는 각각 그림 20.22와 같다.

표 20.20 1×4 디멀티플렉서의 진리표

선택 신호		선택된 출력 회선			
S_1	S_2	D_0	D_1	D_2	D_3
0	0	1	0	0	0
0	1	0	1	0	0
1	0	0	0	1	0
1	1	0	0	0	1

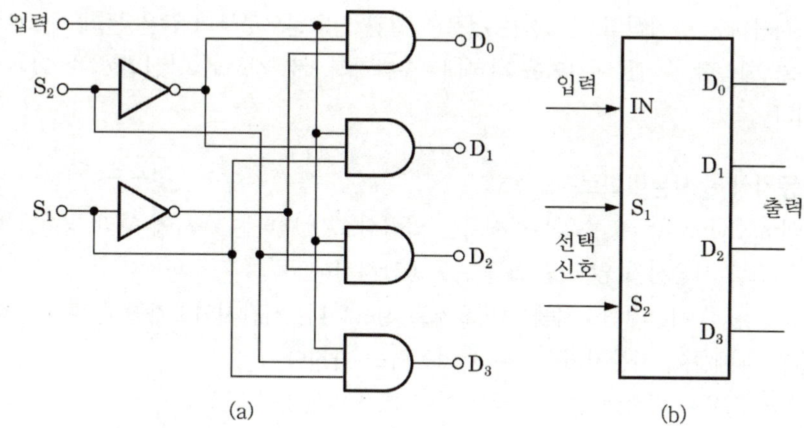

그림 20.22 1×4 디멀티플렉서 (a) 회로도 (b) 블록도

20.5 순차논리 회로

순차논리(sequential logic)회로는 조합논리회로 소자인 OR, AND, NOT, XOR 등과 메모리 소자인 래치, 플립플롭 등과 메모리를 위한 피드백 경로를 가지고 있어 메모리 소자에 2진 정보를 저장할 수 있다.

그래서 순차논리회로의 출력은 현재 입력된 내용과 순차논리회로 내부에 기억되어 있는 과거의 입력에도 영향을 받는다. 조합논리의 출력은 f(입력)이지만 순차논리회로의 출력은 f(입력, 과거상태)이고 순차논리회로는 크게 동기식과 비동기식으로 나뉜다.

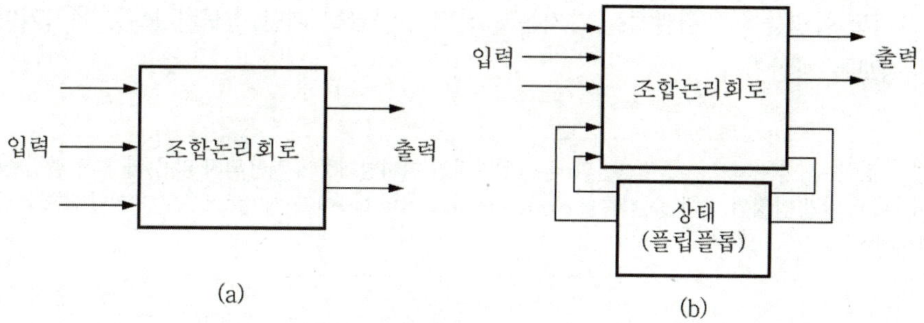

그림 20.23 논리회로 (a) 조합 (b) 순차

(1) 동기식 순차논리회로

동기식(synchronous) 순차논리회로는 클럭 펄스를 사용해서 여러 개의 플립플롭을 동시에 동작시키며 동기를 위한 매스터 클럭이 존재한다.

동기식은 이산된 시점에서만 기억소자에 영향을 주는 신호를 사용해야하는데, 이 문제를 해결하는 한 방법으로 한정된 폭의 펄스를 사용하여 펄스가 있을 경우에는 1, 펄스가 없을 경우에는 0으로 나타낸다.

펄스를 사용하는 동기식의 문제점은 서로 독립된 신호원으로부터 같은 논리 게이트의 입력에 도달한 펄스가 예측할 수 없는 지연을 나타내고, 결과적으로 시스템이 신뢰할 수 없는 동작을 하게 되는 것이다.

(2) 비동기식 순차논리회로

비동기식(asynchronous) 순차논리회로는 입력신호가 변하는 순서에 따라 영향을 받을 수 있으며, 클럭 펄스를 사용하지 않고 플립플롭을 동작시킨다.

비동기식은 흔히 시간지연소자를 기억요소로 사용한다. 시간지연소자를 통해서 신호가 전달되면 시간이 걸리기 때문에 시간지연소자는 기억능력을 가진다.

비동기식의 경우는 피드백 경로를 갖는 것이 특징인데, 2진 신호로써 정해진 크기의 전압을 사용하고 있다.

20.6 플립플롭 회로

플립플롭(flip-flop) 회로는 쌍안정 멀티바이브레이터의 성질을 이용하여 두 가지 상태인 1 과 0 을 기억하도록 만든 회로이며, 기억 회로의 기본적 구성 요소이다.

플립플롭은 1-비트의 2진 정보를 보관, 유지할 수 있는 순차논리회로의 기본 구성요소이며 두개의 출력 Q와 $\overline{Q}$가 있고, 새로운 조건이 주어지기 전까지 현재 상태를 유지하는 디지털소자로써, 조건을 주는 방법에 따라 여러 종류로 나누어진다.

플립플롭은 주로 주기억장치, CPU 캐시 메모리, 레지스터를 구성하는 기본회로로 쓰이는데, 입력에 대하여 지연된 하나의 출력을 입력에 피드백하여 정보를 보관, 유지하는데 사용하는 특징을 가진다. 그리고 플립플롭은 휘발성을 가지는데 전원이 공급될 때만 정보가 보관, 유지되며 전원이 차단되면 정보는 사라진다.

> 데이터를 저장할 수 있는 회로는 플립플롭과 래치(일반적인 디지털회로에 사용되지 않음)가 있고 플립플롭과 래치(latch)는 두 개의 안정된 상태 중 하나를 가지는 1-비트 기억소자이고 게이트로 구성되지만 조합논리회로와 달리 피드백이 있다.

(1) RS 플립플롭

RS 플립플롭은 표 20.21과 같이 세트 입력단자 S와 리셋 입력단자 R이 있고 세트신호와 리셋신호가 동시에 1의 값을 가질 때, 불안정한 상태가 된다는 특징이 있다. 가장 기본적인 플립플롭 회로이며, 쌍안정 멀티바이브레이터 기능을 사용하여 트랜지스터 두 개로 제작한다. 표 20.22는 NOR 게이트로 구성된 SR 래치 동작을 설명하고 있다.

표 20.21 RS 플립플롭의 진리표

입력		출력	
S	R	Q_{t+1}	$\overline{Q_{t+1}}$
0	0	Q_t	$\overline{Q_t}$
0	1	0	1
1	0	1	0
1	1	금지	금지

표 20.22 NOR 게이트로 구성된 SR 래치 동작

$S=0, R=0$	$S=0, R=1$	$S=1, R=0$	$S=1, R=1$
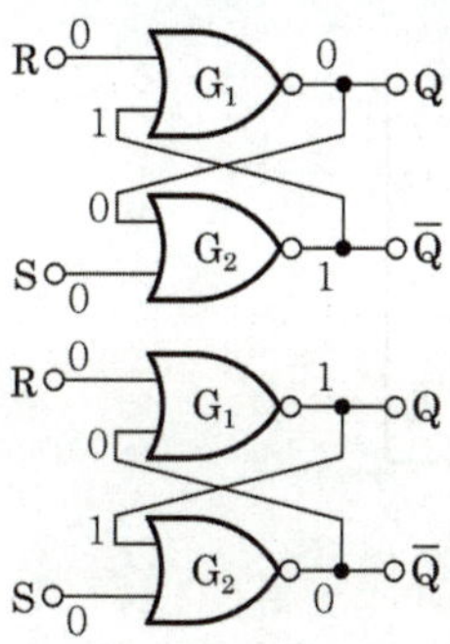	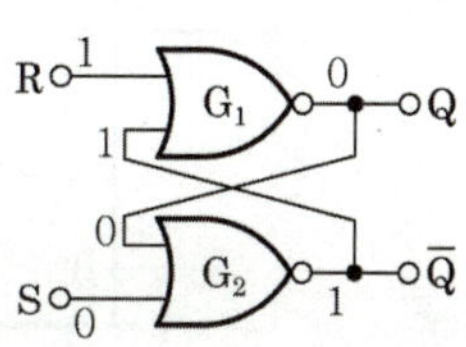	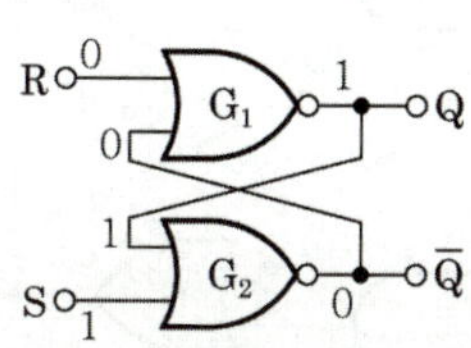	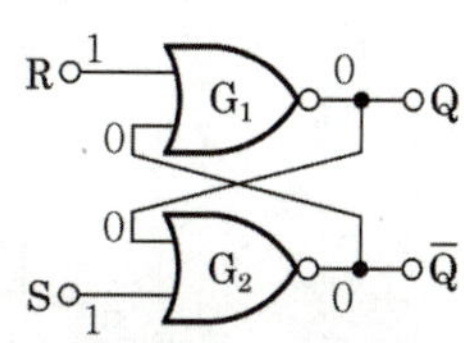
출력은 이전상태 유지	$Q=0$	$Q=1$	$Q=0, \overline{Q}=0$
홀드(hold) 상태	리셋(reset) 상태	셋(set) 상태	금지 상태

NAND 래치회로

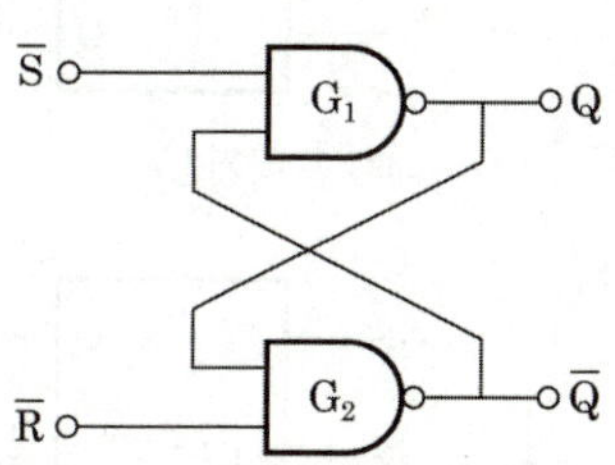

진리표

입력		출력	
$\overline{S}$	$\overline{R}$	Q_{t+1}	$\overline{Q_{t+1}}$
0	0	금지	금지
0	1	1	0
1	0	0	1
1	1	Q_t(불변)	$\overline{Q_t}$

그림 20.24는 NOR게이트를 사용하여 구성한 RS 플립플롭 회로도와 논리기호를 나타내고, 이 RS 플립플롭은 비동기형으로 동작한다.

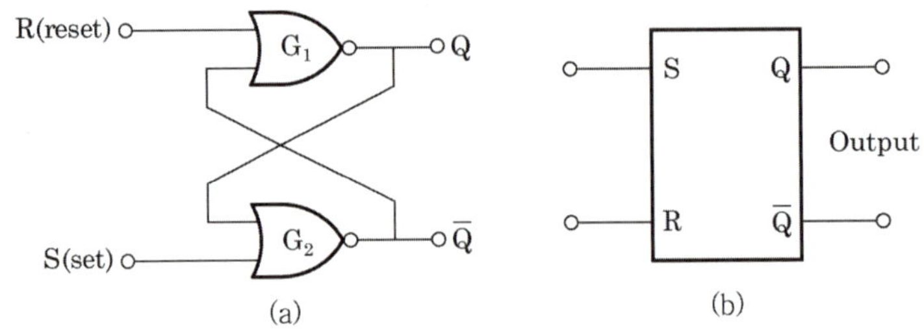

그림 20.24 NOR 게이트를 사용한 RS 플립플롭 (a) 회로도 (b) 논리기호

컴퓨터 내부의 수정 발진자에서 만들어주는 클럭 펄스를 그림 20.25와 같이 연결하면 일정한 시간에 따라 동작되는 동기형으로 만들 수 있다.

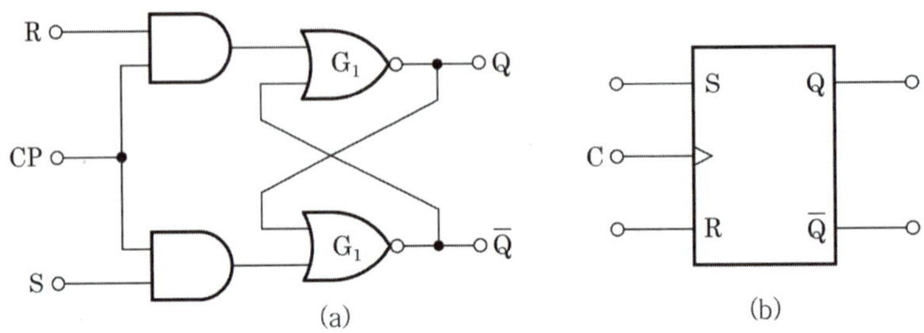

그림 20.25 동기형 RS 플립플롭 (a) 회로도 (b) 논리기호

레벨 트리거링(level triggering)과 에지 트리거링(edge triggering)

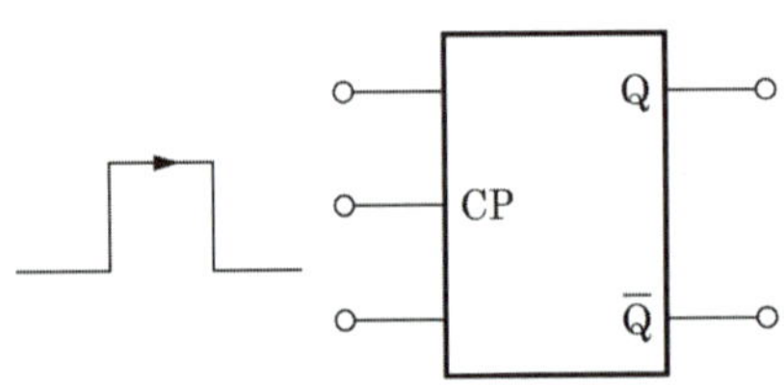

〈고 레벨 트리거링〉

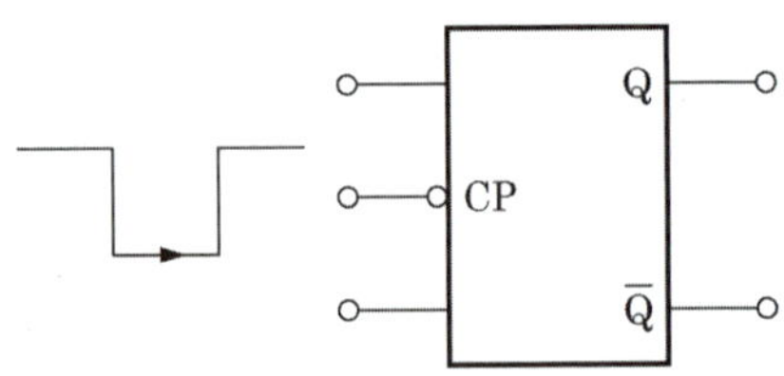

〈저 레벨 트리거링〉

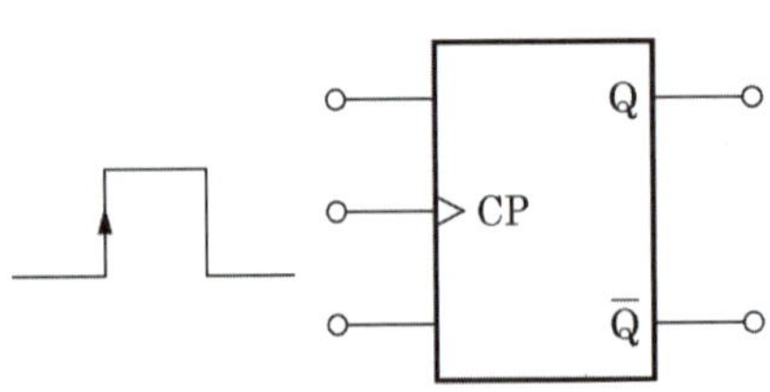

〈상승 에지 트리거링〉

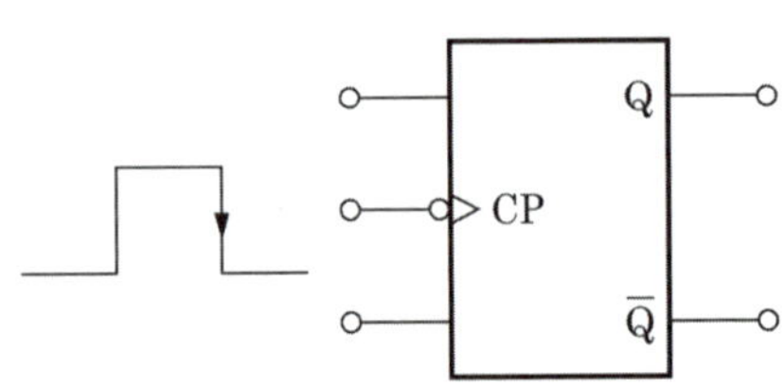

〈하강 에지 트리거링〉

NAND형 동기 RS 플립플롭

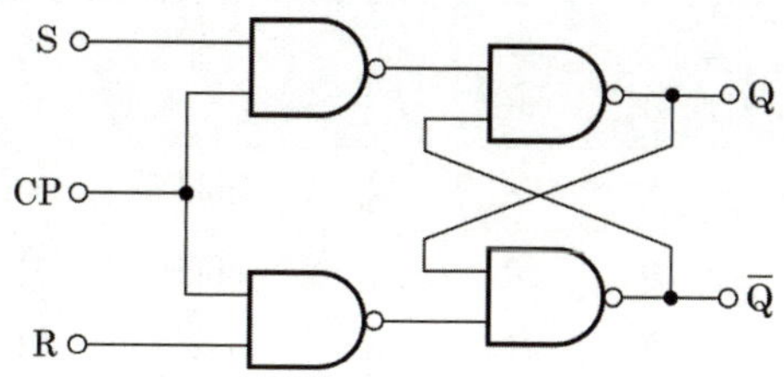

예제 20-12

S-R 플립플롭의 특성표를 만들고 카르노맵으로 특성방정식을 구하여라.

| 풀이 |

$Q_{t+1} = S + \overline{R}Q$, $SR = 0$

Q_t	S	R	Q_{t+1}
0	0	0	0
0	0	1	0
0	1	0	1
0	1	1	금지
1	0	0	1
1	0	1	0
1	1	0	1
1	1	1	금지

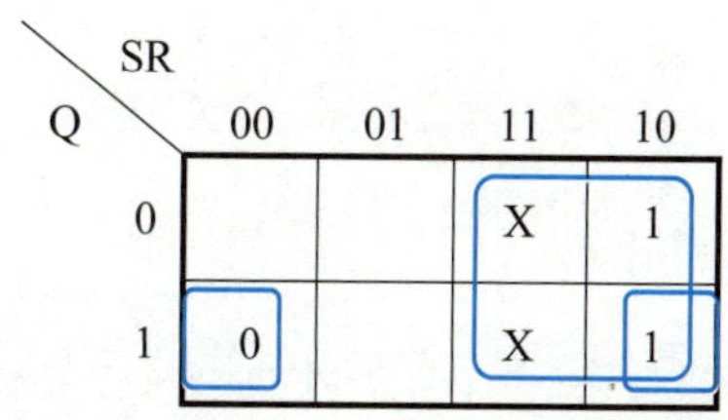

(2) JK 플립플롭

JK 플립플롭은 RS 플립플롭이 세트신호와 리셋신호가 동시에 1의 값을 가질 때, 불안정해지는 단점을 보완한 플립플롭으로써, 세트 신호는 J, 리셋 신호는 K에 해당한다. 세트신호와 리셋신호가 동시에 1의 값을 가질 때, 이전 값을 반전시킨다.

JK 플립플롭은 RS 플립플롭에 AND 게이트를 덧붙여서 만든다. 그림 20.26은 JK 플립플롭 회로도이고, 표 20.23은 JK 플립플롭 회로의 진리표이다.

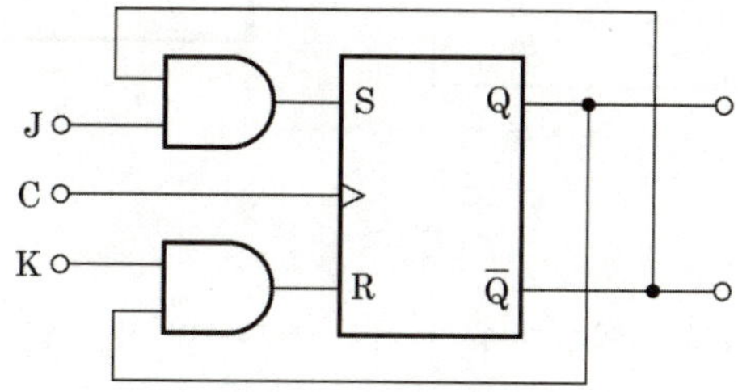

그림 20.26 JK 플립플롭 회로도

표 20.23 JK 플립플롭의 진리표

입력			출력		
C	J	K	Q_{t+1}		$\overline{Q_{t+1}}$
0	×	×	Q_t	hold	$\overline{Q_t}$
0	0	0	Q_t	hold	$\overline{Q_t}$
1	0	1	0	reset	1
1	1	0	1	set	0
1	1	1	$\overline{Q_t}$	toggle	Q_t

- 레이싱(racing) 문제 : JK 플립플롭에서 리셋상태이면 Q=0 → J=K=1이면 Q=1 → 게이트의 지연시간 후 다시 Q=1 → CP=1이고 J=K=1일 때 출력이 계속해서 변하는 현상
- 제거시키는 조건 : ① 펄스의 T/2 〈게이트의 전파지연시간 ② 에지 트리거링 ③ 주-종 게이트 사용

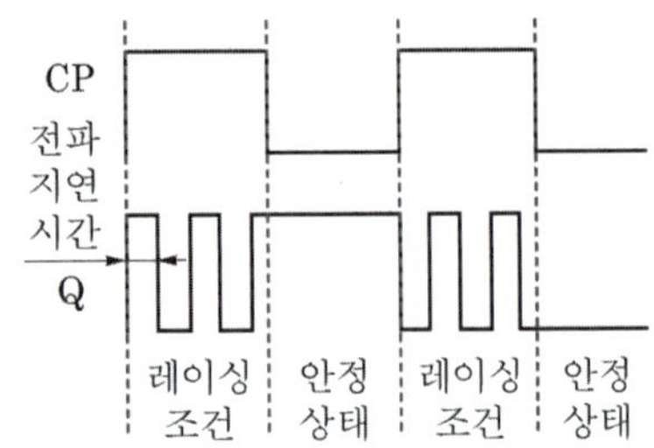

예제 20-13

JK 플립플롭의 특성표를 만들고 카르노맵으로 특성방정식을 구하여라.

| 풀이 |

$Q_{t+1} = J\overline{Q} + \overline{K}Q$

Q_t	J	K	Q_{t+1}
0	0	0	0
0	0	1	0
0	1	0	1
0	1	1	1
1	0	0	1
1	0	1	0
1	1	0	1
1	1	1	0

Q \ JK	00	01	11	10
0			1	1
1	1			1

(3) D 플립플롭

D 플립플롭은 데이터 비트를 기억하기 위한 기억 소자로써, 입력된 내용과 동일한 상태가 되도록 하여 데이터의 일시적인 보관이나 디지털 신호의 전송되는 시간을 늦추어주는 지연 목적에 사용한다.

그림 20.27은 한 개의 RS 플립플롭과 한 개의 NOT 게이트를 사용하여 만든 D 플립플롭의 회로도와 논리기호를 보여준다.

표 20.24와 같이 D의 값이 0일 경우 S의 값은 0, R의 값은 1이 되어 리셋을 수행하여 Q의 값은 0이 되고, D의 값이 1일 경우 S의 값은 1, R의 값은 0이 되어 세트를 수행하여 Q의 값은 1이 된다.

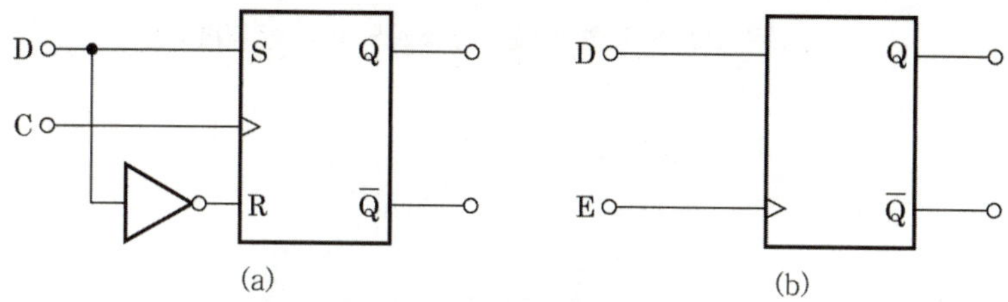

그림 20.27 D 플립플롭 (a) 회로도 (b) 논리기호

표 20.24 D 플립플롭의 진리표

입력	RS 플립플롭		출력	
D	S	R	Q_{t+1}	$\overline{Q_{t+1}}$
0	0	1	0	1
1	1	0	1	0

예제 20-14

D 플립플롭의 특성표를 만들고 카르노맵으로 특성방정식을 구하여라.

| 풀이 |

$Q_{t+1} = D$

Q_t	D	Q_{t+1}
0	0	0
0	1	1
1	0	0
1	1	1

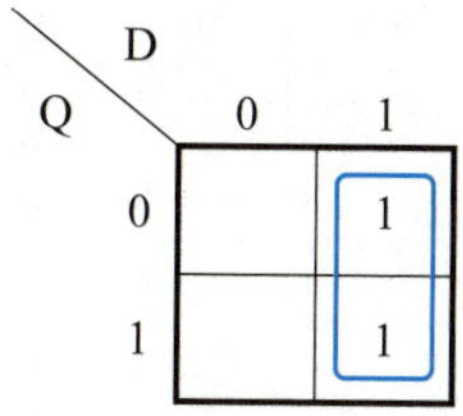

(4) T 플립플롭

T 플립플롭은 JK 플립플롭을 이용하여 1과 0이 번갈아 바뀌는 토글(toggle) 신호를 만드는 회로이다. 즉, T의 값이 0일 경우, J와 K 값이 둘 다 0이 되어 변하지 않고, T의 값이 1일 경우 J와 K 값이 둘 다 1이 되어 출력 값이 반전된다.

그림 20.28은 T 플립플롭의 회로도와 논리기호를 보여주는 것이며, 표 20.25는 T 플립플롭 동작의 진리표이다.

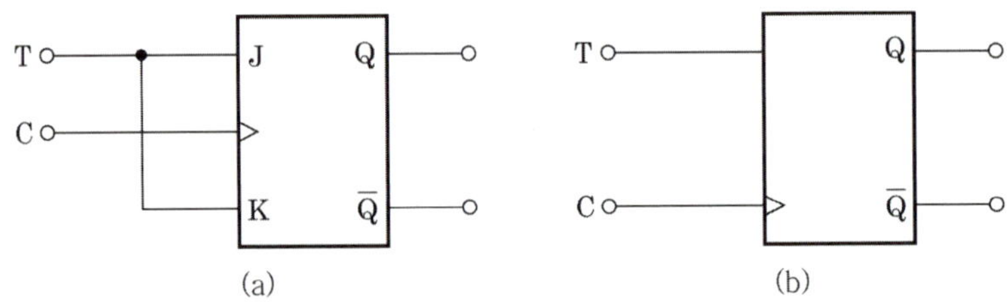

그림 20.28 T 플립플롭 (a) 회로도 (b) 논리기호

표 20.25 T 플립플롭의 진리표

입력		출력	
C	T	Q_{t+1}	$\overline{Q_{t+1}}$
0	×	Q_t	$\overline{Q_t}$
1	0	Q_t	$\overline{Q_t}$
1	1	$\overline{Q_t}$	Q_t

예제 20-15

T 플립플롭의 특성표를 만들고 카르노맵으로 특성방정식을 구하여라.

| 풀이 |

$Q_{t+1} = T\overline{Q} + \overline{T}Q$

Q_t	T	Q_{t+1}
0	0	0
0	1	1
1	0	1
1	1	0

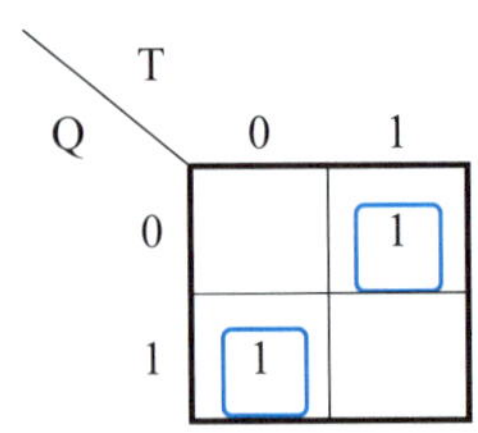

(5) 주-종 플립플롭

주-종 플립플롭(master slave flip-flop)은 시간 펄스가 상승 또는 하강함에 따라 입력에 대응하는 출력이 변하도록 하며, JK 플립플롭이나 RS 플립플롭을 사용하여 구성할 수 있다.

주-종 플립플롭은 두개의 플립플롭이 180° 위상차를 가지고 동작되도록 하며, 한 개의 NOT 게이트 양쪽을 연결하도록 한다. 그림 20.29는 주-종 플립플롭 회로이다.

클럭 CP=0이면 주 플립플롭은 동작하지 않고, 종 플립플롭은 동작하여 Q=Y이다. 클럭 CP=1이면 주 플립플롭에 외부의 R과 S 입력이 전달되고 종 플립플롭은 동작하지 않는다.

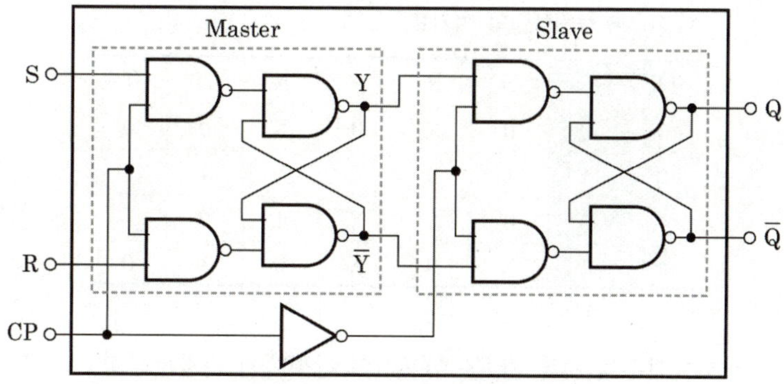

그림 20.29 주-종 SR 플립플롭 회로

그림 20.29와 같이 두개의 플립플롭이 연결되었을 때 앞의 것은 주인(master)이고, 뒤의 것은 종(slave)이다. 그림 20.30은 주-종 플립플롭의 시간적 동작상태를 보여준다.

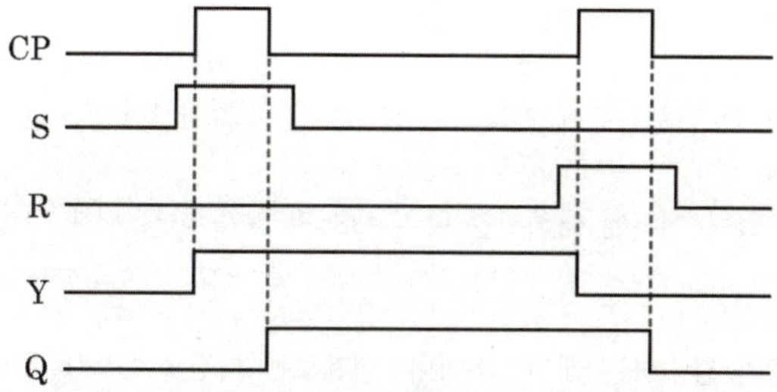

그림 20.30 주-종 플립플롭의 시간적 동작상태

20.7 순차논리 회로 설계

조합논리 회로설계와 같이 간소화 과정을 거쳐 항을 축소시킨 후 플립플롭 회로를 대응시켜 설계한다. 순차논리 회로를 구하는 논리회로 설계 과정은 다음과 같다.

① 설계 사양에서 상태표(state table), 상태도(state diagram)를 구한다.

② 플립플롭 종류를 선택하고, 플립플롭의 수와 상태 수를 결정한다.

③ 플립플롭의 입력과 출력 및 각각의 상태에 문자 기호를 부여한다.

④ 상태표로부터 순차논리 회로의 여기표(excitation table)를 구하고, 플립플립의 여기표를 이용하여 플립플롭의 입력함수를 구하여 순차논리 회로의 여기표에 기록한다. 표 20.26은 플립플립의 여기표를 나타낸다.

표 20.26 플립플립의 여기표

Q_t	Q_{t+1}	S	R	J	K	D	T
0	0	0	X	0	X	0	0
0	1	1	0	1	X	1	1
1	0	0	1	X	1	0	1
1	1	X	0	X	0	1	0

⑤ 카르노맵 또는 부울대수의 기본정리를 이용하여 간소화된 순차논리회로의 출력함수와 플립플롭의 입력함수를 구한다.

⑥ 논리회로를 설계한다.

레지스터는 같이 동작하는 여러 비트의 플립플롭이 묶여서 하나의 값을 나타내며, 클록(clock, CK, clk), 리셋, 인에이블 신호 등을 공유한다.

- 리셋(Reset) : 회로 안의 모든 플립플롭에 연결되는 신호이며, 신호가 1이면 모든 플립플롭이 미리 정해진 값(주로 0)을 저장하고 출력
- 인에이블(Enable) : 어떤 클럭 에지에 대해서는 Q가 바뀌지 않게 하기 위해 사용

카운터는 값이 일정하게 증가/감소하는 레지스터이며, 실제로는 이진 카운터(binary counter)이다.

(1) 상태표와 상태도

상태표는 현재와 다음의 상태 및 출력의 세부분으로 구성되며, 순차논리 회로의 입력과 출력, 플립플롭의 상태를 나타낸다. 현재의 상태는 시간 펄스가 발생하기 전에 플립플롭 회로가 기억하고 있는 상태이며, 다음 상태는 입력되는 값과 시간 펄스에 의해 트리거 된 이후의 플립플롭 회로의 상태이며, 출력은 플립플롭 회로의 현재 상태와 입력에 의해 결정되는 출력값이다.

상태도는 상태표로 표현된 순차논리 회로의 동작상태의 변화에 대한 흐름을 그림으로 나타낸 것이며, 순차논리 회로 설계의 초기단계에 사용한다. 상태도는 현재의 상태를 원 내에 표현하고, 다음의 상태로의 변환은 화살표로 흐름을 나타내며, 원의 바깥에 상태의 변이를 일으키는 입력값과 현재상태에서 출력되는 값을 표현한다. 입력과 출력은 사선으로 구분하는데, 사선의 왼쪽은 입력값, 사선의 오른쪽은 출력값을 표현한다.

표 20.27에 주어진 상태표에 따라 상태도를 그리면 그림 20.31과 같다. A와 B가 네 가지로 조합되는 상태를 입력(X)과 출력(Y)에 따라 상태도를 그린 것이다.

표 20.27 상태표

현재 상태		다음 상태				출력	
		X=0		X=1		Y	
A	B	A	B	A	B	X=0	X=1
0	0	0	0	0	1	0	1
0	1	1	0	0	1	0	0
1	0	1	0	1	1	0	1
1	1	1	1	0	0	0	0

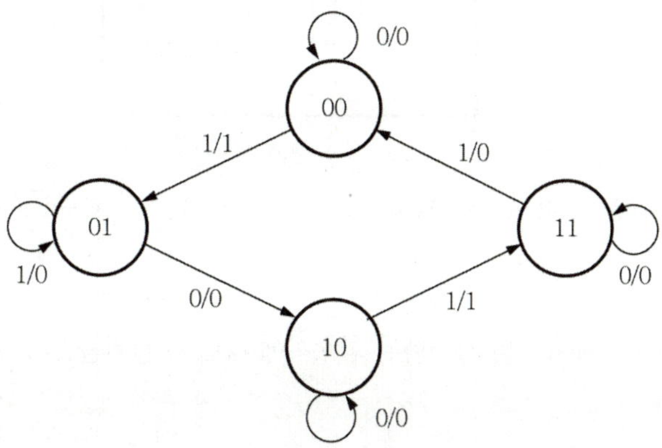

그림 20.31 상태도

(2) 상태 방정식 및 간소화

상태 방정식(state equation)은 플립플롭 회로의 상태가 변하는 조건을 연산식으로 나타낸 것이다. 상태 방정식의 왼쪽은 플립플롭 회로의 다음 상태를 표기하고, 오른쪽은 다음 상태가 1이 되기 위한 현재 상태와 입력 조건을 나타내는 부울 함수를 표기한다. 표 20.27의 조건을 상태 방정식으로 표현하면 다음과 같다.

$$
\begin{aligned}
A_{t+1} &= \overline{X}(\overline{A}B + A\overline{B} + AB) + X(A\overline{B}) \qquad (20\text{-}9) \\
&= \overline{X}\,\overline{A}B + \overline{X}A\overline{B} + \overline{X}A\overline{B} + XA\overline{B} = \overline{X}B(\overline{A} + A) + A\overline{B}(\overline{X} + X) \\
&= A\overline{B} + B\overline{X}
\end{aligned}
$$

순차논리 회로의 간소화는 상태의 수를 간소화로 줄이는 것이고 플립플롭 회로의 수를 줄이는 것으로서 상태의 축소는 등가회로 중에서 상태의 수가 적은 것을 선택한다. 이것을 간소화시키기 위하여 카르노도를 작성하면 그림 20.32와 같고, 여기에서 간소화된 함수를 구할 수 있다.

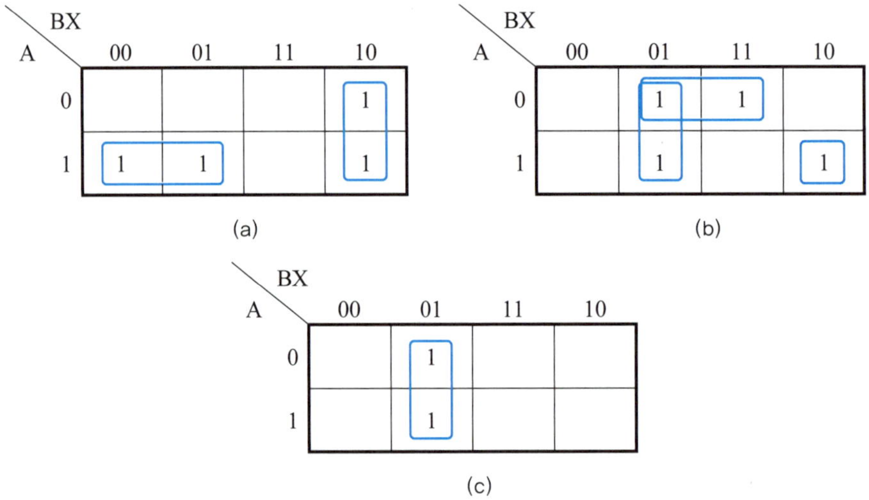

그림 20.32 간소화하기 위한 카르노도 (a) $D_A = A\overline{B} + B\overline{X}$ (b) $D_B = \overline{A}X + \overline{B}X + AB\overline{X}$ (c) $Y = \overline{B}X$

(3) 회로도

D 플립플럽의 D_A, D_B와 출력 Y의 간소화된 함수식에 따라 D 플립플롭이 두 개 필요한 회로도는 그림 20.33과 같다.

$$\begin{aligned} D_A &= A\overline{B} + B\overline{X} \\ D_B &= \overline{A}X + \overline{B}X + AB\overline{X} \\ Y &= \overline{B}X \end{aligned} \tag{20-10}$$

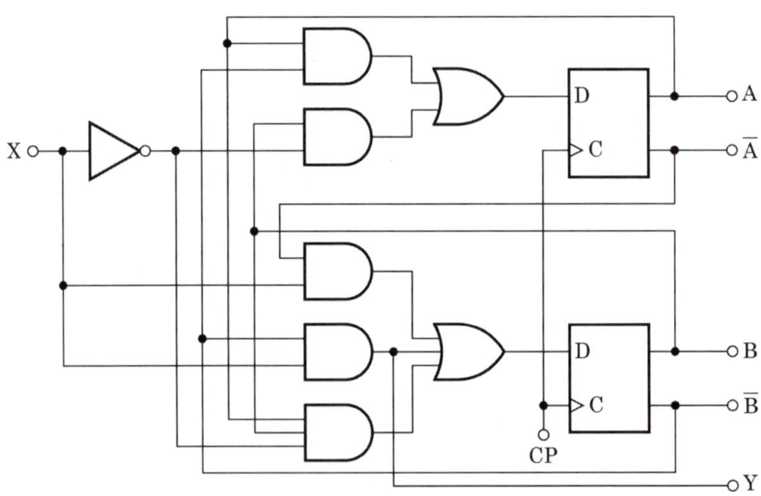

그림 20.33 회로도

예제 20-16

JK 플립플럽을 이용하여 3 비트 2진 카운터 설계를 설계하여라.

| 풀이 |

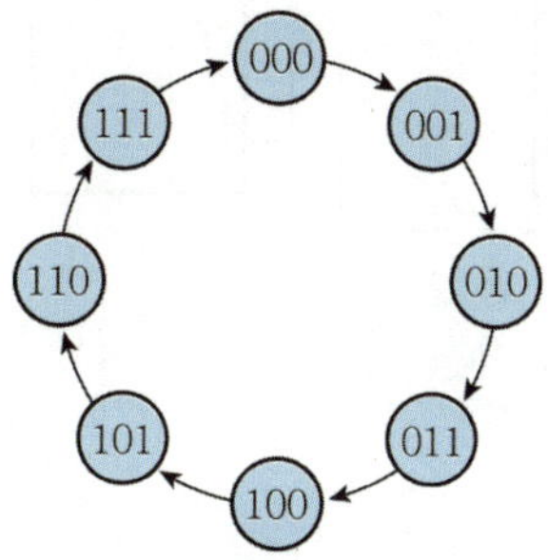

〈상태도〉

현재상태			차기상태		
A	B	C	A	B	C
0	0	0	0	0	1
0	0	1	0	1	0
0	1	0	1	1	1
0	1	1	1	0	0
1	0	0	1	0	1
1	0	1	1	1	0
1	1	0	1	1	1
1	1	1	0	0	0

〈상태표〉

현재상태			차기상태			플립플럽 입력					
A	B	C	A	B	C	J_A	K_A	J_B	K_B	J_C	K_C
0	0	0	0	0	1	0	X	0	X	1	X
0	0	1	0	1	0	0	X	1	X	X	1
0	1	0	1	1	1	0	X	X	0	1	X
0	1	1	1	0	0	1	X	X	1	X	1
1	0	0	1	0	1	X	0	0	X	1	X
1	0	1	1	1	0	X	0	1	X	X	1
1	1	0	1	1	1	X	0	X	0	1	X
1	1	1	0	0	0	X	1	X	1	X	1

〈상태 여기표〉

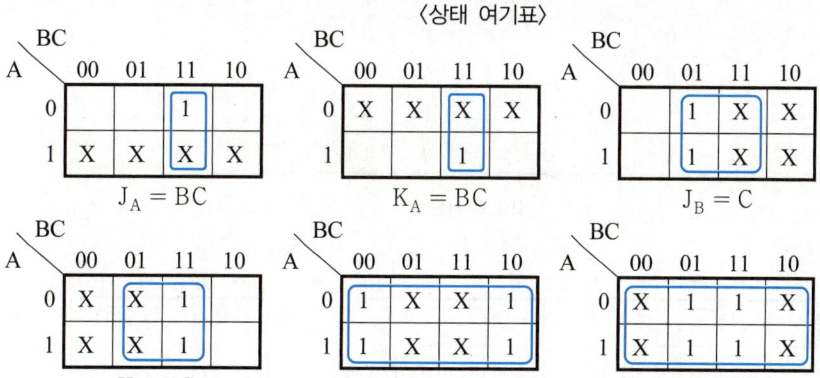

$J_A = BC$ $K_A = BC$ $J_B = C$

$K_B = C$ $J_C = 1$ $K_C = 1$

〈카르노 맵에 의한 간략화〉

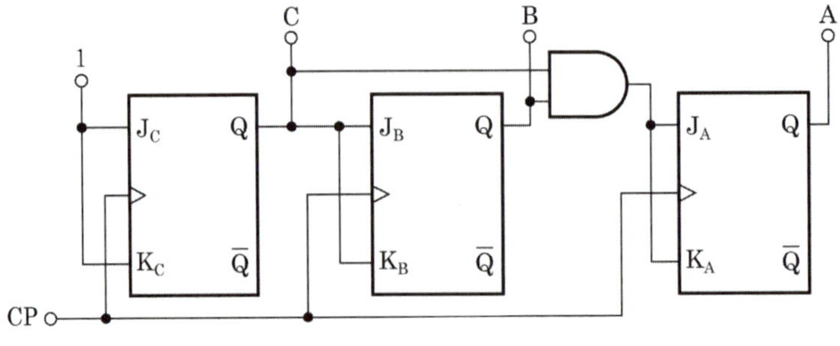

〈회로도〉

예제 20-17

T-플립플롭을 사용하여 3비트 2진 카운터를 설계하여라.

| 풀이 |

3비트 2진 카운터의 여기표는 다음과 같다.

현재상태			차기상태			플립플럽 입력		
A	B	C	A	B	C	T_A	T_B	T_C
0	0	0	0	0	1	0	0	1
0	0	1	0	1	0	0	1	1
0	1	0	1	1	1	0	0	1
0	1	1	1	0	0	1	1	1
1	0	0	1	0	1	0	0	1
1	0	1	1	1	0	0	1	1
1	1	0	1	1	1	0	0	1
1	1	1	0	0	0	1	1	1

〈상태 여기표〉

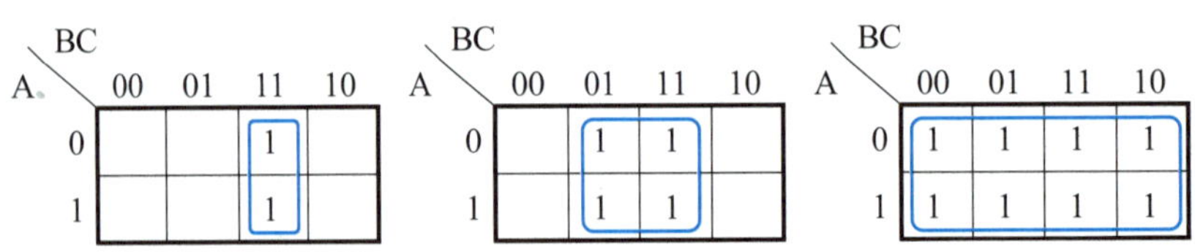

$T_A = BC$ $T_B = C$ $T_C = 1$

〈카르노 맵에 의한 간략화〉

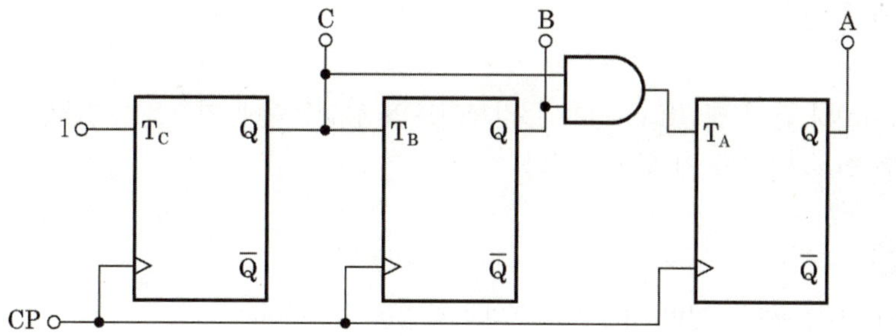

〈설계된 회로〉

20.8 디지털 집적회로

(1) 디지털 집적회로의 특징

집적회로(integrated circuit, IC)는 각 부품의 기능이 하나의 반도체 기판 위에서 활용될 수 있도록 내부적인 회로를 구성함으로써 독립된 하나의 회로 기능을 갖는다. 즉 부품의 집합으로서의 회로개념이 아니라 부품과 회로가 단일 소자로서 기능을 갖도록 되어있다.

한 개의 칩 안에 다수의 디지털 게이트를 구성하는 수많은 전자 부품들을 집적하여 만든 실리콘 반도체이다. 집적회로의 장점은 다음과 같다.

- 소형의 반도체 상에 수백만 개 이상의 트랜지스터, 다이오드, 저항, 커패시터의 기능을 가진 소자를 집어넣을 수 있고 시스템의 크기가 작고 가볍다.
- 집적회로의 제조 공정으로 수십만 개의 부품을 만들 수 있고, 부품 상호간에 접속 부분이 적기 때문에 신뢰성이 크고 수명이 반영구적이며 대량 생산이 가능하므로 가격이 저렴하다.
- 시스템 및 컴퓨터의 동작속도와 처리속도의 고속화를 위해 $\sim ns$에서 $\sim ps$단위로 처리 할 수 있고, 외부 배선을 최소화하여 전력소비가 적다.

(2) 회로의 집적도에 따른 분류

- 소규모 집적회로(small scale integrated circuit, SSI) : 10개 미만의 게이트로 구성하고 기본 논리 회로가 내장되어 있는 것 의미한다.
- 중규모 집적회로(medium scale IC, MSI) : $10 \sim 10^2$개 미만의 게이트로 구성한다.
- 대규모 집적회로(large scale IC, LSI) : $10^2 \sim 10^4$개 미만의 게이트로 구성하고, 컴퓨터 기억장치, 계산기 같은 기능을 구현한다.
- 초대규모 집적회로(very large scale IC, VLSI) : $10^4 \sim 10^6$개 미만의 게이트로 구성하고, 초대규모 기억장치나 복잡한 마이크로프로세서에서 사용한다.
- 울트라 집적회로(ultra large scale IC, ULSI) : $10^6 \sim 10^8$개 미만의 게이트로 구성한다.
- 기가 집적회로(giga scale IC, GSI) : $10^8 \sim 10^{10}$개 미만 게이트로 구성한다.
- 테라 집적회로(tera scale IC, TSI) : 10^{10}개 이상의 게이트로 구성한다.

(3) 논리의 특성평가

① 팬인

그림 20.34(a)와 같이 팬인(fanin)은 논리게이트의 정상동작에 영향을 주지 않고 게이트의 입력에 연결할 수 있는 입력의 최대 개수이다.

예제 20-18

2-입력 AND 게이트와 5-입력 AND 게이트의 차이점을 설명하여라.

| 풀이 |

단순히 보면 2-입력과 5-입력 AND 게이트는 입력 개수가 다르다. 그러나 두 개의 입력을 받을 수 있는 AND게이트와 다섯 개의 입력을 받을 수 있는 AND 게이트는 수용할 수 있는 전류, 크기, 전기용량 등 전혀 다른 게이트이다. 두 개의 입력 AND게이트에 다섯 개의 입력을 넣게 되면 타이밍이 느려진다. 무조건 많은 팬인을 받을 수 있는 게이트는 크기가 커지고 빠른 동작으로 인한 노이즈 발생 등을 고려해야 한다.

② 팬아웃

그림 20.34(b)와 같이 팬아웃(fanout)는 한 개의 게이트 출력에 여러 개의 게이트가 연결될 때 출력의 정상레벨을 유지하게 연결할 수 있는 최대 부하 게이트수이다. 표준 TTL NAND 게이트에서 그림 20.35(a)는 출력이 1일 때 팬아웃 $FO = I_{OH}/I_{IH}$ 혹은 그림 20.35(b)는 출력이 0일 때 팬아웃 $FO = I_{OL}/I_{IL}$ 중에 작은 값을 선택한다.

CMOS 출력은 출력스위칭시간이 구동되는 부하 수에 비례하여 증가하도록 모든 입력 전기용량의 병렬조합을 충전하거나 방전시켜야 한다. 전형적으로 각 CMOS 부하는 구동회로의 전파지연을 3ns 증가시킨다.

- $V_{IH(\min)}$(고레벨 입력전압) : 입력에서 논리=1에 필요한 전압레벨이며 이 레벨 이하의 전압은 논리회로에서 HIGH로 받아들이지 않는다.
- $V_{IL(\max)}$(저레벨 입력전압) : 입력에서 논리=0에 필요한 전압레벨이며 이 레벨 이상의 전압은 LOW로 받아들이지 않는다.
- $V_{OH(\min)}$(고레벨 출력전압) : 논리회로 출력에서 논리=1을 나타내는 전압레벨.
- $V_{OL(\max)}$(저레벨 출력전압) : 논리회로 출력에서 논리=0을 나타내는 전압레벨.
- I_{IH}(고레벨 입력전류) : 높은레벨의 전압이 입력으로 인가될 때 입력으로 흐르는 전류.
- I_{IL}(저레벨 입력전류) : 낮은레벨의 전압이 입력으로 인가될 때 입력으로 흐르는 전류.
- I_{OH}(고레벨 출력전류) : 특정 부하조건에서 논리=1 상태에 있는 출력으로부터 흐르는 전류.
- I_{OL}(저레벨 출력전류) : 특정 부하조건에서 논리=0 상태에 있는 출력으로부터 흐르는 전류.

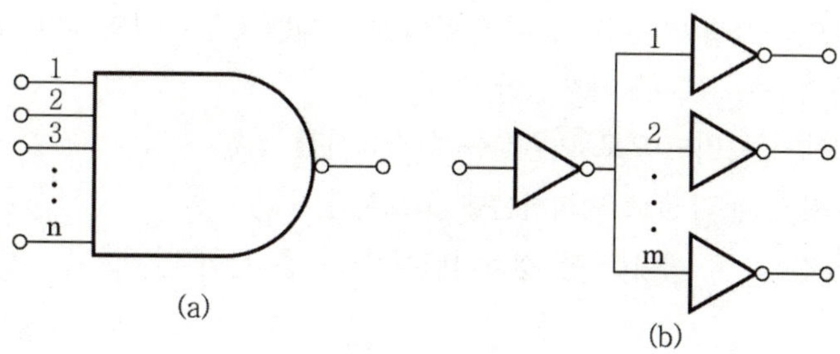

그림 20.34 팬인과 팬아웃 (a) 팬인=n (b) 팬아웃=m

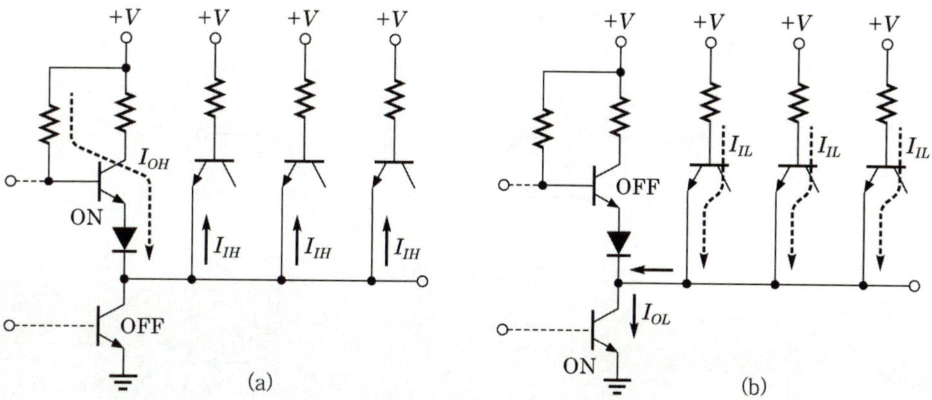

그림 20.35 표준 TTL NAND 게이트에서 팬아웃 (a) 출력이 1 (b) 출력이 0

예제 20-19

TTL에서 $I_{IH}=40\mu\text{A}$, $I_{IL}=-1.6m\text{A}$, $I_{OH}=-400\mu\text{A}$, $I_{OL}=16m\text{A}$일 때 팬아웃을 구하여라.

| 풀이 |

$FO=\dfrac{I_{OH}}{I_{IH}}=10$, $FO=\dfrac{I_{OL}}{I_{IL}}=100$이므로 작은값 10이 팬아웃이다.

③ 전력소비

전력소비(power dissipation)은 논리게이트를 동작시키기 위해 소모되는 전력이며 단위는 mW이고 $P_{AVG}=$ 공급전압(V_{CC}) × 평균 공급전류(I_{CC})이다.

직류공급전압

TTL은 5V, CMOS는 소자의 종류에 따라 다른 공급 전압(5V, 3.3V, 2.5V, 1.2V)으로 동작한다.

④ 지연 시간

지연(propagation delay) 시간은 논리게이트에서 2진 신호가 입력측의 신호가 출력측에 전달되기까지 걸리는 시간으로 그림 20.36과 같이 입력의 50% 레벨에서 출력의 50% 레벨을 기준으로 정하고 논리회로가 동작하는 속도를 제한한다.

- 출력이 논리-1에서 논리-0으로 변환하는데 소요시간, t_{PHL}
- 출력이 논리-0에서 논리-1로 변화하는데 소요시간, t_{PLH}
- 총 전파 지연시간 $T_t =$ 게이트 당 전파지연시간 × 총 논리 단계 수

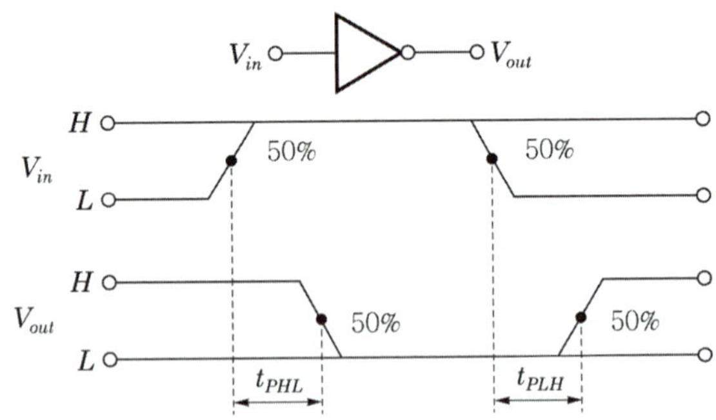

그림 20.36 지연시간

펄스 파형

- 상승시간, t_r은 낮은 전압레벨에서 높은 전압레벨로 상승되는데 소요되는 시간으로 최대전압의 10%에서 90%까지 상승에 걸리는 시간이다.
- 하강시간, t_f은 높은 전압레벨에서 낮은 전압레벨로 하강하는데 소요되는 시간으로 최대전압의 90%에서 10%까지 하강에 걸리는 시간이다.

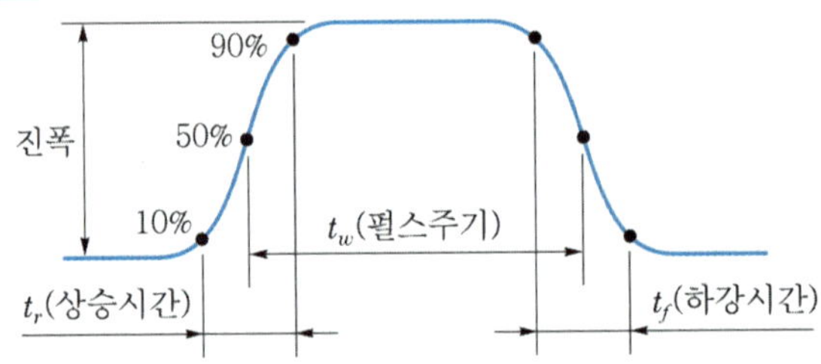

예제 20-20

TTL의 한 개 게이트의 지연시간을 평균 10ns일 때 열 개 게이트를 통과할 때 최대 동작주파수를 계산하여라.

| 풀이 |

$T_t = 10ns \times 10 = 100ns$, $f_t = \dfrac{1}{100n} = 0.01G = 10MHz$

⑤ 잡음여유

잡음여유(noise margin, NM)은 입력신호에 포함될 수 있는 잡음의 최대 허용치이며 단위는 볼트(V)이다. 그림 20.37과 같이 고잡음여유는 $NM_H = V_{OH MIN} - V_{IH MIN}$이고, 저잡음여유는 $NM_L = V_{IL MAX} - V_{OL MAX}$이다.

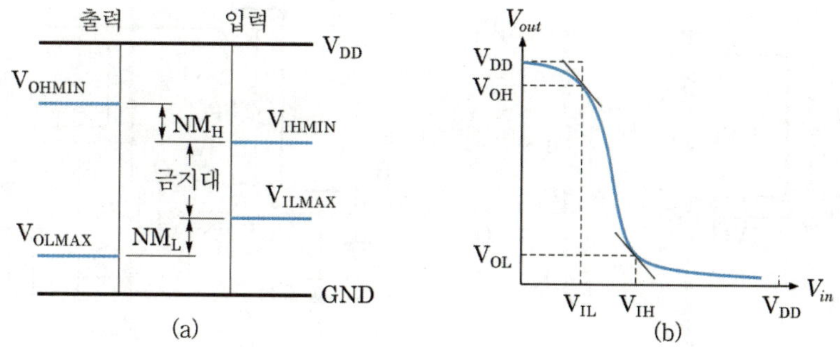

그림 20.37 입력-출력 잡음여유 (a) 범위 (b) 인버터 전달 특성

20.9 IC 디지털 논리회로

(1) TTL

TTL(transistor transistor logic)은 바이폴라 IC에서 많이 사용된다. 가장 많이 사용되고 있는 논리로, DTL(diode transistor logic)로부터 성능향상을 위해 다이오드를 트랜지스터로 바꾼 것이다. TTL 게이트는 CMOS 게이트보다 전력소비가 많지만 속도가 빠르다.

- RTL(Resistor Transistor Logic)는 1960년대 초기에 페어차일드에서 만들어졌고, 팬아웃과 잡음 특성이 나쁘다.
- DTL(Diode Transistor Logic)는 1962년 시그네틱스의 베이커(Orville Baker)에 의해 고안되었다.

TTL은 1961년 퍼시픽 반도체의 뷰예(James Buie)에 의해 특허 출원했고 1963년 SUHL(Sylvania Universal High-level Logic)의 롱고(Thomas Longo)가 TTL를 처음으로 설계했다. 74xx는 텍사스 인스트루먼트사에 의해 붙여진 이름이며 DTL과 TTL에 의해 +5V 논리의 시대가 열리게 되었고, 25MHz의 속도와 10 팬아웃을 갖게 되었다. 74H 시리즈는 고속 TTL로 2배의 속도로 빠르지만 전력소모가 2배이다.

그림 20.38은 TTL에서 입력=1과 입력=0인 경우 동작을 나타낸다. Q_1은 입력결합 트랜지스터, Q_2는 상분배기(phase splitter), Q_3과 Q_4의 조합은 토템-폴(totem-pole) 구조의 출력회로, 다이오드 D_2는 입력으로 들어오는 음의 스파이크로 인하여 Q_1이 손상되는 것을 방지하는 역할을 한다.

다이오드 D_1은 Q_2가 도통 상태(입력=1)일 때 Q_3가 확실히 차단상태로 되게 한다. 이 상태에서 Q_2의 컬렉터 전압은, Q_4의 베이스-이미터 전압(V_{BE})과 Q_2의 컬렉터-이미터 전압(V_{CE})의 합과 같다. 다이오드 D_1은 Q_2가 도통일 때, Q_3의 베이스-이미터 접합과 직렬로 V_{BE}와 동일한 전압을 추가로 강하시켜 Q_3가 확실하게 차단되도록 한다.

그리고 다이오드 D_1의 역할은 Q_4가 도통시 D_1의 순방향 문턱전압으로 Q_3의 도통을 방지하고 출력에서 반사파로 Q_3 베이스-이미터 접합을 보호하는 역할을 한다.

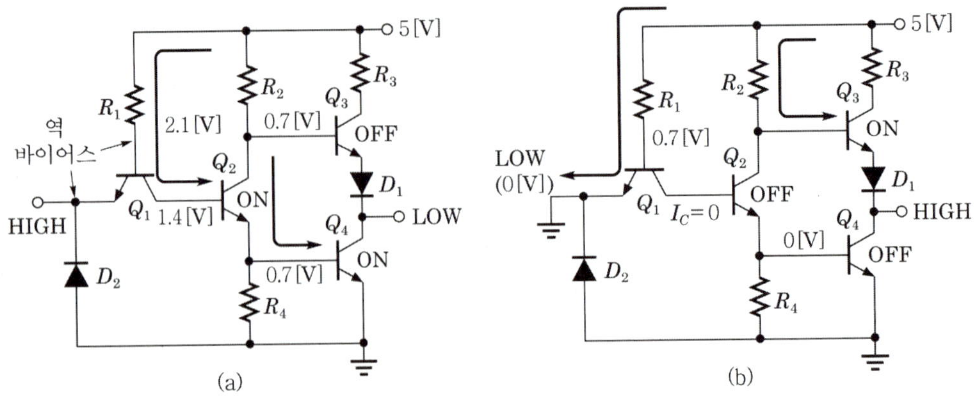

그림 20.38 TTL 구조 동작 (a) 입력=1 (b) 입력=0

① 토템폴 출력

토템폴 출력은 능동풀업(active pull-up)이라고 하며 그림 20.39와 같은 2-입력 TTL NAND에서 토템폴 출력단은 Q_3, D_1, Q_4, 그리고 Q_3의 컬렉터에 붙은 저항이다. Q_4와 Q_3의 동작은 하나가 도통되면 다른 하나는 차단되는 상보적이다. 토템폴을 사용하면 출력 임피던스를 낮추어 많은 소자를 출력에 결합시킬 수 있어 팬아웃을 크게 하고 스위칭속도를 빠르게 한다. 그러나 토템폴 출력들끼리 함께 연결될 수 없다.

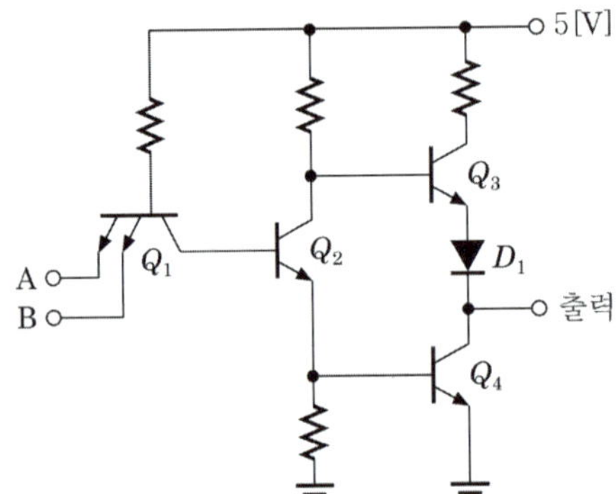

그림 20.39 토템폴을 가진 2-입력 7400 TTL NAND

쇼트키 TTL : 트랜지스터가 포화상태가 될 수 없도록 베이스와 컬렉터 사이에 쇼트키 다이오드를 달아 포화되지 못하도록 하여 속도의 향상을 가져왔지만 다른 TTL 버전보다 높은 공급 전류의 단점이 있다. 이렇게 포화되지 못하도록 만든 트랜지스터를 쇼트키 트랜지스터라 한다.

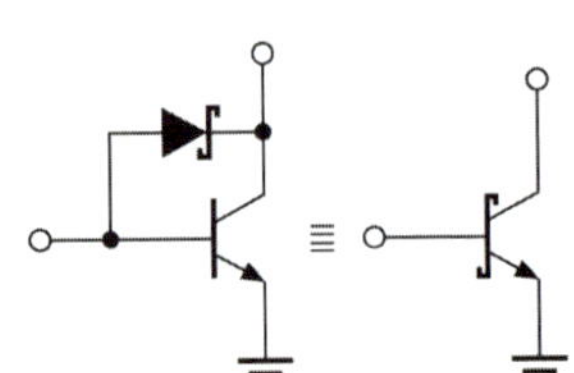

② 개방 컬렉터 출력

TTL 게이트의 출력단자들을 직접 연결하면 게이트가 파손될 수 있다. 개방 컬렉터(open collector, OC)라고 표시된 게이트 출력단자를 서로 묶어야 한다. 그림 20.40과 같이 개방 컬렉터 출력은 컬렉터가 개방되어 있기 때문에 사용 시 외부 풀업저항이 필요하다. 즉 Q_4 위 토템폴이 없이 컬렉터를 직접 출력으로 사용하는 회로이다. 개방 컬렉터 출력에서 두 개 이상 게이트의 컬렉터 출력을 묶어서 공통 저항을 통해 전원에 연결함으로써 외부적으로는 AND 기능을 수행하게 되며, 이를 와이어드(wired) AND라 한다.

개방 컬렉터 출력을 쓰는 게이트는 출력이 논리 0의 상태를 나타낼 때에는 논리 0에 해당하는 전압값이 출력이 되지만, 논리 1의 상태를 나타내는 경우에는 내부적으로 개방 상태가 된다. 따라서 논리 1을 만들어 주기 위해서는 출력단에 저항을 달아서 전압전원에 연결해 주어야 한다.

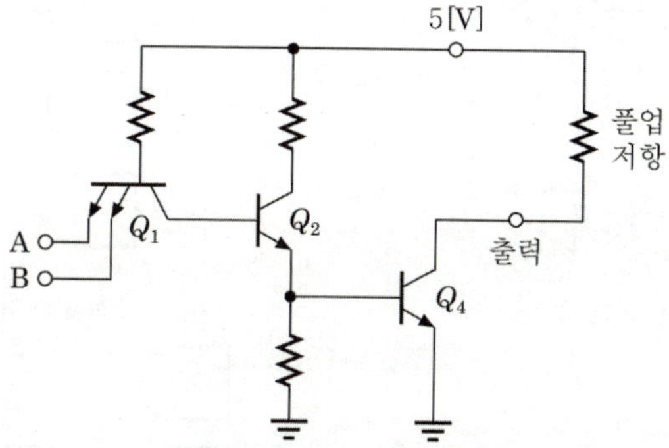

그림 20.40 개방 컬렉터 출력

와이어드 AND

와이어드 논리는 특정 논리함수의 기능이 가능하도록 게이트 출력단자의 일부를 바로 연결한 논리 형식이다.

A와 B가 1인 경우 V_{CC}와 Y 사이에 전압차가 없으므로 출력은 1이 된다. A와 B 중 어느 하나라도 0인 경우 V_{CC}와 Y사이에 전압차가 생겨서 전류가 흘러 출력이 0이 된다. 연결점 Y에 AND 게이트가 있는 것과 같아서 이를 와이어드 AND라고 한다.

개방 컬렉터인 NAND게이트 둘을 연결하면 AND기능을 수행하므로 와이어드 AND이다.

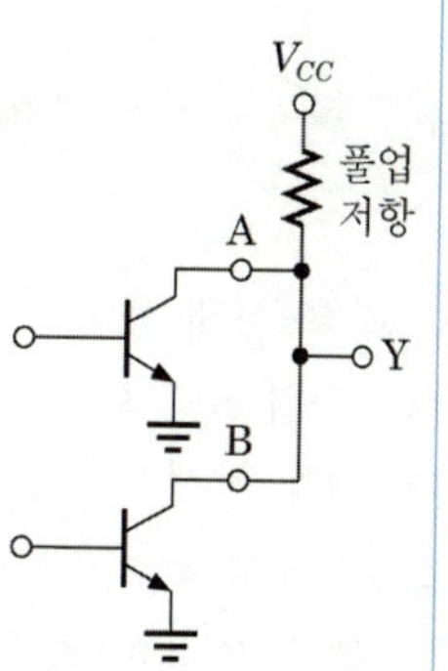

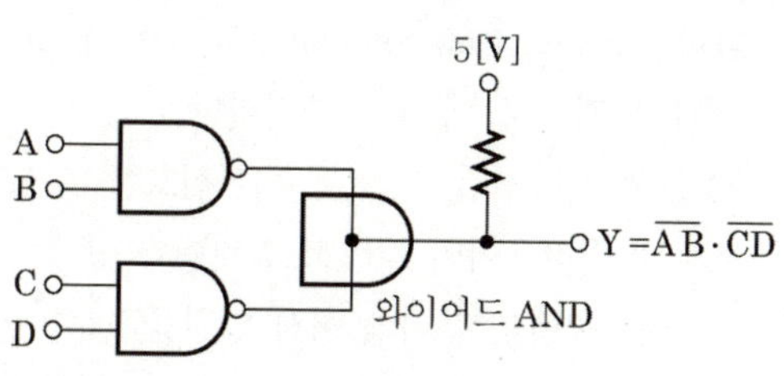

⟨$Y=\overline{AB}\cdot\overline{CD}=\overline{AB+CD}$, AOI(AND-OR-invert)⟩

예제 20-21

다음과 같은 논리 게이트를 컬렉터 개방 NAND TTL 게이트와 인버터, 와이어드 논리 게이트로 구현하여라.

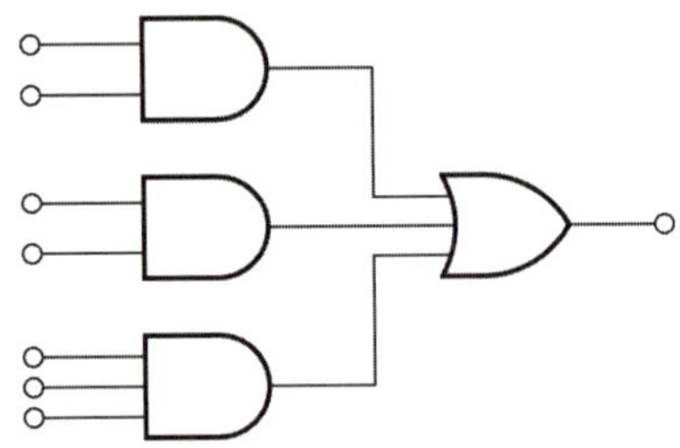

| 풀이 |

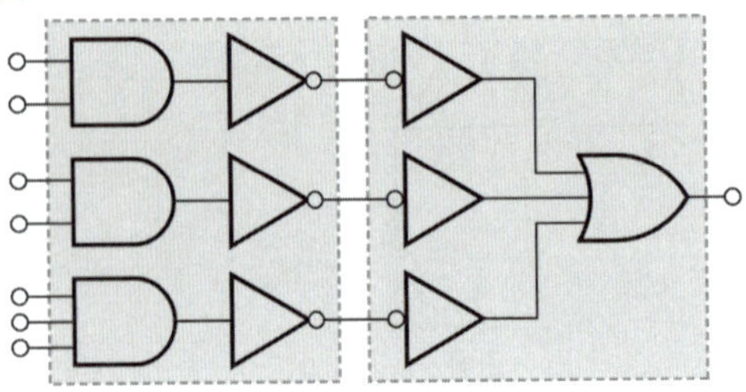

〈인버터 추가〉

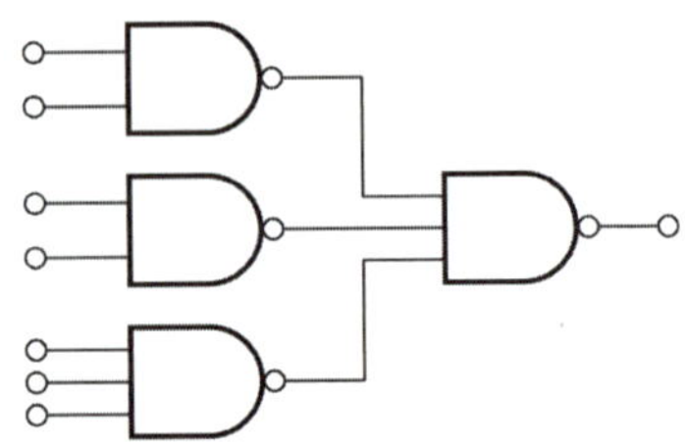

〈NAND 게이트〉

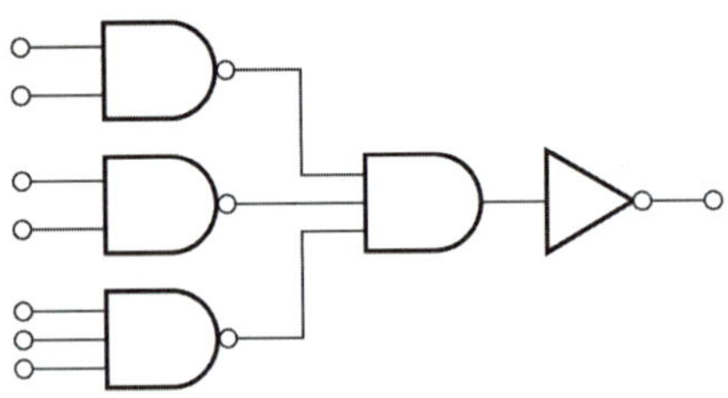

〈NAND–AND–인버트〉

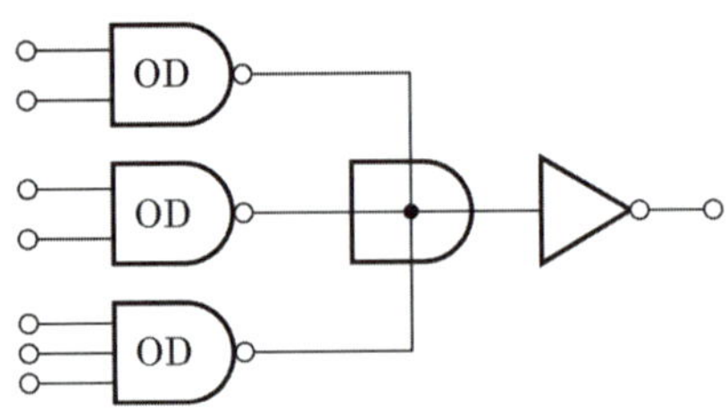

〈NAND–와이어드 AND–인버트〉

③ 3–상태 출력

복수의 출력 회로가 동시에 접속되면 회로 사이에 비정상적인 전류가 흘러 소자가 파괴될 수 있다. 그래서 신호의 출력이 필요없는 소자는 전기적으로 개방상태가 되도록 한다. 이와 같이 출력 신호선에서 전기적으로 개방상태를 고 임피던스(high impedance)라고 부르며 HIGH, LOW 둘 이외 제3의 상태이다. 보통 고 임피던스 상태는 기호로 'Z'라고 표기한다.

출력의 논리값은 0이나 1로 고정시키지 않고 개방시킬 수 있는 제어신호를 가지고 있는 논리 소자이다. 표 20.28은 3–상태(tri–state) 버퍼의 진리표이며 Z는 고 임피던스 상태를 나타낸다. 이와 같은 3–상태 출력을 가지고 있는 논리소자들은 출력을 같이 묶어서 연결을 할 수 있다. 단, 출력이 묶여있는 논리 소자들은 한 개의 소자를 제외한 나머지 소자들은 모두 출력이 'Z'상태가 되어야 한다.

그림 20.41은 출력가능 신호 OE를 가진 3–상태 버퍼 심벌을 나타내고 3–상태 버퍼의 동작은 다음과 같다.

① 출력가능 신호(output enable) OE=1인 경우, 주어진 입력이 그대로 출력으로 나간다.

② 출력가능 신호, OE=0인 경우, 입력과 상관없이 출력은 고 임피던스 Z이고, 게이트의 출력연결은 끊어진 것과 같다.

표 20.29는 3-상태 버퍼와 인버터의 심벌을 나타낸다.

표 20.28 3상태 버퍼의 진리표

OE	A	F
0	0	Z
0	1	Z
1	0	0
1	1	1

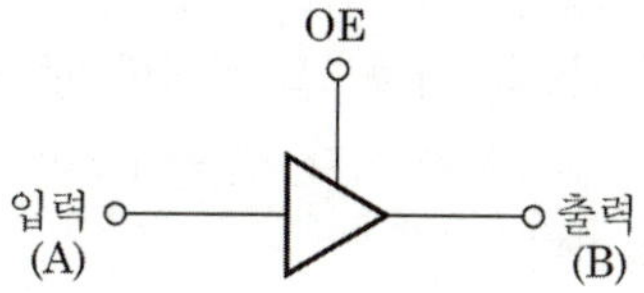

그림 20.41 출력가능 신호 OE를 가진 3-상태 버퍼 심벌

표 20.29 3-상태 버퍼/인버터 심벌

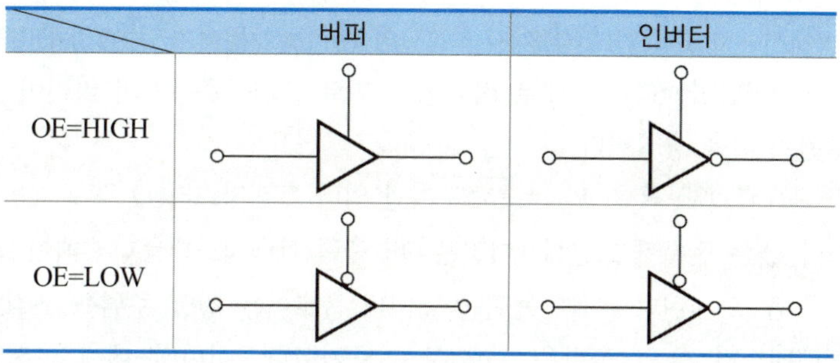

예제 20-22

한 개의 선택신호(S)와 두 개의 3-상태 버퍼를 이용하여 S=0일 때 버퍼-A, S=1일 때 버퍼-B가 출력되게 멀티플렉서를 구성하여라.

| 풀이 |

다음은 논리표와 논리회로 구성도이다.

S	A	B	OE_A	OE_B	F	
0	0	0	1	0	0	A
0	0	1	1	0	0	A
0	1	0	1	0	1	A
0	1	1	1	0	1	A
1	0	0	0	1	0	B
1	0	1	0	1	1	B
1	1	0	0	1	0	B
1	1	1	0	1	1	B

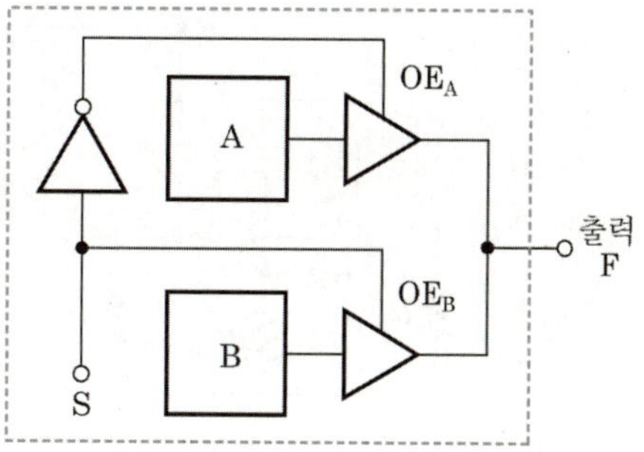

(2) ECL

ECL(Emitter-Coupling Logic)를 전류모드 논리(Current Mode Logic : CML)라고 하며 게이트의 트랜지스터는 불포화 상태에서 동작하므로 보통 $1ns \sim 2ns$의 지연시간을 가지고 팬아웃 능력이 우수하며 고속이다. ECL은 고속 동작에 적합하며 초기 $30MHz$의 속도에서 $30mW$/게이트의 많은 전력을 소모했지만 $500MHz$까지 속도 개선이 이루어졌다. 흔히 슈퍼 컴퓨터 신호 처리기 같은 고속 회로에 이용한다.

한정된 이미터 전류로 차동모드 동작할 때 포화효과를 피하고, 트랜지스터 쌍에서 총전류는 한 트랜지스터의 포화전류보다 적다. 불포화 트랜지스터는 소수캐리어 축적이 없으므로 스위칭시간이 빨라 고속에 이용한다.

그림 20.42는 2-입력 ECL OR/NOR 게이트이다. 이 회로의 표준전압은 $V_{EE}=-5.2\text{V}$, $V_{CC}=0\text{V}$이고 사용하지 않는 단자는 입력에 $V_{EE}=-5.2\text{V}$를 인가한다.

온도 및 전압보상을 위한 바이어스망은 트랜지스터와 다이오드를 이용하여 구성되어 단일 IC 패키지 안의 게이트에 이용한다.

-1.6V의 LOW에서 -0.75V의 HIGH까지 0.85V의 논리변화폭이며 LOW와 HIGH 사이 1V 이하의 적은 값으로 출력전압이 바뀐다. 내부 바이어스 회로는 차동증폭기의 바이어스 트랜지스터에 -1.175V의 고정된 전압을 공급한다.

모든 입력을 -1.6V(LOW) 혹은 $V_{EE}=-5.2\text{V}$이면 입력 트랜지스터(Q_1 혹은 Q_2)는 차단되고 내부 차동트랜지스터 Q_3는 전류가 흐른다. 이것은 OR 출력 트랜지스터 Q_5의 베이스 전압을 감소시켜 출력전압을 -1.6V로 내린다. 이때 출력단 이미터 폴로어는 전압 준위를 조절한다.

NOR 출력 트랜지스터 Q_6의 출력은 -0.75V로 증가한다. 이미터-베이스 전압 V_{BE}은 보통 0.75V이다. 표 20.30은 출력의 ECL 게이트의 진리표를 나타낸다.

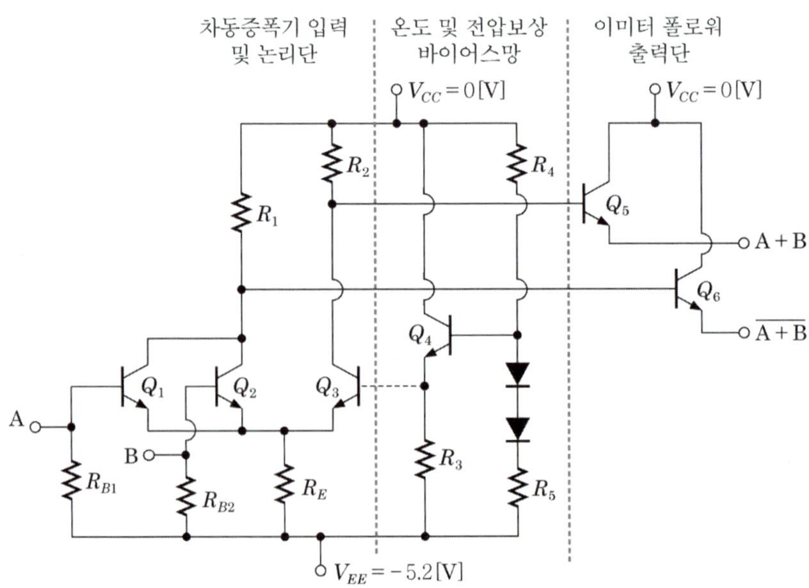

그림 20.42 ECL 게이트 회로도

표 20.30 출력의 진리표

A	B	A+B	$\overline{A+B}$
0	0	0	1
0	1	1	0
1	0	1	0
1	1	1	0

와이어드 OR

ECL의 여러 출력단자를 연결하면 어느 하나의 출력단자의 전압이 HIGH이면 결과가 HIGH 전압이 되므로 OR 기능을 수행하고 이를 와이어드 OR 회로이다.

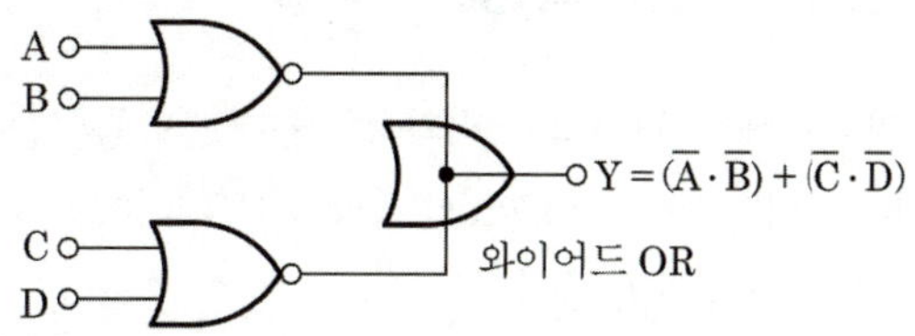

〈$F = \overline{A+B} + \overline{C+D} = \overline{(A+B)(C+D)}$, OAI(OR-AND-invert)연결〉

(3) MOSFET

CMOS보다 크기가 적은 MOS형 IC에는 하나의 칩(chip) 상에 많은 회로의 기능을 집적할 수 있다. MOS의 특징은 IC 제조 기술이 간단하고 경제적이고, 주어진 칩 상에 좀 더 많은 회로의 기능을 고밀도로 집적할 수 있으며, 전력소비가 BJT에 비해서 적지만 CMOS보다 크다. LOW에서 HIGH로의 천이가 느린 MOS형에는 PMOS와 NMOS가 있다. 그림 20.43은 NMOS 게이트를 이용한 NOT과 NAND 게이트를 나타내고, 표 20.31은 NMOS와 PMOS 트랜지스터를 비교한다.

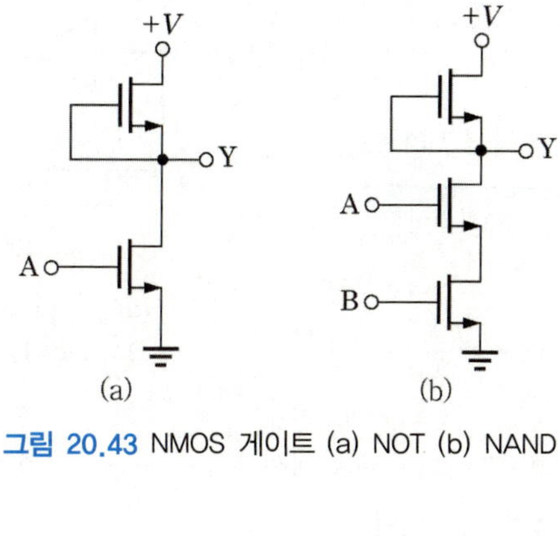

그림 20.43 NMOS 게이트 (a) NOT (b) NAND

표 20.31 NMOS와 PMOS 트랜지스터 비교

종류	I_G	도통(on)	차단(off)	심벌	전달특성	이동도
NMOS	0	$V_{GS} > V_{th}$	$V_{GS} < V_{th}$ $(I_{DS} = 0)$	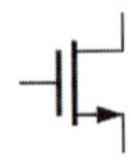	'0(LOW)'를 잘 전달하고 '1(HIGH)'를 잘 전달하지 못한다.	전자는 상대적으로 높은 이동도를 가진 캐리어
PMOS	0	$V_{SG} > V_{th}$	$V_{SG} < V_{th}$	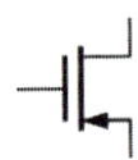	'1(HIGH)'를 잘 전달하고 '0(LOW)'를 잘 전달하지 못한다.	정공은 상대적으로 낮은 이동도를 가진 캐리어

20.10 통과 트랜지스터 직류 특성

대부분 디지털 VLSI 논리회로에서 저전력 소비와 큰 팬아웃의 특성을 가진 CMOS 논리로 만든다. 그러나 통과 트랜지스터 논리(pass transistor logic : PTL) 등을 다른 논리도 사용한다. 통과 트랜지스터 논리의 직류특성과 동작은 다음과 같다.

(1) PTL를 사용한 2×1멀티플렉서

PTL를 사용한 2×1멀티플렉서를 NMOS 혹은 PMOS로 구현할 수 있고 흔히 반송자의 이동도가 큰 NMOS를 많이 사용한다.

2×1멀티플렉서 진리표는 표 20.32에 나타내고 출력식은 $F = \overline{A}I_0 + AI_1$이다. $A = 1$일 때 입력 I_1이 선택되고 $A = 0$일 때 입력 I_0이 선택되어 출력한다.

진리표의 두 번째 줄은 게이트 단자에 선택선을 연결하고 I_1은 NMOS의 소스단자에 연결하며 드레인 단자로 구현한다. 진리표의 첫 번째 줄은 선택선을 반대신호를 얻기 위해 인버터를 사용하여 게이트에 연결한다. 다른 NMOS의 소스에 I_0를 연결하고 두 트랜지스터의 드레인을 연결할 때 2×1멀티플렉서로 작동한다. 그림 20.44는 PTL를 사용한 2×1멀티플렉서 회로도이다.

표 20.32 2×1멀티플렉서 진리표

A	F
0	I_0
1	I_1

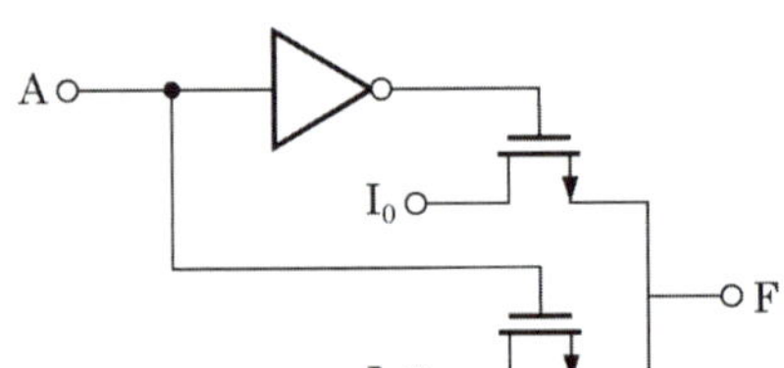

그림 20.44 PTL를 사용한 2×1멀티플렉서 회로

CMOS 논리와 PTL의 주요한 차이는 CMOS에서 모든 입력이 게이트단자에만 연결하지만 PTL에서 입력은 트랜지스터의 소스에 연결된다.

(2) 단일 NMOS/PMOS 트랜지스터 직류특성

그림 20.45(b)와 같이 NMOS 트랜지스터 게이트단자와 소스단자가 V_{DD}에 연결되었을 때 드레인단자는 $V_{DD}-V_{thN}$이 된다. 이 효과는 문턱전압 강하라고 한다. 이는 NMOS 트랜지스터가 도통상태로 동작하기 위해 $V_{GS}>V_{thN}$라야 한다.

FET는 소스와 드레인 단자가 동일하기 때문에 소스와 게이트 같은 전압이면 트랜지스터는 드레인이 소스로 생각해서 도통이 시작한다.

드레인 단자의 전압이 $V_{DD}-V_{thN}$ 이상으로 증가하려고 할 때 트랜지스터는 $V_{GS}<V_{thN}$으로 생각하여 도통이 중지한다.

그림 20.45(c)와 같이 소스단자에 0을 구동할 때 문턱전압 강하가 일어나지 않는다. 왜냐하면 이미 $V_{GS}>V_{thN}$이기 때문에 트랜지스터는 항상 도통상태이고 완전한 0은 드레인 단자로 통과한다.

유사하게 PMOS 통과 트랜지스터의 동작을 설명할 수 있다. 그림 20.45(a)와 같이 PMOS는 1를 완전히 통과시킬 수 있지만 그림 20.45(d)와 같이 0을 완전히 통과시킬 수 없고 드레인에 V_{thP}가 생긴다.

그래서 NMOS는 완전히 1을 구동할 수 없고 PMOS는 완전히 0을 구동할 수 없으므로 이런 이유로 CMOS 논리는 풀다운망을 NMOS로 풀업망을 PMOS로 한다.

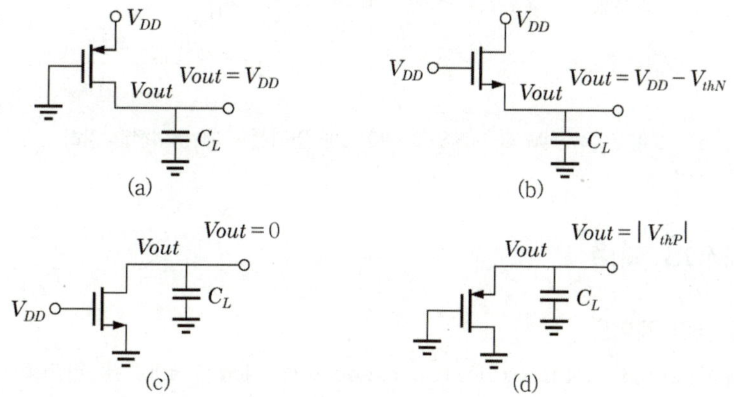

그림 20.45 풀다운과 풀업 구조 (a) 풀업 PMOS (b) 풀업 NMOS (c) 풀다운 NMOS (d) 풀다운 PMOS

(3) 다중 NMOS/PMOS 트랜지스터 직류 특성

두 개의 NMOS가 직렬로 연결할 때 매번 V_{thN} 전압강하가 생긴다. 그림 20.46의 노드 A의 전압 $V_{DD}-V_{thN}$는 두 번째 트랜지스터의 소스전압이 된다. 두 번째 트랜지스터는 게이트와 소스 단자 사이 충분한 V_{thN} 차를 가지므로 드레인은 완전히 $V_{DD}-V_{thN}$로 충전되고 더 이상의 강하는 없다.

많은 트랜지스터를 직렬로 추가해도 출력은 단지 입력전압에서 한번의 V_{thN}만 강하된다.

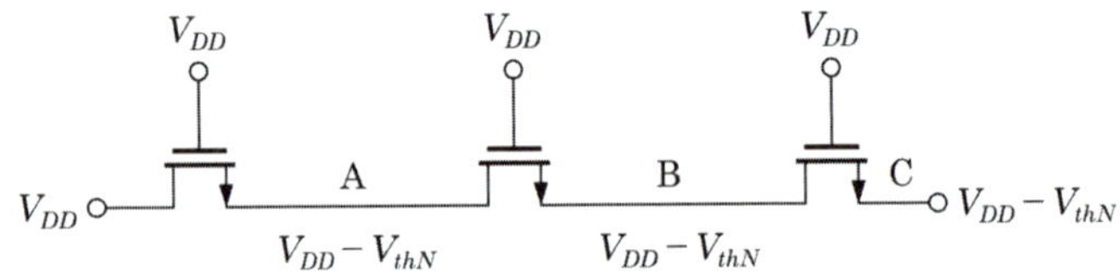

그림 20.46 NMOS를 직렬로 연결했을 때 문턱전압 강하

그림 20.47과 같이 드레인 출력을 다른 NMOS 게이트 단자에 연결하면 출력전압은 다른 문턱전압만큼 강하된다. 두 번째 NMOS의 게이트 단자는 $V_{DD}-V_{thN}$이고 드레인 출력은 $V_{DD}-V_{thN}$까지 올라간다.

PTL의 결점은 논리의 출력이 매번 문턱전압만큼 전압준위가 낮아지므로 다른 논리의 조절입력으로 연결할 수 없다. 같은 분석은 또한 PMOS PTL에 적용되고 실제 설계에서 NMOS PTL이 사용된다.

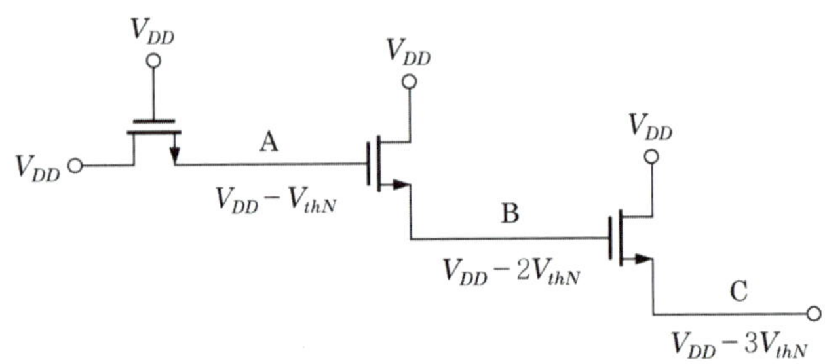

그림 20.47 NMOS 드레인을 게이트에 연결했을 때 문턱전압 강하

20.11 CMOS 회로

(1) CMOS 논리 게이트

CMOS(complemented metal-oxide semiconductor) 개념은 1963년 완러스(Frank Marion Wanlass, 1933~2010)와 사(Chih-Tang Sah, 1932~)가 발표했으나 NMOS 마이크로프로세서의 전력소비가 50W된 1980년대에 대체 디자인 기술이 필요했다. 그래서 최근에는 CMOS를 디지털회로에 주로 사용한다.

CMOS는 주로 저전력 소모가 요구되는 시스템에 사용한다. 회로의 밀도가 높고 제조 공정이 단순하며, 전력 소비가 적어 경제적이다.

NMOS는 게이트 전압이 HIGH(논리 '1')이면 도통되고 게이트전압이 LOW(논리 '0')이면 차단된다. PMOS는 게이트 전압이 LOW(논리 '0')이면 도통되고 게이트전압이 HIGH(논리 '1')이면 차단된다.

그림 20.48(a)에서 A와 B 양쪽이 HIGH이면 Q_1과 Q_2가 도통되고 Q_3와 Q_4은 차단되어 출력이 LOW가 된다. A 혹은 B 중 LOW이면 Q_3 혹은 Q_4(혹은 양쪽)이 도통되고 Q_1과 Q_2은 차단되어 출력이 HIGH가 된다.

그림 20.48(b)에서 A와 B 양쪽이 LOW이면 Q_1과 Q_2가 차단되고 Q_3와 Q_4은 도통되어 출력이

HIGH가 된다. A 혹은 B 중 HIGH이면 Q_1 혹은 Q_2(혹은 양쪽)이 도통되고 Q_3와 Q_4은 차단되어 출력이 LOW가 된다.

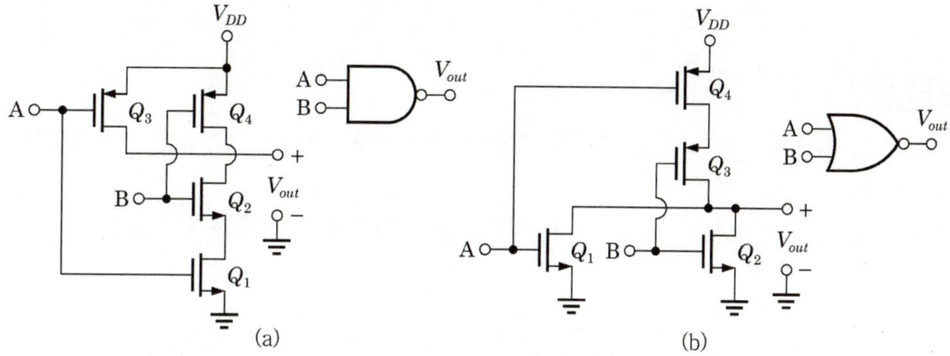

그림 20.48 CMOS 논리 게이트 (a) NAND (b) NOR

반전으로 표현된 논리식 $F = (\overline{표현})$을 CMOS로 논리회로를 구현하는 방법은 다음과 같다.

① NMOS 설계는 비반전 논리식을 이용하고 NMOS 트랜지스터의 직렬연결은 AND로 병렬연결은 OR로 표현한다.

② PMOS는 반전논리식을 이용하여 PMOS 트랜지스터의 직렬연결은 AND로 병렬연결은 OR로 표현한다.

③ CMOS 논리회로를 만들기 위해 풀다운인 NMOS와 풀업인 PMOS를 결합한다.

예제 20-23

논리식 $F = (\overline{AB + CD})$ CMOS 논리회로로 구현하여라.

| 풀이 |

① NMOS 설계 : 비반전 논리식 AB + CD을 이용하고 NMOS 트랜지스터의 직렬연결은 AND 논리인 AB, CD이고 병렬연결은 OR로 표현한다.

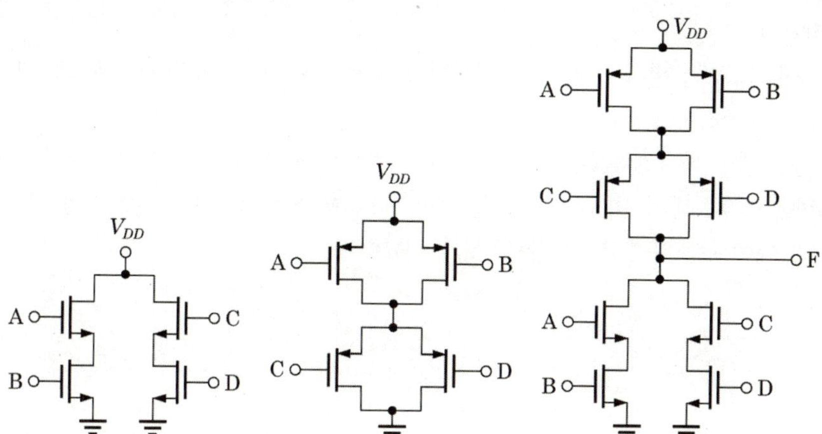

〈NMOS 설계〉 〈PMOS 설계〉 〈CMOS 논리회로〉

② PMOS는 반전논리식 $\overline{AB+CD}=(\overline{A}+\overline{B})(\overline{C}+\overline{D})$을 이용하여 PMOS 트랜지스터의 직렬연결은 AND로 병렬연결은 OR 논리인 $\overline{A}+\overline{B}$, $\overline{C}+\overline{D}$로 표현한다.
③ 풀다운인 NMOS와 풀업인 PMOS를 결합한다.

예제 20-24

CMOS를 이용하여 논리식 $Y=(\overline{AB+C})$를 구현하여라. 그리고 진리표를 만들어 PDN과 PUN의 상태를 나타내어라.

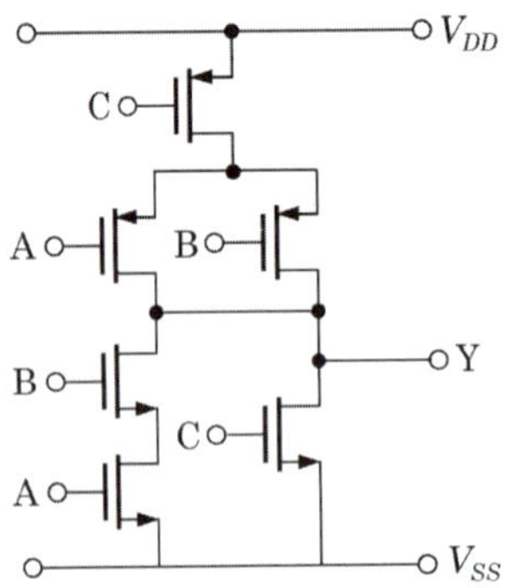

C	B	A	Y	PDN	PUN
0	0	0	1	off	on
0	0	1	1	off	on
0	1	0	1	off	on
0	1	1	0	on	off
1	0	0	0	on	off
1	0	1	0	on	off
1	1	0	0	on	off
1	1	1	0	on	off

(2) CMOS 인버터 전압 전달특성

기본 CMOS 인버터의 이해를 통해 디지털 VLSI 회로를 디자인한다. 인버터의 특성과 동작을 이해하면 다른 논리 게이트를 이해하는 개념을 확장할 수 있다.

그림 20.49(a)는 CMOS 인버터의 회로도이다. 두 개의 트랜지스터 풀업의 PMOS 트랜지스터(Q_1)과 풀다운 NMOS 트랜지스터(Q_2)가 있다. 입력전압(V_{in})이 V_{DD}일 때, V_{SS}(거의 0과 동일) 출력전압을 얻고 반대도 성립한다. 입력의 논리 레벨을 반전하기 때문에 이 회로는 인버터라 불린다. 그림 20.49(b)는 인버터의 전압 전달특성(voltage transfer characteristics : VTC) 또는 직류 특성을 나타낸다.

HIGH 또는 LOW 상태에서 CMOS 인버터의 한쪽 트랜지스터가 항상 차단되므로 거의 전력을 소모하지 않아 대기전력이 낮다.

PMOS는 풀업이 좋고 NMOS는 풀다운이 좋다. 풀업망(PUN)과 풀다운(PDN)망은 서로 배타적이고, 풀업망은 풀다운망의 상보적이다(직렬 ↔ 병렬, NMOS ↔ PMOS). 상보적인 게이트는 반전이고 N-입력 게이트를 위해 2N 트랜지스터가 필요하다.

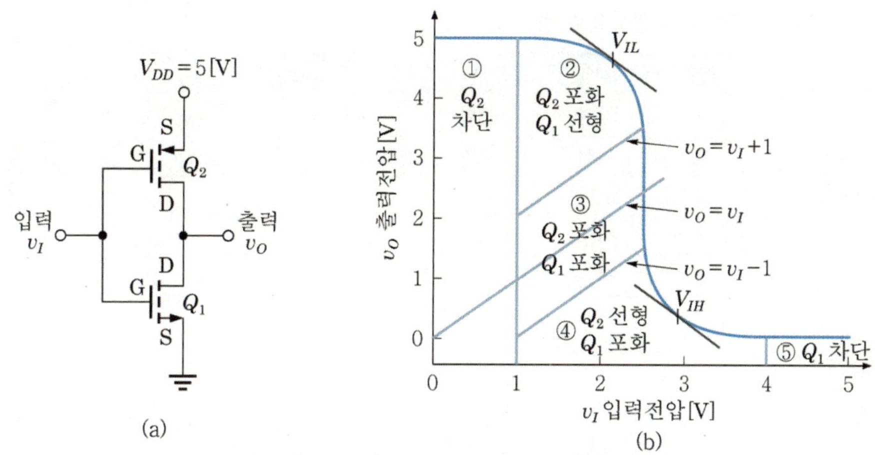

그림 20.49 CMOS 인버터 (a) 회로도 (b) 전압 전달 특성

VTC 이해를 쉽게하기 위한 5개 영역(1-5)으로 구분된다. Q_1과 Q_2 모두 최적의 동작에 일치하는 경우 위 곡선이 나타난다. $V_{in} = V_{DD}/2$일때 $V_O = V_{DD}/2$를 얻어 최적의 동작을 얻을 수 있다. 이것은 Q_1과 Q_2의 폭과 길이 그리고 이동도와 산화물 전기용량 등의 인자를 조정함으로써 조절할 수 있다.

차단(cutoff), 선형(linear) 및 포화(saturation)영역에서 각 트랜지스터의 조건을 설정한다. 여기서 NMOS의 문턱전압 V_{tn}은 양(+)이고 PMOS의 문턱전압 V_{tp}는 음(-)이며 표 20.33은 트랜지스터의 동작 영역별 조건이고 표 20.34는 전달특성 영역별 조건을 설명한다.

표 20.33 트랜지스터 동작 영역별 조건

소자	차단영역	선형영역	포화영역
NMOS	1. $V_{GSn} < V_{tn}$ $v_I < V_{tn}$	1. $V_{GSn} > V_{tn}$ $v_I > V_{tn}$ 2. $V_{DSn} < V_{GSn} - V_{tn}$ $v_O - V_{SS} < v_I - V_{SS} - V_{tn}$ $v_O < v_I - V_{tn}$	1. $V_{GSn} > V_{tn}$ $v_I > V_{tn}$ 2. $V_{DSn} > V_{GSn} - V_{tn}$ $v_O - V_{SS} > v_I - V_{SS} - V_{tn}$ $v_O > v_I - V_{tn}$
PMOS	1. $V_{GSp} > V_{tp}$ $v_I - V_{DD} > V_{tp}$ $v_I > V_{DD} + V_{tp}$	1. $V_{GSp} < V_{tp}$ $v_I < V_{DD} + V_{tp}$ 2. $V_{DSp} > V_{GSp} - V_{tp}$ $v_O - V_{DD} > v_I - V_{DD} - V_{tp}$ $v_O > v_I - V_{tp}$	`1. $V_{GSp} < V_{tp}$ $v_I < V_{DD} + V_{tp}$ 2. $V_{DSp} < V_{GSp} - V_{tp}$ $v_O - V_{DD} < v_I - V_{DD} - V_{tp}$ $v_O < v_I - V_{tp}$

표 20.34 전달특성 영역별 조건

영역	NMOS	PMOS	조건
1	차단	선형	$v_I = 0\text{V}$, $v_O = V_{DD}$
2	포화	선형	
3	포화	포화	
4	선형	포화	
5	선형	차단	$v_I = V_{DD}$, $v_O = 0\text{V}$

① 영역-1

이 영역에서의 입력은 $(0,\ V_{tn})$의 범위이고 입력 전압 V_{tn} 미만이기 때문에, NMOS은 차단 영역에 있다. V_{DD}에서 접지로 전류 흐름이 없고 출력단자에 V_{DD}가 나타난다.

- NMOS는 $V_{GSn} < V_{tn}$이므로 차단영역이다.
- PMOS는 $V_{GSp} > V_{tp}$, $V_{DSp} > V_{GSp} - V_{tp}$이므로 선형영역이다.
- 전원에서 제로 전류가 흐르고, 소비전력은 0이다.

② 영역-2

이 영역의 입력 $(V_{tn,} V_{DD}/2)$의 범위이다. 입력전압이 V_{tn}보다 크기 때문에 NMOS는 도통되고 V_{DS}가 크면(V_o이 1) 이것은 포화로 점프한다. PMOS는 여전히 선형영역에 남아 있다.

- NMOS는 $V_{GSn} > V_{tn}$, $v_O > v_I - V_{tn}$로 포화 상태에 있다.
- PMOS는 $V_{DSp} > V_{GSp} - V_{tp}$로 선형 영역이다.
- 두 트랜지스터는 전원에서 얼마의 전류가 흘러 도통된다.

③ 영역-3

이 영역에서 입력전압은 $V_{DD}/2$이고, 그림 20.49(b)와 같이 이 시점에서 출력전압은 $V_{DD}/2$이다. 이 전압에서 NMOS 및 PMOS는 모두 포화되어 출력은 V_{DD}에서 $V_{DD}/2$으로 급격히 떨어진다. 이 시점에서 많은 양의 전류가 전원으로부터 흐르게 된다.

CMOS 인버터에서 소비되는 전력의 대부분은 이 시점에서 발생하므로 입력이 $V_{DD}/2$에 오래 머물지 않도록 주의해야한다.

- NMOS는 $V_{GSn} > V_{tn}$, $v_O > v_I - V_{tn}$로 포화 상태에 있다.
- PMOS는 $V_{GSp} < V_{tp}$, $V_{DSp} < V_{GSp} - V_{tp}$로 포화 상태에 있다.
- 전원에서 큰 전류가 흘러 큰 전력 손실이 발생한다.

④ 영역-4

이 영역에서 입력전압의 범위는 $(V_{DD}/2,\ \ V_{DD} - V_{tp})$이다. 여기서 PMOS는 $v_O < v_I - V_{tp}$, $V_{GSp} < V_{tp}$이므로 포화상태에 남아있다. 그러나 NMOS의 드레인-소스 전압이 $V_{GSn} - V_{tn}$보다 적으므로 포화영역에서 선형영역으로 이동한다.

- NMOS는 $V_{GSn} > V_{tn}$, $v_O < v_I - V_{tn}$이므로 선형이다.

- PMOS는 $V_{GSp} < V_{tp}$, $V_{DSp} < V_{GSp} - V_{tp}$ 이므로 포화 상태에 있다.
- NMOS가 선형영역에 있으므로 중간정도의 전류가 흘러 전력 소모가 적다.

⑤ 영역-5

이 영역에서 입력전압의 범위는 $(V_{DD} - V_{tp},\ V_{DD})$이다. V_{GSp}이 $V_{GSp} > V_{tp}$로 높으면 PMOS는 포화에서 차단으로 이동한다. 드레인-소스 전압은 $V_{GSn} - V_{tn}$보다 작으므로 NMOS 여전히 선형으로 유지된다.

- NMOS는 $V_{GSn} > V_{tn}$, $v_O < v_I - V_{tn}$ 이므로 선형이다.
- PMOS는 $V_{GSp} > V_{tp}$ 이므로 차단이다.
- 전원으로부터 제로 전류가 흐르기 때문에 소비 전력은 0이다.

(3) CMOS 전송게이트

전송게이트(transmission gate)는 양방향 스위치다. 그림 20.50과 같이 노드 A가 1이면 PMOS와 NMOS가 모두 도통상태가 되어 v_I에서 v_O으로 신호가 전달된다. 반대로, A가 0이면 PMOS와 NMOS가 모두 차단되어 v_I과 v_O은 모두 고 임피던스 상태가 된다. 전송게이트는 전자 스위치 및 아날로그 멀티플렉서를 실현하기 위해 사용된다.

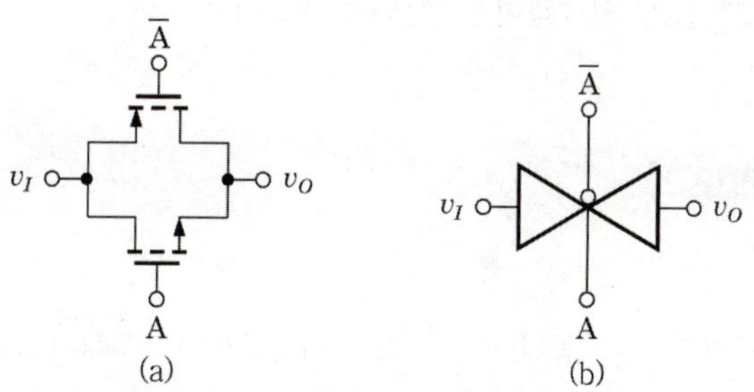

그림 20.50 CMOS 전송게이트 (a) 회로도 (b) 심벌

20.12 시뮬레이션 툴 종류

SPICE(Simulation Program with Integrated Circuit Emphasis)는 1972년 버클리 대학에서 처음 만들어진 전자회로 해석 프로그램이다. 1984년에는 PC용으로 PSpice가 발표되고 응용되어 여러 가지 버전으로 발전하며 전자회로해석 프로그램의 표준으로 정해졌다.

SPICE를 이용하면 트랜지스터의 동작점, 과도특성 및 주파수응답 해석은 물론 전기, 전자회로에 대한 복잡하고 다양한 해석이 가능하다. 특히 저항, 커패시터, 인덕터 등의 수동소자와 다이오드, 트랜지스터 등의 능동소자에 대한 모델을 방대하게 자료화하였다.

SPICE의 기본 해석 알고리즘은 각 소자들이 연결되는 노드를 기준으로 시간영역의 에너지 분포를 반복계산 한다.

SPICE의 기본 해석 알고리즘은 각 소자들이 연결되는 노드를 기준으로 시간영역의 에너지 분포를 반복계산하고 각 노드에 알맞게 수렴되는 전압/전류의 비를 계산하여 전체 회로의 동작 결과를 예측한다.

SPICE 모델은 SPICE를 수행하기 위한 파라미터로써 트랜지스터, 저항, 커패시터, 인덕터 등 직접회로 소자의 특성을 수학적으로 표현하는 식과 그 식에 사용되는 파라미터들의 집합이다.

대표적인 SPICE 모델은 버클리 대학에서 개발한 BSIM 시리즈이다. MOSFET 모델은 BSIM3 v3.3, BJT는 Gummel-Poon 모델을 주로 사용한다. 파운더리에서 HSPice용 모델 파라미터와 Spectre용 모델 파라미터를 동시에 제공한다.

SPICE 모델은 정확한 회로 시뮬레이션을 위하여 계속 발전되어 왔다. 레벨1, 레벨2, 레벨3, BSIM1, BSIM2, BSIM3, 레벨28, MOS9 등이다.

다양한 시스템 및 회로의 시뮬레이션 툴을 열거하면 다음과 같다.

① **시스템 레벨 시뮬레이션 툴** : Matlab

② **PCB 시뮬레이션 툴** : OrCAD PCB, Proteus

③ **아날로그 집적회로 시뮬레이션 툴** : 혼성회로 시뮬레이션 툴(HSPice, Spectre, PSpice(OrCAD)), RF 회로 시뮬레이션 툴(ADS)

④ **디지털 집적회로 시뮬레이션 툴** : 논리기능 시뮬레이션 툴(Verilog-HDL), 타이밍 시뮬레이션 툴(Verilog-XL), 폴트 시뮬레이션 툴(Veri-Fault))

20.13 반도체 메모리

(1) 메모리 공간

메모리는 정보 저장 공간으로 각 공간에는 주소가 할당되어 있고 레지스터를 모아 놓은 저장이라는 목적에 최적화되어 있다. 주소는 이진수로 표기되고 비사인(unsigned) n개의 주소비트는 2^n개의 공간이 생기며 각 공간은 같은 크기를 가진다.

14-비트 주소가 필요하면 $2^{14} = 16[kbit]$인 공간이 필요하고 공간이 m 비트로 구성되어 있다면 메모리의 전체 크기는 $2^n \times m$비트이고 이 공간을 보통 워드라 부른다. 그림 20.51은 $16k \times 8$ 비트 SRAM의 블록도이다.

$2^{10} = 1024 \simeq 10^3$ k(kilo) Kibi(Ki), $2^{20} = 1048576 \simeq 10^6$ M(Mega) Mebi(Mi), $2^{30} = 1073741824 \simeq 10^9$ G(Giga) Gibi(Gi) (보기) 16k x 32bit 메모리 총비트수=512k=512x1024비트

클럭에 관계없이 동작하는 비동기식 메모리, 클럭신호에 맞춰 동작하는 동기식 메모리

메모리는 주로 전원이 차단되었을 때도 기록이 보존되는 비휘발성 메모리인 ROM(Read Only Memory)과 전원이 차단됨과 동시에 기록이 지워지기 휘발성 메모리인 RAM(Random Access memory)으로 나뉜다.

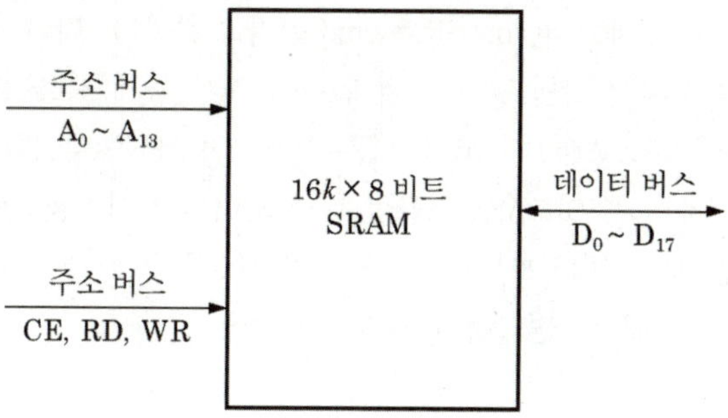

그림 20.51 16k×8 비트 SRAM 칩의 블록도

(2) ROM

비휘발성 메모리인 ROM은 반도체 회로를 연결해서 이진 데이터를 저장하는 부품으로 한번 저장한 데이터는 읽을 수만 있었지만 ROM도 점차 기록이 가능한 방향으로 발전하였고 작은 ROM은 look-up table(LUT)라고 할 수 있다.

① 마스크 ROM

제조공정 시 고객이 원하는 정보를 저장하고 한번 쓰고 나면 데이터를 수정할 수 없는 메모리로 사무자동화기기에 폭넓게 사용되고 있다.

② PROM

P(programmable)ROM은 공 CD와 같이 사용자가 구매해서 한번 데이터를 저장할 수 있는 ROM이다. 기록 방식은 퓨즈라는 연결 금속선을 서로 연결시킨 상태로 칩으로 제조한 후, 사용자의 용도에 맞게 퓨즈를 연결 상태로 남겨두거나 끊음으로써 프로그램 된다. 높은 전압을 가했을 때 퓨즈에 흐르는 전류가 어느 특정 값을 초과하게 되어 퓨즈가 끊어지는 특성을 이용한 것이다.

③ EPROM

E(erasable)PROM은 재기록 가능한 CD와 같이 자외선 등의 특수한 방법으로 데이터를 지워 다시 프로그램 할 수 있는 메모리다. 그러나 지우거나 기록하는 데 제약이 많으며 부분적인 기록이 불가능하고, 메모리 전체를 재 기록해야 한다.

④ EEPROM

EPROM의 단점을 개선한 EE(electrically-erasable)PROM은 전기적으로 데이터를 지우고 다시 저장할 수 있는 메모리이고 플래시(flash)는 EEPROM의 일종이다. EEPROM은 전원이 꺼져도 정보를 유지할 수 있는 ROM의 특징을 지니고 동시에 단일 5V 전원으로 입출력할 수 있는 RAM의 특징을 가지고 있다. 다만 재기록 가능 회수가 약 10만 회 재기록이 제한된다.

(3) RAM

RAM은 기억된 정보를 읽을 수도 있고 다른 정보를 기록할 수 있는 메모리이지만, 전원이 꺼지면 기억된 내용이 지워져 휘발성 메모리(volatile memory)라고 부른다. 따라서 RAM은 컴퓨터의 주기억장치, 응용프로그램의 일시적 로딩, 데이터의 일시적 저장 등에 사용된다.

RAM의 종류는 두 가지 SRAM과 DRAM으로 구분된다. SRAM은 데이터 기록 속도가 매우 빨라 CPU의 캐시 메모리로 이용되고, DRAM은 속도는 다소 느리지만 저비용으로 대용량의 메모리를 만들 수 있다. 그래서 일반적으로 메인보드에는 DRAM을 사용하고 최근 CPU의 속도가 점차 빨라지면서 DRAM은 고속화 DRAM으로 변화하게 되었다.

① SRAM

S(static)RAM의 한 개 기억소자는 네 개의 트랜지스터와 두 개의 저항, 또는 그림 20-52(a)와 같이 여섯 개의 트랜지스터로 구성되어 있다. 그래서 트랜지스터로 기억소자를 구성하고 있기 때문에 전원이 차단되지 않으면 기록된 데이터가 지워지지 않고 속도가 매우 빠르다. 하지만 회로가 복잡하여 집적도가 낮고, 값이 매우 비싼 단점이 있다. 따라서 SRAM은 빠른 속도의 CPU와 연동되는 캐시 메모리로 주로 사용된다. 예전에는 메인보드에 꼽는 형식의 SRAM이 사용되었지만, 요즘에는 칩의 형태로 CPU 안에 위치하는 경우가 많다.

- 실제 SRAM은 플립플롭이나 MUX로 구현되지 않음.
- active-high(1일 때 어떤 동작이 이루어지는 신호), active-low(0일 때 어떤 동작이 이루어지는 신호)
- 입력 데이터와 출력 데이터 신호의 개수가 많으므로 입출력을 공유하기도 함.

② DRAM

D(dynamic) RAM의 한 개 기억소자는 그림 20.52(b)와 같이 한 개의 트랜지스터와 한 개의 커패시터로 구성되어 있다. 이처럼 간단한 구성의 메모리이기 때문에 높은 직접도로 메모리를 제작할 수 있고 저비용으로 대용량 메모리를 제작하는데 장점이 있다.

하지만 기억소자로 사용되는 커패시터의 특성상 전원이 공급되고 있는 동안에도 일정한 주기로 다시 기록해주지 않으면(refresh) 자연히 사라지는 특징을 가지고 있다. 그래서 DRAM은 전력소모가 많은 단점을 가지고 있다. 그러나 플래시 ROM에 비해 속도가 매우 빠르고 SRAM에 비해 대용량에 유리하다. 따라서 PC의 메인 메모리에 주로 사용된다.

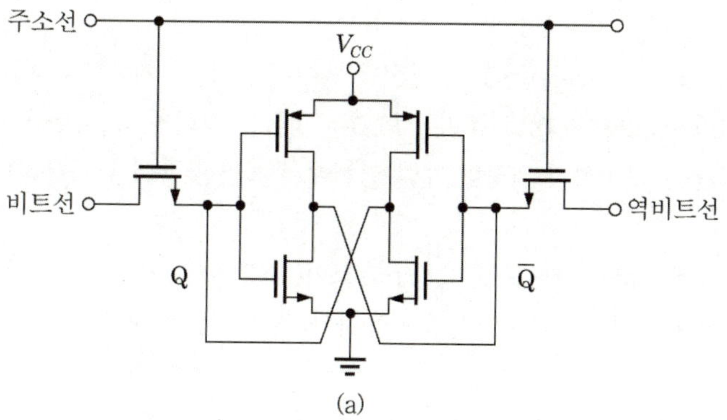

그림 20.52 1-비트 셀 (a) SRAM (b) DRAM

20.14 비메모리 반도체

(1) 주문형 반도체

주문형 반도체(Application Specific Integrated Circuits : ASIC)는 응용에 맞게 처음부터 만들어진 집적회로이며, 집적회로를 처음부터 만들려면 마스크제작과 공정비용이 많이 필요하지만 대신 한 번에 많은 양이 만들어진다.

주문형 반도체는 프로토 타입을 제작하기에는 적합하지 않고, 동작의 완전성과 시장성을 확신하지 못하는 상태에서 집적회로로 제작하는 것은 위험하다. 동작을 바꾸려면 처음부터 다시 만들어야 하므로 동작의 완전성이 확인된 후 대량 생산에 알맞다.

> ASIC은 양산용으로 많이 사용되고 FPGA는 프로토타입용으로 많이 사용함. ASIC에서는 보통 SRAM을 합성하지 않음

(2) 프로그래머블 로직 디바이스

프로그래머블 로직 디바이스(Programmable Logic Device : PLD)는 내부의 동작을 바꿀 수 있도록 만들어 놓은 집적회로로 회로의 동작을 설정하는 단계인 프로그램이 있다. PLD가 시장에 등장한 것은 1970년대의 일이다. 개당 가격은 ASIC보다 비싸지만 프로토타입을 만들기에 적합하다. 소량만 구매해서 사용할 수 있고 초기의 동작검증에 유리하며, 간단하게 동작을 바꿀 수 있고 동작의 완전성이 보장되지 않는 상황에서 시험해 보기에 알맞다.

프로그램의 시점에 따라 프로그래머블 로직 디바이스는 공장에서 프로그램하며 부품을 대부분 만들어 놓고 주문에 따라 프로그램만 넣어서 판매하는 ROM, MPGA(Mask Programmable Gate Array)과 같은 팩토리 프로그래머블 디바이스와 사용자가 직접 프로그램하여 구매한 뒤에 특수한 기기나 소프트웨어를 통해 프로그램하는 SPLD, FPGA와 같은 필드 프로그래머블 디바이스가 있다.

① SPLD

SPLD(Simple Programmable Logic Device)는 1-칩에 집적되어 있는 논리 게이트 수가 수백개 이하인 소자이다. SPLD나 CPLD(complex PLD)로 불리는 PLD는 정확한 정의가 있는 것이 아니며, 진화하는 과정에서 다양화 한 제품을 구별하기 위하여 개발 업체에서 이러한 용어를 사용하면서 정착한 것이다.

PROM(Programmable Read Only Memory)은 한 개의 디코더(AND 배열)와 메모리 어레이의 이차원 배열(OR 배열)로 이루어지며 고정된 AND 배열과 사용자가 프로그램 할 수 있는 OR 배열로 구성한다.

PLA(Programmable Logic Array)는 그림 20.53과 같이 AND 게이트들과 OR 게이트들이 있어서 이들 사이의 연결 프로그램하여 2-레벨 회로를 구현하고, AND나 OR 게이트의 내부는 대부분 일반적인 트랜지스터 기반의 회로가 아니다. SOP(sum of product) 구현에 잘 맞는 구조이나, 두개의 배열을 통해서 신호가 전달되므로 지연을 가지는 단점이 있다. n-비트의 입력과 m-비트의 출력이 있다면, n개의 변수로 이루어진 m개의 불 대수식을 구현할 수 있다. 기능은 ROM과 같으나 내부구조는 다르고 제한된 개수의 AND 이내에서 여러 개의 불 대수식을 구현해야 한다.

PAL(Programmable Array Logic)은 PLA의 변형으로 OR게이트는 고정되어 있고 AND 게이트의 연결만으로 프로그램이 가능하고, 플립플롭을 가지고 있는 경우가 많다. PLA에 비해 가격이 저렴하고, 회로 최적화 기법이 PLA와는 좀 달라 속도가 빠르다. PLA와 PAL는 1980년대에 많이 사용되었다.

GAL(Generic Array Logic)은 PAL의 일종으로 다수의 게이트와 MUX, 플립플롭 등의 기본회로들을 가지는 매크로 블록으로 구성하고, PLD라고 부르기도 한다. 래티스(Lattice) 반도체라는 회사가 이 계열의 제품을 판매하고 있다.

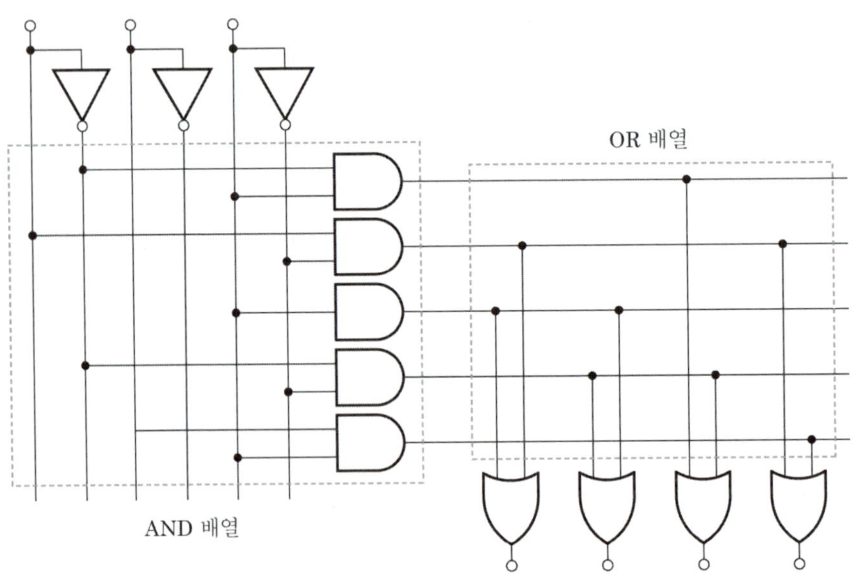

그림 20.53 PLA 구조

- PROM은 고정된 AND-선, 사용자가 프로그램할 수 있는 OR-선
- PLA는 프로그램 가능한 AND-선과 OR-선
- PAL은 사용자가 프로그램 할 수 있는 AND 배열, 고정된 OR-선

② CPLD

CPLD(Complex Programmable Logic Device)는 SPLD보다 더 많은 게이트와 회로를 포함하며 대략 수백 개 이상에서 수만 개 이하의 게이트를 포함한다.

③ FPGA

FPGA(Field Programmable Gate Array)는 1980년대 Xilinx에서 SRAM에 프로그램 정보를 저장하기 시작하여, SRAM, MUX를 포함해서 더 크고 복잡한 블록들로 구성하였고 지금은 5M 게이트 이상을 가지는 제품도 있다.

수만 개 이상의 게이트를 포함하는 소자는 FPGA라는 개념이 정착됨

FPGA는 MPGA에 비해 제작 시간이 단축되고, 설계를 수정하기에 용이하며, 저렴하게 프로토 타입을 구현할 수 있고, 개당 가격은 비싸나 적은 수량만 만들 경우 비용이 적게 드는 장점이 있다.

그러나 FPGA의 단점은 기존의 MPGA나 ASIC에 비해 집적도가 낮고, 속도가 느리고, 연결 지연 시간을 예측하기 어려우며, 다른 프로그래머블 디바이스에 비해 비싸다.

연결선의 구조에 따라 그림 20.54와 같이 행렬기반 구조, 행기반 구조, 계층적 구조, 대량의 게이트들이 배치되어 있고 그 위에 연결선들이 지나가는 게이트 바다(sea-of-gates) 구조 등으로 분류한다. 흔히 많이 이용되는 구조는 행렬기반 구조이다.

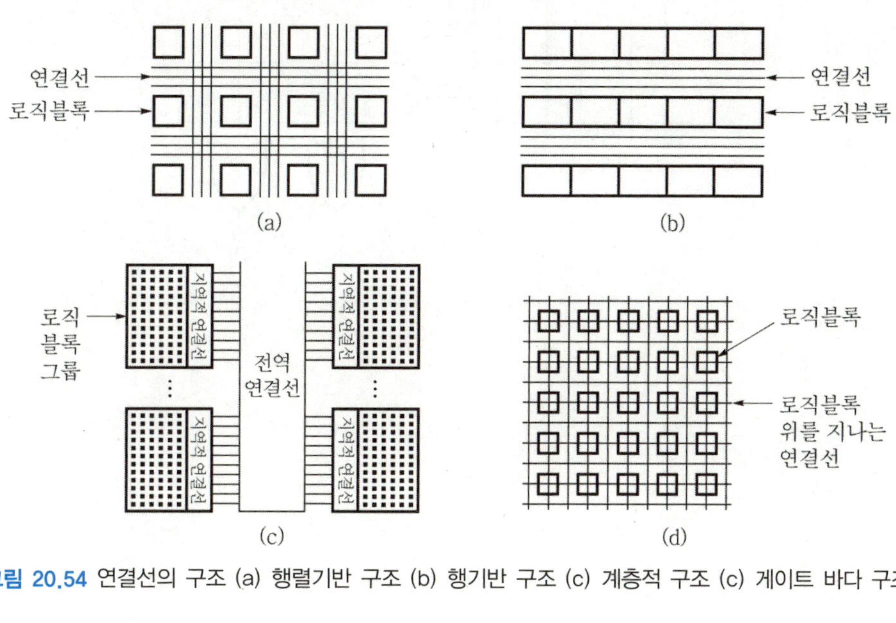

그림 20.54 연결선의 구조 (a) 행렬기반 구조 (b) 행기반 구조 (c) 계층적 구조 (c) 게이트 바다 구조

프로그래밍 방식에 따라 SRAM 프로그래밍, EPROM/EEPROM/Flash 프로그래밍, 안티퓨즈(antifuse) 프로그래밍으로 분류된다.

SRAM 프로그래밍은 RAM에 설정에 관련한 정보를 저장하는 방식으로 로직블록은 보통 Look-Up Table(LUT) 방식으로 구현되어 있고, LUT의 기능이나 연결을 결정하는 비트들을 설정 비트라고 부른다. 장점은 새로운 설정 내용을 여러 번 다시 저장할 수 있고 로직을 만드는 공정과 같은 공정으로 SRAM을 만들 수 있다. 그러나 6개의 트랜지스터로 구성한 한 개의 셀의 크기가 크고, 전원이 끊어지면 설정 내용이 지워지는 단점이 있다.

EPROM/EEPROM/Flash 프로그래밍에서 SRAM 방식과의 비교하면 SRAM에 비해 느리고, 제작할 때 SRAM에 비해 공정이 추가되어야 하며, 전원이 끊겨도 내용이 유지되는 장점이 있다. EPROM은 설정 내용을 지울 때 특수한 방법을 사용해야 한다.

안티퓨즈 프로그래밍에서 안티퓨즈란 처음에는 끊어진 선과 같으나 강한 전압을 가하면 연결된 선과 같이 변하는 것으로 한 번만 프로그램 가능하다. 장점은 다른 방식에 비해 프로그래밍을 위해 소모되는 면적이 적고, 다른 방식에 비해 연결선의 지연시간이 적다. 그러나 재 프로그래밍이 불가능한 단점이 있다.

예제 20-25

PLA를 이용하여 $F_1 = \overline{A}+B$ 과 $F_2 = \overline{A}B + A\overline{B}$ 를 구하는 회로를 만들어보아라.

| 풀이 |

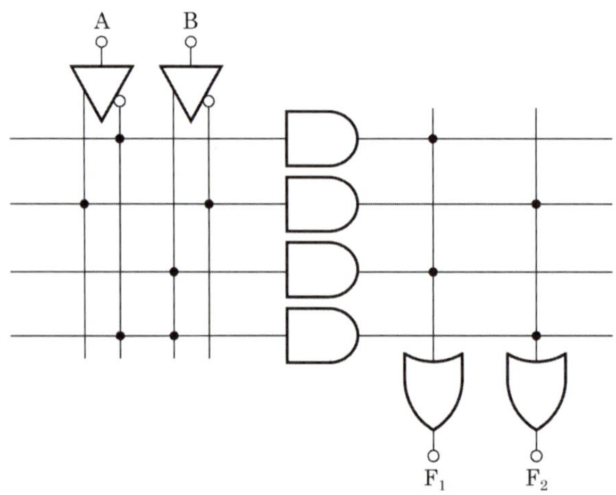

연습문제

20.1 다음 논리식을 간단하게 하여라.

(a) $Y = A + AB = A$

(b) $Y = A + \overline{A} \cdot B = A + B$

(c) $Y = AB + \overline{A}C + BC = AB + \overline{A}C$

(d) $Y = A + B(\overline{A} + \overline{B}) = A + B$

20.2 카르노도로 간소화시킨 논리식을 구하여라.

(a) $Y = AB + \overline{A}B\overline{C}D + \overline{A}BCD + A\overline{B}\,\overline{C}\,\overline{D}$

(b) $F = \overline{A}\,\overline{B}\,\overline{C}\,\overline{D} + A\overline{B}\,\overline{C}\,\overline{D} + \overline{A}B\overline{C}D + AB\overline{C}D$

20.3 카르노도에서 0을 기준으로 간소화한 후 보수를 이용한 논리식을 구하여라.

$$Y = \overline{A}\,\overline{B}\,\overline{C}\,\overline{D} + \overline{A}B\overline{C}\,\overline{D} + A\overline{B}\,\overline{C}\,\overline{D} + \overline{A}B\overline{C}D + AB\overline{C}D + \overline{A}BCD + ABCD$$

20.4 논리식 $F = (A + \overline{B})(\overline{A} + B)C$ 을 NOR-NOR 게이트로 구현하여라.

20.5 입력 A, B, C로 3-입력 NAND 게이트의 출력 Y의 부울 대수식을 나타내어라.

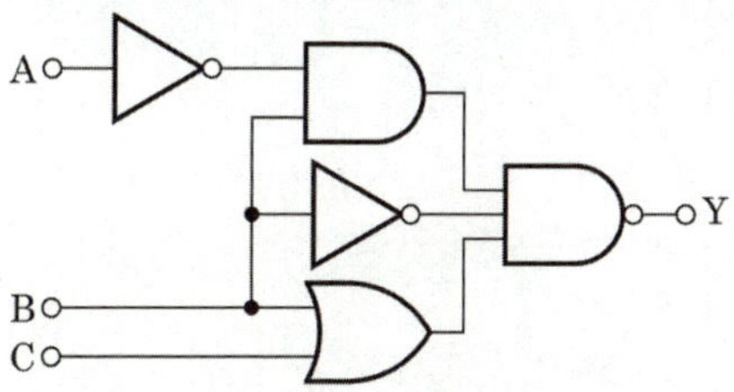

20.6 그림과 같은 파형을 NOR 게이트 SR 래치회로에 인가하였을 때 출력 Q_{t+1}의 파형을 그려보아라. 단 Q는 0으로 초기화되어 있으며 게이트 지연은 없다고 가정한다.

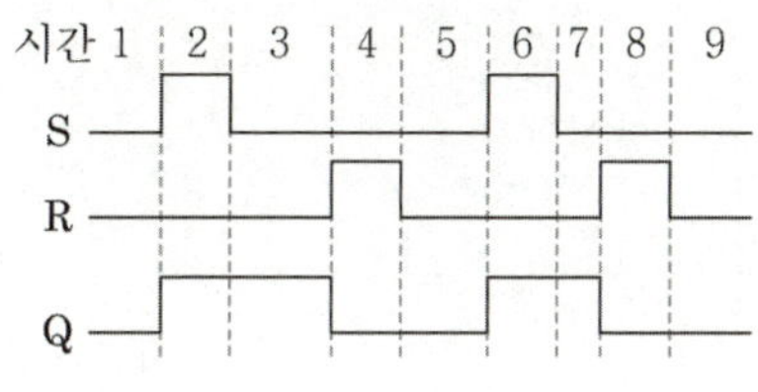

20.7 NAND 게이트로 구성된 SR 래치를 그리고 진리표를 작성하여라.

20.8 상태표가 다음과 같을 때 순차논리회로를 D 플립플롭을 이용하여 설계하여라.

현재 상태		차기 상태			
		X=0		X=1	
A	B	A	B	A	B
0	0	1	0	0	0
0	1	0	1	0	0
1	0	1	0	1	1
1	1	0	1	1	1

20.9 다음 NMOS/CMOS 논리회로에서 출력의 논리식을 구하여라.

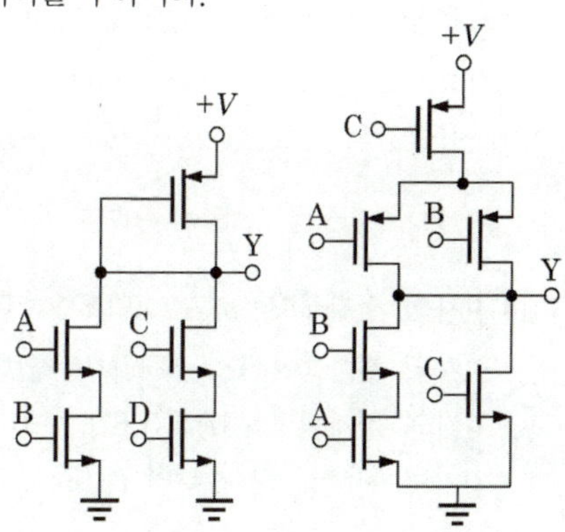

(a) (b)

20.10 논리식 $Y = \overline{(A + BC)D}$를 이용하여 CMOS 논리회로를 구현하여라.

20.11 다음과 같이 두 개의 NOR 게이트 출력을 OR 연결 및 직접 연결하였을 때 차이점을 설명하여라.

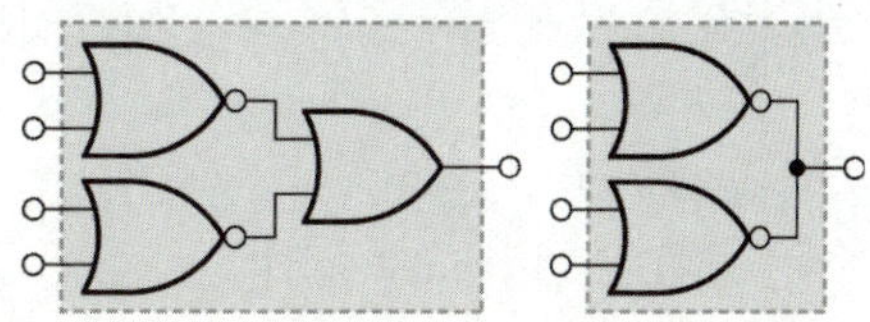

(a) (b)

20.12 PRAM, FRAM, MRAM 메모리를 간단하게 설명하여라.

20.13 PLA를 이용하여 $F_1 = \overline{A}B\overline{C} + BC + \overline{C}$ 과 $F_2 = A\overline{B}\,\overline{C} + A\overline{B}C + A$를 구하는 회로를 만들어보아라.

부록 1 물리 상수

- Boltzmann 상수 (k) :
1.380662×10^{-23} [J/°K] = 1.38048×10^{-16} [erg/°K] = 8.61727×10^{-5} [eV/°K]
- Planck 상수 (h) : 6.6256×10^{-34} [J · s]
- Avogadro 상수 (N_A) : 6.023×10^{23} [mole^{-1}]
- 상온에서 kT : 0.0259 [eV]

- 자유공간의 유전율 (ϵ_0) : 8.854×10^{-12} [F/m] $\simeq \frac{1}{36\pi} \times 10^{-9}$ [F/m]
- 자유공간의 투자율 (μ_0) : $4\pi \times 10^{-7}$ [H/m]
- 자유공간 빛의 속도 (c) : $2.997924590 \times 10^{8}$ [m/s]
- 자유공간의 고유 임피던스 ($\eta_0 = \sqrt{\mu_0/\epsilon_0}$) : 376.7 [Ω] $\simeq$ 120π [Ω]

- 전자의 정지질량 (m_0) : 9.1095×10^{-31} [kg]
- 전자의 전하량 (e) : -1.60210×10^{-19} [C]
- 양자의 정지질량 (M) : 1.673×10^{-27} [kg]
- 전자의 전하량 대 질량비 (e/m_0) : -1.758×10^{11} [C/kg]

- 1 전자볼트 (eV) : 1.60218×10^{-19} [J]
- 1 인치 (inch) : 2.54 [cm], 1 피트 (ft) : 30.48 [cm], 1 마일 (mile) : 1.61 [m]
- 1 밀 (mil) : 0.001 inch = 25.4μm, 1kg = 2.2[lb]
- 1 옹그스트롬 (Å, angstrom) : 10^{-10} [m]
- 원의 원주 대 직경의 비 (π) : 3.14159265358879

- 1 네퍼 (Np) : 8.686 [dB]
- 1 가우스 (gauss) : 10^{4} [teslas]

부록 2 그리스 문자

부록표 2.1 그리스 문자의 사용

대문자	소문자	명 칭		명칭 사용 예
		국문	영문	
Α	α	알파	alpha	각도, 면적, 계수, 감쇠상수, 흡수율, CB전류이득
Β	β	베타	beta	각도, 플럭스밀도, 위상상수, CE전류이득
Γ	γ	감마	gamma	각도, 도전율, 비중
Δ	δ	델타	delta	밀도, 각도, 변분(變分)
Ε	ε	엡실론	espsilon	오차, 자연대수의 밑수, 전계강도
Ζ	ζ	제타	zeta	임피던스(대), 계수
Η	η	에타	eta	히스테리시스계수, 효율, 표면전하밀도
Θ	θ	시타, 테타	theta	온도, 위상각, 시상수, 리액턴스, 각도
Ι	ι	이오타, 아이오타	iota	단위벡터
Κ	κ	카파	kappa	유전계수, 서셉터빌리티
Λ	λ	람다	lambda	파장, 감쇠상수
Μ	μ	뮤	mu	마이크로, 증폭율, 투자율
Ν	ν	뉴	nu	리럭티비티(reluctivity)
Ξ	ξ	크시, 크사이	xi	좌표
Ο	ο	오미크론	omicron	
Π	π	파이, 피	pi	원주율(3.1416), 누적곱
Ρ	ρ	로	rho	상관계수, 저항율, 좌표
Σ	σ	시그마	sigma	표준편차, 도합(대), 전기전도도, 누설계수, 표면전하밀도, 복소수, 전파(電播)상수
Τ	τ	타우	tau	시상수, 시간, 위상변위밀도, 전송율
Υ	υ	입실론	upsilon	
Φ	φ	파이, 피	phi	각도, 자속, 스칼라전위(대)
Χ	χ	카이	chi	각도, 전기서셉티빌리티
Ψ	ψ	프시, 사이	psi	유전속, 위상차, 좌표, 각도
Ω	ω	오메가	omega	각속도, 저항(대), 입체각(대)

부록 3 반도체 상수

부록표 3.1 반도체의 물리적인 상수

	Si	GaP	GaAs	InP	GaSb	InSb	InAs
밀도 [g/cm^3]	2.33	4.129	5.303	4.787	5.613	5.775	5.665
열전도도 [$W/(cm \cdot K)$]	1.5	1.1	0.54	0.7	0.33	0.18	0.26
녹는점 [℃]	1,412	1,467	1,238	1,070	712	525	943
천이종류	간접	간접	직접	직접	직접	직접	직접
밴드갭 [eV]	1.12	2.24	1.428	1.351	0.72	0.18	0.356
전자유효질량 m_n^*/m_0	0.19	0.12	0.065	0.077	0.049	0.0135	0.027
전자이동도 [$cm^2/(V \cdot s)$]	1,500	200	8,500	6,000	7,700	78,000	33,000
정공이동도 [$cm^2/(V \cdot s)$]	475	120	420	150	1,400	1,700	460
비유전율	11.9	11.1	13.2	12.5	15.7	17.7	14.6

부록표 3.2 절연체 SiO_2, Si_3N_4의 기본 물리 상수

	SiO_2	Si_3N_4
유전상수	3.9	7.5
밀도 [g/cm^3]	2.2	3.2
녹는점	~1,600	-
굴절률	1.46	2.05
유전강도 [V/m]	107	107
에너지갭 [eV]	9	~5
적외선 흡수대역 [μm]	9.3	11.5~12
열전도도 [$W/(cm \cdot K)$]	0.014	-
직류 저항률 [$\Omega \cdot cm$]@25℃	10^{14}~10^{16}	10^{14}

부록표 3.3 실리콘과 게르마늄 특성

	Si	Ge
원자번호	14	32
원자 [$/cm^3$]	4.96×10^{22}	4.41×10^{22}
유전상수	12	16
에너지갭(300K)[eV]	1.115	0.665
진성농도(300K) [$/cm^3$]	1.5×10^{10}	2.4×10^{13}
진성저항율(300K) [$\Omega \cdot cm$]	2.3×10^5	47
전자이동도(300K) [$cm^2/V \cdot s$]	1350	3900
정공이동도(300K) [$W/(cm \cdot K)$]	480	1900

참고문헌

1. Practical Electricity and Electronics(전기전자공학개론), Nigel P. Cook(이적식 외 역), 사이텍미디어, 2003.
2. Introduction to electricity, electronics, and electromagnetics(전기전자공학개론), Robert L. Boylestad 외(김수원 역), 사이텍미디어, 2003.
3. The Science of Electronics: DC/AC(전기전자공학개론), Buchla, David M., Floyd, Thomas L., PrenticeHall, 2008.
3. Electronic Instrumentation and Measurement Techniques, William David Cooper, Prentice-Hall, 2nd ed., 1978.
4. Basic Electricity: a text-lab manual(기초전기회로실험), ZBAR, Rockmaker, Bates(정학기, 신경욱 역), 한국맥그로힐, 2000.
5. The Science of Electronics (DC/AC Lab Manual), Buchla, David M., Floyd, Thomas L., Prentice Hall, 2008.
6. Basic Electricity a Lab Text, Fardo, Stephen W., Prewitl, Roger W. , Tichenor Pub, 1983.
7. A First Lab in Circuits and Electronics, Tsividis Yannis, John Wiley & Sons, 2001.
8. Fundamentals of Electric Circuits: Lab Manual, Bell David A., Oxford University Press, 2009.
9. Solid State Electronic Devices, Ben G. Streetman(곽계달 외 옮김), 사이텍미디어, 2001.
10. Semiconductor Physics and Devices, Donald A. Neamen, McGRAW-Hill, 2005.
11. 전자회로실험, 정동호, 대영사, 2002.
12. 전기이야기, 김석환, 대영사, 2013.
13. 초고주파공학, 정동호, 내하출판사, 2015.
14. 기초전기전자실험, 정동호, 영출판사, 2011.
15. 아날로그전자회로실험, 정동호, 휴먼싸이언스, 2014.
14. 전자기학, 정동호, 홍릉과학출판사, 2012.
16. 전자기학, David K. Cheng(김남, 윤영로, 전석희, 전호인 옮김), 퍼스트북, 2016년.
17. 디지털 논리회로, 임석구 , 홍경호, 한빛아카데미, 2015.

찾아보기

ㅍ

ㅎ

기타

■ 저자소개

정 동 호

- 경북대학교, 전자공학과(공학사)
- 포항공과대학교(POSTECH) 대학원, 전자전기공학과(공학석사)
- 포항공과대학교(POSTECH) 대학원, 전자전기공학과(공학박사)
- 미국, Washington State University(WSU), 연구교수
- 한국전자통신연구원(ETRI), 집적회로개발부
- 산업과학기술연구원(RIST), RF반도체팀
- 전자부품연구원(KETI), 전자회로연구부
- 동양대학교 산업기술연구소장, 연구기획처장
- 현) 동양대학교, 전자전기공학과 정교수

저서:
- 초고주파공학(내하출판사)
- 전자기학(홍릉과학출판사)
- 기초전기전자실험(영출판사)
- 아날로그전자회로실험(휴먼싸이언스)
- 반도체공정기술(KIET) 등

공학도를 위한 **전기전자공학개론**

발행일 _ 2017년 02월 27일 초 판
2020년 06월 30일 수정판
저자 _ 정동호
발행인 _ 문정임
발행처 _ 학산미디어
기획 _ 이덕선
표지 _ 강정자
본문 _ 서민국
주소 _ 서울특별시 노원구 동일로245가길 41
전화 _ 02-935-0670 / 010-3223-7340
팩스 _ 02-932-0670
이메일 _ sorgento2000@hanmail.net
등록번호 _ 제25100-2011-000001호
ISBN 979-11-85294-16-2 93560
정가 30,000원

이 도서의 국립중앙도서관 출판시도서목록(CIP)은
CIP 홈페이지(http://seoji.nl.go.kr)와
국가자료공동목록시스템(http://www.nl.go.kr/kolisnet)에서
이용하실 수 있습니다. (CIP제어번호: 2017005313)